Alfred Brehm

Brehms Tierleben

Die Lurche und Kriechtiere

Verlag
der
Wissenschaften

Alfred Brehm

Brehms Tierleben

Die Lurche und Kriechtiere

ISBN/EAN: 9783957003201

Auflage: 1

Erscheinungsjahr: 2015

Erscheinungsort: Norderstedt, Deutschland

Hergestellt in Europa, USA, Kanada, Australien, Japan
Verlag der Wissenschaften in Hansebooks GmbH, Norderstedt

Brehms Tierleben

Vierter Band

Brehms Tierleben

Allgemeine Kunde des Tierreichs

Mit 3231 schwarzen Abbildungen im Text und auf
364 Tafeln, 279 Tafeln in Farbendruck und 13 Karten

Zweiter Neudruck
der vierten, vollständig neubearbeiteten Auflage

herausgegeben
von

Professor Dr. Otto zur Strassen

Lurche und Kriechtiere

Erster Band

Bibliographisches Institut Leipzig und Wien
1920

Die Lurche und Kriechtiere

Von

Alfred Brehm

Neubearbeitet von Franz Werner

Erster Band

Lurche und Kriechtiere

(Brückenechsen, Schildkröten, Panzerechsen)

Mit 127 Abbildungen im Text, 14 farbigen und 11 schwarzen Tafeln von A. Fiedler, J. Fleischmann, W. Heubach, R. Kretschmer, W. Kuhnert, L. Müller-Mainz, G. Mützel und E. Schmidt sowie 12 Doppeltafeln nach Photographien

Bibliographisches Institut Leipzig und Wien

1920

Vorwort.

Als ich im Jahre 1893 über den von meinem hochverehrten Freunde Professor O. Boettger neubearbeiteten Band „Kriechtiere und Lurche“ der dritten Auflage von „Brehms Tierleben“ im „Biologischen Zentralblatte“ berichtete, da ahnte ich nicht im entferntesten, daß es mir dereinst beschieden sein sollte, selbst die Bearbeitung dieses Bandes bei der vierten Auflage zu übernehmen und damit das Werk des Altmeisters der deutschen Kriechtierforscher weiterzuführen. Professor Boettger hatte im Jahre 1908 aus Gesundheitsrücksichten die ihm übertragene Bearbeitung des Reptilienbandes auch der vierten Auflage zurücklegen müssen, und so wurde mir die ehrenvolle Aufgabe zuteil, diese Arbeit auszuführen.

Ich hoffe, daß es mir gelungen ist, trotz der enormen Vermehrung unserer Kenntnisse über die hier besonders in Betracht kommenden Zweige der Kriechtier- und Lurchkunde in den letzten zwanzig Jahren, den Charakter des alten „Brehm“ zu erhalten, obwohl von diesem vielleicht kaum mehr die Hälfte übriggeblieben ist. Während ich mich aber bemühte, vom ursprünglichen Texte namentlich die persönlichen Beobachtungen und Betrachtungen Brehms möglichst zu erhalten, mußten anderseits die Auszüge aus den alten Schriftstellern, so erheiternd sie auch oft zu lesen sind, zum großen Teil fallen, um Wichtigerem Platz zu machen.

Es war vielleicht die größte Schwierigkeit bei der vorliegenden Bearbeitung, die große Fülle des vorliegenden Tatsachenmaterials mit dem vom Verlage festgesetzten Umfange des Werkes in Einklang zu bringen, und ich kann gar nicht genug dankend anerkennen, daß das Bibliographische Institut mir in dieser Beziehung bis an die Grenzen des Zulässigen entgegengekommen ist, nicht allein durch Vermehrung der Bändezahl, sondern auch durch Zulassung einer Vermehrung der Zahl der Druckbogen in jedem Bande. Trotzdem konnte nicht jede Art, über deren Lebensweise wir einiges wissen, aufgenommen werden; doch habe ich mich bemüht, wenigstens alle im deutschen Tierhandel, in den deutschen zoologischen Gärten regelmäßiger vertretenen Gattungen, die bekanntesten Arten der deutschen Kolonien und schließlich alle in bezug auf Lebensweise, Fortpflanzung, Körperbau oder sonstwie bemerkenswerte Arten zu berücksichtigen. Bei Gattungen mit zahlreichen Arten von gleichartigem Verhalten wurde zunächst auf die europäischen Arten Rücksicht genommen, während die übrigen eine kurze Erwähnung fanden.

Den wissenschaftlichen Benennungen wurden im allgemeinen G. A. Boulengers Kataloge der Reptilien- und Amphibiensammlung des Britischen Museums (1885 bis 1896) zugrunde gelegt; nur wo neuere zusammenfassende Arbeiten vorlagen, wurden diese herangezogen; von der Aufnahme der Nomenklatur der nordamerikanischen Herpetologen wurde dagegen Abstand genommen.

Die Abbildungen sind im Vergleiche zur früheren Auflage stark vermehrt worden, namentlich wurden solche Arten neu aufgenommen, die einen besonderen, leicht kenntlichen Typus vertreten. Die europäischen Lurche und Kriechtiere haben dabei möglichst reiche Vertretung gefunden, von den deutschen wird man wohl keine Art vermissen. Die Beschaffung der Vorlagen für die Abbildungen nach dem Leben war für mich, der ich entfernt von den großen Zentren des deutschen Tierhandels und von den großen deutschen zoologischen Gärten wohne, nicht eben leicht; dem großen Entgegenkommen des Verlages ist es zu danken, daß der Münchener Künstler W. Heubach nach Frankfurt a. M. entsendet wurde, wo er in dem neuen prächtigen Reptilienhause des zoologischen Gartens eine Reihe ausgezeichneter Bilder ausführen konnte.

Herzlichen Dank schulde ich auch dem Herausgeber, Herrn Professor O. zur Strassen, und der Redaktion für die große Liebenswürdigkeit, mit der sie mich bei den Korrekturen durch ihren Rat und mancherlei Hinweise, letztere namentlich bezüglich der Kürzung des Bandes, unterstützten.

Mögen die beiden Bände der „Lurche und Kriechtiere" in ihrer neuen Gestalt den jetzt so zahlreichen Freunden dieser beiden Tierklassen ein zuverlässiger Berater sein und recht vielen Lesern Anregung zur Beobachtung dieser interessanten Tiere bieten!

Wien, im Juli 1912.

Franz Werner.

Inhalts-Übersicht.

Lurche.

Kriechtiere.

1. Ordnung: **Brückenechsen (Rhynchocephalia).**

2. Ordnung: **Schildkröten (Testudinata).**

1. Unterordnung: **Halsberger** (Cryptodira).

Familie: **Alligatorenschildkröten (Chelydridae).**

Familie: **Klappschildkröten (Cinosternidae).**

Staurotypinae.

Cinosterninae.

Familie: Großkopfschildkröten (Platysternidae).

Familie: Landschildkröten (Testudinidae).

Süßwasserschildkröten (Emydinae).

Testudininae.

2. Unterordnung: Seeschildkröten (Cheloniidea).

Familie: Meerschildkröten (Cheloniidae).

Familie: Lederschildkröten (Dermochelyidae).

3. Unterordnung: Halswender (Pleurodira).

Familie: Pelomedusen (Pelomedusidae).

3. Ordnung: **Panzerechsen (Emydosauria).**

Verzeichnis der Abbildungen.

Farbige Tafeln.

Schwarze Tafeln.

Abbildungen im Text.

Ein Blick auf das Leben der Gesamtheit.

Eine tiefe Kluft trennt in der Gegenwart Fische und Lurche von den noch zu beschreibenden höheren Wirbeltieren. Von den erstgenannten sind die Fische zum weitaus größten Teile auf die Kiemenatmung angewiesen, während die Amphibien mit verhältnismäßig geringen Ausnahmen wenigstens in der Jugend durch Kiemen atmen. Bei den höheren Wirbeltieren, den Kriechtieren, Vögeln und Säugern, dagegen finden wir auch in der Jugend keine Kiemenatmung mehr, sie atmen ohne Ausnahme und in jedem Lebensalter durch Lungen. In der Klasse, mit der wir uns jetzt beschäftigen werden, findet dementsprechend fast stets eine Verwandlung statt, wie solche bei den niederen wirbellosen Tieren sehr allgemein ist, d. h. die Angehörigen unserer Tierabteilung haben, wenn sie das Ei verlassen, noch nicht den Bau und die Leibeseinrichtung ihrer Eltern, sondern erhalten beides erst später, infolge eines Überganges aus dem Zustande der Larven in den der Erwachsenen.

Die Lurche nähern sich den Fischen außerdem durch den verhältnismäßig einfachen, aber immerhin einen gewissen Fortschritt aufweisenden Bau des Gehirnes und des Herzens, durch den Besitz gewisser Hautsinnesorgane im Larvenzustande (bei den ausgestorbenen Panzerlurchen, wie bei den Fischen, das ganze Leben hindurch), die wahrscheinlich diesen wasserbewohnenden Tieren von Druckschwankungen im Wasser Kenntnis geben. Dagegen liegt eine starke und bis zum heutigen Tage durch keine bekannte lebende oder ausgestorbene Tierform vermittelte Verschiedenheit zwischen Fischen und Lurchen darin, daß die Lurche die ersten wirklich vierfüßigen Tiere sind, während die Fische ausnahmslos durch Flossen sich bewegen, wenn auch die Brustflossen mitunter, wie bei den Schlammspringern und anderen, beinartig entwickelt sind und zu einer Art Gehbewegung tauglich machen. Aber wirkliche Beine mit Fingern und Zehen hat kein einziger Fisch. Anderseits ist der gegenwärtig vorhandene Abstand zwischen Lurchen und Kriechtieren durch die uralte, seit der Triaszeit ausgestorbene Lurchgruppe der Stegozephalen (Panzerlurche; von manchen neueren Forschern für eine besondere Wirbeltierklasse angesehen) so vollständig überbrückt, daß es schwer hält, sie scharf voneinander abzugrenzen. Nur das eine scheint sicher, daß kein Lurch mehr als vier Finger hatte, während die Fünfzahl der Finger bei den Kriechtieren die Regel ist und vierfingerige Kriechtiere nur durch Verkümmerung eines Fingers entstanden zu denken sind, ebenso wie schlangenartige, fußlose Lurche und Kriechtiere stets von vierfüßigen abstammen.

Die Lurche lassen in ihrer Körpergestalt drei Hauptformen unterscheiden: zunächst die Molchform, mehr oder weniger langgestreckt, mit zwei Beinpaaren, die, wenn wohlentwickelt, imstande sind, den Körper über den Boden erhoben zu tragen, und mit mehr oder weniger langem Schwanze. Diese Gestalt haben die meisten der alten Panzerlurche besessen und besitzen die Salamander und Molche der Gegenwart zum größten Teile noch. Aber eine bei den Eidechsen unter den Kriechtieren weitverbreitete Erscheinung ist auch hier zu beobachten: mit einer Streckung des Körpers bis zu aal- oder schlangenähnlicher Gestalt tritt gleichzeitig eine Verkürzung der Gliedmaßen auf, und zwar entweder des vorderen oder des hinteren Paares oder aber beider Paare in gleicher Weise bis zum völligen Schwunde, wobei die Verlängerung des Rumpfes in der Regel auf Kosten der Schwanzlänge geschieht; dabei ist es selbstverständlich, daß diese schlangenartigen Amphibien, ja schon die kurzbeinigen Amphibien (bei denen auch die Zahl der Zehen eine Verminderung erfährt), nicht anders als auf dem Bauche kriechend oder vorwiegend schwimmend sich bewegen können. Mit der Streckung des Körpers geht eine Streckung der inneren Organe Hand in Hand, begleitet entweder von einer Verkümmerung auf einer Seite (wie bei den Lungen) oder von einer Verschiebung in der Weise, daß die ursprünglich nebeneinander angeordneten Organe nunmehr hintereinander zu liegen kommen (Nieren, Geschlechtsorgane). Die so entstehende Schlangengestalt weisen in reinster Ausbildung gewisse Panzerlurche, die Aistopoden, die Blindwühlen und einige Schwanzlurche (wie z. B. die Aalmolche) auf, von denen die letztgenannten allerdings noch Gliedmaßenstummel erkennen lassen.

Die dritte Gestalt, in der Lurche auftreten können, ist die der Frösche und Kröten, mit gedrungenem, mehr oder weniger abgeplattetem, vollkommen schwanzlosem Körper, der von sehr wohlentwickelten Gliedmaßen getragen wird, von denen die hinteren mindestens ebenso lang sind wie die vorderen; die Verkürzung des Rumpfes deutet ebenso wie die Verlängerung der Hinterbeine und eine auffallende Umgestaltung des Beckens auf springende Lebensweise: wir können von der Länge der Hintergliedmaßen ohne weiteres auf die Ausbildung der Sprungfähigkeit schließen, und Froschlurche, deren Hinterbeine nur wenig oder gar nicht länger sind als die vorderen, können zwar, wie unsere Kreuzkröte, recht hurtig laufen, andere aber, wie vielleicht die meisten Engmaulkröten, vermögen nur noch zu kriechen. Die Blindwühlen sind ebenso wie die Froschlurche schwanzlos, aber in wie verschiedenem Grade sind beide Gruppen entwickelt!

So verschieden wie die Gestalt ist auch die Bewegungsweise unserer Tiere. Schon im Wasser, in dem die meisten Lurche mit Leichtigkeit, viele mit Meisterschaft sich bewegen, verhalten sich die drei Hauptformen abweichend voneinander. Alle Lurche des Molchtypus, seien es nun Wasser- oder Erdmolche, Larven oder Erwachsene, außerdem aber auch die Larven der Frosch- und Schleichenlurche bewegen sich im Wasser durch seitliche oder schraubenförmig drehende Ruderschläge des Schwanzes, der bei denjenigen Molchen, die wenigstens einen größeren Teil des Jahres im Wasser verbringen, ebenso bei allen im Wasser lebenden Larven sämtlicher Lurche einen senkrechten Hautsaum trägt. Die Gliedmaßen werden dabei nach hinten an den Körper angelegt und spielen beim Schwimmen nur eine sehr untergeordnete Rolle. Die im erwachsenen Zustande dem Wasser entfremdeten und hier nur mit Anstrengung sich bewegenden Blindwühlen oder Schleichenlurche sowie die Aalmolche schwimmen mit seitlich-schlängelnden Bewegungen des ganzen Körpers, der aber bei keinem Lurch so wie bei den meisten Fischen in ausgesprochenem Maße seitlich zusammengedrückt erscheint. Die Froschlurche endlich treiben sich im Wasser mit Hilfe stoßweiser Bewegungen der kräftigen Hinterbeine vorwärts, deren Zehen durch Schwimmhäute mehr oder weniger, im äußersten Falle bis zu den Spitzen, verbunden sind; auch die Froschlurche legen die Vorderbeine bei schnellen Schwimmbewegungen nach hinten an den Körper an, während diese bei langsamem Rudern, wobei die Hinterbeine nicht gleichzeitig und kräftig nach hinten gestoßen werden und den Körper nach vorn schnellen, sondern abwechselnd ausgestreckt werden, Gehbewegungen ausführen. Aus der Verschiedenheit der Bewegungsweise erklärt es sich, warum Wassermolche fast niemals Schwimmhäute tragen (mit wenigen Ausnahmen, die aber mit der Schwimmbewegung nichts zu tun haben, da sie nur dem männlichen, brünstigen Tiere zukommen). Beim langsamen Gehen, wie wir es bei unserem schwarzgelben Feuersalamander beobachten, wirken die Hinterbeine als Nachschieber, die Vorderbeine dagegen richtunggebend; der immerhin langgestreckte Körper bewegt sich dabei etwas schlängelnd, berührt aber, was sehr häufig übersehen wird, nicht den Boden. Schlanke, langgestreckte, langschwänzige Landsalamander (Spelerpes, Chioglossa) können so schnell wie Eidechsen laufen.

Das Springvermögen ist in unserer Klasse ebensowenig auf die Froschlurche beschränkt wie etwa die Fähigkeit zu laufen auf die Schwanzlurche. Gewisse nordamerikanische Erdmolche (Autodax) können sich mit ihrem Schwanze vom Boden abstoßen und ganz ansehnliche Sprünge ausführen. Anderseits gibt es Kletterer in beiden Gruppen. Bekannt sind ja unseres Laubfrosches Haftscheiben, deren Unterseiten reich sind an Drüsen, die einen besonders klebrigen Schleim absondern. Ähnliche Haftscheiben sind nun bei den verschiedensten Gruppen der Froschlurche ganz selbständig entstanden, und in manchen Gattungen gibt es alle Übergänge zwischen Arten mit einfach abgerundeten Fingerspitzen und solchen mit ansehnlichen Haftscheiben. Daß aber auch die schleimigen Ausscheidungen der Hautdrüsen auf der Unterseite des Körpers genügen, sieht man deutlich an kleinen Gras- und Wasserfröschen, Unken und Wassermolchen, die an den Glasscheiben eines Aquariums sich ohne besondere Hafteinrichtungen emporarbeiten, ja manche Erdmolche, wie der Italienische Höhlensalamander, klettern mit Hilfe ihrer breiten Pfoten, deren Zehen durch Spannhäute verbunden sind, sehr geschickt, wenn auch langsam, sogar kopfabwärts, an senkrechten Glaswänden herum. Anderseits sind nicht alle Froschlurche, die Haftscheiben tragen, deswegen schon Klettertiere, manche von diesen Arten leben sogar größtenteils in der Erde eingewühlt. Im allgemeinen klettern auch Baumfrösche durch einfaches Aufwärtssteigen oder -springen; doch vermögen manche baumbewohnende Frösche, bei denen der innere Finger oder deren zwei den übrigen daumenartig entgegengestellt werden können (Chiromantis), dünne Zweige zu umklammern und nach Art gewisser Halbaffen im Gezweige sich zu bewegen. Bei der südamerikanischen Gattung Phyllomedusa ist auch die Innenzehe den anderen gegenüberstellbar.

Zum Graben benutzen die Blindwühlen ausschließlich die Schnauze, und wir sehen schon bei ihnen, wie später bei den grabenden Eidechsen und Schlangen, daß die Mundöffnung nicht direkt endständig, sondern nach hinten auf die Unterseite der Schnauze gerückt ist, wodurch das Eindringen von Erde in die Mundspalte vermieden wird. Den Schwanzlurchen fehlen besondere Grabeinrichtungen; sie benutzen Schnauze und Gliedmaßen dabei, doch können sich nur wenige von ihnen in festeren Boden einwühlen.

Ausgezeichnete Gräber sind dagegen viele Froschlurche, die dann auch an der starken Entwickelung des inneren Fersenhöckers zu erkennen sind. Dieser ist in der Regel mit einer starken, scharfschneidigen Hornscheide überdeckt und wirkt als kräftige Schaufel, mit der sich die Tiere, wie z. B. unsere Knoblauchkröte, oft metertief in lockeren Boden einwühlen können — mit dem Hinterende stets voran.

Endlich dürfen wir nicht vergessen, daß manche Amphibien auch eine bescheidene Flugfähigkeit haben, die man allerdings mehr eine Schwebefähigkeit nennen sollte. Es sind dies die sogenannten Flugfrösche der Sunda-Inseln, deren Finger wie die Zehen durch mächtige Spannhäute bis an die Haftscheiben verbunden sind; die ausgespreizten Hand- und Fußflächen können als Fallschirme beim Herabspringen von hohen Bäumen den Fall in ein sanftes Herabgleiten unter spitzem Winkel mit dem Boden mildern.

Im allgemeinen wird die Haut der Lurche als nackt bezeichnet, und diese Bezeichnung bleibt auch jetzt noch richtig, nachdem Boulenger einen westafrikanischen Frosch beschrieben hat, dessen Flanken und Hinterbacken namentlich zur Paarungszeit eine dichte Behaarung aufweisen, die allerdings mit der der Säugetiere keine Ähnlichkeit hat. Aber auch Horngebilde, wie sie allgemein den Leib der Kriechtiere und ebenso der Vögel und Säugetiere bekleiden oder als Klauen und Nägel die Füße bewaffnen, finden sich nur bei wenigen Lurchen in auffallend starker Entwickelung. Einer solchen Bildung haben wir schon vorhin gedacht: der Hornschaufel an den Hinterfüßen grabender Froschlurche. Spitze Hornkrallen an Fingern und Zehen trägt ein japanischer Molch, ebensolche an den drei Innenzehen oder sogar noch am inneren Fersenhöcker sind für die afrikanischen Sporn- oder Krallenfrösche eigentümlich; aber auch die Warzen, Finger- und Zehenspitzen, die Höcker an der Unterseite der Finger und Zehen mancher großen Kröten können stark verhornt sein. Wirkliche Krallen haben nur die zu den Stegozephalen gehörigen Mikrosaurier besessen. Panzerbildungen, die bei Fischen ebenso wie bei den Kriechtieren zum Schutz des Körpers so häufig vorkommen, fehlen der Mehrzahl der heute lebenden Lurche; nur bei mehreren Gattungen der Blindwühlen sind dünne, runde, schindelförmig angeordnete Kalkschüppchen in der dicken Lederhaut eingebettet. Dagegen trugen die ausgestorbenen Panzerlurche, wie ihr Name bereits besagt, einen Schuppenpanzer, der namentlich auf der Bauchseite entwickelt war, sowie einen mächtigen Schädelpanzer, der zum großen Teile durch Verknöcherung in der Unterhaut entstanden war und im wesentlichen eine massive Kapsel vorstellte, die, von oben gesehen, nur Nasen- und Augenöffnungen freiließ. Ähnliche Hautverknöcherungen am Schädel kommen bei zahlreichen Froschlurchen vor. Seltener und nur von wenigen Gattungen bekannt sind schildförmige Verbreiterungen der Rückenhaut, die mit den darunterliegenden Rückenwirbeln fest verbunden sein können; bei anderen Froschlurchen treten die langen, dicht aufeinanderfolgenden Querfortsätze der Rückenwirbel zu einer Art Panzer unter der Haut zusammen.

Bei den meisten Fröschen und allen Molchen ist die Haut schlüpfrig, weich, bei manchen Kröten aber durch starke Verhornung der Warzen rauh und durch Kalkablagerungen in der Unterhaut verdickt. Eine farblose, aus Pflasterzellen gebildete Oberhaut, deren oberste, verhornte Schicht bei der Häutung abgestoßen wird, deckt die Lederhaut, in der oft verschiedene Farbstoffe von gelber, roter, brauner oder schwarzer Farbe abgelagert sind; außerdem finden sich weiße Körner von Guanin sowie metallglänzende Farbstoffe. Diese körnigen Farbstoffe (Pigmente) liegen in besonderen verästelten Zellen (Chromatophoren); durch die Zusammenziehung oder Ausdehnung des Pigments in diesen Zellen, die Übereinanderlagerung von Chromatophoren mit verschiedenfarbigem Inhalt kann ein sehr lebhafter Farbenwechsel hervorgerufen werden. Grün und Blau werden nicht durch besondere Pigmente erzeugt, sondern Grün durch Überlagerung des schwarzen Pigments durch ein gelbes, Blau durch schwarzes und weißes Pigment; ein von Magnan entdecktes grünes Pigment kommt gerade bei einigen nichtgrünen Lurchen vor. Der Farbenwechsel wird durch verschiedene äußere und innere Reize ausgelöst; Wärme, Sonnenschein, Trockenheit rufen Aufhellung, dagegen Kälte Dunkelheit, Feuchtigkeit Verdunkelung hervor; auch die Beschaffenheit des Bodengrundes, ferner Hunger, geschlechtliche Erregung, Krankheit und dergleichen beeinflussen die Farbzellen. Besonders auffällig ist die Einwirkung der Umgebung: in kürzerer oder längerer Zeit vermögen viele Lurche, namentlich Frösche, sich der Färbung des Bodengrundes, Laubfrösche der des Laubes aufs vollkommenste anzupassen. Andere Frösche folgen in Färbung und Zeichnung manchmal einem Gesetze, das in einer bestimmten Gegend Tieren ganz verschiedener Familien, Ordnungen oder Klassen die gleiche Farbe vorschreibt. So zeigt eine langgestreckte, zu den Engmäulern gehörige Kröte (Atelopus varius) aus Costarica auf schwarzem Grunde die nämlichen abwechselnd roten und gelben Fleckenringe, die wir an den dort vorkommenden Schlangen giftiger wie nichtgiftiger Familien zu sehen gewohnt sind. Mit Recht fand G. A. Boulenger auffallend, daß viele der nordsumatranischen Lurche, obgleich ganz verschiedenen Gattungen und Familien zugehörig, mit leuchtendem Karminrot gefleckt waren. Da dieselbe Erscheinung aber auch bei den Froschlurchen von Malakka beobachtet werden konnte, läßt sie sich wohl kaum als eine Anpassungserscheinung an die Umgebung auffassen, sondern muß eher als eine geographische Übereinstimmung bezeichnet werden.

Bei allen Lurchen sitzen in der Haut besondere Drüsenbälge, die einen scharfen, mehr oder minder nach Knoblauch riechenden Milchsaft ausscheiden. Gewöhnlich sind diese Drüsen über den ganzen Körper zerstreut, oft aber noch, wie z. B. bei den Kröten und den Salamandern, zu besonders dichten Anhäufungen davon, die man Ohrdrüsen (Parotoiden) genannt hat, zu beiden Seiten des dicken Halses vereinigt.

Die nackte Haut und ihre Drüsen sind von außerordentlicher Bedeutung für das Leben der Lurche. Die Tiere gehen zugrunde, wenn deren Tätigkeit gestört wird. Kein einziger Lurch trinkt in üblicher Weise, sondern nimmt alles Wasser, dessen er zum Leben bedarf, einzig und allein durch die Haut in sich auf. Letztere saugt Feuchtigkeit ein und schwitzt solche aus. Ein Frosch, den man im trocknen Raume hält, wird magerer und schwächer, und seine Kraft und Munterkeit stellen sich erst wieder ein, wenn man ihm gestattet, ein Bad zu nehmen. Bei warmem Sonnenschein sieht man die Frösche allerdings auch, und mit demselben Behagen wie die Kriechtiere, am Ufer sitzen, jedoch nur in der mit Feuchtigkeit gesättigten Luft in der Nähe des Wassers, in das sie zurückkehren, sobald es ihnen nötig erscheint. Solche Lurche, die den größeren Teil ihres Lebens auf trocknem Lande verbringen, wagen sich aus dem gegen die Sonnenstrahlen geschützten Schlupfwinkel erst dann hervor, wenn die Nacht Feuchtigkeit bringt oder sie doch wenigstens vor der austrocknenden Wärme bewahrt. Allerdings beobachtete Werner in Uganda einen kleinen, durch lederartig dicke Haut und grellweiße Färbung der Oberseite geschützten Baumfrosch aus der Gattung Rappia, der sich den glühenden Strahlen der Mittagssonne mit wahrem Behagen aussetzte, und auch unsern Laubfrosch sieht man in den Mittelmeerländern oft weit entfernt von jeder Wasseransammlung auf Agaven stundenlang in der ärgsten Sonnenglut sitzen. Townson beobachtete, daß Frösche, denen man das Wasser entzog, binnen wenigen Tagen eingingen, dagegen länger am Leben blieben, wenn sie sich in Sägespäne verkriechen konnten, und sich wohlbefanden, wenn man die Späne mit Wasser besprengte. Legte man einen nassen Lappen neben sie, so brachten sie ihren Körper, so viel sie nur konnten, damit in Berührung. Wie bedeutend die Wassermenge ist, die Frösche durch die Haut in sich aufnehmen, kann man durch leicht anzustellende Versuche ohne Schwierigkeit erfahren. Wiegt man einen, ich will sagen ausgedörrten Frosch, und umwickelt ihn dann mit einem nassen Tuche derartig, daß der Mund frei bleibt, so bemerkt man sehr bald eine Zunahme seines Gewichtes. Ein ausgedörrter Laubfrosch, den Townson untersuchte, wog 95 Gran, nachdem er aber mit

Wasser in Berührung gebracht worden war, schon eine Stunde später 67 Gran mehr. In einer verschlossenen Blechbüchse können Frösche bei feuchter, nicht über 10—12 Grad warmer Luft einzig und allein durch die Tätigkeit ihrer Haut 20—40 Tage leben, auch wenn man alle Verbindung zwischen der Luft und den Lungen aufhebt. Läßt man ihnen hingegen nur durch die Lungen Feuchtigkeit zukommen, so sterben sie bei trockner Witterung nach wenigen Tagen, beraubt man sie ihrer Haut, schon nach wenigen Stunden. Fast ebenso groß wie die Einsaugungsfähigkeit der Haut ist deren Ausdünstung. Das Gewicht eines Lurches, den man trockner Wärme aussetzt, nimmt außerordentlich schnell ab, und zwar in demselben Verhältnis, wie die Wärme steigt. Im luftleeren Raume ist die Ausdünstung sehr beträchtlich, und die Lurche sterben hier deshalb schneller als im luftleeren Wasser; wird jedoch die Hautausdünstung gehemmt, so können sie auch länger am Leben bleiben. Ihre Urinblase scheint geradezu als Wasserspeicher zu dienen.

Neben reinem Wasser schwitzt die Haut auch unter ihr erzeugten Schleim in größerer oder geringerer Menge aus. Nach P. Schultz liegt bei allen Lurchen unter einer feinen Häutungsschicht die aus Horn- und Schleimschicht bestehende eigentliche Oberhaut. In der Hornschicht sind außer gewöhnlichen auch becherförmige Zellen und einzellige Drüsen untergebracht, deren Absonderung bei der Häutung die Häutungsschicht lockern hilft. Unter der Schleimschicht folgt die Lederhaut, in der sich nach neueren Untersuchungen zweierlei Drüsen erkennen lassen: größere, ungleichgroße Drüsen, die ausschließlich auf die Rückenseite beschränkt sind und hier Warzen- oder andere Hervorwölbungen erzeugen; sie stehen bald unregelmäßig, bald in Längsbändern (wie auf den Rückenwülsten unseres Gras- und Wasserfrosches) oder in Gruppen, wie an den Ohrdrüsen der Kröten und Salamander. Der Inhalt ihrer ausscheidenden Zellen ist körnig, deren Ausscheidung milchig, sauer, sehr bitter, manchmal stark riechend; sie sind es, die gewöhnlich als Giftdrüsen bezeichnet werden. Die Drüsen der zweiten Art sind kleiner, von gleichartiger Größe, über den ganzen Körper, sowohl die Ober- als auch die Unterseite, verstreut; ihr Inhalt ist schleimig, ihre Ausscheidung flüssig, farblos, ohne besonderen Geruch und von neutraler oder alkalischer Reaktion. Diese kleineren Drüsen sind in der Regel als Schleimdrüsen bekannt. Ihre Ausscheidung ist ebenso giftig wie die der Rückendrüsen und in ihrer Wirkung dem Vipergift vergleichbar. Das Gift der Rückendrüsen des Feuersalamanders, das Smandarin oder Salamandrin, ist ein Leukomaln, wirkt auf das Zentralnervensystem und erregt heftige Krämpfe; das des Kammolches verlangsamt die Atmung und verursacht Herzlähmung, ohne Krämpfe; das Rückengift der Gemeinen Kröte, das Bufonin oder Phrynin, ruft Starrkrampf und frühzeitigen Stillstand des Herzens hervor, während das Gift der Schleimdrüsen (Bauchgift) lähmend wirkt. Das Krötengift setzt sich aus zwei Stoffen zusammen, von denen das harzartige Bufotalin die Wirkung des Digitalins und Herzstillstand zur Folge hat, während der zweite, das Bufotenin, in seiner Wirkung dem Curare ähnelt. Beim Krötenweibchen fand Phisalix zur Zeit der Eiablage die beiden Giftstoffe in den Geschlechtsdrüsen, während die Giftdrüsen leer waren. Auch die Ausscheidung des Laubfrosches wirkt heftig, lähmend, noch mehr die der Feßlerkröte. Während P. Schultz und andere Forscher annehmen, daß Schleim- und Giftdrüsen miteinander nichts zu tun haben, sind Nirenstein und andere wieder der Ansicht, daß alle Giftdrüsen aus Schleimdrüsen hervorgehen.

Bei Kröten und Salamandern sind diese Absonderungen, den zahlreicheren Drüsen entsprechend, bedeutender als bei anderen Lurchen, können auch durch Hautreize noch wesentlich vermehrt werden. Setzt man z. B. einen Salamander oder eine Kröte auf glühende Kohlen, so sondert sich der Schleim in größerer Menge ab: daher die uralte, grundlose Sage, daß der Salamander im Feuer aushalten könne. Wie es scheint, ist der Lurch imstande, die Hautabsonderung willkürlich zu vermehren, sie also als ein Schutzmittel gegen seine Feinde zu verwerten; denn dieser Saft hat nicht bloß starken Geruch, sondern auch bedeutende Schärfe, die Kröten und Salamander in den Ruf der Giftigkeit gebracht hat.

Als eigentliches Gift für den Menschen ist der Schleim nun wohl nicht anzusehen; trotzdem verursacht er auf der empfindlichen Schleimhaut Schmerzen, auf der Zunge beißendes Brennen. Davy, der den Saft der Kröte untersuchte, bemerkt, daß dieser auf der Zunge ungefähr die Wirkung des Eisenhutauszuges hervorbringe, der Chemiker G. Calmels fand darin Methylkarbylamin und einen zweiten diesem Körper verwandten Stoff, im Giftsafte des Kammolches eine Äthylkarbylamin-Verbindung, welcher der Saft Geruch und giftige Eigenschaften verdanke. Calmels stellte auch fest, daß alle Hautgifte der Lurche in die Leuzin- oder in eine verwandte, höhere, die Amidosäure-Reihe gehören, und daß sie, rein dargestellt, noch giftiger sind als wasserfreie Blausäure. Nach den von Gratiolet, Fatio und Chloez angestellten Versuchen tötet der Drüsensaft der Kröten kleine Vögel, denen er eingeimpft wird, bald und wirkt selbst in dem Falle noch, wenn er vor dem Einimpfen getrocknet worden ist. Auch Röbbeler hat gefunden, daß der Schleim tödlich wirkt, wenn er jungen Hündchen, Meerschweinchen, Fröschen und Wassersalamandern durch Einschnitte ins Blut eingeführt wird, ebenso, daß der Saft der Wassermolche und Erdsalamander, in gleicher Weise der Kröte beigebracht, dieser verderblich wird.

Pallas erzählt, er habe einen Mops besessen, der es nicht lassen konnte, Kröten totzubeißen, davon aber geschwollene Lippen bekam, schließlich krank wurde und starb. Diesen Bemerkungen fügt Lenz eigne Beobachtungen hinzu, die jene Angaben bestätigen. „Daß man zarten Stubenvögeln keinen Sand geben dürfe, der mit der von Kröten ausgehenden Feuchtigkeit in Berührung gekommen ist, weiß ich aus folgender Tatsache: Im Jahre 1859 ließ ich frischen Sand für meine Kanarienvögel holen, tat einen Teil davon in einen Topf, die Hauptmasse aber in einen Schuppen und legte eine Brettertür zum Schutze gegen Verunreinigung darauf. Im Winter und Sommer bekamen die Vögel öfter frischen Sand aus dem Topfe und befanden sich wohl dabei. Im Sommer 1860 siedelte sich eine ungeheure Kröte unter der Brettertür an, kam jeden Abend hervor, wartete vor dem Brett eine Zeitlang und kroch dann über Nacht im Hofe und Garten umher. Da ich ihr oft abends vor ihrer Klause einen freundlichen Besuch abstattete, wurde sie bald ganz zutraulich. Im Herbste war der Sand des Topfes vertan. Ich hob nun das Brett auf und fand unter ihm die von der Kröte gemachte Höhlung und die Kröte selbst. Der Sand war nicht, wie ich erwartet hatte, ganz trocken, sondern von einer Feuchtigkeit durchzogen, die wohl von der Bewohnerin ausging. Die von ihr gemachten Höhlungen durchzogen nur die Oberfläche; um sicher zu gehen, hob ich mit einer Schaufel den oberen Sand 15 cm hoch ab, nahm von dem in der Tiefe befindlichen und gab davon drei gesunden Kanarienvögeln. Sie fraßen davon: der eine starb selbigen Tag, die zwei anderen, denen ich den Sand schnell wegnahm, in den nächsten Wochen."

Zwei Versuche, die jedermann leicht anstellen kann, beweisen, nach O. Boettger, mehr als alle Worte die Giftigkeit der Hautabsonderung der Lurche. Man halte nur einmal wohlerzogenen Hunden eine Kröte vor die Nase! Der eine zieht die Nase und die Stirnhaut hoch und wendet den Kopf ab, ein anderer nimmt den Schwanz zwischen die Beine und ist um keinen Preis zu bewegen, wieder nahezukommen. Der zahmste Hund beißt nach der Hand seines Herrn, die versuchen sollte, ihm eine Kröte in den Rachen zu schieben. Noch überraschender ist es und zugleich in hohem Grade belustigend, einige Feuerkröten, namentlich die rotbauchige Art, in ein Leinwandsäckchen zu sammeln, die Tiere etwas zu schütteln und dann Leute, welche die Giftigkeit der Krötenabsonderung leugnen, an dem geöffneten Säckchen riechen zu lassen. Jeder, der gerochen hat, wird zwar sofort behaupten, nichts zu riechen, und er hat darin auch recht, aber es vergeht gewöhnlich noch keine Minute, bis er unfehlbar in ein gesundes, herzliches Niesen ausbricht, wie es der schönste Schneeberger Schnupftabak nicht hätte zustande bringen können: eine prächtige und zwingende Beobachtung, die wir G. A. Boulenger verdanken. Wer öfters mit Laubfröschen umgeht, wird sich auch erinnern, in den Augenwinkeln ab und zu einmal einen brennenden Schmerz empfunden zu haben; auch dieser entsteht nur durch zufällige Übertragung der beißenden Feuchtigkeit mit den Fingern ans Auge. Die Wissenschaft muß also wieder einmal dem Glauben des Volkes recht geben, das auch in diesem Falle die Wahrheit früher erkannt hat als die Gelehrten. Aber wie in so vielen Fällen, hat das Volk auch hier übertrieben und die Gefahr ins Ungeheuere vergrößert. Das Gift und die giftige Wirkung sind da; aber das Gift hat dem Menschen wohl noch niemals ernste Gefahr gebracht, da er für gewöhnlich wohl kaum Frösche und Kröten in den Mund nimmt; und sollte das ein Menschenkind doch versuchen, wird es seinen Vorwitz alsbald bereuen, da der Saft so bitterböse brennt, daß der Unvorsichtige das Tier sofort ausspuckt und an dem einen Versuche sein ganzes Leben lang genug hat. Kurze Berührungen aber haben, wie wir bestimmt wissen, für den Menschen niemals irgendwelche schädlichen Folgen gehabt.

Der Bau des G e r i p p e s ist sehr eigentümlich und in den einzelnen Gruppen nicht unwesentlich verschieden. Die Wirbelsäule weist bei den ausgestorbenen Panzerlurchen den mannigfachsten Bau auf, doch können wir hierauf nicht weiter eingehen; es möge der Hinweis genügen, daß die Wirbelkörper, wenn sie überhaupt genügend verknöchert sind, vorn und hinten ausgehöhlt (bikonkav oder amphizöl) sind; dasselbe gilt für die Blindwühlen und manche Schwanzlurche. Bei anderen Schwanzlurchen und einigen wenigen Froschlurchen (Krötenfröschen) dagegen verwächst der zwischen den Wirbeln auftretende Knorpel mit der Hinterfläche der einzelnen Wirbel und bildet deren Gelenkkopf, der in die Aushöhlung des folgenden Wirbels hineinpaßt (prozöle oder konvex-konkave Wirbel), während bei der Mehrzahl der Froschlurche dieser Zwischenwirbelknorpel gerade mit der Vorderfläche der Wirbel verwächst und deren Gelenkkopf bildet (opisthozöle oder konkav-konvexe Wirbel). Die Zahl der Wirbel kann über 200 betragen (bei den Blindwühlen), sie ist auch noch bei den Schwanzlurchen ganz beträchtlich und steigt beim Aalmolch bis auf 100; dagegen ist sie bei den Froschlurchen am geringsten: 10 bei den meisten Arten (8 vor dem Kreuzbeinwirbel, 1 Kreuzbeinwirbel, 1 langes, stabförmiges, aus der Verschmelzung einer größeren Zahl von Wirbeln hervorgegangenes Steißbein); noch geringer (6) ist sie bei dem afrikanischen Krallenfrosch Hymenochirus, wo die beiden ersten Wirbel miteinander, außerdem der Kreuzbeinwirbel mit den beiden vorhergehenden und dem Steißbein verwachsen ist.

Bei gewissen Panzerlurchen und allen jetzt lebenden Lurchen sind die Wirbel mit Ausnahme des ersten, der den einzigen Halswirbel vorstellt, durch seitliche Querfortsätze ausgezeichnet; dagegen werden lange, schlanke Rippen nur bei einer Gruppe der Panzerlurche, den Mikrosauriern, angetroffen, die sich bereits (auch durch den Besitz echter Krallen) den Kriechtieren nähern, und erreichen auch hier nicht das Brustbein; kein einziger Lurch hat also einen durch die Rippen gebildeten Brustkorb; gesonderte, kurze Rippen finden wir dagegen bei allen salamander- oder schlangenförmigen Arten, aber nur bei wenigen froschartigen Tieren, nämlich den Scheibenzünglern, und zwar nur an den vordersten Wirbeln, und bei den

Larven der Zungenlosen. Der Brustgürtel ist niemals fest mit der Wirbelsäule verbunden; das Becken wird meist von einem einzigen, selten von zwei oder drei Wirbeln getragen, die sich bei den geschwänzten Lurchen kaum von den übrigen unterscheiden. Bei den Froschlurchen ist die Gestalt der Querfortsätze dieser Wirbel sehr bezeichnend für die einzelnen Familien: sie ist entweder drehrund oder mehr oder weniger, im äußersten Falle zu einer mächtigen dreieckigen oder beilförmigen Knochenplatte, verbreitert.

Von den Gliedmaßen selbst bestehen die vorderen aus dem einfachen Oberarm-, zwei bei den Froschlurchen miteinander verschmolzenen Vorderarmknochen, einer oft (bei vielen Schwanzlurchen und Stegozephalen) knorpelig bleibenden Handwurzel, die ursprünglich 6—8 Knochen aufweist, deren Zahl aber bei Formen mit wenig Fingern auf 2—3 sinkt, und meist 4 Fingern (selten 3, nur manchmal beim Aalmolch 2). Ähnlich ist die Hintergliedmaße gebaut, an der ebenfalls bei den Froschlurchen die beiden Unterschenkelknochen verwachsen sind. Die Zahl der Fußwurzelknochen beträgt bei den Schwanzlurchen 9, ist aber bei den Fröschen verringert, und die beiden Knochen der an den Unterschenkel anstoßenden Reihe sind stark verlängert. Die Zahl der Zehen ist in der Regel 5, bei manchen Fröschen und Molchen 4, seltener 3 (Aalmolch) oder gar 2 (Aalmolch, Grottenolm). Kleine Knöchelchen finden sich zwischen den beiden Endgliedern der Finger und Zehen sowie unter den Gelenken bei verschiedenen Fröschen.

Der Schädel der Panzerlurche weicht von dem der anderen Lurche beträchtlich ab und gleicht sehr dem der Quastenflosser unter den Fischen, deren Abkömmlinge die Panzerlurche wohl auch sind. Die durch Verknöcherung der Unterhaut entstandenen Deckknochen bilden eine feste, aus zahlreichen symmetrischen Stücken bestehende Kapsel, in deren Wand Kanäle für die Hautsinnesorgane verlaufen; das Auge ist wie bei den obengenannten Fischen sowie vielen Kriechtieren und Vögeln von einem Ring von Knochentäfelchen umgeben. Dagegen sind bei den jetzt lebenden Lurchen die Deckknochen stark zurückgetreten, und unter ihnen ist der knorpelige Urschädel noch, namentlich bei den Froschlurchen, zum Teil erhalten geblieben, während andere Teile verknöchert sind. Wie Vogt sehr treffend sagt, sind an dem sehr breiten, platten Schädel der Lurche die Augenhöhlen in der Regel sehr groß und durchgehend, so daß, von oben gesehen, die Kiefer einen Halbkreis bilden, der in der Mitte von einer länglichen Kapsel, dem eigentlichen Schädel, durchsetzt wird. Noch am massigsten ist der Schädel bei den Blindwühlen, die ihn beim Graben wesentlich in Anspruch nehmen; er bildet hier eine feste Kapsel, deren Knochen durch breite Nähte verbunden sind; bei den Blindwühlen sind, ebenso wie bei den geschwänzten Lurchen, die Stirnbeine von den Scheitelbeinen gesondert, während bei den Froschlurchen Stirn- und Scheitelbein jeder Seite miteinander verschmelzen: ja es können sogar diese beiden Knochen in der Mittellinie verwachsen, wie bei den Zungenlosen. Die Vorderstirnbeine, die bei den Schleichen- und den meisten Schwanzlurchen noch gesondert bleiben, sind bei den Froschlurchen entweder mit den Nasenbeinen verwachsen oder fehlen ganz. Bei diesen wieder sind die Gaumenbeine noch unterscheidbar, die bei den Schwanzlurchen mit den Pflugscharbeinen verwachsen sind oder ebenfalls fehlen können; ein unpaares oder gar kein Pflugscharbein haben die zungenlosen Froschlurche. Von den beiden seitlichen Hinterhauptsbeinen bildet jedes einen Gelenkhöcker zur Verbindung mit dem ersten Halswirbel.

Der Brustgürtel der jetzt lebenden Lurche, soweit sie Vordergliedmaßen haben, setzt sich jederseits aus einem Schulterblatt zusammen, das in dem an den Oberarm anstoßenden Teil stets verknöchert ist, während die in die Rückenmuskeln sich einschiebende Endhälfte aus

Knorpel besteht sowie aus einem vorderen (Praecoracoideum) und hinteren (Coracoideum) Rabenschnabelbein, die bei den Schwanzlurchen ebenfalls stets knorpelig sind. Das Coracoideum (und Praecoracoideum) der einen Seite überlagert entweder das der andern Seite und ist mit ihm nur durch Muskeln verbunden, wie bei den Molchen und den niederen Fröschen, die wegen der Beweglichkeit des Brustgürtels als Schiebbrustfrösche bezeichnet werden, oder die Brustgürtelknochen beider Seiten sind in der Mittellinie fest durch Knorpel miteinander verbunden, wie bei den echten Fröschen, die danach als Starrbrustfrösche zusammengefaßt werden. Dem Praecoracoideum, das übrigens bei gewissen Engmaulfröschen ganz fehlen kann, und das niemals stärker, oft schwächer als das Coracoideum entwickelt ist, liegt bei den meisten Fröschen ein Schlüsselbein auf. Ein kleines Knorpelplättchen, das sich bei den Schwanzlurchen in der Mittellinie, zwischen den knorpeligen Rabenbeinen einschiebt, wird als Brustbein (Sternum) bezeichnet; auch bei den Schiebbrustfröschen hat es noch dieselbe Lage, ist aber größer; bei den Starrbrustfröschen sitzt es den aneinanderstoßenden Rabenbeinen hinten an; oft besteht es aus einem knöchernen Stiel und einer Knorpelplatte, die sich zwischen die Bauchmuskeln einschiebt. Ein ganz ähnliches, dem Brustgürtel ebenfalls in der Mittellinie angelagertes, aber nach vorn gerichtetes, bloß knorpeliges oder wie das Sternum in einen knöchernen (bei manchen Froschlurchen nach hinten gegabelten) Stiel auslaufendes Gebilde wird als Omosternum bezeichnet.

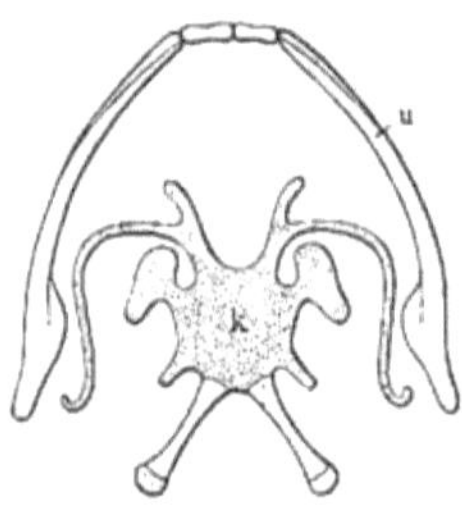

Unterkiefer und Zungenbein von Rana: k Knorpelplatte, u Unterkiefer. Nach Boulenger, „The Tailless Batrachians of Europe", I (London 1897).

Der Beckengürtel, der an den Querfortsätzen des Kreuzbeines aufgehängt ist, setzt sich aus dem Darm-, dem Scham- und dem Sitzbein zusammen; das Schambein bleibt zeitlebens knorpelig; ihm sitzt bei vielen Schwanzlurchen ein Knorpel auf, der wagerecht nach vorn sich gabelt und als Y-förmiger Knorpel bekannt ist. Bei den Froschlurchen sind die Darmbeine lange, seitlich zusammengedrückte, etwa säbelförmige Knochen, deren Hinterenden im Verein mit den Scham- und Sitzbeinen eine senkrechte Scheibe bilden, in deren Seitenwand jederseits die Gelenkgrube für den Oberschenkel liegt. Die Gestalt der Darmbeine und die große Annäherung dieser beiden Gelenkgruben aneinander sind wichtig für die Sprungbewegung.

Die Larven aller Lurche und die meisten im erwachsenen Zustande noch kiemenatmenden Molche haben vier Kiemenbogen jederseits, dagegen der Grotten- und der Furchenmolch nur drei, die Riesensalamander nur zwei und die übrigen Molche im kiemenlosen, also verwandelten Zustande nur einen einzigen; bei den Schleichenlurchen wird der Kiemenbogenapparat nach der Verwandlung zu einer Reihe von drei oder vier meist gebogenen Querbalken, bei den Froschlurchen bildet er eine breite Knorpelplatte, während die Kiemenbogen ganz verschwinden; beim Frosch (s. obige Abbildung) entsendet diese Knorpelplatte jederseits ein langes Horn und drei Fortsätze, nach hinten zwei einen Winkel bildende längliche Knochen, die den Kehlkopf zwischen sich nehmen.

Über die Muskeln der Lurche sagt Vogt folgendes: „Die Muskeln der Lurche entsprechen der Leibesform. Bei den im Wasser lebenden Arten der Klasse überwiegen die seitlichen Muskelmassen, bei den Fröschen erhalten die der Beine das Übergewicht. Von Farbe sind die Muskeln weißrötlich, noch etwas blässer als die der Kriechtiere. Ihre Stärke ist beträchtlich, ihre Reizbarkeit bedeutend, wie die vielfachen Versuche, die gerade mit diesen Tieren angestellt werden, zur Genüge dartun."

Wir können noch hinzufügen, daß Sehnengewebe selten ist, und daß auch Fettgewebe in den Muskeln fast gänzlich fehlt. Wie bei den Fischen, sind die Muskeln des Rumpfes und Schwanzes bei den Larven sowie bei den dauernd kiemenatmenden Molchen in regelmäßige Abschnitte (Myomeren) geteilt, entsprechend der Zahl der Wirbel und der vom Rückenmark austretenden Nerven; weniger deutlich ist diese Gliederung bei den Blindwühlen und den kiemenlosen Molchen, während sie bei den Fröschen überhaupt nur spurweise vorhanden ist. Bei ihnen hängt auch die Haut nur an gewissen Stellen mit der darunterliegenden Muskulatur zusammen, und die dadurch gebildeten Hohlräume werden durch Lymphflüssigkeit ausgefüllt. Bei den Larven der Froschlurche fand Giglio-Tos ein muskulöses Zwerchfell hinter dem Herzen und den Lungen, das, nach Beddard, bei den Krötenfröschen und zungenlosen Froschlurchen sich noch im erwachsenen Zustande erhält.

Das Gehirn ist langgestreckt, und seine einzelnen Abschnitte liegen hintereinander. Das Kleinhirn wird nur durch eine schmale Querbrücke vertreten, an die nach hinten die dreieckige Rautengrube des verlängerten Marks angrenzt; vor ihm liegen die Vierhügel, vor diesen die paarigen Anschwellungen des Vorderhirnes, dessen Riechlappen bei den Froschlurchen in der Mittellinie verwachsen sind, während sie bei den geschwänzten getrennt bleiben. Auf das sogenannte Scheitelauge, das bei den Lurchen der Vorzeit eine sehr große Rolle gespielt hat, aber auch bei den jetzt noch lebenden Arten als ein merkwürdiger Überrest eines Werkzeuges, das ehemals wohl einer Sinnestätigkeit diente, erhalten geblieben ist, werden wir noch bei Besprechung der Kriechtiere zurückkommen. Es muß bei den ausgestorbenen Panzerlurchen, nach der Größe des sogenannten Parietalloches im Scheitelbein, durch das ein Nerv vom Gehirn zu diesem Auge trat, sehr stark entwickelt gewesen sein. Bei den Froschlurchen ist noch ein Rest dieses Organs in der sogenannten Stirndrüse auf der Schnauze zu erkennen, die bei den Larven besonders deutlich ist. Das Rückenmark hat eine im Verhältnis zum Gehirn beträchtliche Ausdehnung und überwiegt letzteres entschieden an Masse. Bei den Schwanzlurchen erstreckt es sich bis zur Schwanzspitze und entsendet zahlreiche Nerven (Spinalnerven) nach beiden Seiten, während die Frösche ein sehr kurzes Rückenmark haben, das wenig über das Kreuzbein hinausreicht und nur zehn Paare von Spinalnerven abgibt.

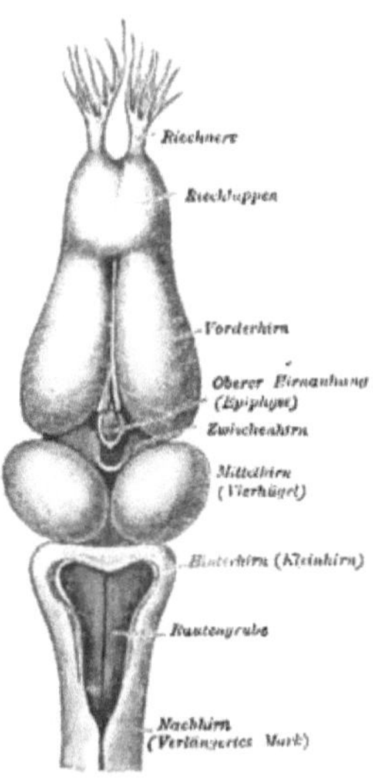

Gehirn von Rana. Nach Ecker, „Die Anatomie des Frosches“ (Braunschweig 1864).

Keinem einzigen Lurche fehlen die drei höheren Sinneswerkzeuge, obwohl die Augen bei einzelnen in hohem Grade verkümmert und unter einer undurchsichtigen Haut, ja sogar unter den Schädelknochen versteckt sein können. Das am besten entwickelte Auge haben die Froschlurche: es ist meist groß, sehr beweglich, wird gewöhnlich von zwei Augenlidern bedeckt, deren unteres das größere, dünnere und durchsichtigere ist; im vorderen Winkel steht meist die Nickhaut als einfache, kleine, unbewegliche Hautfalte. Außer den gewöhnlichen Muskeln gehört zum Auge noch ein Muskel, der dieses in die Augenhöhle zurückzieht. Die Regenbogenhaut ist bei den vielen Lurchen lebhaft (goldgrün, goldrot, messinggelb, silberweiß) gefärbt, die Pupille meist wagerecht, bei manchen Nachttieren unter ihnen (Knoblauchkröte) senkrecht-elliptisch und bei Tage einen feinen Spalt bildend, bei den Unken dreieckig. Eine eigentliche Tränendrüse fehlt. Das Gehörwerkzeug ändert noch mehr ab als das Auge. Bei den Schwanzlurchen ist nur das Labyrinth vorhanden, bei den Froschlurchen überdies eine Paukenhöhle mit Trommelfell und kurzer Eustachischer Röhre. Das Labyrinth selbst besteht aus drei halbkreisförmigen Röhren und einem Sack, der mit kleinen Kalkkristallen erfüllt ist, und hat eine eiförmige Öffnung, die bald durch einen Deckel, bald durch eine dünne Haut, bald durch Muskeln und Haut bedeckt wird. Die Nase öffnet sich in zwei durch eine Scheidewand voneinander getrennten Höhlen vorn an der Schnauzenspitze und ebenso in der Mundhöhle am Gaumengewölbe: ein Merkmal, das in der Regel hinreicht, um alle Lurche von den Fischen zu unterscheiden, obgleich auch bei diesen ausnahmsweise dasselbe beobachtet wird. Bei vielen Lurchen kann der Eingang zur Nasenhöhle durch klappenartige Häute verschlossen werden. Die Zunge, die nur in geringem Grade als Geschmackswerkzeug angesehen werden darf, fehlt bloß bei einer Unterordnung der Froschlurche, ist sonst gut entwickelt, oft sehr breit, mehr oder weniger beweglich und füllt gewöhnlich den Raum zwischen beiden Kieferästen vollständig aus; diejenige der Froschlurche unterscheidet sich aber von der Zunge höherer Wirbeltiere dadurch, daß sie nicht hinten, sondern vorn angeheftet ist, also mit ihrem hinteren Ende aus dem Munde hervorgeschleudert werden kann; bei manchen Molchen und termitenfressenden Froschlurchen ist sie auf dem Boden der Mundhöhle, bei einer einzigen Krötengattung aber hinten angewachsen, vorn frei und vorstreckbar. Bei anderen, vorwiegend nordamerikanischen Landmolchen ist die pilzförmige Zunge an einem muskulösen Stiele weit vorschnellbar, wie bei dem Chamäleon. Eine harte, kegelförmige Warze in der Mitte der Zunge ersetzt bei manchen Baumfröschen die bei anderen Familienverwandten dieser gerade gegenüberliegenden, im Gaumen angebrachten Pflugscharzähne. Hautsinnesorgane, wohl bestimmt, die Schwankungen des Wasserdruckes dem Gehirn zu vermitteln, finden sich bei den jetzt lebenden Amphibien nur an den Larven (s. obige Abbildung) und den dauernd wasserbewohnenden Schwanzlurchen; sie waren bei den ausgestorbenen Panzerlurchen sehr verbreitet und ähnlich wie bei den Quastenflossern unter den Fischen angeordnet.

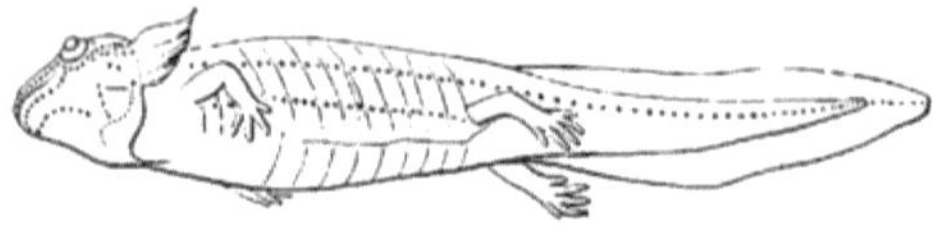

Larve von Salamandra maculosa. Nach Malbranc, in „Zeitschr. wissensch. Zool.", XXVI, 1875. Die Punkte stellen die Hautsinnesorgane dar, die an den Rumpfseiten die sogenannten Seitenlinien bilden.

Der Rachen ist meist weit gespalten, nur wenige Froschlurche haben eine enge Mundspalte; lippenartige, über den Oberkiefer seitlich herabreichende Hautlappen finden sich bei einigen Wassermolchen. Einige Lurche sind zahnlos, die meisten aber tragen im Oberkiefer und auf den Pflugscharbeinen Zähne, andere solche auf den Oberkiefern und den Gaumenbeinen oder Flügelbeinen in zwei vollkommenen Bogen, oder schließlich außer den Oberkieferzähnen noch eine kissenartige Gruppe von Zähnchen auf dem Keilbein (Parasphenoideum). Bei Schwanzlurchen und Blindwühlen kommen Unterkieferzähne fast ausnahmslos (bis auf die Armmolche), bei Froschlurchen nur selten vor; bei diesen können überhaupt Zähne ganz fehlen (Kröten) und sind, wenn sie an den Kiefern vorhanden sind, meist mit dem Kieferrande verwachsen, bei den übrigen Lurchen aber am Innenrand des Kieferknochens. Bei manchen Blindwühlen sind zwei parallele Reihen von Unterkieferzähnen zu bemerken. Die Zähne sind in der Regel klein, hohl, kegelförmig oder schwach nach rückwärts gebogen, dagegen der Länge nach gefaltet, so daß der Schmelzbelag bis

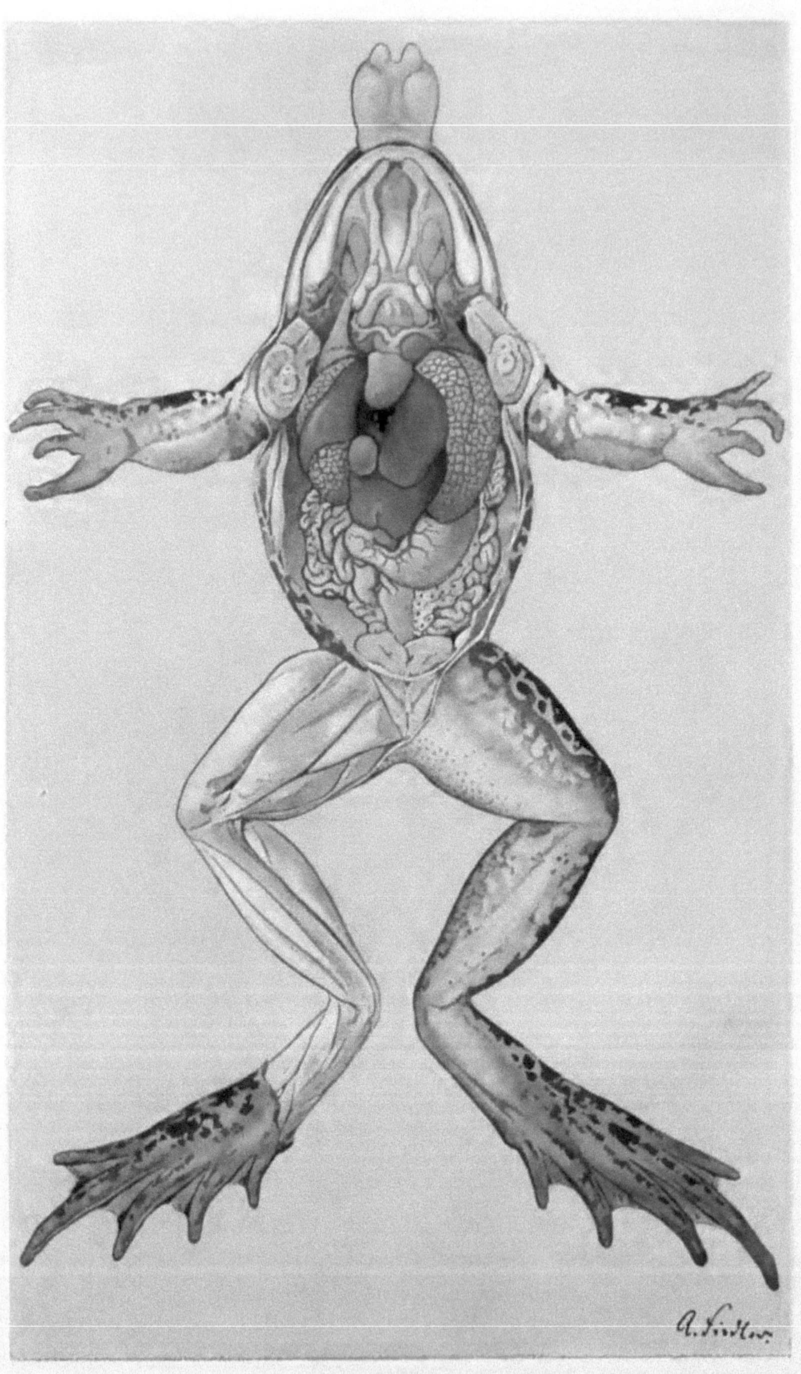

Anatomie eines weiblichen Grasfrosches

(Herzbeutel entfernt).

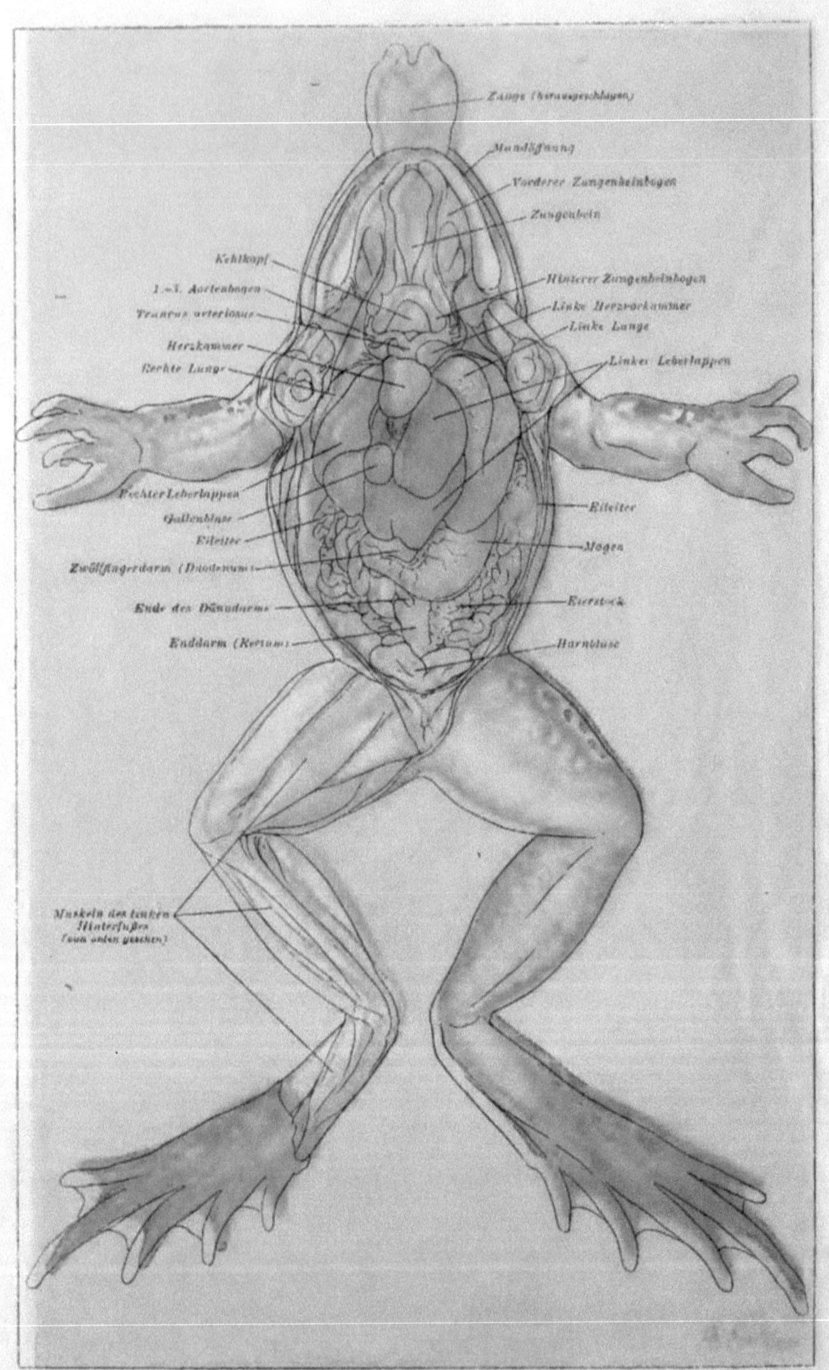

Anatomie eines weiblichen Grasfrosches

in das Innere des Zahnes eindringt und einen sehr verwickelten Bau hervorruft, bei den ausgestorbenen Panzerlurchen aus der Gruppe der Wickelzähner (Labyrinthodonten), ziemlich stark verlängert bei manchen Blindwühlen; wenige große messerartige Zähne finden sich bei einem nordamerikanischen Salamander (Autodax) und bei einem papuanischen Frosch (Xenobatrachus), lange Fangzähne vorn im Unterkiefer bei einem westafrikanischen Frosch (Dimorphognathus). Stets dienen die Zähne nur zum Festhalten und zum Fortschieben des Bissens in den Schlund (wobei ihnen die durch den obenerwähnten Muskel zurückgezogenen Augäpfel, die die Mundschleimhaut nach unten vorwölben, beim Weiterschieben helfen), niemals zum Kauen. Ebenso sind sie niemals in besonderen Gruben eingekeilt, wie die der Säugetiere und Krokodile, sondern mit dem Knochen verwachsen; ihr Ersatz bei Verlust geht lebenslang vor sich.

Von den Verdauungsorganen ist der Darmschlauch in der Regel kurz, entsprechend der Fleischnahrung aller der hierhergehörigen Tiere, die Speiseröhre meist kurz und weit, nur bei den Schleichenlurchen lang und eng, der Magen einfach, dickhäutig, längs gefaltet, in der Längsrichtung des Körpers verlaufend, nur bei den Froschlurchen mehr quergestellt; der Dünndarm ist bei den verwandelten Tieren, die ja ausnahmslos Raubtiere sind, verhältnismäßig kurz und wenig gewunden, dagegen bei den wenigstens zum Teil pflanzenfressenden Larven der Froschlurche regelmäßig spiralig gewunden und von beträchtlicher Länge, der Afterdarm blasenartig erweitert. L. F. Héron-Royer hat bei allen europäischen Lurchen eine sackartige Umhüllung der Exkremente beobachtet, die eine schraubenförmige Drehung erkennen läßt. Genauere Untersuchung des Afterdarmes hat ergeben, daß diese Hüllhaut sich ununterbrochen erzeugt, jederzeit den Mund des Dickdarmes abschließt und so verhindert, daß die Auswurfstoffe den Fortpflanzungswerkzeugen und ihren Abscheidungen schädlich werden können. Bei wenigstens einer Anzahl von Panzerlurchen war eine Spiralfalte des Enddarmes vorhanden, wie unter den Fischen bei den Haien und Schmelzschuppern, weshalb man auch an den versteinerten Kotballen (Koprolithen) eine solche spiralige Drehung bemerkt. Speicheldrüsen fehlen. Leber, meist groß und in zwei Lappen getrennt, Gallenblase und Bauchspeicheldrüse sind stets vorhanden.

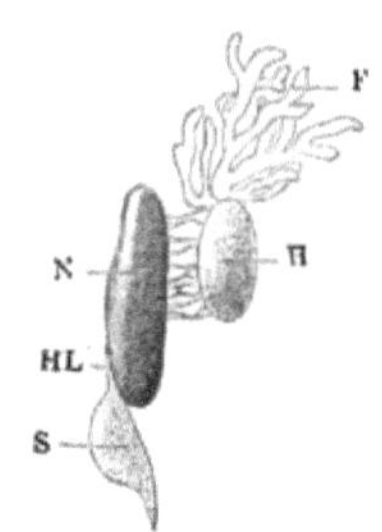

Harn- und Geschlechtswerkzeuge eines männlichen Grasfrosches. Nach Boulenger, „The Tailless Batrachians of Europe", I (London 1897). F Fettkörper, H Hoden, HL Harnleiter, N Niere, S Samenblase. Vgl. Text, S. 14.

Die Nieren liegen, vom Bauchfell überzogen, zu beiden Seiten der Wirbelsäule und sind bei den Froschlurchen mehr in der Rumpfmitte gelegen und elliptisch im Umriß, bei Schwanz- und Schleichenlurchen aber langgestreckt und reichen dann bis an das Hinterende des Rumpfes. Eine Harnblase ist stets da, oft zweizipfelig.

Alle Lurche sind getrennten Geschlechtes, doch ist bei männlichen Kröten an den Hoden der Rest einer weiblichen Keimdrüse, das Biddersche Organ, zu bemerken. Die immer paarigen Geschlechtsorgane sind an der Rückenwand der Bauchhöhle durch ein Aufhängeband befestigt, bei Schleichen- und Schwanzlurchen langgestreckt, bei den Froschlurchen, entsprechend der gedrungenen Gestalt, kurz. Beim Männchen der geschwänzten Lurche treten die Geschlechtsprodukte aus den Hoden durch feine Querkanäle entweder unmittelbar oder, nachdem diese einen längsverlaufenden Sammelgang gebildet haben, in den vorderen, langgestreckten Teil der Niere (Geschlechtsniere) ein, wo sie in die Harnkanälchen einmünden; diese sammeln sich wieder in einen längsverlaufenden Gang, den Wolffschen

Gang oder Harnsamenleiter (so genannt, weil er von Harn und Samen durchflossen wird). Dieser mündet, nachdem er aus dem hinteren, im Becken gelegenen breiteren Teil der Niere (Beckenniere) zahlreiche lange Harnkanälchen aufgenommen hat, in den erweiterten Endabschnitt des Darmes, die Kloake, ein, und zwar von dem der anderen Seite getrennt und bei den Froschlurchen zur Brunstzeit am Ende mit einem Samenbehälter versehen. Im weiblichen Geschlecht sind die Nieren von den Geschlechtsorganen vollständig geschieden, und der Harnleiter, der dem Wolffschen Gang des Männchens entspricht, führt eben nur Harn. Die Eierstöcke sind traubenförmig und vollkommen abgeschlossen. Bei den Schwanzlurchen bilden sie einen Sack mit einer einzigen Öffnung, durch welche die reifen Eier in die Bauchhöhle fallen, während bei den froschartigen Tieren jedes reife Ei für sich seine Kapsel durchbricht. Die Eileiter, die einem bei vielen Männchen noch als dünner Faden erhaltenen Gang (Müllerscher Gang) entsprechen, sind stets vollkommen von den Eierstöcken getrennt, sehr lang, bei den Froschlurchen darmartig vielfach gewunden und mit einem weiten Trichter, der die Eier gleichsam einschluckt, in der Regel nahe dem Ursprung der Lungen nach der Bauchhöhle zu geöffnet; ihre Wand sondert eine gallertige Ausscheidung ab, welche die Eier umhüllt; bei den weiblichen Salamandern kommen Samentaschen in der Kloakenwand vor, in denen der Same lange nach der Begattung sich lebendig erhalten kann. Vor ihrer Öffnung in die Kloake zeigen die Eileiter oft eine gebärmutterartige Erweiterung, in der sich bei den Salamandern und wenigen Fröschen auch wirklich die Jungen entwickeln. Äußere Geschlechtswerkzeuge haben nur die Blindwühlen.

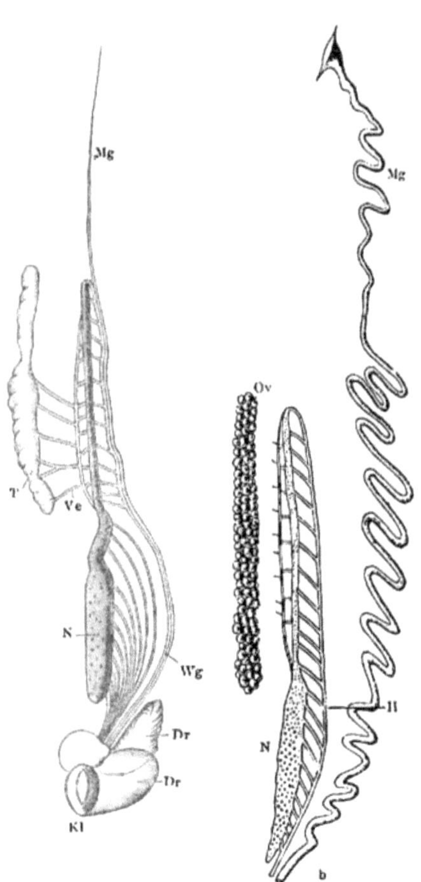

Linksseitiger Geschlechtsapparat von Salamandra maculosa: a vom Männchen: T Hoden, Ve Samenleiter (Vasa efferentia), N Niere, Wg Wolffscher Gang (Harnsamenleiter), Mg Müllerscher Gang (Rest des Eileiters), Dr Prostatadrüsen, Kl Kloake; — b vom Weibchen (ohne Kloakenteil): Ov Eierstock, N Niere, Hl Harnleiter, Mg Müllerscher Gang (Eileiter). Nach Claus-Grobben, „Lehrbuch der Zoologie", 2. Aufl. (Marburg i. H. 1910).

Bei allen Lurchen sitzen in der Nähe der Geschlechtsorgane meist lebhaft gelb gefärbte Fettkörper in Form von Bändern oder (bei Froschlurchen; Abb., S. 13) verzweigten Gebilden, die den Keimdrüsen nach der Fortpflanzung Nahrung zuführen sollen. Dieselbe Bedeutung scheint, nach G. A. Boulenger, bei manchen Kröten eine im hintersten Teile des Bauches unter der Haut gelegene Fettkörpermasse zu haben.

Höchst bedeutsam für das Leben der Lurche sind die Werkzeuge des Blutumlaufes und der Atmung. Das Herz liegt weit vorn im Körper, zwischen den Vorderbeinen, nach unten durch den Brustgürtel geschützt; nur bei den Blindwühlen ist es weiter nach hinten gerückt, etwa so weit wie bei den Schlangen; es ist in einem Herzbeutel eingeschlossen und besteht aus einer einzigen dickwandigen Kammer, die den Stamm des Schlagadersystems, den sogenannten Aortenbulbus, nach vorn abgibt, ferner zwei ungleichgroßen und nur bei den Froschlurchen vollständig getrennten Vorkammern und einem Venensinus, in den die stärkste Blutader, die große hintere Hohlvene, nach Aufnahme der Lebervene einmündet. Ebenda tritt auch von jeder Seite her ein Venenstamm (Ductus Cuvieri) ein, der von der Kopfgegend die vordere Kardinalvene (Drosselvene) aufnimmt. Die hinteren Kardinalvenen, die bei den Salamandern als sehr schwache Gefäße die Aorta begleiten, können auch ganz fehlen. Der Aortenbulbus hat eine zusammenziehbare Wandung, Klappen am vordern und hintern Ende (nur bei den Schleichenlurchen eine einzige Klappenreihe) und gibt nach vorn zwei, drei oder vier Arterien nach beiden Seiten ab. Die Larven und die dauernd kiemenatmenden geschwänzten Lurche haben jederseits vier Aortenbogen, die bei ihnen das Blut den Kiemen zuführen, und von denen der vorletzte bei den Froschlurchen vor der Verwandlung verschwindet. Der erste Aortenbogen gibt die Halsschlagader (Carotis) nach vorn ab; aus der an der Rückenseite der Speiseröhre oder des Magens erfolgenden Vereinigung des zweiten Paares von Aortenbögen entsteht die absteigende Aorta, die unterhalb der Wirbelsäule nach hinten bis zum Schwanzende verläuft und Arterien an die Gliedmaßen und Eingeweide entsendet. Der dritte Aortenbogen kann eine Rückbildung erfahren oder ganz zugrunde gehen; vom vierten entspringt die Lungenarterie. An Blutadern (Venen) sind außer den bereits obengenannten eine längs der Bauchwand nach vorn verlaufende Bauchvene zu nennen, die durch die Vereinigung der beiden Schenkelvenen entsteht und in die Leber eintritt. Eine aus der Schwanzgegend kommende Vene gabelt sich vor den Nieren, jeder Ast tritt an den Außenrand einer Niere heran und entsendet zahlreiche feine Verzweigungen in diese; das Blut sammelt sich dann wieder in weiteren Verzweigungen, die am Innenrande der Nieren austreten und sich zur großen unteren Hohlvene vereinigen. Ein solcher Pfortaderkreislauf, wie man die Auflösung einer Vene in feine Zweige und deren Wiedervereinigung zu einem Venenstamm innerhalb eines Organs nennt, durchzieht auch die

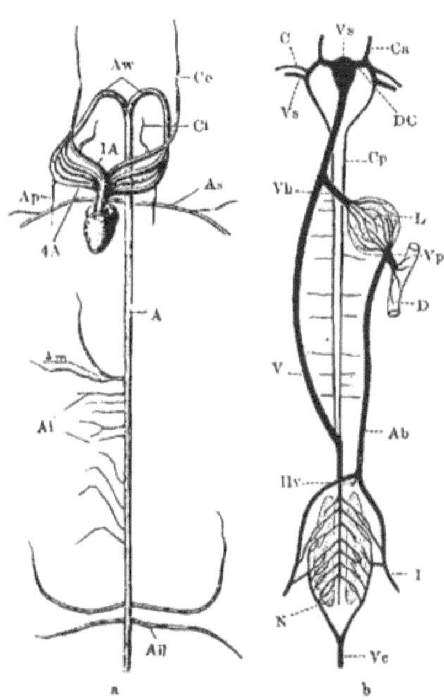

Arterien- (a) und Venensystem (b) von Salamandra maculosa (von der Bauchseite gesehen). a Nach der Natur, b nach Claus-Grobben, „Lehrbuch der Zoologie", 2. Aufl. (Marburg i. H. 1910). a: A Aorta (absteigende), Aw Aortenwurzeln, 1A u. 4A erster und vierter Aortenbogen, Ai Eingeweidearterie, All Schenkelarterie, Am Gekrösearterie, Ap Lungenarterie, As Schlüsselbeinarterie, Ce äußere, Ci innere Halsarterie. — b: Ab Abdominalvene, C Hautvene, Ca vordere, Cp hintere Kardinalvene, D Darm, DC Ductus Cuvieri, Hv Harnblasenvene, I Darmbeinvene, L Leber, N Niere, V untere Hohlvene, Vc Schwanzvene, Vh Lebervene, Vp Pfortader, Vs Schlüsselbeinvene.

Leber; die Pfortader, die das Blut der Darmgefäße bringt, tritt als Lebervene in die große Hohlvene ein. Die Blutkörperchen sind elliptisch im Umriß, kernhaltig, verhältnismäßig groß, bei manchen Kiemenmolchen bis zu einem halben Millimeter lang.

Die Froschlurche haben große, durch Scheidewände getrennte Lymphräume unter der Haut, die deshalb der darunter befindlichen Muskulatur nur an den Stellen anliegt, wo diese Scheidewände stehen. Die Lymphgefäße münden in die großen Venenstämme ein und sind an dieser Stelle zu sogenannten Lymphherzen erweitert, die selbständig pulsieren. Die meisten Froschlurche haben zwei Paare solcher Lymphherzen, das eine in der Schultergegend, das andere nahe dem Hinterende des Beckens; bei den geschwänzten Lurchen und dem Engmaulfrosch Hemisus kommen sie in größerer Zahl vor. Milz, Thyreoidea (Schilddrüse) und Thymus (Bries) sind stets vorhanden.

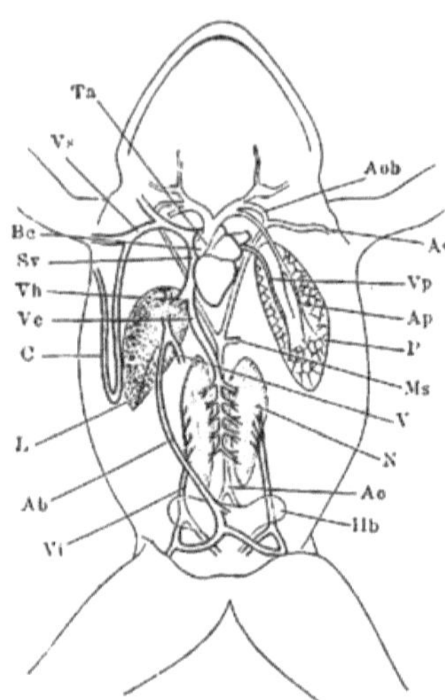

Gefäßsystem vom Frosch (von der Bauchseite gesehen). Nach Claus-Grobben, „Lehrbuch der Zoologie", 2. Aufl. (Marburg i. H. 1910). Ab Vena abdominalis, Ao Aorta descendens, Aob Aortenbogen, Ap Lungenarterie, As Schlüsselbeinarterie, Bc Aortenwurzel (Bulbus cordis), C Hautvene, Hb Harnblase, L Leber, Ms Eingeweidearterie, N Niere, P Lunge, Sv Venensinus des Herzens, V Pfortader, Vc untere Hohlvene, Vh Lebervene, Vi Darmbeinvene, Vp Lungenvene, Vs Schlüsselbeinvene, Ta gemeinsamer Aortenstamm (Truncus arteriosus). Die Venen sind mit stärkeren Linien ausgeführt, rechts entfernt; ebenso links die Lunge.

Die Atmung geschieht durch Lungen oder Kiemen oder durch die gefäßreiche Mund- und Rachenhöhle und die Haut. Der Kehlkopf, bei den Schwanzlurchen durch ein oder zwei Paare kleiner Knorpelstücke gebildet, ist bei den Froschlurchen am besten entwickelt und besteht aus einem Gerüst von Knorpelspangen, an denen sich die Muskeln zur Verengerung und Erweiterung der Stimmritze ansetzen; auch sind bereits Stimmbänder vorhanden. Bei der großen Mehrzahl der Froschlurche wird die Stimme durch unterstützende Apparate an der Kehle (Schallblasen) verstärkt, wodurch die Tiere imstande sind, mehr oder weniger klangvolle, laute und abgerundete Töne hervorzubringen. Ihre Stimmen sind es, die nachts im Urwalde alle übrigen Laute, wenn auch nicht übertönen, so doch ununterbrochen begleiten, ihre Stimmen, die bei uns zulande in den Sommernächten zu den vorherrschendsten werden. Mehrere Arten der Klasse machen von dieser Begabung so umfassenden Gebrauch, daß sie zu Störern der nächtlichen Ruhe werden oder ein ängstliches Gemüt in Furcht und Verwirrung setzen können. Doch sind, wie ich bereits hier bemerke, nur die Erwachsenen imstande zu schreien, die Larven und Jungen hingegen und mitunter auch die Weibchen sind stumm. Aber nicht bloß quakende Laute der mannigfachsten Art werden von Lurchen, geschwänzten und ungeschwänzten, geäußert, wir kennen auch eine ganze Reihe von Fröschen und Molchen, die einen Schrei auszustoßen vermögen; der Aalmolch Nordamerikas bringt einen scharfen Pfiff hervor, und der japanische Riesensalamander wird in seiner Heimat nach seinem Geschrei etwa als „Kleinkinder-Fisch" bezeichnet. Von verschiedenen Wassermolchen wissen wir, daß sie in der Erregung, sei es zur Fortpflanzungszeit oder bei rascher, unsanfter Berührung, einen quakenden oder glockenhellen Ton hören lassen; unter Wasser sind sie aber stets stumm. Manche Frösche können, gereizt, zu einem langdauernden, lauten Geschrei veranlaßt werden. Bekannt ist auch das entsetzliche Angstgeschrei erschreckter Gras- oder Springfrösche, namentlich wenn sie von einer Ringelnatter verfolgt werden. Dieser Klageruf, der mit offenem Maule hervorgebracht wird, ist von der sonstigen Stimmäußerung gänzlich verschieden.

An den Kehlkopf schließt sich nur bei Blindwühlen und wenigen Schwanzlurchen eine Luftröhre an, bei den übrigen Lurchen scheinen die Lungen unmittelbar an der untern Wand der Speiseröhre einzumünden. In ihrer Gestalt sind sie sehr verschieden: bei den Froschlurchen kurz, etwa eiförmig, mit dichtem, in den innern Hohlraum vorspringendem Netzwerk von Balken und Scheidewänden, wodurch die zur Atmung brauchbare innere Oberfläche der Lungen erheblich vergrößert wird; mehr länglich, aber sonst von ähnlichem Bau, bei den Landsalamandern, mit schwächer entwickeltem Maschenwerk bei den lungenatmenden Wassermolchen, während die dauernd wasserbewohnenden und durch Kiemen atmenden Molche meist langgestreckte, schlauchförmige, glattwandige Lungen haben, die für die Atmung bedeutungslos geworden sind und nur durch Entleerung oder Füllung mit Luft Sinken oder Aufsteigen im Wasser bewirken; bei den langgestreckten Molchen dieser Gruppe sind sie auch stets ungleich lang, ebenso bei den Blindwühlen.

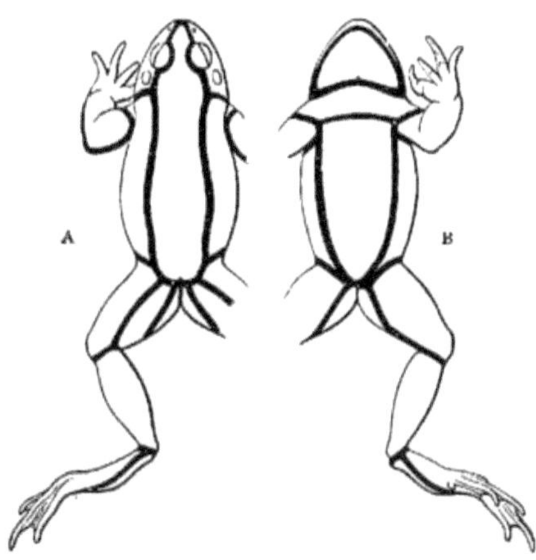

Lymphräume unter der Haut von Rana. Nach Boulenger, „Les Batraciens", in „Encyclopédie Scientifique" (Paris 1910). A Rückenseite, B Bauchseite. Die dunkeln Linien zeigen die häutigen Scheidewände zwischen den einzelnen Lymphsäcken an.

Zuerst durch Wilder ist nachgewiesen worden, daß zahlreiche, seit langem bekannte nordamerikanische Landsalamander keine Spur von Lungen, ja auch weder Kehlkopf noch Luftröhre haben; diese lungenlosen Salamander gehören drei verschiedenen Gattungen an, während bei einer einzigen Art einer vierten Gattung die Lungen verkümmert sind. Camerano fand bei dem Italienischen Höhlensalamander, der als einzige europäische Art einer der nordamerikanischen lungenlosen Gattungen angehört, nichts von Lungen, bei dem Italienischen Brillensalamander nur noch Reste, und durch die weiteren Untersuchungen von Lönnberg ist es nun sichergestellt, daß die Lungenlosigkeit bei einer ganzen Unterfamilie von Salamandern vorkommt. Alle diese Tiere atmen, wie schon erwähnt, ausschließlich durch die sehr gefäßreiche Mund- und Rachenhöhle und durch die äußere Haut. Es möge hier darauf hingewiesen werden, daß die Hautatmung auch bei den Froschlurchen von großer Wichtigkeit ist; das geht schon daraus hervor, daß ein reiches Gefäßnetz sich in der Haut ausbreitet, wie man bei der Betrachtung der abgezogenen Haut eines Frosches von der Innenseite leicht sehen kann: eine große, S-förmig gebogene, von der Lungenarterie ausgehende Hautarterie verästelt sich in ihr, und eine ebenfalls starke,

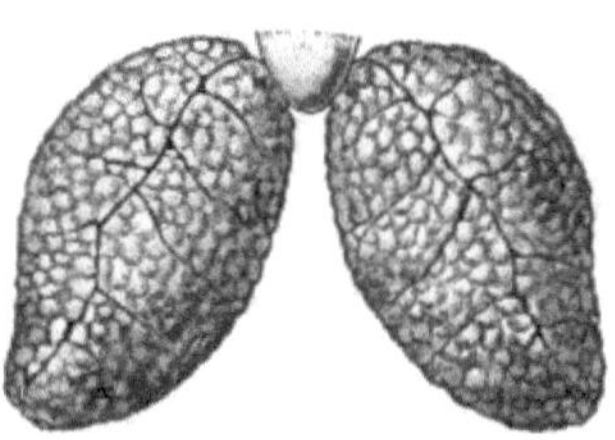
Lunge von Rana temporaria. Nach Boulenger, „The Tailless Batrachians of Europe" I (London 1897).

in ähnlicher Weise gebogene Vene nimmt das Blut aus zahlreichen seinen Verzweigungen auf, um es der Schlüsselbeinvene und damit dem Kreislauf wieder zuzuführen. Jedenfalls sind die sehr einfach gebauten Lungen der obenerwähnten Landsalamander rückgebildet worden, da sie zur Atmung nicht genügten und keine Verwendung im Wasser mehr finden konnten. Von den im Wasser lebenden Molcharten fehlen nur wenigen die Lungen; das sind wohl Nachkommen lungenloser Landmolche, die sich wieder dem Wasserleben anpaßten.

Mit verhältnismäßig wenigen Ausnahmen verlassen die Lurche das Ei als Larven, atmen demnach durch Kiemen, die nur bei einigen geschwänzten Lurchen lebenslang sich erhalten. Auch unter den ausgestorbenen Panzerlurchen dürften zum mindesten einige, wie Branchiosaurus, eine Verwandlung durchgemacht haben, da man von ihnen kiementragende Larven verschiedenen Alters gefunden hat. Während die Larven der Schwanzlurche ihre großen, verästelten Kiemen, die am obern Rande der drei ersten Kiemenbogen entspringen und weit über die Kiemenspalten vorragen, bis zum Schlusse der Verwandlung beibehalten und dann langsam rückbilden, vollzieht sich die Rückbildung der sogenannten äußeren Kiemen in den beiden übrigen Ordnungen der Lurche viel früher: die äußeren Kiemen werden hier durch kurze, etwa kammförmig dem unteren Rande der Kiemenbogen ansitzende sogenannte innere Kiemen ersetzt. Diese sind in der Regel durch eine Hautfalte, die eine Art Kiemendeckel bildet, überwölbt, und zwar bis auf eine kleine, entweder paarig an den Seiten des Körpers, wie bei den zungenlosen Froschlurchen, oder unpaar in der Mittellinie des Körpers, wie bei den Scheibenzünglern (z. B. bei den Unken), oder schließlich unsymmetrisch bloß auf der linken Körperseite gelegene Öffnung, durch die das durch den Mund aufgenommene Atemwasser aus dem Kiemenraum austreten kann, nachdem es an den Kiemen vorbeigegangen ist und den Sauerstoff der in ihm verteilten Luft abgegeben hat. Unter jener Hautfalte verborgen (nur bei den Krallenfröschen frei) liegen bei den Larven der Froschlurche die Vordergliedmaßen, die erst dann die Haut durchbrechen (wobei das linke Vorderbein nicht selten aus dem Atemloch herausfährt), wenn die Hinterbeine schon vollkommen entwickelt sind; während bei den Larven der Wassermolche die Vordergliedmaßen schon vollkommen ausgebildet sind, wenn die hinteren noch kleine Stummel bilden.

Embryo von Salamandra atra. Nach Kammerer, „Beitrag zur Erkenntnis der Verwandtschaftsverhältnisse von Salamandra atra und maculosa, im „Archiv f. Entwickelungsmechanik“, XVII (1904).

Die Kiemen entstehen als kleine Höcker an den Seiten des Kopfes, verlängern und verästeln sich zur selben Zeit, wenn die Kiemenspalten durch die Haut durchbrechen; sie sind nach hinten und etwas nach aufwärts gerichtet, haben einen muskulösen, auf- und abwärts beweglichen Stamm und zwei Reihen von Kiemenblättern, die nach abwärts hängen, so daß der obere Rand dieses Stammes frei bleibt. Von den vier Kiemenspalten schließt sich die hinterste bei dem Armmolch (Siren) sehr früh, bei gewissen anderen, dauernd im Wasser lebenden Schwanzlurchen auch noch die dritte, ja bei dem nächsten Verwandten des Gemeinen Armmolches (Pseudobranchus) auch die zweite vollständig.

Daß die Kiemen der Froschlurchlarven anfangs ähnlich wie bei den geschwänzten aussehen, wurde bereits erwähnt. Jene Kiemen haben stets nur eine einzige (untere) Reihe von Seitenästchen und sind mitunter durch Rückbildung der hintersten auf die Zweizahl, ja bei der Feßlerkröte nur auf die vorderste beschränkt; die späteren, kurzen, von der Kiemenhautfalte überwachsenen Kiemen sitzen in Büscheln an den drei vorderen, in einfacher Reihe am vierten Kiemenbogen.

Bei einigen lebendgebärenden Lurchen, bei denen das Larvenstadium ganz unterdrückt ist, sind die Kiemen der noch im Mutterleibe ruhenden Jungen in besonderer Weise entwickelt. Sie sind außerordentlich groß, dünn, abgeplattet, am Rande ausgefranst, blutgefäßreich, aber pigmentlos, sonst jedoch von denen der wasserlebenden Larven nicht wesentlich verschieden beim Alpensalamander (Abb., S. 18), dagegen häutig und von zahlreichen Verästelungen von Blutgefäßen durchzogen bei verschiedenen Arten aus allen drei Ordnungen, die entweder lebendgebärend sind, oder bei denen die ganze Larvenentwickelung im Ei durchlaufen wird. Diese häutigen, blattartigen Kiemen sind einfach oder zweilappig bei verschiedenen Blindwühlen (Abb., unten links), dreilappig bei dem nordamerikanischen Erdmolch Autodax; bei den Beutelfröschen sind sie glockenförmig mit zwei langen Stielen, die vom zweiten und dritten Kiemenbogen kommen, und von denen jeder eine Arterie und eine Vene enthält, die sich in der Glocke verästeln (Abb., unten rechts). — Wo bei unter-

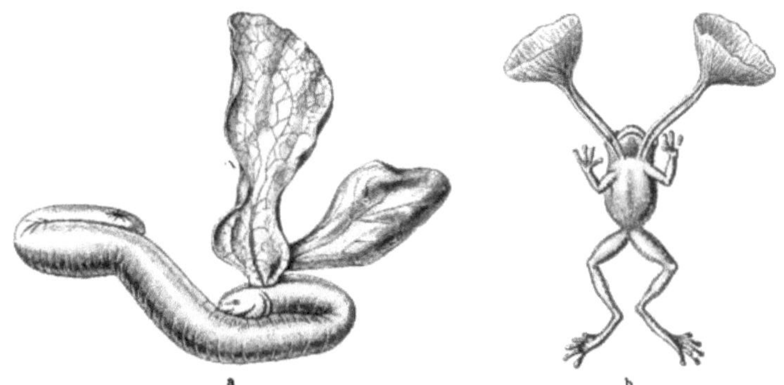

a Äußere Kiemen von Typhlonectes compressicauda. Nach P. und F. Sarasin, „Ergebnisse naturwissenschaftlicher Forschungen auf Ceylon“ II (Wiesbaden 1887—90). — b Junger Frosch von Nototrema cornutum *Gthr.* (aus der Bruttasche). Nach Boulenger, „Les Batraciens“, in „Encyclopédie Scientifique“ (Paris 1910).

drückter Verwandlung derartige Atmungsorgane fehlen, da sind sie durch besondere Einrichtungen, wie gefäßreiche Hautfalten an den Körperseiten oder durch den gleichfalls gefäßreichen Schwanz ersetzt, beides bei Froschlurchen, wie wir später noch sehen werden.

Nur bei den Blindwühlen, deren Männchen ein Begattungsorgan haben, wird sicher eine wirkliche Begattung vollzogen. Doch ist auch bei fast allen geschwänzten Lurchen die Befruchtung des Weibchens eine innere, sei es, daß dabei das Weibchen vom Männchen umklammert wird und durch Aneinanderpressen der Kloakenspalten die Samenpakete unmittelbar von dem Männchen in das Weibchen übergeführt werden, oder daß das Männchen die von einer etwa glockenartigen Gallerthülle umgebene Samenmasse auf dem Boden des Wohngewässers absetzt, bzw. anklebt, und das Weibchen, darüber schreitend, das Samenpaket in die Kloake förmlich einschluckt, während die leere Hülle zurückbleibt. Bei den Froschlurchen findet mit wenigen, nicht sicheren Ausnahmen durchweg eine äußere Befruchtung statt, indem die Eier erst nach erfolgter Ablage vom Männchen befruchtet werden. Dies geschieht fast ausnahmslos im Wasser, weshalb zur Paarungszeit von den brünstigen Tieren oft auf weite Strecken geeignete Wasseransammlungen aufgesucht werden, die dann von den Paaren förmlich wimmeln. Die Paarung dauert hier auch ziemlich lange, und die brünstigen Männchen der Froschlurche halten hierbei das Weibchen stets von rückwärts mit den

Vorderbeinen fest, aber indem sie je nach der Gattung entweder die Fäuste in die Achselhöhle einbohren (Kröten), oder aber die Brust des Weibchens vollkommen umgreifen (echte Frösche), oder das Weibchen in der Lendengegend umfassen (wie z. B. die Knoblauchkröte).

Die brünstigen Männchen namentlich der Kröten halten oft Weibchen anderer Arten, Männchen derselben Art, tote Frösche, sogar Fische fest und lassen sich Kopf und Hinterbeine abschneiden und die furchtbarsten Verstümmelungen über sich ergehen, ohne das Weibchen loszulassen. Goltz konnte nachweisen, daß das Zentrum, von dem dieser Umarmungskrampf abhängt, im vordersten Teil des Rückenmarks liegt, und daß dessen Tätigkeit durch mechanische Reizung (Druck oder Reibung) der Haut an der Brust und der Beugefläche der Arme ausgelöst wird.

Während die Eier bei vielen Lurchen einfach ins Wasser abgelegt werden, lernt man doch von Jahr zu Jahr eine größere Anzahl von Arten kennen, die ihrer Nachkommenschaft eine Fürsorge, und zwar in sehr verschieden hohem Grade, angedeihen lassen. Wir werden auf diese Brutpflege, die bald vom Weibchen, bald aber, wie bei vielen Fischen, vom Männchen ausgeübt wird, bei den einzelnen Arten noch näher besprechen, wollen jedoch eine kurze Übersicht der verschiedenen Arten der Brutpflege geben. Wir können hierbei unterscheiden:

Brutpflege des Weibchens. Die Eier werden außerhalb des Wassers abgelegt, entweder in ein Nest oder besonders für sie gebaute Wasserbecken; so schichtet das Weibchen des südamerikanischen großen Laubfrosches Hyla faber in seichtem Wasser aus Schlamm Ringwälle, in deren Mitte die Eier abgelegt werden; das Weibchen eines andern brasilischen Laubfrosches, Hyla resinifictrix, benutzt mit Baumharz wasserdicht gemachte Vertiefungen in Bäumen als Brutbecken, wenn diese sich nach einem Regen gefüllt haben; andere Frösche graben Höhlen in der Erde nahe dem Wasser, wieder andere kleben Blätter zu einem Nest zusammen, das den Eierklumpen umhüllt, oder scheiden einen die Eier umhüllenden Sack aus, oder legen die Eierklumpen einfach unter Moos oder an Bäumen ab. In allen diesen Fällen sind die Eier groß, gering an Zahl und dotterreich; dasselbe gilt auch für diejenigen brutpflegenden Mütter, die ihre Eier entweder einfach auf dem Rücken (verschiedene südamerikanische Laubfrösche) oder in einer besonderen, nach hinten geöffneten Bruttasche des Rückens (Beutelfrösche), in zahlreichen wabenartigen Hohlräumen der Rückenhaut (Wabenkröte), auf dem Bauche (ein Ruderfrosch aus Ceylon) oder gar, wie ein westafrikanischer Baumfrosch (Hylambates), im Munde herumtragen. Bei anderen Arten, die durchweg den Schwanzlurchen und Blindwühlen angehören, werden die Eier entweder von der Mutter in einem um den Leib geschlungenen Klumpen herumgetragen, oder durch die sich um den Eiklumpen herumrollende Mutter vor Austrocknung geschützt und wohl auch verteidigt.

Brutpflege des Männchens. Große, an Dotter reiche Eier sind auch hier die Regel; sie werden vom Weibchen im Wasser abgelegt und vom Männchen bewacht und verteidigt bei dem nordamerikanischen und dem japanischen Riesensalamander; auf dem Bauche herumgetragen bei einem Engmaulfrosch (Mantophryne) von Neuguinea; in einem großen Kehlsack unter der Haut bei dem chilenischen Nasenfrosch und um die Hinterbeine gewickelt von der Feßler- oder Geburtshelferkröte.

Die Eier sind stets kugelig, umgeben von einer dünnen, elastischen Rindenhaut und einer (bei den Knoblauchkröten) oder zwei gallertigen Hüllen, welch letztere während des Durchtrittes durch die Eileiter von diesen abgeschieden werden; die äußere Gallerthülle schwillt im Wasser stark an. Bei den meisten einheimischen Froschlurchen ist die Rindenschicht des Eies ganz oder teilweise dunkel (braun bis schwarz) gefärbt, seltener ist das Ei ganz pigmentlos, wie bei der Geburtshelferkröte und manchen Laubfröschen. Die innere, bei der Knoblauchkröte fehlende Gallerthülle wird vom vordern Teile des Eileiters geliefert und umgibt jedes Ei einzeln; die äußere Gallerthülle stammt aus dem hintern Teile des Eileiters und bildet entweder eine konzentrische Hülle um die innere oder eine gemeinsame, strangförmige Umhüllung der ganzen Eimassen jedes Eileiters. Die Eigallerte löst sich entweder ziemlich früh auf, so daß die noch bewegungsunfähigen Embryonen herausfallen und sich mit einem Saugapparat an den Resten der Gallerte festheften; oder aber sie bleibt länger erhalten, und die Larven befreien sich durch ihre eignen Bewegungen daraus. In der Regel finden wir, daß die Eier bei geringer Zahl und im Genusse irgendwelchen Schutzes von seiten der Eltern groß sind, dagegen zahlreich und klein bei denjenigen Arten, wo keine Brutpflege vorkommt und die Eier einfach ins Wasser abgelegt werden. Die Zahl beträgt bei der Wechselkröte 10000—12000, beim Laubfrosch nur 800—1000, dagegen bei der Feßlerkröte bei zwei oder drei Laichperioden im Jahre nur 270.

Über die Bedeutung der Gallerthüllen bei der Entwickelung haben in neuester Zeit H. M. Bernard und K. Bratuscheck Untersuchungen angestellt, deren Ergebnisse hier im Auszuge mitgeteilt werden sollen. Die Vorteile, die den Froscheiern aus ihren Gallerthüllen erwachsen, sind schon lange mannigfaltig erörtert worden. Die Gallerte bildet einen wirksamen Schutz gegen das Eintrocknen; ferner schützt ihre Schlüpfrigkeit und Elastizität die Eier gegen mechanische Verletzung und besonders gegen das Gefressenwerden. Mit Ausnahme der breitschnäbeligen Enten ist es Vögeln unmöglich, den Laich zu verschlingen. Nach den Beobachtungen von E. Stahl dient die Gallerte auch als ein Schutzmittel gegen die Angriffe von Fischen und Schnecken und, nach den späteren Versuchen von Bernard und Bratuscheck, auch gegen die der Flohkrebse. Als ein weiterer Vorteil wird angeführt, daß mit der Vergrößerung der einzelnen kugeligen Eier, wie sie durch die Gallerthüllen erzielt wird, auch eine Vergrößerung der Zwischenräume verbunden ist, was wiederum eine für Atmung und Stoffwechsel des Keimlings wichtige vermehrte Wasserzufuhr zur Folge hat. „Die Kugelform ist sogar mittelbar noch in anderer Beziehung für die Atmung nützlich, denn die grellen Punkte, die von den als Sammellinsen wirkenden glashellen Kugeln im Sonnenschein geworfen werden, locken die Schwärmsporen kleiner Algen an, sich auf der Gallerte anzusiedeln. Der grüne Algenüberzug, den man auf älterem Laiche fast stets findet, übt aber durch die reichen Sauerstoffmengen, die er den Eiern zuführt, auf deren Entwickelung sicherlich einen günstigen Einfluß aus. In anderer Beziehung scheinen die von den größeren Wasserpflanzen abgeschiedenen Sauerstoffblasen von Bedeutung zu sein; denn wir bemerkten, daß der Laich des Grasfrosches nur in Gefäßen mit einer genügenden Menge von Wasserpflanzen an die Oberfläche steigt, während er in Gefäßen ohne solche auf dem Boden liegen bleibt. Demnach ist der Laich auch im Zustande vollständiger Quellung nicht leichter als Wasser und wird wohl nur durch die Gasblasen, die sich unter ihm ansetzen, schwimmend erhalten. Die Vermutung, daß die Eier leichter seien als Wasser, die seit Rösel von Rosenhof zur herrschenden Meinung geworden ist, können wir also nicht bestätigen; allerdings müssen die Eier beinahe das Eigengewicht des Wassers besitzen, um von den geringen Mengen Gas, die sich ansetzen, gehoben und getragen werden zu können, und Rösel von Rosenhof wird recht haben, wenn er anführt, daß der Laich anderer Lurche der geringer entwickelten Gallerte wegen zu schwer bleibe, um an die Oberfläche zu steigen. Daß bei kälterer Witterung der Laich länger auf dem Boden der Gewässer liegen bleibt, ist eine feststehende Tatsache, die sich vielleicht daraus erklärt, daß bei geringerer Wärme die Pflanzen nur sehr wenig Sauerstoff entwickeln.

„Außer dem Laiche des Grasfrosches haben noch die Eier des Wasserfrosches und des Laubfrosches sowie die der Feuerkröten kugelige Gallerthüllen. Es ist beachtenswert, daß alle diese Eier, die in der wärmeren Jahreszeit, Ende April, im Mai oder Juni, gelegt werden, schwach gefärbt sind und schwächere Gallerthüllen zeigen, sich auf dem Grunde der Gewässer entwickeln, während die schon im März oder Anfang April gelegten Eier des Grasfrosches eine tiefschwarze Färbung sowie große Gallerthüllen besitzen und an die Oberfläche des Wassers steigen. Eine Entwickelung auf dem Boden der Gewässer würde gerade den früh gelegten Laich vor den Nachtfrösten schützen. Wie kommt es nun, daß gerade er sich an der Oberfläche entwickelt? Es erwächst ihm aus dem Schwimmen der Vorteil, von den Strahlen der Sonne unmittelbar getroffen zu werden und so die für die Entwickelung notwendige Wärme zu erhalten, die im Vorfrühling in den Gewässern noch nicht vorhanden ist. Die schwarze Farbe der Eier ist schon längst als eine Einrichtung zur besseren Aufnahme der Sonnenwärme angesprochen worden; jedenfalls hat man dafür keine anderen Gründe mit Erfolg geltend gemacht. Die Gallerte aber kann die Wirkung dieser Färbung sehr wesentlich unterstützen, wenn sie den Sonnenstrahlen das Eindringen ungehindert gestattet, hingegen die von dem Ei ausgehenden Strahlen großer Wellenlänge zurückhält und durch Wärmeleitung dem Ei wieder zuführt, also wie ein kleines Treibhaus wirkt." Bernard und Bratuscheck haben nun durch eingehende, mittels sehr empfindlicher Meßwerkzeuge angestellte Versuche wirklich bewiesen, „daß die Gallerthüllen den Eiern des Grasfrosches neben ihrem sonstigen Nutzen auch die Vorteile eines Treibhauses gewähren".

Nach erfolgter Befruchtung macht das Ei die sogenannte Furchung durch, wobei es sich zuerst durch eine tiefe Furche vollständig in zwei gleichgroße Halbkugeln teilt; die Ebene dieser ersten Furchung ist zugleich die Symmetrieebene des zukünftigen Embryos. Die nächste Furche ist ebenfalls senkrecht, die dritte wagerecht, dem Teil des Eies, der vorwiegend den sogenannten Bildungsdotter enthält (animaler Pol), näher gelegen als demjenigen, der größtenteils aus dem Nahrungsdotter besteht (vegetativer Pol); von nun ab teilt sich das Ei weiter durch senkrechte und wagerechte Furchen, und zwar schneller am animalen als am vegetativen Pol. Im weiteren Verlaufe der Entwickelung werden die größeren Zellen des letzteren von dem kleineren des ersteren bis auf eine kleine runde Stelle (Urmund oder Rusconischer After) umwachsen. Ein getrennter Dottersack kommt daher nicht zur Ausbildung. Die schon wenige Tage nach der Befruchtung des Eies (beim Scheibenzüngler schon innerhalb 30 Stunden) entwickelte Larve ist im Anfang ziemlich kurz, halbmondförmig gebogen, mit dickem Kopf, aufgetriebenem Bauch und anfänglich ohne oder mit sehr kurzem, später länger werdendem, seitlich zusammengedrücktem Schwanz, der ringsherum von einem senkrechten Hautsaum umgeben ist. Die Muskelbündel dieses Ruderschwanzes zeigen, namentlich bei älteren Larven, sehr deutlich dieselbe zickzackförmige Anordnung wie bei Fischen. Hinter der anfangs durch eine quere oder rautenförmige Einsenkung am Vorderende angedeuteten Mundöffnung befindet sich auf der Bauchseite ein bei den einzelnen Arten sehr verschiedenartig ausgebildeter, schon bei den Larven von Schmelzschuppern und Lungenfischen vorkommender, bei den Froschlurchen wenigstens im Anfang etwa hufeisenförmiger Haftapparat, der aber keine Saugscheibe, sondern ein drüsiges, eine klebrige Flüssigkeit abscheidendes Organ ist, mit dem sich der Embryo an der Gallerthülle des Eies, später an Wasserpflanzen festhält.

Von der Entwickelung der Kiemen wurde bereits früher das Wichtigste gesagt; es erübrigt nur noch, hervorzuheben, daß die Larven der Froschlurche eine viel weitergehende Umwandlung durchmachen, bis sie die endgültige Gestalt erlangt haben, als die der

Schwanzlurche, da nicht nur die Kiemen, sondern im Zusammenhange mit dem Wechsel in der Ernährung namentlich Mund und Darm eine durchgreifende Veränderung erfahren. Während die anfänglich vorhandenen äußeren, gefiederten Kiemen von den sogenannten inneren, durch eine vorspringende Hautfalte nach außen abgeschlossenen Kiemen ersetzt werden, entwickelt sich erst der Darm, der immer länger wird und sich uhrfederartig aufrollt; man sieht ihn auf der Bauchseite des vom Kopfe nicht abgesetzten Rumpfes durch die Haut und Muskulatur durchschimmern. Der Mund erhält hornige Kiefer und die Lippen winzige Hornzähnchen; das Haftorgan verschwindet; nun knospen zuerst die Hinterbeine zu beiden Seiten des Schwanzes, die dann bis zur völligen Ausbildung des jungen Frosches allmählich an Länge zunehmen; die gleichzeitig sich bildenden Vorderbeine bleiben bis zu ihrer fertigen Entwickelung in einer Tasche des Kiemenraumes verborgen, worauf sie die Haut durchbrechen oder, wenn ein linksseitiges Kiemenloch vorhanden ist, häufig mit dem betreffenden Vorderbein durch dieses herausfahren. Jetzt verlieren sich die Hautsäume des Schwanzes, dieser verkürzt sich allmählich, die Kiemenbogen verschwinden, die anfänglich nur zum Teil der Atmung, zum andern Teile aber zur Regulierung der Gleichgewichtslage im Wasser dienenden Lungen nehmen ihre Tätigkeit auf, die Hornbewaffnung der Kiefer wird stückweise abgeworfen, die fleischigen Lippen rückgebildet, die anfangs unter der durchsichtigen Oberhaut liegenden Augen werden frei und erhalten bewegliche Lider, die Mundspalte wird weit, der Darm verkürzt sich, ebenso das den unteren Schwanzsaum durchziehende Afterrohr; schließlich verläßt der junge Froschlurch meist noch mit einem Stummel des Schwanzes das Wasser.

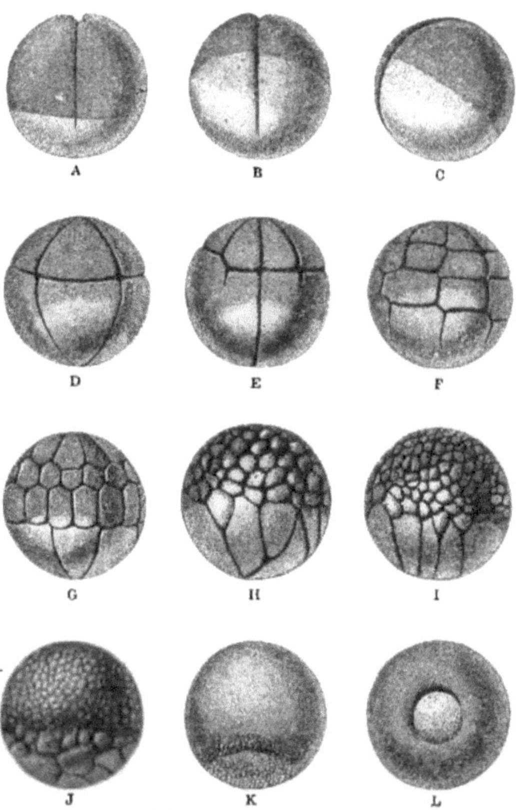

Furchung des Froscheies. Nach Morgan, „Entwickelung des Froscheies" (Leipzig 1904). A—C Erstes Furchungsstadium (Zweizellenstadium in verschiedenen Ansichten); D Drittes Furchungsstadium, Auftreten der ersten Querfurche (Vierzellenstadium); E Beginn des vierten Stadiums (Sechzehnzellen-Stadium), F—J Weitere Furchungsstadien; K die dunkel pigmentierten, kleinen Zellen des animalen Poles haben die größeren, hellen des vegetativen Poles größtenteils umwachsen; Bildung der oberen Lippe des Urmundes; L Ringförmiger Urmund (unterer Pol dem Beobachter zugewendet).

Es kommt nun vor, daß Larven von Froschlurchen nicht zur gewöhnlichen Zeit ihre Verwandlung beendigen, sondern noch ein weiteres Jahr oder sogar mehrere Jahre in gleichem Zustande verharren, dabei oft eine ganz gewaltige Größe annehmen, wie dies namentlich vom Seefrosch, von der Knoblauch- und Feßlerkröte bekannt geworden ist. Solche Larven gelangen aber niemals zur Geschlechtsreife. Bei verschiedenen Arten geschwänzter Lurche dagegen hat man beobachtet, daß sie nicht nur im Larvenzustande die Größe geschlechtsreifer Tiere erlangen können, sondern daß sie im Larvenzustande sogar fortpflanzungsfähig sind; wir werden darüber Näheres bei der Besprechung des Axolotls und des Alpenmolches ausführen. Diese Erscheinung der Erhaltung der Larvenmerkmale über die gewöhnliche Zeit hinaus wird nach Kollmanns Vorschlag als Neotenie bezeichnet, und zwar nennt man sie eine unvollständige, wenn damit nicht Fortpflanzungsfähigkeit verbunden ist, wie also bei den Riesenkaulquappen gewisser Froschlurche, eine vollständige dagegen, wenn die Tiere sich im Larvenzustande fortpflanzen können. Es liegt nahe, anzunehmen, daß gewisse dauernd kiemenatmende Schwanzlurche, die man auch früher als Fischmolche bezeichnet hat, weil sie einen Übergang von den Fischen zu den Molchen bilden sollten, nichts anderes sind als neotenische Larven unbekannter Molche. Dies zu beweisen, ist aber bei den altbekannten Arten niemals gelungen; dagegen hat es sich für den erst vor wenigen Jahren entdeckten texanischen blinden Brunnenmolch, der eine überraschende Ähnlichkeit mit dem Grottenolm der Karsthöhlen hat, als sehr wahrscheinlich herausgestellt, daß er nichts anderes ist als eine neotenische Larve eines Landmolches aus der Gattung Spelerpes.

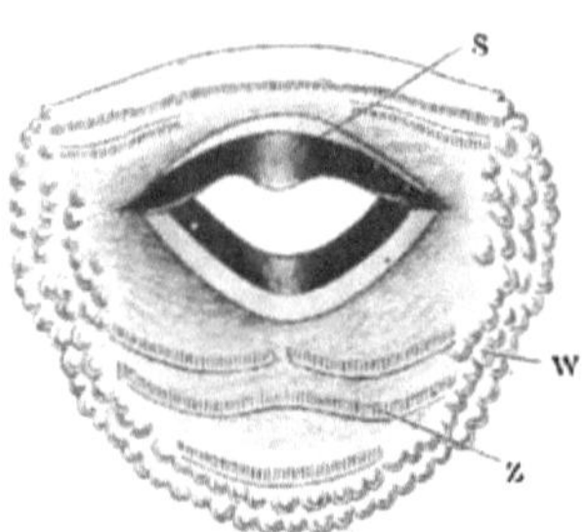

Mund der Kaulquappe von Rana esculenta. Nach Boulenger, „The Tailless Batrachians of Europe" I (London 1897).
S Hornschnabel, W Wärzchen des Mundrandes, Z Lippenzähnchen.

Der Schädel der Kaulquappen besteht anfangs aus einem großen ungeteilten Knorpel, der Nasenlöcher und verhältnismäßig große Augenhöhlen aufweist. Der Aufhängeapparat des Unterkiefers ist sehr lang und sendet vor dem Auge einen starken Fortsatz zum Schädel aufwärts; der Zwischenkiefer, der den oberen Hornschnabel trägt, ist ein paariger oder unpaarer, lose an den auseinanderweichenden vorderen Enden des Schädels befestigter Knorpel; ein Paar kurzer Knorpel trägt den Unterschnabel. Bei der Verwandlung erlangt der Unterkieferknorpel eine größere Länge, der Aufhängeapparat wird kleiner und rückt nach hinten. Der knöcherne Schädel entwickelt sich zum kleineren Teil durch Verknöcherung des knorpeligen Urschädels, zum größeren durch Ausbildung von Auflagerungs- oder Deckknochen.

Der Schwanz der Froschquappe bleibt stets auf dem Zustand der ungegliederten Rückensaite (Chorda dorsalis) stehen und entwickelt niemals Knorpel; nur am Grunde des Schwanzes entstehen sowohl auf der Rücken- als auf der Bauchseite Knorpelstücke, die schließlich zu einem Rohr verwachsen, aus dem die Chorda und das Rückenmark allmählich zurückweichen, und das beim erwachsenen Tier das knöcherne, stabförmige Steißbein wird. Die Rumpfwirbelsäule wird bei manchen niederen Formen der Froschlurche anders gebildet als bei den echten Kröten und Fröschen, bei ersteren entstehen knorpelige Wirbelanlagen nur oberhalb, nicht aber unterhalb der Rückensaite, bei letzteren aber auch auf der Unterseite, so daß sie in ersterem Falle unten nur von einer dünnen, elastischen Haut, im letzteren aber rundherum von einer dicken Scheide umgeben ist. Während der Ausbildung der Wirbel entstehen zwischen je zwei angrenzenden Wirbelkörpern knorpelige Zwischenstücke, die den Gelenkkopf der Wirbel bilden und, je nachdem sie mit dem vorderen oder dem hinteren

Ende eines Wirbelkörpers verwachsen, hinten gehöhlte (opisthozöle) oder vorn gehöhlte (prozöle) Wirbel entstehen lassen; die Verknöcherung geht von den das Rückenmark umgebenden Bogen aus, dann auf den Wirbelkörper und zum Schluß auf den Gelenkkopf über.

Über die Entstehung der Blutgefäße äußert sich Vogt wie folgt: „Das Herz entsteht bei den Larven sehr früh aus einer zwischen der Unterfläche des Kopfes und dem Dotter abgelagerten Zellenmasse und tritt sehr bald in Tätigkeit. Anfangs ist es nur schlauchförmig; später entwickeln sich seine einzelnen Abteilungen. Der Aortenstiel setzt sich unmittelbar in die Kiemenbogen fort, die anfangs die äußeren, später die inneren Kiemenfransen mit Blut versorgen; aus den vorderen Kiemengefäßen entstehen die Kopfschlagadern, während die hinteren sich zur Bildung der Aorta zusammenfügen. Das Körperblut strömt längs des Schwanzes durch die Hohlader zurück, verzweigt sich aber dann wie bei den Fischen auf der Oberfläche des Dotters und kehrt durch die Dottervenen in die Vorkammer des Herzens zurück. Während des ganzen Larvenlebens bleibt dieser Kreislauf in seinen Grundzügen derselbe, nur mit dem Unterschiede, daß statt des ursprünglichen Dotterkreislaufes allmählich die Pfortaderbahnen der Leber und der Nieren eintreten. Nach und nach entwickeln sich nun die Lungen, und die aus den letzten Kiemenbogen entspringenden Lungenschlagadern werden zusehends größer. Die Luftatmung beginnt schon, während die Kiemen einschrumpfen; die Lungenschlagadern werden damit ungleich mächtiger; die vorderen Kiemenbogen wandeln sich gänzlich in die Schlagadern des Kopfes und der Augen um, während die mittleren die Aorta bilden. Während bei den Larven die ganze Menge des Blutes, die aus dem Herzen gepreßt wird, durch die Kiemen geht und dann erst sich im Körper verteilt, erhalten bei den erwachsenen Tieren sämtliche Körperteile nur gemischtes Blut, da eine Teilung der Herzkammer nicht vorhanden ist. Das aus dem Körper zurückströmende Blut tritt freilich in die rechte, das aus den Lungen kommende in die linke Vorkammer ein; aber beide Blutmassen werden in der einfachen Herzkammer gemischt und aus dieser gleichmäßig Körper wie Atemwerkzeuge gespeist."

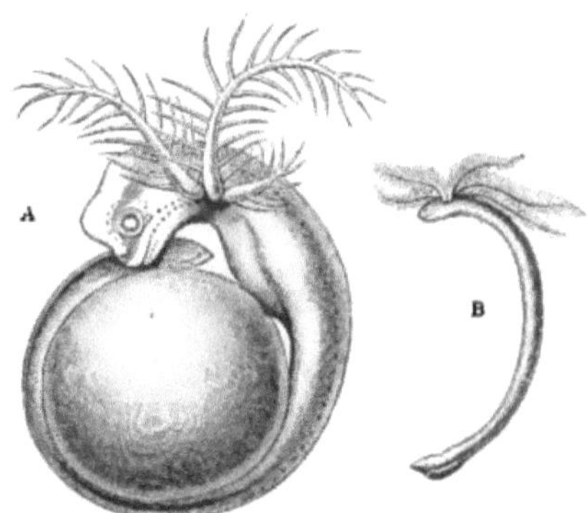

Ichthyophis glutinosus *L.*: A Jüngerer Keimling im Ei, mit großen äußeren Kiemen, B Junges Tier vor dem Ausschlüpfen aus dem Ei. Nach P. und F. Sarasin, „Ergebnisse naturwissenschaftlicher Forschungen auf Ceylon" II (Wiesbaden 1887—90).

Die eben geschilderte Entwickelung ist freilich bei den einzelnen Ordnungen und Familien nicht immer die gleiche. Als ein Beispiel außergewöhnlicher Veränderlichkeit seien hier nur kurz die Atemorgane einiger Keimlinge und Larven angeführt. Bei den Formen, die ihr Ei nicht dem Wasser anvertrauen, haben die Ceylanische Blindwühle, die Ringelwühle und der Salamander drei äußere Kiemenpaare, der Beutelfrosch zwei, die Geburtshelferkröte und die Blindwühlengattung Typhlonectes ein Paar; die Blattfrösche (Hylodes; Abb., S. 260) und Wabenkröten haben im Jugendstadium überhaupt keine Kiemen: bei ihnen dient der Larve als Atmungswerkzeug der Schwanz. Die Quappe des Wasserfrosches von den Salomoninseln (Rana opisthodon; Abb., S. 287) atmet mit Hilfe von neun Faltenpaaren der Bauchhaut.

Verhältnismäßig wenige Lurche bringen gleich lebende Junge zur Welt, wie manche Blindwühlen, die Erdmolche (Salamandra), der Italienische Höhlenmolch (Spelerpes fuscus), die afrikanischen Baumkröten (Nectophryne); die neugeborenen Jungen tragen entweder noch Kiemen, wie beim Feuersalamander, oder gleichen völlig den Eltern.

Über die höheren Fähigkeiten haben wir jetzt bereits genügende Beobachtungen angestellt, um ein gerechtes Urteil zu fällen. Daß alle Sinne, wenn auch in sehr verschiedenem Grade, entwickelt sind, haben wir gesehen. Die Hirntätigkeit der Lurche ist aber meist überschätzt worden, und vieles von dem, was wir als bewußte und verstandesmäßige Handlung anzusehen geneigt waren, hat sich durch sorgfältige Versuche als reine Reflexwirkung auf äußere Reize erwiesen. Immerhin bleibt noch genug Spielraum für die Annahme komplizierterer Leistungen, wie sie bei der Anpassung an veränderte Lebensverhältnisse und bei vielen Gruppen auch in der steigenden Vorsicht mit zunehmendem Alter zum Ausdruck kommen. Daß kein Froschlurch unbewegte Nahrung als solche erkennt und eher verhungert, als jene annimmt, dagegen oft nach bewegten, aber ungenießbaren Gegenständen schnappt, mag ebenso in der geringen Unterscheidungsfähigkeit des Auges begründet sein wie die Auslösung des Quakens bei Laubfröschen durch laute Geräusche, die dem Quaken auch nur einigermaßen ähnlich sind, in ungenügender Entwickelung des Gehörsinnes, der aber auch nur solche Laute wahrzunehmen scheint. Im allgemeinen übertreffen bezüglich der Begabung Kröten, Laubfrösche und selbst Molche die Wasserfrösche, und zwar nicht bloß bei uns, sondern, nach C. C. Abbott, auch in Nordamerika. Von einem geselligen Zusammenleben der Lurche kann im Ernste nicht gesprochen werden. Die gleiche Örtlichkeit bindet sie aneinander, nicht gegenseitige Zuneigung: nach Ablauf der Paarungszeit kümmern sie sich nicht mehr umeinander, wenngleich die Männchen mancher Arten sich auch noch dann zu gemeinsamen Gesangsvorführungen zu versammeln pflegen, ohne aber weiter voneinander Kenntnis zu nehmen. Auch die Fürsorge, die einzelne von ihnen den Jungen widmen, darf nicht überschätzt werden, obgleich diese Fürsorge ausnahmsweise den besonderen Verhältnissen entsprechend verändert werden kann.

Der Wohnkreis vieler Lurche, so weit auch manche Arten verbreitet sein können, beschränkt sich oft auf den Raum weniger Geviertmeter: ein mittelgroßer Teich, ja eine Pfütze, in der sich regelmäßig Wasser sammelt, kann das Wohngebiet von Hunderten dieser genügsamen Geschöpfe sein, ohne daß sie sich gelüsten lassen, auszuwandern; ein einziger Baum im Urwalde beherbergt vielleicht andere jahraus jahrein. Manche Arten treiben sich in einem größeren Wohnkreise umher, scheinen aber ebenfalls an einem gewissen Gebiete streng festzuhalten und namentlich jederzeit einen einmal gewählten Schlupfwinkel wieder aufzusuchen. Zur Paarungszeit suchen verschiedene Arten oft mit großer Hartnäckigkeit bestimmte Laichgewässer auf und kommen aus weiter Entfernung mit untrüglicher Sicherheit herbei; wie namentlich Boulenger bei der Erdkröte beobachtete, lassen sich auch durch Übersiedeln in ein anderes Gewässer, durch Umwenden und dergleichen nicht irremachen. Dieser Ortssinn ist auch bei der Wechselkröte und bei Molchen sehr ausgeprägt. Wanderungen im weiteren Umfange finden bei den Lurchen nur sehr ausnahmsweise statt: wahrscheinlich bloß dann, wenn sich ein Wohnort so vollständig verändert, daß er ihnen nicht mehr die nötigen Lebensbedürfnisse gewährt; doch läßt sich anderseits nicht verkennen, daß auch die Lurche sich in einer Gegend mehr oder weniger ausbreiten können, daß auch sie Örtlichkeiten, insbesondere einzelne Gewässer besiedeln, in denen sie früher nicht vorhanden waren. Daß aber Lurche auf ihren Wanderungen weite Strecken zurücklegen können, beweisen zwei von acht im Jahre 1900 bei Gauting an der Würm freigelassenen Exemplaren des nordamerikanischen Furchenmolches (Necturus), von denen der eine 1902 in der Amper nächst Dachau, nahe der Mündung der Würm, 29 km von Gauting entfernt, der andere 1903 nächst dem Bayersoyensee (132 km Wasserweg von Gauting) gefangen wurde.

Es ist wahrscheinlich, daß es unter den Lurchen nur wenige Tagtiere gibt. Ihr Leben beginnt meist kurz vor oder mit Einbruch der Dämmerung und währt bis gegen den Morgen; am Tage pflegen die meisten der Ruhe, obschon in sehr verschiedener Weise. Während die einen sich einfach verkriechen und hier fast bewegungslos bis zum nächsten Abend verharren, gönnen sich andere die Wohltat der Besonnung, begeben sich deshalb an geeignete Örtlichkeiten und verbringen den Tag in einem Halbschlummer, der jedoch niemals so tief ist, daß sie sich einer Gefahr unvorsichtig preisgäben oder eine sich ihnen bietende Beute vernachlässigten. Aber auch sie bekunden durch Regsamkeit, Gequake und dergleichen, daß der Mond ihre Sonne und die Nacht die Zeit ist, in der sie ihren eigentlichen Geschäften nachgehen.

Mit der Verwandlung steht die Nahrung in einem bestimmten Verhältnis. Alle Lurche sind Raubtiere; die Beute aber, der sie nachstreben, ist je nach dem Alter verschieden. Die Larven nähren sich, wie Leydig bei vielen von ihnen feststellte, im frühesten Jugendzustande von allerlei Kleingetier, „indem sie wie die Regenwürmer ihren Darm ununterbrochen mit Schlammerde füllen und dabei kleine tierische Wesen, Infusorien, Rädertiere, Schalenkrebschen, aber auch Diatomeen, in Menge einschlürfen". Der Inhalt des Darmes verschiedener von Leydig untersuchter Kaulquappen war immer mehr oder weniger derselbe; das Vorhandensein verschluckter Algen und ähnlicher Pflanzen erklärte aber auch die früher allgemein für richtig gehaltene Annahme, daß besagte Larven sich ausschließlich von Pflanzenstoffen nähren und erst nach ihrer Umwandlung zu Raubtieren werden sollten. Allerdings können Larven geraume Zeit bei ausschließlicher Fütterung mit Pflanzennahrung leben, sich dem Anschein nach auch wohlbefinden, verlangen aber, sollen sie gedeihen und namentlich, sollen sie sich verwandeln, bald kräftigere Kost, nämlich tierische Stoffe. Als Raubtiere erweisen sie sich bereits in sehr früher Jugend dem, der sie längere Zeit beobachten kann; denn schon sie nagen schwächere Larven, gleichviel ob solche ihrer eignen oder einer anderen Lurchart, ohne Umstände an. Ausschließlich lebende tierische Nahrung nehmen die Larven der Krallenfrösche, denen auch die zum Abraspeln von Pflanzen geeigneten Hornzähnchen fehlen, sowie die Larven aller Schwanzlurche zu sich. Einmal verwandelt, jagen alle Lurche auf lebende und sich bewegende Tiere der verschiedensten Art, vom Würmchen an bis zum Wirbeltier hinauf, die einen, indem sie sie schwimmend verfolgen, die anderen, indem sie die ins Auge gefaßte Beute durch einen Sprung oder durch rasches Vorschnellen ihrer Zunge zu ergreifen suchen. Von jetzt an verschont kein Lurch seinesgleichen oder seine Verwandten, verschlingt vielmehr diese ebensogut wie jedes andere Tier, das er überhaupt bewältigen kann. Einzelne Froscharten jagen erwiesenermaßen mit Vorliebe auf andere Frösche, ja sind auf solche als Hauptnahrung angewiesen. Mit zunehmender Wärme steigert sich die Freßlust: in den Sommer- und Herbstmonaten sind unsere Lurche wahrhaft gefräßige Raubtiere; im Frühling genießen sie weniger, obgleich man wegen des vorausgegangenen Winterschlafes das Gegenteil erwarten möchte.

Nach dem Erwachen aus dem Winterschlafe meldet sich bei den Lurchen der Fortpflanzungstrieb, der auch sie in besonderem Grade erregt. Um diese Zeit herrscht, im Norden wenigstens, oft noch recht rauhe Witterung; die Wärme beträgt kaum 2 Grad über dem Gefrierpunkte; große, unzertaute Eisstücke schwimmen vielleicht noch in dem Gewässer umher: das aber ficht die Lurche wenig an; ja, angestellten Versuchen zufolge scheint sogar eine wiederum abnehmende Wärme des Wassers die Begattung zu beschleunigen. Sobald der Laich abgelegt ist, trennen sich die Pärchen, auch die, die mit größter Innigkeit aneinander zu hängen schienen, und jedes Geschlecht geht nun wieder seine eignen Wege. Die auf dem Lande lebenden verlassen das Gewässer, Feldfrösche begeben sich auf Äcker und Wiesen, Baumfrösche erklimmen die Wipfel der Bäume, Salamander verfügen sich in ihre Jagdgründe, um fortan ihr einförmiges und für sie anscheinend doch so behagliches Sommerleben zu führen, bis der eintretende Winter durch seine Kälte oder in Tropenländern durch seine Dürre diesem ein Ende macht und einen jeden zwingt, sich für die ungünstige Jahreszeit ein geschütztes Ruhelager zu suchen.

So rasch der Lurch seine erste Jugendzeit durchläuft, so wenige Wochen die Larve bedarf, bis sie sich zum vollkommenen Tiere umwandelt, so langsam ist das Wachstum des letzteren. Frösche sind meist nicht vor Ende des zweiten Lebensjahres, in der Regel aber erst im dritten oder vierten Jahre fortpflanzungsfähig, die größeren Arten wachsen aber noch immer fort und scheinen überhaupt, geradeso wie gewisse Kriechtiere, kein begrenztes Größenwachstum zu haben; dasselbe gilt für die größeren Salamander. Dafür aber währt ihr Leben auch, falls nicht ein gewaltsamer Tod es kürzt, viele, viele Jahre, selbst unter Umständen, die jedem andern Tiere den Tod bringen würden. Es ist wahr, daß in Höhlen eingeschlossene Kröten am Leben verblieben sind, falls nur etwas Feuchtigkeit und mit ihr eine geringe Menge von Nahrung eindrang; es ist durch Beobachtung festgestellt worden, daß sie über Jahresfrist in künstlich für sie bereiteten Höhlen zugebracht haben, ohne dem Mangel zu erliegen: ihre Zählebigkeit übertrifft also wirklich die aller anderen Wirbeltiere. Von einzelnen Kriechtieren wissen wir, daß abgebrochene Schwänze sich bei ihnen bis zu einem gewissen Grade wieder ersetzen, d. h. daß ein Stummel sich bildet, dessen Gestalt der eines Schwanzes ähnelt, der sich aber dadurch von diesem unterscheidet, daß er mitunter, namentlich im Anfange, Abweichungen in der Hautbedeckung zeigt und anstatt der Wirbelsäule einen ungegliederten biegsamen Strang in sich birgt; bei einzelnen Lurchfamilien hingegen entstehen, wenn man sie verstümmelt, neue Glieder mit Knochen und Gelenken, gleichviel ob das Tier alt oder jung ist, ob es sich im Larven- oder im ausgebildeten Zustande befindet. Freilich bei den höheren Lurchfamilien gelingt solches nicht. P. Fraisse hat vergebens darauf gewartet, daß ein Frosch oder Laubfrosch auch nur einen Finger, geschweige denn ein Bein neu erzeuge; denn bei den Froschlurchen hört die Ersatzfähigkeit nach erfolgter Verwandlung auf. Schneidet man aber einem Molche ein Bein oder den Schwanz ab, so ersetzen sich diese Teile wieder, obschon langsam; wiederholt man den Versuch, so hilft die Natur zum zweiten Male nach. Verwundungen, an denen andere Wirbeltiere unbedingt zugrunde gehen würden, behelligen diese Lurche kaum; sogar die ausgeschnittene Augenlinse bildet sich von neuem. Diese Eigenschaft und ihre sonstige Unempfindlichkeit hat die uns zugänglichsten Arten der Klasse, insbesondere die Frösche, zu Märtyrern der Wissenschaft gemacht: an ihnen wurden und werden die Versuche angestellt, die über die Tätigkeit und Wirksamkeit der Organe die bedeutsamsten Ergebnisse gehabt haben. Auch im Freileben sieht man oft Beispiele einer ganz unglaublichen Lebenszähigkeit: aus getöteten und aufgeschnittenen Schlangen kriechen noch lebende Kröten hervor, deren Hinterbeine bereits vollständig oder doch teilweise verdaut sind; Werner beobachtete in einem Teiche bei Ischl eine Erdkröte, der, wohl infolge eines Steinwurfes, die Eingeweide aus dem Leibe heraushingen, die von den Wundrändern aus von einer neuen zarten Haut überwachsen zu werden begannen. Nur von den niedersten Seetieren wird solche Ersatzfähigkeit noch übertroffen. Ähnlich lebenszäh erweisen sich wenigstens einzelne Arten der Klasse den Einwirkungen des Wetters gegenüber. Frösche können unter Wasser noch eine Temperatur von 0° aushalten, wenn diese nicht zu lange andauert.

Unter dem Hasse, den die Kriechtiere mit Recht oder Unrecht erregen, haben auch die ihnen in so mancher Hinsicht ähnlichen, bis in die neuere Zeit mit ihnen zusammengeworfenen Lurche zu leiden. Kein einziger von ihnen aber ist wirklich schädlich, kein einziger imstande, Unheil anzurichten: gleichwohl verfolgt und tötet sie blinde Unkenntnis noch in unverantwortlicher Weise. Von uralten Zeiten her haben sich auf unsere Tage Anschauungen vererbt, die, obschon gänzlich ungerechtfertigt, selbst bei sogenannten Gebildeten noch geglaubt werden. Während der einsichtsvolle Gärtner die Kröte hegt und pflegt, der Engländer sie sogar zu Hunderten aufkauft, um seinen Garten von allerlei schädlichem Geziefer zu reinigen, schlagen rohe und unwissende Menschen das „häßliche" Tier tot, wo sie es finden, gleichsam als wollten sie sich auf eine Stufe stellen mit dem Storche, der an diesem Tiere eine uns fast unbegreifliche Mordlust betätigt. Bei dem, der beobachtet, erwerben sich alle Lurche dieselbe Freundschaft und Zuneigung, die man allgemeiner nur den Fröschen zollt, obschon die übrigen Klassenverwandten sie in demselben Grade verdienen wie diese. Gegen die meisten Raubtiere schützt viele der Schleim, den ihre Haut absondert; diejenigen unter ihnen aber, die keine derartig besonders wirksame Gifthaut umhüllt, fallen in Unzahl den allerverschiedensten Tieren zur Beute: vom Frosche kann man dasselbe sagen wie vom Hasen: „Alles, alles will ihn fressen!" Selbst der Mensch schätzt die Schenkel einiger Arten als leckeres Gericht. Ein Glück für sein Geschlecht, vielleicht auch für uns, daß die außerordentlich starke Vermehrung alle entstehenden Verluste bald wieder ausgleicht, obwohl eine Verminderung namentlich in der Umgebung der größeren Städte bereits deutlich bemerkbar ist.

Gegenwärtig beleben Lurche alle Erdteile und verbreiten sich über alle Gürtel, mit Ausnahme der Polarländer. Einige Arten, wie der Grasfrosch und der Moorfrosch in Europa, dringen sogar zum Polarkreis vor, der von ersterem sogar noch überschritten wird, während, soviel wir bis jetzt wissen, weder in Nordasien noch in Nordamerika irgendein Lurch den Polarkreis erreicht. Wärme und Wasser sind, und zwar in noch höherem Grade als bei anderen Klassen, die Bedingungen zu ihrem Leben und Gedeihen. Ihre Abhängigkeit vom Wasser ist so groß, daß sie ohne dieses nicht gedacht werden können; müssen sie doch, mit wenigen Ausnahmen, ihre erste Jugend darin verleben. Die zweite Lebensbedingung, Wärme, erklärt es, daß sich ihre Anzahl gegen den Äquator hin außerordentlich steigert, so daß man fast sagen kann, die Wendekreisländer seien ihre eigentliche Heimat. Immer aber wählen sich die Lurche nur die süßen Gewässer zu ihrem Aufenthalte oder zur Erziehungsstätte ihrer Nachkommenschaft, meiden dagegen das Meer oder salzige Gewässer überhaupt. In der Regel vermögen sie Meeresarme nicht zu überschreiten; deshalb setzt auch das Meer ihrer Verbreitung in den meisten Fällen unübersteigbare Schranken. Wo sie dennoch auf vom Festlande getrennten Inseln vorkommen, ist entweder an eine Verschleppung des Laiches durch Vögel oder an eine Landverbindung ihrer Heimatsinseln in allerjüngster Vergangenheit zu denken. Ein beträchtlicher Teil der Lurche verweilt in allen Lebenszuständen im Wasser, die Mehrzahl aber, nachdem sie ihre Verwandlung überstanden hat, außerhalb des Wassers, obschon nur in feuchten Gegenden. Da, wo die Wüste zur wirklichen Herrschaft gelangt ist, gibt es keine Lurche mehr, dort hingegen, wo Wasser, wennschon nur zeitweilig, aber alljährlich, sich findet, fehlen auch sie nicht; denn ebensogut wie bei uns zulande den Winter, verbringen sie dort die diesem entsprechende trockene Jahreszeit, tief eingebettet im Schlamme oder doch in Höhlungen, in todähnlichem Schlafe, aus dem sie der Beginn des nächsten Frühlings weckt. In allen Gegenden der Äquatorländer, wo eine regelmäßig wiederkehrende Regenzeit das Jahr in bestimmte Abschnitte teilt, verschwinden sie mit Beginn der Trockenheit gänzlich und stellen sich wieder ein, nachdem der erste Regen gefallen ist, weite Strecken, auf denen man vorher von ihrem Vorhandensein keine Ahnung hatte, wie mit einem Zauberschlage belebend. Ein solcher Sommerschlaf kann, wie O. Mohnicke für Java nachweist, fünf Monate andauern. Aber in allen diesen Gegenden ist ihre Anzahl beschränkt im Vergleiche zu den wasserreichen Urwaldungen, die jahraus jahrein annähernd dieselbe Feuchtigkeit halten und den Lurchen selbst in den Wipfeln der Bäume noch Gelegenheit zur Fortpflanzung gewähren. Die unermeßlichen Waldungen Südamerikas wie die Urwälder Südostasiens und des tropischen Afrikas beherbergen einzelne Familien von ihnen in überraschend hoher Anzahl, sowohl der Arten als auch der Einzelwesen, und das am Grunde breiter Blätter zwischen diesem und dem Stamme (bei Agaven und Ananasgewächsen), in Baumhöhlungen und sonstwie sich sammelnde Wasser wird von ihnen benutzt, ihren Laich aufzunehmen, und dient ihren Larven zum Aufenthalte. In diesen Feuchtwäldern ist jedes Plätzchen besiedelt, die Gewässer unten am Boden, dessen feuchte Stellen wie die Wipfel und Höhlungen der Bäume, während in den verhältnismäßig trockeneren Waldungen Afrikas ungleich weniger Lurche bemerkt werden.

Die allgemeine Verbreitung der Lurche ist nach G. A. Boulengers Untersuchungen sehr ähnlich der der Süßwasserfische, sehr verschieden aber z. B. von der der Eidechsen. Boulenger teilt das ganze von Lurchen bewohnte Gebiet ein in einen nördlichen Gürtel, der durch die Häufigkeit der Schwanzlurche und den Mangel der Blindwühlen sich ausgezeichnet, und in einen südlichen, die Äquatorländer umspannenden Gürtel, der durch den Mangel an Schwanzlurchen und das Vorkommen von Blindwühlen charakterisiert ist. Unterabteilungen des nördlichen Gürtels sind die Paläarktische Region mit ihrer großen Zahl von echten Molchen, mit ihren Scheibenzünglern (von denen nun freilich inzwischen eine Gattung auch in Nordamerika gefunden wurde) und den überaus spärlichen Hylen, und die Nordamerikanische Region mit ihren Armmolchen, Lungenlosen und Querzahnmolchen sowie der reichen Zahl von Hylen, aber nur wenigen echten Molchen. Während die Paläarktische Region wieder in eine europäische und in eine asiatische Unterregion (in der Querzahnmolche nach Osten immer häufiger auftreten) zerlegt werden kann, sind östliche und westliche Unterregion in dem nordamerikanischen Gebiete nicht so scharf voneinander unterschieden.

Den südlichen, die Äquatorländer umspannenden Gürtel teilt Boulenger sehr natürlich in ein Reich der Starrbrustfrösche und in ein Reich der Schiebbrustfrösche. Das Gebiet der Starrbrustfrösche, das genau A. Günthers Reich der zyprinoiden Knochenfische entspricht, hat auf 300 Arten von Froschlurchen 260 Starrbrustfrösche, während ihm Hylen und Zystignathiden fast ganz fehlen; das Gebiet der Schiebbrustfrösche dagegen, das mit Günthers Reich der azyprinoiden Fische übereinstimmt, enthält auf etwa 420 Froscharten 370 Schiebbrustfrösche, darunter nahezu alle Hyliden und Zystignathiden. Das Gebiet der Starrbrustfrösche teilt sich wieder in die Indische Region, der die Zungenlosen fehlen, und in die Afrikanische Region, die Spornfrösche aufweist, das der Schiebbrustfrösche in die Tropisch-Amerikanische Region, mit ihren Blindwühlen, Pipakröten, zahlreichen echten Kröten und Hylen, und in die Australische Region, mit ihrem Mangel an Blindwühlen und echten Kröten.

Die feinere Einteilung Boulengers, der die Afrikanische Region noch in eine festländische und eine Madagassische, die Australische noch in eine Austro-Malaiische, Australische und Neuseeländische Unterregion scheidet, hier wiederzugeben, würde zu weit führen. Es dürfte genügen, wenn wir anführen, daß auf Madagaskar kein Vertreter der Schiebbrustfrösche, in Australien (mit Ausnahme des äußersten Nordens) dagegen kein Starrbrustfrosch angetroffen wird; doch stimmen beide Länder darin miteinander überein, daß ihnen echte Kröten der

Gattung Bufo, zungenlose Froschlurche und Vertreter der Schwanzlurche und Blindwühlen vollständig fehlen.

Ihrem Reichtum an Gattungen und Arten nach steht nach einer Zusammenstellung Boulengers vom Jahre 1882 die Tropisch-Amerikanische Region obenan mit 58 Gattungen und 375 Arten, dann folgt die Indische mit 28 Gattungen und 168 Arten, die Afrikanische mit 26 Gattungen und 141 Arten, die Nordamerikanische mit 23 Gattungen und 108 Arten, die Australische mit 23 Gattungen und 75 Arten und zuletzt die Paläarktische Region mit 22 Gattungen und 60 Arten. In allen sechs Regionen verbreitete Familien sind die Kröten und die echten Frösche; auf eine einzige Region in ihrer Verbreitung beschränkt zeigen sich dagegen 6 von den 19 bekannten Lurchfamilien.

In den letzten Jahren hat sich die Anzahl der beschriebenen Lurcharten so wesentlich vermehrt, daß Boulenger im Jahre 1896 die Artenzahl der Froschlurche auf 1146, die der Schwanzlurche auf 130 und die der Blindwühlen auf 43, im ganzen auf 1319 schätzt; die von G. A. Boulenger hervorgehobenen Grundzüge der Verbreitung haben sich jedoch nicht geändert.

„Die ältesten Spuren versteinerter Lurche finden sich", wie K. v. Zittel ausführt, „in den echten Steinkohlenbildungen Böhmens, Großbritanniens und Nordamerikas. Sie rühren ausschließlich von Panzerlurchen (Stegocephala) her, salamander- oder eidechsenähnlichen, geschwänzten Lurchen, die ein aus festen Hautknochen bestehendes, von Augen- und Nasenlöchern durchbrochenes Schädeldach und zwischen den Scheitelbeinen stets ein Scheitelloch besaßen. Sie hatten einfache oder mit stark gefalteter Zahnmasse gefüllte Zähne und sehr verschiedenartigen, aber immer als sehr niedrigstehend zu betrachtenden Wirbelbau. An der Kehle standen drei große, zum Brustgürtel gehörige Platten. Im Gegensatz zu den lebenden Lurchordnungen besaßen die Panzerlurche eine wohlausgebildete, aus verknöcherten Schuppen bestehende Hautpanzerung, die namentlich auf der Bauchseite zur Entwickelung kam."

Aus dem Ende der Permzeit kennt man die ersten Anzeichen der Panzerlurche, allerdings nur ihre Fährten; dagegen sind diese Lurche häufig von der Steinkohlenzeit bis zum Ende der Trias, dann verschwinden sie plötzlich; von nun an bis zum Ende der Jurazeit hat man keine Lurche gefunden; zu dieser Zeit treten die ersten Froschlurche, etwas später, zwischen Jura und Kreide, die ersten Schwanzlurche auf; die im oberen Eozän bis zum Miozän gefundenen, wenig zahlreichen Frösche und Molche sind von den jetzt lebenden Gattungen wenig oder gar nicht verschieden.

„Es ist mit Sicherheit bewiesen, daß die Panzerlurche eine ganz selbständige, durch viele Eigentümlichkeiten im Baue des Gerippes von den übrigen Lurchen unterschiedene Ordnung bilden, daß sie in mancher Hinsicht Keimlingsmerkmale bewahrt haben und im ganzen größere Ähnlichkeit mit den Fischen verraten als ihre jetzt lebenden Stammesgenossen. Immerhin sind aber alle bekannten versteinerten Lurch- und Knorpelfische von ihnen durch so scharfe Unterschiede getrennt, daß bis jetzt wenigstens eine noch unüberbrückte Kluft zwischen den beiden Klassen der Lurche und Fische besteht.

„Zeigen die Panzerlurche schon in der Steinkohle eine starke Formenentwickelung und ansehnliche Verbreitung, so halten sie sich ungefähr in gleicher Stärke auch zur Zeit der Ablagerung des Rotliegenden. Hier sind es die Schichten von Lebach bei Saarbrücken, die Funde in Böhmen und Sachsen, in Autun und neuerdings auch in Texas, Neumexiko und Illinois, die wahre Wundertiere ergeben haben.

„Zwischen die Steinkohlenzeit und die mesozoischen Ablagerungen schalten sich im südlichen Afrika, in Indien und Australien sandige und tonige Schichtenreihen ein, deren Alter bisher nicht mit Sicherheit festgestellt werden konnte, und die gleichfalls eine Anzahl von Panzerlurchen enthalten. In Europa erreicht diese Lurchordnung ihre vollkommenste Entwickelung und zugleich ihren Abschluß im Buntsandstein und in den Lettenkohlenschichten der Trias. Die triassischen Gattungen zeichnen sich meist durch gewaltige Größe, fast vollständige Verknöcherung der Wirbelsäule, höchst verwickelten ‚labyrinthischen' Bau der Zähne und durch den Mangel an Bauchschuppen aus und stellen ohne Zweifel die höchste Formenentwickelung und zugleich das Schlußglied der seit dieser Zeit völlig ausgestorbenen Entwickelungsreihe der Panzerlurche dar.

„Wahrscheinlich sind die Panzerlurche, nachdem sie in den gewaltigen Labyrinthodonten der Trias ihre höchste Vervollkommnung erreicht hatten und einer weiteren Ausbildung nicht mehr fähig waren, ausgestorben. In keinem Falle können die noch jetzt lebenden Blindwühlen, Schwanzlurche und Froschlurche von den triassischen Labyrinthodonten als unmittelbare Nachkommen abgeleitet werden, denn zwischen diesen Panzerlurchen und jenen jüngeren Ordnungen der Lurche besteht nicht nur im Leibesbau, sondern auch in der geologischen Verbreitung eine bis jetzt unausgefüllte Lücke." Der älteste bekannte Schwanzlurch, Hylaeobatrachus croyi *Dollo* aus dem Wealdien Belgiens, einer Formation, die zwischen Jura und Kreide liegt, dürfte wahrscheinlich den Riesensalamandern (Amphiumiden) angehören. Die wenig zahlreichen Molche aus dem Tertiär (oberes Eozän, Oligozän und Miozän von Frankreich und Deutschland) stehen den jetztlebenden bereits nahe. Der Riesensalamander aus dem obermiozänen Süßwassermergel von Öningen (Megalobatrachus scheuchzeri *Holl.*), besser bekannt unter dem Gattungsnamen Andrias, ist von der ostasiatischen Art wenig verschieden. „Was von diluvialen Molchen bis jetzt vorliegt, stimmt mit lebenden Gattungen überein."

Versteinerte Blindwühlen hat man bis jetzt nicht gefunden, und auch die ersten Froschlurche (Palaeobatrachus gaudryi *Vidal*) sind mit Sicherheit erst aus dem oberen Jura von Spanien bekannt. Im oberen Eozän von Indien wurden Reste der jetzt dort noch lebenden Gattung Oxyglossus, in Europa zweifelhafte Reste von Rana entdeckt. „Das Oligozän von Quercy hat prachtvolle Reste, von denen auch die Weichteile im Phosphorit erhalten sind, das Oligozän und Miozän Deutschlands, Böhmens und Frankreichs zahlreiche Knochen ergeben. Neben den Wasserfröschen (Rana) hatte die durch die größere Zahl der Kreuzbeinwirbel (zwei bis vier) gekennzeichnete ausgestorbene Gattung der Urfrösche (Palaeobatrachus) die stärkste Verbreitung bei uns, wird aber schon im oberen Miozän nicht mehr angetroffen. Krötenfrösche und Scheibenzüngler beginnen zum Teil schon im Oligozän und Untermiozän, so daß mit Ausnahme der Hylen und Kröten alle Familien, die jetzt die Paläarktische Region bewohnen, schon aus dem Tertiär Europas bekannt sind; eine Kröte (Platosphus gervaisi) ist aber schon im Pliozän von Frankreich gefunden worden. Neben den Urfröschen sind nur die Gattungen Latonia und Pelophilus mit Bestimmtheit als ausgestorben zu betrachten. Im Diluvium, namentlich im Löß und in Höhlen, sind Froschreste nicht gerade selten; sie gehören aber, soweit bekannt, ohne Ausnahme zu noch jetzt lebenden Gattungen und den jetzt lebenden nahe verwandten Arten." So steht Rana meriani unserem Wasserfrosch, Rana mehelyi dem Grasfrosch sehr nahe.

Man kennt auch die Larve von Palaeobatrachus, die, wie bei unseren Knoblauchskröten, sehr groß war.

Erste Ordnung:

Blindwühlen (Apoda).

„Wenn es je Lurche verdienen, zur Ordnung erhoben zu werden", sagt J. Wagler, „so sind es ganz gewiß die Blindwühlen. Obgleich nach ihrem Äußeren Schlangen oder richtiger Wühlen, deuten doch ihre inneren Einrichtungen auf die Natur der Frösche. Sie sind, was ihren allgemeinen Körperbau betrifft, den Doppelschleichen sehr ähnlich, unterscheiden sich aber von ihnen sogleich dadurch, daß ihr Leib nackt ist, daß sie nahezu keinen Schwanz haben und ihr runder After fast am Ende des Körpers steht, der einer allenthalben gleichdicken, an beiden Enden stumpfen Walze gleicht; er hat mehr oder weniger gedrängt stehende, ringförmige Eindrücke oder ist durchaus eben und glatt und, solange das Tier lebt, von einem klebrigen Safte bedeckt.

„Alle Blindwühlen haben gleichartige, hohle, an der Innenseite der Kiefer angeheftete, starke, kegelförmige, mit ihrer Spitze etwas zurückgeneigte Zähne und eine mit ihrer ganzen Unterseite am Grunde der Mundhöhle angeheftete, mithin nicht ausstreckbare Zunge. Zähne finden sich auch am Gaumen vor, und zwar stehen sie hier in Gestalt eines Hufeisens wie bei einzelnen Fischmolchen. Was das Bein der Zunge betrifft, so ist dieses dadurch höchst merkwürdig, daß es aus drei Bogenpaaren besteht, die auf Kiemen in ihrem Keimlingsleben und auf eine Umwandlung schließen lassen. Die äußeren Nasenlöcher stehen auf den Seiten oder an der Spitze des Kopfes, und die inneren gehen am Gaumen aus. Die Augen fehlen entweder gänzlich oder werden von der Haut des Kopfes so bedeckt, daß sie zum Sehen durchaus unbrauchbar sind. Vor ihnen bemerkt man immer ein kleines Loch, in dem ein aus- und einziehbarer, mit einem eignen Nerven versehener Taster liegt. Die Ohren sind, wie beim Salamander, unter der Haut verborgen, haben kein Trommelfell und bestehen wie bei jenem bloß aus einem kleinen Knorpelplättchen, das auf dem eirunden Fenster liegt.

„Nichts ist sonderbarer gebildet als der Schädel selbst, indem die Oberkieferbeine die Augengegend und die Schläfenbeine die Schläfenhöhle so bedecken, daß die Kopfseite wie eine aus einem einzigen Stück bestehende schildförmige Knochenmasse erscheint. Die Augen liegen, wofern sie vorhanden sind, in einer am oberen Rande der Oberkieferbeine befindlichen länglichen, punktförmigen Vertiefung. Das Trommelbein ist zwischen die anderen Knochen des Schädels eingeschoben, und die Unterkieferäste verbinden sich vorn an ihrer Spitze durch Knorpel. Der Gelenkkopf am Hinterhaupte ist längs seiner Mitte in zwei Teile geteilt, ganz wie bei den Fröschen.

„Die Rückenwirbel bewegen sich nicht mittels Kugelgelenken in- und aufeinander, sondern sind an beiden Enden eingetieft und stehen miteinander durch eine zwischen je zwei

Wirbeln eingeschobene Knorpelplatte in Verbindung. Die Rippen sind Anfänge; Brustbein, Becken und Glieder fehlen gänzlich. Von den Lungen ist nur eine vorhanden."

Vorstehende, von Wagler, dem Begründer der Ordnung, aufgestellten Merkmale haben so ziemlich noch heute Geltung, so daß wir nur wenig nachzutragen haben. An dem wie bei den erdwühlenden Echsen (Doppelschleichen) massiven Schädel ist das Stirnbein von den Scheitelbeinen getrennt; die Gaumenbeine sind mit dem Oberkiefer verwachsen. Die Anzahl der Wirbel, die beiderseits ausgehöhlt (amphizöl) sind, kann bis zu 300 ansteigen. Die linke Lunge fehlt; die Leber ist in viele Lappen zerspalten; an jeder Seite liegen beim Männchen mehrere Hoden hintereinander, das unpaarige Begattungswerkzeug kann hervorgestülpt werden.

Eingehende Mitteilungen über das Nervensystem dieser Tiere verdanken wir J. Waldschmidt. Das Vorderhirn ist massiger entwickelt als bei allen unseren einheimischen Lurchen und ähnelt mehr der Froschlurch- als der Schwanzlurchform. Zwischenhirn und Mittelhirn sind nicht voneinander unterschieden; das Kleinhirn fehlt als selbständiger Abschnitt ganz. Sehnerv und Hörnerv sind verkümmert.

Über die Entwickelungsgeschichte der Blindwühlen war bis vor kurzem noch sehr wenig bekannt. Joh. Müller verdanken wir die Mitteilung, daß die Ceylanische Blindwühle (Ichthyophis glutinosus *L.*) auf jeder Seite des Halses mit einem Kiemenloche versehen sei, das zu den inneren Kiemen führe. Nach P. Gervais und besonders nach den ausführlicheren Nachweisen von W. Peters kommt aber bei Typhlonectes compressicauda *D. B.*, einer Blindwühle aus dem nördlichen Südamerika, keine Spur von seitlichen Kiemenöffnungen vor, wie sie Müller bei der Blindwühle von Ceylon gefunden hat. Vielmehr ist der Kiemenapparat der Larve dieses Tieres sehr eigentümlich. Anstatt Schleifen zu bilden, die sich bis in die Kiemenblättchen der äußeren Büschel hineinziehen, wie bei anderen Lurchlarven, verzweigen sich die Blut- und Schlagadern auf der Oberfläche einer blattförmigen Kiemenhaut (Abb., S. 19, a) und vermitteln so die Atmung. Diese blattförmigen äußeren Kiemen erinnern sehr an die glockenförmigen Atemwerkzeuge, die Weinland beim Keimlinge des Taschenfrosches angetroffen und beschrieben hat (Abb., S. 19, b). Es unterliegt keinem Zweifel, daß die Entwickelung der verschiedenen Blindwühlen, ebenso wie die der Froschlurche, in mannigfachster Weise voneinander abweicht. So hat z. B. K. Möbius zahlreiche Stücke des Hypogeophis rostratus *Cuv.* von sehr verschiedener Größe von den Seychellen mitgebracht, die weder Kiemenlöcher, noch einen Flossensaum am Schwanze, noch auch die bei den Trägern blattförmiger Kiemen vorkommenden Nackennarben zeigten. A. Duméril hat dagegen wieder bei einem jungen Stück von Uraeotyphlus oxyurus *D. B.* aus Malabar an jeder Seite des Halses ein Kiemenloch gefunden, das zwar etwas höher lag als bei der Ceylanischen Blindwühle, aber doch den Beweis lieferte, daß bei dieser Gattung sich keine äußeren blattförmigen Kiemen ausbilden.

Das Weibchen legt eine geringe Anzahl von recht großen, dotterreichen Eiern, die einen Klumpen bilden und von der Mutter bis zum Auskriechen der Jungen umschlungen werden (Abb., S. 39); manche Blindwühlen bringen auch bereits lebende Junge zur Welt. Die Verwandlung der Jungen geschieht großenteils schon im Ei; nach einem kurzen Aufenthalte im Wasser oder sofort nach dem Ausschlüpfen nehmen die Larven die Tracht der alten Tiere an und leben dann in feuchter Erde oder morschen Baumstrünken.

Mit dem Bau und der mutmaßlichen Bedeutung des von Wagler erwähnten Tasters oder Fühlers zwischen Nasenloch und Auge, der mit einem unter dem Auge gelegenen fühlerähnlichen Gebilde der Krallenfrösche und den Balancierorganen der Molchlarven vergleichbar ist, haben sich Greeff, Wiedersheim und Cohn näher befaßt. Die Einstülpung, in die der Fühler der Blindwühle zurückgezogen werden kann, ist, nach Greeff, mit der nämlichen Haut überzogen, welche die Fühlergrube auch nach außen begrenzt und umkleidet. Aus dieser Grube ragt nun der Fühler gewissermaßen als Ausstülpung wieder nach außen hervor, nur mit seiner Spitze freiliegend. Im Grunde der Grube münden zwei von Fr. Leydig zuerst aufgefundene Kanäle, die nach R. Wiedersheim im Zusammenhange mit der benachbarten Fühlerdrüse stehen sollen. Wohin und wie sich aber diese merkwürdige, große, das Auge zum Teil umfassende Drüse ergießt, die Gadow allerdings für die Hardersche Augendrüse betrachtet, die nach Greeff aber eine Giftdrüse sein könnte (auch Cohn hält den Fühler für einen Giftspritzapparat, und die Eingeborenen der westafrikanischen Inseln São Thomé und Rolas halten die Blindwühle Dermophis thomensis, wie Greeff mitteilt, wirklich für giftig), vermochte dieser nicht nachzuweisen. Insbesondere fand letzterer keinen Ausführungsgang in die Fühlergrube, wie ihn Wiedersheim gesehen haben wollte. Nach allen Beobachtungen kommt Greeff demnach zu dem Schlusse, daß beim lebenden Tiere die stark angeschwellte und vorgetriebene Fühlerspitze sich rings an die Wände der Fühlergrube anlege und auf diese Weise wie ein Pfropfen die beiden Mündungen der Drüse deckelartig verschließe, bis durch kräftigen Muskelzug der Fühler in seinen Schlauch und hinter die Drüsenöffnungen zurückschnelle, die Mündungen der Drüse dadurch plötzlich frei würden und so dem zurückgehaltenen Flüssigkeitsstrome der Fühlerdrüse ungehinderten, vielleicht spritzenden Ausfluß gestatteten, der möglicherweise noch verstärkt werde durch den Druck des sich zurückziehenden Fühlers gegen die Drüse und ihre Kanäle.

Die Blindwühlen finden sich in den Äquatorländern Afrikas, Asiens und namentlich Amerikas, wo über die Hälfte aller bekannten Arten leben, fehlen aber Australien und Madagaskar. Sie graben im Boden, führen eine unterirdische Lebensweise nach Art der Regenwürmer und erschweren deshalb die Beobachtung in hohem Grade; da auch noch keine einzige Art lebend nach Europa gelangt ist, so sind wir in bezug auf ihre Lebensweise ganz auf die Berichte der wenigen Forscher angewiesen, die sie in ihrer Heimat zu beobachten Gelegenheit hatten. Viele Blindwühlen wohnen in den Nestern von Ameisen, von denen sie sich unter anderem nähren. Ihre Bewegungen sind in der Regel ein langsames Kriechen. Sie leben von Gewürm und anderem Kleingetier.

Die Merkmale der Ordnung sind natürlich auch die der einzigen Familie **(Coeciliidae)**, und die Unterschiede zwischen den einzelnen Gattungen sind gering; daher ist das Auseinanderhalten der einzelnen Gattungen und Arten überaus schwierig. Das Vorkommen oder Fehlen von Kalkschüppchen (die übrigens nie frei mit dem Hinterrande hervorragen, sondern ganz in die Haut eingebettet liegen), Vorhandensein oder Fehlen der Augen, der inneren Unterkieferzahnreihe, die Gestalt und Stellung des Fühlers, der dem noch später zu besprechenden Fühler der Molchlarven entspricht, sowie schließlich die Anwesenheit einer Spalte an der Seite des Schädels zwischen Scheitel- und Schuppenbein oder deren Verschluß sind die wesentlichsten Merkmale, nach denen die 22 Gattungen (mit etwa 50 Arten) unterschieden werden. Bei den Ringelwühlen (Siphonops *Wagl.*) finden sich keine Schuppen in der Haut, die Augen sind deutlich erkennbar, im Unterkiefer steht nur eine Zahnreihe, und der Fühler ist dem Auge näher als dem Nasenloche; bei den Blindwühlen (Ichthyophis *Fitz.*) sind Rundschüppchen in der Körperhaut enthalten, der Unterkiefer weist zwei Reihen von Zähnen auf.

Zur ersteren Gattung gehört die Ringelwühle, Siphonops annulatus *Mikan*, aus Guayana, Nordbrasilien, Ecuador und Peru, ein bei 16 mm Dicke 39 cm langer Lurch, dessen Haut 85—95 Ringelfurchen zeigt, von schwärzlicher Färbung, aber weißlich in der Tiefe der Furchen ist, zur letzteren die Ceylanische Blindwühle, Ichthyophis glutinosus *L.*, eine der bestbekannten Arten, von der später noch die Rede sein wird. Den Blindwühlen ohne Hautschüppchen und mit doppelreihigen Unterkieferzähnen sind auch noch zuzurechnen die ausschließlich südamerikanischen Wurmwühlen (Coecilia *L.*), zu denen die längsten und schlanksten Mitglieder der ganzen Ordnung gehören, wie z. B. die fast meterlange

Ringelwühle, Siphonops annulatus *Mikan*. 7/10 natürlicher Größe.

C. pachynema *Gthr.* von West-Ecuador, und die sich durch die unter dem Nasenloch liegende Fühlergrube auszeichnen, ferner die auf die Seychellen beschränkten Erdwühlen (Hypogeophis *Ptrs.*), bei denen die Fühlergrube hinter dem Nasenloch liegt, und schließlich die mit Ausnahme dreier afrikanischer Arten in Mittel- und Südamerika lebenden Dickhautwühlen (Dermophis *Ptrs.*).

Über Dermophis thomensis *Boc.*, eine der afrikanischen Arten der Gattung, berichtet R. Greeff, sie sei auf den Inseln São Thomé und Rolas in Höhen von 400—500 m am häufigsten, werde aber auch noch in 900 m Höhe gefunden. Sie nährt sich da von Kerbtieren und deren Larven, Tausendfüßern und Regenwürmern, frißt aber auch Schlangen der Gattung Blödauge (Typhlops).

Greeff fand auch Keimlinge im Mutterleibe, deren Kopf als kolbenförmiger Vorderteil und als die dickste Stelle des ganzen Körpers von diesem abgesetzt war, und deren hinterer Rumpfteil in ziemlicher Ausdehnung von den Seiten her zusammengedrückt erschien und als

Ruderschwanz ausgebildet war. Dagegen war an diesen jungen Tieren keine Spur von Kiemen mehr zu erkennen. Greeff konnte somit nachweisen, daß die Verwandlung der Atmungswerkzeuge bei dieser Art wenigstens schon frühzeitig innerhalb des mütterlichen Körpers stattfinden muß. Daß es auch eierlegende Arten mit einer von der eben geschilderten wesentlich abweichenden Verwandlung innerhalb der Ordnung gibt, werden wir sogleich erfahren.

Über die Lebensweise dieser merkwürdigen Geschöpfe ist noch sehr wenig bekannt; man weiß eigentlich nur, daß sie nach Art unserer Regenwürmer unter dem Boden hausen und hier mit verhältnismäßig bedeutender Kraft und Schnelligkeit wühlen. Wie der Prinz von Wied erfuhr, sollen sie den Boden über ihren Gängen ein wenig aufwerfen, etwa nach Art unserer Feldmäuse. Die Wurmwühle, die einzige Art, von welcher der Prinz Kunde erhielt, wurde von ihm südlicher als im Sertong de Bahia nicht gefunden. Man belegt sie mit derselben Benennung wie das Blödauge: „Schlange mit zwei Köpfen". „Auch mir", sagt Schomburgk, „gelang es nicht, mehr von den Eingeborenen und Farbigen zu erfahren, als daß die Tiere in der Erde, besonders aber in den Hügeln einer Ameise leben. Daß letzteres wirklich der Fall ist, habe ich später selbst beobachtet, und Collins versicherte, daß, wenn er jene lästigen Gäste durch Umgraben zu vernichten suchte, er diesen Lurch häufig unter ihnen gefunden habe."

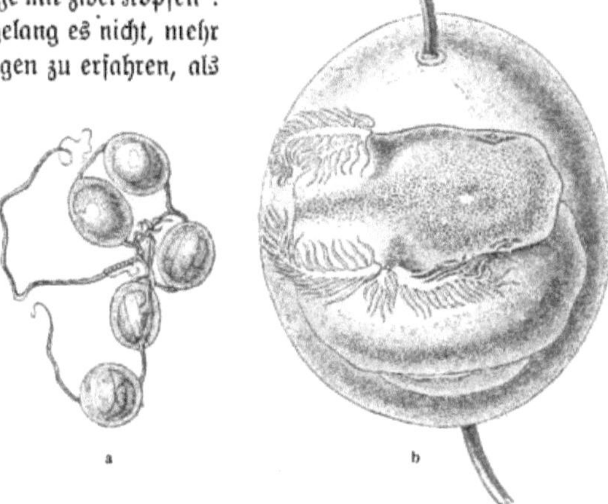

a Eier, b Embryo im Ei von Siphonops annulatus. Nach Göldi, „Über die Entwicklung von Siphonops annulatus", im „Zool. Jahrb. Syst.", II (1897).

Die Ringelwühle hält sich, wie Tschudi bemerkt, hauptsächlich an feuchten Stellen 30—60 cm tief unter der Oberfläche des Bodens auf, wird besonders bei Erdarbeiten und Straßenanlagen gefunden und von den Brasiliern ebenso gefürchtet wie die gleich ihr gänzlich harmlosen und unschuldigen Doppelschleichen.

Über ihre Fortpflanzung hat Göldi berichtet, der ein Gelege von sechs Eiern, die noch von dem Muttertier umwickelt waren, unter einem alten Baumstrunk auf einer sehr trocknen Halde bei Theresopolis in der Colonia alpina, im Orgelgebirge Brasiliens, gefunden hatte. Die großen Eier hingen durch eine Schnur zusammen, sie waren in der Längsachse 10, in der Querachse $8^1/_2$ mm lang und enthielten bereits wohlentwickelte Embryonen mit großen äußeren, doppelt gefiederten Kiemen, wie sie auch bei den Embryonen landlebender Schwanzlurche vorkommen, denen sie bei der Geburt bereits völlig fehlen.

Über die Erdwühlen der Seychellen, ihre Lebensweise und Entwickelung werden wir durch A. Brauer unterrichtet. Dieser fand Hypogeophis rostratus *Cuv.* und H. alternans *Stejn.* auf allen größeren Seychelleninseln, namentlich auf Mahé, wo sie an sumpfigen Stellen besonders in den Küstengebieten sehr häufig sind. Sie wurden bis 1 Fuß tief in der Erde gefunden, mitunter auch unter altem Holz oder unter Steinen, in den höher liegenden

Teilen auch in der Humusschicht oder in morschen Baumstämmen der alten Wälder. Auf Silhouette wurden sie in Bächen lebend angetroffen, während auf Mahé von einer derartigen Lebensweise der Tiere nichts bekannt ist. Sie pflanzen sich das ganze Jahr hindurch fort. Auch bei diesen Wühlen, wie bei Siphonops und Ichthyophis, rollt sich die Mutter um die Eierhaufen herum, wodurch die Austrocknung verhindert wird. Die drei Paare äußerer

Ceylanische Blindwühle, Ichthyophis glutinosus *L.* Natürliche Größe.

Kiemen bilden sich noch vor dem Ausschlüpfen aus dem Ei zurück, so daß die junge Wühle ein fertiges Landtier ist.

Am besten kennen wir, dank den Forschungen von P. und F. Sarasin, einen Vertreter der Gattung Blindwühle (Ichthyophis *Fitz.*). Von den beiden tropisch-indischen Arten verdient die Ceylanische Blindwühle, Ichthyophis glutinosus *L.*, eine Bewohnerin Vorder- und Hinterindiens, Ceylons und der Großen Sunda-Inseln, unsere besondere Aufmerksamkeit. Das 38 cm lange Tier ist dunkelbraun oder blauschwarz und hat jederseits ein vom Kopfe bis zum Schwanze ziehendes breites, lebhaftgelb gefärbtes Seitenband. Die Augen sind schwarz mit schmalem, braunem Ring, die Fühler weiß.

Über die Larve hat uns zuerst G. A. Boulenger berichtet. „Ihr Kopf ist fischähnlich, etwa wie beim Aalmolch, und die Zunge ist wie bei den Larven vieler Schwanzlurche vorn in ausgedehntem Maße frei. Die Fühlergrube fehlt oder liegt dem großen Auge nahe, das, größer als beim vollentwickelten Tiere, fast das Ansehen des Auges eines Aalmolches hat. Äußere Kiemen fehlen, aber die Atemlöcher sind groß. Der Schwanz ist viel deutlicher als im späteren Leben seitlich zusammengedrückt und oben und unten mit einem Hautsaume ausgestattet. Die Ringfurchen sind anfangs undeutlich und werden erst mit dem Alter deutlicher. Die Afteröffnung ist eine Längsspalte."

Die Vettern Sarasin, denen wir eine fast vollständige Kenntnis des merkwürdigen Tieres verdanken, fanden viele dieser Blindwühlen in flachen, feuchten Bachufern etwa einen Fuß tief unter der Rasendecke. Hier nähren sich die Wühlen von kleinen Schlangen, namentlich Blindschlangen und jungen Schildschwänzen, und von Regenwürmern. Die erwachsene Blindwühle scheut das Wasser und ertrinkt, sich selbst überlassen, schnell darin. Beim Kriechen berührt das Tier abwechselnd mit seinen Fühlern den Boden; sein Hautschleim hat, wie bei allen Lurchen, giftige Eigenschaften. S. S. Flower, der diese Art in Penang und Siam lebend beobachten konnte, teilt mit, daß die Fühler beständig vorgestreckt und eingezogen werden und die Kehle wie bei einem Frosch in fortwährender Bewegung ist. Das Tier macht keinen Versuch zu beißen, kann aber, obgleich für gewöhnlich sehr langsam in seinen Bewegungen, im Notfalle sich recht schnell fortschlängeln. Es fühlt sich gar nicht schleimig an.

Weibchen von Ichthyophis glutinosus mit Eiern. Nach P. u. F. Sarasin, „Ergebnisse naturwissenschaftlicher Forschungen auf Ceylon", II (Wiesbaden 1887—90).

Die Ceylanische Blindwühle ist nicht lebendiggebärend, wie einige ihrer Ordnungsverwandten, sondern legt durchschnittlich 13 auffallend große Eier von 9 mm Länge, 6,5 mm Durchmesser und etwa 0,23 g Gewicht zu einem Häufchen eigentümlich angeordnet in Erdhöhlen unmittelbar am Wasser. Das Weibchen übernimmt, zusammengeringelt um den Eierhaufen, um diesem die nötige Feuchtigkeit zu erhalten, die Brutpflege. Von der Mutter verlassene Eier gehen zugrunde.

Die Eier können sich durch Aufsaugung von Wasser und der flüssigen Abscheidungen des mütterlichen Körpers während der Bebrütung um das Doppelte vergrößern und sind am Ende der Brutzeit viermal schwerer als am Anfang. Die etwa 4 cm langen Keimlinge bewegen sich lebhaft in der Eihaut; ebenso ihre je drei blutroten äußeren Kiemenbüschel. Den kurzen Schwanz umzieht ein Flossensaum; Spuren von Hintergliedmaßen, die als kleine Kegel hervorragen, sind ebenfalls vorhanden. Das Auge, das später verkümmert, ist zu dieser Zeit groß und deutlich. Offenbar werfen die Jungen zuerst die äußeren Kiemen ab, schlüpfen dann aus dem Ei und wandern darauf in den nächsten Bach, wo sie bis zu einer Länge von 17 cm heranwachsen können. Diese aalartigen Larven schlucken Wasser ein und lassen es durch die Kiemenlöcher wieder ausströmen, von Zeit zu Zeit aber steigen sie auch an die Oberfläche, um unmittelbar Luft zu atmen. Ihre Untersuchung bestätigte die Anwesenheit von Lungen. Die Haut der Larve ist reich an eigentümlichen Sinneswerkzeugen; auch ist sie von einem Röhrengeflecht durchzogen, das durch einzelne Gänge mit dem umgebenden Wasser in Verbindung steht. Nach alledem sind die Blindwühlen den Schwanzlurchen in der Entwickelung sehr ähnlich; auch der Bau der Samenfäden und das Vorhandensein eines vierten Schlagaderbogens im Gefäßsystem des ausgewachsenen Tieres sind Kennzeichen, die wir bei den Schwanzlurchen wiederfinden.

E. D. Cope hielt, von ähnlichen Gesichtspunkten ausgehend, die Blindwühlen gar nicht für eine eigne Ordnung der Lurche, sondern er sah sie als eine veränderte Familie von Schwanzlurchen an, die mit den Molchen und Salamandern durch die Familie der Fischmolche verknüpft sei: eine Ansicht, der auch die Vettern Sarasin beitraten, namentlich mit Hinsicht auf die übereinstimmende Art der Eiablage auf dem Lande und das Umwickeln der Eier durch die Mutter beim Aalmolch und bei Ichthyophis, das Vorkommen eines Restes des Fühlerapparates beim Aalmolch und anderes mehr. Cope hat sich noch neuerdings bemüht, diese Ansicht durch die wenig scharfe Trennung der Unterscheidungsmerkmale der Blindwühlen von denen der Schwanzlurche zu begründen, doch haben Boulenger und andere Autoren nachweisen können, daß die Ähnlichkeit der Blindwühlen mit den Schwanzlurchen, namentlich mit den Aalmolchen, wenn auch recht auffällig, doch immerhin nicht auf näherer Verwandtschaft beruht.

Dagegen dürfte es, obgleich Übergangsformen zwischen den Blindwühlen und den ausgestorbenen Stegozephalen nicht bekannt sind, keinem Zweifel unterliegen, daß jene von diesen abzuleiten sind. Das Schuppenkleid, das viele Blindwühlen noch tragen, gleicht im Bau der einzelnen Schuppen sehr dem der echten Panzerlurche, und auch der Besitz einer zweiten Zahnreihe im Unterkiefer ist ein Merkmal, das schon bei diesen auftritt. Jedenfalls sind die Blindwühlen als stark verkümmerte, den spätesten Erdperioden angehörende Abkömmlinge einer vierbeinigen Stegozephalenform anzusehen; es ist mit Sicherheit keine einzige fossile Art bekannt.

Zweite Ordnung:

Schwanzlurche (Caudata).

In der oberflächlichen Ähnlichkeit, die zwischen den Eidechsen und Molchen besteht, begründet sich wahrscheinlich die Anschauung derjenigen älteren Forscher, die Kriechtiere und Lurche als Mitglieder einer Klasse betrachtet haben. Man vergaß, daß die Molche oder Schwanzlurche überhaupt die Eidechsen eben nur in derselben Weise wiederholen wie der Papagei den Affen, die Eule die Katze, die Ente das Schnabeltier, der Pinguin den Seehund oder, um innerhalb derselben Klasse Vergleiche zu ziehen, wie die Schnappschildkröte das Krokodil und die Schlange die Schleiche. Die zwischen Molchen und Eidechsen bestehenden Unterschiede sind jedoch viel bedeutsamer als die, die sich beim Vergleiche der letztgenannten Tiere ergeben, und werden bemerkbar, auch wenn man von der Entwickelungsgeschichte der beiden Tierordnungen gänzlich absieht. Allerdings haben die Molche ebenfalls einen gestreckten, walzigen Leib mit deutlich abgesetztem Kopfe und langem, mehr oder weniger rundem Schwanze, der von vier, ausnahmsweise zwei Beinen getragen wird wie bei den Eidechsen; die schuppenlose, schleimige Haut aber unterscheidet sie von diesen auf den ersten Blick so bestimmt und sicher, daß man sich schwerlich berechtigt fühlen kann, beide als Verwandte zu bezeichnen.

Ausführlicher angegeben, sind die Merkmale der Schwanzlurche folgende: Der Leib ist mehr oder weniger langgestreckt, walzenförmig, ziemlich gleichdick, zuweilen etwas plump, der Kopf verhältnismäßig groß, in der Regel sehr abgeflacht, an der Schnauze abgerundet, der Hals vom Kopfe abgesetzt, also dünner als dieser und der Leib, der Schwanz mehr oder weniger lang, im Querschnitt rund oder seitlich zusammengedrückt, bisweilen mit einem flossenartigen Hautsaum, am Ende zugespitzt, seltener abgerundet; die Beine haben die plumpe Gestalt der Gliedmaßen aller Lurche, sind jedoch meist ziemlich gleichlang oder die hinteren etwas länger; an den Vorderfüßen sitzen in der Regel 3—4, an den hinteren, die übrigens ausnahmsweise ganz fehlen können, 2—5 Zehen.

Die äußere Haut ist glatt, körnig oder warzig, bei manchen Wassermolchen glatt, solange diese sich im Wasser aufhalten, dagegen rauh, wenn sie nach der Paarung auf dem Lande leben. Stets ist die Haut drüsenreich, und die Drüsen können sich zu größeren Gruppen (Ohrdrüsen der Erdsalamander) oder in Reihen anordnen. Das infolge Einwirkung äußerer Reize (Druck, ätzende Flüssigkeiten, elektrische Reizung) austretende oder sogar weit wegspritzende Drüsensekret ist weiß und tötet Eidechsen und Mäuse in kurzer Zeit. Die durchsichtige obere Schicht der Oberhaut wird in ziemlich regelmäßigen Abständen in Fetzen oder im Zusammenhang abgestoßen und sehr häufig sofort von ihrem Eigentümer verschlungen.

Im Schädel lassen sich die paarigen Scheitel- und Stirnbeine, meist auch die Nasenbeine immer unterscheiden, während die Oberkiefer mitunter ganz verkümmern; die Gaumenbeine sind sehr oft mit den Pflugscharbeinen verschmolzen. Die Wirbelsäule besteht aus mindestens 37, zuweilen fast 100 Wirbeln, die vorn und hinten oder nur hinten ausgehöhlt sind (mitunter kommt sogar beides bei derselben Art in verschiedenem Lebensalter vor, wie Moore nachwies), und von denen die des Rumpfteiles bei den Gliedern der höherstehenden Familien immer, bei denen der niederen wenigstens vorn kurze Rippen tragen. Das Becken ist jederseits an einem einzigen, aber auch bei ein und derselben Art keineswegs immer an demselben Wirbel, ja mitunter sogar bei demselben Tiere auf beiden Seiten an verschiedenen Wirbeln angeheftet. Es trägt am Vorderrande häufig einen nach vorn sich gabelnden Knorpel, der zur Lungenatmung in Beziehung zu stehen scheint, da er denjenigen Salamandern fehlt, die bloß durch die Haut atmen. An den Vorderbeinen sind Elle und Speiche, an den Hinterbeinen Schien- und Wadenbein vollständig voneinander geschieden, die Knochen der Hand- und Fußwurzel jedoch oft unvollkommen entwickelt und

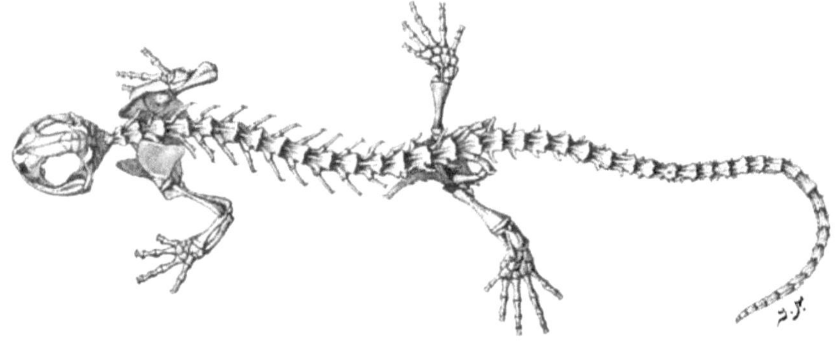

Skelett des Feuersalamanders.

auf wenige beschränkt. Der Brustgürtel ist knorpelig und besteht jederseits aus einem kleinen Schulterblatt und einem großen, bauchseitigen Teil; diese Teile überlagern einander in der Mittellinie und bilden wie ein Brustkorb einen Schutz für das darüberliegende Herz. Ein Knorpelplättchen, das zwischen die Hinterränder dieser beiden Brustknorpel eingeschaltet ist, wird als Brustbein bezeichnet.

Die Augen zeigen verschiedene Stufen der Entwickelung. Sie sind bei einzelnen klein, verkümmert und von der mehr oder weniger durchsichtigen Oberhaut überkleidet, bei anderen wohlgestaltet, halbkugelförmig vortretend, mit vollständigen Lidern versehen und, wie bei den Fröschen, zurückziehbar. Ihre Hornhaut ist im Verhältnis zum Augapfel selbst sehr groß, die Iris bei den höher entwickelten Molchen lebhaft goldig oder kupferfarben, rötlich oder gelb, der Stern in der Regel rund, selten senkrecht oder quer elliptisch. Die Nasenlöcher stehen meist vorn, und zwar seitlich an der Schnauze, und öffnen sich entweder nach oben oder nach den Seiten hin. J. Blaue hat in der Nasenschleimhaut der Molche gut entwickelte Sinnesendorgane gefunden, denen er den Namen Geruchsknospen gegeben hat. Die Ohren werden stets von der äußeren Haut bedeckt; es fehlt ihnen das Trommelfell und die Paukenhöhle, und nur das Labyrinth ist vorhanden. Der untere Teil der Höhlung des tief gespaltenen Rachens wird von der Zunge fast vollständig ausgefüllt; diese ist jedoch sehr verschiedenartig gestaltet, entweder breit und rund oder länglich und schmal, herzförmig, länglich-eirund, pilzförmig, entweder bloß in der Mitte durch ein Längsband angeheftet und deshalb am vorderen und seitlichen Rande frei oder umgekehrt zum größten Teile angeheftet und meist nur wenig beweglich. Bei einigen Arten freilich (Spelerpes) wird die Zunge nach Art der Chamäleons blitzschnell vorgeschossen.

Fast alle Schwanzlurche tragen im Zwischen-, Ober- und Unterkiefer, alle aber entweder auf den Pflugschar- oder den Gaumenbeinen Zähne: meist kleine, etwas nach rückwärts gerichtete, oft eher durch das Gefühl als durch das Gesicht wahrnehmbare, selten größere, messerförmige, dann aber wenig zahlreiche Gebilde, die nur zum Ergreifen und Festhalten des Raubes dienen. Die Zähne auf dem Gaumen sind in gleichlaufenden oder doch symmetrischen, quer- oder längsgestellten Bogen angeordnet. Die Speiseröhre ist ziemlich lang, der Magen ein großer Längsschlauch ohne Blindsack, der sich nach dem Zwölffingerdarm hin verlängert und allmählich in den kurzen Darmschlauch übergeht, die Leber verhältnismäßig groß, so daß sie den größten Teil des Magens bedeckt, die Gallenblase stets vorhanden und wie die unregelmäßig gelappte Bauchspeicheldrüse sehr entwickelt; von den schmalen, außergewöhnlich langen Nieren führen kurze Harnleiter in die große, gefäßreiche, dünnwandige Harnblase, die, wenn sie gefüllt ist, fast die Hälfte der Bauchhöhle einnimmt und ihren Inhalt in die Kloake, seltener in den Endabschnitt des Mastdarmes ergießt. Die Atmung geschieht entweder zuerst durch Kiemen, später durch Lungen, oder bloß durch die äußere Haut und die gefäßreiche Mundhöhlenschleimhaut, wie dies bei vielen nordamerikanischen und wenigen europäischen Molchen festgestellt wurde. Einzelne behalten neben den Lungen auch Kiemen bei, die einen solche, die sich außerhalb, die anderen solche, die sich innerhalb der Kiemenhöhlen verzweigen. Bis über die Mitte des vorigen Jahrhunderts wagte man nicht daran zu zweifeln, daß diese Kiemenbildung eine bleibende sei; die an einem Querzahnmolch, dem Axolotl, inzwischen beobachtete Umwandlung aber hat bewiesen, daß unsere Untersuchungen noch keineswegs als abgeschlossen angesehen werden dürfen. Zwar hat man bis jetzt noch nicht beobachtet, daß außer dem in der Neuzeit sehr bekannt gewordenen Axolotl auch Fischmolche mit Außenkiemen diese späterhin verlieren, wohl aber das Umgekehrte erfahren, daß nämlich auch solche Arten, über deren regelmäßige Verwandlung kein Zweifel obwalten kann, zuweilen im Jugendzustande verharren. So fand F. de Filippi in einem Sumpfe nahe dem Lago Maggiore 50 Wassermolche, von denen nur zwei den Bau des ausgewachsenen Tieres aufwiesen, alle übrigen aber ihre Kiemen noch besaßen, obwohl sie in Körpergröße und Ausbildung der Geschlechtswerkzeuge mit reifen Tieren übereinstimmten. Diese geschlechtsreifen Larven, an denen Männchen und Weibchen unterschieden werden konnten, hatten sonst alle Merkmale junger, noch nicht verwandelter Tiere beibehalten. Jullien fischte im Jahre 1869 aus einem Sumpfe vier weibliche Larven des Streifenmolches, die sich als geschlechtsreif erwiesen und in ihren Eierstöcken reife Eier hatten. Zwei von ihnen setzten auch wirklich Eier ab. Vier männliche Larven aus demselben Sumpfe zeigten sich zwar in bezug auf Körpergröße ebenso entwickelt, doch fand man bei ihnen keine Samenfäden, sondern nur Samenmutterzellen. Solche geschlechtsreife (neotenische) Larven hat man nunmehr von einer ziemlich großen Anzahl von Molchen an verschiedenen Orten gefunden, wie bei Besprechung der einzelnen Arten noch des näheren ausgeführt werden wird.

Bezüglich der Verbreitung der 130 bekannten Schwanzlurche auf der Erdoberfläche wurde bereits gesagt, daß sie fast durchaus einer nördlichen Zone, der Altweltlich-Nordischen und der Nordamerikanischen Region, angehören und nur ausnahmsweise in ganz vereinzelten Formen in die südlich vorliegenden tropischen Regionen übergreifen.

In der Altweltlich-Nordischen Region herrschen, nach G. A. Boulengers Mitteilungen, echte Molche vor, von denen noch vier Arten Nordwestafrika bewohnen; nur je eine Art (in der asiatischen Unterregion) gehört zu den Fischmolchen, eine (in der europäischen Unterregion) zu den Olmen. Während aber in der europäischen Unterregion, also im Westen des Gebietes, zahlreiche echte Molche leben, überwiegen in der asiatischen Unterregion, also im Osten, die Querzahnmolche an Zahl. Je weiter wir nach Osten kommen, um so größer wird die Verwandtschaft der Schwanzlurche mit denen Nordamerikas, doch sind immerhin nur zwei Gattungen beiden Regionen gemeinsam.

Mehr als die Hälfte der Schwanzlurche lebt in der Nordamerikanischen Region, und unter diesen ist Nordamerika die Familie der Armmolche überhaupt eigentümlich. Überaus reich vertreten sind die Familien der Querzahnmolche und der in der Alten Welt wie diese nur in einer Art vorkommenden lungenlosen Molche; von den Fischmolchen leben mit einer einzigen Ausnahme alle in Nordamerika, von den Olmen ist die einzige Art, die außer dem Grottenolm des Karstes bekannt ist, hier zu Hause; nur zwei Arten zählen die echten Molche. — Der Afrikanischen und Australischen Region fehlen Schwanzlurche überhaupt. Die Indische Region hat nur drei Schwanzlurche, einen echten Molch in Jünnan und im Himalaja, einen zweiten derselben Gattung auf den Liu-Kiu-Inseln und einen Querzahnmolch in den Bergen von Laos in Siam, die Tropisch-Amerikanische Region zehn Arten hauptsächlich der Molchgattung Spelerpes in Mittelamerika und Westindien, zwei Arten sogar noch in den Bergen von Kolumbien, Ecuador und Nordperu, und schließlich eine Plethodon-Art in Argentinien.

Die Mehrzahl der bekannten Schwanzlurche hält sich zeitlebens im Wasser auf, viele in seichten, schlammigen Sümpfen, andere in tieferen Seen, einzelne in solchen, die viele hundert Meter über dem Meere liegen. Viele sind Nachttiere, die am Tage still und verborgen in Schlupfwinkeln oder auf dem Grunde ihres Gewässers ruhen und ihre Tätigkeit erst nach Beginn der Dunkelheit oder nach einem eben gefallenen Regen aufnehmen: sie lassen sich deshalb nicht leicht beobachten und können, wie unsere einheimischen Arten beweisen, massenhaft an Örtlichkeiten leben, wo man sie nicht vermutet. Die Arten, die wir Landbewohner nennen dürfen, lieben düstere, feuchte Gegenden, die den Strahlen der Sonne wenig ausgesetzt sind, also vorzugsweise enge Täler oder dichte Waldungen, und verkriechen sich hier unter Steinen, faulenden Baumstämmen oder in Erdhöhlen. Viele Wassermolche verlassen ihr Wohngewässer nach Ablauf der Paarungszeit, während andere derselben Art zeitlebens im Wasser bleiben. Trotz dieses Aufenthaltes entdeckt man diese leichter als jene, weil ja alle Wassertiere zwischen Tag und Nacht oder Hell und Dunkel einen geringeren Unterschied machen als die Landtiere, unsere Wassermolche auch dann und wann zur Oberfläche emporsteigen müssen, um Luft zu schnappen, oder sich in die oberen Schichten des Wassers begeben, um sich zu sonnen. Im Norden ihres Verbreitungsgebietes fallen die Schwanzlurche wie andere Lurche und Kriechtiere mit Beginn des Winters in Erstarrung; wenn im Sommer ihre Wohngewässer eintrocknen, suchen sie feuchte Schlupfwinkel nach Art der Erdmolche auf und leben so wie diese. Für sie insbesondere gilt, was oben im allgemeinen von der Zählebigkeit mitgeteilt wurde; sie sind es, bei denen sich verloren gegangene Glieder wieder ersetzen, dasselbe Glied sogar zu wiederholten Malen.

In der Regel bezeichnet man die Bewegungen der Molche als träge und schwerfällig; dies gilt jedoch nur für die Mehrzahl der Arten; manche Salamander der Gattungen Spelerpes und Chioglossa laufen so schnell dahin, daß sie recht wohl an Eidechsen erinnern können. Einige Arten klimmen wie die mit Haftzehen ausgerüsteten Eidechsen (Geckonen) an senkrechten oder überhängenden Steilwänden, allerdings langsam, in die Höhe. Im Wasser bewegen sich die Wassermolche selbstverständlich am gewandtesten und behendesten; aber auch die Landsalamander verstehen es, sich darin durch schlängelnde Bewegungen ihres Schwanzes vorwärts zu treiben, ermatten freilich nach längerem Schwimmen und können dann wirklich ertrinken; ebenso geht es Molchen, die an das Leben in seichten Gebirgsbächen gewöhnt sind, in tieferem Wasser. Den Glauben, daß kein einziger Schwanzlurch fähig sei, auf Bäume zu klettern, hat ein nordamerikanischer Landmolch (Autodax) zuschanden gemacht, der sich als Baumbewohner erwies.

Weichtiere, Würmer, Spinnen, Kerfe und mancherlei niedere Wirbeltiere sind die Nahrung der Schwanzlurche. Einzelne von diesen sind hervorragende Räuber, die meisten so rücksichtslos, daß sie schwächere ihrer eignen Art ohne weiteres auffressen. Die lebhafte Verdauung aller Schwanzlurche bedingt Gefräßigkeit; so viel sie aber zu gewissen Zeiten fressen, so lange können sie auch wieder hungern.

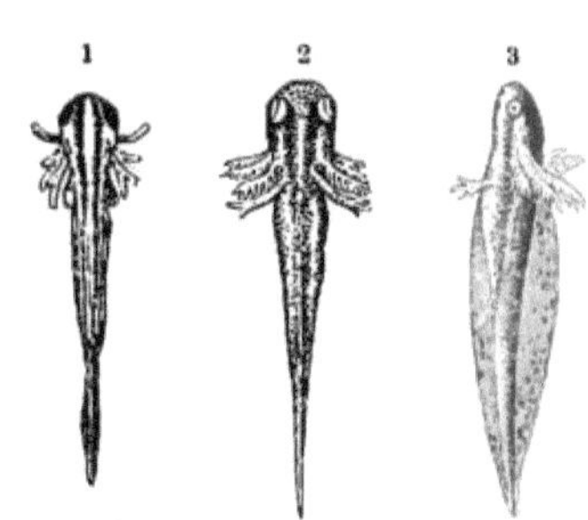

Larve von Molge cristata. 1 Jüngere Larve mit fühlerartigen sogenannten Balancierorganen an der Seite des Kopfes und mit äußeren Kiemen (von oben), 2 ältere Larve mit deutlichen Vordergliedmaßen (von oben), 3 dieselbe von der Seite. Nach Rusconi, „Amours des Salamandres aquatiques“ (Mailand 1821).

Eigentümlich und keineswegs bei allen ganz übereinstimmend ist die Fortpflanzung dieser Tiere. Eine wirkliche Begattung findet nicht statt, doch wird bei den Landsalamandern und manchen Wassermolchen das Weibchen vom Männchen mit Hilfe der Hinterbeine oder des Schwanzes festgehalten und nach Aneinanderpressen der Kloakenlippen der Same unmittelbar übertragen; bei den übrigen Wassermolchen suchen sich beide Geschlechter während der Paarungszeit im Wasser auf: die Männchen verfolgen die Weibchen, geben dann ihren Samen in eigentümlich (kegel-, glocken- oder trichterartig) geformten Paketen von sich, und die Weibchen nehmen sodann entweder den Samen, dessen Gallerthülle in seiner Gestalt derjenigen des Kloakeninnern entspricht, samt dieser Hülle in die Kloake auf oder ziehen ihn nur mit Hilfe der Kloakenlippen und der Hinterbeine aus der Gallerthülle heraus, die im Wasser zurückbleibt; sie speichern die Samenfäden in eignen Vorratskammern auf und befruchten die Eier erst unmittelbar vor dem Legen, sobald diese die Eileiter verlassen, oder noch früher, im Falle sie, was ebenfalls vorkommt, lebendige Junge gebären. Schon Spallanzani wußte, wie uns E. Zeller mitteilt, daß bei den Molchen keine wirkliche Begattung und doch eine innere Befruchtung stattfindet, aber er erkannte nicht, auf welche Weise der Same in die Kloake des Weibchens gelangt. Erst Gasco sah im Jahre 1880 beim Molch und Axolotl mit Bestimmtheit, daß der vom Männchen nach außen abgesetzte Same vom Weibchen aufgesucht und in die Kloake aufgenommen wird. Zeller gebührt das Verdienst, diese wunderbare Erscheinung als eine allgemeine bei den Schwanzlurchen festgestellt zu haben.

Der Feuersalamander verläßt nach der Brunstzeit das Wasser wieder; doch kehrt das Weibchen geraume Zeit später dahin zurück, um seine Jungen, die sich inzwischen in seinem Leibe entwickelt haben, abzusetzen; der Alpensalamander aber gebiert seine Jungen, die nach der Geburt keine Verwandlung mehr durchmachen, auf dem Lande. Die Wassermolche endlich legen Eier, und zwar nur wenige auf einmal, und befestigen sie mittels eines klebrigen Schleimes in Blattwinkeln oder umgebogenen Blättern von Wasserpflanzen. Die meisten Landmolche verleben ihre erste Jugendzeit also im Wasser, wie die Wassermolche, und verlassen dieses erst, wenn ihre Lungen sich ausgebildet haben und die Atmung durch diese stattfindet.

Bei den Molchlarven sprossen die Vorderbeine vor den Hinterbeinen hervor; sehr auffallend ist ein fühlerartiges Gebilde, das bei den jüngeren Larven verschiedener (auch unserer heimischen) Wassermolche unterhalb des Auges entspringt und als Balancierorgan bezeichnet wird. Es soll, wie man annimmt, das Einsinken in den Schlamm verhindern. Da es sich bald ganz zurückbildet, sieht man bei vierbeinigen Larven nichts mehr davon; es wird dem Fühler der Blindwühlen verglichen.

Schwer dürfte es sein, ein Mitglied dieser Ordnung zu nennen, das dem Menschen merklichen Schaden zufügt. Einige der größeren Arten nähren sich wohl von kleinen Fischen; sie aber wohnen in Gegenden, wo ihr Nahrungsverbrauch gewiß nicht nach Geldwert gerechnet werden darf. Eher darf man die Schwanzlurche nützliche Tiere nennen, da sie eine Menge von lästigen oder den Pflanzen Schaden bringenden Tieren verzehren. Daß die Absonderung ihrer Drüsen niemand Unheil zufügen kann, obgleich von alters her hierüber das Tollste gefabelt worden ist, werden wir später hören.

Unter den Feinden, die den Molchen nachstellen, werden ihnen wohl nur einzelne Schlangen und Fische gefährlich; Säugetiere und Vögel nehmen bloß Wassermolche auf, verschmähen dagegen die Erdmolche ihres Drüsensaftes halber, während gewisse Schlangen und Frösche sich durch ihn nicht abschrecken lassen. Der ungebildete Mensch hegt noch heutigestags entsetzlichen Abscheu vor den Salamandern und deren Verwandten, hat aber glücklicherweise wenig Gelegenheit, seinen Gefühlen durch die Tat, die fast gleichbedeutend mit Vernichtung der Tiere sein würde, Ausdruck zu geben; der Aufgeklärte und Gebildete verlacht jenen und stellt den Molchen nur deshalb eifrig nach, weil sie sich vortrefflich zur Besetzung von Terrarien oder Aquarien eignen und jahrelang in der Gefangenschaft aushalten.

In der Neuzeit hat man die Ordnung der Schwanzlurche in die vier Familien der Fischmolche, Molche, Olme und Armmolche zerlegt.

*

„Wir haben, nebst dem ohnfehlbaren Zeugnuß des Göttlichen Wortes, so viel andere Zeugen jener allgemeinen und erschröcklichen Wasser-Flut; als viel Länder, Stätte, Dörffer, Berge, Thäler, Stein-Brüchen, Leim-Gruben sind. Pflantzen, Fische, vierfüssige Thiere, Unziefer, Muschelen, Schnecken, ohne Zahl; von Menschen aber, so damahls zu Grund gegangen, hat man biß dahin sehr wenig Ueberbleibselen gefunden. Sie schwummen tod auf der oberen Wasser-Fläche, und verfaulten und läßt sich von denen hin und wider befindlichen Gebeinen nicht allezeit schliessen, daß sie von Menschen seyen. Dieses Bildnuß, welches in sauberem Holtz-Schnitt der gelehrten und curiosen Welt zum Nachdenken vorliegt, ist eines von sichersten, ja ohnfehlbaren Ueberbleibselen der Sünd-Flut; da finden sich nicht einige Lineament, auß welchen die reiche und fruchtbare Einbildung etwas, so dem Menschen gleichet formieren kann, sondern eine gründliche Übereinkunfft mit denen Teilen eines Menschlichen Bein-Gerüsts, ein vollkommenes Eben-Maß, ja selbs die in Stein (der auß den Oningischen Stein-Bruch) eingesenkte Bein; selbs auch weichere Teil sind in Natura übrig, und vom übrigen Stein leicht zu unterscheiden. Dieser Mensch, dessen Grabmahl alle andere Römische und Griechische, auch Egyptische, oder andere Orientalische Monument an Alter und Gewüßheit übertrifft, präsentiert sich von vornen."

Diese Worte erläutern eine Abbildung, die Johann Jakob Scheuchzer, Doktor der

1. Riesensalamander, Megalobatrachus maximus *Schl.*
S. 47. — $^1/_8$ W. S. Berridge, F. Z. S.-London phot.

2. Aalmolch, Amphiuma means *Gardiner.*
$^1/_5$ nat. Gr., s. S. 69. — L. Medland, F. Z. S.-Finchley, N., phot.

3. Nordamerikanischer Querzahnmolch, Amblystoma tigrinum *Green*, Larve (Albino).
$^1/_2$ nat. Gr., s. S. 68. — W. B. Johnson-Leytonstone phot.

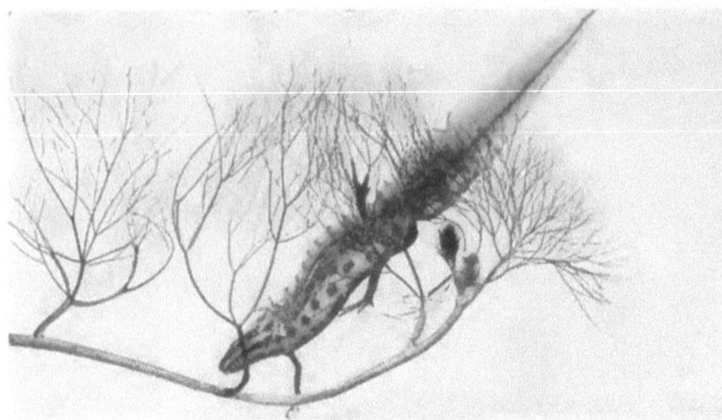

4. Streifenmolch, Molge vulgaris *L.*

1/2 nat. Gr., s. S. 99. — Hugh Main-London phot.

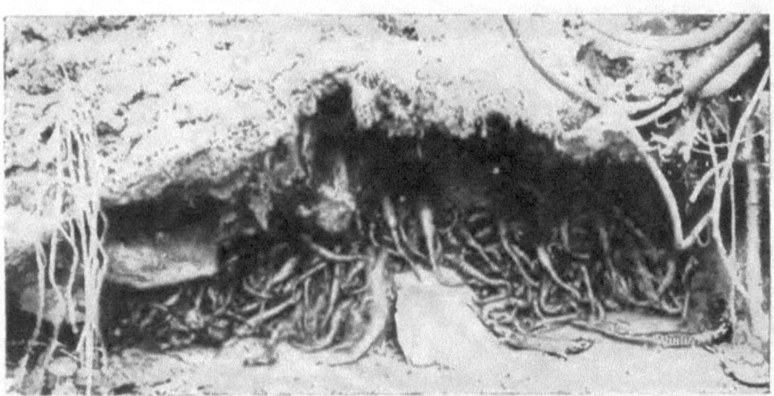

5. Feuerſalamander beim Beziehen des Winterquartiers.

S. 135. — Forstassessor Maisch-Wilhelmsdorf in Württemberg phot.

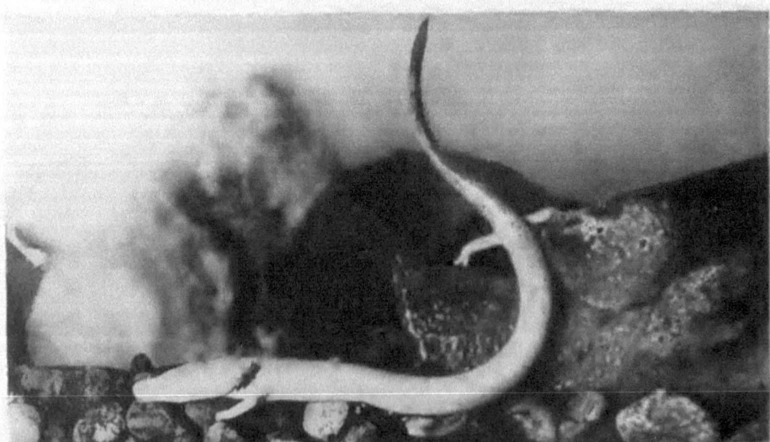

6. Olm, Proteus anguinus *Laur.*

1/2 nat. Gr., s. S. 146. — A. Cerny-Wien phot.

Medizin und vieler gelehrter Gesellschaften Mitglied, einer im Jahre 1726 erschienenen Abhandlung, betitelt: „Homo diluvii testis", beizugeben für nötig erachtete, damit jedermann augenscheinlich von der Wahrheit seiner Worte überzeugt werde. Aber Text, Bild und auch der schöne Reim:

„Betrübtes Beingerüst von einem alten Sünder,
Erweiche Herz und Sinn der neuen Bosheitskinder"

haben leider ihren Zweck, Herz und Sinn der neuen Bosheitskinder zu erweichen, gänzlich verfehlt; denn der „Homo diluvii testis" hat nur kurze Zeit die „gelehrte und curiose Welt" zum Nachdenken veranlaßt, weil das neue Bosheitskind G. de Cuvier ihn seiner Menschlichkeit völlig beraubte und das „betrübte Beingerüst des alten Sünders" als die versteinerten Knochen — eines Molches bestimmte. Dieser jungtertiäre Molch, von den Vorweltskundigen Andrias scheuchzeri genannt, aber von dem jetztlebenden japanisch-chinesischen Riesensalamander der Gattung nach kaum verschieden, mag die Reihe der **Fischmolche (Amphiumidae)**, denen er angehört hat, eröffnen.

Auffallend ist namentlich die Schwäche der Gliedmaßen dieser Tiere im Verhältnis zur Länge des Leibes und die weite Entfernung der Vorder- von den Hintergliedern, die zwar wohlentwickelt, aber kaum noch zum Gehen tauglich sind und tatsächlich auch nur in sehr beschränktem Grade hierzu benutzt werden. Nicht minder unvollkommen erweisen sich die Sinneswerkzeuge. Den Augen fehlen Augenlider; die Zunge ist bis auf ihren Vorderrand festgewachsen. Sowohl Ober- als Unterkiefer tragen Zähne; die Zähne auf dem Gaumen stehen in einer Reihe auf den Pflugscharbeinen zwischen den inneren Nasenöffnungen, gleichlaufend mit der Zwischenkiefer- und Oberkieferzahnreihe und ihr nahe gerückt. Das hintere Ende des Zungenbeinkörpers trägt zwei oder vier gänzlich oder auch nur teilweise verknöcherte innere Kiemenbogen; außerdem bemerken wir bei den meisten Arten an jeder Seite des Halses eine Kiemenspalte, dagegen fehlen äußere Kiemen den erwachsenen Tieren immer. Die Wirbel sind vorn und hinten ausgehöhlt. — Alle dieser Familie angehörigen Schwanzlurche, die ich sämtlich eingehender zu schildern versuchen werde, leben ausschließlich im Wasser und atmen meist durch Lungen und innere Kiemen zugleich.

Als den nächsten Verwandten des Zeugen der Sintflut dürfen wir wahrscheinlich den Riesensalamander, Megalobatrachus maximus *Schl.* (Cryptobranchus japonicus; Abb., S. 48, und Taf. „Schwanzlurche", 1, bei S. 46), betrachten, ein überaus unförmliches, plumpes, massiges Geschöpf von 87—159 cm Gesamtlänge, Vertreter der Riesensalamander (Megalobatrachus *Tsch.*), deren Merkmale die folgenden sind. Dem erwachsenen Tiere fehlt ein äußeres Kiemenloch; es sind zwei Kiemenbogen vorhanden. Der große, niedergedrückte, überhaupt sehr breite Kopf rundet sich vorn in eine stumpfe Spitze ab, der kurze Hals ist bedeutend schmäler als Hinterkopf und Rumpf, letzterer platt, walzig, durch einen dicken Längswulst jederseits gleichsam noch mehr verbreitert, der Schwanz, der etwa zwei Fünftel der Leibeslänge einnimmt, kurz und, abweichend von Leib und Kopf, seitlich zusammengedrückt, so daß er ein hohes, hinten abgerundetes Ruder bildet; an den plumpen, stämmigen, am Hinterrande von einer wulstigen Haut umsäumten Füßen sitzen vorn vier, hinten fünf wohlausgebildete Zehen; die Nasenlöcher liegen vorn an der Schnauze, sehr nahe beieinander, die überaus kleinen, lidlosen Augen hingegen werden fast durch die ganze Breite des Kopfes voneinander getrennt. Sehr kleine Zähne bewaffnen die Kiefer, eine zweite, mit ihnen gleichlaufende Reihe den Gaumen; die Zunge ist ringsum angewachsen. Das Gerippe erinnert, laut Schlegel, an das Knochengerüst der Salamander wie der Schlammteufel, doch unterscheidet sich der

Riesensalamander, *Megalobatrachus maximus Schl.* 1/5 natürlicher Größe.

Schädel durch verhältnismäßig große Breite und auch noch durch andere Eigentümlichkeiten. Die Wirbelsäule besteht aus 22 Rumpf- und 22—26 Schwanzwirbeln, die vorn und hinten eingetiefte Flächen, und deren vordere an ihren Seiten lange Querfortsätze mit Rippenanhängseln haben. Das Becken ist am 22. Wirbel befestigt. Die Haut ist weich und warzig; nach Sasaki stehen die Warzen auf der Oberseite des Kopfes dicht gedrängt und erstrecken sich auch auf die Kopfseiten herab. Auf dem Rücken erheben sich elf Warzenreihen; zwei davon verlaufen in einiger Entfernung auf jeder Seite der Rückenmittellinie, zwei gerade oberhalb der seitlichen Hautfalten und reichen bis zur Schwanzspitze.

Ein trübes, schwer zu bestimmendes Hellgraubraun, das durch dunklere Stellen gewölkt oder gefleckt wird, bildet die Färbung der Oberteile und geht nach unten in ein schwarz geflecktes Lichtgrau über. Junge Riesensalamander unterscheiden sich, laut J. J. Rein und Roretz, durch glatte, warzen- und runzellose Haut, zimtbraune Färbung und spärliche, dunkle Fleckung, auch verhältnismäßig größere, hervorstehende Augen von den älteren. Je mehr die Größe der Tiere zunimmt, um so unebener und warziger und um so dunkler und großfleckiger wird ihre Haut.

F. v. Siebold entdeckte diesen größten aller jetzt lebenden Lurche in den zwanziger Jahren des vorigen Jahrhunderts auf der japanischen Insel Nippon, konnte aber im übrigen über Lebensweise und Fortpflanzung nichts weiter feststellen. Viel später erst wurde das Tier auch in den Gebirgen des westlichen Mittelchinas aufgefunden. Die Eröffnung Japans, die Heranziehung vieler wissenschaftlich gebildeter Fremden in japanische Dienste und neuerdings sogar eingeborene Naturforscher haben uns jetzt zu einer besseren Kenntnis des Wohnortes und der Lebensweise sowie der Entwickelung des Riesensalamanders verholfen, so daß wir in dieser Hinsicht nicht mehr allein auf die Sieboldschen Mitteilungen angewiesen sind. „Sowohl nach den Sieboldschen Mitteilungen als nach eingezogenen Erkundigungen", so berichten uns die beiden Forscher J. J. Rein und Roretz, die es sich, im Gegensatz zu Siebold, angelegen sein ließen, das Tier aus eigener Anschauung kennen zu lernen, „kommt der Riesensalamander nur in der Südhälfte der Hauptinsel Nippon vor. Man kennt ihn in Iga unter dem Namen ‚Hazekoi', in Mimasaka heißt er ‚Hanzaki', in Iwonni ‚Hanzake', in Tamba ‚Hadakasu' und ‚Ango'. Mino, Schinano, Yamaschiro und Iga sind vornehmlich die Provinzen, woselbst er gefunden wird." Nach langen, vergeblichen Bemühungen hatten unsere Gewährsmänner die Freude, auf einer Reise durch Ise, Iga und Yamato eine Gebirgsgegend zu berühren, wo der Riesensalamander jedermann unter dem Namen „Hazekoi" bekannt war. Dort gelang es ihnen, ein Dutzend lebende und drei eingesalzene Stücke käuflich zu erwerben, auch unter Führung eines erfahrenen Fängers die Aufenthaltsorte zu besuchen und dem Fange zuzusehen. Was hierbei beobachtet und außerdem noch von zuverlässigen Eingeborenen in Erfahrung gebracht wurde, läßt sich in folgendem kurz zusammenfassen:

Der Riesensalamander kommt an verschiedenen Stellen der Wasserscheide zwischen dem Küstengebiete von Sanjudo und Sanyodo, in den Bergwassern der Provinz Hida und längs der ganzen Wasserscheide vor, welche die dem Meere von Ise zueilenden Küstenflüsse von dem Flußgebiete des Yodogama trennt. Letzteres ist wohl die wichtigste Fundstätte. Unsere Reisenden fanden das Tier an der Grenze der Provinzen Ise und Iga, wo es im oberen Laufe aller Bäche, namentlich in den Quellbächen des Kitzugawa lebt. Jene Wasserscheide besteht aus quarzreichem, stellenweise sehr verwittertem Granit, dem sich etwas tiefer hier und da ältere Schiefergesteine, in Ise, östlich von Iga, aber tertiäre Sandsteine von fast wagerechter Schichtung und Septarientone mit Resten von Vorweltstieren anschließen. Keiner der Berge in diesem ganzen Zuge erreicht 1000 m Höhe, auch der Suzugayama nicht, der

Siebold das erste Stück lieferte. Vulkanische Gesteine scheinen diesem Gebirgszuge ganz zu fehlen, und Siebold irrt sich ebenso in bezug auf die Höhenangaben wie darin, daß er den Riesensalamander in Becken und Seen an Stelle erloschener Vulkane leben läßt. Denn auch die anderen Gebirgszüge, in deren Gewässern der Riesensalamander vorkommt, sind aus kristallinischen Gesteinen oder jüngeren Schiefern zusammengesetzt.

Man findet das Tier stets in kaltem, rasch fließendem Wasser, 200—600 m, an der Grenze von Hida aber 1000—1500 m über dem Meere. Hier lebt es in den kleinen, klaren Quellbächen, da, wo sie, kaum 0,3 m breit, wie Überrieselungsgräben die grasigen Bergabhänge durchschneiden und der unterwaschene Rasen von beiden Seiten her die jungen Bächlein fast ganz überdeckt, sowie weiter abwärts, wo durch die Vereinigung solcher Gräben ein munterer, forellenreicher Bach entstanden ist, dessen von Gebüsch überragtes und beschattetes Wasser murmelnd und rauschend die im Bette liegenden Felsblöcke umspült. Unter solchen Blöcken sowie unter den überhängenden Ufern leben namentlich die älteren Tiere, während die jüngeren kleine Gräben vorziehen. Nach Aussage der Leute verlassen jung und alt die gewählten Wohnorte nur selten und bloß während der Nacht und gehen nie ans Land. Würmer und Insekten, Fische und Frösche sind ihre Nahrung.

Man fängt den Riesensalamander sowohl wegen seines im gekochten Zustande wohlschmeckenden Fleisches, dem man bei Japanern und Chinesen auch arzneiliche Wirkungen zuschreibt, als auch, um ihn zur Reinhaltung des Wassers in Brunnen zu setzen, ganz ebenso, wie man bei uns zulande mit den einheimischen Molchen und Schildkröten verfährt. Die größten Stücke bringt man nach Kioto, Osaka und Kobe, wo sie in Tierbuden häufig zu sehen sind. Versandt werden sie wie die Aale in Körben, die mit Laubwerk überdeckt und zeitweise angefeuchtet werden.

Dieses große und ungeschlachte Tier entwickelt sich aus sehr kleinen, 6×7 mm messenden Eiern. C. Sasaki, ein japanischer Forscher, erfuhr von Fischern, daß das Weibchen seine mit Ausnahme des oberen, weißlichen Pols gelblichen Eier im August und September in rosenkranzähnlichen Schnüren ablegt. Die Eier sind länglich und an beiden Seiten in gleicher Weise abgerundet. Jedes Ei schwimmt in einer klaren Flüssigkeit, die in eine gallertartige, kugelige Umhüllung von 1,35 cm bis 1,62 cm Durchmesser eingeschlossen ist; diese Hülle ist mit der des nächsten Eies durch einen dünnen Strang verbunden, der ungefähr so lang ist wie die längere Achse der einzelnen Hülle. Nach vielfachen Erkundigungen scheinen die kleinsten Riesensalamander, die man bis jetzt gefunden hat, eine Länge von etwa 15 cm gehabt und in allem Wesentlichen den erwachsenen geglichen zu haben. Allem Anscheine nach hat der Riesensalamander im Jugendzustand äußere Kiemen, und es verdient in dieser Hinsicht erwähnt zu werden, daß E. v. Martens in einem japanischen Bilderbuche den Riesensalamander mit einigen Jungen abgebildet fand, die Kiemenbüschel an den Seiten des Halses tragen. Ich habe diesen wichtigen Angaben nur noch das eine hinzuzufügen, daß O. Boettger durch Untersuchung mehrerer junger Riesensalamander das Vorhandensein äußerer Kiemenöffnungen festgestellt hat. Dies sind bei einem 16 cm langen, jungen Riesensalamander feine, 2,5 mm lange Spalten, die zwischen der Ansatzstelle der Vordergliedmaßen und den Mundwinkeln an den beiden Seiten des Halses liegen und auf allen Seiten mit einem gewulsteten, vorn besonders dicken und faltenreichen Rand umgeben sind.

F. v. Siebold nahm im Jahre 1829 zwei lebende Riesensalamander von Japan mit, um sie nach Europa überzuführen. Zu ihrer Ernährung hatte er japanische Flußfische bestimmt, die auch aufgezehrt wurden; als jedoch diese Nahrung zu mangeln begann, fraß der männliche Salamander sein Weibchen auf. Sodann hungerte er bis zur Ankunft in Europa, wie sich später ergab, ohne allen Schaden. Man richtete nun in Leiden für ihn ein Becken mit Süßwasser ein und setzte kleine Fische hinein, die von ihm auch zeitweilig angenommen wurden. Bei seiner Ankunft betrug seine Länge 30 cm, sechs Jahre später schon 1 m, seitdem hat er bis zu seinem Tode langsam, aber stetig zugenommen; er starb, wie uns C. Kerbert mitteilt, erst 1881 im Tiergarten zu Amsterdam.

Später, namentlich seit den 1860er Jahren, sind viele dieser ungeschlachten Geschöpfe lebend zu uns gelangt, und gegenwärtig kann man sie in allen größeren Tiergärten sehen. Ich habe mehrere Gefangene längere Zeit beobachtet und gefunden, daß sie ohne Ausnahme höchst langweilige Geschöpfe und deshalb auch in keiner Weise geeignet sind, den Beschauer zu fesseln. Eine treffliche Schilderung ihres Wesens hat D. F. Weinland gegeben. „Bei den meisten Lurchen hält es bekanntlich sehr schwer, sie zum Fressen zu bringen; wir waren daher, nicht ohne ängstliche Sorge, darauf bedacht, dem wertvollen Salamander eine möglichst angenehme Kost vorzusetzen. Kaum war er in seinem Wasserbecken untergebracht, so wurde ihm ein langer Regenwurm vorgehalten, und wirklich — nachdem dieser einige Minuten lang auf das verführerischste vor seiner Schnauze herumgezappelt hatte, schnappte der Molch heftig zu. Mit dem ersten raschen Bisse war etwa das erste Drittel des Wurmes, mit einem zweiten, unmittelbar darauffolgenden, das zweite, mit einem dritten der ganze Wurm verschwunden; dann sah man das Zungenbein in der Kehlgegend noch einige drückende Bewegungen machen, offenbar um die Beute durch den Schlund in den Magen hinabzudrängen. An diesem Tage verzehrte er nur noch einen Wurm, an dem darauffolgenden ihrer sechs, am dritten ihrer neun, und zwar immer in derselben Weise in Absätzen und mit der nachfolgenden kräftigen Schlingbewegung. Damit war die berechtigte Hoffnung gegeben, daß wir den Riesenmolch am Leben erhalten würden; es schien jedoch rätlich, ihm kräftigere Nahrung vorzusetzen. Ein etwa 15 cm langer Weißfisch wurde ins Becken gebracht, und zwar lebend, da schon bei der Fütterung mit Würmern bemerkt worden war, daß der Riesensalamander bloß zuschnappte, wenn jene sich oberhalb seiner Schnauze bewegten, er sie also mit seinen kleinen, ganz nach oben liegenden Augen sehen konnte, während er sich um die, die man auf den Boden fallen ließ, nicht weiter bekümmerte. Sobald der Fisch seinem Kopfe entgegenschwamm, schnappte er mit einer, von solchem trägen Tiere ganz unerwarteten, pfeilschnellen Seitenbewegung des Kopfes nach ihm, wobei er den Rachen mindestens 2 cm weit aufriß, ganz so, wie Haifische von der Seite her nach ihrer Beute schnappen; der Fisch entkam ihm aber, obgleich der Salamander, als sein erster Biß fehlte, noch zweimal aufs Geratewohl in blinder, heißhungeriger Wut da ins Wasser biß, wo der Fisch zuvor geschwommen war. Offenbar war der letztere zu stark und die Zähnchen des Salamanders zu schwach, um ihn festzuhalten; denn tatsächlich war er schon mit dem ersten Bisse in der Mitte des Leibes gepackt worden. Wir entfernten daher den Weißfisch und versuchten es, da ein tauglicher kleinerer nicht vorrätig war, mit einem Frosch, und zwar mit einem fast ausgewachsenen Wasserfrosch. Auch jetzt machte der Molch seinen Angriff, faßte aber den Frosch ungeschickterweise an einem Vorderbeine, und da bei seinen kleinen, offenbar nur zum Erfassen und Festhalten der Beute dienenden Zähnchen vom Abbeißen des Gliedes keine Rede sein konnte, mußte er nach langem Hin- und Herzerren des gewaltig arbeitenden Frosches diesen wieder freilassen. Der Frosch hüpfte in eine Ecke des Beckens, und der Salamander watschelte, wie mir schien, ganz zufällig in dieselbe Ecke. Jener wurde zum zweiten Male erfaßt, diesmal aber am Kopfe, und schon nach einer Viertelstunde war er mitsamt seinen langen Hinterbeinen in dem Rachen des Molches verschwunden. Freilich verursachte dieses Mal das Hinabschlucken mehr Mühe; nicht nur stemmte der Salamander seine Vorderbeine kräftig gegen den Boden des Beckens, sondern er drückte auch noch seine Schnauze fest auf, so daß er eine dreifache Stütze für die Schlingbewegung gewann. Darauf begab er sich hinter einen Stein zur Ruhe. Die Regel, daß Raubfische und Raublurche ihre Beute stets beim Kopfe fassen, bekümmert unseren Molch, wie es scheint, nicht viel; wenigstens wurde beobachtet, daß er einen Fisch von hinten packte und ihn so, den Schwanz voran, den Kopf zuletzt, gegen die Schuppen und gegen die Kiemendeckel verschlang.

„Die Art der Ernährung ausgenommen, läßt sich übrigens wenig an diesem trägen, und wie es scheint, sinnesstumpfen Molche bemerken. Alle seine Bewegungen sind äußerst langsam, außer wenn er nach Nahrung schnappt; immer liegt er ruhig auf dem Grunde des Beckens, und zwar an dessen dunkelstem Platze; fällt Licht dahin, so geht er an den nächstdunkelsten. Von Zeit zu Zeit, etwa alle zehn Minuten, streckt er zur Atmung die Schnauze aus dem Wasser; sobald er durch die Nasenlöcher Luft eingenommen hat, sinkt er wieder ruhig hinab. Außerdem sieht man ihn zuweilen wohl eine Viertelstunde lang regelmäßige, seitlich schwingende, ein wenig vorwärts und rückwärts wiegende Bewegungen mit seinem Rumpfe machen, ähnlich wie man es an Elefanten und Bären in Gefangenschaft beobachtet. Eine Häutung wurde kurz nach seiner Ankunft bemerkt; hierbei fiel die Oberhaut in großen Fetzen ab."

Die Erfahrung hat gelehrt, daß auch der Riesensalamander zu den zählebigen Lurchen gehört. Einer von denen, die ich kennen lernte, kroch einmal über den Rand seines Beckens und fiel etwa 1,5 m tief auf den Boden hinab, wurde hier auch am anderen Morgen fast bewegungslos gefunden, erholte sich aber, ins Wasser zurückversetzt, bald wieder. Von anderen erfuhr man, daß bedeutende Kälte ihnen ebensowenig schade wie unseren Wassermolchen: das Becken der Gefangenen im Amsterdamer Tiergarten mußte einmal vom Eise befreit werden, ohne daß die Tiere gelitten hätten. Zwei Gefangene, die ich pflegte, verlor ich an derselben Krankheit, die auch häufig den Axolotl befällt. Ihre Haut bedeckte sich mit einem Pilze, der anfänglich nur in kleineren Flecken auftrat, sich aber außerordentlich rasch verbreitete und zuletzt über das ganze Tier erstreckte, so daß es wie mit einem weißen Reif überzogen aussah. Vom ersten Tage der Verpestung an verloren die Salamander alle Freßlust, blieben auf einer Stelle liegen, rührten sich nicht mehr und wurden endlich in derselben Lage, die sie tagelang eingenommen und festgehalten hatten, tot gefunden. An eine Zerstörung des Pilzes, dessen rasches Wuchern ich auf das weiche Wasser der Wohnungsbecken zurückführen möchte, war nicht zu denken: jedes von der Schmarotzerpflanze befallene Tier war rettungslos verloren.

Abgesehen von solchen Zwischenfällen, die wohl nur unter besonders ungünstigen Umständen vorkommen dürften, braucht man mit dem Riesensalamander nur wenig Umstände zu machen. Er geht leicht an alle Nahrung, die sich regt, und seine Ernährung verursacht daher keinerlei Schwierigkeiten. Hat er sich erst ein paarmal nacheinander satt gefressen, so bekümmert er sich zuweilen wochenlang nicht um die zu seiner Ernährung bestimmten Fische in seinem Wasserbecken; plötzlich aber schnappt er mehrmals nacheinander zu und frißt eine erkleckliche Menge. Trotzdem scheint es, als ob er sehr wohl einen Unterschied zwischen seiner Beute zu machen wisse; denn er zieht manche Fische, beispielsweise Forellen, minder schmackhaften vor. Ebenso unregelmäßig wie er frißt, entleert er sich auch; wenn es aber geschieht, wirft er eine überraschende Menge formlosen, weichen, braungefärbten Kotes aus.

Obgleich wahrscheinlich mehr Nacht- als Tagtier, benimmt er sich in der Dunkelheit kaum anders als während des Tages und gibt seine erstaunliche Trägheit auch nach Einbruch der Nacht nicht auf. Zuweilen verläßt er das dunkle Versteck, das er sich erwählt hat, und kriecht langsam auf einen Vorsprung hinaus, vielleicht in der Absicht, freier zu atmen; es können aber Wochen vergehen, ohne daß er seine Lage im Wasser wechselt. Treibt man ihn gewaltsam aus seinem Schlupfwinkel, so kehrt er bald gelassen dahin zurück; verdirbt man ihm sein Lager, indem man Steine oder groben Kies darauf streut, so scharrt er alles wieder weg und stellt sich das Lager von neuem her, wie es war. Wiederholte Störungen erregen schließlich seinen Zorn; er versucht dann, sich zu wehren, beißt auch heftig in einen ihm vorgehaltenen Stock und läßt nicht sogleich wieder los. Seinen Wärter unterscheidet er schwerlich von anderen Leuten.

In den letzten Jahrzehnten haben sich japanische Forscher eingehend mit der Lebensgeschichte unseres Riesenlurches befaßt, und was Sasaki und Ishikawa, die wir zunächst zu Worte kommen lassen, nicht völlig aufklären konnten, nämlich die Art der Fortpflanzung, darüber haben wir nunmehr durch Kerbert ausreichende Kenntnis erlangt. Über das Freileben des Riesensalamanders schreibt Sasaki folgendes:

„Im Sommer 1880 und 1881 besuchte ich einige Provinzen im Inneren unserer Insel zu dem Zwecke, Exemplare des Riesensalamanders zu sammeln. Es gelang mir, 71 Exemplare zu fangen, die in der Länge von 19—60 cm und im Gewicht von 41—1926 g variierten, und einige Tatsachen bezüglich ihrer Gewohnheiten und Lebensweise zu erfahren.

„Er verbirgt sich an dunkeln Stellen unter Felsen, längs der Ufer oder in der Mitte der Strömung. Er scheint ein einsames Leben zu lieben; denn so oft es mir möglich war, ihn zu sehen, ist nie mehr als ein Exemplar unter einem Felsen gefunden worden.

„Das Tier kann leicht an einer kurzen Schnur mit Angelhaken, geködert durch einen Frosch, Fisch oder einige Regenwürmer, gefangen werden. Dieser Köder wird mit Hilfe eines dünnen Bambusstockes in das Versteck des Salamanders gestoßen. Die Schnur ist nicht an den Stock gebunden, das Stück mit dem beschwerten Haken wird nur um ein Ende desselben geschlungen, weit genug, um ihn führen und den Köder in die Nähe des Salamanders bringen zu können. Das Anbeißen wird sofort durch den Stab gefühlt. Ist dieses erfolgt, muß der Stock so ruhig wie möglich zurückgezogen werden, indem Schnur mit Haken und Köder zurückgelassen wird und das Ende der Schnur in der Hand verbleibt. Sobald ein Ruck der Schnur bemerkt wird, wird ein heftiger Zug gemacht, der gewöhnlich mit der Gefangenschaft des Tieres endet. Sollte der Fang nicht gelingen, so wird der Köder wieder wie vorher angebunden und zum zweiten Male dem Salamander zugeführt. Das nicht schlaue Geschöpf nimmt den Köder immer wieder an, da der Salamander es nicht lernt, den dargebotenen Bissen zurückzuweisen. Wenn das Tier gefangen ist, gibt es ein eigentümliches schleimiges Sekret von sich, das einen ganz ähnlichen Geruch hat wie die Blätter vom Japanischen Pfeffer (Xanthoxylon peperitum). Dies Sekret verhärtet sich in der Luft zu einer gelatinösen Masse.

„Temminck und Schlegel behaupten, daß das Atemholen der Salamander gewöhnlich alle 6—8 Minuten geschieht. Dies ist Tatsache bei in Behältern gehaltenen Exemplaren. Aber meine Beobachtungen ergaben, daß sie dieses in ihren heimatlichen Bächen weniger häufig vollführen.

„Die Augen des Riesensalamanders sind merkwürdig klein (nur 4 mm im Durchmesser), und dieses steht vielleicht in Beziehung zu der Lebensweise des Tieres. Für den Fang seiner Beute (Fische, Frösche usw.), welche nicht durch Verfolgen, sondern durch Annäherung an seinen Standplatz erbeutet werden, sind die Augen unverkennbar von geringer Bedeutung.

Außerdem halten sich die Salamander gewöhnlich an dunkeln Stellen auf und leben so unter Bedingungen ähnlich denen eines Höhlentieres.

„Die Art, in der die Riesensalamander sich Nahrung verschaffen, ist von Temminck und Schlegel richtig angegeben: sie nähern sich langsam ihrer Beute, ergreifen sie durch eine schnelle seitliche Bewegung des Kopfes mit den Kiefern und verschlingen sie, nachdem sie dieselbe einige Zeitlang im Maul gehalten haben.

„Das kleinste von Siebold gefundene Exemplar maß ungefähr 30 cm und zeigte keine Spur äußerer Kiemen oder Spalten. Das jüngste meiner Exemplare, 19—20 cm messend, hat drei Paar sehr kurzer, verzweigter Fortsätze (von 3—5 mm Länge). Jeder Fortsatz ist abstehend und spitz zulaufend, und die meisten davon haben noch Verästelungen; in der Farbe unterscheidet es sich von ausgewachsenen Individuen nur darin, daß es heller ist.

„Bei einem anderen Exemplar, 20,5 cm lang, waren die Kiemen fast völlig verschwunden, jedoch die verzweigten Schlitze waren noch zu sehen. Ein anderes Exemplar, 24,5 cm lang, zeigt keine Spur der Kiemen, und die verzweigte Mündung hatte sich völlig geschlossen, während sich ihre ursprüngliche Lage durch einen leichten Strich markiert."

Der andere japanische Forscher, Ishikawa, hat den Riesensalamander ebenfalls in seiner Heimat beobachtet und folgendes über ihn in Erfahrung gebracht. Er konnte dabei eine Anzahl von Angaben älterer Autoren richtigstellen. Unser Verfasser verbrachte in Kogawa auf der Südseite der Hiruzenberge in Südnippon einen Frühlingsmonat und zwei Sommer, um die Biologie des Tieres zu ergründen. Daß der „Hanzaki" einen dumpfen Laut von sich gibt, sei wahr, aber dieser sei von dem Geschrei eines Kindes, mit dem er verglichen worden ist, sehr verschieden. Wenn der Salamander größer wird, wandert er aus den Gebirgsbächen stromabwärts in die größeren Flüsse. Nachts kommt er aus seinem Versteck, um der Nahrung nachzugehen; frühmorgens kann man ihn oft im Strombett kriechend finden; nach starken Regen zeigt er sich zuweilen auch draußen auf dem Ufer. Seine gewöhnliche Nahrung, die mit Hilfe des Geruchssinnes aufgesucht wird, sind kleine, zu den Salmoniden gehörige Fische (Onchorhynchus perryi und der zoologisch anscheinend noch nicht benannte „Omo") sowie Landkrabben (Grapsus pusillus *F.*), deren leere Schalen später ausgespieen werden, Kröten, Frösche und zwei Arten von kleineren Molchen. Die Zahl der Riesenmolche scheint wegen der Verfolgung (und wohl auch der Kultur) von Jahr zu Jahr sehr rasch abzunehmen. Die Eier stecken in 3—10 Fuß tiefen, wagerecht verlaufenden Löchern in ruhigem Wasser. Die Befruchtung erfolgt, im Gegensatz zu Fröschen und Fischen, wohl zweifellos innerlich, da im Inneren der Eikapseln Samenfäden beobachtet wurden und diese Kapseln ja schon im Eileiter entstanden sind. Fast in jedem Loche, wo man Ende August bis Anfang Oktober ein Weibchen gesehen hat, findet man auch einen Eierklumpen. Dieser Umstand könnte darauf schließen lassen, daß das Tier eine Brutpflege nach Art von Ichthyophis und von so vielen anderen Lurchen treibt. Das Weibchen liegt aber nicht wie die genannte Blindwühle um den Eierklumpen zusammengerollt, sondern scheint die Eier manchmal zu verlassen, um nach Nahrung auszugehen. Die Larven des Hanzaki sind seitlich zusammengedrückt und haben ziemlich große Augen, sind also in der Form wesentlich von den alten Molchen verschieden.

Soweit unsere japanischen Gewährsmänner. Aus den ergänzenden Mitteilungen Kerberts, der die Fortpflanzung des Riesensalamanders im Zoologischen Garten zu Amsterdam beobachten konnte, ersehen wir aber, daß es das Männchen ist, das die Fürsorge für die Nachkommenschaft übernimmt. Wir folgen im wesentlichen einem kurzen Bericht Boettgers.

Die beiden Elterntiere sind seit 1893 im Garten; das Weibchen ist 0,85 m lang. Übrigens lassen sich die beiden Geschlechter nur zur Brunstzeit, im August und September, unterscheiden. Die einleitenden Liebesspiele dauern nur wenige Tage. Eine eigentliche Begattung konnte nicht beobachtet werden. Die erste Ablage von Eiern in den durch die Untersuchungen von Sasaki und Ishikawa bekannten rosenkranzähnlichen Schnüren fand in der Nacht des 18. September 1902 statt. Die Eier waren unbefruchtet. Eine zweite Eiablage begann am 19. September des folgenden Jahres von 6 Uhr nachmittags ab. „Zuerst entleerte das Weibchen eine kleinere Schnur mit nur vier Eikapseln, nach einigen Minuten aber kam das uns jetzt bekannte Gelege in doppelten Schnüren aus der Kloake zum Vorschein. Ich schätzte die Anzahl der Eikapseln auf ungefähr 500 und mehr. Während der Eiablage schwamm das Weibchen in merkbarer Unruhe umher, legte sich aber nach Beendigung dieses Vorganges ganz ruhig hinter den Felsen an der Hinterwand des Behälters. Das Männchen war von Anfang an viel unruhiger und mehr aufgeregt als das Weibchen, schwamm fortwährend durch die von den heftigen Schwimmbewegungen beider Tiere allmählich in die sandige Grube geratene Eimasse und wehrte die kleinen Fische, Mitbewohner des Behälters, mit geöffnetem Maule von den Eiern ab. Obwohl es sich einige Minuten später scheinbar ruhig bei der Eimasse hinlegte, war die Erregung des Nervensystems doch offenbar eine so hochgradige, daß die Haut des Rumpfes und des Schwanzes wellenförmig zitternde Bewegungen zeigte, so daß sogar eine heftige Ejakulation von Sperma erfolgte. Die schleimige, grauweiße Masse machte das Wasser trübe." Auf eine äußerliche Befruchtung der Eiermasse ist aber durch diese Beobachtungen, wie Kerbert mit Recht hervorhebt, in keiner Weise zu schließen, vielmehr hat man eine innere Befruchtung anzunehmen, obwohl sie bis jetzt von niemand gesehen worden ist. Da aber ähnliche Wahrnehmungen, wie die eben beschriebene, von früheren japanischen Beobachtern und auch von Herrn v. Siebold gemacht worden sind, wäre es nicht unmöglich, daß es sich hierbei doch um einen Befruchtungsakt handle, indem das Weibchen bei dieser Gelegenheit für die Eier, die im nächstfolgenden Jahre abgelegt werden sollen, befruchtet werden könnte. Ob das Weibchen des Riesenmolches, wie das der anderen Schwanzlurche, überhaupt Samentaschen hat, ist noch nicht sicher erwiesen. Daß aber das Männchen die Bewachung der Eier und der ausgeschlüpften Brut übernimmt, hat Kerbert endgültig festgestellt. Der männliche Riesensalamander kriecht nämlich zwischen den verschiedenen Strängen der Eiermasse hindurch und bleibt dann von den Eiern umhüllt liegen, oder er läßt sich einfach neben dem Gelege nieder. In beiden Fällen aber hält er, hauptsächlich durch Schwingungen, die der ganze Körper von Zeit zu Zeit ausführt, die Eiermasse in Bewegung. Es ist dies der zweite Fall von Brutpflege — und zwar von männlicher Brutpflege — bei einem Vertreter der Schwanzlurche.

Wegen der großen Durchsichtigkeit der Kapselwand ist die weitere derjenigen der Apoden vergleichbare Entwickelung vom befruchteten Ei bis zum Ausschlüpfen der Larve Schritt für Schritt zu verfolgen. Kerbert lenkt schließlich die Aufmerksamkeit auf die Tatsache, daß sich die Eikapseln während der Entwickelung nicht unerheblich vergrößern. Am 10. November wurde die erste, am 26. November die letzte ausgeschlüpfte Larve bemerkt. Von der Eiablage an bis zum Ausschlüpfen aller Larven verstrichen also 52—68 Tage oder ungefähr 8—10 Wochen bei einer mittleren Temperatur des Wassers von 13° C. Die eben ausgeschlüpfte Larve ist 3 cm lang und hat jederseits drei äußere hirschhornartig verzweigte Kiemen, ein dickes Bäuchlein, bereits deutlich angelegte Stümpfe der Gliedmaßenpaare und einen hohen Schwanz von Rumpflänge mit stark gekrümmter, flossenförmiger

Ausbreitung des Untersaumes. Bemerkenswert ist noch in der Seitenansicht die auffallend tiefe Einschnürung zwischen Bauch und Schwanzflosse in der Aftergegend.

Der Vertreter der zweiten Gattung der Fischmolche (Cryptobranchus *Leuck.*), die sich ebenfalls durch vier Finger und fünf Zehen auszeichnet, aber vier Kiemenbogen hat und mindestens linksseitig auch im erwachsenen Zustande ein offenes Kiemenloch behält, ist der Schlammteufel oder Hellbender (zu deutsch vielleicht „Höllenüberwinder") der Nordamerikaner, Cryptobranchus alleghaniensis *Daud.* Dieses dem Riesensalamander ähnliche Tier erreicht eine Länge von 33—56 cm, hat einen großen, sehr platten, an der

Schlammteufel, Cryptobranchus alleghaniensis *Daud.* 1/3 natürlicher Größe.

Schnauze abgerundeten Kopf, einen dicken, sehr fleischigen und stark abgeplatteten, jederseits, wie beim Riesensalamander, von einer dicken, längsverlaufenden Hautfalte gesäumten Leib, dessen Haut sehr locker und faltig ist, sowie einen ebenfalls kräftigen und seitlich stark zusammengedrückten Schwanz. Die Außenfinger und -zehen und die Gliedmaßen sind an der Außenseite mit sehr stark entwickelten Hautsäumen besetzt. Die Augen sind dunkler als bei den Molchen, denen der Larve des Axolotls ähnlich; die Nasenlöcher stehen ganz an der Spitze der Schnauze und öffnen sich innen neben der Gaumenzahnreihe. Durch die flache, keilförmige Form des Kopfes ist das Tier befähigt, auch in sehr enge Spalten sich einzuzwängen. Die 19—21 Rückenwirbel tragen, mit Ausnahme des ersten, Rippenstummel; das Kreuzbein besteht häufiger aus einem als aus zwei Wirbeln; Schwanzwirbel sind wenigstens 24 vorhanden. Die Grundfärbung ist ein düsteres Braun oder Schiefergrau; sie trägt als Zeichnung verwischte größere schwarze und kleinere gelbliche Flecke; bei älteren Tieren sind die Flecke weniger deutlich. Diese Färbung ist in hohem Grade schützend, und das Tier, das nach Smith selbst wenig Feinde hat, wird von seiner Beute, vorwiegend Krebsen, aber auch Fischen, Regenwürmern, ja auch Fröschen, leicht übersehen, da der unter einem Felsen hervorlugende Kopf täuschend einem Stein gleicht.

Wir verdanken Barton, der den Schlammteufel im Jahre 1812 beschrieb, die erste Kunde von diesem Tiere, das im ganzen Flußgebiete des Mississippis und in den Strömen der Bundesstaaten von Louisiana bis Nordcarolina lebt, sich von Würmern, Krebsen und Fischen nährt, sehr gefräßig ist, oft wie ein Raubfisch zum Ärger der Fischer an die Angel beißt und selbst große Mengen des geschätzten Speisefisches Coregonus albus verzehrt. Er verläßt von selbst das Wasser niemals, hat ein ungemein zähes Leben und ist für den Menschen vollkommen harmlos. Seine Larvenzeit muß von kurzer Dauer sein, da man Quappen von ihm bis jetzt ebenfalls noch niemals gefunden hat. Ein junges Stück von wenigen Monaten, das Harlan untersuchte, hatte keine äußeren Kiemenbüschel mehr. Die Eier sind, nach E. D. Cope, ziemlich groß und werden an zwei einander gegenüberliegenden Punkten mit kräftigen Strängen an ihre Unterlage befestigt.

Neuerdings hat man den Schlammteufel wiederholt in Gefangenschaft gehalten, ihn auch lebend einigemal, zuerst im Jahre 1869, nach Europa gebracht. Er geht schnell an die Nahrung, wenn man ihm Fleisch oder Fischköpfe vorhält, erträgt aber auch langes Fasten. H. und S. Phelps Gage haben beobachtet, daß erwachsene Schlammteufel unter Wasser Atembewegungen ausführen, die den Zweck zu haben scheinen, die durch den Mund eingeführte Luft durch die Kiemenspalten streichen zu lassen; J. Le Conte aber, der dieses Muskelspiel sich noch über den Kehlkopf hinaus erstrecken sah, vermutet, daß das Tier auf diese Weise die in den Lungen enthaltene Atemluft nochmals durch die Kiemen zu treiben suche, um ihren Sauerstoff besser auszunutzen.

Die letzte und genaueste Beschreibung des Schlammteufels und seiner Entwickelung hat B. G. Smith gegeben. Er fand das Tier am häufigsten in einem dem Gebiete des Alleghanyflusses angehörigen Bache, namentlich bei seichten und felsigen Stromschnellen; hier liegt der Molch den größten Teil des Tages in Löchern oder Höhlen unter großen Felsen im Flußbett und meist einzeln. Bei Tage kommt er selten hervor, mit Ausnahme der Fortpflanzungszeit; bei Nacht dagegen kriecht er auf Nahrungssuche herum; Fischer, die bei Fackellicht ihrem Beruf oblagen, erzählten unserem Gewährsmann Wunderdinge von der großen Zahl der gesehenen Molche, die ruhig der Beleuchtung standhielten. Nach Townsend sollen die Schlammteufel im Frühsommer, wenn das Wasser klar ist, in Menge auf dem Grunde beobachtet werden können, während sie im August immer nur unter Felsen gefunden wurden. Der Zugang zu den Schlupflöchern, die den Felsen zum Dach, den kiesigen Grund als Boden haben, wird mitunter durch Graben mit den Vorderfüßen erweitert. Cryptobranchus gedeiht nur in kaltem, fließendem Wasser; in stehendem Wasser wird er bald unruhig, schwimmt rastlos auf und ab und kommt oft an die Oberfläche; früher aufgenommene Nahrung wird erbrochen, die weitere Nahrungsaufnahme verschmäht.

Der Schlammteufel pflegt meist langsam auf dem Grunde zu kriechen, ist aber auch ein guter Schwimmer, der dabei wagerecht schlängelnde Bewegungen ausführt und seinen Schwanz als hauptsächlichstes Bewegungsorgan benutzt; jedoch bei mäßig raschem Schwimmen sind es jedoch in erster Linie die Gliedmaßen, die den Körper vorwärts bringen, mehr als die paarigen Flossen bei den Fischen.

Wenn die Tiere zum Atemholen an die Oberfläche kommen, stoßen sie die verbrauchte Luft zu derselben Zeit aus, als sie neue aufnehmen, so daß die eingeatmete Luft zusammen mit ausgeatmeter in die Lungen gelangt; der Überschuß an verschluckter Luft wird durch den

Mund oder die Kiemenspalten entleert; nach dem Untersinken ist der Körper etwas nach aufwärts gebogen wegen der reichlich in den Lungen enthaltenen Luft, und er streckt sich erst nach weiterer Luftabgabe wieder gerade. In rasch fließendem Wasser kommt der Schlammteufel selten zum Atmen an die Oberfläche; ein Dutzend Schlammteufel, die in einem Drahtkäfig in einem Bach ausgesetzt waren, um den Genuß fließenden Wassers zu haben, wurden durch Hochwasser zwei Tage lang gezwungen, unter Wasser zu bleiben, ohne dadurch Schaden zu erleiden; die Tiere scheinen in solchen Fällen auf Hautatmung, vielleicht auch auf Mundhöhlenatmung angewiesen zu sein.

Gleich anderen seiner Ordnung verzehrt unser Molch seine abgestreifte Haut, aber auch Eier und Larven seiner eignen Art unbedenklich und sogar in Menge; beim Erbeuten lebender Nahrung läßt er diese möglichst nahe an seine Schnauze herankommen und fängt sie dann mit überraschend schnellem seitlichen Zuschnappen; die beträchtliche Weite seines Rachens entschädigt ihn einerseits für die Schwäche seines Gesichtssinnes und erlaubt ihm anderseits, sich auch größerer Tiere zu bemächtigen. Fleischstücke werden nicht beachtet, wenn sie nicht bewegt werden oder die Schnauze berühren. Da unter den Felsen, unter denen Cryptobranchus sich versteckt, auch seine Beute Obdach sucht, so braucht er in der Regel zum Nahrungserwerb seinen Schlupfwinkel nicht zu verlassen.

Die Haut des Schlammteufels ist stets so schleimig, daß dieser infolge seiner Schlüpfrigkeit sehr schwer festgehalten werden kann, außer am Genick; die Hautausscheidung schützt ihn auch vor Verletzungen an rauhen Felsen, vielleicht auch vor Schmarotzern; wird er gereizt oder festgehalten, so tritt der dem Safte der Wolfsmilch ähnliche gallertige weiße Schleim in Menge am ganzen Körper oder nur am Schwanz aus.

Der Cryptobranchus scheut das Licht und sucht bei Tage die dunkelste ihm zugängliche Stelle auf; der Schwanz ist noch lichtempfindlicher als der übrige Körper, womit es zusammenhängen mag, daß der Molch aus seinem Versteck immer nur den Kopf hervorstreckt.

Männchen sind bei weitem häufiger als Weibchen, Smith fand das Verhältnis bei seinen Gefangenen wie 8:1. Auf das erste Nest stieß er am 1. September, die Eier waren wahrscheinlich schon 24 Stunden früher abgelegt; auch die Männchen scheinen Ende August zur Fortpflanzung bereit zu sein. Die Zeit der Eiablage dauert ungefähr zwei Wochen; es werden etwa 450 oder mehr Eier von einem Weibchen abgelegt. Die gallertigen Eihüllen hängen durch einen dünnen Strang miteinander zusammen, diese Eischnüre sind aber schon im Eileiter vielfach verwickelt; die zuerst und zuletzt gebildeten Eikapseln sind leer; in der ersten Zeit nach der Eiablage, die anfangs langsam, dann immer schneller vor sich geht, sind die Eikapseln sehr faltig, erhalten aber allmählich durch Wasseraufnahme eine pralle, kugelrunde Gestalt. Im Freien werden die Eiklumpen unter Felsen abgelegt, also dort, wo der Salamander selbst wohnt. Der Mangel an schwarzem Farbstoff bei den Eiern dieser Art ist darauf zurückzuführen, daß die Eier im Dunkeln gelegt werden. Die Befruchtung hat sich bei Cryptobranchus mit Bestimmtheit als eine äußere herausgestellt, und auch die künstliche Befruchtung gelang ohne Schwierigkeit. Den Vorgang der Befruchtung konnte Smith schließlich im Freien beobachten. Er fand hierbei folgendes: Mit dem Beginn der Fortpflanzungszeit zeigte sich eine auffällige Änderung in dem Verhalten der Tiere in ihrer natürlichen Umgebung. Sie blieben nicht länger voneinander getrennt in ihren Schlupfwinkeln unter Felsen, sondern kamen auch bei Tage zum Vorschein und sammelten sich mitunter in Gruppen von sechs bis zwölf, bekundeten also einen Geselligkeitstrieb, der ihnen im Sommer gänzlich fehlte. In der Regel waren sie fortwährend in Bewegung, steckten ihre Schnauze wie forschend in Löcher unter den Felsen. Im Aquarium zeigten sie sich weniger scheu als sonst. Ein Weibchen nun, dem ein Stück einer Eierschnur aus der Kloake heraushing und auf dem Boden nachschleifte, wurde von einem Männchen, dessen Aufmerksamkeit durch die lebhaft gelben Eier erregt wurde, verfolgt; das Weibchen blieb manchmal stehen und machte seitliche und senkrechte schwingende Bewegungen mit dem hintern Teile des Körpers. Schließlich kroch es zum Teil unter einen Felsen und begann nun ernstlich mit dem Eierlegen, wobei es ganz bewegungslos blieb. Das Männchen lag längs und manchmal etwas oberhalb des Weibchens und über oder neben den Eiern, führte ähnliche Bewegungen aus wie vorhin das Weibchen, wobei es den Hinterkörper mit Hilfe seiner Hinterbeine hob und senkte; dabei trat aus seiner Kloake eine schneeweiße Wolke aus, die aus Samenflüssigkeit und der Ausscheidung der Kloakendrüsen gemischt war; sie sank nicht immer gerade auf die Eier, sondern mitunter auch daneben auf den Boden. Smith beobachtete, daß bald nach der Ausstoßung der Samenflüssigkeit dasselbe Männchen oder andere, welche oft, während das Weibchen laicht, herbeikommen und offenbar mit Interesse zusehen, durch ihre Bewegungen die Flüssigkeit aufwirbeln und zwischen die Eier bringen. Manchmal verläßt das Männchen die Eier nach der Befruchtung, meist bleibt es aber bei ihnen und kriecht unter sie oder in den Eiklumpen hinein. Unter gewöhnlichen Verhältnissen findet das Laichen und die Befruchtung verborgen unter großen Felsen statt und kann daher nicht beobachtet werden.

Über die von dem männlichen Schlammteufel ausgeübte Brutpflege teilt Smith folgende Beobachtung mit. Ein großes rotes Exemplar (wie sich später herausstellte, ein Weibchen) näherte sich einem flachen, untergetauchten Felsen, als der Kopf eines anderen Exemplars (später als Männchen erkannt) von ungewöhnlicher Größe unter dem Felsen hervorkam und den neuen Ankömmling an der Seite des Kopfes packte, worauf dieser zurückfuhr und freigelassen wurde. Nachdem sich das Weibchen eine kleine Strecke entfernt hatte, kam es wieder und wurde in gleicher Weise zurückgeschlagen. Einem anderen, kleineren Tiere (Männchen) ging es ebenso; aber einmal gelang es diesem, einzudringen, worauf sich unter dem Felsen ein Kampf entspann und der Eindringling fliehen mußte. Das große Weibchen kam abermals, wurde nunmehr kräftig mehrere Minuten lang erfaßt, und beide Kämpfer rollten miteinander herum, so daß ihre Bauchseite nach oben gerichtet war; als das Weibchen freigelassen war, schwamm es fort und kam nicht wieder. Das wachehaltende Männchen kehrte nun zum Felsen zurück, ließ aber seinen Kopf draußen, als ob er einen neuen Angriff erwartete; manchmal hob es den Kopf in Angriffsstellung und behielt diese auch bei Annäherung des Beobachters bei, ganz gegen seine sonstige Gewohnheit.

Der Felsen wurde, nachdem sämtliche Exemplare gefangen worden waren, umgedreht und darunter eine große Masse von Eiern, nahezu 600, gefunden, ebenso noch ein kleines Männchen und ein kleiner Furchenmolch, deren Anwesenheit dem großen Männchen entgangen war; die beiden saßen auch nicht in der Eierhöhle, sondern an der vom großen Männchen entferntesten Seite. Alle Cryptobranchus, mit Ausnahme des vorgenannten kleinen Männchens, hatten Eier ihrer Art gefressen, und dem Weibchen hingen Eischnüre zum Maule und zu den Kiemenspalten heraus, wahrscheinlich solche, die es selbst gelegt hatte. Ja sogar während der Verfasser die verstreuten Eier zusammensuchte, kam ein anderer Hellbender herbei und versuchte diese zu verschlingen.

In den meisten Fällen, wo die Nester Eier in frühem Entwickelungsstadium enthielten, war auch ein Männchen anwesend, niemals ein Weibchen, nur einmal wurde ein Männchen auch bei älteren Keimlingen gefunden, doch konnte natürlich nicht festgestellt werden, ob es schon die ganze Zeit bei ihnen geweilt hatte, und ob sie überhaupt seine eigene Nachkommenschaft waren. Die Zahl der im Magen von Cryptobranchus gefundenen Eier betrug 15—25, nur ausnahmsweise viel mehr; ihre Verdauung geht äußerst langsam vor sich, so daß Smith noch unverdaute Eier fand, die vor einer Woche verschlungen worden waren. Nur frischgelegte Eier werden verzehrt. Nester, die spät im Jahr gefunden wurden, mit weit vorgeschrittenen Keimlingen, enthielten fast die volle Zahl von Eiern. Wenn also das Männchen sein Nest verteidigt, so verteidigt es gleichzeitig auch sein Futter. Da ein Nest 450 bis 500 Eier enthält, das Männchen aber nur sehr langsam verdaut und ihm die Eier auch nur während ihrer ersten Entwickelungszeit als Nahrung geeignet erscheinen, so kann es nur einen kleinen Teil davon verzehren; obwohl es also selbst sich an den Eiern vergreift, scheint die Verteidigung der Brut für die Erhaltung der Art nützlich zu sein und so mit der Zeit der Brutpflegeinstinkt im Zusammenhang mit dem Instinkt der Futtererhaltung entstanden zu sein.

Freilich ist es auch möglich, daß das beobachtete Männchen bloß ein reifes Weibchen erwartete, da von den weggetriebenen Tieren die meisten Männchen waren, nur eins war ein ausgelaichtes Weibchen.

Den einzigen Vertreter der dritten Gattung hat man Aalmolch (Amphiuma *Gardiner*) genannt, weil bei ihm der Leib dem eines Aales wirklich nicht unähnlich, d. h. sehr lang gestreckt ist und die vier sehr kurzen Beinchen kaum den Namen von solchen verdienen, obgleich die Füße noch in Zehen geteilt sind. Ein Kiemenloch ist jederseits auch beim erwachsenen Tiere vorhanden; ebenso finden sich vier innere Kiemenbogen. Die verkümmerten Augen sind von der Leibeshaut überzogen; letztere verdünnt sich jedoch über ihnen so, daß man die Augen wahrnehmen kann. Die Zahl der Rückenwirbel beträgt nach Gadow 63, die der Schwanzwirbel 35 oder etwas mehr. Außer den Zähnen in beiden Kinnladen finden sich solche am Gaumen, die in zwei vorn sich spitzwinkelig berührenden Längsreihen angeordnet sind. Man nahm früher zwei Arten an, den Zweizehigen und den Dreizehigen Aalmolch, die sich aber nur durch die Finger- und Zehenzahl, 2—2 oder 3—3, unterscheiden und deshalb von E. D. Cope neuerdings einer einzigen Art Aalmolch, Amphiuma means *Gardiner* (Abb., S. 61 u. Taf. „Schwanzlurche“, 2, bei S. 46) zugewiesen werden. A. means erreicht 76—89 cm, ausnahmsweise sogar bis 1 m Länge und ist oben schwärzlichbraun mit einem Schimmer ins Grünliche, unten heller gefärbt, ganz nach Art der Aale.

Der Aalmolch bewohnt die Sümpfe sowie andere stehende und schlammige Gewässer, wie z. B. auch die Wassergruben in den Reisfeldern des südöstlichen Teiles der Vereinigten Staaten von Nordamerika, etwa von Louisiana bis Südcarolina, fehlt aber westlich von Louisiana bereits, wie auch dem Mississippitale im Norden von Arkansas. Er schwimmt unter schlängelnder Bewegung nach Art der Aale ziemlich munter umher, wühlt sich aber oft auch in den Schlamm ein, während des Winters zuweilen metertief, indem er sich hier nach Art der Regenwürmer einbohrt. Gefangene Stücke, die durch Zufall aus ihrem Gefäß geworfen worden waren, lebten mehrere Tage ohne Schaden auf dem Trocknen, hielten auch den Versand nach Europa aus. Allerlei Kleingetier, Würmer, Krebstiere, Mollusken und Fische sind die Nahrung. Nach Davison begattet sich der Aalmolch im Mai; die ziemlich hartschaligen Eier von 9 mm Durchmesser werden im darauffolgenden August oder September abgelegt und sind durch einen gedrehten Strang verbunden; das Weibchen liegt, wie O. P. Hay beobachtete, schraubenförmig um den Eierklumpen gewickelt, der aus zwei rosenkranzähnlichen

Strängen besteht. Die Keimlinge schlüpfen im November oder Dezember aus und haben wohlentwickelte äußere Kiemen. Vor dem Ausschlüpfen 45 mm lang, haben sie im nächsten Februar schon 68—90 mm Länge erreicht, ihre Kiemen sind um diese Zeit bereits verschwunden, die Gliedmaßen aber verhältnismäßig noch länger als beim Erwachsenen.

Auch dieser Molch ist bei Nacht lebhafter als tagsüber, wo er, wenn er es tun kann, sich tief in den Boden einwühlt. Es ist außerordentlich schwierig, ihn mit der bloßen Hand

Aalmolch, Amphiuma means *Gardiner.* 1/5 natürlicher Größe.

zu fangen, da er infolge der Glätte seines Körpers immer wieder entgleitet; größere Exemplare vermögen auch ganz empfindlich zu beißen.

Hay hat auch eine Stimme bei dem erwachsenen Tiere gehört. Durch besondere Einrichtungen an den Kiemen und durch die Form der Schnauze und der Lippen wird dem Aalmolche das Graben im Schlamme ermöglicht.

Von den Negern sollen die Aalmolche Kongoschlangen genannt, als giftig angesehen und sehr gefürchtet werden.

*

Die Familie der **Molche (Salamandridae)**, zu denen bei weitem die meisten, wenn auch nicht die eigentümlichsten Schwanzlurche gehören, kennzeichnet sich durch eidechsenartigen, meist schlanken, seltener plumpen und gedrungenen Bau, großen, breiten, mehr oder weniger flach gedrückten, an der kurzen Schnauze stumpf zugerundeten Kopf, Mangel der Kiemen im erwachsenen Zustande, verhältnismäßig große, stark vorstehende, stets mit deutlich ausgebildeten, klappenförmigen Lidern gedeckte Augen, kleine, an der Spitze der Schnauze mündende Nasenlöcher, einen mehr oder weniger deutlich eingeschnürten, von der Kehle gewöhnlich durch eine stark ausgebildete Hautfalte abgegrenzten Hals, schlanken, spindel- oder walzenförmigen Rumpf, vier verhältnismäßig schwach entwickelte Beine, deren Füße vorn stets vier, hinten dagegen meist fünf und nur ausnahmsweise vier, bald lange, bald kurze, gewöhnlich freie, seltener durch Schwimmhäute verbundene, krallenlose, in wenigen Fällen bekrallte Zehen tragen, und endlich einen kräftig ausgebildeten, den Rumpf gewöhnlich an Länge übertreffenden, am Ende abgerundeten oder lanzettförmig zugespitzten, seitlich stärker oder schwächer zusammengedrückten, selten drehrunden Schwanz. Die feuchte Haut ist weich und birgt zahlreiche Drüsen, die auf warzenförmigen Erhebungen ausmünden; doch gibt es auch viele Arten, bei denen die Haut dem unbewaffneten Auge vollkommen glatt erscheint. An den Seiten des Hinterkopfes bemerkt man zuweilen größere Drüsenanhäufungen, die den sogenannten Ohrdrüsen der Kröten ähneln und ebenso bezeichnet werden. Oberkieferknochen sind stets vorhanden und beide Kinnladen bezahnt; außerdem finden sich kleine Zähne am Hinterrande der Gaumenbeine oder auf den Pflugscharbeinen und dem Parasphenoidknochen in verschiedener Anordnung, indem sie entweder am Innenrande zweier langen, nach hinten zu auseinander schweifenden Fortsätze des Gaumenbeines sitzen, also in der Längsrichtung des Kopfes verlaufen, oder einfach den schräg oder gerade abgestutzten Hinterrand der Pflugscharbeine einnehmen und alsdann schräg oder der Quere nach gerichtete Reihen bilden. Die Zunge hat rundliche oder eiförmige Gestalt, ist bei einem Teile der Arten mit ihrer ganzen Unterseite oder mit einem schmäleren oder breiteren Mittelstreifen an den Boden der Mundhöhle festgewachsen und daher nur an den Rändern mehr oder weniger frei, ruht dagegen bei anderen Arten in der Mitte auf einem Stiele, ähnelt also einem Pilze, und ist dann oft rundum frei und vorschnellbar.

G. A. Boulenger teilt die Molche in neuester Zeit in drei Unterfamilien, die er nach der Stellung ihrer Zähne und dem Bau ihrer Wirbel unterscheidet, nämlich die Querzahnmolche (Amblystomatinae), die Lungenlosen Molche (Plethodontinae) und die Echten Molche (Salamandrinae). Davon sind im Bau der Wirbelsäule und auch sonst die ursprünglichsten Molche die Querzahnmolche, die wir zuerst betrachten.

In der Nähe der Stadt Mexiko, so erzählt der alte Hernandez, gibt es eine Art Seefische mit weicher Haut und vier Füßen, wie sie die Eidechsen haben, eine Spanne lang und einen Zoll dick, „Axolotl“ oder „Wasserspiel“ genannt. Der große Kopf ist von oben zusammengedrückt; die Zehen gleichen denen der Frösche. Die Färbung ist schwarz oder fleckig braun. Das Tier hat seinen Namen von der ungewöhnlichen und spaßhaften Gestalt erhalten. Sein Fleisch gleicht dem der Aale, ist gesund und schmackhaft und wird gebraten, geschmort und gesotten gegessen, von den Spaniern gewöhnlich mit Essig, Pfeffer und Gewürznelken, von den Mexikanern bloß mit spanischem Pfeffer zubereitet. An einer andern Stelle spricht derselbe Berichterstatter von Kaulquappen, welche die Indianer mit Wohlbehagen genießen und sogar manchmal auf die Märkte bringen.

Lange Zeit achtete niemand dieser Angaben, bis das Tier, das von dem in seiner Art trefflichen Beobachter recht gut beschrieben worden war, nach Frankreich kam und nun der wissenschaftlichen Welt bekannt wurde. Eine genauere Beschreibung lieferte G. de Cuvier nach zwei von A. v. Humboldt aus Mexiko mitgebrachten Stücken. Diese hatten die Größe eines Erdsalamanders und die Gestalt einer Molchlarve, wurden von Humboldt und Cuvier auch als solche angesehen. Ihr Leib war gedrungen, der Kopf platt und verhältnismäßig breiter als bei den damals bekannten Wassermolchen, der Schwanz zusammengedrückt und auf der Oberseite mit einem schwachen Hautkamme versehen, der sich nach vorn hin

Axolotl-Larve. ²/₃ natürlicher Größe.

über den Rücken fortsetzte. Die Vorderbeine hatten vier, die hinteren fünf Zehen. Die Färbung war ein ziemlich gleichmäßiges Dunkelbraungrün; die Zeichnung bestand aus schwarzen Flecken und weißen Tüpfeln. Nach diesen beiden Stücken gelangten viele andere nach Europa, und alle glichen den beschriebenen. Deshalb sah man sich veranlaßt, zu glauben, diese Larvengestalt wäre die bleibende der Tiere, und wurde darin unterstützt durch ihre Ähnlichkeit mit anderen Schwanzlurchen, von denen man ebenfalls nur Larvenformen kannte. So ließ sich denn selbst Cuvier bestimmen, den Axolotl den Kiemenlurchen zuzugesellen, tat dies jedoch nicht, ohne ausdrücklich seine Zweifel hervorzuheben und entschuldigte sich gleichsam mit den Worten: „Ich sehe mich genötigt, den Axolotl unter die Gattungen mit bleibenden Kiemen zu setzen, weil so viele Zeugen versichern, daß er letztere nicht verliere."

So stand es um die Kunde des Tieres im Jahre 1865. Ein oder der andere Forscher verfuhr wie G. de Cuvier; aber obgleich Baird sagte, das Gepräge einer Kaulquappe sei dem Axolotl viel zu deutlich aufgedrückt, als daß man an dessen Larvenzustande zweifeln könne, und daß das Nichtauffinden des ausgebildeten Tieres noch keineswegs ein Beweis für sein Fehlen sei, gab es doch auch andere, die jeden Zweifel ausschließen wollten und mit aller Bestimmtheit behaupteten, die eingehendsten Untersuchungen hätten bewiesen, der Axolotl verwandle sich nie. Für letztere Meinung sprach auch die, obschon äußerst dürftige Kunde, die wir inzwischen über das Freileben der Tiere erhalten hatten. Nach allen Angaben, auch den Mitteilungen de Saussures, hätte man den Axolotl in Mexiko niemals im verwandelten Zustande gesehen, ebensowenig jemals einen erwachsenen Molch in der Nähe der Seen, in denen er lebt, gefunden, wogegen der Axolotl so gemein sei, daß man ihn zu Tausenden als Nahrungsmittel auf den Markt bringe.

Da erhielt der Jardin d'acclimatation zu Paris sechs lebende Axolotl, fünf Männchen und ein Weibchen, und gab sie an die reichhaltige Sammlung lebender Kriechtiere und Lurche im Pflanzengarten zu Paris ab. Ein Jahr lang hatten die Tiere, die man in geeigneten Becken untergebracht hatte, in Gefangenschaft gelebt, gefressen und sich nach Art anderer Molchlarven benommen, als plötzlich am 18. Februar 1865 große Aufregung unter ihnen bemerkbar wurde. Bei beiden Geschlechtern zeigte sich eine beträchtliche Anschwellung der Afterränder, und die Männchen gaben, während sie das Weibchen eifrig verfolgten, ihren Samen ins Wasser ab. Bereits am folgenden Tage begann das Weibchen Eier zu legen, und zwar ganz in derselben Weise, wie es unsere Wassermolche tun; im Laufe des nächsten Tages hatte es sein Geschäft bereits vollendet. Sechs Wochen später wiederholten sich die Vorgänge. A. Duméril ließ beide Male die Pflanzen, an welche die Eier angeklebt worden waren, herausnehmen und in gesonderte Becken versetzen. Es ergab sich, daß fast alle Eier befruchtet waren; 28—30 Tage später begann das Ausschlüpfen der Larven. Anfang September hatten die jungen Tiere beinahe die Größe ihrer Erzeuger erlangt.

Mitte September zeigte sich nun an einem der Jungen eine höchst auffallende Veränderung. Die Kiemenquasten, der Kamm auf Rücken und Schwanz schrumpften ein; die Gestalt des Kopfes veränderte sich etwas, und auf der dunkeln Grundfarbe der Haut traten kleine gelblichweiße Flecke in großer Anzahl hervor. Am 28. September beobachtete man gleiche Veränderungen an einem anderen Jungen, am 7. Oktober an einem dritten, am 10. Oktober an einem vierten. Alle vier wandelten sich in derselben Weise zu vollkommenen Tieren um, wie andere Schwanzlurche auch: es wurden Molche aus ihnen, und die Richtigkeit der Ansicht A. v. Humboldts und G. de Cuviers war erwiesen.

Einer der ersten Versuche, die Duméril anstellte, bezweckte, zu erfahren, ob man durch gewaltsamen Eingriff diese Entwickelung beschleunigen könne. Er schnitt deshalb mehreren Axolotlen zuerst einzelne Kiemen der einen, später auch die der anderen Seite ab, beobachtete, daß diese Gebilde sich ersetzten, wiederholte an denselben Tieren den Versuch und gelangte zu dem Ergebnis, daß der Ersatz der Kiemen bei demselben Stücke fünf- bis sechsmal stattfinden könne, ohne das Leben der Larve zu gefährden. Einzelne der Versuchstiere verwandelten sich schließlich allerdings auch; schwerlich aber ist man berechtigt, anzunehmen, daß dies infolge der Verstümmelung ihrer Kiemen geschehen sei.

Was Duméril nur unvollständig oder nicht zu erzielen vermochte, gelang einer durch ihre sorgsamen Beobachtungen an Insekten wohlbekannten und von allen Fachmännern gerühmten Dame, Fräulein Marie v. Chauvin in Freiburg im Breisgau. Weismann war auf den Gedanken gekommen, ob es nicht möglich sei, die Axolotl-Larven samt und sonders oder doch größtenteils zur Verwandlung zu zwingen, wenn man sie in Lebensverhältnisse brächte, die ihnen den Gebrauch der Kiemen erschwerten, den der Lungen aber erleichterten, sie also nötigte, von einer gewissen Altersstufe an halb auf dem Lande zu leben. Der genannte Gelehrte hatte auch hierauf bezügliche Versuche angestellt, aber keine Erfolge erzielt, weil, wie er bald einsah, höchst sorgfältige, durch Monate hindurch fortgesetzte Pflege und Beobachtung der Tiere dazu erforderlich waren. Fräulein v. Chauvin nahm seine Versuche wieder auf und begann sie mit fünf ungefähr acht Tage alten Axolotl-Larven, die von zwölf ihr zugekommenen allein am Leben geblieben waren. „Bei der außerordentlichen Zartheit dieser Tiere", schreibt die Dame, „übt die Beschaffenheit und Wärme des Wassers und die Art und Menge des gereichten Futters namentlich in der ersten Zeit den größten Einfluß aus, so daß man nicht vorsichtig genug in deren Behandlung sein kann." Die Tierchen wurden bei geregelter Wasserwärme in einem Glase von etwa 30 cm Durchmesser gehalten und ihnen als Nahrung zuerst Daphnien, kleine Schalenkrebschen, später auch größere Wassertiere in reichlicher Menge dargeboten. Dabei gediehen alle fünf Larven vortrefflich.

Schon Ende Juni zeigten sich bei den kräftigsten die Anfänge der Vorderbeine; am 9. Juli kamen auch die Hinterbeine zum Vorschein. Ende Oktober fiel der Pflegerin auf, daß ein Axolotl sich beständig an der Oberfläche des Wassers aufhielt, und dies brachte sie auf die Vermutung, daß nunmehr der richtige Zeitpunkt eingetreten sei, die Larve auf die Umwandlung vorzubereiten. Zu solchem Ende wurde diese am 1. November in ein bedeutend größeres Glasgefäß mit flachem Boden gebracht, das derartig gestellt und mit Wasser gefüllt war, daß der Axolotl nur an einer Stelle ganz unter Wasser tauchen konnte, während er bei dem häufigen Herumkriechen auf dem Boden des Gefäßes mehr oder weniger mit der Luft in Berührung kam. An den folgenden Tagen wurde das Wasser allmählich noch mehr vermindert, und in der Zeit vom 1.—4. November zeigten sich auch die ersten Veränderungen an dem Tiere. Die Kiemenquasten schrumpften fast ganz zusammen, der Kamm auf dem Rücken verschwand vollständig, und der bis dahin hohe Schwanz nahm eine walzenförmige Gestalt an. Die graubraune Körperfarbe verwandelte sich nach und nach in eine schwärzliche; vereinzelte, anfangs undeutliche, weißgelbe Flecke traten hervor und gewannen mit der Zeit an Lebhaftigkeit; gleichzeitig bestrebte sich die Larve, seichte Stellen zu erreichen. Am 4. November begab sie sich ganz und gar aufs Land und verkroch sich in feuchtem Moose, das an der höchsten Stelle des Bodens auf einer Sandschicht angebracht worden war. Jetzt erfolgte auch die erste Häutung. Als am 4. November der Axolotl aus dem Wasser kroch, waren seine Kiemenspalten noch geöffnet, schlossen sich aber allmählich und konnten bereits nach etwa acht Tagen nicht mehr wahrgenommen werden, weil die Haut sie inzwischen überwachsen hatte.

Von den übrigen Larven zeigten sich schon Ende November noch drei ebenso kräftig entwickelt wie die erste, und Fräulein v. Chauvin glaubte darin einen Hinweis zu erkennen, daß auch für sie der richtige Zeitpunkt für die Beschleunigung des Entwickelungsherganges eingetreten sei; diese Larven wurden deshalb derselben Behandlung unterworfen. Eine von ihnen verwandelte sich auch in der Tat in gleicher Zeit und genau so wie die erste: sie hatte noch vollkommene Kiemenquasten, als sie in das flache Wasser gesetzt wurde, schon vier Tage später aber waren diese fast vollständig zusammengeschrumpft. Das Tier ging nun aufs Land, und im Verlaufe von etwa zehn Tagen erfolgte die Überwachsung der Kiemenspalten und die vollständige Annahme der Salamanderform. Während dieser letzten Zeit nahm das Tier Nahrung zwar auf, aber nur, wenn man es dazu nötigte. Bei zwei anderen ging die Entwickelung langsamer vonstatten. Diese beiden suchten nicht so häufig die seichten Stellen auf und setzten sich im allgemeinen auch nicht so lange der Luft aus, so daß die größere Hälfte des Januars verstrich, bis sie ganz aufs Land gingen. Nichtsdestoweniger dauerte das Eintrocknen der Kiemenquasten nicht längere Zeit als bei den beiden ersten. Ebenso erfolgte auch die erste Häutung, sobald die Tiere aufs Land gekrochen waren.

Der letzte Axolotl, der von Anfang an schwächlicher aussah als die anderen und auch im Wachstum auffallend zurückblieb, zeigte noch viel beträchtlichere Abweichungen bei der Verwandlung als die beiden letzterwähnten. Er brauchte 14 Tage anstatt vier, um die Verwandlung so weit zu vollenden, daß er das Wasser verlassen konnte. Bei seiner Zartheit und schwächlichen Natur war er selbstverständlich für alle äußeren Einflüsse viel empfindlicher als die anderen. Wurde er der Luft zu lange ausgesetzt, so nahm er eine hellere Färbung an und gab außerdem einen eigentümlichen Geruch von sich, ähnlich dem, den Salamander verbreiten, wenn sie geängstigt oder gefährdet werden. Brachte man ihn, wenn solche Erscheinungen eintraten, wieder in tieferes Wasser zurück, so tauchte er sofort unter und erholte sich allmählich wieder. Die Kiemen aber entfalteten sich dann immer von neuem. Derselbe Versuch wurde wiederholt angestellt und war jedesmal von dem nämlichen Erfolge begleitet, woraus geschlossen werden darf, daß durch die Ausübung eines allzu heftigen Zwanges zum Zwecke der Beschleunigung des Umwandlungsherganges ein Stillstand und bei fortgesetztem Zwange sogar der Tod eintreten kann.

Aus diesen Beobachtungen schließt Fräulein Marie v. Chauvin folgendes: Axolotllarven vollenden zum größten Teile, wenn nicht alle, ihre Verwandlung, wenn sie gesund aus dem Ei schlüpfen und die geeignete Nahrung finden, und zweitens, wenn sie durch sehr niedrigen Wasserstand zum Atmen über dem Wasser genötigt sind.

Weismann schließt aus vorstehenden Mitteilungen, daß die Tiere, die heute die Seen von Mexiko bevölkern, in früheren Zeiten bereits ausgebildete Molche waren, bei Veränderung in ihren Lebensbedingungen aber wieder auf die frühere Stufe der Fischmolche zurückgesunken seien. Durch A. v. Humboldt wissen wir, daß der Spiegel des Sees von Mexiko in verhältnismäßig junger geologischer Vergangenheit um ein Bedeutendes höher lag als heute, und ferner ist bekannt, daß das Hochland früher mit Wald bedeckt war, während dieser jetzt ausgerottet ist. „Darf man nun annehmen“, sagt Weismann, „daß etwa zur Diluvialzeit die Bergwälder sich bis zum Rande des damals noch tiefen, steiler abfallenden und bedeutend salzärmeren Sees erstreckten, so sind damit nicht nur wesentlich von den heutigen verschiedene Lebensbedingungen gegeben, sondern auch solche, wie sie für die Ausbildung einer Salamanderform ganz besonders günstig waren. Somit dürfen wir wohl mit einiger Sicherheit annehmen, daß zwar beim Beginne der Diluvialzeit die Wälder von Mexiko in der Umgegend der Seen mit Querzahnmolchen bevölkert waren, daß diese aber später, als die Seen mehr und mehr austrockneten und die Luft mehr und mehr an Feuchtigkeit verlor, immer schwieriger auf dem Lande leben konnten. Sie würden zuletzt völlig ausgestorben sein, wenn ihnen nicht durch Rückschlag auf die Fischmolchform das Wasser von neuem zugänglich geworden wäre.“

Die Schlußfolgerungen Weismanns sind zwar möglicherweise berechtigt, aber eben doch nur Annahmen. Jedenfalls sind seine Vermutungen über die Rolle, die der Salzgehalt der mexikanischen Seen bei der Verwandlung spielt, nach J. M. Velascos Mitteilungen unbegründet, da in den salzhaltigen Gewässern Axolotl überhaupt nicht angetroffen werden. Auch bleibe der Axolotl keineswegs in seinem Vaterlande auf der Larvenstufe stehen, wie man bisher allgemein angenommen habe, sondern er verwandle sich, wie in Nordamerika, immer in einen echten Querzahnmolch. Es müsse mithin angenommen werden, daß der Axolotl auch in Mexiko in der Regel erst als völlig ausgebildetes Tier geschlechtsreif werde.

Was wir gegenwärtig mit Sicherheit wissen, ist, daß Axolotl im Larvenzustande entwickelungsfähige Eier legen, also sich fortpflanzen, und demungeachtet im Larvenzustande verharren können, und ebenso, daß einzelne Larven sich zu Molchen entwickeln. Wenig will es übrigens besagen, daß man in Mexiko erst so wenig verwandelte Axolotl gefunden hat; denn eine genauere Durchforschung des Landes kann, wenn nicht in dem einen, so in einem anderen von Axolotlen bewohnten, günstiger gelegenen See uns auf einmal eine Fülle davon bringen.

Fräulein M. v. Chauvin hat 1883—85 ihre Züchtungsversuche am Axolotl fortgesetzt. Sie versuchte 24 Axolotl im Alter von $6^1/_2$—$7^1/_2$ Monaten eine möglichst naturgemäße Verwandlung durchmachen zu lassen; bei keinem einzigen gelang es sofort: die gewünschte Umwandlung geschah erst in 48—277 Tagen. Ohne äußeren Zwang würde keins dieser Tiere sich in den Molch verwandelt haben. Die Forscherin erkannte, daß nicht die Größe der Kiemenbüschel, sondern die erste Häutung als Wendepunkt für die Umwandlung zu betrachten sei, und war imstande, die Tiere beliebig von der niederen in die höhere Entwickelungsstufe und umgekehrt zu verwandeln. Letzteres ist entsprechend schwieriger. Weitere Versuche bezweckten, die Verwandlung willkürlich zu unterbrechen und auf Jahre zu hemmen, um dann bei denselben Tieren das Anpassungsvermögen nochmals zu erproben. Bei fünf Axolotl-Larven wurde die Ausbildung der Larve so weit gefördert, daß die Tiere vollständig auf dem Lande leben konnten, und nun der Versuch gemacht, die der Lungenatmung naturgemäß folgenden weiteren Veränderungen zu unterdrücken. Abwechselnd wurden die Larven bei Tage auf dem Lande, bei Nacht im Wasser belassen. Die Entwickelung schritt nicht wesentlich vor, und nach $3^1/_6$ Jahren wurde der Versuch beendigt, indem zwei Stücke zum Amblystoma weiter gebildet, zwei zu Axolotl-Larven zurückgebildet werden sollten. Das letztere gelang im Laufe von 4 Monaten, das erstere dagegen nur in einem Falle, aber vollständig, in $7^1/_2$ Monaten. Die Hemmung der Verwandlung bewirkte in beiden Fällen auch eine Hemmung in der Ausbildung der Geschlechtsteile. In erster Linie ist es die Wärme, dann der Aufenthalt in Luft oder Wasser, die den Hauptantrieb zu den besprochenen Veränderungen geben, endlich sind es langsam, aber beständig fortwirkende äußere Einflüsse. Am leichtesten gelingen Umänderungen, wenn wir im Tiere bis dahin verborgen gebliebene Entwickelungstriebe zu wecken verstehen, viel schwieriger ist es, Stillstände oder physiologische Rückschritte hervorzurufen, am schwierigsten, gegen Naturanlagen anzukämpfen, die infolge von Vererbung eingewurzelt sind.

Beobachtungen an Axolotlen, namentlich an Amblystoma tigrinum, die R. W. Shufeldt im Nordwesten von Neumexiko im Freien anstellte, bestätigten diese Fähigkeit der vor- und rückschreitenden Verwandlung. Beim Austrocknen der Sümpfe verwandelten sich die Larven äußerst rasch in die Landform. Reichliches Futter und allmählich erhöhte Wärme beschleunigten, eine größere Wassertiefe verzögerte auch hier die Umwandlung.

Nachdem so in unwiderleglicher Weise nachgewiesen worden war, daß der Axolotl nur die Larve eines Molches ist, hat man ihm auch seine Stellung im System endgültig anweisen können. Dumérils Untersuchungen zufolge gehört er der in Nordamerika weit verbreiteten und artenreichen Unterfamilie der Querzahnmolche (Amblystomatinae) an, die, nach A. Strauch und G. A. Boulenger, folgende gemeinschaftliche Merkmale haben: Die

Gaumenzähne sitzen bald längs des Hinterrandes der abgestutzten Pflugscharbeine, bald auf deren nach hinten gerichtetem dreieckigen unpaaren Fortsatze und bilden demnach entweder der Quere nach gestellte oder schräg nach hinten zu stärker oder schwächer winkelig zusammenlaufende Reihen. Das Keilbein (Parasphenoid) ist bei ihnen stets zahnlos; die Wirbel sind vorn und hinten ausgehöhlt.

Der Bau der Querzahnmolche im engeren Sinne (Amblystoma *Tsch.*) ist bald schlank, bald mehr oder weniger gedrungen, die Haut glatt, die Ohrdrüsengruppe gewöhnlich vorhanden, aber oft sehr undeutlich begrenzt, der Rumpf durch eine Anzahl senkrechter Hautfalten förmlich geringelt, der Schwanz dick, an der Wurzel fast drehrund, im weiteren Verlaufe stärker oder schwächer zusammengedrückt, nach hinten niedriger werdend und am Ende abgerundet und niemals mit Hautsäumen versehen; die Vorderfüße haben 4, die Hinterfüße 5 freie Zehen. Die Gaumenzähne bilden zwei gerade, bogenförmige oder leicht winkelig verlaufende Querreihen, deren innere Enden einander in der Mitte entweder unmittelbar berühren oder doch kaum voneinander getrennt sind; sie stellen zusammengenommen somit eine gerade Querreihe oder auch einen Winkel dar, dessen außerordentlich stumpfe Spitze nach vorn gerichtet ist. Es kann jedoch auch jede Reihe an ihrem äußeren Ende unterbrochen sein, so daß das äußerste Stück als ein vereinzeltes Zahnhäufchen erscheint. Die Zunge ist groß, eiförmig oder fast kreisrund gestaltet, mit strahligen Falten und mit ihrer Unterseite an dem Boden der Mundhöhle festgewachsen, so daß nur Vorderrand und Seitenränder in geringer Ausdehnung frei sind. 24 bekannte Arten, die sich auf drei Untergattungen oder, wenn man will, Gattungen (Amblystoma, Chondrotus und Linguelapsus) verteilen, leben in Nordamerika und gehen südwärts bis Mexiko; nur eine Art treffen wir auch in den Bergen von Siam.

Unter den nordamerikanischen Arten ist Amblystoma tigrinum *Green* (Abb., S. 69, u. Taf. „Schwanzlurche", 3, bei S. 46) die bekannteste. Sie zeichnet sich durch ihre lange, bogenförmige Gaumenzahnreihe aus, die nach außen bis zum Außenrande der inneren Nasenöffnungen reicht, durch die zwölf senkrechten Ringfurchen an den Leibesseiten zwischen den Gliedmaßen, den großen Kopf und die unregelmäßige, bei den einzelnen Stücken sehr verschieden entwickelte Fleckung mit Gelb, Gelbgrün oder Gelbbraun auf Braun oder Schwarz beim ausgebildeten Tiere. Die 14—21,5 cm lange Art lebt in den Vereinigten Staaten, häufiger im Westen, aber auch in den östlichen Staaten und im Hochlande von Mexiko.

Es ist nun sehr die Frage, ob diese Art mit dem mexikanischen Axolotl (Amblystoma mexicanum *Cope*) identisch sei. Cope und nach ihm Osborn, aber auch Wolterstorff und Werner sind davon überzeugt, daß der mexikanische Axolotl, den wir alle als graue, dunkel getüpfelte oder milchweiße, albinotische Larve kennen, eine andere Art vorstelle als A. tigrinum und sich höchst selten verwandle.

Der nordamerikanische Axolotl ist unter zahllosen Namen beschrieben worden, was für die überaus große Veränderlichkeit in allen äußeren Merkmalen spricht; von ihnen ist nur der Name Amblystoma mavortium *Baird* etwas bekannter. Der mexikanische Axolotl (Amblystoma mexicanum *Cope*) wird oft auch als Siredon pisciformis *Shaw* bezeichnet.

In letzter Zeit hat Powers ausgedehnte Versuche über die Verwandlung und die Veränderlichkeit des nordamerikanischen Axolotls angestellt und gefunden, daß alle bekannten Spielarten dieser Art innerhalb eines kleinen Gebietes vorkommen können, daß daher die verschiedene geographische Lage der Fundorte nicht die Ursache der Entstehung dieser Spielarten sein kann. Die Verwandlung wird nach ihm durch eine Veränderung in der

Nahrungszufuhr eingeleitet, und zwar in der Weise, daß bei Nahrungsmangel Kiemenbüschel und Schwanzsäume als Ersatz der Verluste beim Stoffwechsel aufgebraucht werden, wodurch

Nordamerikanischer Querzahnmolch, Amblystoma tigrinum *Green*, in drei verschiedenen Spielarten. Natürliche Größe.

die Verwandlung eingeleitet wird; diese geht aber dann weiter, ohne Rücksicht auf die Veränderung der äußeren Lebensbedingungen. Larven, die aus einem warmen Sumpf im August in eine kalte, dunkle Zisterne gebracht wurden, ergaben oft erwachsene Tiere, die von solchen, die ihre Verwandlung gleichzeitig im Sumpf durchgemacht hatten, kaum unterscheidbar waren.

Die Ernährung spielt eine wichtige Rolle bei der Ausbildung der verschiedenen Spielarten, und solche Larven, die sich gewöhnt hatten, vorwiegend ihre Artgenossen zu verzehren, zeigten schließlich in ihrem Körperbau, namentlich aber in ihrem Gebiß, das sehr stark vergrößerte Zähne aufwies, so auffällige Veränderungen, daß man sie ohne Kenntnis ihrer Abstammung nicht für Tiere derselben Art halten würde.

Nächst dem mexikanischen Axolotl ist sein nordamerikanischer Verwandter, Amblystoma tigrinum, wohl derjenige, der am öftesten in der Gefangenschaft gepflegt wird. Er gleicht in seinem ganzen Wesen sehr unserem Erdmolche, nur ist er viel gefräßiger und dabei weit weniger wählerisch in der Nahrung. Zwei Tiger-Axolotl, die Werner mehrere Jahre im Terrarium hielt, gewöhnten sich bald daran, rohes, in Streifen geschnittenes Fleisch anzunehmen, schnappten gierig danach und versuchten sogar, ein wenig ihren Vorderkörper aufzurichten, wenn ein Fleischstück über ihre Schnauze gehalten wurde. Außerdem wurden auch Mehlwürmer, ja sogar tote Zauneidechsen und ein Feuersalamander angenommen, dagegen verschmähten sie auch kleine Wassermolche, bissen zwar hinein, ließen sie aber sofort los und wischten sich das Maul am Moos oftmals ab. Die beiden Tiere zeigten Winter und Sommer das gleiche Verhalten und dieselbe Freßlust, doch verkrochen sie sich im Winter oft wochenlang in selbstgegrabenen Gängen in der Erde. Auch Kammerer erzählt von der Gier, mit der seine Tiere nach vorgehaltener Nahrung, dabei häufig blind in die Luft, schnappten, und zwar rasch hintereinander, bis sie endlich den vorgehaltenen Bissen erwischten. Ebenso schnappten sie, da ihre Sehschärfe recht gering ist, auch nach dem Finger, packten aber ein mit ihrer Schnauze in Berührung gebrachtes Fleischstück sofort. Bei Tage verharrt der Tiger-Axolotl in träger Ruhe, wandert aber in der Abend- und besonders in der Morgendämmerung ziemlich unruhig im ganzen Behälter herum. Seine im allgemeinen langsamen Bewegungen können auf der Flucht zu einem überraschend schnellen Laufen gesteigert werden. Im Wasser ist er gut zu Hause, er schwimmt und taucht vortrefflich nach Art unserer Wassermolche.

Infolge der außerordentlichen Vermehrung der Axolotl, die allein im Pariser Pflanzengarten binnen zwei Jahren und neun Monaten nicht weniger als 3300 Eier legten, ist die Larve seitdem in viele Hände gelangt. Auch ich habe zeitweilig Axolotl besessen, währenddem aber, weil übermäßig beschäftigt, niemals etwas über sie niederschreiben können, und will deshalb über ihr Betragen in der Gefangenschaft und ihre Pflege noch einige Bemerkungen Röhrigs einschalten, weil ich glaube, ihnen in jeder Beziehung beistimmen zu dürfen. Man hält die Axolotl-Larven am zweckmäßigsten in einer Wasserwärme von 10—15° C. Bei Tage kriechen sie gewöhnlich träge am Boden hin; kommt ihnen aber etwas Fremdartiges in den Weg, so fliehen sie mit Ungestüm derart, daß sie gewöhnlich heftig an Steine und Glaswand des Wasserbeckens anstoßen. Nachts hängen sie sich an irgendeiner Pflanze in der Nähe des Wasserspiegels fest, wahrscheinlich um leichter Luft einholen zu können. Denn abgesehen davon, daß sie mittels der Kiemen im Wasser atmen, kommen sie auch häufig über die Oberfläche hervor, nehmen mit so großer Heftigkeit Luft ein, daß man zuweilen ein förmliches Geräusch vernimmt, und drehen sich hierauf wiederum, wie unsere Molche, blitzschnell mit dem Kopfe nach unten. Als Beute betrachten sie alles Getier, das sie bewältigen und verschlingen können, sind auch ebenso gefräßig wie unsere Molche, nicht aber imstande, so große Bissen zu verschlucken, wie beispielsweise der Kammolch es vermag. In der Freiheit sind, nach R. E. Call, Flohkrebse (Gammarus), Wasserschnecken (Physa) und kleine Muscheln (Pisidium) ihre Hauptnahrung, in der Gefangenschaft fütterte sie Röhrig mit Regenwürmern, kleinen Krebsarten, namentlich Wasserflöhen, Ameisenpuppen, kleinen Erdwürmern, schmächtigen Kaulquappen, jungen Fröschen und als Ersatz mit langen, wurmähnlichen Streifen geschnittenen rohen Fleisches. Werner beobachtete, daß sie rohes Fleisch gerne fressen, allerdings (wie auch manche Kriechtiere) Schweinefleisch, namentlich fettes, verschmähen. Die dargereichte Speise wird nicht gekaut und schnell verschluckt. Wenn die Laichzeit eintritt, die in Mexiko zweimal im Jahre stattfinden soll, bei uns zulande aber sich nicht nach der Jahreszeit zu richten scheint, setzt das Männchen seinen Samen in kegelförmigen Paketen ab, deren Fuß eine gallertartige Masse bildet, wogegen die Spitze die Samenfäden enthält. Diese Kegel werden vom Weibchen aufgesucht und in die Kloake aufgenommen; bald darauf werden die Eier abgelegt. Je nach der Wasserwärme durchbrechen die Keimlinge rascher oder langsamer die Eihaut und leben bald nach Art der älteren Larven, denen sie vom ersten Anfang an in Färbung und Aussehen gleichen.

Wenig anders verhalten sich die übrigen Querzahnmolche, die bisher Eingang in die Terrarien unserer Lurchfreunde gefunden haben; es sind der Maulwurfssalamander, Amblystoma talpoideum *Holb.*, der Dunkle oder Gebänderte Querzahnmolch, Amblystoma opacum *Grav.*, der Punktierte Querzahnmolch, Amblystoma punctatum *L.*, und schließlich der große, massige Düstere Querzahnmolch, Amblystoma tenebrosum *B. G.* Der erstgenannte, der auf die südöstlichen Staaten Nordamerikas beschränkt ist, wird von Boulenger und Cope übereinstimmend der kürzeste, gedrungenste und am plumpsten gebaute aller bodenbewohnenden Querzähner genannt. Von dem Getigerten Querzahnmolch unterscheidet er sich durch die geringere Zahl von Querfurchen (nur zehn an jeder Körperseite), von dem Dunkeln und Punktierten durch unregelmäßige silbergraue Sprenkelung oder Marmorierung auf der schwarzbraunen Oberseite; unterseits ist die Färbung heller. Cope fand den Maulwurfssalamander, dessen Name nicht sehr bezeichnend ist, da er kaum anders lebt als seine Verwandten, überaus oft in einem hochgelegenen Tal des südwestlichen Nordcarolina an feuchten Orten unter Baumklötzen und Steinen.

Ziemlich plump gebaut ist auch der Gebänderte Querzahnmolch, der an den elf Seitenfurchen und den hell bläulichgrauen Querbinden auf Rücken und Schwanz leicht zu erkennen ist; seine Grundfarbe ist glänzend schwarz; die Querbinden steigen bei diesem Molch nicht wie beim Tigermolch an den Seiten herab, sondern bleiben auf die Rückenseite beschränkt, auf dem Rücken selbst erweitern sie sich jederseits V-förmig, während sie auf dem Schwanze gleichbreit sind. Der Dunkle Querzahnmolch, der etwa 10 cm Länge erreicht, ist in den Vereinigten Staaten von Pennsylvanien über Florida und Wisconsin bis Texas verbreitet; er lebt auf trocknerem Boden, als man sonst Salamander antrifft, und wurde von Cope in den sandigen Gegenden von New Jersey und Delaware gefunden.

Besser als über die beiden vorstehenden Arten sind wir, auch was die Fortpflanzung betrifft, über den Punktierten Querzahnmolch unterrichtet, ein Tier, das im Aussehen einigermaßen an unsern Feuersalamander erinnert, aber kleiner bleibt und kaum 20 cm Länge erreicht. Die Oberseite ist tiefschwarz; auf jeder Seite der Mittellinie des Rückens verläuft eine Längsreihe von 10—20 großen, nahezu kreisrunden gelben Flecken, die ziemlich symmetrisch angeordnet sind; die Unterseite ist dunkel bläulichgrau.

Über die Fortpflanzung des Punktierten Axolotls haben Baird, später Andrews, Smith, zuletzt Wright und Allen uns ausführliche Beschreibungen geliefert; wir halten uns an die der beiden letztgenannten Forscher. Diese fanden am Cayugasee (im Staate New York) eine Stelle, die für das Sammeln dieser Tiere besonders geeignet war. Die Salamander mußten hier, wenn sie von dem benachbarten Hügel zu ihren Laichplätzen wandern wollten, das Gleis einer Trolleybahn überschreiten, wobei viele durch die fahrenden Karren getötet wurden. Die Meinung, als kämen die meisten Salamander aus den Schluchten, die den Hügel durchschnitten, erwies sich als falsch; nur acht Exemplare fingen sich in der Falle, die am Ausgange einer dieser Schluchten aufgestellt war; es schien daher, als ob die Hauptmenge vom Hügel selbst käme, auch wurden in Sümpfen auf dessen Gipfel zahllose Spermatophoren und mehrere hundert Eierklumpen aufgefunden. Aus der Zahl der während der Wanderzeit allabendlich teils in Fallen gefangenen, teils durch die Karren getöteten Salamander ergab sich, daß das Erwachen aus dem Winterschlafe und die Wanderungen zum Wasser von einer gewissen Temperaturhöhe abhängen, die 10° C oder mehr beträgt; daher stand auch das erste Erscheinen der Tiere (zwischen dem 13. März und 1. April) innerhalb von sechs Beobachtungsjahren mit dem Erreichen dieser Temperatur im Zusammenhang. Die Männchen begannen mit der Wanderung, den nächsten Abend kamen Weibchen in spärlicher Menge, am dritten waren diese in der Überzahl, und so blieb es bis zum Schlusse. Im Jahre 1908 fing die Wanderung jeden Abend zwischen 7 Uhr 30 Minuten und 8 Uhr an. Die Tiere folgten dabei eine Zeitlang dem Verlauf der Schienen, versuchten auch, sie zu übersteigen, was ihnen aber, selbst wenn sie sich auf den Schwänzen aufrichteten, nicht gelang; so blieben sie oft stehen, bis sie von den vorüberfahrenden Karren zermalmt wurden. Meist konnten sie aber an der Stelle, wo die Schienen aneinanderstoßen, mit Hilfe der vorstehenden Bolzen hinüberklettern.

Am nächsten Tage, nachdem Spermatophoren gefunden worden waren, wurden zwei Salamander angetroffen, die ihre Schnauzen aneinanderstießen und von denen der eine Spermatophoren absetzte. Diese Schnauzenbegrüßung erwies sich später als ein Teil der Vorbereitung zur Paarung. Als ein Männchen und ein Weibchen zusammengebracht wurden, zeigte sich ersteres sehr unruhig, berührte das Weibchen mit der Schnauze, und zwar augenscheinlich vorwiegend dessen Unterseite, namentlich aber die Kehle. Nach jeder Berührung dieser Art schwamm das Männchen weg und umklammerte einen Stengel mit den Hinterbeinen und setzte eine Spermatophore ab, worauf es zum Weibchen zurückkehrte, um es wieder mit der Schnauze auf der Unterseite oft des ganzen Körpers zu reiben. In 45 Minuten wurden auf diese Weise 22 Spermatophoren abgesetzt. Das Weibchen blieb die meiste Zeit über ruhig, in drei Fällen wurde jedoch beobachtet, wie es über eine Spermatophore kroch, bis diese unter die Kloakenöffnung zu liegen kam. Das Tier umfaßte sie mit den Hinterbeinen, worauf es kurze Zeit in dieser Stellung verharrte; dabei schien es, als ob die Samenkörper aus der Spermatophore in die Kloake aufgenommen würden. Die Männchen setzen die Spermatophoren erst dann ab, wenn auch Weibchen angekommen sind, obwohl sie schon früher zum Wasser wandern; die Eiablage erfolgt wenige Stunden bis sieben Tage darauf: ungefähr um den 1. April, seltener Ende des zweiten Märzdrittels, Mitte oder gar Ende April. Die vollständige Zahl der abgelegten Eier ist 130—225; sie bilden einen bis zehn, meist zwei oder drei Klumpen von verschiedener Größe, sogar bei ein und demselben Weibchen. Zur Ablage eines solchen Klumpens braucht dieses wenigstens eine halbe Stunde, ja, ein Weibchen, das eine Masse von 140 Eiern abgab, blieb über eine Stunde unter Wasser; zehn Stunden nach dieser Zeit wurde ein kleiner Klumpen von 32 Eiern abgelegt. Während der Eiablage, die langsam, allem Anschein nach ohne Anstrengung vor sich ging, lag das Tier bewegungslos; danach aber bewegte es sich heftig vor- und rückwärts, um sich von den an Kloake und Schwanz anklebenden Eiern zu befreien.

Einer der schönsten, freilich auch am seltensten nach Europa gelangenden Querzahnmolche ist Amblystoma tenebrosum *B. G.* Bei ihm und seinen nächsten Verwandten, die Cope in der Gattung Chondrotus zusammengefaßt hat, reichen die Querreihen der Gaumenzähne nach außen nicht über die inneren Nasenlöcher hinaus. Auffallend ist der massige Kopf und die faltigen Hängebacken bei erwachsenen Exemplaren dieses ansehnlichen Molches.

Cope fand viele Larven dieser Art, die durch bedeutende Größe und eigentümliche Form der Kiemenbüschel bemerkenswert sind, in Flüssen des nördlichen Kaliforniens und westlichen Oregons und konnte nicht nur kannibalische Neigungen bei ihnen nachweisen, sondern auch wahrscheinlich machen, daß sie gleichfalls im Larvenzustande geschlechtsreif werden.

Über das Gefangenleben des Düsteren Querzahnmolches verdanke ich Kammerer einige Mitteilungen, die hier wiedergegeben werden sollen.

„Nie habe ich ein vollendeteres ‚Amphib' gesehen als A. tenebrosum: denn er bewegt sich unter dem Wasser wie auf dem Lande mit gleicher Leichtigkeit und Eleganz. Während sonst die Wassermolche sogleich den größten Teil ihrer imponierenden Haltung, ihrer Gewandtheit und Lebenslust einbüßen, sobald sie das Festland zum Aufenthalte erwählen, während ferner ein Landmolch augenblicklich Ruhe und Sicherheit der Bewegungen, ja in kurzer Frist die Möglichkeit des Weiterlebens einbüßt, wenn man ihn in tiefes Wasser setzt, ist bei A. tenebrosum nichts von solchen Verlegenheiten zu bemerken. Eher schon kommt der Beobachter in Verlegenheit, nämlich in bezug darauf, ob er eigentlich ein aquatil oder ein terrestrisch lebendes Tier in ihm erblicken, und wie er dementsprechend dessen Heim einrichten darf. Ich muß gestehen, daß mir die Entscheidung hierüber in den zwei Jahren, während welcher ich zwei, in dem weiteren Jahr, während dessen ich nur noch das nach Konservierung seines Genossen übriggebliebene Exemplar bis zu dessen natürlichem Tode verpflegte, nicht gelungen ist. Im Aquarium mit untergetauchten Wasserpflanzen und ohne Möglichkeit, über dem Niveau auszuruhen; im feuchten, moosigen Terrarium mit Wassernapf, der kaum zu einem Vollbad groß genug war, überall schien sich das Tier wohlzufühlen. Dabei waren nach jeweiligem, länger dauerndem ausschließlichen Land- oder Wasseraufenthalt keinerlei körperliche Veränderungen zu bemerken: während Tritonen auf dem Lande eine körnige, rauhe Haut, im Wasser wegen reichlicherer Schleimabsonderung glatte Haut mit den bekannten Ausgliederungen, Lappen, Leisten, Kämmen und dergleichen, erhalten, blieb sich A. tenebrosum immer gleich: glatt und glänzend und prall. Es kann nichts Ansprechenderes geben als das warmgetönte, oben violett oder lila, unten fleischfarben angehauchte Braun jener Haut, mit der satt schokoladenfarbenen Marmorierung auf der Rückenseite."

Kammerer brachte seine Pfleglinge in einer geräumigen Glaswanne mit ansteigender Kiesschicht unter, die eine Hälfte des Kieses unter, die andere über Wasser, diese teilweise mit einem hohl aufliegenden Zierkorkstück bedeckt. Letzteres wurde der ständige Aufenthalt des einen Tieres, das andere Exemplar pflegte im Wasser unter einem halbierten Blumentopf zu liegen und nur den Kopf herauszustrecken. Behufs Fütterung wurden Regenwürmer vor der wasserwärts gekehrten Tunnelwölbung des Rindenstückes hin und her baumeln gelassen. Die Folge davon war, daß nicht nur unter der Rinde ein dunkler Kopf erschien, sondern auch aus dem Wasser sich ein solcher hervorschob. Vielfaches, wetteiferndes Danebenschnappen, so recht nach Amblystomen-Art, ging dann dem endgültigen Fassen der Beute voraus. Auch rohe Rindfleischstücke, länglich geschnitten, an spitzer Pinzette oder Nadel dargereicht und wurmähnlich bewegt, wurden angenommen, wiewohl minder gern. In den Behälter geworfene Nahrung selbständig aufzusuchen, dazu schienen die Tiere nicht befähigt zu sein.

Verhältnismäßig wenig wissen wir von denjenigen Querzahnmolchen, die das gemäßigte und nördliche Asien bewohnen. Von ihnen ist nebst dem Japanischen Krallensalamander, Onychodactylus japonicus *Houtt.*, dessen Finger und Zehen, wie schon der Gattungsname besagt, spitze Hornkrallen tragen, was bei keinem andern Schwanzlurch und nur bei wenigen Fröschen vorkommt, der Sibirische Winkelzahnmolch, Hynobius keyserlingi *Dyb.*, bei weitem der bemerkenswerteste, sowohl dadurch, daß er derjenige Molch ist, der nicht nur in Asien, sondern überhaupt am weitesten nach Norden vordringt (er ist in Sibirien von Jekaterinburg bis Kamtschatka, von Irkutsk bis Werchojansk, über 66° nördl. Br., gefunden worden), wie auch durch eigentümliche Art seiner Eiablage, die Shitkow schildert.

Von den übrigen acht Hynobius-Arten, deren Mehrzahl in Japan lebt, unterscheidet sich die sibirische Art dadurch, daß sie nur 4 Zehen hat; als Mitglied der Gattung kennzeichnet sie sich durch die Stellung der Gaumenzähne, die eine V-förmige Figur bilden. Dybowski beschreibt die Färbung des Tieres nach dem Leben wie folgt: Die Farbe des Oberkopfes und des Rückens bis zur Schwanzspitze ist bräunlich-olivenfarbig mit goldigem Schimmer oder dunkel bronzefarbig-goldschimmernd. Die Abtönung dieser Färbung ist an lebenden Exemplaren je nach dem Aufenthalte verschieden: die aus dem Wasser geholten Tiere sind dunkler, die im feuchten Moose gefangenen heller gefärbt. Längs der Mitte des Rückens verläuft bis zur Schwanzspitze ein schwärzlicher schmaler Streifen. Die Seiten des Kopfes, des Leibes, des Schwanzes sowie die äußere Fläche der Beine sind auf einem in seinem Farbentone sehr veränderlichen Grunde schwärzlich marmoriert; dieser ist schmutzig hellbräunlich. Die Unterseite des Kopfes bis zur Kehlfalte ist schmutziggelblich oder schmutzigweißlich, der Bauch und die Unterseite des Schwanzes schmutziggelblich mit wolkenartigen aschgrauen Flecken. Die Iris ist dunkel bronzefarbig, metallisch glänzend (bei den nordamerikanischen Querzahnmolchen in der Regel dunkelbraun bis schwarz ohne Metallglanz). Fügen wir hinzu, daß unser Molch deutliche Ohrdrüsen, einen am Grunde drehrunden, dann seitlich zusammengedrückten Schwanz besitzt, so dürfte er damit wohl genügend von seinen Verwandten unterscheidbar gemacht sein.

Nach Shitkows Beobachtungen werden die Eier in gemeinsamen wurstförmigen Gallertsäcken abgelegt, die mit dem einen Ende an einer Pflanze oder an irgendeinem andern Gegenstand in der Pfütze, wo die Entwickelung vor sich geht, befestigt sind, und zwar nur etwa 2—3 cm über dem Wasserspiegel; das andere Ende des Säckchens hängt in das Wasser frei hinab, so daß es bei der geringsten Bewegung des Wassers hin und her geschaukelt wird. Das Säckchen ist etwa 15 cm lang, gebogen, an der innern Seite stark gefaltet und im leeren Zustande etwa 2 cm breit; es enthält 50—60 Eier, von denen jedes noch von einer besondern Gallerthülle umgeben ist. Aus Eiern, die am 21. April abgelegt worden waren, schlüpften die Larven nach 14—23 Tagen aus; sie tun dies, indem sie den unteren, in das Wasser hängenden Teil des Sackes zerreißen. Die Larven aus ein und demselben Sack sind oft nicht ganz gleich entwickelt, nach der Meinung unsers Gewährsmannes deshalb, weil der Sack zum Teil der wärmeren Luft ausgesetzt ist, zum Teil aber im Wasser liegt.

Dybowski, der Entdecker der Art, fand diese sehr zahlreich auf den morastigen Uferwiesen am südwestlichen Winkel des Baikalsees; schon am 10. Mai traf er die erwachsenen, gegen 13 cm langen Tiere in Lachen und Teichen mit der Fortpflanzung beschäftigt. Er beschreibt die Eiersäcke als „schnurförmige Klumpen" und gibt weiter an, daß die Eier außerhalb des weiblichen Körpers im Wasser befruchtet werden, was allerdings bisher von keinem anderen Schwanzlurch als vom Riesensalamander und vom Schlammteufel angegeben wird.

Dybowski sagt ferner: „Die Tiere sind sehr scheu, und beim leisesten Geräusch tauchen sie unter, um sich entweder im Schlamme zu verkriechen oder sich bewegungslos platt an den Boden anzuschmiegen. Nach dem Eierlegen, etwa in der ersten Hälfte des Juni, verlassen die Erwachsenen das Wasser und leben auf seichten, sumpfigen Wiesen; entweder im Moose oder unter Holzstücken oder endlich in vermoderten, feuchten, liegenden Baumstämmen." An den genannten Örtlichkeiten halten sich die jüngeren, noch nicht fortpflanzungsfähigen Tiere die ganze Sommerszeit hindurch auf. Die Geschlechtsreife wird erst im dritten Jahre erreicht. Dybowski fütterte seine gefangenen Exemplare mit Regenwürmern.

Wenig anders dürfte sich, wie aus den Beobachtungen von Kunimoto hervorgeht, der Japanische Winkelzahnmolch, Hynobius nebulosus *Schleg.*, verhalten. Im März wird in der Umgebung von Nagasaki bei mildem Regenwetter die Paarung vollzogen, wobei aber eine innige Vereinigung, wie bei unserem Feuersalamander, nicht stattfindet; 10—20 Stunden danach legt das Weibchen ein paar faltige, spindelförmige Gallertstränge ab, welche die Eier enthalten und wie bei der vorigen Art mit einem Ende an einen Stein oder Zweig befestigt werden, während das andere Ende frei ins Wasser hängt; die Stränge sind 13—17 cm lang, $1^1/_2$—2 cm dick, bergen 37—70 Eier und quellen bald im Wasser, so daß sie nach drei bis fünf Tagen ganz prall werden; diese dicke Gallerthülle ermöglicht auch für den Fall eines Austrocknens des Gewässers die Weiterentwickelung der Eier, die von zweierlei Größe sind.

*

Die Unterfamilie der Lungenlosen Salamander (Plethodontinae), die fast ausnahmslos auf die Neue Welt beschränkt ist (eine einzige Art lebt in Italien), zählt etwa 9 (nach Cope aber 15) Gattungen mit über 60 Arten, die größtenteils auf Nordamerika entfallen, während sie nach Süden immer spärlicher werden; nur wenige überschreiten den Äquator, von ihnen ist Plethodon platensis, der vom Rio de la Plata stammt, der südlichste, andere Arten, der Gattung Spelerpes angehörig, wurden in Ecuador und Kolumbien gefunden, eine auf Haiti. Die Gaumenzähne stehen bei allen in Querreihen auf dem hintern Teile der Pflugscharbeine, das Parasphenoid ist mit zahntragenden Platten besetzt, die Wirbel bikonkav (beiderseits gehöhlt) oder opisthozöl (hinten gehöhlt). Die meisten dieser Salamander sind Landmolche, und allen fehlen die Lungen; der Schwanz ist drehrund oder seitlich zusammengedrückt, bei mehreren Arten einrollbar und zum Umklammern und Festhalten eines Gegenstandes geeignet. Sie leben unter morschen Baumstämmen oder unter Steinen, manche weit vom Wasser entfernt. Von mehreren nordamerikanischen Arten wissen wir, daß sie die Eier nicht ins Wasser, sondern, in Klumpen, an ihren Versteckplätzen absetzen und bis zum Auskriechen der Jungen für sie Sorge tragen und sie sogar verteidigen.

Vor wenigen Jahrzehnten kannte man von der Lebensgeschichte der meisten Arten wenig oder gar nichts. Jetzt sind wir durch die Beobachtungen namentlich amerikanischer Forscher recht gut unterrichtet, und da manche von diesen Salamandern durch eigentümliche Lebensgewohnheiten oder besondere Art der Fortpflanzung und Brutpflege von Interesse sind, so sei ihnen hier etwas breiterer Raum gewährt, um so mehr, als manche von ihnen sich bereits mehrfach als ausdauernde Terrarientiere erwiesen haben.

Die Gattung Autodax *Cope* enthält drei Arten, die fast ausschließlich auf Kalifornien beschränkt sind und in mancher Beziehung zu den merkwürdigsten Salamandern gehören. Alle drei stimmen darin überein, daß ihre Zunge nicht rundherum frei und nur an einem muskulösen Stiel befestigt, sondern längs der Mittellinie auch am Vorderrande angeheftet ist, ferner in der auffallenden Entwickelung des Gebisses, indem sowohl Ober- als Unterkieferzähne außergewöhnlich groß, wenig zahlreich, messerartig zusammengedrückt und bei geschlossenem Maule außen sichtbar sind. Die Zähne auf den Gaumenbeinen stehen in zwei kurzen, schiefen Reihen, die sich nach hinten nähern und in der Mittellinie aneinanderstoßen; die Parasphenoidzähne bilden eine längliche Gruppe. Alle Arten leben dauernd außerhalb des Wassers, denn auch die großen Eier werden nicht ins Wasser abgelegt, und die in weit vorgeschrittenem Zustande auskriechenden Jungen gleichen völlig den erwachsenen Tieren und nehmen sofort deren Lebensweise auf.

Düsterer Alligatorsalamander, Autodax lugubris *Hall.* Natürliche Größe.

Am besten sind wir durch Ritter und Miller über den Düsteren Alligatorsalamander, Autodax lugubris *Hall*, unterrichtet, der auch die häufigste Art der Gattung ist. Cope sagt von ihm: „Diese ist eine der auffallendsten Arten von nordamerikanischen Salamandern.“ Die mächtigen Schläfenmuskeln verursachen am Hinterkopfe eine starke Anschwellung und trennen Haut und Schädel voneinander. Die Mundspalte ist geschwungen, am stärksten bei erwachsenen Exemplaren. Im ganzen ist der Gesichtsausdruck dem einer Schnappschildkröte nicht unähnlich. Es ist wenig daran zu zweifeln, daß dieser Salamander eher imstande ist zu beißen als irgendein anderer nordamerikanischer Molch.

Wie ihr nächster Verwandter, Autodax iecanus, kann auch die in Rede stehende Art springen, und wenn man einen solchen Salamander einige Zoll über einem Tisch in der Hand hält, so fällt er nicht wie ein anderer Schwanzlurch einfach herunter, sondern führt oft einen Sprung aus, nach dem er auf allen vieren auf dem Tische landet. Überhaupt ist die Beweglichkeit dieser Tiere überraschend im Vergleich zu anderen Arten. Unser Salamander lebt ausschließlich auf dem Lande und scheint nicht einmal das Bedürfnis nach der Nähe von Wasser zu empfinden. Morsche Baumstrünke sind seine bevorzugten Aufenthaltsorte, und wo immer solche in der Umgebung von San Francisco vorkommen, sogar an den vom Wasser entferntesten Stellen, ist das Tier beinahe sicher anzutreffen, oft in bedeutender Anzahl in oder unter demselben Strunk; so wurden unter einem einzigen derartigen Obdach nicht weniger als sieben Stücke von gleicher Größe und fünf größere gefunden, alle noch nicht erwachsen; die kleineren, etwa 50 mm lang, waren dunkelgrau, fast schwarz, fein silberblau gesprenkelt, die größeren, etwa 75 mm messend, viel lichter, ohne Silberflecke, aber mit ziemlich großen gelben Flecken an den Bauchseiten; erstere waren im gleichen Jahre geboren, die anderen ein Jahr älter. Wahrscheinlich waren die gleichgroßen von derselben Brut, und ebenso stammten alle möglicherweise von denselben Eltern ab. Wie wir später sehen werden, bleiben nämlich die Jungen eine beträchtliche Zeit beieinander und bei den Eltern.

Unser Salamander führt ein ausgesprochen nächtliches Leben. Man findet ihn nicht nur niemals bei Tage im Freien außerhalb seiner Versteckplätze, auch die Schnelligkeit, mit der er sich im Terrarium bei Tage zu verkriechen strebt, und die Munterkeit, mit der er während der Nacht herumläuft, spricht dafür.

Bei Autodax lugubris, dem, wie allen Plethodontiern, die Lungen fehlen, spielt natürlich die Hautatmung neben der Mundhöhlenatmung eine wichtige Rolle. Ritter und Miller haben gefunden, daß die Zehen dieses Salamanders mit einem reichen Blutgefäßnetz versehen sind, und es ist anzunehmen, daß sie in der Art von äußeren Kiemen verwendet werden; ähnliche Einrichtungen an den Zehen fanden sich auch bei anderen untersuchten lungenlosen Salamandern, nicht aber bei solchen mit Lungen. Daß sie mit der Atmung zusammenhängen, erhellt auch daraus, daß sie bei dem untergetauchten Tiere ihre Tätigkeit aussetzen. Auch die Mundhöhle spielt eine wichtige Rolle bei der Atmung, wie aus den beständigen und zahlreichen Schwingungen der Kehlhaut (120—180 in der Minute) hervorgeht. Die Zehenspitzen unsers Salamanders sind etwas erweitert, so daß er damit an senkrechten und überhängenden Flächen sehr gut klettern kann.

Ein Weibchen mit 19 Eiern, die in der Entwickelung weit vorgeschrittene Keimlinge enthielten, wurde etwas unter der Erdoberfläche in einem Loche, dicht unter den Wurzeln einer großen Palme, gefunden. Der Student, der sie auffand, teilte mit, daß der Salamander, als er freigelegt und aufgestört wurde, wie eine Maus quiekte. Diesen Laut lassen erwachsene Tiere oft hören, wenn sie im Freien ergriffen werden, aber selten in Gefangenschaft. Das Nest war an der Südseite der Palme angelegt; da der Boden von anderem Pflanzenwuchs freigehalten und die Stelle der vollen Kraft der Sonnenhitze während der ganzen Mitte des Tages ausgesetzt war, begreift es sich leicht, wo noch dazu die Gegend seit wenigstens zwei Monaten keinen Regen empfangen hatte, daß die Stelle so trocken wie möglich war. Auch ein 50 m von dem Baum entferntes Bachbett war bereits seit mindestens drei Monaten ausgetrocknet.

Als das Weibchen in einem Behältnis mit etwas Erde untergebracht wurde, wickelte es sich zum Teil um die Eier herum, schien auch anfänglich in dieser Stellung verbleiben zu wollen, da es zunächst immer wieder zu ihnen zurückkehrte, wenn es entfernt wurde. Am folgenden Morgen jedoch hatte es die Eier vollkommen im Stiche gelassen, und die beiden Forscher Ritter und Miller mußten nun selbst die Sorge für die Brut übernehmen. Sie brachten diese in ähnliche Verhältnisse, wie die Eier im Freien vorgefunden worden waren, doch schrumpften letztere sehr bald, und die Keimlinge gingen großenteils zugrunde. Erst nachdem die Überlebenden für eine Stunde ins Wasser gesetzt worden waren, erholten sie sich wieder, und vier von ihnen, die dann in feuchter, wenigstens zweimal täglich angefeuchteter

Erde untergebracht wurden, entwickelten sich in normaler Weise, und 50 Tage nach Auffindung der Eier krochen die Jungen aus.

Von den 19 aufgefundenen Eiern enthielt jedes, wie bereits erwähnt, einen wohlentwickelten Keimling, der in einer gallertigen, an einem Erdklumpen durch einen dünnen Stiel befestigten Kapsel steckte. Die etwa 8 mm langen Stiele waren aus demselben Material wie die Eikapsel, sie standen dicht nebeneinander, so daß ihre erweiterten Enden, mit denen sie an dem Erdklumpen klebten, mehr oder weniger zusammenhingen. Die Stiele waren zusammengedreht und wahrscheinlich hohl. Die Eikapseln waren ziemlich dünn und schienen anfangs, als die Eier in den Besitz der beiden Forscher gelangten, von lederartiger Beschaffenheit zu sein, wurden aber viel dicker und durchsichtiger, als sie Wasser aufgenommen hatten, und zeigten deutlich ihre gallertartige Beschaffenheit. Sie waren fast kugelig und hatten im gequollenen Zustande etwa 6 mm im Durchmesser; wenn sie reingewaschen waren, konnte man den schwarzen Keimling und den gelben Dottersack deutlich darin unterscheiden. Vier Tage nach ihrer Ankunft wurde eine der Gallertkapseln geöffnet, der Keimling erwies sich als 15,5 mm lang, hatte nahezu gleichlange Vorder- und Hinterbeine, jedoch noch unentwickelte Zehen; die Kiemen waren sehr groß, jede aus drei großen, häutigen Lappen gebildet, sehr dünn und zart, stark ausgebreitet, reich an Blutgefäßen und am Grunde weit miteinander verwachsen; ihre Oberfläche liegt dicht der inneren Kapselwand an; sobald das Tier die Eikapsel verläßt, bilden sie sich zurück, da sie vom Blutkreislauf von dieser Zeit an abgeschnitten zu sein scheinen; setzt man die Keimlinge mit ihren Kiemen ins Wasser, so bemerkt man keine Blutbewegung in diesen, was innerhalb der Eikapsel leicht zu sehen war; die Kiemen dienen also nur der Atmung innerhalb des Eies.

Dieser Salamander hat gar kein Larvenstadium; die aus dem Ei kriechenden Jungen haben nicht nur rückgebildete, unbrauchbare Kiemen und geschlossene Kiemenspalten, es fehlt ihnen auch ein Hautsaum des Schwanzes, der wie bei den Erwachsenen völlig drehrund ist; sie können gar nicht schwimmen, sinken vielmehr sofort unter, wenn sie ins Wasser gebracht werden. Die vorhin beschriebene Jugendsfärbung geht im zweiten Jahre in das düstere Rauchbraun der Erwachsenen über, und die Silberflecke machen den gelben und weniger zahlreichen Flecken an den Rumpfseiten Platz.

Später bringt Ritter noch eine überraschende Mitteilung über das Freileben unsers Salamanders. Nachdem Miller vergeblich sich bemüht hatte, an allen geeignet erscheinenden Örtlichkeiten in der Bai von San Francisco Eier zu finden, wurde ganz zufällig der richtige Brutplatz entdeckt, und zwar — merkwürdig genug für einen Salamander — in Eichen (Quercus agrifolia). Als nämlich die der Universität von Kalifornien gehörigen Eichenbestände einer gründlichen Reinigung von abgestorbenem Holz und Fremdkörpern unterzogen, alle zugänglichen kleinen Löcher und Spalten mit Portlandzement ausgefüllt, die größeren mit Teer bestrichen wurden, fanden die Arbeiter in diesen Löchern etwa hundert Salamander und zwölf Eierbündel. Die Tiere leben an der Eiche so hoch, als sie geeignete Schlupfwinkel finden, bis 30 Fuß oder mehr über dem Boden; in einigen der größten Höhlungen wurden bis zwölf Salamander entdeckt, häufiger freilich nur zwei oder ein einziger. Es zeigte sich deutlich, daß in manchen Fällen alle Bewohner einer Höhle eine Familie bildeten; wo eine größere Menge von Exemplaren beisammen hockte, war die Mehrzahl von ihnen gewöhnlich klein und die Kleinen alle von derselben Größe, etwa 50 mm. Alle bewohnten Höhlen bargen aber auch einige wenige, gewöhnlich zwei, große Tiere derselben Art. Außer diesen großen und kleinen Tieren wurden oft noch in demselben Loch Zwischengrößen angetroffen.

Die ganz kleinen, höchstwahrscheinlich einem Wurfe angehörig und die Nachkommen der ganz großen Tiere, waren zur Zeit der Entdeckung (Frühherbst) gerade ein Jahr alt. Sicherlich hatten die kleinen Tiere niemals die Höhle verlassen, in der sie ausgeschlüpft waren, denn man kann sich schwer vorstellen, daß sie bei Nacht Ausflüge auf den Erdboden gemacht und bei Tage sich wieder zurückgefunden haben sollten, um so weniger, als die Baumhöhlen zwar recht weit für Tiere ihrer Größe, die Eingänge aber sehr eng waren, oft wenig größer als nötig, um erwachsenen Tieren den Eintritt zu ermöglichen. Löcher, die weite Zugänge hatten, waren selten bewohnt. Die Eiballen, 12—18 Eier enthaltend (jedes Ei mit seinem Stiel etwa 2 cm lang), waren gewöhnlich an überstehenden Flächen aufgehängt, wo die Eltern ihren Körper mit ihnen in Berührung bringen konnten, indem sie sich in derselben Weise wie verschiedene andere Schwanzlurche um sie herumlegten; mehr als ein Eiklumpen wurde selten in einer Höhle festgestellt. Bemerkenswert ist nun, daß allem Anschein nach beide Eltern sich mit der Sorge um ihre Nachkommenschaft befassen, und daß sie, wie nach zwei verschiedenen Beobachtungen nunmehr als erwiesen gelten kann, wohl auch imstande sind, die Brut zu verteidigen, da sie mit ihren großen Zähnen ohne weiteres wütend nach einem vorgehaltenen Finger schnappen und sich daran verbeißen.

Mit einer zweiten Art der Gattung, Autodax iecanus *Cope*, hat uns van Denburgh genauer bekannt gemacht. Ursprünglich von Cope nach einem einzigen halbwüchsigen Stück beschrieben, wurde dieser Salamander in der Folgezeit in verschiedenen Teilen von Kalifornien gefunden, und zwar vorwiegend unter morschen Baumstämmen und unter Steinen in der Nähe von fließendem Wasser. Bei ihm ist die Endhälfte des Schwanzes seitlich stark zusammengedrückt, während bei der vorigen Art der Schwanz vollkommen rund ist.

Autodax iecanus geht nur bei Nacht auf Jagd aus. Van Denburgh sah ihn nur zweimal auf dem Erdboden herumkriechen, und jedesmal war die Nacht schon so nahe, daß der Beobachter Gegenstände zu seinen Füßen eben noch unterscheiden konnte. Wird der Salamander bei Tag ausgegraben, oder bei Nacht (wo er viel lebhafter ist) ein Licht in seine Nähe gebracht, eilt er fast stets dem Schatten oder der nächsten dunkeln Stelle zu. Gewöhnlich bewegt er sich sehr gemächlich, immer nur ein Bein nach dem andern hebend, doch ist er einer für einen Salamander überraschend schnellen Bewegung fähig; läuft er schnell, so unterstützt er die Tätigkeit seiner Gliedmaßen durch Schlängeln des ganzen Körpers und Schwanzes.

Der Schwanz dieses Autodax ist ebenso wie der der kleineren Amblystoma-Arten ein Greifschwanz. Hielt van Denburgh einen solchen Salamander mit dem Kopfe nach abwärts, so umwickelte das Tier den Finger des Forschers mit seinem Schwanz, und wenn es seinen ursprünglichen Halt verlor, so konnte es sich einige Zeit auf diese Weise allein festhalten. Ein Salamander erhob sich sogar so weit, daß er wieder mit den Füßen Halt gewinnen konnte. Der Schwanz wird aber auch auf andere Weise benutzt. Berührt man einen solchen Salamander, der, frisch gefangen, oft bewegungslos verharrt, so läuft er vielleicht eine kurze Strecke mit großer Eile; er kann aber auch, indem er seinen Schwanz erhebt und ihn kräftig auf den Boden aufschlägt und gleichzeitig sich auch mit den Hinterbeinen abstößt, 4—6 Zoll weit und 2—3 Zoll hoch springen. Auch das Klettern versteht unser Salamander so gut wie ein Spelerpes; in einer Glasflasche gehaltene Exemplare überklettern sogar deren einwärts gekrümmten Rand, wobei sie durch den klebrigen Schleim, mit dem ihr Körper bedeckt ist, unterstützt werden.

Ein großes Stück dieser Art und 15 Eier wurden van Denburgh am 23. Juli aus

Los Gatos in Kalifornien geschickt. Jedes Ei hatte ungefähr 6 mm im Durchmesser, war fast kugelrund und in eine dünne gallertige Hülle eingeschlossen; jede dieser Eihüllen war an einer Stelle in einen dünnen Stiel ausgezogen, der an einer gemeinsamen gallertigen Grundmasse befestigt war, die selbst wieder an einem Stein oder einem Erdklumpen verankert gewesen sein mochte. Nach einer beifolgenden Notiz waren Salamander und Eier in trockner Erde nahe der Grundmauer, etwa 15 Zoll oder mehr unter der Erdoberfläche, gefunden worden; einige kleinere Salamander befanden sich in der Nähe; der Eier waren etwa 30 gewesen. Das gesandte große Tier war ein Weibchen mit zahlreichen Eiern in den Eierstöcken. Ein am 30. Juli getötetes sehr großes Exemplar aus derselben Gegend enthielt 25 Eier, genau so wie die vorhin beschriebenen, nur fehlte ihnen die Gallerthülle.

Den Alligatorsalamandern steht die Gattung Plethodon *Tsch.* sehr nahe; sie unterscheidet sich von jenen im wesentlichen nur dadurch, daß die Zähne nicht vergrößert und messerförmig, sondern, wie bei anderen Schwanzlurchen, klein und zahlreich sind. Von den etwa acht Arten sind nur wenige in bezug auf ihre Lebensweise etwas besser bekannt; sie erinnern namentlich in dem, was wir über ihre Fürsorge für die Nachkommenschaft wissen, sehr an die eben behandelten Autodax-Arten.

Der gegen 13 cm Länge erreichende Oregon-Salamander, Plethodon oregonensis *Girard*, ist dadurch von seinen Verwandten leicht zu unterscheiden, daß seine Parasphenoidzähne in zwei getrennten Gruppen nebeneinander stehen, die Zunge hinten frei ist, die senkrechten seitlichen Furchen zwischen Vorder- und Hinterbein in der Zahl elf vorhanden sind: er ist einfarbig braun (nach Cope an den Seiten und unterseits orangefarbig) und aus Kalifornien und Oregon bekannt. Der Schwanz dieses Molches ist sehr verdickt und auf der Oberseite reich an Giftdrüsen, die dem Tiere als Schutz gegen lurchfressende Schlangen, seine Hauptfeinde, dienen.

Über die Fortpflanzung dieses Salamanders hat van Denburgh Mitteilungen veröffentlicht, die dartun, daß dieser Salamander auch darin den Autodax-Arten ähnelt. Ein Weibchen mit drei Eiern wurde dem Forscher aus Mill Valley im Marine County gebracht, wo Salamander und Eier am 29. April gefunden worden waren, und zwar unter einem morschen Baumstamme im Redwood-Forst. Die Eier waren sehr groß (6 mm im Durchmesser), fast oder ganz pigmentlos und von einer dünnen Gallerthülle umgeben und zusammengehalten. Sie wurden nun in ein verdunkeltes Glas mit einigen Holzstücken und feuchtem Moos untergebracht, wo sie aber bald verpilzten. Sobald nun der Salamander zu ihnen gelassen wurde, übernahm er sofort ihre Pflege, indem er sich neben sie legte und sie mit einer Schlinge des Schwanzes festhielt. Anscheinend unbefriedigt von ihrer Lage und Umgebung, schleppte der Salamander die Eier von einer Stelle im Glase zur anderen, wobei er sie immer in der Schwanzschlinge eingerollt hielt, und zwar mehrmals im Verlaufe von 3—4 Tagen; als die Eier vollständig verpilzt waren, lösten sie sich voneinander, und der Salamander verzehrte eins davon. Da der Beobachter vermutete, das Tier sei ein Männchen, so wurde es getötet und untersucht; es erwies sich aber als ein Weibchen mit wohlentwickelten Eierstöcken, die Eier verschiedener Größe enthielten.

Auch der Aschgraue Erdsalamander, Plethodon cinereus *Green*, lebt, nach Montgomery und Cope, zu keiner Zeit seines Lebens im Wasser. Montgomery fand im Juli fünf Eier dieser Art unter einem Stein; sie waren groß, mit gallertiger Hülle, und die in ihnen vorgefundenen Keimlinge hatten große, verästelte Kiemen; von ihren bereits deutlich entwickelten Gliedmaßen waren, im Gegensatze dazu, was sonst bei Schwanzlurchen beobachtet wird, die hinteren größer als die vorderen, also auch früher hervorgesproßt. Ebenso auffallend war eine große Dotterkugel auf der Bauchseite, die nicht etwa als Dottersack, sondern als ein Teil des Mitteldarmes sich erwies. Ähnliche Dotterkugeln wurden bei den Keimlingen anderer Lurche mit vorwiegend terrestrischer Lebensweise, auch beim Axolotl und der indischen Blindwühle, gefunden. Um die Eier herumgewickelt lag die Mutter. Cope fand P. cinereus sehr häufig und überall in Wäldern unter Steinen und Baumstrünken, doch nicht auf offenem Felde; das Tier klettert gern auf niedrige Pflanzen, von denen es unter plötzlichem Strecken oder Krümmen des Schwanzes herabspringt.

Silbersalamander, Plethodon glutinosus *Green*. Natürliche Größe.

Während dieser Salamander sich vom vorhergehenden außer durch geringere Größe (kaum 10 cm) durch die in der Mitte des Gaumens aneinanderstoßenden Parasphenoidzähne und die Färbung (oberseits einfarbig bleigrau oder leberbraun oder mit einem breiten roten Längsband über die Rückenmitte, Unterseite weißlich, braun gemarmelt) unterscheiden läßt, ist er von einer dritten Art, die hier Erwähnung finden soll, dem Silbersalamander, Plethodon glutinosus *Green*, durch nachstehende Merkmale zu trennen. Der Aschgraue Salamander hat 16—19 Seitenfurchen, einen sehr schlanken, langgestreckten Körper mit schwachen Beinen, und stummelförmige Innenfinger und Innenzehen; P. glutinosus aber, der auch größer wird (bis 14 cm), hat nur 14 Seitenfurchen; sein Körperbau ist gedrungener, seine Beine kräftig. Auch ist diese Art oberseits schwarz, mit grauen Flecken auf den Seiten, kleineren auf dem Rücken. Beide Arten leben im östlichen Teil der Vereinigten Staaten, der Aschgraue Salamander auch in Kanada.

Auch der Silbersalamander ist kein Freund des Wassers und wird sehr oft in Gebirgsgegenden, sowohl auf felsigem als auf Waldboden, angetroffen, wo er ähnlich wie die vorgenannte Art lebt; er scheint ein kälteres Klima vorzuziehen, fehlt daher in der warmen, flachen Küstenregion der Vereinigten Staaten. In Südwest-Virginien wird er in Höhlen öfter gefunden als an der Oberfläche.

Durch sehr kurze, stummelförmige Beine, nur 4 Zehen und sehr schlanke Gestalt sind die vorwiegend in Kalifornien lebenden Schleichensalamander (Batrachoseps *Bp.*) ausgezeichnet. Von ihnen ist der etwa 10 cm lange B. attenuatus *Eschz.* mit 20 Seitenfurchen am Rumpfe die bekannteste und häufigste Art, und diese allein ist es auch, über deren Lebensweise wir einige Kenntnis erlangt haben. Jacob, dem wir diese namentlich verdanken, erhielt seine Pfleglinge durch den vor Jahren verstorbenen Obermedizinalrat E. Zeller, dem die Urodelenkunde so sehr verpflichtet ist, und der die Molche selbst wieder, durch die Vermittelung von Professor Mayer von der Zoologischen Station in Neapel, von dem amerikanischen Biologen Eisen erhalten hatte. Dem Begleitschreiben Eisens an Prof. Mayer, dem die 17 in feuchtes Moos verpackten Tierchen trotz der langen Reise von San Francisco nach Württemberg wohlbehalten zukamen, entnehmen wir folgende Angaben: „Ich schicke Ihnen eine Büchse mit Batrachoseps. Es sind völlige Nacht- und Sommertiere. Sie sind sehr träge. Setzen Sie sie an irgendeinem feuchten Orte aus, in einem Park oder einer Schlucht, und Sie werden sie sicher fortbringen, wenn Sie sie an einem Regentage freilassen; sonst werden sie vertrocknen. Ich bin sicher, daß sie in Italien so gut fortkommen werden wie hier. Batrachoseps pflanzt sich in der heißen Jahreszeit fort, tief im Grund, und die Jungen sind imstande, für sich selbst zu sorgen, sobald die Regenzeit eintritt. Als ich meine Untersuchungen über die Samenbildung bei Batrachoseps machte, hatte ich große Schwierigkeit, geschlechtsreife Männchen zu bekommen, und nur zufällig fand ich drei Stück im Juni."

Zeller hat leider über seine Erfahrungen nichts mitgeteilt, ebensowenig Wolterstorff, der von Zeller wie Jacob vier dieser Molche bekam und in einem mit Tradescantia bewachsenen Glase hielt. Hier vergrub sich das einzige überlebende Exemplar in der Erde. Wir lassen nun Jacob selbst über seine Pfleglinge berichten: „Ich war, als die wertvolle Sendung bei mir eintraf, überrascht, etwas so überaus Zierliches zu sehen. Im Moose lagen Tierchen wie aus blankpoliertem Metall, winzigen Blindschleichen ähnlich, und hoben die Köpfe mit den vorspringenden, schwarzen, glänzenden Augen. Als sich eine Fliege auf dem Rande der Transportschachtel niederließ und im gleichen Augenblick die Zunge des einen nach ihr schlug, war ich nicht mehr in Sorge um die neuen Gäste.

„Ich hatte einen flachen Behälter, wie ihn Bedriaga zur Haltung der italienischen Höhlenmolche empfiehlt, bereitgestellt, unter Glasplattenverschluß, denn Sorge für feuchte Luft ist wohl auch hier die erste Bedingung zur Pflege. Die Ausstattung beschränkte sich auf einen Moosteppich, von einer feuchten Gartenmauer entnommen, und ein großes Stück hohlliegender, moosbewachsener Baumrinde. Alle vier Exemplare, drei größere, etwa von der Dicke eines 10 cm langen Regenwurmes, und ein kleineres, bindfadendünnes, verschwanden sofort, eins nach dem andern, in langsamer Prozession in der Höhle. Später suchte ich gelegentlich zu erproben, ob sie den Aufenthalt in der Erde oder zwischen Steinspalten vorziehen; doch es war nichts davon zu bemerken. Im Wasser habe ich sie nie angetroffen, und nur einmal das kleinste der Tiere, als es ein Würmchen verfolgte, den Kopf hineinstecken sehen.

„Die Beschaffung des Futters machte zunächst wenig Mühe. Kleine Fliegen wurden weggefangen, ebenso in Stücke zerschnittene dünne Regenwürmer sofort angenommen. Die Molche beobachteten von ihrem Schlupfwinkel aus die sich bewegenden Teile, kamen heran, betrachteten sich die Sache von oben, von rechts und links und schnappten zu, um den an der Zunge angeleimten Bissen mit Augenzudrücken und unter Heben und Senken des Kopfes hinabzuwürgen. War das Objekt zu groß, so blieb die Zunge an ihm kleben, und das Tier versuchte unter solchen Umständen mit den weit aufgesperrten Kiefern zuzufassen. Bisweilen habe ich aus den Eiern gezogene Brut von Ackerschnecken verfüttert, die ich als vorzügliches, auch im Winter leicht zu beschaffendes Material zur Ernährung eben verwandelter Tritonen schätze, ebenso, nach Zellers Vorschlag, junge Asseln, wie man sie in ganzen Nestern unter Mauerplatten und dergleichen findet. Es gelang mir schließlich auch, in Gläsern mit Erde, morschem Holze und dergleichen, die in Räumen mit feuchter Luft aufgestellt wurden, Nachzucht von Kellerasseln ohne Unterbrechung zu erhalten. Doch trat der Erfolg erst ein, als ich zur Ernährung der Zuchttiere nicht mehr Vegetabilien verwandte, sondern mazerierte Regenwurmstücke und ähnliches vorlegte. Aber es bleibt eine mühselige Aufgabe, durch Heraussuchen der weißlichen, etwa 2 mm großen Individuen genügende Mengen zusammenzubringen. Gern hätte ich erfahren, ob die Molche Ameisen annehmen, doch scheute ich mich stets, den Versuch zu riskieren. Blattläuse und Fliegenmaden wurden auffälligerweise ungern gefressen oder direkt verschmäht. Die Notwendigkeit, für so diffizile Geschöpfe immer ausreichendes Futter zur Hand zu haben, macht die Unterhaltung, zumal während des Winters, recht schwierig. Offenbar sind gewisse Insekten die Beute, auf die sie durchaus angewiesen sind.

„Rathke fand im Darme der von Eschscholtz gesammelten Individuen Reste von Insekten. Ich fürchte, daß ich ihr Nahrungsbedürfnis nach Qualität wie nach Quantität unterschätzt habe. Obwohl ich jederzeit kleine Würmer anbieten und in Zeiten der Not die Tiere mit Flocken von Mehlwurmbrei oder Fleischfasern, am Futterdrahte bewegt, täuschen konnte, war es mir nicht möglich, meine Pfleglinge nach längerer Gefangenschaft vor der beginnenden Atrophie zu bewahren und dauernd am Leben zu erhalten. Die Ursache der relativ geringen Widerstandsfähigkeit ist wohl ausschließlich in den Folgezuständen nicht zureichender Ernährung zu suchen. Ich habe immerhin die Tiere etwas länger als zwei Jahre besessen. Dann gingen sie insgesamt an einer Krankheit zugrunde, die ich bis dahin nicht kannte, und die der Hauptsache nach durch Abbrechen des Schwanzes nahe der Wurzel charakterisiert wird.

„Lebhaften Temperamentes sind die wunderlichen Tiere so wenig wie andere Landsalamander. Sie hielten sich ruhig in ihren dunklen Verstecken, ließen sich aber leicht durch Anbieten von Futter hervorlocken. Zuzeiten zeigten sie sich tagelang außerhalb des Schlupfwinkels. Die Bewegungen sind langsam — die Beinchen tragen den langgestreckten Körper wie dünne Stelzen —, doch überzeugte ich mich an einem zufällig gedrückten Exemplar, daß sie unter Umständen blitzschnell schlängelnd davonschießen können. Besonders merkwürdig sind einzelne Stellungen, die ich sie häufig einnehmen sah: sie stützen sich auf das letzte Drittel des Schwanzes und auf die Vorderbeine, die an die Wand des Behälters angestemmt werden; die Hinterbeine hängen schlaff herunter. Ebenso sind sie imstande, sich wie Schlangen emporzubäumen, so daß die vordere Hälfte des Rumpfes steil in die Höhe ragte und die Vorderbeine inaktiv pendeln. Man darf wohl vermuten, daß solche spezifischen Eigentümlichkeiten der Haltung irgendwelchen biologischen Wert haben. Vielleicht kommt gar eine Art von Mimikry in Betracht.

„Die Häutung verläuft geradezu rapid: der Hautring fliegt vom Halse nach der Schwanzspitze so schnell, wie man etwa einen Ring vom Finger zieht. Ungewöhnliche Erregungen, die wahrscheinlich als Begattungsspiele zu deuten sind, waren im Herbste zu beobachten. Die Tierchen — mit Ausnahme des kleinsten, das vollständig indifferent blieb — verfolgten sich

6*

zeitweilig und versperrten sich gegenseitig den Weg. Mehrfach kam es zu hufeisenförmigen Körperbiegungen, als ob der eine Molch vom anderen wie in einer Schlinge gefangen werden sollte. Wirkliche Paarungsakte sind entweder nicht vorgekommen oder mir entgangen. Auch Spermatophoren waren nicht zu finden. Ich wußte nicht bestimmt, ob unter meinem Bestande beide Geschlechter vertreten waren, und ob die Tiere bereits ihre Geschlechtsreife erlangt hatten; immerhin war es auffällig, daß die beiden rotbraunen sich gegenseitig verjagten, während sie das heller gefärbte Exemplar umspielten und umwarben."

Den Beschluß der eigentlichen Höhlenmolche mit bikonkaven Wirbeln machen die Schleuderzungenmolche. Bei ihnen ist die Zunge rundherum frei und an einem muskulösen Stiel befestigt, an dem sie weit aus dem Maule vorgeschossen werden kann, so daß diese Salamander nach Art des Chamäleons kleine Insekten, namentlich Fliegen, damit fangen können. Wie bei manchen Vögeln mit vorschnellbarer Zunge sind die Zungenbeinhörner sehr lang.

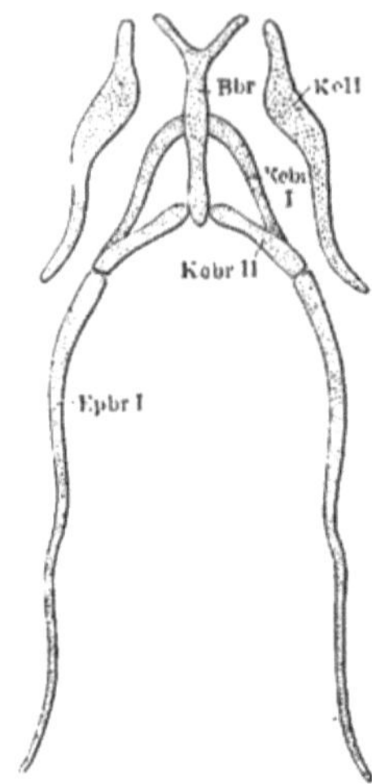

Zungenbein von Spelerpes fuscus. Nach Wiedersheim, „Grundriß der vergleichenden Anatomie der Wirbeltiere" (Jena 1898). Bbr Basibranchiale (Zungenbeinstiel), Koll Keratohyale, Kebr I Erstes Keratobranchiale, Kebr II Zweites Keratobranchiale, Epbr I Erstes Epibranchiale (erstreckt sich unter der Rückenhaut weit nach hinten).

Die Gattung Spelerpes *Raf.*, in Nord- und Mittelamerika durch zahlreiche, in Westindien und in Südeuropa durch je eine Art vertreten, umfaßt mittelgroße bis kleine, plumpe und sehr schlanke, träge und sehr lebhafte, eidechsenartig schnell laufende Arten, solche mit vier wohlentwickelten Beinen und normaler Finger- und Zehenzahl bis zu wurmförmig gestreckten Arten mit winzigen, stummelförmigen Beinen; Arten mit vollständig freien Fingern und Zehen und solche, bei denen beide durch Spannhäute bis zur Spitze verbunden sind; kurz, es herrscht eine Mannigfaltigkeit in der äußeren Erscheinung, wie wir sie innerhalb einer Gattung nirgends mehr bei den Schwanzlurchen antreffen, höchstens bei gewissen Eidechsen wird sie uns wieder begegnen. Lebhafte Farben, wie Gelb und Rot, sind bei diesen Salamandern häufig, und manche von ihnen ähneln sehr unserem Feuersalamander, namentlich gewissen Spielarten. Der Name „Höhlenmolche" paßt auf die Arten dieser Gattung besser als auf die übrigen; denn von nicht wenigen wissen wir, daß sie sich ausschließlich oder mit Vorliebe in Höhlen oder in der unmittelbaren Nähe von solchen aufhalten. Von den nahezu 40 Arten, die Cope aber auf mehrere Gattungen verteilt, sollen hier nur die bekanntesten und irgendwie bem.rkenswerten Raum finden, vor allem der auf Sardinien, im mittleren und nördlichen Italien und in den angrenzenden Teilen Südfrankreichs (Seealpen) vorkommende Braune Höhlensalamander, Spelerpes fuscus *Bp.* (Geotriton), ein Tier von kaum viel über 10 cm Länge, mit großem Kopfe, breit abgestutzter Schnauze, großen, vorspringenden Augen, durch Spannhäute bis zu den Spitzen verbundenen Fingern und Zehen, kurzem, gedrungenem Rumpfe und verhältnismäßig kurzem, drehrundem Schwanze; unter jedem Nasenloch bemerkt man eine deutliche Anschwellung, die dem bei den Larven anderer Arten vorkommenden fadenförmigen Balancierorgan entspricht. Bei jungen Stücken ist das Nasenloch verhältnismäßig groß, ähnlich wie bei der verwandten mexikanischen Gattung Thorius. Ohrdrüsen fehlen; Seitenfurchen des Rumpfes sind zehn oder elf vorhanden; eine starke Hautfalte verläuft quer über die Kehle, vom Auge zu dieser zieht eine Furche. Die Haut ist glatt, glänzend, oberseits braun mit unregelmäßigen gelbroten oder gelblichen größeren und kleineren Flecken, der Schwanz öfters zum größeren Teile gelbrot gefärbt; ein deutlicher Goldschimmer ist namentlich nach der Häutung zu beobachten. Die Unterseite ist hellgraubraun, manchmal dunkler gefleckt.

Über das Freileben des italienischen Höhlenmolches sind wir namentlich durch v. Bedriaga unterrichtet, der das Tier in seinen natürlichen Schlupfwinkeln aufgesucht und gefangen hat. „Als die wahre Heimat des Höhlenmolches hat man das Gebirge anzusehen, obschon er auch in geringen Höhen, z. B. bei Florenz, oder auch am Meeresstrande, aber stets längs dem Rande des Gebirges, sich aufhält und an gewissen Lokalitäten, so bei Genua und Spezia, in ziemlich großer Menge anzutreffen ist. Über das Leben in der Freiheit sind nur

Brauner Höhlensalamander, Spelerpes fuscus Bp. 4/5 natürlicher Größe.

äußerst dürftige Angaben vorhanden. Nur so viel scheint bekannt geworden zu sein, daß er in Gebirgshöhlen lebt, welche die für ihn notwendige Feuchtigkeit dadurch erhalten, daß das Wasser durch die Ritzen eindringt und durchsickert. Hier führen sie ein monotones Dasein, in den Ritzen hockend oder an den senkrechten Flächen des Gesteines klebend. Diese Versteckorte verlassen sie, nach den Angaben der Forscher, tagsüber nicht oder höchst selten und nur beim Regen; mit Einbruch der Nacht aber zeigen sie sich munter und beginnen ihre Wanderungen, so daß sie nur zu dieser Zeit oder frühmorgens gesammelt werden können. Der ortskundige und erfahrene Sammler begibt sich dann mit der Laterne in der Hand in die Grotten, um die Tiere von den Felswänden wegzunehmen. Kleine Skorpione und Käfer sollen ihnen als Nahrung dienen. Ihre Haupttätigkeit fällt in die Monate März, April und Oktober, doch wenn die Witterung günstig ist, zeigen sich diese Tiere auch im Februar und September, wenn es mehrere Tage hintereinander geregnet hat, außerhalb ihrer Schlupfwinkel, im Hochsommer aber sollen sie sich nicht heraus wagen und sich nur an wärme- und lichtscheuen Insekten in ihren Höhlen laben.

„Um meinen Pfleglingen annähernd gleiche Lebensbedingungen, wie sie im Freien haben, verschaffen zu können, und um dadurch die Möglichkeit zu erlangen, einige immer noch dunkle Punkte in betreff ihrer Sitten aufzuklären, streifte ich in die von ihnen bewohnten

Gegenden in den Seealpen. Mein erster Streifzug galt einer sehr schwer zugänglichen Grotte bei Garessio, und als ich nach Überwindung halsbrecherischer Hindernisse und nur mit Hilfe meines Führers in dieselbe gelangte, fand ich die Tiere über meinem Kopfe in den Felsenritzen sitzend. Die Tiere streckten ihre Köpfe hervor, sahen mit ihren großen Augen die Eindringlinge verwundert an und kamen, mit einem Schwefelholz hinausgetrieben oder auch von selbst durch die brennenden Kerzen angezogen, aus den Löchern, so daß ohne Mühe im Verlaufe einer halben Stunde nicht weniger als dreißig Stück gefangen werden konnten. Im Innern der Grotte, die aus einem vordern, engen Raume, einem niedrigen Korridor, durch den man nur auf dem Bauche kriechend kommen kann, und einem größeren Raume bestand, war es sehr kühl; die Felswände fühlten sich feucht an und zeigten einen lehmigen Überzug, obschon nirgends Spuren von Wasser zu sehen waren; außer den Molchen fanden wir Spinnen, kleine Myriapoden und Hyalinia cellaria. In der Höhle soll sich zu keiner Zeit Wasser ansammeln. Daß die Tiere aus ihr aus- und eingehen, um etwa draußen an den Abhängen des Berges zu jagen und eventuell ihrem Laichgeschäft obzuliegen, wird jedem, der diese Orte besucht hat, nicht glaubwürdig sein.

„Er bewegt sich womöglich noch langsamer als alle sonstigen Molche, und es bleibt infolgedessen ausgeschlossen, daß solche Stücke, die jene von mir besuchte Grotte in Garessio einmal verlassen haben, in sie wieder, oder richtiger, in sie stets wiederkehren, dazu eignet sich die topographische Lage nicht, und ich glaube vielmehr, daß die Tiere, die darin sind, auch dort gewöhnlich bleiben und sich vermehren, ohne mit der Außenwelt in Berührung zu treten; wie aber diese Vermehrung in der wasserlosen Höhlung vor sich geht, ist leider noch immer unbekannt.

„Davon, daß Spelerpes sein Leben lang im Innern der Grotten bleibt, überzeugte uns ein Besuch der geräumigen Grotte von Ponte di Nava unweit Ormea. Diese hat in altersgrauen Zeiten den Höhlenbären als Schlupf gedient, und heute liefert sie den Dorfeinwohnern den besten Sand in der ganzen Umgebung. Die bloßgelegten Felswände zeigen überaus schöne und ganz eigenartige scharfkantige Tropfsteinbildungen, die einen Wirrwarr von Gängen bilden, während der Boden aus Höhlenlehm, der als Rückstand des ausgelaugten Kalkgesteines anzusehen ist, und aus dem feinsten Sand besteht. Durch das Steingewölbe sickert das Wasser, so daß an mehreren Stellen ein starker Tropfenfall erzeugt wird, der den Wanderer in der Grotte förmlich wie eine Dusche überrascht. Dieses herabfallende Wasser wird jedoch vom Boden sofort aufgesaugt, so daß man nur an wenigen Stellen Lachen entstehen sieht und überhaupt nur ein einziges tiefes Wasserreservoir sich gebildet hat. In dieser sehr geräumigen Grotte lebt nun Spelerpes in der totalsten Dunkelheit und im wirklichen Sinne des Wortes abgeschlossen von der Außenwelt, denn die Grotte ist stets vom Eigentümer verschlossen. Wie dieses zarte Tier, das in der Gefangenschaft trotz aller Vorkehrung es doch fertig bringt, sich an irgendeinem Blatte zu schneiden und zu verwunden, zwischen scharfkantigen Stalaktiten und Stalagmiten sich ohne Schaden durchschlängelt, ist mir ganz und gar unbegreiflich. Er schreitet allerdings sehr bedächtig einher, wie ich mich während meiner Anwesenheit in der Grotte überzeugen konnte, und scheint förmlich die Stellen zu meiden, wo der Grund allzu schlammig ist und die Tropfsteinbildungen scharfkantig vortreten. Seine Nahrung besteht aus Spinnen und wahrscheinlich aus Käfern, von denen kürzlich zwei interessante Arten entdeckt worden sind. In Weismanns ‚Studien zur Deszendenz-Theorie‘ (II., Leipzig 1876) finde ich einige sich auf den Höhlenmolch beziehende Bemerkungen, die nicht in allen Stücken mit meinen Erfahrungen über das Leben dieser Art übereinstimmen. ‚Von Geotriton fuscus

Gené', sagt der Verfasser, ‚erfahre ich durch Herrn Dr. Wiedersheim, der die Lebensverhältnisse dieses niedersten europäischen Urodelen an Ort und Stelle studierte, daß er in Sardinien vom Juni bis in den Winter ununterbrochen fortschläft, während er an der Küste von Spezia und bei Carrara, wo er ebenfalls vorkommt, in sehr eigentümlicher Weise dem Sommerschlaf ausweicht. Er nutzt nämlich die zahlreichen Höhlen der dortigen Kalkformation aus und wird auf einige Monate des Jahres Höhlenbewohner. Sobald große Hitze eintritt, oft schon im Mai, zieht er sich in die Höhlen zurück und kommt erst im November an Regentagen wieder hervor. In diesem Schlupfwinkel verfällt er nicht in den Schlaf, sondern man findet ihn dort ganz munter, und sein hauptsächlich mit Skorpionen angefüllter Magen beweist, daß er mit Erfolg nach Nahrung ausgeht; die feuchte Luft der Höhle macht ein Vergraben in die Erde überflüssig.'"

Neuerlich hat auch J. Berg ausführlich das Leben unseres Salamanders geschildert und dabei mit höchster Wahrscheinlichkeit den Nachweis geliefert, daß S. fuscus nicht nur lebendig gebärend ist, sondern auch seine Jungen in völlig entwickeltem Zustande, ohne Kiemen, zur Welt bringt.

„In der Umgebung von Genua, wo unser Molch äußerst gemein sein soll, habe ich ihn häufig gesucht, ohne jemals auch nur ein Stück zu finden, während ich auf diesen Exkursionen den hübschen Brillensalamander öfter angetroffen habe. Der Grund, den ich damals nicht wußte, war, daß ich wohl bei trübem, nicht aber bei geradezu nassem und regnerischem Wetter meine Nachforschungen anstellte und der Spelerpes nur bei letzterem seine Schlupfwinkel verläßt. Mit einer so versteckten Lebensweise vereint der Molch eine dem Erdboden fast gleiche Färbung, die neben einem sehr ätzenden Hautsekret das einzige ist, was ihn gegen seine Feinde schützt. Bei seiner Unbeholfenheit kann er sich seinen Verfolgern nicht durch die Flucht entziehen und fällt, einmal entdeckt, diesen rettungslos zur Beute. Von den drei in Italien lebenden Tropidonotus-Arten wird er mit Vorliebe gefressen.

„Der Transport der gefangenen Höhlenmolche ist ein ungemein leichter, da diese gegen äußere Einflüsse fast unempfindlich sind, vorausgesetzt, daß man ihnen die nötige Feuchtigkeit gibt, und daß sie vor Frost und zu hoher Temperatur geschützt werden.

„Man hält den Erdtriton in kalten, feuchten Terrarien, deren Bodenfüllung aus sandfreier Gartenerde besteht. Zu deren Bepflanzung nimmt man Moose, Farne und solche Pflanzen, die viel Feuchtigkeit vertragen können. Diese werden direkt in die Bodenfüllung eingepflanzt. In einer Ecke des Behälters bringt man ein Wasserbecken an, das ziemlich geräumig sein darf, aber so eingerichtet sein muß, daß die Molche vom Boden aus leicht herauskriechen können. Am besten ist es, wenn sich auch einige Steine und Pflanzen darin befinden, da erstere den Tieren das Verlassen des Wassers erleichtern und letzteren vielleicht (!) bei der Fortpflanzung von Nutzen sind. In einem steilwandigen Wasserbecken ertrinken die Erdtritonen rettungslos. Auf den Boden des Terrariums bzw. auf das ihn bedeckende Moos legt man einige gebogene Rindenstücke, die den Spelerpes als Unterschlupf dienen. Der Behälter muß hermetisch verschlossen werden können, damit die Luft darin mit Feuchtigkeit geschwängert bleibt. Die dem Fenster zugekehrten Scheiben werden am besten mit grüner Ölfarbe undurchsichtig gemacht, um die direkten Sonnenstrahlen abzuhalten. Im Sommer muß das Terrarium viel gelüftet und eine kühle und feuchte Temperatur durch häufige Benutzung des Zerstäubers (an besonders heißen Tagen durch Umhängen von nassen Tüchern) erhalten werden. Im Winter braucht wenig oder gar nicht gelüftet zu werden, und es genügt, wenn der Zerstäuber zwei- bis dreimal wöchentlich in Anwendung gebracht wird. Höher als 20° C sollte die Temperatur im Spelerpes-Käfige nicht steigen; es schadet dagegen durchaus nicht, wenn sie im Winter auf —6° C fällt.

„Wie Joh. v. Fischer, verlor auch ich früher viele meiner Gefangenen durch Geschwüre, während ich jetzt fast nie einen Todesfall zu verzeichnen habe. Ich schreibe diesen anfänglichen Mißerfolg der nicht genügenden Beachtung des Feuchtigkeitsgrades und der Temperatur des Terrariums zu. Direktes Sonnenlicht liebt ein Dämmerungstier, wie der Höhlenmolch, selbstverständlich nicht, obgleich es ihm wenig oder gar nicht schadet ... Natürlicherweise geht ein der steilen Mittagsonne ausgesetzter Erdmolch in kurzer Zeit durch Vertrocknen zugrunde. Er verhält sich ganz genau, wie unsere Tritonarten es in gleicher Lage tun würden. Bei dieser Gelegenheit sei bemerkt, daß ich die zur Haltung kleiner Reptilien und Amphibien oft benutzten Einmachegläser und dergleichen für ebenso verwerflich halte wie die Goldfischgläser für Fische. Gerade für Höhlenmolche sind diese kleinen Behälter aber besonders unzweckmäßig, weil es fast unmöglich ist, in ihnen eine gleichmäßige Temperatur zu erhalten.

„Im Terrarium führen die Erdtritonen ein ungemein beschauliches Dasein. Stundenlang liegen sie auf einer Stelle oder kleben bewegungslos an den Scheiben des Behälters. Es scheint, als wenn sie vollständig gleichgültig gegen ihre Umgebung wären, — aber es scheint nur so. Läßt man einen Schwarm Fliegen in das Terrarium herein, so kommt wie durch Zauberei Leben in die so apathische Gesellschaft. Es sieht fast aus, als wenn die Tiere einen elektrischen Schlag erhielten. Die vorher gespreizten Beine werden angezogen, der Körper richtet sich etwas auf, der Kopf hebt sich und die Augen treten weit aus den Höhlen. Der Gesichtsausdruck des Höhlenmolches ist dann dem eines feisten Rassemopses nicht unähnlich. Froh, der dunkeln Schachtel entronnen zu sein, summt ein junger ‚Brummer‘ im Terrarium umher, um sich, ungefähr 5 cm von einem kräftigen Höhlenmolche entfernt, niederzulassen und seine Flügel zu ordnen. Leider ist es ihm nicht vergönnt, die mit stutzerhafter Sorgfalt begonnene Toilette zu Ende zu führen. Langsam dreht sich der Kopf des Molches der eitlen Fliege zu; sekundenlang sind die schwarzen Glasperlen gleich aus den Höhlen tretenden Augen fest auf diese geheftet. Da! ein leises, nur bei großer Aufmerksamkeit hörbares Klatschen, und — sie ist verschwunden. Nur das von heftig nickenden Schluckbewegungen begleitete Kauen des Spelerpes zeigt an, wo sie geblieben ist. Inzwischen sind auch die übrigen Fliegen durch das im Deckel der Schachtel befindliche Loch ins Freie gelangt, und wir haben Gelegenheit, die vorhin gemachte Beobachtung zu wiederholen. Ununterbrochen ertönt jenes für die Zweiflügler so unheilvolle Klatschen, und bei günstiger Beleuchtung sieht man auch, wie ein gewisses, nur wie ein weißlicher Schein wahrnehmbares Etwas mit unfehlbarer Sicherheit nach dem ahnungslosen Opfer geschleudert wird und sich ebenso schnell, dieses mit sich reißend, wieder zurückzieht. Dieser ‚helle Schein‘ ist die Zunge des Erdtriton, die nach Chamäleonart nach dem Beutetier geschnellt wird. Das Herausschleudern und Zurückziehen der Zunge geschieht indessen ungleich schneller als bei dem Chamäleon. Während nämlich dieses seine angeborene Trägheit auch bei dieser wichtigen Lebensäußerung nicht ganz verleugnet (bekanntlich sieht man deutlich, wie sich das Maul öffnet und der Zungenkolben langsam erscheint, um dann allerdings mit großer Vehemenz vorgeschleudert zu werden), bemerkt man beim Spelerpes nur bei ganz genauem Zusehen, in welcher Weise das Beutetier ergriffen wird. Das Öffnen des Maules, das Abschießen und Zurückziehen der Zunge, alles zusammen nimmt nur einen Bruchteil einer Sekunde in Anspruch. Kleinere Fliegen verschwinden meist wie durch Zauberei, und nur bei größeren — der Höhlenmolch ist imstande, eine Schmeißfliege von der Größe seines Kopfes zu verschlingen — macht es ihm etwas Mühe, sie im Maul unterzubringen. Ich habe nie gesehen, daß es einer Fliege, wenn sie auch nur an einem Flügel gefaßt war, gelungen wäre, sich zu befreien. Fehlschüsse gehören zu den größten Seltenheiten.

„Der Höhlenmolch ist, wie alle Amphibien, sehr gefräßig. Man kann das leicht beobachten, wenn man die Fliegen in einer Schachtel reicht, in deren Deckel sich ein Loch befindet. Einige Molche stellen sich stets vor dieser kleinen Öffnung auf den Anstand, und es ist gar nicht selten, daß ein so gut placierter Jäger acht bis zwölf Fliegen hintereinander erbeutet. Da diese, sobald sie die Schachtel verlassen haben, sofern sie den in unmittelbarer Nähe derselben lauernden Molchen entronnen sind, meistens den Terrariendeckel aufsuchen, so haben auch die oben an den Wänden klebenden Erdtritonen leichtes Spiel. Anders dagegen ist es mit denen, die auf dem Boden und auf den Pflanzen sitzen. Diese müssen, wenn sie nicht fast ganz das Nachsehen haben wollen, auf die Pürsch gehen, und das sieht bei der Gier der Tiere ungemein komisch aus: ohne eine vielleicht 20 cm entfernte, auf einem Moosfarn sitzende Fliege aus dem Auge zu lassen, marschiert unser Höhlenmolch außerordentlich eilfertig, ohne aber seine Unbeholfenheit zu verleugnen, mit weit vorgestrecktem Kopfe auf jene los. Leider sitzt die so erwünschte Beute etwas zu hoch; erst nachdem der Versuch gemacht worden ist, durch Indiehöherecken des Kopfes auf Schußweite heranzukommen, entschließt sich der Lurch endlich dazu, an der Pflanze in die Höhe zu klettern. Bei solcher Gelegenheit beobachtet man, daß ihn der Schwanz dabei nicht unwesentlich unterstützt. Dieser ist sehr beweglich und gewährt, ohne indessen ein Wickelschwanz zu sein, durch wurmartiges Umschlingen der Zweige und Blätter dem kletternden Molche einigen Halt. Man kann das Tier sogar zuweilen an dem gekrümmten Anhängsel wie an einem Haken hängen sehen.

„Charakteristisch für gefangene Spelerpes ist die Vorliebe, mit der sie an den Scheiben des Terrariums in die Höhe klettern und in allen ‚möglichen und unmöglichen' Stellungen daran kleben. Diese Kletterübungen sind indessen im Grunde nichts anderes als ein Kriechen in senkrechter Richtung. Der Molch adhäriert dank seiner stets klebrigen Haut mit der ganzen Unterseite des Rumpfes und den Fußflächen und wird dadurch in den Stand gesetzt, sich langsam an glatten, senkrechten Flächen in die Höhe zu arbeiten. Die Unterseite des Kopfes ist stets, die des Schwanzes zuweilen frei. — Mit der Kletterfähigkeit der Geckonen darf die des Höhlenmolches nicht verglichen werden, wenn nicht eine falsche Vorstellung erweckt werden soll.

„Außer Fliegen, die am liebsten angenommen werden, frißt der Erdtriton alle möglichen kleinen Insekten, Asseln, Tausendfüßer und Spinnen. Kleine Regen- und Mehlwürmer werden ebenfalls hier und da, jedoch weniger gern, gefressen. Hartschalige Käfer werden oft wieder ausgespieen. In der Freiheit wird sich der Erdmolch höchstwahrscheinlich in ähnlicher Weise ernähren wie in der Gefangenschaft.

„Über den Verlauf der Häutung des Spelerpes habe ich exakte Beobachtungen bis jetzt nicht machen können, weil der Prozeß sich sehr rasch abwickelt. Sie scheint mehrere Male im Jahre zu erfolgen. Sie beginnt am Kopfe; die alte Haut wird nach rückwärts abgewickelt und hängt zuletzt als mehrere Millimeter dicker Ring an der Schwanzspitze, um endlich definitiv abgestreift zu werden. Vor der Häutung bekommt die gelbe Fleckenzeichnung einen Stich ins Rötliche. Verletzungen heilen beim Höhlenmolche recht gut, wenn er in kühler Temperatur gehalten wird. Herrscht aber im Terrarium eine zu große Wärme, so nehmen die Wunden einen bösartigen Charakter an, und der Patient geht in kurzer Zeit ein. — Da die Molche, wie bereits erwähnt, gern an den Glasscheiben ihres Käfigs kleben, so passiert es in stark besetzten Behältern leicht, daß man ihnen beim Zumachen der Tür des Terrariums einen Fuß oder den Schwanz abklemmt. Derartige Verletzungen wurden öfter von mir beobachtet. Sie pflegten immer den Tod nach sich zu ziehen, wenn ich es unterließ, das gequetschte Glied zu amputieren. Geschah letzteres aber, so heilte die Wunde ziemlich rasch und nach einigen Wochen wuchs auch der verstümmelte Schwanz wieder. Das neuentstandene Stück sieht anfangs ganz hell aus, ist gallertartig durchsichtig und bleibt noch längere Zeit weiß. Eine Regeneration des Fußes findet, soviel ich beobachten konnte, nicht statt. Hochinteressant aber ist das Verhalten des verstümmelten Beines. Dieses wird nämlich so gedreht, daß die Wundfläche nach oben steht und vor der Berührung mit der Erde geschützt ist. Würde der Stumpf seine natürliche Lage beibehalten, so wäre die Wunde einer permanenten Reibung ausgesetzt, welche die Heilung sehr erschweren würde. Ist diese endgültig erfolgt, so nimmt das Bein seine natürliche Lage wieder an. Ich habe die Erscheinung in zwei Fällen beobachtet und halte sie für sehr bemerkenswert."

In einer späteren Mitteilung bringt unser Autor einige Ergänzungen zu seiner eben wiedergegebenen Schilderung und berichtet über die Fortpflanzung des Höhlenmolches im Terrarium: „Der Erdtriton ist als durchaus ausdauerndes und höchst dankbares Terrariumtier zu bezeichnen, wenn er in kühlen, feuchten und gut gelüfteten Behältern gehalten wird. Dagegen zeigt er sich in dumpfen, zu Pilzherden gewordenen Terrarien von großer Hinfälligkeit. Eine Pilzepidemie, welche durch kranke Exemplare, die mir von befreundeter Seite zur Pflege übersandt worden waren, eingeschleppt wurde, vernichtete nicht nur diese, sondern über zwei Drittel meiner Gefangenen.

„Als Nahrung sind neben Fliegen, welche für ausgewachsene Spelerpes die weitaus beste Gefangenkost bilden, kleine Käfer und in feuchtem Milieu lebende Larven zu empfehlen. Ameisen, welche sich ungemein leicht reichen und in der wärmeren Jahreszeit stets mühelos en masse zu haben sind, werden dem Erdtriton leider immer verderblich. Diese ungemein lebhaften Kerfe reizen die Molche sofort zur Jagd, die Zunge findet bald ihr Opfer, wird abgeschossen und zurückgezogen. Aber schon nach wenigen Sekunden wälzt sich der Spelerpes in Krämpfen und ist meist unrettbar verloren, da es ihm nur selten gelingt, die Ameise rechtzeitig wieder auszustoßen.

„Gut genährte Höhlenmolche überdauern den Winter ganz vorzüglich und selbst eine absolute Fastenperiode von drei Monaten schadet ihnen nichts. Die verlorene Leibesfülle wird im Frühjahre (meine Stücke sind dann stets von unglaublicher Magerkeit) sehr rasch wieder ersetzt.

„Über die Fortpflanzung unseres Molches kann ich heute leider nur ziemlich unvollständige Beobachtungen veröffentlichen. Am 28. März 1894 fand ich in meinem Spelerpes-Hause ein ganz junges, offenbar neugeborenes, aber vollständig ausgebildetes Exemplar von 36 mm Länge, dem in einem Zeitraume von 18 Tagen noch drei weitere folgten. Die Tierchen unterschieden sich, abgesehen von der Größe, von den Alten nur durch ihre auffallend großen Nasenöffnungen. Diese sind bei halb- und ganzerwachsenen Stücken bekanntlich sehr klein und scheinen, verglichen mit denen der neugeborenen Molche, eher an Größe ab- als zuzunehmen.

„Meine vier jungen Erdtritonen führten von Anfang an genau das Leben ihrer Eltern. Trotz ihrer Kleinheit und der unendlichen Zierlichkeit aller Teile ihres Körpers waren sie vorzüglich für den Kampf ums Dasein ausgerüstet. Die Zunge traf auf zentimeterweite Entfernung mit Sicherheit das Insekt, welches, den Körperverhältnissen des Räubers angemessen, natürlich sehr klein sein mußte. Leider war es mir, der Jahreszeit wegen, nicht möglich, genügende Mengen winziger Kerfe aufzutreiben, und so starben alle meine kleinen Höhlenmolche innerhalb drei Wochen.

„Am 8. Juli desselben Jahres entdeckte ich zwar wiederum ein junges Exemplar von 38 mm Länge, welches während der Dauer seines kurzen Daseins 15 Rosenblattläuse verzehrte; aber auch dieses Tierchen war bereits am 29. Juli tot. Die Nahrung scheint also wohl nicht die richtige gewesen zu sein. Ein mir in liebenswürdiger Weise von Herrn Prof. Dr. O. Boettger erteilter Rat, den kleinen Molch mit winzigen Baumpilzmaden zu füttern, kam leider zu spät. Später habe ich mit diesen lebhaft sich bewegenden Maden bei Aufzucht kleiner Brillensalamandrinen (Salamandrina perspicillata) gute Erfolge gehabt und bin deshalb sicher, daß sie auch für junge Spelerpes fuscus das richtige Futter sein werden."

An unseren italienischen Höhlenmolch lassen sich nun einige nordamerikanische Arten mit freien Fingern und Zehen anreihen, die durch die Zahl der senkrechten Furchen an den Rumpfseiten (meist 13) und die gelbe Grundfärbung mit schwarzer Zeichnung übereinstimmen, und bei denen der Schwanz oberseits mehr oder weniger deutlich gekielt und seitlich zusammengedrückt ist. Bei dem im östlichen Teile der Vereinigten Staaten, mit Ausnahme von Texas, vorkommenden Langschwänzigen Höhlensalamander, Spelerpes longicaudus *Green*, ist der Schwanz sehr lang, fast doppelt so lang wie der übrige Körper, Finger und Zehen sind sehr schlank. Dieser Molch ist auf schön gelbem Grunde mit kleinen schwarzen Flecken auf der Oberseite gezeichnet, die an den Seiten meist dichter gedrängt stehen und an den Seiten des Schwanzes zu senkrechten Querbändern zusammenfließen können. Nach Cope ist er keiner von den beweglichen Arten und wurde fast stets auf felsigem Boden und in Spalten und Höhlen, dagegen niemals im Wasser angetroffen. Der sehr ähnliche, Georgia, Alabama, Ohio, Montana, Nord- und Südcarolina bewohnende Fleckenstreifige Höhlensalamander, Spelerpes guttolineatus *Holb.*, ist durch breiteren Kopf, gedrungenere Gestalt, kürzere Finger und Zehen, besonders aber durch die dunkelgefleckte Bauchseite und die drei schwarzen Längsstreifen (einer in der Rückenmitte, wo schon bei der vorigen Art eine Längsreihe von Flecken verläuft, und je einer an jeder Körperseite) unterschieden. Er kommt mit 15 cm Länge, wovon zwei Drittel auf den Schwanz entfallen, an Größe dem vorigen gleich. Von beiden unterscheidet sich der kleinere Zweistreifige Höhlensalamander, Spelerpes bilineatus *Green*, durch den kürzeren, nicht viel über körperlangen Schwanz, häufig 14 Seitenfurchen und meist durch das Fehlen einer dunklen Rückenlinie. Er ist der am meisten wasserliebende der bisher besprochenen Arten. Eine Beschreibung der Örtlichkeiten, wo man ihn und den oft mit ihm zusammen vorkommenden Desmognathus fuscus anzutreffen pflegt, verdanken wir Wilder. Die Fundorte sind fließende Bäche, die reich an kleinen Steinen und von Bäumen beschattet sind, namentlich kleine Bergbäche, die, schnell über steile Abhänge dahineilend, bald kleine Wasserfälle, bald seichte Becken bilden; hier muß unter Steinen und umgestürzten Baumstämmen, die unmittelbar am Wasser liegen, gesucht werden. Unter solchen Steinen, die einen Fuß oder mehr über der Wasserlinie auf dem trocknen Ufer liegen, findet man keine Salamander, ebenso ist das Suchen unter Steinen, die im strömenden Wasser liegen, ergebnislos, weil die Tiere leicht entkommen, indem sie mit dem Strome fortgleiten. Die günstigsten Steine sind solche, die am Bachrande liegen, mit der unteren Fläche eben unter dem Wasserspiegel; hier steckt der Salamander im Sand oder Schlamm der kleinen Vertiefung, die nur wenig oder kein Wasser enthält, wenn der Stein umgedreht wird. Die erwachsenen Tiere sind sehr glitschig und oft sehr schnell in ihren Bewegungen.

Die Eier werden im Mai und Juni gefunden, und zwar in einer einzigen Schicht auf der Unterseite untergetauchter Steine, die eine bogenförmige Krümmung aufweisen, so daß das Wasser unten durchfließen kann; jedes Gelege zeigt 30—50 Eier, die zu jeder Zeit untergetaucht sein müssen, da sie durch die Wirkung der Wellen an der Oberfläche beschädigt würden. Befestigt sind die Eier durch gallertige Fäden, die von der äußersten Eihülle ausgehen; sie werden einzeln angeklebt, und der Keimling liegt frei in ihnen oberhalb des schweren Dotters. Diese Art der Eiablage wurde schon von Verrill beschrieben, doch hielt dieser die Eier für die von Desmognathus. Die Larven schlüpfen früh aus und wachsen langsam; die Verwandlung dauert zwei bis drei Jahre.

Zwei weitere langschwänzige Spelerpes-Arten, die hier noch erwähnt werden mögen, sind Höhlenbewohner, die aber nur im Zwielicht der Höhlen leben und in der Regel deren dunklere Teile nicht aufsuchen. Sie erreichen beide ungefähr dieselbe Größe, etwas über 13 cm; während aber Stejnegers Höhlensalamander, Spelerpes stejnegeri *Eigm.*, sienabraun ist, mit zwei Reihen dunklerer Flecke auf dem Rücken und einem breiten, dunkelbraunen Längsband an jeder Seite des Rumpfes und Schwanzes, ist der Fleckenschwänzige Höhlensalamander, Spelerpes maculicaudus *Cope*, orangefarbig mit zerstreuten zahlreichen dunklen Flecken auf dem Rücken und auf der Oberseite des Schwanzes, wo die Flecke bei dem vorgenannten völlig fehlen oder nur auf die Wurzel beschränkt sind. Eigenmann fand die erstgenannte Art an den Felsen, die den Strom an der Mündung der Wilsons-Höhle in Missouri begrenzen, und in der Rock-House-Höhle mit der zweiten Art und dem Silbersalamander zusammen unter Felstrümmern dicht innerhalb des Höhleneinganges; ebenso noch in zwei anderen Höhlen in Missouri.

Niemand hat seit der Entdeckung des prächtigen Fleckenschwänzigen Höhlensalamanders das Leben dieses Tieres besser und ausführlicher geschildert als zwei amerikanische Forscher, Banta und McAtee, deren Ergebnisse hier mitgeteilt werden mögen.

Nach ihnen ist dieser Salamander auf das Mississippital beschränkt, wo er aus zwei Örtlichkeiten in Tennessee, einer in Westvirginien, einer in Kentucky, 26 in Indiana und fünf in Missouri bekannt geworden ist. Man findet ihn am häufigsten in Höhlen und in der Regel nicht weit von ihrem Eingange entfernt; so wurde er in der Mayfield-Höhle viel öfter nahe dem Eingange als weiter drinnen gefunden, was auch für einige andere Höhlen gilt. Manchmal wagt er sich in die tieferen Teile: in der Wyandotte-Höhle wurde er eineinhalb Meilen vom Eingang entfernt entdeckt. Regelmäßig sucht er solche Örtlichkeiten auf, um seine Eier abzulegen; man hat da zwar bisher niemals die Eier selbst, wohl aber Larven gefunden. Besonders gern lebt unser Salamander in der Umgebung von Quellen, die in Höhlen entspringen, und ebenso überall an Flüssen, die von diesen Quellen gespeist werden. Gelegentlich aber wird er weit entfernt von Höhlen angetroffen, so von Hay, der in Westvirginien diese Art und den nahe verwandten Langschwänzigen Höhlensalamander, Spelerpes longicaudus, nicht nur in Kalksteinhöhlen, sondern auch im Walde unter Baumstämmen beobachtete, und zwar in ungefähr gleicher Anzahl, während die letztgenannte Art in den Höhlen häufiger war. Blatchley verzeichnet die Auffindung zweier Exemplare in Monroe County in Indiana, eine Meile oder mehr von jeder bekannten Höhle und halb so weit von einem Flusse oder einer Quelle entfernt, und auch andere Fundorte beweisen, daß dieser Molch nicht notwendigerweise an das Leben in Höhlen gebunden ist. In der Mayfield-Höhle, wo er recht häufig ist, sieht man ihn nur gelegentlich, und zwar gewöhnlich nicht weit im Innern; fast alle erwachsenen Stücke werden zwischen 60 und 150 Fuß vom Eingang gefunden, einige wenige aber zwischen 572 und 1470 Fuß von diesem entfernt. Das am weitesten einwärts entdeckte Tier war erst seit kurzem verwandelt, was leicht verständlich ist, weil ja die Larven in diesen vom Eingange entlegenen Gewässern aus dem Ei schlüpfen und sich entwickeln; sie wandern dann allmählich gegen den Eingang der Höhle, wo die erwachsenen Tiere am häufigsten sind. Wenn diese in der Tiefe der Höhle angetroffen werden, so hat das darin seinen Grund, daß sie ihre Eier ins Wasser ablegen müssen, das nahe dem Eingang in der Regel fehlt; anderseits sind Larven, auf die man nahe dem Höhleneingange oder gar außerhalb der Höhle stößt, wahrscheinlich durch Überschwemmungen herausgespült worden. Innerhalb der Höhle sitzen erwachsene Tiere nur selten auf dem Boden, meist in einem Loch oder auf einem Vorsprung der Wand; ihre Lieblingsplätze kann man nur kletternd erreichen: so wurden ihrer zwei nebeneinander in einer Spalte des Höhlendaches etwa 15 Fuß über dem Boden, an der gegenüberliegenden Seite aber einer 10 Fuß hoch an einer senkrechten Steinfläche gesehen. Die Verfasser schreiben diese Kletterfähigkeit dem Umstande zu, daß der Schwanz des Höhlensalamanders als Greiforgan verwendet werden kann; doch werden auch bei dieser Art wie bei dem italienischen Braunen Höhlensalamander die breiten Pfoten und die drüsige Bauch- und Kehlfläche wenigstens ebensoviel mithelfen. Die beiden Beobachter bemerken auch ausdrücklich, daß Höhlensalamander in Glasbehältern sowohl an senkrechten wie sogar an überhängenden Flächen herumklettern und gewöhnlich an der höchsten Stelle verbleiben, ganz wie dies auch die italienische Art tut.

In der Höhle läßt sich unser Salamander, wenn er einen bequemen Platz gefunden hat, auch durch Licht oder durch einen in seine Nähe gebrachten Gegenstand nicht leicht stören, doch bringt ihn die Hitze einer ihm genäherten Kerze oder Berührung plötzlich zu ungeahnter Beweglichkeit: er springt einen Fuß oder mehr davon, flüchtet dann springend oder schlängelnd noch einige Fuß weit und bleibt, wenn er sich von der Ursache seines Schreckens weit genug entfernt wähnt, wieder ruhig stehen, ist dann auch wieder ebenso schwer zu beunruhigen wie früher. Seine Trägheit beim Anblick eines starken Lichtes verleitet zur Annahme, daß sein Sehvermögen schwach sei. Dies ist jedoch durchaus nicht der Fall, seine Augen sind vielmehr ebensogut entwickelt wie die des Langschwänzigen Höhlensalamanders, der fast ausschließlich oberirdisch lebt; dagegen haben alle echten Höhlenmolche, wenigstens im erwachsenen Zustande, verkümmerte Augen.

Unser Molch sucht das Wasser nur zur Eiablage auf, und zwar seichte Tümpel, in denen die Larven von Anfang Februat an gefunden wurden; die Eier dürften Anfang Januar gelegt werden. Die Verwandlung dauert, wie auch bei anderen nordamerikanischen Spelerpes-Arten, ziemlich lange: die meisten Larven verwandeln sich erst 12—15 Monate nach ihrem ersten Erscheinen in der Höhle. Die jungen Larven können in ihren heimatlichen Gewässern leicht beobachtet werden. Sie liegen meist ruhig auf dem Grunde und raffen sich nur infolge direkter Berührung zu einer Bewegung auf; erhascht man sie aber nicht auf den ersten Griff, so sind sie schwer zu fangen, umsomehr als das Wasser durch den aufgewirbelten Bodenschlamm trübe wird. In Gefangenschaft sind sie gegen Licht sehr empfindlich, mehr als die Erwachsenen; sie schwimmen stets von der Lichtquelle weg, während die Erwachsenen zuerst unschlüssig, ob sie gehen oder bleiben sollen, den Kopf heben und senken und sich entfernen, aber bald wieder innehalten, abermals den Kopf bewegen und weitergehen.

Mit der Verwandlung geht eine wesentliche Änderung in der Färbung vor sich: während die jungen Larven dem unbewaffneten Auge einförmig grau erscheinen, sind die Erwachsenen flammend orangerot mit deutlichen schwarzen Flecken.

Als letzten und am meisten dem Wasserleben angepaßten der bekannteren Spelerpes-Arten wollen wir noch den Roten Höhlenmolch, Spelerpes ruber *Daud.*, erwähnen, der an seinen freien Fingern und Zehen, dem Zusammenfließen der Zahnreihen auf den Gaumenbeinen mit den bürstenförmigen Gruppen von Parasphenoidzähnchen sowie an der größeren Zahl von Seitenfurchen des Rumpfes (15—16) kenntlich ist, ebenso wie an der lachs- oder mennigroten Oberseite mit blauschwarzen kleinen runden Flecken.

Roter Höhlenmolch, Spelerpes ruber *Daud.* 3/4 natürlicher Größe.

Der Rote Höhlensalamander, seit längerer Zeit bereits in den Aquarien deutscher Lurchfreunde zu finden, ist, nach Cope, in den Vereinigten Staaten östlich vom Mississippi nach Norden bis Maine und in entsprechender Breite in Kanada, nach Süden bis Texas und Florida sehr häufig, namentlich in hügeligen und bergigen Gebieten. Vorwiegend ein Wasserbewohner, wird er nur nach einem Regen auf dem Lande angetroffen oder an feuchten Orten unter der Rinde gestürzter Bäume; dagegen bewohnt er mit Vorliebe kalte Quellen, wo man ihn unter Steinen finden kann oder gar, wenn möglich, in die Spalten eingezwängt, aus denen das klare Wasser hervorquillt. Seine Bewegungen auf dem Boden sind gemächlich, im Wasser lebhafter, wobei er sich ganz wie unsere heimischen Wassermolche benimmt, mit denen er auch in Gefangenschaft große Ähnlichkeit in der Lebensweise und Nahrung bekundet.

An die Höhlenmolche schließt sich ein merkwürdiger olmartiger Molch an, der in einem Brunnen bei San Marcos in Texas entdeckt und von Stejneger als Typhlomolge rathbuni *Stejn.* beschrieben wurde. Er gleicht dem Grottenolm der europäischen Karsthöhlen in der Form der Schnauze, Rückbildung der Augen, im Besitze äußerer Kiemenbüschel, in der

Pigmentlosigkeit des Körpers und dem seitlich zusammengedrückten Ruderschwanz, ist aber viel gedrungener gebaut; seine Beine sind lang und tragen die bei Schwanzlurchen gewöhnliche Zahl von Fingern und Zehen. Bis vor kurzer Zeit zweifelte niemand, daß in dem **Rathbunschen Brunnenmolch** ein vollwertiges nordamerikanisches Seitenstück zu unserem europäischen Olm gefunden sei, bis Ellen Temerson 1905 nachwies, daß dieser Molch in seinem inneren Bau den Höhlenmolchen sehr nahesteht und wahrscheinlich als neotenische Larve (s. S. 24) eines unbekannten Spelerpes zu betrachten ist. Stejneger hat geglaubt, annehmen zu müssen, daß die langen und dünnen Beine des Tieres bloß als Fühler benutzt werden; doch unterliegt es keinem Zweifel, daß dieses sich auch auf dem Grunde des Wassers damit fortbewegen kann, wie unsere einheimischen Molche. Es erwies sich als gegen Licht unempfindlich, dagegen im Besitze eines hochentwickelten Gefühls, das aber nicht auf einen bestimmten Teil des Körpers beschränkt ist. Als Nahrung wurden im Magen eines getöteten Tieres kleine Krebstiere gefunden.

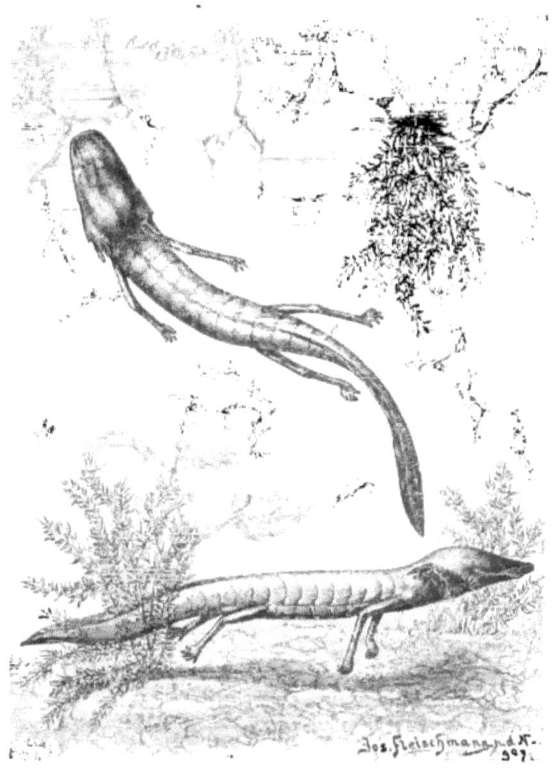

Rathbunscher Brunnenmolch, Typhlomolge rathbuni *Stejn.* 3/4 natürl. Größe.

Bei vier Gattungen der Lungenlosen Molche sind die Wirbel opisthozöl; zu ihnen zählen wir in erster Linie den nordamerikanischen **Braunen Bachsalamander**, Desmognathus fuscus *Raf.*, ein Tier, das äußerlich den Plethodon-Arten sehr ähnelt; doch ist die vom Augenhinterrand an den Schläfen nach hinten und dann unvermittelt in die Kehlfalte übergehende Falte, die starke Entwickelung der Ohrdrüsen, die dem Hinterkopf ein angeschwollenes Aussehen verleiht, das häufige Fehlen der Gaumenzähne sowie schließlich der nur am Grunde drehrunde, sonst aber seitlich stark zusammengedrückte, oben gekielte und mit einem Hautsaum versehene Schwanz recht charakteristisch. Diese Art, vielleicht der häufigste Salamander Nordamerikas, erreicht eine Länge von wenig über 12 cm, wovon etwa die Hälfte auf den Schwanz kommt. Die Färbung ist in der Regel oberseits braun, mit grauem oder rötlichem Anfluge; die Seiten und der Bauch sind dunkel marmoriert.

Cope fand den Bachsalamander namentlich unter Steinen in seichten Bächen des

Hügellandes und Gebirges und nennt ihn den lebhaftesten und kräftigsten der amerikanischen Salamander, der auch besser unter Steinen und in der Erde zu graben imstande ist. Verfolgt, läuft er äußerst schnell fort und ist infolge seiner unscheinbaren Färbung bald außer Sehbereich. Ähnlich lebt auch eine zweite Art der Gattung, D. nigra, während eine dritte Art, D. ochrophaea, das Wasser zu meiden scheint und unter der Rinde gefallener Stämme der Hemlocktanne gefunden wurde.

Die Brutpflege von Desmognathus fuscus ist schon von Baird beschrieben worden: die Eier werden in einer langen Schnur abgelegt und vom Weibchen rosenkranzförmig um den Körper geschlungen. Wilder konnte an einem gefangenen Weibchen dieser Art folgendes beobachten: Es wurde am 1. Juni unter einem Ziegel in einer unregelmäßigen Vertiefung des Schlammes darunter, die es augenscheinlich selbst gemacht hatte, mit einem Eierbündel angetroffen, das um seinen Körper gewickelt war, aber nicht eigentlich in Form eines einzigen Stranges, sondern die an einem Ende aus der äußeren Hülle hervorgehenden Stränge schienen alle in einem Punkte zusammenzutreffen, „wie ein Bündel von Kinderballons in der Hand eines Straßenverkäufers". Die Befestigung am Körper war lose und zweifellos dadurch erreicht worden, daß sich das Weibchen zwischen den Windungen der Eierschnur hindurchgezwängt hatte. Die Eier veränderten ihre Lage etwas von einem Tage zum anderen, wohl infolge der Bewegungen der Mutter, ja es ist sogar möglich, daß das Tier die Eiermasse bei Nacht verläßt, um auf Nahrungserwerb auszugehen, und bei Tage wieder zu ihr zurückkehrt. Wahrscheinlich bleiben die Larven sehr lange im Ei und schlüpfen in sehr weit vorgeschrittenem Zustande aus. Wilder fand sie nur in den Monaten August bis Oktober; sie waren um diese Zeit 20—30 mm lang und hatten bereits stark rückgebildete Kiemen. Die im Herbst und Anfang Winter gefundenen Jungen waren 35—40 mm lang und waren von den größten Larven nur durch das Fehlen der äußeren Kiemen zu unterscheiden. Da sie so spät (im Hochsommer) ausschlüpfen und schon im Spätherbst wieder das Wasser verlassen, so erklärt es sich, weshalb man Larven so selten findet. In ihrem Benehmen gleichen sie den erwachsenen Tieren. Sie vermeiden die tieferen Tümpel, in denen die Larven von Spelerpes bilineatus in Menge leben, und liegen in seichtem Wasser oder feuchtem Sand, wo sie stellenweise gerade so viel Wasser finden, daß sie eben davon bedeckt sind. Werden sie beunruhigt, so laufen sie mehr, als daß sie schwimmen, mit einer Reihe schneller Sprünge über den nassen Sand.

Einen blinden Höhlensalamander aus der Rock-House-Höhle in Missouri hat Stejneger als Typhlotriton spelaeus *Stejn.* beschrieben. Dieser Molch schließt sich in seinem Bau an die vorhin beschriebene Gattung an.

*

Bei der Unterfamilie der Echten Molche (Salamandrinae) stehen die Gaumenzähne in zwei hinten auseinander weichenden Längsreihen und reichen, auf dem Innenrande zweier langer Gaumenbeinfortsätze eingefügt, in der Mitte des Gaumens weit nach hinten; auf dem Parasphenoidknochen fehlen Zähne. Die Wirbel sind auf ihrer Hinterseite ausgehöhlt.

Man kennt sechs Gattungen und 32 Arten, die in der Mehrzahl das altweltlich-nordische Gebiet, aber auch Nordamerika, bewohnen und sich in Asien bis ins tropische Indien, die Liu-Kiu-Inseln und nach Südchina verbreiten.

Die Wassermolche (Molge *Merr.;* Triton) kennzeichnen sich durch gestreckten Leib, vierzehige Vorder- und fünfzehige Hinterfüße, stark zusammengedrückten Ruderschwanz sowie oft durch einen, bei vielen Männchen während der Paarungszeit stärker entwickelten, in der Rückenmitte verlaufenden Hautkamm. Der von dem Augenhöhlenfortsatze des Stirnbeines zur Schläfenschuppe reichende Bogen ist, außer beim Kammolche, als sehnenfaserige oder knöcherne Brücke immer vorhanden. Die Gaumenzähne bilden zwei gerade, vorn einander genäherte, nach hinten zu gewöhnlich stark auseinanderlaufende Längsreihen, deren vorderes Ende höchstens bis zu einem Punkte reicht, der in einer Linie mit dem Hinterrande der inneren Nasenöffnungen liegt. Die Zunge ist mäßig groß, rundlich oder eirund, mit einem mittleren Längsstreifen ihrer Unterseite an den Boden der Mundhöhle angewachsen und nur an den Seiten oder auch am Hinterrande mehr oder weniger frei. Faßt man die Gattung in weiterer Ausdehnung, wie es jetzt von den meisten Forschern geschieht, so ist noch zu bemerken, daß der Schwanz echter Wassermolche ausnahmsweise auch sehr dick, fast drehrund sein kann, immer aber oben wie unten einen Hautkamm trägt, und daß der Rumpf bei einzelnen Arten mehr oder weniger deutlich der Quere nach verlaufende, kerbenartige Eindrücke oder Einschnitte zeigt, die dem Tiere ein fast geringeltes Aussehen verleihen, sowie endlich, daß die Haut, anstatt glatt, auch drüsig, warzig oder körnig sein kann. Die Geschlechter unterscheiden sich leicht durch die Form der Kloake, die beim Männchen kugelig angeschwollen ist, beim Weibchen aber mehr oder weniger kegelförmig hervortritt, also ein umgekehrtes Verhältnis zeigt, als man eigentlich erwarten möchte. Die Befruchtung aller Wassermolche geschieht, nach E. Zellers eingehenden Mitteilungen, nicht durch eine Begattung, sondern stets in der Weise, daß das Männchen gallertartige Samenträger oder sogenannte Samenpakete in Gestalt von Glocken, Pyramiden oder Scheiben nach außen absetzt und das Weibchen sich die Samenmasse holt, indem es die Samenpakete aufsucht, die stiftförmige Samenmasse aus der Gallertglocke löst und sich in der Rinne der geschlossen bleibenden Kloakenspalte anhängen läßt, von wo dann die Samenfäden ihren Weg in die Kloake hinein und zu den Schläuchen der Samentasche, „des Aufbewahrungsortes von Samen für späteren gelegentlichen Gebrauch“, nehmen, in der sie sich einnisten. Das dieser Befruchtung vorausgehende Vorspiel, das einer wirklichen Paarung oft sehr ähnlich zu sein scheint, ist bei den einzelnen Molcharten sehr verschieden. Die 23 Arten leben in Europa, Nordwestafrika, Westasien, Nordostchina, Ostasien und Nordamerika; aus Deutschland kennen wir vier Arten. Ausnahmsweise können sie, wie O. Körner bei Königstein im Taunus beobachtet hat, alle vier in e i n e m Tümpel zusammen vorkommen.

Der Kammolch, Molge cristata *Laur.* (Taf. „Deutsche Wassermolche“, 3, bei S. 98), erreicht eine Länge von 14—16 cm und zeichnet sich durch das vollständige Fehlen eines knöchernen oder sehnigen Schläfenbogens am Schädel, die nahezu geraden, parallelen, nur nach vorn sich nähernden Gaumenzahnreihen, die langen, dünnen Zehen des Männchens und der Larven, die körnige Haut der Oberseite, den grob gezahnten Rückenkamm des Männchens und die Bauchfärbung aus. Die Grundfarbe des Rückens, der Seiten, des Schwanzes und der Oberseite der Gliedmaßen ist ein dunkles Olivengrün oder Graubraun; die Zeichnung besteht aus größeren, zerstreuten, schwarzen Flecken, die mitunter undeutlich sind oder sogar fehlen können. Die Unterseite zeigt von der Kehle an auf dottergelbem Grunde schwarze Flecke von verschiedener Größe. Das Auge hat goldgelbe Iris.

Im Hochzeitskleide ist der Kammolch wesentlich verändert. Auf der Oberseite und dem Schwanze erhebt sich dann beim Männchen der Hautkamm, der schon vorn am Kopfe zwischen den Augen beginnt und sich bis zur Schwanzspitze erstreckt, an der Schwanzwurzel aber ziemlich tief eingebuchtet ist, zu bedeutenderer Höhe, die manchmal nahezu die des Rumpfes erreicht. An den Seiten des Schwanzes erscheint ein weißbläuliches, perlmutterfarbenes Band; die Oberseite des Kopfes schmückt eine außerordentlich zierliche schwarzweiße Marmorzeichnung. Dem Weibchen fehlt auch im Hochzeitskleide der Hautkamm; statt dessen sieht man häufig eine gelbe Rückenlinie, und das Gelb der Bauchseite zieht mehr ins Schwefelgelbe, erstreckt sich aber an der Bauchkante des Schwanzes ungefleckt bis zu dessen Endspitze. Die gelben Finger und Zehen tragen jetzt bei beiden Geschlechtern schwarze Ringe.

Das Verbreitungsgebiet des Kammolches umfaßt England, Nord- und Mittelfrankreich, Belgien, Holland, die Schweiz, Schweden, Dänemark, Deutschland, Italien, Österreich-Ungarn, Griechenland, Rumänien, Bulgarien, die Türkei und Kleinasien sowie Rußland und reicht nach Osten bis Transkaukasien und Persien.

Wir können zwei Unterarten unterscheiden, deren eine (typica) nördlich der Alpen und namentlich in den Gewässern der Ebene lebende sich durch geringere Größe, gestrecktere Gestalt (namentlich beim Weibchen) und spitzzackigen Kamm des Männchens auszeichnet. Dies ist die typische Form des Kammolches, auch die Färbung, namentlich des brünstigen Männchens, ist sehr charakteristisch, da die Marmorzeichnung auf dem Kopfe besonders deutlich, die Lippenränder weißlich, dunkel punktiert, auch die Kehle weiß, mehr oder weniger dicht rotbraun und schwarz punktiert erscheint; die Rumpfseiten sind meist lebhaft zimtbraun, hinter dem Vorderbein schwarz, mit weißen Punkten und dunklen, mitunter blauen Flecken; der Bauch ist gelb oder orangerot mit kleineren schwarzen runden, deutlichen Flecken, seltener ungefleckt. Die Jungen zeigen an den Körperseiten oft eine dichte weiße Punktierung. Die andere, den Alpen, Italien, Südosteuropa und Westasien bis Persien angehörige Unterart (carnifex) ist größer, von gedrungenerem Körperbau, das Männchen mit tief eingeschnittenem, stumpfzackigem Rückenkamm, der bei alpinen Stücken viel höher, bei italienischen und östlichen aber in der Regel niedriger ist als bei der nördlichen Form. Die Oberseite ist im Hochzeitskleide olivengrün, ohne weiße Punkte, seitlich öfters mit undeutlichen hellblauen Flecken, beim Weibchen mitunter heller marmoriert, die Unterseite weniger lebhaft gefärbt als bei der vorigen Form, die Flecke mehr bläulichgrau, undeutlich begrenzt, oft zusammenfließend und die helle Grundfarbe, namentlich bei manchen alpinen Stücken (Weibchen), bisweilen völlig verdrängend, so daß diese dann ganz gleichartig dunkelgrau gefärbt sind. Die Jungen dieser Form, die man im Herbst außerhalb des Wassers findet, sind oberseits tief schwarz mit lebhaft gelber Rückenlinie. In seltenen Fällen greift bei dieser Art das Gelb der Unterseite auf die Oberseite über; solche ganz gelbe Kammolche bilden die var. icterica *Rchb.* Die Larven sind durch die hell olivengrüne Färbung der Oberseite, die langen, dünnen Finger und Zehen und den allmählich in eine feine Spitze auslaufenden Schwanz gekennzeichnet.

Der Bergmolch, Molge alpestris *Laur.* (Taf. „Deutsche Wassermolche", 2), ist merklich kleiner als der vorhergehende: seine Länge beträgt nur 8—10, die des Weibchens 9 bis 12 cm. Sein Schläfenbogen wird durch Sehnenfasern hergestellt, der Hautkamm des Rückens ist niedrig, ganzrandig, der Bauch ohne dunkle Flecke. Die Grundfärbung der Rückenseite ist hell blaugrau oder (beim Weibchen) mitunter auch hellbraun. Die Zeichnung besteht aus einer dunkelbräunlichen, weitmaschigen Marmorierung oder (beim Weibchen) einem zackigen Längsbande an jeder Körperseite oder aber gezackten Flecken, die an den Seiten des Kopfes, Leibes und Schwanzes und auf der Oberseite der Glieder in rundliche, schwarze Fleckchen auf weißlichem Grunde übergehen. Finger und Zehen beider Geschlechter

Deutsche Wassermolche.

haben schwarze Ringe. Die beim Männchen orangerote, beim Weibchen mehr gelbe Unterseite ist, abgesehen von der Kehle, ungefleckt, die Iris goldgelb, schwärzlich getrübt.

Im Hochzeitskleide erhebt sich auf der Rückenlinie des Männchens ein niedriger, ungezackter, erst hinter dem Kopfe beginnender und sich in dem oberen Flossensaume des Schwanzes verlierender Kamm; dessen weißgelbliche Grundfärbung wird durch senkrechte, kurze, schwarze Binden gezeichnet, zwischen die nicht selten kurze, dunkle, dreieckige, von unten herkommende Flecke eingreifen. Das Schiefergrau der Grundfarbe zieht an der Rückenseite ins Blaue und kann an der Bauchseite ins Hellblaue übergehen; die schwarzen seitlichen Punkte umgeben sich mit weißlichem Rande und können zu Streifen zusammenfließen; das Orange der Bauchseite wird feuerrot, der untere Flossensaum des Schwanzes blaß weißlichgelb mit dunklerer Fleckung; an der Seite des Schwanzes endlich zeigt sich eine Reihe bläulichweißer Flecke. Dem Weibchen im Hochzeitskleide fehlt ebenso wie bei voriger Art der Kamm, an dessen Stelle oft eine helle, gelbliche oder rötliche, aber nicht sehr deutliche Rückenlinie tritt. Die Grundfärbung des Rückens geht beim Weibchen in ein helles oder dunkleres Grau, selbst ins Bräunliche oder Schwärzliche über und ist überall dunkler gepunktet; die großen, schwärzlichen, zackigen, stellenweise zusammenfließenden Flecke sind zahlreicher als beim Männchen und heben sich schärfer ab; die schwarzen Fleckenreihen zur Seite grenzen unmittelbar an das Orangegelb des Bauches, liegen auch nicht selten in einem lichten, bläulichen Gürtel oder werden wenigstens von weißlichen Punkten umgeben; das Rotgelb des Bauches erstreckt sich, unterbrochen von einzelnen runden, schwarzen Flecken an der Bauchkante des Schwanzes, bis zu dessen Spitze.

Der Bergmolch verbreitet sich über Nord- und Mittelfrankreich, Belgien, Holland, Deutschland (wo er, mit Ausnahme der norddeutschen Ebene, überall anzutreffen ist), die Schweiz, Italien, ganz Österreich-Ungarn, Bosnien und Nordgriechenland. Er steigt im Hochlande des Kantons Waadt bis zu Höhen von 1800 m, im Veltlin Oberitaliens bis 2000 m und im Rätikon Graubündens bis 2190 m, ja nach Boulenger sogar bis 2600 m. In diesem weiten Verbreitungsgebiete verhält er sich in allen wesentlichen Merkmalen ziemlich übereinstimmend und bildet keinerlei auffallende Spielarten; nur im Hochgebirge Bosniens lebt eine kräftig gebaute, größere Rasse (var. reiseri *Wern.*), die sich durch großen, fast kreisrunden Kopf auszeichnet.

Der Streifenmolch oder Teichmolch, Molge vulgaris *L.* (taeniata; Taf. „Schwanzlurche", 4, bei S. 47, u. „Deutsche Wassermolche", 1 u. 4, bei S. 98), erreicht 9,5 (Weibchen) bis 11,1 (Männchen) cm Länge und kennzeichnet sich durch seinen Schläfenbogen aus Sehnenfasern, die miteinander einen nach vorn gerichteten Winkel bildenden Gaumenzahnreihen, im männlichen Geschlechte durch einen stumpfzackigen oder welligen, über der Schwanzwurzel nicht unterbrochenen Rückenkamm, gelappte Zehen und einen gefleckten Bauch sowie durch eine unregelmäßige Doppelreihe eingedrückter Drüsenpunkte auf dem Kopfe und den am Ende einfach zugespitzten Schwanz. Olivengrün oder Braun, das auf den Seiten in zartes, schwach silberglänzendes Weißgelb übergeht, ist die Grundfärbung der Ober-, Orangegelb die der Unterseite. Dunkelbraune Flecke bilden hier wie dort die Zeichnung.

Im Hochzeitskleide erhöht sich beim Männchen der Schwanz und erwächst der im Nacken beginnende, über dem After nicht nur nicht unterbrochene, sondern im Gegenteil besonders entwickelte Kamm zu einer hohen Flatterhaut; auch die Zehen der Hinterfüße tragen jetzt lappige Säume. Die Färbung der Oberseite geht in sattes Olivengrün, die der Bauchmitte in kräftiges Orange über, das sich als Längsstreifen auf dem unteren Flossensaume des Schwanzes fortsetzt. Große rundliche, dunkle Flecke ordnen sich am Leibe und Schwanze in Längsreihen und fließen oben und seitlich am Kopfe in fünf schwärzliche Längsstreifen zusammen; den Schwanz zeichnet außerdem über dem gelben Saume ein perlmutterglänzender, blauer Streifen, der durch senkrecht gestellte, dunkle Flecke unterbrochen wird. Dem Hochzeitskleide des Weibchens fehlt der Rückenkamm, und auch der Schwanz zeigt nur einen oben und unten unbedeutenden, im ganzen schmalen Flossensaum; die Zehen der Hinterfüße entbehren des lappigen Saumes vollständig. Der Rücken ist heller olivengrün oder braun gefärbt, das Weißgelb der Bauchseiten schwach goldglänzend, das Orange der Bauchmitte weniger kräftig; die dunklen Flecke sind klein, aber dicht gestellt und oft nicht allein am Kopfe, sondern auch an den Seiten des Bauches und Schwanzes zu zackigen Längsbändern vereinigt. Nicht selten sind die Körperseiten deutlich abgesetzt dunkler braun als die Rückenmitte.

Unter unseren deutschen Wassermolchen ist der Streifenmolch der häufigste und verbreitetste; auch im übrigen Europa fehlt er nur Südfrankreich, Spanien und Portugal. Außerdem erstreckt sich sein Wohngebiet in Westasien über Kleinasien bis Armenien. Zwei dem Fadenmolche in verschiedenem Grade nahekommende Abarten bewohnen Norditalien, die österreichischen Küsten des Adriatischen Meeres und Griechenland.

Die nördlichere von ihnen (Unterart meridionalis *Blgr.*), in Norditalien, Tessin, Illyrien und Dalmatien daheim, ist im männlichen Geschlechte durch niedrigen, ganzrandigen Rückenkamm und vierkantigen Rumpf, scharf abgehobene, oft wulstartig erhöhte Seitenkanten des Rückens gekennzeichnet; die Schwanzspitze ist in einen langen, nicht scharf abgesetzten Faden ausgezogen, der oben und unten gesäumt erscheint. Beim Männchen der südlicheren, auf die Jonischen Inseln, Griechenland und Süddalmatien beschränkten Abart (Unterart graeca *Wolt.*) geht die Annäherung an den Fadenmolch noch weiter: die Seitenwülste sind stärker entwickelt, der Schwanz endet mit langem, scharf abgesetztem Faden. Beim Weibchen fehlen Längsbinden, und die Oberseite ist mit zahlreichen kleinen dunklen Flecken gezeichnet, auch die Unterseite läßt zahlreichere und größere dunkle Flecke erkennen als bei der typischen Art.

Der Fadenmolch, Molge palmata *Schn.*, endlich kommt mit 8—8,5 cm Länge in der Größe mit dem Streifenmolch überein, ist schlank gebaut und zeichnet sich vor allen anderen in Deutschland lebenden Verwandten durch einen knöchernen Schläfenbogen, sehr niedrigen Rückenkamm, ungefärbte Kehle, beim Männchen durch die mit Schwimmhaut verbundenen Zehen und durch eine Längskante aus, die auf jeder Seite des Rückgrates verläuft, so daß der Durchschnitt des Rumpfes fünfkantig erscheint. An dem abgestutzten Schwanzende ragt eine fadenartige Spitze von verschiedener Länge frei hervor. Die Grundfärbung der dunkel gefleckten und am Kopfe gestreiften Oberseite ist ein mehr oder weniger ins Gelbe ziehendes Olivenbraun mit schwachem Goldglanze, die der Unterseite ein mattes Orangegelb mit wenigen schwärzlichen Flecken.

Beim Männchen im Hochzeitskleide erhebt sich auf dem Rücken anstatt des Kammes eine Kante oder Leiste, die sich auf dem Schwanze zum obern Flossensaume entwickelt; gleichzeitig erhalten die Hinterfüße eine vollständige Schwimmhaut zwischen den Zehen, und endlich geht die Grundfärbung des Kopfes und Rückens bis zur Seitenkante sowie des Rückensaumes am Schwanze in Olivenbraun, die der Seiten des Kopfes, Rumpfes und Schwanzes in metallisch schimmerndes Gelb über, während die untere Seitenhälfte des Leibes glänzend weißlich aussieht; der Mitte des Bauches entlang läuft eine orangegelbe Binde. Durch die der Grundfarbe aufgesetzten, dunkleren Flecke bekommt der Kopf oben ein zierlich gemarmeltes Aussehen, ebenso sind die Gliedmaßen gemarmelt und klein gefleckt oder ganz schwarz.

Zahlreiche, bunt durcheinander gestellte, unregelmäßig gestaltete Flecke zeichnen Rücken und Seiten. Die Kehle ist ohne Färbung, der Bauch ist meist nur wenig oder gar nicht schwarz gefleckt, die dunklen Flecke des Schwanzes sind in eine obere und eine untere Längsreihe geordnet, zwischen denen sich eine bläulich schillernde Längsbinde hinzieht. Beim Weibchen im Hochzeitskleide ist der Schwanz niedrig, die Schwimmhaut an den Hinterfüßen nicht entwickelt und die Färbung eintöniger, weil die dunklere Grundfarbe sich weiter über die Seiten hin erstreckt und die kleineren Flecke sich weniger scharf abheben. Nur der Unterteil des Leibes ist lebhafter gefärbt als beim Männchen, da das Orange des Bauches über die untere Kante des Schwanzes noch bis zu dessen letztem Drittel reicht.

Fadenmolch, *Molge palmata Schn.*, im Hochzeitskleide. Natürliche Größe.

Der Fadenmolch bewohnt Nordspanien, Frankreich, England, Belgien, Holland, Westdeutschland und die Schweiz. Der Brennpunkt seines Verbreitungsgebietes scheint Frankreich zu sein. In Deutschland lebt diese Art im Gebiete des Rheines und seiner Nebenflüsse, geht aber nordöstlich bis Bremen, östlich bis in den Harz, wo ihn W. Wolterstorff an zahlreichen, weit voneinander entfernten Orten aufgefunden hat, ferner bis Ruhla, Eisenach und Blankenburg in Thüringen und bis in den Spessart, kommt schließlich auch in Württemberg vor.

In ihren Sitten und Gewohnheiten unterscheiden sich diese Molche so wenig, daß man ein Lebensbild aller entwirft, wenn man das Betragen und Gebaren, die Sitten und Gewohnheiten einer Art schildert. Ich fasse in erster Reihe den Kammolch ins Auge und ergänze meine Schilderung hier und da durch Einschaltung von Beobachtungen, die an anderen deutschen Arten gemacht worden sind.

Man bezeichnet die Molche gewöhnlich als Wassertiere und hat damit nicht unrecht, insofern als sie ihre Paarungszeit stets und auch außerdem Monate im Wasser zubringen, es unter Umständen überhaupt nicht verlassen; man darf jedoch nicht vergessen, daß sie auch längere, einzelne Arten, nachdem ihre Fortpflanzung beendet ist, sogar alle übrige Zeit auf dem Lande leben. Während sie sich paaren und ihre Eier legen, ziehen sie klare Gewässer, die mit Gebüsch bestanden sind und die nötige Nahrung gewähren, allen übrigen vor und meiden eigentlich nur raschfließende Bäche oder Flüsse. Namentlich der Fadenmolch liebt frische Quellen und Quellsümpfe des Waldgebirges. Auf dem Lande täppisch und ungeschickt, bewegen sich unsere Molche im Wasser sehr hurtig, vorzugsweise mit Hilfe ihres breiten Schwanzes, steigen oft senkrecht in die Höhe, um Luft einzunehmen, atmen in der Tiefe aus und lassen dabei einige Luftblasen zur Oberfläche emporsteigen, senken sich unter schlängelnden Bewegungen tiefer hernieder und huschen niedrig über dem Grunde hin und her, auf Beute spähend und jagend. Im Sommer verlassen sie ihr Wohngewässer, um unter Steinen und Baumwurzeln und in Uferhöhlen Schlupfwinkel, später, im Herbste, um gemeinschaftlich eine Winterherberge zu suchen; die aber, die sich einen quellenreichen Teich erwählt haben, verbleiben hier wohl auch während der kalten Jahreszeit. Nach Fr. Leydigs Erfahrungen scheinen die Wassermolche sehr lange ohne Wasser sein zu können. „Ich habe“, sagt dieser Forscher, „sie stundenweit von allem Wasser entfernt angetroffen und mehr als einmal beobachtet, daß Tümpel, in denen sie zahlreich anzutreffen waren, durch warme Sommer völlig austrockneten und mehrere Jahre ohne Wasser blieben. Es betraf dies zum Teil ganz vereinzelt liegende Pfützen, z. B. eine in einem Steinbruch auf einem Berge, wo weit und breit kein anderes Wasser ist, das die Tiere hätten aufsuchen können. Nicht ohne Staunen sah ich dann, daß, wenn nach Verlauf so langer Zeit die Tümpel in einem regnerischen März sich von neuem füllten, auch die Molche wieder da waren.“ Ähnliches erfuhr auch A. v. Mojsisovics. Er schreibt uns darüber folgendes: „Die kalten Ostern des Jahres 1891, die ich am Gestade Istriens verbrachte, zwangen mich, da die Netzzüge im dortigen Meere häufig nur zweifelhafte zoologische Seltenheiten zutage förderten, meine Ausflüge zeitweise auch landeinwärts auszudehnen. Das steinige, zum Teil sehr öde und unfruchtbare Karstgebiet trug damals noch eine leichte Schneedecke, und, was ich überhaupt antraf, fand ich unter losem Gestein. Hunderte von Felsblöcken wurden umgewälzt und eine ziemliche Ausbeute an Tausendfüßern, Skorpionen, an etwas humusreicheren Stellen auch von Erdwürmern (Lumbricus complanatus) neben verschiedenen Kerbtierlarven und dergleichen gemacht. Einigemal stieß ich auch auf die allerdings vermuteten Eidechsen und dreimal an Stellen, die an Trockenheit nichts zu wünschen übrigließen, auf fast erstarrte junge Streifenmolche, die zusammengerollt in seichten Grübchen lagen. Die Tiere sind sehr licht gefärbt und um die Hälfte kleiner als die bei Graz gesammelten Stücke, aber dadurch besonders merkwürdig, daß ihre äußeren Kiemen noch völlig erhalten sind. Ich kann mir diesen Umstand nur durch die Annahme erklären, daß in der Nähe ein jetzt ausgetrockneter Tümpel gewesen sein muß, in dem die Tiere ihre erste Entwickelung durchgemacht haben. Aber zu sehen war in dem Gebiete von einem solchen keine Spur! Sollten die Tiere aus größerer Entfernung her zugewandert sein?“ Die Weibchen des Streifenmolches hat wohl jeder Käfersammler schon im Sommer und Herbste unter großen Steinen verborgen angetroffen. Ebenso leicht wie Trockenheit ertragen sie grimmige Kälte: man hat wiederholt Molche gefunden, die erfroren und vollkommen leblos schienen, beim Auftauen aber doch wieder lebendig und munter wurden; Gewässer, die nicht bis zum Grunde gefrieren, können ihnen daher ohne Schaden zur Winterherberge dienen. Aus dieser kommen die, welche sich nicht aufs Land begaben, gewöhnlich schon Ende Februar wieder zum Vorschein, schwimmen munter und lustig im Wasser umher, suchen sich auch wohl gegenseitig auf und beginnen die Liebesspiele, indem sie sich paarweise zusammenhalten, dicht nebeneinander dahinschwimmen und sich wie die Fische gegenseitig mit den Schwänzen schlagen. Treffen mehrere Männchen bei einem Weibchen zusammen, so sucht eines das andere wohl auch zu verdrängen, und dasjenige, welches am beharrlichsten ist, folgt zuletzt wenigstens zeitweilig dem Weibchen. So geht es während der ganzen Paarungszeit fort, zuweilen Wochen nacheinander.

Gachet beobachtete, daß das paarungslustige Männchen seinen Kamm erhebt, schnell bewegt und sich hierauf mit dem Kopfe der Schnauze des Weibchens nähert. Der Schwanz wird währenddem ebenfalls beständig bewegt und so stark gekrümmt, daß er die Seiten des Weibchens berührt oder schlägt. Beide Gatten nähern sich mit den Köpfen bis zur Berührung, entfernen sich aber mit dem Hinterteile des Leibes etwas mehr voneinander und bilden so einen spitzen Winkel. Die Befruchtung selbst ist oben (S. 97) bereits geschildert worden.

Das frisch gelegte Ei des Kammolches ist, nach Rusconi, anfänglich kugelrund, weißgelblich von Farbe und mit einer klebrigen Masse umgeben, nicht aber mit dieser auch verbunden. Bewegt man das Ei mit einem Pinsel, und wälzt man es im Wasser um, so kehrt es sich sogleich wieder auf die Seite, auf der es vorher lag. Dabei bemerkt man auch, daß es nur auf der einen Seite weiß, auf der andern hingegen braun ist, dem dunkeln Dotter und dem lichten Eiweiß entsprechend; das Eiweiß bewirkt die Umdrehung, indem es vermöge seiner größeren Schwere abwärts sinkt. Schon nach drei Tagen hat sich die Form des Eies etwas geändert, und man sieht, wenn man das Auge mit einem Vergrößerungsglase bewaffnet, bereits die allgemeine Gestalt des Keimes. Am fünften Tage hat dieser eine gekrümmte Lage angenommen, und man kann nun Kopf, Leib und Schwanz unterscheiden, ja am Kopfe bereits kleine Erhabenheiten, die ersten Spuren der sprossenden Kiemen und Vorderfüße, wahrnehmen. Am siebenten Tage sind alle einzelnen Teile deutlicher geworden; man bemerkt auch eine Furche, die den Rumpf vom Kopfe trennt, und erkennt die Wirbelsäule. Am neunten Tage hat der Keim seine Lage geändert, womit der Unterteil des Kopfes und Leibes sichtbar geworden ist; gleichzeitig nimmt man den Schwanz als dünnen Anhang wahr, ebenso die Spuren des Mundes und der Augen, beobachtet, daß der Keim sich bewegt und daß sein Herz sich abwechselnd zusammenzieht und erweitert. Die Bewegungen werden am zehnten Tage häufiger; der Keim ändert binnen 24 Stunden wohl drei- bis viermal seine Lage; die unteren Teile bedecken sich mit schwarzen Flecken; an den Seiten des Kopfes bemerkt man vier Fäden, die, wie sich später zeigt, der ausschlüpfenden Kaulquappe zum Anketten dienen. Am folgenden Tage bekommen die Kiemen Blättchen; der Kreislauf des noch weißlichen Blutes läßt sich verfolgen. Mit dem zwölften Tage erscheinen die Seitenblättchen der beiden größeren Kiemen deutlicher; die Bewegungen des Keimlings sind äußerst schnell und vielseitig, so daß die Wände des Eies gespannt werden. Am dreizehnten Tage zerreißen die Eihäute, die Larve entschlüpft ihrer Hülle und hängt sich mittels der obengenannten Fäden an Blättern und ähnlichen Gegenständen fest, bei der leisesten Berührung sich mit Körper und Schwanz bewegend, in der Ruhe aber stundenlang auf einer Stelle verweilend. Manchmal geschieht es, daß sie ohne eigentlich ersichtlichen Grund erwacht, vermittelst seitlicher Bewegungen des Schwanzes umherschwimmt, sich von neuem an irgendein Blatt anhängt und dann wieder halbe Tage und länger ruht. Mitunter fällt sie auch auf den Boden und bleibt hier wie tot liegen. Die Augen sind kaum geöffnet; der Mund ist kaum gespalten; die Vorderbeine machen sich erst als Stummel bemerkbar; die Kiemen aber bekommen mehr und mehr Blätter. Mit der Entwickelung der inneren Eingeweide, die gleichzeitig vor sich geht, äußert sich das tierische Leben kräftiger: die Kaulquappe flieht, was ihr unangenehm, und sucht auf, was ihr angenehm ist; sehr kleine Krebschen, die sich im Wasser aufhalten, werden lebhaft verfolgt und mit Geschicklichkeit erfaßt, bei großem Hunger selbst die eignen Geschwister nicht verschont, ihnen wenigstens Kiemen und Schwänze abgenagt. Nach und nach bilden sich die Vorderbeine aus, später, wenn die Larve etwas mehr als 2 cm an Länge erreicht hat, auch die Hinterbeine. Die Larve wächst, nach J. v. Bedriaga, bis zu einer Länge von 50—82 mm heran. Nach drei Monaten ist die Umwandlung vollendet.

Unter anderen hat Fr. Leydig die Beobachtungen Rusconis wieder aufgenommen und auf die übrigen Arten ausgedehnt, die Angaben des letztgenannten daher wesentlich vervollständigt. „Ob das Ei sich langsam oder rascher zum Keimlinge umgestaltet", sagt er vom Kammolche, „hängt sehr von der Wärme ab. Die gefangenen Kammolche laichten Anfang April im Zimmer bei 18—19° C, während dieselbe Art im Freien schon bei 13—14° C Mittagswärme im Schatten die ersten Eier abgelegt hatte. Im Freien heftet der weibliche Kammolch seine Eier immer einzeln an Gegenstände, die sich im Wasser vorfinden, am liebsten an Blätter lebender Pflanzen, an, nimmt jedoch nach Umständen auch mit abgestorbenen Grashalmen, Holzstücken und Steinen vorlieb; in Gefangenschaft und geängstigt, läßt er aber eine größere Anzahl als kurze Schnur zusammenhängend auf einmal abgehen und, ohne sie anzukleben, auf den Boden des Glases fallen. Die Larven sind schon in der frühesten Zeit von denen der Verwandten zu unterscheiden. Das aus dem Ei gekommene Tier behält noch eine Weile den gelbgrünen Ton der Grundfärbung, die schon der Dotter an sich hatte, und kennzeichnet sich später, wenn das Gelbgrün durch die Ausbildung von zwei schwarzen Rückenbinden und das Auftreten von anderem schwärzlichen Farbstoffe mehr und mehr zurücktritt, durch einen sehr schmalen weißlichen Saum, der die sonst lichte Schwanzflosse umzieht. Mitte Juli haben die jetzt etwa 5 cm lang gewordenen Larven ein sehr schönes Aussehen. An den vier zierlichen Beinen sind die Zehen verhältnismäßig sehr lang und zart, die Kiemen, namentlich die oberste von ihnen, ungemein entwickelt. Am Schwanze hat sich der weiße Saum verbreitert und ein allmählich sich verjüngender, etwa zentimeterlanger Faden ausgebildet, und außer dem feinen, schwärzlichen, sich über die Schwanzflosse verbreitenden Netzwerke von Farbstoff unterscheidet man auch eine Anzahl größerer, schwarzer Tupfen und eine Reihe kleiner, gelber Punkte zur Seite des Leibes und Schwanzes. Im übrigen ist die Grundfärbung des Rückens ein lichtes Olivenbraun, von dem sich vereinzelte schwarze Punkte abheben; die Stiele der Kiemen, die Seiten und der Bauch zeigen Goldglanz. Anfang September schwindet der metallische Glanz; die Grundfarbe erscheint als lichtes Olivengrau, und neben den schwarzen Flecken heben sich weißliche, etwas verwaschene Stellen ab. Am Bauche aber zeigt sich bereits schwaches Gelb mit Spuren dunklerer Fleckung, auf der Mittellinie des Rückens ein mattgelber Längsstrich. Auch die weißen Hautwärzchen der Körperseiten sind jetzt aufgetreten. Die äußere Gestalt ist im ganzen und wesentlichen die alter Tiere; die Kiemen sind sehr zurückgebildet, und mit dem fischartigen Aussehen ist auch die Fischfarbe, Silber- und Goldglanz, geschwunden."

Der Bergmolch laichte unter den von Leydig gepflegten einheimischen Arten im Zimmer am frühesten, Anfang April nämlich. Die frischgelegten Eier haben graubraune Färbung, die ganz jungen Larven bräunliches Aussehen und zwei dunkle Rückenstreifen. Bei halb erwachsenen Larven ist die Grundfärbung der Oberseite ein helles, unten und seitwärts golden oder silbern glänzendes Olivenbraun. Der Schwanz zeigt auf hell olivenfarbenem Grunde ein dichtes Netz dunkler Farbstoffanhäufungen. Später, im August, erhalten die

Larven ein sehr bezeichnendes Aussehen durch das Auftreten heller Flecke von unregelmäßiger Form und ziemlicher Größe, die sich an den Seiten des Leibes hin erstrecken, nach und nach immer lichter und größer werden, auch wohl untereinander zusammenfließen und sich von der lederbraunen Grundfarbe schön abheben. Schon vorher vermag man die Larven des Bergmolches unschwer von denen des Kamm- und des Streifenmolches zu unterscheiden, selbst wenn alle zufällig gleiche Größe haben sollten. Der Schwanz ist nämlich am Ende abgestumpft und zeigt keinen Endfaden, der weißliche Saum um die Schwanzflosse fehlt, der schwarze Farbstoff auf der Schwanzflosse ist gleichmäßiger, dicht gegittert, nicht in Form von Flecken angeordnet. Sind einmal an den Seiten des Leibes die lichten Flecke auf lederbraunem Grunde erschienen, so sind die Tiere auf den ersten Blick zu erkennen. Sie erreichen, nach J. v. Bedriaga, vor ihrer Verwandlung eine Länge von 32—78 mm.

Vierbeinige Larven des Streifenmolches stehen denen des Bergmolches an Größe nach und haben entschieden schlankeren, zarteren Bau. Ihre Färbung ist heller, licht olivenbraun, der Schwanz nur in geringem Grade fein schwarz punktiert. Ganz besonders aber zeichnet sie vor den Larven des Bergmolches eine Reihe gelber Punkte aus, die am Leibe genau nach der Seitenlinie verläuft, sich dann am Schwanze etwas in die Höhe biegt, um aber auch dort sich bis zu dessen Ende fortzuziehen. Die größten Larven dieser Art, die J. v. Bedriaga maß, zeigten eine Länge von 34 mm.

Unter allen einheimischen Arten begann, nach Leydigs Beobachtungen, der Fadenmolch am spätesten seine Eier abzusetzen, nämlich erst Ende April. Mitte Mai, als kühleres Wetter eingetreten war, erfolgte ein Stillstand; im Juni aber hefteten die Weibchen viel mehr Eier als früher an die Wasserpflanzen. Die Männchen stellten auch in dieser späten Jahreszeit den Weibchen nach und führten mit seitlich gebogenem Schwanze ihre Flatterbewegungen aus, wie im Frühjahre; Leydig beobachtete sogar, daß ein männlicher Streifenmolch, der mit einem weiblichen Fadenmolche zusammen in einem Glase gehalten wurde, letzterem in gleicher Weise den Hof machte, als ob er seiner Art angehöre. Die abgesetzten Eier sind kleiner als die der übrigen Arten. Es gelang nicht, sie im Zimmer zur Entwickelung zu bringen; Leydig erhielt jedoch im September Larven, die nahe daran waren, die Kiemen zu verlieren, und sich durch die beiden Seitenwülste als Larven des Fadenmolches kennzeichneten. Die Grundfärbung der Rückenmitte war licht lederbraun; längs der Mittellinie des Rückens verlief ein dunklerer Strich, zur Seite der beiden Rückenkanten je eine Reihe schwach silberfarbiger Flecke, fast wie ein Band, das sich bis zum Schwanzende, dem oberen Saume entsprechend, hinzog. Gegen die Seiten des Leibes nahmen die weißen, metallisch glänzenden Punkte zu, und der Bauch zeigte schönen Goldglanz, die untere Kante des Schwanzes einen schwachen Streifen von Orangegelb. Die größte von J. v. Bedriaga gemessene Länge dieser Larve betrug 29 mm. Überwinternde Larven des Fadenmolches sind in der Schweiz oft von H. Fischer-Sigwart angetroffen worden.

Schreibers und F. de Filippi haben zuerst beobachtet, daß unter gewissen beengenden Umständen der schon geschlechtsreife Wassermolch noch die Tracht einer Larve beibehalten, mithin kiementragend bleiben kann. Namentlich beim Bergmolch und Streifenmolch sind wiederholt solche Larven gefunden worden, bei denen die Hoden der Männchen fertige Samenfäden, die Eierstöcke der Weibchen entwickelte Eier enthielten. Filippi hebt mit Recht hervor, daß diese Tatsache zu einer Stütze der Abstammungslehre verwendet werden könne: sie bringt offenbar die Wassermolche in eine noch innigere Verwandtschaft zu den Fischmolchen, als dies bis jetzt angenommen worden war. Man darf, nach Fr. Leydig, diese

Erscheinung, die, wie schon früher erwähnt, J. Kollmann Neotenie genannt hat, in erster Linie als eine Anpassung an äußere Existenzbedingungen betrachten.

Die Molche sind schon in ihrer frühesten Jugend Räuber, die sich ausschließlich von tierischen Stoffen nähren. Anfangs jagen sie auf sehr kleine Wesen, namentlich kleine Krebstiere, Kerbtierlarven und Würmer, später gehen sie größere Beute an, so allerlei Kerfe, die auf der Oberfläche des Wassers schwimmen, Schnecken und überhaupt Weichtiere, Regenwürmer, Froschlaich, Kaulquappen, ja die Larven ihrer eignen Art. Schädlich werden sie nirgends; eher noch dürften sie sich durch die Vertilgung von Mückenlarven als nützlich erweisen.

Abgesehen von den Veränderungen, welche die Molche während der Fortpflanzungszeit zeigen, haben sie die Fähigkeit, mehr oder minder willkürlich ihre Färbung zu wechseln. Auch sie besitzen bewegliche Farbzellen. Als Leydig einen in seinem prachtvollsten Hochzeitskleide prangenden Kammolch, der innerhalb eines geräumigen Beckens nicht immer standhalten wollte, in ein engeres Glas versetzte, um ihn bequemer malen zu können, bemerkte er nicht ohne Überraschung, daß der jetzt sich ängstlich bewegende Molch bei ganz gleicher Beleuchtung von seinem Farbenschmelze etwas eingebüßt hatte; die Färbung war entschieden matter geworden. Als das Tierchen wieder in seine frühere geräumige, mit Wasserpflanzen geschmückte Wohnung zurückgebracht worden war, legte sich augenscheinlich nach und nach seine Aufregung, und nach Verlauf von etwa einer halben Stunde hatte es dieselbe glänzende Färbung wiedererlangt, die es vorher gezeigt hatte. Schon diese Beobachtung mußte Leydig an ähnliche Erfahrungen beim Laubfrosch erinnern und an bewegliche Farbzellen denken lassen; allein er bemerkte bald noch grelleren Farbenwechsel. Alle im kalten Raume lebenden Tiere, die er gefangen hielt, hatten ein wesentlich anderes, durch hellere Färbung abweichendes Aussehen als diejenigen, die in wärmeren Räumen lebten, und als Leydig einzelne, die auf licht schiefergrauem Grunde große, deutlich abgegrenzte, lederbraune Inselflecke zeigten, in das geheizte Zimmer bringen ließ, weil er sie malen wollte, hielt die Färbung nicht mehr stand. Das lichte Schiefergrau verwandelte sich in dunkles Schieferblau; die vorher so deutlichen, lederbraunen Flecke verschwanden; kurz, die Tiere nahmen eine vollständig andere Färbung an. Letztere steht, nach Leydigs Ansicht, unter dem Einflusse des Nervensystems; Aufregung, Schreck, Hunger, Wärme, Licht und Trockenheit wirken auf sie ein.

Die Häutung der Molche erfolgt im Frühjahre alle 3—8 Tage, nach der Paarung seltener; während des Landaufenthaltes dürfte sie vollständig stocken. Der Kleiderwechsel scheint, obwohl er ziemlich rasch vonstatten geht, die Tiere sehr in Anspruch zu nehmen, da sie sich vorher auffallend träge und unlustig zeigen. Vor Beginn der Häutung wird die Haut mißfarbig und dunkel, weil sie sich nach und nach ablöst; hierdurch entsteht wahrscheinlich ein dem Tiere unangenehmes Gefühl, und daher denn die Unlust, die sich in seinem Wesen ausspricht. Wenn die rechte Zeit gekommen ist, versucht der Molch, mit Hilfe seiner Vorderfüße in der Gegend der Kinnladen eine Öffnung in der Haut zu machen, löst sodann die Kopfhaut an der Spitze der Schnauze ab, zieht sich bald auf der rechten, bald auf der linken Seite zusammen, schüttelt sich häufig und erscheint mit dem Kopfe über dem Wasser. Durch fortgesetzte Krümmungen des Leibes und durch Eingreifen mit den Vorderfüßen zieht es die Haut langsam ab, dreht und schüttelt, wenn einmal die Vorderbeine frei sind, den Leib gewaltig, so daß die vorher schon runzlige Haut sich über den Anfang des Schwanzes hinausschiebt, packt sodann die Hautmasse mit dem Maule und entkleidet sich nun vollends, so wie man ein Hemd auszieht. Der Wechsel ist oft in einer Stunde vollbracht, dauert aber zuweilen auch zwei und mehr Stunden und erschöpft dann den Molch ungemein. Manchmal helfen andere den einen entkleiden, verschlucken selbst die Haut, die sie mit dem Maule gepackt hatten, geben sie auch wohl, und nicht immer ohne Anstrengung, unverdaut wieder von sich. So geschieht es, daß der zusammengeballte Haufe, den die Molche verschluckt haben, ihnen weit aus dem After hängen kann, und sie dann mit Maul und Pfoten sich mühen, um solcher Verstopfung abzuhelfen: diese übrigens der Bestätigung bedürfende Beobachtung hat wohl zu der Meinung verleitet, daß die Molche auch den Darm häuten. Wenn alles gut und rasch vor sich geht, sieht die abgelegte Haut sehr hübsch aus; sie ist nämlich einfach umgekehrt, nirgends aber zerrissen, so daß man jede einzelne Zehe unterscheiden kann; nur in der Augengegend finden sich zwei Löcher.

Unter gewöhnlichen Umständen vernimmt man, abgesehen von dem glucksenden Tone, den die Molche durch Ausstoßen von Luftblasen hervorbringen, keinen Laut von ihnen; ganz stimmlos aber sind sie nicht. Berührt man sie etwas rasch und unsanft, so lassen sie einen hellen, quäkenden oder glockenhellen Ton hören, ebenso gelegentlich zur Fortpflanzungszeit.

Das Gefangenleben der Kammolche hat Glaser besser als irgendein anderer vor und nach ihm geschildert. Entsprechend seinen Beobachtungen sind die Tiere in keiner Weise anspruchsvoll und deshalb ohne alle Schwierigkeit im einfachen Aquarium zu halten. Hier bieten sie fortwährend Unterhaltung. Sie sind äußerst gefräßig und werden daher, wenn man sich viel mit ihnen beschäftigt, sie namentlich fleißig füttert, bald ganz zahm. Nähert man sich ihnen, so sitzen sie, wie Hunde aufblickend, auf dem Grunde des Wassers und stieren, auf Futter wartend, jede herantretende Person an. In der ersten Zeit ihres Gefangenlebens sind sie scheu und ängstlich, halten sich beständig versteckt, kommen nur alle zehn Minuten etwa einen Augenblick an den Wasserspiegel, um Luft abzugeben und neue einzuschnappen, ziehen sich aber sogleich wieder eilig in ihre Schlupfwinkel zurück; wenn sie aber doch einmal der Hunger hervortreibt und man ihnen Gelegenheit gibt, diesen zu befriedigen, werden sie bald dreister und endlich so zahm, daß sie den ganzen Tag frei im Behälter oder unter dem Wasser umherschreiten, neugierig um sich schauen und warten, ob es nichts für sie zu fressen geben werde. Bei ihren kleinen Augen sehen diese an das Dunkel der Gräben und Sümpfe gewöhnten Tiere nur schlecht. Auch sind sie beim Fangen und Hinabwürgen der Beute höchst unbeholfen, werfen den Kopf hin und her, um den erfaßten Gegenstand tiefer in das Maul zu bringen, und schlucken schwerfällig unter Kopfzucken und Aufstemmen der Vorderfüße oder unter krampfhaften Bewegungen mit diesen. Von Zeit zu Zeit sieht man sie förmlich und im eigentlichsten Sinne gähnen, wie sie denn überhaupt als Musterbilder der Trägheit und Unbeholfenheit gelten können. Deshalb ist ihnen zum Fressen alles recht. Ganz kleine, tote, ihnen vors Maul gehaltene Fische packen und verschlucken sie mit Begierde, ebenso einen Streifen rohen Fleisches und dergleichen mehr. Man kann sie daher in der warmen Stube ohne alle Schwierigkeit durch den Winter bringen.

Aus Furcht vor den großen Molchen bleiben die kleineren, sowohl die jüngeren der eignen Art als auch die graugelben Streifenmolche, beständig versteckt. Ein halbes Dutzend ganz kleiner, junger, schwarzer Molche von 3 cm Länge wurden sehr bald alle von den Alten verzehrt, und ebenso beobachtete Glaser, wie die großen Molche junge, frisch zu ihnen gebrachte Streifenmolche aufschnappten und verschluckten, ohne daß man ihnen dies wehren konnte. Andere Molche sind überhaupt in Gesellschaft von Kammolchen nicht zu erhalten.

Zu einem Hauptvergnügen gestaltet sich die Fütterung der Molche mit Regenwürmern. Denn hierbei und oft auch beim Füttern mit Fliegen beißen sie einander weg, fassen einer den andern mit dem Maule am Beine, worauf heftiges Bäumen und Hinundherzerren erfolgt, bis die Gegner endlich voneinander lassen. Dann kehrt der Sieger sogleich zurück und nimmt als Preis die seiner harrende Beute in Empfang. Oft kommt, wenn sich zwei große Molche um die Wette bemühen, ein ihnen zugedachtes Kerbtier zu erhaschen, als dritter Gast der den Raum mit ihnen teilende Wasserfrosch in einem Satze aus der Ferne herbei und schnappt den unbeholfenen und halb blinden Gesellen die Beute vor der Nase weg. Da die Molche schlecht sehen, so hat man einige Mühe, ihnen die zugeworfenen Gegenstände, nach denen sie in ihrer Gier oft fehlschnappen, durch Bewegen auf der Spitze eines Stäbchens bemerklich zu machen. Dann beißen sie meist gierig in die Spitze des Stäbchens und lassen sich daran in die Höhe heben. Mehrmals sah Glaser, wie Kammolche Teich- und Tellerschnecken mit großer Anstrengung aus den Gehäusen zerrten. Diese Tiere ragen mit ihren schwarzen Vorderleibern weit aus dem Gehäuse, indem sie mit allerlei Verrenkungen nach Pflanzen suchend umherschwimmen oder daran hinkriechen. Hierbei begegnen sie von ungefähr einem hungrigen, nach Nahrung suchenden Molche, der sofort, so ungeschickt er auch sonst im Fange lebender Geschöpfe ist, diese noch trägeren und unbeholfeneren Wesen mit dem Maule packt, festhält und durch heftiges Hinundherwerfen des Kopfes allmählich aus ihrem Hause heraus und in seinen Leib schlürft. Sicher ist, nächst jüngeren und kleineren Tieren ihres eignen Gelichters, diese Nahrung diejenige, die den Molchen in Teichen, Lachen und Gräben hauptsächlich zuteil wird, während sie bei ihrem Aufenthalte im Trocknen unter Steinen, in Erdlöchern und auf ihren nächtlichen Ausflügen mehr an grauen Ackerschnecken und Regenwürmern ihren Unterhalt finden. Glasers gefangene Kammolche brachten die heißen Hundstage in Höhlen des als Insel eingebauten Bimssteines in vollständiger Zurückgezogenheit und Teilnahmlosigkeit zu. Erst nachdem die Witterung sich bedeutend abgekühlt hatte, kamen sie wieder zum Vorschein und verlangten Futter. Die dann in den Häusern vorhandenen vielen großen Schlammfliegen waren ihnen höchst willkommene Kost. Dagegen bemerkte Glaser, daß eine große, geflügelte, weibliche Ameise, die er einem Molche vorwarf, wiederholt von diesem ausgebrochen und zuletzt nicht mehr angenommen wurde, obgleich sie zappelnd vor ihm auf dem Wasser lag. Auch getrocknete Ameisenpuppen fressen die Molche nach Glasers Erfahrungen nur ungern.

Sterki schildert den Futterneid der Kammolche in einem an mich gerichteten Briefe in ähnlicher Weise wie Glaser. „Gab ich ihnen", so schreibt er, „eine größere Menge Regenwürmer, so haben sie sich häufig zuerst viertelstundenlang in der heftigsten Weise herumgeschlagen, bevor einer einen Wurm berührte, und dies auch dann getan, wenn für alle genügende Nahrung vorhanden war. Häufig fassen sie sich gegenseitig am Oberkiefer und kämpfen so sehr heftig. Endlich legt sich die Wut, und dann wird ruhig Mahlzeit gehalten, bis etwa zwei beim gleichzeitigen Verschlingen der entgegengesetzten Enden eines Wurmes in der Mitte zusammentreffen. Die Beute zerreißt dann in der Regel nicht; sondern der eine zieht sie dem anderen wieder aus dem Maule heraus." Die kleineren Molche benehmen sich im Wasserbecken in allen wesentlichen Stücken wie die Kammolche. Auffallend ist die wilde Aufregung, die sich der Kammolche bemächtigt, wenn man sie mit Regenwürmern oder Streifen rohen Fleisches zu füttern beginnt, und die sich bald der ganzen Gesellschaft mitteilt, wenn auch nur einer die Beute wahrgenommen hat.

An den Molchen vor allem hat man verschiedene Versuche über die Lebenszähigkeit und Regenerationsfähigkeit angestellt. Ihre Unempfindlichkeit gegen Witterungseinflüsse, die Zähigkeit, mit der sie den Einwirkungen der Kälte zu trotzen vermögen, war schon früh beobachtet worden; man hatte auch erfahren, daß abgeschnittene Glieder wieder nachwuchsen, und so forderten sie selbst gleichsam dazu auf, durch Versuche festzustellen, was ein lebender Lurch aushalten und leisten kann. Spallanzani und Blumenbach machten sie zu Märtyrern der Wissenschaft, indem sie ihnen die Beine, den Schwanz abschnitten und die Augen aushoben und zerstörten. Durch diese Versuche wurde erwiesen, daß sich alle Glieder, und zwar in einer wunderbaren Vollständigkeit, wieder erzeugen; denn es entstehen nicht stummelhafte, sondern wirklich neue Glieder mit allen Knochen und Gelenken. Ein abgeschnittener Schwanz ersetzt sich vollkommen, erhält neue Wirbel, wird auch wieder ebenso lang, wie er vorher war; in abgeschnittenen Beinen bilden sich sämtliche Knochen wieder aus, und zwar mehrmals, nach Wiederholung derselben Verstümmelung; sogar die abgetrennten Kinnladen wachsen wieder nach. Spallanzani ließ seine gefangenen Molche binnen drei Monaten 687 neue Knochen erzeugen; Blumenbach schnitt einem Molche vier Fünftel des Auges weg und erfuhr, daß das Tier binnen zehn Monaten einen neuen Augapfel mit Hornhaut, Regenbogenhaut, Linse, kurz ein neues Sehwerkzeug erhielt, das sich von dem ersten nur durch etwas geringere Größe unterschied. Seither sind diese Versuche noch in weit vollkommenerer Weise wieder aufgenommen worden und haben höchst beachtenswerte Ergebnisse in bezug auf die unglaubliche Erneuerungsfähigkeit dieser Tiere geliefert.

Unstreitig der schönste der europäischen Molche ist der Marmormolch, Molge marmorata *Latr.* (Abb., S. 110), ein Tier von 13—14 cm Länge und von den anderen Arten der Gattung hauptsächlich abweichend durch sehnigen Schläfenbogen, nicht gezahnten Rückenkamm und dunkeln (rötlich- oder hellgraubraunen), weiß gefleckten Bauch. Statt des hohen, geradlinigen Rückenkammes des brünstigen Männchens, der sich an der Schwanzwurzel plötzlich erniedrigt, trägt das Weibchen eine vertiefte orangegelbe oder rote Rückenmittellinie. Die Haut ist zu jeder Zeit höckerig oder warzig; Kopf, Ohrdrüsengegend und eine Seitenlinie weisen deutliche Drüsenporen auf. Die Oberseite ist grasgrün bis olivengrün, stets schwarz marmoriert, und Rücken- und oberer Schwanzkamm sind mit senkrechten Streifen abwechselnd schwarz und weiß gezeichnet. Außerdem zieht sich ein silberweißes Band längs der Schwanzseiten hin. Die Unterseite ist grau, braun oder schwarz, dunkler gefleckt und weiß gepunktet oder seltener marmoriert. Die grünen Finger und Zehen tragen schwarze Ringe.

Portugal, Spanien und Frankreich sind die Heimat dieses wundervollen Tieres. Doch ist der Marmormolch in Frankreich einer der selteneren Schwanzlurche; Spanien darf als sein eigentliches Vaterland angesehen werden. Man bemerkt ihn, nach F. Lataste, nur im Vorfrühling in Quellen, Gräben und Ansammlungen von Regenwasser; während der ganzen übrigen Zeit lebt er an feuchten und schattigen Örtlichkeiten, oft in Paaren zusammen, außerhalb des Wassers, überwintert auch stets auf dem Lande und ist ein Nachttier.

Die Befruchtung und die Ablegung der Eier gleicht der von anderen Wassermolchen. „Die Larven", sagt Gachet, „sind sehr flink in ihren Bewegungen, schwimmen stoßweise, nähern sich nie dem Uferrande, sondern halten sich immer in der Mitte des Gewässers und bleiben sehr lange nahe der Oberfläche, ohne sich von der Stelle zu rühren. Bei der geringsten Wasserbewegung oder bei Annäherung eines Gegenstandes, der sie beunruhigt, fliehen sie und tauchen mit sehr großer Schnelligkeit." Die Fortpflanzungszeit des Marmormolches liegt zwischen Anfang Februar und Ende Mai; die an ihrem grünen Schimmer kenntlichen, denen des Kammolches sehr ähnlichen Larven, die F. Lataste Mitte April erhielt, wandelten sich bei einer Gesamtlänge von 7 cm am 15. Mai in entwickelte Tiere um. J. v. Bedriaga gibt ihnen eine Länge von 43—70 mm. Hat der Marmormolch das Wasser verlassen, so wird, wie bei seinen Verwandten, die Haut glanzlos, körnig und verliert ihre frühere glatte und schlüpfrige Beschaffenheit. Wird das Tier gewaltsam wieder ins Wasser gebracht, so bedeckt sich, nach J. v. Fischer, sein Körper darin mit einer silberglänzenden Luftschicht, und er kann dann kaum untertauchen.

Marmormolch, Molge marmorata *Latr.* Natürliche Größe. Oben: Weibchen, unten: brünstiges Männchen.

Dieser Molch ist dadurch besonders merkwürdig, daß er mit dem Kammolche an der Grenze des Verbreitungsgebietes beider Arten, also in der Bretagne, in Nordwest- und Mittelfrankreich nicht allzu selten Bastarde, Zwischenformen, erzeugt, die man den Blasiusschen Kammolch, Molge blasii *de l'Isle*, genannt hat. Abgesehen von etwas bedeutenderer Größe (er wird 14—16 cm lang), steht dieser in Bau und Färbung in der Mitte zwischen seinen beiden Eltern. Sein Schläfenbogen ist sehnig wie beim Marmormolche, sein Rückenkamm

Bandmolch.

selten ganz gerade, selten auch scharf gezackt, sondern in der Regel mehr oder weniger gelappt oder gekerbt, grau oder bräunlich gefärbt, öfter mit Spuren von Querstreifung. Die Grundfärbung des Bauches ist ein Gemisch von bräunlichen, orangegelben und weißlichen Farbentönen; bald überwiegt das Orangegelb des Kammolches, bald ist es auf eine schmale Zone in der Mitte des Bauches beschränkt oder fehlt ganz. Die Oberseite ist meist verwaschen grünlich, bisweilen sehr düster, die Zeichnung besteht in dunklen, oft sehr verwaschenen Marmorflecken, daneben bemerkt man, allerdings selten, rundliche schwarze Flecke. Graf Peracca hat gezeigt, daß der Blasiussche Kammolch auch bei Tours und Angers vorkommt und vom Kammolche als Vater, vom Marmormolche als Mutter abstammt; den Bastard vom Marmormolche als Vater und Kammolche als Mutter hat er ebenfalls gefunden und 1886 als **Trouessartschen Molch** (hybr. trouessarti) beschrieben und abgebildet. Aber erst Wolterstorff, dem es gelang, den Marmormolch mit beiden Unterarten des Kammolches zur Kreuzung zu bringen, und zwar nach beiden Richtungen, konnte im Jahre 1903 den unwiderleglichen Nachweis liefern, daß der Blasiussche Molch wirklich ein Bastard der beiden obengenannten Arten sei.

Der weitaus schönste und stattlichste aller bisher bekannten Molche überhaupt ist aber ohne Zweifel der in Kleinasien, Syrien und im Kaukasus lebende **Bandmolch**, Molge vittata *Gray* (Triton vittatus), der in mancher Beziehung an Kamm- und Marmormolch, in anderer wieder an den Streifenmolch anschließt, von dem er sich durch den knöchernen Schläfenbogen, die meist weit bedeutendere Größe, den über der Schwanzwurzel fast plötzlich absteigenden Kamm des Männchens unterscheidet, das auch keine Hautsäume an den Zehen, aber einen breiten Hautsaum am äußern Rande des Mittelfußes besitzt.

„Während das Weibchen des Triton vittatus“, sagt Wolterstorff, der beste Beschreiber dieser Art, „in seiner äußeren Gestalt wenig Auffälliges bietet, ist das brünstige Männchen in seiner extremsten Ausbildung ein überaus bizarres Geschöpf, charakterisiert durch den gewaltigen, bis 19 mm Höhe erreichenden Rückenkamm und eine kräftige Hautfalte am äußeren Rande des Metatarsus (Mittelfuß), die in ihrer Bedeutung der Schwimmhaut mehrerer anderer Wassermolche entspricht. In anderen Formen des Triton vittatus ist der Rückenkamm schwächer entwickelt und weniger gezackt. Die Oberseite des brünstigen Männchens ist herrlich bronzefarben (bis grünlich), dunkel gefleckt, nach der Brunst und beim Weibchen erscheint die Oberseite einfach olivengrünlich gefärbt, schwach gefleckt. An der Bauchgrenze zieht in beiden Geschlechtern ein scharf abgehobenes, zur Brunstzeit silberweißes Band entlang, oben und unten von dunkleren Binden eingefaßt, von denen die untere öfter in Flecken aufgelöst ist. Der Bauch ist in beiden Geschlechtern orangegelb bis orangerötlich, in zwei Formen gefleckt, in anderen ungefleckt.“

Diese Beschreibung paßt im wesentlichen auf die größte und prächtigste der vier von Wolterstorff unterschiedenen Formen dieses Molches, die aus dem nördlichen Kleinasien, vor allem dem bithynischen Olymp, sowie aus dem Kaukasus bekannte var. ophrytica, die im männlichen Geschlecht bis 144, im weiblichen bis 130 mm lang wird und durch die besonders langen und dünnen Finger, den sehr hohen Kamm des Männchens und die fleckenlose Bauchseite ausgezeichnet ist.

In Transkaukasien fehlt der Bandmolch in den tieferen, durch ihre trockene Luft bekannten Strichen bei Tiflis und an der Kura und wird auch im Mittelgebirge zwischen 600—700 m Höhe nicht überall angetroffen; die von F. Marth und v. Radde gesammelten

Stücke stammen aus einer Höhe von 1000 m (Betania) und 800 m (Borshom). In dieser Gegend, deren Temperatur und Vegetation im allgemeinen den tieferen Lagen des Thüringer Waldes und Harzes entsprechen dürften, findet man Molge vittata zu gleicher Jahreszeit oder etwas früher im Wasser als in Deutschland den Kammolch. Über ihr Leben in dem einen Parkteiche des Landgutes Betania bei Tiflis schreibt der Verwalter, Herr Schulze, an Wolterstorff, daß die Molche, seit Enten auf dem Teiche gehalten wurden, immer seltener wurden, weil die Enten entweder den Molchen nachstellten oder diesen die Verunreinigung des Wassers nicht zusagte. Man fand die Tiere jetzt öfters im Sommer ganz abgemagert am Land im Grase herumkriechend, was früher nie der Fall war. Einige Stücke waren, aus dem Teiche vertrieben, in einer Viehtränke gefunden worden. Weiter berichtet derselbe Gewährsmann, unser Molch halte sich auch im Winter im Wasser auf: beim Reinigen des Wassers vom Moose seien wiederholt Molche darin gefunden worden.

Durch Werner und Hoffmann sind wir auch einigermaßen über das Freileben des Bandmolches auf dem bithynischen Olymp in Kleinasien, in einem kleinen Tümpel in etwa 1500 bis 1600 m Meereshöhe, unterrichtet. Werner traf noch Anfang August zwei von den drei gesammelten Männchen in vollem Hochzeitsschmucke an, von denen eines als Vorlage der Farbentafel gedient hat. Er schreibt darüber: „Der Tümpel war dicht mit Wasserpflanzen erfüllt und enthielt außer der in Rede stehenden Art sehr viele Kammolche und Seefrösche, zahlreiche Wasserinsekten, aber keine Spur von Wasserschnecken.“ Werner fand die Männchen weit empfindlicher als die Weibchen (welche Erfahrung auch später Hoffmann machen mußte), und es gelang ihm nicht, sie bis nach der heißen Ebene von Brussa zu bringen. Hoffmann traf den Bandmolch in den flachen Ecken des Tümpels, wo das Wasser wärmer war, niemals an und auch an den übrigen Stellen nur am Grunde oder in dessen Nähe. Verfolgt, bohrt sich das Tier mit großer Schnelligkeit schwimmend in den Schlamm ein. Es gelang Hoffmann niemals, durch wildes Hin- und Herfahren mit dem Netz einen Triton vittatus in die Höhe zu fördern, sei es im Netz oder im Strudel außerhalb des Netzes, während er unter gleichen Umständen den Kammolch in großen Mengen erbeutete. Weibliche Tritonen wurden nur zufällig gefangen, und zwar nur im flacheren Teile des Gewässers. Unser Sammler berichtet: „Der Fang ging ganz so vonstatten wie in Deutschland bei den Kammolchen. Solange das pflanzenleere Wasser (an der tiefsten Stelle) klar war (einmal aufgerührt, klärte es sich den Tag über nicht wieder völlig) und die Sonne schräg hineinschien, war der Fang nicht schwer und ergiebig. Ich sah den Molch sich hell von dem etwas dunkleren Grunde abheben, stieß das Netz unter ihm durch und hatte ihn, wenn das Wasser klar genug war, um die Tiefe richtig abschätzen zu lassen. Stoß von der Seite her oder von vorn hatte nie Erfolg. Das Tier machte blitzschnell kehrt und war verschwunden.“ Niemals sah man ein Männchen zum Luftschnappen an die Oberfläche kommen, ebensowenig wurde ein Weibchen im offenen Wasser angetroffen. Auch in einigen Tümpeln mit klarem Wasser wurde die Art gefunden. Der Bandmolch scheint am liebsten in kühlen Gewässern mit Zu- und Abfluß zu leben, es muß aber Pflanzenwuchs vorhanden sein. Über die Fortpflanzung und das Aussehen der Larven dieses Prachtmolches ist leider bisher noch nichts bekannt.

Im Jahre 1880 beschrieb Boulenger einen dem Fadenmolch nahestehenden Wassermolch, Molge montandoni *Blgr.*, aus dem Barnarie-Tale bei Brosteni in Rumänien, den v. Méhely später an verschiedenen Stellen der siebenbürgischen Karpathen, Bayger in Galizien, schließlich O. Hofmann in der Tatra sowie im Odergebirge in Mähren auffand.

Der Schläfenbogen ist bei dieser Art, die wir Karpathenmolch nennen wollen, knöchern, die Oberseite der Schnauze wird von drei Längsfurchen durchzogen. Das Männchen gleicht sehr dem des Fadenmolches, ist aber dadurch gut unterscheidbar, daß die Schwimmhaut zwischen den Zehen bei weitem nicht so stark — eigentlich nur als Hautsaum der Zehen — entwickelt ist, und daß der Schwanz vom Endfaden nicht so scharf abgesetzt ist; der Kopf ist breiter, die Gaumenzahnreihen weichen nach hinten weiter auseinander als beim Fadenmolch. Das Weibchen hat in mancher Beziehung Ähnlichkeit mit dem des Alpenmolches, mit welchem der Karpathenmolch auch, wenigstens in Ungarn, immer zusammenlebt und auch darin übereinstimmt, daß er das Gebirge bevorzugt und sich nicht weit von dessen Fuße entfernt; freilich übersteigt er anderseits, nach v. Méhely, 800 m Meereshöhe nicht. Der Karpathenmolch erreicht eine Länge von 85, ausnahmsweise von 105 mm; die Weibchen sind wie beim Faden- und Bergmolche größer und plumper gebaut als die Männchen.

Die Oberseite des Männchens ist gleich nach Beendigung des Winterschlafes grünlich-lehmgelb, später gelblich-ölbraun; über die Seiten des Kopfes, Rumpfes und Schwanzes zieht eine dunkelbraune Längsbinde, die am Rumpf an den Rändern gekerbt ist. Oberseite des Kopfes, Gesicht und Körperseiten sind dunkel gesprenkelt, die Bauchseite ist hell lehmgelb, ungefleckt, die Bauchmitte orangegelb; die untere Schneide des Schwanzes zeigt eine orangegelbe, von aufrechtstehenden, großen schwärzlichen Flecken unterbrochene Färbung, darüber einen bläulichweißen Streifen. Der Kloakenhügel ist tief schwarzgrau wie die Sohlen der Hinterfüße. — Beim Weibchen ist der Rumpf weniger eckig, mehr drehrund; über die Rückenmitte zieht eine feine Längskante, die dem Weibchen des Bergmolches stets fehlt. Der niedrige Schwanz hat keinen Endfaden. Die braunen Seitenbinden sind breiter als beim Männchen, der Kloakenhügel einfarbig orangegelb, ebenso die untere Schwanzschneide; über dieser und an den Bauchrändern zieht sich eine Reihe kleiner dunkler Flecke hin.

Wenn der Karpathenmolch das Wasser verläßt (Mitte bis Ende Juni), wird die Haut sehr rauh, die häutigen Anhänge bilden sich zurück, die Grundfarbe wird rötlich oder hell bräunlichgelb, und die Seitenbinden treten scharf hervor.

Dieser Molch kommt Ende März in den kleinen Tümpeln des Berglandes seiner Heimat zum Vorschein, und zwar zuerst die Männchen, erst vier Wochen später die Weibchen. Die Paarungszeit beginnt Ende April und ist bereits in den ersten Tagen des Monats Mai zu Ende. Nach der Eiablage verlassen alle Tiere das Wasser und leben unter Steinen, Moos, morschen Baumrinden und modernden Baumstämmen. Mit Beginn der Herbstregen wandern sie wieder zu den sich neuerlich mit Wasser füllenden Tümpeln, wo sie sich, im Schlamm vergraben, der Winterruhe überlassen. Die Larve des Karpathenmolches ist Ende August völlig entwickelt; sie gleicht im wesentlichen der des Alpenmolches, hat aber eine stumpf zugerundete Schwanzspitze. Larven, die infolge ungünstiger Lebensbedingungen im Wasser überwintern müssen, sind viel heller als die Sommerlarven.

Ein kleiner Wassermolch, der unseren Streifenmolch auf der Pyrenäenhalbinsel vertritt, ist Boscas Wassermolch, Molge boscai *Lat.*, ein Tierchen von 7 bis höchstens 10 cm Länge. Durch das Fehlen eines Rückenkammes im männlichen Geschlechte und das Vorhandensein eines knöchernen Schläfenbogens nähert er sich dem Karpathenmolch; er hat aber nur eine Längsfurche auf der Oberseite des Kopfes, und der Schwanz endet, ohne Schwanzfaden, ziemlich unvermittelt in eine kurze Spitze. Ebenso fehlen diesem Molche

Längswülste des Rückens, wenngleich sein Körper zur Paarungszeit auch nahezu vierkantig erscheint. Ohrdrüsen sind deutlich erkennbar. Die Unterseite ist in beiden Geschlechtern orange, mit verstreuten, runden schwarzen Flecken; die Oberseite ist olivengrün oder braun, ohne dunkeln Längsstreifen über die Schläfe. Die untere Schwanzschneide ist gelb, beim Männchen schwarz gefleckt, beim Weibchen einfarbig.

Der Boscasche Wassermolch soll klares Wasser anderen Aufenthaltsorten vorziehen und im Gebirge bis 1400 m aufwärts steigen, wo er neben dem Feuersalamander der einzige Schwanzlurch seiner Heimat ist. Die Alten scheinen das Wasser erst im Hochsommer zu verlassen, wenn überhaupt, da man sie zu allen Jahreszeiten darin angetroffen hat; die jungen Tiere halten sich dagegen an kühlen Orten unter Steinen versteckt auf der Erde auf. Die Häutung geht auch außerhalb des Wassers vonstatten. In seinem Benehmen unterscheidet sich dieser Molch kaum von unseren kleinen heimischen Arten.

Ein Zwerg unter allen europäischen Schwanzlurchen ist der Süditalienische Wassermolch, Molge italica *Prcc.*, der erst vor 14 Jahren von Peracca aufgefunden und beschrieben und seither in verschiedenen Teilen im Süden Italiens (südlich von einer Linie, die von Ancona zum Gran Sasso d'Italia und nach Neapel zieht) nachgewiesen wurde. Männchen werden 45—60, Weibchen 50—75 mm lang. Von seinem nächsten Verwandten, der ihm recht ähnlichen südlichen Form des Teichmolches, ist er stets durch die vertiefte Rückenmittellinie zu unterscheiden sowie durch den breiteren Schädel, an dem die hinteren Stirnbeinfortsätze dicker und mehr nach außen gerichtet sind. Der Schwanzfaden ist deutlich vom Schwanzende abgesetzt.

Eine ganz eigentümliche Gruppe rein europäischer Wassermolche, durch plattgedrückten Kopf, das Fehlen eines Rückenkammes beim Männchen, namentlich aber durch eigenartige Lebensweise gekennzeichnet, bilden die von Wolterstorff mit Recht wieder unter dem Généschen Gattungsnamen Euproctus als Untergattung zusammengefaßten drei Hochgebirgsmolche, die ganz voneinander getrennt in den Pyrenäen, auf Sardinien und Korsika hausen. Zur Paarungszeit, im Frühling, bzw. nach der Schneeschmelze, leben sie ausschließlich in dem kalten, oft eisig kalten Wasser der Hochgebirgsseen und reißenden Gebirgsbäche ihrer Heimat, während sie sich sonst unter Steinen außerhalb des Wassers aufhalten.

Von ihnen fällt der Hechtkopftriton, Molge rusconii *Géné* (Taf. „Ausländische Wassermolche", 2, bei S. 119), durch sehr abgeflachten Kopf mit langer Schnauze auf; er erinnert in dieser Hinsicht sehr an einen Alligator. Wolterstorff, dessen Ausführungen wir hier folgen, bemerkt, daß dieser Molch sich gern etwas auf die Vorderbeine erhebt, wobei er den sehr beweglichen Kopf nach abwärts geneigt trägt, eine Stellung, die bei anderen Molchen selten beobachtet wird. Der schlanke Rumpf geht in einen seitlich stark zusammengedrückten, körperlangen Schwanz über. Der Kloakenwulst bildet in der Brunstzeit beim Männchen einen spitzen, nach hinten gerichteten Kegel, mit aufwärts gekehrter Öffnung, während er außer der Brunst stumpfkegelförmig ist; beim Weibchen ist er flach gewölbt oder stumpfkegelförmig, in der Brunst in ein nach hinten und unten verlängertes Kloakenrohr ausgezogen. Die Ohrdrüsen fehlen, die Hautwarzen sind klein und verstreut. Das Männchen hat eine spornartige Verbreiterung am Unterschenkel.

Die Färbung dieses schönen Molches ist hellbraun, oft zu Gelblichbraun oder Mattorange aufgehellt, und kastanien- oder nußbraun gefleckt oder marmoriert; ein nußbrauner

Rückenstreifen ist meist vorhanden; die Unterseite ist auf gelblichem oder schmutzig-weißem Grunde schwarz gefleckt. Der Hechtkopftriton mißt im männlichen Geschlechte bisweilen 135—140 mm Länge, die Weibchen erreichen diese Ausmaße nicht, sondern höchstens 120 mm.

Der Rusconische Molch kommt, wie wir durch Wolterstorff, einen der besten Kenner der Euproctus-Molche, erfahren, den behendesten echten Tritonen im Wasser in bezug auf lebhaftes Wesen gleich. Er ist aber gegen unreines Wasser ganz auffallend empfindlich und geht sogar bei geringer Verunreinigung, durch faulende Pflanzenreste, leicht an Geschwüren zugrunde. Infolge der schleimigen Beschaffenheit seiner Haut wird er schon durch das bloße Anfassen leicht verletzt, um so eher, als er sehr wild ist. Die Tiere bedürfen, wie auch die beiden anderen Arten, einen niedrigen Wasserstand, nicht viel über 10 cm; anderseits scheint ihnen reicher Pflanzenwuchs, der gleichwohl im Sommer Schutz gegen die Einwirkung der Sonnenstrahlen bietet, wegen der obenerwähnten Möglichkeit der Verunreinigung des Wassers gefährlich werden zu können.

Der Hechtkopfmolch oder sardinische Bergmolch ist in den Hochgebirgen Sardiniens, wie auf dem Monte Linas und namentlich das Gebirgsmassiv des Monte Gennargentu, hier in 1500—1800 m Höhe, häufig, aber nur bei niedrigem Wasserstande leicht zu fangen.

Der korsische Bergmolch, Molge montana *Savi*, lebt sowohl im Hochgebirge wie im Hügelland, da er im ausgebildeten Zustande und als Larve von den Gewässern abwärts geschwemmt wird; man findet ihn daher sogar noch in geringer Meereshöhe, wie bei Orezza, Coste und Bastia. Anderseits ist er in Hochgebirgsseen Korsikas über 2000 m hoch angetroffen worden.

Dieser Molch hat eine weniger vorspringende Schnauze als der sardinische und der hintere Teil seines Kopfes erscheint durch ein Paar gewölbte, aber glatte Ohrdrüsen (Parotoiden) sowie einen Wulst auf dem Scheitel erhöht. Der Schwanz ist beim Männchen etwas, beim Weibchen wesentlich kürzer als der übrige Körper, niedrig, dick, ohne Flossensaum, nur im letzten Drittel seitlich zusammengedrückt. Die Öffnung des Kloakenkegels ist beim Männchen stets nach hinten gerichtet; die spornförmige Verbreiterung am Unterschenkel ist abgerundet und weniger auffällig als bei der vorigen Art. Die Haut erscheint bei oberflächlicher Betrachtung glatt und ist so dünn, daß die Eingeweide auf der Bauchseite fast stets durchscheinen. Die Länge dieses Molches ist geringer als bei der sardinischen Art: beim Männchen höchstens 115, beim Weibchen aber meist nicht viel über 80 mm.

Frisch gehäutet oder in der Wassertracht erscheint der korsische Molch düster- oder mattgrün mit etwas metallischem Glanze, schwärzlich oder bräunlich getüpfelt und marmoriert, oder aber dunkelbraun; ein hellerer, nuß- oder kastanienbrauner Rückenstreifen ist meist vorhanden, ebenso haben viele Stücke einen goldgrünen, gelbgrünen oder goldgelben Fleck in der Gegend der Ohrdrüsen. Die Unterseite ist durchscheinend grau bis fleischfarbig, die Iris goldiggrün, goldgelb bis kupferfarben.

Noch mehr als der sardinische Molch braucht der korsische niedrigen Wasserstand, andernfalls ertrinkt er sehr leicht. Manche Exemplare halten sich überhaupt mit Vorliebe auf feuchtem Boden auf. Wolterstorffs Pfleglinge saßen besonders gern in einer schmalen Spalte zwischen der Glaswand des Terrariums und der eines als „Aquarium im Terrarium" dienenden Elementenglases zusammengedrängt, von wo aus sie die Vorgänge in der Stube beobachteten. „Die Fütterung", schreibt der genannte Forscher, „gestaltete sich so sehr bequem und für die Zuschauer ergötzlich. Es genügte, die Fliegen, kleinere Regenwurmstückchen und

Mehlwürmer in den Spalt zu werfen, kein Futtertier entging seinem Schicksale. Die Molche krochen langsam heran und nach Erfordern aufwärts, um dann rasch mit vorgeschnellter Zunge den Bissen zu erhaschen."

Der letzte der Reihe, der **Pyrenäenmolch**, Molge aspera *Dug.*, lebt in Seen und Bächen der Pyrenäen bis gegen 2000 m Meereshöhe und ist mit seinem breiten, flachen Kopfe, an dem die Schnauze weniger als beim Rusconischen Molche vorspringt, die größte und plumpste der drei Arten. Der Schwanz ist dick und beim Männchen oft merkwürdig kurz, erst am Ende deutlich zusammengedrückt; die Unterschenkel tragen beim Männchen keinen Sporn, sind aber ganz besonders kräftig gebaut; der Kloakenwulst ist halbkugelig angeschwollen, wie bei den echten Molchen, beim Weibchen aber birnförmig, glockenförmig oder in einen kurzen Schlauch mit nach hinten gerichteter Öffnung ausgezogen. Die Haut ist mit Warzen besetzt, die bei einer Spielart, namentlich am Schwanze des Weibchens, nahezu Dornen zu nennen sind. Die Oberseite ist meist grau, graugrünlich oder selbst schwärzlich, ausnahmsweise braun; in der Regel, namentlich bei nicht völlig ausgewachsenen Tieren, findet sich ein unregelmäßiger zitronengelber Rücken- und Schwanzstreifen, daneben werden aber öfters auch einzelne regellos verstreute gelbe Flecke beobachtet. Der Bauch ist in der Mitte gelblichweiß, orangegelb oder orange, beim Weibchen meist breiter und ungefleckt, beim Männchen dagegen schmäler und schwarz gefleckt, die Iris blaßgoldig und bronze gesprenkelt. Das Männchen unterscheidet sich auch durch viel breiteren Kopf vom Weibchen.

Wolterstorff fütterte seine gefangenen Pyrenäenmolche mit Regenwürmern und geschabtem Rindfleisch; sie fressen nicht so viel wie andere Molche, bedürfen aber bei ihrer trägen Lebensweise auch wenig Nahrung. Sie sind bald auf dem Lande, bald im Wasser, schwimmen aber wegen der hierzu ungeeigneten Form des Schwanzes nicht oft. „Gewöhnlich halten sie sich in seltsamen Stellungen, mit dem gekrümmten Schwanze einem verschlungenen Wurme nicht unähnlich, vor und in den Höhlungen auf. So beobachtete ich kürzlich zwei Tiere in zwei Tropfsteinlöchern nebeneinander, den Kopf nach oben gerichtet, unter dem Wasserspiegel, aber hoch genug, um nach Bedarf, ohne ihre Stellung viel zu ändern, Luft schnappen zu können." Auch v. Bedriaga sagt: „Im Aquarium mit Felseninseln und vielen Schlupfwinkeln richten sie sich behaglich ein, sie nehmen sofort die besten Ruheplätze in Beschlag und sitzen stundenlang an einem Fleck in der sonderbarsten Stellung mit nach vorn gekrümmtem und S-förmig um den Leib geschlungenen Schwanze, mitunter bildet der Schwanz eine regelrechte Schlinge."

Bei allen Molchen aus der Euproctus-Gruppe findet die Paarung in der Weise statt, daß das Männchen das Weibchen mit dem Greifschwanz und den starken Hinterfüßen umklammert bzw. festhält und seine Kloake der des Weibchens nähert. Auch bei diesen Molchen wird die Spermatophore in das Wasser abgelegt, aus dem dann die Samenmasse vom Weibchen aufgenommen wird. Das Männchen des Pyrenäenmolches hält das Weibchen außer mit Hinterbeinen und Schwanz auch noch mit einem Vorderfuße fest, das des sardinischen Molches beißt sich in der Lendengegend des Weibchens fest und hält dieses außerdem noch mit dem Schwanze, während beim korsischen Molch das Weibchen vom Männchen in den Schwanz gebissen und von dessen Schwanze umschlungen wird.

Wolterstorff ist es geglückt, den Hechtkopftriton zur Fortpflanzung zu bringen. Die Eier sind verhältnismäßig groß: ihr Durchmesser beträgt $2^1/_2$ mm, derjenige der Gallerthülle aber das Doppelte; sie sind wenig zahlreich und werden einzeln an geschützten Stellen abgelegt. Die Larven entschlüpfen erst nach einem Monat. Auch bei dem Pyrenäenmolch sind, nach v. Bedriaga, die Eier von beträchtlicher Größe.

Michahelles veröffentlichte im Jahre 1830 die Beschreibung eines Molches, der von ihm zum Vertreter einer besondern Gattung (Pleurodeles) erhoben wurde, neuerdings aber von den übrigen Wassermolchen nicht mehr getrennt wird. Das Tier, der Rippenmolch, Molge waltli *Michah.*, ist schlank und gestreckt gebaut, der Leib gleichwohl ziemlich kräftig, der Kopf etwas länger als breit, an der Schnauzenspitze abgestutzt, ja flach krötenartig gerundet, der Schwanz messerförmig zusammengedrückt, am Ende stumpf abgerundet und oben wie unten mit einem deutlichen Hautkamme verziert. Beiden Geschlechtern fehlt ein

Rippenmolch, Molge waltli *Michah.* 5/6 natürlicher Größe.

häutiger Rückenkamm, der Schläfenbogen ist verknöchert, der Kopf sehr niedergedrückt, die Gaumenzähne reichen so weit nach vorn, daß sie den Hinterrand der inneren Nasenöffnungen um ein beträchtliches Stück überragen. Die rundliche Zunge ist klein, vorn angeheftet, am Hinterrande und an den Seiten frei. Die Vorderfüße haben vier, die Hinterfüße fünf freie Zehen. Die drüsige und körnige Hautbedeckung zeichnet sich namentlich durch eine jederseits längs der Scheidungsgrenze zwischen Rücken und Körperseiten verlaufende Reihe größerer horniger Höcker aus, die in vielen Fällen von den langen, scharf zugespitzten Rippenenden durchbohrt werden. Michahelles beschreibt die Färbung als ein schmutziges, etwas ins Gräuliche spielendes Braun, mit wenig bemerkbaren Flecken auf dem Rücken, während die Bauchseite auf ockergelbem Grunde kleine, runde, schwarzgraue Flecke zeige. E. Schreiber, der über eine größere Anzahl von Stücken verfügen konnte, sagt, daß die Grundfärbung der Oberseite gewöhnlich ein schmutziges Ockergelb sei, das bei den alten Weibchen mehr ins Graue, bei den Männchen dagegen mehr ins Rote, häufig auch ins Braune, Olivenfarbige oder selbst in das Schwärzliche übergehe. Die Unterseite, die in der Regel blässer als die Oberseite ist, zeichnen ziemlich kleine, unregelmäßig gerundete, schwärzliche Flecke, die zwar meist einzeln stehen, aber auch mehr oder weniger zusammenfließen und ausnahmsweise so gehäuft auftreten können, daß sie die Grundfärbung teilweise oder fast ganz verdrängen. Der untere Flossensaum des Schwanzes und die Zehenspitzen sind gelblich oder orangegelb, die zahlreichen Körperwarzen an der Spitze von einer schwarzen, hornartig glänzenden Verdickung gekrönt, die die freien Rippenenden überwölbenden Höcker der Rumpfseite orangerötlich. Junge Rippenmolche unterscheiden sich von den alten durch hellere, meist ins Ziegelrote ziehende Oberseite und einfarbige Unterseite. Die ausgewachsenen Larven sind auf weißem oder hellgelblichem Grunde mit zahlreichen, größtenteils zusammenfließenden, dunkel aschgrauen Flecken gezeichnet, unterseits aber auf weißem Grunde mit kleinen grauen, zerstreut stehenden Pünktchen gesprenkelt. Von ihren drei Kiemenbüscheln ist der mittlere der kürzeste, während der untere und längste bis hinter die Ellbogen der Vorderbeine reicht. Der etwa körperlange Schwanz erscheint seitlich sehr zusammengedrückt und sein Flossensaum oberseits sehr hoch. Die Haut der Larven ist fast glatt. Vollkommen ausgewachsene Tiere sind 18—21 cm lang, können aber bis 23 cm an Länge erreichen: so große Stücke kommen namentlich in Nordafrika vor. Die kleinsten, eben verwandelten Jungen sind 6 cm lang; nicht selten aber findet man noch Larven, die schon ziemlich erwachsenen Tieren an Größe kaum nachstehen oder wenigstens die eben verwandelten Jungen an Länge mindestens um das Doppelte, an Masse aber wohl um das Sechs- bis Achtfache übertreffen.

Mehr als durch äußere Gestalt und Färbung weicht der Rippenmolch durch seinen Knochenbau von anderen Schwanzlurchen ab: er hat allein 56 Wirbel! Der erste Wirbel ist unberippt; die 14 nachfolgenden haben an ihren seitlichen Fortsätzen wohlausgebildete Rippen, die durch zwei Köpfchen mit den Querfortsätzen gelenken, in eine scharfe Spitze endigen und etwa 8 mm lang sind. An dem starken Querfortsatze des 16. Wirbels ist das Knochengerüst des hinteren Beinpaares befestigt; die übrigen Wirbel gehören dem langen Schwanze an. Kein anderer Molch hat so viele und so ausgebildete Rippen. Die Kinnladenränder tragen spitzige Zähne, bei manchen Stücken 48—60 in jedem Kiefer, und zwar haben ältere Tiere weniger Zähne als jüngere. Bei letzteren bemerkt man auch auf jedem Gaumenbeine etwa zwölf scharfe, spitze, sehr kleine Zähnchen, während bei den erwachsenen Stücken die Zahnleiste des Gaumenbeines nur sägeförmig ausgezackt erscheint.

Der Rippenmolch ist bis jetzt nur in der Südwesthälfte Spaniens, in Portugal und Marokko gefunden worden, scheint hier auch bloß gewisse Teile des Landes zu bewohnen. Waltl, sein Entdecker, zu dessen Ehren er benannt wurde, fand ihn in Zisternen, wie sie in ganz Andalusien üblich sind. Einzelne von diesen Wasserbehältern haben eine Tiefe von 6—10, einige sogar von 30 m; nur die wenigsten sind so gebaut, daß man mit einem langen Stocke und Hamen die in ihnen in Menge sich aufhaltenden Molche fangen kann. Später hat sich herausgestellt, daß der Rippenmolch nicht ausschließlich in Regensammelbrunnen, sondern auch in Tümpeln und Teichen lebt, die leichter zugänglich sind.

J. v. Bedriaga ist geneigt anzunehmen, daß erwachsene Rippenmolche sich recht gut in der Tiefe der Zisternen zu erhalten vermögen, daß sie aber zum Zwecke ihrer Vermehrung unbedingt flacheren Wassers bedürfen. Ohne Frage geraten die Rippenmolche wider ihren Willen in die tiefen Brunnen hinein und scheinen dann als Wasserbewohner für ihre ganze Lebenszeit bezeichnet werden zu dürfen, während sie im übrigen ebenso lange außerhalb des Wassers auf feuchtem Boden zu leben imstande sind wie unsere heimischen Wassermolche. Ihre Hautausscheidung ist schwächer, ihre Lebenszähigkeit größer als die anderer Wassermolche. Sie sind Nachttiere, die am Tage dunkle Räume den mehr

Ausländiſche Waſſermolche.

1. Kaliforniſcher Waſſermolch, Molge torosa *Eschz.* — 2. Hechtkopftriton, M. rusconii *Gené.* — 3. Feuerbauchmolch, M. pyrrhogastra *Boie.*

belichteten vorziehen. Sie wachsen ungemein rasch und sind sehr gefräßig. Während des Winters häuten sie sich jeden Monat etwa einmal; die Haut wird, wie bei anderen Molchen, regelmäßig sofort verschluckt.

Vor der Paarung stellt sich, nach F. Lataste, das Männchen unter das Weibchen, umschlingt dessen Vorderbeine von hinten nach vorn mit den seinigen, und beide verbleiben mehrere Stunden lang in dieser Stellung. J. v. Bedriaga hat diese Paarung, die im Wasser vollzogen wird, tagelang beobachtet, eine wirkliche Übertragung des Samens aber so wenig wie andere vor ihm sehen können. Er glaubt, daß der Rippenmolch seinen Laich zweimal im Jahre, Juli oder August und Februar oder März, absetze. Wolterstorff fand am 23. März die ersten Eier, denen im Verlaufe des Frühjahres und Sommers noch weitere Eiablagen, im ganzen weit über tausend Stück, folgten. Die Eier selbst sind auffallend klein, kaum 2 mm im Durchmesser, werden aber von einer großen (8 mm im Durchmesser) losen Gallertmasse umhüllt, ähnlich wie beim Axolotl. Die von Lataste beobachteten wurden in der Regel an den Ranken der Wasserpest (Elodea canadensis) abgesetzt, und es schlüpften bei kühler Witterung nach 14, im Sommer, nach einigen warmen Tagen, schon nach 5—6 Tagen die Larven aus. Bemerkenswert ist, daß das Männchen dieses Molches Brunstschwielen an der Unterseite der Vorderarme hat, wie manche der niedersten Froschlurche (Unken).

Fr. Leydig hat nachzuweisen versucht, daß die häufige Durchbohrung der Haut durch die freien Rippenspitzen krankhafter Natur sei, hervorgebracht durch das Bestreben des Tieres, sich der Hand seines Feindes zu entziehen. Aber diese Durchbohrung ist auch bei dem lebenden Tiere in freier Natur, wie v. Bedriaga nachgewiesen hat, eine so häufige Erscheinung, daß man sie wohl auch als eine Eigentümlichkeit, ja als eine der Eigenschaften dieses merkwürdigen Tieres auffassen darf, umsomehr als die spitzen Rippenenden immer an derselben Stelle in der Mitte einer der seitlichen Hautwarzen aus der Haut heraustreten.

Unser Rippenmolch hat in Nordwestafrika zwei ihm sehr ähnliche, aber kleinere Verwandte, von denen der auf Ostalgerien beschränkte Hagenmüllersche Molch, Molge hagenmuelleri *Lat.*, nach Wolterstorff nur als Zwergform des weiter nach Osten, bis Tunis, verbreiteten Poiretschen Molches, Molge poireti *Gerv.*, anzusehen ist; ersterer ist außer durch die winkelförmige (bei letztgenannter Art hufeisenförmige) Anordnung der Gaumenzähne, durch gestreckteren Kopf und längere und zartere Finger und Zehen von diesem verschieden.

Nur zwei Arten der großen Gattung Molge, die einander sehr wenig ähnlich sehen, aber von dem amerikanischen Zoologen Rafinesque einer besonderen Gattung (Diemyctylus) zugerechnet werden, leben in dem molchreichen Nordamerika: die eine ist der große, 16 cm Länge und darüber erreichende Kalifornische Wassermolch, Molge torosa *Eschz.*, der das westliche Nordamerika, namentlich aber Kalifornien bewohnt, die andere der weit kleinere, im größeren östlichen Teile der Vereinigten Staaten lebende Grünliche Wassermolch, Molge viridescens *Raf.* Bei beiden Arten ist der Schläfenbogen knöchern, die Gaumenzahnreihen weichen nach hinten auseinander, eine Λ-förmige Figur bildend, und bei beiden fehlt dem Männchen ein Rückenkamm vollkommen. Der Kalifornier aber ist außer durch seine Größe, in der er von allen Arten seiner Gattung wohl nur durch den Rippenmolch übertroffen wird, sehr leicht erkennbar an dem niedergedrückten Kopf, dessen Breite seiner Länge gleichkommt und dem Längsfurchen fehlen, an dem Vorhandensein einer starken Kehlfalte und an der Färbung; diese ist oberseits meist mehr schwarzbraun beim Männchen, mehr rotbraun beim Weibchen, die Unterseite, ebenso wie die untere Schwanzschneide, lebhaft gelb. Dagegen hat der kleine

„Grünliche“ einen längeren Kopf, dessen Schnauze vorn abgestutzt ist und seitlich steil abfällt; die Oberseite des Kopfes läßt zwei Längsstiele zwischen drei Längsfurchen erkennen; eine Kehlfalte fehlt, und die sehr charakteristische Färbung ist in der Wassertracht olivengrün mit einer Reihe roter, schwarz gesäumter Augenflecke an jeder Seite des Rückens, neben denen die Oberseite noch andere, einfach schwarze Flecke aufweisen kann; den Seiten des Kopfes entlang, durch das Auge, zieht ein schwarzer Streifen, manchmal bis zu den Flanken; viele Weibchen weisen eine rote Rückenlinie auf; die Unterseite beider Geschlechter ist auf rotem oder orangefarbenem Grunde schwarz gefleckt. Wie wir später noch hören werden, ändert sich mit dem Verlassen des Wassers nicht nur, wie bei M. torosa, die Beschaffenheit der ursprünglich glatten Haut, die nunmehr rauh wird, sondern auch die Färbung, und zwar in gelbrot. Das ist also die Landtracht der M. viridescens, die man in dieser Tracht früher als besondere Form unter dem Artnamen miniatus beschrieben hat.

Jordan hat diesen Wassermolch, der nach ihm im nördlichen und östlichen Teil der Vereinigten Staaten von Amerika weit verbreitet und leicht und in großer Menge erhältlich ist, namentlich in der Umgebung von Worcester im Staate Massachusetts beobachtet und teilt darüber folgendes mit: „Sie ziehen dort Stellen mit weichem, schlammigem Grunde und reichem Pflanzenwuchs vor, wo sie sich unter abgefallenem Laub oder im Pflanzengewirr zu verbergen pflegen. An warmen, sonnigen Tagen im Anfang des Frühlings sonnen sie sich aber im seichten Wasser dicht am Ufer. In schnellfließendem Wasser werden sie in der Regel nicht angetroffen, ziehen auch in größeren Sümpfen kleine, vor dem Winde geschützte Buchten vor.“

Die Männchen sind viel häufiger als die Weibchen, diese aber etwas größer und zur Fortpflanzungszeit bedeutend schwerer als jene; die größten von Jordan gemessenen Exemplare waren Weibchen, 10,6—11,3 cm lang, während die größten Männchen nur 10,2—10,5 cm maßen. Aus größeren Sümpfen stammende Tiere sind in der Regel größer als solche von kleineren Wasseransammlungen.

Auch dieser Molch ist unter normalen Verhältnissen ein äußerst gefräßiges Raubtier. Die Weibchen nehmen auch während der Eiablage begierig Nahrung an, während Necturus und Amblystoma während dieser Zeit fasten; es mag dies damit zusammenhängen, daß die Zeit der Eiablage bei unserem Molch verhältnismäßig lange dauert. In dem Magen frischgefangener Exemplare fand man vorwiegend Insektenlarven, kleine Schnecken und Muscheln.

In Gefangenschaft werden diese Wassermolche, wenn man sie mit Regenwürmern oder geschabtem Fleisch füttert, sehr zahm, zeigen ein lebhaftes Interesse an den Vorbereitungen zur Fütterung, springen sogar 1—2 Zoll hoch aus dem Wasser heraus, um ein Stück Fleisch, das mit einer Pinzette über sie gehalten wird, zu erhaschen, doch unterscheiden sie nicht das Fleisch von der Fingerspitze und springen auch oft nach der bloßen Pinzette in die Höhe.

Die Anwesenheit von Nahrung scheinen sie nur durch Geruch und Tastsinn, nicht durch das Auge wahrzunehmen; wenn einige Stückchen geschabtes Fleisch ruhig in das Aquarium gebracht werden, nehmen die Molche zuerst scheinbar keine Notiz von ihnen, aber nach wenigen Sekunden beginnen sie unruhig zu werden und langsam über den Boden zu kriechen, mit der Nase auf dem Boden, wie ein Jagdhund, der einer Spur folgt. Sobald ein Stück Fleisch mit der Schnauze in Berührung kommt, wird es mit einer Schnelligkeit aufgeschnappt, die in einem bemerkenswerten Gegensatze zu der früheren Unkenntnis des Molches in bezug auf seine Umgebung steht. Werden die Tiere aber aufgescheucht, oder sind sie sehr hungrig, so schnappen sie auch nach im Wasser sinkendem Fleisch, schnell schwimmenden Insekten, Wasserkäfern und dergleichen bewegten Dingen. Wahrscheinlich ist die Schnauzenspitze mit Tastkörperchen ausgerüstet, welche die Molche instand setzen, sich bewegende Dinge wahrzunehmen.

Wenn mehrere Molche zusammen gefüttert werden, beißen sie sich oft gegenseitig in die Schwänze oder Beine mit derselben Gier, mit der sie nach Fleisch schnappen. Dabei stoßen die gebissenen Tiere häufig einen schwachen, quiekenden Schrei aus; das klingt ähnlich, wie wenn man mit einem benetzten Finger schnell über eine Glasplatte fährt.

Die Ablage der Spermatophoren von seiten des Männchens kann außer im Frühling gelegentlich auch im Herbst erfolgen, doch bergen die Samenbehälter des Weibchens um diese Zeit weniger Spermatozoen als im Frühjahr, und es ist unsicher, ob diese noch vom Frühling her übriggeblieben sind oder von einer Paarung im Herbste stammen.

Die Ablage der Eier beginnt um den 10. April, vermindert sich von Anfang Juni an und hört Anfang Juli ganz auf; für einzelne Individuen beträgt diese Zeit wahrscheinlich wenigstens sieben bis acht Wochen, die Zahl der von einem einzigen Weibchen abgelegten Eier wurde von Jordan mit 108 (vom 20. April bis 13. Mai) festgestellt. Sie werden einzeln, gelegentlich aber zu zweien, selten aber drei zwischen Blätter von Wasserpflanzen gelegt; die Auswahl der geeigneten Plätze scheint mit großer Sorgfalt zu geschehen, da das Weibchen oft von einer Pflanze zur anderen wandert, bis es eine ihr vollkommen zusagende Stelle findet. Zwischen der Absetzung zweier Eier verstreicht ein Zeitraum von wenigstens fünf, meist sechs bis acht Minuten.

Wie Gage des näheren ausführt, macht der kleine nordamerikanische Wassermolch eine ganz wesentliche Veränderung in der Färbung durch, wenn die Kiemen rückgebildet sind und er das Wasser verläßt; seine olivengrüne Färbung wird rotbraun und schließlich lebhaft gelbrot, wobei die mennigroten Flecke erhalten bleiben und zum Teil mit schwarzem Pigment umrandet werden. Im Herbst des dritten oder im Frühling des vierten Jahres nach dem Ausschlüpfen geht das Rot wieder in Grünlich über, ob nun die Tiere das Wasser aufsuchen oder nicht; von da an bleibt der Molch so und wird nicht wieder rot, auch wenn man ihn ein ganzes Jahr außerhalb des Wassers beläßt. In diesem Alter sind unsere Molche dann reine Wassertiere und verlassen ihr Element freiwillig nicht, obwohl sie gewiß imstande sind, monatelang und wahrscheinlich unbeschränkte Zeit an feuchten Orten ganz außerhalb des Wassers zu leben.

Die zweite Molge-Art Nordamerikas, der Kalifornische Gelbbauch, wie man das Tier seiner Färbung nach auch nennen könnte, ein großer und schöner Wassermolch, ist gegenwärtig den meisten Lurchfreunden wohlbekannt und schon öfters bei uns gezüchtet worden. Ritter, der das Tier in großer Zahl in seiner Heimat beobachten konnte, gibt eine anschauliche Schilderung seines Wesens, der wir nur das Wichtigste entnehmen wollen.

Auffällig ist bei dieser Art, daß sie nach erfolgter Verwandlung eine Zeitlang vollständig auf dem Lande lebt, obwohl sie eine beträchtliche Zeit ihres Lebens hindurch ein echtes Wassertier ist. Verhindert man die Tiere zu der Zeit, wenn sie ihre Larvenmerkmale, mit Ausnahme der Kiemenbüschelstümpfe, verloren haben, ans Land zu gehen oder bringt solche eben verwandelte Tiere, die schon das Wasser verlassen haben, wieder in dieses zurück, so gehen sie innerhalb weniger Stunden zugrunde, und zwar durch Ertrinken. Auch größere landbewohnende Exemplare, wie man sie oft spät im Sommer findet, bekunden eine eigene Abneigung gegen das Wasser. So fand Ritter im Frühherbst, als er eine Schlucht durchsuchte, aus der das Wasser bis auf einzelne Tümpel ganz verschwunden war, viele mittelgroße Stücke mit rauher Haut und runden Schwänzen ohne Hautsaum. Von diesen machte eines ungewöhnliche Anstrengungen, dem Fänger zu entgehen und lief dicht an einem Tümpel entlang, wo die Felsen auf seinem Wege so glatt waren, daß es ihm immer schwerer wurde, sich an ihnen festzuhalten und ein Loslassen unausweichlich einen Sturz ins Wasser nach sich gezogen hätte. Dagegen kämpfte das Tier verzweifelt an, und als zuletzt doch die Katastrophe kam, konnte kein ertrinkender Mensch rasendere Anstrengungen machen, wieder herauszukommen als dieser unglückliche „Wasserhund". Es war kaum die Furcht vor dem Falle selbst, die ihn so hartnäckig an den Felsen sich anklammern ließ, da diese Tiere sich gewöhnlich ganz sorglos von viel größerer Höhe herabfallen lassen.

Der Unterschied im Verhalten zwischen Tieren dieser Größe und dem der vollständig aquatischen Erwachsenen ist wirklich auffallend. Voll entwickelte Männchen bleiben auch im Winter und Frühling im Wasser, ohne es einmal zu verlassen, wie dies aus Beobachtungen an dem Alameda-Wasserreservoir bei Nord-Berkeley hervorgeht, wo die Molche buchstäblich zu Tausenden vorkommen. Hier kann man auch sehen, daß sie sehr lange, eine halbe bis eine ganze Stunde, unter Wasser bleiben können.

Die Häutung ist auf keine bestimmte Jahreszeit beschränkt und geht in größeren oder kleineren Stücken vor sich, nur von den Gliedmaßen und dem Schwanze in einem Stück. An landlebenden Exemplaren sieht man nicht selten zahlreiche Reste der trocknen Oberhaut an verschiedenen Körperteilen hängen. Die Tiere erscheinen dann recht unansehnlich; wenn sie diese Hautfetzen wieder abgestreift haben, erhalten sie gleich wieder ein viel schöneres Aussehen. Die abgestreifte Haut wurde in großer Menge im Magen untersuchter Tiere gefunden. In der Fortpflanzungszeit bilden auch Eier und Junge der eigenen Art einen wesentlichen Teil der Nahrung, namentlich für alte Männchen; doch scheinen deren Versuche, die Embryonen aus den Gallerthüllen herauszuziehen, nicht erfolgreich zu sein. Obwohl diese Molche kleine Schnecken, Insekten und deren Larven, Regenwürmer und dergleichen gern annehmen, wie aus ihrem Mageninhalt hervorgeht, und herzhaft fressen, wenn viel Futter vorhanden ist, auch durchaus nicht wählerisch in ihrer Nahrung sind, kann man sie doch nicht als gefräßig bezeichnen; sie können lange ohne Nahrung aushalten, ohne Anzeichen von Hunger erkennen zu lassen.

In seinen Bewegungen ist M. torosa langsam und schwerfällig; im Wasser kann er gelegentlich mit beträchtlicher Schnelligkeit sich fortbewegen, aber die blitzartigen Bewegungen mancher anderer Molche fehlen dieser Art völlig. Daher kann er auch leicht mit der bloßen Hand gefangen werden; nur manchmal schwimmt oder läuft er eine kurze Strecke beim Herannahen eines Menschen weg. Das Tageslicht scheuen die kalifornischen Molche durchaus nicht: in dem vorerwähnten Wasserreservoir, das dem vollen Tageslicht frei ausgesetzt ist, und das keine oder nahezu keine Versteckplätze bietet, sind sie ja überaus häufig; dabei werden sie durch keinen Überfluß an Nahrung veranlaßt, dieses Wasser aufzusuchen, da es mit großer Sorgfalt möglichst frei von Lebewesen gehalten wird und auch die Molche selbst in großer Menge entfernt werden. Zu der Zeit, wo sie Landbewohner sind, machen sie gern weite Ausflüge ins offene Land und werden oft langsam über Grundstücke und Fußwege trollend angetroffen.

Bemerkenswert ist die Wandlung, die dieser Molch durchmacht, wenn er das Leben im Wasser gegen das auf dem Lande vertauscht. Der Flossensaum des Schwanzes wird vollständig rückgebildet, und dieser ist dann sehr schmal und schwertförmig; die glatte Haut wird warzig, rauh, und jede der warzigen Erhöhungen endet in einer dunkeln Spitze, an der eine Hautdrüse ausmündet. Der Wechsel in der Art der Hautbedeckung und in der Farbe des Schwanzes kann jedesmal beim Wechsel der Lebensweise wieder eintreten, namentlich bei dem viel mehr aquatischen Männchen, während bei der kleinen M. viridescens eine Umwandlung nicht mehr beobachtet wird, wenn sie einmal die Wassertracht angenommen hat. Ritter führt dies auf die verschiedenartige Lebensweise beider Arten zurück, da die von M. viridescens bewohnten Gegenden keine eigentliche Trockenzeit haben, und die Flüsse und Sümpfe, in denen diese Art lebt, ausdauern, so daß wenigstens in dieser Beziehung kein Grund vorliegt, warum die einmal an das Wasserleben gewöhnten Tiere wieder auf das Land zurückgehen sollten; in der Heimat von M. torosa aber trocknen die Wasserläufe und Sümpfe, in denen dieser Molch Winter und Frühsommer verbringt, im Hochsommer vollständig aus; es ist also vorteilhaft, wenn die Tiere jetzt auf dem Lande ihre Nahrung suchen können.

Bis zur Erlangung der Geschlechtsreife kann man bei M. torosa Männchen und Weibchen äußerlich nicht unterscheiden. Beide sind mit Warzen bedeckt und haben schmale Schwänze; die Weibchen bleiben zeitlebens so, sei es, daß diese Merkmale eigentlich weibliche sind, oder weil sie viel weniger im Wasser leben; letzteres ist das wahrscheinlichere. Die Kloakengegend des Männchens ist viel mehr angeschwollen, ein dunkles, breites Band zieht sich an der Seite des Körpers von der Achsel bis auf die Kloakenwulst und darüber hinaus. Ferner ist während der Paarungszeit die Innenseite des Oberarms beim Männchen mit härterer, rauherer Haut bekleidet als die benachbarten Stellen, auch dunkler gefärbt, und ebenso sind die Handflächen und Fußsohlen sowie die Finger- und Zehenspitzen schwarz.

Bei M. torosa beginnen die Männchen bereits im Herbste ihre Samenmassen abzusetzen und sich zu paaren, obwohl erst im folgenden Frühling die Eier der Weibchen reifen. Die Übertragung des Samens, der nicht in Spermatophoren eingeschlossen ist, scheint hier, wenigstens nach Ritters Beobachtungen, direkt an die Kloake des Weibchens zu erfolgen. Die Paarung dürfte meist im Schwimmen vor sich gehen.

Die Eier werden Anfang März, frühestens Mitte Februar abgelegt, und zwar in kleinen Klumpen von 10—25 Stück, deren Gallerthülle anfangs halbflüssig ist, aber dann ziemlich fest wird; diese ungewöhnliche Form der Eiablage rührt daher, daß die Eier, die im Eileiter noch in einer Reihe hintereinander liegen, durch ihre Klebrigkeit so fest aneinanderhängen, daß sie beim Austreten aus der Kloake nicht getrennt werden können, um so weniger als die Mutter bei dem ganzen Vorgange auf einem Fleck sitzen bleibt. Die Eierklümpchen werden an Stangen, die fest im Wasser stehen, an Steinen, Wasserpflanzen, Seilen, Ketten und Pfosten im Wasser angehängt. Ein Weibchen setzt in einer Legeperiode drei oder vier solcher Klümpchen ab, die zusammen etwa 60 Eier enthalten und ungefähr innerhalb von zwei Tagen abgegeben werden; aus ihnen schlüpfen die Larven 30 Tage nach der Eiablage.

An den Schluß der Molge-Arten setzen wir den prächtigen, in Japan und China lebenden und aus Japan alljährlich zu uns gelangenden Feuerbauchmolch, Molge pyrrhogastra *Boie* (Taf. „Ausländische Wassermolche", 3, bei S. 119), weil er in mancher Beziehung an die ausschließlich südostasiatische Salamandrinengaltung Tylototriton sich anschließt, während ihm anderseits unter den europäischen Wassermolchen die spanisch-portugiesische Molge boscai recht nahesteht. An den stark vortretenden Ohrdrüsen, den knöchernen Schläfenbogen, auch der Gestalt der Gaumenzahnreihen, die ein umgekehrtes V oder Y bilden, sowie an der in beiden Geschlechtern vorhandenen Längsleiste des Mittelrückens ist unser Molch leicht erkennbar. Der beim Männchen während der Paarungszeit seitlich stark zusammengedrückte und mit deutlichem oberen und unteren Hautsaum versehene, an der Spitze oft in einen kurzen Faden auslaufende Schwanz ist meist länger als der Körper; die Haut rauh, körnig; hinter der Ohrdrüse sitzt an jeder Seite der Kehle eine ähnliche, kleine, kugelige, warzenartige Drüse; eine Kehlfalte ist deutlich sichtbar.

Die Oberseite des Feuerbauches ist schwarzbraun, schokoladefarbig, die Unterseite leuchtend karminrot, meist mit großen schwarzen Flecken, selten einfarbig, die untere Schwanzschneide des Weibchens ebenfalls rot; beim brünstigen Männchen sind namentlich die Halswarze und der Schwanz mehr oder weniger bläulichviolett überflogen.

Der Feuerbauch ist wegen seiner Schönheit und seines unverwüstlichen Naturells neben dem Kalifornischen Molch der häufigste aller bei uns gepflegten außereuropäischen Wassermolche. Seine Ernährung ist ebenso leicht wie die Mühe gering, ihn zur Fortpflanzung zu bringen, und es würde nicht schwer sein, ihn bei uns einzubürgern. Die bei uns allgemein eingeführte Form des Feuerbauches ist die japanische, die etwa 12 cm lang wird; sie scheint in ihrer Heimat außerordentlich häufig zu sein. Dagegen gehört die kleinere, chinesische Abart zu den wenigst bekannten Molchen Ostasiens und ist erst lange nach ihrer Entdeckung kürzlich von Kreyenbergh wieder aufgefunden und von Wolterstorff ausführlich beschrieben worden.

Die Fortpflanzung des Feuerbauches gelang Schreitmüller erst, als er die Tiere im ungeheizten Zimmer überwinterte. Nun traten die Männchen Anfang März, die Weibchen vierzehn Tage später in Brunst; das Ablaichen erfolgte Ende März, und zwar in die Spitzentriebe des Tausendblattes (Myriophyllum). Die Eier sind ziemlich groß, mit der Gallerthülle von der Größe einer mittleren Erbse, und gedeihen nur an schattigen Örtlichkeiten, während sie und auch die Larven bei Besonnung zugrunde gehen.

Vier Zehen an allen vier Füßen und ein knöcherner Schläfenbogen sind die am meisten hervorstechenden Merkmale der Brillensalamander (Salamandrina *Fitz.*), die sich außerdem durch gestreckten Bau, fast drehrunden, zugespitzten, aber oben wie unten mit einer scharfen Kante versehenen Schwanz, Mangel der Ohrdrüsen und stark gekörnte Hautbedeckung auszeichnen. Die Gaumenzähne bilden zwei gerade, in der ersten Hälfte ihres Verlaufes fast gleichgerichtete, dann aber nach hinten stark auseinandergehende Längsreihen, deren vorderes Ende nicht über die inneren Nasenöffnungen vorragt. Die Zunge ist groß, länglich, vorn verschmälert, hinten flach bogenförmig zugerundet und mit ihrem vorderen Teile angewachsen, so daß nicht nur ihre hintere Hälfte, sondern auch die Seitenränder frei sind.

Die einzige Art der Gattung ist der Brillensalamander, Salamandrina perspicillata *Savi*, die „Tarantolina" der Italiener. Ein mattes Schwarz, von dem sich die gelbrötliche Brillenzeichnung über den Augen deutlich abhebt, ist die Färbung der Oberseite; die schwarze Kehle zeigt einen weißen Fleck, der lichte Unterleib viele unregelmäßige schwarze Flecke und Tüpfel; die Aftergegend, die innere Seite der Beine und die Unterhälfte des Schwanzes sind schön karminrot. An Größe steht das Tierchen unserem deutschen Salamander weit nach: seine Länge beträgt nur 8—10 cm, wovon die des Schwanzes drei Fünftel wegnimmt.

In seiner Heimat, der mittelländischen Küste von Nord- und Mittelitalien, bewohnt dieser reizende Salamander bergige, kühle, schattige Orte, scheint jedoch nicht hoch im Gebirge vorzukommen, sondern Hügelgelände vorzuziehen, überhaupt rauhe Gegenden zu meiden. Bis zum Jahre 1863 waren nur höchst dürftige Beobachtungen über die Lebensweise des niedlichen Geschöpfes veröffentlicht worden, und auch die in diesem Jahre erschienene kleine Schrift Ramorinos blieb in weiteren Kreisen unbeachtet. Erst Mich. Lessona brachte im Jahre 1868 eine Lebensbeschreibung des Tieres, die später von ihm noch wesentlich vervollständigt worden ist.

Der Brillensalamander ist in der Umgegend von Genua gemein, auf den Bergen, welche die schöne Stadt amphitheatralisch umgeben, äußerst häufig. Von jenen Bergen eilen kleine Flüßchen zur Tiefe hinab dem Meere zu, die, wie alle Gebirgswässer, sich nach Gewitterregen in rauschende Flüsse verwandeln, später aber fast ganz austrocknen und nur noch in ihrem Bette hier und da einzelne Tümpel bewahren; in ihrem klaren Wasser wachsen viele Pflanzen, die zahlreichen Insektenlarven zur Wohnung dienen. Die Berge ringsum sind nicht bewaldet, nicht einmal mit Büschen bestanden. In nächster Nähe solcher Rinnsale halten sich die Brillensalamander auf und verbergen sich entweder unter Steinen oder

Brillensalamander, Salamandrina perspicillata *Savi*. Natürliche Größe.

leben im feuchten Schlamme. An Regentagen zeigen sie sich, zumal im Frühjahr und im Herbst, außerhalb ihrer Verstecke, während des Sommers aber nur nach Gewitterregen, die in der Umgegend von Genua zu dieser Jahreszeit selten fallen. Viel öfter sieht man sie an schönen und stillen Wintertagen, selbst im Januar. Ameisen und kleine Spinnen sind ihre Hauptnahrung. In den ersten schönen Frühlingstagen, also im März, begeben sich die Brillensalamander in das Wasser, um hier ihre Eier abzulegen, und man bemerkt dann die Weibchen hier und da in den erwähnten Tümpeln. Die zuerst ankommenden wählen sich die besten Plätze, nämlich die Felswände, die dem Anprall des Wassers ausgesetzt sind, und von denen deshalb die angeklebten Eier auch nach einem Regengusse nicht weggeschwemmt werden. Die später ankommenden Weibchen legen ihre Eier ab, wo sie können: auf die im Wasser liegenden Äste oder Zweige und die am Boden befindlichen Blätter. Sehr viele solcher Eier werden vom Wasser fortgetragen und im Meere begraben, andere verderben, obschon viel seltener, weil die Tümpel eintrocknen. Nach Lessonas Beobachtungen gehen nur die Weibchen in das Wasser; wenigstens hat weder genannter Forscher noch einer seiner

Gehilfen jemals ein Männchen hier gesehen. Die Begattung muß also auf dem Lande erfolgen und eine innerliche, d. h. vollständige, sein.

Die gelegten Eier sind von einer ähnlichen Masse umgeben wie die der Frösche und erleiden auch ohne erheblichen Unterschied dieselben Veränderungen, Furchungen, mit einem Worte: sie machen dieselbe Entwickelung durch. Bei einer Wärme von 15 Grad zeigt sich nach 48 Stunden die erste Mittelfurche, 24 Stunden später der Rückenwulst, und fortan geht die Entwickelung den gewöhnlichen Gang. Nach Verlauf von 20 oder 22 Tagen befreit sich die Larve, die sich bereits am zehnten oder zwölften Tage zu bewegen begann, aus ihrer schleimigen Hülle und fällt gleichsam erschöpft auf den Boden des Gewässers hinab, um hier, ohne irgendwelche Lust zur Bewegung zu bekunden, ungefähr zwei Tage zu ruhen. Berührt man sie, so schwimmt sie mit Hilfe ihres Schwanzes außerordentlich schnell durch das Wasser, hält aber bald wieder an und sinkt von neuem in die Tiefe. Am dritten Tage nach ihrem Ausschlüpfen sieht man sie auf dem Bauche liegen und bemerkt, daß sie sich mit Hilfe von zwei als Saugscheiben wirkenden Anhängseln befestigt hat. Am 18. Tage ihres Lebens sind bereits die Zehen gebildet, und gegen den 50. oder 52. Tag hin ist die Entwickelung beendet.

Im allgemeinen sind die Larven des Brillensalamanders viel träger und seßhafter als die der Frösche. Lange Zeit liegen sie am Grunde des Wassers auf einem Steine und erheben sich nur dann und wann, um eine Beute wegzunehmen. Nach Ansicht Lessonas ist kein Zweifel, daß sie sich ausschließlich von kleinen Tieren nähren, also fleischfressende Geschöpfe sind. Lessona hat selbst gesehen, wie sie Insektenlarven verschlangen, aber auch auf anderem Wege erfahren, daß sie ohne tierische Nahrung zugrunde gehen. L. Camerano nämlich kam, nachdem er fast alle von ihm gefangen gehaltenen Salamandrinenlarven verloren hatte, auf den Gedanken, den übriggebliebenen, etwa 40 Tage alten, Fleisch anzubieten, schnitt es in außerordentlich feine Streifen, befestigte diese an Drähte und bewegte sie im Wasser, um ihnen den Anschein einer lebenden Beute zu geben: die Larven verschlangen die Bissen mit Begierde und wurden nunmehr 15 Tage lang regelmäßig mit rohem Fleische gefüttert, vollendeten auch ungefähr am 55. Tage ihres Lebens ihre Verwandlung. Die Kiemen waren fünf Tage vorher fast gänzlich eingeschrumpft, und die Larven erschienen jetzt wiederholt an der Oberfläche des Wassers, um Luft zu schöpfen, hatten dies aber auch schon früher mehrfach getan.

Im Juni findet man an geeigneten Orten bereits überall junge Brillensalamander von demselben Jahre, und schon im nächsten Jahre haben sie ihre volle Größe erreicht. Sie laufen langsam und schwimmen mit seitlichen Schlangenbewegungen, aber doch nicht kräftig genug, daß sie nach Regengüssen nicht oft fortgeschwemmt würden. Nachdem die Laichzeit vorüber ist, häuten sie sich. Ihre Haut schwitzt einen Schleim aus, wie die des Erdsalamanders, aber bei weitem nicht in so bedeutender Menge.

Der Brillensalamander hat, nach J. v. Fischer, nicht wie andere Molche die wunderbare Fähigkeit, den verstümmelten Schwanz oder abgetrennte Glieder zu ersetzen; auch Kammerer kommt zu demselben Ergebnis.

Nach v. Fischer ändert der Brillensalamander sehr in der hellen Zeichnung seines Kopfes ab; diese kann beim Männchen sogar vollständig fehlen. Obgleich dieser Molch an den Orten seines Vorkommens häufig ist, findet man ihn doch nur im Frühjahr und Herbst in Menge. Bei Berührung oder Störung bleibt er regungslos liegen. Seine schleimlose und trockne Haut ist gegen Wärmeeinfluß weniger empfindlich als die anderer Salamander, doch fand

Mushoff, daß seine Tiere durch höhere Temperatur (34° C) getötet wurden, während sie sich in einem kühlen Raume wohl befanden. Der Brillensalamander ist ein Tagtier und wird in erster Linie durch das Auge geleitet; sein zweitbester Sinn scheint der Geschmack zu sein. Stimme hat er nicht, und auch von Geräuschen läßt er sich nicht anfechten. Außer der Laichzeit suchen die Tiere das Wasser nicht auf. In der Gefangenschaft sind sie bei Fütterung mit lebenden Fliegen und Käferlarven hart und ausdauernd, auch untereinander verträglich, beachten ihren Pfleger aber in keiner Weise. Mushoff beobachtete auch, daß seine Brillensalamander, wenn man sich ihnen abends mit einem Lichte näherte, herbeigekrochen kamen. Gegen das Wasser hegten sie eine ausgesprochene Abneigung. Die Brillenzeichnung auf dem Kopfe verblaßt vor der Häutung, prangt aber nach dieser wieder in schönem Orangegelb. Die abgestreifte Haut findet man in Form eines ringartig zusammengeschobenen Gebildes vor.

Die letzte zusammenfassende Beschreibung des Frei- und Gefangenlebens des Brillensalamanders hat v. Bedriaga gegeben; er stützt sich hierbei nur zum geringen Teile auf die Angaben früherer Autoren, bringt vielmehr eine Menge eigener Beobachtungen bei. „Sie (unsere Salamandrina) hält sich vorzugsweise in der Nähe von Gebirgswässern auf, ab und zu auch an ziemlich trocknen Stellen, verläßt jedoch in diesem Falle ihren Schlupfwinkel nur zur Regenzeit. Ramorino fand sie ebenso an feuchten Stellen in Kastanienwäldern wie auch auf baumlosen Wiesen und gibt an, daß sie das Wasser nur zum Absetzen der Eier und zur Häutungszeit aufsucht, und daß stehendes Wasser ganz und gar von ihr gemieden wird. In Ligurien, wo sie stellenweise, so in den sich gegen das Mittelmeer hin öffnenden Tälern, ungemein häufig ist, bewohnt sie vorzugsweise die von Wasser berieselten Schluchten und findet sich in den mit Moos und sonstigen Pflanzen überwucherten Felsspalten. In den heißesten und trockensten Örtlichkeiten, weit von jedem Wasser, wie sie so häufig an der ligurischen Küste sich finden, nimmt diese Salamandrine Zuflucht in den Gärten, wo sie längs den dem Norden zugekehrten Seiten der Mauern ihr Quartier aufschlägt und unter Laub, angehäuften, halbvermoderten Gegenständen oft zu Dutzenden beisammen angetroffen wird; selbst bis in die Gärten Genuas dringt sie ein. Schatten, Kühle und ein gewisser Grad Feuchtigkeit sind für sie unbedingt notwendig, daher ist ihr Vorkommen am Vesuv ganz und gar undenkbar. Auch soll sie nicht hoch am Berge hinaufsteigen, sondern an Menge zunehmen, je mehr man sich der Talsohle nähert, wo sie die meisten Aussichten hat, bei ihren nächtlichen Wanderungen auf Quellen und kleinere Wasseransammlungen zu stoßen; hier sitzt sie auch in den Abendstunden auf der Lauer nach Myriopoden, kleinen Käferarten und Orthopteren. Wenn das spärliche Wasser in den von ihr bewohnten Strichen versiegt und die Hundstage sich einstellen, so verkriecht sie sich unter größere Steinblöcke oder in Ritzen und verbringt daselbst die ungünstige Jahreszeit in einem schlafähnlichen Zustande, so daß ausgegrabene Stücke kaum ein Lebenszeichen von sich geben. Dieser Sommerschlaf dauert mitunter etwas länger und ist tiefer als der Winterschlaf, wohl aus dem Grunde, weil die Winter in der vom Klima gesegneten Heimat des Brillensalamanders milde, die Regentage aber in der Regel im Winter zahlreicher sind als im Sommer. Nach einem warmen Regentage wird der Brillensalamander manchmal auch mitten im Winter angetroffen. Gewöhnlich verläßt er seine Winterverstecke nicht vor März, um welche Zeit man auch den ersten Laich findet; das Laichgeschäft dauert bis in den April hinein, und es scheint sogar, daß die eigentliche Legezeit in die zweite Hälfte des April fällt. Der Laich wird in kleineren Partien zu traubigen Massen zusammengeballt vorgefunden oder aber in einzelnen Eiern gelegt, welche an Steinen und Pflanzen angeheftet werden. Die Gallertkugeln hängen öfters durch eine gelatinöse Substanz zusammen, die, wenn sie intakt und gespannt ist, eine förmliche Verbindungsschnur bildet. Die mir zur Verfügung stehenden Eier, welche ich der Güte des Dr. Gestro verdanke, sind im Mai zugleich mit jungen Larven in der Umgebung Genuas gesammelt worden. Die durchsichtige Gallertkugel hat 5—5$^1/_2$ mm Durchmesser und enthält Embryonen, die in ihrer Entwickelung sehr vorgeschritten sind. Ramorinos Angabe zufolge erreicht das Laichkorn die Größe eines Hirsekornes und ist zur Hälfte braun, zur Hälfte weiß; die embryonale Entwickelung schätzt er auf 21 oder 22 Tage. Der Laich wird mit Vorliebe dort gelegt, wo die Gebirgsbäche kleine geschützte Wasserbecken bilden. Die Eier werden meistens in längeren Zwischenpausen abgesetzt, und wenn traubige Eiermassen entstehen, so ist es, weil das Weibchen auf ein und demselben Fleck gesessen und die Eier auf ein und denselben Punkt hat fallen lassen. Während der Eierablage verbleiben die Weibchen mehrere Stunden im Wasser und begleiten den Austritt der Eier mit heftigen Torsionsbewegungen des Leibes, wobei sie sich an den Steinen festklammern und den Schwanz hin und her bewegen.

„Über die Begattung selbst fehlt noch jede Kunde. Wir wissen nur, daß die Befruchtung innerlich erfolgt, und glauben annehmen zu können, daß Begattung und Eierablage stets nach Sonnenuntergang stattfinden, und daß die Annäherung der Geschlechter beim Kopulationsakt ebenso vor sich geht wie beim Landsalamander. Die Tatsache, daß die Salamandrinen besonders im Frühjahr in zahlreicher Gesellschaft von ihresgleichen angetroffen werden und eine rege Tätigkeit entwickeln, scheint darauf hinzudeuten, daß die Begattung um diese Zeit vorgenommen wird. Da bei Salamandrina Drüsenschläuche in der Kloakenkammer sich vorfinden, die höchstwahrscheinlich bei den Weibchen zur Aufnahme und Aufbewahrung der Samenfäden dienen, so ist die Möglichkeit nicht ausgeschlossen, daß die Paarung im Herbste, die Eierablage aber im darauffolgenden Frühjahr vor sich geht, obschon mir das aus dem Grunde etwas verdächtig vorkommt, als die Salamandrinen im Herbste seltener als im Frühjahr und in geringerer Anzahl angetroffen werden.

„Eingefangene verweigern gewöhnlich jedwede Nahrung, und es ist mir nur einmal gelungen, sie ans Fressen zu gewöhnen, als ich meine Pfleglinge mit gut fressenden Chioglossa in einem wenige Zentimeter hohen Käfig hielt; beide Arten saßen stundenlang sehnsüchtig nach den Fliegen am Deckel ihres Terrariums umschauend; die Chioglossa gingen mit dem guten Beispiel voran: sie schnappten nach ihnen, und daraufhin taten auch die Brillensalamander das gleiche, nur müssen, damit sie die Fliegen auch wirklich verschlucken, den letzteren die Flügel abgerissen werden. J. v. Fischer fütterte die seinigen auch mit jungen, frischgehäuteten Mehlwürmern und Larven von Alphitobius diaperinus und Gnathocerus cornutus; er brachte es fertig, diese Art lange Jahre hindurch am Leben zu erhalten. Die Nahrung wird mit der klebrigen Zunge, die rasch hervorgestreckt wird, gefaßt und dem Munde zugeführt. Das Verschlingen geht unter großen Anstrengungen vor sich.

„Während der Häutung legten sich meine Salamandrinen, anfangs krampfhaft ausgestreckt, die Beine an den Rumpf und den Schwanz gezogen, auf das Moos und schlugen darauf Purzelbäume, genau wie ein Fisch außerhalb des Wassers, bis die Epidermis an irgendeiner Stelle des Körpers aufriß und in Fetzen war; der Rest der Haut wurde dann an Steinflächen und Pflanzen abgestreift. Ramorino und v. Fischer schildern den Häutungsprozeß etwas anders. Die Häutung geht bei den Gefangenen nicht immer so leicht vonstatten, denn sie sterben um diese Zeit sehr häufig ohne sichtlichen Grund; auch frischgehäutete Tiere sind sehr hinfällig und erkranken an Beulen; schon bei der Häutung erkennt man derartig erkrankte

Exemplare daran, daß sie im Wasser sitzen. Gesunde Individuen aber erscheinen, nachdem sie sich gehäutet haben, in einer Farbenpracht, von der man keine Ahnung hat. Hat man bis dahin nur Stücke im alltäglichen Kleide gesehen, so fällt besonders das Rot auf, das an der Schwanzspitze schön durchsichtig ist und an dasjenige des jungen Acanthodactylus vulgaris erinnert. Der Brillensalamander flüchtet sich nur ungern ins Wasser und verweilt auf dem Grunde desselben nie lange Zeit; im Wasser sitzen diese Tiere unbeweglich, erscheinen wie mit einem Silberfirniß überzogen und machen schon nach einer kurzen Weile verzweifelte Versuche, an die Oberfläche zu gelangen, sinken aber stets auf den Grund zurück. Stücke, die durch Zufall gezwungen waren, eine volle Nacht im Wasser zu verbringen, ertranken; die Kräfte des Tierchens reichen nicht hin, um länger als sechs bis acht Stunden immer wieder in die Höhe zu schwimmen und sich mit frischem Luftvorrat zu versehen. Der eigentümliche, glänzende Überzug, der sich im Wasser bei ihm zeigt, entsteht dadurch, daß das flüssige Hautsekret allmählich zusammenfließt und einen wasserdichten, silberglänzenden Überzug bildet, so daß die aus dem Wasser herausgenommenen Stücke trocken erscheinen; das nämliche kann beobachtet werden, wenn das Tier in Spiritus gebracht wird. Dieses Sekret scheint nur auf ganz kleine Tiere, so z. B. auf kleinere Molcharten, giftig zu wirken und auch nur dann, wenn eine Salamandrine im Wassergefäß des Terrariums verendet und das Wasser nicht sofort entfernt worden ist. Sonst scheint sie keine Verteidigungsmittel zu besitzen. Faßt man sie an, oder wird sie, sei es nur durch eine Fliege, erschreckt, so spritzt sie reichlich Urin aus. Beim niederen Volk ist sie schlecht angeschrieben und heißt auch ‚Tarantel', aber ernst ist es doch wohl nicht gemeint, denn sonst würde sie mehr vertilgt werden, als sie es in Wirklichkeit wird."

Verletzungen selbst schwerer Natur verträgt der Brillensalamander verhältnismäßig gut, dagegen ist er in anderer Beziehung empfindlich. „Nimmt man ihn an den Rumpfseiten und übt man einen sanften Druck auf die stark vortretenden Rippen aus oder legt man ihn auf den Rücken, so wird er wie betäubt."

Der Brillensalamander bewegt sich nur nachts im Terrarium, tagsüber versteckt er sich und scheint zu schlummern; zieht man an einem roten Schwanze, der aus dem Schlupfwinkel hervortritt, so bringt man zugleich die ganze, in einem Knäuel durcheinanderliegende Schlafgesellschaft heraus. Es vergeht eine Weile, bis die Tiere aus ihrer Betäubung erwachen, sich dann förmlich recken, ihre Schwänze, die starr fast wie Draht sind, befreien und träge auseinandergehen, um schließlich sich in dem Schlupfwinkel, aus dem sie eben herausgezogen worden sind, wieder zusammenzufinden. Ihre Mahlzeiten scheinen sie am liebsten beim Sonnenuntergang einzunehmen. Eine Stimme habe ich bei ihnen nicht vernommen, und die Zähmungsversuche sind mir ebensowenig wie J. v. Fischer gelungen, auch habe ich außer Schreck keine Äußerungen von Gemütsbewegungen bei ihnen wahrgenommen. J. v. Fischer scheint darin glücklicher gewesen zu sein, denn er will beobachtet haben, wie zwei brünstige Männchen, als sie sich begegneten, ihren Zorn dadurch kundgaben, daß sie sich auf ihre Beine hoben und mit dem Schwanze schlängelnde Bewegungen ausführten.

„Der Salamander, ein Tier von Eidechsengestalt und sternartig gezeichnet, läßt sich nur bei starkem Regen sehen und kommt bei trocknem Wetter nie zum Vorschein. Er ist so kalt, daß er wie Eis durch bloße Berührung Feuer auslöscht. Der Schleim, der ihm wie Milch aus dem Maule läuft, frißt die Haare am ganzen menschlichen Körper weg; die befeuchtete Stelle verliert die Farbe und wird zum Male. Unter allen giftigen Tieren sind die Salamander die boshaftesten. Andere verletzen nur einzelne Menschen und töten nicht mehrere zugleich — ganz abgesehen davon, daß die Gifttiere, die einen Menschen verwundet haben, umkommen und von der Erde nicht wieder aufgenommen werden — der Salamander hingegen kann ganze Völker vernichten, falls diese sich nicht vorsehen. Wenn er auf einen Baum kriecht, vergiftet er alle Früchte, und wer davon genießt, stirbt vor Frost; ja, wenn auf einem Holze, das er nur mit dem Fuße berührt hat, Brot gebacken wird, so ist auch dieses vergiftet, und fällt er in einen Brunnen, das Wasser nicht minder. Doch wird dieses so giftige Geschöpf von einigen anderen Tieren gefressen, so z. B. von den Schweinen, und es ist wahrscheinlich, daß sein Gift vorzüglich durch solche Tiere gedämpft wird, welchen er zur Nahrung dient. Wäre begründet, was die Magier vorgeben, daß gewisse Teile des Salamanders als Mittel wider Feuersbrünste dienen können, weil er das einzige Tier ist, welches das Feuer auslöscht, so würde Rom längst einen solchen Versuch gemacht haben. Sextius sagt, daß der Genuß eines Salamanders, dem man die Eingeweide ausnimmt, Fuß und Kopf abschneidet und den man in Honig aufbewahrt, erregend wirke, leugnet aber, daß er das Feuer lösche."

So spricht sich Plinius aus, und von seiner Zeit an bis zu unseren Tagen hat es der Gläubigen an der Wahrheit dieser Mitteilungen viele, der Ungläubigen nur wenige gegeben. Der Salamander war und ist noch jetzt verschrieen als entsetzliches, fürchterliches Tier. Nach den römischen Gesetzen wurde der Mensch, der einem andern irgendeinen Teil des Salamanders eingab, als ein Giftmischer erklärt und des Todes schuldig befunden. Und noch zu Ende des 18. Jahrhunderts versuchte eine Frau ihren Gatten vermittelst eines Salamanders, dessen Fleisch sie der Speise beigemengt hatte, zu vergiften, nicht zum Nachteile des Mannes, der nach genossener Speise keine andere Wirkung als die der Sättigung verspürte. Die Goldmacher verbrannten das beklagenswerte Geschöpf unter lächerlichen Gebräuchen und hofften, das von ihnen begehrte Metall dadurch erhalten zu können, daß sie das arme Tier auf ein Schmelzfeuer setzten und nach geraumer Zeit Quecksilber auf den verkohlenden Giftwurm träufeln ließen, sahen aber dieses Verfahren als äußerst gefährlich an. Ebenso wurde das Tier bei Feuersbrünsten zum Märtyrer des Wahnes: man warf es in die Flamme, vermeinend, dadurch dem Unheile zu begegnen. Wer sich erfrechte, derartigen Unsinn zu bestreiten, wurde oftmals in der allen schwachgeistigen Menschen eigenen Weise bedeutet, d. h. mit Grobheiten und Roheiten überhäuft. „Wer solche Dinge für Fabeln und Lügen hält", sagt Scheffers, erbost über das verständige Urteil anderer Leute, „beweist sein mittelmäßiges, dummes und dünnes Gehirn und gibt zu erkennen, daß er nicht weit in der Welt umhergekommen und mit gelehrten und gereisten Personen niemals Umgang gepflogen hat."

Der Volksaberglaube macht uns die Zähigkeit, mit der sich die Fabelei über den Salamander erhält, verständlich: wer den einen Unsinn für möglich hält, ist auch des anderen fähig; wer an widernatürliche Kräfte glaubt, fragt nie nach dem, was Beobachtung und gesunder Menschenverstand ihn lehren. Über den Salamander nun und sein Wesen, seine Giftigkeit und seine Lebensweise wird das Nachstehende Auskunft geben.

Die Merkmale der Gattung (Salamandra *Laur.*) sind, nach A. Strauch und G. A. Boulenger, die folgenden: Der Bau ist ziemlich plump, der Schwanz fast drehrund, kegelförmig, am Ende zugerundet, ohne Hautsaum und ebenso wie der Rumpf mehr oder weniger deutlich geringelt, d. h. mit Eindrücken versehen, die von oben nach unten kerbenartig verlaufen. Die Vorderfüße tragen vier, die Hinterfüße fünf freie Zehen. Die Hautbedeckungen sind drüsig, die Ohrdrüsen groß, deutlich begrenzt und mit großen Poren besetzt, andere hervortretende

Drüsen zeigen sich jederseits auf dem Rumpfe sowohl längs der Linie des Rückgrates als auch auf der Oberseite der Flanken in je eine Längsreihe geordnet. Die Gaumenzähne stehen in zwei stark S-förmig gekrümmten, nach hinten zu auseinander weichenden Längsreihen, die zusammengenommen eine etwa glockenförmige Figur darstellen. Die vorderen Enden beider Zahnreihen sind durch einen bald größeren, bald kleineren Zwischenraum voneinander getrennt und ragen stets mehr oder weniger über den Vorderrand der inneren Nasenöffnungen vor. Die große, nahezu eiförmige Zunge ist durch einen ziemlich breiten Mittelstreifen ihrer Unterseite an dem Boden der Mundhöhle festgewachsen, also nur mit ihren Seitenrändern mehr oder weniger frei. Die Kehle weist eine deutliche Querfalte auf. Die Lippen der längsgerichteten Kloakenspalte sind beim Männchen mehr angeschwollen als beim Weibchen, das sich im übrigen durch seinen nur etwas kleineren Kopf und kürzeren Schwanz nicht besonders deutlich unterscheidet. Man kennt vier Arten aus dieser Gattung, von denen zwei auf Westasien beschränkt und noch wenig bekannt sind, zwei aber in Europa leben.

Der Feuersalamander oder das Regenmännchen, Salamandra maculosa *Laur.*, für uns das Urbild der nach ihm benannten Familie und Gattung, erreicht eine Länge von 18—28,5 cm und ist auf glänzendschwarzem Grunde mit großen, unregelmäßigen, prachtvoll schwefel-, gold- bis orangegelben Flecken gezeichnet, die in gewissen Gegenden Deutschlands, Frankreichs, Belgiens, Südhollands, der Schweiz und der Pyrenäenhalbinsel zwei mehr oder minder deutlich hervortretende und unterbrochene, bisweilen zusammengefügte, mit den fast niemals fehlenden Flecken auf den Ohrdrüsen zusammenhängende und wenigstens bis zur Schwanzwurzel verlaufende Binden oder Reihen darzustellen pflegen, im übrigen Teil seines Verbreitungsgebietes, namentlich in ganz Österreich, aber sehr unregelmäßig angeordnet sind und jederseits von einzelnen größeren Flecken begleitet werden, auf dem Schwanze auch wohl hier und da zusammenfließen. Die Gliedmaßen zeigen ausnahmslos an der Wurzel des Oberarmes und Oberschenkels, meist auch am Unterarme und Unterschenkel, dem Fuße und der Hand, je einen gelben Fleck; niemals fehlt ein gelber Fleck auf dem oberen Augenlid. In der Regel sind die Unterkieferränder gelb und die Kehle noch mit einigen größeren Flecken bedeckt, selten ganz gelb; die Bauchseite weist gewöhnlich kleinere, grünlichgelbe Flecke in sehr verschiedener Zahl und Größe auf dunkelgrauem Grunde auf. Bei Salamandern von hochgelegenen Fundorten in den Alpen wiegt die schwarze Färbung nicht selten bedeutend vor, sowie auch bei einzelnen Stücken von der Balkanhalbinsel. Anderseits finden wir in manchen Gegenden Deutschlands vereinzelt, in Spanien häufiger Exemplare der gestreiften Form (var. taeniata), bei denen das Gelb fast allein herrscht. Feuersalamander mit mennigroten Flecken hat E. v. Schweizerbarth bei Stuttgart gefunden; man kennt vereinzelte rotfleckige Stücke auch aus anderen Teilen Deutschlands, aus Belgien, Frankreich und Österreich. Ähnlich prächtig, karminrot sind die Flecke bei der in Portugal heimischen Spielart (var. molleri). Die auf Korsika und den Bergen von Nordwestafrika lebenden Feuersalamander, die bisher für besondere Spielarten gehalten wurden, unterscheiden sich nach E. Boulenger nicht wesentlich von der gewöhnlichen europäischen Form. Wie Kammerer durch seine Versuche gezeigt hat, hängt das Vorwiegen der gelben oder schwarzen Färbung mit der Bodenbeschaffenheit zusammen, indem auf Lehmerde bei verhältnismäßig hoher Temperatur und großem Feuchtigkeitsgehalte der Luft und des Bodens die Flecke an Größe, Zahl und Farbensättigung zunehmen, während anderseits bei jungen, eben verwandelten Salamandern, die auf schwarzem Humusboden bei niedriger Temperatur und der geringsten eben noch notwendigen Feuchtigkeit aufgezogen wurden, ein Überwiegen der schwarzen Grundfarbe zu ungunsten der gelben Flecke zu erkennen war. Im Freileben ist aber diese Wirkung der Bodenbeschaffenheit und Luftfeuchtigkeit nicht so auffällig; stark und wenig gefleckte Tiere können auf kleinem Raume nebeneinander leben. Die Färbung der Iris ist nahezu schwarz, so daß sie nicht von der des Augensternes zu unterscheiden ist.

Die Heimat des Feuersalamanders erstreckt sich, mit Ausnahme von Großbritannien und Irland, über ganz West-, Mittel- und Südeuropa, von Portugal und Spanien bis nach Griechenland und der Türkei, reicht auch einerseits bis Algerien und Marokko nach Nordafrika, anderseits bis Kleinasien und Syrien nach Westasien hinüber. Eigentlich selten ist er wohl nirgends innerhalb der Grenzen seines Verbreitungskreises, in Deutschland z. B.

Feuersalamander, *Salamandra maculosa Laur.* Natürliche Größe.

häufig, gemein jedoch nur in einzelnen ihm besonders zusagenden Gegenden. Feuchte, düstere Orte im Gebirge (bis 1200 m, doch über 800 m wird er meist schon spärlich) und im Hügellande, enge Täler oder dunkle Wälder geben ihm Herberge, Höhlungen unter Gewurzel und Steinen, Bauten verschiedener Tiere die erwünschte Wohnung. Am Tage verläßt er diese nur nach einem Regen; denn auch seine Arbeitszeit ist die Nacht. Trockene Wärme oder die Einwirkung der Sonne entzieht seinem Leibe rasch so viel von der ihm unentbehrlichen Feuchtigkeit, daß sein Leben dadurch gefährdet wird; schon wenn es tagelang nicht geregnet hat, erscheint er, obgleich seine Haut vom Tau benetzt wurde, mager und hinfällig, während er nach Regenfällen den Anschein von Wohlbeleibtheit, Glätte und strotzender Gesundheit erhält. Seine Bewegungen sind langsam und schwerfällig. Will man ein Wettrennen gefangener Tiere veranstalten, so muß man sich mit Engelsgeduld wappnen. Der Gang des Feuersalamanders ist ein Kriechen mit seitlichen Biegungen, beim Schwimmen, bei dem ebenfalls seitliche Biegungen ausgeführt werden, erfolgt die Vorwärtsbewegung ausschließlich durch Bewegungen des Schwanzes wie bei den Wassermolchen. Das Schwimmen ermüdet den Salamander deshalb bald, so daß Weibchen, die in tieferem Wasser ihre Jungen setzen, häufig noch durch die Anstrengung des Gebärens geschwächt, untersinken. Alle höheren Fähigkeiten erscheinen unbedeutend, die Sinne stumpf, die geistigen Begabungen äußerst gering. Obwohl der Feuersalamander häufig mit anderen seiner Art vereinigt gefunden wird, kann man ihm doch kaum einen Hang zur Geselligkeit zusprechen; der eine bekümmert sich kaum um den anderen, und der stärkere fällt, wenn er Hunger hat, ohne Umstände über den Schwächeren her, um ihn aufzufressen. Nur während der Paarungszeit suchen sich die verschiedenen Geschlechter wirklich auf; sobald sie aber ihrem Triebe genügt haben, endet jede Verbindung, einzig und allein die schützende Örtlichkeit, eine bequem gelegene Höhlung z. B., bringt später die einzelnen, oft in großen Mengen, wieder zusammen. Der träge Geselle vermag natürlich auch nur langsam sich bewegende Tiere zu erbeuten: vorzugsweise Schnecken und Regenwürmer, unter Umständen aber auch kleine Wirbeltiere. Von solcher Nahrung wird zuweilen eine große Menge verbraucht, dagegen aber auch zu anderen Zeiten wochen- und monatelang gefastet. Auch dieses Tier ergreift die Beute nur, solange sie sich bewegt.

Hinsichtlich der Fortpflanzung des Erdsalamanders sind wir noch heutigestags nicht vollständig im klaren. Die Paarung selbst ist ganz neuerdings durch E. Zeller beobachtet worden. Doch hat erst Kammerer den ganzen Vorgang von Anfang zu Ende beobachten können. Nach ihm findet die Begattung sowohl auf dem Lande als im Wasser statt: „Im ersteren Falle wird es durch eine gewaltsame Drehung, ich möchte sagen, Verrenkung des Männchens möglich gemacht, daß sich trotz des eigenartigen, hierfür scheinbar höchst ungünstigen Amplexus (Umarmung) die Geschlechtsöffnungen so weit nahen, daß das kegelförmige Samenpaket (Spermatophor) in die weibliche Kloake hinübergepreßt werden kann. Zuweilen läßt das Männchen auch, um sich leichter wenden zu können, einen Arm aus der Umschlingung los." — „Im Wasser dagegen kommt es zu keiner so starken Näherung der Genitalöffnungen: hier werden die Spermatophoren nach Tritonenart einfach auf den Boden gesetzt und von da aus seitens des Weibchens aktiv mittels der Kloake, die tastend und sich weit öffnend über den Boden dahingleitet, aufgesaugt." Oft geht, nach Kammerer, das Männchen nach Abgabe mehrerer Spermatophoren seiner Wege; das Weibchen verbleibt aber im Wasser und sucht mit großem Bedacht die Stellen auf, wo die auf dem Grunde schwach anklebenden Spermatophoren zurückgelassen wurden.

Immerhin bleibt es auffällig, daß gelegentlich ein Salamanderweibchen, das sechs bis sieben Monate von dem Männchen getrennt war, Junge zur Welt bringt, da man doch kaum annehmen kann, daß deren Entwickelung im Mutterleibe so viel Zeit erfordert, noch auffallender, daß nach dieser einen Geburt unter Umständen eine zweite stattfinden kann. Es hat sich nun herausgestellt, daß die Samenkörper lange Zeit in einem Samenbehälter des Weibchens gewissermaßen auf Vorrat liegen können. Die Eier entwickeln sich in den Eileitern sehr langsam, und die Jungen kommen erst mehrere Monate nach der Befruchtung, mit vier wohlentwickelten Beinen und äußeren Kiemen versehen, zur Welt. Der Erdsalamander also ist lebendiggebärend; nur bei Käfigstücken hat man ein Eierlegen, dem aber sehr bald das Ausschlüpfen der Larven folgte, beobachtet. Er ist ein Landtier, das nur zur Zeit, wo die Jungen ins Wasser abgesetzt werden, also im April, spätestens im Mai, im Wasser selbst angetroffen werden kann. Ist diese Zeit für das Gebären auch die Regel, so hat man es doch fast zu allen Jahreszeiten beobachtet und kann daher in manchen Gegenden das ganze Jahr über die Larven im Wasser finden. Die Anzahl der Larven, die unmittelbar nacheinander ausgestoßen werden, ist beträchtlich: man hat schon gegen 50 von ihnen in den Eiergängen eines Weibchens gefunden. Ein von Fr. Noll gepflegtes

Salamanderweibchen setzte sich in dem ihm als Käfig dienenden Wassergefäß auf einem hervorragenden Steine so zurecht, daß sich der Hinterleib im Wasser, der Vorderleib in der Luft befand, begann in dieser Stellung nachts Eier abzulegen und fuhr damit fort, bis es am folgenden Nachmittage 42 geboren hatte. Gewöhnlich werden nur 8, 16 oder 24, seltener 30—42 bei einem Geburtsakt oder doch bald nacheinander, in einem Zeitraume von zwei bis fünf Tagen ungefähr, zur Welt gebracht, und zwar solche von fast gleicher Größe und demselben Grade der Entwickelung; ausnahmsweise aber geschieht es, obschon vielleicht nur bei Gefangenen, daß Salamanderweibchen Eier und Junge zugleich gebären. Solches erfuhr Erber, und zwar war hier auffallenderweise die Anzahl der Eier genau ebenso groß wie die der Jungen, je 34 Stück nämlich. Die großen Eier erscheinen einzeln und sind so durchsichtig, daß man die vollständig ausgebildeten Jungen deutlich in ihnen erkennen kann; vor der Geburt liegen die Eier, jedes getrennt von den anderen, in den unten erweiterten Eiergängen wagerecht übereinander geschichtet und möglichst gepreßt, jeder einzelne Keimling so zusammengerollt, daß seine Schwanzspitze um den Kopf geschlagen ist. Nachdem das gelegte Ei sich durch Wasseraufsaugung etwas vergrößert hat, zerreißt der Keimling die Hülle durch eine Bewegung des Schwanzes und erscheint als eine bereits mit vier Beinen versehene Kaulquappe, vollkommen befähigt, sich im Wasser, in dem die Geburt stattfindet, nach Art der Wassermolchlarven sehr flink zu bewegen. Häufig sind Mißbildungen, wie Mopsköpfigkeit, Zyklopismus (ein einziges Auge in der Mitte der Stirn), Fehlen der Mundöffnung, der Gliedmaßen, Rückgratverkrümmungen und Verkümmerung des hinteren Körperabschnittes, wohl als Folgeerscheinung übermäßigen Druckes der Keimlinge aufeinander. Auch Albinismus kommt gelegentlich vor.

Am meisten lieben die Mütter kaltes Quellwasser als Geburtsstätte für ihre Jungen, gleichsam als ob es ihnen bewußt wäre, daß deren Weiterentwickelung noch vier bis fünf Monate beansprucht, und daß sie deshalb ein nicht versiegendes Wasser aufsuchen müssen, zu welchem Behufe sie oft lange Wanderungen ausführen. Die Geburt erfolgt innerhalb der vom Wasser durchströmten Schlupfwinkel, immer in der Nähe des fließenden Wassers, und erst das Wasser befördert die neugeborenen Jungen ans Tageslicht, was H. Fischer-Sigwart unmittelbar beobachten konnte. Solche Junge sind 25—30 mm lang und werden als Larven 55—65 mm groß. Wenn es dem Aufenthaltsorte des Salamanderweibchens ganz an Wasser fehlt, soll das Muttertier, wie mehrere Beobachter versichern, die Jungen an feuchten Orten im Moose absetzen. Wir werden auf diese Beobachtung noch später zurückkommen. Die Larve hat einen breiten Kopf mit abgerundeter Schnauze und einen seitlich zusammengedrückten Ruderschwanz mit hinten abgerundetem Flossensaum und graubraune, mehr oder weniger ins Grünliche scheinende Färbung der Oberseite; ihre Haut schimmert oberseits aber förmlich metallisch infolge kleiner, goldglänzender Flecke, die das Tier sehr schmücken; Goldglanz zeigt sich später auch an den Seiten und am Bauche. Nach und nach bilden sich zwischen den goldglänzenden die gelben Flecke heraus; die Färbung wird dunkler, und die Larve sucht nunmehr, obgleich ihre Kiemen noch nicht eingeschrumpft sind, das Land zu gewinnen. Oft findet man die Larven noch im Oktober im Wasser; gewöhnlich jedoch schrumpfen schon im August oder Anfang September die Kiemen ein, und dann werden die Larven befähigt, die Wohnorte ihrer Eltern aufzusuchen, deren Kleid sie schon vor dieser Zeit erhalten haben. Auch sie erscheinen, wenn die Umwandlung vollendet ist, kleiner, als es die Larven in der letzten Zeit waren. Wie lange das Wachstum der Jungen währt, läßt sich schwer angeben; weil man diese nicht oft findet, wird angenommen, daß sie die ersten beiden Jahre ihres Lebens äußerst verborgen zubringen. 20 cm lange, also erwachsene Tiere sind, nach Fischer-Sigwart, mindestens vierjährig. In der Gefangenschaft geborene Salamander verwandeln sich, wahrscheinlich infolge der größeren Wärme, in der sie gehalten werden, weit schneller als die im Freien zur Welt gebrachten und können schon nach drei Wochen aufs Trockene gehen, anderseits aber sehr lange im Wasser als zwar noch kiementragende Larven, aber mit der Färbung der Erwachsenen zurückgehalten werden und eine Länge bis 75 mm erreichen.

Zum Winterschlaf finden sich die Feuersalamander nach den Erfahrungen H. Fischer-Sigwarts an verhältnismäßig trockenen, frostgeschützten Orten tief im moosigen Geklüfte, oft in großer Zahl, dicht verschlungen, zusammen. Ein solches Winterquartier, das Forstassessor Maisch in Freudental am Stromberg (Württemberg) aufgefunden und photographiert hat, ist auf Tafel „Schwanzlurche", 5, bei S. 47, wiedergegeben. Die Ruhenden sind übrigens leicht zu erwecken. Die Winterquartiere verlassen, nach F. Leydig, bei günstigem Wetter, etwa Anfang April, die jungen, noch nicht fortpflanzungsfähigen Tiere zuerst; eine Woche später etwa erscheinen auch die alten wieder. Im allgemeinen findet man den verwandelten Feuersalamander, wenn es nicht gerade regnet, auch in Gegenden, wo er sehr häufig ist, überaus selten, da er sich sehr tief verkriecht. Im Süden dagegen sind seine Schlupfwinkel viel weniger tief gelegen: Werner fand ihn in Algerien und Griechenland unmittelbar unter der Gras- oder Moosdecke. Durch Brennholz wird er mitunter in die Städte verschleppt, erhält sich dann, wie Beispiele aus Wien beweisen, in Kellern und ungepflasterten Höfen viele Jahre lang und zeigt sich dort bei Regen in gewohnter Weise.

Der scharfätzende Saft, den die Hautdrüsen absondern, schützt diese Lurche vor vielen Feinden, weil er letzteren unangenehm, ja sogar gefährlich wird. Wenn man einen Salamander im Genick ergreift und ihn drückt, spritzt der Saft aus: das Tier kann seine Drüsen aber auch willkürlich entleeren und tut es in der Angst regelmäßig, um sich vor Angriffen zu schützen. Man hat die Wirkungen des Giftes vielfach übertrieben, sogar ein Oken hat sich nicht gescheut, anzugeben, daß Kinder gestorben seien, die aus einem mit Salamandern besetzten Brunnen getrunken hätten; mannigfache Versuche aber, die angestellt wurden, haben eben nur bewiesen, daß der Saft auf Schleimhäuten heftiges Brennen, also gewissermaßen eine Entzündung verursacht, an der kleine, schwache Vögel, auch wohl Kriechtiere und Lurche zugrunde gehen können. Fische, die F. Richter im Aquarium hielt, gingen infolge von Vergiftung des Wassers durch den Drüsensaft sterbender Salamander ein. Eidechsen, die Laurenti zwang, Salamander zu beißen, wurden von Krämpfen befallen und starben; Hunde hingegen, Puter und Hühner, denen man in Stücke zerhackte Salamander zu fressen gab, verdauten diese ohne Schaden, obgleich es zuweilen vorkam, daß die Hunde sich erbrachen.

Abini hat das Gift untersucht und die gewonnenen Ergebnisse mitgeteilt. „Da ich mich überzeugt hatte, daß die Entleerung des Saftes immer durch willkürliche Muskelbewegung bedingt wurde, versuchte ich durch Anwendung von Elektrizität größere Mengen zu erhalten, wusch deshalb mehrere Tiere sorgfältig, brachte eins nach dem andern in ein reines Becherglas, das ich mit einer Glasplatte zudecken konnte, leitete durch eine Öffnung der letzteren die Drähte eines Magnetelektromotors und konnte so das Tier beliebig dem Strom aussetzen. Auf diese Weise erhielt ich den Saft teils auf die Wandungen des Glases, teils auf den Deckel gespritzt." Der so erhaltene Saft wurde nun geprüft und zeigte sich giftig nach beiden Richtungen, er mochte in das Blut oder in den Magen gebracht werden; ja Abini bemerkte, daß das Gift noch weit rascher und heftiger wirkte, wenn er es in den Mund der Vögel und Frösche brachte, als wenn er es einimpfte. Tiere hingegen, die von dem Fleische der durch

Salamandergift getöteten Geschöpfe fraßen, blieben gesund. Doch wurde bei den in dieser Hinsicht angestellten Versuchen allerdings die Vorsicht gebraucht, das Glied, in das man Gift eingeimpft hatte, oder Speiseröhre und Magen zu entfernen. Aus allen diesen Versuchen stellt Abini folgende Tatsachen fest: Das Gift wirkt örtlich reizend, wie es bewiesen wird durch die starke Rötung der Mund- und Zungenschleimhaut von Fröschen, denen einige Tropfen des Saftes oder eines wässerigen Auszuges davon in den Mund eingeflößt wurden, sowie ferner durch Schütteln des Kopfes und Öffnen des Schnabels bei Vögeln, denen man die Absonderung eintrichterte. Bei großen Gaben mit rasch folgendem Tode, der bei vergifteten Vögeln gewöhnlich einzutreten pflegt, stellen sich zunächst Krämpfe ein, die von Schmerzensäußerungen und ängstlicher Aufregung begleitet zu sein pflegen; Atmung und Herzbewegungen sind rascher und häufiger; ein Vogel kann fliegen, aber nicht aufrecht auf den Füßen stehen; die Füße werden gewöhnlich krampfhaft zusammengezogen wie die Zehen, und wenn der vergiftete Vogel sich von der Stelle bewegen will, dreht er sich, auf einer Seite des Körpers liegend, im Kreise herum. Unmittelbar nach der Vergiftung schreit der Vogel laut auf vor Schmerz; sein Tod tritt oft schon in der ersten Minute ein; dann aber schlägt das Herz noch eine Zeitlang weiter, und ist dies vorüber, so kann es durch Reize wieder erregt werden, ebenso wie die anderen willkürlichen und unwillkürlichen Muskeln. Bei geringer Gabe und langsamer Wirkung, wie sie sich gewöhnlich bei Fröschen zeigt, werden Atmung und Blutumlauf anfänglich gesteigert; dann tritt Steifheit der Gliedmaßen ein, und ihr folgen Streckkrämpfe, die anfangs von kurzer Dauer sind, später aber ununterbrochen fortwähren und tagelang anhalten können, bis Atmung und Blutumlauf abnehmen und der Tod erfolgt. Frösche ändern dabei merklich ihre Hautfarbe, die immer heller wird; die Haut selbst scheint dünner zu werden, und ihre Verdunstung ist sehr stark.

Der Rückstand von der Ausscheidung der Hautdrüsen, der von Abini zuerst mit chemisch reinem Wasser und dann mit reinem Alkohol ausgezogen wurde, zeigte keine giftigen Eigenschaften mehr. Der eingedampfte, weingeistige Auszug dagegen war viel giftiger als der wässerige; in jenem bildeten sich nach einem Tage frei herumschwimmende Nadeln, die nach vollständiger Verdunstung des Alkohols sich zu griesigen Gruppen zusammenballten. Diese feinen Nadeln, die sich als höchst giftig erwiesen, sind gleich löslich in Alkohol wie in Wasser oder Äther; die wässerige Lösung bekundet sich als Säure; Kali, Natron und Ammoniak greifen die Kristalle nicht an. Ihre Wirkung ist eine überraschend schnelle und äußert sich beim Menschen gleich anfangs durch Erbrechen.

In der Gefangenschaft hält der Salamander bei genügender Pflege viele Jahre aus. Petermann besaß einen Erdsalamander, der auf dem Tuffsteinfelsen seines Aquariums 18 Jahre lebte und auf das Klopfen mit dem Finger allabendlich hervorkam, um den vorgehaltenen Regen- oder Mehlwurm aus der Hand zu nehmen. Der Feuersalamander verlangt einen Käfig mit einem kleinen Wasserbecken und entsprechenden Schlupfwinkeln, wie er sie während seines Freilebens aufsucht. Zur Ernährung genügen Regenwürmer und Nacktschnecken; auch kleinere Stücke der eignen Art frißt dieser Molch auf. Er selbst wird, allerdings nicht mit besonderem Appetit, von der Ringelnatter gefressen.

Beachtenswert ist, daß dieser in vieler Beziehung so unempfindliche Lurch gewissen Einflüssen sofort unterliegt, daß namentlich Kochsalz auf ihn äußerst giftig wirkt.

In den Alpen wird der Feuersalamander durch eine verwandte Art, den Alpensalamander, **Salamandra atra** *Laur.*, vertreten, einen ihm höchst ähnlichen, aber weniger plumpen, ungefleckten, gleichmäßig glänzend schwarzen Landmolch, dessen Größe hinter der des Verwandten etwas zurücksteht und selten mehr als 11—16 cm beträgt.

Das Verbreitungsgebiet von S. atra umfaßt die Alpen Savoyens, der Schweiz, Tirols, Salzburgs und Oberösterreichs, Steiermarks, Kärntens, Krains und einige Gebirgszüge Württembergs und Bayerns, die mit den Alpen zusammenhängen. Außerdem ist dieser Molch aber auch im Fiumaner Karst und im Prenj-Gebirge in der Herzegowina gefunden worden. In den Alpen bevölkert er innerhalb eines zwischen 700 und 2850 m gelegenen Höhengürtels geeignete Örtlichkeiten in großer Menge, so in Tirol, laut Gredler, feuchte Wälder oder von Bächlein durchrieselte Schluchten des Berg- und Voralpengürtels; dagegen findet er sich in den Alpen Obersteiermarks fast stets über der Waldzone, in der Krummholzregion, und

Alpensalamander, Salamandra atra Laur. Natürliche Größe.

erscheint nach einem warmen Gewitterregen wie die vorige Art bei Tage in so großer Zahl, daß der Boden sich zu bewegen scheint. Er lebt fast immer gesellig, meist zu Dutzenden beisammen unter Steinen, Moos, Alpenrosen und Gestrüpp, nach Art seines Verwandten. Wie dieser ist er ein träges, langsames Geschöpf, das ebenfalls nur bei feuchtem Wetter sich außerhalb seiner Versteckplätze zeigt und bei größerer Trockenheit verkümmert. Seiner Trägheit halber belegt ihn der Tiroler mit dem Schmähnamen „Tattermann" oder „Tattermandl", was soviel wie toter Mann oder auch Vogelscheuche besagen will.

Der Alpensalamander weicht, laut Schreibers, in der Art der Fortpflanzung vom Feuersalamander ab. Er bringt zwar auch lebendige Junge zur Welt, aber nie mehr als zwei auf einmal. Obgleich die Eierstöcke des Weibchens ebenso groß und geräumig sind, auch ebenso viele Eier, wohl 30—40 jedesmal, in die Eiergänge gelangen wie beim Feuersalamander, so bildet sich doch in jedem Eiergange nur eins aus, und der Keim entwickelt sich auf Kosten der übrigen Eier, die in eine gemeinschaftliche, den Keimling einschließende und ihn ernährende Dottermasse zusammenfließen, bis jener die Eihülle sprengt und sich frei darin bewegen kann. In jedem Eiergange bleiben also 15 und mehr Eier unbefruchtet. Zur Zeit der Geburt ist der Vorrat jener Masse rein aufgezehrt.

Der einzelne Keimling erhält in der Dottermasse nicht bloß seine völlige Ausbildung, wobei er zuerst den eigenen Dotter, dann, frei in der gemeinsamen Dotterflüssigkeit lebend, diese mit dem Munde aufnimmt und schließlich mit Hilfe der außerordentlich stark entwickelten, bis zu den Hinterbeinen reichenden Kiemen (Abb., S. 18) Ernährungsflüssigkeit von der Wand des Fruchtbehälters empfängt, sondern wächst auch bis zu einer Größe von 45—50 mm heran, füllt das hintere Ende des nicht gekrümmten und auf 35 mm Länge und 1 cm im Durchmesser erweiterten Eierganges ganz aus, liegt mit an den Leib gebogenem, oft zweimal gekrümmtem Schwanze, bewegt sich frei und lebhaft, wendet sich oft ganz um und wird bald mit dem Kopfe, bald mit dem Schwanze voran geboren. Die Kiemen verschwinden schon vor der Geburt und zeigen sich an den eben Geborenen nur noch in Gestalt kleiner Stümpfchen oder Knötchen, so daß man, wenn man den Quappenzustand sehen will, den Keim im Leibe der Mutter selbst untersuchen muß. Zu diesem Behufe tötet man die Mutter in Weingeist, der auf die Jungen so wenig einwirkt, daß sie außerhalb des Leibes der Mutter noch fortleben, sogar noch mehrere Wochen am Leben bleiben Diese wunderbare Zähigkeit beweist, daß den Jungen das Wasser entbehrlich ist, und in der Tat setzt die Mutter ihre Keime, selbst in der Gefangenschaft und wenn man ihr reichlich Wasser darbietet, auf das Trockene.

Die Entwickelung der Eier währt ebensolange wie beim Feuersalamander, weit länger aber die Dauer der Trächtigkeit von der Befruchtung an bis zur Geburt, weil die Jungen so lange im Leibe der Mutter verbleiben, bis sie ihre Verwandlung vollendet und eine bedeutende Größe erreicht haben. Selten findet man vor dem August trächtige Weibchen mit weitentwickelten Jungen; die Befruchtung geschieht aber, der Höhe des Aufenthaltsortes entsprechend, auch sehr spät, und es ist also nicht bloß der Mangel an Wasser, sondern auch das Klima des Wohnortes, das diese abweichende Fortpflanzung erklärt.

Gewöhnlich sind die Jungen eines Weibchens in den Eiergängen beide von gleicher Größe und Stärke, werden auch oft in derselben Stunde geboren; doch geschieht es ausnahmsweise, daß sie sich ungleich entwickeln und das eine erst nach Verlauf von mehreren Tagen nach dem anderen zur Welt kommt. Diese Abweichung von der Regel scheint daher zu rühren, daß das zuerst befruchtete Ei abstarb und nun statt seiner sich ein anderes entwickelte. Nicht selten findet man in demselben Eiergange zwei, auch drei in verschiedenem Grade ausgebildete Eier, während alle übrigen bereits mehr oder minder verdrückt, verunstaltet oder schon zusammengeflossen sind. Hieraus ergibt sich, daß alle Eier einer Brut gleichzeitig in den Eiergängen oder Eierstöcken befruchtet werden, obschon immer nur je zwei sich entwickeln. Jakob hat beobachtet, daß die Paarung ganz wie beim Feuersalamander vor sich geht, und Kammerer hat diese Beobachtungen bestätigen und vervollständigen können.

Die Häutung geschieht, nach J. W. Spengels Beobachtung, in der Weise, daß die alte Haut durch Muskeltätigkeit bis zum oberen Schwanzdrittel abgestreift wird, also nicht durch Reiben an Fremdkörpern; auf dem Schwanze wird sie sodann mit den Kiefern gepackt, vollends abgezogen und mit Behagen verspeist. In allem übrigen gleicht der Alpensalamander seinem Verwandten vollständig.

Kammerer ist es gelungen, die Keimlinge des Alpensalamanders, die im dritten Stadium mit den großen Kiemen aus dem mütterlichen Körper genommen waren, an das Wasserleben nach Art der Feuersalamanderlarven zu gewöhnen; dabei zeigte sich, daß die für das Wasserleben unbrauchbaren Kiemenbüschel abgeworfen und durch neue ersetzt wurden, die nun nicht mehr der Ernährung, sondern der Wasseratmung dienen und vollkommen denen der Larven des Feuersalamanders gleichen; und da zu dieser Zeit der Schwanz noch einen Hautsaum besitzt, sind die so erhaltenen Larven von denen der größeren Art nur wenig verschieden.

Anderseits konnte derselbe Forscher den Feuersalamander zur Zurückhaltung der Jungen im mütterlichen Körper veranlassen, indem er ihm die Gelegenheit entzog, sie ins Wasser abzusetzen, wobei sich die Anzahl der Jungen gleichzeitig verminderte. In diesem Falle ging die Entwickelung der Jungen ganz so vor sich wie beim Alpensalamander. Derartige neugeborene Feuersalamander unterscheiden sich von solchen, die ihr Larvenleben im Wasser verbracht haben, durch geringere Größe sowie das Zurücktreten der gelben Zeichnung gegenüber der schwarzen Grundfarbe.

Weibchen des Alpensalamanders, die von den untersten Grenzen des Verbreitungsgebietes der Art herrühren, setzen bisweilen freiwillig ihre Jungen im Larvenzustande ins Wasser ab, wobei die Anzahl der Jungen gleichzeitig vermehrt ist; mitunter konnte auch eine Vermehrung der Keimlinge unter Beibehaltung der normalen Fortpflanzungsweise beobachtet werden, ebenso das Auftreten kleiner gelblicher Flecke bei erwachsenen Tieren.

Dem westlichsten Teil von Asien gehören außer unserem Feuersalamander noch zwei weitere Salamandra-Arten an, die darin miteinander übereinstimmen, daß beim Männchen der Schwanzwurzel oben ein kegelförmiger, nach vorn gerichteter Höcker aufsitzt. Von ihnen ist die im Inneren von Kleinasien, in Lykien lebende, größtenteils gelbe Salamandra luschani *Stnd.* noch ganz ungenügend bekannt; über den auf die Hochgebirgsgegenden von Transkaukasien und die Küstengebirge des nördlichen Kleinasien (Kolat Dagh bei Trapezunt) beschränkten Kaukasus-Salamander, Salamandra caucasica *Waga*, sind wir durch Knoblauch, der diesen Salamander längere Zeit in Gefangenschaft beobachten konnte, besser unterrichtet. Der Kaukasus-Salamander ist durch den sehr langgestreckten Körper ausgezeichnet; der Schwanz ist viel länger als der übrige Körper. Die Färbung des Tieres ist tiefschwarz, mit zwei regelmäßigen Längsreihen runder orangeroter Flecke auf dem Rücken. Seine Länge beträgt bis 18 cm, wovon etwa drei Fünftel auf den Schwanz entfallen. Über sein Freileben ist nur wenig bekannt. A. Knoblauch hat aber eine ausgezeichnete Schilderung seines Gefangenlebens gegeben, der wir folgendes entnehmen:

„Tagsüber sind die Tierchen meist in dunkeln Schlupfwinkeln verkrochen, unter dem Moose, zwischen demselben und der hintern Wand des Behälters oder unter den größeren, vom Wasser umspülten Steinen des Terrarienteils. Meist liegen drei bis vier Exemplare in demselben Schlupfwinkel zu einem Knäuel zusammengeballt dicht beieinander in gleicher Weise, wie es oft auch bei unserem Feuersalamander und bei dem Alpensalamander in der Gefangenschaft der Fall ist. Niemals konnte ich jedoch beobachten, daß sich die Tierchen in das Moos selbst, an dessen Wurzelstöcke und in die lockere Erde eingraben, wie es der Feuersalamander tut, indem er sich mit dem Kopfe voran förmlich in das Moos einbohrt und sich nachher in der so geschaffenen Höhlung umdreht und zur Ruhe legt. Während der Feuersalamander in der Gefangenschaft bei reichlicher Gelegenheit zur Nahrungsaufnahme auch in den Sommermonaten in seinem dichten, feuchten Versteck oft tage- und wochenlang verborgen liegt, haben meine Kaukasus-Salamander fortwährend ihre Verstecke gewechselt. In der Dämmerung und Dunkelheit verlassen sie ihre Schlupfwinkel und kriechen munter auf dem feuchten Moose oder noch lieber an den Steinen umher. Häufig nehmen sie dabei eigenartige Stellungen ein; sie stützen sich hochaufgerichtet auf das eine Vorderbein, während das andere frei in die Luft gehalten wird oder auf der Spitze eines Moosbäumchens ruht, so daß nur die beiden hinteren Drittel des Rumpfes und der Schwanz den Boden berühren. Die beiden Hinterbeine liegen dabei gespreizt dem Boden ebenfalls flach an, während der Kopf hoch emporgereckt ist. Manchmal wird dabei auch das eine Hinterbein so weit nach vorn gebeugt, daß der Fuß dem Rücken des Tierchens flach anliegt. Sehr häufig halten sich die Kaukasus-Salamander auch im Wasser selbst auf, indem sie gewandt an dessen Grunde über den kiesbedeckten Boden des Aquarienteils unter Wasser hinweglaufen oder, an vorspringenden Steinen einen Stützpunkt findend, ruhig liegen, so daß der größte Teil ihres Körpers vom Wasser umspült ist und nur ihr hochgereckter Kopf über dessen Oberfläche emporragt. In tieferes Wasser gesetzt, in dem sie den Boden nicht unter den Füßen fühlen, streben die Tierchen ängstlich, an die Oberfläche zu gelangen. Im Gegensatz zu dem plumpen, täppischen Verhalten unseres Feuersalamanders führen sie dabei äußerst lebhafte, schlängelnde, aalartige Bewegungen mit ihrem schlanken Rumpfe und mit dem Schwanze aus, die durch rasch aufeinanderfolgende Ruderschläge mit den Extremitäten wirksam unterstützt werden. Sehr gewandt klettern die Tierchen an dem steilen Uferrand des Terrarienteils wie auch an den senkrechten Glasscheiben des Behälters auf und ab, etwa in der Weise und auch in den eigenartig verschränkten Stellungen, wie ich sie öfters bei dem italienischen Erdmolch, Spelerpes (Geotriton) fuscus *Bp.*, in der Gefangenschaft beobachtet habe. In ihren Bewegungen sind die Tierchen auch auf dem Lande wesentlich lebhafter und behender als unsere beiden europäischen Salamanderarten; ihr ganzes Gebaren wie die schnelle, huschende Art ihrer Fortbewegung unter mannigfachen Krümmungen und Wendungen des schlanken Körpers und schlängelnden Bewegungen des Schwanzes, namentlich bei Fluchtversuchen, erinnert lebhaft an Eidechsen, besonders an die zierliche Bergeidechse, Lacerta vivipara *Jacq.*, die im Hochgebirge bis zu denselben Höhen ansteigt wie der Kaukasus-Salamander, die daselbst gleichfalls mit Vorliebe recht feuchte Wiesen und Matten bewohnt und oft genug im Freien, durch Pfützen und Gräben unter Wasser laufend, beobachtet wird. Freilich will es mir scheinen, als ob die Kaukasus-Salamander in der Behendigkeit ihrer Bewegungen nicht so ausdauernd seien wie die Eidechsen. Gelingt es ihnen nicht, bei ihren eiligen Fluchtversuchen alsbald ein Versteck im Moose oder einen Spalt zwischen den Steinen zu finden, in den sie hineinschlüpfen können, oder das Wasser zu erreichen, an dessen Grund sie sich anscheinend sicher fühlen, so erlahmt ihre eidechsenartige Behendigkeit sehr bald, und ihre Fortbewegung wird zu dem schwerfälligen, unbeholfenen Kriechen, das wir bei unserem Feuersalamander kennen.

„Bei der verborgenen Lebensweise, die meine Kaukasus-Salamander in der Gefangenschaft führen, und bei der großen Scheu der Tierchen, die sie auch jetzt noch nicht völlig abgelegt haben, habe ich sie anfangs nur selten bei der Nahrungsaufnahme beobachten können. Im vergangenen Spätsommer und Herbst habe ich Käfer (sogenannte ‚Mehlwürmer‘) und Blattwespenlarven, Stubenfliegen, geflügelte und ungeflügelte Blattläuse, Küchenschaben, kleine Heuschrecken und Grillen, Tausendfüßer, Spinnen und Asseln, kleine Regenwürmer und Nacktschnecken in großer Menge als Futtertiere eingesetzt; aber nur vereinzelte Male konnte ich beobachten, wie die Salamander Mehlwürmer, Tausendfüßer und Regenwürmer fraßen. Gelegentlich sah ich dabei, wie Tierchen, die gerade im Wasser saßen, auf einen am Grunde des Wassers dahinkriechenden Regenwurm Jagd machten und ihn geschickt unter Wasser zwischen den kleinen Kieselsteinen des Bodenbelags zu erhaschen wußten.

Die Art des Erfassens und Verschlingens der Beute ist ganz die gleiche wie bei unseren Salamanderarten. Während der Wintermonate, in denen die Tiere in einem ungeheizten Zimmer, dessen Temperatur nicht unter 9° C gesunken ist, gehalten wurden, blieb ihre Freßlust anscheinend unverändert; kleine Regenwürmer von etwa 5 cm Länge bildeten in dieser Zeit ihre einzige Nahrung. Da meine Salamander niemals dazu zu bringen gewesen sind, nach vorgelegten Futtertieren zu schnappen, habe ich möglichst reichlich Regenwürmer in das Terrarium eingesetzt und es den Salamandern überlassen, die Beutetiere im Moose und unter den Steinen selbst aufzusuchen. Bei dieser Art von Fütterung, die auch de Bedriaga und Kammerer empfehlen, scheinen sich die Tierchen im Laufe des Winters genügend ernährt zu haben, denn sie blieben munter, und es waren auch stets reichlich Exkremente im Terrarium zu finden. Auch ist bei zwei Tierchen, die mit verletztem Schwanzende in meinen Besitz gekommen sind, die Regeneration des Schwanzes im Laufe der Wintermonate in normaler Weise fortgeschritten. Mit Beginn des Frühjahres wurden wiederum Stubenfliegen und in den Aquarienteil des Behälters kleine Kaulquappen des braunen Grasfrosches, Rana temporaria *L.*, Kulizidenlarven und auf Kaznakoffs Anraten auch Flohkrebse, Gammarus pulex *L.* und G. fluviatilis *Roesel*, und Wasserasseln eingesetzt. Sie wurden als willkommene Beutetiere von den Kaukasus-Salamandern in großer Menge verzehrt. Bei der Jagd auf die gewandten Flohkrebse standen die Tierchen oft minutenlang auf der Lauer, den Kopf unter Wasser, bis ein Krebschen nahe genug vorüberschwamm, oder sie krochen behutsam unter Wasser auf den stillsitzenden, nur mit seinen Beinen beständige Bewegungen ausführenden Flohkrebs zu, um ihn schließlich geschickt zwischen den kleinen Kieselsteinen zu erfassen. Die schwerfälligeren Wasserasseln fielen den Salamandern oft zur Beute, wenn sie aus dem Wasser an den großen Steinen des Uferrandes oder gelegentlich an den Glaswänden des Behälters emporkrochen. Wenn sie sich bewegten, wurden sie schon auf eine Entfernung von 18—20 cm von den beutegierigen Lurchen erspäht; mehrere Salamander begannen von verschiedenen Seiten her gleichzeitig die Jagd, und demjenigen fiel die Assel zum Opfer, der sie im letzten Augenblick im Sprung aus 2—3 cm Entfernung zu erhaschen wußte. In gleicher Weise vollzog sich die erfolgreiche Jagd auf die eingesetzten Stubenfliegen.

„Die Häutung meiner Salamander hat im Februar und März des Beobachtungsjahres stattgefunden. Bei drei Exemplaren konnte ich nur das Ende des Häutungsprozesses beobachten; zwei von ihnen hatten, auf dem Moospolster sitzend, ihre alte Haut bereits über die Ansatzstelle der Hintergliedmaßen hinaus abgestreift und das abgestreifte Stück vermutlich aufgefressen. Sein Ende hielten sie noch im Maule fest, indem sie ihren schlanken Rumpf zu einem Kreisbogen gekrümmt hatten, so daß ihre Schnauze in die Gegend der Schwanzwurzel zu liegen kam. In wenigen Sekunden zogen sie nun unter mannigfachen Krümmungen und beständigen Bewegungen mit den Rumpfmuskeln ihren langen Schwanz mit Leichtigkeit aus der alten, dünnen Haut heraus, fraßen sie vollständig auf und sperrten nachher mehrmals wie gähnend ihr Maul auf, ganz in der Art, wie es die Schwanzlurche zu tun pflegen, wenn sie eine reichliche Mahlzeit eingenommen haben. Bei einem dritten Exemplar habe ich den Häutungsprozeß von Anfang an genau beobachtet. Als bei den Tierchen nach wiederholtem Gähnen und Emporrecken des Halses die Haut an der Schnauze geplatzt war, streifte es durch Scheuern seines Kopfes an den kleinen Moosbäumchen die Kopfhaut bis in die Gegend des Nackens zurück. Während nun die abgestreifte Haut, die, zu einem Ring zusammengeschoben, den Hals des Tierchens umgab, an dem Moose einen Widerhalt fand, kroch das Tierchen langsam vorwärts und schlüpfte so allmählich bis zur Ansatzstelle der

Vordergliedmaßen aus der alten, nur noch locker anhaftenden Haut heraus. Ohne eine Ruhepause zu machen, zog es darauf zunächst das eine, dann auch das andere Vorderbein behutsam aus der Haut hervor, nachdem es beide Extremitäten nacheinander in gestreckter Haltung nach hinten dicht an den Rumpf angelegt hatte. Im Moos vorwärts kriechend, streifte das Tierchen alsdann unter lebhaften Krümmungen die Haut des Rumpfes ab. Hierauf folgte eine längere Ruhepause, in der das Tier anscheinend erschöpft auf dem Moose liegen blieb. Nach einigen Minuten legte es die beiden Hinterbeine nach hinten gestreckt dicht an den Schwanz an und schlüpfte, abwechselnd mit dem rechten und mit dem linken Beine langsame Bewegungen ausführend, vorsichtig zunächst mit den Oberschenkeln, dann mit den Unterschenkeln und schließlich mit den Füßen aus der alten Haut heraus. Ohne die Haut mit dem Maule zu erfassen und ohne sie aufzufressen, wie es die beiden anderen Exemplare getan hatten, streifte es dann rasch auch die Haut des Schwanzes ab. Zu einer schmalen, kreisrunden Scheibe von 10 mm Durchmesser, die in ihrer Mitte, etwas exzentrisch gelegen, ein rundes, knapp 1 mm großes Löchelchen trug, zusammengeschoben, blieb die ganze Haut des Tierchens im Moose liegen. Ein viertes Tierchen hatte die Haut bereits bis zur Ansatzstelle der Hintergliedmaßen abgestreift; bei ihm spielte sich der weitere Häutungsprozeß genau in der eben geschilderten Weise ab. Unmittelbar nach der Häutung, die sich in ihrem ganzen Verlaufe im Trocknen vollzogen hat, krochen die Tierchen munter auf dem Moose weiter. Die abgestreifte Haut eines weiteren Exemplars fand ich im Wasser liegen, ohne die Häutung selbst beobachtet zu haben. Bei den frischgehäuteten Exemplaren hoben sich die orangegelben Flecke leuchtend von dem dunkeln Email der Grundfarbe ab."

Diese Angaben konnte in allerjüngster Zeit L. Lantz, der den Kaukasus-Salamander in seiner Heimat zu beobachten Gelegenheit hatte, ergänzen. Nach ihm ist das Tier an die unmittelbare Nähe fließenden Wassers gebunden. Lantz fand seine Stücke in zwei Quellen in der Nähe des Städtchens Artwin bei Batum, in einer Höhe von 530 bzw. 560 m. Die Quellen liegen an einem steilen, recht trocknen und sonnigen Bergabhange und haben eine Temperatur von 12,5 bzw. 13° C. Die Larven fanden sich in dem Brunnentroge der einen Quelle, die erwachsenen Tiere unter dem aus Aststücken, Wurzeln, Kies, größeren und kleineren Steinen bestehenden Geröll am Rande des Quellbettes. Hier wurden auch zahlreiche rote Regenwürmer sowie Flohkrebse angetroffen, die wohl die Hauptnahrung der Salamander ausmachen dürften. Die Paarung geht in der zweiten Aprilhälfte und wahrscheinlich (sie konnte nur einmal und nicht vollständig beobachtet werden) ungefähr so wie bei unseren europäischen Arten vor sich; ein Wulst am Oberarm, wie beim Rippenmolch und bei dem portugiesischen Goldstreifsalamander, dient zum besseren Festhalten des Weibchens.

Auch Lantz beobachtete, daß sich der Kaukasus-Salamander auf dem Lande mit eidechsenartiger Schnelligkeit bewegt, aber ohne größere Strecken in diesem Tempo durchmessen zu können; er schwimmt ausgezeichnet, liebt es aber nicht, an tieferen Stellen unterzutauchen. Verfolgt, flüchtet er in die Strömung und verschwindet mit ihrer Hilfe mit rasender Geschwindigkeit. Am Schwanze erfaßt, sucht er zunächst durch heftiges Schlängeln loszukommen, gelingt es ihm nicht, so läßt er lieber seinen Schwanz im Stich, wie dies auch Chioglossa und die langschwänzigen Spelerpes- und Batrachoseps-Arten Nordamerikas tun können; das abgebrochene Schwanzstück bewegt sich noch lange hin und her. Beim Fang ihrer Beute erwiesen sich Lantz' Gefangene als sehr flink und verfolgten Fliegen oder Küchenschaben mitunter nach Eidechsenart, um ihrer schließlich durch einen kurzen Sprung habhaft zu werden; meist aber schleichen sie langsam bis auf kurze Entfernung an die Beute heran und erhaschen sie durch blitzschnelles Vorschnellen des Vorderkörpers. Ob dieser Salamander Eier legt oder lebendige Junge zur Welt bringt, weiß man noch nicht, doch ist wohl das letztere wahrscheinlicher. Die von Lantz gefundenen Larven waren oben schwarz, unten weißlich, 40—90 mm lang, und ihr Flossensaum war weniger entwickelt als beim Feuersalamander: er reicht nach vorn nur bis zur Ansatzstelle der Hinterbeine.

Dem schlanken Kaukasus-Salamander im Körperbau nahe steht der schöne, im Norden der Pyrenäenhalbinsel heimische Goldstreifsalamander, Chioglossa lusitanica *Boc.*, von S. caucasica und den übrigen Salamandra-Arten unterschieden durch die Form der großen, eiförmigen Zunge, die durch den vorschnellbaren Stiel einigermaßen an die der Höhlensalamander erinnert, aber nicht rundherum frei, sondern am Vorderrande in der Mittellinie auf

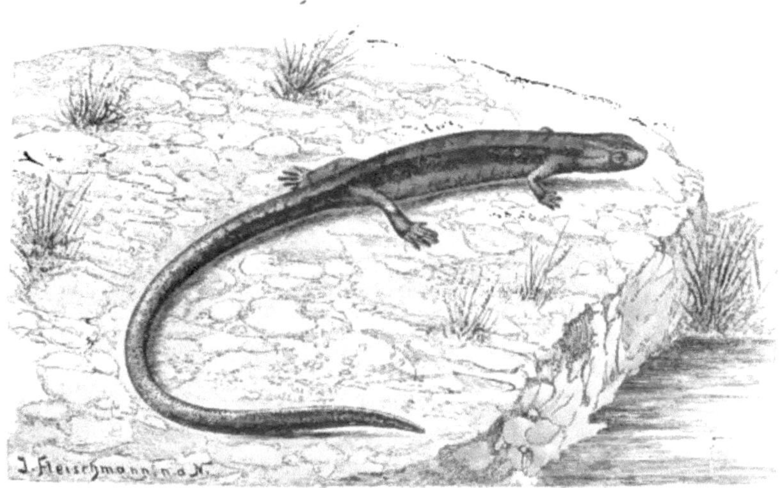

Goldstreifsalamander, Chioglossa lusitanica *Boc.* Natürliche Größe.

dem Boden der Mundhöhle festgewachsen ist. Der Schwanz ist im ersten Drittel drehrund, dann allmählich immer deutlicher seitlich zusammengedrückt, bei erwachsenen Tieren etwa doppelt so lang als Kopf und Rumpf zusammen, bei jüngeren Tieren aber kürzer; an der Schwanzwurzel des Männchens fehlt ein Sporn. Die Gaumenzahnreihen sind S-förmig gebogen und ragen nach vorne nicht über die inneren Nasenlöcher hinaus. Die Augen springen vor, die Gliedmaßen sind kurz, der Körper ist schlank, etwa viermal so lang als der Kopf, die Haut glatt.

Die Färbung dieses lebhaften, etwa 14—15 (ausnahmsweise bis 16) cm Länge erreichenden Salamanders ist sehr ansprechend. Die Rückenzone ist auf bräunlichschwarzem Grunde mit zwei dicht goldbestäubten, am Rande ausgezackten Längsbinden geziert, die besonders im mittleren Teile des Rückens deutlich hervortreten, breiter werden und gewöhnlich hinter den Wurzeln der Hintergliedmaßen sich zu einer einzigen, ziemlich breiten goldfarbenen Längsbinde vereinigen. Der Raum, der zwischen diesen beiden Längsbinden liegt, stellt bisweilen nur einen schmalen, bräunlichen Streifen in der Rückenmittellinie dar, der aber unterbrochen sein und sogar ganz fehlen kann, so daß in letzterem Falle eine breite, die ganze Rückenzone einnehmende, dicht goldbestäubte, mit bräunlichen Arabesken, Pünktchen und Sternflecken gezierte Binde vorhanden ist. Die Rumpfseiten sind dunkelbraun, goldig und perlmutterfarbig bestäubt; die Unterseite hellbräunlich, stellenweise mit Perlmutterglanz. Kupferfarbige, silbergraue oder lilarote Farbstoffe können auf dem Rücken die Goldfarbe mehr oder weniger verdrängen; Goldflecke und goldfarbiger oder lilaroter Anflug finden sich an den Seiten des Kopfes und Schwanzes, auf den Gliedmaßen verteilt. Über das Freileben dieses zierlichen Salamanders lassen wir am besten v. Bedriaga berichten:

„Chioglossa hält sich, wie Herr A. F. Moller mitteilt, während der trocknen Jahreszeit tief unter der Oberfläche des Bodens auf und wird dann nur zufällig bei Erdarbeiten gefunden. Im Spätherbst und Frühjahr, bisweilen selbst im Januar, wenn die Temperatur mild ist, zeigt sie sich, vornehmlich zur Dämmerungszeit, außerhalb ihres Versteckes; tagsüber hält sie sich meistens im Moose, unter Steinen und abgefallenem Laube auf. Herr Moller fand sie häufig in Tannenwäldern und in der Nähe von Bächen. Wenn sie zufällig gestört wird, sucht sie zu entrinnen, indem sie dem Wasser zueilt, untertaucht und sich schleunigst in die am tiefsten gelegenen Orte versteckt. Ziemlich viel Geschicklichkeit braucht man, um ihrer habhaft zu werden; sie muß förmlich in ihrem Schlupfwinkel überrascht werden, um sich anfassen zu lassen. Auf dem Lande ist sie äußerst lebhaft und führt die nach ihr haschende Hand durch die schlangenartigen Krümmungen ihres Rumpfes und Schwanzes irre. Im Wasser ist sie noch behender und entfaltet eine Gewandtheit und Schnelligkeit der Bewegung, die unter unseren Lurchen nur noch von dem Olm übertroffen wird. Man glaubt einen Aal vor sich zu haben. In ein Gefäß gebracht, benimmt sie sich so wild, daß sie, um zu entschlüpfen, über den Rand hinweg zu springen versucht. Zum Glück erlahmt ihre Lebhaftigkeit der Bewegungen auf dem Lande sehr bald, so daß man in der Regel abwartet, bis sie sich ausgetobt hat, und sie dann erfaßt, was übrigens auch mit Schwierigkeiten verbunden ist, daß man stets in Angst ist, ihr Leid zu verursachen. Sie geht schon im Februar ins Wasser, ob zum längeren Aufenthalt, ist mir leider nicht bekannt. Quellen und Sümpfe des bewaldeten Gebirges sind ihre bevorzugten Plätze. Im Freien sucht sie, namentlich wenn es zu entkommen gilt, die tieferen Stellen auf. In der Gefangenschaft braucht sie zum Baden unbedingt flache Wassergefäße und eignet sich nicht für unsere hohen Aquarien, sondern ist eher ein Terrariumbewohner. Wie alle nicht fleischfressenden und mit dünner Hautdecke versehenen Lurche hält sie nur bei sorgsamer Pflege in der Gefangenschaft aus. In einem selbst wohnlich eingerichteten Käfig starben mir öfters meine Pfleglinge einer nach dem andern weg, weil sich in einem von ihnen ausgewählten Ruheplätzchen etwas Schimmel angesammelt hatte, den ich nicht zeitig genug entfernt habe. Dagegen blieben ein anderes Mal eine Anzahl Tiere, die ich mit auf meine Sommerreisen in einem kleinen Blechkasten, den ich fortwährend mit frischem Moos austapezierte, genommen habe, monatelang in ihrem engen Gefängnis am Leben und mästeten sich derart an Fliegen, daß sie dickbäuchig wurden und nichts mehr von ihrer früheren Schlankheit zeigten. Da ich sie mit Stubenfliegen abfütterte, so galt es, ihnen den Fang derselben zu erleichtern. Ich hielt ihnen die Futtertiere vor, und auf diese Weise wurden meine Pfleglinge so zutraulich, daß sie beim Öffnen des Reisekästchens auf meine Hand zukrochen und die Finger absuchten, genau wie es die Eidechsen zu tun pflegen. J. v. Fischer teilt uns mit, daß seine Chioglossa mit ganz jungen Mehlwürmern und Larven von Gnathocerus cornutus und Alphitobius diaperinus genährt werden. ‚Haben sie ein Insekt oder dergleichen erblickt‘, sagt v. Fischer, ‚so schleichen sie sich an dasselbe nach Katzenart möglichst nahe heran, betrachten es längere Zeit genau, nähern sich noch mehr, entfernen sich wieder etwas, endlich strecken sie sich, ohne ihren Platz zu wechseln, bis der Augenblick ihnen gekommen zu sein scheint, die Beute mit Sicherheit erlegen zu können, und dann erst schleudern sie ihre kurze, weiße, klebrige Zunge unter heftigen Kopfbewegungen heraus und verschlingen den erfaßten Bissen unter Einziehen ihrer stark hervorquellenden Augen.'

„Um meinen Tieren ihre Jagd auf Fliegen zu erleichtern, halte ich sie von nun an in ganz niedrigen Terrarien, deren Deckel aus feinem Drahtgitter gebildet wird. Tagsüber, namentlich wenn die Sonne scheint, halten sich die Chioglossa unter Steinen auf, meist in größerer Anzahl zu einem Knäuel gehäuft. Ihre Schwänze bilden dabei förmliche Schlingen, so daß man mitunter, beim Herausholen eines Individuums, die ganze Gesellschaft hinausbefördert. Hungrige Exemplare halten in der Regel am Eingang des Versteckortes Umschau und betrachten stundenlang den Deckel des Käfigs, bis sie eine herumkriechende Fliege entdecken. Die vorspringenden Augenbulbi, die elegante Halsbiegung, der Herzschlag, welcher die ganze Muskulatur der Kehl- und Brustgegend in Bewegung setzt, und nicht minder der diesem Tiere eigene Augenglanz verleihen ihm ein kampflustiges, aufgewecktes und schmuckes Aussehen. Nähert sich ihm eine auf der Decke herumkriechende Fliege, so wird sie in der Regel in der von v. Fischer geschilderten Weise ihm zur Beute. Gegen Einbruch der Nacht ist die ganze Gesellschaft entweder in aufmerksamer Betrachtung der Decke des Käfigs auf der Jagd nach Fliegen oder aber im Bad; dabei werden die im Behälter herumliegenden Steine mit dem Schwanze umschlungen; im Wasser habe ich sie nie fressen sehen.

„Im Winter vermindert sich während des Januars ihre Freßlust, die Tiere verfallen aber nicht in Winterschlaf. Ein schlafähnlicher Zustand zugleich mit einer gewissen Trübung des Metallglanzes stellt sich regelmäßig im Hochsommer ein, und sei es, weil ich meinen Pfleglingen nicht die nötige Ruhe geben konnte, oder weil ich nicht wußte, wie sie einzurichten, verging kein Sommer, ohne daß ich einige Exemplare verlor. Bei erkrankten Exemplaren wird die Haut trocken an den Rumpfseiten und büßt allmählich den Glanz ein. Hand in Hand damit tritt eine starke Abmagerung ein; dergleichen Todeskandidaten habe ich stets beizeiten in Weingeist ertränkt, nicht aber diejenigen, welche die so oft auch bei anderen Arten vorkommenden Verwundungen am Schwanze zeigen. Hier genügt eine Amputation, eine Waschung und Isolierung des Kranken in ein reines Gefäß, das nur sehr wenig Wasser enthält. Das übriggebliebene Schwanzstück wird vom Tiere bis zur Heilung beständig emporgehoben, die Schnittstelle heilt schon in einigen Tagen, und es bildet sich am Schwanze nach und nach ein konisches Endstück aus, das bei ausgewachsenen Individuen meistens nicht weiter wächst und fleischfarben oder grau erscheint, bei den Jungen hingegen zu einem regelrecht gefärbten und metallisch glänzenden, wenn auch nicht allzu langen Schwanze auswächst. Der Schwanz bricht bei Chioglossa sehr leicht ab, und bisweilen, um unseren Händen zu entkommen, gibt sie sich einen kurzen Stoß und opfert ihren Schwanz, wenn sie im übrigen mit heiler Haut Aussicht hat zu entkommen. Die schlängelnden Konvulsivbewegungen von rechts nach links, welche die Chioglossa mit ihren Schwänzen ausführen, wenn sie bei ihren Wanderungen auf ihresgleichen stoßen, sind schon v. Fischer aufgefallen; dieser Forscher glaubt darin eine Äußerung des Zornes zu erblicken. Doch hierin stimme ich nicht mit ihm überein, denn aus der ganzen Haltung des Tierchens und aus der Art und Weise, wie es die Schwanzwurzel emporhebt, schließe ich, daß alles das nur Huldigungen sind, die das verliebte Männchen dem Weibchen entgegenbringt, oder auch ein Wollustschauer ist. Der Schwanz spielt bei den Urodelen eine große Rolle bei der Werbung; er scheint eine Hauptwaffe bei der Verführungskunst des Männchens zu sein, und unwillkürlich, wenn man die Chioglossa ihren

Schwanz hin und her schlängeln sieht, denkt man an die zitternde Bewegung mit dem Schwanze, welche alle unsere Molge-Männchen zur Brunstzeit vor ihren Weibchen machen, um ihre Gunst zu erobern.

„Die alte Haut wird abgestreift, indem sie sich, vom Kopfe anfangend, in sich selbst einrollt; die Extremitäten werden einfach wie aus einem Handschuh befreit, so daß, wenn die Haut während des Häutungsprozesses keine Risse erhält, dieselbe am Schwanze zu einem Ring zusammengerollt erscheint und schließlich von der Schwanzspitze ganz leicht abgleitet. Frisch gehäutete Tiere sehen wie ein Kleinod aus Gold, Silber und dunklem Email aus. Frisch gefangene Stücke sind sehr scheu, und da ihr Gesichts- und Gehörsinn äußerst scharf ist, so lassen sie sich schwer bei ihrem Schalten und Walten ertappen, sondern entfliehen sofort, wenn man ihnen zu nahe kommt. Erst nach und nach verlieren sie ihre Furcht und werden schließlich sehr zahm. Das Berühren mit den Händen mögen sie nicht. Da sie an senkrechten glatten Flächen sehr gut hinaufklettern, muß der Käfig sorgfältig verschlossen bleiben; auch ist es ratsam, denselben an einem kühlen, aber nicht kalten und der Sonne nicht ausgesetzten Orte aufzustellen."

*

Die **Olme (Proteidae)** haben während ihres ganzen Lebens auf jeder Seite des Halses äußere Kiemen, es fehlen ihnen Augenlider und Oberkieferknochen, nur Zwischenkiefer und Unterkiefer tragen Zähne, und ihre Wirbel sind vorn und hinten ausgehöhlt. Der Leib dieser Tiere ist langgestreckt und wird gestützt durch vier schwächliche Beine; der Schwanz trägt oben und unten einen Hautsaum. Wie bei den Aalmolchen überdeckt die Haut auch die Augen, und die Nasenlöcher durchbohren nach innen den knöchernen Gaumen nicht. Die Lungen sind zwei lange, glattwandige Säcke, von denen der linke kürzer ist als der rechte. Zwei Gattungen mit zwei oder drei Arten bilden die ganze kleine Familie.

Es ist gegenwärtig mehr als 200 Jahre her, daß Valvasor von dem merkwürdigen Geschöpfe berichtete, das wir, Okens Vorgange folgend, Olm nennen. Die Krainer hatten dem Verfasser der „Ehre des Herzogtums Krain" von Lindwürmern erzählt, die zuzeiten aus der Tiefe der Erde hervorkröchen und Unheil anrichteten. Valvasor untersuchte die Sache und fand, daß der vermeintliche Lindwurm „ein kleines, spannenlanges und einer Eidechse ähnliches Ungeziefer sei, davon es sonst hin und wieder mehr gibt". Später, im Jahre 1761, erfahren wir durch Steinberg, daß bei der im Jahre 1751 stattgefundenen Überschwemmung der Fischer Sicherl im Unzflusse einmal fünf unbekannte Fische gefangen habe, die eine Spanne lang und schneeweiß waren, aber vier Füße hatten. Nach Steinberg wurde Scopoli durch die Landleute von Sittich in Krain auf den Olm hingewiesen, und durch ihn erhielt der naturkundige Domherr von Gurk, Siegmund v. Hohenwart, ein Stück, das Laurenti in Wien der gelehrten Welt zur Kenntnis brachte und Proteus anguinus benannte. Wahrscheinlich aus derselben Quelle bezog auch v. Schreibers das Stück, das er im Jahre 1800 ausführlich beschrieb. Man hat jetzt gegen 50 verschiedene Fundstellen, namentlich in Krain, kennen gelernt, von woher auch zahllose Olme in alle Weltgegenden versendet wurden und noch werden.

Der **Olm**, Proteus anguinus *Laur.* (Abb. S. 147 u. Taf. „Schwanzlurche", 6, bei S. 47), Vertreter einer eignen Gattung und unzweifelhaft eins der merkwürdigsten aller Tiere, ähnelt dem Aalmolche hinsichtlich seines langen Leibes und der kleinen, voneinander abstehenden

Beine, deren Vorderfüße drei und deren Hinterfüße zwei krallenlose Zehen tragen, unterscheidet sich aber von ihm durch seine Hechtschnauze und durch die Kleinheit der, nach C. Heß, nicht sowohl verkümmerten als gewissermaßen nur im Rohumriß angelegten Augen, die ganz unter der Kopfhaut verborgen liegen, äußerlich nur bei jüngeren Tieren sichtbar sind.

Es gibt vom Olm mehrere Spielarten, die durch die Form ihrer Schnauze, die Entwickelung ihrer Kiemenbüschel und die Anzahl der Seitenfalten abweichen. Laut E. Schreiber ändert die Grundfarbe von reinem oder schmutzigem Gelblichweiß durch Rötlichweiß oder Fleischrot bis ins Veilchenfarbene mit allen denkbaren Zwischenstufen ab. Bei vielen Stücken stehen auf dieser Grundfärbung mehr oder weniger deutlich abgehobene, bald kleinere, bald größere, bald regelmäßige, bald unregelmäßige Punkte oder Flecke von gelblicher,

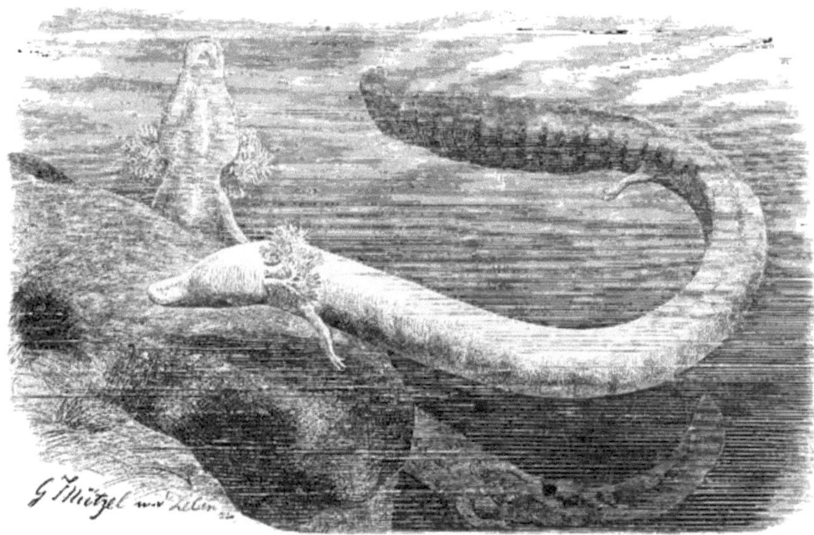

Olm, Proteus anguinus *Laur.* 2/3 natürlicher Größe.

gräulicher oder rötlicher Färbung, die entweder dichter oder spärlicher über den ganzen Körper verteilt sind und mitunter sich vergrößern und zu wolkenartigen Flecken zusammenfließen. Die Kiemen sind im Leben hell blutrot, bleichen aber am Lichte. Wenn Olme längere Zeit dem Lichte ausgesetzt sind, werden einzelne gleichmäßig rotbraun oder blaugrau, andere bekommen dunklere, gewöhnlich blauschwarze Flecke, wieder andere lassen ein dunkles Band an jeder Körperseite erkennen, wie es auch beim Jungen des Furchenmolches beobachtet wird; Schnauzenende, Finger- und Zehenspitzen bleiben aber weißlich, ebenso die Enden der Kiemenbüschel. Die Körperlänge kann bis zu 28,5 cm ansteigen, beträgt jedoch in der Regel nicht über 25 cm.

Bis jetzt hat man den Olm ausschließlich in den unterirdischen Gewässern Krains, des Küstenlandes, Dalmatiens und der Herzegowina gefunden, besonders in den Höhlen des Karstgebirges um Adelsberg, in der Magdalenen- und Kleinhäuslergrotte, woher bei weitem die meisten Olme in den Handel kommen, nicht aber in der eigentlichen Adelsberger Grotte; ferner, nach Schreiber, noch in der Höhle bei Sittich, woher besonders große, bis 30 cm lange

Stücke kommen, die zuweilen im Sommer nach starken Regengüssen mit dem Wasser herausgespült werden; in der Quelle bei Vir, zwischen Sittich und St. Veit; in der Rupnitza bei Rupa; im Bach Shushiz nächst Shiza bei Töplitz; in der Quelle Shetebáh bei Laas; in der Höhle von Potiskavz nächst Strug, unsern Reifnitz; in der Höhle von Kumpolje, unsern Gutenfeld; bei Verd am Ursprung der Laibach; zu Beden an der Unz nächst Lase bei Jacobovitz; bei Oberplanina und Haasberg sowie in den Wasserlachen gegen Maunitz; zu Klein-Podljuben bei Petane am Bache Podok; bei Waltendorf an der Gurk; bei Karlooza nächst Waltendorf bei Gradizh, am Ursprung des Gurkflusses; im Bache Globozhez bei Grintovz nächst Sagraz an der Gurk; zu Studenz nächst Seisenberg an der Gurk; in der Grotte und den Wasserlachen von Leutsch; zu Altenmarkt bei Weichselburg am Vishnizabache; in den Zisternen und den Wasserlachen von Dol und Grisha bei St. Veit nächst Sittich; bei Palzhe in der Nähe der Poik; in der Grotte von St. Kanzian; bei Oberalben, Joshetovajama, in den sogenannten Seefenstern des Laibacher Moores und in den Wassergräben, die mit dem Laibachflusse zusammenhängen; bei Weissenstein nächst Sagraz hinter Unter-Blato; in den Zisternen von Gradiska; in der Grotte dei chiavi bei Triest (am Monte Comero); im Bache Gorizizza bei Sinj in Dalmatien und in einer Quelle nächst der Narenta bei Gabela, an der dalmatinisch-herzegowinischen Grenze. C. Marchesetti fand ihn auch bei Carpano und Monfalcone sowie bei Ronchi, Sagrado, Pollazzo im österreichischen Küstenlande; Katurić nennt ihn von Carpano bei Albona in Istrien, v. Tommasini schließlich von Verlika in Dalmatien. Die Landleute, die den Olm oder, wie sie ihn nennen, das „Menschenfischlein" oder die „Wasserwühlerin der Finsternis" sehr wohl kennen, weil sie seinen Fang als Erwerbsquelle betrachten, erzählen, daß man die Tiere nur in den tiefen Buchten der Höhlen regelmäßig finde, in den zutage kommenden Gewässern dagegen nur nach starken Regengüssen, welche die unterirdischen Gewässer anschwellen lassen und so zur gewaltsamen Fortführung unserer Lurche Veranlassung geben. Obwohl sich die Tiere ausschließlich im Wasser aufhalten, sollen sie doch nach Aussage der Grottenführer zuweilen, namentlich beim Herannahen von Gewittern, das Wasser verlassen und am Ufer im Schlamme mit unbeholfenen, aalartigen Bewegungen umherkriechen.

Gegenwärtig untersuchen die Bauern nach jedem stärkeren Regengusse gewisse Wassertümpel, die von untenher angefüllt werden, oder die Ausmündungen unterirdischer Bäche, fischen hier die ausgeworfenen Olme auf und bewahren sie bis zu gelegentlicher Versendung, dringen auch wohl mit Hilfe von Fackeln in das Innere der Grotten, die von Bächen durchströmt werden oder Tümpel enthalten, versuchen das Wasser zu erhellen und fangen die erspähten Lurche mit einem Hamen oder mit der bloßen Hand. Hierauf werden die Gefangenen in weitmündigen, zur Hälfte mit Wasser, zur Hälfte mit Luft gefüllten, mit feinen Netzen überdeckten Gläsern verwahrt und so versendet.

Viele Liebhaber und Forscher haben Olme längere Zeit, einzelne Stücke sechs bis acht Jahre lang in einfachen Becken oder selbst in Glasgefäßen erhalten und sorgfältig beobachtet. Gewöhnlich halten sich die Gefangenen auf dem Boden des Gefäßes, in der Regel in ausgestreckter Lage auf einer Stelle verweilend, dann und wann auch wohl mit den Füßen krabbelnd, um sich fortzubewegen. Am Tage liegen sie sehr ruhig, vorausgesetzt, daß ihr Behälter an einem dunkeln Orte steht; jeder Lichtstrahl aber bringt sie in Aufregung und veranlaßt sie, so eilig wie möglich eine dunklere Stelle aufzusuchen. In einem Becken, dessen Wasser selten gewechselt wird, kommen sie oft zur Oberfläche empor um Luft zu schöpfen, sperren dabei das Maul auf und lassen gleichzeitig unter gurgelndem Geräusche Luftblasen aus den Kiemenlöchern fahren; in tieferem oder beständig erneuertem Wasser hingegen erhalten sie durch ihre Kiemen die ihnen zum Atmen nötige Menge von Sauerstoff und erscheinen dann auch niemals an der Oberfläche. Nimmt man sie aus dem Wasser, so gehen sie innerhalb von zwei bis vier Stunden unfehlbar zugrunde; doch kann man sie, wie v. Schreibers erfuhr, in sehr seichtem Wasser wohl am Leben erhalten, bewirkt unter solchen Umständen auch, daß ihre Lungen sich vergrößern und ausdehnen, während die Tiere überwiegend ihre Kiemen ausbilden, wenn sie gezwungen werden, beständig unter Wasser zu bleiben. Man hat verschiedene Versuche angestellt, Olme zur Umwandlung zu zwingen, ihnen beispielsweise die Kiemen unterbunden, niemals aber den gewünschten Erfolg gehabt, vielmehr mit so gewaltsamen Eingriffen regelmäßig ihren Tod herbeigeführt.

Die Sinne des Olms dürften durchschnittlich schwach sein; gerade die Sinne aber, die wir für gänzlich verkümmert halten, bekunden eine überraschende Fähigkeit. So merken es die Tiere augenblicklich, wenn man ihnen Futterstoffe in ihr Wohnbecken wirft, schwimmen schnurstracks auf sie los und ergreifen sie mit fast unfehlbarer Sicherheit, so daß man geneigt wird, an eine bedeutende Entwickelung ihres Geruches oder Gefühles zu glauben, da man den punktgroßen, versteckten Augen doch kaum ein über Hell und Dunkel hinausgehendes Unterscheidungsvermögen zutrauen darf. Nach Dubois sind übrigens nicht bloß die Augen, sondern die gesamte Haut der Sitz der Lichtempfindlichkeit; nur ist die der Haut um das Doppelte geringer als die des Auges. Auch der Ortssinn des Olms ist nach Fräulein M. v. Chauvins jahrelangen Beobachtungen und Versuchen überaus fein. Die Gefangenen fressen Würmer und Schnecken, nach Wellers Mitteilungen mit besonderer Vorliebe Wasserflöhe, die bekanntlich zwischen allen dichtverzweigten Wasserpflanzen in Menge leben. Zwei Gefangene des ebengenannten Forschers pflegten, wenn sie aufgestört wurden, in raschen Kreisgängen an den Wänden ihres Glasbeckens entlang zu schwimmen, und Welker hatte die Freude, zu bemerken, daß sie während ihrer Ausflüge auf die ihnen gebotene Kost sofort zuschwammen und trotz der unter der Haut vergraben liegenden Augen sie im schnellsten Schwimmen, nach rechts und links schnappend, erhaschten, dagegen sah man niemals, daß sie sich um ein ruhendes Tier bekümmerten. Einzelne Olme verschmähen hartnäckig alle Nahrung, halten jedoch, falls man ihnen nur immer frisches Wasser gibt, trotzdem mehrere Jahre aus, ohne daß man begreift, wovon sie leben. An ihren Wohnorten hat man allerdings mehrere kleine, den Höhlen eigentümliche Tierchen entdeckt, die ihnen zur Nahrung dienen könnten, bei einzelnen auch beobachtet, daß sie die Schalen kleiner Muscheln ausbrachen, hinsichtlich der Art ihrer Ernährung in der Freiheit aber durchaus noch nicht die erwünschte Klarheit erlangt. Werner beobachtete übrigens, daß sie sich auch an kleinen Fischen vergreifen, und sah an einem Bitterling, den ein sehr großer Olm quer vom Bauche her erfaßt hatte, den deutlichen Abdruck der Kiefer noch einige Zeit, nachdem das Fischchen freigekommen war.

Man hat jahrelang Dutzende von Olmen in einem Gefäße zusammengehalten, sie auch miteinander spielen sehen, niemals aber eine Paarung wahrgenommen; wohl aber hat der Obergrottenführer Preleßnig 1875 zuerst entdeckt, daß die Tiere Eier legen, was nun zunächst als die regelrechte Fortpflanzungsweise angesehen wurde. Es blieb unentschieden, ob nur einer oder die beiden von ihm gehaltenen Olme die Zahl von 58 Eiern, die Preleßnig fand, gelegt hatten. Auch Fräulein M. v. Chauvin beobachtete 1882 einen weiblichen Olm, wie er seine Eier an die Decke der Aquariumgrotte anheftete. Das kugelige Ei hat 11 mm im Durchmesser; eine innerhalb der gallertartigen Schicht befindliche Hülle von 6 mm Durchmesser schließt das gelblichweiße, 4 mm große Dotter ein. Die beiden das Dotter umgebenden

Schichten sind farblos und durchsichtig. Männchen und Weibchen sind für gewöhnlich äußerlich nicht voneinander zu unterscheiden; erst zur Brunstzeit schwillt die Kloakengegend des Männchens bedeutend an, beim Weibchen macht sich eine stärkere Körperfülle hauptsächlich in senkrechter Richtung geltend. Bei beiden Geschlechtern bilden sich schmale, gekräuselte Hautsäume an der Schwanzflosse, auch die Körperfärbung wird lebhafter. Eine Befruchtung innerhalb des mütterlichen Körpers ist als nahezu sicher anzunehmen, konnte bis jetzt aber nicht unmittelbar nachgewiesen werden. Das Ablegen der Eier geschieht bei Nacht; jedes Ei wird einzeln angeklebt.

Endlich wurde im Jahre 1888 die Larve des Olms zum erstenmal von E. Zeller beschrieben. Dessen gefangene Olme hatten vom 14. bis 16. April 76 Eier gelegt. Nach 90 Tagen schlüpften zwei Larven aus, die, in der Entwickelung weiter als andere Schwanzlurchlarven vorgeschritten, anfangs 22 mm in der Länge maßen, wovon nur 5 mm auf den Schwanz kamen. Ihre Gestalt ist der des erwachsenen Olms schon sehr ähnlich, doch erstreckt sich der Flossensaum über drei Viertel der Rückenlänge nach vorn, und ihr Auge ist weit deutlicher sichtbar und verhältnismäßig größer als das des erwachsenen Olms. Die Kiemenbüschel sind nicht mehr entwickelt als beim erwachsenen Tiere. Die Vordergliedmaßen haben schon drei Zehen, die hinteren sind noch stummelförmig. Die Olme, an denen Zeller seine Beobachtungen machte, hielt dieser Forscher im Freien unter Schutzvorrichtungen, die die Wasserwärme höchstens zwischen 5 und 18° C schwanken ließen.

Will man den Olm in der Gefangenschaft belauschen, so muß man ihm überhaupt das Leben so angenehm wie möglich machen. Auch Fräulein M. v. Chauvin und Zeller verdanken ihre Erfolge einzig und allein dieser Fürsorge. Gleichmäßige Wasserwärme von 9—11° C, vollkommener Abschluß des Lichtes, Schutz vor Erschütterungen, reines, mäßig luftreiches Wasser und zweckentsprechende Fütterung mit Regenwürmern und Froschlarven sind die ersten Bedingungen für ein gutes Gedeihen der Gefangenen.

Vor wenigen Jahren machten zwei Forscher kurz hintereinander die Entdeckung, daß der Grottenolm unter Umständen lebendiggebärend ist und bestätigten dadurch eine ältere Angabe, der man früher nicht allzuviel Glauben beigemessen hatte. Nusbaum, dem wir die erste Mitteilung über diese überraschende Entdeckung und auch den Hinweis auf den ganz in Vergessenheit geratenen, in der „Isis" 1831 erschienenen Aufsatz von Michahelles verdanken, veröffentlichte darüber nachstehenden Bericht:

„Im Jahre 1888 beschrieb E. Zeller die junge Larve von Proteus näher; er hat angegeben, daß bei dieser Larve die vorderen Extremitäten eine längere Zeit hindurch nur zwei Zehen tragen, und daß erst später, wenn diese verhältnismäßig schon sehr gut entwickelt sind, die Anlage der dritten Zehe zum Vorschein kommt. Ich hebe hier diese Beobachtung von Zeller hervor, da sie auch im Lichte meiner betreffenden Beobachtungen interessant ist.

„In einer größeren Arbeit vom Jahre 1889 hat Zeller viele neue Tatsachen in betreff der Fortpflanzung des Grottenolms und über seine Larve mitgeteilt. Auch er konstatiert die Oviparität des Grottenolms, erinnert aber ebenfalls an die alten Beobachtungen von Michahelles.

„Ich führe hier wörtlich die betreffenden Bemerkungen Zellers an: ‚Ganz sicher ist jetzt, daß die Fortpflanzung des Proteus durch Eierlegen geschieht, und es würde an sich wohl niemandem in den Sinn kommen, die Frage aufzuwerfen, ob nicht möglicherweise daneben auch noch ein Lebendiggebären vorkommen könne, wenn nicht das merkwürdige, von Michahelles veröffentlichte und von Wiedersheim wieder in Erinnerung gebrachte Stratilsche Protokoll vom 26. Juni 1825 wäre, in welchem der Grundbesitzer und Gemeinderichter J. Geck

v. Berch bezeugt, in Gemeinschaft mit verschiedenen Angehörigen seiner Familie und mehreren Nachbarleuten am 17. Juni desselben Jahres dem Geburtsakt eines Proteus beigewohnt zu haben, und wenn nicht die Aussagen der Zeugen nach Inhalt und Fassung viel zu sehr den Eindruck der Glaubwürdigkeit machten, als daß man sie etwa kurzerhand für erfunden oder einer Betrachtung überhaupt nicht wert erklären dürfte. Sie können nach meiner Meinung auch kaum verlieren durch einige Unrichtigkeiten, welche sie zweifellos enthalten, in welchen man aber nicht wohl etwas anderes als die naiven Deutungen und Ausschmückungen einer eben ganz laienhaften Beobachtung und Auffassung wird erblicken können. . . .'

„In der Beschreibung, welche Geck von den jungen Tieren gibt, erscheinen mir besonders beachtenswert die Angaben, daß jene ganz der Mutter ähnlich gewesen seien, und daß sich an der Stelle der Augen zwei schwarze Punkte in Gestalt eines Mohnkorns sehr deutlich bemerken ließen, wo doch die Augen der Mutter verwachsen und nicht bemerkbar sind, und als freie Augen sich fanden. Beides stimmt ja gut mit dem, wie ich es von meinen Proteus-Larven gesehen habe. Die bedeutende Größe der Tiere von 1,5 Zoll, welche Geck angibt, dürfte keinen zu schwerwiegenden Einwand begründen, da die betreffenden Angaben offenbar nur auf einer Schätzung beruhen und anderseits auch denkbar wäre, daß innerhalb des mütterlichen Körpers die Larven ein bedeutenderes Wachstum und eine weitergehende Entwickelung erreichen könnten.

„Immerhin wird aber, wenn die Möglichkeit eines Lebendiggebärens nicht von der Hand gewiesen werden kann, dies nur als Ausnahme anzusehen sein, da es sonst kaum zu erklären sein würde, daß unter der großen Menge von Tieren, die im Laufe der Jahre schon zur Untersuchung gekommen sind, niemals ein mit Jungen trächtiges Weibchen aufgefunden worden ist. In der mir zugänglichen Literatur habe ich nirgends mehr Angaben über die Viviparität des Grottenolms gefunden. Bisher steht also der von Michahelles im Jahre 1831 beschriebene Fall einzig und allein ganz abgesondert.

„Desto interessanter scheint mir der von mir beobachtete Fall, den ich zwar schon im Jahre 1904 beobachtet habe, aber erst jetzt der Öffentlichkeit übergebe. Der Fall ist vom allgemein biologischen Standpunkte noch viel interessanter als der von Michahelles beschriebene, und zwar erstens deshalb, weil ich die Ausbildung eines neuen Organismus und ein Wachstum desselben im Leibe einer Mutter beobachtete, die seit mehr als 13 Monaten keine Nahrung aufgenommen hat, was auf eine ungewöhnlich große Lebenszähigkeit hinweist; zweitens ist es merkwürdig, daß das Junge ohne jegliche Anpassung der Geschlechtsausführungsgänge der Mutter an die Ernährungsfunktion der Frucht eine verhältnismäßig sehr bedeutende Größe erreicht hat.

„In den ersten Tagen des Septembers 1903 habe ich bei dem Grottenolmhändler Wilhar in Großtock bei Adelsberg fünf lebendige kräftige Exemplare von Proteus anguinus ausgewählt und ließ mir diese nach Lemberg senden. Die Tiere waren schon seit einigen Wochen bei dem Händler in Gefangenschaft. Als ich sie erhalten hatte (in der ersten Hälfte des September), habe ich sie in ein rundes Glasaquarium mit reinem Wasser (von einer Wasserleitung) eingesetzt, wobei das Wasser einmal oder zweimal wöchentlich gewechselt wurde. Das Aquarium wurde in dem Arbeitszimmer meines Laboratoriums auf das Fenster gestellt und war gut beleuchtet. Die Tiere waren für anatomisch-histologische Zwecke bestimmt, es lag mir deshalb nicht daran, sie zu ernähren, da sie kräftig genug waren und ich aus eigener Erfahrung wußte, daß die Grottenolme eine längere Zeit ohne Nahrung gedeihen können.

„Nach zwei Monaten wurden zwei Exemplare getötet und seziert, wobei es sich erwies, daß eins derselben ein Männchen war. Da die übriggebliebenen drei Tiere das feingehackte Fleisch nicht essen wollten (sie haben überhaupt während der ganzen Zeit der Gefangenschaft keine Nahrung aufgenommen), und da die früh aufgetretene Winterkälte keine Vorräte von kleinen Cladoceren oder Limicolen im Laboratorium zu machen ermöglichte, so blieben sie überhaupt ohne jede Nahrung in reinem Wasser bis zur Hälfte Oktober des Jahres 1904. Sie wurden etwas mager, waren aber immer munter und energisch in ihren Bewegungen, und da sie einer guten Beleuchtung ausgesetzt waren, erhielten sie eine ganz dunkle, bräunlich-schwärzliche Farbe der Körperdecke. Nach Verlauf von einigen Monaten, seitdem sie im Aquarium lebten, bemerkte ich, daß eins von den drei noch übriggebliebenen Exemplaren etwas dicker erschien und etwas träger war als die zwei anderen.

„Am 12. Oktober 1904, also nach einem Verlaufe von ungefähr 13 Monaten der Gefangenschaft der Grottenolme, als ich, wie gewöhnlich, am Morgen früh gegen acht Uhr in das Laboratorium kam, wo in meinem Arbeitszimmer das Aquarium mit den Grottenolmen sich befand, bemerkte ich zu meiner größten Überraschung, daß neben den drei Exemplaren noch ein viertes, junges, äußerst mageres und ganz helles (während die alten, wie bemerkt, schon eine bräunlich-schwarze Farbe angenommen hatten), sehr schwach sich bewegendes Exemplar vorhanden war, welches also ohne jeden Zweifel während der Nacht oder sehr früh morgens im lebendigen Zustande geboren wurde.

„Das nach zwei Tagen getötete Weibchen, welches ich als die wahrscheinliche Mutter des neugeborenen Jungen angesehen habe, zeigte tatsächlich den linken Ovidukt unvergleichlich mehr entwickelt als gewöhnlich; der rechte war normal, der linke zeigte einen viel größeren Durchmesser, war etwa sackförmig und dabei sehr dünnwandig, so daß sehr wahrscheinlich dieser Eileiter als Fruchtbehälter funktionierte. Außerdem war die äußere Öffnung der Kloake bei diesem Weibchen etwas breiter als gewöhnlich. Das Junge war äußerst schwach, es bewegte sich sehr träge und reagierte wenig auf mechanische Reize. Es lebte nur noch einige Stunden, denn gegen Mittag war es schon tot.

„Das Tier zeigte folgende Eigentümlichkeiten. Erstens war es äußerst hell, so daß man durch die zarte Haut Eingeweide durchschimmern sah; es hatte zwei sehr gut bemerkbare Augen als schwarze, kleine Punkte, was an die Angaben von Michahelles und von Zeller erinnert. Zweitens zeigte das Exemplar einige interessante Defekte in der Entwickelung der Extremitäten. Die vordere, rechte Extremität war ganz normal mit drei Zehen versehen, die linke dagegen hatte nur zwei Zehen, ohne Spur einer dritten — ein Defekt, welcher deshalb interessant ist, weil nach Zellers Beobachtungen an den vorderen Füßen der Proteus-Larve eine längere Zeit hindurch nur zwei Zehen entwickelt sind und erst später die dritte zum Vorschein kommt. Deshalb muß man dies als eine Art einseitiger Entwickelungshemmung betrachten.

„Auch an den hinteren Extremitäten war eine Entwickelungshemmung zu beobachten, und zwar war hier überhaupt nur ein einziger Fuß, nämlich der linke, entwickelt mit der normalen Zahl von Zehen (2); der rechte Fuß war vollkommen unentwickelt. Diese einseitigen Entwickelungshemmungen oder Defekte waren wahrscheinlich eine Folge des unnatürlichen Druckes, welchen die Wand des sonst sehr engen und erblich zur Rolle eines Fruchtbehälters nicht angepaßten Ovidukts auf den Körper des wachsenden Jungen ausübte. Das von mir beobachtete Exemplar war viel größer und älter als die von Geck und Michahelles beschriebenen Neugeborenen. Denn diese letzteren waren nur 1,5 Zoll lang, das meinige aber 12,6 cm; also fast viermal so groß.

„Vom biologischen Standpunkte ist es sehr interessant, daß das Tier so lange im Mutterorganismus gelebt hat und so ausgewachsen ist, obwohl die Ausführungsgänge der Geschlechtsorgane nicht zur Ernährungsfunktion des Fötus angepaßt sind. Warum, kann man fragen, hat die Mutter die Eier nicht abgelegt, und warum, wenn schon die Entwickelung im Eileiter begonnen ist, wie es z. B. bei Salamandra regelmäßig geschieht, wurde die Larve nicht in viel früherem Entwickelungszustande geboren, sondern blieb so lange in den Ausführungsgängen? Ich meine, daß die Ursache der merkwürdigen Erscheinungen in den ungünstigen äußeren Bedingungen und gewissermaßen in einer Selbstregulation zu suchen ist. Der mütterliche Organismus war mehr als ein Jahr in Gefangenschaft und ernährte sich gar nicht; er verblieb immer im reinen Wasserleitungswasser, wo kaum etwas zur Ernährung des Tieres vorhanden war. Ich bin der Ansicht, daß in unserem Falle ganz ähnlich, wie es bei dem viviparen Alpensalamander stattfindet, das junge Tier sich aktiv auf Kosten der reifen Eier ernährt hat, welche in den Eileiter eingetreten und hier zugrunde gegangen sind. Die ungünstigen Bedingungen, und zwar die Wirkung des hellen Lichtes, das Fehlen von entsprechenden Höhlungen und eines natürlichen Bodens, der vollkommene Mangel an Nahrung und vielleicht auch anormale Temperaturverhältnisse, alle diese Bedingungen haben sehr wahrscheinlich verursacht, daß das betreffende Weibchen die befruchteten Eier, die in den Eileiter eingetreten sind, nach außen nicht ablegte. Nur ein Ei, und zwar wahrscheinlich das äußerste, gelangte zur Entwickelung, während die übriggebliebenen Eier als Nahrung der Larve gedient haben."

Kurze Zeit, nachdem dieser Aufsatz erschienen war, machte Kammerer in der Biologischen Versuchsanstalt in Wien eine ganz ähnliche Beobachtung, deren Bericht hier bis auf einen kleinen Absatz wörtlich wiedergegeben werden möge:

„Von den Räumlichkeiten der Biologischen Versuchsanstalt in Wien ist eine wie geschaffen für die Haltung von Höhlentieren: ein 5 m tiefer Schacht weitet sich zur unterirdischen Halle, die ehemals als Zisterne gedient hat, jetzt aber leer liegt. Das Sickerwasser jedoch, welches von oben durch die gemauerte Decke tropft und Sinterbildungen an ihr zurückläßt, das Grundwasser, welches von unten durch den stellenweise schadhaften Zementboden dringt, bewirken fortwährend Ansammlung geringer Wassermengen auf dem etwas eingewölbten Grunde der Halle. Während das Wasser auf drei Vierteilen der Bodenfläche von Zeit zu Zeit ausgeschöpft werden muß, um das ungehinderte Betreten des Raumes zu gestatten, ist ein Viertel des Bodens (ca. 12 qm) durch eine 30 cm hohe Betonwand von dem übrigen Raume geschieden und durch Auffüllen mit Hochquellwasser als Bassin eingerichtet.

„In diesem Bassin leben seit Dezember 1903 vierzig Grottenolme, die von vornherein mit der Absicht darin freigelassen worden waren, um womöglich die Beobachtung ihres Fortpflanzungsgeschäftes zu gestatten. Entsprechend dieser Absicht waren es lauter ausgesucht große Exemplare, welche dem unterirdischen Becken als Bevölkerung zugeteilt wurden. Fast zwei Jahre verstrichen, ohne daß die Hoffnung auf Nachkommenschaft sich erfüllte. Die Olme blieben zwar, mit Ausnahme eines einzigen Exemplares, welches im Laufe dieser Zeit zugrunde ging, vollkommen gesund und verspeisten mit Appetit die ihnen gereichten Würmer (Tubifex) und Fischchen, geschlechtlich aber zeigten sie sich indifferent. Deshalb wurde meine Kontrolle allmählich eine lässigere, auch die Fütterung ließ nach und nach an Regelmäßigkeit und Reichlichkeit zu wünschen übrig.

„Da bemerkte ich im Oktober 1905 plötzlich einige Exemplare unter den Olmen, die entschieden viel kleiner waren als alle übrigen, und die ich von Anfang an gewiß nicht zu dem Zwecke, daß sie als Zuchttiere dienen sollten, ins Zisternenbecken gegeben hätte. War somit schon damals der Gedanke an eine stattgefundene Fortpflanzung nahegerückt, so war doch immerhin der Verdacht nicht ganz abzuweisen, daß die zum Teil recht mager aussehenden Tiere eine Reduktion durchgemacht haben konnten, wie sie bei gewissen wirbellosen Tieren (Hydra, Planaria, Clavellina) vorkommt, daß wir es bei den kleinen Olmen nicht mit jungen Olmen, sondern mit alten Tieren zu tun hatten, die sich unter Wahrung ihrer Körperproportionen durch Aufzehren entbehrlicher Gewebe stark verkleinert hatten. Derartige Reduktionserscheinungen waren nämlich in recht auffälligem Maßstabe — Verkleinerungen um einige Zentimeter — bei gleichzeitig oberirdisch gehaltenen Proteen, die einem Versuche des Herrn stud. phil. Weindl über Pigmentbildung dienten, zur Beobachtung gelangt.

„Es dauerte jedoch nur bis in den Mai 1906, als abermals sehr kleine Olme in der Zisterne zu sehen waren, bei denen die Annahme einer Hungerreduktion um so eher ausgeschlossen schien, als sie sich durch die Größe ihrer Augen deutlich als junge Tiere erwiesen. Die Augen der jungen Proteen sind ja bekanntlich viel stärker entwickelt als die der älteren, bei denen sie erst allmählich verkümmern. Die jetzt vorgenommene Zählung des gesamten Olmbestandes ergab eine Vermehrung um vier Stück. Ich war nun zwar überzeugt, daß die Proteen unseres Zisternenbeckens sich fortgepflanzt hatten, ebenso überzeugt war ich aber auch, daß ich ganz einfach infolge mangelhafter Überwachung die Eiablage übersehen hatte, und daß die übrigen Eier, da die Zahl der aufgefundenen Jungen zu gering erschien, um die gesamte Nachkommenschaft vorstellen zu können, entweder zugrunde gegangen, oder daß die Larven von den alten Olmen gefressen worden seien...

„Zu der Annahme, daß ein Teil meiner Olmnachkommenschaft von den Erzeugern verzehrt worden sei, gelangte ich durch folgende Erwägung: erstens ist der Kannibalismus bei den Amphibien überhaupt eine weitverbreitete Erscheinung; zweitens hatte Zeller einen großen Teil seiner Olmlarven durch die räuberischen Gelüste der Elterntiere eingebüßt; drittens war den jungen Olmen, welche ich unserem Zuchtbecken entnahm, fast durchweg mindestens ein Bein abgebissen, welches wiederum nachwuchs, und zwar öfters unter Vermehrung der primären Zehenzahl bis auf fünf." — Der Verfasser berichtet nun von der Beobachtung Nusbaums und fährt schließlich folgendermaßen fort: „Ich komme nunmehr wieder auf meine eigenen Zuchtergebnisse zu sprechen Am 4. Oktober 1907 isolierte ich ein 305 mm langes, also sehr großes Weibchen, welches trächtig zu sein schien. Das Isolieraquarium beließ ich, behufs Erhaltung der gleichen Bedingungen, in der Zisterne und stellte es neben das Gesellschaftsolmbecken hin. Am 18. Oktober abends 8 Uhr war der Umfang des Weibchens unförmlich geworden; auch schien es sein Gleichgewicht verloren zu haben, denn der Rumpf hing nach oben gekrümmt im Wasser, seine Mitte berührte die Oberfläche. Bei diesem Anblicke glaubte ich mich hinsichtlich der Trächtigkeit des Tieres, durch seine Leibesfülle verleitet, getäuscht zu haben: denn das geschilderte Symptom, nämlich hilfloses Hängen dicht unter der Oberfläche ist charakteristisch für eine Art Hydrops (Wassersucht), von der die Amphibien manchmal befallen werden, und wobei ihr Leib ebenfalls stark anschwillt. Indessen war jene eigentümliche Stellung des großen Olmweibchens nur ein Ausdruck seiner Geburtswehen. Denn am 19. Oktober in der Frühe war sein Benehmen wiederum das normale, und außer ihm schwammen zwei vierbeinige, in jedem äußerlich sichtbaren Detail dem Muttertiere gleichgebaute, nur selbstredend viel kleinere und mit größeren Augen versehene Junge in dem Glase. Von Resten etwaiger Eihüllen war nicht die Spur zu bemerken, und die jungen Proteen, obschon etwas kleiner als im Nusbaumschen

Falle, besaßen doch die ansehnliche Länge von 11,4 beziehungsweise 9,9 cm. Es kann daher kein Zweifel darüber herrschen, daß hier ein Lebendiggebären vor sich gegangen ist.

„In derselben oder in einer der kurz vorhergegangenen Nächte war auch im großen Olmbecken wieder Zuwachs erfolgt: die Revision ergab zwei junge Olme von dem Aussehen und der bis auf Individualdifferenzen weniger Millimeter gleichen Größe wie die im Isolierbecken zur Welt gekommenen."

In seiner letzten größeren Arbeit über die Fortpflanzung des Grottenolms, die hier nicht mehr ausführlich berücksichtigt werden konnte, stellt Kammerer fest, daß Proteus bei jeder Temperatur unter 15° C unabhängig von allen sonstigen inneren und äußeren Einflüssen lebende Junge zur Welt bringt, und daß dies, da jene Temperatur in den Höhlen seiner Heimat nicht erreicht wird, die normale Fortpflanzungsart des Olms ist. Bei 12—14° werden von jedem Weibchen bei jeder Geburt zwei Junge, aus jedem Eileiter eins, geboren; die neugeborenen Jungen sind 9,8—12,2 cm lang, 8—10 g schwer, haben deutliche Augenpunkte und einen verhältnismäßig etwas kürzeren Schwanz als die Erwachsenen, denen sie sonst gleichen. Die außer den Embryonen in den Eileiter tretenden Eier zerfließen zu einem Dotterbrei, der, wie beim Alpensalamander, den bevorzugten Embryonen als Nahrung dient.

In den östlichen Vereinigten Staaten Nordamerikas und in Kanada lebt ein naher Verwandter des Olms, der Furchenmolch, Necturus maculatus *Raf.* (Menobranchus lateralis; Abb. S. 156), ein Tier von mäßiger Größe und verhältnismäßig kräftigem Leibesbau, mit vier Beinen, deren Füße sämtlich 4 Zehen haben, eiförmigem, vorn zugespitztem, hinten zugerundetem Kopfe, deutlich abgesetztem Halse und molchähnlichem Leibe. Seine Oberseite ist grau oder braun, die Unterseite hellgrau oder fleischfarbig; den Rücken zieren große, unregelmäßige, öfters schmal gelb eingefaßte schwarze Flecke, die zu größeren Flecken oder Binden zusammenfließen können. Die Färbung der Erwachsenen wechselt übrigens so, daß Eycleshymer, der die Lebensweise des Furchenmolches genauer beschrieben hat, annimmt, dieser sei einer Farbenveränderung fähig. Auch die jungen Tiere sind anders gefärbt als die Erwachsenen, oberseits schwarz, unterseits und an der Kehlfalte weiß; später werden sie heller, es bleibt aber eine schwärzliche Längsbinde, die von der Schnauze über die Augen bis gegen die Kiemen hinzieht und sich auch noch längs der Körperseiten fortsetzt, erhalten; auf solche gebänderte Junge, wie eines auch abgebildet ist, bezieht sich der Name „lateralis". Ausgewachsene Stücke erreichen eine Länge von 32—36 cm. Die Haut ist glatt, schlüpfrig, der Schwanz seitlich stark zusammengedrückt, am Ende abgerundet und trägt am obern und untern Rande einen dicken Hautsaum. Die Kehle ist mit einer deutlichen Querfalte versehen. Die Kiemen sind groß, fein verästelt, lebhaft rot; der dicke Stamm bräunlich gefärbt; Kiemenspalten sind jederseits zwei vorhanden. Die große, fleischige Zunge ist abgerundet und vorn frei; auch die Zahnbildung ist ähnlich wie beim Olm; die Zwischenkiefer trägt 11—15, die Pflugscharbeine 12—16 Zähne. Die Augen sind klein, aber deutlich. Die Anzahl der Wirbel ist verhältnismäßig gering (19 Rumpf- und 29 Schwanzwirbel) und der Bau des Gerippes sowie die Körperform überhaupt der der Salamander so ähnlich, daß Duméril und Bibron als unterscheidende Merkmale nur die vier Zehen und die als bleibend anzusehenden Kiemen angeben können.

Die ersten ausführlichen Angaben über Furchenmolche, und zwar über eine ungefleckte kleine Art, N. punctatus *Gibbes*, verdanken wir L. R. Gibbes, der Stücke aus kleinen Flüssen in den Reisfeldern des südlichen Santeeflusses durch Vermittelung eines

Freundes erhielt. Die Neger fürchten sich, nach Mitteilung des letzteren, vor diesem Molche und seinem Verwandten, weil sie beide für äußerst giftig halten. Die Holzmulde, in welcher der erste Gefangene untergebracht worden war, verlor in den Augen des Besitzers wegen des fürchterlichen Tieres sofort allen Wert und wurde zertrümmert, damit ja niemand fernerhin zufällig daraus essen möge. Der Molch selbst verschwand aus dem Beobachtungsraume des betreffenden Weißen, wahrscheinlich, weil die Neger es für gut gehalten hatten, das entsetzliche Geschöpf so schleunig wie möglich zu entfernen. Später glückte es, andere zu fangen.

Furchenmolch, Necturus maculatus *Raf.* 1/3 natürlicher Größe.

Wenn diese ruhig lagen, so hielten sie ihre roten Kiemenbüschel ausgebreitet; bei der geringsten Störung aber verloren diese ihre leuchtende Färbung und wurden dicht an die Halsseiten angelegt. Gelegentlich stieg einer oder der andere der Molche zur Oberfläche des Wassers empor, öffnete sein Maul, nahm Luft ein, tauchte wieder unter und stieß später die unbrauchbar gewordene Luft unter schwachem Geräusch aus.

Auch S. Kneeland hat den Furchenmolch in der Gefangenschaft gehalten. Die Tiere waren wenig empfindlich gegen Frost, da sie, obwohl teilweise eingefroren, durch Auftauen wieder ins Leben zurückgerufen werden konnten; sie erwiesen sich als nächtliche Räuber, die auf Würmer und Fische Jagd machten, während sie bei Tage das Licht mieden. Ihre Kiemen, deren Anhänge sich abwechselnd unter dem gesteigerten oder verminderten Blutdrucke ausdehnten oder zusammenzogen, säuberten sie durch Kämmen mit den Fingern.

Gadow berichtet über seine gefangenen Furchenmolche folgendes. Sie liegen ruhig mit ausgespreizten Kiemen da, leben bei Tage versteckt und halten sich meist am Grunde des Wassers auf. Hier und da ziehen sich die Kiemen plötzlich zusammen und erblassen, worauf sie sich wieder mit Blut füllen. Selten kommen die Tiere an die Wasseroberfläche, doch lassen sie öfters Luftblasen aufsteigen, namentlich wenn sie beunruhigt werden; in diesem Falle werden die Kiemen an den Hals angelegt, und die Tiere schwimmen mit raschen, aalartigen Bewegungen umher. Bei Nacht verlassen diese ihre Versteckplätze, schwimmen herum oder krabbeln auf dem Grunde mit langsamen, schlängelnden Bewegungen, wobei die Füße kaum benutzt werden. Im Freien leben sie von ziemlich großen Krebstieren, kleinen Fischen, Würmern, Insekten und Fröschen. Furchenmolche, die bei Ecorse in Michigan gefangen worden waren, erwiesen sich als so vollgestopft mit Fischlaich, daß sie, als sie ans Ufer geworfen wurden, Hunderte von Eiern erbrachen. Sie sind überhaupt sehr gefräßig und gegen Kälte völlig unempfindlich. Die Laichzeit fällt in die Monate April und Mai, nach Virchow zwischen Mitte und 22. Mai; die Larven schlüpfen nach diesem Gewährsmanne zwischen 19. und 27. Juli aus und gebrauchen Anfang August schon ihre Gliedmaßen.

In letzter Zeit hat der Furchenmolch, einer der auch in anatomischer Beziehung am eingehendsten untersuchten nordamerikanischen Schwanzlurche, in Eycleshymer einen berufenen Schilderer seiner Lebensweise gefunden, und auch die früher unbekannte Fortpflanzungsweise ist nunmehr bekannt. Nach dem genannten Forscher findet man den Furchenmolch im Frühling und Sommer am häufigsten in ruhigen, 4—8 Fuß tiefen Gewässern mit sandigem Grunde, der mit reicher Vegetation bedeckt ist. Im Herbste trifft man die Tiere paarweise oder in kleinen Gruppen; um diese Zeit dürfte die Paarung stattfinden. Manchmal scheinen sie in ungeheuren Mengen sich zusammenzufinden. So hat ein Herr George Clark von Ecorse in Michigan mit einem Schleppnetz auf einen Zug 2000 „Wassereidechsen" gefangen. Ein Fischer in Evanstown in Illinois hatte 900 Angeln ausgesetzt und an einem einzigen Tage 500 Furchenmolche daran gefangen. Während des Winters bleiben diese Olme munter und können im Januar und Februar unterhalb des Eises beobachtet und geangelt werden. Tagsüber liegt Necturus ruhig unter Baumstämmen oder Steinen, während er bei Nacht herumwandert. Im Aquarium meiden die Furchenmolche das Sonnenlicht, ziehen sich, wenn möglich, in den Schatten zurück und suchen sich zu verbergen. Sie bewegen sich in der Regel langsam gehend; werden sie aber aufgestört, so sind sie flink und schwimmen mit kräftigen seitlichen Schwanzbewegungen und an den Körper angedrückten Gliedmaßen dahin, doch niemals weit, höchstens einige Meter und verbergen sich entweder im Schlamm oder suchen sonstwie Deckung. Selten gelingt es, ihrer bei Tage im Freien ansichtig zu werden; sie verschwinden bereits bei der geringsten Bewegung des Wassers, wie z. B. durch ein nahendes Boot. Wenn sie ungestört sind, kann man ihren Kopf aus einem schützenden Versteck hervorschauen und die rubinroten Kiemenbüschel sich auf und ab bewegen sehen. Wird das Tier aber erschreckt, so werden die Kiemen rauchgrau und legen sich dicht an den Hals an.

Kneeland beobachtete, daß zwei Furchenmolchen von kleinen nordamerikanischen Weißfischchen (minnows), mit denen sie in einem Aquarium zusammen lebten, in etwa zehn Tagen die ganzen Kiemen bis auf den knorpeligen Schaft abgefressen wurden, während die Molche keines der Fischchen zu erbeuten vermochten. Nachdem diese wieder herausgenommen worden waren, begannen die Kiemen der Molche wieder zu wachsen und hatten nach sechs Monaten die Hälfte ihrer normalen Größe. Während der Furchenmolch außerhalb des Wassers nur vier Stunden zu leben imstande ist, hatten Kneelands Tiere den

Verlust ihrer Kiemen im Wasser ohne Schaden ausgehalten, obgleich sie in beiden Fällen offenbar auf die Lungenatmung allein angewiesen waren. Im Wasser scheint eben die Hautatmung die Kiemenatmung genügend zu ersetzen, während außerhalb des Wassers die Kiemen eintrocknen und die Hautatmung aus demselben Grunde unmöglich wird.

Der Furchenmolch verzehrt kleine Krebse, Insektenlarven, Regenwürmer, am liebsten aber, wie es scheint, kleine Fische. Die Würmer werden durch eine Art Saugen in den Rachen eingeschluckt, kleine durch eine einzige Schluckbewegung, größere durch deren Wiederholung, wobei die Zähne das Herausgleiten verhindern. Oft wird der Wurm verfehlt, was auf Schwäche des Gesichtsinnes zurückgeführt werden muß; die Tiere scheinen fast ausschließlich auf den Tastsinn angewiesen zu sein, schnappen daher auch in getrübtem Wasser nach Beute.

Trotz der Zähigkeit, mit der dieser Molch monatelang ohne Nahrung aushält und schwere Verstümmelungen übersteht, fällt er doch gelegentlich einem Pilz zum Opfer, der viele dahinraffen kann. Eine solche Epidemie wurde im Monat Juni im Grand River beobachtet; Hunderte von Leichen wurden ans Ufer geschwemmt, und die Müller am Strom waren gezwungen, sie wieder in die Strömung zu werfen, um den gräulichen Gestank los zu werden.

Die Auffindung der Eier und die Erlangung der Kenntnis, wie und wo und in welchem Alter Necturus sich fortpflanzt, war mit ganz ungewöhnlichen Schwierigkeiten verbunden, und obwohl die Art schon über ein volles Jahrhundert der Wissenschaft bekannt ist, so gelang es doch erst Whitman vor mehr als 20 Jahren, das Nest zu entdecken und die Entwickelung zu verfolgen. Viele Irrtümer mehrerer Forscher hatten die Entdeckung besonders erschwert: man hielt den Furchenmolch für die Larve verschiedener anderer bekannter oder noch unbekannter Molche, wußte nicht, ob er ausschließlich im Wasser lebe oder auch ans Land gehe, und über die Laichzeit war man ganz im unklaren. Auch als man durch Untersuchung von Weibchen zu verschiedenen Jahreszeiten die Laichzeit festgestellt hatte, machte die Auffindung der Nester noch Schwierigkeiten, denn diese waren im tiefen, schlammigen Wasser nicht zu entdecken, und auch die Art und Weise, wie und wo die Eier abgelegt werden, mußte erst mühsam erforscht werden. Dank der Tätigkeit von Whitman und Eycleshymer wissen wir nun, daß die Zeit der Eiablage zwar von der Temperatur und von der Tiefe des Wassers abhängt, daher in größeren tiefen Seen mit steilen Ufern viel später eintritt als in solchen mit seichten Ufern, und auch daß in ein und demselben See die Eier an seichten Stellen zuerst abgelegt werden, wo sie den größten Teil des Tages der Sonne ausgesetzt sind. Die ganze Zeit, in der Eier gelegt werden, umfaßt etwa drei Wochen, die zwischen Anfang Mai und Anfang Juni liegen, vorwiegend gegen Mitte oder Ende Mai. Sandige Ufer, mit zahlreichen Baumklötzen und Felsblöcken werden zur Eiablage bevorzugt und bei Nacht aufgesucht; bei Tage liegen die Tiere ganz ruhig in ihren Verstecken, und wer mit ihrer Lebensweise nicht vertraut ist, würde sie selten, wenn überhaupt, entdecken. Das Gelege ist stets in einem schützenden Versteck unter Baumstrünken oder dergleichen untergebracht, und zwar in einer seichten Aushöhlung des Sandes, etwa 2—3 Fuß unter der Oberfläche; durch die enge Öffnung des Schlupfwinkels steckt das Tier seinen Kopf heraus. Auch unter Blechbüchsen, und sogar unter einem alten Hut hat Eycleshymer schon ein Nest gefunden. Manchmal lagen die Nester ziemlich nahe nebeneinander, einmal wurden sogar ihrer zehn unter einem einzigen Felsblock gefunden. Während der Zeit der Eiablage werden niemals Männchen bei den Weibchen angetroffen; wo sie in dieser Zeit sich aufhalten, ist noch unbekannt. Ebensowenig weiß man, wie die Weibchen ihre blaß rahmgelben und einen Viertelzoll im Durchmesser haltenden Eier ablegen; man findet sie über den Boden zerstreut und mit der äußersten ihrer drei Hüllen an diesen befestigt. Die Eiablage dauert wahrscheinlich stunden- und sogar tagelang, wie aus verschiedenen Beobachtungen geschlossen werden kann. Wenn man will, daß das Weibchen nach Wegnahme der Eier wieder zum Brutplatz zurückkehrt und mit dem Legen fortfährt, so muß man sehr behutsam verfahren; andernfalls scheint es die Eier aufzufressen.

*

Eine vierte Familie, die der **Armmolche (Sirenidae)**, enthält die am tiefsten stehenden Schwanzlurche, die wir kennen. Wie bei der vorigen Familie bleiben äußere Kiemen durch das ganze Leben bestehen, und es fehlen auch hier die Oberkieferknochen und die Augenlider, aber der Mund ist, abgesehen von den Pflugscharzähnen, zahnlos, und die Kiefer sind durch Hornscheiden ersetzt. Man kennt zwei auf Nordamerika beschränkte Gattungen, die sich durch die Zahl der Kiemenlöcher und der Finger der allein entwickelten vorderen Gliedmaßen voneinander unterscheiden, jede Gattung mit nur einer Art.

Nach E. D. Cope sind die Armmolche nicht bloß ein verkümmerter Lurchstamm in bezug auf Schädelbau, Schulter- und Beckengürtel und Gliedmaßen, sondern sie machen auch eine rückschreitende Verwandlung in der Entwickelung ihrer Kiemen durch. Cope fand einen Zeitraum, in dem die Kiemen beim jugendlichen Armmolche außer Tätigkeit gesetzt waren, und sie zeigten sich um so mehr zurückgebildet, je jünger sich die untersuchten Stücke erwiesen, und um so mehr entwickelt, je älter die Molche waren. Der genannte Forscher schließt aus diesen Beobachtungen, daß die Armmolche sich aus salamanderähnlichen Landtieren entwickelten, die erst neuerdings wieder ein ausschließliches Wasserleben angenommen hätten.

Der Armmolch, Siren lacertina *L.* (Abb. S. 160), Vertreter der gleichnamigen Gattung (Siren *L.*), erinnert im Leibesbau an den Aalmolch, unterscheidet sich jedoch dadurch, daß nur die beiden Vorderbeine vorhanden sind. Der Leib ist eine lange Walze, die sich nach hinten zuspitzt und seitlich abplattet; vorn sitzen vierzehige Füße; von den Hinterbeinen bemerkt man selbst im Gerippe keine Spur. Die Nasenlöcher stehen nahe am Rande der Oberlippe, die kleinen, runden Augen schimmern unter der sie bedeckenden Haut durch. Die Kiemenlöcher sind jederseits drei in schiefer Richtung am Halse liegende Quereinschnitte, in deren oberen Winkeln sich die vielfach gefransten äußeren Kiemen ansetzen. Auf den Pflugscharbeinen stehen zwei große Gruppen von Zähnen, die sich nach vorn im Winkel gegeneinander neigen. Die 101—108 Rückenwirbel ähneln in ihrem Bau denen des Olms; etwa acht von ihnen, vom zweiten angefangen, tragen kleine Rippenanhänge. Die Färbung des Tieres ist schwärzlich, auf der Unterseite etwas heller; mitunter zeigen sich kleine weiße Fleckchen. Die Gesamtlänge beträgt 67—72 cm. Der Armmolch lebt in den südöstlichen Vereinigten Staaten und geht im Westen bis Südwest-Texas.

Garden machte uns im Jahre 1765 mit dem von ihm in Südcarolina entdeckten Armmolche bekannt, indem er zwei Stücke an Ellis in London sandte. Letzterem teilte er mit, daß sich das Tier an sumpfigen Plätzen, hauptsächlich unter alten Baumstämmen am Wasser finde, bisweilen auf diese Stämme klettere und, wenn das Gewässer austrockne, mit klagender Stimme fast wie eine junge Ente, aber heller und schärfer, piepe. Er hielt das Tier für einen Fisch: ein Irrtum, den schon Linné widerlegte. Pallas glaubte später im Armmolch die Larve irgendeines Salamanders zu erkennen; G. de Cuvier aber sprach zuerst die Meinung aus, daß man diesen Molch als ein ausgebildetes Tier anzusehen habe.

Im Juni 1825 kam ein lebender Armmolch von $^1/_2$ m Länge nach England, wurde hier von Neill gepflegt, sechs Jahre lang am Leben erhalten und währenddem beobachtet. Anfangs hielt ihn dieser Naturforscher in einem mit Wasser und Sand angefüllten Kübel, der schief gestellt wurde, um dem Tiere einen Ausgang auf das Trockne zu gestatten; bald aber zeigte sich, daß ihm Moos lieber war, und da man dieses, weil es bald faul wurde, beständig ersetzen mußte, gab man ihm Froschbiß, unter dessen schwimmenden Blättern er sich gern verbarg. Der Molch fraß im Sommer Regenwürmer, kleine Stichlinge, Kaulquappen von Wassermolchen, später auch Elritzen, fastete aber während des Winters in einem Kalthause, seinem

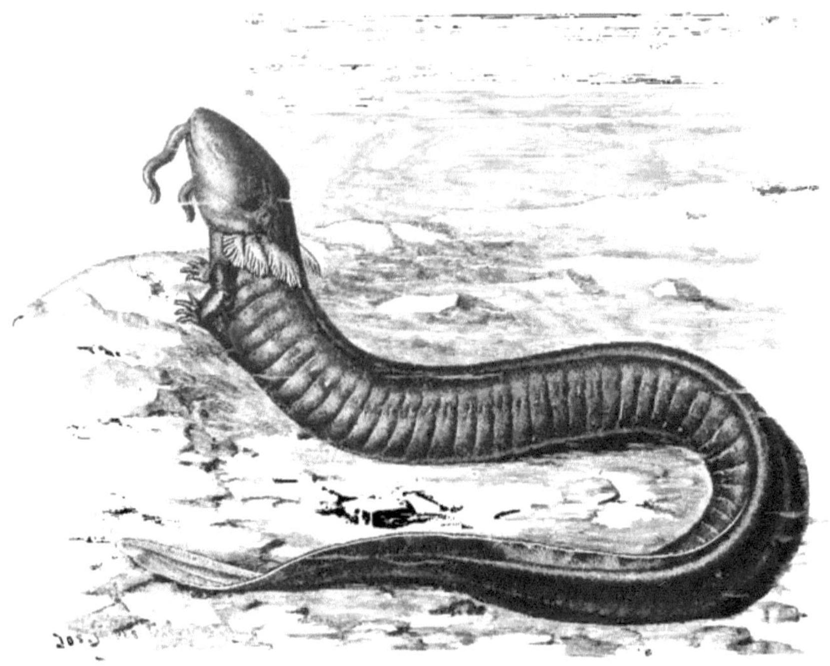

Armmolch, Siren lacertina *L.* $^1/_3$ natürlicher Größe.

Wohnraume, von Mitte Oktober bis Ende April. Bei Berührung des Schwanzes stieß er Luftblasen aus und ging langsam weiter. Am 13. Mai 1826 kroch er, nachdem er gefressen hatte, von selbst aus dem Kübel und fiel über 1 m tief herunter. Des andern Morgens fand man ihn auf einem Fußpfade außerhalb des Hauses; er hatte sich durch ein kleines Gewölbe in der Mauer einen meterlangen Gang in die Erde gegraben. Infolge der Kälte des Morgens war er erstarrt und gab kaum noch ein Lebenszeichen von sich, atmete im Wasser schwer und hob sich deshalb an die Oberfläche, um Luft zu schnappen; nachdem er jedoch einige Stunden in der Tiefe verweilt hatte, war er wieder so munter wie zuvor. Als man ihn im Jahre 1827 in ein Treibhaus brachte, zeigte er sich lebhafter und begann zu quaken wie ein Frosch, d. h. einzelne gleichförmige Töne auszustoßen. Während dieses Sommers fraß er oft zwei bis vier kleine Regenwürmer auf einmal, war überhaupt hungriger als früher. Sobald er den Wurm erblickte, näherte er sich vorsichtig, hielt einen Augenblick still, als wenn er lauere, und schoß dann plötzlich auf die Beute los; übrigens fraß er nur alle acht oder zehn Tage. Gewöhnlich lag er stundenlang, ohne Luftblasen von sich zu geben; man bemerkte dann zweimal in der Minute einen schwachen Strom hinter den Kiemen. Bei Berührung schnellte er sich so rasch fort, daß das Wasser spritzte. Er lebte bis zum 22. Oktober 1831 und starb eines gewaltsamen Todes: man fand ihn außerhalb seines Kübels mit eingetrockneten Kiemen. Während der sechs Jahre war er um 10 cm länger geworden. Daß Armmolche sich gelegentlich zu ausschließlicher Luftatmung bequemen können, ist von E. D. Cope beobachtet worden, der zwei Monate lang ein Stück im Aquarium hielt, dem die Kiemenbüschel, vermutlich durch Fische, bis auf die letzten Stummel abgefressen worden waren.

Gothard gibt ein anschauliches Bild des Verhaltens zweier Armmolche, die er längere Zeit im Aquarium beobachten konnte. Da seine Beschreibung eine der wenigen ist, die über das Gefangenleben dieses Molches in letzterer Zeit veröffentlicht wurden, so mögen sie hier vollinhaltlich wiedergegeben werden:

„Das Tier, ein kleines Exemplar von 27 cm Länge, kam an einem mäßig kalten Wintertage im Februar 1908 an. Es wurde, nachdem das Wasser die Zimmertemperatur annahm, in ein Aquarium von 50 Liter Inhalt gebracht, das dicht mit Wasserpflanzen bedeckt war und ein paar Schleierschwänze beherbergte. Die Lebhaftigkeit dieses eigentümlichen Schwanzlurches übertraf alle meine Erwartungen. Das schlangenähnliche Tier untersuchte mit unglaublicher Geschwindigkeit den Grund des Aquariums. Es arbeitete dabei so schnell mit den kleinen Vorderfüßen, wie ich dies nie von einem Kiemenmolche erwartet hätte, dabei untersuchte es den Sand mit der Schnauze, ich möchte fast sagen, wie ein Schwein; es nahm den Sand in das Maul, um ihn dann durch die Kiemen wieder hinauszuwerfen. Das Aquarium sah in einer Viertelstunde so aus, wie ein von Maulwürfen durchgewühltes Blumenbeet.

„Ich setzte nun das Tier in ein anderes Aquarium, wo Tuffsteinfelsen viele Versteckplätze bildeten. Das überaus lichtscheue Tier fühlte sich in dieser Umgebung sichtbar behaglich. Es war lieb zu sehen, wie die Sirene ihr mit schönen Kiemenbüscheln versehenes Köpfchen aus dem finsteren Versteck hoch herausstreckte und sich auf ihre Vorderfüße stemmte. Ganz eigentümlich ist die Art und Weise, wie ein Armmolch die atmosphärische Luft zu sich nimmt, denn obwohl die Tiere mit mächtigen Kiemen versehen sind, haben sie doch das Bedürfnis, auch mit den ebenfalls vorhandenen Lungen die Luft einzuatmen. Wie oft sie Luft nehmen müssen, hängt von der Temperatur und dem Oxygengehalte des Wassers ab. Mein Exemplar nahm, wenn es allein war, in einem Aquarium von 50 Liter Inhalt bei einer Temperatur von 15° C etwa jede Stunde Luft zu sich, während das Tier, in demselben Behälter mit mehreren Fischen zusammengehalten, bei einer Temperatur von 25° C jede fünf Minuten genötigt war, Luft zu schnappen. Das Tier verfuhr, wenn es in einem Loch verborgen war, in folgender Weise: zuerst streckte die Sirene den Kopf heraus und wartete so eine Zeitlang, bemerkte sie dabei etwas Verdächtiges, so zog sie sich blitzschnell wieder in ihr Versteck zurück, um nach einer geraumen Zeit wieder zum Vorschein zu kommen. Fühlte sie sich aber sicher, so richtete sie den Vorderkörper ganz vertikal auf, drückte dabei die kleinen Füße ganz an den Körper, hob sich langsam bis zur Wasseroberfläche empor, wie von einer unsichtbaren Macht aus der Höhle gehoben (der stark arbeitende Schwanz war dabei natürlich nicht zu sehen), und zog sich, nachdem sie die Luft zwei- bis dreimal langsam eingeatmet hatte, in derselben Weise, also mit dem Schwanze voran, zurück. War der Wasserstand zu hoch, so war sie gezwungen, die Oberfläche schwimmend zu erreichen, was mit überaus eleganten und elastischen Bewegungen geschah; dort angelangt, kehrte sie, im Gegensatz zu dem vorigen Verfahren, um und ging kopfabwärts wieder in die Tiefe. Am Boden suchte sie mit großer Nervosität ihr Loch, was aber gewöhnlich ziemlich lange Zeit dauerte.

„Meine Exemplare waren hinsichtlich ihrer Nahrung durchaus nicht wählerisch und nahmen Regenwürmer, kleine Fische, Kaulquappen, Insektenlarven und rohes Fleisch mit gleichem Appetit an. Die Jagd auf die Beutetiere ist aber je nach deren Eigenart ganz verschieden. Tiere, die sich am Bodengrund aufhalten, werden mit nach unten gerichteter Schnauzenspitze aufgesucht. Tubifex- und Chironomus-Larven werden durch maulwurfartiges Aufwühlen des Bodengrundes aufgestöbert, bei der Jagd auf Fische aber streckt die Sirene den Kopf etwas aus dem Schlupfwinkel heraus und wartet gewöhnlich, bis ein Schwarm kleiner Flitterfische vorbeizieht, und wenn einer zufälligerweise zu nahe an den gefährlichen Rachen kommt, so wird dieser aufgesperrt, und das Fischchen spürt, daß es mit einem Wasserstrom in die verderbliche Höhle gezogen wird. Wahrgenommen werden die herannahenden Fische höchstwahrscheinlich nicht mit den stark zurückgebildeten Augen, vielmehr denke ich, daß das Tier durch die Bewegung des Wassers darauf aufmerksam gemacht wird. Es ist aber eine Tatsache, daß Siren lacertina einen Fisch, der 2 cm weit vor seiner Schnauze vorbeischwimmt, wahrnehmen kann.

„Was die Temperatur anbelangt, so können die Sirenen nicht als heikle Tiere betrachtet werden. Meine Exemplare haben 10° C ebensogut ausgehalten wie 35° C. Selbst sehr große Temperaturschwankungen haben sie ohne weiteres vertragen. Am geeignetsten scheint für sie aber doch eine Temperatur von 20—25° C zu sein.

„Was ihnen aber am unangenehmsten zu sein scheint, ist hoher Wasserstand. Sie fühlen sich entschieden unbehaglich, wenn sie beim Luftschnappen schwimmen müssen, wahrscheinlich, weil bei ihnen das Einatmen der atmosphärischen Luft längere Zeit beansprucht als bei den übrigen Molcharten und dies nur dann leicht geschehen kann, wenn sie sich dabei auf den unteren Teil des Körpers stützen können.

„Kurz nach der Ankunft meiner ersten Siren lacertina wurde mir ein anderes Exemplar angeboten, das ein Männchen sein sollte. Tatsächlich war die neue Sirene nicht nur in der Farbe, sondern auch im ganzen Habitus von Siren I verschieden. Während mein erster Armmolch nämlich sehr dunkel schokoladebraun war, man könnte fast sagen, schwarz, zeigte Siren II eine bedeutend hellere Schattierung. Siren I war ganz einfarbig, während Siren II marmoriert war. Außerdem war Siren II etwa 4 cm länger und unvergleichlich stärker gebaut als Siren I. Die Kiemenbüschel waren beim zweiten Exemplar bedeutend kleiner als beim ersten und wie der ganze Körper marmoriert. Siren II hatte vier sehr gut entwickelte Zehen an den Vorderfüßen, während Siren I nur Stummel hatte, die sich aber merkwürdigerweise manchmal mehr entwickelten, um sich dann aus unausforschbaren Gründen wieder zurückzubilden. Überhaupt machte Siren I mit den großen und schlecht entwickelten Füßen mehr den Eindruck einer Larve. Herr Dr. Kammerer teilte mir aber mit, daß diese Unterschiede als lokale Variationen und nicht als Geschlechtsunterschiede zu betrachten sind. Als ich Siren II in dasselbe Aquarium setzte, das von Siren I bewohnt war, war ich dennoch gefaßt, daß sie sich gegenseitig vollkommen ignorieren würden. Sobald aber die beiden Sirenen einander entdeckt hatten, zeigten sie eine solche Erregung, wie ich gar nicht erwartete. Sie bissen sich gegenseitig in die Seiten, jagten aufeinander wie toll im Aquarium, so daß nach einigen Minuten eine ganz unglaubliche Unordnung herrschte. Endlich hatte die starke Sirene II den Sieg davongetragen, und Sirene I mußte in der Flucht ihre Rettung suchen. Sie hatte so lange keine Ruhe, bis ich eine zweite Tuffsteingrotte in das

Aquarium brachte, und von nun an hauste jeder Drache in seiner eigenen Höhle. Es geschah aber oft, daß sie bei ihren nächtlichen Wanderungen gegenseitig aufeinander stießen, und dann fing der Kampf von neuem an. Obwohl ich meine Armmolche oft auch mit anderen Molcharten zusammen hielt, zeigten sie nie das geringste Interesse gegen die übrigen Bewohner des Behälters. Ob der Grund dieser ebenerwähnten Kampfspiele eine geschlechtliche Erregung war oder nicht, konnte ich nie feststellen. Es ist aber eine Tatsache, daß sie nicht zur Fortpflanzung schritten, obwohl sie zwei Jahre in einem sachgemäß eingerichteten Aquarium wohnten. Ich halte es für wahrscheinlich, daß sie noch nicht fortpflanzungsfähig waren. Das Wachstum meiner Armmolche war ein überaus geringes: während ihrer zweijährigen Gefangenschaft hat ihre Länge etwa 2—3 cm zugenommen.

„Zu einem interessanten Versuch veranlaßte mich folgende Äußerung Dr. Kreffts in seinem ‚Terrarium‘: ‚Am meisten Abwechselung bietet in seinen Lebensäußerungen noch der Armmolch, der ziemlich häufig ans Land geht, wo er sich gern unter und auf Baumstämmen aufhält (!) und auch seine quakende Stimme zuweilen hören läßt. Er benötigt somit ein Terraaquarium, oder doch ein Aquarium, worin ihm durch eine Korkinsel oder dergleichen Landungsgelegenheit geboten ist.‘

„Mir leuchtete es nie ein, was ein so ausgesprochenes Wassertier mit den mächtigen Kiemenbüscheln auf Baumstämmen suchen sollte. Trotzdem richtete ich aber ein großes Terraaquarium ein, dessen Wasserstand an der tiefsten Stelle nur 10 cm hoch war, und dessen Sandboden nur sehr allmählich nach der einen Seite zu stieg, um dann in eine mit Moos bewachsene und stets feucht gehaltene Landpartie überzugehen. Obwohl meine Armmolche diesen Behälter eine lange Zeit bewohnten, gingen sie kein einziges Mal ans Land und ließen auch ihre quakende Stimme nie hören. Selbst wenn sie mit Gewalt auf die Moospolster gebracht wurden, suchten sie schleunigst mit sehr unbeholfenen, schlängelnden Bewegungen das Wasser auf. Bei meinem Versuche mit dem Terraaquarium hatte ich aber doch Gelegenheit, eine interessante Beobachtung zu machen. Die Armmolche hielten sich nämlich fortwährend im Sande eingegraben auf, so daß nur die Schnauzenspitze an einer solchen Stelle hervorragte, wo der Sand schon nicht mit Wasser bedeckt war. Hier konnten sie also fortwährend atmosphärische Luft einatmen, und die Folge dieser Haltung war, daß sich die Kiemenbüschel derart reduzierten, daß nur Stummel übrigblieben. Die Kiemen bildeten sich jedoch nie vollkommen zurück, und es fand auch keine Metamorphose statt. Diese Methode bei der Haltung von Sirenen ist aber entschieden unnatürlich. Die Sirenen graben sich im Sande nur deshalb ein, weil sie sehr lichtscheu sind; wenn man für Schlupfwinkel sorgt, graben sie sich nie ein. Als ich die Tiere wieder in ein gewöhnliches Aquarium setzte, bildeten sich die schönen Kiemenbüschel nach etwa 2—3 Wochen wieder ebenso aus, wie sie früher waren.“

Die zweite bekannte Art, der Gestreifte Armmolch, Pseudobranchus striatus *Lec.*, läßt sich leicht von der ersten Art dadurch unterscheiden, daß sie nur ein Paar Kiemenspalten und nur drei Finger hat; die etwas körnige (beim gewöhnlichen Armmolch glatte) Haut ist oberseits dunkelbraun, mit einem breiten gelben Längsband auf jeder Seite und einer helleren Längslinie darunter. Dieser kaum 20 cm lange Molch ist ein seltenes Tier, das ausschließlich in Südgeorgien gefunden wurde; über seine Lebensweise und Fortpflanzung wissen wir so gut wie nichts.

Dritte Ordnung:

Froschlurche (Ecaudata).

Wer einen Frosch aufmerksam betrachtet hat, kennt alle Mitglieder der dritten Ordnung unserer Klasse. Die Unterschiede im Leibesbau, die sich innerhalb der Abteilung bemerklich machen, sind zwar nicht unerheblich oder unwesentlich, aber doch nicht so durchgreifender Art, daß ein Frosch- oder ungeschwänzter Lurch jemals mit einem andern Lurch verwechselt werden könnte. Ein gedrungener, eines Schwanzes entbehrender Leib, dem vorn der niedergedrückte, breite, am Schnauzenteile zugespitzte oder abgerundete, in der Regel weitmäulige Kopf aufsitzt, ohne daß man den Hals unterscheiden kann, vier wohlentwickelte Gliedmaßen und eine glatte, rauhe oder warzige, aber stets nackte Haut sind die äußerlichen Kennzeichen aller hierher gehörigen Tiere. Die Augen sind meist verhältnismäßig groß, sehr beweglich, d. h. weit in ihre Höhlen zurückziehbar, gewöhnlich auch von lebhaftem Ausdrucke, die Nasenlöcher, die zwischen Schnauzenspitze und Augen liegen, bald diesen, bald jener mehr genähert, meist durch besondere Klappen verschließbar, die Ohröffnungen groß und an dem oberflächlich liegenden Trommelfell erkennbar, bei ziemlich vielen Arten aber unter Haut und Muskeln verborgen. Je nach den Gattungen und Arten ändert die Bildung der Beine und Füße verschiedentlich ab, namentlich was das Längenverhältnis des hinteren Gliederpaares zu dem vorderen, die Anzahl, Länge und Gestaltung der Zehen sowie die Verbindung dieser untereinander betrifft. Daher finden wir auch, daß manche Froschlurche, namentlich unter den Engmaulfröschen, nur langsam zu kriechen, andere wieder ganz flink zu laufen imstande sind, während allerdings die Mehrzahl hüpfend oder in weiten Sätzen springend sich fortbewegt. Die Haut unterscheidet sich ebenfalls nicht unwesentlich hinsichtlich der Glätte, Stärke und des Vorhandenseins von Drüsen, die Schleim oder Gift absondern.

Viele Arten haben die Fähigkeit, ihre Färbung zu ändern. Man beobachtet, daß sich ihr Kleid bis zu einem gewissen Grade, nicht selten vollständig der Umgebung anpaßt, und nimmt ebenso wahr, daß Erregungen des Allgemeingefühles und bestimmter Empfindungen durch Wechsel der Färbung zum Ausdruck kommen, ist aber bis jetzt nicht imstande, zu bestimmen, ob das eine wie das andere willkürlich geschieht oder nicht, um so weniger, als wir gelegentlich bemerken, daß einerseits unter scheinbar ganz gleichen Umständen mehrere Frösche derselben Art verschiedene, anderseits wieder unter verschiedenen Lebensbedingungen gleiche Färbung aufweisen.

Da das die Unterhaut mit der Körpermuskulatur verbindende Fettgewebe den Froschlurchen meist fehlt, liegt die Haut dem Körper lose an und ist nur an gewissen Stellen durch dünne Häute an ihm befestigt. Dadurch entstehen große Hohlräume unter der Haut, die mit Lymphflüssigkeit gefüllt sind (Abb., S. 17).

Der Bau des Gerippes ist höchst einfach. Der Kopf ist stark niedergedrückt, weil sich die Flügel- und Jochbeine sehr nach den Seiten hin ausdehnen und die ungemein breiten Augenhöhlen fast wagerecht liegen, hinter diesen aber der Schädel sich beträchtlich abplattet. Auffällig ist die Größe der Nasenbeine, die Verwachsung des Stirn- und Scheitelbeines derselben Seite, die ringförmige Gestalt des Siebbeines, das man deshalb hier Gürtelbein nennt, und die Größe des die Schädelkapsel von unten her bedeckenden Parasphenoids. Der Hals ist strenggenommen nur angedeutet, da bloß ein Halswirbel, der Atlas, unterschieden werden kann. Im ganzen besteht der vor dem Kreuzbein gelegene Teil der Wirbelsäule in der Regel aus acht Wirbeln, nur bei der Knoblauchkröte aus neun, bei der Wabenkröte aus sieben, bei einem afrikanischen Krallenfrosch (Hymenochirus) gar nur aus fünf Wirbeln, was

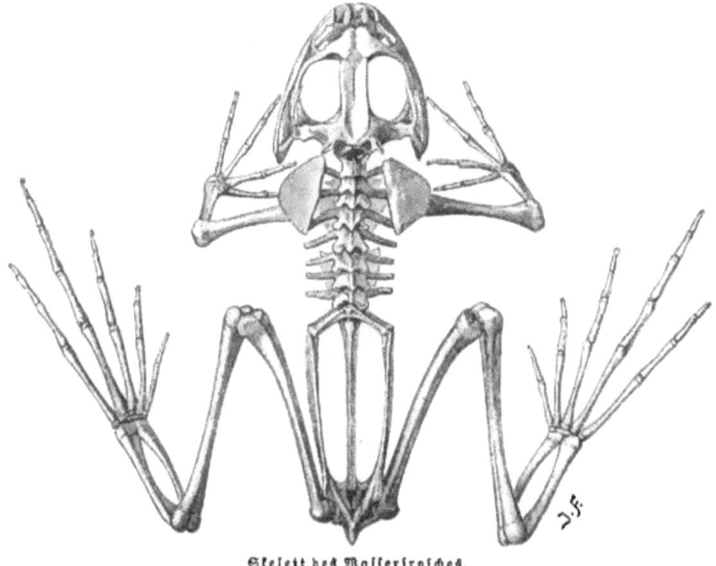

Skelett des Wasserfrosches.

durch verschieden weitgehende Verwachsung einzelner Wirbel zu erklären ist. Einen Unterschied zwischen Brust- und Lendenwirbeln gibt es nicht; das Kreuzbein ist jederseits in einen walzigen oder platten dreieckigen Knochen ausgezogen, an dem sich in der Mitte ein langes stabförmiges Steißbein und beiderseits ähnlich gestaltete, seitlich plattgedrückte, hinten miteinander verbundene Beckenknochen anlehnen; die Vordergliedmaßen sind an einem teilweise knorpeligen, nach oben freien, mit der Wirbelsäule durch Muskeln zusammenhängenden Gürtel befestigt, den oben das Schulterblatt, unten vorderes und hinteres Rabenbein (Praecoracoideum und Coracoideum) und je ein vorderes (Omosternum) und hinteres (Sternum), meist aus einem knöchernen Stiel und einer knorpeligen, zwischen die Muskeln sich einschiebenden Platte bestehendes Brustbein bilden; dem vorderen Rabenbein ist oft ein kleines Schlüsselbein aufgelagert. Rippen sind mit alleiniger Ausnahme der Familie der Scheibenzüngler nicht vorhanden, da man die langen Querfortsätze der Wirbel als solche nicht ansehen darf. Elle und Speiche, Schien- und Wadenbein verschmelzen zu je einem Knochen; ein Teil der Mittelfußknochen vereinigt sich zu einem weiteren Beinabschnitte, der dem „Lauf“

der Vögel entspricht, und dessen zwei Langknochen als Sprungbein und Fersenbein zu deuten sind. Bei vielen kletternden Fröschen finden wir sogenannte überzählige Zehenglieder, kleine Knöchelchen, die stets zwischen vorletztem und letztem Zehengliede an Hand und Fuß auftreten, und deren Bedeutung sein dürfte, den fallenden Körper beim Sprunge aufzuhalten und so die Fallwirkung abzuschwächen. Im Oberkiefer bemerkt man gewöhnlich, auf den Pflugscharbeinen oft, auf den Gaumenbeinen und im Unterkiefer ausnahmsweise, kleine, spitzige Zähne; nur selten sind sie von bedeutender Größe, messerförmig und gering an Zahl, wie bei dem papuanischen Frosch Xenobatrachus, oder die Vorderzähne im Unterkiefer sind als Fangzähne entwickelt und stark verlängert, wie bei der westafrikanischen Gattung Dimorphodon. Die fast bei allen Fröschen vorhandene Zunge ist selten vollständig an ihrer Grundfläche angewachsen, vielmehr gewöhnlich nur mit ihrem Vorderteile im Winkel des Unterkiefers befestigt, an ihrem Hinterteil aber frei, so daß dieser aus dem Munde geschleudert werden kann; sehr selten ist sie vorne frei, hinten angewachsen. Speiseröhre und Magen sind kurz und weit, der Darmschlauch wenig gewunden. Von den Nieren aus führen die Harnleiter in eine meist zweizipflige, umfangreiche, dünnhäutige Harnblase, die den Harn, eine klarem Wasser an Reinheit gleichkommende Flüssigkeit ohne wahrnehmbaren Geschmack, enthält und unzweifelhaft auch dazu dient, bei größerer Trockenheit die allen Lurchen so nötige Feuchtigkeit zu gewähren, und aus dieser in die Kloake. Alle Froschlurche haben sehr große, sackförmige Lungen, deren Spitzen sogar mitunter nach vorn umgeschlagen sein können, und einen aus Knorpelspangen gebildeten Kehlkopf, der gar nicht selten einen deutlichen Kehldeckel hat und oft noch durch besondere unpaare oder paarige Schallblasen unterstützt wird, die sich nach innen oder außen öffnen und ihre Besitzer in den Stand setzen, eine laute, klangvolle Stimme ertönen zu lassen. Eine Luftröhre ist nicht unterscheidbar. Das Hirn ist im Verhältnis zur geringen Leibesgröße ziemlich bedeutend.

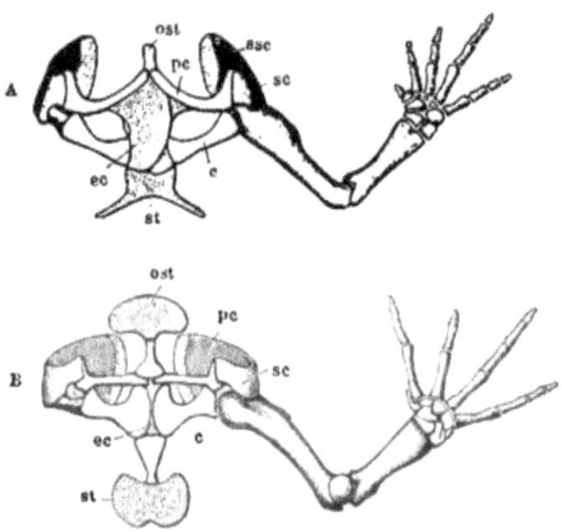

Schultergürtel von Unke (A) und Frosch (B). Nach Boulenger, „Les Batraciens", in „Encyclopédie Scientifique" (Paris 1910). ost Omosternum, st Sternum (Brustbein), c Coracoideum (Rabenbein), pc Praecoracoideum, ec Epicoracoideum, sc Scapula (Schulterblatt), ssc Suprascapula.

Hinsichtlich der Verbreitung der nahezu 1200 bekannte Arten umfassenden Froschlurche brauchen wir dem bereits über die Verbreitung der Lurche im allgemeinen Gesagten nur noch weniges hinzuzufügen.

Nur die Scheibenzüngler können, nach G. A. Boulenger, als eigentümlich für die Paläarktische Region gelten, obgleich vor wenigen Jahren auch in Nordamerika eine hierher gehörige Gattung entdeckt wurde. Die übrigen paläarktischen Gattungen gehören zu den Wasserfröschen, Kröten, Hylen und Krötenfröschen, eine einzige nordchinesische zu den Engmaulfröschen, und es halten sich Vertreter der Schiebbrustfrösche und der Starrbrustfrösche an Zahl so ziemlich die Wage.

Von den beiden paläarktischen Unterregionen ist die westliche, europäische, besonders reich an Krötenfröschen und Scheibenzünglern, die asiatische ausgezeichnet durch drei Vertreter der Gattung der Ruderfrösche und einen Engmaulfrosch. Mit der Nordamerikanischen Region herrscht nur ausnahmsweise Übereinstimmung bis auf die Art herab, aber mehrere altweltliche Frösche und Kröten sind nordamerikanischen Formen sehr nahe verwandt.

In der Nordamerikanischen Region sind echte Frösche und Hylen besonders zahlreich; schwächer vertreten sind die Kröten und die Krötenfrösche. Im Süden reichen Engmäuler und Zystignathiden mit wenigen Arten in die nordamerikanische Tierwelt hinein.

Die Afrikanische Region hat außer zwei Krötengattungen und einer einzigen Zystignathidengattung (Heleophryne) nur Starrbrustfrösche und die seltsamen zungenlosen Gattungen Xenopus und Hymenochirus aufzuweisen. Von 20 Gattungen echter Frösche sind Afrika 17 eigentümlich, darunter die überaus artenreiche Gattung Rappia, die den Bau der Frösche mit der Lebensweise der Laubfrösche verbindet. Groß ist auch die Artenzahl aus der Gattung Rana. Die Madagassische Unterregion ist besonders merkwürdig wegen ihres Gemisches von afrikanischen und indischen Formen. So ist der indische Einfluß durch zahlreiche Ruderfrösche und Taubfrösche (Dyscophidae) ausgedrückt, während Vertreter der Schiebbrustfrösche in Madagaskar unbekannt sind.

Die Indische Region hat in ihren Froschlurchen eine unverkennbare Übereinstimmung mit Afrika, während ihre Ähnlichkeit mit Australien, mit dem sie durch die Molukken doch geographisch so innig zusammenhängt, sehr gering ist. Die Starrbrustfrösche überwiegen durch die zahlreichen Gattungen und Arten von Raniden und Engmäulern, Kröten treten etwas mehr, Krötenfrösche und Hylen fast ganz zurück. Als Einwanderer aus Europa ist die Wechselkröte anzusehen, die bis in die nördlichen Teile Indiens verbreitet ist.

Am reichsten an Fröschen ist das tropische Amerika; hier leben vier Neuntel aller bekannten Arten. Zystignathiden und Hylen überwiegen derart, daß sie die Hälfte der ganzen Lurchfauna ausmachen; im übrigen sind Kröten und Engmäuler zahlreich, dagegen echte Frösche verhältnismäßig selten, und die Pipakröten sind für Südamerika eigentümlich. Mit der Australischen Region gemeinsam hat die Tropisch-Amerikanische das überraschend große Überwiegen der Schiebbrustfrösche über die Starrbrustfrösche.

Auch in der Australischen Region herrschen im allgemeinen Zystignathiden, Kröten und Hylen, also Schiebbrustfrösche, weitaus vor; jedoch deuten in der Austro-Malaiischen Unterregion etwa 20 Raniden und eine überraschend große Menge von Engmäulern (gegen 40 Arten) sowie zwei Krötenfrösche auf indische, über 30 Hylen auf australische Verwandtschaft. Von den kleineren Inseln des Stillen Meeres beherbergen die Salomonen eigentümliche Zipfelfrösche, große echte Frösche und andere Raniden, untermischt mit Hylen, die Fidschi-Inseln eine Anzahl von Raniden. Neukaledonien fehlen alle Lurche, in Neuseeland lebt als einziger Vertreter der Klasse ein Zystignathide, also der Vertreter einer in Australien viele Mitglieder zählenden Familie.

In allen sechs Regionen verbreitet sind, nach Boulenger, Kröten und echte Frösche, in fünfen Hylen und Engmäuler, in vieren Krötenfrösche und Zystignathiden, in zweien Scheibenzüngler und in je einer einzigen Region Pipakröten und Spornfrösche.

Die Frösche sind also, mit Ausnahme der Polarregionen, Weltbürger, fehlen keinem Erdteile, ebensowenig aber auch irgendeinem Gürtel der Breite und Höhe und erlangen in den Äquatorländern ihre höchste Entwickelung. Weniger als andere Lurche sind sie an eine bestimmte Örtlichkeit gebunden, da ihre Ausrüstung freiere Beweglichkeit gestattet. Weitaus die wenigsten Arten, unter ihnen namentlich die Zungenlosen, bewohnen beständig das Wasser, in dem sie ihre Jugendzeit verbrachten; die meisten schweifen in einem wenn auch beschränkten Wohnkreise umher, vorausgesetzt, daß sie hier die ihnen so unumgänglich notwendige Feuchtigkeit finden. Ihre Aufenthaltsorte sind so verschieden, wie die eines Lurches überhaupt sein können. Frösche leben an den Rändern der Gewässer, auf Wiesen, Feldern, Gebüschen und Bäumen, hausen in Löchern, unter Steinen, kurz überall, wo sie passende Schlupfwinkel und namentlich Insektennahrung finden. Ihr Sommerleben unterscheidet sich aber wesentlich von ihrem Treiben im Winter, gleichviel ob dieser sich durch Eintritt von Kälte oder von Dürre äußert. Bei uns zulande ziehen sich im Herbste manche Arten, und namentlich deren Männchen, in den Schlamm der Teiche zurück und verbringen hier die kalte Jahreszeit in todähnlichem Schlafe. In südlichen Ländern zwingt sie die Trockenheit, ebenfalls Versteckplätze zu suchen; doch überwintern sie hier nicht allein in beträchtlicher Tiefe unter dem Boden, bis wohin sie gelangt sind, während der letztere noch schlammig war, sondern auch, wie andere deutsche Arten und selbst wie die Weibchen sowie alle Jungen der im Schlamme vergrabenen Formen, in Erdlöchern, unter Steinen, in Baumhöhlungen, breiteren Ritzen und unter der Rinde der Bäume. Während dieser erzwungenen Ruhezeit zehren sie bis zum Anbruche günstigerer Jahreszeit von Nahrungsstoffen, die namentlich in der Leber aufgespeichert sind. Tritt der Frühling ein, so erscheinen sie urplötzlich und gleichzeitig in so großer Menge, daß unwissende Leute geneigt sind zu glauben, die Unzahl der Froschlurche, von deren Vorhandensein man einen Tag vorher keine Ahnung hatte, sei mit dem sie aus dem Winterschlafe erweckenden Regen vom Himmel herabgekommen. Geselligkeit ist ein Grundzug des Wesens aller am oder im Wasser lebenden Froschlurche, doch bilden sie niemals einen Verband unter sich wie höhere Wirbeltiere; jeder einzelne lebt in seiner Weise, ohne sich um den andern zu kümmern. Die auf Bäumen wohnenden oder umherschweifenden Frösche und Kröten vereinigen sich eigentlich nur während der Paarungszeit, und wenn man außerdem wirklich einmal viele von ihnen auf einer Stelle beobachtet, so war es einzig und allein eine den Tieren besonders zusagende Örtlichkeit oder die Aussicht auf reiche Beute, die sie zusammenführte. Insekten, Würmer, Schnecken sind ihre bevorzugte Nahrung; die größten Arten der Ordnung wagen sich nicht nur an Fische, Molche, Eidechsen und kleine Schlangen, sondern sogar an kleine Säugetiere und Vögel. Ein großer Frosch auf den Salomoninseln (Rana guppyi), dessen Männchen 10, dessen Weibchen aber 21 cm Länge von der Schnauze bis zum After mißt, ernährt sich ausschließlich von großen Krebsen. Als vollendete Räuber nehmen sie alle nur lebende und selbsterworbene Beute zu sich und scheuen nicht davor zurück, auch Junge der eignen Art, mindestens kleinere Verwandte zu fressen. Einzelne Laubfrösche, beispielsweise der australische Goldlaubfrosch (Hyla aurea), nähren sich, laut Krefft, fast ausschließlich von anderen Lurchen, und zwar zunächst wiederum von Laubfröschen; die südamerikanischen Hornfrösche und mehrere indische Krötenfrösche fressen für gewöhnlich ebenfalls nur kleinere Frösche, und unsere großen Wasserfrösche und Kröten verfahren bei günstiger Gelegenheit nicht im geringsten anders.

Mehr als jede andere Lebenstätigkeit verdient die Fortpflanzung dieser Tiere unsere Beachtung (s. Taf. „Froschlurche I", 1—3). Jene Fürsorge der Alten für die Brut, von der ich bereits sprach (S. 20), bezieht sich vorzugsweise auf Mitglieder unserer Ordnung. Bei vielen Froschlurchen nimmt das Männchen außergewöhnlichen Anteil an der Fortpflanzung, nicht bloß als Befruchter der Eier, sondern auch als Geburtshelfer und selbst als Nährvater. Die Anzahl der Eier, die ein Weibchen legt, ist oft außerordentlich groß, das trächtige Tier dementsprechend vor dem Legen sehr dick, weil die Eier, noch ehe sie den Mutterleib verlassen, ihre endgültige Größe erlangt haben und die Eileiter vollständig anfüllen. Während des

1. Laich von Bufo.
S. 168 u. 213. — W. B. u. S. C. Johnson-Leytonstone phot.

2. Laich von Rana temporaria *L.*
S. 168 u. 300. W. B. u. S. C. Johnson-Leytonstone phot.

3. Rana temporaria *L.* in Paarung.
S. 168 u. 299. — F. W. Oelze phot.

4. **Gemalter Scheibenzüngler**, Discoglossus pictus *Otth.*
$^{1}/_{2}$ nat. Gr., s. S. 197. — L. Medland, F. Z. S.-Finchley, N., phot.

5. **Rotbauchige Unke**, Bombinator igneus *Laur.*, **sich tot stellend.**
Nat. Gr., s. S. 185. — W. S. Berridge, F. Z. S.-London phot.

6. **Hornfrosch**, Ceratophrys cornuta *L.*
$^{1}/_{2}$ nat. Gr., s. S. 261. — A. Cerny-Wien phot.

Legens nun wird das Männchen im eigentlichen Sinne des Wortes zum Geburtshelfer. Es steigt auf den Rücken des Weibchens, umfaßt dieses mit seinen Vorderfüßen, je nach der Art unter den Achseln oder in den Weichen, und preßt dessen Leib so zusammen, daß sich durch den Druck die Eileiter ihres Inhaltes entleeren. Diese Einschnürung kann sich beim Grasfrosch, Springfrosch und anderen Wasserfröschen so steigern, daß sie den Tod des Weibchens zur Folge hat. L. F. Héron-Royer hat beobachtet, daß der langandauernde Druck des männlichen Daumens die Brust des Weibchens vollkommen durchbohrte. Beim Durchgange durch den Leiter werden die Eier mit einer gallertigen Hülle umgeben und unmittelbar nach dem Heraustreten von dem Männchen befruchtet. Die Verwandlung der Larven (s. Taf. „Entwickelung von Rana esculenta", bei S. 294), die man neuerdings auch an ihren Mundteilen und der Lage der Kiemen- und Afteröffnung zu unterscheiden gelernt hat, in erwachsene Tiere geschieht in der bereits (S. 22f.) angegebenen Weise, wobei jedoch festzuhalten ist, daß zuerst die hinteren Beine erscheinen und der bei den Molchen bleibende Schwanz nach und nach einschrumpft und sich endlich verliert. Alle Larven der deutschen Froschlurche, mit Ausnahme der Geburtshelferkröte, haben, nach den Untersuchungen von J. Thiele, eine Haft- oder Anklebevorrichtung, die an der Unterseite in der Nähe des Mundes liegt und in ihrer Lage und Form ein Unterscheidungsmerkmal für die einzelnen Arten abgibt. Es ist eine Einrichtung, die ausschließlich der jungen Quappe zukommt und nur ein bis zwei Wochen lang besteht, um dann spurlos zu verschwinden. Diese Haftvorrichtung ist ein drüsiges Gebilde, das eine Flüssigkeit zum Ankleben der Larve abscheidet; ein Ansaugen findet ebensowenig statt, wie überhaupt irgendeine Beziehung zur Atmung vorliegt. In späteren Entwickelungszuständen der Larve übernimmt mit der Umbildung des Mundes ein rund um die Hornkiefer des Mundes entwickelter lippenartiger Hautsaum mit eigentümlichen Hornzähnchen die zeitweilige Befestigung der Larve. Größere, saugnapfartige Gebilde am Bauch oder Rücken finden sich bei Larven verschiedener tropischer Froschlurche, die in schnellfließenden Gebirgsbächen ihre Entwickelung durchmachen.

Nach E. Yungs Versuchen reicht bloße Pflanzenkost nicht hin, um die Quappen sich zu Fröschen entwickeln zu lassen; es gehört dazu stets auch eiweißhaltige Nahrung, die übrigens in dem Bodenschlamme der Gewässer, in dem die Froschlarven leben, meist in ausreichendem Grade enthalten zu sein pflegt. Alle Froschlarven nähren sich somit von zerfallenden Tier- und Pflanzenstoffen in wechselnder Mischung. Die Verwandlung währt drei, vier, fünf Monate und länger, worauf dann die nunmehr ihren Eltern an Gestalt gleichenden Jungen das Wasser verlassen und die Lebensweise ihrer Erzeuger beginnen.

Dies ist die Regel; doch fehlt es ihr nicht an Ausnahmen. So wird bei manchen Scheibenzünglern eine zweimalige Laichablage im Jahre beobachtet. Nach J. J. Fletcher legen die australischen Froschlurche, mit Ausnahme zweier Pseudophryne-Arten, ihre Eier in der gewöhnlichen Weise. Aber die Laichzeit ist bei allen nicht so kurz, auch weniger von der Jahreszeit abhängig wie bei den europäischen Froscharten, vielmehr an die in Australien sehr unregelmäßig eintretenden Regenfälle gebunden. Obgleich gewisse Arten sich in ihrem Fortpflanzungsgeschäfte an bestimmte Jahreszeiten halten, kann man doch das ganze Jahr hindurch Laich von ihnen finden. Ähnliches erwähnt van Kampen von javanischen Froschlurchen, von denen der Engmaulfrosch Callula baleata nur bei Regenwetter zutage kommt und seine Eier in Regenwasseransammlungen ablegt, während z. B. die Larven der Schwarznarbenkröte das ganze Jahr über gefunden werden können.

Auch hinsichtlich des zu erwählenden Gewässers walten sehr verschiedenartige

Verhältnisse ob. Während viele Frösche nur in Teichen, Gräben oder Pfützen, die mindestens zur Zeit der Entwickelung ihrer Larven dauernd Wasser behalten, ihre Eier ablegen, begnügen sich andere mit der geringen Wassermenge, die sich zwischen dütenartig zusammengerollten Baumblättern am Grunde von Agaven- und Bromeliazeenblättern oder in hohlen Bäumen sammelt; derartige zur Aufnahme der Eier geeignete Höhlungen streicht ein brasilischer Laubfrosch, Hyla resinifictrix, nach Göldi sogar mit Baumharz aus und macht dadurch das kleine Brutbecken wasserdicht. Andere legen die Eier überhaupt nicht in das Wasser. Salziges oder brackiges Wasser verhindert die Entwickelung der Eier; schon in Wasser, das nur einen Teil vom Hundert Kochsalz gelöst enthält, sterben alle Keimlinge nach A. Raubers Versuchen ab. Doch hat E. Yung bei noch geringerem Salzgehalte des Wassers sich Fröschchen entwickeln sehen. Von europäischen Arten sind in dieser Beziehung die anpassungsfähigsten und härtesten die Wechselkröte und der Seefrosch, die in schwach salzhaltigen Seen der dalmatinischen Insel Meleda, aber auch in den erheblich salzreicheren Oasentümpeln der algerischen Sahara noch zu leben und sich fortzupflanzen vermögen.

In den Buschwaldungen längs der sandigen Küste Brasiliens hört man, nach Beobachtung des Prinzen von Wied, während des ganzen Tages und der Nacht die laute, unverhältnismäßig starke, rauhe und kurz abgebrochene, aber oft wiederholte Stimme eines Sapo genannten Frosches, und wenn man ihr nachgeht, wird man das Tier zwischen den Blättern der Bromelien finden; denn hier sammelt sich stets Wasser an, und sogar bei der größten Trockenheit und Hitze bleibt dort eine dann schwarze, unreine Flüssigkeit, die aber nach anhaltendem Regen rein und in Menge gefunden, selbst zum Trinken benutzt wird. „In diese Wasseransammlungen in den Blattwinkeln der Pflanze legt genannter Frosch seine Eier, wie wir zu unserer Überraschung fanden, als wir im Januar, der großen und erschöpfenden Hitze und des Wassermangels halber, jenes Wasser suchten und in Trinkschalen gossen. Die kleinen, bereits ausgeschlüpften Lurche hinderten uns übrigens nicht, das durch ein Tuch gegossene, mit etwas Limonensaft und Zucker vermischte Wasser zu trinken, wenn wir in den Mittagsstunden eines glühenden Januartages von der Reise völlig erschöpft uns in den drückend heißen Schatten der Gebüsche niederlegten, um etwas zu ruhen. Man kann eine Bromelienpflanze, in der man solche Fröschchen hat schreien hören, umkehren, so daß Wasser, Insekten und Krebschen (denn diese leben ebensogut darin) herausfließen; der Sapo zieht sich dann nur immer tiefer zwischen die Blätter zurück und sitzt so fest, daß man diese einzeln auseinander reißen muß, um ihn zu finden. Die Höhlung eines Baumes, in der sich Wasser sammelt, kann für andere Frösche vollständig genügen, um ihrer Brut bis zur Verwandlung Raum und Zeit zu gewähren." — „Ein heftiges Brüllen, das viel Ähnlichkeit mit dem einer Kuh hatte", erzählt Schomburgk, „und sich in kurzen, regelmäßigen Zwischenräumen wiederholte, hatte mich schon mehrmals aus dem Schlafe geweckt und die sonderbarsten Vermutungen über den Urheber des mir gänzlich fremden Tones hervorgerufen. Mit Ungeduld wartete ich daher auf die zurückkehrenden Bewohner. Als ich auf meine Frage nach dem Brüllen die Antwort erhielt, es sei ein Frosch, glaubte ich, die Leute hätten mich zum besten; trotz meines Zweifels aber blieben die Kariben dabei, es sei der Konobo-Aru, der sich in einer bestimmten Art von Bäumen aufhalte, deren Stamm hohl und mit Wasser gefüllt sei, wovon sie mich sogleich durch den Augenschein überzeugen wollten. Rasch ging es nach dem nahen Walde der Niederung, und bald standen wir vor einer hohen Tiliazee mit großen Blättern, die mir noch nirgends vorgekommen war und sich bei einer näheren Untersuchung sogar als eine neue Gattung (Bodelschwingia) herausstellte. Eine Eigentümlichkeit dieses Baumes ist, daß sein Stamm, sowie er eine gewisse Stärke erreicht, hohl wird. Einer der Indianer erkletterte den Baum, um ein rundes Astloch, das sich etwa 12 m hoch am Stamme befand, zu verstopfen, worauf die übrigen tätige Hand anlegten und den Baum fällten. Der hohle Stamm war mit einer ansehnlichen Menge Wasser gefüllt, in welchem wir zwar den Ruhestörer selbst nicht, dagegen aber gegen 20 Stück seiner Kaulquappen vorfanden. Unser Suchen nach dem Vater oder der Mutter blieb für jetzt fruchtlos, und ich mußte mich schon bis zum Eintritt der Nacht vertrösten, um welche Zeit er sich, nach Versicherung meiner Begleiter, gewiß wieder einfinden und seine Gegenwart durch Gebrüll verkünden würde. Ich muß gestehen, lange hatte ich den Abend nicht mit solcher Spannung erwartet. Es mochte 9 Uhr sein, als die Stimme des Frosches die tiefe Stille wieder unterbrach. Mit einem Lichte versehen, eilte ich in Begleitung einiger Kariben dem Tone nach und wurde wieder nach dem gefällten Baume geführt. Der helle Schein des Lichtes schien das Tier zu blenden, da es sich ruhig greifen ließ. Es war der große, schön gezeichnete Aderfrosch."

Noch merkwürdiger sind die Umstände, unter denen ein westafrikanischer Kletterfrosch sich verwandelt. Buchholz sah am Kamerun in den letzten Tagen des Juni an den Blättern eines niedrigen, halb im Wasser stehenden Baumes einige ziemlich große, weiße Ballen, die bei näherer Betrachtung als eine lockere, an der Luft erstarrte Schaummasse erschienen, vermutete, ein Insekt darin zu finden, war aber nicht wenig erstaunt, anstatt des letzteren ganz junge, frisch dem Ei entschlüpfte Froschlarven anzutreffen, die sich in einer gewissen Menge in der verflüssigten eiweißartigen Masse befanden. Genauere Besichtigung ließ ihn auch in dem noch teigartigen Ballen überall zerstreut eingefügte, aber sehr zahlreiche Eier erkennen, die ihm bis dahin ihrer vollständigen Durchsichtigkeit halber entgangen waren. Um die weitere Entwickelung zu beobachten, nahm unser Gewährsmann den Schaumballen mit nach seiner Wohnung, bewahrte die Masse sorgfältig auf einem Teller auf und erfuhr, daß im Verlaufe von drei bis vier Tagen, unter gleichzeitiger Verflüssigung des größten Teiles der Schaummasse, die meisten Eier auskrochen. Die jungen Tiere schwammen nunmehr in der verdünnten Flüssigkeit umher, bekamen einen langen Ruderschwanz und Kiemenbüschel und verhielten sich fortan ganz wie gewöhnliche Froschlarven, entwickelten sich auch, nachdem sie in Wasser gebracht worden waren, in durchaus regelmäßiger Weise weiter. Die schaumige Masse entsprach also wohl der gallertartigen Schleimhülle, in welcher der Laich der Frösche sonst im Wasser eingehüllt ist, war aber offenbar nicht ausreichend, die Larven länger als einige Tage nach dem Ausschlüpfen zu ernähren; das weitere Wachstum mußte im Wasser geschehen. Buchholz nimmt an, jedenfalls mit Recht, daß die jungen Larven mit der verflüssigten Masse durch die Regengüsse von den Zweigen der Bäume in das Wasser hinabgespült werden und damit in das allen Lurchen heimatliche Element gelangen. Von der angegebenen Zeit an bis zum Juli bemerkte der Beobachter noch auf verschiedenen anderen Bäumen am Rande des Teiches oft in einer Höhe bis zu 3 m und darüber ähnliche Schaummassen, die nicht selten mehrere Blätter zusammengeklebt hatten. Ein brauner, zur Familie der echten Frösche gehöriger Kletterfrosch (Chiromantis rufescens), der auf denselben Bäumen lebte, schien Buchholz der Urheber der Laichmassen zu sein. Da das Ablegen aber immer des Nachts erfolgte, war es schwierig, ihn zu überführen, bis unser Forscher endlich frühmorgens die Freude hatte, den Frosch selbst noch beim Laichen anzutreffen. Die Masse hatte reichlich die Größe der laichenden Mutter, war aber noch halbflüssig, von zäher, schaumartiger Beschaffenheit und erstarrte erst im Laufe des Tages an der Luft. Ganz ähnlich wird das Laichgeschäft von Phyllomedusa iheringi, einem brasilischen

Vertreter der Hylenfamilie, beschrieben, der, wie jener afrikanische Kletterfrosch, ebenfalls ausschließlich auf das Baumleben angewiesen zu sein scheint.

Mit dem Absetzen der Eier endet jedoch die Sorge beider Geschlechter für ihre Brut noch nicht bei allen Froschlurchen; es gibt im Gegenteil auch solche, bei welchen das Männchen wie das Weibchen eine besondere Aufgabe durchführen muß. Die Weibchen mancher Laubfrösche tragen ihre Eier auf dem Rücken mit sich herum oder haben auf dem Rücken eine tiefe, nach hinten geöffnete sackartige Einstülpung, in der die Eier ihre Entwickelung je nach der Art verschieden weit durchmachen; dementsprechend verläßt die Brut noch als Kaulquappe oder schon als entwickeltes Fröschchen den Beutel. Andere Froschweibchen tragen ihre Eierballen auf dem Bauche, wieder andere im Munde mit sich; aber auch beim Männchen vieler Arten hat man oft weitgehende Brutpflege beobachtet, sei es, daß es sich die Eierschnüre des Weibchens um die Hinterbeine wickelt und sie bis zum Auskriechen der Larven mit sich herumträgt, oder, wie ein Engmaulfrosch von Neuguinea, auf dem Bauche, oder aber schließlich, wie der Chilenische Nasenfrosch, in einem mächtig entwickelten Kehlsack. Von anderen Arten der Brutpflege und der Fürsorge für die Jungen werden wir bei der Einzeldarstellung noch mehrfach zu sprechen haben.

Auch bei den Froschlurchen kann die Umwandlung der Larven durch verschiedene, selbst durch höchst geringfügige Umstände aufgehalten werden. So erhielt E. v. Martens im November und noch am 17. Dezember lebende Larven der Knoblauchskröte, die mit anderen ihresgleichen in einem Teiche mit so steilen Wänden gelebt hatten, daß sie nicht imstande gewesen waren, das Wasser zu verlassen, und höchstwahrscheinlich nur deshalb, vielleicht auch infolge von Mangel an tierischer Kost, in ihrer Entwickelung zurückgeblieben waren. Rösel von Rosenhof, der die Larven eingehend beobachtete, hat festgestellt, daß vom Eierlegen im April bis zum Verschwinden des Schwanzes und Verlassen des Wassers kaum mehr als drei Monate vergehen, da das letztere regelmäßig Ende Juli, und zwar nach seiner Versicherung auch dann erfolgt, wenn die Larven einen Monat fasten mußten. Der Entwickelungszustand aber, den die im November und Dezember an v. Martens abgelieferten Larven darboten, glich demjenigen anderer Larven derselben Art, wie man sie zu Ende Juni findet. Daß kalte Witterung oder auch sehr kaltes Wasser die Entwickelung der Froschlarven aufhält, ist eine festgestellte Tatsache. Sogenannte Riesenlarven von 10—17 cm Länge kommen unter den deutschen Froschlurchen nur bei der Knoblauchskröte, der Geburtshelferkröte und beim Seefrosch vor. Froschlarven, deren Entwickelung sich in hochgelegenen Gebirgswässern vollzieht, müssen nicht selten in unverwandeltem Zustande überwintern und können das Wasser erst im nächsten Frühjahre verlassen; dies geschieht, nach L. Camerano, regelmäßig bei Larven, deren Standort höher als 1800 m liegt.

Die Froschlurche sind durchschnittlich lebhafte und muntere Geschöpfe, die zwar ebensogut wie die anderen Lurche zu den nächtlich lebenden Tieren gezählt werden müssen, teilweise aber auch bei Tage eine Tätigkeit entfalten, wie sie sonst in der Klasse nicht wieder beobachtet wird. Sie übertreffen an Bewegungsfähigkeit im allgemeinen die meisten ihrer Verwandten, gehen, laufen oder kriechen besser als diese, springen mit verhältnismäßig gewaltigen Sätzen und außerordentlichem Geschick: australische Laubfrösche (Hyla), die Krefft deshalb die Känguruhs unter den Fröschen nennt, springen nicht selten mannshoch vom Boden auf, malaiische Ruderfrösche (Rhacophorus), dank ihrer ungewöhnlich entwickelten, als Fallschirm dienenden Schwimmhäute, mit einem Flughörnchen um die Wette. Alle Froschlurche schwimmen und tauchen vorzüglich, vermögen auch stundenlang ohne Atemnot auf dem Grunde eines

Gewässers zu verweilen; sie sehen, hören, riechen gut, haben eine gewisse Tastfähigkeit und wahrscheinlich auch, obschon in geringem Grade, die Fähigkeit zu schmecken, wie wenigstens ihr Verhalten gegen auch uns bitter und widrig schmeckende Insekten (Marienkäferchen und dergleichen) andeutet. Während es bei anderen Klassenverwandten schwer hält, eine Spur höherer Begabung zu erkennen, bekunden die Froschlurche Ortssinn, Gedächtnis und Gewitztheit infolge gewonnener Erfahrungen, Vorsicht und Scheu anderen Geschöpfen gegenüber, anscheinend auch Wohlgefallen an lauten Tönen, wie aus ihrem gut entwickelten Ohr und ihren abendlichen Musikaufführungen in unverkennbarer Weise hervorgeht; wegen aller dieser Eigenschaften sprechen sie uns in ungleich höherem Grade an als ihre übrigen Verwandten. Unwillkürlich drängt sich uns die Meinung auf, daß sie heitere, lebenslustige Tiere sind, die sich mit Behagen den ihnen wohltuenden Empfindungen hingeben und dieses Behagen durch lautes Geschrei, von ihrem Standpunkte aus zu reden, durch Gesang, der ganzen Welt kundzutun sich bestreben.

Ihre Stimmen sind zwar nicht so verschieden, so reichhaltig, so klang- und wechselvoll wie Vogelgesang, stehen aber doch nicht allzuweit hinter denen der meisten Säugetiere zurück und überbieten die Lautgebung der Geckonen in jeder Beziehung. Heiser krächzt der eine, volltönend ruft der andere, heuschreckenartig zirpt dieser, rindsähnlich brüllt jener; in einzelnen, abgebrochenen Glockentönen läßt sich die Unke, in wechselvollem Liede der Teichfrosch vernehmen. Im Urwalde Südamerikas zählen die Stimmen der Froschlurche zu den bezeichnenden Tönen, in den Wendekreisländern Asiens, Afrikas, in Australien, selbst in Europa ist es nicht anders. Wie eine fremdartige Vogelstimme klangen mir die nächtlichen Laute einer Kröte (Bufo viridis) der westasiatischen Steppen, wie vereinzelte Paukenschläge die eines innerafrikanischen Frosches entgegen. Ein anderer Frosch aus Innerafrika knarrt dumpf wie die Saite einer Baßgeige, wieder ein anderer schreit wie ein heiser bellender Hund, ein dritter quakt hell wie ein Dudelsack. Die Stimme eines südamerikanischen Zystignathiden (Paludicola falcipes) gleicht, laut R. Hensel, täuschend der einer Grille, die eines anderen (Paludicola biligonigera) einem seltsamen Gewimmer, das fast wie das entfernte Geschrei kleiner Kinder klingt oder vielleicht Zikaden zugeschrieben werden möchte; die eines dritten ist ein helles Glucksen, ähnlich dem Ausfließen des Wassers aus einer Flasche mit engem Halse, die einer Kröte ein im tiefsten Basse ausgestoßener Triller; die eines Laubfrosches erinnert an den Ton eines kleinen Glöckchens, die eines anderen gleicht den Schlägen eines Hammers auf Blech. Jeder einzelne, mit einem Worte, singt seine nur ihm eigne Weise; wie traurig und schaurig diese unserem Ohre aber auch erklingen möge: immer und überall ist sie der Ausdruck des Behagens, um nicht zu sagen, der heiteren Stimmung des Tieres, und unter allen Umständen erschallt sie am lautesten, wenn bei warmem Wetter Regen droht.

Außer durch ihre harmlose Fröhlichkeit, die allen Froschlurchen, auch den verdächtigen Kröten und den verschrieenen Unken eigen ist, gewinnen sie unser Wohlwollen durch ihre Unschädlichkeit, ja nutzbringende Tätigkeit, deren Bedeutung wir sicherlich noch sehr unterschätzen. Nur die größten Arten können uns dann und wann geringen Schaden zufügen; alle übrigen nützen uns wahrscheinlich mehr als die sie verfolgenden Tiere. Und daß auch ihr Fleisch nicht zu verachten ist, wissen nicht allein die in Küchenangelegenheiten tonangebenden Franzosen, sondern die Bewohner von Amboland in Südwestafrika und selbst die Eingeborenen Australiens, die nachts mit Hilfe des Feuers Hunderte von Baumfröschen anlocken, fangen und mit Behagen verzehren. Hätten doch, meint Krefft, dem ich letztere Angabe entnehme, die beklagenswerten Burke und Wills, die auf ihrer Forschungsreise im Innern

Australiens dem Hunger erlagen, gewußt, welches Rettungsmittel ihnen die Frösche bieten konnten! Vielleicht aber dachten diese Opfer der Wissenschaft wie wir insgemein und verschmähten selbst angesichts des Todes noch die ebenso schmackhafte wie zuträgliche Speise, die man aus Froschschenkeln bereiten kann.

G. A. Boulenger, dem wir auch in der Einteilung der Lurche folgen, scheidet die Froschlurche in zwei Unterordnungen: die Zungenfrösche und die Zungenlosen.

Erste Unterordnung: **Zungenlose (Aglossa).**

Die Zungenlosen (Aglossa) unterscheiden sich von den Zungenfröschen nicht bloß durch das Fehlen einer Zunge, sondern auch durch die Vereinigung der inneren Ohröffnungen, der sogenannten Eustachischen Röhren, in einer einzigen mittleren Öffnung hinten im Rachen. Allen den dieser Unterordnung angehörigen Fröschen fehlen Rippen; ihre Wirbel sind auf der hinteren Fläche ausgehöhlt, die Querfortsätze des dritten und vierten außerordentlich verlängert und die des Kreuzbeinwirbels stark verbreitert und mit dem Steißbein so verschmolzen, daß seitliche Bewegungen der Wirbelsäule unmöglich sind. Die Larven dieser Abteilung besitzen, abweichend von denen der Zungenfrösche, zwei Atemröhren, eine auf jeder Seite des Körpers.

Die Zungenlosen zerfallen, je nach dem Auftreten oder Fehlen von Oberkieferzähnen, in die beiden Familien der Spornfrösche und Pipakröten.

Die Familie der **Sporufrösche (Xenopodidae)**, die sich durch Zähne im Oberkiefer und nur sieben vor dem Kreuzbeine gelegene Wirbel auszeichnen, hat nur die eine Gattung Sporufrosch (Xenopus *Wagl.*, Dactylethra), deren Arten auf das tropische Afrika beschränkt sind. Es sind glatte, etwas an unsere Wasserfrösche erinnernde Tiere mit kleinem, abgeplattetem Kopfe, runder, kurzer Schnauze, aufwärts gerichteten Nasenlöchern und kleinen, rundsternigen Augen, deren Oberlid zu einer schwachen Hautfalte verkümmert ist, fehlendem Trommelfell, schlanken, freien Fingern und breiten Flossenfüßen, deren drei erste Zehen mit scharf zugespitzten schwarzen Krallennägeln bewehrt sind.

Die bekannteste der fünf Arten ist der **Glatte Spornfrosch**, Xenopus laevis *Daud.*, im ganzen tropischen Afrika bis zum Kaplande zu Hause, ausgezeichnet vor allem durch einen ganz kurzen, an den der Blindwühlen erinnernden Fühlfaden unter dem Auge, Fehlen des Mittelfußspornes, Mangel der Gaumenzähne und eigentümliche, rund um den Körper herum gestellte, kleine, röhrenartige Bildungen (Schleimkanäle) in der glatten Haut; die Weibchen überdies durch drei den After schließende Hautklappen. Das seltsame Tier ist oben dunkelbraun oder olivengrün, oft mit großen dunkeln Inselflecken, unten weißlich, hier einfarbig oder braun gefleckt.

Zur Brunstzeit hat das Männchen, wie uns G. A. Boulenger mitteilt, sogenannte Begattungsbürsten in Gestalt je eines schwarzen Bandes an den Seiten sämtlicher Finger.

Nach J. M. Leslies Beobachtungen lebt der Spornfrosch ausschließlich im Wasser, frißt auch und verschlingt seine Beute nur unter Wasser, wobei er mit den Händen nachhilft. Die Paarung findet im August statt, wobei das Weibchen vom Männchen vor den Hinterbeinen umklammert wird. Die Eier treten einzeln aus, und die den After des Weibchens schließenden Hautklappen sind keine Aufbewahrungsorte für den männlichen Samen, wie

Glatter Spornfrosch.

man wohl früher vermutet hatte. Die aus den Eiern schlüpfenden Larven haben die äußeren Kiemen bereits verloren; am dritten Tage schon entwickeln sich zwei lange Bartfäden in der Nähe der Mundwinkel (Abb., S. 177), aber während des ganzen Verlaufes der Entwickelung zeigen sich weder Zähne, noch Hornplatten, noch den Mund umsäumende Haftwärzchen.

Der Spornfrosch stimmt somit in bezug auf Begattung und Eiablage mit Froschlurchen, etwa aus den Familien der Scheibenzüngler und Krötenfrösche, überein, in bezug auf die Gestalt und den Bau der Larve aber mit den Schwanzlurchen.

Außer einem ganz leisen „Ticktick", das der Spornfrosch zur Paarungszeit unter Wasser hören läßt, hat Leslie keine Stimme von diesem Lurche gehört.

Die Beobachtungen, die Leslie im Freien in Südafrika angestellt hatte, sind später durch Beddard, ganz besonders aber durch Bles, der eine sehr vollständige Lebensgeschichte des Spornfrosches gibt, erweitert worden. Bles hielt seine Tiere in einem zweckmäßig eingerichteten Aquarium, dessen Boden mit Erde und Steinen belegt war, und in dem Vallisneria angepflanzt wurde. Während des Sommers wurde die Temperatur auf 25° C gehalten; gelegentlich stieg sie auf 28—30 Grad. Die Frösche wurden täglich mit kleinen Regenwürmern oder dünnen Streifen roher Kalbsleber gefüttert, bis sie weitere Nahrungsannahme in eigentümlicher Weise verweigerten, indem sie den vorgehaltenen Bissen mit der Handfläche zur Seite stießen. Das Wasser im Aquarium wurde niemals gewechselt. Im Dezember sank die Temperatur auf 15—16, bei Nacht sogar auf 5—8 Grad; dann wurden die Frösche schläfrig, nahmen tagelang keine Nahrung zu sich und bewegten sich wenig, blieben auch nur selten an der Wasseroberfläche. Bei vorsichtiger Annäherung fand Bles einen oder den anderen der Frösche flach auf den Steinen liegen, das Auge von dem durchschimmernden unteren Augenlid überzogen, anscheinend wirklich schlafend; plötzliches Geräusch weckte die Tiere auf, sie öffneten die Augen und schwammen davon. Wurde im Frühling das Wasser wärmer und die Tage heller, so änderte sich das Verhalten der Frösche, sie blieben einen großen Teil des Tages an der Wasseroberfläche, mit Nasenlöchern und Augen unter dem Wasserspiegel; die Männchen schwammen ruhelos herum, und beide Geschlechter waren sehr scheu und schwer zu füttern.

Durch Erhöhung der Wassertemperatur und regelmäßigen Wasserwechsel, in der Weise, daß morgens und abends eine bestimmte Wassermenge aus dem Aquarium genommen und eine gleiche Menge, ausgekühlt, in Form eines Springbrunnens wieder zurückfloß, brachte Bles den Spornfrosch auch im Aquarium zur Fortpflanzung, so daß ein einziges Weibchen zwischen April und Juli mehr als 15000 Eier legte.

Das Männchen zeigt die oben angegebenen Brunstmerkmale zwei Tage nach Erhöhung der Wassertemperatur; die Rückseite der Hand wird dunkel und die Rauhigkeiten (Begattungsbürsten) erstrecken sich längs des Armes bis zur Achsel. Beim Weibchen werden durch die mächtig angeschwollenen Eierstöcke die Lungen von ihrer früheren Stelle verdrängt, nach hinten (aufwärts) geschoben, so daß sie die Rückenwand zu beiden Seiten der Wirbelsäule in Form zweier großer Längswülste emportreiben; die drei die Kloakenöffnung umgebenden häutigen Lappen werden dick, geschwollen, blutreich.

In der ersten Woche des Frühlings begannen Bles' Männchen nun ihre Stimme zu erheben. Nachdem sie im Winter geschwiegen hatten und ihre ersten Singversuche nur leise und unterbrochen waren, wurde die Stimme von Tag zu Tag lauter; bei Nacht erschallte sie als ein metallisches, stundenlang ohne Pause fortgesetztes Rasseln, das dem Gequak unseres Laubfrosches ähnlicher war, als dem irgendeines andern europäischen Frosches. Auch unter Wasser kann das Quaken fortgesetzt werden, doch wird dabei keine Bewegung der Mund- und Brustgegend beobachtet.

Normalerweise findet die Paarung nur nachts statt. Das Männchen quakt in der Dämmerung laut und unaufhörlich, bis es das Weibchen ergreift, und zwar in der Lendengegend, wie die Unken und Knoblauchskröten. Dabei ändert sich seine Stimme: es ruft in leisem Tone „kö, kö, kö, kö“ und drückt bei jedem Ruf die Unterseite seines Kopfes gegen den Rücken des Weibchens; beim Aufblähen der Kehle entfernt sich der Kopf wieder von diesem. Während das Weibchen laicht, schweigt das Männchen, und nur in den Pausen zwischen der Ablage der einzelnen Eier quakt dieses hier und da.

Die Paarung dauert vom Abend bis zum nächsten Morgen; die Eiablage beginnt etwa eine Stunde nach Beginn der Paarung, wird dann aber mit häufigen Unterbrechungen die ganze Nacht fortgesetzt. Die Eier werden meist einzeln, seltener drei oder vier oder gar noch mehr rasch hintereinander abgelegt, wobei die beiden Tiere miteinander herumschwimmen und an die Wasseroberfläche kommen, um zwischen den einzelnen Laichablagen zu atmen.

Sehr merkwürdig ist es nun, wie das Ei abgelegt und befruchtet wird. Es wird zuerst vom Weibchen zwischen den drei Hautlappen der Kloake gehalten; dann ergreift dieses mit den Hinterfüßen ein Blatt oder einen Zweig einer Wasserpflanze mit den ausgestreckten Füßen, worauf das Paar eine Zeitlang ruhig bleibt, während die weibliche Kloakenöffnung dem vorderen Ende einer von zwei Hautfalten begrenzten Längsfurche, die auf der Bauchseite des Männchens bis zu dessen Kloake hinzieht, genähert wird. Nun gleitet das Ei schnell auf dieser Furche nach hinten, über die Kloakenöffnung des Männchens und zu der vom Weibchen festgehaltenen Wasserpflanze, an der es hängen bleibt. Diese Bewegung verdankt es teils dem Druck der Kloakenläppchen, die es nach hinten fortschnellen, teils dem nach rückwärts gerichteten Wasserstrom, der durch sanfte Schwimmbewegungen der Hinterbeine des Männchens entsteht. Dann schwimmt das Paar sofort an eine andere Stelle, und der Vorgang wiederholt sich. Es besteht kein Zweifel, daß das Ei bei dem Vorbeigleiten an der männlichen Kloake befruchtet wird, wie auch aus dem Schauer hervorgeht, der den Körper des Männchens in diesem Augenblick durchläuft.

Die Eier haben einen Durchmesser von etwa 3 mm und sind von einer durchsichtigen, überaus klebrigen Gallerthülle umgeben, die an dem ersten Fremdkörper, den sie berührt, hängen bleibt und im schlammigen Wasser sich mit Schlammteilchen bedeckt. In wenigen Stunden wird die äußere Schicht dieser Eihülle aber hart und hornig, zu einer Art Schale, wie dies ähnlich auch von Guppy an den Eiern eines Frosches der Salomoninseln (Rana opisthodon) beobachtet wurde, die aber in Felslöcher abgelegt werden und den jungen Frosch bis zum Ausschlüpfen umschließen. Die Larve unserer Art schlüpft 48 Stunden nach der Eiablage aus, wenn die Eier beständig in einer Wasserwärme von 22° C gehalten werden.

Wahrscheinlich laicht der Spornfrosch in seiner Heimat mehrmals im Verlaufe des Frühlings und Sommers, da Bles auch bei seinen Gefangenen dreimaliges Laichen (Mai, Juni, Ende August) beobachtete. Sehr häufig häuten sich beide Tiere am Morgen nach der Paarung, wobei in der an so vielen anderen Froschlurchen zu beobachtenden Weise die Haut zuerst an den Füßen abgelöst, gegen den Mund zu geschoben und schließlich verschlungen wird.

Die Kaulquappe des Spornfrosches zeigt, wie bereits bemerkt, eine Anzahl von Eigentümlichkeiten, die noch bei keinem anderen Froschlurch beobachtet wurden. Nicht nur fehlen ihr hornige Lippenzähne und Hornkiefer zu allen Zeiten völlig, sondern auch die sonst bei den Larven der Froschlurche allgemein angetroffenen Kiemen (sogenannten „inneren Kiemen“)

an den Kiemenbogen, und diese tragen nur als Filter oder Sieb wirkende Fortsätze an der inneren, also der Mundhöhle zugewendeten Seite. Die Atmung geht daher in erster Linie mit Hilfe der Lungen vor sich, die zwei Stunden, nachdem die Larve selbständig zu fressen begonnen hat, in Tätigkeit treten. Vorher wird die Atmung mit Hilfe der äußeren Kiemen ausgeführt. Nach zweitägiger Nahrungsaufnahme hat die Quappe Ähnlichkeit mit der unserer heimischen Froschlurche, die Haut ist aber sehr durchsichtig, und die auf beiden Seiten sichtbare Kiemenöffnung ist sofort als die eines zungenlosen Froschlurches erkennbar. Die auf der Unterseite des Kopfes befindliche Zementdrüse, durch die sich das Tier festhält, verschwindet jetzt allmählich. Nach weiteren ein bis zwei Tagen tritt eine bemerkenswerte Veränderung ein: die Schnauze wird etwa keilförmig, und an den Mundwinkeln sprossen die langen Fühlfäden hervor, die diese Larve so sehr auszeichnen. In diesem Zustande bleibt das Tier nun etwa zweiundeinhalb Monate ohne bemerkenswerte Veränderung, mit Ausnahme des starken Wachstums und des Hervorsprossens der Hinterbeine.

Nach den Beobachtungen von Bles nährt sich die Spornfroschlarve ausschließlich von grünen Geißeltierchen aus der Gattung Chlamydomonas. Sie schluckt das von diesen einzelligen Tieren dicke grüne Wasser, während sie fast senkrecht im Wasser schwebt und das

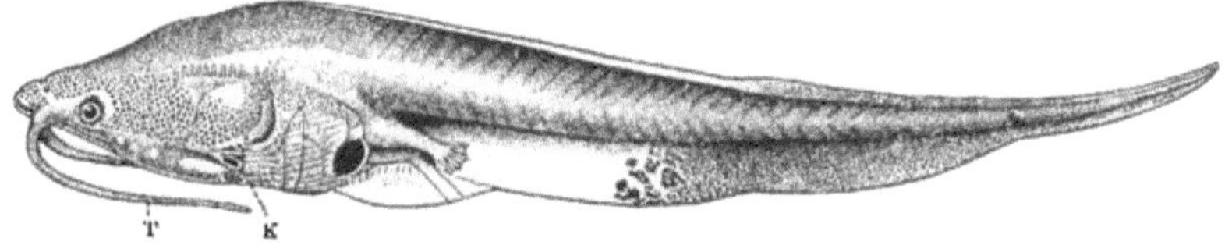

Larve von Xenopus laevis *Daud.* Nach Bles, „The Life History of Xenopus laevis *Daud.*“, in „Transact. Roy. Soc. Edinburgh“, XLI (1906). K Linkes Kiemenloch, T Fühler (Tentakel).

letzte Schwanzdrittel in beständiger Wellenbewegung hält, ein, stößt das Wasser durch die Kiemenöffnungen wieder aus, während die Geißeltierchen zunächst auf den Kiemenfalten bleiben, dann in eine bewimperte Grube an jeder Seite des Schlundes und von hier mit einer schraubenförmigen Drehung in die Speiseröhre gelangen. Auf diese Weise können die Larven in sehr kurzer Zeit solches grünes Wasser vollständig klären. Nur von einem einzigen Wirbeltier kennt man noch eine derartige Ernährungsart: von der Larve des kleinen Neunauges, der eine andere Gattung von grünen Geißeltierchen (Euglena) zur Nahrung dient.

Beddards Spornfroschlarven nahmen, wie es schien, nur Muschelkrebschen an; Bles aber meint, daß sie diese mit den in großer Menge vorhandenen Chlamydomonas, von denen sich auch die Krebschen nähren, zufällig mitschluckten; die von Bles aufgezogenen Larven verschmähten Muschelkrebschen vollständig.

Die Fühler werden in der Regel nach vorn ausgestreckt gehalten, nur bei schnellem Schwimmen nach der Oberfläche, um Luft zu schöpfen, nach hinten gerichtet. Daß sie mit dem Balancierorgan der Molchlarven zu vergleichen sind, wurde bereits S. 34 erwähnt.

Während nun bei den meisten anderen Froschlurchen vor der Verwandlung die Vorderbeine in der Weise durchbrechen, daß dasjenige der rechten Seite durch die Wand einer kleinen Ausstülpung des Kiemenraumes, in dem es sich entwickelt hat, herausfährt, auf der linken aber durch das Kiemenloch (das ja bei den meisten Zungenfröschen mit Ausnahme der Scheibenzüngler einseitig links gelegen ist), weshalb die Kiemenatmung plötzlich aufhören muß, treten bei der Spornfroschlarve die Vorderbeine beiderseits aus dem sie umhüllenden

Säckchen **oberhalb** des Kiemenloches heraus; dabei ändert sich die Lebensweise der Larve nicht und die Atmung bleibt unverändert, da sie ja durch die Lungen geschieht und der durch die Kiemenspalten und die Kiemenöffnung ziehende Wasserstrom nicht der Atmung, sondern der Ernährung dient.

Zehn bis zwölf Wochen nach der Befruchtung des Eies ist die Verwandlung beendet; die Umwandlung der Kaulquappe in den fertigen schwanzlosen Frosch nimmt bei einer Temperatur von 22° C 15—20 Tage in Anspruch; in der Heimat des Frosches dürfte sie jedoch viel rascher vor sich gehen. Sie kündet sich an durch das Durchbrechen der vorderen, die ersten Schwimmbewegungen der hinteren Gliedmaßen und das Auftreten von Blutgefäßen in der Schwanzflosse; der Schwanz hat aber mit der Atmung nichts zu tun. Die Vorderbeine erhalten nun die für das erwachsene Tier charakteristische Lage, und während sie anfangs unverhältnismäßig klein waren, erreichen sie in drei Wochen eine solche Länge, daß die Fingerspitzen dicht vor dem Kopf sich berühren können. Auch die Hinterbeine nehmen drei Tage nach dem Durchbrechen der Vorderbeine die endgültige Stellung an. Gleichzeitig treten die schwarzen Krallen an den drei Innenzehen auf. Die Hinterbeine unterstützen nunmehr den Schwanz beim Schwimmen und wachsen rasch heran, namentlich die Füße.

Nun ist das Tier halb Larve, halb verwandelt; es schwimmt noch immer aufrecht im Wasser, hat noch alle Larvenmerkmale, doch der Körper gleicht in Gestalt und Farbe dem des verwandelten Frosches; 14 Tage nach dem Durchbrechen der Vorderbeine beginnen die Fühler einzuschrumpfen, der Mund erlangt sehr schnell (in 4—6 Stunden) seine endgültige Gestalt, wobei er unter den Fühlern nach hinten sich auszudehnen scheint, so daß diese über der Mundspalte (anstatt wie früher am Mundwinkel) zu liegen kommen; die Kiemenöffnungen schließen sich. Der Frosch bleibt jetzt mehr und mehr auf dem Grunde des Wassers, der Schwanz bildet sich immer mehr zurück, bis nur etwa ein Drittel, das sehr dunkel gefärbt ist, übriggeblieben ist. Während aber Zungenfrösche um diese Zeit ans Land zu gehen pflegen, fällt dies unserem Xenopus nicht ein, er jagt nunmehr eifrig auf kleine Krebschen (Wasserflöhe und dergleichen), von denen er Unmengen verschlingen kann; jetzt helfen auch die Hände, die Nahrung in den Mund zu bringen.

Die Geschlechtsreife tritt früh ein: bei einem von Bles vom Ei aufgezogenen Männchen geschah dies, als es zwei Jahre alt war.

Vielleicht besser bekannt als diese im tropischen und südlichen Afrika weit (von Angola bis Abessinien und zum Kap) verbreitete Art ist der etwas kleinere, oberseits stets einfarbig schlammgrüne Xenopus muelleri *Ptrs.*, der, namentlich in Ostafrika zu Hause, stellenweise recht häufig ist. Werner traf ihn etwas südlich von Gondokoro in Uganda, dem nördlichsten Punkte seiner Verbreitung am Nil, in kleinen Tümpeln mit schlammigem Grunde oder mit klarem Wasser (dann aber war der Boden mit abgefallenen Blättern dicht bedeckt). An dem verhältnismäßig langen Fühler unter dem Auge, dem Besitz von Zähnen am Gaumen sowie an dem spitzigen Mittelfußhöcker ist diese Art leicht zu erkennen. Wenn man sagt, dieser Frosch lebe nach Art unserer Unken, so ist dies eigentlich nicht ganz richtig, da er ja wie alle Zungenlosen ausschließlich im Wasser haust. Beim Nahen eines Menschen verschwinden die Tiere sofort in der Tiefe und kehren erst, wenn man sich vollständig ruhig verhält, an die Oberfläche zurück. Der Fang ist durch die außerordentliche Glätte und Schlüpfrigkeit der Haut sehr erschwert, aber auch die starken Krallen der Hinterfüße werden mit solchem Nachdruck verwendet, daß wohl mancher ob solcher unvermuteten Gegenwehr überraschte Fänger seine Beute mag wieder haben fahren lassen; in diesem Falle hüpft das Tier ganz geschickt auf dem Boden dahin und ist bald wieder im Wasser. Der Ruf des Männchens wird dem unserer Erdkröte verglichen. Da X. muelleri bereits mehrmals lebend nach Europa gelangte, wo sich diese Art ebenso wie alle anderen Krallenfrösche den berechtigten Ruf unbegrenzter Haltbarkeit bei großer Anspruchslosigkeit erworben hat, so gibt es über sein Gefangenleben mehrfache Schilderungen. Auffallen müssen jedem Beobachter die merkwürdigen Stellungen dieses Frosches und seiner Verwandten, sei es, daß er mit ausgespreizten Gliedmaßen flach auf dem Grunde des Wassers liegt, oder daß er senkrecht auf seinen Hinterfüßen auf dem Boden steht und nur Augen und Nase über den Wasserspiegel erhebt. Nach fliegenden Insekten stößt er oft weit aus dem Wasser heraus, nimmt aber auch allerlei wasserbewohnende Insektenlarven, Regenwürmer und kleine Fische, sogar rohes, in dünne Streifen geschnittenes Fleisch auch unter Wasser an; die Beute wird mit Hilfe der langen, dünnen Finger in den Rachen befördert. Die Gier, die der Frosch beim Fressen zeigt, ist so groß, daß er trotz seiner anfänglichen Scheu bald die Nahrung seinem Pfleger zwischen den Fingern herausnimmt; nicht selten schnappt er im Wasser daneben und erwischt dabei etwa ein Stück einer Wasserpflanze, das dann allerdings sofort wieder ausgeworfen wird, oft mit Hilfe der Finger, die aber bei keiner Arbeitsleistung merkbar gebogen werden. Kämpfe, die bei solcher Freßgier nicht selten sind, werden mit großer Erbitterung ausgefochten, wobei die Krallen und Finger der beiden durch die gemeinsam erfaßte Beute vereinigten Kämpen in lebhafter Tätigkeit sind; doch geschieht dabei keinem von beiden irgendwelcher Schaden.

Über die Larve eines Spornfrosches, des sehr kleinäugigen Gespornten Krallenfrosches, Xenopus calcaratus *Buchh. et Ptrs.*, die wegen ihrer langen Fühler von Gray unter dem Namen Silurana tropicalis als neue Welsgattung beschrieben wurde, hat uns Schnee, der sie in der Heimat des Frosches beobachten konnte, anschaulich berichtet. Der Gespornte Krallenfrosch, vielleicht die kleinste von den fünf Arten der Gattung, ist ausschließlich aus Westafrika bekannt und scheint namentlich im Ästuarium des Kamerunflusses bei Duala durchaus nicht selten zu sein. Außer durch die sehr kleinen Augen fällt er dadurch auf, daß nicht nur jede der drei Innenzehen, sondern auch der spitzige Mittelfußhöcker eine schwarze Kralle trägt.

Schnee, der seine Larven aus einem Tümpel bei Duala erhielt, dessen Boden hoch mit Schlamm bedeckt war, schildert nun seine Beobachtungen an diesen merkwürdigen Tieren wie folgt: „Die Kaulquappen hielten ihre beiden Barteln gerade nach vorn, alsdann im Halbkreis abwärts und rückwärts gekrümmt; diese Organe erinnerten ursprünglich durchaus an jene des bekannten Zwergwelses." Er bemerkt auch, daß das spitze Schwanzende beständig seitlich hin und her bewegt wird, bisweilen so schnell, daß man der Bewegung nicht mehr folgen kann, sondern nur noch ein dunkles Dreieck vor sich sieht. Wenn die Kaulquappe in der gewöhnlichen Stellung (etwa unter einem Winkel von 45 Grad gegen den Wasserspiegel geneigt) sich still im Wasser hält, so liegt der obere Teil der Barteln an der Wasseroberfläche; es sieht dann fast so aus, als sei das Tier am Wasserspiegel aufgehängt. „Diese Haltung erklärt die sonderbare Tatsache, daß ich beim Auftauchen der Froschmäuler in der Pfütze, die wie dunkle Dreiecke aussehen, zu beiden Seiten derselben jedesmal ein leichtes Wellchen bemerkte, deren Entstehung durch die Bewegung der Barteln mir erst nach der Beobachtung der Tiere im Aquarium klar wurde. Für gewöhnlich bewegte sich die Kaulquappe mit Hilfe des mächtig entwickelten Schwanzes fort, gelegentlich traten auch mal die Hinterbeine mit in Tätigkeit.

„Das Auffallendste aber an dem Tiere ist aber entschieden der kolossal verbreiterte Kopf, an dessen beiden Seiten die kleinen, grünlich umrandeten Augen sitzen. Gegen das Licht bemerkte man deutlich durchscheinend einige Teile des Gehirns sowie ein großes, quer verlaufendes Blutgefäß, das bei der Betrachtung der Kaulquappe von unten ein mächtiges Haifischmaul vortäuscht. Dieses Gefäß liegt auf der Unterseite des Kopfes und wendet sich alsdann nach dessen Seiten und Oberfläche, wo es sich in zahlreiche kleine Äderchen auflöst. Die Rückenfläche der Larve ist matt olivengrün, die Seiten sind dagegen silbern gefärbt mit prächtigem Goldschimmer, die Herzgegend einfach silberweiß. Die untere Fläche des Kopfes bis zur Arterie hin sieht ebenso wie die Oberseite des Schnauzenteiles hellgelblich aus."

Wenn die Barteln sich verdünnt haben, brechen die vorderen Teile bald ab, so daß nur lange Stummel übrigbleiben. Schnee hält dies wohl mit Recht für einen regelrechten Vorgang und für ein Zeichen, daß die Tiere in den letzten Entwickelungsabschnitt eingetreten sind. Er beobachtete, daß diejenigen Tiere, bei denen dieser Schrumpfungsvorgang bereits begonnen hatte, sich ohne Rücksicht auf die Barteln dicht an die Wand des Behälters drängten, während ein in einem kleinen Glase gehaltenes Stück, bei dem sie noch vollständig waren, sich einen Zentimeter weit von der Glaswand hielt, obwohl es dann gezwungen war, seine Schwanzspitze seitlich umzubiegen; es ist bei diesem Tiere jedenfalls noch die Nervenleitung in den Fühlern vorhanden gewesen, die bei den übrigen schon verloren gegangen war, so daß es ihnen schon gleichgültig war, ob sie mit dem Kopfe an etwas anstießen.

Schnee meint, daß die Barteln die Bedeutung haben, dem Tiere von der Annäherung seiner Beute, die es in dem schmutzigen Wasser ja nicht sehen kann, Kenntnis zu geben, und daß die Kaulquappen mit dem Kopfe den Grund aufwühlen und dadurch ihre Beute aufscheuchen. Freilich sagt er nicht, was er für ihre Beute hält, gibt aber später an, daß die verwandelten Fröschchen, die noch bei einer Wassertemperatur von 14° C fressen, sowohl Daphnien und Ameiseneier als auch rohes Fleisch annehmen.

Werner konnte eine vierte Art, den gleichfalls in Westafrika lebenden Fraserschen Spornfrosch, Xenopus fraseri *Blgr.*, längere Zeit im Aquarium beobachten. Auch dieser Frosch trägt eine schwarze Kralle am Mittelfußhöcker, hat aber größere Augen und einen längeren Augenfühler. In allen wesentlichen Eigentümlichkeiten stimmt er mit dem Müllerschen Krallenfrosch überein; seine Haltung in der Ruhe, sei es wagerecht ausgestreckt am Grunde oder aufrechtstehend, ist genau die gleiche. Bemerkenswert ist aber der geschickte Gebrauch seiner Gliedmaßen bei der Nahrungsaufnahme, der Werner, der alle drei vorhin beschriebenen Arten von Spornfröschen längere Zeit lebend zu beobachten Gelegenheit hatte, bei den übrigen nicht auffiel. Mehl- oder kleine Regenwürmer wurden, wenn sie nicht gleich mit dem Maule gepackt worden waren, mit den stets ausgestreckt gehaltenen Fingern erfaßt, und zwar nur mit den Fingerspitzen, und gewandt so gedreht, daß sie mit einem Ende in das Maul gelangten; ebenso wurden sehr lange Regenwürmer mit Hilfe der langen Krallen abgerissen, wobei der Frosch mit dem Beine der betreffenden Seite heftige Kratzbewegungen ausführte, bis es ihm gelang, den Wurm mit einer Kralle zu fassen. Auf dem Boden liegende lebendige Mehl- oder Regenwürmer fanden die beiden Tiere stets, trotz ihrer nach aufwärts stehenden Augen, und Werner möchte annehmen, ebenso wie bei dem Müllerschen Frosch, der einen ebenfalls ziemlich langen Fühler unter dem Auge hat, daß dieser wirklich den Namen „Fühler" verdient und als Tastorgan sowohl für direkte Berührung als auch für die Bewegung des Wassers empfindlich ist.

Kein Krallenfrosch erwies sich Werner als besonders wärmebedürftig, und wenngleich eine Fortpflanzung ohne besondere Heizungseinrichtung in unserem Klima ausgeschlossen erscheint, macht es doch mindestens den Eindruck, als fühlten sich Krallenfrösche im übrigen bei uns sehr wohl, wenn sie nur im Winter in einem geheizten Zimmer gehalten werden.

Den Xenopus-Arten schließt sich die dem tropischen Afrika angehörige Gattung Hymenochirus an, deren beide Arten in allen wesentlichen Merkmalen echte Spornfrösche sind, aber Schwimmhäute zwischen den Fingern tragen, keine Schleimkanäle in der ziemlich rauhen Haut haben und sich durch außergewöhnlich niedrige Wirbelzahl (s. S. 165) vor allen anderen Froschlurchen auszeichnen. Über ihr Freileben ist nichts bekannt; wahrscheinlich leben sie so wie ihre oben beschriebenen Verwandten.

*

Die zweite Familie der Zungenlosen begreift die **Pipakröten (Pipidae)** in sich, seltsame Tiere, die sich von ihren nächsten, afrikanischen Verwandten, den Spornfröschen, durch den vollständigen Mangel an Zähnen unterscheiden. Man kennt nur eine Gattung und Art aus Guayana und dem tropischen Brasilien.

Im Jahre 1705 beschrieb Fräulein Sibylla v. Merian in einem Werke über die Kerbtiere Surinams einen krötenähnlichen Froschlurch und dessen höchst sonderbare Verwandlung. Von dieser Zeit an ist das Tier Gegenstand sorgfältiger Untersuchungen geworden, so daß wir über seine Lebensweise und Fortpflanzung verhältnismäßig gut unterrichtet sind.

Die **Pipa** oder **Wabenkröte**, Pipa americana *Laur.* (Abb., S. 182), kennzeichnet sich äußerlich durch unförmlichen, fast viereckigen, überaus plattgedrückten Leib, breiten, von ihm nicht abgesetzten, dreieckigen, an der Schnauze zugespitzten Kopf, schwächliche oder schmächtige Vorderbeine mit langen, vorn vierfach geteilten Zehen, dickere und ziemlich lange Hinterbeine mit großen Füßen, deren fünf spitze Zehen durch volle Schwimmhäute verbunden werden, eine namentlich bei alten Tieren runzelige, bei alten Weibchen sogar zellige Rückenhaut, einen oder zwei Hautlappen, die vor dem Auge auf jeder Seite des Oberkiefers stehen, und ein ähnliches Gebilde, das vom Mundwinkel herabhängt. Die Augen sind klein, voneinander weit entfernt, auf dem flachen Kopfe nach aufwärts gerichtet. Beim Männchen fällt der mächtig vorspringende Kehlkopf auf, der einer dreieckigen, knochigen Büchse gleichen soll. Die Kiefer sind, wie bereits erwähnt, zahnlos, und die Zunge fehlt ganz. Ein gelbliches bis schwärzliches Braun ist die Färbung beider Geschlechter; die Unterseite ist lichter, manchmal weiß gefleckt, manchmal mit einem schwarzen Streifen längs der Bauchmitte geziert. Das größere Weibchen soll bis 20 cm Länge erreichen.

Hätte sich Schomburgk durch seinen unüberwindlichen Abscheu gegen die Lurche nicht abhalten lassen, die so merkwürdige Pipa zu beobachten, er würde uns schwerlich mit den Worten: „Kommt häufig an der Küste, besonders aber in den Abzugsgräben der Plantagen vor" abgespeist, vielmehr endlich ein wahrheitsgetreues Lebensbild des so merkwürdigen Tieres entworfen haben. Ältere Reisende erzählen, daß sich die Pipa in düsteren Waldsümpfen aufhalte, langsam und ungeschickt am Boden krieche und einen stechenden Geruch wie angebrannter Schwefel verbreite, beschäftigen sich im übrigen aber nur noch mit der allerdings höchst eigentümlichen Fortpflanzung, indem sie die Angaben des Fräuleins v. Merian lediglich bestätigen und bloß die auf Irrtum beruhende Behauptung berichtigen, die jungen Pipas wüchsen aus dem Rücken der Mutter hervor.

Mehr erfahren wir durch Klinkowström, der angibt, daß die Tiere während der Trockenzeit in den nahezu eingetrockneten Pfützen sich aufhalten und dort mühelos eingefangen werden können; wenn aber zur Regenzeit ungeheure Wolkenbrüche das ganze Waldland unter Wasser setzen, ist es den Wabenkröten möglich, immer im Wasser befindlich frei im Walde herumzuschwärmen. In die Regenzeit fällt auch die Laichzeit.

Pipa, *Pipa americana Laur.* ½ natürlicher Größe.

Über das weitere Schicksal der Eier wissen wir nur so viel, daß die auf dem Rücken liegenden Bruttaschen, in denen die einzelnen Eier untergebracht werden, vermutlich infolge des Hautreizes, den jedes einzelne Ei verursacht, sich vergrößern und bald die sechseckige Form der Bienenzellen annehmen, sich auch wie diese oben deckelartig schließen. In jeder dieser Taschen übersteht eine junge Pipa ihre Umwandlung, sprengt endlich die Zelle, streckt einen Fuß oder den Kopf hervor und verläßt sie schließlich ganz. 82 Tage nach der Befruchtung der Eier sollen die 60—70 Jungen die Mutter verlassen, diese sodann sich an Steinen oder Pflanzen die Überreste der Zellen abreiben und eine neue Haut erhalten. Die Stimme der männlichen Pipa ist ein metallisches Ticken.

Erst im Jahre 1895 wurden von P. L. Sclater, im darauffolgenden Jahre von Bartlett weitere wichtige Beobachtungen über Lebensweise und Fortpflanzung der Wabenkröte mitgeteilt. Ersterer hebt vor allem hervor, daß dieses Tier ausschließlich im Wasser lebt und es niemals freiwillig verläßt; wird es aber aus dem Wasser genommen und auf den Boden gesetzt, so ist es sehr wohl zu springen imstande. Die im Reptilienhause der Zoologischen Gesellschaft in London lebenden Exemplare, auf deren Beobachtung nachstehende Mitteilungen beruhen, fraßen Würmer und kleine Fische gern und nahmen schnell an Gesundheit und Wohlbefinden zu. Am 1. Dezember wurde ein Paar in Kopula angetroffen, wobei das Männchen das Weibchen in der Körpermitte umklammert hielt. Die Paarung dauerte 24 Stunden. Darauf wurde der Rücken des Weibchens mit Laich bedeckt gefunden, der in seichten Gruben oder Zellen verteilt war; es konnten etwa 80—90 Eier gezählt werden. Leider flossen die Keimlinge aus den Zellen bis auf einen aus, und auch diesem widerfuhr dasselbe Schicksal, als die Mutter herausgefangen und genauer untersucht wurde. Erst am 26. April 1896 konnte abermals die Paarung beobachtet werden. Das Weibchen wurde hierbei, ähnlich wie bei unserer Knoblauchskröte, dicht vor den Hinterbeinen umfaßt. Die Eier werden nun nicht, wie man früher annahm, vom Männchen dem Weibchen auf den Rücken gestrichen, sondern dieses unterzieht sich dieser Aufgabe selbst, indem es seine Kloake in Form eines mächtigen Sackes ausstülpt und unter das Männchen auf seinen eigenen Rücken schiebt. Auf diesen vorgestülpten Schlauch drückt das Männchen und quetscht die Eier einzeln heraus; dadurch werden sie nahezu gleichmäßig über den ganzen Rücken des Weibchens verteilt, auf dem sie fest haften bleiben. Ist diese Arbeit getan, so verläßt das Männchen seinen Platz und der sehr ausgedehnte und entzündete Eierlegeapparat des Weibchens schrumpft ein und stülpt sich wieder in den Körper zurück. Es ist, wie Boulenger annimmt, wahrscheinlich, daß bei der Pipa eine innere Befruchtung erfolgt und daß der Kloakenschlauch zuerst zur Aufnahme des Samens dient, der dann in die Eileiter weiter wandert, so daß die Eier im befruchteten Zustande abgelegt werden.

Die Anzahl der Eier beträgt 40—114; sie sind äußerst dotterreich, der Durchmesser des Dotters beträgt nicht weniger als 6—7 mm. Die Trennungswände der etwa 10—15 mm tiefen Einsenkungen auf der kissenartig anschwellenden Rückenhaut, die ihr das wabenartige Aussehen verleihen, sind überaus dünn und sehr gefäßreich. Die Wand jeder Zelle sondert eine dünne, gallertartige Eiweißschicht ab, wohl zur Ernährung des Keimlings; ein braunes, 5—6 mm im Durchmesser haltendes horniges Deckelchen verschließt oben jede Zelle.

Leydig faßt die einzelnen Zellen als riesig vergrößerte Hautdrüsen auf, das Deckelchen als einen durch die verhärtende Ausscheidung der Drüse gebildeten Pfropf; demgegenüber hebt aber Klinkowström die große Drüsenarmut der Rückenhaut des Pipaweibchens hervor und betrachtet die Brutzellen wohl richtig als einfache Einsenkungen der Haut; das Deckelchen, das nirgends mit der Haut im Zusammenhang steht, leitet er aber von der Eihülle ab.

Wyman, der die Entwickelung von Pipa näher untersuchte, fand, daß die Eier während ihres Verharrens in dem Brutraum merkwürdigerweise wachsen, indem sie im Anfangsstadium mit dem Keimling 2,95 g, am Ende der Entwickelung aber 3,37 g wiegen, also wohl vom mütterlichen Körper Nahrung erhalten.

Zweite Unterordnung: **Zungenfrösche (Phaneroglossa).**

Die Zungenfrösche (Phaneroglossa), zu denen die bei weitem größte Menge der lebenden Frösche und Kröten gehört, haben eine Zunge und zeichnen sich auch noch dadurch vor den Zungenlosen aus, daß sie am Gaumen jederseits einen gesonderten Ausgang für die inneren Ohröffnungen, die sogenannten Eustachischen Röhren, haben. Soviel man weiß, besitzen alle Frösche dieser Unterordnung im vorgerückten Larvenzustande nur eine Atemröhre (Spiraculum), deren Öffnung auf der linken Körperseite liegt. Nur die Scheibenzüngler machen hierin eine bemerkenswerte Ausnahme, indem sich bei ihnen das Atemloch auf der Mitte der Brust befindet.

Die Zungenfrösche wiederum lassen sich hinsichtlich ihres Schultergürtels sehr scharf in zwei Reihen scheiden, deren eine, die wir Starrbrustfrösche (Firmisternia) nennen wollen, sich durch Unbeweglichkeit ihres Brustgürtels auszeichnet, während die andere, die der Schiebbrustfrösche (Arcifera), eine seitliche Verschiebung des Brustgürtels zulassen. Der Gürtel, an dem die Vordergliedmaßen angehängt sind, besteht bei den Starrbrustfröschen im wesentlichen aus zwei Rabenschnabelbeinen, die in der Brustmitte durch einen Mittelstück- oder Epikorakoidknorpel fest miteinander verbunden werden; sind außerdem noch Schlüsselbeine (Präkorakoide) vorhanden, so ruht jedes derselben mit seinem in der Brustmitte liegenden Ende auf dem Rabenschnabelbeine oder ist mit ihm ebenfalls durch den bereits genannten Mittelstückknorpel verbunden. Wir müssen diesen Bau des Gerippes hier deshalb besonders betonen, weil er uns die Möglichkeit bietet, Frösche, die in ihrer äußeren Tracht überaus ähnlich sind, aufs schärfste voneinander zu unterscheiden. Gibt es doch in beiden Reihen Frösche mit spitzen Zehen und Schwimmhäuten, die auf das Wasser angewiesen sind, solche, bei denen die Schwimmhäute zurücktreten, und die mehr auf dem Boden als im Wasser zu leben gewohnt sind, und endlich solche mit Haftscheiben an den Finger- und Zehenspitzen, die den größten Teil ihres Lebens auf Bäumen verbringen.

*

Die erste und in manchen Merkmalen am tiefsten stehende Familie der Schiebbrustfrösche nennen wir **Scheibenzüngler (Discoglossidae).** Wir erkennen sie an dem beweglichen Brustbeingürtel, der bezahnten Oberkinnlade, den verbreiterten Querfortsätzen des Kreuzbeinwirbels, namentlich aber an den kurzen Rippen, die sich an die Querfortsätze der vorderen Rückenwirbel ansetzen. Die Wirbel aller hierhergehörigen Arten sind zudem auf der hinteren Seite ausgehöhlt und bekunden hierin sowie in dem Auftreten von Rippen eine Annäherung an die höheren Schwanzlurche. Ebenso ausgezeichnet sind die Scheibenzüngler im Larvenzustande dadurch, daß ihre Atemröhre nicht linksseitig, sondern in der Mitte der Brustgegend liegt, ein Kennzeichen, das sie von allen übrigen Zungenfröschen, unter denen die Familie die niedrigste Stellung einnimmt, unterscheidet.

Man kennt vier Gattungen mit nur acht Arten, die sich auf das Altweltlich-Nordische Gebiet und Nordamerika verteilen.

Die eine der in Deutschland vorkommenden Gruppen ist die Gattung Feuerkröten oder Unken (Bombinator *Merr.*), gekennzeichnet durch den Mangel des Trommelfelles und durch überhaupt stark verkümmertes Ohr, scheibenförmige, an ihrer ganzen Unterfläche anhängende Zunge, stark verbreiterte Querfortsätze des Kreuzbeinwirbels, nur mit einem Gelenkkopfe dem Kreuzbeine angeheftetes Steißbein und dreieckigen Augenstern. Die Finger sind frei, die Zehen mit Schwimmhäuten ausgerüstet. Auf den Pflugscharbeinen zeigen sich zwei nahe zusammenstehende Gruppen von Zähnen. In Mitteleuropa treffen wir zwei gut unterschiedene Arten an, die auch Deutschland bewohnen; eine dritte Art der Gattung

Feuerkröten (Terrarienbild).

1. Rotbauchige Unke, Bombinator igneus *Laur.* — 2. Gelbbauchige Unke, Bombinator pachypus *Bp.*

lebt, durch weiten Zwischenraum von diesen beiden getrennt, in Nordostchina, Korea und der Mandschurei, die vierte und größte in den Bergen von Jünnan in Südchina.

Bürger weiß das Schauerliche der Weise eines „Geistergesanges" nicht treffender zu schildern als durch die Worte:

„Ihr Lied war zu vergleichen
Dem Unkenruf in Teichen",

gerade, als ob sein Ohr jemals durch den Laut dieser Tiere beleidigt worden wäre. Wahrscheinlich will er weniger seine eigne Ansicht ausdrücken, als einem uralten Aberglauben Rechnung tragen, der mit der Unke und ihrem Leben Bilder des Grauens und Entsetzens verbindet, ohne zu wissen, warum. Allerdings belebt die Unke sehr gern auch die wasserreichen Stellen des unheimlichen, weil schwer zugänglichen und trügerischen Moores, und ihr Ruf klingt in der Tat nicht heiter und fröhlich, wie der des Teichfrosches, sondern schwermütig und traurig: kein Mensch aber, der sich die Mühe gegeben hat, die niedlichen und schön gefärbten Tierchen zu beobachten, wird das Übelwollen, das sich an ihren Namen heftet, teilen und ihren zwar leisen, aber doch sehr volltönigen Ruf unangenehm finden können.

Da man erst in den letzten Jahrzehnten die beiden deutschen Unken genauer kennen gelernt und unterschieden hat, halten wir es für geraten, zuerst die trennenden Merkmale beider anzugeben und auf die Gebiete ihrer Verbreitung hinzuweisen, dann aber, ohne die Unterschiede zu berücksichtigen, ein Bild der Lebensweise beider Arten zu geben, ohne aber die feineren Züge im Leben der nahe verwandten Tiere außer acht zu lassen. Beide deutsche Arten sind ausgesprochene Wassertiere.

Die Gelbbauchige Unke oder Bergunke, Bombinator pachypus *Bp.* (variegatus; Taf. „Feuerkröten", 2), ist von beiden Arten die gedrungener gebaute, ihre Schnauze ist kürzer und mehr gerundet, ihre Finger sind kürzer und dicker, die Körperwarzen kräftiger und mit spitzigen kleinen Hornstacheln besetzt, von denen der auf dem Gipfel der Warze stehende bei weitem am größten ist. Der Unterschenkel ist im Verhältnis zum Fuße länger. Das Männchen zeigt schwarze Begattungsbürsten an der Unterseite der zweiten und dritten Zehenspitze, und es fehlen ihm Schallsäcke. Der Rücken ist heller oder dunkler gelbgrau, hell olivengrün oder lehmgelb, oft mit Erzschimmer und mit wenigen und undeutlichen Flecken oder ganz ohne dunkle Flecke, der Bauch zitron- bis pomeranzengelb, mit blaugrauen oder schwarzgrauen Flecken; die Spitzen der Finger und namentlich der Zehen sind immer gelb. Die Länge beträgt 4—4,5 cm.

Diese Art verbreitet sich von Frankreich an, wo sie noch an der Isère und in den Ardennen gefunden wird, über Belgien, die Niederlande, Deutschland, Savoyen, die Schweiz, Ober- und Mittelitalien, längs der Apenninen bis Kalabrien, lebt am Ätna (aber sonst nicht in Sizilien), bewohnt die ganze österreichisch-ungarische Monarchie, mit Ausnahme der ebenen Teile (Donautal, Marchebene und Steinfeld in Niederösterreich, große und kleine ungarische Tiefebene, Mittelböhmen, Galizien), ebenso die ganze Balkanhalbinsel, die Donautiefländer wieder ausgenommen. Außerhalb Europas fehlt sie vollständig. In Deutschland ist sie bis jetzt nur gefunden worden: in der ganzen Rheinprovinz und Westfalen, in Hannover und Braunschweig, bei Goslar und sonst im Harz, bei Eisenach, zwischen Bamberg und Bayreuth, bei Sulza und Sonneberg in Thüringen, im Taunus und in ganz Südwestdeutschland und Bayern.

Nach W. Wolterstorffs Erfahrungen lebt diese Art ausschließlich im Hügel- und niederen Berglande und ist in West- und Süddeutschland die einzige vorkommende Unke. Sie steigt in der Schweiz bis 1200, in Tirol bis 1500 m, in Bosnien bis 1800 m hoch, dagegen ist sie in den Küstenländern ihres Verbreitungsgebietes, wie in Belgien, Frankreich, Istrien und Dalmatien oft bis dicht an den Meeresstrand zu finden. Südliche Exemplare haben weit mehr Gelb auf der Bauchseite (solche aus Dalmatien z. B. nur mit ganz kleinen, bläulichen Flecken) als nördlichere, ebenso überwiegt bei Stücken aus bedeutenden Höhen die dunklere (schwarzgraue) Färbung oft so sehr, daß die gelbe Grundfarbe nur in geringen Resten (dabei weniger kräftig) erhalten bleibt. Junge, frisch verwandelte Tiere sind unterseits weißlich, dunkel gefleckt, nur die Beine gelb.

Die Bergunke ist in ihren Ansprüchen sehr bescheiden und nimmt mit den kleinsten und schlammigsten Wasseransammlungen vorlieb; sogar in mit Regenwasser gefüllten tiefen Radfurchen, in der von den Düngerhaufen der Bauernhöfe abfließenden Jauche, in Dorfteichen siedelt sie sich an und bringt in solchen Gewässern auch ihre Brut zur Entwickelung. Aber auch in kalten, klaren Gebirgsbächen und Quellen wurde sie angetroffen, so in Ungarn von Méhely und in der Herzegowina sowie Montenegro von Werner. Das Winterquartier verläßt unsere Unke später als die rotbauchige Art, nämlich Mitte bis Ende April; sie paart sich auch später, und man findet sie mitunter noch im August in der Paarung begriffen. Wo ihre Wohngewässer im Sommer völlig austrocknen, wie manche lehmige Tümpel, da verbringt sie auch den Sommer, im Bodenschlamm vergraben, als vollkommenes Landtier, das abends aus den klaffenden Spalten des Lehmbodens hervorkommt und auf Jagd ausgeht. In trockenen Jahren verschwindet sie, nach Leydig, schon Ende September, während sie in nassen noch Mitte Oktober in ihren Tümpeln anzutreffen ist.

Die Rotbauchige Unke oder Tieflandunke, Bombinator igneus *Laur.* (bombinus; Taf. „Feuerkröten", 1, bei S. 185, u. Taf. „Froschlurche I", 5, bei S. 169), ist schlanker gebaut, ihre Schnauze etwas verlängert und zugespitzt, die Finger sind dünner und schlanker, die Körperwarzen abgerundet, am Gipfel mit einem flachen, rindenartigen, dunklen Hornhöcker bedeckt; die kleinen Hornhöckerchen der Bauchseite sind zahlreicher als bei der vorigen Art. Der Unterschenkel ist im Verhältnis zum Fuße kürzer. Das Männchen zeigt keine Begattungsbürsten gegen die Zehenspitzen hin, hat aber an der Kehle zwei unvollkommene Schallsäcke, die übrigens weder nach außen noch nach innen, nach dem Munde hin, Öffnungen haben. Der Rücken ist hell- bis schwarzgrau (sehr selten schön grün), mit schwarzen Flecken und meist auch zwei flaschengrünen Rundflecken zwischen den Schultern gezeichnet, der Bauch blauschwarz mit weißen Punkten und großen orangeroten oder mennigroten Inselflecken; die Spitzen der Finger und Zehen sind schwarz. Die Länge beträgt ebenfalls 4—4,5 cm.

Diese Art lebt in Südschweden, Dänemark, Norddeutschland bis Oldenburg und bis zur Weser, in Böhmen, Galizien, Ober- und Niederösterreich (an der Donau, in der Niederung der March und im ebenen Südosten zwischen dem Wienerwald und dem Neusiedlersee), ferner in Ungarn, Siebenbürgen, Rumänien und im mittleren europäischen Rußland, nördlich etwa bis zum 56. Breitengrade, überschreitet aber nach Osten nicht den Ural; dagegen ist sie in neuerer Zeit in Ziskaukasien bemerkt worden. In Deutschland ist sie bis jetzt gefunden bei Kahlbude in Westpreußen, um Berlin, wo sie häufig ist, bei Magdeburg, in der Umgebung von Dresden, in der Leipziger Aue, auch westlicher, bei Zöschen in der Luppenaue, um Halle, Bitterfeld und Weimar. Einer der südlichsten Fundorte, bei Ammendorf in der Saalaue, liegt, nach W. Wolterstorff, nur 45 km nördlich vom ersten sicheren Fundorte der Gelbbauchigen Unke bei Sulza in Thüringen.

Nach W. Wolterstorff ist diese Art eine Bewohnerin der Ebene, schließt, wo sie vorkommt, die andere Art aus, mag aber, wo sich die Verbreitungsgebiete beider Arten nähern, beispielsweise in Thüringen und Sachsen, in der Tiefe hausen, während in der Nähe die Gelbbauchige Unke die Höhen und Berge bewohnt; nur selten, wie hier und da in Ungarn, grenzt ihr Verbreitungsgebiet so nahe an das der Bergunke, daß eine Kreuzung beider Arten möglich ist und wohl auch stattfindet, wie Méhely und Boulenger vermuten. In Gefangenschaft brachte Héron-Royer beide Arten zur erfolgreichen Bastardierung und zog auch die Kreuzungsprodukte groß. Da die Rotbauchunke eine überall recht gleichartige Lebensweise führt, so ist sie weniger zur Abänderung geneigt als die gelbbauchige Art; anderseits findet man Tiere mit verhältnismäßig großen und solche mit kleinen roten Flecken in demselben Tümpel beisammen. Die eben verwandelten Jungen gleichen in der Färbung der Unterseite bereits ganz den Erwachsenen. B. igneus ist einer der wenigen Froschlurche, die in Gefangenschaft zur Fortpflanzung gebracht wurden, und zwar von Schreitmüller.

Die Unke des Tieflandes ist in bezug auf ihren Wohnort viel wählerischer als die Bergunke: in Niederösterreich bewohnt sie ausschließlich die klaren Altwasser an der Donau und March sowie andere größere Tümpel und Wassergräben, auch wenn diese pflanzenarm sind; nur ausnahmsweise und notgedrungen begnügt sie sich mit kleinen und durch menschlichen Unrat und Abfall verunreinigten Wasseransammlungen, wie im östlichen Teile von Wien. Wo sie aber vorkommt, ist sie meist überaus häufig. Sie erwacht schon Ende März oder noch früher aus dem Winterschlafe und gehört zu den letzten Froschlurchen, die man im Herbste im Freien trifft, da sie noch Ende September und später im Wasser gefunden wird. Weil ihre Wohngewässer nicht austrocknen, hält sie auch keinen eigentlichen Sommerschlaf.

Die Unken entfernen sich als echte Wasserlurche nur selten und niemals weit von ihren Wohngewässern; erst im Spätherbst findet man sie, namentlich die rotbauchige Art, in Gesellschaft von Wassermolchen unter Steinen nahe dem Ufer. Auf dem Lande bewegen sie sich in kurzen Sätzen verhältnismäßig flink. Im Wasser sieht man sie gewöhnlich etwas vom Ufer entfernt sitzen, den halben Kopf hervorgestreckt, gegen Abend eifrig mit ihrem einfachen Gesangsvortrage beschäftigt, bei der geringsten Gefahr aber blitzschnell in die Tiefe tauchend, um sich hier im Schlamme zu verbergen. Wer sich ruhig verhält, gewahrt, daß eine so entflohene Unke nach kurzer Zeit wieder emporkommt, dieselbe Stellung einnimmt, in die Runde schaut und nach einiger Zeit ihren Gesang von neuem anhebt. Letzteren hört man, weil auch diese Lurche zu den Nachttieren gehören, in der Regel erst gegen Abend, von da an aber die ganze Nacht hindurch. Er ist durchaus nicht unangenehm, kann jedoch durch seine Eintönigkeit ermüden. Der einzelne Laut klingt ungefähr wie „u-uh", dem Klange von Glasglocken nicht unähnlich, ist verhältnismäßig schwach und wird deshalb nur auf wenige Schritte hin deutlich vernommen. Jede Unke ruft höchstens drei- oder viermal in der Minute und stößt immer nur genau denselben Laut aus; da aber alle Männchen, die ihr Wohlbehagen ausdrücken wollen, auf einmal schreien, so entsteht die ununterbrochene Musik, die man vernimmt. Das brünstige Weibchen dagegen meckert ganz leise.

Im Wasser bewegen sich die Unken mit großer Leichtigkeit, obgleich sie hierin mit dem Teichfrosche nicht wetteifern können; aber auch sie schwimmen ganz vorzüglich und verstehen es, besser noch als der Frosch, sich im Schlamme einzuwühlen. Ein Hauptzug ihres Wesens scheint unbegrenzte Furchtsamkeit zu sein. Wenn man ihnen durch ruhiges Verhalten keine Veranlassung zur Flucht gibt, kann man die Wahrheit vorstehender Worte durch eigene

Beobachtung feststellen. Getäuscht durch die schwache Stimme, sucht man die Unke oft längere Zeit vergebens und bemerkt dann mit einer gewissen Überraschung, daß sie unmittelbar vor einem ihr Köpfchen zwischen den Wasserlinsen emporstreckt, vielleicht auf einer Stelle, die man schon wiederholt scharf ins Auge gefaßt hatte. Auf dem festen Lande nehmen viele Unken, wenn sie an der Flucht verhindert sind, eine eigentümliche Stellung ein: sie biegen den Kopf nach aufwärts und verschränken die Vorderbeine über dem gekrümmten Rücken derart, daß die Seiten des hellen Bauches ebenso wie auch die nach aufwärts gekehrten hellen Hand- und Fußflächen sichtbar werden, sie also ein ganz verschiedenes Aussehen gewinnen. In dieser sonderbaren Stellung verweilen sie minutenlang, bis die Gefahr vorüber ist und sie sich wiederum in Bewegung setzen. Bei starker Bedrohung treibt die gelbbauchige (weit weniger die rotbauchige) Art aus dem warzigen Rücken und der Oberseite der Hinterschenkel Schaum hervor, der wie Seifengischt aussieht, wie der der meisten Verwandten eine gewisse Schärfe besitzt und jedenfalls giftiger ist als der Saft der Erdkröte. Aus diesem Grunde werden die Unken in der Regel nicht einmal von der Ringelnatter gefressen.

Ihre Nahrung sind Insekten, Schnecken und kleine Würmer: die Unken zählen also zu den vollkommen unschädlichen, ja im Gegenteile zu den nützlichen Tieren.

Erst im dritten Jahre ihres Alters werden sie geschlechtsreif. Die Zahl der Weibchen ist größer als die der Männchen. Die gelbbauchige Art paart sich im Mai, die rotbauchige im Juni, nachdem beide vorher gleichsam versucht, d. h. sich oft auf kurze Zeit vereinigt haben; ausnahmsweise wird auch noch ein zweite Paarung im August beobachtet. Das Männchen faßt das Weibchen um die Lenden, befruchtet jeden Klumpen des abgehenden Laiches und verläßt darauf das Weibchen wieder, ohne sich fernerhin um dieses zu bekümmern. Der Laich, dessen Klumpen gern abgestorbenen Pflanzenstengeln angeheftet werden, bleibt auf dem Boden des Gewässers liegen und entwickelt sich, der warmen Jahreszeit entsprechend, ziemlich schnell. Schon am fünften Tage nimmt man die Larve wahr; am neunten Tage verläßt diese das Ei; Ende September oder Anfang Oktober haben sich die Beine entwickelt und sind Kiemen und Schwanz verschwunden; aber schon einige Tage vorher begibt sich die junge Brut für kurze Zeit auf das Land oder doch an den Rand der Gewässer. H. Fischer-Sigwart hat die ganze Entwickelung der Gelbbauchigen Unke sich innerhalb von 67 Tagen vollenden sehen. Unkenlarven, die Gredler in sein Aquarium setzte, nährten sich in der Weise, daß sie Schlamm und Algen von den Glaswänden des Beckens nach Art der Wasserschnecken abnagten. „Wenn es nun auch", meint der genannte Beobachter, „wahrscheinlich bleibt, daß die Kaulquappen der Lurche Pflanzen höherer Art und festerer Beschaffenheit nicht verzehren, so glaube ich doch, daß sie Algen und Diatomeen um ihrer selbst willen und nicht bloß der daranhängenden Infusorien oder Rädertiere halber als Nahrung zu sich nehmen, sobald andere ergiebigere tierische Nahrungsstoffe fehlen." Die Larven der Gelbbauchigen Unke wachsen, wie F. Leydig beobachtete, wenn die Umstände günstig sind, zu sehr stattlicher Größe heran, wobei der Schwanz von einem mächtigen Flossensaume umzogen ist. Im Sarntale bei Bozen sammelte Leydig Ende September Larven von einer Größe, die beinahe an diejenige der Knoblauchskröte heranreichte. Und zwar lebten die Tiere in einer ganz pflanzenleeren Pfütze, die nichts als roten, dicken Porphyrschlamm enthielt: aus diesem mußten die Larven die kleinen mikroskopischen Tiere und Pflänzchen als Nahrung entnehmen. — Die Gefangenschaft ertragen die Unken lange Zeit. Sie sind anspruchslose Tiere und kaum minder liebenswürdig als die Laubfrösche.

Eine zweite Gattung der Scheibenzüngler sind die Feßler (Alytes *Wagl.*), die sich durch ein deutliches Trommelfell, senkrecht gestellten Augenstern und nur mäßig verbreiterte Querfortsätze des Kreuzbeinwirbels auszeichnen. Es sind gedrungen gebaute Kröten mit plumpem Leibe, kräftigen Gliedern, kurzen vierzehigen Händen und fünfzehigen, am Grunde mit dicker Schwimmhaut ausgerüsteten Füßen, warziger Drüsenhaut und feister, scheibenförmiger, am Grunde festgewachsener Zunge. Die Zähne auf den Pflugscharbeinen bilden hinter den inneren Nasenöffnungen eine gerade, in der Mitte unterbrochene Querlinie. Man unterscheidet zwei Arten in dieser auf Westeuropa beschränkten Gattung. Von ihnen ist Alytes cisternasi *Boscá* nur auf der Pyrenäenhalbinsel gefunden worden und recht wenig bekannt.

Der deutsche Vertreter der Gruppe, die Geburtshelferkröte, Alytes obstetricans *Laur.* (Abb., S. 190), ein kleines Tier von etwa 3,5—4,5, höchstens 5 cm Länge, sieht auf der Oberseite aschgrau, ins Gelbliche, Bräunliche oder Grünliche spielend, auf der Unterseite weißlich oder gelblichgrau aus; die Warzen sind teilweise dunkler, schwarz oder gelblichweiß, die in einer vom Auge zum Hinterschenkel verlaufenden Längsreihe stehenden weißlich, mitunter lebhaft rot.

Soweit die bisherigen Beobachtungen reichen, hat man die Geburtshelferkröte nur in Mittel- und Westeuropa gefunden. Sie ist gemein in Portugal, Spanien und Frankreich, besonders in der Umgebung von Paris, kommt aber auch in Belgien, Westdeutschland, in der Schweiz und vielleicht in Vorarlberg vor. In Deutschland hat man sie namentlich in den Rheinlanden gefunden, besonders bei Bonn, und in der Mosel-, Saar-, Siegener Gegend, im Sauerlande, in der Eifel, ferner vom Taunus durch den Westerwald, das westfälische, lippesche und hessische Bergland bis zur Weser und über diese hinweg bis in den Harz und die nordwestlichen Ausläufer des Thüringer Waldes, am ganzen Mittelrhein und in der Lahngegend, bei Müllheim in Baden und bei Freiburg im Breisgau; neuerdings ist sie aber auch aus Göttingen, aus dem Südwesten des Herzogtums Braunschweig, dem Südharz, aus der Umgebung von Nordhausen und, durch W. Wolterstorff und E. Scheller, von Eisenach, von Voigt aus Salzungen gemeldet worden. Sie lebt ausschließlich im Berg- und Hügellande, im Harz bis 470 m, in den Schweizer Alpen sogar, nach Fatio, bis 1500 m. Ihre Aufenthaltsorte sind Höhlungen an schattigen Orten, in alten Steinbrüchen, in deren Nähe ein Wasserfaden vorbeiläuft, unter Steinen, alten Baumwurzeln, Weinstöcken, oder auch einfache Erdlöcher. A. Agassiz fand bei Neuenburg $^1/_2$ m unter der Oberfläche in einer Aushöhlung des Mergels etwa 30 Stück nahe beisammen, ohne einen Eingang zu dem Kessel entdecken zu können, und nimmt deshalb, wahrscheinlich mit Recht, an, daß die Tiere besser als ihre Verwandten zu graben verstehen. Auch Tschudi hebt ihre, trotz der mangelhaften Grabausrüstung ihrer Füße, bewunderungswürdige Fertigkeit im Graben hervor; sie sollen, immer rückwärts scharrend, Röhren von 10 m Länge herzustellen imstande sein. Derselbe Forscher sagt, daß die Geburtshelferkröte, heftig gereizt, gleich den Unken den Leib muldenförmig nach unten biegt und mit den beiden Vorderfüßen die Augen bedeckt. Man bemerkt sie auch in offenen Höhlen, gegen Abend, bei regnerischem Wetter auch wohl in den Nachmittagsstunden, vor dem Eingange, am häufigsten in der Nähe von Gewässern. Die Bewegungen sind langsam und schwerfällig wie die unserer gemeinen Kröte. Die Stimme klingt angenehm wie ein helles Glasglöckchen.

Ihren Namen trägt die Geburtshelferkröte mit Fug und Recht. Demours legte bereits im Jahre 1778 der französischen Akademie Beobachtungen über ihr Fortpflanzungsgeschäft vor, die allgemeines Erstaunen erregten, aber später durch Al. Brongniart und A. Agassiz vollkommen bestätigt wurden. Erstgenannter Naturforscher traf im Pflanzengarten zu Paris zwei in der Paarung begriffene Geburtshelferkröten und sah zu seinem nicht geringen Erstaunen, daß das Männchen, das auf dem Rücken des Weibchens saß, das Ende der in eine Schnur gereihten Eier mit den beiden mittleren Zehen des einen Hinterfußes ergriff, diesen ausstreckte und so die Eierschnur herauszog, hierauf den zweiten Fuß ansetzte und so abwechselte, bis die ganze Schnur abgegangen war. Gleichzeitig mit dem Herausziehen wickelt

Geburtshelferkröte, Alytes obstetricans *Laur.* Natürliche Größe.

sich das Männchen diese Schnur, nachdem es die Eier befruchtet hat, in mehreren durcheinander geschlungenen, der Zahl 8 ähnelnden Schlingen um die Schenkel und trägt nun diesen Knäuel tagelang mit sich herum. Die Gallertmasse, welche die Eier verbindet, trocknet ein, so daß die Eier in Abständen von durchschnittlich 1 cm wie in einem häutigen Schlauche stecken, der zwischen ihnen zu einem Faden zusammengedorrt erscheint. Die Eier sind, laut Agassiz, anfangs klein und dottergelb; oben stehen zwei schwarze Punkte wie Nadelstiche. Mit dieser zukünftigen Nachkommenschaft an den Hinterbeinen vergräbt sich die Geburtshelferkröte in die Erde und verweilt hier mehrere Tage, bis die Eier eine gewisse Zeitigung erreicht haben. Das Dottergelb wird dunkler und spielt bald ins Gelbbraune; am dritten Tage bereits kann man am Keime Kopf, Rumpf und Schwanz unterscheiden; die Bewegungen werden lebhafter; man sieht deutlich den Herzschlag und die Hebungen der Kiemen. Gegen den elften Tag hin (nach Leydig am 17. Tage) ist die Entwickelung so weit gediehen, daß der Vater sich seiner Bürde entledigen kann. Um dies zu bewerkstelligen, geht er ins Wasser, schwimmt und kriecht darin eilfertiger als sonst hin und her und bewirkt dadurch wahrscheinlich das Auskriechen der Kaulquappen, die, nach Leydig, mit außerordentlicher Schnelligkeit, nämlich in wenigen Minuten, die Eihüllen verlassen, die sie durch Bewegungen des Schwanzes sprengen. Ebenfalls nach F. Leydig ist im Ei der Geburtshelferkröte wie bei den lebendiggebärenden Salamandern ein deutlicher Dottersack wahrzunehmen, und die Larven sind überdies noch durch die Länge ihrer äußeren Kiemen bemerkenswert. Die Entwickelung der Larven richtet sich nach der Witterung, nimmt daher verschiedene Zeit in Anspruch, so daß ihre Dauer zwischen drei und sieben Wochen währen kann. Zwischen dem 4. und 6. Tage bemerkt man die erste Grundlage zum Ausbaue des Knochengerüstes; zwischen dem 7. und 9. zeigen sich Anschwellungen da, wo die Kiemen erscheinen sollen; zwischen dem 9. und 13. Tage sind die Kiemen bereits entwickelt, und vom 17. Tage an sind die jungen Tierchen reif zum Ausschlüpfen. Ältere Larven zeichnen sich, nach K. Koch, durch scharf sich abhebende größere, kastanienbraune Flecke auf Rücken und Körperseiten aus. Nachdem das Männchen die Jungen abgeschüttelt hat, streift es die Eihüllen von den Schenkeln los und verfügt sich wiederum auf das Trockene, ohne sich um die Larven weiter zu bekümmern. Letztere unterscheiden sich hinsichtlich ihrer Gestalt wenig von den Kaulquappen anderer Froschlurche und entwickeln sich fortan in regelrechter Weise. Man kann, nach A. Brunk, erwachsene Larven über $2^1/_2$ Jahre im Quappenzustande erhalten, selbst wenn man sie passender Wärme aussetzt und ihnen Gelegenheit gibt, ans Land zu gehen: man muß ihnen nur eine Algennahrung verabreichen, die zwar genügt, ihr Leben weiter zu fristen, die aber nicht hinreicht, den Stoffaufwand, der mit der Verwandlung verknüpft ist, auszugleichen.

In neuerer Zeit hat A. de l'Isle die Beobachtungen über das Fortpflanzungsgeschäft der Geburtshelferkröte wieder aufgenommen und in umständlicher Weise hierüber berichtet. Ich will versuchen, das Wichtigste seiner Mitteilungen hier wiederzugeben. Danach währt der Zeitraum des Fortpflanzungsgeschäftes in der Umgebung von Nantes sechs Monate, vom März bis zum August, und zwar werden im Frühjahre immer mehr Eier gelegt als später. In Deutschland fällt die Laichzeit, nach M. Melsheimers Beobachtungen, immer in den Mai. Das Weibchen bringt seine Eier in drei oder vier Sätzen zur Welt. Denn, wenn man das Ei eines eben gelegten Satzes untersucht, findet man im Eileiter noch zwei Sätze mit Eiern, die, abgesehen von der Dicke der doppelten Einhüllung mit Eiweiß, genau so groß sind wie die eben gelegten, außer ihnen aber noch einen vierten Satz von Eiern, die sich der Reife nähern. Die Eier werden in zwei nebeneinander erscheinenden, rosenkranzähnlichen Schnüren abgelegt. Jede dieser Schnüre hat eine Länge von 80—170 cm, läßt sich aber, ohne zu zerreißen, bis zum Doppelten ausdehnen. Die Eier liegen in Zwischenräumen von 4—7 mm, und ihre Anzahl schwankt zwischen 18 und 54. Der Eierstock enthält ihrer 120—150, die in dem einen Jahre zur Reife kommen. A. de l'Isle hat Grund zu glauben, daß zwischen dem Legen der verschiedenen Sätze einige Wochen vergehen, und nimmt an, daß dadurch den Schleim absondernden Drüsen Ruhe gegönnt werde. Ein vollkommen ausgewachsenes Weibchen beginnt im März zu legen, fährt bis zum Mai damit fort und hat zu Ende dieses Monats nur noch den letzten Satz im Eierstocke. Jüngere Weibchen legen nur dreimal. Die Anzahl der Sätze hängt übrigens nicht allein von dem Zustande der Reife des Weibchens ab, sondern auch von der Nahrung, dem Klima und anderen Umständen. Eine Folge der in solchen Pausen stattfindenden Eiablage ist die ungleichmäßige Entwickelung der Jungen. Solche, die den im März, April und Mai gelegten Eiern entschlüpfen, sind von Ende Juli bis zu Beginn des Oktober verwandelt.

Nach ungefähr sechsmonatigem Schweigen erhebt die männliche Geburtshelferkröte in den letzten Tagen des Februar wiederum ihre Stimme, und von nun an vernimmt man sie sechs Monate nacheinander bis zu Ende August. Anfänglich schwach und verhalten, tönt der Gesang bald laut und kaum unterbrochen.

H. Fischer-Sigwart fand, daß die Geburtshelferkröte südliche Lagen bevorzugt, aber Nässe wie auch allzu trockene Aufenthaltsorte flieht. Nur nachts geht sie ihrer Nahrung nach und macht sich nach Art der Ameisenlöwen Fallgruben für Kerbtiere. Sie ist rasch entschlossen in ihren Handlungen und flink in ihren Bewegungen; ihre geistige Begabung steht etwa auf einer Stufe mit der des Laub- und Wasserfrosches. Nur die Männchen können singen; in etwa 5 Sekunden hört man acht Töne. Die am 6. Juni ausgeschlüpften Larven von 16—17 mm Länge hatten die äußeren Kiemen schon verloren und verlangten zu ihrem Fortkommen nur sehr wenig Wasser. Nach acht Tagen maßen die Larven 32, im Oktober 55, im März des nächsten Jahres 65, am 11. Mai 76 mm. Von da an bis zum 8. Juni vollzog sich die endgültige Verwandlung in einen jungen vierbeinigen Frosch. Da diese Entwickelung somit über ein Jahr gedauert hat, zieht unser Gewährsmann den beachtenswerten Schluß, daß für die Schweiz, wie es E. Pflüger für Deutschland bereits 1883 nachgewiesen hatte, ein Überwintern der Larve und also eine zweijährige Entwickelungszeit der Geburtshelferkröte als Regel anzunehmen sei; doch sind im Freileben solche Larven, die früh im Jahre ausgeschlüpft sind, bereits in drei bis fünf Monaten verwandelt, ja es kann vorkommen, daß aus derselben Brut manche Larven im Herbst, andere erst im nächsten Frühling die Verwandlung beendet haben.

Während der Legezeit streiten sich die Männchen, die, nach Tschudi, auch bei dieser Art in der Mehrzahl sind, heftig um die Weibchen. Einmal sah A. de l'Isle ihrer vier aneinander geklammert. Männchen, die sich des Weibchens nicht bemächtigen können, weil sie keinen Platz auf dessen Rücken finden, klammern sich, so gut sie können, an den Seiten an. Zurückgeworfen durch einen achtsameren Nebenbuhler, hüpfen sie zuweilen zur Seite, führen jedoch bald neue Angriffe aus. Der glücklichste oder gewandteste umarmt in der bei Fröschen überhaupt üblichen Weise das Weibchen, beginnt aber sofort mit den Hinterbeinen sehr rasche, reibende Bewegungen an dessen After auszuführen und dringt dabei mit den Daumenzehen, die hauptsächlich dazu benutzt werden, nicht selten in das Innere der Kloake ein. Nachdem dies Vorspiel ungefähr eine halbe Stunde gewährt hat, preßt das Männchen plötzlich den Leib des Weibchens zusammen und damit, wie bei anderen Froschlurchen auch, die Eier heraus. Gleichzeitig bildet es durch Zusammenfalten seiner Hinterfüße einen Raum zur Aufnahme der Eier und befruchtet sie, sobald sie zutage getreten sind.

A. de l'Isle beschreibt nun in umständlicher Weise, wie das Männchen durch verschiedenartige und nicht immer sich gleichbleibende abwechselnde Bewegungen der Hinterfüße die bis jetzt auf seinen Fersen liegenden Eischnüre zusammendrückt und nach und nach bis auf die Höhe der Kreuzbeingegend bringt, sie sich hier ebenfalls noch zurechtlegt und dann mit seiner Bürde das Weibchen verläßt, was ungefähr eine Stunde nach Beginn der Paarung zu geschehen pflegt. Im Gegensatz zu früheren Beobachtern versichert de l'Isle, das Männchen verberge sich keineswegs unter der Erde, schweife vielmehr mit seiner Bürde nach Belieben umher und führe den Eiern auf seinem Rücken durch Anstreifen im taunassen Grase die nötige Feuchtigkeit zu. Die Last auf dem Rücken hindert es in keiner seiner Verrichtungen, weder im Laufen und Springen, noch im Erbeuten seiner Nahrung, noch auch in anderen Geschäften. Da, wo viele Geburtshelferkröten vorkommen, entbindet ein Männchen auch wohl zwei oder selbst drei Weibchen und belastet sich mit deren Eiern. A. de l'Isle fand mehrmals Männchen, die sich um die Weibchen stritten, und beobachtete, daß beide bereits mit Eiern beladen waren, ja daß einzelne sogar schon einen neuen Pack hinter dem alten trugen. Über das Benehmen des Männchens, dem man die Eierschnur abnahm, berichtet F. Leydig: „Das an sich zarte und gutmütige Tier gab in der Gefangenschaft keinen Laut von sich, blieb gern auf der warmen Hand sitzen und geriet nicht in jene Unruhe, die manche andere Froschlurche unter diesen Umständen an den Tag legen. Sobald es aber merkte, daß ich ihm, wenn auch, wie ich meinte, ganz heimlich, die Anheftungsfäden der Eier durchschneiden wollte, zeigte es sich erregt, machte abwehrende Bewegungen und gab ganz eigentümlich quäkende, kurze Klagetöne von sich. Noch sei bemerkt, daß auch das plötzlich ausgegrabene Tier einen scharfen Ton hervorstößt."

Auch in neuerer Zeit hat man sich oft mit der Lebensgeschichte und Entwickelung dieses merkwürdigen Frosches beschäftigt. Von allen Beobachtern, die versucht haben, durch Veröffentlichung ihrer Erfahrungen zur besseren Kenntnis des „Glockenfrosches", wie er auch nach seiner Stimme genannt wird, beizutragen, haben Hartmann und namentlich Kammerer Anspruch auf Berücksichtigung. Den Veröffentlichungen des erstgenannten Beobachters mögen nur nachstehende Mitteilungen entnommen werden: „Die Männchen der Geburtshelferkröte tragen nicht immer die Eierballen bis zu ihrer Entwickelung. Plötzliche Störungen, welche das Tier derartig beängstigen, daß es zu schneller Flucht gezwungen ist, veranlassen es, die lästige Fessel abzustreifen. Aber auch mechanische Störungen treten zuweilen ein, sei es, daß die Höhlen zu eng sind oder sei es, daß der Feßler versucht, sich zwischen Steinen und Wurzeln hindurch zu zwängen, welche wohl gestatten, daß der flache Kopf und der langgestreckte Leib das Hindernis passieren, nicht aber die mit einem dicken Eierballen umwickelten Hinterbeine. Man findet auch Feßler, bei welchen die Eierballen anstatt um die Oberschenkel bis auf die Unterschenkel, ja bis dicht an das Fußgelenk gerutscht sind, ebenso solche, bei welchen dieselben nur noch an einem Fuße anhängen. Außerdem entledigt sich das Tier im Anfange leichter seiner Last als später.

„In den verlorenen Eierballen entwickeln sich die Larven ebensogut wie in solchen, welche von dem Froschlurche mitgeschleppt werden. Die Larven verlassen die Eihüllen zur richtigen Zeit; aber da sie in einem verkehrten Elemente das Licht der Welt erblicken, so gehen sie auch sofort, nachdem sie es erblickt haben, ein. Ich sammelte im vorigen Sommer eine ganze Zahl von Eierballen der Feßlerkröte und nahm sie zu Versuchszwecken mit nach Hause. Mit den Eierballen hatte ich auch die Erde, in welche die Tiere sich am liebsten verkriechen, mitgenommen und sie in demselben Grade der Feuchtigkeit zu halten versucht, wie ich sie vorgefunden. Ich bohrte in diese Erde Löcher, in welche ich die Eierballen hineinlegte und revidierte sie abends, da ich annahm, daß ihnen das Tageslicht nicht zuträglich sei. In den meisten Fällen ist es mir gelungen, die Larven der Alytes obstetricans zur Entwickelung zu bringen; und zwar nicht nur solche, welche schon nach einigen Tagen fällig waren, sondern auch einzelne, zu deren Entwickelung es noch drei volle Wochen bedurfte. Auch in feuchtem Moos verborgene Eierballen kamen aus. In meinem Terra-Aquarium habe ich beobachtet, daß die Entleerung sämtlicher Eihüllen eines von einem Lurche getragenen Ballen blitzschnell vor sich ging. Es bedurfte hierzu nur einiger starker Schwimmstöße; durch die heftigen Bewegungen beunruhigt, bewegte sich auch die junge, reife Brut so stark, daß die Hüllen platzten und das Völkchen wie eine gehetzte Hammelherde im Aquarium auseinanderstob. Gleichzeitig streifte der Feßler die leere Kinderstube ab und zog sich, das Wasser verlassend, wieder auf das Land zurück. Sobald ich bei meinen losen Eierballen durch die Lupe bemerkte, daß der Dotter verzehrt war oder doch seinem Ende entgegenging, und daß die vollständig entwickelten Larven beim Drehen des Ballens sich auch so herumdrehten, daß sie ihre Augen wieder nach oben gerichtet hatten, entnahm ich sie ihrem bisherigen Aufenthaltsorte und band den Ballen in der Mitte eines etwa einen halben Meter langen Heftzwirnes fest. An beiden Seiten befestigte ich Steine und legte die Schnur derartig über einen Napf mit Wasser, daß das unterste Ei den Wasserspiegel eben berührte. So erreichte ich, daß sämtliche Eier feucht blieben und daß, falls eine Larve ausschlüpfte, sie an dem feuchten Ballen hinuntergleiten konnte und ins Wasser fallen mußte. Auf diese Weise dauerte es manchmal 48 Stunden, ehe ein Ballen ganz ausgekrochen war. Hätte ich den Ballen im Wasser stark hin- und herbewegt, so wäre es möglich gewesen, daß alle Larven auf einmal ausgekrochen wären. Den richtigen Augenblick kannte ich aber nicht, vermutete jedoch, daß die Larven eingegangen wären, wenn ich den Ballen einfach ins Wasser geworfen hätte, da sie ja bei natürlicher Züchtung auch erst ins Wasser kommen, wenn es Zeit ist. Ich darf also wohl annehmen, daß meine oben angegebene Art und Weise glücklich gewählt war.

„Wenn das Weibchen kein Männchen finden kann, das ihm die süße Last abnimmt, so dauert es sehr lange, bis es den Strang los wird. Es kriecht in einem fort hin und her, der Strang verheddert sich, bleibt an Steinen und Ästen hängen und wird auf diese Weise aus der Kloake gezogen. Bei einem Weibchen dauerte es drei Tage, ehe es wieder frei war. Der Strang war etwas über 3 m lang gezogen und enthielt 121 Eier, von denen einzelne 20 cm voneinander entfernt waren. Nach meinen Beobachtungen entwickeln sich die Geburtshelferkröten niemals in einem Jahre, sondern überwintern alle als Larven im Wasser.

„Sehr häufig werde ich gefragt, woran ich das Geschlecht bei den Geburtshelferkröten erkenne. Leider bin ich gezwungen zu antworten, daß ich den Unterschied noch nicht entdeckt habe. Ich kann immer nur sagen, daß dieses oder jenes Tier ein Männchen ist, wenn es einen Korb voll Eier auf dem Buckel hat! Ich habe die mir als Männchen bekannten Lurche stets in ein besonderes Heim gesteckt, um immer wieder von neuem irgendwelche Merkmale entdecken zu können. Als ich in meinem Sammelterrarium unter den vierzig Alytes einmal Tierschau abhielt, fand ich etwa zwanzig Stück, bei welchen die am Kopfe zu beiden Seiten des Körpers beginnende Warzenreihe, welche über den Augen bis zum Becken sich hinzieht, mehr oder weniger zinnoberrote Tupfen trug. Die Männchen trugen diese Tupfen nicht — weder diejenigen, welche den Laich schon abgelegt hatten, noch diejenigen, welche ihn trugen. Es fragt sich nun: Sind die mit der zinnoberroten Warzenreihe versehenen Alytes die Weibchen oder sind es die Männchen, welche auf Freiersfüßen gehen?

„Ist letzteres der Fall, dann müßten sie gleichzeitig mit der Befruchtung und Umwickelung der Eierschnüre um ihre Hinterbeine die Generalsstreifen verlieren; denn ich habe auf die roten Punkte hin auch dasjenige Männchen sofort untersucht, welches sich in obengenanntem Sammelterrarium die Eierschnur in der Nacht vom 1. auf den 2. Mai in meinem Lurchhause zugelegt hatte. Es trug keinen einzigen roten Fleck. Ob es sie vorher gehabt hat, weiß ich nicht. Am ersten Mai abends hatte ich alle Lurche gemustert, aber leider nicht genau gezählt, wieviel rotfleckige vorhanden waren. Am zweiten Mai früh sieben Uhr fand ich das Männchen ganz vergnügt mit seinen Vaterfreuden auf dem Moose sitzen. Der Eierballen wurde abgestreift am 25. Mai, und gleichzeitig schlängelte sich eine einzige Larve durch das Wasser. Am 28. Mai abends begann das Auskriechen fast aller Tiere; dieser Akt war am 29. Mai früh 10 Uhr beendet. Das erste Lärvchen hatte also 24 Tage bis zum ‚Licht der Welt erblicken‘ benötigt, die letzten 28 Tage. Der ‚Alte‘ ging ins Wasser, als er fühlte, daß ein Tier aus seiner Hülle ausschlüpfen wollte. Findet man im Freien oder in seinem häuslichen Kasten einen abgestreiften Eierballen, so muß man ihn nicht eher ins Wasser werfen, als bis die jungen Larven gut ausgebildet sind, d. h. bis der Dottersack fast ganz aufgezehrt ist, bis sich die dunkelfarbigen Larven in ihren Hüllen bei dem geringsten Stoße oder einer zarten Berührung bewegen. Das starke Anblasen genügt, um eine völlige Umdrehung der Embryos hervorzurufen. Erst dann beginnt das Wasserstadium, und es schadet nichts mehr, wenn man den Ballen ins Wasser wirft ... Das Aufbewahren gefundener Eierballen bis zum Reifstadium muß möglichst naturgemäß geschehen, d. h. man hebe sie an solchen Orten auf, an welchen ihr Träger sich mit ihnen aufzuhalten pflegt. Man mache in feuchte — nicht nasse — Erde ein Loch mit dem Finger, lege den Eierballen hinein und decke ihn mit derselben Erde zu. Ich lege meistens etwas feuchtes Moos über den Ballen, um ihn auf bequeme Weise auf seine weitere Entwickelung beobachten zu können, ohne ihn berühren zu müssen. Je nachdem mache ich das Moos naß oder wringe es aus. Jedenfalls ist das Aufbewahren im Dunkeln eine Lebensbedingung ... Sonst können die Eierballen schon einen Puff vertragen, denn das Männchen gräbt sich trotz der Eierlast seine Höhle und springt nach der Nahrung. Ich habe aber noch nicht gesehen, daß meine Kröten an den Futternapf mit Mehlwürmern zur Atzung gehen, wie andere Lurche; wohl aber sah ich, daß sie den Wurm gierig mit der Zunge schlagen, wenn er etwa von obenher in ihr Versteck gekrabbelt kam. Ferner sprangen sie nach dem Leckerbissen, wenn er am Gazegitter in die Höhe kroch. Alytes suchen ihr Futter wie die Frösche mehr in der Höhe und weniger wie die Kröten auf der Erde. Sie springen mehr nach dem Futter, verschmähen selbstverständlich nicht das kriechende Gewürm, wenn sie es sehen. Eine hungrige Geburtshelferkröte sitzt aufrecht da und schaut in die Höhe. Ihre Nahrung scheint mir daher mehr aus fliegenden Insekten oder solchen zu bestehen, welche an Pflanzen herumkriechen. So bringt z. B. eine fette Brummfliege das ganze Dorf in Aufruhr; aber nicht lange bleibt sie unverspeist, wahrscheinlich können die Glockenunken das Gesumme nicht vertragen und fressen der Einfachheit halber den ‚Summer' gleich auf, dann herrscht wieder Ruhe im Alytes-Hause.

„Das Klettern der Tiere ist großartig. Daß sie am Drahtgazegitter in die Höhe klettern, ist selbstverständlich. Ein Tier krabbelte vor unseren Augen an einem 2 m hohen Fenster die Gardinen hinauf. Das geschieht verhältnismäßig sehr schnell und mit äußerster Vorsicht.

„Ich hatte Larven, welche bis zu dem Stadium der Kröte drei Jahre, und andere Male solche, welche hierzu nur zwei Jahre bedurften. Jedesmal hörte aber etwa in der Mitte des Septembers das sichtbare Wachstum auf, um erst wieder im April zu beginnen, obgleich die Nahrungsaufnahme nicht gemindert war. Da ich Alytes-Larven in der Freiheit auch nur in vegetationslosen Tümpeln gefunden, so habe auch ich sie in einem Aquarium ohne Pflanzen. Als ich einmal Wasserlinsen hineingeworfen hatte, machten sich die Larven gern an ihnen zu schaffen, aber die feinen, herabhängenden Wurzelfäden wurden beim Einatmen in die Nasenhöhlen hineingezogen und beim Knabbern mit in den Verdauungstraktus befördert. So hingen denn einige Tage später einzelne Larven vollständig an den Wasserlinsen wie an einer Angel fest — einige mit der Nase, andere mit dem Maule. Wie stark diese Tiere mit ihren scharfen Kieferrändern nagen können, spürt man am besten, wenn man einige Minuten seine Hand ruhig ins Wasser hält. Sie setzen sich fest an dieselbe und bleiben bei langsamem Herausnehmen der Hand noch einen Augenblick hängen, um dann in ihr Element zurückzufallen."

Kammerer hat erfolgreiche Versuche mit der Entwickelung der Alytes-Eier gemacht und dabei vor allem die Angabe von Hartmann bestätigen können, daß die Eier sich ohne die ihnen in der Regel zuteil werdende Brutpflege des väterlichen Tieres ebensogut und rasch entwickeln wie mit Brutpflege, nur daß das Ausschlüpfen der Larven in ersterem Falle länger dauert, weil die Larven auf Selbstbefreiung durch ihre Kiefer- und Muskeltätigkeit angewiesen sind und nicht durch die Schwimmbewegungen des Männchens unterstützt werden. Entwickelt sich der Laich der Geburtshelferkröte im Wasser, so tritt die Verwandlung, die normalerweise im Geburtsjahre noch nicht abgeschlossen ist, sondern sich auf das zweite Lebensjahr, ja sogar noch weiter (bis vier Jahre) verschieben kann, noch in demselben Jahre ein. Läßt man aber aus dem auf dem Lande gezeitigten Alytes-Laich die Larven nicht sogleich in das Wasser, sondern zwingt man sie noch für einige Wochen zum Leben auf dem Lande, so sind sie bestrebt, sobald sie dann doch in das Wasser gelangt sind, es sobald als möglich wieder zu verlassen, und ihre Verwandlung wird in außergewöhnlichem Maße beschleunigt; das Wasserleben ist dann auf eine sehr kurze Zeit beschränkt. Eine solche Beschleunigung der Verwandlung kann auch durch Helligkeit, hohe Temperatur, Luftarmut, geringe Menge und Unruhe des Wassers, sowie plötzliches Hungern nach vorangegangener Mästung erzielt werden, während anderseits eine Verlängerung der Dauer des Larvenzustandes (Neotenie) dadurch erreicht wird, daß man die Keimlinge noch, solange sie äußere Kiemen tragen, dem Ei entnimmt und sie ins Wasser bringt, ebenso auch durch die den vorgenannten entgegengesetzten Einflüsse, also Dunkelheit, niedrige Temperatur, Luftreichtum, große Menge und Ruhe des Wassers, plötzliches Mästen nach vorausgegangenem Hunger.

In sehr trockener Umgebung können die Männchen die Eierschnüre auch nach dem Leerwerden nicht gleich loswerden, weil sie hart und eingetrocknet sind; anderseits rutschen die Schnüre in sehr feuchter Umgebung von den Schenkeln vorzeitig herunter, weil sie die weichgebliebene Gallerte nicht fest anheftet. Legen die Weibchen ihre Eier ins Wasser ab, so hilft ihnen zwar das Männchen in der gewöhnlichen Weise, indem es die Eierschnüre mit den Zehen aus der Kloake herauszieht, aber die Umwickelung der Schenkel unterbleibt in diesem Falle. Diesen im Wasser befindlichen Eiern entschlüpfen die Larven, wenn sie noch im Besitze äußerer Kiemen sind; da sie um diese Zeit noch keine Hornzähne haben, so erfolgt die Befreiung ausschließlich durch Krümmung und Streckung des Körpers, wodurch die Eihüllen gesprengt werden. Dagegen befreien sich die Larven aus den auf dem Lande gezeitigten Eiern dadurch, daß sie mit ihren Hornzähnen Löcher in die Eihüllen nagen und diese erst dann durch kräftiges Krümmen und Strecken zum Platzen bringen.

Eier der Geburtshelferkröte können verhältnismäßig sehr lange der Austrocknung widerstehen, und nur die des Laubfrosches übertreffen sie noch in dieser Beziehung; ebenso können die Larven von Alytes bis vier Wochen außerhalb des Wassers auf feuchtem Boden aushalten, wobei sie merkwürdige Anpassungserscheinungen erkennen lassen: so wird bei ihnen (und dasselbe gilt auch für die Larven des Laubfrosches und der Knoblauchskröte) die Haut dicker, namentlich an der mit dem Boden in Berührung tretenden Bauchseite, die Hautdrüsen entwickeln sich früh und sondern rege Schleim ab; auch die Lungen wachsen rascher und lassen früh ihren endgültigen wabigen Bau erkennen; die Kiemenhöhle dient als Wasserbehälter; dabei drängen sich die Larven eng zusammen, wodurch gleichfalls die Feuchtigkeit erhalten bleibt. Diese Landlarven, an deren Schwanz der Flossensaum sich deutlich verschmälert, während sich sein Muskelteil seitlich verdickt, haben im Vergleich zu den im Wasser lebenden Kaulquappen eine geringe Fähigkeit, amputierte Körperteile zu ersetzen:

abgeschnittene Schwänze und Gliedmaßen wachsen erst in der doppelten Zeit und auch dann nur unvollkommen nach.

Der Frosch, von dem die ganze Familie den Namen hat, der Gemalte Scheibenzüngler, Discoglossus pictus *Otth* (Abb., S. 198, u. Taf. „Froschlurche I", 4, bei S. 169), ist der einzige bekannte Vertreter der Gattung Discoglossus *Otth*, die durch die nur mäßig verbreiterten Querfortsätze des Kreuzbeinwirbels, das zwar manchmal unter der Haut verborgene, aber doch vorhandene Trommelfell sich von den Unken, durch das erstgenannte Merkmal und die dreieckige oder runde Pupille von den Feßlerkröten unterscheidet. Der Scheibenzüngler ist ein kräftig gebauter Froschlurch, der in seinem ganzen Aussehen, Benehmen und seiner Lebensweise sehr an unsern Wasserfrosch erinnert und oft genug mit ihm verwechselt wurde, ihn und die braunen Landfrösche in höheren Lagen mancher Mittelmeerländer auch häufig vertritt. — Die Gaumenzähne stehen in zwei langen Querreihen hinter den inneren Nasenöffnungen, die Zunge ist, worauf der Name hindeutet, kreisrund, ganzrandig; die Finger sind frei, die Zehen durch Schwimmhäute verbunden.

Der Scheibenzüngler läßt nach der Zeichnung seiner Oberseite mehrere Spielarten unterscheiden, die aber alle auf demselben Fleck zusammen vorkommen können. Die glatte oder mit kurzen, drüsigen Längsfalten bedeckte Haut der Oberseite, die außerdem jederseits eine drüsige Längsfalte vom Hinterrande des Auges über die Schulter bis zur Lendenregion aufweist, ist sehr verschieden gefärbt: rot-, gelb- oder graubraun, nußbraun oder grau, mit dunkelbraunen, oft hell gesäumten Flecken, die häufig auf dem Rücken zwischen den Längsfalten in zwei oder drei Längsreihen angeordnet sind; oder der Rücken zwischen den Längsfalten ist dunkelbraun mit einem hell gelbbräunlichen Mittelstreifen von der Schnauzenspitze zum After; oder die Flecke treten mehr oder weniger zurück, so daß die Oberseite nahezu einfarbig braun erscheint, wenngleich freilich ein dunkler, dreieckiger Fleck zwischen den Augen und Andeutungen der dunkeln Querbinden auf den Hinterbeinen sich am längsten erhalten. Die Unterseite ist elfenbeinweiß, einfarbig oder dicht braun gesprenkelt; die Färbung der Gliedmaßen mehr gelblich oder fleischfarben.

Dieser flachköpfige Frosch, der eine Länge von etwa $7^1/_2$ cm erreichen kann, ist über das südwestliche Europa und das nordwestliche Afrika, also Portugal und Spanien, mit Ausnahme des Ostens der Halbinsel, Korsika, Sardinien, Sizilien, Malta und die benachbarten kleineren Inseln des Tyrrhenischen Meeres verbreitet, ferner über Marokko, Algerien und Tunesien, nördlich der Sahara, und zwar bewohnt er sowohl die Ebene als auch das Gebirge, wo ihn Bedriaga auf Korsika in etwa 800, Werner im Dschurdschura-Gebirge Algeriens gar über 1000 m Höhe noch angetroffen hat. — Der Scheibenzüngler ist ein bei Tag und Nacht lebhafter Frosch, der weder Brackwassersümpfe noch kalte Gebirgsbäche meidet und sich in der Regel nicht weit vom Wasser entfernt. Wie unter den europäischen Froschlurchen nur noch die Unken, vermag er seine Beute auch unter Wasser nach Art der Molche mit den Kiefern zu ergreifen. Die Ausscheidung seiner Hautdrüsen ist fast geruchlos und übt auch auf die menschlichen Schleimhäute keinen Reiz aus. Die Stimme dieses Frosches ist wenig laut und wird von Boulenger als ein rasch wiederholtes „ha—a, ha—a" oder „wa, wa, wa—wa—wa", von Héron-Royer als „ra—a, ra—a" wiedergegeben.

Die Paarungszeit dauert in Algerien vom Januar bis Oktober. Das Weibchen kann im Jahre dreimal laichen; bei der Paarung wird es vom Männchen, das starke dunkle Brunstschwielen an den drei inneren Fingern besitzt und sich durch sehr kräftige Arme auszeichnet, in der Lendengegend umfaßt, wie bei allen bekannten Scheibenzünglern und den Knoblauchskröten; die sehr kleinen Eier werden langsam und einzeln abgelegt und bilden eine einfache Lage auf dem Grunde des Gewässers. Die Samenkörper sind bei dieser Art außerordentlich

Gemalter Scheibenzüngler, *Discoglossus pictus Otth.* 4/5 natürlicher Größe.

groß, so daß sie mit freiem Auge gesehen werden können, und werden in Bündeln abgegeben. Die Kaulquappen, die in der Regel etwa zwei Monate bis zur Verwandlung benötigen, bleiben verhältnismäßig klein.

Doumergue beobachtete, daß Discoglossus sich im Hochsommer in tiefe Felsspalten oder unter große Steine, nicht weit von bewässerten Örtlichkeiten, zurückzieht. Werner fand ihn im Sommer im algerischen Hochgebirge unter feuchten Moospolstern in schmalen Felsschluchten, aber dort, wo die Bäche noch Wasser führten, ganz nach Art unseres Wasserfrosches lebend. Doumergue berichtet über das Freileben unseres Frosches in Westalgerien noch wie folgt: Im Herbst erscheinen die jungen Tiere zuerst wieder, dann folgen die mittelgroßen, schließlich die Erwachsenen; im Februar bis April sind die Scheibenzüngler am häufigsten. Sie leben nur in klarem Wasser, das zur Paarungszeit von den hier die Weibchen erwartenden Männchen zuerst aufgesucht wird; tagsüber bleiben die Tiere ganz untergetaucht oder lassen, wenigstens wenn sich Wasserpflanzen in Menge vorfinden, in diesen versteckt, nur die Schnauzenspitze aus dem Wasser hervorragen. Die Paarung findet bei Nacht statt, die Eiablage frühestens in den ersten vierzehn Tagen des Februar, spätestens Ende Juni, meist in der ersten Hälfte des März; von einem Weibchen werden gegen 500 Eier abgelegt.

Ausführlicher beschreibt die Lebensweise des Scheibenzünglers Bedriaga, den wir über seine Erfahrungen selbst berichten lassen wollen.

„D. pictus lebt in den wärmeren Gegenden den größten Teil des Jahres im Wasser, wo er sich mit Vorliebe an den wenig tiefen Stellen aufhält. In bezug auf die Temperatur oder die Beschaffenheit des Wassers scheint er weniger wählerisch zu sein, da er sowohl in kristallhellen Gebirgswassern als auch in sumpfigen und salzhaltigen Seen, wie sie an der Ostküste Siziliens sich vorfinden, gedeiht. Und, wenn ich richtig unterrichtet worden bin, soll er sogar die warmen Quellen auf einigen Eilanden im Tyrrhenischen Meere nicht verschmähen. Am häufigsten sind es die Ufer, die von ihm bewohnt werden, und hierin ähnelt er dem Grünen Wasserfrosch, mit dem er auch sonst bezüglich seines wilden Naturells viel Gemeinschaftliches hat, nur insofern ist ein Unterschied zu verzeichnen, als Rana esculenta in der Regel am Wasser ihre Ruheplätze wählt und nur bei drohender Gefahr oder zur verhältnismäßig kurz andauernden Brutzeit sich ins Wasser begibt, während Discoglossus im Wasser auf dem Ufergrunde sitzend und nur seinen Kopf aus dem Wasser streckend die milde Jahreszeit verbringt. Auch pflegt er nicht, obgleich ein guter Schwimmer, auf der Flucht weit hinauszuschwimmen und erst in größerer Entfernung vom Ufer unterzutauchen, sondern taucht, wenn es irgendwie möglich ist, gleich in der Nähe seines Sitzplätzchens, wird aber von seinem Verfolger desto leichter im Schlamm oder unter einem Stein entdeckt, um so mehr, da er in vielen Fällen nur seinen Kopf in Sicherheit bringt und Rumpf und Beine exponiert; hierin übrigens gleichen sich alle Anuren, namentlich aber die Frösche, daß die Gefahr, die sie nicht sehen, für sie nicht vorhanden ist. Im fließenden Wasser oder in vom Wasser reich durchströmten Gegenden stößt man selten auf eine größere Anzahl von Exemplaren beisammen, und es scheint beinahe, daß die Schnelligkeit der Strömung diesen Wasserbewohner par excellence mit sich fortreißt und das gesellige Zusammenleben stört. Hingegen in wasserarmen Strichen und in Sümpfen soll er zahlreicher an ein und demselben Orte hausen, so z. B. sah F. Müller ihn in Menge in dem Sumpfe hinter Torre di Capitello bei Ajaccio und meldet, daß bereits Ende Januar Discoglossus bei Ajaccio, und zwar in der Nähe von Madonna del Carmine, nahe am Meere sich vorfanden. Auf Korsika hatte ich Gelegenheit, diese Art nur im Sommer und im Herbst und bloß im Gebirge zu beobachten und habe sie ausschließlich im Wasser angetroffen; die ausgewachsenen Männchen waren zu dieser Zeit sämtlich mit kopulatorischen Bürsten ausgerüstet.

„Ihr Aufenthalt im Wasser ist je nach Ort und Klima von verschiedener Dauer. In Nordafrika, wo bekanntlich die Mitte des Winters für alle Lurche diejenige Jahreszeit ist, welche dem Frühjahre in Mitteleuropa entspricht, hingegen die wärmere Periode des Jahres von ihnen zu einer Art von Sommerschlaf benutzt wird, trifft man den Discoglossus mit Hochzeitsattributen ausgerüstet im Februar und wohl auch früher im Wasser an, und aus Spanien erhält man schon Ende Februar trächtige Weibchen und brünstige Männchen. Boscà will letztere sogar im Dezember vorgefunden haben. Vermutlich um diese Zeit herum obliegen die Tiere im Freien ihrem Laichgeschäft. In der Gefangenschaft gehalten, laichten bei Lataste algerische Individuen Mitte Februar, die spanischen aber um einen Monat später. Héron-Royer sah gegen Ende Mai in seinem Aquarium einen männlichen Discoglossus versuchen, sich mit einem Weibchen zu paaren, aber erfolglos, da letzteres ihm aus seiner Umarmung entschlüpfte. Mitte Juli war dieser Forscher Augenzeuge der Paarung und des Laichens bei seinen Pfleglingen, die allem Anscheine nach aus Algerien stammten.

Héron-Royer gibt an, seine männlichen Discoglossus schreien gehört zu haben, und da der Genannte dabei von Lockrufen spricht, die dem Weibchen gelten und etwa wie sieben oder achtmal rasch aufeinanderfolgende und abwechselnd stärker und schwächer klingende ‚ra-a' lauten, so kann man vermuten, daß diese Art nur während der Brutzeit ihre Stimme hören läßt. Lataste hingegen ist es nur gelungen, leise ausgestoßene Töne wahrzunehmen, die ähnlich dem Lärm waren, welche gewisse Käfer durch das Reiben an der Hautdecke hervorzubringen pflegen; er gibt ferner an, daß Boscà ihn auf den Schmerzenslaut beim Discoglossus aufmerksam gemacht hat. Boscà schrieb: ‚Während nämlich das junge Tier bei Störung einen Schrei ausstößt, der dem Miauen einer jungen Katze ähnelt, läßt der erwachsene Discoglossus einen Laut hören, welcher dem feinen Pfiff einer brünstigen Maus vergleichbar ist.' Mir erging es ähnlich wie Lataste; auf Korsika, in den Gegenden, wo der Wasserfrosch fehlte, Discoglossus aber sich vorfand, habe ich nie eine Anurenstimme zu hören bekommen, und meine Pfleglinge waren, sei es, weil sie auf der Reise in ihrem engen Behälter in übler Stimmung sich befanden, oder weil, zu Hause angelangt, die ungünstige Jahreszeit bald eintraf, stumm. Darüber, ob Discoglossus auf dem Lande oder im Schlamme vergraben den zu gewissen Jahreszeiten eintretenden Winter- oder Sommerschlaf hält, habe ich keine Erfahrungen. Jedenfalls zwischen diesen periodisch wiederkehrenden Schlummerzeiten trifft man ihn im Freien selten außerhalb des Wassers, und nähert man sich ihm allzusehr, so sucht er alsbald zu entwischen, was ihm mitunter gelingt, da er, als geschickter Springer und gewöhnlich ortskundig, die Richtung zum Wasser einschlägt und im Nu sein Wasserbecken erreicht, oder aber, er macht sich dem Feinde unsichtbar, indem er auf der Erde niederkauert und ausharrt, bis die Gefahr vorüber ist. In der Gefangenschaft behagt ihm allem Anscheine nach am meisten ein mit nassen Kieselsteinen bedeckter Boden."

*

Eine weitere Familie der Schiebbrustfrösche sind die **Krötenfrösche (Pelobatidae)**, die sich neben der schon besprochenen Einrichtung ihres Schultergürtels durch bezahnte Oberkiefer, stark verbreiterte Querfortsätze des Kreuzbeinwirbels, einfache Zehenendglieder und vollkommen fehlende Rippen auszeichnen. Bei allen hierher gehörigen Arten hat man eine senkrechte Spaltpupille beobachtet, und die meisten sind vortrefflich dazu ausgerüstet, in der Erde zu graben. Man kennt sechs Gattungen mit etwa 33 Arten, die in Nordamerika, Europa, Westasien, dem Orientalischen Gebiete und Neuguinea zu Hause sind.

Mehrere Arten der Gattung Megalophrys erreichen bedeutende Größen, auch ist diese Gattung noch dadurch merkwürdig, daß sie die einzigen Frösche enthält, deren Männchen sich dem Menschen gegenüber zur Wehr zu setzen suchen, das weite Maul aufreißen und zugleich schrill schreiend und schnappend gegen die Hand fahren; schon unsere einheimische Knoblauchskröte geht, wenn sie wiederholt gereizt wird, mit geöffnetem Rachen und einen lauten Schrei ausstoßend, auf den Angreifer los, indem sie sich hoch auf ihre vier Beine erhebt. Die Wirbel können bei Megalophrys innerhalb ein und derselben Art vorn oder hinten gehöhlt sein, wie Boulenger nachgewiesen hat. Die Larven dieser Gattung, von der wir gegenwärtig 17 Arten aus China, Nordindien, Malakka und dem Sunda-Archipel kennen, zeichnen sich durch die mächtige, trichter- oder schnurrbartförmige Erweiterung des Mundfeldes aus; sie hängen mit diesem Apparat regungslos, fast senkrecht an der Wasseroberfläche, ähnlich wie die Larven der Spornfrösche mit ihren Fühlern. Die kräftigen Kiefer des in Burma lebenden Megalophrys carinensis *Blgr.* gestatten diesem Lurch, neben Insekten auch kleinere Säugetiere zu überwältigen. M. Fea fand im Magen dieser Art ein kleines Eichhörnchen.

Die Gattung der Krötenfrösche (Pelobates *Wagl.*) zeichnet sich im Knochenbau dadurch aus, daß Kreuzbein und Steißbein bei ihr nicht getrennt sind, sondern einen Knochen darstellen, und daß das Brustbein einen knöchernen Schwertfortsatz zeigt. Die Knochen des Schädeldaches sind zum Teil (Oberkiefer, Nasenbeine, das einheitliche Stirnscheitelbein, Schläfenbein) rauh, körnig oder grubig; der Kopf ist kurz, nach der gerundeten Schnauze zu stark abschüssig. Die Krötenfrösche ähneln in ihrer Gestalt mehr Fröschen als Kröten, haben verhältnismäßig lange Hinterbeine, deren Zehen durch große Schwimmhäute verbunden sind, eine runde, hinten freie Zunge und zwei Häufchen Pflugscharzähne. Das Trommelfell liegt verborgen. Die Rückenhaut ist glatt; am Mittelfuße sitzt eine große, hornige Grabschwiele mit scharfer Schneide. Von den drei sehr nahe verwandten Arten lebt eine in West-, eine in Mittel- und Osteuropa, die dritte in Kleinasien und Syrien.

Als Hauptvertreter dieser Familie gilt die Knoblauchskröte, Pelobates fuscus *Laur.* (Abb., S. 202), ein sehr buntes Tier von 5—7, selten 8 cm Länge, oben auf gelbbraunem (Männchen) oder hellgrauem (Weibchen) Grunde mit vielen kleinen und großen, lebhaft kastanien- bis schwarzbraunen, unregelmäßig gestalteten Flecken gezeichnet, die bald zusammenhängen, bald einzeln stehen und, nach dem Ausdrucke von Schinz, wie Inseln auf einer Landkarte zerstreut liegen. Außerdem läßt das lebende Tier viele kleine rotgefärbte Fleckchen auf der ganzen Oberseite erkennen; die Unterseite ist weißlich, einfarbig oder mattgrau gefleckt. Der Mittelfußhöcker, die sogenannte Grabschwiele, ist gelblichbraun gefärbt. Dem Männchen fehlt der Schallsack, aber es hat eine große, eiförmige Drüse auf der Außenfläche des Oberarmes. Auch bei dieser Art sind die Männchen zahlreicher als die Weibchen.

Der Verbreitungskreis der Knoblauchskröte umfaßt Südschweden und Gotland, Dänemark, Deutschland, mit Ausnahme Württembergs, Belgien, Südholland, Nordost- und Ostfrankreich, Norditalien, ganz Österreich-Ungarn sowie das europäische Rußland vom Golf von Riga bis zum Uralfluß und zu den Kirgisensteppen; der Fluß Emba ist die Ostgrenze ihres Verbreitungsgebietes, jedoch kommt sie in diesem keineswegs überall vor, fehlt vielmehr manchen Gegenden ganz, in der Schweiz z. B. hat man sie, laut F. Müller, nur an der Elsässer Grenze, bei Basel, beobachtet, in Tirol, nach Gredler, noch gar nicht. Der östlichste sicher beglaubigte Fundort liegt, nach L. Berg, im Distrikt Tjumen im sibirischen Gouvernement Tobolsk. Im mittelländischen Frankreich, in Spanien und Portugal wird sie durch eine verwandte größere Art, den Messerfuß (Pelobates cultripes *Daud.*), mit schwarzer Grabschwiele, in Kleinasien und Syrien durch den ihr sehr ähnlichen und ebensogroßen Pelobates syriacus *Bttgr.* vertreten. Hier und da tritt sie häufig auf, so in der Gegend von Nürnberg, Berlin, Wien und Hermannstadt. Nur zur Laichzeit lebt sie im Wasser, kommt aber nach wenigen Tagen schon auf das trockene Land heraus und treibt sich dann als ausgesprochenes Landtier vorzugsweise auf sandigen Feldern herum, wo sie sich dann am Tage in einer selbstgegrabenen Höhlung verbirgt und nachts ihrer Jagd obliegt. In die Erde graben sich diese Kröten mit Hilfe ihrer hornigen Grabschwielen sehr gewandt ein (in Sand oder lockerer Erde in weniger als einer Minute); sie scharren dabei, mit den Fersen nach auswärts stoßend, den Boden auf, und indem sie sich zugleich fortwährend nach rückwärts schieben, verschwinden sie in kurzer Zeit in fast senkrechter Stellung unter der Erde, die sich dann vollkommen über ihnen schließt. Die geräumigen Lungen, deren hinterstes Ende sich nochmals nach vorne umbiegt, ermöglichen der Knoblauchskröte den Aufenthalt auch noch in einer Tiefe von fast einem Meter. Von ihrer grabenden Lebensweise ist auch ihre etwas unzusammenhängende Verbreitung bedingt: da dieser Froschlurch naturgemäß steinigen Boden meidet, ist er fast ausschließlich auf die Ebenen beschränkt, wo er auf sandigem oder lockerem Boden, namentlich wo Spargelbau getrieben wird, mit großer Wahrscheinlichkeit vermutet werden darf. Da er im Boden von Erde ganz bedeckt ist, ohne daß irgendein Gang oder eine Röhre von seinem Ruheplatze zur Oberfläche führt, kann man nicht sagen, daß er in Höhlen lebt. Werden die Tiere von der Morgensonne überrascht, so graben sie sich dort ein, wo sie sich gerade befinden. In ihren Bewegungen übertrifft die Knoblauchskröte die eigentlichen Kröten bei weitem und ähnelt auch hierin den Fröschen mehr als diese. So springt sie mit rasch aufeinanderfolgenden, verhältnismäßig großen Sätzen sehr munter umher, schwimmt rasch und geschickt und hat eine noch bedeutendere Fertigkeit als die

Knoblauchskröte, Pelobates fuscus *Laur.* Natürliche Größe.

Kröten, sich in Sand oder Schlamm einzuwühlen. Ihre Nahrung sind hauptsächlich Insekten, namentlich Käfer und Spinnen, aber auch Schaben, Grillen, Fliegen, glatte Raupen, Würmer und Schnecken.

Unter den einheimischen Lurchen laicht die Knoblauchskröte mit am frühesten im Jahre, bei einigermaßen günstiger Witterung bereits Anfang, bei ungünstiger wenigstens Mitte April. Nur um diese Zeit halten sich beide Geschlechter im Wasser auf, aber selten länger als eine Woche, strecken den Kopf über die Oberfläche empor und lassen ein gluckendes Geschrei hören, das von dem Weibchen mit einem noch tonloseren Grunzen begleitet wird. Daß diese Mißtöne nicht die einzigen Laute sind, deren diese Tiere fähig sind, erfährt man, wenn man sie mit einer Zange am Fuße packt: sie schreien dann mit geöffnetem Maule kläglich, miauend wie junge Katzen, denen man auf den Schwanz tritt, wobei sie ein nach Knoblauch riechendes Drüsensekret aus der Haut treten lassen sollen. Wie Dürigen und A. Francke hat auch Werner von diesem Knoblauchgeruch, der dem Tiere den Namen gegeben hat, nur ganz ausnahmsweise etwas bemerkt, und zwar in sehr schwachem Grade. Bei der Paarung umfaßt das Männchen das Weibchen vor den Hüften. Die Eier gehen in einer dicken, halbmeterlangen Schnur ab, zwischen deren Gallerte sie in mehreren Reihen oder haufenweise zerstreut liegen, werden von Zeit zu Zeit mit den Hinterbeinen des Männchens gleichsam aufgehalten, befruchtet und dann an Rohr, Gras und anderen Wassergewächsen in der Nähe des Ufers angeklebt. Fünf bis sechs Tage später kriechen die anfangs ganz schwarzen, nur 4 mm langen Larven aus, schwimmen gesellig umher, erhalten am siebenten Tage ihres Lebens eine Flosse am Schwanze, am neunten gefranste Kiemen, trennen sich gegen den 18. Tag hin voneinander, verlieren um diese Zeit ihre äußeren Kiemen, werden oberseits hell olivengrün, unten mehr gelblich, bekommen in der neunten Woche ihres Lebens die Hinterbeine, drei Wochen später auch die Vorderbeine, häuten sich sodann und kriechen im Anfange des vierten Monates ihres Lebens aus dem Wasser, noch mit einem Stumpfschwänzchen versehen, das aber bald vollends verschwindet. Sie sind um diese Zeit etwa 30 mm lang, also fast halb so lang wie erwachsene Tiere; dies ist um so bemerkenswerter, als bei dem größten unserer heimischen Froschlurche, der Erdkröte, die frisch verwandelten Jungen winzig klein sind. Weder die Larven noch die Jungtiere irgendeines bei uns vorkommenden Froschlurches werden so groß wie die der Knoblauchskröte. Von nun an führen die jungen Knoblauchskröten die Lebensweise ihrer Eltern und bleiben auf dem Lande, bis sie selbst fortpflanzungsfähig werden.

Die Larven der Knoblauchskröte können, wie schon Rösel von Rosenhof wußte, unter günstigen Umständen 10—12 cm, ja 17,5 cm lang werden. Bei der verborgenen Lebensweise des erwachsenen Tieres können wohl diese ungewöhnlich großen Larven dazu führen, auf die Anwesenheit der Knoblauchskröte in einer Gegend aufmerksam zu machen. Ob Larven dieser Art im Freien zu überwintern imstande sind, war bis vor kurzem noch ungewiß: weder Fr. Leydig noch K. Koch hatten im Frühjahre solche überwinterte Quappen auffinden können; jetzt wissen wir durch E. Pflüger, daß ein Teil dieser Larven den Winter überdauert, und daß sich die Anzahl solcher überwinterter Quappen nach der Strenge der Winterkälte und der Gunst des Standortes richtet. Die mangelhafte Anpassung des Tieres an das deutsche Klima führte diesen Forscher sogar zu der Annahme, daß die Knoblauchskröte erst seit der Eiszeit aus dem Süden eingewandert sein müsse.

Gefangene Knoblauchskröten halten sich bei einiger Pflege recht gut im Käfig, verlangen aber viel und fette Nahrung, da sie an Gefräßigkeit keiner Art ihrer Ordnung nachstehen. Leydig nennt sie furchtsame Geschöpfe von geduldigem, gutmütigem Wesen. Wenn sie sich im Zimmer nicht eingraben können, zeigen sie sich während des Tages träge und schläfrig. Die Stellung eines so schlafenden Tieres hat manches Sonderbare: möglichst hoch auf den Vorderbeinen aufgerichtet, sitzen sie mit geschlossenen, nicht vorgequollenen, sondern in die Tiefe gezogenen Augen da, einem indischen Götzenbilde nicht unähnlich.

Äußerlich den Knoblauchskröten, im anatomischen Bau den nachstehend beschriebenen Schlammtauchern ähnlich, sind die in Nordamerika und Mexiko in etwa neun Arten verbreiteten Schaufelfüße (Scaphiopus *Holbr.*). In Lebensweise und Gebaren kommen sie unserer Knoblauchskröte ebenso nahe wie im Aussehen. Doch konnte Boulenger die von ihm beobachteten Stücke der gewöhnlichen nordamerikanischen Art, Scaphiopus solitarius *Holbr.*, nicht wie Cope dazu bewegen, den lauten Schrei auszustoßen, den man bei Pelobates hört, wenn man ihn eine Zeitlang ärgert; die Tiere beugten vielmehr den Kopf nieder, schlossen die Augen und blieben in dieser Stellung sitzen. Im Freien kommt diese Art früh im März zum Vorschein, Holbrook beobachtete sie einmal schon, als noch Schnee den Boden bedeckte. Auch Paarung und Eierschnur sind ähnlich wie bei unserer Knoblauchskröte. Cope sagt über diese Art, daß sie, obwohl über den ganzen östlichen Teil der Vereinigten Staaten verbreitet, nur selten gesehen werde, jedoch wird nach Regenfällen im Frühling und Sommer ihre Stimme bei Nacht gehört. In Gefangenschaft gehaltene Exemplare gruben sich bei Tag in die Erde ein, kamen aber abends auf der Suche nach Nahrung zum Vorschein. Ihre Erdlöcher waren stets wieder von der losen, auf sie gefallenen Erde ausgefüllt, doch war der knöcherne Kopf des Tieres gleich darunter zu spüren; ein Auge war oft unbedeckt und gewährte mit seinem metallischen Glanze einen eigentümlichen Anblick.

Über die Larven einer zweiten nordamerikanischen Art, Scaphiopus bombifrons *Cope*, teilt Cope folgende merkwürdige Beobachtung mit. Er traf am Ufer eines stark ausgetretenen Sees in Idaho zahllose Grashüpfer (Caloptenus spretus), die ins Wasser gefallen und von den Wellen teils lebend, teils tot ans Ufer gespült worden waren; zwischen ihnen viele große, fette Larven des oben genannten Messerfußes, mit nahezu voll entwickelten Gliedmaßen und noch unverkürztem Schwanze; die Kiefer waren knorpelig und zahnlos, das Maul bald eng wie bei einer Larve, bei anderen wieder weit. Die Larven waren damit beschäftigt, die Grashüpfer zu verschlingen, und manche hatten solche bereits ganz hinuntergewürgt; anderen waren diese aber zu groß und standen ihnen zum Maule heraus. Alle waren schon Luftatmer und hüpften herum, den langen Schwanz nachschleppend.

Von den gedrungen gebauten Knoblauchskröten unterscheiden sich die Schlammtaucher (Pelodytes *Fitz.*), von denen wir zwei einander recht ähnliche Arten aus zwei weit voneinander entfernten Winkeln der Alten Welt kennen, durch schlanke, froschartige Gestalt, die sehr rückgebildeten Schwimmhäute, die nur einen schmalen Hautsaum an den Zehen bilden, das deutlich sichtbare Trommelfell und den kleinen, zum Graben nicht geeigneten Fersenhöcker. Auch ist die Haut auf der Oberseite des Kopfes weder rauh noch mit dem Schädel verbunden. Fügen wir zu diesen Merkmalen noch hinzu, daß die Gaumenzähne nicht in kurzen Querreihen, sondern in kleinen rundlichen Gruppen zwischen den inneren Nasenöffnungen stehen, und daß das Steißbein mit dem Kreuzbeinwirbel gelenkig verbunden ist, so ist die Gattung genügend gekennzeichnet.

Die eine der beiden Arten, der Kaukasische Schlammtaucher, Pelodytes caucasicus *Blgr.*, ist vor nicht langer Zeit auf dem asiatischen Abhang des Kaukasus in einer

Höhe von etwa 2300 m entdeckt worden und noch wenig bekannt; dagegen ist der in nahezu ganz Frankreich (mit Ausnahme des Nordostens), spärlich im nordwestlichen Italien (Piemont und Ligurien) und in einigen Teilen von Portugal und Spanien vorkommende Punktierte Schlammtaucher, Pelodytes punctatus *Daud.*, ein kleiner Frosch von kaum 4,5 cm Länge, ein recht bekanntes Tier. Durch seine warzige Oberseite und die Art seiner Lebensweise erinnert er etwas an unsere Unken; die Warzen treten mehr oder weniger deutlich hervor, und die größeren sind mitunter in welligen Längsreihen angeordnet. Eine solche Reihe von größeren Warzen, die wie bei der Geburtshelferkröte an jeder Körperseite vom Augenhinterrande über das Trommelfell zu den Flanken zieht, ist in der Regel wohl unterscheidbar. Die Unterseite ist glatt bis auf die Hinterhälfte des Bauches und die Hinterbacken, die gekörnelt erscheinen.

Punktierter Schlammtaucher, Pelodytes punctatus *Daud.* Natürliche Größe.

Dieser Frosch ist oberseits grau, graubraun oder graugrün bis olivengrün, mit olivengrünen, flaschengrünen oder lebhaft hellgrünen kleineren, unregelmäßigen Flecken, die an den Hinterbeinen zu regelmäßigen Querbinden zusammenfließen können; die Unterseite ist weiß gefärbt. Das Männchen zeichnet sich aus durch gedrungenere Gestalt, kräftigere Arme, den Besitz sogenannter innerer Schallblasen (damit zusammenhängend dunkler gefärbter Kehle) und während der Paarungszeit durch hornige Schwielen an den zwei Innenfingern, am Unter- und Oberarm und an jeder Seite der Brust, auch am Rande der Zehen.

Der Schlammtaucher ist ein vorwiegend nächtliches Tier, das nur während der Paarungszeit sich tagsüber sehen läßt. Er ist ein guter Springer und Schwimmer und vermag sich auch mit Hilfe seiner Bauchfläche an glatten Wänden emporzuarbeiten. Seine Stimme, die man mit dem Knarren eines Schuhes verglichen hat, ist schwach; während der Paarungszeit stößt das Männchen Laute aus, die als „ko-ak" wiedergegeben werden, und auf die das Weibchen mit einem leisen „Ku-u" antwortet.

In Frankreich fällt die Fortpflanzungszeit zwischen Ende Februar und Anfang April, doch sind auch Beispiele aus fast allen übrigen Monaten zwischen Mai und November bekannt geworden; Thomas, Bedriaga und Boulenger konnten mit Bestimmtheit nachweisen, daß diese Art zweimal im Jahre, im Frühling und im Herbst, laicht. Bei der Paarung kann das Weibchen wegen seiner schlanken Gestalt in der Regel so eng um die Hüften gefaßt werden, daß die Oberarme des Männchens sich aneinanderlegen, was sonst bei keinem anderen europäischen Frosch beobachtet wird. Die beiden Geschlechter bleiben meist nur wenige Stunden beisammen, und das Männchen verläßt sein Weibchen sofort, wenn man es in die Hand nimmt. Zur Eiablage wird stehendes Wasser bevorzugt, in dem Gräser wachsen, um welche die wie bei der Knoblauchskröte (durch Verschmelzung der beiden aus den Eileitern kommenden Schnüre) dicke, einfache Eierschnur herumgewickelt werden kann. Die Eier, gegen 1000—1600, sind klein, die Larven kriechen bereits am fünften Tage sehr unentwickelt, noch ohne Schwanz und Kiemen, aus; die von der Frühlingsbrut sind im Juli oder August verwandelt, die vom Herbst pflegen im Larvenzustande zu überwintern, so daß man das ganze Jahr hindurch Larven finden kann.

Über die Aufenthaltsorte und das Freileben des Schlammtauchers bemerkt Bedriaga noch folgendes: „Im Wasser hält sich Pelodytes mit Vorliebe in den weniger tiefen Stellen auf, und zwar am Rande des Wasserbehälters, wo Pflanzenwuchs vorhanden ist; nur im Notfalle entfernt er sich vom Ufer, auf der Oberfläche des Wassers schwimmend, meistens aber taucht er bei der geringsten Gefahr unter, um nach einer Weile wieder zu erscheinen, dabei läßt er aber gewöhnlich nur seinen Kopf sehen, denn er hält sich im Wasser in eher stehender als liegender Stellung auf. Er jagt seine Beute auf dem Lande und besteigt dabei das Gelaub von Gebüschen oder erklettert glatte Steinflächen."

*

Keine Tierfamilie hat von alters her bis zum heutigen Tage mehr unter dem allgemeinen Abscheu der Menschen zu leiden gehabt, keine ist unerbittlicher und mit größerem Unrechte verfolgt worden als die der Kröten.

„Dieses Thier", sagt der alte Gesner von der gewöhnlichsten Art der Familie, „ist ein überauß kaltes und feuchtes Thier, gantz vergifft, erschröcklich, heßlich und schädlich. — Wenn man dieses Thier schmeist, wird es so zornig, daß es den Menschen, wenn es könnte, gern beseichen, oder sonst mit seinem gifftigen schädlichen Athem vergifften möchte. — Es ist aber nit allein ihr weisser Gift, welchen sie auf sich haben, schädlich, sondern auch ihr gantzer Leib, und wann jemand mit ihrer Seiche berührt wird, so soll solcher Ort faulen, und nicht ohne grosse Mühe wiederumb heilen. — Innerhalb dem Leib ist die Krotte tödlich. Auch ist ihr Anhauchen und Gesicht schädlich, wovon die Menschen gar bleich und ungestalt werden sollen. Sie vergifften auch das Kraut und Laub, wovon sie gefressen haben, und worüber sie etwann gar langsam gekrochen sind. . . . In Engelland ists (wie bewust) gebräuchlich, daß man die Gemächer auf dem Boden mit grünen Semden, oder Binsen, zu bestreuen pflegt, umb dadurch die Gemächer im Sommer etwas abzukühlen. Nun brachte einsmahls ein Münch etliche Gebündlein solcher Binsen in seine Zelle, oder Schlaffkammer, und streuete sie ihm darinnen zurechte. Als er sich aber nach dem Mittags-Essen auf dieselbige niederlegte, und auff dem Rücken schlieff, da kroch eine grosse Krotte, die mit den Binsen ohngefähr hinein kommen war, hervor, und satzte sich dem schlaffenden Münche recht auf sein Maul, also daß sie sich mit allen vieren an die Ober- und Unter-Lessze anklemmte. Die andern Münche, als sie dieses grausame Spectakel sahen, wusten nicht, wie sie der Sache thun sollten: Denn sollten sie die Krotte abreissen, war nichts anderes, als der gewisse Todt zu beförchten; die Kröte aber also sitzen zu lassen, war ärger als der Todt selbst. Endlich gaben etliche den Rath, man sollte den Münch also auf dem Rücken liegend an ein Fenster tragen, allwo eine grosse Spinne ihr Gewebe hätte, welches dann auch also geschahe. So bald die Spinne ihren Feind ersahe, ließ sie sich geschwinde an einem Faden herab, gab der Kröte einen Stich, und machte sich darauff an dem Faden wieder hinauff in ihr Gewebe. Die Kröte liesß zwar davon auff, fiel aber noch nicht ab; derhalben satzte man die Spinne noch einmahl dran, und sie gab ihr wiederumb einen Stich, wovon die Kröte noch mehr auffschwoll, aber doch noch lebendig blieb. Die Spinne that den dritten Stich, damit zog die Kröte die Füsse zu sich, und fiel todt herab. Eine solche Wohlthat und Danckbarkeit erzeigte die Spinne ihrem Wirthe und Hauß-Herrn ... Es geschicht auch bißweilen, daß die Menschen unversehener Weisse mit dem Wasser oder anderm Geträncke etwan Eyer von Krotten oder Fröschen in den Leib trincken, welche Eyer darnach in dem Menschen zu Fröschen oder Krotten außgebrütet werden, welches gantz grausam ist. Solche müssen durch starcke Artzeney, entweder oben durch das Übergeben, oder unten durch den Stulgang von den Menschen getrieben werden."

Man begreift in der Tat nicht, wie es möglich gewesen ist, daß vernünftige Menschen solchen Unsinn erdacht haben können; man begreift noch viel weniger, daß es noch heutigestags Tausende gibt, die nur zu sehr geneigt sind, derartige abgeschmackte, auf nichts fußende Lügen für wahr zu halten: denn das nächtliche Treiben der im Verhältnis zu den Fröschen unschön gestalteten Kröten kann doch unmöglich der Grund sein, weshalb die harmlosen, unschuldigen und höchst nützlichen Tiere beständig verdächtigt und verleumdet werden! Und doch läßt sich das eine nicht bestreiten: in dem Abscheu vor den Kröten, in der blinden Wut, sie zu verfolgen und zu töten, kommen die sogenannten Gebildeten und die Ungebildeten, die Europäer und die Amerikaner, die weißen und die schwarzen oder braunen Menschen vollständig überein. Keiner von denen, die von der Kröte Übles reden, hat sie und ihr Leben beobachtet, keiner eine gute Naturgeschichte gelesen oder mindestens verstanden; denn im entgegengesetzten Falle hätte er eben belehrt sein müssen. Gerade die Kröten sind ein überzeugendes Beispiel, was es mit unserer gerühmten Bildung, insbesondere mit der Kenntnis der Natur und ihrer Erzeugnisse, auf sich hat.

Die **Kröten (Bufonidae)** unterscheiden sich von den bisher beschriebenen Schiebbrustfröschen durch den gänzlichen Mangel an Zähnen und die dreieckig verbreiterten Außenenden der Kreuzbeinquerfortsätze. Die gedrungene, plumpe Gestalt, die fast gleichlangen, dicken, unförmlichen Beine sind ebenso wie die warzige Haut Merkmale, die wohl für die meisten Kröten, nicht aber für alle zutreffen, so z. B. nicht für gewisse tropische Arten: manche Kröten des Malaiischen Archipels sind sehr langbeinig und schlank, mehrere afrikanische Arten ganz glatthäutig. Nur zwei von den acht Gattungen zeigen senkrecht gespaltenen Augenstern. Die knöchernen Endglieder der Finger und Zehen sind einfach und stumpf oder dreieckig gestaltet.

Die meisten Kröten leben auf dem Lande, und viele verstehen vortrefflich zu graben; einzelne wohnen die größte Zeit ihres Lebens im Wasser (Nectes), ja gleich Laubfröschen auf den Bäumen (Nectophryne); die Nasenkröte von Mexiko ist ein Termitenfresser und in Leibesbau und Lebensweise vielen Engmäulern ähnlich; dasselbe gilt auch von gewissen Kröten Australiens (Notaden, Myobatrachus).

Kröten bewohnen alle Erdteile, die warmen Gegenden, wie erklärlich, zahlreicher als die kälteren, halten sich großenteils nur während ihrer Laichzeit im Wasser auf und sind vollendete Nachttiere, die am Tage sich bloß ausnahmsweise außerhalb ihres Schlupfwinkels umhertreiben. In ihren Bewegungen stehen sie den Fröschen und Krötenfröschen nach; denn sie hüpfen nur in kurzen Sätzen, schwimmen schlecht und erscheinen deshalb schwerfällig und träge, obgleich sie, strenggenommen, weder das eine noch das andere sind.

Ihre Nahrung besteht in kleinen Tieren der verschiedensten Art, besonders in Würmern, Schnecken, Insekten und kleinen Wirbeltieren; letztere werden übrigens nur von den größten Arten verzehrt. Der Verbrauch an Nahrungsstoffen ist beträchtlich, die Tätigkeit dieser geschmähten Tiere deshalb für uns höchst ersprießlich. In der Art und Weise der Paarung und in der Entwickelung der Jungen stimmen sie im wesentlichen mit den Ordnungsverwandten überein. Die Eier gehen bei den meisten in Schnüren ab, die von dem Männchen stückweise befruchtet werden.

Wie andere Lurche, so können auch die Kröten Feuchtigkeit ohne Schaden für ihr Leben nicht lange entbehren, in feuchten Räumen aber selbst bei dürftiger Nahrung Monate und Jahre aushalten. Wiederholt ist es vorgekommen, daß man in Höhlungen, die keinen Zugang zu haben schienen, lebende Kröten gefunden hat, und diese Funde sind Veranlassung zu allerlei Fabelei, aber auch zu Versuchen geworden, deren Ergebnis immerhin als ein unerwartetes angesehen werden darf. Im November 1825 ließ Buckland zu Oxford in einen großen Block von grobem, durchlässigem Kalkstein 12 runde Zellen von 13 cm Durchmesser und 1 m Tiefe bohren und jede von diesen mit einem kreisförmigen Falze versehen, in den eine Glasscheibe und eine zum Schütze für das Glas bestimmte Schieferscheibe paßte; die Ränder dieses doppelten Deckels wurden mit Ton überstrichen und so ein luft- und wasserdichter Verschluß hergestellt. In einem anderen Block von dichtem Sandsteine höhlte man ebenfalls 12, jedoch etwas kleinere Zellen von nur 15 cm Tiefe aus und brachte an ihnen denselben Verschluß an. Die Glasdeckel hatten den Zweck, eine Besichtigung der Tiere zu gestatten, ohne daß ihnen Luft und Nahrung zukommen konnte. Am 24. November nun wurde in jede der 24 Zellen eine lebende Kröte gesetzt und sodann der Verschluß befestigt; hierauf grub man beide Blöcke 1 m tief in die Erde ein, bedeckte sie und untersuchte sie am 10. Dezember des folgenden Jahres zum ersten Male. In den kleineren Zellen des sehr dichten Sandsteines waren alle Kröten tot, zumeist auch bereits so verwest, daß man auf ihren schon vor Monaten erfolgten Tod schließen mußte; in den Zellen des groben Kalksteines hingegen lebten die meisten Gefangenen noch, und während einzelne an Gewicht verloren hatten, beobachtete man bei einer sogar eine Zunahme an Gewicht. Der Glasdeckel der Zelle dieser Kröte war ein wenig gesprungen, die Möglichkeit, daß kleine Kerfe eindringen konnten, also keineswegs ausgeschlossen. Solche Insekten fand man in der Zelle nicht, wohl aber in einer anderen, deren Glasdeckel zerbrochen, deren Inhaber jedoch tot war. Nach 18 Monaten waren alle Kröten ihrer Haft erlegen, die in dem Kalksteine eingeschlossenen so gut wie die im Sandsteine eingekerkerten. Nach der ersten Untersuchung besichtigte man sie wiederholt, ohne jedoch die Glasdeckel abzunehmen. Sie schienen immer munter, hatten wenigstens die Augen offen, wurden jedoch fortwährend magerer und starben endlich an Abzehrung. Ungefähr um dieselbe Zeit brachte man vier Kröten in drei auf der Nordseite eines Apfelbaumes eingemeißelte Löcher von 12 cm Tiefe und 8 cm Breite, schloß diese Löcher mit einem Zapfen sorgfältig, so daß weder Insekten noch Luft eindringen konnten, besichtigte die Märtyrer nach Jahresfrist und fand, daß sie sämtlich tot und verwest waren.

Aus diesen Untersuchungen geht hervor, daß die Lebenszähigkeit der Kröten durchaus nicht so groß ist, wie man gefabelt hat, daß keine Kröte imstande ist, jahrelang in einem von der Luft abgesperrten Raume zu leben oder bis zwei Jahre ohne jegliche Nahrung auszuhalten. Es wird dadurch gleichzeitig bewiesen, daß man bei den wunderbar erscheinenden Funden von Kröten in Steinhöhlungen und dergleichen die obwaltenden Umstände nicht sorgfältig genug erforscht hat und jene Erzählungen von Kröten, die tief unter der Erde in ringsum von festem Gesteine umschlossenen Zellen jahrhundertelang gelebt haben sollen, unzweifelhaft als unrichtig angesehen werden müssen. Dagegen sind die Eier mancher Kröten gegen Trockenheit und Dürre sehr wenig empfindlich. J. J. Fletcher beobachtete, daß die Australische Scheinkröte, Pseudophryne australis, ihre Eier nach dem Regen unter Steine an den Rand von Pfützen legte. In etwa drei Wochen erreichen unter günstigen Witterungsverhältnissen ihre Keimlinge die Bedingungen zu selbständigem Leben als Larven, können aber im Ei einen Aufschub von mehr als drei Monaten ertragen und überdauern, wenn das zum Larvenleben nötige Wasser ausbleibt, diese lange Trockenzeit ohne Schädigung. Äußere Kiemen konnten an den frisch ausgekrochenen Quappen nicht bemerkt werden.

Die Familie zerfällt in elf Gattungen mit etwa 140 Arten; für uns muß es jedoch genügen, wenn wir uns auf eine Schilderung nur weniger, aber wichtiger Arten beschränken.

Zu diesen gehört die Erdkröte, Vertreterin der Gattung der Landkröten (Bufo *Laur.*), deren besondere Merkmale in den freien Fingern und den mehr oder weniger breit mit Schwimmhäuten ausgerüsteten Hinterfüßen zu suchen sind. Das Brustbein ist entweder durchaus knorpelig oder hat einen zum Teil verknöcherten Schwertfortsatz. Man kennt über 100 Arten dieser Gattung, die mit Ausnahme Madagaskars, Neuguineas, Australiens und der Inseln des Stillen Ozeans in allen Erdteilen vorkommen.

Die Erdkröte, Bufo vulgaris *Laur.* (Abb., S. 210, u. Taf. „Froschlurche II", 3, bei S. 214), erreicht eine bedeutende Größe, das Weibchen bei 6—7 cm Breite eine Länge von 8—12 cm, in südlicheren Ländern aber, wie in Sizilien, eine Länge von 12—20 cm, und erscheint uns noch plumper gebaut als die verwandten Arten; das Männchen ist aber bedeutend kleiner, schlanker und lebhafter als das Weibchen. Der ganze Leib ist mit dicken Warzen bedeckt, die bei südlichen (italienischen) Stücken häufig hornige Stacheln tragen, hinter dem Ohre aber eine große, halbmondförmig gekrümmte Drüse freilassen; die Färbung ist sehr mannigfaltig, gelb- oder rötlich- bis schwärzlichbraun, olivenfarben oder graubraun, bei alpinen Stücken, namentlich Weibchen, nicht selten mit einem ziegelroten oder gelblichen, schief nach hinten und außen gerichteten Längsfleck an jeder Seite des Körpers, in der Regel aber durch dunkle, undeutliche Flecke gezeichnet; auf der Unterseite geht sie in lichtes Gelbbraun oder Hellgrau über, das beim Weibchen öfter und mehr als beim Männchen dunklere Flecke zeigt. Die Ohrdrüsen sind an ihrer Außenseite dunkel eingefaßt. Die Augen haben eine glänzend kupferrote oder rotgoldene Iris. Von den beiden anderen deutschen Arten unterscheidet sich die Erdkröte durch folgende untrügliche Kennzeichen: die Füße tragen zum wenigsten halbe Schwimmhäute, eine Hautfalte längs des Laufes fehlt; die Gelenkhöcker auf der Unterseite der Zehen, namentlich der vierten Zehe, stehen immer paarweise.

Mit Ausnahme der Länder nördlich vom 65. Breitengrade und Irlands sowie Sardiniens, Korsikas und der Balearen fehlt die Erdkröte keinem Teile Europas, lebt auch in Nordwestafrika und verbreitet sich über das ganze gemäßigte Asien von Kleinasien bis China, Sachalin und Japan. In den Alpen steigt sie bis 2200 m aufwärts. Ihre Wohnsitze sind so verschieden, daß man sie als ein in Deutschland allgemein verbreitetes Tier bezeichnen muß. Sie findet sich in Wäldern, Gebüschen und Hecken, auf Feldern, Wiesen und in Gärten, in Kellern, Höhlen, Grotten, altem Mauerwerke, in Steinhaufen, unter Baumstämmen, einzelnen flachen Steinen, kurz überall, wo sich ihr ein Schlupfwinkel bietet, oder wo sie sich einen solchen herstellen kann, wie in leichtem Boden; in selbstgegrabenen Versteckplätzen verkehrt sie ebenso regelmäßig wie der Fuchs in seinem Bau. Wo irgend möglich, wählt sie feuchte, schattige Orte, liegt deshalb auch sehr häufig unter Pflanzen, deren

1 Erdkröte, Bufo vulgaris *Laur.*, 2 Wechselkröte, B. viridis *Laur.*, 3 Kreuzkröte, B. calamita *Laur.* Natürliche Größe.

breite Blätter den Boden nicht bloß überschatten, sondern förmlich bedecken. Besondere Vorliebe soll sie für stark riechende Kräuter, so beispielsweise für Salbei und Schierling, haben.

Als echtes Nachttier hält sie sich während des Tages stets verborgen, es sei denn, daß warmer Regen das Erdreich angefeuchtet hat und das Gewölk noch die ihr lästige Sonne verhüllt. Unter solchen Umständen versucht sie wohl auch ausnahmsweise bei Tage ihrer

Jagd obzuliegen, während sie diese sonst erst nach Sonnenuntergang beginnt. Unbehilflich in ihren Bewegungen, kaum geschickt, weitere Sprünge auszuführen, täppisch und schwerfällig, wie sie ist, vermeidet sie Streifzüge, sucht dafür aber das von ihr beherrschte kleine Gebiet um so sorgsamer ab und wird deshalb, und weil ihre Gefräßigkeit einen bedeutenden Nahrungsverbrauch bedingt, der Örtlichkeit, wo sie sich angesiedelt hat, zum wahren Segen. Eine Folge ihrer Ungeschicklichkeit ist, daß sie oft in Keller, Brunnen, Schächte und Grotten hinabstürzt, aus denen es für sie kein Entrinnen mehr gibt, und wo sie sich mit der geringen Beute begnügen muß, die ebenso, wie sie, zufällig in die Tiefe fällt. Trotzdem gelingt es ihr auch hier, oft merkwürdig lange Zeit nicht bloß ihr Leben zu fristen, sondern sich förmlich zu mästen. So fand Erber in Dalmatien bei seinen Besuchen von Grotten in einer Tiefe von 45 m und mehr sehr große, und zwar stets wohlgenährte Erdkröten, was, wie er sagt, mit der ungeheuern Gefräßigkeit, die diese Tiere in der Gefangenschaft entwickeln, durchaus nicht übereinstimmen will, da ja doch in den wenigsten Grotten Insekten regelmäßig vorkommen. Ihre Beutetiere sind, nach Fothergill, kleine Würmer, Wespen, Bienen, Spinnen, Käfer, überhaupt alle Arten von Insekten, mit Ausnahme der Schmetterlinge, die sie deshalb nicht gerne nimmt, weil der Flügelstaub an ihrer schleimigen Zunge festklebt und ihr das Schlucken erschwert. Ungeachtet ihrer Gefräßigkeit, die man einen fortwährenden Heißhunger nennen möchte, verschmäht sie hartnäckig, tote Tiere zu genießen. Man wollte versuchen, ob nicht der Hunger sie zwingen werde, von solchem Eigensinn abzulassen, und verschloß eine kräftige Kröte in einem Blumentopfe, in den man eine ziemlich große Anzahl frisch getöteter Bienen gelegt hatte; nach sechs oder sieben Tagen waren jedoch noch alle Bienen vorhanden, während anderseits lebende Insekten dieser Art sofort ergriffen und ohne jeglichen Schaden verspeist werden.

Die Art und Weise, wie die Kröte ihren Raub erwirbt, kann man leicht beobachten, da sie auch bei Tage keine Beute an sich vorübergehen läßt, vielmehr nach allem, was in ihren Bereich kommt, gierig hascht, Insekten sogar auf kleine Entfernungen hin verfolgt. Ihre weit vorstehenden und höchst beweglichen Augen nehmen da, wo das sie blendende, grelle Sonnenlicht durch Pflanzen gedämpft wird, jedes Tierchen wahr, es mag erscheinen, von woher es will, und die Zunge wird mit einer wunderbaren Beweglichkeit und Gelenkigkeit auf das erspähte Beutestück geworfen, so daß dieses selten entkommen kann. Wer einer verborgenen Kröte, ohne sie zu behelligen, einen Wurm, eine Raupe oder ein anderes Insekt vorhält oder zuwirft, kann sie in ihrem vollen Treiben belauschen. Augenblicklich beginnen die Augen zu funkeln, und sie selbst erhebt sich aus ihrem scheinbar schlaftrunkenen Zustande und bewegt sich mit einer Hurtigkeit, die mit ihrem sonstigen Wesen im vollsten Widerspruche steht, auf ihre Beute zu. Hat sie sich bis auf die rechte Entfernung genähert, so hält sie in ihrem Laufe an, faßt, wie ein vor dem Wilde stehender Hühnerhund, den Raub fest ins Auge, wobei nur das Zucken der Zehenspitzen ihre Erregung verrät, schießt die Zunge hervor und wirft mit ihr das Opfer in den weit geöffneten Rachen, es fast gleichzeitig verschluckend und in dem Magen bergend. Ist ein Bissen zu groß oder zu lang, hat sie z. B. einen Regenwurm gepackt, und ragt er noch aus dem Maule heraus, so hilft, wie Sterki beobachtete, „ein rasch und sicher geführter, wischender Schlag eines Vorderfußes nach". Sofort ist der Bissen verschluckt, und unmittelbar darauf sitzt die Kröte wiederum in ihrer lauernden Stellung unbeweglich da und späht von neuem in die Runde. Wenn sie, wie nicht ganz selten geschieht, eine Beute fehlt oder sie durch einen Schlag mit der Zunge nur betäubt, nicht aber anleimt, so steht sie gewöhnlich von aller weiteren Verfolgung ab, nimmt aber die Jagd augenblicklich wieder auf, wenn das Insekt sich zu regen anfängt. Doch kann es auch geschehen, daß sie nach dem ersten Fehlschlag rasch nacheinander noch zwei bis dreimal die Zunge vorschnellt.

Die Erdkröte verzehrt eine unglaubliche Menge von Ungeziefer aller Art. Neben dem genannten Kleingetier scheinen Nacktschnecken beliebt zu sein; außerdem soll sie sich an kleinen Lurchen vergreifen, obgleich sie sonst mit ihresgleichen im Frieden lebt, sich auch durch keinerlei Erregung zu Streit mit anderen ihrer Art aufstacheln läßt. Einen Beleg dafür gibt folgende Erzählung: Um eine Kröte, deren ständigen Aufenthalt man kannte, bei ihrem Insektenfang zu beobachten, bestrich man ein Blatt mit etwas Honig und legte dieses vor den Schlupfwinkel. Der Honig zog bald eine Menge Fliegen und Wespen herbei, die von der Bewohnerin der Höhle weggeschnappt wurden. Als einst eine andere Kröte sich an dieser stets reich bestellten Tafel einfand, warf man viele Insekten zwischen beide, so daß die Aufmerksamkeit beider Kröten wechselseitig erregt wurde. Dabei geschah es, daß zuweilen beide nach demselben Insekt haschten; niemals aber zeigte die, die leer ausging, den geringsten Unwillen oder gar ein Gelüst nach Rache. Diese Gutmütigkeit ist vielen, aber nicht allen Kröten gemeinsam: der Magen bestimmt ihr Gebaren.

Sie versuchen, ein sich ihnen nahendes Tier zu verschlingen, wenn sie dies vermögen, lassen es aber unbehelligt, wenn es ruhig dasitzt, weil sie es unter solchen Umständen wahrscheinlich kaum bemerken. Doch soll damit durchaus nicht gesagt sein, daß ihnen jede höhere Begabung mangele. Auch sie vermögen aus ihren Erfahrungen zu lernen und legen gegenüber dem, der sie freundlich behandelt, nach und nach die ihnen sonst eigne Scheu fast gänzlich ab. Bell hatte eine Kröte so weit gezähmt, daß sie ruhig auf der einen Hand sitzen blieb und die ihr mit der anderen vorgehaltene Fliege aus den Fingern nahm; andere Freunde dieser so verachteten Tiere brachten ihre Gefangenen dahin, daß sie sich auf einen ihnen geltenden Ruf oder Pfiff regelmäßig einstellten, um das ihnen zugedachte Futter in Empfang zu nehmen. Fr. Leydig, der die Erdkröte oft längere Zeit lebend hielt, erklärt sie für begabter als den Wasserfrosch, und wir müssen ihm darin beistimmen. „Der Wasserfrosch", sagt er, „behält in Gefangenschaft sein ungestümes Wesen bei, und seine Handlungen zeugen von wenig Überlegung: er nimmt alles, was sich vor seinen Augen bewegt, für lebende Nahrung und schnappt danach, nach einer Frucht so gut wie nach einem Insekt. Es geht ihm auch lange oder überhaupt gar nicht ein, daß er sich durch Sprünge gegen den Deckel des Behälters nicht befreien kann. Wie anders ist das Benehmen der Erdkröte! Sie weiß sich schnell in die Umstände zu schicken und wird bei guter Pflege recht bald zutraulich. Bei Vorlegung eines Insektes oder Regenwurmes macht sofort das bis dahin regungslos dasitzende Tier aufmerksame und doch dabei ruhige Bewegungen des Kopfes, man sieht, daß es sich der Beute planmäßig zu bemächtigen strebt."

Im engeren Gewahrsam gehalten, wird die Erdkröte noch eher und vollständiger zahm, als wenn man ihr einen Garten zu ihrem Wohngebiete anweist. Ihre Unterhaltung verursacht kaum Schwierigkeiten, da sie keins der ihr vorgeworfenen Tiere verschmäht, falls dieses sich bewegt, und sie anderseits ohne den geringsten Schaden hungern kann. Mit gleichgroßen Artgenossen oder mit Verwandten verträgt sie sich ausgezeichnet.

Abweichend von vielen anderen Froschlurchen verschläft die Kröte den Winter in fern vom Wasser gelegenen, trockenen Erdhöhlen. Sie gräbt nur selten mit Hilfe ihrer Hinterfüße und zieht es vor, Mäuselöcher und Steinritzen zum ständigen Unterschlupfe zu wählen. Sie verkriecht sich, die alte früher als die junge, Ende September oder Anfang Oktober in vorgefundenen oder selbstgegrabenen Bauen, oft in Gesellschaft mehrerer, schützt sich durch einen die Höhlung vorn schließenden Damm aus Erde gegen die Einwirkungen der Kälte und verharrt nun regungslos und erstarrt bis zum März oder April in der Winterherberge. Sofort nach dem Verlassen ihres Winteraufenthaltes, den sie unmittelbar nach dem Grasfrosche oder gleichzeitig mit ihm aufgibt, schreitet sie zur Paarung und sucht zu diesem Zwecke irgendein in der Nähe gelegenes Gewässer auf, wobei sie mit jedem, auch dem kleinsten, vorlieb nimmt. Obwohl dem Männchen Schallblasen fehlen, hat die Erdkröte doch eine laute, einem schwachen Bellen ähnliche Stimme. Die Paarungslust gibt sich zunächst durch diese Stimme zu erkennen, welche die Männchen Tag und Nacht vernehmen lassen; währenddem erwählt sich jedes von diesen, soweit möglich, ein Weibchen, umfaßt es, ähnlich wie Frosch und Laubfrosch, von oben hinter den Vorderbeinen, aber mit solcher Kraft, daß die Finger förmlich in die Haut der Achselhöhle eingedrückt werden und von außen nicht mehr sichtbar sind, und hält es, wie sorgfältige Beobachter versichern, 8—10 Tage, ja 4—5 Wochen lang ununterbrochen fest, bis endlich das lange Vorspiel ein Ende nimmt und das Eierlegen beginnt. Außer an seiner geringeren Größe ist das Männchen an den viel kräftigeren Armen und den Brunstschwielen der drei Innenfinger leicht zu erkennen. Fr. Leydig hat bemerkt, daß, in Deutschland wenigstens, die Anzahl der Männchen die der Weibchen bei weitem übersteigt. Infolgedessen finden auch oft erbitterte Kämpfe der Männchen statt, wobei der glückliche Eigentümer eines Weibchens seinen Nebenbuhlern heftige Fußtritte versetzt. In Ermangelung eines Weibchens seiner Art setzt sich das Männchen, ganz nach Art des Wasserfrosches, auf anderen Tieren fest; O. Pfaff beobachtete sogar drei Männchen, die einen verendeten Hasen umklammert hatten. Auf solche Weise können sich Kröten in Karpfenteichen, ebenso wie der Wasserfrosch, lästig erweisen, indem die Fische durch die krampfhaft auf ihnen hockenden Kröten abgerieben, unansehnlich und nicht verkaufsfähig werden; bohren ihnen doch die Kröten mitunter die Finger in die Augenhöhlen, um sich festzuhalten, während sie mit den Hinterbeinen vergeblich einen Halt suchen. Der Laich geht in zwei Schnüren ab, wovon je eine in einem Eierstocke und Eileiter erzeugt wird; das Eierlegen geschieht jedoch absatzweise, und das Männchen befruchtet deshalb immer in Pausen einzelne Teile der Schnüre. Wenn ein Stück Schnur zutage gekommen ist, nehmen beide Tiere für kurze Zeit eine bequemere Stellung ein, indem sie zur Oberfläche des Wassers emporsteigen und sich hier gewissermaßen erholen; hierauf sinken sie wieder in die Tiefe, um ein neues Stück der Schnüre zu gebären und zu befruchten. Solches Wechselspiel wiederholen sie acht- bis zehnmal nacheinander; sobald aber das letzte Stück der Eierschnüre abgegangen ist, verläßt das Männchen sein Weibchen, und jeder der beiden Gatten begibt sich nunmehr wieder auf das trockene Land hinaus. Die Eierschnüre haben die Dicke eines Bleistiftes, erreichen 3—5 m Länge und enthalten mehrere tausend Eier. Noch während der Paarung werden sie von den sich hin und her bewegenden Eltern um Wasserpflanzen und dergleichen gewickelt und hierdurch in der Tiefe festgehalten. Nach zwei bis drei Tagen haben sich die Eier merklich vergrößert, nach vier bis fünf Tagen gestreckt; bei warmem Wetter durchbrechen am 12. oder 14., bei kühlem am 17. oder 18. Tage die inzwischen entwickelten Larven die Eihäute, zwei Tage später verlassen sie auch den Schleim. Von nun an geht ihre Verwandlung in der bekannten Weise vor sich und ist acht bis zwölf Wochen nach der Eiablage vollendet. Die Larven sind kleine, kaum 1 cm lange, schwarze Tiere, die sich gern scharenweise zusammenhalten. Haben sich Ende Juni die vier Beine entwickelt, so verlassen die jungen, im Verhältnis zu anderen Froschlurchen auffallend kleinen

Kröten das Wasser, obgleich ihr Schwanz um diese Zeit noch nicht ganz eingeschrumpft ist; Olivier berichtet sogar von einer erwachsenen Erdkröte, die ihren Larvenschwanz noch nicht verloren hatte. Von nun an führen die jungen Kröten das Leben ihrer Eltern, sind aber lebhafter in ihren Bewegungen und vermögen ziemlich gut zu hüpfen. Ihr Wachstum ist ein sehr langsames; doch sind auch sie in ihrem fünften Lebensjahre bereits fortpflanzungsfähig. Die Dauer ihres Lebens ist beträchtlich. Pennant erzählt von einer Kröte, die 36 Jahre in Gefangenschaft verbrachte und vielleicht noch länger ausgehalten haben würde, hätte nicht ein Zufall ihrem Leben ein Ende gemacht.

Die lange Lebensdauer der Kröte trägt wesentlich zur Erhaltung der Art bei. Sie hat zwar von verhältnismäßig wenigen Feinden zu leiden, da ihres Drüsensaftes halber die Raubtiere, mit Ausnahme der Schlangen, nicht wagen, sich an ihr zu vergreifen; aber die Vermehrung ist ziemlich schwach, weil infolge der Unachtsamkeit der Eltern beim Austrocknen unbedeutender Gewässer oft Tausende von Larven zugrunde gehen. Ein grauenhaftes Schicksal bereiten den Kröten oft die Maden gewisser Fliegenarten (Lucilia bufonivora und sylvarum), die durch die Nasenlöcher eindringen und entsetzliche Verheerungen im Kopfe der armen Tiere anrichten, Blindheit und schließlich, durch Zerstörung des Gehirns, den Tod verursachen. Als der Feinde schlimmster aber tritt der wahnbefangene, mordlustige Mensch auf, der gerade die erwachsenen, also fortpflanzungsfähigen Kröten in unverantwortlicher Weise verfolgt, ausschließlich zum Schaden seines eignen Besitztums.

Um der im Aberglauben begründeten Vernichtungswut der Krötenfeinde auch den Schein einer Rechtfertigung zu nehmen, will ich ausdrücklich hervorheben, daß die Kröte sich am Tage doch nur höchstens an solchen Bienen vergreift, die ihr sozusagen vor der Nase herumfliegen, auf ihren nächtlichen Ausflügen aber mit nützlichen Insekten gar nicht in Berührung kommt, uns also auch nicht Schaden zufügen kann. Das abgeschmackte Vorurteil, daß sie, wenn sie ihre Harnblase ausleere, Gift von sich spritze, die Meinung, daß der allerdings scharfe Schleim, den ihre Hautdrüsen ausschwitzen, ernstlich vergiften könne, der Wahn, daß sie die Viehställe besuche, um die Euter der Kühe oder Ziegen zu leeren, und was derartige Verleumdungen mehr sind: sie alle können jener Vernichtungswut ebensowenig zur Entschuldigung dienen; denn es ist durch die sorgfältigsten Versuche erwiesen, daß die Kröte kein Gift von sich spritzt, daß ihr Drüsensaft, auf Schleimhäute gebracht, wohl ein Brennen verursacht, aber den Menschen nicht gefährden kann, kurz, daß sie in keiner Weise imstande ist, uns Böses anzutun. Wer also im blinden Wahne oder aus unverzeihlichem Übermut ein so nützliches Tier totschlägt, stellt sich damit ein vollgültiges Zeugnis beklagenswerter Unwissenheit und Roheit aus. Die englischen Gärtner, vernünftiger als die meisten der unsrigen, haben, wie bemerkt, längst erkannt, welch großen Vorteil ihnen diese fleißigen, ja unermüdlichen Tiere durch Wegfangen von allerlei den Pflanzen schadendem Ungeziefer bringen, und kaufen gegenwärtig Kröten dutzend- und schockweise, um sie in ihren Gärten arbeiten zu lassen. Ihre deutschen Berufsgenossen kommen vielleicht auch noch zu derselben Ansicht, und hoffentlich findet auch einer oder der andere Lehrer so viel Zeit, um seinen Schülern die Nützlichkeit dieser Tiere begreiflich zu machen und damit ein Stück Aberglauben ausrotten zu helfen. Höchstens in der Nähe von Fischteichen mag man ihrem Überhandnehmen, wenn es notwendig wird, entgegentreten.

Eine zweite deutsche Art ist die Wechselkröte, Bufo viridis *Laur.* (Abb., S. 210, u. Taf. „Froschlurche II“, 2), ein schmuckes Tier von 7—8, selten 8—10 cm Länge, das oben

1. Kreuzkröte, Bufo calamita *Laur.*
1/3 nat. Gr., s. S. 217. — W. B. Johnson-Leytonstone phot.

2. Wechselkröte, Bufo viridis *Laur.*
1/3 nat. Gr., s. S. 214. — W. B. Johnson-Leytonstone phot.

3. Erdkröte, Bufo vulgaris *Laur.*, in ihrem Schlupfwinkel.
S. 209. — Rud. Zimmermann-Rochlitz phot.

4. Grasfrosch, Rana temporaria *L.*

$^1/_2$ nat. Gr., s. S. 297. — A. Mayer-Wien phot.

5. Seefrosch, Rana ridibunda *Pall.*

$^2/_3$ nat. Gr., s. S. 296. — A. Cerny-Wien phot.

auf grüngrauem Grunde große oliven- bis schwarzgrüne Inselflecke und kleinere rosen- oder mennigrote Wärzchen zeigt, unten weißlich und nur selten spärsam schwärzlich gefleckt oder gepunktet ist; außerdem hat diese Kröte verhältnismäßig lange Beine, ziemlich flache, seitlich eingebuchtete, daher nierenförmige Ohrdrüsen und einen den zweiten etwas überragenden Innenfinger. Von den beiden anderen deutschen Kröten trennt sie sich aufs schärfste durch einfache, nicht paarige Gelenkhöcker auf der Unterseite aller Zehen, durch die zum mindesten halben, also verhältnismäßig gut entwickelten Schwimmhäute und das Auftreten einer deutlichen Hautfalte längs des Laufes. Osteuropäische Stücke sind meist lebhafter gefärbt und gezeichnet als deutsche; ihre Grundfarbe ist heller, manchmal grauweiß, bei Stücken von den dalmatinischen Inseln fast reinweiß, die Inselflecke erscheinen schärfer begrenzt und dunkel umsäumt, die roten Warzenpunkte größer und leuchtender. Nordafrikanische Wechselkröten lassen häufig eine helle schmale Rückenmittellinie erkennen und werden dann mit der folgenden Art verwechselt. Wenigstens in der Wiener Gegend sind die beiden Geschlechter schon nach der Färbung leicht zu unterscheiden: die Männchen haben mehr graue Grundfarbe mit lebhaft hell olivengrünen oder saftgrünen, die Weibchen hellere, fast weißliche Grundfarbe mit mehr dunkelgrünen Flecken. In der Größe unterscheiden sich die Geschlechter kaum; das Männchen hat einen inneren Stimmsack. Die Weibchen scheinen häufiger zu sein als die Männchen.

Die Wechselkröte ist eine Krötenart Mittel- und Osteuropas, geht aber im Süden und Osten über Europa hinaus, im Süden von Ägypten bis Marokko, im Osten über ganz West- und Mittelasien bis in die Mongolei, Tibet und den Himalaja. In Europa überschreitet sie nach Westen hin weder den Rhein noch die Rhone, ist aber merkwürdigerweise die einzige Krötenart auf den Balearen. Östlich der genannten Flußgrenzen und besonders in der Nordschweiz, in Deutschland und Österreich-Ungarn ist sie eine so häufige, wenn auch oft mit der Kreuzkröte verwechselte Erscheinung, daß genauere Fundorte hier anzugeben vollkommen überflüssig ist. Auch auf irgendeiner der größeren Inseln des Mittelmeeres, von den Balearen bis an die Küste von Kleinasien, wird sie wohl schwerlich vergebens gesucht werden. Im Norden geht sie bis Dänemark und Südschweden.

Nach der vorausgegangenen ausführlichen Lebensschilderung der Erdkröte kann ich mich bei Beschreibung der Sitten und Gewohnheiten der Wechselkröte kurz fassen. Sie ähnelt jener in mancher Hinsicht; doch bemerkt man, daß sie geschickter, behender, munterer und lebhafter ist. Sie scheint auch anspruchsloser zu sein und erträgt Kälte, Lufttrockenheit, unreines Wasser leichter. Im Himalaja hat Stoliczka sie bei Gieumal noch in einer Höhe von 4285 m festgestellt, in einer Höhe, zu der kein anderer Lurch aufsteigt; in Transkaspien fand sie Alfred Walter selbst noch in abgelegenen Wüstenbrunnen in schlechtem brackigem Wasser, und ebenso traf sie Werner in den Oasen der algerischen Sahara in salzigem Wasser als einzige Krötenart an.

Am Tage halten sich die Wechselkröten an ähnlichen Orten verborgen wie die Erdkröte, nicht selten gesellig eine passende Höhlung bewohnend; nachts treiben sie sich jagend in einem ziemlich weiten Gebiete herum. Nach einem warmen Gewitterregen sieht man sie bisweilen auch bei Tage dem Nahrungserwerb nachgehen. Ihre Beweglichkeit bekunden sie nicht bloß durch rasches, ruckweises Hüpfen, sondern auch durch verhältnismäßig weite Sprünge, durch recht gutes Schwimmen und durch eine Fertigkeit, die man ihnen kaum zutrauen möchte, durch Klettern nämlich. Das Bedürfnis zum Graben tritt dagegen, nach J. v. Bedriaga, wenig in die Erscheinung, da die Wechselkröten, wie die Erdkröten, es vorziehen, von fremden Löchern Besitz zu ergreifen oder in vorgefundenen Mauer- oder Felsritzen ihren Wohnsitz aufzuschlagen.

An den in Gefangenschaft gepflegten Wechselkröten hat Fr. Leydig bemerkt, daß sie bis Mitternacht, selbst bis 2 und 3 Uhr, munter bleiben. Um diese Zeit mit dem Lichte überrascht, sehen die Tiere ganz anders aus als bei Tage: der Kopf ist alsdann hoch aufgerichtet, die Augen stark vorgetrieben, der Augenstern sehr weit. „Die noch lebhafteren ein- und zweijährigen Jungen", berichtet Leydig, „führen im allgemeinen ein Tagleben, was man hin und wieder, ganz abgesehen von dem Verweilen im Wasser bei Tag und Nacht während der Laichzeit, auch an erwachsenen wahrzunehmen Gelegenheit hat. Ich sah diese Kröte im hellsten Sonnenschein der Nachmittagsstunden in den Weinbergen herumkriechen und bei Meran z. B. andere in den heißesten Stunden des Vormittags längs der Wegeränder. Sie ist auch, gleich ihren Verwandten, ein kräftig grabendes Tier. In einem hölzernen Kistchen ohne Erde gehalten, scharrt sie, bei völliger Stille im Zimmer, den Boden derart, daß es dröhnt, stellt aber sofort die Grabbewegungen ein, wenn sich Tritte vernehmen lassen."

Ihre Stimme, ein langanhaltendes, helles Trillern, das so kennzeichnend für die Art ist, daß man ihr Vorkommen nach der Stimme allein nachweisen kann, ist wegen der gut ausgebildeten Schallblase des Männchens stärker als die der Erdkröte. Nach Leydig lassen die im Zimmer lebenden Tiere, wenn Regen bevorsteht, ein kurzes, gluckſendes Schreien hören. Die Paarung findet in Deutschland Anfang April statt, so daß sie meistens mit dem Beginn der Schlehenblüte zusammenfällt. „Der Laich", fährt der eben genannte Gewährsmann fort, „bildet zwei lange Schnüre, deren schwarze Eier zweizeilig in der Gallerte liegen und kaum von denen der beiden anderen deutschen Kröten zu unterscheiden sind. Und ähnlich wie das Ausbrechen der Blütenknospen, in Abhängigkeit von allgemeinen Naturein-wirkungen, an vielen Pflanzen derselben Art auf einmal zugleich stattfindet, so geschieht auch das Laichen in derselben Nacht von vielen Tieren zugleich: bei einem bestimmten Wärmegrade im geschützten Tale, wie in den Tümpeln auf der windigen Höhe.

„Hierbei muß dem Besucher der Laichplätze auffallen, daß die Tiere, sobald die Wahl des Laichplatzes freisteht zwischen einem flachen und deshalb leichter durchwärmten Wasser und einem etwas tieferen und demgemäß kühleren, das erstere vorziehen, offenbar nur um das allernächste Bedürfnis der Brut bekümmert. Aber gerade dieser Umstand bringt einer Unzahl von Eiern und Larven Verderben, denn die ausgewählten Wasseransammlungen sind meist von vorübergehender Natur und trocknen schnell aus, während danebenliegende tiefere der Brut das Leben gefristet hätten. Der gleiche Mangel an Voraussicht und Beurteilungsvermögen begegnet uns übrigens auch bei den beiden anderen Krötenarten." — In Wahrheit handelt es sich hierbei natürlich um Unvollkommenheiten der Brutinstinkte.

Nach E. Schreiber begibt sich die Wechselkröte schon ein paar Tage vor dem Laichen ins Wasser, in dem sie auch nach der Paarung noch einige Zeit verweilt; letzteres gilt namentlich von dem Weibchen, ist mitunter aber auch beim Männchen der Fall, wenn dieses nicht zur Begattung kommen konnte. Bei Wien hört man noch im Hochsommer vereinzelte Männchen im Wasser ihren Gesang anstimmen. Unter allen heimischen Kröten hat die Wechselkröte die längste Laichzeit, da man die Tiere meist einen ganzen Monat und wohl noch länger beim Paarungsgeschäfte antrifft; die Begattung selbst findet zu allen Tageszeiten statt, doch wird warmen, sonnigen Tagen entschieden der Vorzug gegeben. Die Larven, die in Gestalt und Größe denen des Wasserfrosches sehr ähnlich sind, kriechen schon nach drei bis vier Tagen aus und verlieren ihre äußeren Kiemen schon am zweiten Tage danach.

Im Herbste bezieht die Wechselkröte, laut J. v. Bedriaga, ihr Winterquartier früher als die beiden anderen deutschen Krötenarten.

Die dritte und zugleich seltenste deutsche Art ist die **Kreuzkröte**, Bufo calamita *Laur.* (Abb., S. 210, u. Taf. „Froschlurche II“, 1, bei S. 214), bei uns 5–6,5, im wärmeren Südwesten 6,5–8 cm lang. Sie ist oben, bis auf einen warzenlosen, schwefelgelben Längsstreifen über die Rückenmitte, olivengrün oder olivenbraun, unten weißlichgrau gefärbt, auf den Schenkeln und Bauchseiten dunkler gefleckt, hat braunrote Wärzchen und gelbliche, schwarz gesprenkelte Augen, unter sich ziemlich gleichlange innerste und zweite Finger, ziemlich große, dreiseitige, flache Ohrdrüsen und eine deutliche Drüse auf dem Unterschenkel. Von den beiden anderen deutschen Arten scheidet sich die Kreuzkröte klar dadurch, daß die Zehen ihrer kurzen Beine nur am Grunde mit derben Spannhäuten versehen sind. Das kleine Trommelfell ist undeutlich, eine erhöhte Hautfalte längs des Laufes ist stets gut sichtbar, und die Gelenkhöcker, wenigstens unter den letzten Gliedern der vierten Zehe, stehen immer in Paaren, nicht einzeln wie bei der Wechselkröte. Das Männchen hat einen großen bläulichen oder grauvioletten Stimmsack an der Kehle, der im aufgeblasenen Zustande die Größe des Kopfes erreicht.

Die Kreuzkröte ist als westeuropäische, den Meereshauch liebende Art in ihrer Verbreitung auf Portugal, Spanien, Frankreich, die Schweiz, England, Südschottland, Irland, Belgien und Niederlande, Deutschland, Böhmen und Galizien, Dänemark und Südschweden sowie die Ostseeprovinzen Rußlands und Polen beschränkt. Sie fehlt den Inseln des Mittelmeeres. In Deutschland lebt sie auf den Inseln und in einem breiten Gürtel an den Küsten der Nord- und Ostsee, ebenso im ganzen Westen, auch im Elsaß, und endlich an vielen Punkten Binnendeutschlands. Entschieden am häufigsten ist die Kreuzkröte im Nordwesten unseres Vaterlandes, in der Mittel- und Unterrheingegend und auf den Inseln der Nordsee. Sie steigt bis in Höhen von 1000, sehr selten bis 1200 m.

Unter den deutschen Kröten gräbt die Kreuzkröte am meisten und besten. „Obwohl“, bemerkt E. Schreiber, „das Tier häufig schon vorhandene Löcher durch Scharren mit den vier Füßen und entsprechende Drehungen des Körpers erweitert, so ist es doch auch imstande, ganz frische Höhlen anzulegen, indem es, mit dem Hinterleibe vorangehend, die Erde mit seinen derben, hornigen Zehenspitzen wegkratzt; in einige Tiefe gelangt, kehrt es sich dann um und wühlt mit den Vorderbeinen weiter, die losgeworfene Erde wie ein Maulwurf mit den Hinterfüßen hinausschleudernd. Auf diese Art erzeugt es seiner Körpergröße entsprechende, in schräger Richtung nach abwärts führende Gänge.“ Bei Schierstein in der Nähe von Wiesbaden fanden sich im Winter 1888 auf 1889 mehrere lebende Kreuzkröten 3 m tief im Löß eingebettet, ohne daß das Lager durch einen Gang oder durch Sprünge im Lehm mit der Oberfläche in irgendeiner erkennbaren Verbindung stand. Daß sich diese Kröten im Herbste so tief eingegraben hatten, um zu überwintern, unterliegt nach B. Florschütz, dem wir diese Beobachtung verdanken, nicht dem geringsten Zweifel. In ihren übrigen Bewegungen ist die Kreuzkröte nicht so plump und schwerfällig wie die Erdkröte, wenn ihr auch wegen ihrer verkürzten Hinterbeine das Springvermögen vollkommen fehlt. Sie läuft auf allen vieren, mit gehobenem Körper, fast so schnell wie eine Maus, ein Umstand, der das Tier selbst in der Dämmerung von der wie ein Frosch hüpfenden Wechselkröte unterscheiden läßt; auch ist trotz ihrer fast hautfreien Zehen die Schwimmfähigkeit nicht gering: sie schwimmt hundeartig, mit gleicher Beinstellung wie auf dem Lande, rasch und behende. Von den deutschen Kröten ist sie es auch, die am besten zu klettern versteht. Bei Tage trifft man das Tier in seinen Höhlen unter Steinen, in altem Mauerwerk; abends läßt es von hier aus ab und zu sogar seine scharfe, schnarrende Stimme erschallen.

Angesichts eines Feindes versucht die Kreuzkröte zunächst, so rasch sie kann davonzulaufen; wird sie aber eingeholt und beunruhigt, so zieht sie ihre Haut derart zusammen, daß sich alle Drüsen entleeren und das Tier mit einer weißen, schäumenden Feuchtigkeit bedecken, die einen unangenehmen Geruch verbreitet. Rösel von Rosenhof vergleicht diesen sehr richtig mit dem Gestanke abgebrannten Pulvers. Es unterliegt keinem Zweifel, daß gerade diese Ausdünstung zum besten Schutze unseres Tieres wird und ihm eine Sicherheit verleiht, die seine Verwandten in geringerem Grade genießen.

Ende März oder Anfang April begegnete Fr. Leydig den ersten Kreuzkröten, stets alten, geschlechtsreifen Männchen. Das Absetzen des Laiches erfolgte dann Anfang Mai. Man findet die sehr kleinen, etwas breiten und platten Larven (sie sind mit 20, höchstens 30 mm Länge die kleinsten Larven aller europäischen Froschlurche), die schwärzlich gefärbt und mit kleinen erzfarbenen Pünktchen besprengt sind, mitunter in völlig pflanzenlosen Lehmgruben, häufiger aber in bewachsenen, besonders mit Röhricht bestandenen, längs der Ufer seichten Gewässern. Ihr Darm ist mit Bodenschlamm angefüllt, in dem sich unter dem Mikroskop Algen und Reste niederer Tiere unterscheiden lassen.

Das Laichgeschäft wird, nach E. Schreiber, nur bei Nacht vorgenommen und meist auch in einer einzigen Nacht zu Ende geführt. Die in einer Doppelreihe in zwei Schnüren angeordneten Eier sind ziemlich groß, aber weniger zahlreich als bei den anderen Krötenarten. Die Larven erscheinen schon nach drei bis vier Tagen außerhalb der Eihüllen, an den Eischnüren hängend, und werfen ihre äußeren Kiemen noch schneller ab als die Larven der Wechselkröte. Obgleich die Kreuzkröte unter den heimischen Lurchen als einer der letzten laicht, so erreichen ihre Larven doch zuerst ihre vollendete Ausbildung; daher bringt diese Art wahrscheinlich unter allen die kürzeste Zeit im unentwickelten Zustande zu.

„Die jungen Kröten", berichtet Leydig weiter, „die eben das Wasser verlassen haben, sind nur 1 cm lang und nicht bloß äußerst beweglich, sondern wissen auch rasch in die Höhe zu klimmen, wobei sie nach Art der Laubfrösche den Bauch stark andrücken. Ihre Behendigkeit und ihr eiliges Wesen ist so groß und der Körperumfang so gering, daß man am feuchten Ufer eines Teiches nach ihnen greift, in der Meinung, einen Laufkäfer, etwa Elaphrus uliginosus, zu haschen.

„Obgleich man hin und wieder auch bei Tage einer Kreuzkröte ansichtig wird, so sind die erwachsenen Kreuzkröten im ganzen doch ausgesprochene Nachttiere, und wie bei den anderen Arten ist alsdann der Augenstern an den äußerst vorgequollenen Augen sehr weit geöffnet. Die einjährigen Tiere sind aber auch bei Tage lebendig, und ich sammelte sie gar nicht selten im Sonnenschein etwa am Saume eines Kleefeldes, wo sie wahrscheinlich mit Kerbtierjagd beschäftigt waren, oder auf dem sonnig durchwärmten Sande des Mains."

Ähnliches hat neuerdings auch C. Verhoeff beobachtet. Er fand auf den deutschen Nordsee-Inseln diese Art bei Tage im grellsten Sonnenschein an den Dünenabhängen ihrer Jagd auf Ameisen, Käfer und Spinnen nachgehen.

Was die Stimme der Kreuzkröte betrifft, so hat bereits Bruch richtig bemerkt, daß nach dem Laubfrosch das Männchen der Kreuzkröte unter den heimischen Lurchen die lauteste Stimme hat. „Ich habe mich öfters im April am Rande eines mit diesen Tieren gefüllten Gewässers gegen Abend aufgestellt und den Chorgesang erwartet. Einige Minuten nach

Sonnenuntergang, bei lauer, windstiller Luft, ertönte plötzlich wie auf Kommando das starke Geschrei dieser Tiere und hielt etwa fünf Minuten scharf und ununterbrochen an, um dann ebensoplötzlich aufzuhören. Nach einiger Zeit erschallte wieder plötzlich der Chorgesang, der jetzt ununterbrochen fortdauerte, solange ich am Teiche aushielt. An anderen Tagen, besonders wenn Regen im Anzuge war, setzte die Gesellschaft nicht so pünktlich ein, so daß kein richtiges Zusammenwirken zustande kommen wollte, sondern es plärrte ein jedes sein Lied ab, wie es ihm gefiel. Die Weibchen geben dabei nur ein zartes Meckern zu hören. Gefangen gehalten, läßt das Weibchen in der Stille des Zimmers ein eigentümliches zartes Klagen vernehmen, das einigermaßen an die Stimme der Gelbbauchigen Feuerkröte erinnert. Die Scharen der im April schreienden sogenannten ‚Frösche‘ sind weder Frösche noch Laubfrösche, sondern eben unsere Kreuzkröten."

Zugunsten der Ansicht, daß die Kreuzkröte die begabteste Form unserer Kröten sei, führt Leydig an, daß sie in der Gefangenschaft bald ein „Verständnis" für die Verhältnisse, in die sie geraten ist, zu erkennen gebe. „Alte Tiere zwar erwiesen sich wohl in der ersten Zeit sehr ungebärdig, und namentlich war mir auffallend, daß ein ungewöhnlich großes Stück, im dunkeln Raume gehalten, beim sachten Öffnen des Deckels sich nicht nur rasch und unwillig ab- und zur Seite wandte, sondern unter starkem Aufblähen des Leibes diese Bewegung auch mit einem beinahe menschenähnlichen Brummen des Unwillens begleitete. Schon am zweiten Tage tat die Kröte dies nicht mehr und wurde nach und nach bei guter Behandlung recht zutraulich. Die einjährigen gewöhnen sich, wie alle jungen Tiere, noch rascher ein."

Im vierten oder fünften Jahre dürfte die Kreuzkröte fortpflanzungsfähig sein, nimmt aber von dieser Zeit ab noch stetig an Größe zu und erreicht höchstwahrscheinlich ein sehr hohes Alter.

Hinsichtlich des Nutzens, den sie leistet, kommt sie den Verwandten gleich, verdient also wie diese jede Schonung.

Die bekannteste Kröte Amerikas ist die Aga, Bufo marinus *L.* (Abb., S. 220), einer der größten aller bis jetzt beschriebenen Froschlurche, ein Tier, das viele Schildkröten an Umfang übertrifft und bei einer Breite von 8—12 cm eine Leibeslänge von 14—25 cm und darüber erreichen soll. Die Färbung der Oberseite ist ein dunkles einförmiges Braun oder aber ein helles Grau mit großen, rußschwarzen Flecken; auf der wenig helleren Unterseite stehen öfters kleinere, rötlichgraubraune Flecke; die Spitzen der Fußzehen sehen schwarzbraun aus; erhöhte Knochenleisten, die vom Auge nach der Nase verlaufen, haben schwärzliche Färbung. Die Iris ist grüngolden, im Alter öfters dunkler, bis grünschwarz. Die Warzen der Oberseite des Körpers und der Außenseite der Gliedmaßen sind mitunter mit zahlreichen kleinen schwarzen Hornspitzen besetzt.

Von den verwandten Arten unterscheidet sich die Aga, die übrigens in ihrer Heimat wohl meist mit dem Namen „Sapo" bezeichnet wird, durch die Form und Stellung der knöchernen Leisten auf dem Kopfe, namentlich durch die halbkreisförmig gebogene Leiste, die das obere Augenlid umsäumt, durch die nicht vorspringenden Mundwinkel, das große, deutliche Trommelfell und die riesig großen Ohrdrüsen. Alle Länder und auch die meisten Inseln Süd- und Mittelamerikas beherbergen die Aga. Duméril erhielt sie aus Argentinien, Brasilien, Guayana und von Martinique; andere Forscher beobachteten sie in Paraguay, Peru, Ecuador, Venezuela, Costarica, Mexiko und auf den Kleinen Antillen. Am Tage hält sie sich wie der Prinz von Wied und Schomburgk übereinstimmend mitteilen, in ihren Schlupfwinkeln verborgen; sobald aber die Kühlung des Abends eintritt oder ein Regenguß solche bringt, verläßt sie ihre Herberge und erscheint nun in erstaunlicher Menge, so daß man „die Erde oft mit diesen Tieren bedeckt sieht". Besonders häufig ist sie, nach Schomburgk, in Georgetown, der Hauptstadt von Britisch-Guayana, selbst. Jeden Abend

Aga, *Bufo marinus L.* 2/3 natürlicher Größe.

begegnet man ihr hier inmitten der Straßen; ja, es scheint sogar, als käme sie außerhalb der Städte und Dörfer mehr vereinzelt vor. Während der Regenzeit besucht sie, wie unsere Kröte ja auch, das Innere der Wohnungen. Gereizt, gibt auch die Aga, wie unsere Kröten, einen Strahl einer von den Landbewohnern überaus gefürchteten, wässerigen Flüssigkeit aus der Harnblase von sich. Ungeachtet ihres plumpen Baues bewegt sich diese Riesenkröte verhältnismäßig gewandt, und zwar hüpfend, nicht kriechend; sie ist überhaupt ein munteres und lebhaftes Geschöpf. Unter ihren Familienverwandten gehört sie zu den lärmendsten; zumal vor der Paarung läßt das Männchen, hauptsächlich während der Nacht, zuweilen jedoch auch bei Tage, ein lautes, schnarchendes Gebell vernehmen, und wie die Kreuzkröte gibt die Aga, wenn sie hitzig ist, ihre Musik auch in der Gefangenschaft zum besten.

„Höchst ergötzlich ist es", sagt Lorenz Müller, „sie zu reizen. Unter lautem Zischen plattet sie sich dann ganz ab und neigt den Körper schräg nach der Seite, von welcher ihr die Gefahr droht." Sie liebt als Aufenthalt im allgemeinen trockenen Boden, sucht jedoch zuzeiten auch Orte mit reichlicher Badegelegenheit auf, namentlich vor der Häutung. Im übrigen unterscheidet sich in ihrem Gebaren wesentlich von unserer Erd- und Wechselkröte weder sie noch die in Argentinien, Südbrasilien und Uruguay heimische Sandkröte, Bufo arenarum *Hensel*, eine kleinere Art mit weit kleineren schmalen, nach hinten sich zuspitzenden Ohrdrüsen, noch die in Venezuela und Brasilien weit verbreitete Schmuckkröte, Bufo crucifer *Wied;* die Schmuckkröte ist ebenfalls kleiner als die Aga und hat kleinere, schmälere Ohrdrüsen, jedoch längere Hinterbeine und größeres Trommelfell, über die Rückenmitte verläuft in der Regel eine helle Längslinie.

Es läßt sich annehmen, daß die Gefräßigkeit der Aga sich zu der der unsrigen ebenso verhält wie ihre Körpergröße; sichere Angaben über die Nahrung der amerikanischen Art im Freien sind mir jedoch nicht bekannt. Lorenz Müller fütterte seine Gefangenen mit Mehl- und Regenwürmern, Grillen, großen Heuschrecken, Käfern und kleinen Eidechsen, beobachtete aber, daß sie Mäuse und Frösche verschmähten. Ein großes Exemplar Werners verschlang im Laufe eines Winters drei erwachsene Feuersalamander.

Mit Beginn der Regenzeit, in südlichen Teilen ihres Verbreitungsgebietes zu Ende des Winters, begibt sich die Aga in das Wasser, um zu laichen. Laut Hensel beginnt die Fortpflanzungszeit in Rio Grande do Sul im Juni und dauert mehrere Monate hindurch, so daß man selbst im Oktober noch die langen Eischnüre der Aga finden kann. Nur wenn die Wärme unter den Gefrierpunkt sinkt und die Pfützen sich mit Eis bedecken, wird das Paarungsgeschäft unterbrochen. Dann verstummt der im tiefen Baß ausgestoßene Triller der Männchen, und die Tiere ziehen sich in ihre Wohnungen in der Nähe des Wassers unter Steine und Baumstämme zurück, um den baldigen Eintritt wärmerer Zeit abzuwarten. Die Larven der Aga, die in der Jugend schwarz aussehen, sind unverhältnismäßig klein im Vergleich zu der Größe der Alten; selbst die junge Kröte, die eben ihre Verwandlung beendet hat, erreicht nur eine Länge von 1 cm. Aber auch solche, welche die dreifache Größe erreicht haben, sind in ihrer Färbung noch gänzlich von den Alten verschieden, auf der Oberseite bräunlich oder gelblichgrau mit symmetrisch verteilten dunkelbraunen Flecken, die an ihrem Außenrande dunklere, nach der Mitte zu hellere braune Färbung und einen schmalen, hellen, sie umgebenden Saum zeigen. Die Unterseite ist grau, mit feinen, gelblichweißen Punkten getüpfelt. Die Punkte stehen aber oft so dicht, daß die Grundfärbung mehr oder weniger durch sie verdrängt wird. Das Hautgift dieser Art wirkt, nach A. Dugès und L. F. Héron-Royer, noch nach Jahren, innerlich gegeben, tödlich auf Kriechtiere und wird von den Eingeborenen Südamerikas zur Bereitung eines äußerst wirksamen Pfeilgiftes verwendet.

Zu den Kröten mit knöchernen Kopfleisten ist auch die häufigste und am weitesten verbreitete Kröte Nordamerikas, Bufo lentiginosus *Shaw*, zu rechnen, deren Wohngebiet sich von Mexiko bis zum Großen Bärensee erstreckt. Sie ist auf hellbraunem oder olivenfarbenem Grunde mit dunklen, symmetrischen Flecken und einer hellen Rückenmittellinie geziert. Der innere Fersenhöcker ist bei dieser Art groß, zum Graben geeignet; das Männchen hat, wie das der Kreuzkröte, einen Stimmsack an der Kehle. Die Lebensgeschichte dieser Art ist von amerikanischen Forschern überaus eingehend beschrieben worden; doch sind aus deren Mitteilungen kaum sehr bemerkenswerte Verschiedenheiten von unseren heimischen Arten, namentlich der Wechselkröte, zu entnehmen. Die Stimme des Männchens gleicht einem langgezogenen Triller; der Gesang wird zur Paarungszeit Tag und Nacht fortgesetzt, wobei natürlich die ermüdeten Männchen von anderen abgelöst werden. Holbrook berichtet über ein gezähmtes Tier dieser Art, das sich in einer Zimmerecke in etwas Erde, die man ihm zu diesem Zwecke gegeben hatte, seine Wohnung aufgeschlagen hatte und sie bei Eintritt des Abends verließ, um auf die Jagd zu gehen. Als an einem heißen Julitage ein Schwamm über ihrem Kopfe ausgedrückt wurde, kam sie am nächsten Tage wieder und erwartete auch an den weiteren heißen Sommertagen oft an derselben Stelle dieses Sturzbad.

Auch zwei südostasiatische Kröten, die hier noch Erwähnung finden sollen, die eine, weil sie einer der häufigsten und verbreitetsten Lurche des Gebietes überhaupt ist, die andere wegen ihrer stattlichen Größe, gehören zu der Gruppe mit knöchernen Kopfleisten. Die erstere von beiden ist die Schwarznarbenkröte, Bufo melanostictus *Schn.*, ein Tier von der Größe und dem Aussehen unserer Erdkröte; die Kopfleisten und die den Warzen des Körpers aufsitzenden Hornstacheln sind schwarz, die Oberseite hellgelbbraun bis schwarzbraun, die Unterseite heller, einfarbig oder dunkler gefleckt. Auch bei dieser Art ist das Männchen mit einem Kehlsack ausgestattet.

Die Schwarznarbenkröte fehlt von Vorderindien und Ceylon bis Südchina und den Philippinen und den Großen Sunda-Inseln wohl wenigen größeren Landgebieten. Im Himalaja ist sie in mehr als 3000 m Meereshöhe gefunden worden. S. S. Flower, der sie auf der Malaiischen Halbinsel und in Siam beobachtete, schreibt über ihr Freileben: „Diese Kröte ist in den Straits Settlements sehr häufig; bei Tage verbirgt sie sich unter Steinen, Baumstämmen, in Erdlöchern und kommt kurz vor Sonnenuntergang zum Vorschein, bleibt aber bis zum Morgengrauen draußen, an den Straßen oder im Grase kann sie auf der Suche nach Nahrung (Ameisen, Bienen) hüpfend oder kriechend angetroffen werden. Wenn man sie zum erstenmal in die Hand nimmt, stößt sie einen schwachen, klagenden Schrei aus. Sie kann ihre Färbung von Hellgelbbraun zu Dunkelbraun ändern.

„Zur Paarungszeit ist die Kehle der Männchen schön gelb gefärbt. Der Laich, der dem von Bufo vulgaris gleicht, ist März und April in Sümpfen in langen, um Wasserpflanzen gewickelten Schnüren angetroffen worden. Die Kaulquappen sind denen von Bufo vulgaris in Gestalt, Größe, Färbung und im Bau des Mundes sehr ähnlich." An anderer Stelle erwähnt derselbe Beobachter, daß sich diese Art von Käfern, Termiten, Ameisen, Grillen, Heuschrecken und dergleichen ernährt, Tausendfüßer dagegen verschmäht. Sie zieht in der Regel bebaute Örtlichkeiten oder die Nähe von Wegen und Lichtungen vor und wurde von Flower nur einmal im Urwalde gefunden. Zuzeiten machen die Männchen gehörig Lärm, sowohl im Freien als in Gefangenschaft; beim Quaken wird der unpaare Kehlsack kugelig vorgetrieben. — Die Siamesen fürchten sich sehr vor Kröten; ein Mann, den Flower zum Sammeln aussandte, nahm Frösche, Schlangen, Eidechsen, Skorpione und große Spinnen in die Hand, konnte aber niemals bewogen werden, eine Kröte auch nur zu berühren.

Die Rauhkröte, Bufo asper *Grav.*, ein Riese unter den indischen Kröten, da das Weibchen bis 17 cm Länge erreicht, ist in Hinterindien (Tenasserim), auf der Halbinsel Malakka sowie auf den Großen Sunda-Inseln (Java, Borneo) zu Hause. Durch die dick angeschwollene Knochenleiste, die vom Augenhinterrande wagerecht nach hinten über das

Trommelfell zieht, und die einfarbig braune Oberseite ist sie von der vorigen leicht zu unterscheiden. Flower, der auch diese Art auf der Malaiischen Halbinsel beobachtet hat, fand sie am Wasserfall im Botanischen Garten zu Penang. Hier saßen diese großen Kröten im März und April an den Felsen herum, im Schatten am Rande der kleinen Tümpel, wobei sie diejenigen Stellen zu bevorzugen schienen, wo die Luft beständig mit Wasserdampf erfüllt war. Wurden sie erschreckt, so sprangen sie ohne weiteres in die schäumende Strömung. Der Beobachter nennt sie ungewöhnlich kräftige, lebhafte Tiere, die aber, in die Hand genommen, sich tot stellen, wobei sie mit über der Brust gefalteten Armen auf dem Rücken

Schwarznarbenkröte, Bufo melanostictus *Schn.* 3/4 natürlicher Größe.

liegen bleiben. Im Leben riechen sie stark nach Moschus. Später entdeckte Flower dieselbe Art in den Höhlen von Selangor, zum Teil weit vom Eingange entfernt und an Stellen, wohin niemals das Tageslicht dringen konnte. Im Magen dieser Kröten wurden kleine Käfer und Kakerlaken gefunden.

Nur wenig anders als unsere Wechselkröte verhalten sich die beiden bekanntesten Krötenarten Afrikas, von denen die schön gezeichnete **Berberkröte**, Bufo mauritanicus *Schl.*, von Marokko bis Tunis lebt, ausgenommen in der Sahara, während die kleinere **Pantherkröte**, Bufo regularis *Reuß*, in Afrika nahezu das ganze Gebiet bewohnt, in dem die Berberkröte fehlt; nur in Tripolis und Barka sucht man beide Arten vergebens; hier kommt nur die Wechselkröte vor. Bufo mauritanicus erreicht die Größe unserer Erdkröte; sie ist oberseits schön hellbraun, mit großen rot- oder schwarzbraunen, dunkler gesäumten Flecken, seltener fast einfarbig, in diesem Falle von der Erdkröte durch den Besitz einer deutlichen Falte längs der Fußwurzel zu unterscheiden. Die Pantherkröte bevorzugt ähnliche Örtlichkeiten wie die Wechselkröte; entsprechend ihrer ansehnlichen Größe vergreift sie sich auch an größeren Tieren: Werner sah, daß große Weibchen ohne weiteres Mäuse überfielen und verschlangen. Für die mit der Berberkröte oft unter dem Namen „Bufo pantherinus" zusammengeworfene oder verwechselte Pantherkröte ist die Größe des Trommelfells, das ebensogroß ist wie das Auge, als Hauptmerkmal zur Unterscheidung von ihrer nordwestafrikanischen Vertreterin anzusehen. Ihre Färbung ist überaus mannigfaltig, was bei ihrer weiten Verbreitung über den größeren Teil des afrikanischen Festlandes nicht wundernehmen kann; die ägyptischen Stücke sind verhältnismäßig kleiner und unansehnlicher, oft weiß gefleckt, die vom Kap durch prächtige Färbung und Zeichnung hervorragend. Gegen Wassermangel ist diese Art, wenigstens für einen Lurch, sehr unempfindlich: sie kommt in Ägypten nicht nur an vollkommen dürren, trockenen Orten vor, sondern wird auch gar nicht selten während der heißesten Tagesstunden auf der Nahrungssuche angetroffen. Wo sie einigermaßen erträgliche Lebensbedingungen vorfindet, ist sie überall sehr häufig.

Eine der größten Überraschungen, die uns die Erforschung der Froschlurche bringen konnte, verdanken wir Mitgliedern der Krötenfamilie. Im Jahre 1905 beschrieb Tornier eine kleine Kröte aus Deutsch-Ostafrika, die er zu der bisher nur aus Australien bekannten Gattung Pseudophryne stellte. Dieses Tierchen erwies sich bei der anatomischen Untersuchung als ein trächtiges Weibchen einer neuen Art, die Tornier Pseudophryne vivipara nannte, denn das Tier enthielt — was noch von keinem einzigen Froschlurch bekannt war — in seinem Eileiter keine Eier, sondern bereits entwickelte Keimlinge, und zwar 37 im rechten, 30 im linken Eileiter; diese Keimlinge hatten einen dicken, mit Dotter erfüllten Bauch, vier noch stummelförmige Beine, einen langen, drehrunden, eines Hautsaumes entbehrenden Schwanz und einen lippenlosen, nach Art der erwachsenen Kröte weit gespaltenen Mund.

Boulenger vermutet aber, daß diese Kröte eher der in Afrika und Südostasien verbreiteten Gattung Nectophryne *Buchh. et Ptrs.* (Schwimmkröten) angehöre, deren Arten durch mehr oder weniger entwickelte Schwimmhäute zwischen den mit Haftscheiben versehenen Fingern und Zehen sich auszeichnen, aber Laubkletterer sind, also ihren Namen mit Unrecht tragen; und seine Vermutung wurde durch P. Krefft, der in Deutsch-Ostafrika tatsächlich lebendgebärende Nectophryne-Arten auffand, der Wahrscheinlichkeit sehr nahe gebracht.

Über die lebendgebärende Nectophryne tornieri *Roux* teilte Krefft, der Entdecker der eigentümlichen Fortpflanzungsweise dieser Art, mit, er habe unter vielleicht 40 Stück beiderlei Geschlechtes ein Paar in Begattung auf einer Staude in verhältnismäßig beträchtlicher Entfernung von Wasser gefangen. „In einem Terrarium mit größerem Wasserbecken sah ich dasselbe oder ein anderes Paar einige Tage lang beisammen, aber auch nicht im Wasser, sondern auf Laub. Ins Wasser gesetzt, verließen sie es bald wieder. Bald mußte die ganze Gesellschaft verpackt werden, da die Reise weiterging. Auf See nach etwa 14 Tagen, bei gründlicher Revision des ganzen Bestandes, fielen einige Nectophrynen durch ihre anscheinend vorhandene Legereife auf, doch ahnte ich noch nichts Besonderes, bei einem Stücke aber wogten und zappelten die Flanken. Da ahnte ich denn etwas und isolierte das Stück, das aber leider am nächsten Tage tot war. Dieses Weibchen war 30 mm lang, die Jungen (im ganzen 34) alle ziemlich gleichgroß, und zwar 5,5—6 mm, hell gezeichnet mit Inselflecken auf dem Rücken und Querbänderung auf den Beinen. Diese scheint sehr deutlich durch die dünnhäutige Wand des Uterus (Fruchthalters) durch. Die Jungen lagen regellos zu Hauf durcheinander. Von irgendwelcher Ernährung durch die Wand des Uterus kann nicht die Rede sein, und die gewaltig großen gelben Eier bestreiten offenbar das ganze Baumaterial aus sich selber. Ein anderes Weibchen enthielt noch weniger vorgeschrittene Keimlinge mit riesigen Augen, seitlichen Lappen hinter dem Kopfe (wohl Vorderbeinanlage), langgestrecktem Rumpf, kegelförmiger Anlage der Hinterbeine und drehrundem Schwanz. Sie sind grau mit dunkeln Punkten, die auf Schwanz und Hinterbeinen, die weiß sind, fehlen."

Die im Aussehen, auch in der lebhaften Färbung der Bauchseite (schwarz und gelb gefleckt) sehr unkenähnlichen, aber kaum 3 cm Länge erreichenden Scheinkröten (Pseudophryne *Fitz.*) Australiens stehen den Pfeiffröschen (Zystignathiden) Australiens so nahe, daß

Nasenkröte, Rhinophrynus dorsalis *D. B.* Natürliche Größe.

sie von einer Gattung derselben, Crinia, nur durch das Fehlen der Zähne und des vorderen Brustbeines (Omosternum) unterschieden werden können; denn die Querfortsätze des Kreuzbeinwirbels sind wie bei dieser Familie wenig verbreitet. Die Haut der Oberseite ist warzig, das Männchen hat einen unpaaren Stimmsack an der Kehle und eine eiförmige Drüse an der Hinterseite des Oberschenkels. Die Laichzeit fällt in den australischen Sommer und Herbst. Die Eier werden einzeln abgesetzt, aber nicht ins Wasser, sondern unter Steinen, Gras- oder Binsenbüscheln am Rande eines Tümpels. Oft erst nach Monaten, beim nächsten Regen, werden die Larven, die sich inzwischen in den Eiern weiter entwickelt haben, befreit, graben sich aber wahrscheinlich nicht ein, sondern sie verwandeln sich entweder, oder sie gehen zugrunde. Die bekannteste Art ist Bibrons Scheinkröte, Pseudophryne bibroni *Gthr.*, in Australien weit verbreitet, durch die zwei kleinen abgerundeten Fersenhöcker, die verhältnismäßig langen Beine und die braune oder olivengrüne, dunkler gefleckte Oberseite von ihren wenigen Verwandten leicht unterscheidbar.

Duméril und Bibron machten uns zuerst mit einem mexikanischen Froschlurche bekannt, der sich von allen übrigen damals bekannten Kröten dadurch unterscheidet, daß seine Zunge hinten angewachsen und an der Spitze beweglich (jetzt kennt man noch eine zweite, und zwar westafrikanische Gattung mit gleicher Zungenbildung), daß sein Augenstern senkrecht gespalten und sein Brustbein verkümmert ist. Dieses Tier, die Nasenkröte, Rhinophrynus dorsalis *D. B.* (Abb., S. 225), der einzige Vertreter der Gattung Rhinophrynus *D. B.*, gehört zu den sonderbarsten und unförmlichsten Gestalten der Ordnung. Ihr Leib ist fast eirund, der Kopf mit ihm verschmolzen und schnabelartig zugespitzt, das vordere Gliederpaar plump und kurz, das hintere Gliederpaar dick, durch die fünf, mit breiten Schwimmhäuten verbundenen Zehen, deren innerste nur höckerartig ausgebildet ist, und noch mehr durch den hornigen, auf der Sohle vorspringenden, schaufelförmigen Mittelfußhöcker ausgezeichnet, das Trommelfell versteckt; die Ohrdrüse fehlt. Die Grundfärbung, ein gleichmäßiges Braun, wird durch einen längs der Rückenmitte verlaufenden gelben Streifen und mehrere seitliche Flecke von gleicher Farbe gezeichnet. Die Länge beträgt 6 cm. Hinter den Mundwinkeln sitzt beim Männchen je ein innerer Stimmsack. Von den Lebensgewohnheiten dieser Art wissen wir nur, daß sie vorzüglich graben kann und sich ausschließlich von Termiten nährt, die sie mit der eigentümlichen Zunge leckend aufnimmt.

*

Eine weitere Familie der Schiebbrustfrösche sind die **Echten Laubfrösche** oder **Hylen (Hylidae)**, die als bezeichnende Merkmale haben: bezahnte Oberkiefer, dreieckig verbreiterte Querfortsätze des Kreuzbeinwirbels und klauenförmig gebogene, am Grunde geschwollene knöcherne Endglieder an Fingern und Zehen mit mehr oder weniger entwickelten drüsigen Haftscheiben. — Die Hylen sind fast durchweg Baumfrösche, die in außerordentlich großer Anzahl in Amerika und Australien leben, aber nur durch wenige Arten im Altweltlich-Nordischen Gebiete vertreten sind. Man unterscheidet zwölf Gattungen mit etwa 270 Arten. Während man früher glaubte, daß, mit Ausnahme der Beutelfrösche, keine Art der Hylen besonders für ihre Nachkommenschaft sorgt, kennen wir jetzt außer diesen noch eine ziemlich große Anzahl brutpflegender Laubfrösche, die durchweg in Brasilien zu Hause sind und den Gattungen Hyla und Phyllomedusa angehören.

An den Anfang wollen wir die Gattung der Bodenhylen (Chorophilus *Baird*) stellen, die sich in Bau und Lebensweise manchen Formen der Zystignathen nähern. Von den übrigen Hylen unterscheiden sie sich nämlich durch nur sehr schwach verbreiterte Querfortsätze am Kreuzbeinwirbel und durch fast schwimmhautfreie Zehen, deren Spitzen bloß in kleine Haftscheiben verbreitert erscheinen. Der Augenstern ist quer-eirund, das Trommelfell deutlich, Pflugscharzähne sind vorhanden. Man kennt sechs meist über 3 cm Länge nicht hinausgehende Arten, die in Nordamerika daheim sind.

Unsere Abbildung auf S. 227 zeigt eine der hübschesten Arten der Gattung: den Schmuckfrosch, Chorophilus ornatus *Holbr.* Das niedliche Tierchen, das eine Länge von ungefähr 3 cm erreicht, hat eine kreisrunde Zunge und ist oberseits auf sanft rötlichbraunem Grunde mit länglichen, dunkelbraunen, goldgelb gesäumten Flecken gezeichnet, unterseits auf silberweißem Grunde grau gepunktet. Die Gliedmaßen sind dunkel gebändert.

Der Schmuckfrosch lebt in Südcarolina, Georgia und Texas auf trockenem Lande, vorwiegend in Kornfeldern, und meidet das Wasser, abgesehen von der Laichzeit, so ängstlich daß er, gewaltsam hineingebracht, sofort dem Uferrande wieder zustrebt. Eingehendere Angaben über seine Lebensweise sind nicht bekannt. Eine andere Art, Chorophilus ocularis *Holbr.*, eine der kleinsten bekannten Frösche, kaum 2 cm lang, bewohnt feuchte Örtlichkeiten an Sümpfen in Südcarolina. Das Tierchen kann nach Gadow überraschend (bis 2 Fuß) weit springen; es ist durch den schmalen, langen, zugespitzten Kopf, die weiße Oberlippe, ein schwarzes Band an Kopf- und Rumpfseiten und kastanienbraune Oberseite (Unterseite gelblichweiß) gekennzeichnet. Über die Fortpflanzung einer dritten Art, Chorophilus triseriatus *Wied*, haben uns Wright und Allen aufgeklärt. Dieser in der Umgebung von Buffalo sehr häufige Frosch, dessen Gesang überall in Sümpfen und Tümpeln, ja in der Stadt selbst, gehört werden kann, erreicht wenig über 3 cm Länge und ist auf aschgrauem

Schmuckfrosch, Chorophilus ornatus *Holbr.* Natürliche Größe.

Grunde braun gestreift. Der Fang der Männchen ist nicht leicht, da diese bei Annäherung des Fängers sofort still sind und schließlich in das Pflanzengewirr des Sumpfbodens sich zurückziehen; steckt man aber die zuerst gefangenen in einen Sack, in dem sie merkwürdigerweise ganz unbekümmert zu singen fortfahren, so lassen sich die noch freien Männchen auch nicht stören und können in der Richtung, woher ihre Stimme kommt, aufgesucht und in beliebiger Menge gefangen werden. Während der etwa $2^1/_2$ Stunden dauernden Paarung wurde die Abgabe von 500—600 Eiern beobachtet; das Weibchen hielt sich dabei an einem Grashalme im Wasser fest und hob zur jedesmaligen Eiabgabe und zur Befruchtung der Eier den Hinterkörper so weit in die Höhe, daß seine Kloake der des Männchens (welches das Weibchen wie unser Laubfrosch unter den Achseln umfaßt) sehr genähert war. Das Weibchen begann schon 20 Minuten nach Beginn der Paarung zu legen; die Eier werden in mehreren Klumpen abgegeben, und jedesmal wechselt das Weibchen den Platz, kehrt aber oft mehrmals zu derselben Stelle zurück. Jeder Klumpen enthält 30—100 Eier und wird an Zweigen, Wurzeln oder Grashalmen befestigt.

Cope fand diesen kleinen Frosch, dessen Weibchen aber trotz seiner geringen Größe gegen 800 Eier in sich trägt, in der Umgebung von Gloucester in New Jersey sehr häufig in oft kleinen und vorübergehenden Wasseransammlungen, die in Dickichten von Stechwinden, Brombeeren und strauchförmigen Eichen lagen; hier, wo die Sonne viel Zutritt hat, hört man ihn auch zur heißesten Tageszeit in Gesellschaft anderer kleiner bodenbewohnender Hylen. Wasserfrösche halten sich hier nicht auf. Als schlechter Schwimmer sucht Ch. triseriatus mit möglichst wenig Bewegung am Rande des Wassers Zuflucht. Schon gegen Ende März, wenn noch Eis das Wasser bedeckt, hört man seine Stimme. — Diese Art ist im Nordwesten der Vereinigten Staaten, östlich vom Felsengebirge, verbreitet und wurde noch weit im Norden, am Großen Bärensee, gefunden.

Eine der vorigen nahe verwandte Gattung ist die der Heuschreckenfrösche (Acris *D. B.*). Ihr Unterschied liegt im wesentlichen nur in den durch fast vollkommene Schwimmhäute verbundenen Zehen und in dem undeutlichen Trommelfell. Die einzige, auf Nordamerika beschränkte Art tritt in zwei Formen auf, die auch räumlich getrennt sind, und von denen es nicht leicht zu sagen ist, ob sie als Arten oder als Abarten aufzufassen sind.

Heuschreckenfrosch, Acris gryllus *Lec.* Natürliche Größe.

Der Heuschreckenfrosch, Acris gryllus *Lec.*, ist oberseits auf braunrötlichem, braunem oder grauem Grunde mit großen, schwärzlichen, hellgrün gesäumten, unregelmäßigen Längsflecken gezeichnet, die namentlich an den Seiten sich ausprägen und an den Gliedern durch Binden vertreten werden; ein heller Rückenstreifen ist häufig; die Unterseite sieht gelblich oder bräunlich aus. In der Größe kommt das Tier unserem Laubfrosche gleich. Unsere Abbildung stellt die nördlicher wohnende Abart (var. crepitans) dar; sie hat kürzeren Kopf und kürzere Beine als die Stammart.

Der Heuschreckenfrosch verbreitet sich über das ganze östliche und mittlere Nordamerika. Wo er vorkommt, ist er sehr häufig, und nicht immer zur Freude mürrischer Nachbarn, da er, ebenso gesangeslustig wie unser Wasserfrosch, des Nachts mit unermüdlicher Ausdauer seine dem Schwirren der Heuschrecken ähnelnde Stimme zum besten gibt.

Nach E. D. Cope ist seine Fähigkeit, die Farbe zu wechseln und sich in der Färbung seiner Umgebung anzupassen, überraschend groß. Er liebt besonders den schlammigen Boden an den Uferrändern stehender Gewässer, wo er sich namentlich auf den schwimmenden Blättern der Wasserpflanzen aufhält, und zieht sich in Sprüngen, die für seine geringe Größe erstaunlich groß sind, in und unter das Wasser zurück, wenn er aufgestört wird. Hohes Gras und Krautpflanzen ersteigt der Heuschreckenfrosch, dem die Klebe- und Kletterfähigkeit unseres Laubfrosches abgeht, gern, selten aber Büsche und Bäume. Der Gesang dieses Frosches kann gut nachgeahmt werden, wenn man zwei Marmorkugeln, wie sie die Knaben zu ihren Spielen benutzen, aufeinander schlägt, zuerst schwächer, dann kräftiger und kräftiger, immer 20—30 Schläge nacheinander. Er ist nicht auf sehr weite Entfernungen hin hörbar. Bereits im April vernimmt man den Gesang dieses scheuen und schwer zu fangenden Tierchens. Ch. C. Abbott berichtet uns, um Mitte Juni sei der im Frühjahr so massenhaft auftretende Frosch nicht mehr zu sehen gewesen. Ende August zeigen sich die ausgebildeten Jungen. Dieser Frosch, der sich mehr in der Nähe des Wassers als im Wasser selbst aufhält, nährt sich von Fliegen; für die Herbst- und Wintermonate bedarf er keiner Nahrung und zieht sich wie der deutsche Laubfrosch zu einer halbjährigen Winterruhe zurück. In der Gefangenschaft legt er dieselbe Lebhaftigkeit wie im Freien an den Tag, läßt auch seine Stimme sehr oft hören und kann, wenn er verstummt, durch Besprengen mit Wasser oder, wie unser Laubfrosch, durch Geräusche sofort wieder zum Singen gebracht werden.

Die eigentlichen Laubfrösche sind die farbenschönsten, beweglichsten und anmutigsten Mitglieder der ganzen Klasse; sie haben sich wegen dieser Eigenschaften die Zuneigung der Menschen in so hohem Grade erworben, daß man einzelne von ihnen als Haustiere im Zimmer hält. In Europa wird die sehr artenreiche Gattung nur durch den allbekannten Laubfrosch vertreten, der allerdings in einigen Abarten vorkommt, die auch der Lebensweise und der Stimme nach fast den Rang von Arten beanspruchen können. In südlichen Ländern zeigt sich die Gattung in einer erstaunlichen Mannigfaltigkeit: insbesondere erzeugt Südamerika außerordentlich viel Laubfrösche. „In Brasilien", sagt der Prinz von Wied, „bewohnen sie in sehr ansehnlicher Menge die Gebüsche in der Nähe der Wohnungen, der Flußufer und der Seeküste, in weit bedeutenderer aber die Urwälder. Hier leben solche Tiere von mancherlei Größe, Bau, Färbung und Stimme, deren unendlich mannigfache Töne in der feuchtwarmen Dunkelheit der Nächte, besonders in der Regenzeit, einen merkwürdigen, höchst sonderbaren Chorgesang bilden. Die meisten von ihnen wohnen oben in den Kronen der hohen Waldbäume, wo sie besonders zwischen den steifen Blättern der dort wachsenden Bromelien ihren Stand nehmen. Viele der kleinen Arten bringen selbst in dem schwarzen, stehenden Wasser, das sich in den Winkeln zwischen den steifen Blättern letztgenannter Pflanzen ansammelt, ihre Brut aus; andere steigen zur Zeit der Paarung von ihren luftigen Wohnungen hinab und begeben sich in die Sümpfe, Teiche und Pfützen, namentlich in die Brüche, die unter der dichten Verflechtung der Urwälder verborgen liegen. Hier erschallt dann ihr vereinigter Chor, und hier ist die günstigste Gelegenheit, sich die verschiedenen Arten, die man sonst schwer oder nie erhält, zu verschaffen, da man sie an ihrer Stimme erkennen kann." Nächst Amerika finden sich Laubfrösche in verhältnismäßig sehr großer Menge in Australien und auch in Neuguinea, spärlich ferner auf den Molukken und kleinen Sunda-Inseln, sie fehlen aber auch Indochina sowie dem Paläarktischen Gebiete nicht ganz, obwohl sie hier keineswegs eine bedeutsame Rolle spielen; manche größere Arten sind nach Java, Neuseeland und Neukaledonien durch den Menschen verschleppt worden.

Abgesehen von der Paarungszeit, die auch die meisten Laubfrösche dem Wasser zuführt, oder vom Winter, der sie zwingt, im Schlamme, unter Steinen, Baumrinde und anderen der Kälte oder dörrenden Wärme unzugänglichen Orten Zuflucht zu suchen, verbringen sie ihr Leben in der luftigen Höhe der Bäume, wählen sich hier die geeigneten

Blätter zum Standorte und betreiben von diesen aus ihre Jagd. Ihre Färbung ähnelt, so verschiedenartig sie auch ist, der des Laubes, auf dem sie wohnen: ja, sie schmiegt sich dessen Farben nach Zeit und Umständen auf das genaueste an, da wohl alle Arten die Fähigkeit haben, ihre Färbung in überraschender Weise zu verändern, weit mehr und viel schneller als das berühmte Chamäleon. Ein Laubfrosch, der jetzt grün aussieht wie das Blatt, auf dem er sitzt, kann bald darauf die Färbung der Rinde zeigen.

Wäre es möglich, schon gegenwärtig eine vollständige Naturgeschichte der Laubfrösche zu schreiben, hätte man alle ebenso genau beobachtet wie den unsrigen: die dann zu entwerfende Schilderung würde im höchsten Grade anziehend sein. So übereinstimmend nämlich die Lebensweise der einzelnen Arten zu sein scheint oder wirklich ist, so zeigt doch fast jede Art etwas Absonderliches, die eine in der Stimme, die andere in der Ernährung, die dritte in der Fortpflanzung. Schon die rein äußerliche Beschreibung dieser Tiere, die in Worte gefaßte Wiedergabe ihrer Formen und Farben, fesselt, weil sie uns wiederum die unendliche Mannigfaltigkeit der Natur erkennen und bewundern läßt; das eigentlich Lebendige einer solchen Beschreibung aber, die Hinzufügung der Sitten und Gewohnheiten, würde, wie uns die bekannteren Arten zur Genüge beweisen, jene Darstellung noch in hohem Grade vervollkommnen und anziehend machen. Dies dürfte, wie ich glaube, schon aus dem Nachstehenden zu erkennen sein, obgleich sich unser Augenmerk nur auf ganz wenige der 175 Arten zählenden Gattung richten kann.

Zur Gattung der Laubfrösche (Hyla *Laur.*) zählen wir alle Formen der Hylenfamilie, die einen wagerecht-elliptischen Augenstern, Schwimmhäute an den Zehen, eine am Grunde angewachsene oder hinten mäßig freie Zunge und Pflugscharzähne haben, und deren Weibchen zur Laichzeit keine Rückentasche zur Aufnahme für die Eier zeigt. Das Trommelfell kann frei liegen oder verborgen sein, die Finger sind frei oder durch Spannhäute vereinigt. Wie bei allen Baumfröschen ist auch bei dieser Gattung das Ende der Finger und Zehen zu einem Polster erweitert, das den Tieren die Fähigkeit zum Festhaften an glatten Flächen verleiht, und ebenso haben sie auf der Bauchseite zahlreiche feine Drüsenwärzchen, die ebenfalls zum Anheften und Festklammern von Bedeutung sind.

Was die Tätigkeit der Zehenballen beim Anheften anlangt, so hat A. Schuberg nachgewiesen, daß die nach abwärts gerichtete Bewegung der Zehenspitze eine schleifende ist; der Haftballen wird also nicht einfach angedrückt, sondern an der Fläche, an der er haften soll, um ein weniges auch vorbeigezogen. Glatte Muskeln treiben die Lymphe aus dem Haftballen, wodurch ein leichteres sofortiges Ankleben ermöglicht wird. Beim Schlaffwerden der glatten Muskelfasern tritt die Lymphe wieder in den Endballen zurück. Das Festhaften ist aber einzig und allein durch die mit Hilfe der dünnen Lymphschicht bewirkte Adhäsion, nicht durch den Luftdruck, zu erklären. Daß auch die Haut der Kehle und des Bauches in ähnlicher Weise als Haftapparat in Tätigkeit tritt, ist bekannt; die Möglichkeit, als Haftwerkzeug zu dienen, wird nach Schuberg begünstigt durch einen eigentümlichen Zusammenhang zwischen Haut und Muskulatur der Bauchwand.

Unser Laubfrosch, Hyla arborea *L.*, für uns das Urbild der Familie und Gattung, das einzige Mitglied seiner gesamten Verwandtschaft in Europa, erreicht eine Leibeslänge von 3,5—4,5 cm und ist bei der deutschen Stammform auf der Oberseite schön blattgrün, auf der Unterseite gelblichweiß gefärbt. Ein feiner, nach hinten sich verbreiternder, schwarzer, oben weißlich gesäumter Streifen, der an der Nase anfängt, in der Weiche einen nach vorn gerichteten Haken, die sogenannte Hüftschlinge, bildet und bis zum Hinterschenkel verläuft, scheidet beide Hauptfarben; die Vorder- und Hinterschenkel sind oben grün und gelb umrandet, unten lichtgelb. Das Männchen unterscheidet sich vom Weibchen durch die bei ihm dunkel goldbräunliche, gefaltete, beim Weibchen weißliche oder blaß violettgraue, nicht gefaltete Kehlhaut, die bei ersterem zu einer großen Blasenkugel aufgebläht werden kann. Kurz vor und nach der Häutung, die alle 14 Tage stattzufinden pflegt, ändert sich die Färbung in Hellgrün, Aschblau oder Blaugrün um, geht aber bald wieder in Blattgrün über. Nach V. Gredlers Beobachtungen trübt sich die Färbung oft, wird perlgrau, dunkel schokoladenbraun oder zeigt Marmelflecke; alles dies namentlich gern im Herbst und während der Winterruhe. Südliche Formen (var. meridionalis) können eine Größe von 5 cm erreichen.

Laubfrosch, *Hyla arborea L.* Natürliche Größe.

Mit Ausnahme des Hochgebirges, des höheren Nordens, Norwegens, Irlands und Großbritanniens kommt der Laubfrosch in ganz Europa vor, verbreitet sich aber auch über den asiatischen Teil des Altweltlich-Nordischen Gebietes, wurde von R. Swinhoe sogar noch südlich davon, auf der chinesischen Insel Hainan, beobachtet und findet sich ebenso längs der ganzen Südküste des Mittelländischen Meeres und auf den atlantischen Inseln. Aus diesem weiten Gebiete sind drei in Tracht und vielfach auch in Lebensweise, Benehmen, Beweglichkeit und Stimme verschiedene Abarten bekannt, auf die alle wir aber hier nicht näher eingehen können. Das Wohngebiet des Laubfrosches ist die Tiefebene; gleichwohl steigt das Tier im Gebirge ziemlich weit empor, in Tirol, laut Gredler, bis zu 1325 m und im Rätikon Graubündens, laut F. Zschokke, bis zu 1945 m Höhe.

Mäßig wärmebedürftig, wie er ist, läßt sich der Laubfrosch bereits im April vernehmen und hält bis zum späten Herbst im Freien aus. Doch nimmt man in der Regel wenig von ihm wahr: denn nur während der Paarungszeit vereinigt er sich im Wasser zu ansehnlichen

Scharen; bald nach ihr besteigt er das Röhricht und das Gelaube von Gebüschen, Sträuchern und Bäumen und treibt hier, meist ungesehen, einzeln sein Wesen. Er ist einer der niedlichsten Lurche, die wir kennen, gewandter und bei Tageslicht munterer als alle übrigen, die bei uns vorkommen, gleich befähigt, sich im Wasser oder auf ebenem Boden wie im Blattgelaube der Bäume zu bewegen. Im Schwimmen gibt er dem Wasserfrosch wenig nach, im Springen übertrifft er ihn bei weitem, im Klettern ist er Meister. Jedermann weiß, wie die letztere Bewegung geschieht, keineswegs schreitend nämlich, sondern ebenfalls springend. Wer jemals einen Laubfrosch in dem bekannten, weitmündigen Glase gehalten hat, wird bemerkt haben, daß das Tier jede Ortsveränderung außerhalb des Wassers springend bewerkstelligt, und daß es, wenn es gegen senkrechte Flächen hüpft, an ihnen, und wären es die glättesten, wenn sie nur trocken sind, nahezu augenblicklich haftet. Ein aus dem Wasser anspringender Laubfrosch gleitet anfänglich allerdings auf einer glatten Fläche etwas nach abwärts, sicherlich aber nur, weil das an den Zehenballen und an der Bauchseite haftende Wasser ihm verwehrt, zwischen den Ballen und der Anheftungsfläche sofort eine genügend dünne Adhäsionsschicht herzustellen. In dieser Weise also besteigt unser Frosch die Bäume, indem er von Blatt zu Blatt emporspringt; er beginnt auf niederem Gebüsche, klimmt von diesem aus zu höheren Sträuchern auf und erhebt sich endlich bis zur Krone der Bäume.

Hier in der luftigen Höhe verlebt er behaglich den Sommer, bei schönem Wetter auf der Oberseite eines Blattes sitzend, bei Regen unter Blättern verborgen, falls solche Witterung nicht allzulange anhält und ihm so unangenehm wird, daß er sich vor dem Regen ins Wasser flüchtet, oder sich in Erdlöchern, Mauerritzen, hohlen Baumstämmen usw. versteckt. Wie trefflich seine Färbung mit dem Blattgrün seiner Umgebung im Einklange steht, erfährt derjenige, der den Frosch auf einem niederen Busche schreien hört und sich längere Zeit vergeblich bemüht, ihn wahrzunehmen. Erst im äußersten Notfalle entschließt sich dieser zu einem Sprunge, der dann aber so plötzlich erfolgt und mit so viel Geschick ausgeführt wird, daß er das Tier meistens rettet. Wo der Laubfrosch aber vollkommen ungestört ist, da ist von seiner Anpassungsfähigkeit nichts zu bemerken; mit dicht an den Leib gezogenen Gliedmaßen in der Sonne sitzend, schön hellgrün mit starkem Goldschimmer, ist er schon von weitem auf dem dunkleren Blatte zu sehen. Auch die zahlreichen Laubfrösche, die Werner auf Korfu und Kephallinia im Frühling auf Agaven sitzen sah, hoben sich durch ihre helle Färbung deutlich und weithin von der graugrünen Färbung der Agavenblätter ab.

Die Nahrung des Laubfrosches besteht in mancherlei Insekten, namentlich Fliegen, Spinnen, Käfern, Schmetterlingen und glatten Raupen. Alle Beute, die er verzehrt, muß lebendig sein und sich regen; tote oder auch nur regungslose Tiere rührt er nicht an. Sein scharfes Gesicht und sein wohlentwickeltes Gehör geben ihm Kunde von der heransummenden Mücke oder Fliege; er beobachtet sie scharf und springt nun plötzlich mit gewaltigem Satze nach ihr, weitaus in den meisten Fällen mit Erfolg. Zur Unterstützung der herausschnellenden und die Beute anleimenden Zunge benutzt er auch bei größeren Beutetieren (Brummfliegen, Mehlwürmern und dergleichen) die Finger und stopft mit ihnen wie mit einer Hand die erlangte Speise in den Mund; dasselbe beobachtete Günther an australischen Verwandten unserer einheimischen Art. Während des Sommers beansprucht der Laubfrosch ziemlich viel Nahrung, liegt deshalb auch während des ganzen Tages auf der Lauer, obgleich auch seine Zeit erst nach Sonnenuntergang beginnt.

Man hält den Laubfrosch allgemein für einen guten Wetterpropheten und glaubt, daß er Veränderung der Witterung durch Schreien anzeige. Diese Ansicht ist wenigstens nicht unbedingt richtig. Besonders eifrig läßt der Laubfrosch seine laute Stimme während der Paarungszeit ertönen, schweigt aber auch während des Sommers nicht und ruft mit aufgeblasener Kehle sein fast wie fernes Schellengeläute klingendes, an den sogenannten Gesang der Zikaden erinnerndes, rasch ausgestoßenes „Krack krack krack“ die halbe Nacht hindurch fast ohne Unterbrechung in die Welt, sowohl bei trockener und beständiger Witterung als auch kurz vor dem Regen. Der Lärm, den eine solche Gesellschaft von Hunderten oder Tausenden von Laubfröschen bei ihren Chorgesängen vollführt, ist oft geradezu betäubend und weithin durch die stille Nacht vernehmbar. Nur vor kommendem Gewitter schreit der Laubfrosch mehr als sonst, während des Regens selbst oder bei nassem Wetter verstummt er gänzlich. Eine südliche Abart (var. meridionalis) schreit noch viel lauter, aber langsamer, rauher und tiefer „rab rab rab“, so laut, daß man es durch drei Stockwerke und häuserweit hört. Bekannt ist, daß man den männlichen Laubfrosch (aber auch seine ausländischen Verwandten) durch laute Geräusche zum Quaken veranlassen kann. Das Klopfen von Fleisch oder Stoßen von Zucker oder dergleichen in einem Mörser, ja sogar lautes Sprechen und Lachen regt ihn sofort zum Wettbewerb an, und jede Wiederholung des Geräusches löst eine neue Quaksalve aus.

Gegen den Spätherbst hin verläßt unser Freund die Baumkronen, kommt auf den Boden herab und verkriecht sich unter Steine, in Erdlöcher oder tief in Mauerspalten, um nicht vom Frost erreicht zu werden. Hier verbringt er in todähnlichem Schlafe den Winter. Früher als viele andere Froschlurche ist er im Frühling wieder da und denkt nun zunächst an die Fortpflanzung. Hierzu wählt er womöglich solche Teiche, deren Ufer von Rohr, Gebüsch und Bäumen umsäumt werden, wahrscheinlich deshalb, weil es ihm schwer wird, vom Wasser aus schreiend seiner Liebesbegeisterung Ausdruck zu geben. Gewöhnlich verlassen die Männchen Ende April ihre Winterherberge, in guten Jahren früher, in kalten etwas später, immer aber eher als die Weibchen, die sich erst sechs oder acht Tage nach ihnen zeigen. Unmittelbar nach deren Erscheinen im Mai geht die Paarung vor sich. Das Männchen umfaßt das Weibchen unter den Achseln und schwimmt nun mit ihm zwei bis drei Tage im Wasser umher, bis die Eier abgehen (in mehreren Klumpen von Walnußgröße, die 800—1000 Eier enthalten) und von ihm befruchtet werden können. Das Eierlegen selbst währt gewöhnlich nur kurze Zeit, zwei Stunden etwa, zuweilen auch länger, sogar bis 48 Stunden; dann aber bekommt es das Männchen satt, verläßt das Weibchen, und die später gelegten Eier bleiben unbefruchtet. Etwa zwölf Stunden nachdem letztere den Leib der Mutter verlassen haben, ist der sie umhüllende Schleim so voll Wasser gesogen und aufgebläht, daß er bemerkbar wird. Man sieht dann in ihm das eigentliche gelblichweiße, an der oberen Hälfte grau angeflogene Ei, dessen Durchmesser $1^1/_2$ mm beträgt, während derjenige der Gallerthülle 4 mm mißt. Der Laich bleibt auf dem Boden des Wassers liegen, bis die jungen Larven ausgeschlüpft sind. Wie bei den übrigen Lurchen beansprucht die Zeitigung der Eier und die Entwickelung der Jungen nur kurze Zeit. In Eiern, die am 27. April gelegt worden waren, bemerkte man schon am 1. Mai den Keim mit Kopf und Schwanz, die aus dem Dotter hervorwuchsen; am 4. Mai bewegte sich die Larve in dem schleimigen Eiweiß; am 8. kroch die verhältnismäßig auch winzig kleine, 7—8 mm lange Quappe aus, schwamm mit ihrem Schwänzchen, das ein auffallend klarer Hautsaum umgibt, umher und fraß gelegentlich vom zurückgelassenen Schleim; am 10. zeigten sich die Augen und hinter dem Munde zwei Wärzchen, die dem werdenden Tierchen gestatten, sich an Gras und dergleichen anzuhängen, sowie die Schwanzflosse, am 12. die Kiemenfäden, hinter jeder Kopfseite einer, die sich bald wieder verlieren, und Flecke, die das Tier gescheckt erscheinen lassen; am 15. waren Mund und Nase entwickelt, und die Kaulquappe fraß schon tüchtig; am 18. bekamen ihre schwarzen Augen eine goldgelbe Einfassung; am 20. war der After durchbohrt und der Leib von einer zarten, mit Wasser angefüllten Haut umgeben, die sich am 29. verlor. Die Tierchen waren nun 1,5 cm lang und benagten Wasserlinsen. Am 29. Juni sproßten die Hinterbeine hervor; am 16. Juli waren die Kaulquappen fast ausgewachsen und etwa 2 cm lang, die fünf Zehen gespalten, am 25. auch die Haftscheiben entwickelt und die Spuren der Vorderbeine, die am 30. hervorbrachen, bereits sichtbar. Der Rücken der Quappen war jetzt grünlich, der Bauch gelblich. Die Tiere kamen schon häufig an die Oberfläche, um Luft zu schöpfen. Am 1. August war der Schwanz um die Hälfte kleiner, wenige Tage darauf vollends eingeschrumpft, das Fröschchen nunmehr fertig und zum Landleben befähigt. Dennoch erreicht dieses erst mit dem vierten Jahre seine Mannbarkeit; früher quakt es nur leise und paart sich auch nicht. In Gefangenschaft tritt aber die Geschlechtsreife schon früher, am Ende des dritten Jahres, ein. Die Larven des Laubfrosches sind an dem sich nach hinten fein zuspitzenden Ruderschwanze, dessen Hautsaum auf dem Rücken nach vorn bis zwischen die Augen reicht, sowie an der schön goldglänzenden Bauchseite und der stark seitlichen Stellung der Augen, die daher von oben und unten sichtbar sind, sehr leicht zu erkennen. Die jungen, frisch verwandelten Fröschchen sind anfangs mehr gelb als grün; sie bevölkern in Menge die Kräuter und Sträucher in der Umgebung des Gewässers, in dem sie zur Welt kamen. Nach J. v. Fischers Erfahrungen ist der Laubfrosch in der Gegend von Petersburg, wo er nicht ursprünglich lebt, im Freien fortpflanzungsfähig, und die von ihm dort gezeugten Jungen gewöhnten sich so vortrefflich ein, daß es vielleicht möglich sein dürfte, ihn auch im Norden Rußlands einzubürgern.

Der Laubfrosch ist so anspruchslos, daß man ihn jahrelang in dem erbärmlichsten Käfig, einem einfachen Glase, am Leben erhalten kann, falls man ihm stets Wasser gibt, den Zimmerstaub abhält und das nötigste Futter reicht. So hat Papst in Gotha einen Laubfrosch, der schließlich nur durch Zufall ums Leben kam, 22 Jahre gepflegt. Um den Gefangenen braucht man sich wenig zu sorgen; denn er übersteht nicht bloß, wie wir eben gehört haben, Kälte, sondern auch Wärme und Trockenheit in geradezu bewunderungswürdiger Weise. Ein Laubfrosch, den Gredler pflegte, war eines Tages aus seinem Wasserbecken verschwunden und fand sich erst nach mehreren Tagen, in eine Spalte gezwängt, völlig vertrocknet und scheinbar tot vor. Ins Becken zurückgeworfen, um später mit dessen Wasser ausgeschüttet zu werden, schwamm er nach etlichen Stunden wiederum so munter umher, wie er sich vorher gezeigt hatte. Trotzdem möge man nicht, auf diesen Vorfall bauend, den Laubfrosch in bezug auf Feuchtigkeit kurz halten, denn meistens läuft die Sache nicht so gut ab, und der Laubfrosch geht ein; in einem Falle beobachtete Werner, daß ein von ihm lange Zeit gepflegter weiblicher Laubfrosch, der Mehlwürmer den ganzen Winter hindurch pünktlich aus der Hand des Pflegers entgegengenommen hatte, nach einer durchaus weder langen, noch weitgehenden Eintrocknung die Nahrungsannahme durch längere Zeit hindurch völlig einstellte. Auch an die Nahrung macht dieser Frosch geringe Ansprüche. Zu seinem Futter wählt man Fliegen und Mehlwürmer, weil man diese im Winter am leichtesten erlangen kann, darf aber auch andere Insekten, selbst solche bis zu bedeutender Größe, reichen, da sie alle verzehrt werden. Im Herbste muß man kräftig füttern, damit der Gefangene leichter den Winter überstehe, aber auch in diesem mag man nicht versäumen, ihn mit einem Mehlwurm, einer Spinne, einer Fliege zu atzen. Bei längerer

Gefangenschaft lernt der Frosch nicht bloß seinen Pfleger, sondern auch den Mehlwurmtopf kennen. Ein Freund meines Vaters bemerkte, daß sein gefangener Laubfrosch sich jedesmal heftig bewegte, wenn die Stubenvögel gefüttert wurden, und sich nach der betreffenden Seite kehrte, reichte dem verlangenden Tiere einen Mehlwurm und gewöhnte es binnen kurzer Zeit so an sich, daß der Frosch nicht bloß ihm, sondern jedermann die ihm vorgehaltene Speise aus den Fingern nahm und zuletzt sogar die Zeit der Fütterung kannte. Um ihm das Herauskommen aus seinem Glase zu erleichtern, wurde ein kleines Brettchen an vier Fäden aufgehängt; an diesem kletterte der Laubfrosch in die Höhe und hielt sich hängend so lange fest, bis er seinen Mehlwurm erhalten hatte. Griff man oben mit dem Finger durch das Loch im Deckel, um den Frosch zu necken, so sprang dieser nach dem Finger. Wenn sein Glas geöffnet wurde, verließ er es, stieg an den Wänden der Stube auf und ab, hüpfte von einem Stuhle auf den anderen oder seinem Freunde auf die Hand und wartete ruhig, bis er etwas bekam; dann erst zog er sich in sein Glas zurück, bewies also deutlich, daß er Unterscheidungsvermögen und Gedächtnis besaß.

Ein Gefangener, den Glaser drei Jahre lang in üblicher Weise hielt, hatte sich zuletzt vollständig an den Pfleger gewöhnt, nahm, wenn dieser sich näherte, schon im voraus die nötige Stellung ein, um das ihm angebotene Insekt sofort zu verschlingen, hob bei gutem Wetter selbst die Papierdecke ab oder zwängte sich durch das Futterloch, um ins Freie zu gelangen, saß dann den Tag über stundenlang am Rande des Glases, neugierig die Umgebung betrachtend und mit funkelnden Augen jeder Bewegung folgend, auch wohl nach einer in der Nähe sich niederlassenden Fliege haschend, und trat bei Nacht förmliche Wanderungen an. Während er sich im gewohnten Gefäße ohne Scheu in die Hand nehmen ließ, pflegte er, sobald er seinen Weg ins Freie angetreten hatte, sich der nach ihm greifenden Hand zu entziehen, als wisse er, daß er auf verbotenen Wegen wandle, von denen er sich aber nicht zurückweisen lassen möchte. Eines Morgens wurde bemerkt, daß der Laubfrosch wieder aus dem Glase entwichen war. Nirgends in der Stube konnte man ihn auffinden und mußte daher annehmen, er habe sich während der Nacht unter der etwas abstehenden Stubentür hinaus ins Freie geschoben und sei entkommen. Nichtsdestoweniger blieb das Glas auf seinem Platze, dem kalten Ofen, stehen. Da bemerkte an dem darauffolgenden Morgen eins der Kinder, daß der Frosch das Glas wieder aufgesucht hatte. Bei näherer Betrachtung erschien der Flüchtling hier und da geschwärzt und auch etwas geritzt, so daß man sehr bald ergründen konnte, wo er den Tag und die Nacht zugebracht haben mußte. Er hatte sich nämlich auf das hohe, oben geknickte Ofenrohr begeben und sich hier während des Suchens den Blicken entzogen, später jedoch, dem Bedürfnis nach Wasser folgend, den Rückweg angetreten und sich durch das Papierloch in das ihm wohltuende Element zurückgezogen. Seitdem sah man das Tier öfters durch das Papierloch sowohl aus dem Glase heraus als wieder freiwillig hineinsteigen, und die Kinder hegten keine Besorgnis mehr, daß er entweichen werde. Auch im Waschbecken trifft man solche Flüchtlinge häufig wieder.

Daß auch der Laubfrosch zu seiner Verteidigung einen scharfen Hautsaft besitzt und hierin den Kröten und Feuerkröten durchaus nicht nachsteht, erfuhr J. Wagler, als er einen Laubfrosch zufällig in die Nähe des Auges brachte. Das Auge, mit dem Safte berührt, erblindete fast augenblicklich und auf eine geraume Zeit, und die durch das Gift hervorgerufene Entzündung verschwand erst nach drei Tagen. Das schnelle Absterben massenhaft zusammengepackter Laubfrösche in Versandkasten und Gläsern ist ebenfalls auf die Giftigkeit der Hautausschwitzung, die auch für Tiere derselben Art schädlich ist, zurückzuführen.

Von den zahlreichen kleineren und größeren Mitteilungen, die das Leben unseres Laubfrosches betreffen, kann keine größeres Interesse in Anspruch nehmen als diejenige Kammerers über die Versuche, die er über die Fortpflanzung dieses Tieres unter veränderten Lebensbedingungen angestellt hat. Er hat gefunden, daß, wie manche tropische Arten, auch Hyla arborea abweichend von ihrem sonstigen Laichverfahren zuweilen — im Freien wie in Gefangenschaft — kleine Wasseransammlungen auf Pflanzen (in tüten- oder rinnenförmigen Blättern, in Blattwinkeln, vielleicht auf hohlen Baumstämmen) benutzt, um ihre Eier darin abzulegen. In diesen kleinen Wassermengen ist die Entwickelung der Eier und der Kaulquappen bis zum Austreten der Hinterbeine verlangsamt, dann aber stark beschleunigt, die Gesamtdauer der Entwickelung aber doch etwas länger als sonst. Wie bei der Geburtshelferkröte, vermögen auch beim Laubfrosch die Eier lange (bis 72 Stunden) der Austrocknung zu widerstehen; beide Froschlurche sind auch die einzigen in Europa, bei denen die Eier außerhalb des Wassers befruchtet werden können; wird solcher Laich offen auf feuchtem Boden belassen, so schlüpfen die Larven bereits ohne äußere Kiemen aus, sonst aber mit rückgebildeten (wenn der Laich in einem mit Wasserdampf gesättigten Raume sich befindet) oder mit vollentwickelten äußeren Kiemen (wenn er ins Wasser gelangt).

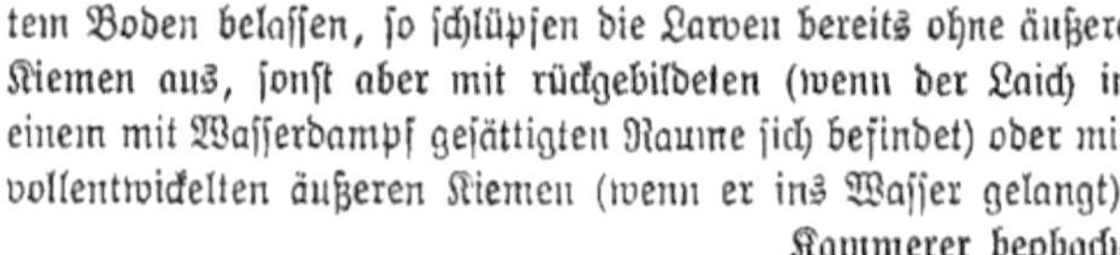

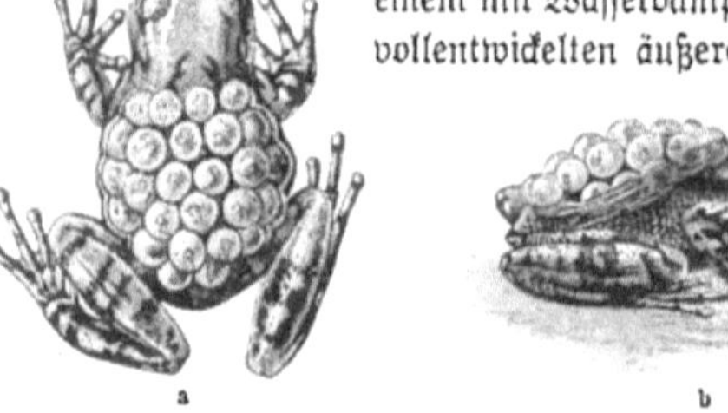

a b

Hyla goeldii *Blgr.* a von oben, b von der Seite gesehen. Natürliche Größe. Nach Boulenger, „Les Batraciens“, in „Encyclopédie Scientifique“ (Paris 1910).

Kammerer beobachtete, daß Laubfrösche aus Greifenstein in Niederösterreich, die im ersten Frühling ihrer Gefangenschaft wie gewöhnlich im Wasser ablaichten, im nächsten Frühling schon die viel geringeren Wasservorräte in den tütenförmig zusammengedrehten jungen Blättern von Canna (indisches Blumenrohr) und Aspidistra (Korbstengel) benutzten; dagegen machten Laubfrösche aus Korfu schon in der ersten Laichzeit, die sie in Gefangenschaft zubrachten, von den Blatttüten dieser Pflanzen Gebrauch. Werner sah Mitte April des Jahres 1894, daß die auf Agaven auf der ionischen Insel Zante, am Wege von der Stadt Zante zum Berge Skopos, überaus häufigen Laubfrösche ihre Laichballen in die spärlichen Wasserreste in den Blattwinkeln abgelegt hatten. Damals war bis zum Fuße des Skopos, von dem ein ziemlich reißender Bach herabkam, kein Süßwasser zu finden, und die Frösche waren auf die erwähnten geringen Wassermengen zum Ablaichen angewiesen.

In ganz ähnlicher Weise bringt der brasilische Bananen-Laubfrosch, **Hyla nebulosa** *Spix*, seine Nachkommenschaft unter. Dieser von Göldi entdeckte, in den Scheiden alter faulender Bananenblätter lebende, oberseits bräunliche, bei Tag gelbe, unterseits stets gelbe Frosch, dessen Hinterbacken mit bläulichen Querbinden geziert sind, befestigt seine Eierklumpen am Rande und an der Innenseite faulender Bananenblätter, wo sich selbst in der heißen Tageszeit genügende Kühle und Feuchtigkeit erhält. Diese Eierklumpen sind in eine schaumige, weiße, dem sogenannten „Kuckucksspeichel“ der Schaumzikaden ähnliche Masse eingehüllt, in der man mitunter die Larven sich bewegen sehen kann; nimmt man diese aber heraus und bringt sie in frisches Wasser, so gehen sie in wenigen Stunden zugrunde.

Ein wahrscheinlich schon dem ausgezeichneten deutschen Naturforscher Fritz Müller bekannter, höchst merkwürdiger brasilischer Laubfrosch ist von Göldi wieder entdeckt und von Boulenger im Jahre 1894 unter dem Namen Hyla goeldii *Blgr.* beschrieben worden. Das Weibchen dieses Frosches trägt seinen Eierballen auf dem Rücken, und zwar zwischen zwei dünnen, häutigen Längsfalten, die den drüsigen Längswülsten der Rückenhaut unserer Gras- und Wasserfrösche entsprechen. Die Eier sind groß, kugelig und wenig zahlreich. Der Frosch wurde in Colonia Alpina im Orgelgebirge Brasiliens in dem Wasser, das sich in der mittleren, trichterförmigen Vertiefung einer Bromeliazee, eines Ananasgewächses (Bilbergia), anzusammeln pflegt, gefunden und in ein passend eingerichtetes Glas gesetzt. Nach einigen Tagen fiel der Eiklumpen plötzlich von dem Rücken der Mutter herunter, und gleichzeitig bemerkte der Beobachter einige kleine, noch mit längeren oder kürzeren Ruderschwanzresten versehene, nahezu schwarze Fröschchen, die eine ungewöhnliche Lebhaftigkeit bekundeten und ebensogut springend als an den Glaswänden kletternd sich zu bewegen wußten, aber nicht im Wasser bleiben wollten. Leider gingen die jungen Frösche bald zugrunde.

In ganz ähnlicher Weise sorgt die in Britisch-Guayana lebende Hyla evansi *Blgr.*, eine dem vorgenannten nahe verwandte, aber größere Laubfroschart für ihre Nachkommenschaft. Die Zahl der Eier, die das Weibchen auf dem Rücken trägt, ist auch eine beträchtlichere; das einzige bisher bekannte Exemplar trug deren 22 von 8—9 mm Durchmesser, die sechseckige Eindrücke auf der Rückenhaut zurückließen; die Eier enthielten geschwänzte Larven mit noch stummelförmigen Gliedmaßen und häutigen Atmungsorganen, ähnlich wie wir sie später noch bei den Beutelfröschen kennen lernen werden.

Eins der größten Mitglieder der Familie, der **Kolbenfuß**, Hyla faber *Wied* (Abb., S. 238), so genannt wegen seiner breiten Zehenballen, bewohnt Brasilien, wo er unter dem Namen „Schmied" bekannt ist. Seine Gestalt ist plump, der Kopf platt, breiter als der Leib. Zwischen den sehr großen inneren Nasenöffnungen stehen zwei gebogene oder winkelige Gruppen von Pflugscharzähnen, die miteinander eine halbkreisförmige oder ⁀-förmige Figur bilden; die Außenfinger sind mit halber Schwimmhaut versehen, und außer den vier Fingern ist auch noch ein höckeriger Vorsprung am Grunde des Innenfingers vorhanden; die Körperhaut ist oberseits vollkommen glatt. Ein gleichmäßiges blasses Lehmgelb oder lichtes Braun, das durch einen längs der Rückenmitte verlaufenden schwarzen Streifen und einzelne unregelmäßige, feine schwarze Züge gezeichnet wird, ist die Färbung der Oberseite, ein gleichmäßiges Gelblichweiß die der grobwarzigen Unterseite. Die Hintergliedmaßen tragen schwarze Querstreifen, die Kehle des Männchens ist braun. Das Tier ist 8—9 cm lang.

Der Kolbenfuß oder Schmiedende Laubfrosch lebt außer der Paarungszeit auf hohen, starke Blätter tragenden Bäumen Brasiliens, hauptsächlich auf solchen, welche die Ufer der Flüsse und Sümpfe umsäumen, nach dem Prinzen von Wied überall in den Urwäldern, jedoch nur auf gewissen Baumarten, deren kräftige Blätter einem so schweren Tiere genügenden Halt geben. Während der Regenzeit erfüllen diese Baumfrösche, wie ebenfalls Prinz von Wied sagt, die Sümpfe in unzähligen Scharen, und man hört alsdann abends und in der Nacht bis gegen den Tag hin ihre sonderbare, laute und hellklingende metallische Stimme in vollbesetztem Chor, so daß man glaubt, eine vereinigte Menge von Blechschlägern zu vernehmen. In den südlichen Teilen fand unser Gewährsmann das Tier minder häufig als andere Arten der Familie, auch an der Küste seltener als in den Urwäldern. Nach der Paarungszeit begibt sich der Frosch am liebsten auf das unmittelbar über der Oberfläche des Flußspiegels überhängende Gebüsch, von dem er, verfolgt, stets ins Wasser springt, obgleich er dieses sofort wieder verläßt und von neuem an den Zweigen, die das Wasser berühren, emporklettert. Der Prinz von Wied erzählt, er sei anfangs äußerst begierig gewesen, das Tier kennen zu lernen, und die ihn begleitenden Brasilier seien deshalb des Nachts mit Feuerbränden zur Jagd ausgezogen und mit reicher Beute zurückgekehrt.

Die Brutpflege des Kolbenfußes gehört zu den merkwürdigsten Erscheinungen tierischer Betätigung, von denen wir in der letzten Zeit Kunde erhalten haben; denn sie ist einer der

Kolbenfuß, *Hyla faber Wied.* Natürliche Größe.

wenigen bekannten Fälle, in denen ein Lurch sozusagen mit seiner Hände Arbeit für seine Nachkommenschaft sorgt. Wir wollen die Mitteilungen Göldis, des verdienstvollen ehemaligen Direktors des Museums in Pará, dem wir auch diese Entdeckung verdanken, über den Kolbenfuß und seine Kunstfertigkeit im wesentlichen hier wiedergeben:

„Der ‚Ferreiro‘ (Schmied) ist in der Provinz Rio de Janeiro häufig, und zwar noch mehr in den Bergregionen des Orgelgebirges als in der heißen Ebene. Bei Colonia Alpina bei Theresopolis konnte ich sicher sein, abends ihrer drei oder vier in weniger als einer Stunde aufzufinden, durch ihre sonderbare Stimme zu ihren Schlupfwinkeln geführt.

Tatsächlich ist diese Stimme einer der eigentümlichsten Laute, der im tropischen Südamerika vernommen wird. Man stelle sich das Geräusch eines langsam und regelmäßig auf eine Kupferplatte fallenden Hammers vor, um eine ziemlich gute Vorstellung von diesem von mehreren Tieren dieser Art gleichzeitig und mit geringen Verschiedenheiten in Ton und Stärke ausgeführten Konzerte zu erhalten.

„Wenn man sich dem Orte nähert, wo der Frosch sitzt, so verstummt er; aber wenn man ruhig bleibt, so beginnt er in wenigen Augenblicken von neuem, und man entdeckt ihn nun an einem Grasstengel, Blatt oder niedrigem Zweige oder im Schlamme. Man muß ihn dann schnell ergreifen, denn er ist ein geradezu wundervoller Springer, und er stößt einen lauten und schrillen, höchst überraschenden Schrei aus, einigermaßen dem einer verwundeten Katze ähnlich. Unser Frosch macht in dem seichten Wasser am Rande von Sümpfen und ähnlichen Örtlichkeiten sehr regelmäßige kleine kreisrunde Wasserbecken, die von einem Wall von Schlamm umgeben sind — Kinderstuben für die Kaulquappen."

Der Beobachter berichtet nun weiter, daß bei Gelegenheit der Reinigung und Vertiefung eines in der Mitte seines großen Küchengartens gelegenen Tümpels dieser nahezu entleert und in solchem Zustande bis Anfang 1894 gehalten wurde, wobei das Wasser in der Mitte nicht mehr als 3 oder 4 Fuß tief war. „In den ersten Februartagen bemerkten wir jeden Morgen einige neu angefertigte Walltümpel. Wir mußten nun den Vollmond abwarten, um unsere Beobachtungen anstellen zu können. In der Nacht des 18. Februar näherten wir uns zwischen 9 und 11 Uhr dem Sumpfe, der, wie wir schon aus der Entfernung wahrnehmen konnten, von wenigstens einem Dutzend der großen Laubfrösche eingenommen worden war. Der Mond schien hell und begünstigte unser Unternehmen sehr, aber auch unter diesen Umständen mußten wir unsere Augen erst daran gewöhnen, die Einzelheiten in der Vegetation des Randes und den etwas im Schatten gelegenen Teilen unterscheiden zu können.

„Allmählich entdeckten wir die ‚Schmiede' teilweise an der Arbeit, andere, miteinander am Rand einer Pfütze oder in der Mitte des Sumpfes auf Wasserpflanzen oder dergleichen sitzend, lärmten; diese, deren mäßig aufgeblasene Kehlsäcke wir unterscheiden konnten, waren die Männchen."

Nun begaben sich die Beobachter an eine Stelle, von wo aus fünf der Nester zu sehen waren und die Entstehung von deren einem aus einer Entfernung von nicht mehr als 2 oder 3 Fuß verfolgt werden konnte. „Hier sahen wir zuerst eine schwache Bewegung im Wasser, die durch etwas unter der Oberfläche Umrührendes hervorgebracht wurde. Dann sahen wir eine Masse Schlamm an die Oberfläche kommen, getragen von einem Frosch, von dem nur die beiden Hände sichtbar waren. Wieder untertauchend, brachte der Frosch nach einem Augenblick abermals eine Masse Schlamm herauf, nahe der ersten. Dies wurde oftmals wiederholt, wodurch allmählich ein Ringwall sich erhob. Von Zeit zu Zeit kamen des Erbauers Kopf und Vorderkörper plötzlich mit einer Ladung Schlamm auf der entgegengesetzten Seite zum Vorschein. Aber was uns im höchsten Maße verwunderte, war die Art und Weise, wie der Frosch seine Hände zum Glätten der Innenwand des Schlammwalles benutzte, so wie ein Maurer seine Kelle. Wenn man die Hände untersucht, versteht man sofort, daß sie ausgezeichnete Maurerkellen vorstellen, da die Endglieder der Finger große Erweiterungen tragen. Die sorgfältige Glättung der Wand konnte besser beobachtet werden, als der Wall höher wurde, bis er etwa 4 Zoll Höhe hatte und der Frosch dann genötigt war, aus dem Wasser zu kommen. Die Brustwehr des Walles erfuhr dieselbe sorgfältige Glättung, während die Außenseite vernachlässigt wurde. Die Nivellierung des Bodens wurde gleichzeitig, mit Hilfe der Unterseite (namentlich Bauch und Kehle) und der Hände, ausgeführt. Man kann den Anblick des Walltümpels ganz gut mit dem Krater eines erloschenen Vulkanes, oder aber mit einem großen, mit Wasser gefüllten Suppennapf von einem Fuß Durchmesser vergleichen."

Während der ganzen Arbeit, die vom Weibchen allein geleistet wird, sitzt das Männchen vollkommen untätig auf dem Rücken des Weibchens; wird es erschreckt, so springt es sogleich weg und taucht unter, jedoch nicht sehr weit. Nach einiger Zeit sieht man es in einer Entfernung von wenigen Fuß wieder auftauchen, und wenn alle Gefahr vorüber scheint, erklettert es plötzlich den Wall seines Heims und nimmt seine frühere Stellung wieder ein. Gebaut wird in tiefster Stille — die quakenden Männchen sind unbeweibt und rufen nach einem Weibchen. Ausschließlich wird die Nacht zum Bau der Ringwälle benutzt; bei Tag ist keine Spur von Fröschen um den Sumpf zu beobachten. Der Walltümpel, dessen Bau beobachtet wurde, war in zwei Nächten fertig (18. und 19. Februar); am 20. war er mit Eiern gefüllt, doch waren in anderen Becken erst 4—5 Tage nach der Fertigstellung Eier zu beobachten. 4—5 Tage nach der Eiablage schlüpfen die Kaulquappen aus; heftige Regenfälle zerstören zwar das Nest und befreien manche Quappen vorzeitig, doch verweilen die meisten auf dem Grund und verlassen die Kinderstube erst zur richtigen Zeit. Die Eltern bleiben in der Nähe, sind aber schwer zu entdecken; manchmal wurde das Weibchen am Grunde des Nestes verborgen angetroffen. Die jungen Frösche verlieren ihren Larvenschwanz erst, wenn sie schon 3 cm lang sind.

Eine ähnliche Verwendung der Hände ist nur noch bei einem zweiten Laubfrosch Brasiliens, und zwar ebenfalls von Göldi nachgewiesen worden. Diese lebhaft gefärbte, im Inneren des Urwaldes von Pará auf hohen Bäumen lebende Art, Hyla resinifictrix, schmiert eine Asthöhle mit Harz aus, das von gewissen aromatischen Bäumen, z. B. Protium heptaphyllum, abtropft, und das der Frosch selbst sammeln soll; in die nunmehr wasserdichte, bald mit Regenwasser sich füllende Vertiefung wird der Laich abgelegt.

Schomburgk vergleicht die Stimme des dem Kolbenfuße verwandten, etwas kleineren Ruderers, Hyla crepitans *Wied*, der im nördlichen Südamerika und namentlich in Guayana lebt und sich vom Kolbenfuße nur durch die Drittels- oder Viertelsschwimmhaut der Finger und die mit schwarzen Querstreifen geschmückten Weichen unterscheidet, dem Geräusche, das durch das Einsetzen von Rudern hervorgerufen wird, und versichert, daß er dadurch häufig genug getäuscht worden sei. Er berichtet: „Die Ruderer berühren bei jedem Ruderschlage zugleich den Rand des Corials, wodurch ein eigentümlich hohler Ton hervorgebracht wird, und mag nun das Corial sechs, acht oder zehn Ruder besitzen, so hört man doch immer nur einen sich schnell wiederholenden, taktmäßigen Schlag. An diesem Geräusch erkennt man, besonders während der Nacht, schon in weiter Ferne die Ankunft eines Fahrzeuges. Die Stimme aber, die der Frosch in taktmäßigen, kurzen Zwischenräumen hören läßt, ist diesem Geräusche täuschend ähnlich." Nach demselben Gewährsmann ist diese Froschart in der Nähe der Küste häufiger als im Inneren des Landes.

Einer der niedlichsten Laubfrösche Südamerikas ist der Laubkleber, Hyla leucophyllata *Beiris*, ein Tierchen, das mit 4 cm kaum die Größe unseres Laubfrosches übertrifft und sich durch schlanken Leib sowie stumpfen Vorderkopf auszeichnet. Seine Pflugscharzähne stehen in zwei kleinen Gruppen genau zwischen den inneren Nasenöffnungen; Zweidrittel-Schwimmhäute, die aber nicht die Haftscheiben des zweiten und des vierten Fingers erreichen, verbinden den Grund der Finger; das wenig deutliche Trommelfell ist von halber Augengröße. Die Färbung der Oberseite ist ein schönes Rotbraun; es wird jederseits durch einen gelblichweißen, zuweilen silberglänzenden Streifen eingefaßt, der über dem Auge beginnt, sich längs der Seiten hinabzieht und mit einem spitzen Winkel am Steiß endet, hier wie vor den Augen einen dreieckigen Fleck bildend; der Oberschenkel ist matt rötlichweiß, der Unterschenkel braun, auf der äußeren Seite seiner ganzen Länge nach in ähnlicher Art weiß gestreift wie der Rumpf, die Unterseite gelblichweiß.

Der Laubkleber verbreitet sich über Guayana, Brasilien und Ecuador, wo er die Waldungen bewohnt und in der Höhe der Baumkronen sich aufhält. Über seine Lebensweise

Laubkleber, Hyla leucophyllata *Beiris*. Natürliche Größe.

sind wir nicht näher unterrichtet; ich habe das Tierchen auch bloß seiner schönen Färbung wegen hier erwähnt.

Einige nordamerikanische Laubfrösche mögen hier noch wenigstens Erwähnung finden, nicht deshalb, weil sie etwa in ihrer Lebensweise und in der Art ihrer Fortpflanzung etwas besonders Merkwürdiges an sich hätten, sondern weil sie zu den häufig und ziemlich regelmäßig zu uns gelangenden Arten gehören und durch hübsche Färbung und die leichte Gewöhnung an unser Klima in viele unserer Laubfroschhäuser Eingang gefunden haben. Der bekannteste von ihnen ist der Farbenwechselnde Laubfrosch, Hyla versicolor *Lec.* (Abb., S. 242), der sich von seinen nordamerikanischen Verwandten durch die kurze Spannhaut zwischen den äußeren Fingern, die Lage der Gaumenzahngruppen zwischen den inneren Nasenlöchern, die etwas warzige Haut, die gefleckte Oberlippe und die lebhaft gelben, grob dunkler genetzten Hinterbacken unterscheidet, im übrigen in Größe und Gestalt unserem einheimischen

Laubfrosch überaus ähnlich ist. Seinen Namen trägt er mit Recht, denn die in der Regel hellgraue Grundfarbe der Oberseite, die mit dem Grau der Flechten an den von ihm bewohnten Bäumen übereinstimmt, kann je nach dem gewählten Aufenthaltsorte in Tiefbraun, und von nahezu Weiß in ein schönes Grün übergehen, doch erfolgt die Veränderung nicht eben rasch. Cope nennt diese Art gemein in den östlichen und nördlichen Vereinigten Staaten, wo sie von Kanada bis gegen Mexiko vorkommt. Die Stimme ist ein lauter, rauher, nachklingender, in gleicher Tonhöhe ausgestoßener, einige Sekunden fortgesetzter Triller, dem man im Frühling in der Nähe der Gewässer, wo sich die Geschlechter zusammenfinden, später aus Hecken, Obstgärten und Wäldern, oft aus geringer Höhe vom Boden zu hören bekommt. Gegen Abend nach einem Regen werden die Tiere besonders lärmend; an trüben Tagen mit

Farbenwechselnder Laubfrosch, *Hyla versicolor Lec.* Natürliche Größe.

Sprühregen kann man sie zu allen Tageszeiten vernehmen. Ein Herr Jakob Geismar teilte Cope einen bei Laubfröschen nicht ganz ungewöhnlichen Fall von Zähmbarkeit mit. Er hielt eine Anzahl dieser Frösche in einem Käfig nahe dem Fenster. Während des Tages waren beide Flügel geöffnet, die Frösche konnten das Zimmer verlassen und sich im benachbarten Obstgarten einrichten, wo man ihre Stimme während des Abends vernahm. Während der Nacht kehrten sie zurück und wurden am Morgen wieder an gewohnter Stelle gefunden.

Die Eier werden in kleinen Klumpen an Grashalmen, dünnen Ästchen und dergleichen in seichten Sümpfen abgelegt; die eben verwandelten Fröschchen sind sehr klein.

Der Farbenwechselnde Laubfrosch hat bei unseren Lurchpflegern einen üblen Ruf, da seine Hautausscheidung durch ihre Giftigkeit andere mit ihm zusammengehaltene Laubfrösche töten soll, wie von mehreren Beobachtern übereinstimmend mitgeteilt wird. Andere wieder, wie Krefft, haben davon nichts bemerkt, so daß die Frage noch ungelöst erscheint. Möglicherweise ist die Ausscheidung reichlicher und schärfer, wenn die Tiere zu sehr gedrängt beisammen leben, wie das auch z. B. bei Unken beobachtet werden kann.

Eine in der Regel kleinere Art ist der Königslaubfrosch, Hyla regilla *B. G.*, dessen Finger bis zum Grunde frei sind; auch bei ihm ist die Rückenhaut etwas warzig. Während aber der Farbenwechselnde Frosch auf dem Rücken eine etwa sanduhrförmige dunkle Zeichnung trägt, finden wir beim Königslaubfrosch den Rücken entweder, wie anscheinend meist beim Männchen, mit einem breiteren oder schmäleren kupferfarbigen Längsband geziert, das nach vorn sich gabelt und einen Ast zu jedem Augenlid entsendet, sonst laub- bis spangrün mit oder ohne dunkleren Längsfleck an den Körperseiten und ebensolchen Querbinden auf den Gliedmaßen. Es kann aber auch das Längsband ganz fehlen, und die Seitenflecke können bald kleiner, weniger hervortretend, oder sehr groß, scharf abstechend, kastanienbraun gefärbt sein. Bei den oberseits grauen, ins Grüne oder Rötliche spielenden, schlankeren Weibchen sind olivengrüne oder braune Flecke auf dem Hinterkörper, ebensolche Querbinden auf den Gliedmaßen und meist ein breites Längsband an jeder Seite vom Schulterblatt bis zur Kreuzbeingegend vorhanden; ein dunkel olivenbrauner bis schwarzer Zügelstreifen vom Nasenloch zum Auge, vom hinteren Augenrande zur Schulter ziehend, eine mehr oder weniger grüngelbe oder dottergelbe Färbung in der Lendengegend und an der Beugeseite der Hinterbeine ist dagegen nach Krefft, dem wir diese Angaben entnehmen, bei beiden Geschlechtern zu beobachten. Die Kehlhaut des Männchens ist grüngelb, längs gefaltet.

Krefft hat auch gefunden, daß der Königslaubfrosch, unähnlich der vorigen Art, fast gar keinen Farbenwechsel in dem Sinne wie andere Laubfrösche erkennen läßt, daß er also nur dunkler oder heller werden kann, je nach den äußeren Einflüssen. Auch hat er sich als ein sehr lichtscheues, dabei auch in der Dämmerung nicht eben lebhaftes Tier herausgestellt, das wegen der verhältnismäßig kleineren Haftscheiben keine große Neigung hat, an Glasscheiben emporzuklettern, obwohl es sich an ihnen ganz gut festzuhalten vermag.

Trotz seiner nächtlichen Lebensweise quakt der Königslaubfrosch auch bei Tage; seine Stimme ist rauher, tiefer als beim Farbenwechselnden, und die Zwischenräume zwischen den einzelnen, auch länger ausgehaltenen Lautäußerungen sind größer; der sonst übliche Ruf „Raak“ wird im Frühjahr abweichend in Absätzen Ra-aak, gleichsam stotternd hervorgebracht, oder aber in Ra-kä verändert, wobei es scheint, als ob der Frosch die beim ersten Lauttempo „Rä“ ausgestoßene Luft beim zweiten Tempo „kä“ wieder in die Lungen einschlürft.

Den Tag verbringt dieser Frosch entweder an dunklen Stellen, oder an solchen, die ihn leicht übersehen lassen, z. B. an recht rissiger Borke. Durch Druck mit den Fingern kann man den Frosch zur Ausscheidung seines Drüsensekrets bringen, das in seinem Geruch an Seekrebse erinnern soll, wie das des Andersonschen Laubfrosches, Hyla andersoni, an grüne Erbsen. Große Hitze ist dieser Art schädlich.

Der dritte im Bunde ist der schlanke Carolinalaubfrosch, Hyla carolinensis *Penn.* Er wird etwas größer als die beiden vorgenannten Laubfrösche Nordamerikas, nämlich nahezu 6 cm lang; die Farbe seiner Oberseite ist ein schönes Mai- oder Grasgrün, das in Grau, Olivengrün oder Sepiabraun übergehen kann; manchmal weist die vollkommen glatte Haut vereinzelte goldfarbige Spritzer auf, die beim Farbenwechsel sich nicht verändern. Die Unterseite ist graulich-weiß, die Aftergegend und die größeren Gelenke reinweiß; ein mehrere Millimeter breiter heller Seitenstreifen zieht von der Schnauze unter dem Auge am Halse entlang, nach rückwärts bis über die Bauchmitte hinaus innerhalb des Grüns der Flanke, parallel zu dessen Bauchgrenze; einen ebensolchen hellen Rand zeigt auch oft das Grün der Oberseite vom Unterschenkel. Diese Streifen können matt golden, matt silberfarbig oder rein milchweiß sein.

Hyla carolinensis ist über das östliche Nordamerika von Carolina bis Florida und Texas verbreitet. Kreſſt sagt von ihm, er mäste sich in Gefangenschaft nicht so leicht wie andere Laubfrösche, sondern bleibe stets schlank, was teilweise auf den langen Rumpf, die lange Schnauze und namentlich die langen, schmächtigen Hinterbeine zurückzuführen ist. Ungleich dem vorhin genannten Königslaubfrosch ist der Carolinafrosch dem Tageslicht nicht abhold, sondern sitzt jederzeit sichtbar auf einem Blatte oder Zweige. Die Stimme des Männchens soll dem Bellen eines geärgerten Hundes ähnlich sein. Der Kehlsack wölbt sich nur während des Rufes vor, in der Zwischenzeit steht er bloß als eine kleine halbkugelige Blase über dem Niveau der Kehlhaut, während er bei anderen Laubfröschen bekanntlich auch noch nach dem Quaken oft längere Zeit ausgedehnt bleibt. Die dunkle Kehlfärbung ist bei dieser Art nicht immer ein Abzeichen des Männchens, sondern es gibt auch weißkehlige Männchen, die nur an der Längsfaltung der Kehle als solche erkennbar sind. Daraus, daß der Carolinalaubfrosch bis weit in die Südstaaten der Union verbreitet ist, darf geschlossen werden, daß er eine ganz ansehnliche Hitze verträgt; doch braucht er dann mehr Feuchtigkeit.

Der kleine, nicht über 3 cm lange Pickeringsche Laubfrosch, Hyla pickeringi *Holbr.*, eine im östlichen Nordamerika sehr häufige, durch ihre überaus laute und schrille Stimme besser als vom Sehen bekannte Art, kommt schon an den ersten schönen Tagen des Frühlings aus seinem Winterquartier und belebt die kälteren Sümpfe und Wiesen des Hügellandes. Die Muskelkraft, die beim Quaken angewendet wird, um die Luft aus den Lungen zu pressen, scheint, nach Cope, die Seiten des Tierchens bis zur Berührung zusammenzupressen, während gleichzeitig der Kehlsack zur Größe des ganzen Frosches anschwillt. Seinen Rücken ziert ein X-förmiger dunkler Fleck, vor dem eine V-förmige Figur steht, während ihm eine Λ-förmige folgt. Nach der Paarungszeit findet man den graugelben bis rötlichbraunen Frosch unter abgefallenen Blättern, in Kellern oder auf dem Boden der Wälder; erst beim Herannahen des Herbstes besteigt dieser Laubfrosch die Bäume, und das Männchen läßt bis zum Eintritt des Winters noch bei Tage ein schwaches Pfeifen hören.

Schließlich soll noch eine der westindischen Arten, der mächtige, auf Cuba und Haiti lebende Riesenlaubfrosch, Hyla septentrionalis *Tsch.*, hier Erwähnung finden. Dieser bis 10 cm Länge erreichende Frosch hat mit einigen anderen westindischen und einer brasilischen Art die Eigentümlichkeit gemeinsam, daß die rauhe Oberfläche des Schädeldaches mit der darüberliegenden Kopfhaut fest verwachsen ist, was man leicht daran erkennt, daß die Kopfhaut sich als nicht verschiebbar erweist und die knöcherne Kopfplatte sich wenigstens nach hinten deutlich von der übrigen Haut abhebt. Die Oberseite des Frosches ist etwas warzig, bald glatter, bald rauher, je nachdem die einzelnstehenden, etwa hanfkorngroßen Warzen über die dazwischenliegenden feingekörnten Hautbezirke vorragen oder nicht. Die Augen und die Haftscheiben der Finger und Zehen sind groß, erstere treten besonders bei Nacht stark hervor; die Kehlhaut des Männchens ist nicht stark gefaltet, da dieses nicht eine einzige unter der Kehle liegende Schallblase besitzt, sondern jederseits eine kleinere hinter jedem Mundwinkel, wie unser Wasserfrosch.

Die Färbung des Cubafrosches ist, mit Ausnahme der rein braunen Kopfplatte, mehr oder minder hell gelblichgrau mit dunklem, verwaschenem Marmormuster; ausnahmsweise kommen auch schön moosgrüne Stücke vor; ein Farbenwechsel wurde wenigstens von Kresft, dem wir die Angaben über diesen stattlichen Baumbewohner entnehmen, nicht beobachtet.

Kresfts Pfleglinge verbrachten den Tag über bis zum späten Abend in träger Ruhe hoch oben auf den fast wagerecht abzweigenden Zierkorkästen des Terrarium-Kletterbaumes, begannen aber gegen 10 Uhr abends munter zu werden und zuerst in das Wasserbecken hinabzusteigen, um dort ein Bad zu nehmen; dann setzten sie sich auf den Uferrand und machten von hier aus Jagd auf die herumkriechenden Mehlwürmer. Anderen, kleineren Fröschen gegenüber erwiesen sich die Cubaner als friedliebend; hohe Temperatur (gegen 30° C) sagte ihnen sehr zu: das größte Stück Kresfts suchte nach Beendigung seiner nächtlichen Jagd jedesmal dieselbe warme Stelle an dem mit Zierkork überdeckten Terrariumofen auf, zwischen der Borke und einem darüber gespannten Bindfaden, der ihm als Rückenlehne während der Tagessiesta dienen mußte; es lieferte damit gleichzeitig, wie Kresft hervorhebt, einen Beweis für seinen, wie auch bei vielen anderen Terrarientieren entwickelten Orientierungssinn. Die Hautabsonderung des Frosches rief ähnliche Wirkungen auf die Nasenschleimhäute hervor wie die unseres deutschen Laubfrosches: ein heftiger, ein bis zwei Stunden andauernder Schnupfen — starkes Niesen, Anschwellen der Nasenschleimhaut und Augentränen — war die Folge der Benutzung eines Taschentuches, an dem sich Kresft nach der Berührung des Frosches die Hände abgetrocknet hatte.

Einer der stattlichsten Laubfrösche überhaupt ist der australische Korallenfinger, Hyla coerulea *White*, dessen deutscher Name ebenso unpassend ist wie der wissenschaftliche, denn seine Finger sind ebensowenig korallenfarben, wie der Frosch selbst blau ist. Er wird über 8 cm lang und ist im allgemeinen in seiner Gestalt ein vergrößertes Abbild unserer heimischen Art, jedoch etwas derber und plumper; der Kopf ist breiter, die Schnauze kürzer und abgestutzter, die Haftscheiben mächtiger entwickelt, auch die Füße derber, namentlich die Vorderfüße nennt Lorenz Müller, der überhaupt eine gute Beschreibung dieses Riesenlaubfrosches gibt, „wahre Pratzen". Die Oberseite ist leuchtend blattgrün, die Unterseite weißlich, mit Ausnahme der Innenseite der Hinterschenkel, die blaß bräunlichrot ist. Die Iris ist schön golden. Bei manchen Tieren finden sich auch auf der grünen Oberseite weiße Zeichnungen, namentlich ein Längsstreifen auf dem Oberlippenrande von unterhalb des Auges bis unter das Trommelfell ziehend, ein kürzerer auf der Schulter, ein längerer auf der Außenseite des Unterarms, am Hinterrande des Unterschenkels; lebhaft weiße, oft dunkelgesäumte Flecke stehen am Oberarm und an den Rumpfseiten.

Lankes konnte an dem Korallenfinger, an dem Werner bei seinen ersten Exemplaren keinen Farbenwechsel beobachtete, eine allerdings nicht sehr auffallende Veränderung von Hell- in Dunkelgrün, ja sogar in Fahlbräunlich nachweisen, an späteren Pfleglingen fand Werner dann auch die Beobachtungen von Lankes insoweit bestätigt, als er sie nicht nur dunkelgrün, sondern auch gar nicht selten braunviolett, jedoch niemals fahlbraun oder fahlgelblich sah, eine Färbung, die, wie Lankes wohl richtig vermutet, stets ein Zeichen von Unbehagen oder Krankheit ist; vor dem Tode tritt die normale grüne Färbung wieder auf.

Die Nahrung des Korallenfingers ist sehr mannigfaltig. Werner fütterte seine Stücke anfangs mit großen Fliegen, dann mit Laubheuschrecken von beträchtlicher Größe (Ephippiger vitium), nebenbei hausten die Korallenfinger aber arg unter den ihnen beigesellten erwachsenen Laubfröschen. Lankes gibt an, daß der Frosch auch kleine bis halbwüchsige Zaun- und Bergeidechsen, junge Gras- und Springfrösche, halbfingerlange Elritzen,

Goldfische und Bitterlinge, von Insekten Weichkäfer und Käferlarven, Schmetterlinge, namentlich Schwärmer, Heuschrecken, Spinnen, Schnecken, auch solche mit Gehäuse, und Regenwürmer verzehrte.

Von unserem Australier haben manche der ersten Beobachter in Europa übereinstimmend angegeben, sie hätten nie seine Stimme gehört, so daß Müller sogar zweifelt, ob J. v. Fischer, der ihn ziemlich laut quaken hörte, den richtigen Frosch vor sich gehabt habe. Später haben Lankes, Werner, Krefft und Knauer das Männchen quaken hören. Die Stimme ist sehr laut und kräftig. Lankes beschreibt den Ruf dieses Frosches als ein sechs- bis achtmal wiederholtes, immer stärker werdendes „Kru" oder „Gru"; einmal wurde der Ruf, den Gadow seinerseits mit dem Bellen eines geärgerten Hundes vergleicht, sogar 14mal wiederholt. Der Korallenfinger beginnt an schönen Tagen des April, sonst im Mai seine Stimme zu erheben; die letzten Rufe werden im September vernommen. Werner sowohl als Gadow beobachteten, daß der Korallenfinger ebenso wie unser Laubfrosch auf laute Geräusche durch Quaken antwortete. Obwohl der Frosch sich ohne Schaden im ungeheizten Zimmer überwintern läßt, fühlt er sich darin doch die ganze Zeit über anscheinend unbehaglich, sitzt lange unbeweglich zusammengekauert mit geschlossenen Lidern da und verschmäht jede Nahrung; seine Färbung ist dann stets unscheinbar, fahl oder schmutzig braunviolett. Immer aber sind seine Bewegungen langsam und bedächtig; bei Tage sitzt er in der Regel stundenlang still auf demselben Fleck. Riedel erzählt von dem unerschütterlichen Gleichmut dieses Frosches folgenden heiteren Vorfall. Ein Stück war von ihm nach Ingolstadt mitgenommen worden, um dort vorgezeigt zu werden. Auf den Deckel eines Maßkruges gesetzt, blieb das Tier eine volle halbe Stunde ruhig sitzen und ließ sich auch dann nicht aus seiner Ruhe bringen, wenn der Besitzer des Kruges daraus trank und daher den Deckel heben mußte; es griff dann höchstens mit seinen breiten, mächtigen Händen über den Rand des Zinndeckels hinweg, um sich so vor dem Heruntergleiten zu schützen. Nachdem der Krug wieder in die normale Lage gebracht worden war, setzte sich der Frosch sofort wieder zurecht und legte seine Vorderfüße in der für die Laubfrösche eigentümlichen Weise nach einwärts unter der Kehle übereinander. Lankes gibt an, der Korallenfinger vermeide den direkten Sonnenschein, während Riedel und Gadow ihn auch im grellen Sonnenlichte schlafend fanden, wobei er aber keine bemerkenswerte Aufhellung der grünen Färbung wie unser Laubfrosch erkennen ließ. Jedenfalls ist er ein nächtliches Tier, das erst bei Eintritt der Abenddämmerung munter wird und auf Beute ausgeht, wenngleich er auch tagsüber für jede Art Futter empfänglich ist. Seine bei Tage auf einen haarfeinen wagrechten Spalt geschlossene Pupille erweitert sich am Abend so sehr, daß das ganze Auge tiefschwarz erscheint.

Gadow nimmt an, daß die weißen Flecke, die manche Korallenfingerfrösche aufweisen, von einer Ablagerung von Guanin, eines weißen Farbstoffes, herrühren, und beobachtete, daß die Flecke nicht nur ganz unregelmäßig angeordnet sind, sondern auch zeitweilig vollständig verschwinden können, während andere an ihrer Statt auftreten. Derselbe Beobachter berichtet auch, daß eines seiner Stücke Schnecken (Helix virgata) verzehrte, ein halbes Dutzend nacheinander, und am folgenden Tage die geleerten Schalen in Form eines Klumpens erbrach, wobei die Zunge und etwa die Hälfte der umgestülpten Speiseröhre aus dem Rachen heraushingen, um dann langsam wieder zurückgezogen zu werden. Wenn die Frösche ihre nächtlichen Wanderungen, wobei sie weite Sprünge von Blatt zu Blatt ausführen, beendet haben, suchen sie ihre gewöhnlichen Ruheplätze wieder auf, und man ist sicher, sie Tag für Tag genau an demselben Fleck wieder anzutreffen. Entfernt aber ein Mensch einen Korallenfinger von seinem Stammsitz und setzt ihn dann wieder hin, so meidet das Tier den Platz für vielleicht eine Woche und sucht sich eine andere Ruhestätte.

In letzter Zeit hat Knauer die Angaben über das Gefangenleben dieses Laubfrosches ergänzt, und wir wollen auch ihm in Anbetracht des Umstandes, daß der Korallenfinger ein Liebling aller Lurchfreunde geworden ist, noch das Wort erteilen: „An diesen ausdauernden Froschlurchen, die man selbst im ungeheizten Zimmer überwintern kann, und die im gleichmäßig warmen Zimmer den ganzen Winter über munter bleiben (während ich diese Zeilen schreibe, haben wir nacheinander kalte Nächte mit 2—3° C gehabt, und doch verkrochen sich meine Korallenfinger nicht, sondern blieben auf ihren gewöhnlichen Plätzen, der eine mit Vorliebe auf einem glatten Stein), wird der Lurchfreund seine wahre Freude haben. Ich kann nicht finden, daß der Korallenfinger ein ausgesprochenes Nachttier ist, denn er ist in der Nacht nicht lebhafter als am Tage. Er macht tagsüber keinen Versuch, sich dem grellen Lichte zu entziehen, bleibt stundenlang direkt in der Sonne sitzen und ist sofort bereit, Jagd auf die ihm vorgeworfenen Futtertiere zu machen. Nachttiere würden sich anders benehmen. Wie individuell aber manche Eigenschaften bei Tieren sind, zeigt das Verhalten eines meiner Korallenfinger, der, sowie die Nacht heranrückt, unter ein im Zwischenfenster, dem Lieblingsaufenthalt meiner Korallenfinger, ausgebreitetes Tuch sich verkriecht, während die anderen dies nicht tun und, unter das Tuch gebracht, rasch wieder hervorkommen, selbst in kalten Nächten von diesem Schutze keinen Gebrauch machen.

„Ganz außerordentlich ist die Gefräßigkeit dieses Laubfrosches. Mehlwürmer, Regenwürmer, Fliegen aller Art, Schmetterlinge, Heuschrecken, Küchenschaben werden in großer Menge vertilgt, ja auch Gehäuseschnecken, kleine Eidechsen und Laubfrösche nicht verschont. Ein Korallenfinger verschlang innerhalb einer Stunde 87 Ochsenbremen, ein anderer bei einer Mahlzeit 45 Heuschrecken der Art Locusta viridissima. Krefft und andere haben über die Mäuse- und Vögeljagd dieses gefräßigen Lurches berichtet. Nach solchen ausgiebigen Mahlzeiten erscheint der Leib zum Zerspringen prall. Aber die Verdauungsfähigkeit hält mit dieser Gefräßigkeit Schritt. Schon am selben Tage gehen die bis 4 cm langen, über 1 cm breiten, walzigen Kotballen ab. Mit kleineren Lurchen darf man also die Korallenfinger nicht zusammenhalten.

„Das Grün des Leibes bleibt auch bei grellstem Lichtwechsel unverändert von gleicher Nuance, unterliegt also keinem Farbenwechsel. — Wie bei unserem heimischen Laubfrosch, verrät sich auch beim männlichen Korallenfinger die Stelle des inneren Vokalsackes durch die bräunliche Färbung. Das erstemal hörte ich den im Verhältnis zur Größe dieses Hyliden nicht besonders lauten Ruf in einer Julinacht, am Morgen stellte sich dann Regenwetter ein. Ein zweites Mal, ein paarmal nacheinander, ließen sich meine Korallenfinger hören, als ich sie in Gegenwart des Photographen Rudolf Adam und des Lehrers Kraft in Himberg nach erfolgter photographischer Aufnahme in ihren Behälter zurückgebracht hatte. Wieder ein anderes Mal quakte ein Exemplar, als es in ein laues Bad gebracht wurde. Eigenartig hört sich ihr Grunzen an, wenn z. B. eine Eidechse auf sie zukommt.

„In seinen Bewegungen ist der Korallenfinger, wenn er auch meist stundenlang auf demselben Platze hockt, sehr gewandt, macht, wenn es not tut, weite Sätze, klettert im Nu die senkrechte Glaswand empor. Nimmt man ihn rasch in die Hand, dann hält er sich fest einerseits mit den Vorderfüßen an der Hand, anderseits mit den Hinterfüßen an einem Steine, dem Terrarienrand oder sonstigem Halt fest, die Finger und Zehen haften wie angeleimt und, wenn man ihn rasch wegzieht, dehnen sich die Hinterbeine, an ihrer Grundlage festhaltend, so daß man glaubt, sie müßten reißen. Man muß behutsam die Zehen ablösen, wenn man dem Tiere nicht wehe tun will. Auffälligen Veränderungen unterliegt der Ausdruck des Auges, das bald ganz verglast, von der Nickhaut teilweise verdeckt, trübe blickt und die Pupille zu einer schmalen Ellipse verkleinert zeigt, bald wieder als große Halbkugel mit prächtig glänzender Iris und stark erweiterter Pupille hervorquillt. Sonderbar ist auch das Zielen des Auges auf die Beute. Immer wieder wähnte ich einen solchen Frosch ganz in anderer Richtung blickend, während er ganz unerwartet nach einem Wurme ganz in der Nähe schnappte."

In Neuguinea, im Bismarckarchipel und auf den Inseln westlich von Neuguinea bis zu den Molukken und den kleinen Sunda-Inseln wird **Hyla coerulea**, die über ganz Australien verbreitet ist, durch die noch viel größere **Hyla dolichopsis** *Cope* ersetzt. Dieser dem Korallenfinger in Färbung und Gestalt sehr ähnliche Riesenfrosch, der bis 12 cm lang wird, unterscheidet sich von seinem australischen Verwandten durch die noch größeren Haftscheiben an Fingern und Zehen, die größeren Schwimmhäute zwischen den Fingern, die viel längeren Hinterbeine, die, an den Körper nach vorn angelegt, mit dem Fersengelenk wenigstens die Schnauzenspitze erreichen.

Im Aussehen und Gehaben weicht der ganz Australien und Tasmanien bewohnende Goldlaubfrosch, **Hyla aurea** *Less.*, nicht allein von seinem vorhin beschriebenen australischen Vetter, sondern von allen bisher behandelten Laubfröschen ab und erinnert viel eher an einen Wasserfrosch. An Größe steht er kaum hinter dem Korallenfinger zurück, indem er 8—8½ cm Länge erreichen kann. Seinen Namen verdankt er dem Goldschimmer, der auf der Oberseite bei den meisten Stücken dieser Art mehr oder weniger deutlich zu bemerken ist; einzelne besonders prächtige Tiere können sogar auf schön laubgrünem Grunde mit leuchtenden Goldflecken besät sein, während andere nur eine unscheinbare braune Färbung aufweisen. Lorenz Müller, dessen ausgezeichneter Schilderung des Goldlaubfrosches unsere Angaben entnommen sind, sagt, auf der Oberseite des Tieres kämpften zwei Farben um die Herrschaft: das Blattgrün und der Goldton. Bald kann das Grün bis auf ganz kleine Fleckchen von der Goldbronzefärbung verdrängt sein, bald die grüne Färbung mit Goldflecken oder die Goldbronzefärbung mit grünen Flecken auftreten. Wundervoll ist bei allen Stücken, ob oberseits prächtig oder schlicht, das leuchtende Grünblau auf der Innenseite der Ober- und Unterschenkel; alle haben auch eine weißgefärbte Unterseite des Körpers, einen schwarzen Streifen vom Nasenloch zum Auge sowie hell bronzeschimmernde, dunkel genetzte Rumpfseiten; ebenso ist die Iris stets prächtig golden.

Müller bemerkt weiter: „So variabel unser Frosch in seiner Färbung ist, so konstant ist er in seiner Form. Die Ähnlichkeit mit einer **Rana** ist so groß, daß selbst ein Kenner beim ersten Anblick den Frosch für eine **Rana** halten könnte. Dazu kommt noch, daß die Haftscheiben bei **Hyla aurea** sehr klein sind . . . Verstärkt wird das ranaartige Aussehen noch durch die beiden ziemlich starken Seitenwülste, welche sich von den hinteren Augenwinkeln nahezu bis zu dem Ansatz der Hinterfüße hinziehen. Zwei kürzere, schwächere Wülste laufen in der Mitte zwischen diesen Seitenwülsten und der Wirbelsäule etwa vom Schulter- bis zum Beckengürtel.

„In der Gefangenschaft benimmt sich **Hyla aurea** entsprechend ihrer Gestalt höchst ranaartig. Nur sehr selten sieht man sie in einer Ecke des Terrariums an den Scheiben kleben. Wie eine Rana sitzt dieser Laubfrosch tagaus tagein auf den Steinen oder dem Moos des Terrariums, mitunter auch stundenlang im Wasser. An den Scheiben umherklettern, wie dies sein Landsmann, Hyla coerulea, abends so gerne tut, sieht man ihn nicht. Auch darin gleicht er den Rana-Arten, daß er, wenigstens im Anfang der Gefangenschaft, wie toll herumspringt, wenn man sich etwas hurtig seinem Behälter nähert."

Müllers Goldlaubfrösche setzten sich gern zwischen die mit Moos bedeckten Steine ins Wasser, so daß nur die Schnauzenspitze hervorragte. Sie waren dann fast ganz schwarz gefärbt.

Goldlaubfrosch, Hyla aurea *Less.* 3/4 natürlicher Größe.

Der Farbenwechsel ist bei dem Goldlaubfrosch überhaupt sehr stark und tritt oft sehr plötzlich ein. Wenige Augenblicke genügen, und das eben noch leuchtend bunte Tier ist schwarz.

Das Männchen von Hyla aurea hat zwei innere Schallblasen; seine Stimme ist, nach Müller, ein ziemlich kräftiges, langgezogenes Kroaa-a-a, das der Goldfrosch im Sommer nicht allzuselten erschallen läßt. Seine Lieblingsnahrung sind kleine Frösche, namentlich Tau- und Teichfrösche, während Laubfrösche ihres scharfen Hautsekrets wegen nicht gern genommen werden; aber auch Mehlwürmer, Regenwürmer, Fliegen und Schaben werden mit Gier gefressen. Ein erwachsener Frosch dieser Art verzehrt wöchentlich wenigstens einen 3—4 cm langen Frosch, im Sommer meist sogar deren zwei. Wie den Korallenfinger kann man ihn in ungeheiztem Zimmer überwintern, wo er aber Freßlust und Farbenpracht verliert. Der Beschreibung Müllers wäre nur noch hinzuzufügen, daß schon in der Art und Weise, wie sich Goldlaubfrosch und Korallenfinger benehmen, wenn man sie in die Hand nimmt, ein merklicher Unterschied kundgibt. Während Hyla coerulea in der Regel ruhig auf der Hand sitzen bleibt oder langsam heruntersteigt, wehrt sich der Goldfrosch aus Leibeskräften und ist sofort auf und davon, wenn man ihn losläßt.

Beide hier beschriebene australische Arten legen ihre Eier, wie Fletcher mitteilt, in weißen, schaumigen Klumpen während der Monate August und September in das Wasser ab. Ist der Frühling sehr trocken, so verzögert sich die Paarung bis zum folgenden Januar; andere australische Laubfrösche laichen dagegen zu jeder günstigen Jahreszeit.

Wie verschiedenartig die Fortpflanzung der Laubfrösche sein kann, beweist unter anderem der in Ecuador und Peru heimische Taschenfrosch, Nototrema marsupiatum *D. B.*, der die Gattung der Beutelfrösche (Nototrema *Gthr.*) vertritt. In ihrer Gestaltung unterscheiden sich die fünfzehn bekannten, im tropischen Amerika wohnenden Arten der Gattung durchaus nicht wesentlich von den eben genannten Laubfröschen; das Weibchen aber trägt auf dem Rücken eine nach hinten sich öffnende Tasche von etwa 1 cm Tiefe, die in jeder Hinsicht an jene der Beuteltiere erinnert und auch wirklich dazu dient, die Eier während der ersten Zeit ihrer Entwickelung oder bei anderen Arten bis zur vollen Verwandlung der Jungen in sich aufzunehmen (vgl. auch die beigeheftete Tafel). Duméril und Bibron kannten, als sie den Taschenfrosch beschrieben, die Bedeutung des Beutels noch nicht, vermuteten aber selbstverständlich das Richtige. Höchstwahrscheinlich streicht das Männchen während der Begattung die von ihm befruchteten Eier mit den Hinterfüßen in des Weibchens Tasche, die sich, wie einige Stücke bewiesen haben, im Verlaufe der Entwickelung der Eier über den ganzen Rücken ausdehnt und dem Tiere dann ein unförmliches Aussehen verleiht. Wenn die jungen Tierchen ihre Verwandlung so weit beendet haben, daß sie als Quappen ausgekrochen und hinreichend erstarkt sind, trägt sie die sorgliche Mutter zum Wasser und überläßt sie hier sich selbst. Bei dem Bleifarbenen Taschenfrosch, Nototrema plumbeum *Blgr.*, von Ecuador wurde dasselbe beobachtet. Bei anderen Arten der Gattung, wie bei dem gleichfalls in Ecuador und Peru vorkommenden Schildkrötenfrosch, Nototrema testudineum *Espada*, und dem mittelamerikanisch-venezolanischen Eierträger, Nototrema oviferum *Weinl.*, durchlaufen die Jungen ihre vollständige Entwickelung innerhalb der Bruttasche, bedürfen überhaupt keines Wasseraufenthaltes und kriechen als vierbeinige Fröschchen aus. Dasselbe dürfte auch für den Gehörnten Beutelfrosch, Nototrema cornutum *Blgr.*, von Ecuador gelten.

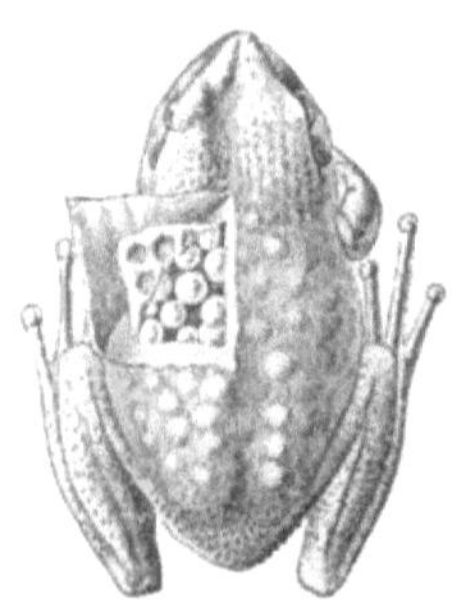

Taschenfrosch, Nototrema marsupiatum *D. B.*, Brutbeutel geöffnet. Nach Boulenger, „Les Batraciens", in „Encyclopédie Scientifique" (Paris 1910).

Der Taschenfrosch unterscheidet sich von den übrigen Arten der Gattung durch die nicht mit den Schädelknochen verwachsene Kopfhaut, die verhältnismäßig kurzen Beine und den schmalen Stirnraum zwischen den Augen, der nicht breiter ist als das Augenlid. Er gehört zu den buntesten Arten der Gattung. Die Grundfärbung der Oberseite ist ein schönes Grünblau, die Zeichnung besteht aus dunkelgrünen, hell eingefaßten Längsstreifen und Flecken, die sich bald nähern, bald wieder voneinander entfernen und so regelmäßige Figuren darstellen; die Beine sind mit dunkleren Ringen, Bändern, Streifen, Flecken und Punkten

Brutpflegende Laubfrösche.

1 Amphignathodon guentheri *Blgr.*, 2 Ceratohyla bubalus *Espada*, 3 u. 4 Nototrema marsupiatum *D. B.*

gezeichnet. Bei einzelnen Stücken, besonders bei Männchen, weicht die Zeichnung des Rückens insofern ab, als die einzelnen Felder, die von den hellen Linien umschlossen werden, kleiner und unregelmäßiger sind.

Über den Keimlingszustand des dem Taschenfrosche nahe verwandten Eierträgers Nototrema oviferum *Weinl.* hat D. F. Weinland berichtet. Unter einer kleinen Anzahl von Lurchen, die dem Berliner Museum eingesendet worden waren, fiel einer dieser Frösche durch seinen bedeutenden Leibesumfang auf, der, wie man schon durch Betasten wahrnehmen konnte, von vielen, mehr als erbsengroßen Eiern, die den Rücken füllten, herrührte. Schon eine solche Größe bei Froscheiern im Mutterleibe war ungewöhnlich, noch mehr aber ihre Lage; denn man erkannte, daß sie nicht nur an den Seiten der Wirbelsäule, sondern zum Teil auch auf dieser selbst lagen. Dieses merkwürdige Verhalten führte bei näherer Besichtigung zur Entdeckung der Spaltöffnung auf dem Hinterrücken, und die genauere Untersuchung ergab, daß jene Öffnung nach rechts und links in Säcke führte, die sich weiterhin nach den Seiten ausbuchteten, aber nicht mit der Bauchhöhle in Verbindung standen, sondern nichts als eine tiefe Einstülpung der allgemeinen Körperbedeckung waren. In den beiden Säcken lagen die großen Eier, zu drei und vier zusammengeklebt, und in ihnen war schon deutlich die Quappe mit Augen und Schwanz zu erkennen; die Anzahl sämtlicher Eier betrug 15. Sie hatten mit der inneren Haut der weiten Säcke keine Verbindung, fielen durch ihre außerordentliche Größe auf, da sie fast 1 cm im Durchmesser hatten, und standen sämtlich auf derselben Stufe der Entwickelung. Die ganze Länge des Keimlings, dessen große Augen, Vorder- und Hinterbeinchen sowie Schwanz bereits ziemlich entwickelt waren, betrug 15, die des Kopfes 4 mm, der Durchmesser der Augen 1 mm. Von dem Raume des Eies aber nahm der Embryo nur etwa ein Achtel ein; alles übrige im Ei war gelbe Dottermasse. Der Keimling selbst ließ eine Bildung erkennen, die nicht weniger eigentümlich erschien als die seiner Mutter. Zog man nämlich die Dotterhaut ab, so sah man im Nacken zwei zusammengefaltete Hautscheiben. Diese ließen sich leicht aufheben, zeigten sich aber jede durch zwei lange Stränge an die Unterseite, wie es schien an die Kehle, gebunden. Um ihren Ansatzpunkt zu finden, wurde der Kopf des Tierchens vom Dotter abgelöst. Da sah man denn die Stränge unter einem querüber liegenden Kiemendeckel verschwinden. Hob man auch diesen auf, so kamen auf jeder Seite drei Kiemenbogen nebst den entsprechenden drei Kiemenspalten zum Vorschein, und an die beiden vorderen Kiemenbogen jederseits setzten sich die Stränge an, der eine an den ersten, der andere an den zweiten; der dritte Kiemenbogen trug nur einen Ansatz zu Kiemenblättchen, wahrscheinlich zu den späteren inneren Kiemen. Die obengenannten, durch diese Stränge an die Kiemenbogen befestigten Hautscheiben aber entfalten sich, im Wasser schwimmend, zu schönen, trichterförmigen Hautausbreitungen oder Glocken, die Weinland am liebsten mit einer Windenblüte vergleichen möchte, nur daß der Stiel, der die Blumenkrone trägt, hier ein doppelter ist (s. obige Abbildung). Der Ansatzpunkt der Stränge an den Kiemenbogen wies

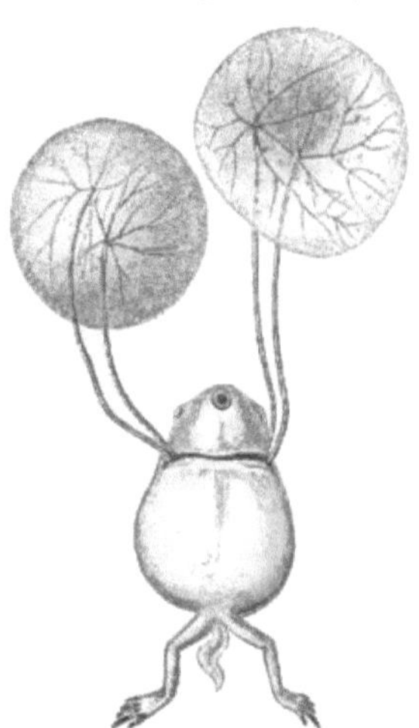

Nototrema oviferum *Weinl.*: Larve aus der Bruttasche. Nach Brandes und Schoenichen, in „Abh. Nat. Ges. Halle", XXII (1901).

sofort auf einen Zusammenhang mit der Atmung hin, und das Mikroskop gab die näheren Aufschlüsse. Jeder dieser Stränge nämlich ist ein Schlauch, worin zwei Gefäße verlaufen, die sich in der Glocke in ein dichtes Haaradernetz auflösen. Daß man hier eine Schlag- und eine Hohlader in jedem Strange vor sich hat, unterliegt keinem Zweifel; der Schlauch aber, der beide einschließt, besteht aus denselben Zellen, welche die allgemeine Umhüllungshaut des Keimlings zusammensetzen und auch die Glocke bilden, soweit diese nicht Gefäßnetz ist. An dem Schlauche verlaufen seiner ganzen Länge nach mehrere dicke Bündel quergestreifter Muskelfasern, die darauf hinzuweisen scheinen, daß das Tier jene Organe noch in einem Entwickelungszustande besitzt, wenn es sie willkürlich bewegen kann. Solange es sich im Ei befindet, dürfte dies unmöglich sein; denn Stränge und Glocke sind dann zusammengefaltet und durch die Dotterhaut fest an den Keimling angedrückt; daß sie aber dennoch schon in Tätigkeit waren, bewies der Umstand, daß die Gefäße sowie das Haaradernetz der Glocken mit Blutkörperchen angefüllt, ja diese in dem größeren Strange so dicht angehäuft waren, daß man nur noch die Kerne der Blutkörperchen sehen konnte. Diese Kiemenglocken mit ihren Strängen entsprechen jenen baumartig verzweigten Kiemen, welche die Froschlurchlarven schon im Ei und noch eine Zeitlang als freie Quappen im Wasser tragen, bis die Kiemenglocken durch innere, zahlreichere Kiemenblättchen ersetzt werden. Merkwürdig war endlich, abgesehen von der außerordentlich weit vorgeschrittenen Entwickelung des im Ei befindlichen Keimlings, das Verhalten des Darmes.' Bei keinem anderen Frosche fand Weinland im Ei so große Anhäufung von Nahrungsmasse für das Keimlingsleben. Das ganze gelbe Dotter nämlich, also sieben Achtel des Eies, ist nichts anderes als der dicht mit Dotterkuchen angefüllte, weite, in Windungen kugelig zusammengelegte Darm selbst. Dies schien Weinland auf eine lang andauernde Entwickelung des Tieres hinzudeuten in einer Zeit, in der es noch nicht in der Lage ist, äußere Nahrung aufzunehmen: eine Ansicht, die sich inzwischen, wie schon oben gesagt, bestätigt hat.

Nototrema marsupiatum D. B.: Larve aus der Bruttasche. Nach Brandes u. Schoenichen, in „Abh. Nat. Ges. Halle", XXII (1901).

Brandes konnte diesen Angaben Weinlands nach eigenen Untersuchungen noch hinzufügen, daß die Eier fast haselnußgroß und in geringer Zahl (30; doch schwankt die Zahl sehr) in der Bruttasche des Weibchens in bienenwabenartigen Kammern lagern. Bei erwachsenen Larven dieser Art ist der Schwanz vollständig rückgebildet, die Hinterfüße schon gut ausgebildet; ein Kiemenloch fehlt, von der rechten nach der linken Seite zieht eine weite Spalte, aus der die kurzen Vorderbeine herausragen. Bei dem Taschenfrosch (Nototrema marsupiatum) ist die Zahl der Eier viel größer (gegen 200), und diese sind kaum erbsengroß. Die erwachsenen Larven dieser Art sind noch viel weniger weit entwickelt als bei der vorigen, der Ruderschwanz ist noch von beträchtlicher Länge und enthält ein reiches Gefäßnetz, die Hinterfüße sind stummelförmig, und an der linken Seite ist ein Kiemenloch vorhanden, aus dem zwei starke Stränge austreten, die bis zum ersten und zweiten Kiemenbogen der anderen Seite verfolgt werden können. Die Kiemen sind vollkommen rückgebildet, der Dotter ganz aufgebraucht: die Larven müssen also bereits in diesem Zustande ins Wasser abgesetzt werden.

Ähnlich wie beim Eierträger scheint die Entwickelung des Nototrema fissipes zu sein, eines Beutelfrosches, den G. A. Boulenger aus der brasilischen Provinz Pernambuco erhielt. Die mit 16 sehr großen, 1 cm im Durchmesser (also ein Achtel der Länge der Mutter) haltenden Eiern gefüllte Rückentasche läßt vermuten, daß auch bei dieser Art die Jungen ihre volle Entwickelung innerhalb des mütterlichen Körpers bestehen.

Einigermaßen anders verhält sich ein kleiner Beutelfrosch aus Venezuela, den Boettger beschrieben hat. Das Weibchen ist bei dieser Art (Nototrema pygmaeum *Bttgr.*) nur 25 mm lang und hat eine geringe Anzahl (4—7) sehr großer Eier in seinem Brutsack, so daß es aussieht, als trüge es einen mit riesigen Kugeln vollgestopften Sack auf dem Rücken. Die Öffnung des Brutsackes ist nicht rund, sondern ein Längsschlitz, der nach vorn in eine feine erhabene Längsfalte übergeht, die in der Mittellinie des Rückens bis zum Hinterkopfe reicht. Boettger vermutet, daß längs dieser Falte der Brutbeutel durch die Bewegungen der Jungen von hinten nach vorn auseinanderreißt und diesen dadurch den Austritt ermöglicht, daß dann die Haut des Brutsackes eintrocknet und abfällt, während seine untere Wand die bleibende Rückenhaut des Tieres wird. Werner schließt an diese Theorie die Erwägung an, ob dieser Brutbeutel des Zwergbeutelfrosches nicht in der Weise entstanden sein könne, daß häutige Längsfalten, wie diejenigen, zwischen denen das Weibchen von Hyla goeldii und H. evansi den Eierklumpen trägt, sich immer mehr auswachsen und sich schließlich über den Eierklumpen in der Mittellinie bis auf einen kleinen Schlitz am Hinterende vereinigen. Ob aber eine solche Bruttasche zum zweiten Male entstehen kann, und ob sie nach jedesmaliger Zerreißung erneuert wird, oder ob der Frosch überhaupt nur einmal im Leben sich fortpflanzt, das entzieht sich noch ebenso unserer Kenntnis wie die Art und Weise, wie die Eier auf den Rücken des Weibchens gelangen, und welcher von den Eltern sie hinbringt.

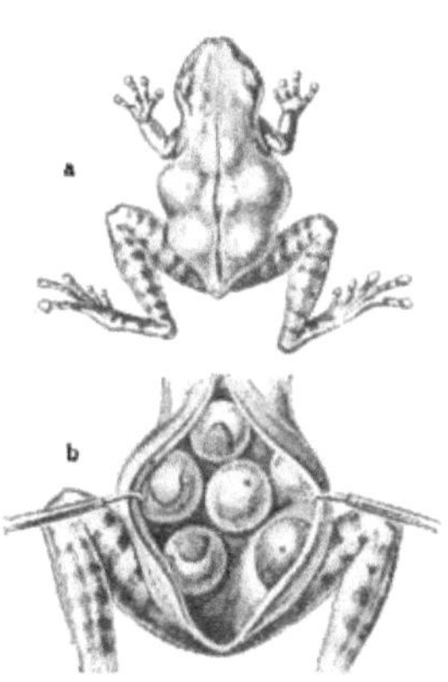

Nototrema pygmaeum *Bttgr.* Nach Brandes u. Schoenichen, in „Abh. Nat. Ges. Halle", XXII (1901). a Weibchen mit großen Eiern in der Bruttasche, die durch einen feinen Längsspalt in der Mitte sich öffnet; b Bruttasche des Rückens, geöffnet.

Als Maki- oder Greiffrösche kann man eine Gattung (Phyllomedusa *Wagl.*) von mittel- und südamerikanischen Laubfröschen bezeichnen, die sich nicht nur durch senkrechte Pupille (die wir auch bei den recht ähnlich aussehenden mittelamerikanischen Laubfröschen der Gattung Agalychnis finden), sondern auch dadurch von den Hyla-Arten unterscheiden, daß sowohl der innere Finger als auch die Innenzehe den übrigen daumenähnlich entgegenstellbar ist, die Frösche also wirkliche Greifhände und Greiffüße haben. Alle Arten sind oberseits schön grün gefärbt, mit Ausnahme der in gewöhnlicher, hockender Körperhaltung verdeckten Körperteile, die oft sehr lebhafte orangerote Färbung haben, wie aus der nachfolgenden Beschreibung einer der schönsten und kleinsten Arten, des „Wollunnkukk" der Indianer des Chaco von Paraguay (Phyllomedusa hypochondrialis *Daud.*), hervorgehen wird. Dieser kleine Frosch (er wird kaum 4 cm lang), der seinen indianischen Namen von dem eigentümlichen Ruf hat, mit dem beide Geschlechter in der Paarungszeit sich anlocken, und der so klingen soll, als ob ein Dutzend Arbeiter Steine brächen, ist in seinen Bewegungen überaus langsam und nur bei Nacht in Tätigkeit.

Nach den Mitteilungen des verdienstvollen englischen Naturforschers Budgett versammeln sich zur Paarungszeit große Mengen von Ph. hypochondrialis in der Nachbarschaft von Sümpfen, wo die Gesellschaft während der Nacht den bereits erwähnten Spektakel vollführt. Die Eierklumpen werden in Blätter nahe der Wasseroberfläche eingehüllt. Budgett beobachtete den ganzen Vorgang der Befruchtung und Eiablage. Er fand um 11 Uhr vormittags ein Weibchen, das ein Männchen auf dem Rücken trug und auf der Suche nach einem geeigneten Blatte war. Schließlich erkletterte das Tier den Stengel einer am Wasser stehenden Pflanze, erwischte die Spitze eines überhängenden Blattes und kroch hinauf. Männchen und Weibchen hielten nun die Blattränder mit ihren Hinterbeinen nahe der Spitze zusammen, das Weibchen legte in die so gebildete Röhre seine Eier, und das Männchen befruchtete sie im Vorbeigleiten. Die die Eier umhüllende Gallerte klebte die Blattränder zusammen. Dann krochen die Tiere etwas weiter, das Weibchen legte wieder Eier ab, während die Blattränder mit den Hinterfüßen zusammengehalten wurden, und so weiter, bis die Blattrolle ganz gefüllt war. Bis zur Füllung eines Blattes vergingen drei Viertelstunden, und die ganze, aus etwa 100 Eiern bestehende Laichmasse wurde in zwei Blättern untergebracht.

Nest von Phyllomedusa iheringi *Blgr.* Nach Ihering, „On the oviposition of Phyllomedusa iheringi“, in „Ann. Mag. Nat. Hist.“, London XVII (1886).

Die Entwickelung geht sehr rasch vor sich: schon nach sechs Tagen ist der ursprünglich 2 mm lange Keimling 9 oder 10 mm lang; er ist, wenn er das Blatt verläßt, eine glashelle Kaulquappe, an der nur die sehr großen, metallisch grünen Augen sichtbar sind. Auch zwischen den Nasenlöchern hat die frisch ausgeschlüpfte Larve einen grünen Fleck, gerade an der Stelle, wo sie in ihrer Lieblingsstellung die Wasseroberfläche berührt.

Die Eier sind sehr dotterreich; die gallertige Eihülle wird größtenteils verflüssigt, so daß der Keimling schließlich frei in einer Art häutiger Kapsel liegt. Am dritten Tag erscheinen die äußeren Kiemen, die am fünften ihre größte Entwickelung erreichen; sie sind aber zu der Zeit, wenn die Kaulquappen zum Ausschlüpfen reif sind, ganz rückgebildet. Das Kiemenloch liegt in der Mittellinie der Bauchseite, die Lungen beginnen durch die Haut durchzuscheinen. Sechs Wochen nach der Eiablage ist die Larve 8 cm lang, oben glänzend grün, unten rosenrot und silberfarben; am Schluß der Verwandlung hat der junge Frosch schon zwei Drittel der Länge seiner Eltern.

Schon 13 Jahre vor Budgett hat H. v. Ihering die Brutpflege einer andern Art, der nach ihm benannten Phyllomedusa iheringi *Blgr.* beschrieben, die in Südbrasilien vorkommt. Dieser Frosch legt die Eier nicht in ein einzelnes, zusammengerolltes Blatt, sondern zwischen zwei oder drei Blätter, so daß der 50 mm lange, 15—20 mm im Durchmesser haltende Eierballen, der aus ziemlich großen weißen Eiern besteht, in der Regel rundherum eingeschlossen ist, mit Ausnahme einer Öffnung unten. Die Eier werden stets nur an Pflanzen gefunden, deren Blätter über stehenden Gewässern hängen; in diese fallen die Larven in einer bestimmten Zeit ihrer Entwickelung hinein, um hier erst ihre Verwandlung zu vollenden. Ihering nennt den erwachsenen Frosch ein stumpfsinniges Tier, das sich ergreifen läßt, ohne einen Fluchtversuch zu machen. Die Stimme gleicht einigermaßen dem Laut, der entsteht, wenn man mit dem Fingernagel über die Zähne eines Kammes fährt. In der Provinz Rio de Janeiro ist dieser Frosch nur zur Fortpflanzungszeit, im Januar, sichtbar, somit lebt er wahrscheinlich auf hohen Bäumen.

Über das Gefangenleben von derartigen Greif- oder Makifröschen ist bisher nur wenig bekanntgeworden, da sie nur selten nach Europa gelangen; wir können daher von den beiden

Phyllomedusa iheringi *Blgr.* Natürliche Größe.

bisherigen Schilderungen das Wichtigste hier bringen. Eiffe hat sogar zwei verschiedene Arten gepflegt, von denen eine anscheinend einer noch unbeschriebenen, mit Phyllomedusa tomopterna nahe verwandten Art angehört. Er schreibt darüber: „Seit 2½ Jahren pflege ich einen Laubfrosch, der wohl nur wenigen Kriechtierkennern und Liebhabern aus eigener Anschauung bekannt und, wenn überhaupt, äußerst selten lebend nach Europa gelangt sein dürfte. Es ist ein Greiffrosch, Phyllomedusa, ein Frosch, anderthalbmal so groß wie unser allbekannter Laubfrosch, oben dunkelgrün und unten orangerot, von bizarrer Form, in der Ruhe einem gezähnten Blatte täuschend ähnlich. Der Frosch stammt aus dem Gebiete des unteren Amazonenstromes und kam im Oktober 1906 in meinen Besitz."

Eiffe gibt nun eine genaue Beschreibung des Frosches, bei dem Oberarm und

Oberschenkel sowie Hände und Füße orangerot, Unterarm, Unterschenkel, die äußeren beiden Zehen dunkelgrün, die Regenbogenhaut silberweiß, das obere Augenlid orangerot gefärbt, das untere farblos ist, und schildert schließlich das Gefangenleben des merkwürdigen Tieres.

„Diese Phyllomedusa ist ein ausgesprochenes Nachttier und hat ihre Lebensweise trotz der langen Gefangenschaft nicht geändert. Erst bei völliger Dunkelheit und nach Erlöschen der Lampe im Zimmer öffnet der Frosch seine Augen, die durch das untere, durchsichtige Augenlid gegen die Außenwelt geschützt sind. Im Dunkeln erweitert sich die Pupille immer mehr, bis das ganze Auge schwarz erscheint und weit aus dem Kopfe hervorlugt. Am Tage und bei Belichtung durch eine Lampe werden die Pupillen bis auf einen schmalen, senkrechten Schlitz geschlossen und zusammengekniffen. In der Ruhe gleicht der Frosch infolge der dornartigen Spitzen an den Seiten der Schenkel und des Unterarmes, mit den Dornen an der Schnauze und den beiden Auswüchsen am Fersengelenk vollkommen einem gezähnten Blatte. Den Tag bringt er auf einem schattigen Blatte sitzend zu; nachts durchwandert er seinen Käfig, von Blatt zu Blatt, von Zweig zu Zweig kletternd, ohne den Boden zu berühren, es sei denn, daß er den Wassernapf aufsucht, um ein Sitzbad zu nehmen und neues Wasser aufzusaugen. Beim Gehen greift der Greiffrosch mit dem einen Vorderfuß weit aus, zieht den entgegengesetzten Hinterfuß bis zur Höhe der Hand heran, greift dann mit dem andern Vorderfuß aus und läßt das andere Hinterbein folgen und gelangt so in der genannten Folge langsam und bedächtig weiter. Beim Klettern im Geäst und Laube verfährt unser Greiffrosch in gleicher Weise, indem er die Stengel und Ständer der Blätter mit Hand und Fuß umfaßt. Er vermag ziemliche Sätze zu machen, wenn auch Springen nicht seine Gewohnheit ist. Auch Schwimmen liebt er nicht und geht zu diesem Zwecke auch nicht ins Wasser. Ins Wasser geworfen, trachtet er so schnell als möglich, mit allen vieren tastend, einen Halt zu bekommen; untertauchen kann der Greiffrosch überhaupt nicht und würde im Wasser binnen kurzer Zeit ertrinken. Sein Aufenthalt ist das Laub der Bäume; ich vermute, daß in seiner Heimat sich auch das Fortpflanzungsgeschäft ganz und gar im Gelaube des Urwaldes abspielt.

„Mein Frosch ist kein großer Esser, und ich muß gestehen, daß ich ihn nur wenige Male Beute ergreifen sah; er ist viel zu scheu, um sich beobachten zu lassen, und nur die Exkremente zeugen davon, daß er die Fliegen und Mehlwürmer, die ihm gereicht werden, vertilgt und hiermit auch im Winter im geheizten Zimmer fortfährt. Während sich die Hyla-Arten binnen kurzer Zeit geradezu mästen, bleibt diese Phyllomedusa mager, befindet sich aber trotzdem in bester Gesundheit."

Die Färbung der zweiten von Eiffe beobachteten Art, Phyllomedusa hypochondrialis, wird von ihm nach dem Leben folgendermaßen beschrieben: „Die Farbe ist oben ein helles, leuchtendes Grün, unten ein schneeiges Weiß, und die Oberarme, Oberschenkel und Weichen sind lebhaft orangerot mit schwarzer Tigerstreifung; auch die innere Seite des Unterarmes, des Unterschenkels und des Fußes ist tigerartig gestreift. Der Oberkieferrand ist weiß, das Auge silberweiß mit senkrechter Pupille. Die Phyllomedusa hypochondrialis ist ein zartes Fröschchen, nicht ganz so lang wie unsere Hyla arborea, dabei schmäler, von ovaler Gestalt, mit abgeflachter Schnauze. Die Körperlänge beträgt 35 mm, die Kopfbreite zwischen den Augen 10 mm und die Körperbreite 15 mm. Die Hinterbeine sind im Verhältnis kürzer als die der beschriebenen großen Phyllomedusa. Schwimmhäute fehlen gänzlich sowie auch die Haftscheiben an den Fingern und Zehen. ‚Finger- und Zehenscheiben ziemlich klein', sagt Boulenger. Dieser kleine Greiflaubfrosch vermag daher nicht an Glasscheiben zu klettern; auch springen kann er kaum, und im Wasser ist er noch unbeholfener als die große Art. Ließ ich den kleinen Frosch baden, so griff er mit Händen und Füßen tastend im Wasser umher, klammerte sich an Wasserpflanzen oder ergriff mangels solcher seine eigenen Gliedmaßen. Um dem nassen Element zu entrinnen, vermag er jedoch nach Froschart zu schwimmen, indem er die Arme an die Seiten legt und die Beine streckt. Er ermüdet aber leicht im Wasser; man merkt, daß seine Heimat das Laub der Bäume ist. Hier klettert er in der gleichen Weise, wie vorher (S. 256) bei der großen Phyllomedusa geschildert wurde, nur noch viel bedächtiger als jene. Jetzt kommt die absonderliche Färbung der Gliedmaßen und der Weichen zur Geltung: die schwarze Tigerstreifung auf dem feuerroten Grunde.

„Des Abends, im Dämmerlicht, ist es Zeit, den Frosch zu füttern; es gehört Geduld hierzu und nochmals Geduld. Ein weißer (frisch gehäuteter) Mehlwurm, an einem Draht befestigt, schwankt vor seiner Nase. Das Köpfchen mit den großen schwarzen Augen dreht sich langsam nach der Larve. Minuten vergehen; endlich schnellt die Zunge hervor und führt den Wurm ins Maul. Meine Phyllomedusen hielt ich im Sommer in einem nach Süden gelegenen Fensterterrarium von 1½ m Höhe zusammen mit Hyla arborea, squirella und regilla, mit Anolis und kleineren Lazerten. Es ist leicht begreiflich, daß so langsam wandelnde und bedächtig handelnde Frösche wie die Phyllomedusen in solcher Gesellschaft an Nahrung zu kurz kommen würden. Deshalb fütterte ich die Tierchen, wie oben beschrieben, einzeln oder setzte sie zu reichlichen Fliegen in einen kleinen Glashafen. Zum Wohlbefinden verlangen die Phyllomedusen eine warme, mit Wasserdampf gesättigte Luft; bei trockener Luft welken sie leicht. Der Farbenwechsel ist gering und unabhängig vom eignen Willen. Die dunkelgrüne Phyllomedusa wird bei hoher Temperatur hellgrün, bei kälterer noch dunkler als gewöhnlich; die Oberseite zeigt alsdann einzelne schwärzliche Punkte und Flecke. Die hellgrüne Ph. hypochondrialis wurde bei geringer Temperatur blaß gelblichgrün und zeigte rußartige Fleckchen auf der Oberseite."

Diese ausführliche Beschreibung des merkwürdigen Fröschchens soll noch durch Mushoffs Mitteilungen ergänzt werden. „Das Auge des ‚Froschmaki' trägt einen senkrechten Pupillenschlitz und ist tagsüber fast stets vom Augenlid überzogen. Das Augenlid selbst hinwiederum ist in der untern Hälfte genau so grün gefärbt wie der Rücken; auch ist es undurchsichtig; die obere Hälfte ist durchsichtig.

„In der Dämmerung und nachts erweitert sich dagegen die Pupille kreisrund, und das Auge erhält ein großes Aussehen; es ist, als ob die Augen aus den Höhlen quellen. Die nunmehr großen schwarzen Augen geben in Verbindung mit der stumpfen Schnauze dem Tiere eben das Aussehen eines Zwergmaki. Erhöht wird dieser Eindruck noch durch die, wenn auch langsamen, so doch makiartigen Bewegungen. Phyllomedusa hat nämlich ein eigenartiges Sichfortbewegen! Auf ebener Erde läuft sie nach Krötenart, jedoch auf hocherhobenen Stelzbeinen. Der Bauch ist stets 1—2 cm vom Boden entfernt. Ein Hopsen nach Art der Hylen findet fast nie statt. Ich bemerkte nur einmal, wie mein Tier kleine Sätzchen, höchstens drei hintereinander, machte. Auf dünnem Geäst klettert Phyllomedusa genau so langsam, aber sicher, wie Chamäleons! Lange tastet der Vorderfuß suchend in der Luft herum, bis er den Ast zum Festklammern gefunden hat. Die Füße der Phyllomedusa sind nämlich echte Greiffüße, eine Eigenschaft, die an den Hinterfüßen am deutlichsten ausgeprägt ist. Die innerste Zehe an jedem Fuß ist entsprechend lang und leistet in Verbindung mit der ihr gegenüberliegenden, längsten, zweiten Zehe des Gliedes im Festhalten Erstaunliches. Es ist nicht möglich, das Tierchen von dem einmal ergriffenen Aste loszureißen, ohne ihm Schaden zu tun. Einen herrlichen Anblick gewährt es, wenn Phyllomedusa bei Sonnenschein sich bequemt, in den dünnen Zweigen ihres Käfigs herumzusteigen. Die sehr schlanken, roten Beine werden dann von der Sonne durchleuchtet und kommen nun erst recht zur Geltung.

„Allerdings kommt dieses Herumsteigen nicht allzuoft vor, da Phyllomedusa ein Dämmerungstier ist. Bemerkt sei noch, daß die Hinterfüße dieses Froschlurchs keine Schwimmhäute haben, auch sind die Saugnäpfe der Zehen fast unsichtbar. Vorhanden sind diese Saugnäpfe aber sicher, da ich das Tier wiederholt an Scheiben hochklettern sah. Das gänzliche Fehlen von Schwimmhäuten deutet darauf hin, daß Phyllomedusa hypochondrialis das Wasser wohl nie freiwillig aufsucht. In luftiger Höhe, wo das Tierchen sich für gewöhnlich aufhält, spielt sich auch sein Liebesleben ab."

Ganz in ähnlicher Weise wie bei der Phyllomedusa hypochondrialis scheint sich das Brutgeschäft auch bei den anderen Makifröschen zu vollziehen; wenigstens haben die Beobachtungen von Urich und Mole an Phyllomedusa burmeisteri auf Trinidad und von Agar an Phyllomedusa sauvagei von Argentinien keine Verschiedenheit von dem vorhin beschriebenen Nestbau ergeben. Bei letzterer Art werden zuerst und am Schlusse leere Eikapseln abgelegt, so daß die vollen seitlich durch die Blätter, oben und unten durch die leeren Kapseln vor dem Einflusse der Sonne und der Luft geschützt sind.

*

An die Hylen schließen sich nun zwei Familien von Schiebbrustfröschen an, die sich beide durch den Besitz von Zähnen im Unterkiefer auszeichnen. Sie würden hier keine Erwähnung gefunden haben, wenn sie nicht durch die Art ihrer Brutpflege in überraschender Weise an gewisse Hylen erinnerten. Das Weibchen von Amphignathodon guentheri *Blgr.*, eines langbeinigen, etwa 75 mm Länge erreichenden Laubfrosches aus Ecuador, hat eine genau ebensolche Bruttasche auf dem Rücken, wie sie bei den Beutelfröschen (Nototrema) beschrieben wurde, und es besteht wohl kein Zweifel, daß auch bei diesem sehr seltenen Frosch, von dem man bisher nur ein einziges Exemplar gefunden zu haben scheint, und der der einzige bekannte Vertreter der Familie **Amphignathodontidae** ist, die Eier in derselben Weise wie bei den Beutelfröschen im Rückenbrutsack sich entwickeln.

Bei der zweiten, zu der nächsten großen Familie hinüberführenden Gruppe, den **Panzerköpfen (Hemiphractidae)**, sind die Zähne des Unterkiefers von anderer Beschaffenheit als die im Ober- und Zwischenkiefer, und die Querfortsätze des Kreuzbeinwirbels sind nicht dreieckig verbreitert, sondern drehrund. Der Kopf ist meist groß, gepanzert, die Finger und Zehen tragen bei den meisten Arten Haftscheiben. Die Mehrzahl der Hemiphraktiden ist aus Ecuador bekannt, darunter auch der Macana-Hambato (Palmenfrosch), Ceratohyla bubalus *Espada*, dessen Weibchen ganz wie das von Hyla goeldii und H. evansi die Eier auf dem Rücken trägt. Boulenger hat ein solches von Ockenden in Peru gefangenes Weibchen dieser Art beschrieben, und nach der seiner Beschreibung beigegebenen Abbildung ist auch die unserige auf Taf. „Brutpflegende Laubfrösche", 2, bei S. 250, entworfen. Die 9 Eier von 10 mm Durchmesser enthielten bereits jedes einen kleinen Frosch, der mit der Bauchseite dem Rücken der Mutter zugewendet war und durch zwei Stränge, die jederseits von der Kehle ausgingen und Blutgefäße bargen, mit der als Atmungsorgan dienenden Eihaut in Verbindung stand. Die Eier hinterlassen auf der Rückenhaut, die so dünn ist, daß die Dornfortsätze der Rückenwirbel Eindrücke in den Dotter machen, sechseckige Eindrücke.

Die letzte Familie der Schiebbrustfrösche, die der **Zystignathen (Cystignathidae)**, entspricht, abgesehen von dem Bau des Brustgürtels und den niemals klauenförmig gestalteten knöchernen Endgliedern der Finger und Zehen, durchaus der Familie der Echten Frösche, die sie in einem großen Teile von Südamerika und in ganz Australien vertritt. Ihr Oberkiefer ist mit Zähnen besetzt, die Querfortsätze des Kreuzbeinwirbels sind nicht oder nur leicht verbreitert, die Zehenendglieder einfach oder Y-förmig. Das Gehör zeigt je nach den Gattungen, ja nach den Arten, alle Grade der Ausbildung; die australischen Zystignathen nahezu alle, aber auch ein kleinerer Teil der amerikanischen haben senkrecht gespaltenen Augenstern. Ganz wie bei den Echten Fröschen kommen in dieser Familie Baumkletterer, Wasser- und Landtiere sowie Erdgräber vor.

Man kennt gegen 30 Gattungen mit ungefähr 250 Arten; die einzige Froschart Neuseelands (Liopelma hochstetteri *Fitz.*) gehört dieser Familie an, die in Afrika durch eine einzige Gattung (Heleophryne), in Asien und Europa gar nicht vertreten ist.

Ein absonderliches Tier ist der Antillenfrosch, wie wir ihn nennen wollen, Hylodes martinicensis *Tsch.*, ein Vertreter der Gattung der Blattfrösche (Hylodes *Fitz.*), deren Kennzeichen in dem Mangel eines knöchernen Schwertfortsatzes am Brustbein, in den von Schwimmhäuten freien Fingern und Zehen, endlich im Auftreten von Pflugscharzähnen und einem wagerechten Augensterne zu suchen sind; die Finger und Zehen enden in Haftscheiben, die in der Mitte keine Längsfurche haben. Über 80 Arten der Gattung, meist kleine Tiere, bewohnen nach Art unserer Laubfrösche Krautpflanzen, Sträucher oder Bäume des tropischen Amerikas. Die Männchen aller bis jetzt in beiden Geschlechtern bekannten Arten dieser Gattung haben einen Schallsack in der Kehlgegend. Selbst kleine Arten schreien, nach J. Natterer, sehr laut und blasen dabei ihren Kehlsack weit auf. Die Stimme des brasilischen Grauen Blattfrosches (Hylodes griseus) z. B. klingt wie ein schnell wiederholtes „Swit swit swit".

Der Antillenfrosch, der sich von seinen Gattungsgenossen auszeichnet durch deutliche Drüsenwärzchen am Bauche, durch mäßig großen Kopf ohne Knochenkämme, durch seine Pflugscharzähne, die in zwei kleinen, schiefen Reihen stehen, und durch ein Trommelfell, das kaum die Hälfte der Augengröße erreicht, ist ein unscheinbares Tierchen von 4 cm Länge, grauweißlicher Grundfärbung und einer aus braunen Flecken bestehenden, vielfach abändernden Zeichnung. Ein großer brauner Fleck deckt den Hinterkopf, kleinere unregelmäßige Flecke zeichnen die Seiten des Oberrückens, der rechts und links durch zwei undeutliche, schon an der Nasenspitze beginnende, von hier über Auge und Ohr sich ziehende und bis zu den Hinterschenkeln herablaufende Streifen von gelblichweißer Färbung begrenzt ist; über Zügel und Schläfengegend läuft ein schwarzbrauner Längsstreifen; Arme, Schenkel und Füße sind abwechselnd braun und schmutzigweiß quergestreift, die Unterteile weißlich.

Der Antillenfrosch wurde auf der Insel Martinique entdeckt, seitdem auch von Haiti, Portorico, St. Kitts, Saba, Dominica, St. Vincent und Barbados erwähnt, doch ist es sicher, daß es sich dabei zum Teil um andere Arten handelt. Er ist überall unter dem Namen „Coqui" bekannt. Über sein Tun und Treiben fehlen eingehende Beobachtungen; dagegen haben wir mehrfach Mitteilungen über seine Fortpflanzung erhalten, die in hohem Grade merkwürdig sind. Bello zuerst teilte mit, daß die Jungen des Coquis schon in vollständig ausgebildetem Zustande und zum Leben an der Luft fähig aus den Eiern kämen, also keine Verwandlung außerhalb des Eies zu durchleben hätten. „Im Jahre 1870", sagt er,

„beobachtete ich im Garten einen Laubfrosch dieser Art auf einem Lilienblatte, an welchem ungefähr 30 in einer baumwollartigen Hülle befindliche Eier angeklebt waren. Die Mutter hielt sich in ihrer Nähe, als ob sie die Eier behüten wolle. Wenige Tage darauf fand ich die kleinen, 6—7 mm langen, eben geborenen Frösche mit vier vollkommen entwickelten Beinen, mit einem Worte als vollständig ausgebildete Tiere vor, springend und das Leben in der Luft genießend; binnen wenigen Tagen wuchsen sie zu ihrer natürlichen Größe heran. Der Garten ist von einer 2 m hohen Mauer umgeben, und es befindet sich kein Wasser in ihm. Nur die genannte Lilie enthält immer etwas davon in den Blattachseln, ist aber keine Wasserpflanze." Dem glaubte E. v. Martens, dem wir die Mitteilung dieser Nachricht verdanken, hinzufügen zu müssen, das wirkliche Ausschlüpfen aus den Eiern scheine bis dahin noch nicht gesehen worden zu sein, und in den wenigen Tagen, die zwischen der Beobachtung der Eier und der jungen Frösche lagen, könne doch möglicherweise eine abgekürzte äußere Verwandlung stattgefunden haben, um so mehr, als auch das fernere Wachstum ungewöhnlich rasch vor sich gehen solle. Die Sache verhält sich jedoch wirklich genau so, wie Bello angab. Denn Gundlach bestätigt in einem an W. Peters gerichteten Briefe den Inhalt jener Worte vollständig. „Am 14. Mai 1876", so schreibt er, „hörte ich sonderbare Töne, wie die eines jungen Vogels, und ging dem Tone nach. Zwischen zwei großen Orangenblättern sah ich einen Frosch, griff zu und fing drei Männchen und ein Weibchen des Coquis oder doch eines naheverwandten Blattfrosches. Ich steckte sie in ein naßgemachtes Glas mit durchlöchertem Stöpsel. Bald saß ein Männchen auf dem Weibchen und hielt es umklammert. Nicht lange darauf — ich sah immer nach wenigen Minuten hin — hatte das Weibchen 15—20 Eier gelegt, die aber bald bis auf drei wieder verschwunden waren. Es wurden nun 15 runde, mit einer durchsichtigen Schale versehene Eier gelegt, die ich absonderte und auf nassen Schlamm bettete. Die innere Dottermasse ist weißlich oder blaß strohfarbig, zieht sich aber später etwas zusammen, und dann sieht man durch die durchsichtige Schale den sich bildenden Schwanz, der nach acht Tagen deutlich wahrzunehmen war. Auch sah man die Augen und die roten, pulsierenden Blutgefäße, zuletzt ebenso deutlich die Spuren von Beinen. Ich verreiste nun auf einige Tage, und als ich am 6. Juni zurückkehrte, sah ich abends noch die Eier, aber am folgenden Tage schon die ausgeschlüpften Jungen, die noch den Rest eines Schwänzchens hatten.

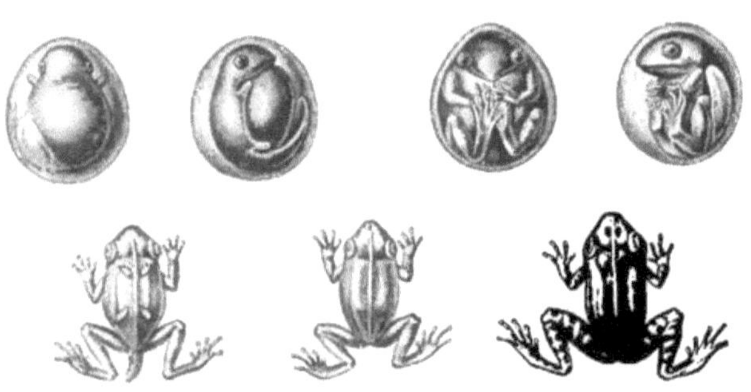

Entwickelung von *Hylodes martinicensis*. Nach Peters, „Entwickelung eines Batrachiers, *Hylodes martinicensis D. B.*, ohne Metamorphose", in „Monatsber. Akad. Wiss." (Berlin 1876).

„Später erbeutete ich zwischen den Blättern einer großen Amaryllidee einen Haufen von mehr als 20 Eiern, auf denen die Mutter saß. Ich schnitt das eine Blatt mit den Eiern ab, worauf die Mutter entsprang, und steckte das Blattstück in ein Glas, dessen Boden mit nasser Erde bedeckt wurde, um eine feuchte Atmosphäre zu erhalten. Etwa am 14. Tage

Hornfrosch.

frühmorgens sah ich nach den Eiern. Um 9 Uhr, als ich von einem Ausfluge zurückkehrte, waren sie alle ausgeschlüpft, und an den Jungen bemerkte ich nur noch ein weißes Schwänzchen, das nachmittags aber bereits nicht mehr vorhanden war."

Nach der Schilderung von Peters, dem Gundlach vier Eier mit Keimlingen einsandte, stellen die Eier eine durchsichtige Blase von 4—5 mm Durchmesser dar, der teilweise eine undurchsichtige, flockige, eiweißartige Masse anhaftet. Die Blase ist angefüllt mit einer wasserklaren Flüssigkeit, die alle Teile des darin schwimmenden Keimlings deutlich erkennen läßt. Letzterer ist, wie der der Säugetiere, nach der Bauchseite hin zusammengekrümmt, so daß der Kopf sich den Hintergliedern nähert. Diese sind ebenso wie die vorderen unter dem Bauche zusammengeschlagen und liegen dicht dem Körper an. Der Schwanz ist ebenfalls nach unten umgeklappt, entweder nach rechts oder nach links gebogen, und verdeckt einen Teil der Hinterglieder. In drei Eiern von den genannten vier waren die Gliedmaßen vollständig entwickelt, zeigten auch schon die Haftscheiben an den Zehenspitzen; in dem vierten Ei waren alle vier Gliedmaßen erst als kurze Stummel zu erkennen und verrieten noch keine Spur von Zehen, während sonst bei den Froschlurchen die hinteren Gliedmaßen und Zehen, und zwar die Fußenden, zuerst zum Vorschein kommen. Weder von Kiemen noch von Kiemenlöchern fand sich eine Spur; der Schwanz dagegen war bei diesem Keimling merklich größer als bei den übrigen und lag mit seiner breiten Fläche der inneren Wand der Blase dicht an, war auch so gefäßreich, daß seine Tätigkeit als Atemwerkzeug keinem Zweifel unterliegen dürfte. Bei fortschreitender Entwickelung wird das am Bauche vorspringende Dotter und ebenso der Schwanz immer kleiner, so daß der letztere, wenn das von der Schnauze bis zum After 5 mm lange Tierchen die Eiblase durchbricht, nur 1,8 mm, wenige Stunden später aber nur noch 0,3 mm lang ist und im Laufe desselben Tages ganz aufgesaugt wird. Andere Eier des erwähnten Geleges, die erst acht Tage nach ihrer Geburt in Weingeist aufbewahrt wurden, hatten einen Durchmesser von 7—7,5 mm, woraus hervorgehen dürfte, daß ihr Wachstum nicht schneller ist als bei anderen Arten von Froschlurchen.

„Die Entwickelung dieses Laubfrosches", schließt Peters, „ohne Verwandlung, ohne Kiemen, mit gleichzeitiger Bildung der vorderen und der hinteren Gliedmaßen, wie bei den Säugetieren innerhalb einer der Keimblase und dem Fruchtwasser ähnlichen Blase und Flüssigkeit ist höchst merkwürdig, steht aber vielleicht weniger vereinzelt da, als man bis jetzt annehmen zu müssen glaubte."

Unter anderen amerikanischen Mitgliedern der Familie fallen besonders die Hornfrösche (Ceratophrys *Boie*) durch Größe, eigentümliche Gestalt und schöne Färbung auf. Ihr Körper ist gedrungen und krötenartig, der Kopf außerordentlich groß und breit, der Rachen diesem Kopfe entsprechend, der Rand des Oberkiefers äußerst fein gezähnelt, der des Unterkiefers glatt; die Finger sind getrennt, die Zehen durch kurze Schwimmhäute verbunden. Dem Brustbeine fehlt ein knöcherner Schwertfortsatz, die Zunge ist hinten tief eingeschnitten, der Augenstern quergestellt. Der Name bezieht sich auf eigentümliche zipfelartige Auswüchse über den Augen, die nichts anderes sind als die in eine hohe Spitze verlängerten oberen Augenlider. Erhöhte Warzenkämme und Leisten auf Kopf und Rücken wiederholen gleichsam diese absonderliche Bildung. Die 16 Arten dieser abenteuerlich aussehenden Gattung bewohnen Südamerika.

Der Hornfrosch, Itannia der Brasilier, Ceratophrys cornuta *L.* (s. die beigeheftete Tafel u. Taf. „Froschlurche I", 6, bei S. 169), ein sehr großer Froschlurch von 15—20 cm

Leibeslänge, gehört zu den prachtvollsten Arten seiner Ordnung. Ein breiter Streifen, der von der Schnauze an über den Rücken verläuft, ist beim Männchen orangerot; mehrere Flecke und Streifen an den Kopfseiten und an den Schultern sehen rotbraun aus, Bänder, welche die Flecke vom Mittelstreifen trennen, schwarzbraun; die Leibesseiten sind auf graubraunem Grunde mit grünlichschwarzen, blaß graurötlich eingefaßten Flecken, die grünlichen Schienbeine mit lebhaft grasgrünen Querbinden gezeichnet; der in der Mitte gelblichweiße, an den Seiten gelbe Bauch trägt rotbraune Flecke und Punkte. Das größere und schönere Weibchen zeigt auf dunkel grau- oder rotbraunem Grunde einen breiten, glänzend grünen Rückenstreifen; die Vordergliedmaßen sind mit zwei grünen und zwei rotbraunen Querbinden und einer an der äußeren Seite des Armes herablaufenden weißen Längslinie gezeichnet, die Schenkel kastanienbraun, die Schienbeine auf grünem Grunde zweimal braun gebändert. Doch ändert die Färbung immerhin vielfach ab, wie sich aus dem Vergleich der Beschreibung mit der zum Teil nach dem Leben gemalten Farbentafel ergibt. Der Kopf ist sehr stark in die Höhe gezogen, verknöchert, das obere Augenlid hornartig verlängert, der Rücken nicht mit einem Knochenschilde ausgerüstet, das Trommelfell deutlich sichtbar. Dieser Frosch bietet uns eine der täuschendsten Ähnlichkeiten mit seiner Umgebung: fast vergraben in seinem Erdloche, ragt von ihm nur der seltsame, große Kopf hervor, der aufs genaueste in Form und Färbung mit seiner Umgebung übereinstimmt. In dieser Stellung wartet der Hornfrosch, bis Beute herankommt.

Der Buchstabenfrosch, Ceratophrys boiei *Wied*, unterscheidet sich von C. cornuta hauptsächlich durch weniger vergrößerten, nicht verknöcherten Kopf, eine deutliche Querfalte zwischen den Augen, die bis zu den Spitzen der Augenbrauenhörner zieht, und das versteckte Trommelfell; sonst ähnelt er der Itannia jedoch in allen wesentlichen Stücken. Er scheint auf das mittlere tropische Brasilien beschränkt zu sein. Auch der Schildfrosch, Ceratophrys dorsata *Wied*, in dessen Rückenhaut ein aus mehreren (meist vier) Stücken bestehender, von der Schulter bis zum Kreuzbein ziehender Knochenschild eingelagert ist, lebt in Brasilien.

Nach unserer jetzigen Kenntnis verbreitet sich die Itannia über Guayana, namentlich Surinam, und den ganzen nördlichen Teil Brasiliens; nach Azara kommt sie auch in Paraguay vor. „In den inneren Waldungen des Sertongs von Bahia", sagt der Prinz von Wied, „habe ich den Buchstabenfrosch selbst beobachtet. Er hält sich in dunkeln, feuchten Urwäldern, besonders an sumpfigen Stellen auf und hüpft überall umher, selbst in den trockenen Catingawäldern. In den inneren großen Waldungen, an der Straße, die man längs des Flusses Ilheos nach Barra da Vareda im Sertong gebahnt hatte, bemerkte man bei trockener und heißer Witterung nicht einen einzigen dieser Frösche; sobald aber ein schwacher Gewitterregen fiel, sahen wir sogleich junge Tiere dieser Art überall in Menge umherhüpfen. Erwachsen hat er einen so ungeheuern Rachen, daß er, wie man versichert, ein junges Huhn verschlingen kann; Mäuse, Frösche, Schnecken und andere kleine Tiere frißt er in Menge. Am Mucuri vernahmen wir in der Stille des Abends in den großen Urwaldungen häufig seine laute Stimme, die krächzend und eintönig ist." Auch gegen dieses schöne Tier wendet sich der Abscheu der Brasilier wie gegen alle Kröten; die Itannia soll dagegen, wie Dupons erwähnt, in Guayana von den Ureinwohnern verehrt oder doch oft in Gefangenschaft gehalten werden oder gehalten worden sein. Die guten Leute hielten, falls die Geschichte wahr ist, diesen Frosch und andere Kröten unter Töpfen als Wetterpropheten oder, richtiger,

Wettermacher, verlangten von ihnen Regen oder gutes Wetter und peitschten sie, wenn sie ihren Willen nicht erfüllten.

Eine dritte Art, die wir hier im Bilde vorführen können, ist der **Schmuckhornfrosch**, Ceratophrys ornata *Bell*, kleiner als die beiden vorhergenannten, das Augenlid nur leicht zugespitzt, dreieckig, der Rücken mit einem festen knöchernen Schilde ausgerüstet. Die gelbliche oder grünliche Oberseite dieses Tieres ist mit großen, inselartigen, dunkel olivengrünen Flecken übersät, die von weißlichen Rändern umzogen sind; mitunter zeigen sich auch weinrote Linien zwischen diesen Flecken. Das Männchen hat, wie die beiden anderen Arten, einen inneren Kehlsack. — Diese Art scheint namentlich in Argentinien häufig zu sein, wo sie westlich des brasilischen Staates Rio Grande do Sul vorkommt und im Süden etwa bis in die Umgebung von Buenos Aires geht. Aus Südbrasilien ist sie nicht bekannt. Nach A. Günthers Beobachtungen an Gefangenen ist sie ein ausgesprochenes Tagtier, das hohe Wärmegrade liebt und sich von anderen Fröschen nährt.

Schmuckhornfrosch, Ceratophrys ornata *Bell*. Natürliche Größe.

Unter dem Namen **Pfeifer** oder **Ladenbläser** (Leptodactylus *Fitz.*) vereinigt man etwa 35 Froscharten des tropischen Amerikas, die, unsere Wasserfrösche ersetzend und von ihnen äußerlich nur durch das Fehlen der Schwimmhaut zwischen den Zehen verschieden, im innern Bau doch zu den Schiebbrustfröschen gehören. Ihr Brustgürtel trägt im Gegensatz zu den bereits aufgezählten Gattungen der Zystignathen einen knöchernen Schwertfortsatz hinten am Brustbein, ihr Augenstern ist quer verbreitert, und ihre Pflugscharzähne stehen stets hinter den inneren Nasenöffnungen auf dem Gaumen. Auch unter den Ladenbläsern gibt es schlanke und gedrungen gebaute Formen, Tiere mit spitzen Fingern und solche mit Haftscheiben.

Reste der Schwimmhaut sind übrigens bei einigen Arten der Gattung insofern bemerkbar, als die Zehen mitunter feine, linienförmige Hautsäume aufweisen können, die sich seitlich ansetzen und bis zu den Spitzen laufen.

Der am besten bekannte Ladenbläser ist der Augenpfeifer, Leptodactylus ocellatus *L.*, ein schlank gebautes Tier von 9—11 cm Leibeslänge, leicht kenntlich am Fehlen der Zehensäume, an einer Längsfalte am Laufe und an 8—10 Kielen oder erhöhten Hautleisten, die über den Rücken und längs der Seiten sich hinziehen. Die Rückenleisten zeigen dunkel ölbraune, die seitlichen gelblichweiße Färbung; die zwischen ihnen liegenden Vertiefungen der Oberseite sind auf olivengrünem Grunde mit rundlichen oder viereckigen, stark hervorstechenden schwarzen Flecken gezeichnet, die Hinterschenkel auf grünlichgrauem Grunde dunkel schwärzlichgrau gefleckt, die Unterteile gelblichweiß, die Kehlgegend schwärzlich marmoriert. Das Männchen hat eine innere Schallblase in der Kehlgegend, ungeheuer dicke Arme und überdies zwei kräftige Höcker auf der Innenseite des ersten Fingers. — Der weit größere, die Größe des Ochsenfrosches erreichende Fünffingerige Pfeiffrosch, Leptodactylus pentadactylus *L.*, ist im männlichen Geschlecht durch einen mächtigen, fingerartigen, kegelförmigen Höcker an der Innenseite des ersten Fingers und durch eine zwei- oder dreispitzige Hornwarze auf jeder Seite der Brust ausgezeichnet. Bei dieser Art sind die Arme des Männchens noch mächtiger entwickelt als bei der vorigen, und bei beiden Arten finden wir, daß sogar die Armknochen zum Ansatz der starken Muskeln eine Veränderung erfahren haben. Das Riesentier, das durch die schöne rote Färbung an der Hinterseite der Schenkel auffällt, ist in Südamerika weitverbreitet.

Der Augenpfeifer ist, wo er vorkommt, sehr gemein, so auch in vielen Gegenden der Ostküste Brasiliens, während er von dem Prinzen von Wied im Innern des Landes nicht bemerkt wurde. Er vertritt in Brasilien und Paraguay unsern Wasserfrosch, dem er in der Größe gleichkommt, und hält sich gleich diesem immer in der Nähe des Wassers auf, um bei Störungen sogleich hineinflüchten zu können. Im Wasser etwas ungeschickt und täppisch, bewegt er sich auf dem Lande mit Schnelligkeit und Geschicklichkeit und führt z. B. für seine Plumpheit erstaunlich weite Sprünge aus. Während des Tages verbirgt er sich in Pfützen, Sümpfen und stehenden Gewässern, bei feuchtem Wetter aber, oder sobald die Abendkühle eintritt, verläßt er seine Schlupfwinkel und hüpft überall im Grase umher. Alsdann vernimmt man auch seine Stimme, einen sehr auffallenden, das Tier kennzeichnenden, von der Stimme aller übrigen Frösche verschiedenen Pfiff, „etwa wie man einem Menschen oder einem Hunde pfeift“. In der Paarungszeit, die der Augenpfeifer im Wasser verbringt, läßt er übrigens einen von dem eben erwähnten gänzlich abweichenden, kurzen, hohen Laut hören. So wenigstens berichtet der Prinz von Wied, der zuerst ausführlichere Mitteilungen über das Tier gab. R. Hensel vergleicht die in weiter Entfernung hörbare Stimme dieses Frosches mit dem Schallen der Axtschläge, wie man sie vernimmt, wenn Zimmerleute im Takte

Fünffingeriger Pfeiffrosch.

einen Balken beschlagen. Nach Robinson und Lyon, die den Frosch bei La Guaira in Venezuela beobachteten, baut der Augenpfeifer in Wasserpflanzen ein Nest, das Eierschnee ähnelt. Die Höhlung des Nestes ist durchgehend, und der Frosch sitzt in der Mitte, im Wasser, und zwar so tief, daß nur Nase und Augen am Grunde sichtbar sind.

Es dient zur Vervollständigung des Lebensbildes der Pfeifer insgemein, wenn ich fernerhin Hensel und ebenso Gundlach erzählen lasse, wie verwandte Arten sich fortpflanzen. Nach Hensels Mitteilungen geht der Schnurrbartpfeifer, Leptodactylus mystacinus *Burm.*, der übrigens in Brasilien und Paraguay der eigentliche „Pfeifer" sein und abends seinen Pfiff oftmals hintereinander ausstoßen soll, wie schon erwähnt, niemals ins Wasser, laicht daher auch nicht in den Pfützen selbst, sondern gräbt in ihrer Nähe, aber immer noch innerhalb der Grenzen, bis wohin das Wasser nach heftigen Regengüssen steigen kann, unter Steinen oder faulenden Baumstämmen Höhlungen von der Größe eines gewöhnlichen Tassenkopfes. Sie nun füllt er mit seiner Laichmasse aus, welche die größte Ähnlichkeit mit recht festem Schaume aus geschlagenem Eiweiß hat. In der Mitte dieser Schaummasse stecken die fahlgelben Eier. Die jungen Larven haben zuerst die Farbe der Eier, werden jedoch bald auf der Oberseite dunkler und später grünlichbraun, nachher grau-, fast silberweiß, so daß sie in ihrem Aussehen den Larven des Wasserfrosches nicht unähnlich sind, nur daß bei ihnen die Schwanzflosse nicht ganz so stark entwickelt zu sein pflegt. Steigt das Wasser der Pfütze bis an das Nest, so begeben sich die Larven in diese und unterscheiden sich ferner in der Lebensweise nicht von den Larven anderer Froschlurche. Nur bemerkt man schon jetzt an ihnen reichliche Schleimabsonderung und, wahrscheinlich damit zusammenhängend, größere Lebenszähigkeit. Trocknen nämlich die flachen Pfützen infolge Regenmangels vollständig aus, so sterben die Larven der übrigen Lurche, nur nicht die unseres Pfeiffrosches. Denn sie ziehen sich unter schützende Gegenstände, Baumstämme, Blätter und dergleichen, zurück und bleiben hier, die Rückkehr des Regens abwartend, klumpenweise zusammengeballt liegen. Hebt man den bergenden Gegenstand in die Höhe, so wimmelt der ganze Haufe durcheinander, und man sieht, daß er sich immer noch eines ziemlichen Grades von Feuchtigkeit zu erfreuen hatte. Je größer die Larven in den Nestern werden, um so mehr schwindet der Schleim, der ihnen zur Nahrung dient. Ob sie aber jemals, ohne ins Wasser gelangt zu sein, in ihren Nestern oder später nach dem Eintrocknen der Pfütze in ihren Zufluchtsorten eine vollständige Verwandlung bestehen können, hat Hensel nicht beobachtet; doch dürfte dies kaum anzunehmen sein, da die jungen Tiere noch bis zu einer nicht unbeträchtlichen Größe Kiemen und das Überbleibsel des Schwanzes trugen.

Gundlach endlich fand auf Portorico am 4. November die strohgelben Eier eines anderen Pfeifers (wahrscheinlich von Leptodactylus albilabris *Gthr.*), umschlossen von einer schwammigen Masse in einer nassen Vertiefung, also ganz ähnlich, wie Hensel dies vom Augenpfeifer beschrieben hat, beobachtete auch die Entwickelung des Schwanzes und der Kiemen. Die Larven schwammen im Wasser umher und fraßen begierig kleine Stückchen Fleisch. Am 25. November bemerkte Gundlach die ersten Spuren der Hinterbeine, am 3. Dezember die der Vorderbeine; am 7. Dezember hatten die Tierchen schon mehr Froschgestalt und suchten am Glase in die Höhe zu klettern. Der Schwanz schrumpfte nun nach und nach ein, und die Fröschchen waren fortan ihren Eltern gleich.

Zwei südamerikanische Zystignathiden können den Ruhm für sich in Anspruch nehmen, aus den größten aller bekannten Kaulquappen hervorzugehen. Zunächst der in Chile lebende Helmkopf, Calyptocephalus gayi *D. B.*, ein gewaltiger Wasserfrosch, dessen Kopfhaut fest mit den darunterliegenden rauhen Schädelknochen verwachsen ist, so daß die Augenhöhle rundherum eingeschlossen ist. Dieser oberseits dunkel olivengrüne, undeutlich dunkler gefleckte, stark warzige Frosch, der einzige chilenische Frosch mit großen

Larve von Pseudis paradoxa *L.* 2/3 natürlicher Größe.

Schwimmhäuten zwischen den Zehen, erreicht eine Länge von 20 cm, während seine gefleckte Kaulquappe 15 cm lang wird.

Noch viel größer, sicherlich die größte von allen, ist aber die Larve der in Guayana lebenden Pseudis paradoxa *L.*, und dies ist um so bemerkenswerter, als der erwachsene Frosch durchaus nicht wie die eben erwähnte Art zu den Riesen unter den Froschlurchen zählt, sondern nicht länger als etwa eine mäßig große Knoblauchskröte wird. Die Larve selbst aber erreicht die ganz ungeheuerliche Länge von über einen Viertelmeter, wovon Kopf und Rumpf etwa ein Drittel wegnehmen, also größer sind als beim erwachsenen Tier. Es tritt in diesem Falle bei der Verwandlung eine Verminderung der Größe ein: eine Erscheinung, die in der Tierwelt durchaus nicht vereinzelt dasteht und namentlich bei verschiedenen Meeresfischen nicht selten beobachtet wird. Eine vor der Verwandlung stehende Larve hat nur mehr ein Fünftel der Größe einer solchen, bei der die Vorderbeine eben durchgebrochen sind.

Der erwachsene Frosch ist ein ausschließlicher Wasserbewohner. Wie Calyptocephalus hat er eine horizontale Pupille, und dem Brustbeine fehlt ein knöcherner Stiel; die Kopfhaut ist aber glatt und nicht mit dem Schädel verwachsen, und der Innenfinger kann den übrigen daumenartig entgegengestellt werden. Die Färbung der Oberseite ist olivengrün, mit bronzefarbenen, hellgrünen und schwarzen Flecken; die Unterseite schön gelb, mit braunen Flecken auf dem Bauche und ebensolchen Längsstreifen auf der Unterseite der Hinterbeine. Die übrigen recht ähnlichen Arten scheinen dieselbe Lebensweise zu führen.

Lebhaft an unsere Knoblauchskröte erinnern manche Arten der Gattung Paludicola *Wagl.*, die durch das vollkommen knorpelige Brustbein, die freien Zehen, die ebenso wie die Finger keine Haftscheiben tragen, und das undeutliche oder vollständig unter der Haut versteckte Trommelfell gekennzeichnet ist. Obwohl zu dieser in nahezu 30 Arten über einen großen Teil von Amerika, nämlich von Mexiko bis Patagonien, verbreiteten Gattung einige recht schlanke, zierliche Fröschlein gehören, haben andere ein mehr gedrungenes, krötenartiges Aussehen, namentlich der anscheinend sehr häufige Chilenische Sumpffrosch, Paludicola bibroni *Tsch.* Dieser schön gezeichnete Frosch ist leicht an der großen, schwarz und weiß gemusterten eiförmigen Drüse auf jeder Seite in der Lendengegend kenntlich, die freilich noch vier andere Arten haben; von diesen aber unterscheidet sich unsere Art durch das vollständige Fehlen von Schwimmhäuten zwischen den Zehen, die Kürze des Innenfingers, der den zweiten nicht überragt, die kürzeren Hinterbeine und das Fehlen eines Tarsalhöckers; auch kommen diese Arten nicht in Chile vor. Das Männchen dieses oberseits hellgrauen, seltener olivengrünen, fein dunkel punktierten, mit großen, kastanienbraunen, manchmal hell gesäumten Flecken und nicht selten mit einer hellen Rückenmittellinie gezierten Sumpffrosches hat eine unpaare Schallblase, welche die vorn schwarze Kehle beim Quaken vortreibt. Der etwa 6 cm lange Frosch lebt, nach Kreßt, an kleinen Sümpfen.

Mehr wissen wir über eine andere Art der Gattung, den Braunfleckigen Sumpffrosch, Paludicola fuscomaculata *Stnd.* (Abb., S. 268), der in Südbrasilien, Paraguay und Uruguay lebt und von Budgett im Chaco von Paraguay beobachtet wurde. Diese Art ist von der vorigen durch einen Höcker in der Mitte der Fußwurzel sowie die Färbung der Lendendrüse unterschieden, die zwar ebenfalls schwarz, aber nicht weiß eingefaßt, sondern nur vorn weiß gerändert sind. Der innere Fersenhöcker ist, wie bei der Knoblauchskröte, groß, schaufelförmig, scharfrandig.

Dieser Frosch bringt durch abwechselndes Aufblasen seines großen Kehlsackes und des Bauches einen eigentümlichen Schrei zustande, der an seichten Tümpeln im Chaco regelmäßig zu hören ist und dem eines Kätzchens gleicht.

Zur Nahrung dienen dem seltsamen Quakkünstler vorwiegend Wasserkäfer. Während der Paarungszeit treibt das Männchen bei Nacht mächtig aufgeblasen auf der Oberfläche des Wassers und ruft mit höchst kläglicher Stimme nach seinem Weibchen, indem es die Lungen mit Luft füllt, dadurch die Bauchwand mächtig auftreibt, dann die Luft in die beiden hintereinanderliegenden Stimmsäcke der Kehle preßt, worauf die Bauchhaut wieder zusammenfällt. Die Eier werden im Januar abgelegt, in eine schaumige, an der Wasseroberfläche schwimmende Masse gehüllt; sie sind klein, farblos und sehr dotterarm. Die zum Ausschlüpfen reifen Larven arbeiten sich durch die schaumige Umhüllung hindurch ins Wasser. Bei der brasilischen Paludicola gracilis legt das Weibchen seine Eier auf dem Boden ausgetrockneter Pfützen, also außerhalb des Wassers, ab.

Von den zehn australischen Gattungen der Zystignathiden sollen nur zwei, durch verhältnismäßig zahlreiche und zum Teil sehr häufige Arten vertreten, hier kurz erwähnt

Braunfleckiger Sumpffrosch, Paludicola fuscomaculata *Stnd.* Natürliche Größe.

werden. Von ihnen ist Chiroleptes *Gthr.* durch den senkrechten Augenstern, die etwas verbreiterten Querfortsätze des Kreuzbeinwirbels, den Besitz von Schwimmhäuten zwischen den Zehen, namentlich aber durch die Eigentümlichkeit, daß der Innenfinger den übrigen daumenartig gegenübergestellt werden kann, genügend charakterisiert. Balduin Spencer hat über den Plattköpfigen Handfrosch, Chiroleptes platycephalus *Gthr.*, der durch großen Kopf, große, die Zehenspitzen verbindende Schwimmhäute und undeutliches Trommelfell ausgezeichnet ist (einen noch viel größeren und breiteren Kopf und viel kürzere Schwimmhäute hat der gewöhnliche Australische Handfrosch, Chiroleptes australis *Gray*), in Zentralaustralien nachstehende Erfahrungen gesammelt:

„In Zentralaustralien scheint Chiroleptes platycephalus die harten Lehmpfannen sandigen Bächen vorzuziehen, da die Sandbetten der letzteren für das Graben von Höhlen zu locker sind. Wir trafen das Tier zum erstenmal an, als wir unser Lager an einer sehr seichten Lehmpfanne aufschlugen, deren Boden von der Sonnenhitze tief zerklüftet war." Am Rande dieser Pfanne, unter verdorrten Sträuchern von Chenopodium nitrariaceum wurden in dem hartgebackenen Lehm Eindrücke bemerkt, die von dem grabenden Frosche herrührten; das Tier selbst wurde ungefähr einen Fuß unter der Oberfläche aufgefunden, kugelförmig aufgeblasen und eine Höhlung, deren Wände feucht, aber nicht naß waren, eben ausfüllend. Der Boden war so hart, daß er weggehackt werden mußte. Als eine Seite seiner Höhle eröffnet wurde, verhielt sich der Frosch vollkommen still; das untere Augenlid war vollständig über das Auge gezogen und undurchsichtig, weshalb die Eingebornen glaubten, das Tier sei blind. In der Sonne öffnete es aber in kurzer Zeit die Augen."

Australischer Handfrosch, Chiroleptes australis *Gray*. Natürliche Größe.

Spencer berichtet ferner, daß der Frosch, wenn er gedrückt wird, Wasser aus der Harnblase durch die Kloake ausspritzt, daß aber Wasser auch in den unter der Haut befindlichen Räumen und namentlich in der Leibeshöhle selbst angesammelt ist, so daß die sehr ausgedehnten, mit ihren Hinterenden bis zum Becken reichenden Lungen außen ganz von Wasser umspült sind.

Die zweite Gattung (Limnodynastes *Fitz.*), von deren sieben Arten einige in Australien überaus häufig und verbreitet sind, enthält sowohl gedrungen gebaute Gestalten, die den Knoblauchskröten auch in der senkrechten Pupille, der mächtigen scharfen Hornschaufel an der Innenseite des Mittelfußes und nicht minder wohl in der Lebensweise gleichen, wie

Limnodynastes dorsalis und ornatus, als auch mehr schlanke, froschähnliche Gestalten, wie L. peroni, salmini und tasmaniensis. Die Angehörigen dieser Gattung setzen gleich den australischen Laubfröschen ihren Laich in weißen, schaumigen Klumpen ins Wasser ab; die Laichzeit dauert vom Juli bis Mai, erreicht im August und September ihren Höhepunkt, doch kann auch um die Mitte des Januar, wenn starke Regenschauer niedergehen, noch lebhafte Laichtätigkeit beobachtet werden. Überhaupt können, nach Fletcher, dem wir diese Angaben entnehmen, die australischen Frösche zu jeder beliebigen Zeit im Jahre laichen, wenn genügende Feuchtigkeit hierzu vorhanden ist.

Über Limnodynastes tasmaniensis *Gthr.*, eine der verbreitetsten Arten der Gattung, teilt English mit, sie sei in der Nähe von Hobart sowie im Norden von Tasmanien, wo der Regenfall unter dem Durchschnitt bleibt, häufig und werde während des Tages unter einem Stein oder Baumstrunk an einer etwas feuchten Stelle angetroffen. Niemals wurde ein solcher Frosch im Wasser gefunden; warf man ihn hinein, so schwamm er sofort wieder an das Land, und zwar recht schlecht. Das hübsche Fröschlein ist oberseits braun, gelblich oder rötlich mit sehr unregelmäßig angeordneten großen Flecken, die dunkelbraun oder grün sind und helle Ränder haben können; ausnahmsweise kommen oberseits einfarbig braune oder schwarze Tiere dieser Art vor. Die helle Rückenlinie ist grüngelb, selten schön orangefarben.

Eine Gesellschaft winziger Fröschchen ist die australische Gattung Crinia *Tsch.*, durch wagerechten Augenstern, längliche Zunge und schwach entwickelte oder gar fehlende Gaumenzähne von der vorigen verschieden. Crinia laevis *Gthr.* legt die Eier nicht in das Wasser ab, sondern in glattwandige Höhlen unter der Erde; diese werden entweder von den Eltern gegraben, oder es werden fertige Hohlräume benutzt. English fand am 30. März zwei Frösche beisammen mit einem Eierklumpen; nachdem er diesen ins Wasser gebracht hatte, schlüpften die Kaulquappen am 4. Mai aus, und zwar ohne äußere Kiemen. Crinia signifera *Girard*, die sich durch die gekörnelte Bauchseite von der vorigen unterscheidet, ist dagegen eine Wasserbewohnerin.

Zur zweiten großen Reihe der Zungenfrösche, den Starrbrustfröschen (Firmisternia), werden die drei Familien der vornehmlich auf Madagaskar, durch wenige Gattungen auch in der Indo-Orientalischen Region vertretenen, in bezug auf ihre Lebensweise aber noch unbekannten Taubfrösche (Dyscophidae), der Engmäuler (Engystomatidae) und der Echten Frösche (Ranidae) gerechnet. Von diesen ist bloß die Familie der Echten Frösche in Europa und Deutschland vertreten.

Die Familie der **Engmäuler (Engystomatidae)** umfaßt alle Starrbrustfrösche, bei denen die Querfortsätze des Kreuzbeinwirbels verbreitert sind und die Oberkieferzähne fehlen. Alle Arten der Lebensweise kommen bei den Engmäulern vor: man kennt im Wasser, auf der Erde lebende und grabende, für gewöhnlich unter dem Boden hausende Formen; nur klettern können diese Frösche nicht. Sie wohnen in Afrika und Madagaskar, in Ostindien, China, Papuasien und Amerika: von den 35 bekannten Gattungen mit etwa 120 Arten 9 in Amerika, 4 in Afrika, 3 auf Madagaskar, 10 in Papuasien, 3 in Indien und Burma; die Sunda-Inseln haben gemeinsam mit Amerika 1, mit Madagaskar 1, mit Afrika 1, mit Papuasien 4, mit dem indischen Festland 3 Gattungen. Manche der Arten haben haftscheibenförmige Verbreiterungen an den Finger- und Zehenspitzen und sind doch keine Baumfrösche. Die Engmäuler mit grabender Lebensweise haben kräftige Grabwerkzeuge in Gestalt horniger, schaufelförmiger Mittelfußhöcker an den muskelstarken, stämmigen Grabbeinen; eine Gattung (Hemisus) gräbt sogar mit den Händen. Bei den grabenden Arten ist ferner der Mund durchweg eng. Sie nähren sich von Ameisen oder Termiten, die sie ausscharren oder nachts bei deren Ausflügen zu erbeuten suchen. E. Thurston konnte aus Speiseröhre und Magen eines einzigen Stückes von Cacopus globulosus (aus der Umgebung von Madras) eine Masse von geflügelten Termiten gewinnen, die getrocknet 326 Grains (etwa 21 g) wogen. Über die Hälfte aller Engmäuler sind Nachttiere, die sich durch einen senkrecht gestellten Augenstern auszeichnen.

Ein dieser Gruppe angehöriger Frosch, Mantophryne robusta *Blgr.*, aus Neuguinea erinnert in bezug auf seine Brutpflege sehr an unsere Geburtshelferkröte. Die wenig zahlreichen (etwa 17) großen, 6—7 mm im Durchmesser haltenden Eier sind durch elastische Stränge verbunden, die sich ineinander verwickeln und einen Klumpen bilden; dieser wird nun vom Männchen mit seinem Körper bedeckt und mit den Vorderbeinen umklammert. Die Keimlinge, die bis jetzt in diesen Eiern gefunden wurden, hatten bereits wohlentwickelte Gliedmaßen, keine Kiemen, aber einen langen Schwanz, dessen Hautsäume quer ausgebreitet und reich an feinen Blutgefäßverästelungen waren, also wohl als Atmungsorgane verwendet wurden.

Bei Phrynixalus biroi *Méh.*, der ebenfalls aus Neuguinea stammt, werden die sehr großen, in einer dünnen Eihaut eingeschlossenen Eier in einer gallertartigen Hülle in das Wasser abgesetzt, wo sich die Jungen, ohne jemals Kiemen auszubilden oder eine Verwandlung zu durchlaufen, unter gleichzeitigem Hervortreten beider Beinpaare sich zum fertigen Frosch entwickeln.

Eine höchst eigentümliche Art der Brutpflege zeigt sich bei einem chilenischen Frosche aus dieser Familie, dem Rhinoderma darwini *D. B.* Beim Männchen dieser Art ist ein dünnhäutiger, einer unpaaren Schallblase entsprechender Kehlsack, der sich zwischen Brust- und Bauchhaut einerseits, der darunterliegenden Muskulatur anderseits bis ans Hinterende des Körpers erstreckt, zu einer Bruttasche umgewandelt, die während der Entwickelung der Keimlinge schließlich den Raum der ganzen Bauchfläche ausfüllt. Trotzdem ist nach G. B. Howes Versicherung, der diese Einrichtung sorgfältig verfolgt hat, die Fähigkeit der Nahrungsaufnahme des Nährvaters während der Entwickelung der Jungen in keiner Weise gestört. In den letzten Jahren ist man über diese so ziemlich einzig dastehende Art väterlicher Brutpflege durch die Beobachtungen von P. Krefft und von O. Bürger genauer unterrichtet.

Das genannte, überaus bunte und zierliche Fröschchen ist der einzige Vertreter der Gattung Rhinoderma *D. B.*, die sich außer durch den langen, spitzigen, aber weichen Fortsatz der Schnauze, der dem Tiere den Namen **Nasen-** oder **Schnabelfrosch** (Abb., S. 272) verschafft hat, durch den vollständigen Brustgürtel, quere Pupille, dreieckige, hinten ganzrandige und freie Zunge kennzeichnet. Gaumenzähne fehlen, das Trommelfell ist verborgen oder wenigstens undeutlich sichtbar. Die Zehen sind durch unvollständige Schwimmhäute verbunden und an der Spitze nicht zu Haftscheiben erweitert. Omosternum und Brustbein sind knorpelig. Der wenig über 3 cm Gesamtlänge erreichende Schnabelfrosch ist ein buntes und in seiner Färbung sehr veränderliches Tier; in der Schilderung der zahlreichen Farbenspielarten folgen wir am besten Krefft, der Gelegenheit hatte, diesen zierlichen Frosch lebend zu beobachten, während frühere Beschreiber nur Spiritusexemplare zur Verfügung hatten.

Unter den überaus mannigfachen Spielarten unterscheidet Krefft drei Hauptformen, von denen die eine und häufigste oberseits gelbbraun, rotbraun oder graubraun, graugelb oder graurot ist, mit zwei großen, mit der Spitze nach vorn gerichteten, häufig durch Drüsenleisten reliefartig erhabenen Winkelflecken, die symmetrisch zur Mittellinie hintereinander geordnet sind, und einer dunkeln Querbinde zwischen den Augen. Diese Zeichnungen können hell gesäumt, auch dunkle dazwischen eingestreut sein; oder die Oberseite ist marmoriert. Eine zweite Spielart ist durch lehm- oder sandfarbenen Rücken und scharf davon abgesetzte

Rasenfrosch, Rhinoderma darwini *D. B.* Natürliche Größe.

kastanienbraune Kopf- und Rumpfseiten gekennzeichnet; die Gliedmaßen sind wie bei der vorigen Form dunkel quergebändert. Die dritte Form endlich ist oberseits schön blattgrün, bisweilen gelbgrün, seltener oliven- oder schmutziggrün; die Zeichnung ist hier dieselbe wie bei der erstgenannten Spielart, seltener besteht sie aus einer dunkeln Rückenmittellinie; in einigen wenigen Fällen fehlte sie ganz. Was die Unterseite anlangt, so unterscheidet Krefft eine hellkehlige Form, bei der Kehle und Vorderbrust, stets heller als die übrige Unterseite, vom hellsten Strohgelb bis zu bräunlichem Orange alle Abstufungen aufweisen, dabei dunkel gefleckt oder punktiert sein können, von einer dunkelkehligen, bei der sich die bronzeschillernde, schwarzbraune oder olivschwarze Kehle und Brust wenig oder gar nicht an Helligkeit von der übrigen Unterseite abheben. Bei beiden Spielarten ist diese tief braun- oder blauschwarz mit rein weißen großen zackigen Flecken in unregelmäßiger Anordnung. Die Finger und Zehenspitzen sind rein weiß, ein langgestreckter Fleck am Unterschenkel leuchtend schwefelgelb; an Fuß und Bauch finden sich gelbe, manchmal rote Flecke, ebenso feine weiße oder bläuliche oder ziegelrote Warzenpunkte auf allen dunkeln Stellen der Unterseite, so daß diese überaus zierlich und bunt gezeichnet erscheint.

Bürger hat folgendes über den Nasenfrosch in Erfahrung gebracht: Die Geschlechtsreife beginnt Ende Dezember und reicht ziemlich tief in den Januar hinein. Die Brutzeit dauert von Ende Dezember bis Ende Februar. Bei anderen in derselben Gegend vorkommenden Fröschen, deren Eier und Junge sich im Freien entwickeln, ist die Laichzeit schon im September. Es hängt diese Verspätung der Geschlechtsreife mit der Brutpflege zusammen, indem der Brut in der letzten Zeit der Entwickelung auch Nahrung geboten wird, was auf Kosten des väterlichen Organismus geschieht; das Männchen magert infolgedessen außerordentlich ab, bedarf daher einer langen und günstigen Kräftigungsperiode, die in die an Insekten reichste Zeit, die Frühlingsmonate (in Chile: September bis Dezember) fallen muß. Die Eier werden vom Weibchen zu wiederholten Malen einzeln oder wahrscheinlich paarweise in Zwischenräumen bis zu mehreren Tagen abgelegt, vom Männchen nach stattgehabter Befruchtung in die Mundhöhle aufgenommen und abwechselnd in die rechte und linke Öffnung des Kehlsackes eingepreßt, was sich aus folgender Beobachtung erschließen läßt. Die Eier im Eierstock reifen einzeln und sind daher von verschiedener Größe; der Kehlsack des Männchens ist anfangs so kurz und eng, daß er nicht mehr als zwei Eier aufnehmen kann, noch kleiner vor der ersten Brutperiode; hier besteht er aus einer linken und rechten Tasche, die nur durch einen schmalen Spalt in der Mittellinie miteinander in Verbindung stehen. Rhinoderma ist monogam, wie sich aus dem geringen Bergungsinhalt des Kehlsackes, welcher außerstande ist, die Eier mehrerer Weibchen aufzunehmen, und der numerischen Gleichheit der Geschlechter ergibt. Die Eier sind sehr groß, enthalten eine große Menge von Nahrungsdotter, so daß die Ernährung durch den väterlichen Körper auf das möglichste eingeschränkt werden kann und nur in der letzten Zeit der Entwickelung stattfindet. Im Stadium mit vollständig entwickelter Brut hängen die Größenverhältnisse des Kehlsackes von der Anzahl der darin enthaltenen Jungen ab und waren bei einem Männchen mit 14 Jungen 20,5 mm in der Länge, 15,5 mm in der Breite und 8 mm von der Rücken- zur Bauchseite. Seine Form wird durch die Widerstände, die sich seiner Ausdehnung entgegenstellen, bedingt, und ist daher am Bauche rundlich, am Rücken dagegen unter dem Einfluß der Wirbelsäule der Länge nach eingebuchtet, also von nierenförmigem Querschnitt; er füllt die Weichen völlig aus, reicht sogar noch bis zur Rückenhaut und sendet nach vorn einen besonderen, unpaaren Zipfel bis zur Kehlmuskulatur, welcher von einer rundlichen Ausbuchtung des Kehlsackes selbst noch überwölbt wird. Eine Verwachsung des Kehlsackes mit der Haut und Muskulatur ist im allgemeinen nicht zu beobachten; nur mit der Bauchdecke links und rechts von der Mittellinie findet eine solche statt, und zwar durch ein breites, aber ungemein dünnes Band, welches außer ziemlich vielen quergestreiften Muskeln ein Blutgefäß und einen Nerv enthält. Durch die Ausdehnung des Kehlsackes werden, noch mehr als Rumpfmuskulatur und Eingeweide, die Lymphsäcke unter der Haut, namentlich der des Bauches, beeinträchtigt. Nach dem Ausschlüpfen der Jungen verkleinert sich der Kehlsack, und zwar dürfte die Rückbildung innerhalb 4—5 Wochen vor sich gehen; zum Schlusse bleibt, nachdem die seitlichen Aussackungen und der vordere unpaare Zipfel verschwunden sind und der Kehlsack nach dem Ausschlüpfen der letzten Jungen zusammengefallen ist, von diesem nunmehr ein kleines, oblonges, schuppenartiges Gebilde übrig. Die Ausdehnung des

Kehlsackes ist eine lediglich mechanische, und ihre Ursache ist der allmählich verstärkte Druck, welcher von den Eiern und später von der Brut ausgeht, die Ursache der Rückbildung ist die Elastizität des Bindegewebes der Kehlsackwand. Die Jungen bleiben im Kehlsack bis zum Ende der Verwandlung; der Ruderschwanz wird noch im Kehlsack vollständig rückgebildet. Die Jungen zeigen schon im Kehlsack mannigfaltige und lebhafte Färbungen und die charakteristische Zeichnung, wie sie den Erwachsenen zukommt. In der ersten Hälfte der Entwickelung, die bei dem Erscheinen der Vorderextremitäten abschließt, geht die Brut keinerlei Beziehung zur Wand des Kehlsackes ein, in der zweiten dagegen reicht der Dotter nicht mehr aus, die Jungen, die bisher regellos im Kehlsack angehäuft waren, ordnen sich nunmehr so an, daß ihre Rückenfläche irgendeinem Teile des Kehlsackes anliegt; sie liegen daher in zwei Schichten, die einen an der Bauchseite, die anderen an der Rückenseite des Kehlsackes, mit der Bauchfläche einander zugewandt. Es tritt nun zuerst durch den Ruderschwanz und die Hinterextremitäten, dann durch die Rückenfläche der Jungen eine feste Verklebung mit dem Kehlsack ein, und die Ernährung wird durch den außerordentlich blutreichen Kehlsack bewerkstelligt. Die Jungen verlassen den Brutsack einzeln (weil ihre Entwickelung ungleich weit vorgeschritten ist, z. B. sind die der blutreicheren Rückseite des Kehlsackes zugekehrten etwas weiter entwickelt als die an der Bauchseite gelegenen) durch die beiden Zugänge in die Mundhöhle, welche sehr ausdehnbar sind, und zwar kriechen sie selbst aus, wobei sie durch wellenförmige Bewegungen der Bauchwand unterstützt werden; dagegen ist die Muskulatur des Kehlsackes nicht einmal imstande, nicht befruchtete und daher sich nicht entwickelnde Eier aus dem Kehlsack zu entfernen. Die Haut der Kaulquappen zeichnet sich durch das Fehlen eines Oberhäutchens (durch welche die absorbierende Tätigkeit der Haut erschwert würde), durch die frühe Entwickelung der Hautdrüsen aus, weshalb Bürger für die Zeit des Aufenthaltes im Kehlsacke eine nicht bloß ernährende, sondern auch ausscheidende Tätigkeit der Haut annimmt.

Über das Freileben des Schnabelfrosches und das Ausschlüpfen der Jungen lassen wir Krefft nunmehr selbst zu Worte kommen:

„Auf schmalen Pfaden wand ich mich mühsam zwischen Rhododendronbüschen, mächtigen blütenbesäten Fuchsienbäumen, stachligen Drazänen und Lianengewirren mit abenteuerlichen, langen, roten Blütenglocken hindurch; einige respektable Wolfsspinnen, die ich auf Büschen behaglich sich sonnend überlistete, sowie verschiedene abenteuerlich ausschauende Insekten, zu denen sich noch ein hübscher, bunt gezeichneter Frosch der Gattung Paludicola, den ich unversehens aufscheuchte, hinzugesellte, hatte ich als gute Beute schon in Sicherheit gebracht, als ich, eben im Begriffe, ein schäumend bergab fließendes Wildwasser auf gebrechlichem Stege zu überschreiten, den Blick plötzlich auf ein kleines, kaum zentimeterlanges Fröschchen gebannt fühle, welches, hellbraun von Farbe und mit einem langen wahrhaften Rüssel versehen, auf einem über den Sprudel hinausragenden Steine gravitätisch dasitzt. Lautlos nähere ich mich dem Kuriosum und jeder Rest von Zweifel schwindet — da vor mir sitzt ein leibhaftiges Rhinoderma darwini; — ein hastiger Griff der vom Jagdfieber zitternden Hand — und ich halte triumphierend die kostbare Beute. War ich bisher aufs Geratewohl ins Grüne hineingelaufen, so war die Marschrichtung von nun an vorgezeichnet; es galt dem Wasserlaufe möglichst weit zu folgen, um nach weiteren Schnabelfröschen zu suchen. Ich machte also rasch mein zusammenlegbares, an den Handstock anschraubbares Filetnetz klar zum Fange, und aufwärts ging es über Stein und Stock, manchmal auch bis weit über die Knöchel durchs Wasser. Doch hatte ich die Genugtuung, meine Mühe reichlich belohnt zu sehen.

„Dem ersten Funde folgten schnell andere. Bald hier und bald dort sah ich die winzigen, zierlichen Geschöpfe vom Ufer des Baches und von im Wasser liegenden Steinen und Baumästen mit mächtigem Satze dem nassen Element zustreben, unter dessen Oberfläche sie plumpsend verschwanden, um mit eilfertigen Ruderstößen sich auf dem Grunde unter Steinen oder unter dem ausgehöhlten Ufer zu verbergen, was ihnen indessen gewöhnlich wenig half, denn auf dem beschränkten Terrain — das Bachbett war selten über 1 m breit — entgingen nur wenige meinem Netze. Als ich endlich, nachdem ich ein gutes Stück bergauf zurückgelegt, einesteils aus Zeitmangel und anderenteils aus Ermüdung, da das Bachbett immer mehr und mehr den Charakter einer Felsklamm annahm, den Rückzug anzutreten gezwungen war, der mich bald wieder zu dem Waldpfade zurückbrachte, da hatte ich 40 Stück dieses interessanten Lurches in meinen Sammelbehältern, kleine und große, braune und grüne. Wie mir bemerkenswert erscheint, fand ich alle unmittelbar am oder im Wasser, kein einziges Exemplar erinnere ich mich auch nur 1 m weit davon entfernt beobachtet zu haben, weshalb ich keinen Anstand nehmen möchte, das Tierchen als echten Wasserlurch, etwa unserem grünen Wasserfrosch in der Lebensweise vergleichbar, anzusprechen, wozu auch die Sicherheit, mit der es sich selbst im schnellfließenden Wasser bewegt, entschieden auffordert. Sein Element ist allerdings nicht, wie beim Wasserfrosch, das stehende Wasser der Teiche und Lachen im flachen Lande, sondern es sind dies die fließenden kleinen Gewässer der schattigen Bergwaldungen.

„Schon in den ersten Tagen der Gefangenschaft gingen sie unbedenklich ans Futter, indem sie die ihnen gereichten Fliegen und Schaben sofort mit Ungestüm attackierten und im Sprunge nach Froschart erhaschten, wobei ihnen merkwürdigerweise der vorstehende Schnabel nicht hinderlich zu sein schien. Einen besonders possierlichen Anblick gewährte es, wenn eins von den wenigen ganz jungen, zentimeterlangen Tierchen über eine mindestens ebenso große Schabe herfiel, allerdings nur, um sie, kaum an dem Zünglein angeleimt, auch gleich wieder mit heftigen Abwehrbewegungen von sich zu schleudern. Dieses Manöver sah ich übrigens auch bei großen Tieren oft, denen wohl auch die ungewohnten Kerfe nicht ‚mundgerecht‘ eingehen wollten. Mein Hauptinteresse aber wandte sich bald einem großen Exemplar des hellrückigen Typus zu, dessen jegliches natürliche Maß von Wohlbeleibtheit überschreitendes Embonpoint Vaterfreuden für die allernächste Zeit zu prophezeien schien. Von allen Seiten besehen erschien das Tier unförmlich, wie gewaltsam aufgeblasen. Die ganze Unterseite, von der Unterlippe bis zum After, war ballonartig aufgetrieben und die Flanken derartig ausgebuchtet, daß das Tier, von oben betrachtet, fast so breit als lang erschien. Jedenfalls hatte es schon vor geraumer Zeit eine Portion befruchteter Eier in seinem Kehlsack geborgen, und die Nachkommenschaft war an der treuen Vaterbrust bereits bis zu dem Punkte gediehen, wie das lustige Gezappel, welches von Zeit zu Zeit den väterlichen Körper durchwogte, vermuten ließ, daß ihre Wiedergeburt in nächster Zeit zu erwarten stand. Der hoffnungsvolle Dulder wurde daher, zwecks sorgsamer Überwachung, in einem kleinen, etwa zentimeterhoch mit Wasser angefüllten Glasgefäße isoliert, und er ließ die auf ihn gesetzten Erwartungen nicht lange unerfüllt. Nach wenigen Tagen bemerkte ich am Morgen des 23. Februar vier lebende Kaulquappen im Wasser des Isoliergefäßes, welche den Vater munter umschwammen. Ihre Länge betrug zwischen 15 und 17 mm bei ca. 8 mm Leibeslänge; drei von ihnen hatten bereits frei bewegliche Vorderbeine, deutlich ausgebildete Dorsolateralkanten (Längskanten des Rückens), eine stark prominente, zugespitzte Oberlippe und warzige Haut, ähnelten also schon ziemlich dem fertigen Tiere, während die vierte Quappe noch ein primitiveres Larvenstadium zeigte, indem der gesamte Körper bis auf Schwanz und Hinterbeine noch von einer eiförmigen, glatten, durchsichtigen Larvenhülle umgeben war, durch welche aber die bereits weit entwickelten Vorderbeine deutlich hindurchschienen. Die Färbung war noch wenig differenziert und war oben braun und unten grau; bei den drei weiter entwickelten Stücken verlief eine hellere erhabene Rückenmittellinie über Kopf und Rücken. Im Laufe des Tages gab das Vatertier noch weitere drei Quappen von sich, unter denen sich nur ein weiter entwickeltes Stück mit freien Vorderbeinen befand, und ließ dabei oft seinen eigentümlichen Pieplaut hören, mit dem es die Nachkommenschaft vielleicht begrüßen wollte, wie die Henne mit ihrem Gackern das frisch gelegte Ei. Ich setzte nun, da das Wassergefäß einstweilen für die sieben Quappen reserviert bleiben sollte, das Tier zunächst für einige Stunden in ein trockenes Gelaß, zugleich um zu sehen, ob es dort auch ohne Wasser mit Gebären fortfahren würde. Als das dann nicht geschah, setzte ich es wieder spät abends in eine Blechbüchse mit etwas Wasser. Dort pausierte das Tier noch bis zum Nachmittag des folgenden Tages. Erst dann bemerkte ich wieder plötzlich zwei noch nicht weit entwickelte Larven, deren Vorderbeine noch von der durchsichtigen Hülle eingeschlossen waren, und am späten Abend gesellte sich ihnen noch eine dritte ebensolche hinzu. Am andern Morgen bemerkte ich zwei bereits mehr dem ausgebildeten Tiere ähnelnde Larven mit freien vorderen Extremitäten im Wasser, aber sie waren tot und erschienen schon etwas mazeriert. Das Vatertier war nun schon wieder merklich schlanker geworden, und sein Leib geriet nicht mehr so häufig wie zuvor in die stürmische Zappelbewegung. Bis nachmittags um 2 Uhr erfolgte nichts, dann aber kam ich gerade als Augenzeuge hinzu, wie wieder eine Quappe aus dem väterlichen Munde langsam hervorquoll, um dann in gekrümmter Haltung zu Boden des Gefäßes zu sinken, wo sie nach einiger Zeit munter zu schwimmen begann. Der Geburtsakt, wenn man diesen Ausdruck hier anwenden darf, schien sich sehr glatt und anscheinend schmerzlos für den Vater, ohne Inanspruchnahme einer besonderen Wehentätigkeit, etwa seitens der Bauchpresse, erledigt zu haben. Es könnte wohl sein, daß der Vater sich dabei überhaupt vorherrschend, wenn nicht gänzlich, passiv verhält, indem der junge Sprößling sich ja durch Eigenbewegungen in den väterlichen Mund begeben und sodann aus demselben den Ausweg forcieren könnte; oder aber der Vater entledigt sich durch eine Art von Brechbewegung der Nachkommenschaft, eine Annahme, die ja auch gewisse triftige physiologische Gründe für sich zu haben scheint. Es erfolgten dann am Spätnachmittag, am Abend und am andern Morgen noch je eine Larve, davon eine mit bereits freien Vorderbeinen; die letzte fand ich tot vor. Der Vater, der sich nunmehr wieder vollends seiner, dem männlichen Geschlechte eigentümlichen schlanken Gestalt erfreute, spie dann noch eine zusammengeballte, zweifelhafte Substanz aus, die ich als eine Art von Kindspech, bestehend aus den Häuten und Entleerungen der Nachkommenschaft, deuten zu müssen glaubte, und machte sich dann mit großem Elan über eine ihm angebotene Fliege her, während ihm während der Gebärperiode Futtertiere scheinbar gar kein Interesse abgenötigt hatten. Er wurde nun wieder zu den übrigen Tieren in den großen Behälter gesetzt, nachdem er somit in 3½ Tagen 13 lebende und 3 tote Nachkommen zur Welt gebracht hatte. Drei der am weitesten entwickelten Quappen waren zuerst geboren, zwei ebensolche, welche erheblich später folgten, kamen vielleicht infolge von Verspätung tot oder sterbend zur Welt. Auch das zuletzt geborene Stück kam als Leiche hervor. Die größten Larven, deren Länge 19 mm bei 9 mm Rumpflänge betrug, sowie auch die kleinsten, deren Gesamtlänge gegen 15 mm maß, befanden sich in einem primitiveren Stadium, in dem die Vorderbeine noch nicht frei beweglich sind und das Tier noch einen echten Larventypus darstellt, dagegen

Veränderlicher Stummelfuß.

wiesen die am weitesten entwickelten Quappen mittlere Längen von ca. 17 mm auf, bei ca. 8 mm Rumpflänge. Die Lebensdauer der Kaulquappen betrug leider in allen Fällen höchstens einige Tage, wie ich glaube, lediglich infolge totalen Mangels an geeigneter Nahrung, nicht infolge unzeitiger Geburt. Da dieses Vatertier das einzige trächtige Männchen unter einer größeren Anzahl zu sein schien — später fand ich allerdings in dem nur wenig aufgetriebenen Kehlsack eines grünen Männchens noch fünf kleinere Quappen —, während ich dagegen den Leib fast aller innerlich untersuchten Weibchen prall mit Eiern gefüllt fand, die bis zu 4 mm im längsten Durchmesser maßen und das Volumen der Eingeweide beträchtlich reduziert hatten, so vermutete ich, daß die Hauptlaichzeit noch bevorstände. Meine Hoffnung, wenigstens einige wenige der so überaus schmucken Schnabelfrösche lebend nach Hause zu bringen, sollte unerfüllt bleiben, die bald, namentlich während des Hafenaufenthaltes, sich rapid steigernde Tropenhitze räumte, vielleicht im Verein mit den ungewohnten Lebensbedingungen, bald gründlich unter den zierlichen und zarten Bergquellbewohnern auf, und als wir das Endziel unserer langen Ausreise, einen mexikanischen Hafen an der pazifischen Küste, erreicht hatten, segnete auch mein letztes Rhinoderma das Zeitliche."

Zu den bei weitem buntesten Fröschen unter den Engmäulern gehören die im mittleren und südlichen Amerika verbreiteten kleinen krötenartigen Atelopus-Arten, von denen etwa 20 Arten bekannt geworden sind. Bei ihnen sind Schlüsselbeine vorhanden, die Rabenschnabelbeine nicht nach hinten gerichtet, die Pupille ist horizontal, die Zunge elliptisch; das dem Brustgürtel vorne in der Mittellinie angelagerte Omosternum fehlt, und ebenso läßt der Gaumen irgendwelche Querfalten vermissen. Es ist ferner weder ein Trommelfell zu bemerken, noch kommt es zur Ausbildung von Haftscheiben an Fingern und Zehen, die bei den verschiedenen Arten durch mehr oder weniger entwickelte Schwimmhäute verbunden sind. Atelopus nigricans *Wgm.*, der „schwärzliche Stummelfuß", der seinen Gattungsnamen mit Unrecht trägt, da die Innenzehe bei ihm wie bei vielen anderen Arten wohlentwickelt ist, ist ein Fröschlein von wenig über 3 cm Gesamtlänge mit abgerundeter Schnauze und wenig entwickelten Schwimmhäuten zwischen den Zehen. Die schwarze Grundfarbe trägt oberseits gelbe, unten scharlachrote Flecke; auch Hand- und Fußflächen sind scharlachrot. Zur Paarungszeit lassen beide Geschlechter unseres Frosches, wie Budgett mitteilt, einen Ruf erschallen, der aus zwei hellen Glockenklängen und einem darauffolgenden langgezogenen, absteigenden Triller besteht. Zu dieser Zeit ist dieser Atelopus, sonst der langsamste unter den Fröschen, lebhaft und überaus scheu: er schwimmt zwischen den Grashalmen schnell umher, klettert empor und singt sein Lied, verschwindet aber bei der geringsten Störung. Die Eier werden einzeln in seichte Regentümpel mit grasigem Grunde gelegt, schwimmen an der Oberfläche des Wassers und sind stark dunkel gefärbt; aus ihnen schlüpfen schon kaum 24 Stunden nachher die Kaulquappen aus. — Das niedliche Tierchen bewohnt Paraguay, Uruguay und Argentinien.

Eine größere Art, der Veränderliche Stummelfuß, Atelopus varius *Stann.*, die sich durch große Mannigfaltigkeit in der Färbung der Oberseite auszeichnet und in Mittelamerika und Kolumbien nicht selten zu sein scheint, ist auf unserer Farbentafel dargestellt.

Zwei merkwürdige südamerikanische Engmaulfrösche sollen schließlich wenigstens genannt werden; es sind dies die beiden Arten Dermatonotus muelleri *Blgr.* und Stereocyclops incrassatus *Cope*, die in hohem Grade ihrer besonderen Ernährungsweise angepaßt sind. Bei D. muelleri sind in der dünnen Haut des Rückens riesige, dichtgedrängt stehende Drüsen eingelagert, die eine an der Luft erhärtende und eine Art Panzer bildende milchige Flüssigkeit abscheiden. Dieser Rückenpanzer scheint als Schutz gegen die Angriffe der wehrhaften Termiten entstanden zu sein, von denen sich der Frosch ernährt; v. Méhely fand im Magen eines einzigen erwachsenen Tieres nicht weniger als 386 Arbeiter und 17 Krieger einer Termitenart. Auch Stereocyclops, der sich in gleicher Weise ernährt, hat einen solchen Rückenpanzer, außerdem umgibt als weitere Schutzeinrichtung ein knöcherner Ring die Hornhaut des Auges. Dieses weitmäulige und kurzbeinige Tier ist in Brasilien und, wie vorgenannte Art, in Paraguay gefunden worden.

Auch ein anderer kleiner Engmaulfrosch, Brachycephalus ephippium *Spix*, die sogenannte Sattelkröte, eine Bewohnerin von Brasilien und Guayana, hat einen Panzer; dieser besteht aber hier aus einer knöchernen Platte, die mit den Dornfortsätzen des zweiten bis siebenten Rückenwirbels, aber auch mit der darüberliegenden Haut fest verwachsen ist.

Durch Plumpheit ihres Leibes zeichnet sich vor anderen Angehörigen dieser Familie die Gattung der Kurzköpfe (Breviceps *Merr.*) aus, die im ruhenden Zustande einem Gummiballe ähnlicher als einem Frosche zu sein scheinen. Sie haben in ihrem überaus kräftig entwickelten Brustbeingürtel sowohl ein Paar starker Schlüsselbeine als auch besonders ein Paar ganz auffallend verbreiterter, beilförmiger Rabenschnabelbeine. Das Trommelfell ist versteckt, und der Augenstern stellt ein liegendes Eirund dar; Kiefer- und Gaumenzähne fehlen. Die Zunge ist lang-eiförmig, ziemlich ihrer ganzen Ausdehnung nach am Grunde festgewachsen und hat nicht die lappenförmigen hinteren Hörner, welche die Zunge unserer Wasserfrösche auszeichnen. Auch im Gerippe finden sich besondere Eigentümlichkeiten. Wie Stannius nachgewiesen hat, besteht infolge der Verschmelzung des ersten und zweiten sowie des neunten und zehnten Wirbels das Rückgrat nur aus acht Wirbelkörpern. Beddard fand bei dem Südafrikanischen Kurzkopf, Breviceps verrucosus *L.*, den Kreuzbeinwirbel mit dem Steißbein verwachsen, beim Männchen die beiden Nieren miteinander verschmolzen und ebenso die Ausführungsgänge der beiden Hoden zu einem einzigen Kanal vereinigt. Man kennt aus dieser Gattung drei Arten, die den Südwesten, Süden und Südosten von Afrika bewohnen.

Der Ostafrikanische Kurzkopf, Breviceps mossambicus *Ptrs.*, den wir als Vertreter dieser abenteuerlichen Gattung auswählen, ist ein überaus gedrungen gebauter Frosch mit sehr kurzem Kopfe, fast plattem Gesichtsteile, dessen Schnauze kaum etwas vorspringt, kleiner Maulspalte und mäßig großen, nach vorn gerichteten Augen. Seine Gliedmaßen sind sehr kurz, stecken bis zum Ellbogen und Knie in der allgemeinen Körperhaut wie in einem Sacke, sind aber trotzdem kräftig ausgebildet. Das Hinterbein trägt an der Fußwurzel eine sehr große, am freien Rande messerförmig zugeschärfte, schaufelartige Grabschwiele. Von den nächsten Verwandten unterscheidet sich diese Art durch ihre fast glatte Körperhaut, die auf dem Rücken eine schmutzig rotbraune, an den Seiten eine gelbbraune Färbung zeigt und einfarbig oder verschiedenartig schwarz gefleckt sein kann. Immer zieht eine schiefe, schwarze Binde vom Auge nach unten und hinten hinab; ein großer, schwarzer Kehlfleck ziert die schmutzig weiße Unterseite. Die Körpergröße des Tieres beträgt 5 cm.

W. Peters, dem wir die Kenntnis dieser Art verdanken, begegnete dem sonderbaren Frosche zuerst Ende Dezember 1843 auf der kleinen Insel Moçambique, wo das Tier während des Regens in ungeheurer Anzahl aus der Erde hervorkam und nachher ebenso plötzlich wieder verschwand. Der Kurzkopf war sehr unbehilflich und konnte nicht hüpfen, sondern bewegte sich nur sehr langsam kriechend. Später fand ihn W. Peters bei Sena auf dem Festlande, und neuere Reisende erbeuteten ihn an den Flüssen Sambesi und Donda.

Ostafrikanische Engmaulfrösche: 1 Ostafrikanischer Kurzkopf, Breviceps mossambicus *Ptrs.*, 2 Marmorierter Ferkelfrosch, Hemisus marmoratus *Ptrs.*, 3 Phrynomantis microps *Ptrs.*

Seither ist er auch in Südwestafrika, allerdings ziemlich selten, gefunden worden. Der ganze Bau des Tieres, das enge Maul, die Form der langen, festgewachsenen Zunge, das Fehlen aller Zähne, der weite Magensack lassen mit Sicherheit darauf schließen, daß der Kurzkopf ein Termitenfresser ist, obgleich wir über seine Lebensweise noch keine unmittelbare Beobachtung haben.

Den Kurzköpfen nahe verwandt sind die Ferkelfrösche (Hemisus *Gthr.*): wie jene auf das festländische Afrika beschränkt und an der spitzen oder keilförmig vorspringenden Schnauze sowie den in sehr spitzem Winkel nach hinten gerichteten Rabenschnabelbeinen, die viel dünner und länger sind als die Schlüsselbeine, gut kenntlich. Die Pupille ist senkrecht; die Zunge dreieckig, nach vorn verbreitert; das Trommelfell fehlt, ebenso Schwimmhaut und Brustbein.

Der Marmorierte Ferkelfrosch, Hemisus marmoratus *Ptrs.* (Abb., S. 279), lebt in Ost- und Westafrika vom ägyptischen Sudan bis Moçambique und von Guinea bis Deutsch-Südwestafrika; der kleine Frosch, der sich ebenso aufblasen kann wie Breviceps, ist im Leben oberseits graubraun, dunkler marmoriert, Kehle, Seiten und Hinterseite der Oberschenkel grünlichgelb, Bauch und Unterseite der Gliedmaßen weiß. Das sonderbare Tierchen, das mitunter beim Umgraben des Bodens gefunden wird, ist dadurch von Interesse, daß, wie Budgett beobachtete, das Weibchen die Eier, aus denen die Jungen als weitentwickelte Kaulquappen ausschlüpfen, mit seinem Körper bedeckt.

Einen der buntesten afrikanischen Engmaulfrösche, Phrynomantis microps *Ptrs.* (Abb., S. 279), hat Werner längere Zeit in Gefangenschaft gehalten und auch in seiner Heimat beobachten können. Wir entnehmen seiner Beschreibung nachstehende Angaben: „Phrynomantis gehört einer wahrscheinlich ausschließlich auf Afrika beschränkten Gattung an, die sich durch das Fehlen der Präkorakoide, die senkrecht-elliptische Pupille, die große, elliptische, hinten eingeschnittene Zunge, die verborgene Ohröffnung und freie, nicht durch Schwimmhäute verbundene Zehen charakterisiert. Phrynomantis microps *Ptrs.* ist durch ihre Färbung sofort kenntlich, die ganze Oberseite ist lebhaft ziegel- oder orangerot, in der Mitte des Rückens mit goldgrünem Schimmer; die Seiten vom Kopf und Rumpf sind scharf abgesetzt tiefschwarz, und die schwarze Färbung reicht von der Hüfte, ganz ähnlich wie die ‚Hüftschlinge' unseres Laubfrosches, in Form eines spitzwinkligen, nach vorn gerichteten Dreiecks in die rote Rückenfärbung hinein. Die Unterseite ist bläulichgrau, mit verschiedenen kleinen, hellen Flecken; ähnliche, aber größere und spärlichere helle Flecke finden sich auf der Oberseite der Gliedmaßen. Das ganze Tier hat die Größe eines mäßig großen Laubfrosches.

„Ich erhielt die von mir mitgebrachten Exemplare in Khor Attar am Weißen Nil, wo die Art unter den am Ufer liegenden Papyrus-Wurzelstöcken recht selten gefunden wird. Das mir von Kapitän Flower mitgebrachte Exemplar konnte ich acht Monate lang beobachten und will nun berichten, was ich an ihm gesehen habe.

„Als ich das kleinmäulige Tierchen näher betrachtete, war ich mir sofort darüber klar, daß an eine Fütterung mit Fliegen nicht gedacht werden könne; der Versuch war übrigens bereits gemacht worden und natürlich ganz erfolglos geblieben. Ich war von vornherein überzeugt, daß das Tier wie andere Engmaulfrösche nur Termiten und Ameisen annehmen würde. Was die Termiten anbelangt, so war guter Rat teuer. Termiten gibt es zwar in Süddalmatien nicht eben selten, aber sie sind noch viel schwerer zu erhalten als eine Phrynomantis, und alle meine seit Jahren unternommenen Versuche, die kleine dalmatinische Termite (Leucotermes lucifugus) bis nach Wien zu bringen, sind bisher gescheitert. Ich versuchte nun, Termiten zu imitieren, indem ich frische Ameisenpuppen aus ihrer Hülle herausquetschte und sie dem Frosch vorlegte. Da aber die noch weißen Puppen sich nicht bewegten, so wurden sie keines Blickes gewürdigt. Endlich versuchte ich es direkt mit entwickelten Ameisen. Ich fing in der Umgebung von Wien ein tüchtiges Quantum zusammen und brachte es in das Wohnglas der Phrynomantis. Dieses Glas war in der Weise eingerichtet, daß es als Bodenbelag eine Schicht schwarzer Moorerde hatte, auf dem ein kleiner Grasbüschel samt Wurzeln und ein bemoostes Stück morschen Holzes lag. Wasser befand sich nicht darin, sondern es wurde die Erde öfters bespritzt, so daß sie mäßig feucht war und der Frosch selbst immer im Feuchten saß. Das paßte ihm vortrefflich, wie ich aus der zunehmenden Lebhaftigkeit ersah. Die Ameisenfütterung gelang vortrefflich, und der Frosch verzehrte bei jeder Mahlzeit hunderte von Ameisen, wobei ihm die Art gänzlich gleichgültig war; auch solche, welche empfindlich beißen, wurden mit derselben Gemütsruhe vertilgt wie die anderen, größere ebenso wie kleine. Selten benötigte er mehr als eine Nacht, um sämtliche Ameisen zu verspeisen; nur wenn ich den Ameisen, um sie länger zu erhalten, Schlupfwinkel mit Futter (Reagensgläser, die mit Biskuitkrumen gefüllt waren) gewährte, hielten sie einige Tage aus, wurden aber von Tag zu Tag weniger. Andere Insekten wurden vollständig verschmäht.

„Als ich den Frosch erhielt, war er überaus ruhig und blieb auf der Hand sitzen, solange man wollte. Wenige Wochen später jedoch hatte er sich bereits sehr erholt und hielt nun, als er photographiert werden sollte, keinen Augenblick still und wollte vor allem unter keinen Umständen dem Tageslichte ausgesetzt bleiben, sondern strebte schleunigst einem dunkeln Orte zu. Dabei fiel jedem Beobachter sofort auf, daß unser Engmaulfrosch nicht springen kann. Er kriecht nur ziemlich langsam, wobei er den Eindruck von Geschmeidigkeit macht und etwa an ein Wiesel oder eine Zibetkatze erinnert. Dabei ist er sehr geschickt, die kleinsten Vertiefungen als Versteck, die schmalsten Ritzen und Spalten zum Durchgang zu benutzen. Wieder an ein auf Raub ausgehendes Wiesel erinnert er, wenn er nächtlicherweile auf die Ameisenjagd auszieht; er durchwandert dabei unablässig sein ganzes Wohnungsgebiet. Kommt ihm eine Ameise in die Quere, so folgt er ihr (wohl geblendet von dem Licht, bei dessen Scheine man ihn beobachten muß) eine Zeitlang nur mit den Augen, dann aber schleicht er ihr langgestreckt so lange nach, bis eine der drei Möglichkeiten eingetreten ist: entweder erwischt er sie in irgendeiner Sackgasse, wo sie nicht entfliehen kann, oder aber eine andere, die inzwischen vorbeiläuft, oder aber er verpaßt sie und sitzt dann kurze Zeit unbeweglich, bevor er sich wieder auf den Weg macht. Nie sah ich ihn wie unsere Kröten scheinbar ärgerlich nach einem bereits außer Bereich befindlichen Tier schnappen oder einen ‚Fehlschnapp' tun.

„Vor der Häutung sieht die rote Rückenfärbung recht unscheinbar, trüb ockergelb oder gelbbraun, aus, um danach sofort wieder im alten Glanze zu prangen. Wie oft jene stattfindet, ist bei einem so verborgen lebenden Tiere nicht zu beobachten. Einen Farbenwechsel anderer Art konnte ich niemals bemerken, wohl deswegen, weil ja die Lebensbedingungen eines solchen Frosches recht gleichartige sind."

Einer der verhältnismäßig wenigen Engmaulfrösche, die in ihrer Heimat durch ihre laute Stimme Einheimischen und Fremden auffallen, der Indische Ochsenfrosch, gehört der etwa 10 Arten umfassenden, über Süd- und Ostasien verbreiteten und durch eine Art sogar noch in Nordchina vertretenen Gattung Callula *Gray* an, die durch das Fehlen der Schlüsselbeine, senkrechte Pupille, elliptische, hinten freie Zunge, verborgenes Trommelfell und eine scharfe, von den Gaumenbeinen gebildete Querleiste über den Gaumen gekennzeichnet ist. Vor dem Schlund verlaufen noch zwei mehr oder weniger deutlich gezähnelte Hautfalten quer über den Gaumen. Die Finger sind frei, die Zehen durch mehr oder weniger stark entwickelte Schwimmhäute verbunden; sowohl Zehen wie Finger endigen mit Haftscheiben. Unsere Art, Callula pulchra *Gray*, ist an den nur sehr schwach entwickelten Schwimmhäuten und dem großen, scharfrandigen, schaufelförmigen Fersenhöcker leicht zu erkennen; sie ist eine der größten Arten der Gattung, da sie eine Länge von 76 mm erreicht, wobei der Umfang des Tieres in der Rumpfmitte etwa das Doppelte beträgt. Flower beschreibt die Färbung dieses überaus massig gebauten Frosches nach dem Leben ungefähr folgendermaßen: Oberseite und Seiten des Kopfes ockergelb, an der Schnauze in Braun übergehend; ein braunes Band von der Nase bis unterhalb des Auges; von hier ab wird es dunkelbraun und endigt plötzlich unterhalb des Augenhinterrandes oder etwas weiter hinten. Der Rücken ist schön dunkel-

Indischer Ochsenfrosch, Callula pulchra *Gray*. Natürliche Größe.

braun, deutlich von dem Ockergelb des Kopfes durch eine schwarze, von einem Auge zum anderen ziehende Querlinie abgegrenzt; ein breites, sehr deutliches ockergelbes Band verläuft vom Augenlid zum Ansatz des Hinterbeines, oben, manchmal auch unten schwarz gesäumt. Die Bauchseiten sind mehr oder weniger gelb und braun getüpfelt. Die Unterseite ist schmutzig rötlichgelb, Kinn und Kehle beim Männchen schwarz, die Gliedmaßen grau, dunkelbraun getüpfelt und mit mehr oder weniger deutlichen ockergelben Flecken. Der Kehlsack des Männchens liegt in zusammengeschrumpftem Zustande in losen Längsfalten von schwarzer Haut unter dem Kinn.

Über das Freileben dieses bunten Frosches, der den größten Teil des indischen Festlandes bis Südchina und Ceylon bewohnt, haben wir ausführliche Mitteilungen von Flower. Der Ochsenfrosch ist wegen seiner nächtlichen Ruhestörungen in Singapore, wohin er aus Siam eingeschleppt zu sein scheint, sehr verhaßt; denn die Stimme des Männchens ist sehr laut und kann auf einige Entfernung vernommen werden; sie wird von Flower als tiefer Kehllaut „wau-auhhhhk" beschrieben und wird im März und April jede Nacht nach einem Regentage gehört. Die Männchen quaken, während sie an der Wasseroberfläche treiben, den Kopf und die aufgeblasenen Körperseiten eben über die Oberfläche erhebend, die unpaare Schallblase kugelig aufgebläht, Arme und Beine ausgestreckt; sie können ausgezeichnet schwimmen und auch gut springen. Die Männchen sind leicht zu fangen, da ihre Stimme sie im Dunkeln verrät, doch von Weibchen fing unser Beobachter kein einziges. Die Haut ist außergewöhnlich schleimig: wenn man einen solchen Frosch in die Hand nimmt, fließt der Schleim reichlich aus und trocknet zu einer weißen, gummiartigen Schicht ein, die nicht unangenehm aromatisch riecht; sie löst sich in heißem Wasser, gerinnt in kaltem. Die Zunge ist sehr elastisch, wurmartig und bis 40 mm vorschnellbar. Stoliczka fand das Tier bei Moulmein, wo es nach Sonnenuntergang an altem Holz herumkriechend Termiten jagte.

Später macht Flower auf Grund seiner Beobachtungen in Siam noch weitere Mitteilungen über den Indischen Ochsenfrosch. Er erzählt, daß während der Regenzeit, als jeden Abend Schwärme von Insekten, vom Lichte angezogen, ins Haus kamen und zur Essenszeit sehr lästig wurden, ein oder zwei solcher Frösche auf den Eßtisch gesetzt wurden. Sie schienen zu verstehen, was von ihnen verlangt wurde, denn anstatt wegzuspringen oder sich von den Gästen oder Dienern beunruhigen zu lassen, fingen und verzehrten sie die fliegenden Insekten nacheinander, wenn diese auf dem Tische landeten. Termiten, Ameisen, kleine Käfer, Schmetterlinge, Grillen und Heuschrecken wurden eifrig verschlungen, doch größere Grillen oder Heuschrecken konnten die Frösche nicht in ihrem kleinen Maule unterbringen, wie sie auch die fliegenden Wanzen, die öfters mit den anderen Insekten ankamen, nie ergriffen, wobei sie vielleicht ihr Geruchssinn leitete. Während der Regenzeit in Bangkok ist fast jeden Abend nach einem regnerischen Tage die Luft voll von dem dröhnenden Gequake dieser Frösche, das wie „eung-ahng, eungh-angh" klingt und, bald fallend, bald ansteigend, die ganze Nacht fortgesetzt wird. An manchen Straßen, die beiderseits von Wasser begrenzt sind, und wo Callula häufig ist, kann man buchstäblich seine eigene Stimme nicht hören, aber aus der Entfernung von einer Viertel- oder halben Meile ist das Gequake nicht unangenehm, dem Rauschen eines Wasserfalles ähnlich. Wie es scheint, kann dieser Frosch noch einen anderen Laut von sich geben, einen schrillen Schrei, wie von einem Menschen in großer Angst und Gefahr ausgestoßen; als Flower dem Geschrei nachging, kam er in das Zimmer, in dem er seine gefangenen Callula hielt, doch bei Licht betrachtet, fand er sie ruhig in ihrem Behälter sitzen, als wenn nichts geschehen wäre, so daß es nicht ganz außer Zweifel ist, ob sie die Urheber des seltsamen Geschreies waren. Der Frosch wird von den Laos in Siam gegessen, von den Siamesen aber verschmäht.

Ein anderer Engmaulfrosch der Malaiischen Halbinsel, Phrynella pollicaris *Blgr.*, bewohnt nach Wray, der ihn entdeckte, die Hügel von Perak von 3000 Fuß aufwärts und lebt in Baumlöchern, die so gelegen sind, daß sie Regenwasser enthalten. Diese Art hat eine laute, flötenähnliche Stimme, die namentlich bei Nacht in unregelmäßigen Zwischenräumen gehört wird. Die Form und Größe der Höhle, in der die Frösche hausen, scheint zum großen Teile die Stärke der Stimme zu bedingen, da Exemplare, die aus ihrem Versteck herausgeholt wurden, eine viel schwächere Stimme hören ließen, als wenn sie darin waren. Diese Frösche können sich so aufblasen, daß sie selbst einer Blase mehr als etwas anderem gleichen; so schwimmen sie auch bewegungslos mit ausgestreckten Gliedmaßen auf dem Wasser.

Eine andere Art, die winzige, schön gezeichnete, auf dem Festlande Indiens und in Südchina sowie auf Ceylon lebende, etwa 28 mm Länge erreichende Microhyla ornata *D. B.*, ein sehr lebhaftes Fröschchen, das bei Tage unter Steinen, Baumstämmen, in Löchern ausgetrockneter Schlammtümpel oder unter dürren Blättern lebt, abends hervorkommt und die ganze Nacht munter bleibt, ist ebenso durch ihre verhältnismäßig erstaunlich starke Stimme, als auch durch die fast ganz glashelle, farblose Kaulquappe bemerkenswert, die deutliche Schwimmhäute zwischen den Zehen trägt, während sie den jungen Fröschen fehlen.

*

Bei der zweiten Familie der Starrbrustfrösche, den **Echten Fröschen (Ranidae)**, ist nur die obere Kinnlade mit Zähnen versehen, und die Querfortsätze des Kreuzbeinwirbels sind walzenförmig, am freien Ende nicht oder nur sehr schwach verbreitert. Der Brustgürtel zeigt bei den einzelnen Gattungen wenig Abweichung, um so wechselnder aber ist die Form des letzten Zehengliedes, das einfach zugespitzt, dreieckig, T- oder Y-förmig und selbst klauenförmig, wie bei den Hylen, sein kann. Die Wirbel sind vorn ausgehöhlt, das Steißbein heftet sich mit zwei Gelenkköpfen an das Kreuzbein an, Rippen fehlen. Die etwa 40 Gattungen, die man unterschieden hat, haben bald senkrecht, bald wagerecht gestellten Augenstern, bald spitze, bald mit Haftscheiben versehene Fingerenden, bald an allen Gliedmaßen entwickelte, bald vorn, bald vorn und hinten fehlende Schwimmhäute.

Die meisten Mitglieder dieser Familie bestehen eine regelmäßige Verwandlung als Kaulquappen im Wasser, doch gibt es Ausnahmen in der Art, daß die Larve einen Teil oder die ganze Entwickelung innerhalb des dann besonders ansehnlichen Eies durchmacht. Zu diesen Ausnahmen gehören die Arten Rana opisthodon und Rhacophorus reticulatus, von denen später die Rede sein wird, und wahrscheinlich auch Cornufer salomonis von den Salomon-Inseln, dessen Ei einen Durchmesser von 5 mm hat.

Die echten Frösche bewohnen in Menge die Gewässer gemäßigter und heißer Länder und dementsprechend alle Erdteile, mit Ausnahme Australiens. Ihnen begegnet man, wo es fließendes oder stehendes Wasser gibt; ihren Nachtgesang vernimmt man, wo ihre Lebensbedingungen erfüllt sind. Denn so wie in unserem Vaterlande der Wasserfrosch, siedeln sich auch seine Verwandten in der Tiefe wie in der Höhe, an fließenden wie an stehenden Gewässern an, vorausgesetzt, daß diese nicht zu salzhaltig sind. Aber nicht wenige Arten der Familie gibt es, die, wie die Laubfrösche, nur während der Paarungszeit ins Wasser gehen, sich nach ihr aber auf feuchten Wiesen, in Feldern und Wäldern umhertreiben, vielleicht ziellos umherirrend, da ruhend, wo der Tag sie überraschte, und mit Beginn der Dämmerung ihren Weg weiter fortsetzend. Viele Gattungen und Arten leben auch auf Bäumen wie die echten Laubfrösche, von denen sie sich äußerlich kaum unterscheiden. Wunderbar tönt der Chor dieser Frösche in das Ohr des Fremden, der zum erstenmal den Boden eines andern Erdteiles betritt; denn zu den von der Heimat her bekannten Lauten gesellen sich fremdartige, als deren Urheber man zwar sofort Frösche erkennt, die aber doch durch ihre Eigentümlichkeit in hohem Grade auffallen und Ursache wurden, daß die ersten Ansiedler sowie auch die Forscher die betreffenden Sänger mit bezeichnenden Namen belegt haben.

Überall ist die Lebensweise der wasserbewohnenden Frösche mehr oder weniger dieselbe: ein munteres, heiteres Frühlings- und Sommerleben, mit vielem Lärm und vielem Behagen, ein ihnen minder gefallendes Herbsttreiben und dann ein monatelanger Winter- oder Trockenzeitschlaf tief unten in dem Schlamme der gefrierenden oder austrocknenden Gewässer, bis der warme Hauch des Frühlings die Eisschollen sprengt oder der erste Regen die von der Sonne zerklüftete Schlammschicht zusammenfügt und Wärme oder Feuchtigkeit die tief verborgenen Schläfer zu neuem Leben erweckt. Denn so wie bei uns im Frühlinge die Erde neuen Schmuck anlegt, so ruft auch in den Äquatorländern der Beginn der Regenzeit die Vollkraft der Natur hervor. Wenn im Innern Afrikas die vernichtende Glut der trockenen Jahreszeit die Ruhe des Todes über das Land gebreitet hat, das Gras dörrend, die Bäume entlaubend, die Vögel in glücklichere Gegenden treibend, Säugetiere, Kriecher und Lurche an das Ruhelager bannend, möchte der Mensch und das Tier, das gezwungen ist, auszuhalten, verzweifeln, so schwer lastet diese Jahreszeit auf allem Lebenden. Da endlich ballen sich in der Ferne dunkle Wolken zusammen, und, getragen von rasenden Stürmen, bringen sie den erweckenden Regen über die verschmachtete Erde, mit ihm aber auch den Frühling. Stundenlang rauscht es wolkenbruchartig aus der Höhe hernieder; in den Niederungen bilden sich Bäche und Ströme sowie Lachen und Seen, von denen wenigstens die letzteren tagelang das sich in ihnen ansammelnde Wasser halten: und ehe sich noch der Himmel wiederum vollständig geklärt hat, ehe noch der Regen von dem Gezweige der Bäume abgetropft ist, hat der Frühling die Schläfer erweckt. Am Abend des ersten Regentages tönt es tausendstimmig heraus aus jedem Regensee, jeder größeren Lache, jedem regelmäßig überfluteten Regenstrome: „Gonk gonk gonk“ hallt es einem entgegen, wohin man sich auch wenden mag. Um jedes Gewässer herum sitzen, auf seinem Spiegel schwimmen Tausende von kleinen Fröschen, die, wie man meinen möchte, mit Jubel die Zeit begrüßen, in der es ihnen zu leben vergönnt ist, unmittelbar nach ihrem Erwachen zur Fortpflanzung schreiten, solange ihr Wohngewässer gefüllt ist, sich vergnügt umhertreiben, aber mit dem letzten Wassertropfen wiederum verschwinden. Livingstone erzählt, er habe durch die Buschmänner die Winterwohnung eines Frosches kennen lernen und diesen dann öfters unter Bäumen in Höhlen gefunden, deren Mündungen gleichzeitig von Spinnen bewohnt und teilweise zugewebt gewesen waren. Der Reisende spricht seine Verwunderung aus, daß ein Frosch in den trockensten Teilen des Landes leben könne, versichert, er habe anfänglich, wenn er den lauten Ruf des Tieres in der Stille der Nacht vernahm, stets gehofft, Wasser zu finden, sei jedoch oft getäuscht worden, und glaubt deshalb annehmen zu dürfen, das Tier verbringe auch einen Teil der trockenen Jahreszeit wachend. Letztere Ansicht ist wohl nur bedingungsweise richtig, da wir annehmen dürfen, daß auch im südlichen Afrika die Dürre den Winter über das Land bringt und ein sich regender Froschlurch nur durch vorher gefallenen Regen ermuntert und gewissermaßen ins Leben zurückgerufen worden ist. Übrigens stimmt Livingstone mit meinen Beobachtungen überein, wenn er sagt, daß auch kleine, bald wieder versiegende Pfützen zuweilen durch Tausende von Lurchen belebt seien. Ähnlich verhält es sich in allen Ländern, in denen sich die Jahreszeiten scharf voneinander trennen, während da, wo jahraus jahrein unter mildem Himmel annähernd dieselbe Witterung herrscht, das muntere Volk fast ohne Unterbrechung seinen Geschäften obliegt, fast ohne Unterbrechung seine Singstücke zum besten gibt und, je nach der Art verschieden, beinahe in allen Monaten des Jahres sich fortpflanzt; in den feuchten Niederungen Indiens und Westafrikas gewahrt oder vernimmt man unsere Tiere während des ganzen Jahres.

Bei uns zulande können die Frösche höchstens durch die Beharrlichkeit ihrer tonkünstlerischen Aufführungen lästig werden, und auch in anderen Erdteilen stören sie bisweilen wegen der zum Teil laut schallenden Töne, die sie von sich geben. Während aber die bei uns lebenden Arten mit vollstem Rechte als nützliche Tiere gelten dürfen, die nur ausnahmsweise unbedeutenden Schaden verursachen, vergreifen sich die riesigen Mitglieder der Familie, die in Amerika und Indien leben, nicht allzu selten an dem Eigentum des Menschen, indem sie ihre Räubereien selbst auf junge Enten und Gänse ausdehnen. Demungeachtet haben sich die echten Frösche eigentlich nirgends Feinde erworben, werden auch von keinem Volke der Erde mit Widerwillen betrachtet wie die ihnen verwandten Kröten, weil ihr Wesen und Treiben den meisten Menschen wohlbehagt, wie sich beispielsweise in den nachstehenden, von Tschudi wieder aufgefrischten Worten Rollenhagens kundgibt:

„Mit wassertreten, untersinken,
Mit offnem maul doch nicht vertrinken,
Ein mück in einem sprung erwischen,
Künstlich ein rothes würmlein fischen,
Auf gradem fuß aufrichtig stehen
Und also einen kampff angehen,
Einander mit tanzen und springen
Im großen vortheil überwinnen usw."

Kurz, der Mensch befreundet sich gern mit ihnen, auch da, wo er sie nicht als jagdgerechtes Wild ansieht und sie verfolgt und befehdet, um ihr wohlschmeckendes Fleisch zu erlangen.

Bezüglich der Fortpflanzung stimmen die Frösche im wesentlichen mit den Hylen überein. Auch von ihnen kennt man jetzt zahlreiche Fälle von Brutpflege, die nicht immer vom Weibchen, sondern in manchen Gattungen auch vom Männchen ausgeübt wird. Die Mehrzahl aber legt die Eier einfach im Wasser ab, ohne sich weiter um sie zu bekümmern. Über die Entwickelung der Jungen, die dem früher Mitgeteilten vollständig entspricht, sei nur noch das eine gesagt, daß die Verwandlung in kalten oder hohen Lagen bedeutend verzögert werden, d. h. der Larvenzustand sich über die doppelte Zeit erstrecken kann, die in günstigen Gegenden zur Entwickelung derselben Art hinreicht. Genau dasselbe findet statt, wenn man Kaulquappen in kleinere Behälter setzt und ihnen nicht genügende Nahrung bietet.

Erst in neuerer Zeit hat sich die Liebhaberei an Tieren in Käfigen auch bis auf die Frösche erstreckt. Bis dahin dienten die bei uns heimischen Mitglieder der Familie vorwiegend den Männern der Wissenschaft zu ihren vielfachen Versuchen, und ihre Gefangennahme war fast immer auch ihr Todesurteil; gegenwärtig hält man auch tropische Formen in eigens hergerichteten Käfigen, die ihnen möglichste Annehmlichkeiten bieten, gewöhnt sie durch gute Behandlung binnen kurzer Zeit an sich und gewinnt in ihnen ebenso treue Stubengenossen, wie es die Laubfrösche sind.

Wohl 140 Arten sind bis heute bekannt, die wir den Wasserfröschen (Rana *L.*) zuweisen. Sie haben einen eiförmigen, querstehenden Augenstern, eine nur vorn angewachsene, hinten freie und hier tief eingeschnittene oder zweizipfelige Zunge, je eine Gruppe von Zähnen auf den Pflugscharbeinen und gewöhnlich ein deutliches, freiliegendes Trommelfell. Während die Finger stets ohne Schwimmhaut sind, werden die Zehen, die einfache oder mit Haftscheiben versehene Spitzen haben, immer durch gut entwickelte Schwimmhäute verbunden.

Abgesehen vom südlichsten Südamerika, vom größten Teile Australiens, von Neuseeland und den kleineren Inseln des Stillen Ozeans leben Wasserfrösche in der ganzen Welt. Die meisten entsprechen in ihrer Lebensweise unserm Wasserfrosche, der sich nie weit vom Wasser entfernt, oder unserm Grasfrosche, der sich bereits mehr an das Landleben gewöhnt hat; doch gibt es auch grabende und in gewissem Sinne auch kletternde Wasserfrösche. Die grabenden Arten lassen sich an dem stark entwickelten Mittelfußhöcker erkennen, der oft schaufelartig vergrößert und an der Kante geschärft erscheint und ein vorzügliches Grabwerkzeug ist. Alle Frösche mit Schaufel, die damit bis in eine Tiefe von wenigstens $1/_2$ m zu graben verstehen, haben zugleich kurze, gedrungene und kräftige Hinterbeine, wodurch sie ein krötenartiges Aussehen erhalten. Kletterfrösche aus dieser Gattung tragen ausnahmslos Haftscheiben an den Fingerspitzen; umgekehrt sind aber nicht alle Wasserfrösche mit Haftscheiben, die in der verschiedensten Größenausbildung vorkommen können, deswegen auch Baumtiere. Während die meisten Wasserfrösche eine regelmäßige Verwandlung als Kaulquappen im Wasser durchlaufen, erlebt **Rana opisthodon** *Blgr.* von den Salomoninseln nach G. A. Boulengers Untersuchungen eine abgekürzte Verwandlung und vollendet seine Entwickelung in dem großen, 6—10 mm messenden Ei. Ein junger Frosch dieser Art hat beim Ausschlüpfen keine Spur eines Schwanzes, keine Kiemen, aber auf jeder Bauchseite zeigen sich mehrere regelmäßige Querfalten, die wohl als Reste von Atemorganen zu deuten sind. Die Schnauzenspitze trägt auch, wie bei vielen Kriechtieren, einen kegelförmigen Eizahn, der offenbar zur Durchbohrung der Eihülle bestimmt ist.

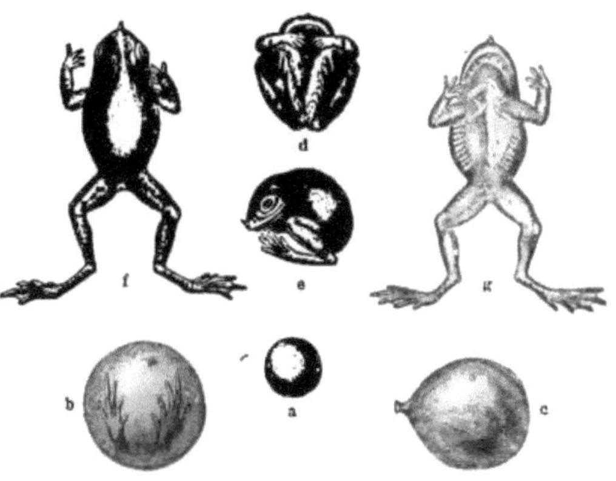

Entwickelung von Rana opisthodon *Blgr.* Nach Boulenger, „On the Reptiles and Batrachians of the Solomon Islands", in „Trans. Zool. Soc. London", XII (1886). a Ei in natürlicher Größe. b und c Ei vergrößert, im Moment des Ausschlüpfens. d und e Junger Frosch, aus dem Ei genommen, von unten und von der Seite. f und g Junger Frosch, ausgeschlüpft.

Über die Unterscheidung der deutschen Frösche, von denen wir vier Arten und eine ständige Spielart kennen, schreibt O. Boettger: „Mit den echten Fröschen könnte der Ungeübte nur etwa die Knoblauchskröte verwechseln, und da will ich denn bemerken, daß diese Art sich durch ein vollkommen verstecktes, äußerlich unsichtbares Trommelfell, durch senkrecht gestellten, im Leben hoch-eirunden Augenstern, durch ziemlich kreisförmige, hinten nur ganz schwach ausgerandete Zunge und namentlich dadurch von den Fröschen unterscheidet, daß der große Mittelfußhöcker, der überhaupt bei der artlichen Unterscheidung der Frösche eine überaus bedeutsame Rolle spielt, linsenförmig hervortritt und an seiner freien Schneide messerartig geschärft und bräunlich gefärbt ist.

„Alle fünf deutschen Froschformen lassen sich nun in zwei sehr scharfe Gruppen einteilen, in die ‚Grünen' und in die ‚Braunen', wobei es aber freilich vorkommen kann, daß manche Grünen mitunter ein braunes Röcklein anziehen, während der umgekehrte Fall zum mindesten von mir noch nicht beobachtet werden konnte. Eßbar sind die Schenkel von all unseren Fröschen, aber wirklich gut schmecken wohl nur die des Grasfrosches, also eines der ‚Braunen'.

„Beide Gruppen sind sehr scharf voneinander geschieden, betrachten sich auch selbst, da die Grünen die Braunen auffressen, als Feinde und geschiedene Leute. Es genügt ein Blick (und das dürfte wohl von den Feinschmeckern, die sich ihren Bedarf an Fröschen selbst fingen, zuerst beobachtet worden sein) auf die Färbung und Zeichnung der Hinterbacken, um mit Sicherheit zu entscheiden, in welche der beiden genannten Gruppen der fragliche Frosch gehört. Bei der Sippe der ‚Grünen', bei dem Wasserfrosche (**Rana esculenta**) und seiner Spielart, dem Seefrosche (var. ridibunda), sind die Hinterbacken immer, ohne Ausnahme schwarz und hell, gelb oder weiß, marmoriert, bei der Sippe der ‚Braunen‘, dem Grasfrosche (Rana temporaria), dem Moorfrosche (Rana arvalis) und dem Springfrosche (Rana agilis), zeigen sich dagegen die Hinterbacken niemals dunkel marmoriert.

„Neben diesem Hauptkennzeichen laufen nun noch viele höchst gewichtige Unterschiede im Körperbau. Vor allem ist im Zweifelsfalle noch auf die verlängerte, vorn zugespitzte Schnauze und namentlich auf die Form und Größe der Schwimmhäute zu achten. Diese sind bei den ‚Grünen‘ dickhäutig und vollkommen, d. h. so stark entwickelt, daß sie die längste Zehenspitze mit ihren Nachbarzehen vollständig bis zur Spitze verbinden, wie es einem echten und gerechten Wassertiere, als welches wir unsern grünen Nachtsänger aufzufassen haben, gebührt. Fügen wir dem hinzu, daß das Männchen neben und unter dem Unterkiefer und gleichlaufend mit diesem jederseits einen Längsschlitz trägt, aus dem mit Leichtigkeit Teile einer dunkeln Schallblase mittels einer kleinen Zange herausgezogen werden können, so haben wir zum mindesten drei untrügliche Merkmale, die uns nie in Zweifel kommen lassen werden, zu welcher der beiden Gruppen ein uns vorliegender namenloser Frosch gehört. Kein Vertreter der ‚Braunen‘ hat äußere Schallblasenöffnungen.

„Die Stammart, der Wasserfrosch, besitzt einen zusammengedrückten, großen, vergleichsweise sehr kräftig entwickelten Mittelfußhöcker, der an den des Moorfrosches erinnert; seine Länge beträgt 4—5 mm in Stücken, bei welchen die Innenzehe, vom Mittelfußhöcker an gemessen, 9—11 mm mißt. Die schwarze Marmorierung in den Weichen und auf den Hinterbacken schließt stets mehr oder weniger lebhaftes Gelb ein. Die Spielart ‚Seefrosch‘ ist stattlicher und größer als der gemeine Wasserfrosch. Sein Mittelfußhöcker ist klein, verlängert, schwach vorragend; dessen Länge beträgt 2—4 mm in Stücken, bei welchen die Innenzehe 9—12 mm mißt. In den Weichen und auf den Hinterbacken zeigt sich Weiß oder Weißgrün, aber kein Gelb.

„Mehr Schwierigkeiten dürfte dem Nichtkenner die Trennung der drei Arten der ‚Braunen‘ machen, obgleich an ausreichenden Unterschieden auch hier kein Mangel ist . . . Alle drei ‚Braunen‘ zeichnen sich, wie bereits erwähnt, aus durch unvollkommenere, sogenannte Zweidrittel- bis Dreiviertel-Schwimmhaut, durch das Fehlen von äußeren Schallblasenschlitzen beim Männchen und durch den sehr auffälligen großen, dunkeln Fleck in der Ohrgegend und sind für den Nichtkenner vor allem leicht erkennbar durch die nicht schwarz und gelb oder schwarz und weiß grob gefleckten und marmorierten Hinterbacken.

„In ihrer Tracht, Färbung und Zeichnung haben die braunen Frösche nun unstreitig viel Gemeinsames, doch glaube ich in folgendem auch für den weniger geübten Beobachter ausreichende Unterschiede angegeben zu haben.

„Vor allem sehe man darauf, ob das vorliegende Stück eine kurze, stumpfe, etwas an die Halbkreisform erinnernde Schnauze und mehr oder weniger deutliche rotbraune oder gräuliche Flecke auf dem Bauche hat; alle diese Tiere scheide man als sichere Grasfrösche von vornherein aus. 80—90 und wahrscheinlich noch mehr vom Hundert der untersuchten Formen haben wir dann auf einen Schlag erkannt und beseitigt. Weiter suche man dann nach besonders langbeinigen und spitzschnauzigen Stücken, die sich meist durch zarten Körperbau und den ungefleckten Bauch auszeichnen, und die bei ihren Fluchtversuchen sich durch eine geradezu verblüffende Springfertigkeit hervortun. Haben sie überdies, und das ist das Wichtigste und Entscheidende, auffallend vorspringende Gelenkhöcker auf der Unterseite der Finger und der Zehen, so ist damit der seltene Springfrosch erkannt. Er wird freilich nicht oft in Deutschland vorkommen. Es bleiben uns nun nur noch ein paar unsichere Formen übrig mit ein bißchen spitzer oder merklich spitzer Schnauze und mit ganz ungeflecktem Bauche. Bei ihnen ist darauf zu achten, ob ihr Mittelfußhöcker schaufelförmig und ähnlich wie beim echten Wasserfrosch ist, d. h. ob er länger ist als die Hälfte der Länge der anliegenden ersten Zehe, ob die Schwimmhaut unvollkommen, eine Zweidrittel-Schwimmhaut ist, ob die Gelenkhöcker unter den Fingern und Zehen schwach sind, und ob der drüsige Längswulst an den Rückenseiten stark hervorspringt und von wesentlich hellerer Farbe ist als seine Umgebung. Alles dieses sind die Kennzeichen des Moorfrosches, der zudem häufig einen breiten hellen Mittelstreifen längs des Rückens besitzt."

„Brekeke! — brekeke brekeke! — koax tuu! — brekeke brekeke! — brekeke quarr brekeke tuu! — brekeke brekeke brekeke! — brekeke brekeke brekeke brekeke! — koax koax! tuu tuu! — brekeke tuu! — brekeke brekeke!

„Die Kinder der Teiche beginnen ihr Leben,
Sehn sie den strahlenden Mond sich erheben";

— und wer wohl könnte ihnen deshalb gram sein?! Oken freilich sagt, daß man sich bei einem Narrenhause zu befinden glaube, wenn man in die Nähe eines von Fröschen belebten Teiches gerate; ich aber meine, daß ihre Stimme, ihr Gesang ebensogut zur Frühlingsnacht gehört wie das Lied der Nachtigall. Unbegrenzte Fröhlichkeit spricht sich in den einfachen Klängen aus, ja, wirkliche Einhelligkeit, so rauh die einzelnen auch zu sein scheinen. „Brekeke" läßt sich einer, der Vorsänger der ganzen Gesellschaft, vernehmen, und alle anderen hören schweigend zu, doch nur, um im nächsten Augenblicke mit derselben Strophe oder dem dumpfen „Quarr" einzufallen und in altgewohnter Weise weiter zu quaken. Mit der Kühle der Dämmerung beginnt das allgemeine Gequake; beharrlicher als jedes andere Lied der Nacht währt es fort, und erst gegen Morgen hin wird es stiller in den Teichen, obschon immer noch einer oder der andere, gleichsam in seliger Erinnerung der vorher bekundeten Meisterschaft, noch ein halb unterdrücktes „Quarr" zum besten geben muß.

Ich will nicht in Abrede stellen, daß es schwachnervigen Leuten, die in der Nähe eines froschbevölkerten Teiches wohnen, schließlich unangenehm werden kann, in jeder lauwarmen Sommernacht immer und immer nur das eine Musikstück zu hören; aber ich vermag nicht solchen Unwillen zu teilen, weil ich zu denen gehöre, die heiter gestimmt werden, wenn sie die begeisterten Sänger vernehmen, und meine, daß wenigstens jeder, der seine Jugendzeit auf dem Lande verlebt hat, mir beistimmen muß.

Unser Wasserfrosch, Rana esculenta *L.* (Abb., S. 290), ist der eigentliche Vertreter der Wasserfrösche. Seine 10—11 cm messenden Hinterbeine abgerechnet, erreicht der deutsche Wasserfrosch eine Länge von 6—8 cm, bei besonders reichlicher Nahrung im Larven- wie im verwandelten Zustande auch wohl etwas darüber, in der Wiener Gegend ausnahmsweise sogar 10—13 cm. Auf dem ansprechend grünen oder hellbraunen Grunde der Oberseite stehen schwarze oder dunkelbraune, manchmal gelblich gesäumte Flecke und ziehen in der Regel drei gelbliche oder grünlichweiße Längsstreifen, einer über das Rückgrat, einer an jeder Seite des Leibes über die vom Augenhinterrande nach hinten verlaufenden drüsigen Längswülste. Die Unterseite sieht weiß oder schwach gelblich aus; die Hinterbacken sind schwarz und gelb marmoriert. Nach der Laichzeit erscheint die Färbung am frischesten, später bald blässer, bald dunkler, mehr oder weniger ins Braune oder Graue spielend; auch herrscht bald diese, bald jene Zeichnung vor, da die Längsstreifen mehr oder weniger lebhaft ausgeprägt sein können.

Die großen Augen haben einen lebhaft goldgelben Ring und sehen klug und munter ins Weite. Das Männchen ist meist weit kleiner als das Weibchen, häufig fast einfarbig hell gelbgrün oder nur hinten undeutlich braun gefleckt; seine großen Schallblasen sind hell bläulichgrau.

Wasserfrosch, Rana esculenta L. Natürliche Größe.

Die Heimat des Wasserfrosches sind Italien, Mittel- und Nordeuropa, und zwar sowohl die Ebene als auch das Gebirge, da dieser Frosch in den Alpen der Schweiz, laut Fatio, bis 1100 m hoch gefunden wurde; nach Gredler „räumt er nur in Hochtälern und auf bedeutenden Höhen seinen Platz dem einsameren Grasfrosche ein". Eine Abart mit besonders großem, schaufelförmigem, innerem Fersenhöcker und von geringer Größe, die in Italien häufig, in

Mitteleuropa aber ziemlich unregelmäßig verbreitet ist (bei Wien, in Ungarn, Deutschland und, wahrscheinlich von Mönchen aus Italien eingeführt, auch in England), wird als var. lessonae bezeichnet. Die Färbung dieser Abart ist oft ein schönes Grün ohne Flecke oder ein Bronzebraun, das zwei dunkle Längsbänder zwischen den hellen Rückenlinien und ebensolche (durch ein gelblichweißes Band getrennt) auf jeder Seite bildet. Nach Norden hin geht der Wasserfrosch bis Südschweden und Westrußland, fehlt aber in Norwegen, Nordrußland, Schottland und Irland. Wo er vorkommt, tritt er in ansehnlicher Menge auf, gleichsam, als ob er die Geselligkeit liebe, in Wahrheit wohl, weil er sich so außerordentlich stark vermehrt, daß der Teich, an dem sich ein Pärchen angesiedelt hat, bald von Nachkommenschaft wimmelt. Obwohl im ganzen sehr anspruchslos, stellt er doch gewisse Anforderungen an das Gewässer, das ihn beherbergen soll. Er fehlt wenigen Gewässern, findet sich aber in zahlreicher Menge nur in solchen, deren Ufer mit hohem Grase oder Binsicht bestanden und deren Mitte mit Wasserpflanzen, namentlich schwimmenden, bedeckt ist. Kleine, umbuschte Teiche, auf deren Spiegel sich Seerosen breiten, Gräben, die wenigstens den größten Teil des Jahres hindurch Wasser behalten, sind seine Lieblingssitze, nächst ihnen Sümpfe, Brüche und Moräste. An solchen Gewässern macht er sich sehr bemerklich, und nicht allein dem Auge, sondern auch dem Ohre. Als Freund der Wärme sucht er jeden Sonnenstrahl auszunutzen, kommt deshalb am Tage regelmäßig zur Oberfläche empor, wo er, mit dem Kopfe über dem Wasser, die gewaltigen Schwimmfüße weit gespreizt, sich auf einer Stelle erhält oder, was ihm bequemer ist, auf dem breiten Blatte einer Wasserpflanze, einem treibenden Holzstück, einem überragenden Steine oder Felsblock am Uferrande oder auf einem ähnlichen Plätzchen sitzt und sich der Wärme mit Lust und Behagen hingibt. Ungestört, verweilt er in solcher Lage halbe Tage, ohne sich zu rühren; wird er gestört oder durch eine sich ihm bietende Beute verlockt, so springt er mit einem gewaltigen, meterweiten Satze ins Wasser, schwimmt mit kräftigen Ruderstößen zwischen der Oberfläche und dem Grunde dahin, ersteren Falles in sanft geneigter Linie abwärts, und huscht endlich in den Schlamm, um sich hier zu verbergen. Daher erklärt sich auch das niederdeutsche Sprichwort Gesners:

„De vrosch huppet wider in den pol,
Wan he ock sethe up een gulden stol.“

Hierbei kann ihm zwar, wie Bruhin beobachtete, der Unfall zustoßen, daß er mit den Vorderfüßen zwischen die ausgespreizten Schalen einer Muschel und damit in üble Lage gerät, weil das gegen jede Störung höchst empfindliche Weichtier sofort seine Schalen zusammenklappt und den widerstandslosen Schelm in beklagenswerter Weise fesselt und quält; im allgemeinen aber sichert der weiche Schlamm den Frosch gegen den Störenfried, der ihn schreckte, aufs trefflichste, indem er ihn dessen Blicken vollständig entzieht. Doch niemals verweilt unser Freund in der ihm gastlichen Tiefe länger, als es ihm unbedingt nötig erscheint; nach kurzem Besinnen schon hebt er sich wieder, rudert langsam, schwimmt nach oben, streckt den Kopf aus dem Wasser heraus, dreht die hellen Äuglein nach allen Seiten und versucht, die vorige Stellung wieder einzunehmen. Naht der Abend oder tritt infolge eines Regens Kühlung ein, so sammelt sich die ganze Bewohnerschaft eines Teiches, am liebsten etwas vom Ufer entfernt, zwischen den Pflanzen und beginnt nun eins der erwähnten Gesangsstücke aufzuführen. So treibt es der Frosch von Mitte April an bis Mitte, spätestens Ende Oktober, bei uns zulande dem Zeitpunkte, der ihn zwingt, in der Tiefe des Gewässers, entweder im Schlamme oder in einer Höhlung, Herberge zu suchen für den Winter.

Der Wasserfrosch zeigt zwar in seinen Bewegungen Kraft und Gewandtheit, steht aber in bezug auf seine Gehirntätigkeit nach der Ansicht der meisten Beobachter hinter der Erdkröte zurück; sein Ungestüm und seine Gefräßigkeit sind so groß, daß er die ihm sonst in hohem Grade eigne Scheu nicht selten ganz außer acht läßt. Wie die meisten Verwandten, bewegt er sich auf dem Lande nur springend, ist aber imstande, sehr weite Sätze auszuführen und diese mit überraschender Gewandtheit zu regeln. Im Wasser schwimmt er unter alleiniger Tätigkeit seiner Rudersüße schnell dahin, namentlich, wenn er sich in einiger Tiefe bewegt; denn auf der Oberfläche selbst rudert er nur gemächlich weiter. Aber er ist auch fähig, durch kräftigen Ruderstoß sich aus dem Wasser heraus in eine ziemliche Höhe emporzuschnellen, sei es, um ein vorübersummendes Insekt zu erbeuten, sei es, um eine höher gelegene Ruhestätte zu gewinnen.

Auch der Wasserfrosch richtet sein Betragen nach den Umständen ein. Da, wo ihn niemand stört, wird er zuletzt so zutraulich, daß er einen sich nahenden Menschen bis auf Fußweite an sich herankommen läßt, bevor er mit gewaltigem Satze die Flucht ergreift; da, wo er verfolgt wird hingegen, entflieht er schon von weitem, und selbst wenn er mitten auf einem kleineren Gewässer liegt, taucht er unter, falls der ihm wohlbekannte Feind sich am Ufer zeigt. Ältere Frösche sind immer vorsichtiger als jüngere, werden auch, wie erfahrene Säugetiere und Vögel, zu Warnern für die jüngeren, die wenigstens so klug sind, einzusehen, daß es für sie das beste ist, es den Weisen ihres Geschlechtes nachzumachen. Auch vor Tieren, die ihnen gefährlich werden können, nehmen sich Wasserfrösche wohl in acht; an Teichen, die der Storch regelmäßig heimsucht, flüchten sie bei Ankunft des Vogels ebenso eilig wie beim Erscheinen eines Menschen. Ihre Beute erwerben sie sich nicht selten mit einer gewissen List: sie lauern ihr wie ein Raubtier auf, schwimmen sacht unter dem Wasser heran und fahren plötzlich zu.

In der Gefangenschaft zeigt sich der Wasserfrosch anfangs sehr ungebärdig, knurrt, murrt und springt wie sinnlos herum, lernt aber, namentlich wenn er außerhalb des Wassers gehalten wird, mit der Zeit den Mehlwurmtopf würdigen, gewöhnt sich nach und nach so weit an den Gebieter, daß er von diesem angebotene Nahrung wegnimmt und, wenn sie nicht sofort losgelassen wird, sie durch kräftiges Anstemmen an die haltende Hand freizubekommen strebt; auch läßt er sich ergreifen und auf der Hand umhertragen, ohne zu fliehen, und gewöhnt sich endlich auch daran, anstatt lebender Beute ihm vorgehaltene und bewegte Brocken eines Ersatzfutters anzunehmen. Die von Gredler als Futterneid bezeichnete Erregbarkeit durch den Anblick fressender Artgenossen ist beim Wasserfrosch besonders ausgeprägt.

Im Verhältnis zu seiner Größe darf unser Frosch ein tüchtiges Raubtier genannt werden. Er genießt nur selbsterworbene Beute und bloß lebende Tiere; was sich nicht vor ihm bewegt, reizt ihn nicht zum Sprunge. Während er vor einem heranschreitenden Menschen schreckhaft flüchtet, achtet er des ruhig dasitzenden Anglers nicht früher, als bis dieser die Fangrute schnellt. Dies ist nicht Unachtsamkeit, sondern Schwäche des Erkennungsvermögens, wie wir sie in nicht geringerem Grade auch bei weit höher stehenden Tieren wahrnehmen können. Von seinem Ruhesitze aus achtet der Wasserfrosch auf alles, was um ihn her vorgeht, als ob er auf der Lauer liege, springt, wenn sich ihm eine Beute naht, auf sie los, schlägt die Zunge vor und schluckt den Fang hinab. Für gewöhnlich sind Insekten, nach Gredlers Beobachtungen auch stechende Immenarten, z. B. Wespen, außerdem Spinnen, Würmer und Schnecken seine Hauptnahrung, und gerade deshalb erwirbt er sich große Verdienste; von den Fischzüchtern wird er grimmig und unbarmherzig verfolgt, da man ihn nicht nur arger Verheerungen unter der Fischbrut beschuldigt; dem männlichen Frosche ist man besonders gram wegen seiner manchmal an Teichkarpfen ausgeführten Paarungsversuche, wodurch die Schuppen abgerieben und die Fische unansehnlich werden (ein Vergehen, das auch der männlichen Erdkröte zugeschrieben wird). Neuere Untersuchungen haben aber ergeben, daß der Wasserfrosch als Fischräuber nur in geringem Grade in Betracht kommt. Gegen jüngere seiner Art oder Verwandte, namentlich gegen den Grasfrosch, ist er wenig rücksichtsvoll; was vor ihm zappelt, was bewältigt und verzehrt werden kann, ist ihm willkommen, wie groß der Bissen auch sein möge. Nitsche berichtet von einem Wasserfrosch, der eine junge, gut befiederte Bachstelze erhascht hatte und sie auch dann nicht losließ, als er samt seiner Beute in Spiritus gesetzt wurde.

Erheblichere Nachteile, als Raublust und Gefräßigkeit des Lurches es jemals vermöchten, können unserer Teichfischerei unter Umständen die bereits erwähnten Geschlechtsverirrungen des Wasserfrosches zufügen. Es liegen nicht zu bezweifelnde Erfahrungen vor, daß Frösche in Karpfenteichen großen Schaden verursacht haben. Rittergutsbesitzer Nordmann, der eine bedeutende Teichfischerei in der Nähe Altenburgs bewirtschaftete, erfuhr dies, wie Schlegel mitteilt, in den beiden Frühjahren 1853 und 1854, als infolge anhaltend schlechter Witterung es erst gegen Ende April und Anfang Mai möglich wurde, die Winterhaltungen zu fischen. In einem Teiche waren ungefähr 200 Schock halbpfündiger Karpfen überwintert worden. Einige Tage vor der Fischerei erzählte ein Bauer dem Besitzer, er habe einmal auf einem kleinen Teiche einen großen Karpfen schwimmen sehen, der einen ihm auf dem Rücken sitzenden Frosch trotz aller Anstrengungen nicht habe los werden können. Nordmanns Zweifel an der Wahrheit dieser Erzählung wurden zu seinem nicht geringen Erstaunen während der Fischerei vollständig widerlegt. Denn bei dieser Gelegenheit sah man, daß fast auf jedem Karpfen ein Frosch saß, manchmal auch deren zwei, die sich mit ihren Vorderfüßen gewöhnlich in den Augen, häufig aber ebenso in den Kiemen festgeklammert hatten, während sie durch die Bewegungen mit den Hinterbeinen die Schuppen von dem Rücken der Fische lösten. Einzelne ritten auch verkehrt auf den Fischen. Alle hielten sich so fest, daß sie mit einer Hand kaum loszureißen waren. Der größte Teil des schönen Karpfensatzes war mehr oder weniger beschunden und dadurch so unscheinbar geworden, daß er sich nur zu geringem Preise verkaufen ließ. Gegen 15 Schock Fische, denen die Frösche die Augen ausgekratzt, die Kiemen beschädigt oder eine Menge Schuppen abgerissen oder losgetreten hatten, konnten als Satz nicht mehr verwendet werden, da man fürchten mußte, daß sie sterben oder doch wenigstens kränkeln und nicht wachsen würden. Im zweiten Frühlinge war es nicht so schlimm wie im ersten, der Schaden aber doch immer noch empfindlich genug. Daß derartige Beobachtungen selten angestellt werden, erklärt sich einfach durch den späten Eintritt der Paarungszeit der Frösche, die erst stattfindet, wenn die stark bevölkerten Satzteiche bereits gefischt und die Satzfische in andere Teiche übergeführt worden sind. Auch in ihnen werden sie wohl von den liebestollen Fröschen manches zu leiden haben; deren Untaten fallen hier jedoch nicht so in die Augen wie in kleineren Teichen.

Aus dem Winterversteck kommen zuerst die jungen Tiere hervor, bei recht günstigem Wetter mitunter bereits Anfang April. Erst wenn der Frühling wirklich eingetreten ist, also viel später als Laub- und Grasfrosch, beginnt der Wasserfrosch sein Fortpflanzungsgeschäft, selten vor Ende Mai, meist erst im Juni. Sein Paarungstrieb ist wie bei den meisten Gliedern seiner Verwandtschaft so heftig, daß er in Ermangelung eines Weibchens der eignen Art auch fremde Lurche und, wie wir eben sahen, selbst Fische, überhaupt lebende Wesen, fest umschlingt; doch dauert die Brunstzeit bei heißem Wetter selten länger als acht Tage. Ein Wasserfrosch, den Gredler pflegte, zeigte sich schon im Februar paarungslustig und unterhielt „die unzweideutigsten Beziehungen" zu einer Wechselkröte wie zu einem Laubfrosch; andere wurden bei ähnlichen Verirrungen beobachtet. Die Paarung geschieht wie bei anderen Fröschen auch, währt aber länger. Das Männchen umklammert das Weibchen und drückt durch die Kraft seiner Arme und die Last seines Körpers die Eier geradezu heraus; innere Verletzungen infolge der Umarmung des Männchens sollen das Weibchen zuweilen so entkräften, daß es dabei verendet. Die Eier sehen hellgelb, auf der einen Seite aber graugelb aus, umhüllen sich beim Durchgange im Eileiter mit der bekannten gallertartigen Masse, fallen nach dem Legen zu Boden und bleiben hier liegen. An Größe stehen sie denen des Grasfrosches, ja sogar denen des Laubfrosches etwas nach; dafür sind sie um so zahlreicher, und wenn die Witterung während der Laichzeit günstig ist, entwickeln sich aus ihnen so viele Larven und aus diesen Frösche, daß ein Aussterben der Art nicht zu befürchten ist. Schon am vierten Tage bewegt sich der Keimling, am Ende des fünften oder sechsten platzt das Eilein, und man sieht nun die millimeterlange graugelbe Kaulquappe sich zitternd bewegen, bald darauf auch schwimmen. Unter dem Vergrößerungsglase gewahrt man Augen und Mund schon deutlich und an jeder Seite des Kopfes faltige Anhänge oder Röhrchen, aus denen die Kiemen entstehen. Von nun an schreitet das Wachstum der Larve sehr rasch fort. Der Kopf wird dicker, der Körper rundlicher, der Schwanz länger, die Haut durchsichtig; am dreizehnten und vierzehnten Tage hat sich bereits die Lunge gebildet; die äußeren Kiemen schrumpfen ein, und man bemerkt statt ihrer auf der linken Seite der Larve das unpaarige Kiemenloch für die inneren Kiemen. Nach Fr. Leydig erwiesen sich die noch fußlosen Larven bereits als Fleischfresser, indem sie mit Eifer abgestorbene Larven von Wassermolchen verzehrten. Der Darminhalt solcher, bei denen bereits die Hinterbeine hervorgesproßt waren, bestand bei mikroskopischer Untersuchung aus dem Schlamme des Bodens, dem zahlreiche Schalenkrebschen, Algen und andere Pflanzenreste beigemischt waren. Nach Ablauf eines Monats verlangsamt sich der Fortgang der Entwickelung. Wenn die Larve eine Länge von 6—7 cm erreicht hat, sind die vier Beine vollkommen ausgebildet, der Schwanz ist aber immer noch länger als der Leib, seitlich zusammengedrückt und sehr hoch. Von nun an schrumpft der Schwanz langsam ein und schwindet endlich ganz, ohne daß man eine ersichtliche Zunahme des Leibes bemerkt: es sieht im Gegenteile aus, als ob der verwandelte Frosch kleiner sei als die frühere Larve. Erst nach etwa vier Monaten ist die Verwandlung vollendet; im fünften Jahre des Lebens hat der Frosch seine gewöhnliche Größe erreicht, nimmt aber auch später noch stetig etwas an Größe zu.

Wenige Wasserfrösche sterben eines natürlichen Todes; die Mehrzahl verendet unter den Zähnen, im Schnabel oder in der Klaue eines Raubtieres. Fuchs, Fischotter, Iltis und Wasserratte bemächtigen sich ihrer; Schreiadler, Schlangenadler und Bussarde, Raben und Verwandte, Störche und Reiher überfallen sie; Forellen, Hechte und andere Raubfische würgen sie hinab, sonstiger Feinde nicht zu gedenken. Bei uns zulande begnügt sich der Mensch, ihrer übergroßen Vermehrung dadurch zu steuern, daß er die Laichklumpen aus dem Wasser zieht und auf trockenem Lande verkümmern läßt. Schon in Süddeutschland und in Italien stellt man ihnen eifrig nach, weil Froschschenkel mit Recht als wohlschmeckendes, nahrhaftes und gesundes Gericht gelten, keineswegs aber das sind, was der alte Gesner behauptet: „ein häßliches, ungesundes Essen, welches den Leib derer, so sie brauchend,

Entwickelung von Rana esculenta.

bleifarb macht". Zwar hegt man auch im Süden, beispielsweise in Ligurien, Abscheu gegen solche Nahrung, verspeist sie aber in anderen Gegenden, so in Nizza und Piemont, um so lieber. Auch in Frankreich schätzt man Wasserfrösche als Speise hoch und fängt namentlich im Herbste, wenn die Tiere am fettesten sind, viele von ihnen, und zwar in sehr verschiedener Weise, mit Gerten oder Peitschen, Angeln, Pfeilen und Netzen. Auch durch Unterschießen mit der Kugelbüchse kann man sie aus dem Wasser herauswerfen. Mit der Angel lassen sie sich sehr leicht fangen, da man ihnen als Köder nur ein rotes Läppchen vorzuwerfen und dieses zu bewegen braucht; sie mit dem durch eine dünne Schnur an dem Bogen befestigten Pfeile zu erlegen, erfordert schon größere Übung, und die Netzfischerei ist bloß im Anfange ergiebig, weil die Wasserfrösche Nachstellungen bald merken und sich dann im Schlamme verkriechen. In Deutschland pflegt man bloß die Hinterschenkel zu genießen; in Italien dagegen verspeist man den ganzen Frosch, nachdem man ihn vorher ausgeweidet hat. Wie schon erwähnt, ist es aber weniger der Wasserfrosch, dem die Nachstellungen des Menschen gelten, als der Grasfrosch, dessen Schenkel besonders schmackhaft sind, und der auch leichter und in größerer Menge zu erbeuten ist.

Die Zählebigkeit der Wasserfrösche ist außerordentlich groß. Selbst schwere Verwundungen heilen bei ihnen bald wieder; Verstümmelungen der fürchterlichsten Art bringen ihnen erst nach Stunden den Tod. Spallanzani schnitt einem sich paarenden Frosche den Kopf ab; demungeachtet zog dieser seine Vorderfüße nicht vom Weibchen ab, und erst sieben Stunden später, nachdem das Weibchen aufgehört hatte, Eier zu legen, trennte sich von ihm der Rumpf, dessen Bewegungen noch immer vier Stunden fortdauerten.

Der Seefrosch, **Rana ridibunda** *Pall.* (Abb., S. 296, u. Taf. „Froschlurche II", 5, bei S. 215), ist erst 1882—85 durch Pflügers und G. A. Boulengers Untersuchungen bekannter geworden. Fischer Noack in Köpenick, der von Berlin aus viele Jahre eine Anzahl von physiologischen Instituten Deutschlands mit lebenden Fröschen versorgte, hielt ihn schon längst für eine „gute" Art, da er ihn auf den ersten Blick vom Wasserfrosch zu unterscheiden imstande war und beobachtet hatte, daß beide Formen zu verschiedenen Jahreszeiten laichten. Der Seefrosch hat bereits Ende Mai abgelaicht, wenn der Wasserfrosch sich erst dazu anschickt. Boulenger bezweifelt zwar nicht, daß Bastarde von Wasserfrosch und Seefrosch vorkommen „können", doch das müsse dann jedenfalls ganz ausnahmsweise geschehen, da er wenigstens unter 126 Stücken keine Übergänge habe auffinden können. Obgleich Pflüger inzwischen beobachtet hat, daß zwischen dem Wasserfrosch und dem Seefrosch fruchtbare Kreuzung künstlich bewirkt werden kann, dürfen wir letzteren doch als gesonderte Art auffassen, da Bau, Färbung und Lebensweise schon über das Maß hinauszugehen scheinen, das wir im allgemeinen Rassen, Spielarten oder Abarten einzuräumen gewohnt sind. Nach Boulenger erklärt sich das Vorkommen zweier verwandter und doch so scharf getrennter Formen an einem Orte daraus, daß durch die Verschiedenheit der Laichzeit die Möglichkeit einer Vermischung ausgeschlossen ist, und ich möchte bezüglich des Vorkommens beider in der Mark noch hinzufügen, daß es mir sehr wahrscheinlich dünkt, daß eine der beiden Formen erst später in die Berliner Gegend eingewandert ist.

Der Seefrosch lebt, nach Noack, in fließendem Wasser, in den Seen der obern Spree und den seeartigen Ausbreitungen ihrer Zuflüsse, nach v. Mojsisovics auch in der Donau bei Orsova an der Südspitze Ungarns, niemals aber in stehendem Wasser, selten an einem Orte zusammen mit dem gewöhnlichen Wasserfrosch. Diese Beobachtung gilt aber nicht im allgemeinen; denn obgleich der Seefrosch tatsächlich fließende Gewässer (namentlich in

Südosteuropa) bevorzugt, so wird er doch auch anderseits wieder in Tümpeln und Teichen gefunden, wie z. B. in Niederösterreich.

Nach J. v. Bedriaga ist seine Stimme kräftiger, klangvoller und tiefer als die der Stammart; man hört ein lautes „Uorr uorr kruu“, das gar nicht übel klingt.

Der Seefrosch erreicht in der Regel eine bedeutendere Größe als unser Wasserfrosch, nämlich bis 15 cm; die beiden Geschlechter sind in der Größe kaum verschieden. Die

Seefrosch, Rana ridibunda *Pall.* 2/3 natürlicher Größe.

Oberseite ist entweder vollständig graubraun oder olivenbraun mit oft lebhaft olivengrünen Flecken, oder Kopf und Vorderrücken sind bis zum Kreuzbein grün, am Hinterrücken in Braun übergehend; dieses Grün ist kaum jemals ein reines Gelb- oder Grasgrün, sondern auch wieder mehr olivengrün. Die Hinterbacken sind grünlichweiß, olivenbraun marmoriert. Die Schallblasen des Männchens sind rauchgrau. Außer in der Färbung ist der Seefrosch auch noch durch die mehr abgerundete Schnauze, den kleineren, walzigen, 2½—4mal in der Länge der Innenzehe enthaltenen Mittelfußhöcker und die längeren Unterschenkel gekennzeichnet. Stellt man bei einem Seefrosch die im Knie zusammengelegten Hinterbeine so, daß die

Oberschenkel mit der Längsachse des Tieres einen rechten Winkel bilden, so kommen die Hinterenden der Unterschenkel übereinander zu liegen, während sie sich beim Wasserfrosch eben berühren. Bolkay hat eine Anzahl von Unterschieden im Skelett beider Arten nachgewiesen, so daß auch danach ihre Verschiedenheit außer Frage ist.

Das Verbreitungsgebiet des Seefrosches ist ein gewaltiges. In Spanien und Portugal, auf der ganzen Balkanhalbinsel bis zum äußersten Süden Griechenlands, in Westasien, und zwar von Kleinasien und Syrien bis Transkaspien und Persien, in ganz Nordwestafrika von Marokko bis Tripolis und Barka (vielleicht sogar bis Ägypten, wo man bisher erst zweimal einen Wasserfrosch gefangen hat, der wohl dieser Art angehören dürfte) und tief bis in die Sahara (Oase Figig, Tuggurt und Wargla) ist er der einzige Wasserfrosch.

In Deutschland ist der Seefrosch nur in der Tiefebene und in den großen Flußtälern, wie in den seeartigen Ausbreitungen der Spree bei Berlin, im Weichselgebiet, in der Provinz und im Königreich Sachsen, bei Dresden z. B. in Stücken von 12 cm Länge und 1¼ Pfund Schwere, in Oldenburg, Hannover und Lippe-Schaumburg, am Main bei Schweinfurt, an der Nahe bei Kreuznach, bei Münster in Westfalen und an einigen Örtlichkeiten am Niederrhein, gefunden worden. In Österreich-Ungarn bewohnt er den ganzen Süden (Istrien, Dalmatien, Bosnien, Herzegowina) und gewisse Tieflandsgebiete des Nordens und Ostens, wo er eine ebenso gewaltige Größe erlangt wie im Süden. In der Umgebung von Wien ist er nur in der Ebene südlich von der Donau und östlich vom Wiener Wald zu Hause und erreicht in den Ziegeleigewässern von Inzersdorf am Wiener Berge das Wiener Gemeindegebiet von Süden wie der Teichfrosch von Norden her. Wie streng aber beide in ihrer Verbreitung geschieden sind, kann aus folgendem Beispiel ersehen werden. Der Damm der Südbahn, der nahezu an der Grenze zwischen dem Wiener Wald und dem ebenen Acker- und Wiesenland des Ostens verläuft, scheidet bei Brunn am Gebirge zwei kleine Tümpel voneinander; der wienerwaldwärts gelegene Tümpel ist ausschließlich von Teichfröschen, der auf der Seite der Ebene wie alle übrigen weiter östlich gelegenen (darunter auch derjenige, der das Riesenexemplar von 15 cm Länge beherbergte) ebenso ausschließlich von Seefröschen bevölkert.

Man kann aber Teich- und Seefrosch nicht etwa wie die Unken oder die beiden Formen des Kammolches als Berg- und Tieflandsarten auseinanderhalten; denn so wie der Teichfrosch, kommt auch der Seefrosch ebenso in der Ebene wie im Gebirge vor und sogar noch viel weiter hinauf als dieser, denn Werner fand ihn auf dem Bithynischen Olymp in Kleinasien noch in kalten Quellwassern und Bächen in etwa 1800 m Höhe, wo der Seefrosch, von Menschen unbehelligt, so dreist ist, daß man die Tiere förmlich von der Stelle wegdrängen muß, an der man trinken will. Dagegen wird R. ridibunda im Algerischen Atlas durchweg vom Scheibenzüngler, in den Gebirgsgegenden Süd- und Südosteuropas sowie Westasiens in der Regel durch verschiedene Arten von braunen Fröschen vertreten.

Eine dritte Art von Wasserfröschen, Rana chinensis *Osb.*, ist nicht nur durch die Größe des inneren Fersenhöckers, der schaufelartig, scharfrandig und zum Graben geeignet ist, sondern auch durch den Besitz drüsiger, kurzer Längsfalten zwischen den beiden gewöhnlichen langen Drüsenfalten an den Rumpfseiten ausgezeichnet; der Chinesische Wasserfrosch ist von Korea und Japan bis Südchina und Siam verbreitet.

Der Grasfrosch, Rana temporaria *L.* (Abb., S. 298, u. Taf. „Froschlurche II“, 4, bei S. 215), erreicht dieselbe Größe wie sein eben geschilderter Verwandter, ungefähr 7—9 cm, unterscheidet sich von ihm aber, wie wir bereits auseinandergesetzt haben, durch Körperbau,

Färbung und Lebensweise, so daß ihn wohl niemand mit jenem verwechseln kann. Die oberen Teile sind auf braunem oder rotbraunem Grunde mit dunkelbraunen oder schwarzen Flecken, die Schläfen mit einem dunkeln Längsfleck gezeichnet, die Beine dunkel quergestreift, Brust und Bauch beim Männchen wie bei dem etwas größeren Weibchen auf hellem (weißlichem oder gelbem) Grunde rotbraun gefleckt oder marmoriert, die Kehle bei diesem wie die übrige Unterseite, bei jenem aber hellblau, blaugrau bis violettgrau gefärbt, nicht selten mit heller

Grasfrosch, Rana temporaria L. Natürliche Größe.

Längsmittellinie. Manche Stücke sind dicht schwarzgefleckt, andere wieder hellrötlich marmoriert, ja Klunzinger hat sogar oberseits ganz schwarze Grasfrösche aus Teichen erhalten, die, auf ehemaligen Kohlenmeilern angelegt, schwarzen Bodengrund haben, und zwar bei Klosterreichenbach in Württemberg. Bei hellem, warmem, trockenem Wetter kann der Grasfrosch ganz licht lederbraun bis bernsteingelb, an kalten, feuchten, trüben Tagen und im Wasser nahezu schwarzbraun werden. Die Zahngruppen auf den Pflugscharbeinen stehen nicht wie beim Wasserfrosch zwischen den inneren Nasenöffnungen, sondern reichen nach hinten über eine Linie hinaus, die man sich von der Unterecke der einen Nasenöffnung zur Unterecke der anderen gezogen denken kann; die Füße zeigen keine so vollständige Schwimmhaut wie beim Wasserfrosch. Die Schnauze ist stumpf, der Mittelfußhöcker stumpf und weich.

Nord- und Mitteleuropa, von Nordspanien, England und Schottland (in Irland ist er erst seit dem 17. Jahrhundert eingeführt) über Nord- und Mittelfrankreich, die Schweiz, ganz Deutschland, Norditalien und Österreich-Ungarn, das europäische Rußland, Finnland und Skandinavien bis zum 70. Grad nördl. Breite (Persanger Fjord, Kaa-Fjord, Varanger Fjord) sowie das nördliche und das gemäßigte Asien bis zur Mongolei, Ostsibirien, Amurland und die Insel Jesso sind die Heimat des Grasfrosches, der auch in den Pyrenäen noch in 2800 m (Tal von Diozar, nach V. Payot), 2700 m (See von Pelousette, nach H. Royer) vorkommt und noch in vielen anderen hochgelegenen Alpenseen Frankreichs und der Schweiz lebt, obgleich diese Seen oft noch bis zum Juli mit Eis bedeckt sind. Dasselbe gilt, laut Mich. Lessona und Graf Salvadori, für die Alpen Piemonts, wo der Grasfrosch bis 10000 Fuß Meereshöhe erreicht. Im Süden und, nach L. v. Méhely, auch in Ungarn lebt er überhaupt nur im Gebirge. Verhältnismäßig große Unempfindlichkeit gegen Kälte gestattet ihm eine derartige Verbreitung. In der Ebene hält er sich, von den Wintermonaten natürlich abgesehen, nur während der Paarungszeit in Gewässern auf; im Hochgebirge hingegen vertritt er gewissermaßen den Wasserfrosch, indem er das Wasser nach einem im ersten Jugendzustande unternommenen Ausfluge kaum wieder verläßt.

Er ist der erste von allen Froschlurchen, der aus dem Winterschlafe erwacht und zum Vorschein kommt, paart sich, noch ehe die Gewässer frei vom Eise geworden sind; Dieck berichtet über massenhaftes Vorkommen brünstiger Grasfrösche auf meterhohem Schnee in den Bergen Asturiens. Die Eier des Grasfrosches sind bereits ausgeschlüpft, bevor ein anderer Verwandter die seinigen gelegt hat; auch seine Larven entwickeln sich schneller als die anderer Frösche, so daß es ihm möglich wird, sich noch in Gegenden dauernd anzusiedeln, wo der Sommer bloß wenige Wochen währt. Der Wasserfrosch, der sich viel später paart und länger im Larvenzustande bleibt, würde dort oben nicht zur Entwickelung gelangen; für den Grasfrosch hingegen ist der kurze Sommer lang genug, und wenn wirklich einmal früher als gewöhnlich Kälte eintritt, so überwintert auch die noch nicht umgewandelte Larve. Zschokke hat gezeigt, daß sich mit der Seehöhe die Zeiten der Laichablage und der Verwandlung verschieben und z. B. im Schwarzen See im Böhmerwald (1008 m) erstere Anfang Mai, der Abschluß der Verwandlung Anfang August stattfindet, dagegen im Sellasee in der Schweiz (2231 m) der Grasfrosch erst Anfang Juni laicht und Anfang September verwandelt ist. Das Laichen verrichten die Tiere gern gesellschaftlich. In der Ebene beginnt die Paarungszeit schon in den ersten oder doch in den mittleren Märztagen, falls nicht ein besonders strenger Winter die Gewässer noch etwas länger unter seinem Banne hält. Darauf, daß das in Paarung begriffene Männchen einen bläulichen Schimmer zeigt, haben besonders J. Steenstrup und Fr. Leydig hingewiesen. Letzterer stellte fest, daß sich außer der dunkeln Färbung und der schwappigen Haut der Flanken, die das brünstige Männchen immer auszeichnen, häufig auch an der Oberkinnlade und noch mehr an der Kehle eine so lebhafte Färbung findet, daß er sie mit „blaugrau" bezeichnen zu müssen glaubte. Dieser blaue Anflug, der beim Moorfrosch zur Paarungszeit stets und noch viel deutlicher auftritt, verschwindet rasch, wenn man die Tiere aus dem Wasser nimmt. Die Eier gehen so schnell ab, daß die ganze Anzahl meist in einer Stunde entleert und befruchtet ist. Das Männchen kann man vom Weibchen kaum losreißen, wenn es dieses erst einmal umschlungen hat; es kehrt auch nach einer gewaltsamen Trennung sofort wieder zu ihm zurück. Nach Rösel v. Rosenhof ist es möglich, daß ein Männchen, wenn es größer ist als das Weibchen, durch heftigen Druck den Leib der Gattin zersprengt; derselbe Forscher hat auch erfahren, daß man einzelnen Männchen eher den

Schenkel ausrenkt, als sie zum Loslassen des Weibchens zwingt. Bei Mangel an Weibchen umarmen die Männchen einander, tote Weibchen, Kröten, und wenn mehrere noch unbeweibte Männchen ein vereinigtes Paar antreffen, hängen sie sich nicht selten an diesem fest, ganz so, wie man es auch bei der Erdkröte findet. Die Eier, die größer, jedoch minder zahlreich als die des Wasserfrosches sind, fallen nach dem Legen zu Boden; ihre Umhüllung saugt sich aber bald voll Wasser, worauf die Eier wieder zur Oberfläche emporsteigen, hier große, dichte, schleimige, überaus schwere Klumpen bildend. Riepe beobachtete, daß das Männchen den Laich bewachte und die Ballen umkehrte; es kommt sogar vor, daß das Männchen, wenn man einen Laichklumpen berührt, entgegen seiner sonstigen Schreckhaftigkeit, herbeischwimmt und mit der Schnauze nach dem Angreifer stößt.

Bei der geringen Wärme, die im März herrscht, entwickeln sich die Eier langsam. Erst nach 14 Tagen kann man die Larve deutlich wahrnehmen; drei, bei ungünstiger Witterung vier Wochen darauf kriecht sie wirklich aus und schwimmt umher, kehrt aber von Zeit zu Zeit zu dem verlassenen Schleim zurück, wahrscheinlich, um sich davon zu nähren. Die Larven sind, nach Fr. Leydig, anfangs schwärzlich und bleiben, nachdem sich die Bauchseite schon aufgehellt hat, noch lange am Rücken dunkel. Von den Larven des Grasfrosches haben E. J. Bles und A. Milnes Marshall eine wundersame Tatsache berichtet. Während bei jungen, frei schwimmenden Quappen eine regelmäßig durchbohrte Speiseröhre vorhanden ist, verengert sie sich bei solchen von etwa 7,5 mm Körperlänge bis zum vollständigen Schwinden der Durchgangsöffnung und bleibt ein fester Strang, bis die Larven etwa 10,5 mm Größe erreicht haben. Auffallend ist außerdem, daß dieses Schwinden der Durchgangsöffnung eintritt, bevor die Mundöffnung gebildet ist, und daß die Speiseröhre für eine kurze Zeit auch noch nach diesem wichtigen Ereignis geschlossen bleibt. Von nun an beschleunigt sich die Entwickelung der Larven; denn schon im Verlaufe von drei Monaten haben sie sich in vollkommene Frösche verwandelt. Letztere verlassen hierauf das Wasser, und zwar oft gleichzeitig und unter günstigen Umständen in solchen Scharen, daß die alte Sage vom Froschregen eine sehr natürliche Erklärung findet. An hoch gelegenen Laichplätzen kann die Verwandlung der Quappen zu Fröschen wohl nur in den seltensten Fällen noch in demselben Jahre erfolgen; meistens sind die Tiere, wie Fatio und L. Camerano übereinstimmend nachgewiesen haben, gezwungen, unter der dicken Eisdecke zu überwintern, um erst im nächsten Sommer ihre Verwandlung zu beenden.

Fortan beginnt das Grasfröschchen das Leben seiner Eltern. Abweichend von dem Wasserfrosch treibt es sich oft weit vom Wasser entfernt auf Wiesen und in Gärten, in Feldern und Wäldern, Gebüschen und an ähnlichen Orten umher, verkriecht sich an heißen Tagen unter Steinen, Baumwurzeln, in Erdlöchern und anderen Schlupfwinkeln und kommt mit der Dämmerung zum Vorschein, um seiner Jagd obzuliegen. Letztere gilt den verschiedensten Kerbtieren, nackten Erdschnecken und ähnlichem Kleingetier, bringt uns also nur Nutzen, wahrscheinlich weit größeren, als wir ahnen. Bei ihrem Umherhüpfen, das gewöhnlich in kleinen Sprüngen geschieht, durchmustern die Grasfrösche ihre Umgebung, setzen sich, sobald sie ein Kerbtier gewahren, auf die Lauer und erwarten nun, mehr als sie sie aufsuchen, die erhoffte Beute. Kommt diese ihnen nahe genug, so stürzen sie sich mit blitzschnellem Satze auf sie los, schlagen die klebrige Zunge heraus und schlucken das Tier, falls der Fang gelang, ohne weiteres hinab, unterscheiden aber sehr wohl zwischen einer und der anderen Art, verschlingen beispielsweise Bienen, speien aber Wespen wieder aus.

In einer Hinsicht bleiben die Grasfrösche hinter ihrem grünen Vetter weit zurück: sie sind schlechte Musikanten. Nur zu gewissen Zeiten, besonders während der Paarung, lassen sie ein Murren oder Grunzen vernehmen, das aber an Vollklang hinter dem Wasserfroschgesange weit zurücksteht und vom Weibchen fast ebensogut wie vom Männchen hervorgebracht wird. Im Gegensatze zu den Wasserfröschen darf man sie wohl als stumm bezeichnen, namentlich zur Zeit der Sommermonate, während welcher sie vollkommen still und geräuschlos ihren Geschäften nachgehen. In der Gefangenschaft gebärdet sich der Grasfrosch bei weitem nicht so unbändig wie der Wasserfrosch, wird auch viel rascher zahm und bequemt sich überhaupt veränderten Verhältnissen besser und schneller an als dieser.

Kein Froschlurch hat mehr, kein einziger so viele Feinde wie der Grasfrosch. Ihm stellt groß und klein zu Wasser und auf dem Lande nach; er wird verfolgt in allen Lebenszuständen und ist erst dann vor Angriffen gesichert, wenn er sich gegen Ende Oktober zum Winterschlafe in den Schlamm zurückgezogen hat. Der größere Teil der Weibchen soll übrigens auf dem Lande in der Erde, unter abgefallenem Laube und in anderen frostsicheren Schlupfwinkeln überwintern. Alle Säugetiere, alle Vögel, die Kriechtiere oder Lurche fressen, finden in ihm eine jederzeit leicht zu erlangende Beute; die Lurche fressenden Schlangen richten ihr Augenmerk hauptsächlich auf ihn und scheinen ihn dem Wasserfrosch entschieden vorzuziehen; letzterer selbst befehdet den Grasfrosch, wenigstens in den ersten Lebensjahren; selbst die Krebse machen zu seinem Nachteile noch einen Unterschied zwischen ihm und dem Verwandten. Und diesem fast zahllosen Heere von Feinden schließt sich außerdem der Mensch an; denn noch mehr als der Wasserfrosch wird der Grasfrosch der feisten Schenkel halber gefangen und geschlachtet. Außer dieser berechtigten Verfolgung trifft ihn ein Teil des Abscheus, der den sich mit ihm herumtreibenden Kröten gilt: man zahlt ihm die Wohltaten, die er im stillen und geheimen auf Feldern und Wiesen, in Wäldern und Gärten wirkt, mit schnödem Undank zurück, schlägt ihn aus reinem Widerwillen tot. Aber die Tausende, die ihr Leben verlieren, mindern glücklicherweise die Anzahl der nützlichen Tiere nicht oder doch kaum merklich: ein günstiger Frühling deckt den Verlust von zehn vorhergegangenen Jahren.

Erst neuerdings besser bekannt wurde uns der **Moorfrosch**, Rana arvalis *Nilss.* (Abb., S. 302), ein 5—6,5 cm langes, dem Grasfrosche sehr ähnliches Tier, das sich von ihm aber durch die spitze Schnauze und den harten, zusammengedrückten Mittelfußhöcker scharf unterscheidet. Der zwischen den Augenlidern befindliche Raum ist schmäler als ein einzelnes Augenlid, die Drüsenfalte der Rückenseiten ragt stark vor und ist fast immer heller gefärbt als ihre Umgebung. So ähnlich der Moorfrosch auch den übrigen braunen Fröschen ist, so weicht er doch vom Grasfrosche durch die immer ungefleckte, milchweiße Bauchseite, die schwarzmarmorierte Rumpfseite und durch die Häufigkeit eines breiten, hellen, gelblichen oder rötlichen, seitlich schwarz eingefaßten Rückenstreifens oft recht auffallend ab.

„Abgesehen von den Unterschieden in äußerer Tracht, Färbung und Zeichnung", schreibt O. Boettger, „haben sich tiefgreifende anatomische Unterschiede zwischen dem Moorfrosch und dem Grasfrosch ergeben, Unterschiede, deren Kenntnis wir wesentlich den Untersuchungen des unermüdlichen Fr. Leydig verdanken. Einer dieser Unterschiede ist so bemerkenswert, daß ich einen Augenblick bei ihm verweilen muß. Die Samenfäden des Grasfrosches haben einen langen, schmalfadigen, spitzen, rutenförmigen Kopf, die des Moorfrosches einen viel kürzeren, walzenförmigen, vorn abgestumpften, wurstförmigen Kopf, sind also von Grund aus so verschieden, daß Pflüger einzig und allein auf die Form der

Samenfadenköpfe hin die Tatsache mechanisch zu erklären versuchte, warum es ihm nicht gelang, Bastarde von diesen beiden Froscharten zu erzielen. Andere wollen zwar in der künstlichen Vermischung beider Arten glücklicher gewesen sein als Pflüger, aber der Verdacht liegt sehr nahe, daß diese nicht mit den zwei echten Arten, sondern mit Abarten des einen oder des anderen Frosches Versuche angestellt haben, wie solche wirklich, wenn auch selten, vorkommen."

Über die Grenzen der Verbreitung dieser fast ausschließlich im Tieflande lebenden Art sind wir noch nicht vollständig unterrichtet. Westlich geht die Art bis zum Rhein und überschreitet ihn nur in Holland und sicher im Elsaß, im Südwesten berührt sie die Nordschweiz,

Moorfrosch, Rana arvalis *Nilss.* Natürliche Größe.

östlich verbreitet sie sich über das mittlere und nördliche europäische Rußland bis zur Halbinsel Kanin, im Norden lebt sie in Dänemark und ist in Südskandinavien die herrschende Art. L. v. Méhely fand sie auch in den Flußniederungen und in der Umgebung von Teichen und Sümpfen in Ungarn, hier merkwürdigerweise stets mit Ausschluß des Grasfrosches, Werner im ebenen Osten von Niederösterreich an der Donau und March und erwähnt sie auch von Böhmen, Mähren, Galizien (hier z. B. bei Lemberg in Gesellschaft des Grasfrosches), aber auch von Kärnten (Ossiacher See). In Asien hat man sie in Sibirien (bis zum Polarkreis) und Amurland (Nikolajewsk) und der Kirgisensteppe angetroffen.

Aus Deutschland kennt man den Moorfrosch bis jetzt aus der Gegend von Siegburg am Niederrhein, Elberfeld, Münster in Westfalen, Oldenburg, Vegesack, Hannover, Bergedorf bei Hamburg, Letzlingen und Salzwedel, Braunschweig, Mecklenburg, Schleswig-Holstein, Berlin, Stettin, aus ganz Ost- und Westpreußen, Breslau, Dresden, Leipzig,

Halle, Magdeburg, Rogätz, Neuhaldensleben und Osterburg, Merseburg, Nürnberg, Erlangen und Schwebheim in Franken, Seligenstadt und Offenbach, Wiesbaden, von der Bergstraße, Mannheim und Speier, Ludwigshafen, Karlsruhe, Freiburg in Baden, nach Lankes auch von Weicherting bei Ingolstadt (372 m), aus dem Regierungsbezirk Schwaben und Neuburg in Bayern, von Landau a. Isar (371 m) und von Haspelmoor (542 m) im Kreis Oberbayern; schließlich auch von Neudorf im Elsaß. In früheren Jahren fand er sich auch um Frankfurt a. M.

Der Moorfrosch wohnt in Mitteldeutschland am liebsten am Rande von Mooren, die mit sauern Gräsern bestanden sind, also an Orten, wo Sonnentau, Sumpfheide, Sumpfwolfsmilch und ähnliche Pflanzen gedeihen. Er ist hier oft in der Gesellschaft des Wasserfrosches und des Grasfrosches anzutreffen, aber nach den Erfahrungen O. Boettgers für die Maingegend immer seltener als beide. In Niederösterreich bevorzugt er die üppigen Wiesen an der March, wo er stellenweise sehr häufig ist, und die lichten Auwälder an der Donau, und lebt zwar gelegentlich mit dem Springfrosch, nirgends aber mit dem Grasfrosch zusammen.

Die Laichzeit fällt beim Grasfrosch, wie wir gehört haben, in die Mitte des März, beim Moorfrosch 14 Tage bis drei Wochen später. „Überall, wo sich der Moorfrosch findet", schreibt O. Boettger weiter, „ist er, wenn man nur sucht, jahraus jahrein vorhanden; so namentlich auf den Hengsterwiesen bei Offenbach, wo man ihn bei Frühsommerausflügen niemals vergebens suchen wird. Das Nebeneinanderleben von Moorfrosch, Grasfrosch und Wasserfrosch hatte in früherer Zeit selbst sehr gewissenhafte und vorsichtige Beobachter auf den Gedanken geführt, ob nicht der Moorfrosch, der ja in der Schnauzenbildung, in der Form des Mittelfußhöckers und mitunter auch, bei der gestreiften Form, in der Färbung etwa die Mitte zwischen Wasserfrosch und Grasfrosch hält, eine Bastardform dieser beiden Arten sein möge. Eine einfache Überlegung würde die Grundlosigkeit dieser Ansicht sofort bewiesen haben. Wäre der Moorfrosch eine solche Zwischenform, so müßte man doch annehmen, daß die übereinstimmenden Merkmale beider Eltern sich unverändert vererben würden, trennende Kennzeichen aber sich auszugleichen suchen müßten, wie wir das ja bei Bastardformen von Süßwasserfischen jederzeit so schön beobachten können. Nun ist aber die Schwimmhaut des Wasserfrosches eine vollkommene, eine sogenannte ‚ganze' Schwimmhaut, die des Grasfrosches fast vollkommen, eine Dreiviertel-Schwimmhaut zu nennen; ihr vermeintlicher Abkömmling, der Moorfrosch, aber hat eine Schwimmhaut, die fast immer den Raum zwischen den einzelnen Zehen nur zu zwei Dritteln erfüllt! Ein Bastard aber kann kein Merkmal besitzen, das regelmäßig weit schwächer auftritt als bei jedem seiner beiden Erzeuger; es muß immer entweder gleich sein dem Merkmal des Vaters oder der Mutter oder in der Mitte liegen zwischen diesen beiden Grenzen. Abgesehen davon wird aber eine Vermischung beider Arten schon deshalb in der freien Natur zur Unmöglichkeit, weil die Paarungszeiten von Wasser- und Grasfrosch um mindestens zwei volle Monate auseinanderliegen und Pflüger überdies das schnelle Verschwinden der Zeugungskraft bei beiden Arten aufs schlagendste nachgewiesen hat."

Nach Leydig, dem wir in den folgenden Bemerkungen uns anschließen, ist das eben entwickelte junge Moorfröschchen nur 1,5 cm lang. Die Stimme des Männchens zur Paarungszeit ist ebenso verschieden von der des Grasfrosches zur gleichen Zeit, wie auch sonst beider Arten Stimme merklich abweicht. Der Moorfrosch ist in Gefangenschaft von ruhigem Wesen und verfolgt aufmerksam alles ihm Auffällige, das in der Nähe vorgeht, ohne sogleich die hockende Stellung aufzugeben, mehr nach Art der Kröte, durch starkes Seitwärtsbiegen des Kopfes nach der verdächtigen Stelle hin. Wird er erschreckt, so bläst er, ähnlich und ebenso häufig wie die Kröte, die Seiten auf. Zur Nachtzeit, und namentlich bei Sturm und Regen, ist der Moorfrosch sehr unruhig und springt fortwährend herum. Den Winterschlaf scheint der Moorfrosch, wie der Wasserfrosch, früher als der Grasfrosch anzutreten.

Während sich das Männchen zur Brunstzeit im und am Wasser herumtreibt, ist die Haut der Oberseite mit einem bläulichen Reif überzogen, die Kehle mitunter deutlich blau. In Kroatien hat die Art daher auch den Namen „Blaufrosch“.

Der Springfrosch, Rana agilis *Thos.* (dalmatina), unser seltenster deutscher Frosch, ist ein zartes, schlankes Tier, das sich durch seine spitze Schnauze und durch seine auffällig

Springfrosch, Rana agilis *Thos.* Natürliche Größe.

langen Beine auszeichnet. Seine Körperlänge beträgt 5,5—7 cm, seine Beinlänge 10,5 bis 12,5 cm, doch kommen, namentlich in der Umgebung von Wien, 8—9 cm lange Stücke vor. Nehmen wir den Frosch in die Hand, und legen wir sein Hinterbein nach vorn an die Kopfseite an, so überragt das Gelenk, das den Unterschenkel vom Mittelfuße trennt, immer die Spitze der Schnauze. Das Trommelfell ist bei ihm fast so groß wie das Auge und diesem sehr nahe gerückt. Der Schläfenfleck ist sehr dunkel, eine weißliche Linie zieht längs der Oberlippe von der Schnauzenspitze bis zum Ende des Schläfenflecks, Ober- und Unterlippe sind dunkelbraun gefleckt, die Hintergliedmaßen regelmäßig quergebändert, Kehle und Bauch milchweiß; der Bauch geht nach hinten in Rahmgelb über und ist ungefleckt. Leydig bezeichnet auch den lichten, zarten, angenehm rötlich- oder gelblichgrauen Grundton der Farbe, der freilich durch die Tätigkeit der Farbzellen in der Haut für längere oder kürzere Dauer schwinden könne, als abweichend von dem der verwandten Arten. So sah dieser Forscher an den im Zimmer gehaltenen Tieren einige bei einer Wärme von + 6° C so dunkel werden, daß man sie schwarz nennen konnte. Erst nach einigen Tagen hellten sie sich wieder auf. Werner fand, daß die Färbung des Springfrosches, der auch bei hellem Sonnenschein seinem Nahrungserwerb nachgeht, auf trockenem Boden sehr hell, fast grauweiß, im Wasser und im Dunkeln aber dunkel, schokoladebraun werden kann.

Auch die inneren Unterschiede von den übrigen braunen Fröschen sind sehr bedeutend. So hat das Männchen keine inneren Schallblasen, während die Männchen des Gras- und des Moorfrosches je eine innere Schallblase hinter dem Winkel der Unterkinnlade unter der Haut besitzen. Eine Stimme hat der männliche Springfrosch aber doch, wie Thomas, Fatio und Leydig übereinstimmend melden. Weiter sind die Samenfäden des Springfrosches denen des Grasfrosches ähnlich, während sie sich von denen des Moorfrosches, mit dem doch sonst in Tracht und Leibesbau größere Ähnlichkeit besteht, wesentlich unterscheiden.

Der Springfrosch ist weit verbreitet in nahezu ganz Frankreich, der Kanalinsel Jersey, der West- und Südschweiz, Nord- und Mittelitalien, ferner an geeigneten Örtlichkeiten im größeren Teile von Österreich-Ungarn, namentlich um Wien, wo er häufiger ist als die beiden anderen braunen Frösche, bei Linz an der Donau, in Mittelsteiermark, Kärnten, Südtirol, Dalmatien, Bosnien, der Herzegowina, im Donau-Drau-Eck (zwischen der Donau und unteren Drau), in Siebenbürgen und Kroatien, ferner in Serbien, der ganzen Türkei, Griechenland, im nordwestlichen Kleinasien, westlichen Transkaukasien und im Talyschgebiet am Südwestrande des Kaspisees. Er bewohnt Wiesen und Wälder der Flußniederungen und des Hügellandes und steigt nur bis in Höhen von 1300 m. Nach Norden ist er, wie Lönnberg angibt, bis Südschweden verbreitet.

In Deutschland wurde er zuerst 1880 bei Straßburg im Elsaß, dann bei Höchberg und Veitshöchheim nächst Würzburg und endlich bei Linz am Rhein gefangen, immer aber nur in einzelnen Stücken. Fr. Leydig hält diesen Frosch darum für eine Art, die in Deutschland im Aussterben begriffen ist. Als einen weiteren Fundort dürfen wir Matzing bei Traunstein in Oberbayern verzeichnen, wo ihn Fräulein B. Troger 1891 wiederum nur in einem einzelnen Stücke antraf, das sie Boettger einschickte; seither ist der Frosch in Bayern öfters, z. B. von Lankes bei Passau, von Lorenz Müller bei Gauting (zwischen München und Starnberg), gefangen und von Knauthe auch für Schlesien nachgewiesen worden. Ferner fand ihn bei Rothenburg an der Tauber Leydig, bei Linz am Rhein Melsheimer, am Kaiserstuhl in Baden Norman Douglas, schließlich bei Frankfurt und Schwanheim am Main Boettger. Es unterliegt also keinem Zweifel, daß der Springfrosch weiter verbreitet ist, als man früher glaubte, und daß er bisher nur vielfach verkannt wurde.

Nach Fatio wird die Haut des sich paarenden Männchens durch Füllung der Lymphräume schwappig. Die Laichzeit des Springfrosches fällt, nach Thomas, 6—7 Wochen später als die des Grasfrosches; in der Umgebung von Wien laicht er aber gleichzeitig mit diesem schon Ende März bis Anfang April und ist manchmal schon im Februar im Freien zu sehen.

Die Stimme des Männchens ist, nach F. Lataste, sehr schwach und besteht nur aus einem einzigen, häufig und schnell wiederholten Laute; die Töne, die im April erhaltene Tiere ausstießen, erinnerten Leydig an die Stimme des Moorfrosches. Ganz verschieden davon ist das laute Angstgeschrei, das dieser Frosch hören läßt, wenn er von Ringelnatter, Maulwurf oder Igel verfolgt oder sonstwie erschreckt wird; es wird mit halbgeöffneten Maule ausgestoßen, wobei die Luft mit Gewalt aus der Stimmritze ausgepreßt wird. Nach der Laichzeit hört man weder vom Männchen noch vom Weibchen weitere Töne. Nach de l'Isle setzt der

Springfrosch seine Eierklumpen in tiefes Wasser ab. Die Eier sind kleiner und zahlreicher als beim Grasfrosche und auch in der Färbung verschieden, insofern als das Schwarz der Dotterkugel dunkler und das Weiß reiner ist, so daß sich beide Farben schärfer voneinander abheben. Das im Juni fertig entwickelte junge Fröschchen hat eine Länge von 1,5—2 cm.

F. Lataste schreibt über die Lebensweise des Springfrosches: „Außer zur Laichzeit trifft man ihn niemals im Wasser; kaum daß er sich in 2 m weiten Sätzen dahin flüchtet, wenn er zufällig aufgestört wird. Einmal im Wasser, hält er sich lieber auf den Blättern der Wasserpflanzen auf, als daß er das feuchte Element selbst aufsuchte. Seine Nahrung sind Insekten, die er geschickt im Fluge fängt. Im Laufe des Oktober zieht er sich zur Winterruhe zurück, die Weibchen unter Blätter, in alte Baumstümpfe, in Felsritzen, die Männchen in den Schlamm des tiefen Wassers. Die letzteren entfernen sich auch im Sommer viel weniger weit vom Wasser als die Weibchen."

Werner fand den Springfrosch in Niederösterreich allenthalben nördlich und südlich der Donau, im Wiener Wald und in den Vorbergen der Alpen, und zwar in Laub- und Nadelwald, auf Wiesen, Holzschlägen, in verlassenen Steinbrüchen und in den tiefen, höhlenartigen Reibsandgruben bei Vöslau; ebenda auch in lehmigen Tümpeln den ganzen Sommer in Gesellschaft von Bombinator pachypus im Wasser. Gewöhnlich in kurzen, niedrigen Sätzen sich bewegend, führt der Springfrosch, wenn er verfolgt wird, 2 m weite und 1 m hohe Sprünge aus, ermüdet aber bei längerer Verfolgung und sucht sich im dürren Laube, dem seine Oberseite in der Färbung überraschend ähnelt, zu verbergen. — Über die Lebensweise deutscher Stücke fehlt es noch durchaus an eingehenden Beobachtungen und Mitteilungen.

Auf jeder der drei südlichen Halbinseln Europas lebt je eine Art von braunen Fröschen, die teils dem Grasfrosch, teils dem Springfrosch nahestehen, aber darin übereinstimmen, daß ihre Kehle dunkel (grau) ist und eine helle Längsmittellinie aufweist. Auf die Pyrenäenhalbinsel ist die dem Grasfrosch ähnliche, aber kleinere Rana iberica *Blgr.* beschränkt, auf Nord- und Mittelitalien, die Südschweiz und Südtirol die dem Springfrosch gleichende Rana latastei *Blgr.*, während in Griechenland, Süddalmatien, Bosnien, der Herzegowina, Montenegro und den Apenninen die Rana graeca *Blgr.*, bei weitem die größte der drei Arten, lebt. Ganz ähnliche braune Frösche kommen in Kleinasien und im Kaukasus (Rana camerani und macrocnemis), in Japan und dem gegenüberliegenden asiatischen Festland (Rana japonica und martensi) vor; ja in Nordamerika finden wir neben besonderen Arten brauner Frösche, wie der kleinen kalifornischen sylvatica, der weit nach Norden verbreiteten cantabrigensis, der kalifornischen boglii u. a., auch zwei unserer europäischen Arten, allerdings in besonderen Spielarten, den Grasfrosch als Rana pretiosa, den Springfrosch als Rana aurora wieder.

Unsere europäischen Frösche sind Zwerge im Vergleiche zu gewissen nord- und mittelamerikanischen, indischen und afrikanischen Verwandten (von den letztgenannten ist die von Bates in Kamerun entdeckte und von Boulenger beschriebene, 25 cm Länge und darüber erreichende Rana goliath der größte bekannte Frosch überhaupt) und gewissen Arten der Salomon-Inseln: Zwerge hinsichtlich ihrer Größe, Schwächlinge bezüglich ihrer Stimme. Zu den ausgezeichnetsten Tongebern der Familie nun gehört ein nordamerikanischer Frosch: der Ochsenfrosch, Rana catesbyana *Shaw* (s. die beigeheftete Tafel und Taf. „Froschlurche III", 2, bei S. 320). Leider bin ich nicht imstande, auf eigene Erfahrung gestützt zu entscheiden, inwiefern der Name gerechtfertigt ist oder nicht; amerikanische Forscher und Reisende aber

Ochsenfrosch.

stimmen darin überein, daß sich ein von 500 Ochsenfröschen ausgeführtes Tonstück mit einer abendlichen Teichmusik, wie wir sie bei uns zulande vernehmen, gar nicht vergleichen läßt. Man liest da so manches von „schlaflosen Nächten, verwünschten Lärmmachern" und dergleichen, daß man wohl annehmen darf, die Stimmen von Ochsenfrosch und unserem mögen ungefähr im gleichen Verhältnis stehen wie die Leibesgröße beider.

Der Ochsenfrosch, der größte Frosch der Vereinigten Staaten, erreicht eine Leibeslänge von 20 cm und hat 25 cm lange Hinterbeine. Bemerkenswert ist er durch das Fehlen der beiden drüsigen Längsfalten, die dem oft mit ihm verwechselten Schreifrosch (Rana clamata) zukommen, durch seine breite, große Schwimmhaut und die Größe seines Trommelfelles, das die Augengröße erreicht, gewöhnlich aber noch erheblich übersteigt, namentlich beim Männchen. Die Oberseite ist auf olivenbraunem oder olivengrünem Grunde mit großen, dunkelbraunen oder schwarz gewölkten Flecken gezeichnet, oder noch häufiger grob dunkelbraun marmoriert oder genetzt, die Unterseite gelblichweiß, einfarbig oder öfters braun marmoriert, der Augenring rötlich mit gelber Einfassung.

Das Vaterland des Ochsenfrosches umfaßt den ganzen Osten Nordamerikas von New York an bis New Orleans; doch scheint dieser Frosch nirgends in so großer Menge vorzukommen wie unser Wasserfrosch, vielleicht einfach, weil es schwierig sein möchte, eine ähnliche Anzahl so gewaltiger Fresser zu ernähren. Nach Audubon bewohnt er zwar alle Länder der östlichen Vereinigten Staaten, ist in den südlichen Teilen jedoch ungleich häufiger als in den nördlichen. Gewöhnlich findet man ihn an reinen, dicht mit Buschwerk überschatteten Strömen. Hier sitzt er in den Mittagsstunden behaglich im Sonnenschein angesichts des Gewässers, in das er, wenn sich ihm Gefahr auch nur von ferne zeigt, mit gewaltigem Sprunge stürzt, in der Regel bis auf den Grund hinabtauchend und zur entgegengesetzten Seite schwimmend. Seine Stimme schallt lauter als die irgendeines andern Frosches und soll auf mehrere englische Meilen Entfernung vernommen werden, in den südlichen Staaten während des ganzen Jahres, obschon hauptsächlich im Frühling und Sommer, in den nördlichen nur während des letzteren und, wie zu erwarten, besonders während der Paarungszeit, in der sich wenigstens einige Hunderte der Brüller vereinigen sollen. Um diese Zeit treibt es der Riese ganz wie sein europäischer Verwandter, läßt an Eifer im Hervorbringen von Tönen nicht das geringste zu wünschen übrig, brüllt ohne Unterbrechung ganze Nächte hindurch und bringt schwachnervige Anwohner seines Gewässers nahezu in Verzweiflung. Die Amerikaner ahmen die tiefe, heisere Stimme dieses Frosches mit den Worten „brwum" oder „more rum" (mehr Rum) nach. Nach Ablage der Eier zerstreuen sich die Frösche wieder einigermaßen und begeben sich an die bereits genannten Stellen. Schon mit dem ersten Herbstfroste ziehen sie sich, nach J. H. Garnier, in ihre Winterquartiere zurück. Sehr merkwürdig ist auch die Mitteilung dieses Gewährsmannes, daß der Ochsenfrosch, in Kanada wenigstens, im Larvenzustande überwintere und also zwei Jahre zu seiner Entwickelung brauche.

Die Gefräßigkeit des Ochsenfrosches wird jedem in seiner Nähe wohnenden Landwirte bald offenbar. Insekten, Land- und Süßwasserschnecken sind auch die Hauptnahrung dieses Frosches; er begnügt sich jedoch, falls etwas anderes zu haben ist, keineswegs mit solcher Beute, sondern überfällt räuberisch alle lebenden Wesen, die er bewältigen zu können glaubt. Was unsere Wasserfrösche nur versuchen, wird von ihm ausgeführt: kleinere Frösche werden gierig aufgeschnappt, das auf seinem Wohngewässer schwimmende Entchen von unten erfaßt, in die Tiefe hinabgezogen, ertränkt und verschlungen, das auf dem Uferrande unvorsichtig sich nähernde Küchlein, noch ehe die mit gesträubten Federn herbeistürzende

Alte zur Stelle ist, mit jähem Sprunge erhascht und ebenfalls in der sicheren Tiefe geborgen. Duméril fand in dem Magen der fünf oder sechs von ihm untersuchten Ochsenfrösche Reste von allerlei Insekten, Schnecken, Muscheln, Überbleibsel und Gerippeteile von Fischen, auch Vogelknochen; Harlan erzählt, daß er einen Ochsenfrosch in dem Augenblicke erlegte, als dieser eine erbeutete Schlange verzehren wollte; die Farmer schwören darauf, daß er unter dem jungen Wassergeflügel ärger hause als der Mink und seine Verwandten. Solche Gefräßigkeit wird dem Ochsenfrosch oft genug zum Verderben: er schnappt nach der betrüglich geköderten Angel mit gleicher Gier wie nach dem Küchlein und wird leicht zur Beute des Gegners, den er bis dahin schädigte, und dem er nunmehr zu einem überaus schmackhaften Gerichte verhelfen muß. Man fängt ihn auch mit Netzen und Fallen, ja man schießt ihn sogar mit Schrot; denn der oft gegen 600 g wiegende Frosch ist schon eines Schusses wert, obwohl man nur seine dicken Hinterschenkel genießt. Außer dem Menschen stellen ihm mit Erfolg größere Raubtiere, besonders aber Fische nach, die nach seinem leckeren Fleische ebenso begierig zu sein scheinen wie menschliche Feinschmecker. Nach Audubon soll es zum Fange des Haifisches keinen besseren Köder geben als einen Ochsenfrosch.

In der Neuzeit gelangen lebende Frösche dieser Art nicht gerade selten nach Europa und werden von diesem oder jenem Liebhaber gepflegt. Ich habe wiederholt einige gefangen gehalten und längere Zeit beobachten können, immer aber gefunden, daß sie sich im wesentlichen durchaus nicht von unseren Wasserfröschen unterscheiden. Entsprechend ihrer Größe bedürfen sie mehr Nahrung, verschlingen größere Bissen als jene, gleichen ihnen aber in ihrem Gebaren vollständig. Besondere Pflege beanspruchen sie nicht, verlangen nur genügend Futter und Wasser, um sich jederzeit ihre Haut anfrischen zu können. Mit Wasser- und Grasfröschen sowie lebenden Fischen, die sie mit gleicher Gier verschlingen, kann man sie lange erhalten und förmlich mästen, da sie von recht beschaulichem Naturell sind. Werners Ochsenfrösche saßen oft tagelang unbeweglich am Rande ihres Aquariums, ohne einen Fluchtversuch zu machen, gingen aber abends regelmäßig wieder ins Wasser zurück. Sie ließen sich nur durch den Anblick einer Beute aus ihrer Ruhe bringen, die sie blitzschnell erfaßten und hinabwürgten, so daß oft nach wenigen Sekunden nur mehr die Hinterbeine eines erwachsenen Wasserfrosches aus dem Maule hervorragten. Die größeren Knochen der verzehrten Frösche gingen unverdaut ab. Die Tiere würden ohne Schwierigkeit sich bei uns einbürgern lassen, verspräche dies irgendwelchen Nutzen. Nach J. v. Fischer ist der Ochsenfrosch durch seine Zähmbarkeit bemerkenswert und würde bei geeigneter Pflege gewiß auch in der Gefangenschaft zur Fortpflanzung schreiten, da sich die Geschlechter selbst in dunklen Kisten aufsuchen.

Dem Ochsenfrosch stehen zwei kleinere nordamerikanische Frösche, der Schreifrosch, Rana clamata *Daud.*, und der Minkfrosch, Rana septentrionalis *Baird*, sehr nahe; namentlich der erstere wird häufig für einen jungen Ochsenfrosch gehalten, den aber der betrübte Besitzer trotz reichlicher Fütterung natürlich nie zu der erhofften Riesengröße heranziehen kann; ebenso kommen die Kaulquappen des Schreifrosches als Ochsenfroschquappen in den Handel. Doch sind die drei Arten leicht auseinanderzuhalten, denn während sie in der Kürze der Hinterbeine übereinstimmen (sie erreichen, nach vorn an den Körper angelegt, mit dem Fersengelenk nicht einmal die Schnauzenspitze), ebenso wie in dem Fehlen äußerer Schallblasen beim Männchen, kann man den Ochsenfrosch an dem Fehlen der drüsigen Längsfalten des Rückens von beiden anderen Arten, die sie ebenso wie unsere Gras- und Wasserfrösche haben, sofort unterscheiden. Von ihnen hat der im ganzen sehr an unsern Wasserfrosch erinnernde Schreifrosch ein sehr großes Trommelfell und rauhe, poröse Haut; seine Oberseite ist vorne schön grau, nach hinten in Olivengrün übergehend, die Unterseite mit Ausnahme der zitronengelben Kehle weiß; Rücken und Vorderbeine sind braun gefleckt, die Hinterbeine ebenso gebändert.

Nach Cope ist dieser Frosch ein echter Wasserfrosch, der wie seine beiden Verwandten niemals außerhalb des Wassers jagt; er bewohnt alle Arten von Gewässern, Quellen wie Flüsse, lebt einzeln, paarweise oder in kleinen Gesellschaften, niemals in Schwärmen, macht keinen Lärm, stößt aber einen scharfen Schrei aus, wenn er vor einem vorübergehenden Fußgänger sich ins Wasser flüchtet. Er ist ein ebenso guter Springer wie Schwimmer.

Kleiner als der etwa 8 cm Länge erreichende Schreifrosch ist der Minkfrosch, so genannt nach dem Geruch, den er ausströmt, wenn man ihn in die Hand nimmt, und der an den Geruch des nordamerikanischen Sumpfotters oder Minks (Putorius vison) erinnert. Er ist der veränderlichste aller nordamerikanischen Wasserfrösche, nach Cope vielleicht diejenige Art, von der die übrigen abzuleiten wären. Vom Schreifrosch unterscheidet er sich in der Regel durch die olivenfarbene Oberseite mit großen dunklen Flecken an den Seiten und am hinteren Teile des Rückens (während der Vorderrücken helle wurmförmige Zeichnung aufweist), die gefleckten, nicht gebänderten Hinterbeine und die gelbe Unterseite. Er lebt von Fischen und Insekten.

Eine andere Gruppe nordamerikanischer Wasserfrösche wird von dem Leopardfrosch, Rana virescens *Kalm*, und seinen Verwandten gebildet. Alle haben mehr als zwei Längsfalten auf den Rücken; von den amerikanischen Braunfröschen unterscheiden sie sich außerdem durch das Fehlen eines dunkeln Ohrfleckes.

Der Leopardfrosch, der in den Laboratorien der Vereinigten Staaten dieselbe erbarmungswürdige Rolle spielt wie bei uns der Teichfrosch und bei mannigfachen Experimenten sein Leben verliert, ist an den zwei Schallblasen im männlichen Geschlecht sowie den längeren Hinterbeinen erkennbar, die mit dem Fersengelenk die Schnauzenspitze wenigstens erreichen, auch an den dünnen Rückenfalten, von denen in der Regel mehr als zwei zwischen den langen Seitenfalten verlaufen. Er ist in vier Spielarten über ganz Nordamerika von Kanada bis Mexiko verbreitet. Bei der gewöhnlichen Form ist die Oberseite schön gelb- bis graugrün mit dunkelbraunen, gelblich gesäumten Flecken; die Unterseite gelblichweiß.

Dieser hübsche, 7½—9 cm lange Frosch ist, nach Cope, ein Bewohner namentlich von Sümpfen, welche die Bäche und Flüsse an der atlantischen Küste von Nordamerika umsäumen, dagegen landeinwärts seltener und von anderen Arten vertreten. Neben Acris gryllus, dem Heuschreckenfrosch, ist er der erste Frosch, dessen Stimme man im Frühling hört, und obgleich seine Stimme nicht laut ist, wirkt der von Tausenden dieser Frösche hervorgebrachte Lärm in der Nähe geradezu betäubend und ist noch viele Meilen weit hörbar

Ähnlich dem Leopardfrosch sind zwei andere Nordamerikaner, der hübsch gezeichnete Sumpffrosch, Rana palustris *Lec.*, und der Gopherfrosch, Rana areolata *B. G.* Dem Männchen des Sumpffrosches fehlen die Schallblasen; dieser Frosch hat auch kürzere Hinterbeine als der Leopardfrosch, zwischen den Längswülsten des Rückens verlaufen nur zwei ähnliche Falten, und die dunklen Flecke der Oberseiten sind nahezu regelmäßig viereckig, in zwei Reihen auf dem Rücken, in einer Reihe an jeder Seite angeordnet; die Unterseite ist gelblichweiß, die Hinterbacken schön gelb, schwarz gefleckt.

Der etwa 7 cm messende Sumpffrosch bewohnt das östliche Nordamerika, wo er bis zur Hudsonbai nach Norden vordringt. Er lebt nicht wie die gewöhnliche Form der vorigen Art in großen Scharen, sondern mehr einzeln, bevorzugt kalte Quellen und Bäche, ist aber von allen nordamerikanischen Fröschen am ehesten im Grase anzutreffen; im Alleghanygebirge ist er die häufigste Art. Cope, dem wir diese Angaben verdanken, nennt unseren Frosch nach Rana silvatica den besten Weitspringer unter den Fröschen der Vereinigten Staaten.

Eine Form der großköpfigen **Rana areolata**, die noch kürzere Hinterbeine als der Sumpffrosch, aber (im männlichen Geschlecht) äußere Schallblasen wie der Leopardfrosch hat, außerdem noch durch verhältnismäßig kurze Schwimmhäute auffällt, die drei Glieder der vierten Zehe freilassen, ist wegen ihrer eigentümlichen Lebensweise bemerkenswert. Dieser auf heller grauem Grunde mit zahlreichen runden dunklen Flecken, auf den Hinterbeinen mit vielen dunklen Querbinden gezeichnete, sehr gedrungen gebaute Frosch lebt in den Höhlen einer Landschildkröte, der „Gopher-Tortoise" (Testudo polyphemus), die ihm Schutz und in den an ihnen vorkommenden Insekten auch Nahrung gewähren. Hubbard und Test, die diesen Frosch in Florida beobachteten, berichten, daß man manchmal bis drei solcher Frösche am Eingange einer Höhle sitzen sehen kann, die bei Annäherung einer verdächtigen Erscheinung schleunigst die Tiefe der Höhle aufsuchen.

Von den japanischen Fröschen aus der Gattung Rana traf P. Krefft den **Runzelfrosch**, Rana rugosa *Schl.*, oft in ummauerten Gräben, teils im Wasser selbst, teils oberhalb in den feuchten Mauerlücken, anderseits aber auch in und an weitgedehnten flachen Gewässern, so z. B. auf einem überschwemmten Reisfelde bei Shimonoseki und an einem benachbarten Teiche in großer Zahl. Dieser bis zu 6 cm Länge erreichende, wie sein Name andeutet, mit rauhen Warzen bedeckte Frosch zeigt auf der Oberseite ein düsteres, gewölktes Graubraun, während die Färbung der Unterseite grün, die der Bauchseite auf schmutzigweißem Grunde schwarz marmoriert ist. Seine Stimme ist ein halblautes Geknurr, das er auch bei Tage und noch nach der Laichzeit hören läßt; im Schwimmen und Tauchen nicht ungeschickt, erweist er sich als ein schwacher Springer und führt weder freiwillig noch in Bedrängnis größere Sprünge aus.

Einen andern, in Südostasien weitverbreiteten Wasserfrosch von geringer Größe fand der genannte Forscher in der Nähe der japanischen Hafenstadt Moji in großer Menge. Deren Chorgesang, bald den Massenkonzerten der Kreuzkröte, bald dem Laubfroschgequak ähnlich, lockte Krefft zu einem Stück lehmigen und von Regengüssen in einen zähen Brei verwandelten Ackerlandes: hier stand ein flacher Tümpel mit milchig getrübtem Wasser, der von dem chinesischen Wasserfrosch (Rana chinensis), dem japanischen Feuerbauchmolch und der hier gemeinen kleinen Rana limnocharis *Wgm.* bevölkert war. Die Grundfärbung japanischer Stücke dieser Art ist ein helles grünliches oder bräunliches Grau, von dem sich eine etwas dunkler symmetrisch angeordnete Fleckzeichnung auf dem Rücken und das Querbindenmuster auf den Beinen nur wenig abhebt. Eine helle Rückenmittellinie, sonst bei dieser Art häufig, fehlt den Japanern gänzlich. Die Unterseite ist grauweiß, bloß die Kehle dunkel gewölkt. Die nur 3—3½ cm langen Fröschchen waren am 23. Juni in Paarung begriffen, und eines der von Krefft gefangenen Paare ergab auch Nachkommenschaft, indem das Weibchen am folgenden Tage eine beträchtliche Anzahl bräunlicher hirsekorngroßer Eier absetzte, die in länglichen Klumpen zu Boden sanken. Schon am nächsten Morgen bewegten sich viele Keimlinge lebhaft in der Eihülle, und am Mittag, kaum 48 Stunden nach der Eiablage, schwammen schon einige munter außerhalb des Laichklumpens im Wasser herum.

S. S. Flower traf viele dieser kleinen Frösche bei Bangkok in Siam und sah kleine Exemplare in Menge abends im Grase herumhüpfen; er nennt R. limnocharis eine sehr lebhafte Art. Während der heißen Jahreszeit kommen die Frösche trotz des ausgedörrten Zustandes von Boden und Gras am Abend zum Vorschein und verkriechen sich, wenn man sie fangen will, in den Spalten der harten Erdkruste. Stücke von 50 mm und darüber sind verhältnismäßig selten. In der Umgebung von Singapore fand derselbe Beobachter, daß diese Frösche, wenn sie verfolgt wurden, sich nicht ins Wasser flüchteten, sondern sich, sogar bei Berührung, niederdrückten und um so leichter gefangen werden konnten, als ihre Färbung nicht mit der des Lehmbodens übereinstimmt. — In Gefangenschaft verzehrte Rana limnocharis geflügelte Termiten in großer Menge und wußte auch verhältnismäßig große Heuschrecken noch zu bewältigen. Plötzlich in die Hand genommen oder von einer Schlange ergriffen, stößt dieser Frosch durchdringende schrille Schreie aus. Der helle Rückenmittelstreifen kann fehlen oder schmal und gelb, oder grasgrün, breit und orangegefarben sein; die Oberseite ist olivengrün oder olivenbraun, die Fleckzeichnung grasgrün oder dunkelbraun, die Unterseite weiß, die Lippen dunkelbraun gefleckt, die Kehle des Männchens hat öfters zwei dunkelbraune Flecke. An manchen, namentlich von den Sunda-Inseln stammenden Stücken bemerkt man eine über die Oberseite der Hinterbeine verlaufende schmale helle Längslinie.

In der Färbung und im ganzen Aussehen ein vergrößertes — und zwar stark vergrößertes — Ebenbild des vorgenannten Frosches, ist der indische Tigerfrosch, Rana tigrina *Daud.* (Taf. „Froschlurche III", 1, bei S. 320), durch die viel stärker entwickelten Schwimmhäute zwischen den Zehen, sowie durch eine stärkere Hautfalte am Außenrande der fünften Zehe und den kräftigeren Körperbau leicht zu unterscheiden; auch die Längsfalten des Rückens sind beim Tigerfrosch stärker entwickelt, oft scharfkantig vorspringend.

In seinem Gehaben erinnert dieser Riesenfrosch, der 15 cm Länge erreichen kann (daher, wie Gostling beobachtete, imstande ist, drei Perlhuhnküchlein hintereinander zu verschlingen), und in ganz Vorder- und Hinterindien, auf Ceylon, den Sunda-Inseln und Philippinen, Formosa sowie in China, aber nicht in Japan vorkommt, ebenso an unseren Teichfrosch wie in der Färbung. S. S. Flower beschreibt den Ruf dieser Art, der auch während des Tages gehört wurde, als ein acht- bis neunmal wiederholtes „opp opp opp". In der trockenen Jahreszeit wurde der Tigerfrosch bei Bangkok nicht beobachtet, war aber von Mitte Mai bis August in geeigneten Sümpfen häufig und kam auch auf den Markt, da ihn die Siamesen essen, weshalb sie von den Malaien „Froschesser" genannt werden. Flower beobachtete kleine Siamesenknaben, die den Tigerfrosch an der Angel mit einem weißen Köder fingen, ebenso wie P. Krefft den Fang des kaum kleineren Sechszehenfrosches, Rana hexadactyla *Less.*, auf Ceylon beschreibt, der von den Singhalesen mit einer gelben oder roten Blüte als Köder geangelt wird. Dieser ansehnliche Frosch ist durch die schön grüne Ober- und gelbe Unterseite, die spitzen Finger und Zehen, die mächtigen, die Zehenspitzen verbindenden Schwimmhäute, zwei dunkle Längsbänder, an der Hinterseite der Oberschenkel sehr leicht kenntlich; das Männchen hat wie das der beiden vorgenannten Arten zwei äußere Schallblasen. Der Sechszehenfrosch, der ausschließlich im Wasser lebt, ähnelt in mancher Beziehung sehr einem Krallenfrosch, so daß wir uns nicht wundern dürfen, wenn Lesson ihn Dactylethra bengalensis genannt hat; denn sowohl die Lebensweise wie die kräftigen Schwimmhäute und die langen spitzen Finger und Zehen, welch letztere nach Krefft bei Abwehrbewegungen geradezu stechen können, erinnern lebhaft an den genannten Afrikaner.

Rana hexadactyla lebt in Vorderindien und auf Ceylon; eine kleinere, ihm sehr ähnliche Art, Rana cyanophlyctis *Schn.*, mit warziger Haut, etwas längeren Hinterbeinen, kleinerem Trommelfell, namentlich aber dadurch erkennbar, daß der erste Finger nicht länger ist als der zweite, ist von Arabien bis Balutschistan, Vorderindien und Ceylon verbreitet und lebt auch im Himalaja (Nepal und Kumaun) bis 5000 Fuß. Nach Annandale gleitet er, wenn er erschreckt wird, über die Oberfläche des Wassers dahin und macht bei Nacht weite Ausflüge über Land, so daß Gruben, die bei Häuserbauten in Kalkutta gemacht wurden und sich dann mit Regenwasser füllten, über Nacht mit diesen Fröschen besiedelt wurden, auch dann, wenn sie weit von einem beständig von dieser Art besiedelten Gewässer entfernt waren.

Ein prächtiger Riesenfrosch Malakkas und der Sunda-Inseln, Rana macrodon *Kohl*, durch zwei zahnartig nach aufwärts vorspringende Fortsätze des Oberkiefers ausgezeichnet, mit breitem Kopfe, großen Schwimmhäuten, glatter Haut und höckerigen Augenlidern sowie einer winkeligen Falte über dem Trommelfell, erreicht, nach Flower, eine Länge von 165 mm. Die Färbung der Oberseite ist entweder schön olivenbraun oder grün, bronzefarbig oder lebhaft rot, mit oder ohne helle (orangefarbene) Rückenmittellinie und mit ebensolcher Längslinie auf den Hinterbeinen; die Unterseite ist hell, gelblich, an der Kehle bläulichweiß, die Lippen sind dunkel gefleckt, die Gliedmaßen undeutlich dunkel gebändert und die Ohrfalte unterseits mit schwarzem Saume. Dieser lebhafte Frosch ist ein guter Schwimmer, der bei Beunruhigung sofort das Wasser aufsucht, bis auf den Grund taucht und sich dort versteckt. Seine oft so lebhaft rote Färbung fällt unter den ihm gleichgefärbten dürren Blättern des Bodens, unter denen er sich zu verbergen pflegt, nicht auf. Daß auch der Zahnfrosch ein gewaltiger Fresser ist, beweist ein Exemplar im Raffles-Museum in Singapore, das, wie Flower berichtet, eine Baumschlange (Dryophis prasinus) im Rachen hat.

Ganz verschieden von allen bisher beschriebenen Wasserfröschen, von schlanker Gestalt, mit deutlichen Haftscheiben an Fingern und Zehen, ist einer der hübschesten Frösche der Malaiischen Halbinsel und Inselwelt, Rana erythraea *Schl.*; seine prächtig grüne, metallisch schimmernde Oberseite, die dunkelbraunen oder gleichfalls grünen Seiten, die silberweißen drüsigen Längsfalten des Rückens, die schön roten Trommelfelle, die in der Oberhälfte goldgelbe, unten feurigrote Regenbogenhaut des Auges und die rein weiße Unterseite machen diesen Frosch zu einem wahren Prachttier, das das Entzücken jedes Tierfreundes erregt, der ihn lebend zu sehen Gelegenheit hatte. Die Oberseite der Beine ist gelbbräunlich oder grün, ohne Querbinden, aber mit Längslinien.

Diesen Frosch traf Flower auf der Malaiischen Halbinsel stellenweise ungemein häufig; er ist sehr lebhaft und beweglich, sowohl zu Wasser als zu Lande; wie Rana cyanophlyctis kann er über die Wasseroberfläche dahinhüpfen und senkrecht aus dem Wasser emporspringen. Nach Kreffts Mitteilungen ist R. erythraea ein echter Teichfrosch, wie unsere heimische Art, aber durch weniger abwechslungsreichen Gesang von diesem verschieden, da er nur ein eintöniges „Quak quak" in schnellster Aufeinanderfolge hören läßt.

Im Vergleich zu den indischen Wasserfröschen, mit deren Freileben uns Flower bekannt gemacht hat, wissen wir über die afrikanischen Arten recht wenig, obwohl manche Arten in Afrika weit verbreitet sind, so die massige, dem indischen Tigerfrosch sehr ähnliche, ausschließlich wasserbewohnende Rana occipitalis *Gthr.*, mit einer die Hinterränder der Augenlider quer über den Kopf verbindenden Hautfalte und mächtigen Schwimmhäuten und die langbeinige, prächtig bronzeschimmernde, durch Drüsenfalten von außergewöhnlicher Breite ausgezeichnete Rana galamensis *D. B.*, ein vortrefflicher Springer. Es möge jedoch nur der fast im ganzen südlichen und tropischen Afrika sowie auf Madagaskar und in Ägypten sehr häufige Nilfrosch, Rana mascareniensis *D. B.* (Abb., S. 314), ein schmucker, langbeiniger Frosch von geringer Größe (40—48 mm), etwas ausführlicher besprochen werden.

Rotohrfrosch, Rana erythraea *Schl.* Natürliche Größe.

Den Nilfrosch kennzeichnen die ziemlich entwickelten Schwimmhäute, das deutliche Trommelfell, dessen Durchmesser etwa zwei Drittel des Augendurchmessers beträgt, das Fehlen eines äußeren Fersenhöckers, die Lage der Gaumenzähne dicht am inneren vorderen Rande der inneren Nasenlöcher, der Besitz zahlreicher Längsfalten zwischen den beiden Hauptfalten und an den Rumpfseiten und die schwarze Färbung der Schallblasen des Männchens, die aus einem jederseits einwärts vom Unterkiefer gelegenen Längsschlitz ausgestülpt werden können. Die Oberseite ist olivengrün, braun oder graugrün, dunkler gefleckt; ein heller Rückenstreifen kann vorhanden sein oder fehlen; die Hinterseite der Oberschenkel ist weiß und schwarz marmoriert, die Unterseite weiß.

Der Nilfrosch ist in Ägypten und dem Sudan in Sümpfen, Wassergräben, Bewässerungskanälen und den sogenannten „backwaters“, den nach den Überschwemmungen übrigbleibenden Wasseransammlungen, überaus häufig. Er schwimmt, taucht und springt vorzüglich und vertritt demnach in Ägypten vollständig den dort anscheinend fehlenden Seefrosch.

In der ägyptischen Götterlehre ist dieser Frosch von mehrfacher Bedeutung. Anderson teilt uns mit, daß eine froschköpfige Gottheit Ka eine Form des Gottes der Wahrheit, Ptah, war, ferner daß eine froschköpfige Göttin Heka, die Gemahlin des Gottes Khnum neben diesem die Verkörperung des Wassers vorstellte. Ein Frosch galt als Zeichen der Wiedergeburt; die Kaulquappe bedeutete in der Hieroglyphenschrift die Zahl hunderttausend. In Theben, wo der Frosch der Göttin Heka geweiht war, wurden auch einbalsamierte Nilfrösche gefunden.

Nilfrosch, Rana mascareniensis *D. B.* Natürliche Größe.

Unter dem älteren Namen **Pyxicephalus** *Tsch.* werden gegenwärtig wieder von Nieden einige großköpfige, plump gebaute Frösche vereinigt, die sich von der Gattung Rana dadurch unterscheiden, daß bei ihnen die äußeren Mittelfußknochen fest verbunden, bei den echten Rana-Arten dagegen durch die zwischen sie herabsteigende Schwimmhaut getrennt sind. Es sind, soweit bekannt, ausschließlich auf das afrikanische Festland beschränkte, grabende Tiere mit großem, scharfrandigem, innerem Fersenhöcker, kurzen Füßen und niemals stark entwickelten Schwimmhäuten.

Ein wahrer Riese unter diesen Grabfröschen, dem Goliathfrosch an Größe nichts nachgebend, ist der Gesprenkelte Grabfrosch, Pyxicephalus adspersus *Bibr.*, der in Afrika weit verbreitet ist, denn man kennt ihn von Angola und Deutsch-Südwestafrika, aus der Kapkolonie und aus dem ganzen Osten des schwarzen Erdteiles bis zum Weißen Nil, wo ihn Werner bei Khor Attar noch antraf. Leonhard Schultze fand ein gewaltiges Stück von nicht weniger als 25 cm Länge in Deutsch-Südwestafrika, wo P. adspersus stellenweise sehr häufig sein muß. Auffallend sind an diesem Frosch außer dem mächtigen, an den der Hornfrösche erinnernden Kopf die zahlreichen kürzeren und längeren Längsfalten auf Rücken und Seiten, zwischen denen die Haut etwas körnig aussieht, und die bis zu den Knieen in der gemeinsamen Rumpfhaut steckenden Hinterbeine. Die Oberseite ist in der Regel lebhaft ölgrün, seltener braun, manchmal dunkel gefleckt und mit einer hellen Rückenmittellinie, die Unterseite gelb, bei jüngeren Tieren mehr weiß, die Kehle mitunter braun gefleckt.

Gesprenkelter Grabfrosch.

Diese Art verdient den Artnamen „edulis“, eßbar, den ihr Peters verliehen hat, denn sie wird überall, wo sie vorkommt, wenigstens von den Eingeborenen gegessen; ein so großer, feister Frosch stellt auch schon ein ansehnliches und dabei wohlschmeckendes Stück Fleisch dar. Außerhalb der Paarungszeit scheint er ausschließlich auf dem Lande zu leben: bei Tage in der Erde eingegraben, bei Nacht dem Nahrungserwerbe nachgehend. Daß ein so großes Tier viel Nahrung braucht, ist selbstverständlich; mit großen Regenwürmern kann man ihn kaum satt füttern, und wie der Tiger- und Ochsenfrosch verschlingt er unbedenklich andere Frösche von verhältnismäßig bedeutender Größe. Das Exemplar, das unserer Abbildung als Modell diente, verzehrte erwachsene Mäuse.

„Einer der seltensten und beachtenswertesten Lurche“, erzählt A. R. Wallace, „den ich auf Borneo fand, war ein großer Laubfrosch, den mir ein chinesischer Arbeiter brachte. Dieser erzählte, er habe ihn in schräger Richtung von einem hohen Baume gleichsam fliegend herunterkommen sehen. Als ich den Frosch näher untersuchte, fand ich die Zehen sehr groß und bis zur äußersten Spitze behäutet, so daß sie ausgebreitet eine viel größere Oberfläche darboten als der Körper. Die Finger der Vorderfüße waren ebenfalls durch Häute verbunden, und der Leib endlich konnte sich beträchtlich aufblähen. Der Rücken und die Glieder zeigten eine schimmernde, tief grüne Färbung, die Beine dunkle Querbinden, die Unterseite und das Innere der Zehen waren gelb, die Schwimmhäute schwarz und gelb gestreift.“ In der Berechnung der Fläche der Schwimmhäute hat sich aber, wie Gadow durch Untersuchung der von Wallace mitgebrachten Flugfrösche ermittelte, dieser Forscher geirrt, indem er — wahrscheinlich die Größe der Bauchfläche hinzurechnend, die Flugfläche der vier Füße mit 12 Quadratzoll oder 78 qcm angibt, während sie in Wirklichkeit bei dem größten, 6,5 cm (nicht 10 cm) langen Stück 18,8 qcm (3 Quadratzoll) beträgt. Da die Enden der Zehen große Haftscheiben zum Festhalten haben, die das Tier zu einem wahren Laubfrosch stempeln, so ist es nicht gut denkbar, daß die große Zehenhaut nur zum Schwimmen dient, und die Erzählung des Chinesen, daß der Frosch vom Baume heruntergeflogen sei, gewinnt an Glaubwürdigkeit und ist seitdem von anderen europäischen Reisenden mehrfach bestätigt worden.

„Dies ist“, fährt Wallace fort, „soviel ich weiß, das erste Beispiel eines fliegenden Frosches und verdient wohl die allgemeinste Beachtung, da es zeigt, daß die Veränderlichkeit der Zehen, die schon zum Schwimmen und zum Klettern umgewandelt sein konnten, sich auch vorteilhaft erweisen kann, um eine Lurchart zu befähigen, gleich einem Flughörnchen oder einer fliegenden Eidechse durch die Luft zu streichen.“

Der Frosch, den Wallace mit vorstehenden Worten beschreibt, und in dem er mit Recht eine neue, noch unbeschriebene Art vermutete, ist der **Borneoflugfrosch**, Rhacophorus pardalis *Gthr.*, ein Vertreter der Gattung der **Ruderfrösche** (Rhacophorus *Kuhl*), von denen 70 Arten bekannt geworden sind: 54 aus Süd- und Ostasien, 16 aus Madagaskar. Alle zeichnen sich vor den Wasserfröschen durch ein zwischen letztes und vorletztes Zehenglied eingeschobenes Schaltknöchelchen aus, das Außenende des vorletzten Zehengliedes ist selbst äußerlich oben auf dem Zehenrücken durch einen Höcker angedeutet, und auch die Finger sind fast immer durch Schwimmhaut miteinander verbunden. Finger und Zehen tragen stets Haftscheiben. Im übrigen sind diese Frösche im inneren Bau von den Wasserfröschen in keiner Weise verschieden, obgleich sie äußerlich ganz wie Laubfrösche aussehen und auch nach deren Art auf Bäumen und Gesträuchen leben. Das Männchen hat eine oder zwei innere Schallblasen.

Eine der Wallaceschen verwandte Art ist der bekanntere Javaflugfrosch, Rhacophorus reinwardti *Boie*, nicht selten in den Bergwäldern Javas und Sumatras, und von seinen nächsten Gattungsgenossen durch einen Hautzipfel an der Ferse, durch nicht gebänderte Hinterfüße und, beim jungen Tiere, durch große, im Leben tiefblaue Flecke auf den Schwimmhäuten zwischen den Fingern und Zehen und hinter dem Arme in der Achselhöhle unterschieden. Ein Hautsaum verläuft am Unterarm, am Rande der fünften Zehe, und ein Hautlappen bedeckt die Afteröffnung. Beim erwachsenen, 7,5 cm langen Frosche finden sich Reste dieser dunkeln Flecke nur noch zwischen der vierten und fünften und höchstens noch

Javaflugfrosch, Rhacophorus reinwardti *Boie*. 2/3 natürlicher Größe.

zwischen der dritten und vierten Zehe, die übrigen sind verschwunden. Im Leben ist dieser Prachtfrosch tiefgrün, auf dem Bauche lebhaft gelb.

Sehr merkwürdig ist, nach G. A. Boulenger, die Larve dieses Tieres, da sie eine gerundete Haftscheibe hinter der Mundöffnung auf der Vorderhälfte des Bauches trägt. Ihr Maul ist rüsselförmig vorgezogen, die Atemröhre auf der rechten Körperseite näher dem Schwanzgrunde als dem Schnauzenende gelegen. Der Schwanz des 4—4,5 cm langen Tierchens hat oben und unten einen breiten Hautsaum.

Siedlecki hat den Javaflugfrosch in seiner Heimat beobachtet und über seine Erfahrungen ausführlich berichtet. Das Männchen ist viel kleiner als das Weibchen, aber seine Augen und sein Kehlkopf sind größer als bei diesem; auch sind die Körperseiten bei ersterem mehr orangefarben, bei letzterem mehr hellgelb. Die Färbung der Oberseite ist bei Tage bläulichgrün, abends dunkel- oder olivengrün; der Farbenwechsel vollzieht sich beim Männchen lebhafter als beim Weibchen; im Trocknen ist der Frosch dunkel gefärbt. Wenn er mit an den Körper angezogenen Gliedmaßen ruhig sitzt, sind — und das gilt auch für die echten Laubfrösche — alle nichtgrünen Körperteile verborgen; es tritt bei Tage ein schlafähnlicher Zustand ein, der dadurch eingeleitet wird, daß der Frosch rasch und stark zu atmen beginnt, sodann gleichsam in sich zusammenfällt, wobei die Atmung langsam und selten wird. Die Augen werden in der Ruhe stets vom Lichte abgewendet.

Das Anhaften an der Unterlage geschieht durch dichtes Anlegen des Körpers mit Ausnahme der wegen Atmung etwas abgehobenen Brust; durch Spannung der mit den Bauchmuskeln fest verbundenen Bauchhaut wird eine klebrige Haftfläche hergestellt.

Die Fortpflanzung erstreckt sich über die Monate Januar bis August, doch ist März die Hauptzeit; die Paarung wurde abends gegen 9 Uhr beobachtet, die Eiablage am darauffolgenden Morgen. Die beiden aufeinandersitzenden Tiere tragen die Hinterbeine stark auf den Rücken gebogen und schlagen durch gleichmäßige Bewegungen mit diesen nach Ablage und Befruchtung eines Eies einen Schaum aus der schleimigen Eihülle. Der Eierklumpen enthält schließlich 60—70 Eier; die ganze Eiablage nimmt bis eine Stunde in Anspruch. Die Eiermasse wird dann vom Weibchen mit den Beinen an einige, gewöhnlich zwei, Blätter angeklebt oder in ein eingerolltes Blatt gewickelt. Die Eier selbst haben 3 mm im Durchmesser; das Fehlen eines dunkeln Farbstoffes ist als Schutz gegen die Wärme aufzufassen. Durch Quellung der inneren Schleimschicht der Eihülle entsteht eine Flüssigkeit, in welche die Larven nach Zerreißung der Dotterhaut gelangen; nach außen ist der Schleimballen durch Eintrocknen der Oberfläche genügend gehärtet, um die Flüssigkeit zu halten. Wahrscheinlich werden die Larven, wenn sie eine gewisse Größe erreicht haben, durch Regengüsse ins Wasser geschwemmt. Die lange Zeitdauer von 60 Tagen, die zwischen dem Freiwerden der Kaulquappen und dem ersten Erscheinen der Hinterbeine verstreicht, führt der Beobachter auf die ausschließliche Pflanzennahrung der im Laboratorium aufgezogenen Larven zurück. Gegen Mangel an Wasser und gegen dessen schlechte Beschaffenheit scheinen sie recht widerstandsfähig zu sein.

Ganz ähnlich verhält sich, wie Ikeda mitteilt, der Japanische Ruderfrosch, Rhacophorus schlegeli *Gthr.*, der bei Tokio seine Eier auf weichem, schlammigem, grasbewachsenem Boden an Sümpfen oder Reisfeldern, manchmal auch zwischen Baumblättern nahe dem Boden ablegt. Bei dieser Art fällt die Fortpflanzungszeit zwischen Mitte April und Mitte Mai. Das Weibchen zieht sich gegen Abend, das viel kleinere Männchen auf dem Rücken tragend, in die Erde zurück, 10—15 cm über dem Spiegel des angrenzenden Gewässers und macht hier ein kugeliges Loch von 6—9 cm Durchmesser, das vom Weibchen vollständig geglättet wird, indem dieses sich fortwährend um sich herumdreht und den Bauch gegen die Wand preßt; dabei wird auch der Eingang wieder verschlossen. So, ganz von der Außenwelt abgeschlossen, im Dunkeln sitzend, erlangen die Tiere selbst eine dunkle Färbung, und während der Nacht erfolgt die Eiablage; dabei legt das Weibchen die Hinterfüße auf die klebrigen Eihüllen, wovon ein Teil an den Füßen kleben bleibt, als dünnes, durchsichtiges Häutchen zwischen den Beinen sich ausspannt und, wenn diese nach hinten gestreckt werden, sich zu einem lufthaltigem Bläschen von 5—10 mm Durchmesser zusammenfaltet. Durch fortgesetzte Bewegungen der Hinterbeine werden die auf diese Weise entstandenen Bläschen zu einer schaumigen Masse geknetet, die schließlich die Eier umgibt und gleichzeitig voneinander trennt. Der ganze Klumpen gleicht nun frischgeschlagenem Eierschnee, in dem die etwa 6 mm im Durchmesser haltenden Eier eingebettet sind, und dessen Luftbläschen jetzt 2—3 mm Durchmesser haben. Der Schaum, ursprünglich sehr elastisch und klebrig, verflüssigt sich allmählich und fließt aus dem durch einen schief nach abwärts zum Wasser führenden Gang, durch den auch die beiden Eltern die Höhle verlassen haben, auf einer richtigen Rutschbahn, wie Brandes und Schönichen es bezeichnen, heraus und mit den jungen Kaulquappen in das Wasser hinein.

Abweichend von den vorher beschriebenen Arten verhält sich in seiner Brutpflege der auf Ceylon heimische Eiertragende Ruderfrosch, Rhacophorus reticulatus *Gthr.* Das 6 cm lange Weibchen trägt, nach A. Günther, seine 20 hanfkorngroßen Eier, die in Form einer Scheibe fest aneinander hängen, angeheftet am Bauche. Nach dem Ausschlüpfen hinterlassen diese sehr schwache zellige Vertiefungen in der Bauchhaut des Muttertieres. Eine Schwimmhaut ist an den Fingern nur angedeutet, das Trommelfell ist nur halb so groß wie das Auge. Mitten auf der Zunge erhebt sich eine spitze, kegelförmige Warze, und die Nasenlöcher stehen sehr nahe der Schnauzenspitze. Der braune Rücken ist von kleinen dunkleren Flecken unterbrochen; ein Querband zwischen den Augen, ein Netzwerk auf Weichen und Hinterbacken und Querbänder auf den Schenkeln sind ebenfalls dunkler, und zwar dunkelbraun gefärbt; die Kehle ist braun gefleckt.

Ein verhältnismäßig wenig ansehnlicher, meist grau gefärbter Ruderfrosch, der auch wahrscheinlich kein eigentlicher Baumfrosch sein dürfte, ist der im Sunda-Archipel sehr häufige und verbreitete Rhacophorus leucomystax *Grav.*, der von den Malaien von Unter-Siam Bananen- oder Hausfrosch genannt wird. Er legt seine Eier, wie wir durch Annandale wissen, an Baumblätter, die über das Wasser hängen, oder auf den die Badeplätze der Büffel umgebenden Schlamm. Die sie einhüllende runde Schaummasse ist rostgelb und wird später stahlgrau; sind diese Eierklumpen gut vor der Sonne geschützt, so können die Kaulquappen ausschlüpfen und sich sehr weit entwickeln, bis der Schaum zerflossen und ins Wasser gespült ist, oder aber der Schaum zerfließt fast ebenso rasch, wie er entstanden ist, und die Eier werden durch den Regen in einen Tümpel hinabgewaschen. Während der Paarungszeit, die so oft eintritt, als das Land unter den Bäumen unter Wasser steht, stimmen die Männchen ein lautes Gequake an, das von dem Geschnatter des großen Zweifarbigen Eichhörnchens (Sciurus bicolor) kaum zu unterscheiden ist.

S. S. Flower, der den Hausfrosch bei Singapore kennen lernte, nennt ihn ein munteres, überaus anmutiges Tier, das aus seinen Versteckplätzen kurz vor Sonnenuntergang hervorkommt und die ganze Nacht draußen bleibt. Die Männchen sind nach ihrem Gequak, das aus einzelnen, von Zeit zu Zeit ausgestoßenen, ziemlich wohltönenden kurzen Lauten besteht, leicht zu finden, wenn sie auf Sträuchern oder Bäumen oder am Rande der Regenwassertonnen unter der Veranda der Häuser sitzen. Im März und April kann man sie bei Tag und Nacht in den Sümpfen in Paarung antreffen. Diese Art kann ihre Färbung sehr schnell wechseln. Die hauptsächlichsten Färbungen, die Flower beobachten konnte, sind: hell bronzebraun, einfarbig oder mit vier dunkelbraunen oder schwarzen Längslinien, einfarbig, lebhaft bronzebraun, fast orangefarben; schokoladefarben mit dunkeln Pünktchen; hell olivenfarben, mit unregelmäßigen dunklen, gelbgrün, ebenfalls braun oder schwarz gefleckt. Nur die Querbinden an den Beinen bleiben ziemlich unverändert. Auch bei dieser Art sind die Männchen viel kleiner als die Weibchen, höchstens 4,8 cm bei dem ersteren gegen 6,8 cm Gesamtlänge bei diesen.

P. Krefft fügt ergänzend hinzu, die Stimme des Hausfrosches sei ein kurzes, tonloses „Karak", und vermutet, daß dieser von ihm bei Singapore und im Staat Johore gefangene Frosch, den er stets in hellbrauner Tracht mit vier oder sechs dunkelbraunen Parallelstreifen, niemals grün gefärbt, antraf, kein eigentlicher Baumfrosch sei, um so weniger, als nur ein einziges Stück auf einem Bäumchen, die übrigen aber in und an Wasserlöchern auf einer sumpfigen Wiese nicht in unmittelbarer Nähe von Bäumen gefunden wurden.

Auch der nahe verwandte Gefleckte Ruderfrosch, Rhacophorus maculatus *Gray*, der sich von der vorigen Art dadurch unterscheidet, daß bei ihm die Kopfhaut nicht wie bei ersterem mit dem Schädel verwachsen ist, und daß gestreifte Stücke nicht vorkommen, kann nicht als richtiger Baumfrosch bezeichnet werden, da er sich, wie Boulenger mitteilt, mit Vorliebe im und am Gemäuer menschlicher Wohnungen aufhält und daher den Namen „Hausfrosch" noch weit eher verdient als sein malaiischer Verwandter, der mit ihm früher oft verwechselt wurde. Beide Arten stehen etwa im selben Verhältnis zueinander wie die beiden vorderindisch-ceylonesischen Arten Rhacophorus cruciger *Blgr.* und Rh. eques *Gthr.*, von denen der erstgenannte eine mit der Schädeldecke verwachsene Kopfhaut hat, während diese bei der zweiten, sonst sehr ähnlichen Art frei ist. Der Gefleckte Ruderfrosch ist namentlich auf Ceylon häufig; seine Brutpflege stimmt wahrscheinlich, wie sich aus Beobachtungen von Ferguson auf Ceylon ergibt, mit der der vorgenannten Art überein. Der Kreuztragende Ruderfrosch ist ein hell rötlichgrauer, bei großer Trockenheit elfenbeinweißer Frosch mit einer sanduhrförmigen dunkeln Zeichnung, die sich von dem Zwischenraum zwischen den Augen bis etwas hinter die Schultern erstreckt; Krefft beobachtete, daß dieser Frosch mit zunehmender Feuchtigkeit immer dunkler wird, wobei außer der Sanduhrzeichnung des Rückens auch dunkle Querbinden auf den Gliedmaßen auftreten. Höchst merkwürdig ist das zeitweise Schmäler- und dabei Schärferwerden und schließlich stellenweise völlige Verschwinden und Wiederentstehen dieser Sanduhrzeichnung.

Der letzte Ruderfrosch, über dessen Freileben wir noch etwas wissen, ist der außerordentlich große und prächtige Rhacophorus dennysi *Blanf.*, den Kreyenberg in China kennen lernte. Über diesen Riesen unter den Ruderfröschen teilt der genannte Forscher folgendes mit:

„Im Mai vorigen Jahres brachte mir mein Sammler eine Reihe herrlich grüner Riesenlaubfrösche. Einige Tiere maßen von der Schnauzenspitze bis zum After 11 cm, waren also stattliche Burschen. Ohne Regel waren in dem grünen Rückenkleid schmutzig schwarzbraune Flecke mit gelbem, schmalem Rande eingestreut, ähnlich, wie man es wohl bei Blättern sieht, die von einer Pilzkrankheit befallen sind. Die Seiten zeigten schwarz-weiße Marmorierung, ebenso die Innenseiten der Oberschenkel, der Bauch war weißlich. Meine Freude über diese Erwerbung war groß, und nachdem ich eine stattliche Zahl für die Museen konserviert hatte, ließ ich einige in Ermangelung eines Terrariums in meiner Wohnung frei. Schon am ersten Abend machte mir ein Tier die Freude, den Lockton von sich zu geben. Es war ein metallischer Ton, ähnlich etwa, wie ihn das Xylophon hervorbringt. Unsere Geburtshelferkröte gibt einen ähnlichen, aber nicht so hellen, lauten Ton von sich. In den nächsten Tagen brachte derselbe Sammler eine in den Zweigen des Kampferbaumes hängende schaumige, weiße Masse, in der ich bald schneeweiße hirsekorngroße zappelnde Kaulquappen erkannte. Auch hiervon versuchte ich einen Teil zu konservieren, ein Teil wurde in Wasser getan, wo dann auch die kleinen Tierchen bald munter herumwimmelten. Trotzdem ich nicht gut abkömmlich war, hielt es mich nun doch nicht länger, und ich ging mit dem Sammler hinaus, um den Fundort anzusehen. An Bäumen, die dicht über die Stauweiher mit ihren Zweigen — teilweise auch über Reisfelder sich neigten — hingen diese Schaummassen. Beim Laichen und in Kopula fand ich die Tiere nicht, doch belehrte mich ein Streichen über die glatte Rückenhaut der Tiere, wobei sofort Schaum entstand, wo der Produzent dieser sonderbaren Wiege zu suchen sei. Die Elterntiere vermieden auf diese sinnreiche Weise, ins Wasser zu gehen, die Kaulquappen fielen von selbst hinein.

„Meine Larven wuchsen zusehends. Sie fraßen Salat, Kohl, gelegentlich nagten sie auch an kleinen Fleischstückchen, kurz, es waren regelrechte Kaulquappen. Leider tat mein Sammler hinter meinem Rücken Kaulquappen anderer Art hinein, so daß die Tiere nun nicht mehr zu unterscheiden waren, und schließlich fiel das Glasgefäß durch die Ungeschicklichkeit eines Boy zu Boden und zerbrach. Zwar ist ein Teil der Tiere konserviert, aber ich kann über die weitere Entwickelung noch nicht berichten."

Nach einigen Bemerkungen über die Entdeckungsgeschichte des Frosches, dessen genauerer Fundort lange Zeit unbekannt war, bis ihn Boulenger nach Exemplaren aus Futschau und Kuatun in Fokien neuerlich beschrieb, setzt unser Gewährsmann seine Schilderung fort: „Die große Schwimmhaut zwischen den Zehen dient bei unserer Art wohl auch als Fallschirm, da die Tiere ja auch nicht ins Wasser gehen. Bei den braunen Flecken des Rückens handelt es sich nach meiner Meinung um eine gute Mimikry. Gerade die Blätter des hier häufigen Kampferbaumes zeigen im Hochsommer nicht selten ähnliche braune gelbgerandete Pilzflecke. Ein Exemplar bekam ich von dunkel olivenbrauner Farbe. Die oben geschilderten Flecke hoben sich nur durch den gelben Rand ab, das Tier hatte so täuschend den Ton unseres lehmigen Lateritbodens angenommen, und die Flecke erschienen wie kleine, am Boden liegende Steinchen. Es ist also bei diesem Tiere wie bei unserem Laubfrosch ein Farbenwechsel in Anpassung an die Umgebung vorhanden. Ein Tier, das ich in meinem Terrarium halte, hatte in einer flachen Erdmulde unter dürrem Laub überwintert und war schon, als ich es neulich hervorholte, leuchtend grün. Ich habe das Tier zwar noch nicht im Freien beobachten können, aber sein ganzer Habitus, die grüne Farbe, die langen, kräftigen Springbeine, die großen Saugscheiben, die als Fallschirme wirkenden Schwimmhäute deuten darauf hin, daß es sich um einen in hohen Laubkronen (Kampferbäumen?) lebenden Frosch handelt, der nur zur Brunstzeit im Mai ans Wasser kommt."

Auf dem afrikanischen Festlande werden die Ruderfrösche durch die gleichfalls sehr laubfroschähnlichen Hylambates-Arten vertreten. Man kennt davon gegenwärtig mehr als 20 Arten, die über den größten Teil des tropischen und südlichen Afrika verbreitet und durch senkrecht-elliptisches Sehloch, krallenförmige Endglieder der Finger und Zehen und fest verwachsene äußere Mittelfußknochen gekennzeichnet sind. Einer brieflichen Mitteilung P. Kreffts verdanken wir das meiste, was wir zurzeit über das Freileben dieser Frösche wissen. Krefft schreibt, daß bei dem von Kamerun bis Deutsch-Ostafrika verbreiteten Hylambates rufus *Rchw.* die Männchen — wie bei den Ruderfröschen — erheblich kleiner, nicht über 5,5 cm, sind als die 8—9 cm langen Weibchen, dabei aber anscheinend, wie wenigstens aus dem Verhältnis der beiden Geschlechter unter den gefangenen Stücken hervorgeht, viel häufiger: auf etwa 50 Männchen kamen nur drei Weibchen. Ganz ähnliches fand Krefft auch bei dem neu beschriebenen Hylambates vermiculatus *Blgr.*, hier wurden gar 40 Männchen und kein einziges Weibchen gefunden.

Hylambates rufus *Rchw.* gehört zu denjenigen Arten der Gattung, die deutliche

Froschlurche III.

1. Tigerfrosch, Rana tigrina *Daud.*

1/2 nat. Gr., s. S. 311. — W. S. Berridge, F. Z. S.-London phot.

2. Ochsenfrosch, Rana catesbyana *Shaw.*

1/2 nat. Gr., s. S. 306. — The Scholastic Photographic Co.-London phot.

3. Männchen von Hylambates rufus *Rchw.*
$^{3}/_{4}$ nat. Gr., s. S. 321. — A. Cerny-Wien phot.

4. Weibchen von Hylambates rufus *Rchw.*
$^{3}/_{4}$ nat. Gr., s. S. 320. — Dr. P. Krefft-Braunschweig phot.

Schwimmhäute zwischen den Fingern und Zehen haben. Krefft beschreibt die Färbung der Männchen als oberseits meist braun mit einer Sanduhrzeichnung auf dem Rücken; die Flanken sind oft dunkelgrün, eine Färbung, die sich manchmal auch noch mehr oder weniger weit auf den Rücken ausdehnt. Der Bauch ist dunkel gesprenkelt, die beim Sitzen verborgenen Teile der Gliedmaßen zeigen oft eine lebhaft gelbe Farbe. Die von Krefft beobachteten Weibchen ließen keine Spur von Grün erkennen und enthielten große, gelbe Eier von 3 mm Durchmesser im Eierstock.

Bei einem mit dieser Art nahe verwandten Frosch, der sich durch breiteren und mehr niedergedrückten Kopf von ihr unterscheidet, Hylambates brevirostris *Wern.*, entdeckte Boulenger eine unter den Froschlurchen einzig dastehende und nur bei den Süßwasserfischen aus der Familie der Cichliden wieder vorkommende Art der Brutpflege. Das Weibchen trägt nämlich hier die großen, etwa 4 mm im Durchmesser haltenden Eier im Maule mit sich herum.

Eine artenreiche Gesellschaft ist auch die etwa 20 Arten umfassende Gattung Arthroleptis *Smith*, deren Arten an dem Fehlen der Gaumenzähne, der wagerechten Pupille, herzförmigen Zunge, den nicht oder nur sehr wenig entwickelten Schwimmhäuten und den fest verbundenen äußeren Mittelfußknochen zu erkennen sind. Alle leben im tropischen und südlichen Afrika und scheinen bodenbewohnende oder sogar grabende Frösche zu sein. Der Langfingerfrosch, Arthroleptis whytei *Blgr.*, ist, wie Krefft mitteilt, ein solcher Grabfrosch, der, bei Tage eingewühlt, nur bei Nacht hervorkommt. Das Männchen hat den dritten Finger ganz ungewöhnlich verlängert, wie auch bei den verwandten Arten. Er ist in Nyassaland entdeckt, von Krefft aber in Deutsch-Ostafrika wiedergefunden worden. Die Länge des Tierchens beträgt höchstens 4 cm. Noch kleiner (nur 2 cm lang) ist Arthroleptis xenodactylus *Blgr.*, dessen Männchen ebenfalls durch die sonderbare Verlängerung des dritten Fingers ausgezeichnet ist, und der sich an Rinnsalen im Walde oder in erdigem Gesteinsschotter eingegraben fand.

Winzige Wasserfrösche sind die Phrynobatrachus-Arten Afrikas, nur durch das Fehlen der Zähne am Pflugscharbein von Rana verschieden. Phrynobatrachus natalensis *Sm.*, ein in seiner Färbung und Zeichnung ungemein veränderlicher Frosch von selten mehr als 3 cm Länge, ist vom ägyptischen Sudan bis Natal und Angola verbreitet und stellenweise überaus häufig; namentlich an seichten Stellen des Weißen Nils und in kleinen Tümpeln, unter den am Ufer liegenden Wurzelstöcken von Papyrusstauden ist er oft in Menge anzutreffen, und ebenso wie in Südafrika lassen sich auch im Sudan vier hauptsächliche Farbenspielarten unterscheiden: eine auf olivengrünem oder dunkelgraubraunem Grunde mit schmaler heller Rückenmittellinie gezierte, eine mit breitem, hellgelbem Mittelband, eine mit sehr breiter, heller (rotbrauner) Rückenzone und dunkeln Seiten und eine oberseits undeutlich gefleckte Spielart ganz ohne Rückenband. Der dickschenkelige Phrynobatrachus kreffti *Blgr.* aus Deutsch-Ostafrika wurde von seinem Entdecker Krefft in den unteren feuchten Schichten des modernden Laubes und in feuchter Erde an Rinnsalen gefunden. Sein eigentümliches Geknurr ertönt nach Regen überall im Urwalde. Die Färbung dieses Frosches ist graubraun oder lebhaft braun mit Würfelfleckenzeichnung, die Kehle wenigstens beim Männchen lebhaft gelb.

Aus der außerordentlich artenreichen Gattung Rappia *Gthr.*, die vorwiegend kleine und oft sehr hübsch und mannigfach gezeichnete afrikanische Baumfrösche enthält, kennen wir nur von sehr wenigen Arten mehr als ihr Aussehen. Den Rappien fehlen wie der nahestehenden Gattung Arthroleptis Gaumenzähne; sie haben aber Haftscheiben an den stets mehr oder weniger durch Schwimmhäute verbundenen Fingern und Zehen. Werner traf eine der drei von ihm entdeckten Arten, Rappia pachyderma *Wern.*, in der wasserlosen Baumsteppe von Gondokoro in Uganda auf einem kleinen Strauch in der glühenden Mittagssonne sitzend: der Wärmeschutz dieses Fröschchens bestand in der weißen Färbung der Oberseite und der Dicke der Haut. Dagegen fand Werner zwei weitere Arten ausschließlich in der Nähe des Wassers, die eine, Rappia papyri *Wern.*, ein winziges, bleichgrünes oder gelbliches Fröschchen mit zwei weißen Längslinien, im Papyrusdickicht des Weißen Nils zwischen den Halmen herumspringen oder an diesen in der Sonne schlafen, die andere Art aber, Rappia balfouri *Wern.*, im niedrigen Grase an einem Tümpel bei Gondokoro. Kresft beobachtete die schön gezeichnete Rappia argus *Ptrs.* im Röhricht an Bachufern in Deutsch-Ostafrika. Verschiedene Rappia-Arten scheinen, nach Brandes und Schönichen, auch durch Brutpflege sich auszuzeichnen; wenigstens fanden die genannten Forscher bei einem Weibchen einer unbestimmten Art aus Madagaskar, die der Sammlung des Senckenbergischen Museums in Frankfurt a. M. gehört, eine Laichschnur um die Vorderbeine gewickelt. Eine andere Rappia-Art, aus Kamerun, deren Name gleichfalls noch unbekannt ist, klebt ihre Eier, etwa 30 an der Zahl, an ein Baumblatt, wie Zenker beobachtete, der auch das Tier und ein solches Blatt dem Berliner Museum einsandte.

Einen ganz absonderlichen Frosch hat Bates am Benito-Fluß (Spanisch-Guinea) entdeckt, den Haarfrosch, Astylosternus robustus *Blgr.*, bekannter unter dem Gattungsnamen Trichobatrachus, den ihm Boulenger gab, der ihn 1900 zuerst beschrieb. Über Äußeres und Größe des Frosches gibt die Abbildung (natürliche Größe) genügende Aufklärung; die haarartigen Hautanhänge, die in der Lendengegend und am Hinterrande der Oberschenkel einen zottigen Pelz bilden, und denen das Tier seinen Namen verdankt, haben natürlich mit Haaren nichts zu tun, ebensowenig mit Sinnesorganen, da sie keine Nervenenden enthalten. Im Skelett fällt die Form des vorderen Brustbeines (Omosternum) auf, das gegabelt ist und mit seinen beiden Ästen auf den beiden Schlüsselbeinen ruht; das Brustbein selbst ist eine knorpelige Platte. Ein Weibchen, das Boulenger untersuchte, barg sehr große, dotterreiche Eier, so daß wahrscheinlich ein beträchtlicher Teil der Entwickelung in den Eileitern durchlaufen wird. Der Haarfrosch ist später auch in Kamerun gefunden worden.

Aus der großen Zahl der übrigen Raniden mögen nur noch kurz diejenigen erwähnt werden, die sich durch besondere Einrichtungen der Brutpflege auszeichnen. Auch ihrer sind nicht wenige. Wir haben bereits unter den Ruderfröschen mehrere Arten kennen gelernt, die in der einen oder anderen Weise für die Zukunft ihrer Brut Sorge tragen; es bleiben aber noch verschiedene andere Gattungen übrig, in denen dies geschieht, und zwar in oft überraschender Weise.

Ein Baumfrosch Westafrikas aus der Gattung Chiromantis *Ptrs.*, die durch die eigentümliche Ausbildung der Vorderbeine bemerkenswert ist — die zwei Innenfinger sind den äußeren entgegenstellbar und bilden eine Art Greifhand oder Zange —, Ch. rufescens *Gthr.*, baut ähnliche Nester wie die südamerikanischen Makifrösche (Phyllomedusa). Die 200 oder mehr Eier werden von diesem afrikanischen Greiffrosch auf Baumzweige abgelegt,

Haarfrosch.

wie bei den Makifröschen in einer schaumigen Masse eingehüllt. Das Weibchen biegt nun die benachbarten Blätter auf den Eierklumpen nieder, an dem sie kleben bleiben. Auf diese Weise entsteht eine Art von Nest über dem Wasser wie bei den Südamerikanern, in das die nach einigen Tagen ohne Spur äußerer Kiemen das Ei verlassenden Kaulquappen hineinfallen, um darin ihre Entwickelung zu vollenden. Die dargestellte Art, Ch. xerampelina *Ptrs.*, vertritt die vorige in Ostafrika und unterscheidet sich von ihr dadurch, daß die Außenfinger nicht durch vollständige, sondern nur durch halbe Schwimmhäute verbunden sind.

Chiromantis xerampelina *Ptrs.* Natürliche Größe.

Bei verschiedenen kleinen echten Fröschen ist vermutlich das männliche Geschlecht dasjenige, an dem man eine Fürsorge für die Nachkommenschaft beobachtet hat, und zwar bei einer südamerikanischen und einer afrikanischen Gattung in ganz gleicher Weise. Der dem nördlichen Südamerika angehörige, zuerst aus Trinidad beschriebene **Blattsteiger**, Phyllobates trinitatis *Grmn.*, als Angehöriger der Gattung Phyllobates gekennzeichnet durch das Fehlen der Gaumenzähne, die durch eine Längsfurche geteilten Haftscheiben der Finger und Zehen, welch letztere nicht durch Schwimmhäute verbunden sind, trägt seine mit dem Munde an seinem Rücken festgesaugten Kaulquappen, wahrscheinlich wenn das Wohngewässer auszutrocknen droht, zu einer anderen Wasseransammlung. Auch von dem kleinen Prostherapis subpunctatus *Cope* aus den Anden von Kolumbien gibt Bürger an, daß er seine Larven auf dem Rücken trage, und ganz dasselbe werden wir später von den gleichfalls südamerikanischen Baumsteigern, Dendrobates, kennen lernen. Ein von A. Brauer

21*

auf den Seychellen entdeckter, bodenbewohnender Frosch, Sooglossus seychellensis *Bttgr.*, legt seine großen Eier auf den Boden zwischen feuchte Blätter. Die aus den Eiern ausschlüpfenden Kaulquappen dieses Frosches kriechen mit Hilfe von Bewegungen ihres Schwanzes dem Vater auf den Rücken, wo sie sich mit dem Bauche mit Hilfe einer von der Haut des Vaters abgesonderten klebrigen Ausscheidung befestigen. Auf diese Weise machen sie ihre ganze Verwandlung außerhalb des Wassers durch. Die Heimat des Seychellenfrosches ist zwar sehr feucht, doch gibt es nur reißende Gießbäche, die ein starkes Gefälle haben, während ruhige Wasseransammlungen, die für die Entwickelung der Larven günstig wären, vollständig fehlen, so daß der Frosch auf diese Art der Brutpflege angewiesen ist. Während aber bei den vorerwähnten Fröschen die Kaulquappen mit wohlentwickelten Kiefern versehen und einer selbständigen Ernährung fähig sind, ist dies bei Sooglossus nicht der Fall. Dem Eierklümpchen, das von dem Elterntiere (vermutlich dem Männchen) mit dem Körper bedeckt wird, entschlüpfen hier langschwänzige Larven ohne Hornkiefer, die sich also nicht selbst ernähren können, sondern ihr gesamtes Nährmaterial vom Mutterkörper mitbekommen; die Kiemenhöhle entbehrt einer äußeren Öffnung, und ebenso fehlen äußere Kiemen sowie anfangs die Lungen, die auch später nur sehr wenig entwickelt sind; die Atmung dürfte ausschließlich durch die Haut, namentlich durch die des mächtigen Schwanzes vor sich gehen. Die Quappen scheinen bei diesem Frosche nicht nur zeitweilig auf dem Rücken des Elterntieres festzuhaften, sondern dauernd, was durch die höckerige Rückenhaut und den reichlich abgeschiedenen Schleim des Tieres wesentlich erleichtert wird. Einen solchen Frosch mit neun in eine schaumige Masse eingehüllten Larven auf dem Rücken fand Brauer im Innern eines alten, gefallenen Farnbaumstammes auf der Seychelleninsel Mahé in etwa 500 m Höhe.

Als dritte Familie der Starrbrustfrösche wurden früher vier Gattungen von kleinen Fröschen zusammengefaßt, die sich vor den Wasserfröschen dadurch auszeichnen, daß ihnen die Oberkiefer- und Pflugscharzähne fehlen, vor den Engmäulern, daß die Querfortsätze ihres Kreuzbeines nicht verbreitert sind. Die sie von den Wasserfröschen unterscheidenden Merkmale sind aber so unwesentlich, und die Art der Brutpflege erinnert so sehr an die der echten Frösche aus der Gattung Phyllobates, daß man sie jetzt wohl allgemein diesen anreiht. Den hierhergehörigen Fröschchen fehlen die Schwimmhäute ganz, sie haben größere oder kleinere Saugscheiben an den Spitzen der Finger und Zehen und leben vermutlich teils, wie die Hylen, auf Bäumen, teils auf Krautpflanzen und im Grase. Man kennt zwei Gattungen aus Madagaskar, eine aus dem tropischen Amerika und drei aus dem tropischen Afrika mit zusammen 28 Arten.

Zur Gattung der Baumsteiger (Dendrobates *Wagl.*) zählen wir Froscharten, die sich durch eine verlängerte, hinten freie und hier ganzrandige, nicht eingekerbte Zunge auszeichnen. Ihr Mund ist vollständig zahnlos, der Augenstern quer eirund, das Trommelfell mehr oder minder deutlich entwickelt, die knöchernen Endglieder der Finger und Zehen haben T-förmige Gestalt. Die 15 bekannten Arten bewohnen Mittelamerika und die nördlichen, tropischen Teile von Südamerika. Sie sind nicht bloß durch die Pracht ihrer oft metallisch glänzenden Färbung und Zeichnung und durch die hohe Giftigkeit ihrer Hautabsonderung, sondern auch durch die Fürsorge für ihre Jungen gekennzeichnet.

Die bekannteste und häufigste Art dieser Gattung ist der Färberfrosch, Dendrobates tinctorius *Schn.*, ein auffallend gefärbtes Tierchen von nur 3—3,5 cm Körperlänge. Sein Kopf ist pyramidenförmig, die Schnauze vorn abgestutzt, die Stirn zwischen den Augen kaum eingetieft, und die seitlich gestellten Augen ragen nur wenig vor. Der schlanke Rumpf ist oben wie unten mit glatter Haut überzogen, Ohrdrüsen fehlen, und die schmächtigen Beine sind verhältnismäßig kurz. Der innerste, erste Finger ist immer kürzer als der

Färberfrosch, Dendrobates tinctorius *Schn.* Natürliche Größe.

zweite; die Haftscheiben der Finger sind größer als die der Zehen, vorn abgestutzt, von dreieckiger Gestalt. Das Männchen zeichnet sich durch einen Schallsack aus, der an der Kehle liegt. Kaum irgendein anderer Frosch zeigt in bezug auf Färbung und Zeichnung größere Mannigfaltigkeit als diese Art. G. A. Boulenger unterscheidet fünf Farbenspielarten. Die erste ist einfarbig schwarz, eine zweite grau mit großen schwarzen Flecken, eine dritte oben einfarbig grau, unten und an den Seiten einfarbig schwarz. Bunter ist die vierte Form: sie trägt oben auf tiefschwarzem Grunde zwei oder drei weiße, gelbe oder blutrote Längsstreifen, die mitunter durch einen oder zwei Querbalken verbunden sein können; auf der Unterseite ist dieser Frosch grau mit schwarzen Flecken. Eine fünfte Spielart endlich ist schwarz und hat oberseits silberweiße Streifen und Flecke, unterseits Flecke und

Marmorzeichnungen von gleicher Farbe. J. Natterer fand ein Stück, das im Leben schwarz war, mit teilweise gummiguttgelbem Scheitel, Hals und Rücken. Dieser große, gelbe Rückenfleck wird durch eine schmale schwarze, stellenweise unterbrochene und am Rande ausgezackte Längslinie, die hier und da auch quere Seitenäste aussendet, in zwei ziemlich gleiche seitliche Hälften geteilt und ist mit sehr feinen schwärzlichen Pünktchen übersät. Ein zweites Stück von einem andern Fundorte hat schmutzig orangefarbene Gliedmaßen, die oben wie unten mit runden schwarzen Flecken besetzt sind, und deren Wurzel lebhafter orangerot leuchtet. Die schwarze Oberseite ist mit fünf schmalen gelblichweißen Längsstreifen geziert, die in gleichen Abständen voneinander stehen, der Bauch gelblichweiß mit großen schwarzen Flecken. Bemerkenswert ist übrigens, daß trotz dieser anscheinend schrankenlosen Veränderlichkeit doch die an einem Fundorte zusammenlebenden Stücke in der Färbung meist ganz miteinander übereinstimmen, in der Zeichnung wenigstens nicht allzustark voneinander abweichen.

Dieser im ganzen tropischen Amerika verbreitete Frosch ist in den Vereinigten Staaten von Kolumbien wie in Venezuela, in Ecuador wie in Guayana zu Hause und auch in ganz Nordbrasilien bis etwa zum 5. Grad südl. Br. eine überaus häufige Erscheinung. Seinem Leibesbaue nach ist er kein eigentlicher Baumfrosch, da die Haftscheiben seiner Hinterfüße offenbar zu klein sind, um dem Tiere sicheren Halt an senkrechten Flächen zu geben. Natterer fand ihn stets nur im Walde am Boden, meist auf oder zwischen dürrem Laube. Die giftige Hautausscheidung dieses und mehrerer anderer Baumsteiger wird von den Eingeborenen Südamerikas zu einem äußerst wirksamen Pfeilgifte verwendet, dessen Wirkung der des Curare gleichkommt und hinreicht, einen Hirsch oder einen Jaguar in wenigen Minuten zu töten. Seinen Namen hat dieser Frosch von der seinem Blute zugeschriebenen Eigentümlichkeit, das Gefieder grüner Papageien in Gelb oder Rot umzuwandeln; man reibt zu diesem Zwecke mit dem Froschblute die Wundstellen ein, die bei den jungen Papageien nach dem Ausreißen der Federn an den betreffenden Hautstellen entstehen.

Bemerkenswert ist die Fürsorge aller Arten von Baumsteigern für ihre Jungen.

Vom Dreistreifigen Baumsteiger, Dendrobates trivittatus *Spix*, einem Frosche Guayanas, der aber auch im tropischen Peru und Brasilien vorkommt, berichtet C. B. Klunzinger, daß er beim Austrocknen der Lachen seine Larven auf dem Rücken von einem Gewässer zum anderen trage. A. Kappler hat diesen Frosch in Surinam beobachtet und gefunden, daß er seine Quappen aufsucht und nach anderen Pfützen bringt. Zu diesem Zwecke setzt sich der Frosch ins Wasser, und seine Larven saugen sich so an ihn an, daß er oft mit einem Gürtel von 12—18 etwa 6—7 mm langer Quappen bedeckt sein soll, die er auf diese Weise fortträgt. J. Natterer erbeutete den Frosch an feuchten, zerrissenen, dem Einsturz nahen Uferwänden größerer Flüsse und an Wassergräben auf Steinen, aber auch in Wäldern auf Unterholz und Stauden. Das Männchen hat eine laute, pfeifende Stimme. — Auch H. S. Smith fand einen dem Dreistreifigen Baumsteiger nahe verwandten Frosch (Dendrobates braccatus *Cope*), der seine Larven vermittelst einer eigentümlichen Flüssigkeit angeklebt auf dem Rücken trug. Die Art lebt nach diesem Gewährsmanne in Brasilien auf kleinen Wiesenstrecken, die kein andauernd stehendes Wasser zu führen scheinen; das Geschlecht des die Larven tragenden Tieres ist leider bei beiden genannten Arten noch unaufgeklärt.

Die früher als besondere Familie unterschiedenen Zipfelfrösche erwähnen wir hier nur kurz. Bei ihnen trägt auch der Unterkiefer Zähne, während die Querfortsätze des

Kreuzbeinwirbels, wie bei den echten Fröschen, denen sie jetzt einfach angereiht werden, keine Verbreiterung zeigen.

Zu dieser alten Familie gehört nur eine Gattung und Art, der **Zipfelfrosch**, Ceratobatrachus guentheri *Blgr.*, von den Salomoninseln, also aus deutschem Schutzgebiete.

Zipfelfrosch, Ceratobatrachus guentheri *Blgr.* Natürliche Größe.

Sein dreieckiger, flachgedrückter Kopf ist von auffallender Größe und an der Schnauze zu einem spitzen Hautzipfel ausgezogen, der als ein Tastwerkzeug dienen mag; je ein ähnlicher Zipfel ziert auch das dreieckige obere Augenlid, das Rückenende über dem After und das Fersengelenk. Der Augenstern ist quergestellt und eirund, die Zunge hinten frei und hier tief ausgerandet; auf den Pflugscharbeinen stehen Zähne, und das Trommelfell ist groß und freiliegend: alles wie bei den echten Wasserfröschen. Außer den bereits genannten Hautzipfeln schmücken diesen merkwürdigen Frosch auch noch mehr oder weniger zahlreiche feine Hautfalten, die in regelmäßigster Weise quer über den Kopf und links wie rechts längs des Rückens verlaufen. Weiter säumt ein schmaler, öfters gezähnelter Hautlappen die Außenseite des Vorderarmes und des Laufes. Die ganze Unterseite des Körpers ist mit feinen gekörnten Wärzchen bedeckt. Die Art ändert in der Größe und Form ihrer Hautanhänge wie auch in Färbung und Zeichnung in sehr beträchtlichem Grade ab, indem sie sich der Farbe ihrer Umgebung aufs täuschendste anpaßt. Die Grundfarbe der Oberseite kann gelblich, rötlich, bräunlich, grau oder olivenfarbig sein, und ebenso mannigfaltig ist die dunklere oder hellere Zeichnung. Immer aber ist die Hinterseite der Oberschenkel dunkel, oft tiefschwarz, und ebenso die Unterseite von Lauf und Fuß. Kehle und Bauch tragen mehr oder weniger zahlreiche dunkelbraune Flecken- und Marmorzeichnungen; Achsel und Weiche sind lebhaft gelb; die Gliedmaßen schmücken dunkle Querbinden. Das Männchen erreicht eine größte Körperlänge von 7,5, das Weibchen von 8,6 cm.

Guppy hat diesen auffallenden Frosch 1884 zuerst auf den Inseln Shortland, Treasury und Faro der Salomonen entdeckt, und G. A. Boulenger hat uns mit ihm näher bekannt gemacht. Über die Lebensweise des Tieres wissen wir noch recht wenig. Guppy nennt den Zipfelfrosch ein auf allen genannten Inseln sehr häufiges Tier, das seine Umgebung in Farbe und Zeichnung außerordentlich täuschend nachahmt: der genannte Forscher erbeutete einmal einen Zipfelfrosch ganz zufällig, als er mit seiner Hand nach einem vermeintlichen Baumknorren griff, um sich festzuhalten, statt dessen aber den Frosch in Händen hielt. Am merkwürdigsten ist das Tier aber dadurch, daß es wie der Antillenfrosch seine Entwickelung in dem bemerkenswert großen Ei vollendet, diesem also als kleiner vierbeiniger Frosch entschlüpft.

Die Kriechtiere.

Ein Blick auf das Leben der Gesamtheit.

Während es in der Gegenwart keinerlei Schwierigkeiten bietet, irgendein Kriechtier als solches zu erkennen und auch von den nächstverwandten übrigen Wirbeltieren zu unterscheiden, so verschwimmen die Grenzen, wenn wir die Kriechtiere der Vorzeit in den Kreis unserer Betrachtungen ziehen, da es einerseits keinem Zweifel unterliegen dürfte, daß die Kriechtiere von Panzerlurchen abzuleiten sind, anderseits jene selbst den Vögeln und Säugetieren den Ursprung gegeben haben. Wohl aber lassen sich folgende wesentliche Merkmale für die gegenwärtig lebenden Kriechtiere feststellen.

Die Kriechtiere (Reptilia) sind „wechselwarme" Wirbeltiere, die zu jeder Zeit ihres Lebens durch Lungen atmen, also keine Verwandlung durchmachen. Der Schädel steht durch einen einzigen Gelenkhöcker mit dem ersten Halswirkel, dem Atlas, in Verbindung, der Unterkiefer durch das Quadratbein mit dem Schädel. Es ist nur ein Gehörknöchelchen vorhanden, das mit dem ovalen Fenster des Gehörapparates verbunden ist.

Die Haut trägt weder Federn noch Haare, sondern Schuppen oder Schilde der Lederhaut, die von der oberflächlich mehr oder weniger stark verhornten Oberhaut überzogen und oft durch Kalkeinlagerungen verstärkt sind. Das Blut ist rot, die Blutkörperchen sind oval und kernhaltig. Das Herz besteht aus einer unvollständig geteilten Kammer und zwei Vorkammern. Der Aortenstamm hat drei Teile: eine stets vorhandene rechte und linke Aorta und eine Lungenarterie. Sinnesorgane der Seitenlinie, wie sie bei Fischen und Amphibien vorkommen, fehlen den Kriechtieren vollständig. Hautdrüsen sind kaum vorhanden. Wie bei den Amphibien, münden Darm-, Harn- und Geschlechtsorgane in einen gemeinsamen Raum, die Kloake. Äußere Begattungsorgane sind fast ausnahmslos vorhanden.

Die Gestalt der Kriechtiere zeigt wenig Übereinstimmendes; denn der Rumpf ist bei den einen mehr gedrungen, walzenförmig, seitlich zusammengedrückt oder scheibenartig platt, bei anderen langgestreckt und wurmförmig, ruht bei jenen auf Füßen, die diesen fehlen; der Hals kann sehr kurz und unbeweglich, aber auch lang und gelenkig sein. Diejenigen, die Beine haben, besitzen deren gewöhnlich vier; wenn ein Paar fehlt, ist es in der Regel das vordere, und wir kennen nur äußerst wenige Eidechsen, die Vorderbeine, aber keine Hinterbeine haben, ähnlich wie die Armmolche unter den Lurchen. Auch geht die Verkümmerung der Vorderbeine immer der der Hinterbeine voraus. Mit ihr vollzieht sich gleichzeitig eine Streckung des Körpers, eine Entfernung des vorderen vom hinteren Gliedmaßenpaare, und die Beine, die, wenn sie kräftig genug entwickelt sind, wie bei vielen Eidechsen, den Krokodilen und Schildkröten, sehr wohl imstande sind, den Körper über dem Boden erhoben zu tragen, können dies bei den kurzbeinigen Kriechtieren nicht mehr, und der

Bauch berührt beständig den Boden; diese allein sind die wahren „Kriechtiere" im eigentlichen Sinne des Wortes. Erst dadurch, daß man die Kriechtiere genauer beobachtete, erkannte man, wie häufig die Bewegung mit hochgetragenem Rumpfe bei ihnen wirklich ist; und weitere Beobachtungen haben ergeben, daß nicht nur verschiedene ausgestorbene Riesen dieser Klasse (aus der Ordnung der Dinosaurier) imstande waren, auf den Hinterbeinen zu laufen, sondern daß auch unter den jetztlebenden Arten nicht wenige noch in gleicher Weise sich bewegen können; das ist in der Regel bei solchen der Fall, wo der Körper nicht abgeplattet, sondern seitlich zusammengedrückt ist und nicht nur beide Beinpaare kräftig und lang sind, sondern das hintere noch besonders verlängert ist. Bei Eidechsen mit abgeplattetem Rumpfe sind die Beine nicht nach abwärts, sondern mehr seitlich nach außen gerichtet und wirken mehr als Nachschieber denn als Stützen des Körpers. Nicht nur die hinteren, sondern auch die vorderen Füße haben meist fünf Zehen, bei den kurzbeinigen Eidechsen kann aber die Zehenzahl im verschiedenen Grade der Rückbildung anheimfallen.

Die Hautbedeckung ist überaus mannigfaltig; sie besteht im einfachsten Falle aus gleichartigen, gewölbten körnerartigen Erhabenheiten, die bei den Haftzehereidechsen oft fast die ganze Oberseite einnehmen, aber auch bei anderen in der Regel wenigstens auf den Augenlidern, den Hand- und Fußflächen sich erhalten; aus diesen gehen größere kegelförmige, gekielte oder strahlig geriefte Höckerschuppen, anderseits aber auch platte, runde oder vieleckige kleinere oder größere Schilde hervor, diese teils durch Verschmelzung von kleineren Körnerschuppen, teils durch deren Vergrößerung auf Kosten der angrenzenden. Solche Schilde in regelmäßiger und symmetrischer Anordnung sind namentlich auf dem Kopfe bei vielen Eidechsen, Schlangen und manchen Schildkröten zu beobachten. Ist ein derartiges Gebilde hinten frei, und überdeckt es den Grund des folgenden, so wird es als eigentliche Schuppe bezeichnet; diese kann glatt oder mit einem Längskiel (seltener zwei) versehen sein, der sich nach hinten in eine lange, scharfe Spitze fortsetzen kann. Stachelschuppen dieser Art stehen namentlich auf dem Schwanze, sind in der Regel in Wirteln angeordnet und können eine gute Waffe sein. Lange, seitlich zusammengedrückte, dreieckige bis schwertförmige Schuppen bilden bei manchen baumbewohnenden Eidechsen einen Kamm auf der Firste des Rückens und Schwanzes. Alle diese Schuppenformen sind Gebilde der vorwiegend aus Fasern zusammengesetzten, Nerven, Blutgefäße, Farbzellen und oft auch Kalkeinlagerungen enthaltenden Lederhaut; über sie zieht sich die bei den Kriechtieren in ihren oberen Zellagen fast stets stark verhornte Oberhaut hin, die Farbzellen nur in ihrer unteren Schicht birgt und da, wo sie zwischen zwei Schuppen sich in die Tiefe senkt, wesentlich dünner und elastischer ist. Das Verzehren größerer Nahrungsstücke wird durch die Elastizität der Zwischenschuppenhaut ebensosehr wie durch die Ausdehnbarkeit des Rachens ermöglicht. Die oberflächliche Schicht der Oberhaut (Epitrichium) ist ein dünnes Häutchen, dessen Zellen in der Regel durch überaus feine, oft quer netzartig verbundene Längsleistchen ausgezeichnet sind; letztere rufen den wunderbaren Metall- oder Perlmutterschimmer vieler Eidechsen und Schlangen hervor. Kalkkörner in der Lederhaut, unter den Körnerschuppen liegend, sind bei manchen Eidechsen (z. B. bei den Haftzehern) die Anfänge einer Panzerbildung, die gerade bei den Kriechtieren in sehr mannigfacher und vollständiger Weise sich entwickelt. Größere, flache Kalkschuppen, wie solche bei verschiedenen „fischschuppigen" Eidechsen in der Lederhaut eingebettet sind, zeigen einen mosaikartigen Bau, der eine größere Biegsamkeit ermöglicht, und sind meist in bestimmter Weise von Kanälen durchzogen, die von einer Schuppe zur anderen laufen. Solche Panzerplatten können entweder so schindelförmig übereinandergreifen wie die Schuppen der Lederhaut, in die sie eingelagert sind, oder sie können, wie bei den Krokodilen, gelenkig miteinander verbunden sein. Bei den Schildkröten verwachsen diese Hautknochen zum Teil sehr frühzeitig mit gewissen Teilen des Gerippes, während die darüberliegende Oberhaut in der Regel, besonders stark verhornt, zum sogenannten Schildpatt wird. Während wir gegenwärtig keinerlei nackthäutige Kriechtiere kennen, dürften immerhin nicht wenige der ausgestorbenen Arten eines Schuppenkleides entbehrt haben.

Bezeichnend für die Haut ist, namentlich im Gegensatze zu den Lurchen, daß ihr Drüsen nahezu vollkommen fehlen, eine Erscheinung, der wir auch bei den Vögeln wiederbegegnen. Bei vielen Eidechsen, und zwar entweder nur beim Männchen oder bei diesem stärker entwickelt als beim Weibchen, finden sich besondere drüsenartige Organe auf der Unterseite der Oberschenkel (Schenkelporen) oder vor der Kloakenspalte oder (selten und nur ganz wenige) in der Lendengegend; diese in Reihen angeordneten Organe sondern durch eine runde oder spaltförmige Öffnung eine gelbliche Masse ab, die bei brünstigen Männchen oft in langen Zapfen austritt und aus abgestoßenen, veränderten Oberhautzellen besteht. Die Bedeutung dieser Organe ist unbekannt. Dagegen sind eigentümliche Sinnesorgane auf den Schuppen sowohl bei Eidechsen und Schlangen als auch bei Krokodilen gefunden worden. Zu den Horngebilden der Oberhaut zählen außerdem die Krallen der Finger und Zehen sowie andere horn-, stachel- oder tütenförmige Anhänge, die, wie die Hörner mancher Eidechsen und Chamäleons, die großen Schuppen am Unterarm gewisser Landschildkröten, einen knöchernen Zapfen wie ein Wiederkäuerhorn haben können. Auch die Hörner und Stacheln gewisser riesiger Vorweltkriechtiere dürften eine Hornscheide gehabt haben. Während bei den Eidechsen, Krokodilen und Brückenechsen die Krallen nach C. Gegenbaur nicht endständig sind, ist bei den Schildkröten eine endständige Kralle vorhanden.

Hinsichtlich der Schönheit der Färbung ihrer Oberhautgebilde stehen die Kriechtiere kaum einer andern Klasse nach. Bei den meisten entspricht die Färbung der ihres bevorzugten Wohngebietes, also namentlich der des Bodens, der Blätter und der Baumrinde; Wüstenbewohner haben eine blaßgelbliche, rötliche oder gelbgraue, Sumpfbewohner eine schlammgrüne, die Schlangen des kahlen Karstes eine hellgraue, die Seeschlangen eine blaugraue oder blaugrüne Oberseite. Auch manche sehr lebhaft und prächtig gefärbte Kriechtiere heben sich von ihrem Aufenthaltsorte durchaus nicht auffällig ab. Bei manchen, namentlich bodenbewohnenden, grellbunten Kriechtieren, namentlich Schlangen, erkennen wir freilich keinen Zusammenhang zwischen Färbung und Aufenthaltsort. Bei einzelnen ist das Anpassungsvermögen mehr oder weniger willkürlich, indem die betreffenden Tiere ihre Färbung wahrscheinlich unter dem Einflusse von Veränderungen der Umgebung (Wärme und Kälte, Licht und Schatten) und innerer Erregungszustände (Ärger, Angst, Hunger usw.) zu ändern vermögen. Solcher Farbenwechsel beruht im wesentlichen auf Verschiebungen gewisser, in der Oberhaut, namentlich aber in der Lederhaut eingebetteter, zusammenziehbarer und ausdehnungsfähiger Farbzellen, deren, wie bei den Lurchen, mehrere von verschiedener Farbe vorkommen, die in bestimmter Weise über- und zwischeneinander gelagert sind. Am längsten bekannt und am genauesten studiert ist der Farbenwechsel beim Gemeinen Chamäleon; aber nicht nur viele andere Arten von Chamäleons, sondern auch viele Eidechsen haben zum Teil in sehr hohem Grade die Fähigkeit des Farbenwechsels; den anderen Kriechtieren fehlt sie aber vollständig. Ein ganz langsamer Farbenwechsel tritt bei vielen Kriechtieren im Laufe des Lebens ein, indem die oft recht lebhafte und für die Stammesgeschichte der einzelnen Gattungen und Familien nicht selten wichtige Aufschlüsse liefernde Zeichnung der jungen Tiere allmählich verblaßt oder einer anderen Platz macht, oder schließlich durch Verdunkelung der Grundfarbe eine einfarbig schwarze Färbung zustande kommt, wie bei der sogenannten Höllenotter, der schwarzen Spielart der Kreuzotter.

Das Gerippe der Kriechtiere ist fast vollständig verknöchert, hinsichtlich der Zusammensetzung der einzelnen Teile aber so vielfach verschieden, daß etwas allgemein Gültiges kaum gesagt werden kann. Der Schädel, der in vielen Beziehungen eine auffallende Übereinstimmung mit dem der Vögel zeigt, ist mehr oder weniger abgeplattet und sein Kiefergerüst einschließlich der Gesichtsknochen überwiegend ausgebildet. Wir können mit einiger Wahrscheinlichkeit annehmen, daß die ursprüngliche Schädelform der Kriechtiere eine feste Knochenkapsel war, die nur Nasenöffnungen, Augen und Trommelfell frei ließ, und deren Panzerplatten sich im Laufe der Stammesentwickelung zum Teil zu schlanken Bogen und Pfeilern umwandelten und sogar gänzlich zurückbildeten, wie wir das z. B. bei den Schildkröten, noch mehr aber bei den Eidechsen sehen können.

Bei den Krokodilen und Schildkröten und einer großen Zahl ausgestorbener Kriechtiere ist derjenige Knochen, der das Gelenk mit dem Unterkiefer bildet, das Quadratbein, fest mit der sogenannten Schläfenschuppe (Schuppenbein) und diese mit der Seitenwand des Schädels verbunden, während bei den Eidechsen und Schlangen wenigstens das erstere eine mehr oder weniger freie Beweglichkeit erkennen läßt. Bei vielen Eidechsen finden wir auch noch, daß das Hinterhauptsbein mit dem Scheitelbein nur durch Bandmasse verbunden ist, so daß der ganze Vorderteil des Schädels (vor dem Hinterhauptsbein) durch die Hebelwirkung des Quadratbeines und der Gaumenknochen etwas gehoben werden kann. Eine ähnliche Beweglichkeit, wie sie bei manchen Vögeln (z. B. bei Papageien) beobachtet wird, wo der Oberschnabel von dem dahinterliegenden Teile des Kopfes durch eine vor den Augenhöhlen quer verlaufende dünnhäutige Stelle getrennt ist und bei Öffnung des Schnabels durch Vermittelung des langen Querbeines automatisch sich hebt, hat Versluijs bei verschiedenen fleischfressenden Kriechtieren aus der ausgestorbenen Ordnung der Dinosaurier nachgewiesen.

Eins der Hauptkennzeichen des Kriechtierschädels ist der einzige, unpaare Gelenkkopf des Hinterhauptsbeines, der, stark gewölbt, in die Pfanne des ersten Halswirbels eingreift. An das Hinterhauptsbein, das aus einem oberen, unpaaren, einem Paar von seitlichen und einem unteren unpaaren Stück besteht, die in verschiedenem Grade an der Bildung des Gelenkkopfes teilnehmen, schließt sich nach vorn in der angegebenen Reihenfolge das Scheitel-, Stirn-, Nasenbein und der Zwischenkiefer an, die in den einzelnen Familien der Kriechtiere bald paarig, bald unpaar sind. Die Seitenwände des Kopfes bilden, wieder von hinten nach vorn und von oben nach unten aufgezählt, bei den ursprünglichsten Kriechtieren (z. B. bei der Theromorphengattung Elginia): Schuppenbein (Squamosum), Supratemporale, Quadratojugale, Quadratbein; Postorbitale (Hinteraugenbein), Jochbein (Jugale); vor dem Auge: Vorderstirnbein (Praefrontale), Tränenbein (Lacrymale; diese beiden fehlen bei Elginia); Nasenbein; Oberkiefer; Zwischenkiefer. Durch die immer stärkere Ausbildung von Lücken im Schädeldach (einerseits zwischen Scheitelbein und dem Postorbitalknochen, anderseits zwischen diesem und dem Jochbein) werden die ursprünglich breiten, durch Nähte verbundenen Panzerplatten der Schläfe zu schlanken „Schläfenbögen", deren Anzahl bei den alten Brückenechsen noch zwei beträgt (daher ihr Name: von der doppelten Überbrückung der Schläfe), bei den meisten Eidechsen aber auf einen Bogen (den oberen) verringert ist, während bei den Schlangen Schläfenbögen überhaupt fehlen.

Auf der Unterseite des Schädels finden wir, wieder von hinten nach vorn fortschreitend, als unpaare, in der Mittellinie gelegene Knochen: das untere Hinterhauptsbein, das Keilbein, dessen seitliche Fortsätze mit den Flügelbeinen in Gelenkverbindung stehen und auf dessen vorderem, dünnem, grätenartigem Fortsatze bei den Eidechsen eine senkrechte, oft ganz häutige Scheidewand zwischen den beiden Augenhöhlen aufruht. Als paarige Stücke des Gaumendaches folgen auf die Flügelbeine nach vorn die beiden Gaumenbeine und die mitunter verschmolzenen Pflugscharbeine, an die vorn wieder der oder die Zwischenkiefer sich anschließen. Bei Eidechsen und Schlangen weichen Gaumen- und Flügelbeine in der Mitte mehr oder weniger weit auseinander; am meisten bei den Schlangen, bei denen ja beide Knochenpaare ebenso wie der Oberkiefer nach den Seiten verschiebbar sind, weniger bei den Eidechsen, bei denen das Gaumendach als unbeweglich betrachtet werden darf und im äußersten Falle entweder eine weite Längsspalte in der Mittellinie freiläßt, oder aber durch Zusammenrücken der Gaumen- und Flügelbeine in der Mittellinie einen wirklichen knöchernen Gaumen bildet. Bei Krokodilen und Schildkröten ist ein derartiges vollständiges, knöchernes Gaumendach stets vorhanden, und die inneren Nasenlöcher (Choanen), die z. B. bei den Eidechsen ziemlich weit vorn in den Rachen einmünden, sind bei jenen weit nach hinten verlagert.

Nicht unerwähnt bleiben mögen zwei Stützknochen vieler Kriechtiere, von denen das Säulchen (Columella cranii, nicht zu verwechseln mit der dem Gehörapparat angehörigen Columella auris), ein schlanker, stabförmiger Knochen, vom Schädeldach nahezu senkrecht zum Gaumen, und zwar zu den Flügelbeinen, herabzieht und den meisten Eidechsen zukommt, während das Querbein (Transversum oder Ectopterygoideum) das Flügelbein mit dem hinteren Teile des Oberkiefers verbindet und bei verschiedenen Reptilordnungen, bei Krokodilen ebenso wie bei Schlangen, gefunden wird. Die Flügelbeine erreichen in der Regel das Quadratbein; nur selten, wie bei manchen Schlangen und Chamäleons, stehen sie in keinem Zusammenhange mit ihm.

Jede Unterkieferhälfte ist wenigstens aus vier Stücken, bei vielen Kriechtieren aber auch aus sechs Stücken zusammengesetzt; bei den Schlangen werden die beiden Äste des Unterkiefers nur durch Sehnen und Muskeln miteinander verbunden, so daß sie nach Willkür einander genähert oder auch weit entfernt werden können, während bei den Eidechsen die Verbindung durch Faserknorpel, bei den Krokodilen durch eine Naht bewirkt wird; bei den Schildkröten sind die beiden Unterkieferäste meist ohne sichtbare Trennung verwachsen.

Die Wirbelsäule, die bei vielen Kriechtieren in einen Hals-, Brust-, Lenden-, Becken- und Schwanzteil zerlegt werden kann, ist bei allen verknöchert und deutlich in Wirbel gegliedert; die Anzahl der Wirbel schwankt jedoch je nach der Länge des Leibes außerordentlich, so daß sie bei Schildkröten wenig über 30, bei Schlangen dagegen über 400 betragen kann. Die Wirbel sind bei den niedersten Kriechtieren beiderseits ausgehöhlt, bei den Krokodilen und Brückenechsen durch faserige Bandscheiben getrennt. Die Halswirbelsäule der Schildkröten kann aus Wirbeln aller Art, beiderseits, vorn oder hinten, gehöhlten oder beiderseits gewölbten, bestehen und demgemäß besonders beweglich sein. Die hinsichtlich ihrer Anzahl kaum minder abändernden Rippen sind stets sehr vollständig entwickelt, bei den Schlangen sogar in gewissem Grade vollständiger als bei den übrigen Tieren, da sie hier freie Beweglichkeit erlangen. Sogenannte Bauchrippen, die in keinem Zusammenhang mit der Wirbelsäule stehen, findet man zwischen Brustkorb und Becken bei Krokodilen und Brückenechsen; von solchen Bauchschuppen leitet man auch den hinteren Abschnitt des Bauchpanzers der Schildkröten ab, während der vordere zum Teil aus dem Brustgürtel entstanden ist. Dieser besteht aus denselben Stücken wie bei den Lurchen; ein Brustbein fehlt (wie der Brustgürtel) vielen fußlosen Kriechtieren; wenn es vorhanden ist, liegt ihm in der Regel ein sehr verschiedenartig gestaltetes, rauten-, winkelförmiges (bei Schildkröten), T-, kreuz- oder dolchförmiges Interclaviculare vorn in der Mittellinie auf. Die Schlüsselbeine fehlen nicht nur bei fußlosen, sondern auch bei manchen Kriechtieren mit wohlentwickelten Gliedmaßen, wie z. B. den Chamäleons, bei manchen Eidechsen sind sie durchbohrt. Ebenso wie der Schultergürtel, kann auch der Beckengürtel bei den Eidechsen mehr oder weniger verkümmert, bei manchen Schlangen auf ein einziges Knochenpaar beschränkt sein oder ganz fehlen. Bei den übrigen Kriechtieren sind die Beine und Füße jedoch in allen Abstufungen der Ausbildung entwickelt.

Über die Bewaffnung des Maules läßt sich etwas Allgemeines nicht sagen. Die Schildkröten haben keine Zähne, sondern scharfe Hornscheiden, welche die Kieferränder überziehen; bei den übrigen Kriechtieren sind Zähne in meist beträchtlicher Anzahl vorhanden, und zwar tragen nicht bloß die Kieferknochen solche, sondern zuweilen auch die Gaumenbeine, Flügelbeine und ganz ausnahmsweise (z. B. bei der Brückenechse in der Jugend) das Pflugscharbein. Sie dienen fast immer nur zum Ergreifen und Festhalten, selten zum Zerkleinern der Nahrung. Gewöhnlich sind sie einfach kegelförmig, gerade oder nach hinten gekrümmt; doch kommen auch seitlich zusammengedrückte Zähne mit gekerbten oder gezähnelten Kronen, ja bei frucht- und samenfressenden Eidechsen oder bei solchen, die hartschalige Schnecken verzehren, Backzähne mit halbkugeligen Kronen vor. Die Zähne sind entweder massig, ohne innere Höhlung, oder mit einer solchen in ihrem Wurzelteile ausgestattet oder endlich auf ihrer Vorderseite nahezu ihrer ganzen Länge nach gefurcht oder durchbohrt. Die meisten von ihnen sind auf den zahntragenden Knochen in einer seichten Rinne durch dichtes, sehniges Gewebe eingeheftet, andere aber so auf den Kieferrand aufgesetzt und mit ihm verwachsen, daß sie gleichsam nur einen Kamm an ihm oder auf ihm bilden; bei den Krokodilen endlich sind sie in ringsum geschlossene Zahnhöhlen eingekeilt. Ein regelmäßiger Zahnwechsel findet in der Regel nicht statt; vielmehr entstehen fortwährend unter oder neben den alten Zähnen neue. Jedoch beobachtete Peracca, daß bei einer australischen Glattechse ein einziges Mal, nämlich in früher Jugend, ein Zahn in jeder Hälfte des Ober- und Unterkiefers gewechselt wird.

Während bei manchen Kriechtieren die Zähne durchweg gleichartig gebaut sind, finden wir bei anderen bereits eine mehr oder weniger weitgehende Verschiedenheit des Gebisses, indem wir kleine, einfach kegelförmige Schneidezähne, große kegelförmige Eckzähne und Backzähne mit mehrzackigen, gesägten (bei Laubfressern) oder abgerundeten Kronen unterscheiden können. Noch weiter geht die Ausbildung des Gebisses bei gewissen ausgestorbenen Kriechtieren aus der Gruppe der Theromorphen, bei denen mächtige hauerartige Eckzähne entwickelt, die Schneidezähne aber verloren gegangen und durch eine Art Schnabel ersetzt sind. Die mannigfache Ausbildung des Gebisses bei den Schlangen soll bei der Besprechung dieser Tiere Erwähnung finden.

Auch die Verdauungswerkzeuge sind in vieler Beziehung verschieden. Die Zunge ist bei einzelnen, z. B. den Krokodilen, nur ein vorspringender, flacher Wulst, der auf dem Boden der Mundhöhle liegt, überall angewachsen und vollkommen unbeweglich ist; bei anderen, z. B. den Schildkröten, ist sie fleischig, kurz, dick; bei den Eidechsen eiförmig, platt, oder in zwei bald kurze, weiche, dreieckige oder abgerundete, bald

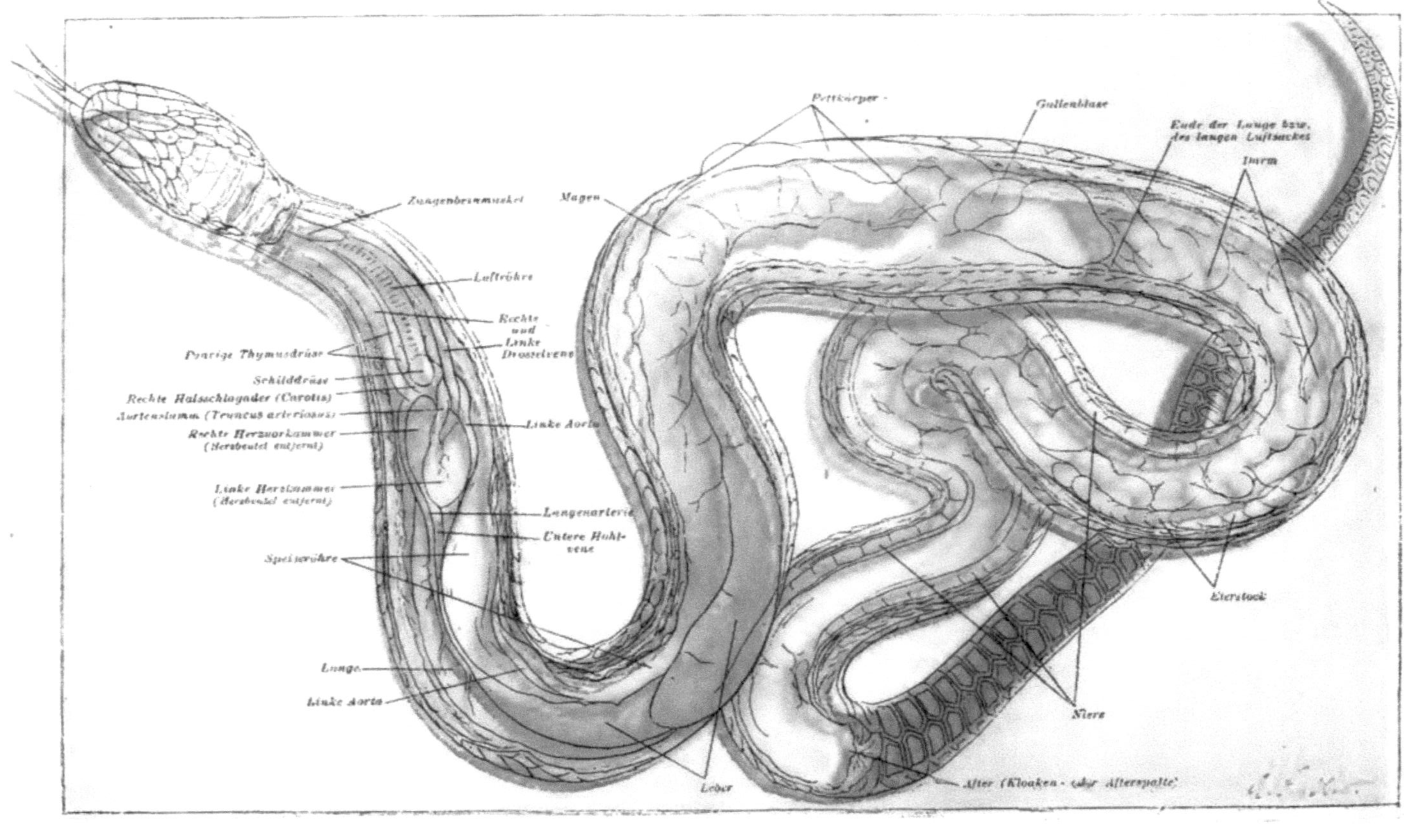

Anatomie einer weiblichen Ringelnatter.

Der Fettkörper, der den vor dem Herzen gelegenen Teil der Luftröhre sowie den ganzen Dünndarm bedeckt, ist entfernt.

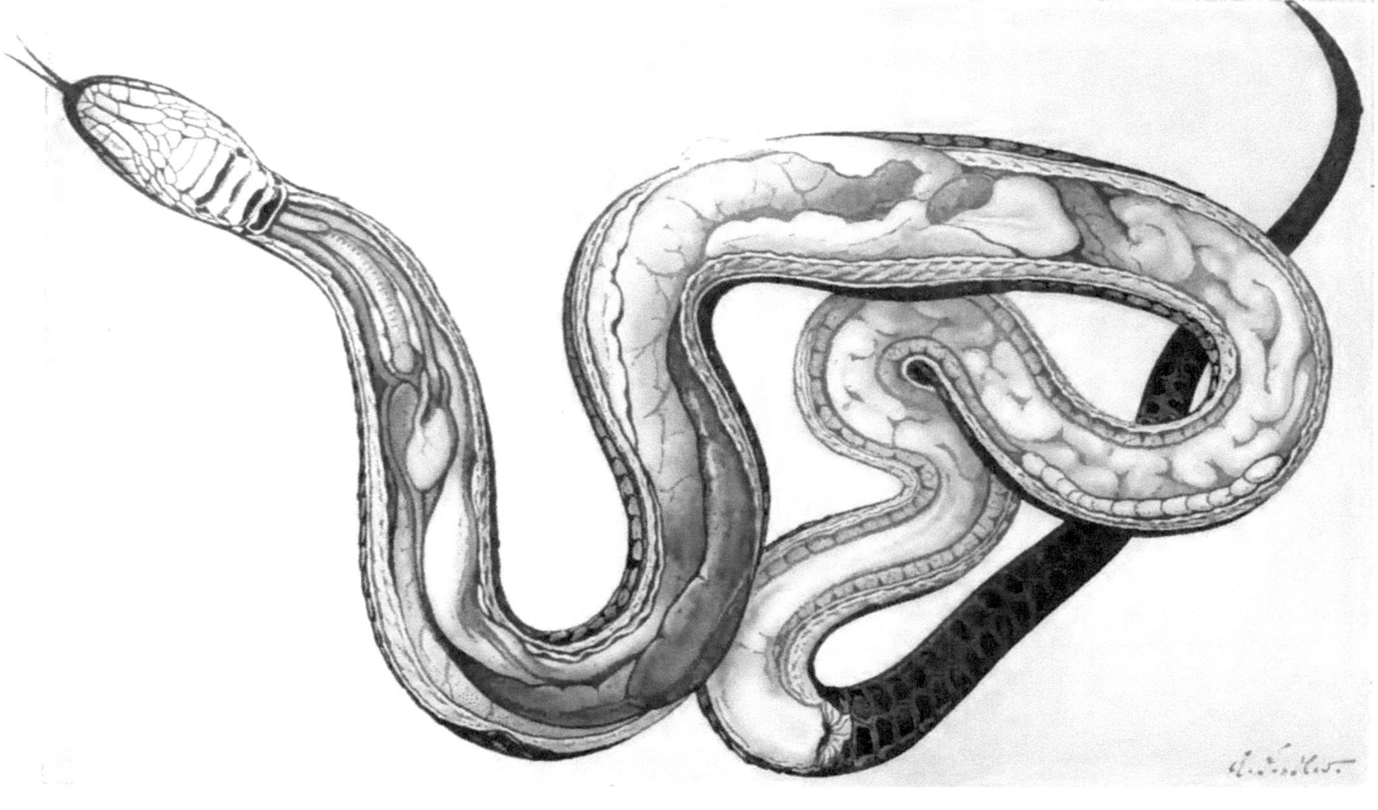

Anatomie einer weiblichen Ringelnatter.

Der Fettkörper, der den vor dem Herzen gelegenen Teil der Luftröhre sowie den ganzen Dünndarm bedeckt, ist entfernt.

lange, verhornte, namentlich bei den Schlangen unglaublich bewegliche Spitzen ausgezogen; bei vielen ist sie in eine Scheide zurückziehbar, aus der sie bei den Chamäleons mit großer Zielsicherheit vorgeschnellt werden kann. Die Eidechsen trinken in der Regel auch mit leckenden Bewegungen der Zunge, während diese bei den Schlangen beim Trinken, das mit kauenden Bewegungen des Unterkiefers geschieht, nicht oder nur nebenbei gebraucht wird. Der weite Schlund ist bei den meisten Schlangen einer beispiellosen Ausdehnung fähig und geht unmerklich in den geräumigen, dickwandigen Magen über, der gegen den Darm hin durch eine Falte oder Klappe sich abgrenzt und bei Krokodilen und Schildkröten mehr quergestellt ist, bei den Eidechsen und Schlangen dagegen in der Längsrichtung des Körpers liegt. Der Darm ist weit, wenig gewunden, kürzer oder länger, wohl am längsten bei den pflanzenfressenden Landschildkröten, der Enddarm oft an der Übergangsstelle gegen den Dünndarm mit einem Blindsack versehen, nach hinten geht er in eine stark erweiterte Kloake über. Leber mit Gallenblase, die in der U-förmigen Schlinge des Zwölffingerdarmes gelegene Bauchspeicheldrüse sowie die Milz sind stets vorhanden. Die Schildkröten zeichnen sich vor anderen Kriechtieren durch den Besitz einer Unterzungendrüse, zahlreiche Eidechsen und Schlangen durch das Vorhandensein von Lippendrüsen, viele der letzteren noch außerdem durch eine große, in der Schläfengegend gelegene, einem besondern Teile der Oberkieferspeicheldrüse entsprechende Drüse aus, die bei mehreren Schlangenfamilien Gift absondert und den gefurchten oder durchbohrten Giftzähnen zuführt.

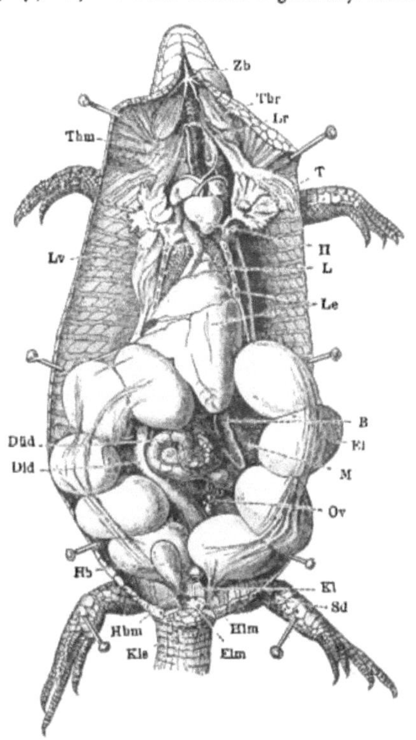

Anatomie einer geschlechtsreifen Lacerta agilis. Nach Kükenthal, „Leitfaden für das zoolog. Praktikum" (Jena 1907). B Bauchspeicheldrüse, Did Dickdarm, Düd Dünndarm, El Eileiter (mit reifen Eiern), Elm Mündung des Eileiters in die Kloake, H Herz, Hb Harnblase, Hbm Mündung der Harnblase in die Kloake, Hlm Mündung der Harnleiter in die Kloake, Kl Kloake, Kls Kloakenspalte, L Lunge (linke), Le Leber, Lr Luftröhre, Lv Lebervene, M Magen, Ov Eierstock (Ovarium), Sd Schenkeldrüsen, T Trichter des Eileiters, Thr Thyreoidea (Schilddrüse), Thm Thymus (Bries), Zb Zungenbein.

Die Nieren sind gewöhnlich sehr groß, oft vielfach gelappt; die von ihnen ausgehenden Harnleiter münden hinter der Wand der Kloake ein, vor der sich bei den meisten Eidechsen und den Schildkröten eine Harnblase befindet. Die Hoden liegen stets im Innern der Bauchhöhle; ihre Ausführungsgänge sammeln sich gewöhnlich in einem Nebenhoden, aus dem dann die Samenleiter entspringen. Begattungswerkzeuge sind bei allen Kriechtieren, mit Ausnahme der Brückenechse, ausgebildet. Schlangen und Eidechsen haben eine paarige, mit zottigen Stacheln oder hornigen Haken besetzte Rute, die bei der Begattung derart umgestülpt wird, daß, wie bei einem Handschuhfinger, ihre innere Fläche zur äußeren wird; Schildkröten und Krokodile hingegen besitzen nur eine einfache, an der Vorderwand der Kloake befestigte, undurchbohrte Rute, auf deren äußerer Fläche eine Längsrinne zur Fortleitung der Samenflüssigkeit verläuft. Die Eierstöcke sind immer von den Eileitern geschieden, die mit weiter Öffnung in der Leibeshöhle beginnen und oft eine quere Faltung aufweisen.

Die Werkzeuge der Atmung erleiden, wie bereits bemerkt, keine Umwandlung, sondern sind immer nur als Lungen entwickelt. Nur bei gewissen Schildkröten, den Weichschildkröten, besteht neben der Lungenatmung noch die Andeutung einer Wasseratmung durch zottenartige Gebilde des Schlundes, bei den Seeschlangen eine ähnliche Einrichtung durch die außerordentlich blutgefäßreiche Mundschleimhaut, namentlich das Zahnfleisch. Die eigentümlichen, schluckenden, sogenannten „oszillatorischen" Kehlbewegungen, die man nur bei den Schlangen vermißt, und die noch deutlicher bei den Lurchen auftreten, nimmt C. Heinemann als Reste rückgebildeter Kiemenatmung in Anspruch, sucht sie als ererbte Atembewegungen zu erklären und vermutet für sie ein zweites Nervenzentrum neben dem Lungenatmungszentrum. Ein gesonderter Kehlkopf ist vorhanden, ebenso ein Kehldeckel, der auch bei Hervorbringung von zischenden Lauten eine Rolle spielen kann; die bei den Lurchen kaum unterscheidbare Luftröhre ist stets deutlich erkennbar, von knorpeligen Halb- oder Vollringen gestützt, bei manchen Landschildkröten ebenso wie ihre Äste von außerordentlicher Länge; manchmal öffnet sich die Luftröhre unmittelbar durch weite Öffnungen in die Lungen, bei anderen Kriechtieren aber setzt sie sich in kürzere oder längere, ebenfalls mit Knorpelringen versehene Äste (Bronchien) in die Lungen hinein fort. Diese selbst sind häutige Säcke entweder mit weitem, innerem Hohlraum und zelliger Wandung, indem von dieser Balken aus Bindegewebe wabenartig gegen den Innenraum vorspringen: so bei den Eidechsen, Chamäleons und Schlangen. Hier ist in der Regel der vordere Teil der Lunge mit einem dichteren Wabenwerk überzogen als der hintere, der sogar ganz glattwandig sein kann und dann, wie bei den Schlangen, bloß als Luftbehälter dient; bei den größeren Chamäleonarten und einigen wenigen Eidechsen kann die Lunge gegen die Bauchseite oder nach hinten zu in mehr oder weniger zahlreiche, faden- oder keulenförmige Zipfel ausgezogen sein. Bei kurzen, gedrungenen Kriechtieren sind auch die Lungen kurz, sackförmig, von dreieckigem oder elliptischem Umriß, bei langgestreckten, schlangenähnlichen selbst lang, schlauchförmig, und in diesem Falle ist stets die eine (meist die linke) mehr oder weniger verkümmert. Bei den Riesenschlangen ist die linke Lunge meist noch vollkommen erhalten, zwar nicht mehr als halb so lang wie die rechte, aber immerhin noch zur Atmung brauchbar; bei den übrigen Schlangen ist sie rückgebildet. Bei manchen Schlangen ist die Luftröhre mit Ausnahme der vorderen, durch Knorpelhalbringe gestützten Wand mehr oder weniger stark erweitert, und es springt von ihrer Innenwand ganz dasselbe Balkenwerk vor wie bei der rechten Lunge, deren Tätigkeit sie wesentlich unterstützt, so daß sie als sogenannte Trachealunge bezeichnet

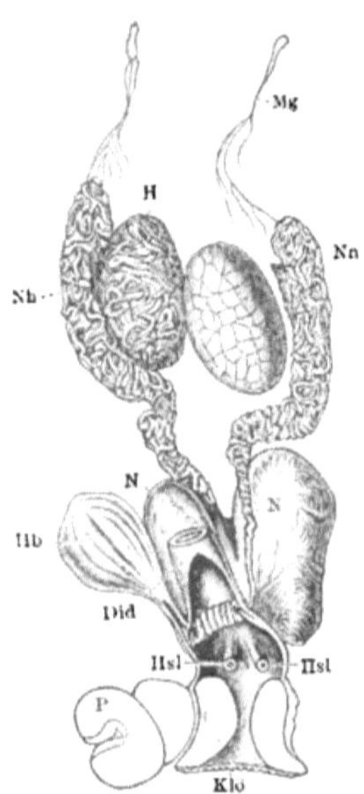

Harn- und Geschlechtswerkzeuge einer männlichen Eidechse. Nach Kükenthal, „Leitfaden für das zoolog. Praktikum" (Jena 1907). Did Dickdarm (abgeschnitten), H Hoden (links von der Hülle befreit), Hb Harnblase, Hsl Mündungen der Harnsamenleiter, Klö Kloakenöffnung, Mg Müllerscher Gang (Rest des Eileiters), N Niere, Nh Nebenhoden, Nn Nebenniere, P Penis (Begattungsorgan).

Lungen von Kriechtieren.

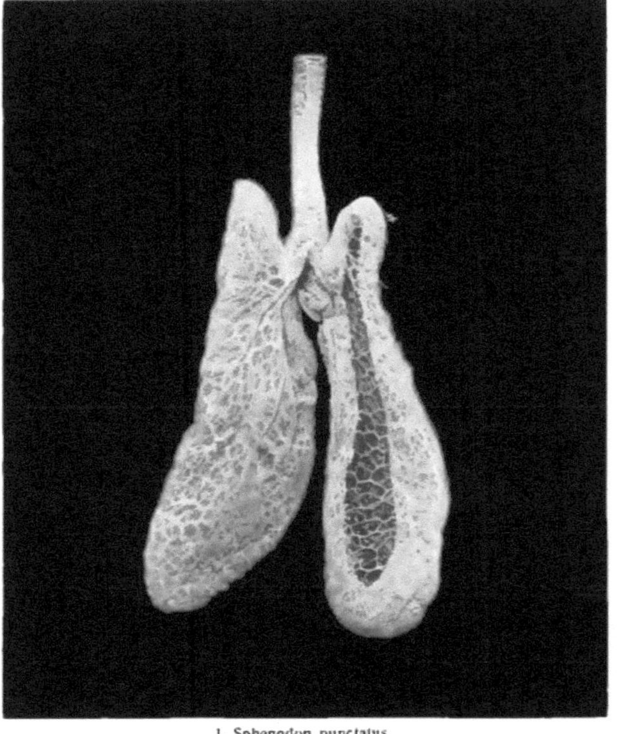

1. Sphenodon punctatus.
Nat. Gr.

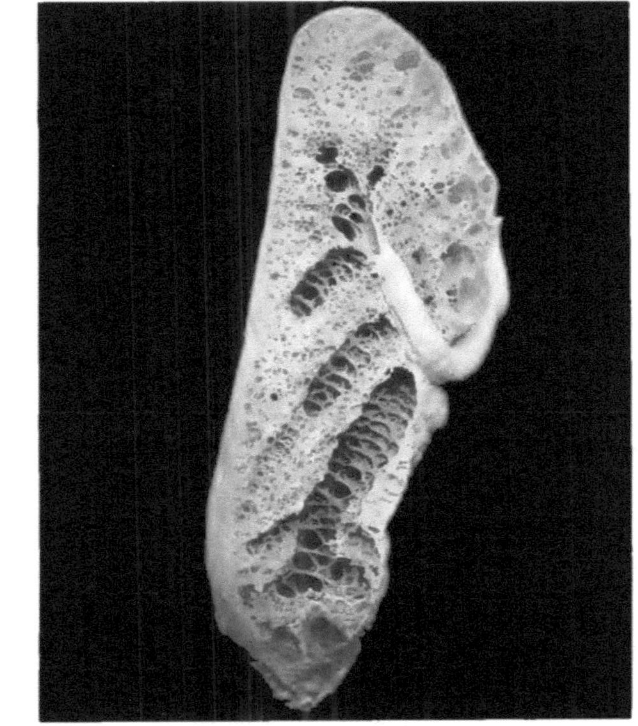

2. Crocodilus palustris, linke Lunge.
$^2/_3$ nat. Gr.

Nach Originalen im Britischen Museum; Herb. G. Herring-London phot.

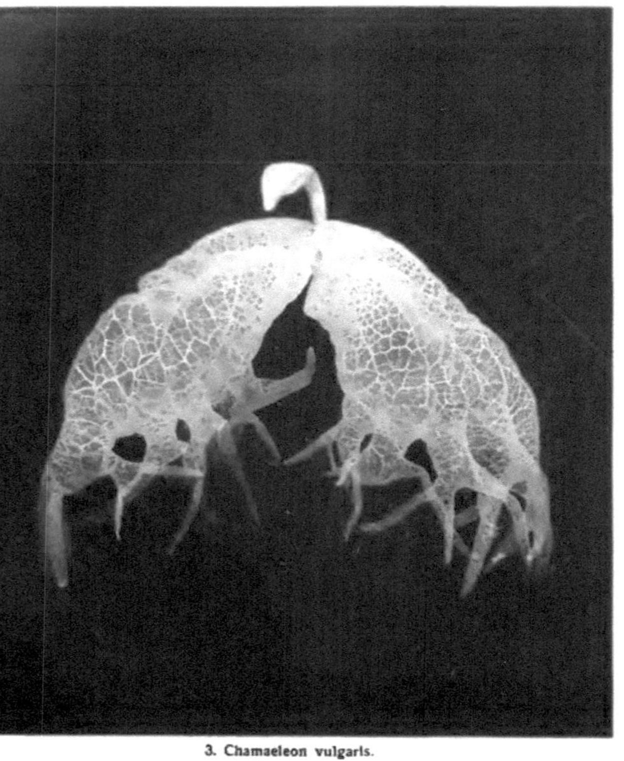

3. Chamaeleon vulgaris.
$^{9}/_{10}$ nat. Gr.

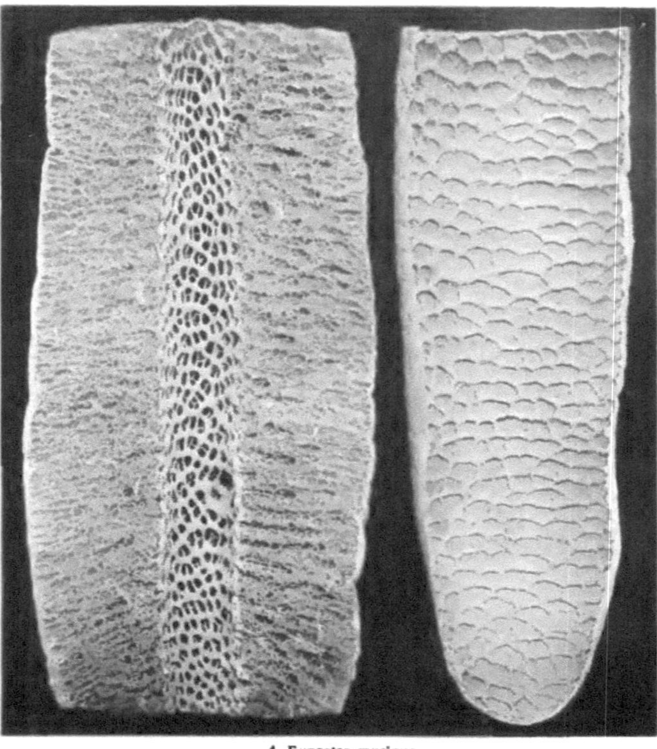

4. Eunectes murinus.
Nat. Gr.

Nach Originalen im Britischen Museum; Herb. G. Herring - London phot.

wird. Bei Krokodilen und Schildkröten, deren Luftröhrenäste weit in die Lunge vordringen, hat diese keinen Hohlraum, sondern ist ganz mit einem dichten, bindegewebigen Maschenwerk erfüllt, das kleine, wabige und zellige Hohlräume umschließt.

Das Herz hat, wie ebenfalls bereits angegeben, vier Abteilungen, zwei gesonderte Vorhöfe und zwei Kammern, deren Scheidewand nur bei den Krokodilen — bis auf eine kleine Öffnung — vollständig wird, bei allen übrigen Kriechtieren aber mehr oder weniger große Lücken zeigt, durch die das Blut der linken Kammer sich mit dem der rechten mischen kann. „Bei den Schildkröten, den Schlangen und den meisten Eidechsen, wo die Scheidewand unvollständig ist", sagt Vogt, „entspringen deshalb sowohl die Lungen- als auch die Körpergefäße aus der rechten Herzkammer, während bei den Krokodilen die Lungenschlagadern und eine linke Körperpulsader aus der rechten Kammer, die größere rechte Aorta dagegen aus der linken Kammer entspringen. Wenn nun auch durch besondere Klappenvorrichtungen im Innern des Herzens das aus dem Körper zurückkehrende Blut selbst bei unvollständiger Scheidewand hauptsächlich nach der Lungenschlagader, das aus den Lungen kommende wesentlich nach der Aorta hingeleitet wird, so ist doch auf der andern Seite, sowohl hier als auch bei den Krokodilen, die Mischung der beiden Blutarten wieder dadurch ermöglicht, daß von dem ursprünglichen Kiemenbogen des Embryos weite Verbindungsäste zwischen dem großen Gefäßstamme hergestellt sind. Die Aorta wird meist aus einem, zwei oder selbst drei Bogen zusammengesetzt, die sich unter der Wirbelsäule vereinigen und vorher noch die Gefäße für die Ernährung des Kopfes abgeben. In dem venösen Kreislaufe ist stets außer dem Pfortadersysteme der Leber auch noch ein solches für die Nieren eingeschoben. Das Lymphsystem ist außerordentlich entwickelt und läßt außer großen Sammelbehältern, die gewöhnlich in der Umgegend des Magens liegen, noch zwei oder häufiger vier besondere, rhythmisch pulsierende Lymphherzen gewahren, von welchen stets zwei in der Lendengegend unmittelbar unter der Haut oder tiefer nach innen dem Kreuzbeine aufliegen und ihren Inhalt in die zunächstgelegenen Hohladern treiben." Diesen Lymphgefäßen fehlen innere Klappen. Die Blutkörperchen sind stets eirund und haben einen Kern. Die eigentümliche Verbindung der großen Blutgefäße erklärt das geringe Atembedürfnis der Kriechtiere. Entsprechend der Langsamkeit des Stoffwechsels können sie, wie Brücke ausführt, mit einer von ihnen eingeatmeten Menge Sauerstoffes weit länger als die höher entwickelten Säugetiere und Vögel ausreichen und selbst dann noch leben, wenn sie gewaltsam am Atmen gehindert werden, indem die bei ausbleibender Atmung sonst eintretende Überfüllung des Lungenkreislaufes mit Blut durch die Möglichkeit eines Abflusses in den großen Kreislauf stets sofort gehoben und dauernd ausgeglichen wird oder doch werden kann. Infolge des verlangsamten Blutumlaufes erhebt sich eben ihre Körperwärme nur wenig über die der Luft oder der Umgebung überhaupt.

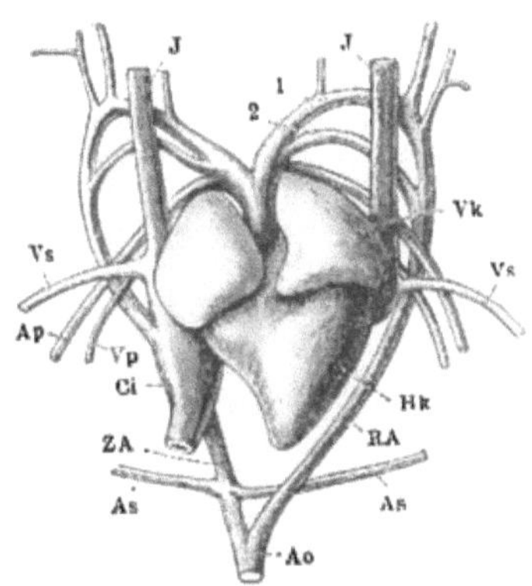

Herz einer Lacerta muralis. Nach Wiedersheim, „Lehrbuch der Vergleichenden Anatomie der Wirbeltiere", 2. Aufl. (Jena 1886). Ao Absteigende Aorta (A. descendens), As Schlüsselbeinarterie (A. subclavia), Ap Lungenarterie, linke (A. pulmonalis), Ci Untere Hohlvene (V. cava inferior), Hk Herzkammer, J Drosselvene (V. jugularis), LA Linker Aortenbogen, RA Rechter Aortenbogen, Vk Vorkammer des Herzens (rechte), Vs Schlüsselbeinvene, linke (V. subclavia), Vp Lungenvene (V. pulmonalis), 1 erster, 2 zweiter Arterienbogen.

Das Gehirn der Kriechtiere ist weit unvollkommener als das der Säugetiere und Vögel, aber auch wieder viel ausgebildeter als das der Lurche und Fische. Es besteht aus drei hintereinander liegenden Markmassen, dem Vorder-, Mittel- und Hinterhirn. Letzteres, ein Werkzeug, das nach L. Edinger die Gleichgewichtslage des Tieres vermittelt, ist bei den Krokodilen besonders entwickelt, bei Schildkröten und Schlangen mehr oder weniger verkleinert. Ähnlich verhält es sich mit dem Vorderhirn. Rückenmark und Nerven sind im Vergleich zum Gehirn sehr massig; der Einfluß des letzteren auf die Nerventätigkeit ist deshalb verhältnismäßig gering. Unter den Sinneswerkzeugen steht ausnahmslos das Auge obenan, obgleich es mitunter sehr klein, zuweilen sogar ganz unter der Haut verborgen ist. Bezeichnend für verschiedene Familien und Gruppen ist die Bildung des Augenlides. „Am einfachsten“, sagt K. Vogt, „ist diese Bildung bei den Schlangen, wo beide Augenlider zu fehlen scheinen, richtiger aber verwachsen sind, und wo die Schichten der Haut da, wo sie über den Augapfel weggehen, durchsichtig werden, sich wölben und eine Kapsel bilden, die wie ein Uhrglas in den umgebenden Falz der Haut eingelassen ist und so den beweglichen Apfel von vorn schützt. Die Tränenflüssigkeit füllt den Raum zwischen dieser Kapsel und dem Augapfel aus und fließt durch einen weiten Kanal an dem inneren Augenwinkel in die Nasenhöhle aus. Das obere Augenlid ist fast bei allen übrigen Kriechtieren wenig ausgebildet und besteht gewöhnlich nur in einer steifen, halbknorpeligen Hautfalte, während das untere, weit größere und beweglichere, den ganzen Augapfel überziehen kann, oft von einen besondern Knochenplättchen gestützt wird und in anderen Fällen dem Sehloche gegenüber eine durchsichtig geschliffene Stelle besitzt. Bei den meisten Eidechsen, den Schildkröten und Krokodilen tritt hierzu noch die Nickhaut, die oft ebenfalls eine Knorpelspange enthält und von dem vordern Augenwinkel her mehr oder minder weit über das Auge herübergezogen werden kann. Vollkommen vereinzelt stehen unter den Kriechtieren die Chamäleons, die ein kreisförmiges, an dem vorgequollenen Augapfel eng anliegendes Augenlid haben, das nur eine schmale Öffnung zeigt, und dem auch eine weit größere Beweglichkeit eigen ist, als sie sich bei anderen Kriechtieren findet. Die inneren Teile des Auges unterscheiden sich wenig von denen der höheren Tiere.“

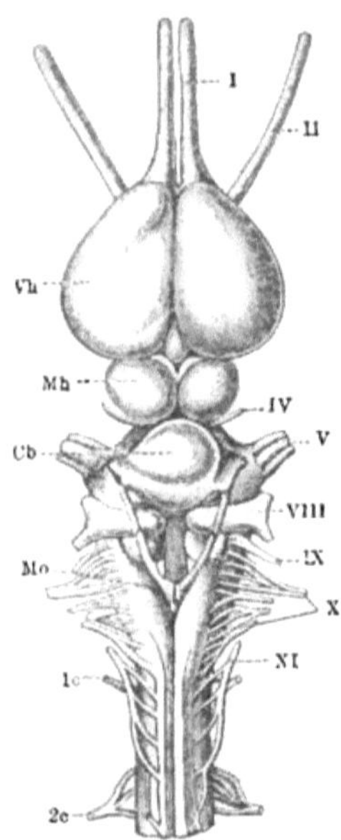

Gehirn des Alligators. Nach Rabl-Rückhard. Vh Vorderhirn, Mh Mittelhirn, Cb Hinterhirn (Kleinhirn, Cerebellum), Mo Verlängertes Mark (Medulla oblongata), I—XI Gehirnnerven, I Geruchsnerv, II Sehnerv, VIII Hörnerv, 1c, 2c Erster und zweiter Rückenmarksnerv. Von Vorderhirn und Mittelhirn eingeschlossen die Zirbeldrüse (Glandula pinealis) des Zwischenhirns.

Bei vielen Kriechtieren sind die Augen nicht sehr beweglich, und es geschehen dann, wie bei den Schlangen, die Bewegungen damit langsam und ruckweise; es kommt jedoch auch das Umgekehrte vor, und zwar in einem Maße wie bei keinem sonst bekannten Tiere weiter: das Chamäleon ist imstande, seine Augen unabhängig voneinander in verschiedener Richtung zu drehen. Die Iris hat meist eine lebhafte, doch nicht, wie so oft bei den Lurchen, metallische Färbung; der Stern ist bei einzelnen rund, bei anderen senkrecht gespalten, wie bei Katzen oder Eulen, dann auch einer großen Ausdehnung fähig und geeignet, ein Nachtleben zu ermöglichen, dagegen selten, wie bei manchen Tagbaumschlangen, die bei

Nacht schlafen, in querer Richtung verlängert. Einen starken, aus quergestreiften Fasern bestehenden Muskel, der den Augenstern erweitert, haben, nach J. Koganeï, Schlangen und Eidechsen; den Alligatoren aber fehlt ein solcher.

Eine der merkwürdigsten Entdeckungen im letzten Jahrzehnt ist der Nachweis des Restes eines Sinneswerkzeuges, das man Scheitelauge genannt hat. Es hat den Bau eines Manteltierauges und liegt, von der an dieser Stelle bei manchen Eidechsen durchsichtigen Haut überdeckt, aber oftmals durch Form und Färbung deutlich von seiner Umgebung abgehoben, mitten auf dem Scheitel, bei den Eidechsen in der Regel in einem besondern, vergrößerten Schild (Occipitale oder Interparietale); die sogenannte Zirbeldrüse ist nichts anderes als der Stiel dieses Scheitelauges. Beachtet man außerdem, daß schon bei den ausgestorbenen Panzerlurchen und bei gewissen Kriechtierordnungen des Rotliegenden sich in der Scheitelnaht ein Loch findet, das in seiner Lage dem Scheitelauge bei den lebenden Eidechsen vollständig entspricht, so müssen wir annehmen, daß dies Scheitelauge bei den Vorfahren der heutigen Wirbeltiere eine große Rolle gespielt und als ein bis jetzt unbekanntes Sinneswerkzeug gedient hat. Nur bei der Brückenechse ist übrigens auch heute noch die Verbindung des Scheitelauges mit der Zirbeldrüse erhalten. Während einzelne Forscher annehmen, daß dieses bei den Eidechsen und der Brückenechse auch jetzt noch, wenn auch nur in beschränkter Weise, als Sehwerkzeug dient, wollen es andere für ein Haut- oder Wärmesinnesorgan ausgeben und wieder andere ihm für die Gegenwart jede Tätigkeit absprechen. Daß es in der Vorzeit ein Sinnesorgan gewesen ist, steht durch die Untersuchungen H. Credners fest, der aus der Stellung, Form und Größe der Scheitelschuppen fossiler Lurche diese Anschauung fest begründet hat; daß es aber heute noch in irgendeiner Weise tätig sei, verneint F. Leydig, der sich vergebens bemüht hat, einen zu diesem angeblichen Sinneswerkzeug laufenden Nerven nachzuweisen. Dagegen hat dieser Gewährsmann außerdem noch ein Paar von Nebenscheitelaugen gefunden, die in Bau, Lage und mit dem Scheitelauge zusammen in ihrer Dreizahl den ebenso angeordneten einfacheren Augen vieler Kerbtiere merkwürdig ähnlich sehen.

Das Gehör steht dem der höheren Tiere entschieden nach: dem Ohre fehlt die Muschel, die als Schutz des bei manchen Eidechsen tief eingesenkten, bei anderen wieder oberflächlich liegenden (bei anderen freilich völlig von Muskeln und Haut überdeckten) Trommelfelles durch Schuppen ersetzt wird, die vom Vorderrande des letzteren vorspringen oder, wie bei den Krokodilen, durch eine derbe Hautklappe. Das Innere der Höhle ist weit einfacher als bei den warmblütigen Wirbeltieren. Doch haben die Kriechtiere noch die Schnecke, die bald einen rundlichen, häutigen Sack, bald einen kurzen Kanal mit einer unvollständigen, schraubig gewundenen Scheidewand und einen flaschenförmigen Anhang darstellt. „Das innere Ohr ist hiermit in seinen wesentlichsten Teilen vorhanden, und seine weitere Ausbildung bei Vögeln und Säugetieren gibt sich nicht mehr durch Vermehrung der Teile, sondern nur durch deren größere Ausarbeitung kund." Das mittlere Ohr und die Paukenhöhle sind vielfach verschieden. Bei den Schlangen fehlt die letztere, und es ist auch kein Trommelfell und keine Eustachische Trompete vorhanden; bei den übrigen Ordnungen wird die Paukenhöhle nach außen durch das mehr oder weniger frei liegende Trommelfell geschlossen und mündet nach innen durch eine kurze und weite Trompete in den Rachen. Zwischen dem Trommelfell und dem ovalen Fenster ist die Verbindung durch das oft sehr lange Säulchen hergestellt, an das sich bei einzelnen noch andere Knöchelchen anschließen. Ob eine Gehörsempfindung bei den Kriechtieren wirklich stattfindet, kann wohl nur für die Krokodile und Haftzeher, die auch eine laute Stimme haben, mit Bestimmtheit bejaht werden; für alle übrigen haben wir keinerlei Beweis, daß sie wirklich hören, und alte Geschichten von musikalischen Schildkröten und Eidechsen, von Schlangenbändigung durch Musik können wohl ruhig in das Reich der Erfindung oder Selbsttäuschung verwiesen werden.

Auf den Sinn des Gehöres dürfte nach dem Grade der Entwickelung der Gefühlssinn folgen, obgleich er sich hauptsächlich als Tastsinn, weniger als Empfindungsvermögen ausspricht. Tastorgane in der Haut (Tastflecke, Schuppenporen) sind bei Kriechtieren aller jetzt lebenden Ordnungen gefunden worden. Daß die Kriechtiere auch gegen äußere Einflüsse empfänglich sind, beweisen sie schon durch ihre Vorliebe für die Sonnenwärme, während sie anderseits eine Gefühllosigkeit betätigen, die uns geradezu unbegreiflich erscheint. Der Tastsinn hingegen kann sehr entwickelt sein und erreicht besonders bei denen, welche die Zunge zum Tasten benutzen, hohe Ausbildung. Es besteht z. B. kein Zweifel, daß Schlangen sogar mit Hilfe ihrer Zunge feste Körper, die sie nicht unmittelbar berührt haben, wahrnehmen können, was wohl auf den Widerprall der durch die schnell schwingende Zunge bewegten Luft zurückzuführen ist. Sehr empfindliche Stellen sind bei allen Kriechtieren mit wohlausgebildeten Füßen Achselhöhlen und Weichen.

In demselben Maße, wie der Tastsinn entwickelt ist, scheint der Geschmackssinn zu verkümmern. Schildkröten und Eidechsen sind zweifellos imstande zu schmecken und unterscheiden namentlich süße Früchte und Fruchtsäfte sehr wohl von anderen Nahrungsmitteln; auch bei den Krokodilen dürfte der Geschmackssinn vorhanden sein; bei den Schlangen aber können wir schwerlich annehmen, daß sie diese Fähigkeit haben. Der Geruchssinn ist ebenfalls nicht besonders hoch entwickelt, wirkt jedenfalls nicht auf weite Entfernungen hin. Die Nasenhöhlen der Kriechtiere sind stets durch knorpelige Nasenmuscheln gestützt und öffnen sich im Rachen, die äußeren Nasenöffnungen können sich bei einzelnen sogar erweitern und zusammenziehen oder durch Klappen oder sogenannte Schwellgewebe, die infolge von Anfüllung mit Blut die Nasenöffnung verschließen, geschlossen werden (während durch Zusammenziehung eines Muskels das Blut ausgetrieben und die Öffnung des Nasenloches bewirkt wird); die Geruchsnerven sind ausgebildet, und eine mit netzförmig laufenden Gefäßen durchzogene Schleimhaut ist vorhanden, doch hat man beobachtet, daß die Ausdehnung der Riechschleimhaut bei wasserlebenden Reptilien im Vergleich zu den landbewohnenden geringer ist.

Schon aus den bisher gegebenen Mitteilungen läßt sich folgern, daß die Gehirntätigkeit der Kriechtiere verhältnismäßig gering sein muß. Doch darf nicht vergessen werden, daß im allgemeinen ja überhaupt die Kompliziertheit des Verhaltens der Tiere nicht größer ist, als für die Erhaltung des Einzelwesens ebenso wie der Art nötig ist, und in dem Maße steigt, als der Nahrungserwerb und das Leben überhaupt schwieriger wird, daß also solche Kriechtiere, die z. B. auf scheue, vorsichtige Nager Jagd machen, stets eine größere Mannigfaltigkeit der Gehirntätigkeit entfalten als solche, die etwa von Würmern sich ernähren. Anderseits ist zu bemerken, daß die höchststehenden Glieder einer Tierklasse in der Regel mehr „geistige Fähigkeiten" erkennen lassen als die niedrigsten der nächsthöheren, so daß also gewisse Eidechsen, die Krokodile und Schildkröten wahrscheinlich manche niedrige Säugetiere in dieser Beziehung übertreffen mögen.

Im übrigen wissen wir noch so wenig Genaues über die hier in Betracht kommenden Eigenschaften der Kriechtiere, daß wir im besten Falle sagen können, daß die höchststehenden Angehörigen dieser Klasse deutliches Ortsgedächtnis und eine beschränkte Fähigkeit, Erfahrungen zu sammeln, erkennen lassen, so z. B. wenn Krokodile beim Anblick eines Brettes,

Eier von Kriechtieren.

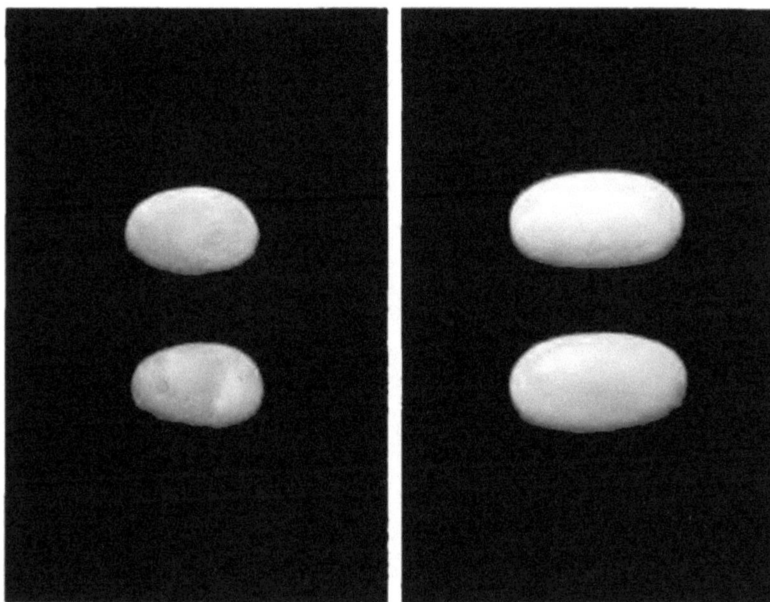

1. Sphenodon punctatus.
$^{4}/_{5}$ nat. Gr.

2. Clemmys leprosa.
$^{4}/_{5}$ nat. Gr.

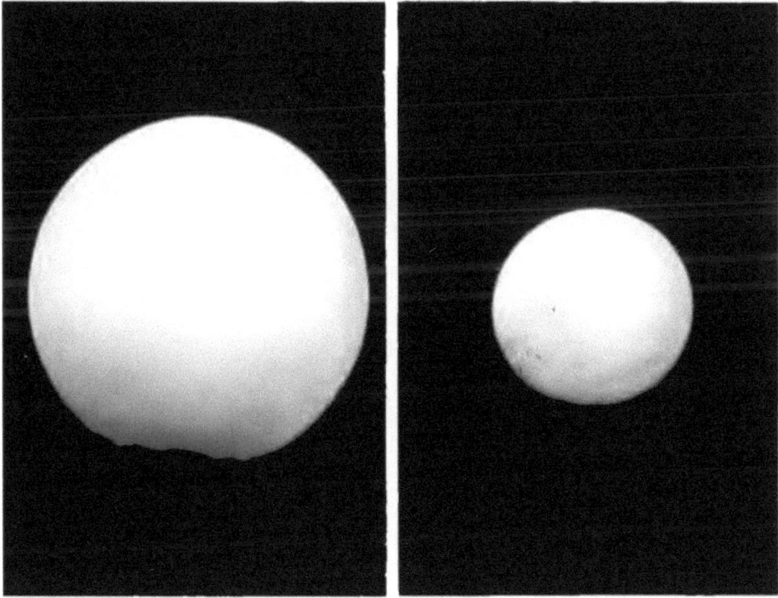

3. Testudo gigantea.
$^{9}/_{10}$ nat. Gr.

4. Hydromedusa tectifera.
Nat. Gr.

Nach Originalen im Britischen Museum; Herb. G. Herring-London phot.

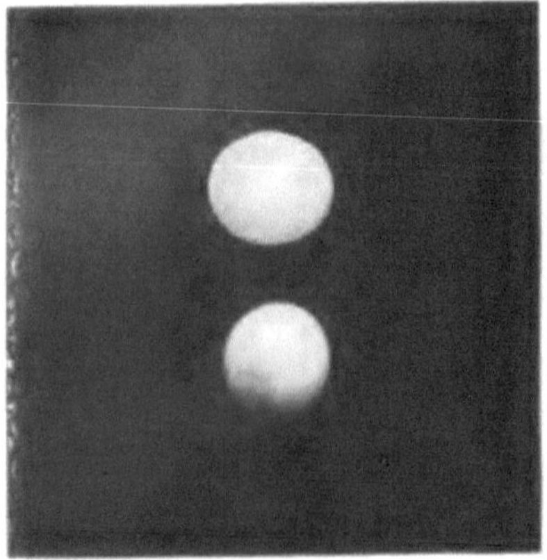

5. Gehyra oceanica.
Nat. Gr.

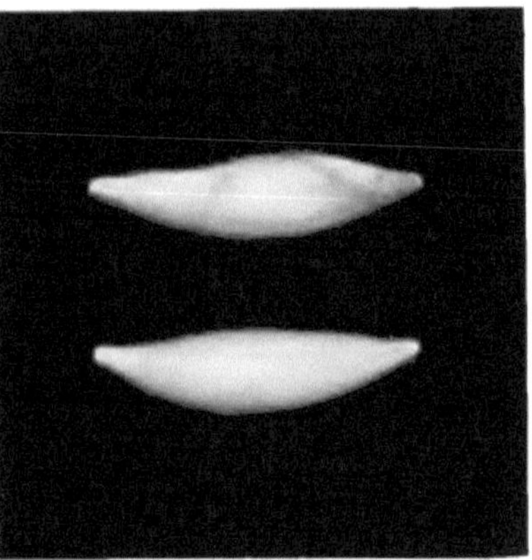

6. Calotes cristatellus.
$^{11}/_{10}$ nat. Gr.

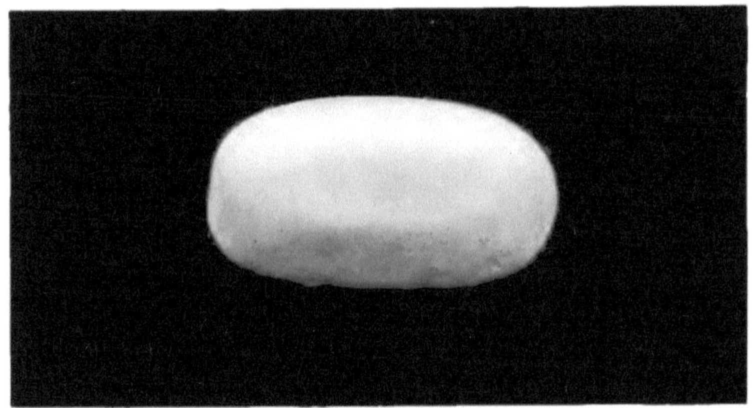

7. Naja haje.
Nat. Gr.

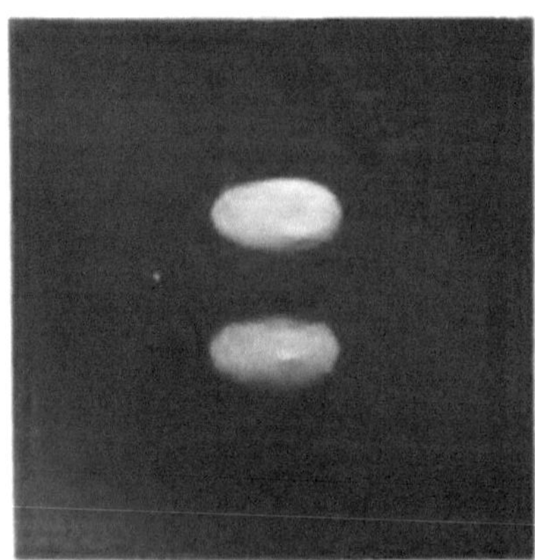

8. Lacerta agilis.
$^{11}/_{10}$ nat. Gr.

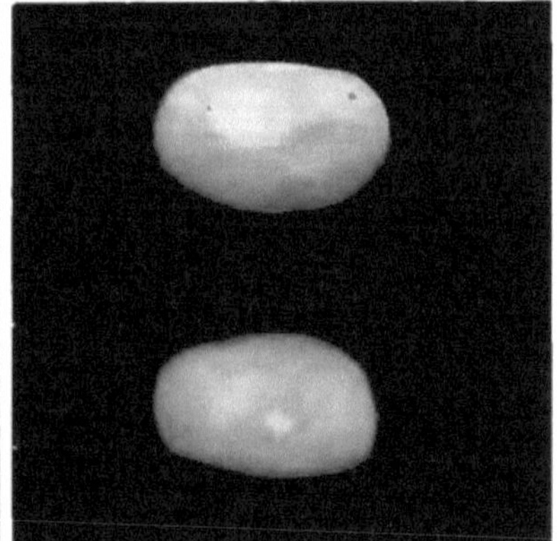

9. Tropidonotus natrix.
Nat. Gr.

Nach Originalen im Britischen Museum; Herb. G. Herring - London phot.

auf dem ihre Fleischration geschnitten wird, in größte Aufregung geraten, Riesenschlangen beim Herbeibringen eines bestimmten Gefäßes, in dem sie ihr Trinkwasser zu erhalten pflegen, sofort herbeikommen, wenn Krokodile, die mit einer Eisenstange geneckt werden, sehr bald darauf verzichten, hineinzubeißen, und dergleichen mehr. Auch Gewöhnung an größere Lebewesen und Duldung solcher, von denen sie nicht behelligt werden, Fürsorge für die Nachkommenschaft (worunter aber nicht die ja eine Instinkthandlung vorstellende Brutpflege, sondern die individuell sehr verschiedene Art und Weise der Verteidigung der Jungen durch die Mutter zu verstehen ist), eine mitunter zu bemerkende gewisse Anhänglichkeit an Tiere anderer Art, Kennenlernen der natürlichen Feinde, denen sie durch den gegebenen Umständen (namentlich den Ortsverhältnissen) entsprechende Handlungen zu entgehen vermögen (auch bei den Kriechtieren sind alte Tiere viel vorsichtiger als junge), ja sogar eine gewisse List ihren Art- oder Gattungsgenossen gegenüber sind nicht zu verkennen. Doch stehen wir bei dem Mangel genauer Untersuchungsmethoden in dieser Beziehung wohl noch ganz am Anfange unserer Kenntnisse und können als einziges Beispiel einer solchen Untersuchung nur die von Yerkes über das Sammeln von Erfahrungen durch eine Schildkröte hier anführen. Der Verfasser suchte bei einer Schildkröte (Chelopus guttatus = Clemmys guttata) die Erwerbung einer Erfahrung durch Versuche zu verfolgen und gelangte zu überraschenden Ergebnissen. Er stellte zunächst aus einer Kiste ein Labyrinth her, indem er sie durch drei parallele Scheidewände und eine diagonale in mehrere Abteilungen zerlegte und diese durch kleine, der Größe der Schildkröten entsprechenden Öffnungen miteinander in Verbindung setzte. Am Ende des Labyrinthes, in der vierten Abteilung, war ein Raum wohnlich eingerichtet, in dem das Tier nach Beendigung des Weges eine Zeitlang verweilen durfte. Während nun die Schildkröte bei ihrem ersten Gange 35 Minuten bis dorthin brauchte, wurde bei dem 30. und 40. Wege die ganze Strecke in ebensoviel Sekunden ausgeführt, und zwar ganz direkt. Ein neues, sehr verwickeltes Labyrinth mit einer Sackgasse und drei schiefen Ebenen, von denen eine zum Neste führte, wurde zuerst in 1 Stunde 31 Minuten bis zum Ende durchwandert, während die Schildkröte beim fünften Wege nur noch 16 Minuten, beim zehnten bis fünfzigsten Wege 2 Minuten 45 Sekunden bis 7 Minuten brauchte. Höchst bemerkenswert war es, daß die Schildkröte selbst einen kürzeren Weg zum Neste fand, indem sie sich von einer der schiefen Ebenen herabfallen ließ, was ihren Weg um 8—10 Zoll verkürzte; diese Erfahrung ist nicht durch Reflexion über den kürzesten möglichen Weg entstanden, sondern durch die weitere Benutzung eines zufälligen Ereignisses.

Schließlich haben wir noch der Stimme der Kriechtiere zu gedenken. Unter den höheren Wirbeltieren gibt es wenige, die unfähig sind, Töne oder Laute hervorzubringen, unter den Kriechtieren eine große Anzahl, die wir stumm nennen dürfen. Die Schildkröten blasen oder pfeifen, Eidechsen und Schlangen lassen, wie bekannt, zuweilen ein mehr oder minder lautes Zischen vernehmen, von vielen hört man aber auch dieses Geräusch nicht, und nur die Krokodile und die Geckonen, nächtlich lebende Eidechsen, sowie einige Halsbandeidechsen sind imstande, laute, abgerundete und teilweise klangvolle Töne hervorzubringen.

Die meisten Kriechtiere entwickeln sich aus Eiern, die im wesentlichen denen der Vögel gleichen, ein großes, ölreiches Dotter und eine mehr oder minder bedeutende Schicht von Eiweiß haben und in einer lederartigen, oft dehnbaren Schale, auf die sich in geringerer oder in größerer Menge Kalkmasse ablagert, eingeschlossen sind. Die Zeitigung der Eier beginnt meist schon vor dem Legen im Eileiter der Mutter; bei einzelnen wird der Keim hier sogar vollständig entwickelt: das Junge durchbricht noch im Eileiter oder sofort nach der Eiablage die Schalenhaut und wird mithin lebendig geboren (Ovoviviparität; wie bei der Blindschleiche und Kreuzotter). Das befruchtete Ei zeigt auf der Oberfläche des Dotters eine rundliche Stelle mit verwischter Begrenzung, die weiße Färbung hat und demjenigen Teile des Hühnereies entspricht, der im Volksmunde den Namen „Hahnentritt“ führt. Dieser Keim besteht aus kleinen Zellen, die fast farblos sind und im Gegensatze zum Dotter die lichte Färbung entstehen lassen; er ist die erste Grundlage der Entwickelung und stellt sich als Mittelpunkt derjenigen Bildungen dar, die den Aufbau des Keimlings vermitteln. Sobald dieser sich zu entwickeln beginnt, verlängert jener sich und wird nun zur eiförmigen Scheibe, die in der Mitte durchsichtiger als außen ist. In diesem mittleren Teile, dem Fruchthofe, erhebt sich bald der Rückenwulst; er schließt den vertieften Raum ein, der sich durch Zuwölbung des Wulstes in das Rohr für Gehirn und Rückenmark umwandelt. Unter der Rückenfurche erscheint die Wirbelsäule in stabförmiger Gestalt. An dem Vorderteile, wo die Rückenfurche sich ausbreitet, lassen sich nach und nach bei der Überwölbung des Wulstes die einzelnen Hirnabteilungen unterscheiden, von denen die des Vorderhirnes von Anbeginn an die bedeutendste ist; sobald indessen das Kopfende sich deutlicher zu gestalten beginnt, tritt auch jener durchgreifende Unterschied zwischen niederen und höheren Wirbeltieren hervor, den man mit dem Namen der Kopfbeuge bezeichnet. Der flache Keimling liegt nämlich mit der mäßig gekrümmten Bauchfläche der Oberfläche des Dotters auf, und zwar in der Querachse des Eies; indem er sich nun erhebt und seitlich abgrenzt, schließt sich sein Kopfende besonders rasch ab, knickt sich aber zugleich nach vornhin gegen das Dotter ein, in ähnlicher Weise, wie wenn man den Kopf so stark wie möglich senkt und gegen die Brust drückt. Das Ende der Wirbelsaite und der unmittelbar davor in der Lücke der beiden Schädelbalken sich ablagernde Hirnanhang, der indes erst später erscheint, bilden den Winkelpunkt dieser Einknickung, der ein rundlicher Eindruck auf dem Dotter entspricht. Diese Kopfbeuge wirkt so stark, daß es unmöglich ist, die Unterseite des Kopfes und Halses zu untersuchen, ohne den Kopf gewaltsam in die Höhe zu drücken. Unmittelbar nach der Schließung des Rückenwulstes und dem Erscheinen der Wirbelsaite sowie der Kopfbeuge beginnt die Bildung einer andern Eigentümlichkeit der Keime höherer Wirbeltiere: der sogenannten Schafhaut (Amnion). Die äußere Zellenschicht des Keimlings, aus der sich nach und nach die äußere Haut entwickelt, setzt sich zwar über das ganze Dotter fort, indem sie es umfaßt, bildet aber zugleich vorn und hinten eine Falte, die sich über das Kopf- und Schwanzende schlägt, von allen Seiten her über den Keim gegen den Mittelpunkt des Rückens hin zusammenwächst, den Keimling von allen Seiten her einschließt und eine unmittelbare Fortsetzung seiner äußeren Hautschicht ist. Schon vor Entstehung und vollständiger Ausbildung der Schafhaut sind auch die übrigen Organsysteme angelegt worden. In dem undurchsichtigen Teile der Keimhaut, dem sogenannten Gefäßhofe, haben sich die Lückenräume der ersten Gefäße sowie die ersten Blutzellen gebildet, und zugleich ist in der Halsgegend, versteckt durch die Kopfbeuge, eine Zellenanhäufung entstanden, die sich allmählich zum schlauchförmigen Herzen aushöhlt. Hinter dem Herzen liegt anfangs der ganze Körper des Keimlings platt dem Dotter auf, so daß die Stelle des Darmes durch eine lange, flache Rinne ersetzt ist, die von dem Dotter bespült wird; die Bauchwandungen schließen sich aber allmählich zusammen, die Rinne wölbt sich zu und wandelt sich bald zu einem Rohre um, das nur noch an einer gewissen Stelle durch einen offenen Gang mit dem Dottersack im Zusammenhange steht. Indem sich nun Darm- wie Bauchwände gegen das Dotter hin mehr und mehr zusammenschließen, bleibt endlich nur noch als letzter Zusammenhang zwischen Keimling und Dotter der Nabel übrig, der sich erst bei der Geburt vollständig schließt. Mit dem Beginne des Darmschlusses tritt die Bildung der „Harnhaut" (Allantois) ein. Von der Stelle aus, wo die Hinterfüße hervorsprossen, erhebt sich ein kleines, birnförmiges Bläschen, das eine Ausstülpung der vorderen Darmwände darstellt und rasch nach vorn wächst, indem es durch den vorderen Nabelring hindurchdringt und sich nun über der Schafhaut ausbreitet. Während diese gänzlich geschlossen ist, hat die Harnhaut im Gegenteil eine große Anzahl von Gefäßverzweigungen, die das Atmen des Keimlings vermitteln. „Gegen das Ende der Entwickelung hin", schildert K. Vogt, „findet man in dem Eie den Keim in seiner Schafhaut eingehüllt und an der Bauchfläche die Nabelöffnung zeigend, aus welcher der Rest des Dotters als birnförmige, mit mehr oder minder langem Stiele versehene Blase und der weite Umhüllungssack der Harnhaut hervorragen: Der Dottergang schließt sich bald vollständig ab, ebenso der Stiel des Harnsackes, dessen Gefäße nur noch übrig bleiben. Der Keim durchbricht nun die Schafhaut und dann die Eischale, wozu ihm bei vielen Arten ein eigentümlich scharfer, unpaarer Zahn, der oben auf der Schnauzenspitze stehende sogenannte Eizahn, dient, der aus dem Zwischenkiefer hervorwächst und später abfällt. Nach der Geburt schrumpfen die Gefäße des Harnsackes ein, indem die Lunge die Atemtätigkeit übernimmt, und der Nabel vernarbt bald gänzlich, ohne eine Spur zu hinterlassen."

Von den Kriechtieren darf man behaupten, daß sie gewesen sind; denn aus unserer gegenwärtigen Kenntnis der Vorweltstiere geht hervor, daß ganze Ordnungen, wie die der Fischsaurier (Ichthyosauria), Meerdrachen (Sauropterygia), Theromorphen (Theromorpha), Riesensaurier (Dinosauria), Flugsaurier (Pterosauria) und viele andere Ordnungen ausgestorben sind, während bis in die Gegenwart sich nur die vier Ordnungen der Brückenechsen, Schildkröten, Krokodile und Schuppenkriechtiere erhalten haben. Die versteinerten Reste früher lebender Arten der Klasse, die auf unsere Zeit gekommen sind, stellen eine lange Reihe von verschiedenen, überaus merkwürdigen Tieren dar, die nicht nur durch ihren Leibesbau und ihre Lebensweise an die verschiedensten jetzt lebenden höheren Wirbeltiere erinnern, sondern zum Teil auch tatsächlich den mutmaßlichen Stammformen der Säugetiere und Vögel sehr nahestehen, ebenso wie anderseits durch fast unmerkliche Übergänge die ausgestorbenen Panzerlurche oder Stegozephalen, die Wurzel der jetzt lebenden Kriechtiere, mit den niedersten Kriechtieren der Vorzeit verbunden sind.

Die Verbreitung der alten Kriechtiere zeigt, daß diese Klasse erst nach den Fischen und Stegozephalen, aber schon in der obern Steinkohlenformation auf der Erde erschien, und zwar haben uns neuere Funde im Paläozoikum Nordamerikas gezeigt, daß die Reptilien unmittelbar aus den Stegozephalen hervorgegangen sind, während die Lurche einen andern Zweig darstellen, der aber ebenfalls auf die Stegozephalen zurückgeht.

Im Perm Nordamerikas erreicht die heute gänzlich erloschene Gruppe der Pelycosauria mit der merkwürdigen Gattung Naosaurus (auch aus dem obern Karbon Böhmens bekannt) eine hohe Blüte, ebenso die sehr formenreiche Gruppe der Theromorpha (Perm Nordamerikas und Europas), welche hochspezialisierte Fleischfresser, Pflanzenfresser und Nager umfaßt und viele Ähnlichkeiten mit Säugetieren aufweist, ohne daß wir deshalb die Theromorphen als Säugetierahnen betrachten dürfen.

Unter den Urbrückenechsen und den ersten Theromorphen sind vielleicht die Vorfahren der jüngeren Kriechtiere zu suchen, und in der Tat zeigen gerade diese beiden

Gruppen eine Mischung von Merkmalen, die eine Entwickelung nach den verschiedensten Richtungen ermöglichten.

Die Kriechtiere der Karrooformation Südafrikas sowie der gleichalterigen Schichten in Brasilien haben bereits eine viel zu große Einseitigkeit im Bau ihres Körpers, so daß einzelne ihrer Stämme keiner weiteren Fortbildung fähig erschienen und vermutlich schon in der Trias erloschen, wo auch die durch Placodus und die schildkrötenähnlich gepanzerte Gattung Placochelys vertretenen Plakodontier auftauchen und wieder verschwinden.

In der Trias beginnen auch die Meerdrachen mit den küstenbewohnenden Nothosauriden, deren Gliedmaßen noch zum Schreiten geeignet waren, sowie die Fischsaurier mit Mixosaurus. Beide Ordnungen dürften aus Ahnen hervorgegangen sein, die den Brückenechsen ähnlich waren, doch läßt sich ihre Herkunft noch nicht mit Sicherheit feststellen; ihre ältesten Formen haben sich von den paläozoischen Kriechtieren bereits sehr entfernt und offenbar schon einen weiten Weg in der Weiterentwickelung zurückgelegt, ohne daß wir imstande wären, ihn an der Hand vorweltlicher Funde zu verfolgen. Die ältesten Krokodile aus dem Keuper von Europa, Indien und Nordamerika (Parasuchia und Pseudosuchia) stehen den Brückenechsen noch erheblich näher als die im Lias beginnenden Eusuchia, deren unmittelbare Vorläufer ebenfalls noch nicht bekannt sind, von denen aber die sämtlichen jetzt lebenden Krokodile abstammen. Neben den Krokodilen laufen die Riesenechsen als nächste Stammesverwandte her; auch sie dürften sich entweder aus Brückenechsen oder noch wahrscheinlicher aus Theriodontiern entwickelt haben. Ihre Trennung in Sauropoda und Theropoda vollzog sich schon in der Trias; in der Jurazeit kommen die einseitiger entwickelten Orthopoda hinzu, die in der obern Kreide ihren Höhepunkt erreichen und dort auch erlöschen.

Die ersten Schildkröten erscheinen in der obern Trias, und zwar mit einer bereits hoch entwickelten Form (Proganochelys, einer pleurodiren Landschildkröte) sowie unsicheren Resten einiger anderer Gattungen. Den spärlichen triadischen Vorläufern folgen im Jura und in der Kreide zahlreiche Vertreter von Halsbergern und Halswendern, die ohne wesentliche Änderungen in ihrem Gesamtbau bis in die Jetztzeit fortdauern. Die Abzweigung der Schildkröten vollzog sich wahrscheinlich schon im paläozoischen Zeitalter; ihr Ursprung ist vermutlich nicht weit entfernt von dem der den Theromorphen zuzurechnenden Anomodontier, mit denen sie mancherlei Übereinstimmung aufweisen. Die ältesten Schildkröten waren Landtiere, und die Anpassung an das Leben im Süßwasser und im Meere ist erst viel später erfolgt.

Einen selbständigen, schon in der obern Kreidezeit abgestorbenen Seitenzweig bilden die Flugsaurier. Auch diese erscheinen im Lias schon mit allen ihnen eigentümlichen Merkmalen ausgestattet, entfernen sich aber bis zu ihrem Erlöschen in der obern Kreide durch Verkümmerung der Zähne und durch gewisse Änderungen im Schädel beträchtlich vom ursprünglichen Kriechtiervorbild. Sie erhalten infolge ähnlicher Lebensweise Merkmale, die an Vögel erinnern, ohne jedoch eine nähere Blutsverwandtschaft zu verraten.

Als Seitenausläufer der Brückenechsen dürfen die Eidechsen gelten, die in den Purbeck- und Wealdenschichten beginnen, aber erst im Tertiär und in der geologischen Gegenwart zu voller Entfaltung gelangen. Von den Eidechsen haben sich während der Kreide die im Meere lebenden Pythonomorphen und in anderer Richtung die Schlangen abgezweigt. Nur die letzteren dauern neben den Chamäleons, von denen wir nur einen fossilen Vertreter kennen, bis heute fort. Die Pythonomorphen verschwanden als in hohem Grade einseitig entwickelte Formen schon am Schlusse der Kreidezeit.

Der Stammbaum der Kriechtiere führt somit aller Wahrscheinlichkeit nach auf Stegozephalen von eidechsenartiger Gestalt zurück, die einen langen Schwanz, vorn und hinten ausgehöhlte Fischwirbel, ein Kreuzbein mit zwei Wirbeln, fünfzehige Gehfüße, einen vorn verschmälerten Schädel mit oberen und seitlichen Schläfenlöchern und Scheitelloch, auf den Kieferrändern aufgewachsene Zähne und eine beschuppte Haut besaßen. Aus diesen Urkriechtieren entwickelten sich wohl die Brückenechsen und aus den letzteren die Eidechsen nebst ihren drei Seitenzweigen, den Chamäleons, den Pythonomorphen und den Schlangen. Alle übrigen Ordnungen dürften sich schon im paläozoischen oder im Beginne des mesozoischen Zeitalters abgezweigt und im Körperbaue so rasch verändert haben, daß ihre verwandtschaftlichen Beziehungen sowohl untereinander als auch zu den Urkriechtieren ziemlich verwischt erscheinen.

Die außerordentlichen Fortschritte unserer Kenntnisse von den fossilen Reptilien, die gerade in letzter Zeit um eine Fülle neuer Formen vermehrt worden sind, werden zweifellos noch manche bisher ungelöste Probleme der Herkunft und Verwandtschaft der einzelnen Reptilstämme aufklären.

Heutzutage leben übrigens immer noch über 3800 verschiedenartige Kriechtiere: nach einer Zusammenstellung Boulengers im Jahre 1896 etwa 1893 Eidechsen, 76 (jetzt nach Werner 87) Chamäleons, etwa 1639 Schlangen, 23 Krokodile, 201 (jetzt nach Siebenrock 232) Schildkröten und eine Brückenechse, und alljährlich werden namentlich unter den Eidechsen und Schlangen noch unbekannte Formen gefunden.

Sehr auffallend ist die räumliche Verbreitung der jetzt den Erdball bewohnenden Kriechtiere. A. Günther hat bestimmte Wohngebiete abgegrenzt, die sich durch die sie bewohnenden, ebenso wie durch die ihnen fehlenden Familien und Gattungen eine gewisse Selbständigkeit bewahren. Dagegen ist merkwürdigerweise keine der großen Ordnungen der Kriechtiere für irgendeine Region der Erde bezeichnend, etwa wie unter den Säugetieren die Kloakentiere für Australien. Das kann nur durch die Annahme eine Erklärung finden, daß die verschiedenen Ordnungen und Unterordnungen in der Vorwelt, als die Land- und Wasserverteilung auf der Erdoberfläche noch eine wesentlich andere war als heutzutage und das Weltmeer bald Länder zerriß, bald neu verknüpfte, sich zu sehr ungleichen Zeiten über die Erde verbreitet haben.

Weitaus die meisten Kriechtiere hausen in Niederungen der Äquatorländer; denn mehr als alle übrigen Wirbeltierklassen nehmen sie nach den Polen zu an Anzahl ab. Dasselbe gilt für die verschiedenen Gürtel der Höhe. Wärme ist für sie Lebensbedingung: je heißer die Gegend, um so zahlreicher sind sie vertreten, je kälter ein Land, desto ärmer ist es an Kriechtieren. Den Polarkreis überschreiten sehr wenige Arten. In den Hochgebirgen Europas steigen einzelne, Bergeidechse und Kreuzotter z. B., bis zu 3000 m empor; auch in den Anden hat Castelnau zwei Schlangen in einer Höhe von mehr als 2000 m, im Himalaja Schlagintweit mehrere Kriechtiere noch in Höhen von 4660 m gefunden, ja Zugmayer traf sogar in Nordwest-Tibet Krötenkopfeidechsen (Phrynocephalus) noch in einer Höhe von 5400 m häufig an. Eine so bedeutende Höhe wie die letztangegebene scheint die äußerste Grenze des Aufsteigens von Reptilien zu sein. Gesteigerte Wärme erhöht deren Lebenstätigkeit in jeder Beziehung. Arten, deren Verbreitungsgebiet sich über mehrere Breitengrade erstreckt, sind im Süden oft merklich größer und farbenschöner als im Norden, so daß es unter Umständen schwer halten kann, sie wiederzuerkennen, anderseits sind z. B. die europäischen

Ottern im Norden ihres Verbreitungsgebietes größer und stärker als im Süden, was namentlich für Kreuz- und Sandotter auffällig zu beobachten ist. Neben der Wärme verlangen viele Arten Feuchtigkeit, doch können anderseits viele Arten, die in den heißesten Wüsten der Erde leben, ihr Leben fristen, ohne jemals zu trinken. In Afrika, Südasien und noch mehr in Amerika macht sich die größte Mannigfaltigkeit der Formen und wohl auch die größte Anzahl der Glieder derselben Art bemerklich. Mit der Entwickelung der ganzen Klasse steht die Größe der einzelnen Arten insofern im Einklange, als sich innerhalb der Äquatorländer die größten, innerhalb der gemäßigten Gürtel aber fast nur kleinere Arten finden. Dies gilt allerdings nur für die Gegenwart, denn in der Jurazeit waren auch Mitteleuropa und Nordamerika von ungeheuren Kriechtieren, namentlich aus der Ordnung der Dinosaurier, bewohnt; sogar ein kürzlich bei Halberstadt in zahlreichen wohlerhaltenen Resten gefundener Dinosaurier erreichte noch die Größe eines stattlichen Bären.

Alle Arten der Klasse sind mehr oder weniger an dieselbe Örtlichkeit gebunden; kein Kriechtier, mit Ausnahme vielleicht der Seeschildkröten, unternimmt weite Wanderungen; doch hat man solche von kleinerer Ausdehnung bei europäischen Schlangen in jüngster Zeit deutlich nachweisen können. Daß das Meer in gewissem Grade die Verbreitung auch dieser Tiere erleichtert, ja sogar eine Art von Reisen möglich macht, ist selbstverständlich; unfreiwillige Wanderungen, namentlich von Geckonen und Glattechsen, auf treibenden Baumstämmen oder durch den Menschen in Booten, mit Feuerholz oder Hausrat sind recht häufig beobachtet worden und erklären das sonst unverständliche Vorkommen mancher Eidechsenarten auf erst neuerdings gebildeten Vulkan- oder Koralleninseln im weiten Weltmeere.

Die Aufenthaltsorte der Kriechtiere sind sehr verschieden; doch darf man sie im allgemeinen als Landtiere bezeichnen. Im Meere leben ununterbrochen bloß einige Schildkröten und ziemlich viele Schlangen; die übrigen bewohnen das Festland, und zwar teils trockene, teils feuchte Gegenden. Das süße Wasser beherbergt viele Arten von ihnen; die meisten aber halten sich zu gewissen Zeiten außerhalb des Wassers auf, um sich zu sonnen und zu verdauen, und nur die wenigsten von ihnen sind ständige Wasserbewohner. Noch reichhaltiger an Arten als Sumpf und Wasser ist der Wald, der ebenfalls als eins der hauptsächlichsten Wohngebiete unserer Tiere bezeichnet werden muß. Hier leben sie auf und unter dem Boden, zwischen Gestrüpp und Gewurzel, an den Stämmen und im Gezweige der Bäume, doch sind viele Arten auf Lichtungen und Waldblößen beschränkt und meiden den eigentlichen, sonnenarmen Wald. Viele andere endlich siedeln sich in trockenen, sandigen oder felsigen Gegenden an: so finden sich viele Eidechsen und Schlangen nur in der Steppe und manche in der Wüste an Stellen, die ihnen kaum die Möglichkeit zum Leben zu bieten scheinen.

Die meisten Kriechtiere bewegen sich, je nach dem Grade der Ausbildung ihrer Gliedmaßen, kriechend oder laufend; viele vermögen geschickt zu klettern, die Eidechsen mit wohlentwickelten Beinen sind auch imstande, weite Sprünge auszuführen, und die meisten Kriechtiere, wenigstens kurze Strecken zu schwimmen; einzelne Arten können sogar in gewissem Sinne schweben, d. h. mit Hilfe einer Flatterhaut, die wie ein Fallschirm gebraucht wird, sich über größere Entfernungen wegschnellen, niemals jedoch sich von unten nach oben aufschwingen, sondern immer nur von oben nach unten hinablassen. Auch dies hat nur für die Gegenwart Geltung; denn die ausgestorbenen Flugeidechsen waren zweifellos wenigstens zum großen Teile ebenso geschickte Flieger wie die Fledermäuse und sicher bessere als viele Vögel. Zu einem Gleitflug ist übrigens nicht einmal eine Flatterhaut, wie sie die Flugdrachen und Fluggeckonen haben, nötig; denn gewisse Baumschlangen der Malaiischen

Halbinsel und Inselwelt vermögen ohne besondere Hilfsorgane von einem Baume zum andern auf große Entfernungen in schräger Richtung pfeilschnell dahinzugleiten. Wenn sie dabei den mit zwei scharfen Längskanten versehenen Bauch rinnenartig einziehen, so hängt das offenbar mit der Gleitfähigkeit zusammen, da keiner gleitfliegenden Schlange diese Einrichtung fehlt und keine ohne sie fliegen kann.

Daß unter den Kriechtieren viele sind, die beim Gehen und Laufen den Bauch über dem Boden erhoben tragen, wie bereits eingangs geschildert wurde, scheint bis in die neueste Zeit vielen Zoologen entgangen zu sein. Die Bewegungen der mit Gliedmaßen ausgerüsteten Kriechtiere auf dem Boden sind in bezug auf die Schnelligkeit, mit der sie ausgeführt werden, überaus verschieden; manche von ihnen, wie die Landschildkröten, noch mehr die Meerschildkröten, gehören zu den langsamsten und unbehilflichsten Tieren, die man sich denken kann, dagegen sind die Bewegungen vieler Eidechsen und Schlangen geradezu blitzschnell, und auch die Krokodile sind auf dem Lande noch überraschend flink; schlangenähnliche, stummelfüßige oder fußlose Eidechsen laufen oft sehr schnell mit seitlichen Bewegungen des Körpers wie die Schlangen selbst, wobei sie sich auch dann der Gliedmaßen nicht bedienen, wenn diese noch den Boden erreichen; die Gliedmaßen werden nur beim langsamen Gehen benutzt. Unter den Schlangen werden manche, wie die Tagbaumschlangen und Sandrennattern, wohl nur von wenigen Wirbeltieren in der Schnelligkeit ihrer Bewegungen übertroffen; wie diese ausgeführt werden, ist eigentlich noch nicht recht klar. Die landläufige Erklärung, daß sie auf den Spitzen ihrer Rippen wie mit Beinen dahingleiten, paßt nur für das langsame Kriechen, wie z. B. in engen Erdlöchern oder wenn sie bei der Häutung aus der alten Haut herauskriechen; dann sieht man auch tatsächlich die Gehbewegung der Rippen. Auch die sicher richtigere Deutung Rehs, daß die Fortbewegung durch schnelles, abwechselndes Aufstellen und Niederlegen der freien hinteren Ränder der Bauchschilde geschehe, kann für die schnelle Fortbewegung auf glattem Boden als nicht ausreichend erklärt werden.

Das Schwimmen geschieht in sehr verschiedener Weise, doch können wohl alle Kriechtiere wenigstens einige Zeitlang sich über Wasser halten, obwohl namentlich Eidechsen bei längerem Schwimmen leicht ermüden und dann ertrinken. Selbst die unbehilflichen Landschildkröten, die wie Steine untergehen, sind in der Tiefe eines Gewässers nicht verloren. Die Flußschildkröten schwimmen mit ihren breitruderigen Füßen, die Seeschildkröten, dank ihrer großen Flossen, ebenso rasch und gewandt wie leicht und ausdauernd, die Krokodile hauptsächlich mit Hilfe ihres Schwanzes, der ein mächtiges Bewegungswerkzeug bildet und wie ein am Stern des Bootes eingelegtes Ruder gebraucht wird, die Schlangen und Wassereidechsen (Warane, Leguane) endlich, indem sie schlängelnde Bewegungen ausführen, die sie überraschend schnell fördern. Bei den Seeschlangen ist der Hinterteil des Leibes zu einem trefflichen, senkrecht gestellten Steuerruder geworden, befördert demgemäß die Bewegungen ungemein; aber auch Schlangen, die dieses Hilfsmittels entbehren, gleiten sehr rasch durch die Wellen. Das geringe Atembedürfnis und die geräumigen Lungen erleichtern selbst denen, die dem Lande angehören, einen längeren Aufenthalt im Wasser und den eigentlichen Wasserbewohnern unter ihnen, namentlich Schlangen und Schildkröten, vielstündiges Tauchen.

Geschickt sind viele Kriechtiere im Klettern. Gewisse Eidechsen rennen an den glättesten Bäumen und Felsen ebenso schnell empor wie andere auf dem Boden fort. Nicht wenige haben zum Anhäkeln oder Anklammern höchst geeignete Werkzeuge in ihren spitzen, sichelartig gekrümmten Krallen oder aber in den scheibenförmig verbreiterten, unten mit blattartigen Querleisten versehenen Zehen, die ihnen sogar gestatten, wie Fliegen an der unteren

Seite wagerechter Äste oder Felsflächen sich festzuhalten und hier mit aller Sicherheit umherzulaufen. Die Schlangen klettern genau in derselben Weise, in der sie laufen oder schwimmen: sie fördern sich durch ihre schlängelnden Bewegungen, ohne aber etwa, wie man es oft dargestellt findet, einen Baumast schraubenartig zu umwickeln, und klemmen sich beim Emporsteigen mit den freien Hinterrändern ihrer Bauchschilde so fest in die Unebenheiten der Baumrinde oder einer Felswand ein, daß sie gegen ein unwillkürliches Abrutschen gesichert sind. Dabei ist ein ganz deutlicher Unterschied zwischen den nächtlichen und den Tagbaumschlangen zu erkennen, da die ersteren verhältnismäßig langsam klettern, sich mit dem oft einrollbaren und zum Greifen geeigneten Schwanze und dem ganzen Körper eng der Unterlage anschmiegen und in der Ruhe dicht zusammengeknäuelt liegen, während die letzteren in ihren Bewegungen an einen elastischen Draht erinnern, im Gezweige mit rasender Schnelligkeit dahingleiten, ohne sich irgendwo festzuhalten, und, in ähnlicher Weise wie ihre Verwandten, die Sandrennattern, auf dem Boden in lockeren, weiten Schlingen aufgerollt der Ruhe pflegen. Langsame Baumbewohner unter den Eidechsen haben in der Regel einrollbare Wickelschwänze und die Chamäleons außerdem noch zu Greifzangen umgewandelte Füße.

Jede Lebenstätigkeit der Kriechtiere steigert sich mit der zunehmenden Außenwärme; daher ist dieselbe Schlange an einem heißen Sommertage eine ganz andere als an einem kühlen. Da die Werkzeuge der Atmung und des Blutumlaufes nicht vermögen, dem Kriechtiere innere Wärme zu geben, ist es eben von der äußern mehr oder weniger abhängig. Es nimmt sie in sich auf, in ihr lebt es auf, und ob auch seine Bedeckungen, sein Panzer, seine Schuppenhaut so heiß werden sollten, daß diese bei Berührung unsere Hand brennen, es bewahrt sie sich geraume, manchmal auffallend lange Zeit, und es gibt sie nach und nach wieder ab, bis das Gleichgewicht zwischen ihr und der Eigenwärme wiederhergestellt worden ist. Kriechtiere, die sich durch Besonnung äußerlich und innerlich erwärmen, um nicht zu sagen durchheizen ließen, fühlen sich noch lange, nachdem die Sonne verschwunden ist, warm an; ihre Wärme aber sinkt im Laufe der Nacht doch auf die der Luft herab und mindert sich ebenso im Laufe des Herbstes oder der kühler werdenden Jahreszeit, wie sie im Frühling und Sommer nach und nach zugenommen hatte. Dies erklärt es auch, daß alle diejenigen Arten, die kältere Gegenden bewohnen, während der Wintermonate sich zurückziehen, in Erstarrung fallen oder einen Winterschlaf halten müssen: die Kälte würde sie vernichten, wollten sie sich ihr aussetzen.

Da das Herz, wie wir sahen, nur einen geringen Teil des Blutes zur Verbesserung nach den Lungen sendet und das sauerstoffreichere Blut sich vielfach mit dem kohlensäurehaltigen vermischt, erhöht es auch die Wärme des Leibes nicht bedeutend über die, die das Tier umgibt. Hierzu kommt die verhältnismäßig große Unabhängigkeit des Rückenmarks von dem Gehirn und die darauf sich gründende Unempfindlichkeit, mit der außergewöhnliche Lebenszähigkeit im Einklange steht. Boyle brachte eine Viper unter die Luftpumpe und leerte die Luft aus; ihr Körper und Hals blähten sich auf, die Kinnladen öffneten sich, die Stimmritze stand bis an den Rand der Unterkinnlade vor, und die Zunge wurde weit ausgestreckt. Eine halbe Stunde nach Beginn dieser Tierquälerei bemerkte man noch Lebenszeichen. Als 23 Stunden später die Luft zugelassen wurde, schloß die Viper das Maul und öffnete es wieder, und wenn man sie in den Schwanz kneipte, bewegte sie sich noch etwas. Eine Natter lebte im luftleeren Raume über elf Stunden. Ähnliche Ergebnisse erzielte man durch andere Versuche: Schildkröten, die man des Kopfes beraubte, bewegten noch nach elf Tagen die Glieder.

Eins dieser Tiere, dem man Bauchpanzer, Herz und alle Eingeweide weggenommen hatte, kehrte sich am andern Tage von selbst um und kroch davon. Alle diese Versuche beweisen, daß das Hirn der Kriechtiere die Tätigkeit des Leibes nicht in demselben Grade regelt, wie dies bei den höheren Tieren der Fall ist, daß im Gegenteile jedes Glied mehr oder weniger von dem andern unabhängig ist.

Hiermit hängt die Ersatzfähigkeit unserer Tiere zusammen, und Wunden, die höheren Tieren unbedingt tödlich sein würden, heilen zum mindesten im Freileben bei den größeren und stärkeren Kriechtierarten. Die meisten Eidechsen, denen der Schwanz abbricht, ersetzen ihn wieder; doch fehlt, wie Werner gezeigt hat, die Ersatzfähigkeit bei allen, die den Schwanz als Werkzeug (Ruder beim Schwimmen, Halteorgan beim Klettern, ersteres bei den Krokodilen und Waraneidechsen, letzteres bei den Chamäleons) oder als Verteidigungswaffe zum Austeilen von Schlägen benutzen; hier bricht der Schwanz nicht ab und wächst, gewaltsam abgerissen oder abgehackt, nicht wieder nach. Die Möglichkeit, daß der Schwanz ohne Schaden abbricht (Autotomie), beruht auf dem Vorkommen vorgebildeter Bruchstellen in der Mitte der einzelnen Schwanzwirbel; die ersten der abbrechbaren Schwanzwirbel liegen etwas hinter der Kloakenspalte; ein Abbrechen des Schwanzes kann nur in der Mitte eines Wirbels, niemals zwischen zweien erfolgen; von der vordern Hälfte des abgebrochenen Wirbels geht die Neubildung der Schwanzachse vor sich.

Bemerkenswert ist, daß die Beschuppung des neugebildeten Schwanzes derjenigen der ursprünglichsten Formen der betreffenden Eidechsenfamilie entspricht. So hat der neue Schwanz bei der fischschuppigen Eidechse Gymnophthalmus wirtelförmig angeordnete Schuppen, wie bei allen übrigen Gliedern der Familie der Schienenechsen; bei der fossilen Panzerschleiche Ophisaurus moguntinus konnte man noch nachweisen, daß ihr Ersatzschwanz in der Beschuppung nicht mit dem Stummel, sondern mit derjenigen unserer Blindschleiche übereinstimmte. Daher fehlen auch Höckerschuppen, Schuppenkämme und dergleichen auf den Ersatzschwänzen durchaus. Bei der Neubildung des Eidechsenschwanzes wird, nach P. Fraisse, das dünne, neu hervorwachsende Rückenmark von einer Knochenscheide umgeben, um die sich kleine Blutgefäße und viele Nerven anordnen. Während die Schuppen beim Keimlinge aus Hautwärzchen entstehen, bilden sich auf dem neu zu ersetzenden Schwanze Längsrinnen, in denen die Neubildung der Schuppen stattfindet. Der ursprünglich in der Oberhaut lagernde Farbstoff wandert später in die Lederhaut ein. Überhaupt ist, nach Fraisse, die Neuerzeugung nicht durch gesteigerte Zufuhr von Nahrungsmaterial und nicht durch die Wegnahme etwa des Wachstumswiderstandes zu erklären, sondern sie ist eine Vererbungserscheinung, bei der besondere und oft sehr verwickelte Anpassungen der Gewebe mitwirken und ebenso das Gesetz, daß Gewebe auf Kosten anderer Gewebe erzeugt werden können. Keine Eidechse hat es übrigens in ihrer Gewalt, den Schwanz willkürlich abzubrechen oder abzuwerfen und sich so selbst zu verstümmeln; es gehört dazu stets ein äußerer Eingriff, wozu schon genügt, daß das Tier am Schwanze festgehalten wird. Bei hungernden oder im Winterschlaf liegenden Eidechsen ist der Schwanz viel weniger brüchig; ebenso ist der neugebildete Schwanz, der ja keine Wirbel und daher auch keine vorgebildeten Bruchstellen mehr besitzt, vollkommen biegsam, und es kann der Schwanz nunmehr nur in dem Falle noch einmal abbrechen, wenn er vor der Bruchstelle noch halbierte Wirbel enthält. „Werden Schwanz und Wirbelsäule nur geknickt, ohne völlig abzubrechen, so sproßt aus der Knickungsstelle ein neuer Schwanz hervor; auf diese Weise kommen infolge mehrfacher Knickung dicht hintereinander Mehrfachbildungen von Schwänzen vor, und drei- bis fünfschwänzige Eidechsen sind nicht allzuselten. Bei Schlangen, Krokodilen und Schildkröten ist die Ersatzfähigkeit auf die Neubildung der äußersten Schwanzspitze und größerer Teile der Körperhaut beschränkt; bei den Schildkröten können auch schwere Verletzungen des Panzers durch Neubildung von Knochen ausgeglichen werden.

Das tägliche, häusliche und, wenn ich so sagen darf, gesellschaftliche, richtiger wohl gemeinschaftliche Leben der Kriechtiere ist überaus eintönig. Unter den Schildkröten sind diejenigen, die auf dem Lande leben, bei Tage, die meisten Süßwasserschildkröten aber vorzugsweise bei Nacht tätig; die Krokodile betreiben ihre Jagd hauptsächlich in der Dunkelheit, obwohl sie sich auch am Tage eine günstige Gelegenheit, Beute zu gewinnen, nicht entschlüpfen lassen, und nur die Eidechsen, Chamäleons und ein beträchtlicher Teil der giftlosen Schlangen dürfen als Tagtiere angesprochen werden, während Geckonen, fast sämtliche Gift- und ebenso viele giftlose Schlangen, namentlich die Riesenschlangen, nach Sonnenuntergang auf Raub ausgehen. Wie gewöhnlich ändert das Wasser die Lebensweise insofern ab, als die in ihm wohnenden Tiere zwischen den Tageszeiten nicht so bestimmt unterscheiden wie die, die auf dem Lande hausen; aber auch unter den Wasserreptilien lebt die größere Anzahl erst in der Nacht auf.

Mit Ausnahme der Landschildkröten, einiger Süßwasserschildkröten und Eidechsen müssen wir alle Mitglieder unserer Klasse bezüglich ihrer Nahrung Raubtiere nennen; einzelne haben wir sogar zu den furchtbarsten zu zählen. Fast alle Tierklassen müssen ihnen zollen. Die Krokodile wagen sich an Säugetiere bis zur Größe eines Hundes oder Schweines und verschonen den Menschen ebensowenig wie das sich dem Wasser nähernde kleine Raubtier, stellen jedoch hauptsächlich Wassertieren, insbesondere Fischen, nach; die Schildkröten verfolgen letztere, weniger kleinere Säugetiere, Vögel und Kriechtiere, lieber aber Lurche, Schnecken, Kerbtiere, Krebse und Würmer; die Eidechsen nähren sich von Säugetieren, Vögeln, ihren eigenen Ordnungsverwandten, Schnecken, Insekten und verschiedenem Gewürm, verhältnismäßig wenige von Lurchen oder Fischen; die Schlangen greifen hauptsächlich Wirbeltiere an, doch gibt es ganze Familien, die nur von Würmern und Insekten leben, und einige, die Schnecken verzehren. Fast alle verschlingen ihre Beute ganz, wenige nur, Schildkröten und Krokodile insbesondere, sind imstande, Stücke abzubeißen, wie auch diejenigen tun, die sich von Pflanzen ernähren. Dies hat zur Folge, daß das Fressen und Verschlingen bei einzelnen erheblichen Kraftaufwand erfordert. Mit Ausnahme der eigentlichen Wüsten- und der beständigen Wasserbewohner (Krokodile, Wasserschildkröten) trinken alle, die einen leckend, die anderen mit schöpfenden, kauenden Bewegungen des Unterkiefers. Mit zunehmender Wärme vermehrt sich die Freßlust der Kriechtiere; während der heißen Jahreszeit sammeln diese sich sozusagen Vorratsstoffe ein für das ganze übrige Jahr. Doch fressen sie im Verhältnis zu ihrer Größe weit weniger als Säugetiere und Vögel. Manche verschlingen gewaltige Bissen auf einmal, liegen dann aber auch bis nach vollendeter Verdauung tagelang in träger Ruhe mehr oder weniger auf einer Stelle und können nötigenfalls monatelang ohne Nahrung aushalten. Andere wieder nehmen täglich Nahrung zu sich, wie namentlich die pflanzenfressenden Arten, die kleineren Eidechsen und Wasserschildkröten. Bei reichlichem Futter werden Kriechtiere bis zu einem gewissen Grade wohlbeleibt, einzelne von ihnen auch wirklich fett, dies jedoch in ungleich geringerem Maße als Säugetiere und Vögel.

Schildkröten und Krokodile stoßen ihre Oberhaut ganz allmählich und unmerklich in ganz kleinen Fetzen in derselben Weise ab wie die Säugetiere und Vögel; bei einer südamerikanischen Schlangenhalsschildkröte beobachtete L. Müller aber eine Häutung des

Panzers in einem gewissen Lebensalter, wobei der rauhe, einfarbig dunkelbraune Rückenpanzer glatt und fleckig wird. Andere Beobachter haben eine Ablösung der Hornplatten des Panzers bei verschiedenen Schildkröten bemerkt. Die übrigen Kriechtiere häuten sich, d. h. streifen die ganze Oberhaut in Fetzen oder mehr oder weniger mit einem Male ab, einzelne so vollkommen, daß das Volk mit Recht von „Natternhemden“ sprechen kann. Nach dieser Häutung zeigen sie sich besonders jagdeifrig und freßgierig, weil sie erlittenen Verlust zu ersetzen haben. Bei den meisten Eidechsen geht die Haut wohl in größeren oder kleineren Fetzen ab, so daß die Häutung oft monatelang dauert; mitunter hebt sich die alte Haut sackartig von der darunterliegenden neuen ab und wird dann in einem einzigen Stück abgestoßen, wobei sie aber an Schwanz und Gliedmaßen in der Regel abreißt und hier später abgeht. Bei anderen Eidechsen schiebt sich die abgestreifte Haut zu einem kurzen, dicken Ring zusammen, wie bei der Blindschleiche, oder wird als Natterhemd in einem Stücke abgeworfen; bei dem australischen Flossenfuß stülpt sie sich dabei, ganz wie bei den Schlangen, vollständig um, so daß die Innenseite nach außen zu liegen kommt. Die Häutung wird durch die sogenannten Häutungshärchen befördert, mikroskopisch kleine Härchen, die zwischen den unteren Zellschichten der Oberhaut, aus denen die oberen, verhornten Schichten durch Teilung hervorgehen, und diesen entstehen und sie abheben, sobald eine neue Hornschicht sich gebildet hat. Manche Reptilien (die Haftzeher) verzehren ihre abgestreifte Haut, ebenso wie dies fast alle Lurche, Skorpione, manche Heuschrecken tun, nicht um ihre Spur zu verwischen, sondern weil diese zarte Haut (Kriechtiere mit dicker Hornschicht der Oberhaut fressen sie nie) wohl noch als Nahrung verwertbare Bestandteile enthält.

Mit dem Beginn des Frühlings regt sich auch unter den Kriechtieren der Fortpflanzungstrieb. Die in nördlichen Ländern wohnenden kommen in den ersten warmen Tagen des Lenzes zum Vorschein, die in gemäßigten oder heißen Ländern lebenden, die sich während der trockenen Zeit vergraben, nach dem ersten Regen. Einzelne kämpfen, durch den Paarungstrieb gereizt, heftig miteinander. Die Krokodile verfolgen sich gegenseitig mit Ingrimm und streiten wütend; die Eidechsen führen ebenfalls Zweikämpfe auf; Schlangen versammeln sich an gewissen Plätzen in größerer Anzahl, bilden wirre Knäuel untereinander, zischen oder geben andere Zeichen ihrer Erregung kund, bis sie sich endlich mit einem Weibchen geeinigt haben. Die Paarung selbst währt stunden- und tagelang; nach ihr aber tritt, wenigstens bei den meisten, wieder stumpfe Gleichgültigkeit an Stelle der scheinbar so heftigen Zuneigung zwischen beiden Geschlechtern. Geraume Zeit später sucht sich das Weibchen, falls es nicht lebende Junge zur Welt bringt, eine geeignete Stelle für die Eier. Die meisten Kriechtiere legen ihre mit einer pergamentartigen oder harten Kalkschale bekleideten Eier, deren Anzahl zwischen 2 und 150 schwankt, in vorgefundene oder selbstgegrabene Löcher unter dem Boden oder zwischen Moos und Laub an feuchten, warmen Orten ab und überlassen der Sonne oder der durch Gärung der Pflanzenstoffe sich erzeugenden Wärme deren Zeitigung, ohne sich weiter um sie zu kümmern. Eine Ausnahme hiervon machen einzelne Schlangen und Krokodile. Mißgeburten sind nichts Ungewöhnliches, erreichen aber selten volle Entwickelung: schon die Alten sprechen mit vollstem Rechte von doppelköpfigen Schlangen; in unserer Zeit sind auch zweiköpfige Eidechsen und Schildkröten beobachtet worden. Die Jungen entwickeln sich verhältnismäßig rasch und beginnen vom ersten Tage nach dem Ausschlüpfen die Lebensweise ihrer Eltern. Viele Kriechtiere bringen lebende Junge zur Welt, die in der Regel die dünnen Eihüllen noch im Mutterleib oder bald nach der Geburt durchbrechen. Nur bei Krokodilen und Schildkröten kennt man keine lebendgebärenden Arten; dagegen viele unter den Eidechsen, namentlich den Glatt- oder Wühlechsen, vereinzelte Arten besonders unter den gebirgsbewohnenden Eidechsen und Chamäleons, auch viele (amerikanische) Riesenschlangen, die Seeschlangen, die meisten Ottern und viele Giftnattern, die Schildschwänze und verschiedene Nattern, namentlich wasserbewohnende Arten gebären lebendig. Doch nur bei wenigen Kriechtieren, nämlich bei gewissen Glattechsen (Skinkiden), werden die Keimlinge im Mutterleibe ernährt, und zwar in der Regel durch die Blutgefäße des Dottersackes, die mit denjenigen des mütterlichen Fruchthalters in Verbindung treten; bei der Erzschleiche (Chalcides tridactylus) aber durch die sogenannte Allantois (vgl. S. 345), die, anstatt wie sonst als Atmungsorgan, zur Vermittelung der Ernährung des Keimlings durch die Wand des mütterlichen Fruchthalters dient.

In der nördlichen gemäßigten Zone graben sich die Kriechtiere gegen den Winter tief in den Boden ein oder suchen andere geschützte Schlupfwinkel auf, wo sie in eine todähnliche Erstarrung verfallen, die dem Winterschlaf gewisser Säugetiere entspricht. Da in der südlichen gemäßigten Zone Südamerika südlich von 42° südl. Br. keine Kriechtiere mehr zu beherbergen scheint, die übrigen Südkontinente aber durchweg nicht so weit gegen den Pol sich erstrecken, daß die klimatischen Verhältnisse zur Winterszeit so ungünstig würden wie im Norden, so sind auch die Erscheinungen des Winterschlafes (z. B. in Australien) weit weniger deutlich und entsprechen eher der durch warme Tage leicht unterbrechbaren Winterruhe in den Mittelmeerländern. In steppenartigen Gebieten der heißen Zone (z. B. in Sudan) schützen sich die Kriechtiere (aber durchaus nicht alle, sondern vorwiegend die mehr wasserbedürftigen Arten, darunter namentlich viele Schlangen) vor der Wirkung der trockenen Jahreszeit ebenfalls durch das Eingraben in die Erde oder in den Uferschlamm der Gewässer. Wo die Verhältnisse das ganze Jahr hindurch ungefähr die gleichen sind, wie in den Wüsten oder in den feuchten Tropenwäldern, da führen auch die Kriechtiere ein durch keine längere Ruheperiode unterbrochenes Dasein.

Sowohl während des Sommer- als während des Winterschlafes bewahren sich die Kriechtiere eine gewisse Beweglichkeit oder erhalten sie doch schnell wieder, wenn die Umstände sich ändern. Klapperschlangen, die sich in solchem Zustande befanden, und die aufgenommen und in einen Weidsack gesteckt wurden, wachten sehr rasch auf, als der Jäger sich einem Feuer näherte, erstarrten aber auch bald wieder, nachdem sie der Kälte aufs neue ausgesetzt wurden. Auch bei ihnen scheint übrigens, wie Schinz hervorhebt, Entziehung der Wärme notwendige Bedingung des Winterschlafes zu sein. „Daß Tiere, die im wachen Zustande monatelang ohne Schaden fasten können, einen Winter ohne Nahrung auszuhalten imstande sind, ist sehr begreiflich; daß aber dasselbe Gesetz herrscht wie bei den winterschlafenden Säugetieren, daß ein Verbrauch der Säfte dennoch stattfindet, so gering er sein mag, erhellt daraus, daß Kriechtiere zugrunde gehen, wenn sie im Herbste vor dem Einschlafen Mangel an Nahrung hatten. In welchem Grade die leiblichen Tätigkeiten während des Winterschlafes stillstehen, und welche gänzlich ruhen, läßt sich bei Tieren, deren Verrichtungen im wachenden Zustande so oft unterbrochen werden können, ohne dem Leben zu schaden, nicht leicht beobachten; doch ist es wahrscheinlich, daß bloß ein sehr langsamer und unterbrochener Kreislauf stattfindet, das Atmen aber fast ganz unterdrückt ist, was bei dem geringen Sauerstoffbedarf dieser Tiere nicht befremden kann. Eine zu große und lange andauernde Kälte tötet indes auch sie. Das Gewicht der Kriechtiere nimmt während des Winterschlafes etwas ab.“ Übrigens kommen die Tiere keineswegs kraftlos zum Vorschein, sondern sind unmittelbar nach dem Winterschlafe besonders lebhaft.

Alle Kriechtiere ohne Ausnahme wachsen, wenn sie einmal die Geschlechtsreife erlangt haben, sehr langsam; die Trägheit ihrer Lebensäußerungen spricht sich also auch hierin aus. Ähnliche Verhältnisse, wie sie unter Säugetieren und Vögeln beobachtet werden, kommen in dieser Klasse nicht vor: selbst die kleineren Arten bedürfen einiger Jahre, bevor sie fortpflanzungsfähig werden. Dafür aber erreichen sie ein sehr hohes Alter. Schildkröten haben in der Gefangenschaft gegen 100 Jahre gelebt, nach einzelnen Angaben sogar weit darüber hinaus; gewisse Krokodile wurden von Eingeborenen Afrikas seit Menschengedenken auf einer Stelle beobachtet, und die größeren Schlangen mögen ebenfalls sehr alt werden. Krankheiten scheinen unter Kriechtieren selten zu sein, obwohl man solche an Gefangenen beobachtet hat; ein allmähliches Absterben, das wir Altersschwäche zu nennen pflegen, hat noch niemand festgestellt: die meisten enden gewaltsam oder wenigstens infolge äußerer Einwirkungen. Für den, der kleinere Kriechtiere am sichersten und möglichst schmerzlos töten will, um sie aufzubewahren, sei kurz bemerkt, daß man das zu tötende Tier am besten in ein luftdicht verschließbares Gefäß bringt, in das man sodann einen mit Äther befeuchteten Schwamm einführt. Wenn sich das betäubte Tier nicht mehr regt, wird es schnell in guten Weingeist übertragen und dieser Weingeist möglichst ein- oder zweimal, jedenfalls sooft er sich noch färbt, erneuert. Durch faulende Stücke kann der Inhalt eines Gefäßes verdorben werden, und bereits angefaulte Stücke eignen sich meist nur noch zur Gewinnung von Gerippen. Um das Faulen zu verhindern, müssen die Tiere möglichst bald nach Eintritt des Todes (namentlich in warmen Ländern tritt die Fäulnis auch in Weingeist schon in wenigen Stunden ein) etwas geöffnet werden, und zwar durch einen Längsschnitt mit einer scharfen Schere (bei Schlangen in mehreren Abständen in der Bauchmitte), oder man spritzt mit einer Injektionsspritze Weingeist in die Leibeshöhlen ein, doch nicht soviel, daß eine unnatürliche Aufblähung des Körpers erfolgt.

„Um die genauere Kenntnis der in der Freiheit nur schwer zu beobachtenden Kriechtiere zu ermöglichen", schreibt Joh. v. Fischer, wohl der erfolgreichste Pfleger dieser Tiere, „bieten Terrarien die günstigste Gelegenheit, also Gewächshäuser im kleinen, in welchen die Tiere durch räumliche Schranken begrenzt sind. Um freilich diese Behälter so herzustellen, daß ihre Insassen gedeihen und sich dem Auge wohlgefällig darbieten, daß sich die Tiere nicht gegenseitig befehden und die in der Freiheit herrschende Harmonie gewahrt bleibe, müssen wir eine genaue Kenntnis ihrer Lebensweise haben und auch die Lebensbedingungen der Pflanzen kennen, mit welchen wir unsere Pfleglinge umgeben wollen: wir müssen das richtige Verhältnis zwischen beiden und untereinander zu erreichen suchen, damit eine ungestörte Entwickelung und das Gedeihen beider nebeneinander vor sich gehen könne. Wollte man Sumpftiere in die mit Steppenpflanzen besetzten Terrarien bringen, so würden sie gar bald vertrocknen und absterben, und umgekehrt würden Wüstentiere, mit Sumpfpflanzen zusammengebracht, den Untergang der einen oder der anderen zur Folge haben. Die passende Wahl der Bodenart, das richtige Maß an Licht und Luft, an Feuchtigkeit und Wärme sind Lebensbedingungen so gut für das Tier wie für die Pflanze. Auch ist es nötig, namentlich unter den zu haltenden Tieren eine gewisse Auswahl zu treffen, damit sie sich nicht gegenseitig befehden, verstümmeln oder töten. Das Zahlenverhältnis zwischen beiden Gruppen von Bewohnern unter sich und zueinander will gleichfalls erwogen sein: zu viele Pflanzen in einem nicht genügend geräumigen Terrarium untergebracht, würden bald aus Luftmangel eingehen, zu viele Tiere sich beengen, erdrücken oder auffressen... Ein solches

23*

mit Kriechtieren bevölkertes Terrarium eröffnet dem denkenden Menschen, der es liebt, sich in die Betrachtung der Natur zu vertiefen, auch im Winter ein reiches und angenehmes Feld der Tätigkeit und Belehrung; es ergänzt ihm die flüchtige Betrachtung der in Sammlungen ausgestopften oder in Spiritus verblaßten, ihres schönsten Schmuckes, der Farben, beraubten Kriechtiere durch die Gewährung der Möglichkeit, sie lebend in ihrem Tun und Treiben eingehend zu beobachten."

Der Nutzen der Kriechtiere ist im Vergleich zu dem der anderen Wirbeltierklassen sehr gering. Unmittelbar nützen uns die Krokodile, die großen Waran- und Teju-Eidechsen sowie die Riesenschlangen durch ihre Haut, mit der wir allerlei Dinge überziehen und schmücken, und derentwegen manche Arten dem sichern Untergange geweiht sind, die Schildkröten durch ihr Schildpatt, das zu vielerlei Gebrauchsgegenständen des alltäglichen Lebens wie zu Werken der Kleinkunst verarbeitet wird, sowie durch ihr Fleisch und ihre Eier. Mittelbar sind namentlich viele Eidechsen durch das Wegfangen von schädlichen Insekten und Gewürm, viele Schlangen durch Vernichtung von schädlichen Nagern nützlich; manche Riesenschlangenarten sind wegen dieser Eignung als stille, anspruchslose Rattenvertilger im tropischen Amerika und Afrika geschätzt. Die Räubereien, deren sich selbst kleine Schildkröten und auch manche Schlangen an Fischen und deren Brut, größere Eidechsen und Schlangen an Hausgeflügel schuldig machen, dürfen wir beiseitelassen.

Anderseits gehört eine verhältnismäßig kleine Zahl von Kriechtieren seit alters her zu den gefürchtetsten tierischen Feinden des Menschen und der Haustiere. Freilich ist, wie sich immer mehr herausstellt, die Angst vor den Giftschlangen vielfach übertrieben und, wie wir später sehen werden, spielen diese unter den Gefahren, die dem Reisenden und Ansiedler in den deutschen Kolonien drohen, eine höchst untergeordnete Rolle; dasselbe gilt auch für viele andere Tropengegenden, und es ist gewiß sehr merkwürdig, daß wir gerade nur aus Vorderindien alljährlich so ungeheuerliche Zahlen von Tötung von Menschen und Haustieren durch Giftschlangen zu lesen bekommen, obwohl weder die Arten- noch die Individuenzahl hier größer ist als etwa in dem benachbarten Assam, wo Wall während eines längeren Aufenthaltes nicht nur selbst von keinem Bißfall Kenntnis erhielt, sondern auch erfuhr, daß in dem Hospital des betreffenden Bezirkes niemals bisher ein Fall von Schlangenbiß zur Behandlung kam. Bei der Sorglosigkeit, mit der namentlich in Afrika die Eingeborenen mit Schlangen umgehen, ist die Seltenheit von Bißfällen geradezu erstaunlich. Die Krokodilplage ist wohl am ärgsten auf den Sunda-Inseln, doch verlieren auch sonst in Indien, in Afrika, weniger in Amerika, immerhin zahlreiche Menschen ihr Leben durch Krokodile.

Aber für die große Masse der Unschuldigen, die unter der kleinen Menge der Schuldigen leiden müssen, dürfen und müssen wir ein Wort der Gnade sprechen. Sehen wir ab von den in heißen Ländern vorkommenden Kriechtieren, für welche Schonung zu verlangen überhaupt nicht in unserer Absicht liegt, auch nicht in unserer Macht steht, so sind es vor allem die schmucken Eidechsen, Blindschleichen und Teichschildkröten, die uns durch ihre Bewegungen, ihre Munterkeit und Sorglosigkeit erfreuen und Feld, Wald und einsame Seen beleben. Sie schaden niemand, und deshalb möchten wir hier ein gutes Wort zu ihren Gunsten einlegen. Was die Schlangen anbelangt, so halten wir es für zweckmäßig, Tiere, die man nicht genau kennt, zu töten, aber gleichsam zur Sühne für diesen Totschlag die getöteten Tiere stets mitzunehmen und in Weingeist aufzubewahren, um sie gelegentlich einem Schlangenkundigen zu zeigen und Belehrung über Giftigkeit oder Unschädlichkeit der Stücke zu erhalten. Hand in Hand mit dieser Belehrung soll auch gehen, daß man die Schlange aufmerksam betrachte, daß man ihr das Maul öffne und dessen Zähne untersuche. Ein so durch eigene Anschauung erlangtes Wissen wird nicht unfruchtbar bleiben und, im Falle man ein harmloses Tier getötet hatte, Veranlassung werden, später dieselbe Schlange zu schonen. Bei genauerer Kenntnis wird man bald die harmlose Schlingnatter und die Ringelnatter von der giftigen Kreuzotter unterscheiden und auch an dem Tun und Treiben der nichtgiftigen Schlangen seine Freude haben können. Sind wir doch in Deutschland jetzt so weit, daß wir die Verbreitung der Giftschlangen in unserem Vaterlande nahezu vollständig kennen und ganze Landstriche aufzählen können, in denen Kreuzottern und Vipern niemals vorgekommen sind und niemals vorkommen. Es wäre grausam, wollten wir den Rat geben, in der Rheinpfalz, im Großherzogtum Hessen und an vielen anderen Orten alle Schlangen totzuschlagen, die uns draußen in freier Natur begegnen, nur aus dem Grunde, weil sich vielleicht darunter eine Kreuzotter befinden könnte, die einen Menschen zu gefährden imstande wäre. Wo die Kreuzotter wirklich lebt, kennt man sie, kennt sie jedes Kind, da Eltern und jeder deutsche Lehrer, der seine Pflicht tut, schon in der untersten Schulklasse auf die oft unheilvollen Folgen ihres Bisses und die geeigneten Gegenmittel aufmerksam machen. Wo sie vorkommt, vertilge man sie und ihre Brut; wo sie fehlt, schone man alle Schlangen, denn sie haben dieselbe Berechtigung, sich ihres Lebens zu freuen, wie der Mensch!

So war die Ansicht Brehms über die Giftschlangen, so ist sie noch bei der überwiegenden Mehrzahl der Menschen. Es wird aber doch angebracht sein, in Naturschutzparken auch die Ottern, die ja bei Anwendung der allergewöhnlichsten Vorsicht der gut beschuhte Naturfreund nicht zu fürchten braucht, nicht von der Schonung auszuschließen; immer zahlreicher werden die Schilderungen eifriger Schlangenpfleger, die gerade die Ottern als ruhige, bei Berücksichtigung ihrer Eigentümlichkeiten sogar verhältnismäßig leicht zähmbare (wenngleich, wie durchaus nicht verschwiegen werden darf, stets gefährliche und mit Vorsicht zu behandelnde), jedenfalls aber interessante Pfleglinge darstellen; daneben mehren sich die Nachweise, daß die Gefährlichkeit auch unserer Kreuzotter vielfach übertrieben wird und Bißfälle mit tödlichem Ausgange bei uns äußerst selten vorkommen, wie in letzter Zeit namentlich Wiegand, Zimmermann u. a. gezeigt haben; so daß es wohl nicht mehr als frevlerischer Leichtsinn gelten darf, wenn hier sogar für eine Giftschlange, wenn auch in dem beschränkten Rahmen eines Schongebietes, die Bitte um Schonung eingefügt wird.

In längst vergangenen Zeiten verehrten die Menschen diejenigen Kriechtiere, die ihnen Furcht einflößten, göttlich. Die alten Ägypter hielten sich zahme Krokodile in der Nähe ihrer Tempel und balsamierten deren Leichname sorgfältig ein; Ostasiaten, besonders Chinesen und Japaner, malten aus Schlangen- und Echsengestalten die Bildnisse ihrer Götter; Griechen und Römer wendeten die Schlangen sinnbildlich an und fabelten und dichteten von ihrer List und Klugheit, von ihrer Weissagungskraft und anderen Eigenschaften; unsere Sage beschäftigt sich ebenfalls auf das angelegentlichste mit ihnen und keineswegs immer mit Abscheu, sondern mit sichtlichem Wohlbehagen, läßt die alte, geträumte Urmutter des Menschengeschlechtes durch sie sich selbst und ihren Gatten verführen, wie die römische Sage den Weltenbeherrscher sich in eine Schlange verwandeln läßt, um eine der unzähligen Evastöchter, welcher der liebesbedürftige Gott sich inniger zuneigte, zu berücken; Krokodile und Schlangen werden noch heutigestags von Naturvölkern verehrt und angebetet.

Erste Ordnung:

Brückenechsen (Rhynchocephalia).

Diese in jeder Beziehung auffallende Ordnung erinnert in ihrem Äußeren zwar ganz an die Eidechsen, vereinigt jedoch in ihrem inneren Baue die Merkmale verschiedener anderer, teils lebender, teils ausgestorbener Ordnungen, ja Klassen, neben einer Summe der seltsamsten Eigentümlichkeiten. Sie stellt eine so ursprüngliche Gruppe dar, daß man wohl berechtigt ist, ihren derzeit einzigen Vertreter nicht nur als den letzten lebenden Zeugen einer seit unermeßlichen Zeiträumen verflossenen Vergangenheit, sondern auch als das älteste jetzt lebende Kriechtier und als Angehörigen überhaupt der ältesten Kriechtierordnung anzusehen. Wenige in Europa fossil gefundene Kriechtiere sind so alt, kein einziges älter als zwei Verwandte der jetzt lebenden Gattung, nämlich die Urbrückenechse (Palaeohatteria) des sächsischen Rotliegenden und der Protorosaurus aus der Permformation von Thüringen und England. Wahrscheinlich führt die Abstammung der Brückenechsen direkt auf die uralten, von der Kohlen- bis zur Triasformation verbreiteten Panzerlurche (Stegozephalen) zurück.

Die heute noch lebende Brückenechse, Sphenodon punctatus *Gray* (Hatteria), ist ein großes, etwas plumpes, in der Körpergestalt an gewisse Leguane erinnerndes Tier; ganz alte Männchen können gegen 75 cm lang werden, doch übersteigt die gewöhnliche Länge nicht ein halbes Meter. Ihr Kopf ist vierseitig, der Leib gedrungen, der Gliederbau kräftig, der etwa der Länge des Rumpfes gleichkommende Schwanz zusammengedrückt dreieckig; die Vorder- und Hinterfüße haben 5 kräftige, kurze, walzige Zehen, die kleine Spannhäute zeigen und mit kurzen Krallen bewehrt sind. Im Nacken, längs der Rückenmitte und ebenso längs der Mitte des Schwanzes erhebt sich ein aus zusammengedrückten dreieckigen Schuppen gebildeter, in der Schulter- und Lendengegend unterbrochener Kamm. Kleine Schuppen decken den Kopf, kleinere, untermischt mit größeren, den Rumpf, große, viereckige, flache, in Querreihen angeordnete Schilde die Unterseite, kleine Schuppen den Schwanz und die Ober- und Unterseite der Zehen; die Schuppen der ganzen Oberseite sind körnelig, diejenigen, welche die unregelmäßigen Hautfalten besetzen, größer als die übrigen. Die Beschuppung des Schwanzes der Brückenechse ist der der nordamerikanischen Schnappschildkröte (Chelydra) auffallend ähnlich. Ein düsteres Olivengrün bildet die Grundfarbe; kleine weiße und dazwischen stehende größere gelbe Flecke tüpfeln Seiten und Glieder; die Stacheln des Nacken- und Rückenkammes sind gelblich, die des Schwanzkammes braun gefärbt.

Brückenechſe.

Viel auffallendere und bedeutsamere Merkmale, als die äußerlichen sind, ergeben sich bei der Zergliederung des Tieres. Das Quadratbein ist, im Gegensatze zu allen Schuppenkriechtieren, mit dem Schädel unbeweglich vereinigt und der Antlitzteil des Schädels durch zwei über die Schläfengrube hinweggehende Knochenbrücken, von denen das Tier seinen Namen hat, mit der Schläfengegend verbunden: eine obere, von der hinteren Begrenzung der Augenhöhle durch einen wagerechten Fortsatz des sogenannten Postorbitale zum Schläfenbein, und eine untere, vom Jochbein gebildete, die vom Oberkiefer zum Quadratbein zieht. Die Pflugscharbeine stoßen hinten an die Flügelbeine, die Gaumenbeine zur Seite drängend; diese drei Paare von Knochen bilden ein vollständiges knöchernes, nur hinten zwischen den Flügelbeinen gespaltenes Gaumendach. Die Zähne sind in gewöhnlicher Weise mit ihrer Wurzel auf dem Rande der Kieferknochen befestigt, nutzen sich jedoch, mit Ausnahme der zwar ebenfalls sich verändernden, jedoch nicht verschwindenden beiden großen Vorderzähne, bei älteren Tieren derartig ab, daß diese, wie die Schildkröten, mit den Kieferrändern beißen müssen. Am Außenrande der Gaumenbeine steht eine zweite Reihe von Zähnen, die zusammen mit der Parallelreihe der Oberkieferzähne beim Schließen des Mundes die Unterkieferzahnreihe zwischen sich nimmt. Auf jedem Pflugscharbeine erheben sich bei jungen Tieren ein oder zwei Zähne. Die Wirbel sind vorn und hinten trichterförmig ausgehöhlt, wie dies bei einigen Lurchen und vielen Knochenfischen der Fall ist, oder bei vorweltlichen Kriechtieren, Theromorphen, Ichthyo- und Plesiosauriern der Fall war; die ganze Wirbelsäule zählt 25 Wirbel vor und etwa 30 hinter den beiden Kreuzbeinwirbeln. Die einköpfigen, wie die der Vögel, teilweise mit hakenförmigen, nach hinten gerichteten Fortsätzen ausgestatteten Rippen stimmen insofern mit denen der meisten Eidechsen überein, als sich einige, und zwar drei oder vier Paare, mit dem Brustbein verbinden, sodann mehrere, hier elf Paare, falsche vorhanden sind; allein die unteren Enden der falschen Rippen vereinigen sich wiederum mit eignen Knochenleisten, sogenannten Bauchrippen, die aus drei (einem mittleren und zwei seitlichen) Stücken bestehen, einen nach vorn gerichteten stumpfen Winkel bilden, zwischen Brustbein und Becken in der Unterhautschicht der Bauchdecken liegen und hinsichtlich ihrer Anzahl und Lage den in Querreihen angeordneten äußeren Bauchschilden entsprechen, die Anzahl der Wirbel und falschen Rippenpaare aber um das Doppelte übertreffen, auch so fest mit den Bauchschilden zusammenhängen, daß

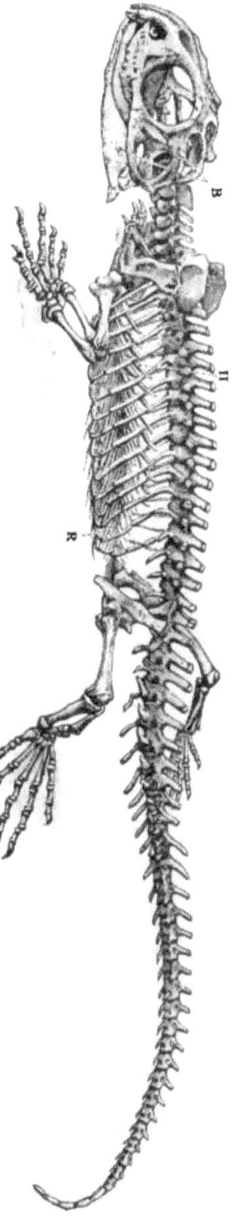

Skelett der Brückenechse. Nach Zeichnung von J. Fleischmann. B Knochenbrücken über die Schläfengegend, H Hakenfortsätze der Rippen, R sogenannte Bauchrippen.

sie nur mit Hilfe des Messers davon getrennt werden können. Die Handwurzel besteht aus der ursprünglichsten Anzahl von zehn getrennten Knöchelchen. Wie bei den Schlangen fehlt das Trommelfell und damit eine begrenzte Trommelhöhle. Schlüsselbein und Gabelbein sind vorhanden. Das Auge ist groß, dunkelbraun und zeigt senkrechten Stern. Die Afterspalte steht quer wie bei den Schuppenechsen. Männliche Geschlechtswerkzeuge konnte A. Günther nicht auffinden; die Brückenechse gleicht also in dieser Beziehung den Lurchen. Der Schwanz ersetzt sich nach Verlust wie bei den Eidechsen. So kann man also sagen, daß unsere Brückenechse ein Kriechtier ist, das im großen und ganzen die Form einer Eidechse hat, in einigen sehr wichtigen Bildungsmerkmalen jedoch auf der Stufe der Lurche stehen geblieben ist und ebenso andere Anpassungsmerkmale nach Art und Weise der Schildkröten und Schlangen ausgebildet hat.

Über Vorkommen und Lebensweise der Brückenechse haben wir bisher nur dürftige Berichte erhalten. Cook ist der erste, der ihrer Erwähnung tut. „Es soll in Neuseeland Eidechsen von ungeheurer Größe geben; denn sie sollen 2,6 m lang und ebenso dickleibig sein wie ein Mann, zuweilen auch Menschen angreifen und verzehren. Sie wohnen in Löchern unter der Erde, und man tötet sie dadurch, daß man vor dem Eingange ihrer Höhle ein Feuer anzündet." Polack spricht ebenfalls von diesem Tiere. „Die riesige Eidechse oder Guana", sagt er, „lebt vorzugsweise auf der Insel Victoria; einige wenige kommen auch auf den Inseln im Plentybusen (Nordinsel Neuseelands) vor. Die Eingeborenen erzählen Menschenfressergeschichten von ihr; sie ist jedoch ohne Zweifel ein harmloses Geschöpf." Dieffenbach erfuhr ein wenig mehr. „Ich erhielt Nachricht von dem Vorhandensein einer großen Eidechse, welche die Eingeborenen ‚Tuatera' oder ‚Narara' nennen und in hohem Grade fürchten; doch gelang es mir, obgleich ich alle ihr zugesprochenen Aufenthaltsorte nach ihr absuchte und eine bedeutende Belohnung auf ihren Fang setzte, erst wenige Tage vor meiner Abreise von Neuseeland, eine einzige zu erhalten. Sie war auf dem kleinen, in der Bucht von Plenty ungefähr 2 Meilen von der Küste gelegenen Felseneilande Karewa gefangen worden. Aus allem, was ich erfuhr, scheint hervorzugehen, daß die Brückenechse vorzeiten auf allen Inseln häufig war, in Höhlen, oft auch auf sandigen Hügeln an der Küste lebte und von den Eingeborenen ihres Fleisches halber verfolgt und getötet wurde. Infolge dieser Nachstellungen und zweifelsohne ebenso infolge der Einführung von Schweinen ist das Tier so selten geworden, daß viele ältere Bewohner des Landes es nicht gesehen haben."

Die Brückenechse, die Dieffenbach lebend gebracht wurde, gelangte später in das Britische Museum und gab Gray Gelegenheit, die wissenschaftliche Welt mit der Art bekannt zu machen. Nach Dieffenbachs Zeit, Anfang der vierziger Jahre des 19. Jahrhunderts, wurden noch einige andere Stücke tot oder lebendig nach England gesendet, immerhin aber so wenige, daß Günther schon im Jahre 1867 die Befürchtung aussprechen konnte, die Brückenechse werde wahrscheinlich binnen kurzem zu den ausgestorbenen Tieren zu zählen sein. Später wird von Bennett mitgeteilt, daß das Tier bis zum Jahre 1851 auf einzelnen Inselchen des erwähnten Busens, insbesondere auf Rurima und Montoki, noch in namhafter Anzahl lebte. Eine Gesellschaft von Offizieren fing hier binnen einer halben Stunde ungefähr 40 im Sonnenschein sich reckende Brückenechsen von 8—50 cm Länge. Im Jahre 1869 endlich gelangte wiederum eins dieser Kriechtiere lebend nach England, und zwar durch Vermittelung Hektors, der es in der Provinz Wellington in Neuseeland erhalten hatte. Über dieses Stück erfahren wir, daß es Mehlwürmer und andere Insekten begierig fraß, und durch Dieffenbach wissen wir, daß die gefangene Brückenechse im allerhöchsten Grade träge, aber auch sehr gutartig ist und ohne zu beißen oder überhaupt Widerstand zu leisten, sich behandeln läßt.

Neuerlich haben sich mehrere, sowohl deutsche wie englische Forscher eingehend mit Lebensweise und Fortpflanzung dieses höchst merkwürdigen Tieres beschäftigt und auch in bezug auf die Entwickelung einige auffallende Eigentümlichkeiten nachweisen können. In Anbetracht des großen Interesses, das dieser letzte Angehörige eines uralten Kriechtiergeschlechtes, ein „lebendes Fossil", wie Gadow die Brückenechse nennt, beanspruchen darf, mögen die wichtigsten Mitteilungen fast ungekürzt hier wiedergegeben werden.

Newman berichtet, daß das Tier, von den Maoris „Ruatara, Tuatete" oder „Tuatara" genannt (der letzte Name bedeutet etwa: Stachelträger), früher auf den Hauptinseln von Neuseeland gemein war, jetzt aber anscheinend auf einige kleine Inseln in der Plentybai, an der Nordinsel, beschränkt ist; Buschbrände, verwilderte Schweine, Hunde und Katzen, kriechtieressende Maoristämme und das Vordringen der Zivilisation haben sie mit Ausnahme einiger kleiner unbewohnter und schwer zugänglicher Inseln hinweggefegt. Auf diesen graben sich die Brückenechsen Löcher, in die sie sich bei dem geringsten Anzeichen von Gefahr zurückziehen. Sie schlafen während des größten Teiles des Tages, liegen sehr gerne im Wasser und können stundenlang unter Wasser bleiben, ohne zu atmen. Sie leben ausschließlich von tierischer Nahrung, die lebend sein und sich bewegen muß. Die Nahrungsauswahl scheint individuell sehr verschieden zu sein; Sir W. L. Buller beobachtete, daß einige seiner Gefangenen hartnäckig jedes Futter verschmähten, bis er ihnen eines Tages ganz zufällig kleine Fische anbot. Andere verzehren Insekten und Würmer, die am Meeresstrand lebenden wahrscheinlich auch Krebse. In der Regel sind die Brückenechsen träge in ihren Bewegungen, beim langsamen Kriechen schleppen sie Bauch und Schwanz auf dem Boden, aber auf der Jagd tragen sie den ganzen Rumpf über dem Boden erhoben; nach einem Lauf von wenigen Metern werden sie aber müde und müssen rasten; springen können sie auch nicht über das kleinste Hindernis.

Über die Wohnungen der Brückenechsen auf der Chicken-Insel hat v. Haast ausführlich berichtet; wir entnehmen seinen Darlegungen, daß die Tiere ihre Löcher selbst graben und mit verschiedenen Arten von Sturmvögeln teilen. Der Eingang in die Wohnkammer, die nicht mit der stets an einer anderen Stelle gegrabenen Eikammer (s. S. 367) zu verwechseln ist, hat meist 4—5 Zoll im Durchmesser und der in die innere Kammer führende Gang ist 2—3 Fuß lang, senkt sich anfangs und steigt dann wieder an. Die Wohnkammer selbst ist 1½ Fuß lang, gegen 1 Fuß breit und ½ Fuß hoch, mit Gras und Blättern belegt; auf der linken Seite der Kammer wohnt gewöhnlich der Sturmvogel, rechts die Tuatara.

Gegen den Vogel und seine Eier und Jungen vollkommen friedfertig, duldet die Tuatara kein Tier ihrer eignen Art in ihrer Wohnung und verteidigt diese, indem sie ihren Kopf an die Stelle legt, wo der Eingang zur Kammer sich erweitert; wenn man mit der Hand oder mit einem Stocke in den Gang hineinfährt, so beißt die Tuatara wütend hinein. Sie kann sehr schnell laufen und sich gegen Menschen und Hunde geschickt durch Beißen und Kratzen verteidigen. Sofort nach Sonnenuntergang verläßt sie ihre Höhle, um auf Nahrungssuche auszugehen. In der Nacht, namentlich während der Paarungszeit, stoßen die Brückenechsen einen grunzenden Laut aus.

Sehr ausführliche Mitteilungen verdanken wir den deutschen Forschern Schauinsland und Thilenius, die beide die Tuatara in ihrer Heimat aufsuchten und neben Dendy und Howes zur Aufklärung ihrer Lebensweise und Fortpflanzung beitrugen. Schauinsland beschreibt sie in nachstehender Weise.

„Die Hatteria fand ich stets im Zusammenleben mit Vögeln aus der Familie der Puffinidae. Hauptsächlich waren es Oestrelata cooki *Gray*, bisweilen auch Puffinus gavia und auf Trio Island auch einige andere Puffiniden (Majaqueus parkinsoni und M. gouldi). Jene Vögel leben unterirdisch in Höhlen, die bei einer Weite von 10—15 cm oft mehrere Meter lang sind, und ziehen in denselben ihre Jungen auf. Gleichzeitig hausen in diesen Röhren mit ihnen zusammen die Hatterien. Ich bin davon überzeugt, daß dieselben nur von den Vögeln allein gebaut sind, und daß die Hatterien, welche nach Art anderer Reptilien unterirdische Verstecke lieben, diese nur in Beschlag nahmen, weil sie ihnen so bequem zur Verfügung standen, zumal einige dieser Inseln, besonders Stephens Island, an ihrer Oberfläche, soweit sie nicht felsig ist, von den Vögeln vollständig unterminiert sind. Wahrscheinlich sind jene Höhlen bereits seit Jahrtausenden vorhanden und werden von den Vögeln bei jeder Brutperiode immer nur von neuem repariert. Die Hatterien sind, wenn man sie auch am Tage hin und wieder wohl zu sehen bekommt, doch ausgesprochene Nachttiere. Wenn die Dämmerung beginnt, verlassen sie die Röhren und gehen ihrer Nahrung nach; diese besteht aus verschiedenen Insekten, darunter den interessanten Deinacrida-Arten, Regenwürmern (Maoridrilus) und Schnecken (namentlich auch Janella schauinslandi *Plate*). Mit ihren Wirten leben sie in gutem Einvernehmen und vergreifen sich nur ausnahmsweise an ihnen, wenngleich ich auch eine Hatteria einmal mit einem kleinen Dunenjungen der Oestrelata zwischen den Kiefern antraf. So lebhaft die Hatterien während der guten Jahreszeit sind, so lethargisch werden sie während des Winters. Von Mitte April bis Mitte August sieht man sie, wenigstens in diesem Teil der Cookstraße, niemals mehr außerhalb der Höhlen; sie nehmen während dieser Zeit sicher auch keine Nahrung mehr zu sich. Das numerische Verhältnis der Geschlechter zueinander ist ein sehr ungleiches; ich schätze dasselbe so, daß in Stephens Island auf ungefähr fünf Männchen erst ein Weibchen kommt (wenn anders ich nicht annehmen soll, daß sich die Weibchen andauernd mehr in den Höhlen aufhalten und daher seltener gesehen und gefangen werden als die Männchen); das Weibchen unterscheidet sich durch seinen runden Kopf, den oftmals fast ganz fehlenden ‚Kamm‘ auf der Rückenseite und auch sonst durch seine weicheren Formen von dem Männchen, dem es außerdem in der Größe nachsteht. Alte Männchen erreichen auf Stephens Island eine Länge von $^3/_4$ m.

„Die Eierablage beginnt im November oder Dezember. (Bei meiner Anwesenheit hatte sich dieselbe zufälligerweise verzögert, so daß noch Ende Dezember frisch abgelegte Eier anzutreffen waren.) Es ist wahrscheinlich, daß eine mehrmalige Ovulation stattfindet, was ich daraus schließe, daß im Januar gesammelte Eier jüngere Embryonen enthielten als solche vom Dezember. Die Eier werden nicht in den Höhlen abgelegt, sondern außerhalb derselben; sie würden sonst von den Vögeln, die häufig ihre Wohnungen, namentlich beim Beginn ihrer Brutperiode, reinigen und auskehren, ohne Ausnahme vernichtet werden. Die Hatterien zeigen bei der Wahl der Plätze, an denen sie ihre Eier ablegen, auch sonst einen bemerkenswerten Grad von Klugheit; sie wählen erstens Plätze, an denen die Vögel ihre Minierarbeiten nicht ausführen, und dann solche Stellen, welche nicht beschattet sind, sondern dem Sonnenschein freien Zutritt gewähren; hier graben sie sich ein Loch von ungefähr 5—8 cm Durchmesser und 15—18 cm Tiefe. Dahinein legt das Weibchen seine Eier und bedeckt sie darauf leicht mit Blättern, Gras oder Moos, seltener mit lockerer Erde. Es ist möglich, daß bisweilen mehr als ein Individuum diese Löcher mit Eiern belegt; denn in einem Falle wurde in solch einer Vertiefung nach einigen Tagen die doppelte Anzahl von Eiern gefunden wie die zuerst bemerkte, was sich allerdings vielleicht auch dadurch erklären läßt, daß ein und dasselbe Weibchen in verschiedenen Zeiträumen die Eier absetzt. Im übrigen findet man selbst bei geübtem Auge die Eier immerhin nur selten, wie ich denn auch glaube, daß die Vermehrung der Hatteria eine spärliche ist; ich schließe das ebenfalls aus der geringen Anzahl der Weibchen, von denen wahrscheinlich auch wieder lange nicht alle in jedem Jahre trächtig werden, selbst wenn sie ausgewachsen sind (ich traf wenigstens zahlreiche mit ganz unentwickelten Ovarien an). Auch das sehr sparsame Vorkommen von jungen Individuen spricht für die geringe Vermehrung. Sind trotzdem einige der von mir besuchten Inseln, namentlich Stephens Island, augenblicklich noch von Hatterien zahlreich bevölkert, so ist das neben dem Mangel an Nachstellungen wohl hauptsächlich der großen Langlebigkeit zuzuschreiben; die größten Exemplare mögen vielleicht über hundert Jahre alt sein, eine Annahme, der auch die an gefangenen Individuen gemachten Erfahrungen nicht widersprechen.

„Obgleich die Zeit, die der Embryo von der Eiablage bis zum Ausschlüpfen gebraucht, auch bei anderen Reptilien nicht selten eine ziemlich lange ist, so ist dieses bei der Hatteria in ganz besonders hohem Grade der Fall. Während in den ersten Monaten die Entwickelung des Embryos relativ rasch verläuft, so muß in derselben während der späteren eine außerordentliche Verzögerung eintreten. Eier, die im August oder September gesammelt wurden, enthielten Embryonen, die, obgleich sie ziemlich nahe dem Ausschlüpfen waren, doch immer noch nicht völlig reif erschienen. Ich nehme daher die ganze Entwickelungsdauer auf rund ein Jahr oder selbst etwas mehr an.

„Anfangs glaubte ich, daß mit dieser retardierten Entwickelung während der Zeit des Südwinters der Verschluß der äußeren Nasenausführgänge zusammenhinge. Bei älteren Embryonen findet sich nämlich die ganze Nasenvorhöhle durch eine Zellenmasse derartig verstopft, daß deren Hohlraum vollständig verschwunden ist. Dieser Zellpfropf entsteht durch Wucherung der zelligen Bekleidung der Vorhöhle und wird erst kurz vor dem Ausschlüpfen wieder zurückgebildet. Später jedoch überzeugte ich mich, daß ein derartiger Vorgang auch bei anderen Reptilien (z. B. Geckonen) vorkommt, deren Entwickelung durchaus nicht eine so abnorm lange ist, was übrigens auch schon von Born erwähnt wurde.

„Die Anzahl der von einem Tier abgelegten Eier beträgt 9—12; dieselben sind von länglicher Gestalt — ungefähr 24—28 mm lang und 16—20 mm im größten Querdurchmesser — und werden von einer ziemlich derben, weißen Schale umhüllt, welche an Konsistenz die unserer Ringelnatter-Eier etwas übertrifft, da sie einen größeren Gehalt an kohlensaurem Kalk besitzt."

Da die Angaben von Thilenius über die Lebensweise der Brückenechse in einigen Punkten von denjenigen Schauinslands abweichen und sie auch zum Teil ergänzen, so sollen sie hier angeschlossen werden.

„Mit Beginn des Frühlings nimmt die Zahl der Tuataras, welche außerhalb ihrer Höhlen und Gänge sichtbar werden, rasch und auffallend zu. Während indessen im Sommer, vom Dezember etwa ab, Männchen und Weibchen in ziemlich gleicher Anzahl im Eingange der Höhle oder in dessen Nähe sich aufhalten, sind es ausschließlich Männchen, welche man tagsüber im Frühjahre zu Gesicht bekommt. Nur in den frühen Morgen- und späten Abendstunden erscheinen einzelne Weibchen, und Beobachtungen aus dieser Zeit allein würden zu der Folgerung führen, daß die Männchen der Zahl nach weit überwiegen. Nach meinen Erfahrungen auf Te Karewa in den Monaten Dezember bis Januar sowie auf Stephens Island seit Oktober ist indessen die Anzahl der Individuen jedes Geschlechtes annähernd gleich; es mag sogar die Anzahl der Weibchen die der Männchen übersteigen. Schätzungen dieser Art sind indessen schwierig und abhängig von der Jahreszeit, der Tages- oder Nachtzeit, zu welcher gezählt wird.

„Wie auf Te Karewa mit Puffinus brevicaudatus, so leben die Tuataras auf Stephens Island in Gemeinschaft mit einer kleinen Procellaria, deren Höhlen und Gänge die Eidechsen in gleicher Weise benutzen neben selbstgegrabenen. In der Lebensweise der Tuataras auf beiden Inseln besteht kein wesentlicher Unterschied, und wenn auf der letztgenannten die Eidechsen scheuer sind und tagsüber in nur geringer Anzahl gesehen werden, so hat dies wohl seinen Grund in der Anwesenheit der drei Leuchtturmwärter, ihrer Familien und des Viehes: Störungen, welche nachts sich weniger bemerkbar machen.

„Auf Te Karewa hatte mich besonders die Abneigung der Hatteria gegen das Verlassen der allernächsten Umgebung des Ganges zu der Annahme veranlaßt, daß die Eiablage in dem Gange oder doch einer in dessen Wand gegrabenen Nische stattfindet, und ich hatte dementsprechend eine große Anzahl langer Gänge aufgegraben und durchsucht, ohne jeden Erfolg. Auf Stephens Island hatten die Kinder eines der Wärter im vergangenen Sommer zufällig Eier in einem mit Grasbüscheln bestandenen Abhange gefunden, die weitere Nachsuche ergab eine erhebliche Anzahl. Ich habe diese Mitteilung in diesem Jahre bestätigen können und ergänze sie im folgenden durch meine eigenen Beobachtungen.

„Stephens Island ist gleich Te Karewa ein großer, steil aus tiefem Wasser aufsteigender Felsen, jedoch weit größer als letztere Insel. Die höchste Erhebung besteht in zwei durch einen tiefen Sattel getrennten Kuppen, welche 950 Fuß erreichen. Der Querschnitt der Insel in der Hochwassermarke ist etwa elliptisch mit einer NS verlaufenden Achse. Die ganze Westseite der Insel nimmt ein Hang ein, welcher bei einer Neigung von 60° und mehr kaum begangen werden kann; die Ostseite ist weniger steil, jedoch von tiefen Schluchten zerschnitten, welche etwa 50—100 Fuß über dem Meere plötzlich enden. Letzteres ist die durchschnittliche Höhe des die ganze Insel umgebenden Klippenrandes, der fast vertikal aus dem Meere aufsteigt. Eine dichte Vegetation von etwa 3 m Höhe bedeckt die Insel bis zur Klippe. Nikaupalmen, ein kriechender Pandanus, vor allem Coprosma-Arten sind die wesentlichen Formen des Busches. Unter dem lichteren Coprosma-Gebüsch steht etwas Gras und kleine Pteris; am unteren Rande der Vegetationsdecke, wo nur wenig Erde auf dem Felsen liegt, zieht sich ein schmales, vielfach unterbrochenes Band von Grasbüscheln entlang der vegetationslosen Klippe. Unter dem Busch, besonders aber in den von tiefer, weicher Erde erfüllten und von Coprosma beschatteten Schluchten liegen die zahllosen Gänge und Schlafplätze der Procellariden, während die Möwen die unzugängliche Klippe vorziehen. Tuataras finden sich überall, die überwiegende Zahl jedoch in oder nahe den Schluchten.

„Mit dem Bau des Leuchtturmes, der Wärterhäuser usw. wurde die Inselvegetation insofern verändert, als die Anlagen von Serpentinen, einer Drahtseilbahn und eines längeren Schienenweges den Busch durchschnitten und Böschungen erhielten, welche mit Gras bewachsen sind. Jenes schmale Grasband am Klippenrande und neuerdings die Grasböschungen sind die Stellen, an welchen die Tuatara ihre Eier ablegt. Beiden Örtlichkeiten gemeinsam ist verhältnismäßig weicher Boden und eine Vegetation, welche ein Minimum von Feuchtigkeit gewährleistet, ohne die Wirkung der Sonnenwärme in dem Maße zu beeinträchtigen, wie es Gebüsch tun würde. Ähnliche Bedingungen bieten mehrere andere Stellen der Insel, welche von Vögeln bewohnt sind. Hier legt die Tuatara indessen nicht; es mag wohl die Erfahrung sie gelehrt haben, daß die Vögel ihre Eier gefährden, sei es durch Verzehren derselben oder durch Zerstörung der Gelege beim Graben. Letzteres kommt um so mehr in Betracht, als die Entwickelung der Tuatara bis zu 12—14 Monaten in Anspruch nimmt. Ehe ich frisch gelegte Eier erhielt, fand ich solche der vorjährigen Legezeit, deren Embryonen, nach der Menge des Dotters zu urteilen, noch 1—2 Monate bis zum Ausschlüpfen bedurften.

„In der Zeit um den 1. November, wenn vorhergehender Regen den Boden aufgeweicht hat, wandert die Tuatara nachts den oft recht weiten Weg nach dem Klippenrande oder den Grasböschungen und beginnt hier neben oder unter einem Grasbusch zu graben. Der Eingang der kleinen Höhle ist eben groß genug, um den Vorderkörper der Tuatara aufzunehmen, weiterhin erweitert sich die Höhlung nach beiden Seiten und erhält einen horizontalen Boden. Mitunter gelingt es, eine Hatteria bei der Arbeit zu überraschen; man sieht dann das Tier mit beiden Händen abwechselnd Erde wegkratzen oder findet es in einer Stellung, als ob es durch Einschmiegen der Schultern und des Vorderkörpers die Wandung ebnete. Die Fertigstellung der Höhle geht langsam von statten; nach vier Nächten fand ich eine Eikammer zur Aufnahme bereit, welche bei 16 cm Tiefe 14 cm breit und 3 cm hoch war. Wo ein Gang die Eikammer mit der Außenseite verbindet, ist entsprechend mehr Zeit erforderlich. Abends, etwa zwischen 8 und 9 Uhr, begegnete ich nicht selten trächtigen Weibchen, welche die Wege kreuzen, augenscheinlich auf der Wanderung zu einer beginnenden oder teilweise fertigen Eikammer. Ebenso pflegen die Tiere um Sonnenaufgang zurückzuwandern. Gelegentlich indessen bleiben die Weibchen unten im Grashange auch den Tag über; beim Ausgraben findet man sie dann in dem zur Eikammer führenden 40 cm langen Gange.

„Die Arbeit an der Eikammer erfolgt ausschließlich nachts, ebenso die Eiablage selbst. Über die Art der letzteren vermag ich keine Angaben zu machen, da es mir nicht gelang, sie zu beobachten. Sehr wahrscheinlich ist, daß die Eier in längeren Zwischenräumen wie bei anderen Sauriern abgelegt werden, und zwar in dem Gange, falls ein solcher vorhanden, oder doch vor der Eikammer. In letzterer selbst ist nicht Raum genug vorhanden, um auch nur einen Teil des Weibchens aufzunehmen. Beim Aufgraben einer Kammer findet man überdies, daß die Eier in zwei bis drei Lagen dicht neben- und übereinander gepackt sind und den Raum genau ausfüllen, als wäre er von vornherein für eine ganz bestimmte Anzahl von Eiern berechnet gewesen. Da die Kammerwände verhältnismäßig fest sind, bleiben die Zwischenräume zwischen den Eiern von Luft erfüllt, und selbst kurze Zeit vor dem Ausschlüpfen der Jungen enthalten die Zwischenräume nur lockere Erde, welche durch Sickerwasser dorthin gelangt sein mag. Die auffallende Packung der Eier scheint das Weibchen mit dem Munde auszuführen; der lange, wenn auch biegsame Schwanz hindert die Verwendung der hinteren Extremitäten in dem engen Raume hierfür, und der große, lange Kopf würde den Händen im Wege sein. Beweisend scheint mir zu sein, daß ich beim Aufgraben einer Kammer das Weibchen im Gange fand mit dem Kopf an der Eikammer und einem Ei im Maule. Ist die Eiablage beendet, so wird die Kammer selbst (nicht der etwa vorhandene Gang) mit Erde verschlossen, welche mit Grashalmen vermischt ist; wenn letztere verwelken, geben sie in Verbindung mit der eigentümlich eben aussehenden Oberfläche des Erdpfropfes gelegentlich einen Hinweis auf die Eikammer. Trotzdem ist die Auffindung recht schwierig, und an mehr als einem Tage war das Resultat mehrstündigen Hackens und Grabens ein negatives. Der Regel nach sucht jedes Weibchen alljährlich dieselbe Stelle zur Eiablage auf; so fand ich in diesem Jahre ein frisches Gelege genau an der Stelle, an welcher im Vorjahre ein frisches und unmittelbar daneben ein vorvorjähriges Gelege gleichzeitig freigelegt wurden.

„Die Zahl der Eier im Gelege beträgt gewöhnlich 12, doch kommen auch nur 9 oder bis zu 17 Eiern in einer Kammer vor. Auffallend ist der Unterschied zwischen frischen und alten Eiern. Solche, die ich dem Weibchen zu entnehmen Gelegenheit hatte, sind außerordentlich weich und elastisch, die Hüllen lassen sich leicht in vielen Lamellen entfernen, und wenn solche Eier in Säuren gelegt werden, ist die Menge der Gasblasen eine sehr geringe. Abgelegte oder dem Eileiter entnommene Eier haben nach etwa zwölfstündigem Liegen in feuchter Erde bez. der Eikammer eine harte Schale erhalten, welche in Berührung mit Säuren eine sehr lebhafte Gasentwickelung zeigt, so daß das Ei sich sehr bald zu bewegen beginnt oder selbst zur Oberfläche der Flüssigkeit aufsteigt. Alte Eier der vorjährigen Legeperiode sind wiederum sehr elastisch und erhalten nur eine dünne Decke von Gasbläschen. Endlich sind frische Eier ellipsoidisch und messen bei fast gleicher Größe im Durchschnitt 20:14 mm, während alte alle Formen von Ellipsoiden bis zu Kugeln und eine beträchtliche Größenzunahme zeigen, wie z. B. die Maße 27:26 mm, 27:23 mm, 30:23 mm, 33:25 mm beweisen. Diese Volumzunahme findet ebenso wie die Verringerung der CO_2-Entwickelung nicht vor dem letzten Drittel der Entwickelungszeit statt. Erst diejenigen Eier überschritten erheblich die Maße frischer, in welchen die Embryonen den Beginn einer Hautpigmentierung zeigten.

„Die Eier eines Nestes scheinen ungefähr gleichzeitig von den Jungen gesprengt zu werden, denn man findet stets mehrere junge Tiere beisammen, welche einen kleinen Nabel, gelegentlich noch einen linsengroßen Dottersackrest oder einen Eizahn besitzen. Sie bleiben für kurze Zeit an der Stelle des Nestes, graben sich dann zur Oberfläche durch und suchen jedes für sich eine kleine Höhlung auf in der Nähe des früheren Nestes. Solche Junge werden nie in der Nähe der Wohnräume alter Exemplare gefunden; sie scheinen während des ersten Jahres, vielleicht sogar länger, in der Umgebung der Neststelle zu bleiben und erst später in die von alten Tieren bewohnten Teile der Inseln zu wandern, wo sie ihrerseits von Vogelhöhlen Besitz nehmen."

Schließlich mögen auch noch die Beobachtungen, die P. Henaghan, der Hüter der unter staatlichem Schutze stehenden Tuatara-Reservation auf der Stephens-Insel, an Professor Arthur Dendy meldete, hier mitgeteilt werden, da sie eben von einem Manne herrühren, der durch seinen dauernden Aufenthalt auf der Insel und seine stete Beschäftigung mit den seiner Obhut anvertrauten Tieren wohl am besten über ihr Freileben urteilen kann.

„Unsere Insel ist mit Strauchwerk verschiedener Art dicht bedeckt; der Boden ist an den meisten Stellen, besonders an den ‚ridges' gut; in den ‚gullies' ist er von lichtbrauner Färbung, was von Eisenoxyd herrührt. Die Vögel und Eidechsen graben in diesem weichen Boden, und man kann oft beide friedlich in demselben Loch lebend finden. Drei oder vier Arten von Sturmvögeln bewohnen die Insel, und wenn Sie jetzt, zu ihrer Brütezeit, hier wären, so würden Sie überrascht sein von ihrer Anzahl — es ist kaum ein Fußbreit Boden, der von ihnen nicht unterwühlt wäre. Insekten verschiedener Art sind auch gut vertreten, und ich glaube, die Eidechsen ernähren sich vorwiegend von ihnen, namentlich von Käfern; ich glaube aber auch, daß sie junge Vögel verzehren, ich habe dies selbst gesehen. Einen großen Teil des Jahres leben sie aber ohne Nahrung, sich in ihren Höhlen aufhaltend. Im ganzen gibt es drei oder vier Arten von Eidechsen hier, die Tuatara ist die größte von ihnen, die anderen sind sehr klein. Niemals noch wurden hier viele Eidechseneier gefunden, obgleich die Tuataras sehr zahlreich sind.

„Zuerst sind die Löcher, die zu der Eierkammer führen, kleine Vertiefungen, hauptsächlich in der oberflächlichen Erdschicht. Der Eingang hat etwa 1½—2 Zoll Höhe und etwa 3 Zoll Breite. Die Kammer geht in ungefähr derselben Ausdehnung 5 oder 6 Zoll wagerecht in den Boden und ist dann für die Aufnahme der Eier schwach erweitert. Die Eier sind dicht in Lagen von zwei oder drei verpackt und können wegen ihrer Größenzunahme bei der Entwickelung nur schwierig unverletzt herausgenommen werden. Sie müssen in der Mehrzahl der Fälle außerhalb der Kammer abgelegt und von der Eidechse, sei es im Maule oder mit den Pfoten, hereingebracht und in die richtige Lage gebracht werden; kein freier Platz bleibt in der Vertiefung, wo die Eier abgelegt werden. Die meisten der gefundenen Nester waren nur wenige Zoll unter der Oberfläche. Die Eier waren mit der aus der Kammer herausgescharrten Erde bedeckt, diese wird fest auf die Eier gedrückt, dann der Höhleneingang mit Gras oder Blättern verstopft und der Umgebung möglichst gleich gemacht.

„Wenige Nester wurden am äußersten Ende von Gängen gefunden, die 2 oder 3 Fuß weit in die Erde sich erstreckten. Der Hauptgang dient der Eidechse als Wohnraum und sein Eingang wird offen gehalten. An seinem äußersten Ende ist in einem rechten Winkel zu ihm eine kleine Kammer ausgescharrt und in dieser werden die Eier eingelagert und mit Erde bedeckt. In diesem Falle werden die Eier wahrscheinlich im Hauptgange abgelegt und, wie vorhin beschrieben, in das Nest gebracht. Der Boden, in dem die Eier abgelegt werden, ist vorwiegend eine Mischung von Lehm und Sand, doch wurde eine ziemliche Anzahl von Nestern in der oberflächlichen Erdschicht angelegt; in lockerem Boden wurden aber keine Nester gefunden und ein Lieblingsplatz für die Anlage von solchen ist unter einem Fußwege. Der oben harte Grund läßt zweifellos im Winter den Regen ablaufen."

Henaghan, der bisher Eier stets nur zufällig gefunden hatte, wenn Wegbauten ausgeführt wurden, ging nun einen steilen Abhang hinab, bis gegen 200 Fuß über dem Meeresspiegel. Hier war kein Pflanzenwuchs; die Eier wurden in loser Erde gefunden, und es war außer Zweifel, daß die Tuataras seit Jahren diesen Platz zu benutzen pflegten, da viele alte Eischalen im Boden gefunden wurden. Der Abhang war so steil, daß unser Gewährsmann Mühe hatte, während des Suchens Fuß zu fassen. Am 12. November schnitt einer seiner Assistenten beim Ausschaufeln eines Pfades an einem Abhange augenscheinlich ein Tuataranest an, beachtete es aber weiter nicht. Mitte Januar wurde es von einem der Kinder Henaghans entdeckt; einige Eier waren schon leer, in anderen, die der Sonne ausgesetzt waren, fand unser Gewährsmann die Gerippe der jungen Echsen. Er nimmt daher an, daß die Eier zwölf Monate zur Entwickelung brauchen, und auch Dendy stimmt ihm zu, meint sogar, daß die Zeit noch etwas länger sein dürfte.

Innerhalb der letzten 20 Jahre sind lebende Brückenechsen mit langen Unterbrechungen mehrmals nach Europa gebracht worden und haben sich als recht ausdauernde und wenig empfindliche Pfleglinge erwiesen. Gadow, Werner und Berg haben ihre Erfahrungen und Beobachtungen an ihren Gefangenen mitgeteilt, aus denen das Wichtigste ebenfalls hier wiedergegeben werden möge.

Gadow, der ihrer ein halbes Dutzend in einem Warmhause mehrere Jahre lang hielt, nennt sie stumpfsinnige, ungesellige Tiere, trotz ihrer imponierenden Haltung, die sie erhobenen Kopfes, mit ihren großen, ruhigen Augen umherblickend, gerne einnehmen. Jedes der Tiere grub seine eigene Höhle unter und zwischen großen Steinen in den harten Boden. Bei Dunkelwerden saßen sie vor ihren Löchern oder wanderten gemächlich zu der Schüssel mit Regenwürmern, die ihre Hauptnahrung bildeten. Fleisch berührten sie nicht, töteten und zerkauten aber Eidechsen und Blindschleichen. Manchmal badeten sie stundenlang im warmen Wasser. Die Häutung erfolgt in einzelnen Fetzen. Gadow sah sie niemals sich sonnen, und das Scheitelauge wurde durch darauffallendes grelles Licht in keiner Weise beeinflußt. Sie wurden gerade zahm genug, um nicht wegzulaufen, wenn man sie bei Nacht auf ihren Wanderungen antraf, doch liebten sie es nicht, sich berühren zu lassen, und konnten in diesem Falle bei unvorsichtiger Behandlung sehr schmerzhafte Bisse versetzen. Das größte der Tiere, ein Männchen, war ziemlich streitsüchtig, grunzte viel und behelligte die übrigen.

Werner berichtet ausführlich über eine von ihm längere Zeit gepflegte Tuatara wie folgt. „Mein Exemplar, welches ich vom Tierhändler A. E. Jamrach in London erhielt, ist vollkommen erwachsen und ein kräftiges, gesundes Tier von olivengrüner Färbung. Nur einen kleinen Defekt hat es aufzuweisen, da es nämlich eine enorme Geschwulst an der längsten rechten Zehe bekam, bei deren operativer Behandlung die beiden Endglieder zum Opfer fielen. Der Stummel ist nun völlig verheilt, und das Tier, das sowohl während der Krankheit als während der Operation eine merkwürdige Gefühllosigkeit verriet und stets bei bestem Appetit war, befindet sich wieder ganz wohl.

„Die verschiedenen Angaben, die ich über die Trägheit und Schwerfälligkeit des Sphenodon gelesen habe, kann ich durchaus nicht bestätigen. Anfangs zeigte das Tier freilich nur sehr geringe Neigung zur Ortsveränderung und blieb oft tagelang auf einem Fleck liegen, ohne sich durch etwas anderes als vorgehaltenes Futter in seiner Ruhe stören zu lassen; seit es aber eingewöhnt ist, entwickelt es eine ebenso große Lebhaftigkeit wie viele plump gebaute Eidechsen, z. B. Uromastix. Namentlich in den Abendstunden sowie bei Sonnenschein auch am Morgen ist mein Exemplar beständig in Bewegung und durcheilt etwas schlängelnden Laufes und mit hoch erhobenem Kopfe, mit dem Bauche nicht den Boden berührend (also wie ein Krokodil!) seinen großen Käfig. Sehr auffallend ist der Umstand, daß dieses Tier niemals züngelt, was einen nicht unwichtigen biologischen Unterschied auch von den sonst ähnlichsten Eidechsen abgibt und ebenfalls mehr an ein Krokodil erinnert, denn auch Eidechsen mit ähnlich dicker, fleischiger Zunge (Geckoniden und Agamen) strecken diese mehr oder weniger häufig vor. Gefangen, verteidigt sich unser Tier durch heftiges Kratzen, Herumschlagen und sehr selten auch durch ungeschickte Beißversuche. Der Schlaf ist für ein Reptil ungewöhnlich fest, und das Tier ist mitunter nur durch einige sanfte Püffe zu erwecken.

„Mein Sphenodon trinkt nicht oft, dann aber sehr viel und lange; das erstemal brauchte er lange Zeit, um die Öffnung des Wassergefäßes zu finden, dann aber fand er sie ohne Schwierigkeit. Er trinkt nicht leckend wie eine Eidechse, sondern mit kauenden, schöpfenden Unterkieferbewegungen. Nach dem Trinken richtet er sich hoch auf, wie dies auch die Eidechsen zu tun pflegen.

„Die Nahrung besteht vorwiegend aus Rindfleisch und Rindsleber, wovon mein Tier ganz gewaltige Stücke verschlingt; durchschnittlich zwei bis drei Stücke von mehr als Daumendicke und Daumenlänge wöchentlich. Dieselben werden sehr kräftig und oft durchgekaut, aber unzerbissen verschlungen. Außerdem hat das Tier Mehlwürmer, große Nachtfalter (Saturnia pyri), Wassermolche (Molge vulgaris), Springfrösche (Rana agilis) und Zauneidechsen mit Appetit verzehrt; doch bekommt es weder Frösche noch Eidechsen mehr zu fressen, da die Gewohnheit, die Tiere im lebenden Zustande mürbe zu kauen, besonders wenn dabei noch von hinten angefangen wird, eine entsetzliche Quälerei ist.

„Komme ich mit dem an eine Stricknadel angespießten Fleischstück, so merkt der Sphenodon in der Regel erst dann etwas davon, wenn sich der Bissen über seinem Kopfe befindet, wenn auch in der Entfernung von etwa 20—30 cm; auf dem Boden liegendes Fleisch wird nicht beachtet, wohl aber dann häufig aufgelesen, wenn es dem Tiere selbst entfallen ist. Hält man ihm das Fleisch an die Schnauze, so nimmt er es nur bei großem Hunger an. In der Regel spielt sich die Fütterung in folgender Weise ab.

„Wenn der Bissen in die angegebene Entfernung gelangt ist, jetzt sogar schon, wenn die Echse den Deckel des Käfigs klappern hört, richtet sie sich hoch auf und wartet, bis das Fleisch in erreichbare Nähe gekommen ist, dann aber schnappt sie mit einer wahren Wut, aber geringer Zielsicherheit danach, bringt es in geeignete Lage und verzehrt es nach der nötigen Bearbeitung durch das kräftige, aber stumpfe Gebiß. Erst wenn der Bissen vollständig verschlungen ist, richtet sie sich wieder in die Höhe und erklärt sich dadurch wieder freßlustig. Ist sie aber noch nicht fertig oder aber überhaupt gerade an dem Tage nicht hungrig, so fährt sie abwechselnd mit der linken und rechten Pfote über die Schnauze und verdreht dabei jämmerlich die Augen. Dieses Zeichen entschiedener Ablehnung ist so untrüglich, daß ich jetzt, wenn sie es schon am Anfang der Fütterung macht, gar nicht mehr zu versuchen brauche, sie zur Nahrungsannahme zu bewegen, da ich dann sicher weiß, daß es umsonst ist. Der Umstand übrigens, daß sie den vorgehaltenen Bissen auch dann schon mit den Vorderpfoten abwehrt, wenn er noch ein gutes Stück von ihrer Schnauze entfernt ist, spricht für ein schlecht ausgebildetes Unterscheidungsvermögen für Entfernungen. Während es bei Eidechsen ein schlechtes Zeichen ist, wenn sie ohne sichtbaren Grund (Nähe eines Feindes und dergleichen) längere Zeit den Rachen halb geöffnet haben, so ist diese bei Sphenodon nicht ungewöhnliche Stellung durchaus kein Zeichen von Übelbefinden. Gegen Kälte ist das Tier durchaus nicht empfindlich; es nimmt noch bei einer Temperatur Nahrung an, bei der sogar unsere einheimischen Eidechsen gar nicht oder nur mit Unlust fressen. Obwohl es, wie schon erwähnt, zur Abendzeit bei weitem am lebhaftesten ist, und nicht nur recht behende läuft, sondern sogar gelegentlich, allerdings höchst ungeschickt (höchstens $^1/_3$ m weit, niemals aufwärts und stets mit Unterstützung des kräftigen Schwanzes) zu springen versucht, so ist doch die Nahrungsannahme an keine bestimmte Zeit gebunden, und das Tier ist zu jeder Tagesstunde dazu bereit. Lebende Tiere fängt es selbst ab und sogar nicht ohne Geschick, wenn auch mit demselben Ungestüm, der überhaupt das Wesen des Sphenodon kennzeichnet, denn alle Bewegungen geschehen hastig, ruckweise. Nur während des Fressens schläft es mitunter etwas ein, um aber dann beim Erwachen mit erneuter Kraft sein Stück Fleisch zu zerquetschen. Vegetabilische Nahrung wurde vollständig verschmäht, Kirschen, die ich ihm in gewohnter Weise über der Schnauze baumeln ließ, wurden zwar gepackt, aber sofort mit dem Zeichen des Unbehagens wieder fallen gelassen.

„Mein Sphenodon hat seither eine bösartige Krankheit zu überstehen gehabt; er wurde nämlich von der Mundfäule befallen, die ähnlich auftrat wie bei Schlangen, und die sonst nur bei der Eidechsengruppe der Varaniden beobachtet wurde, obwohl mir selbst kein derartiger Fall bekannt ist. Da man nun mit dem außerordentlich kräftigen Sphenodon punctatus ganz anders umgehen kann als mit einer Schlange, so versuchte ich — ein so wertvolles Stück läßt man nicht so ohne Kampf zugrunde gehen — eine Heilung und hantierte nun mehrere Male mit Messer und Höllenstein so energisch, daß das sonst so unempfindliche Tier quakende Schmerzenslaute ausstieß und sich heftig wehrte. Da ich nach zweimaligem Eingreifen gar keine Besserung bemerkte, so gab ich nach der dritten Operation fast die Hoffnung auf die Rettung des Tieres auf. Wie erstaunt war ich aber und erfreut dazu, als vorige Woche, da ich den schüchternen Versuch machte, dem Sphenodon wieder ein Stück

Fleisch vorzuhalten, er mit dem gewohnten Ungestüm danach schnappte. Nun frißt er wieder, Gott sei Dank, wie's vom Laubfrosch in den Münchener Bilderbogen ähnlich heißt, seine großen Fleischrationen und ist kreuzfidel wie immer; trotz längerem Fasten ist er gar nicht abgemagert und hat nur durch die Höllensteinanwendung ein schwarzes Maul bekommen, doch beginnt die Kruste schon abzufallen."

Soweit Werner. Berg, der ebenfalls ein Exemplar längere Zeit lebend besaß, konnte diese Schilderung durch nachstehende anschauliche Darstellung ergänzen: „Die Brückenechse kam am Anfang vorigen Jahres in meinen Besitz. Es war gerade grimmig kalt und wohl nur der sorgfältigen Verpackung zu danken, daß sie nicht unterwegs erfroren war. Im Gegensatz zu einem zweiten Stück, welches ich im Juni bei großer Hitze erhielt, erholte sie sich bald und hatte es dank ihres gesegneten Appetits schon nach zwei Monaten zu beneidenswerter Leibesfülle gebracht. Der zweite Sphenodon war von einer mir befreundeten Dame, die mich gebeten hatte, ihn während ihres Kurgebrauchs in Ems zu pflegen, angekauft worden und wurde mir von Jamrach direkt zugesandt. Leider hatte das Tier aber durch die herrschende Gluthitze so gelitten, daß es trotz sorgfältigster Wartung schon nach elf Tagen einging. Die an ihm gemachten biologischen Beobachtungen sind von geringem Belang. Dahingegen bot die Vergleichung der beiden Exemplare einige interessante Momente. Die einzelnen Zacken des Nacken- und Rückenkammes erreichten nämlich bei dem zweiten Sphenodon eine Höhe von gut 1 cm, während die meines Stückes viel weniger entwickelt, kaum 5 mm hoch und entsprechend schmäler waren. Außerdem waren die gelblichen Punkte, denen die Brückenechse ihren lateinischen Speziesnamen verdankt, bei dem letzteren weit kleiner und zahlreicher. — Durch die Tatsache, daß beim Männchen verschiedener Leguanarten ein höherer Kamm nachgewiesen ist als beim Weibchen, werde ich zu der Vermutung veranlaßt, daß vielleicht auch hier die Geschlechter auf analoge Weise zu unterscheiden sind. Jedenfalls wäre es von großem Interesse, wenn diese Möglichkeit an geeigneter Stelle näher studiert würde.

„Die Nacken- und Rückenzier der Tuatara verdient übrigens außerdem noch besondere Beachtung, weil sie vom Kamm eines Leguans, dem sie auf den ersten Blick sehr ähnlich ist, nicht unwesentlich abweicht. Die einzelnen Zacken sind auf einem besonders im Nacken hohen Hautsaume befestigt und können mit diesem willkürlich aufgerichtet werden. Letzteres geschieht stets, wenn das Reptil in Erregung versetzt wird, und kann an noch nicht an die Gefangenschaft gewöhnten, also noch scheuen Exemplaren oft beobachtet werden. Im Zustande der Ruhe ist der Nackenkamm gewöhnlich etwas zur Seite geneigt. Die Färbung des gesunden Tieres wechselt von hellschmutziggrüngrau bis zum dunkelsten Grünoliv, und die helle Sprenkelung tritt erst nach dem Tode sehr deutlich hervor.

„Ob meine Tuatara ausgewachsen ist, wage ich nicht zu behaupten. Es ist indessen wahrscheinlich, obgleich zwei Exemplare, welche ich im Jahre 1887 im Zoologischen Garten von Amsterdam sah, mir größer zu sein schienen."

Berg erwähnt auch die Angabe früherer Autoren, daß die Unterkieferäste bei der Brückenechse wie bei den Schlangen nur durch ein sehniges Band verbunden sein sollen, konnte aber sich nicht von der Richtigkeit dieser Angabe überzeugen. Er fährt daher fort:

„Selbst beim Verschlingen sehr voluminöser Bissen habe ich an meinem Exemplare bei der größten Aufmerksamkeit nichts Derartiges wahrnehmen können und eine wiederholte, an dem lebenden Tiere vorgenommene Untersuchung hat mir die obige Vermutung nur bestätigt: Die Unterkinnlade verhält sich bei mäßigem Druck nicht viel anders als die einer großen Eidechse, während die beiden Äste bei Schlangen leicht hin- und hergeschoben werden können. — Der Rachen des Sphenodon ist übrigens so groß, daß er, meiner Ansicht nach, auch ohne Erweiterung jedem Beutestück Eingang verschafft, welches der Schlund passieren läßt.

„In der mir zugänglichen Literatur wird die Zunge der Brückenechse kaum erwähnt, und doch verdient gerade diese unsere besondere Beachtung. Sie ist voluminöser als die aller mir bekannten Eidechsen, fühlt sich weich und schwammig an und zeigt vorn keinerlei Ausrandung. Ihrer ganzen Länge nach ist sie am Boden der Mundhöhle festgewachsen, nur die äußerste Spitze, kaum 1 mm, ist frei, und kann daher nicht tastend vorgestreckt werden. Zum Auflesen kleiner Futtertiere (z. B. Mehlwürmer) wird die Zunge zwar stets benutzt, aber in ganz anderer Weise als dies von vielen Leguanen, Agamen usw. geschieht; trotz des Widerspruches, den diese meine Angabe zu involvieren scheint, verhält es sich genau, wie ich sage. Das Organ wird nämlich auf ganz eigentümliche Art vorgestülpt, so daß die Mehlwürmer nicht mit der Spitze, sondern mit der hervorgewölbten Fläche desselben aufgelesen werden. Dies ‚Hervorstülpen' geschah mit solcher Gewalt, daß das Futternäpfchen von der Stelle gerückt wurde. Das heizbare Terrarium, welches ich meiner Gefangenen anwies, hat einen Flächenraum von 90×60 cm. Es ist speziell für kleine Krokodile konstruiert und daher mit einem äußerst geräumigen Wasserbehälter versehen, der bis an den Rand in die den Boden bildende Schieferplatte eingelassen ist. Die einfache Einrichtung des Käfigs, welcher außerdem nur einige große Tuffsteinblöcke enthielt, schien ihr zu behagen, denn sie fraß, kaum aufgetaut, ein Schüsselchen mit Mehlwürmern leer und zog sich dann ins Wasserbecken zurück. In ihrer ganzen Lebensweise erinnerte mich die Tuatara sehr an einen kleinen Alligator. Wie ein solcher verbrachte sie den Tag entweder im Wasser oder reckte sich, Vorder- und Hinterextremitäten nach rückwärts streckend, auf der von der Sonne durchglühten Schieferplatte. Auch mein Exemplar war durchaus nicht frostig und fühlte sich bei gewöhnlicher Stubenwärme noch ganz wohl. Anfangs war es recht scheu und flüchtete sich bei der geringsten Störung ins Wasser. Schon nach kurzer Zeit aber wurde es so zahm, daß es nicht nur seine Furcht vollständig ablegte, sondern sogar herangelaufen kam, wenn das wohlbekannte Mehlwurmnäpfchen ins Terrarium gesetzt wurde. Mehlwürmer wirkten überhaupt geradezu Wunder auf die sonst etwas träge Neuseeländerin, welche es sich selbst am Tage nie verdrießen ließ, die bald hier, bald dort ins Zimmer geworfenen Larven aufzulesen. Sie sah dieselben auf eine Entfernung von mehreren Metern und nahm sie sogar aus der Hand entgegen.

„Sowohl das Auge als auch das Ohr der Tuatara halte ich für gut entwickelt, während mir über den Geruchssinn jedes Urteil abgeht. — Bei hellem Sonnenschein sieht sie allerdings nicht sehr gut, was bei einem Dämmerungstier auch nicht zu verwundern ist. Nichtsdestoweniger glaube ich das Gesicht als ihren vornehmsten Sinn betrachten zu sollen, da ihr der Tastsinn, welcher bei den meisten Reptilien bis zu einer außerordentlichen Vollkommenheit ausgebildet ist, der festgewachsenen Zunge wegen, abzugehen scheint. Auch ich habe zwar konstatiert, daß die Brückenechse wenige Dezimeter von ihr entfernte Fleischstücke vollständig ignoriert. Es ist dies indessen für mich kein Beweis für ein mangelhaftes Sehvermögen: Wenige Kriechtiere pflegen bewegungslose Gegenstände zu beachten, die sich nicht im Bereich der tastenden Zunge befinden. Nur diese und das Auge scheinen — meiner persönlichen und unmaßgeblichen Überzeugung nach — klare Eindrücke von der Außenwelt auf das Reptilienhirn zu übertragen.

„Nach Sonnenuntergang war auch mein Sphenodon, der sich überhaupt ziemlich regsam zeigte, am muntersten. Ich habe festgestellt, daß er auch in dunkler Nacht eine sich ihm bietende Beute nicht verschmähte. — Niemals indessen erreichte seine Beweglichkeit auch nur annähernd die der Dornschwänze (Uromastix), welche ich trotz ihrer anscheinend plumpen Gestalt zu den gewandtesten Sauriern zählen möchte. Alle Bewegungen haben etwas Jähes, Eckiges und Unbeholfenes. Auch bei dem ihm eigenen stoßweisen Laufen berührte die Abdominalpartie meines Exemplars den Boden. Der Gang ist ein ziemlich langsames ‚Tapsen', bei dem jeder Tritt hörbar ist. — Wurde meine Tuatara erschreckt, so vermochte sie eine kurze Strecke in raschem Vorwärtsstürmen zu durcheilen; sie fiel aber schon nach wenigen Metern in ihr langsames Tempo zurück. Wenn ich das plötzliche Vorschießen zur Ergreifung der Beute nicht als Sprung auffassen will, so habe ich meine Brückenechse nie springen sehen. Dagegen erkletterte sie häufig ein etwa 20 cm hohes Tuffsteinstück. Das Vorhandensein von kleinen Schwimmhäuten und der Umstand, daß mein Sphenodon den Aufenthalt im Wasserbecken sehr liebte, brachten mich auf den Gedanken, seine Schwimmkunst auf die Probe zu stellen. Versuche, die in einer Badewanne gemacht wurden, scheiterten, weil er, mit allen vieren zappelnd, aus derselben zu entkommen suchte. Es wurde deshalb beschlossen, ihn in einem Teiche Probe schwimmen zu lassen. Der Neuseeländer wurde in ein flaches, an einer langen Stange befestigtes Kistchen gesetzt und vermittelst dieses Apparates dem flüssigen Elemente anvertraut. Gewöhnlich schwamm er dann sofort dem nächsten Ufer zu; einmal indessen wählte er die entgegengesetzte Richtung, so daß ich um den Teich herumlaufen mußte, um ihn wieder zu bekommen. Zu tauchen versuchte meine Tuatara nie. Sie bewegte sich im Wasser rascher als auf dem Lande und schwamm, indem sie die Extremitäten an den Körper legte, nur mit dem Schwanze rudernd.

„Meine Tuatara war von einer grenzenlosen Raubgier. Sie fiel über alles her, was sie bewältigen zu können glaubte. Anfangs fütterte ich sie neben rohem Fleisch nur mit Mehlwürmern, die sie in der oben beschriebenen Weise auflas, vollständig zerkaute und in Breiform verschluckte. Der Unterkiefer, dessen Zahnreihe in die von den beiden des Oberkiefers gebildete Rinne hineinpaßt, macht nämlich beim Schließen des Maules eine sägende Bewegung nach vorn, welche bewirkt, daß kleine Futtertiere zermahlen werden. Sogar an Wirbeltieren, die ich ihr später mit Ausnahme von einigen Mehlwürmern als Zukost ausschließlich reichte, zeigte sich die Wirkung ihres gewaltigen Gebisses. Zuweilen wurden die einzelnen Teile, z. B. eines Frosches, nur noch durch Hautfasern zusammengehalten. — Bewunderungswürdig war die Sicherheit, mit welcher meine Brückenechse das Beutetier im jähen Vorstoß erfaßte. Wurde eine Eidechse in den Käfig gesetzt, so blieb jene ruhig liegen und wartete ab, bis dieselbe in den Bereich ihres Rachens kam, fuhr dann plötzlich zu und zermalmte mit einem Bisse den Kopf des Sauriers. In Fällen, wo das unglückliche Opfer in der Mitte oder dem hinteren Ende seines Leibes gefaßt wurde, setzten stets die nächsten Bisse seinem Leben ein rasches Ziel.

„Allein im Monat Juni setzte sich das Menü meiner Tuatara neben vielen Mehlwürmern aus 52 kleinen Eidechsen, 3 Mäusen und 2 jungen Sperlingen zusammen. Immer schien sie hungrig zu sein, denn sie fraß sogar einige Male abgebrochene Eidechsenschwänze, die bereits mehrere Tage im Terrarium gelegen hatten. Selbst Tiere von bedeutender Größe fielen ihr zum Opfer. Bei mir fraß sie einst eine 47 cm lange Lacerta viridis, und bei ihrer späteren Besitzerin begnügte sie sich nicht damit, eine Würfelnatter zu verzehren, sondern sie zerbiß an demselben Vormittage noch eine schöne Äskulapnatter, ohne dieselbe jedoch noch bewältigen zu können. — Daß meine Brückenechse während des Fressens einschlief, habe ich nie bemerkt.

„Höchst auffallend war das Benehmen meines Sphenodon seinem neu zugereisten Namensgenossen gegenüber. Mit wahrer Wut fiel er über den letzteren her, zerzauste ihn gehörig und trieb ihn aus einer Ecke des Terrariums in die andere. Beide Brückenechsen waren von fast gleicher Größe; ich hoffte deshalb, sie zusammen lassen zu dürfen. Leider beruhigte sich mein Exemplar aber nicht, sondern verharrte mit dräuend geöffnetem Rachen und aufgerichtetem Kamme in der Aggressivstellung, um sofort aufs neue über den Fremdling herzufallen, wenn dieser sich nur rührte. Das sonst so gutmütige Tier schien wie verwandelt und biß mich, als ich es anfaßte, auf ganz empfindliche Weise in den Daumen. Als ich den Neuankömmling am zweiten Tag entfernte, blutete er aus mehreren Wunden. Ich bin heute noch im Zweifel, ob die erlittenen Mißhandlungen nicht das ihrige dazu beigetragen haben, daß er bald darauf einging.

„Wenn die Brückenechse plötzlich ergriffen oder sonst irgendwie erzürnt wird, stößt sie dumpfe, an das Quaken junger Alligatoren erinnernde Töne aus, welche sich gut durch die mit Zuhilfenahme des Gaumens hervorgebrachten Silben kö-kö kökö wiedergeben lassen. Der Klang des Vokals liegt zwischen ä und ö.

„Die Häutung der Tuatara scheint ziemlich oft stattzufinden. An meinem Stücke wurde sie am 27. Mai und 10. September beobachtet. Die abgestorbene Epidermis wird, ähnlich wie bei den meisten Sauriern, in Fetzen abgestreift, zeigt aber eine verhältnismäßig weit weniger derbe Beschaffenheit als bei diesen. Die Stacheln des Nacken- und Rückenkammes enthülsten sich nicht wie bei Iguana tuberculata einzeln, sondern häuteten sich zusammen mit dem entsprechenden Teile des Rückens. — Die Entleerungen meiner Brückenechse fielen mir dadurch auf, daß ihnen die bei allen Sauriern im Kot vorhandenen und von diesen scharf getrennten Harnballen fehlten. Die Beschaffenheit der Fäzes erinnerte mich lebhaft an die Ausscheidungen der Lurche, mit welchen die Rhynchocephalia unter anderem schon durch das Fehlen äußerer Kopulationsorgane eine gewisse Analogie zeigen. Trotz häufig wiederholter Beobachtungen habe ich nie eine Spur dieser Harnmassen auffinden können."

Zweite Ordnung:

Schildkröten (Testudinata).

„Die Schildkrotten", sagt der alte Geßner, „sind auch unter der Zahl der jenigen vierfüssigen Thiere, so Blut haben, und sich durch die Eyer mehren. Solcher sind dreyerley Geschlechte. Etliche wohnen allein in dem Erdreich, etliche in süssen Wassern, und etliche in dem weiten Meere, sie ligen aber alle in einem harten Gehäusse, so vest verschlossen, daß von ihrem Leibe gantz nichts zu sehen, dann der Kopff und die äussersten Füße und Beine, doch also, daß sie auch dieselbigen unter die harte und dicke Schale oder Hauß ziehen und verbergen können, welches so dick ist, daß auch ein geladener Wagen, wann er gleich darüber fährt, dieselbigen nicht zerbrechen mag, ihr Kopff und die Füsse, so sie herauß strecken, sind gantz schüppigt wie eine Schlange oder Natern."

Der Bau der Schildkröten ist so eigentümlich und weicht von dem der anderen Glieder ihrer Klasse so wesentlich ab, daß sie nicht verkannt werden können. Ihr in einem Panzer steckender Leib, die wie der Vogelschnabel mit Hornschneiden bedeckten, niemals Zähne tragenden Kiefer sind Merkmale, die sich mit denen anderer Kriechtiere nicht vergleichen lassen. Der Panzer besteht aus zwei Teilen, dem Rücken- und dem Bauchpanzer. Ersterer ist mehr oder weniger stark gewölbt, im Umriß fast kreisförmig bis elliptisch oder herzförmig, der letztere mehr flach, beim Männchen in der Regel sogar etwas vertieft, beim Weibchen nur schwach gewölbt, schildartig, eirund oder kreuzförmig, da seine Verbindung mit dem Rückenpanzer auf eine schmale Querbrücke jederseits sich beschränken kann. Die Verbindung selbst wird hergestellt durch Bandmasse, die entweder während des ganzen Lebens weich bleibt und dann Ähnlichkeit mit einer Naht gewinnt, oder verknöchert. So bilden beide Panzer zusammen eine Kapsel, die nur vorn und hinten zum Durchlassen des Kopfes, der Füße und des Schwanzes geöffnet ist, also den Rumpf mehr oder weniger vollständig in sich einschließt. Der Kopf ist gewöhnlich eiförmig, die Schnauze bald mehr, bald weniger vorgezogen, bei manchen Arten mit weit vorne stehenden Augen überaus kurz, der Hals verschieden lang, meist aber verhältnismäßig sehr beweglich; die vier Füße sind entweder Gangfüße, mit Zehen, die bis zu den geraden, stumpfen Nägeln verwachsen sind, oder Schwimmfüße, mit freien, durch Schwimmhäute verbundenen Zehen und scharf zugespitzten, etwas gekrümmten Krallen, oder endlich platte Flossenfüße, mit rückgebildeten, flachen Nägeln oder ganz ohne solche; der meist kurze, kegelförmige, mehr oder weniger zugespitzte Schwanz ändert hinsichtlich seiner Länge erheblich ab und ist an seiner Spitze oft mit einem Hornnagel bewaffnet. Hornplatten (Schilde), nur bei wenigen Arten ein lederartiger Überzug, decken den Panzer; eine dicke Haut bekleidet Kopf, Hals, Füße und Schwanz, sie ist mit kleinen runden Körnerschuppen, dachziegelartig sich deckenden oder halbmondförmigen größeren Schuppen (diese beiden Arten auf den Gliedmaßen), größeren oder kleineren vieleckigen flachen Schilden (auf dem Kopfe) bedeckt und entwickelt auf dem Hinterrande der Oberschenkel oder zur Seite des Afters bei manchen Arten kegel- oder spornförmige Höcker. Die Platten der Rückenseite des Panzers zerfallen in Wirbel-, Seiten- oder Rippen- und Randplatten, unter denen man wiederum eine Nacken- und eine oder zwei Schwanzplatten unterscheidet; die paarigen der Bauchseite werden eingeteilt in Kehl-, Arm- oder Oberbrust-, Brust-, Bauch-, Schenkel- oder Unterbauch-, After- sowie Achsel- und Weichenplatten. Sie alle stoßen in der Regel aneinander und sind dann durch Nähte vereinigt; doch kann auch eine Lagerung nach Art von Dachziegeln vorkommen. Anzahl, Verhältnis zueinander und Lagerung bieten bei Bestimmung der Arten wichtige Anhaltspunkte.

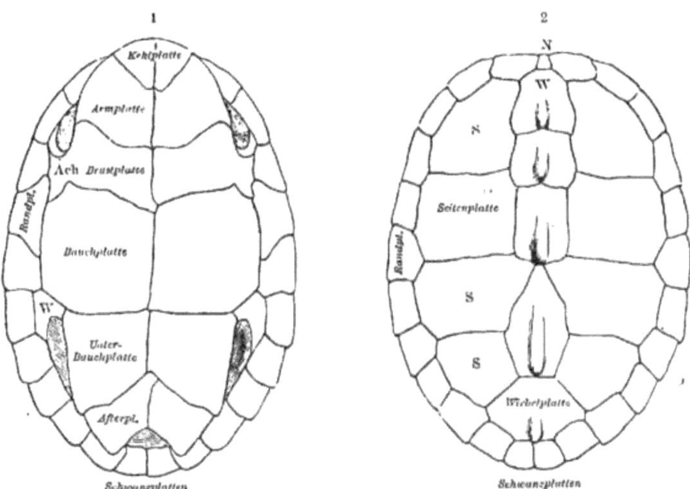

Platten des Schildkrötenpanzers. 1 Platten des Bauchpanzers (Ach Achselplatte, W Weichenplatte). 2 Platten des Rückenpanzers (N Nackenplatte, W Wirbelplatten, S Seitenplatten).

Erst wenn man das Gerippe der Schildkröten untersucht und ihre Entwickelung beobachtet, wird der Bau dieser Tiere und besonders der des Panzers verständlich. Der Schädel ist hinten, wo er einen einfachen Gelenkkopf für den ersten Halswirbel trägt, abgestutzt, der Schnauzenteil kurz und stumpf, der Oberteil des Hinterhauptes in einen langen Fortsatz für die kräftigen Nackenmuskeln ausgezogen, die geräumige Schläfengrube oben bald frei, bald (bei den Seeschildkröten) mit einer knöchernen Decke überwölbt, das Stirnbein jederseits aus drei Stücken zusammengesetzt, deren vorderes Paar die Nasenhöhle bedeckt; die Nasenbeine fehlen oder sind mit den seitlichen Stirnbeinen verschmolzen; die kleinen Zwischen- und die Oberkieferbeine sind fest mit dem Schädel verbunden und unbeweglich. Querbeine zwischen Flügelbein und Oberkiefer fehlen; ebenso ein Tränenbein und ein Scheitelloch. Das einfache Pflugscharbein ist die Scheidewand zwischen den inneren Nasenlöchern, die durch flügelförmige Fortsätze, die Gaumenbeine und die Flügelbeine selbst überdeckt sind und erst weit hinten am Gaumen ausmünden. Das fest mit dem Schädel verbundene Quadratbein steht fast senkrecht und bildet eine breite Gelenkfläche für den Unterkiefer, die Unterkieferäste sind vorn fast immer in ein einfaches Stück verschmolzen.

Das große Zungenbein hat zwei Paar Hörner, die dem ersten und zweiten Paare vom Kiemenbogen der kiemenatmenden Wirbeltiere entsprechen. Die einzelnen Wirbel des Halses, meist acht an der Zahl, haben bei vielen Arten keine ausgebildeten Fortsätze, stellen aber, da die vorderen von ihnen hinten, die hinteren vorn hohlrund sind und diese und jene zwischen sich einen doppelt gewölbten Wirbel aufnehmen, sehr vollkommene Kugelgelenke dar, die freieste Beweglichkeit ermöglichen; bei anderen Arten zeigen sie kräftige Querfortsätze, die eine Bewegung des Halses in einer senkrechten Ebene erschweren oder unmöglich machen. Die acht unbeweglichen Rückenwirbel verbreitern sich bei allen, mit Ausnahme

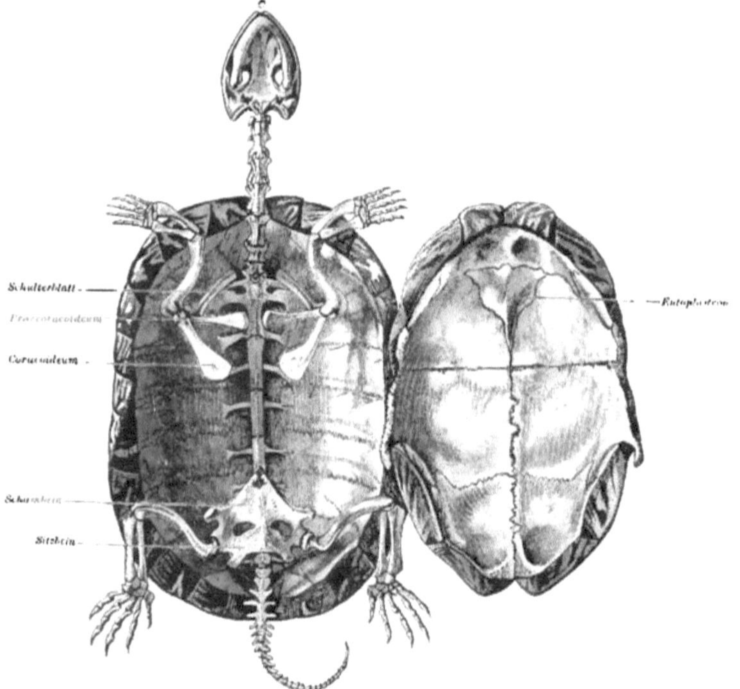

Skelett der Griechischen Schildkröte. Nach Zeichnung von J. Fleischmann.

einer einzigen Art, zu Knochenschilden, indem ihre Dornfortsätze zuerst mit Knochenplatten, die ursprünglich der Haut angehören, verwachsen; ebensolche Hautknochen, die anfänglich von den Rippen getrennt waren, verwachsen mit diesen, und sowohl die in der Mittellinie des Rückens hintereinander verlaufenden als auch die über den Rippen gelegenen Knochenplatten verbinden sich auch unter sich durch zackige Nähte miteinander und stellen so den Rückenpanzer dar; diesen überziehen wiederum äußerlich symmetrische Horntafeln, die sich in ihren Umrissen aber durchaus nicht mit den darunterliegenden Knochenschilden decken; nur bei den Weichschildkröten liegt eine dicke lederartige Haut über dem knöchernen Rückenpanzer. „Die Rippen", sagt Vogt, „ziehen meist bis zum äußern Rande des Panzers hin; zuweilen aber sind sie als Platten nur in der Nähe der Wirbelsäule entwickelt, und nach außen hin stehen dann die Rippenenden gleichsam wie Radspeichen an dem Gerippe hervor, während beim lebenden Tiere ihre Zwischenräume durch derbe Haut oder Hornplatten gedeckt sind. Gewöhnlich findet sich an dem Panzer ein Saum besonderer Knochenschilde, die Randstücke, in welche die endenden Rippen eingesenkt sind, so daß auch bei speichenartig verlängerten Rippen ein ganzer Rand hergestellt wird." Zwei breite und platte Wirbel, ebenso unbeweglich wie die des Rückenteiles, bilden den Kreuzteil, 14—35 kleine, bewegliche den Schwanz. Der Bauchpanzer besteht aus vier Paaren von Knochenplatten, von denen das erste den Schlüsselbeinen der anderen Kriechtiere entspricht, während die übrigen aus stark verbreiterten Bauchrippen hervorgegangen sein dürften. Ein zwischen dem vordersten Paar gelegenes unpaares, T-, anker-, säulen- oder winkelförmiges Stück, das Entoplastron, ist dem unpaaren Zwischenschlüsselbein (Interclavicula) der übrigen Kriechtiere zu vergleichen. In der Jugend ist der Panzer noch ganz weich, und die paarigen Teile des Bauchpanzers sind in der Mittellinie nicht voneinander getrennt, so daß dieser eine Art Ring mit innerem häutigen Fenster vorstellt; dieser Zustand bleibt bei den Alligator- und Seeschildkröten, zum Teil auch bei den Weichschildkröten, zeitlebens bestehen. Das Schultergerüst

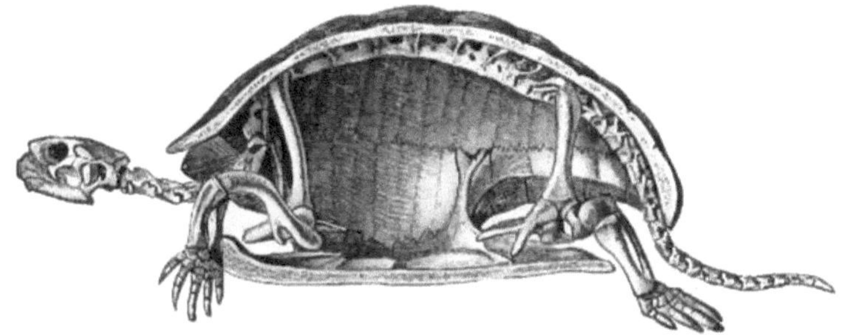

Durchschnitt der Griechischen Schildkröte. Nach Zeichnung von J. Fleischmann.

enthält drei Stücke: das schmale Schulterblatt, ein vorderes (Praecoracoideum) und hinteres, gegen das freie Ende verbreitertes Rabenbein (Coracoideum). Ein Schenkel des Schulterblattes verbindet sich durch Bandmasse mit dem Rücken-, das ihm entgegengesetzte Ende des Schlüsselbeines mit dem Brustpanzer, so daß diese beiden Knochen vorn einen Ring bilden, durch welchen Luft- und Speiseröhre gehen; der Oberarmknochen gliedert mit allen drei Schulterknochen durch einen großen, eiförmigen Gelenkkopf. Drei kurze und breite Knochen setzen das am Kreuzbeine bald bloß aufgehängte, bald mit Rücken- und Bauchpanzer durch Knochenmasse fest verbundene Becken zusammen, bei dem sowohl die Schambeine als die Sitzbeine in der Mittellinie fest verbunden sind. Oberarm- und Oberschenkelknochen sind kurz und gedrungen; Unterarm und Unterschenkel werden je durch zwei getrennte Knochen zusammengesetzt; die Handwurzel ist bei manchen Wasserschildkröten noch aus zehn, sonst wie die Fußwurzel durch teilweise Verschmelzung aus weniger zahlreichen unregelmäßigen Knöchelchen gebildet. Hand und Fuß haben in der Regel fünf zwei- oder drei-, selten vier- oder mehrgliederige Zehen, deren letztes Glied gewöhnlich einen Nagel trägt.

Weder an den Rumpfwirbeln noch an dem Rückenpanzer setzen sich innen Muskeln an, und auch die Bauchmuskeln sind verkümmert, indem sie fast nur zum Verschluß der hinteren Öffnung des Panzers dienen. Dagegen zeichnen sich die Halsmuskeln, deren tiefer liegende die vordere Panzeröffnung verschließen, sowie diejenigen, die Beine und Schwanz bewegen, durch ihre Massigkeit und Stärke aus. Speicheldrüsen sind nur bei einigen Landschildkröten vorhanden, von einer Einspeichelung des Bissens kann also bei der größeren Mehrzahl der Schildkröten keine Rede sein; der Schlund ist ziemlich weit, aber wenig dehnbar; die Speiseröhre bildet keinen Magenmund; der längliche, sehr dickwandige Magen aber wird durch einen kreisrunden Wulst von dem Dünndarm scharf geschieden; dieser hat keinen Blinddarm, zeichnet sich durch seine Länge aus und ist deutlich vom Enddarm abgesetzt. Die große Leber teilt sich in zwei Lappen und schließt die ebenfalls umfangreiche Gallenblase in sich ein. Die Ausführungsgänge der Nieren münden in eine geräumige Harnblase; der bei lebenden Süßwasserschildkröten, die man aus dem Wasser nimmt, aus dem After ausgespritzte Wasserstrahl stammt aber nicht aus der Harnblase, sondern aus zwei großen, dünnwandigen, reich mit Blutgefäßen umsponnenen sogenannten Analblasen, die zu beiden Seiten zwischen Enddarm und Kloake in den Darm einmünden. Dadurch, daß diese Blasen, die bei gewissen Schildkröten sogar bis an die Lungen reichen, vom After aus immer wieder mit sauerstoffreichem Wasser gefüllt werden, wird eine Art Darmatmung ermöglicht. Eine ähnliche Hilfsatmung findet man im Schlunde der Weichschildkröten durch blutgefäßreiche Zotten angebahnt. Die Afteröffnung ist rund oder in einer Längsspalte gelegen. Atmung und Kreislauf des Blutes sind bei den Schildkröten vollkommener als bei anderen Kriechtieren, wenn auch noch immer sehr langsam und unregelmäßig. Gaumensegel und Kehldeckel fehlen; der Kehlkopf öffnet sich, indem er vor den Schlund tritt, und schließt sich, wenn er zurückgeschoben wird. Da nun aber die Brust nahezu vollständig unbeweglich und auch das Zwerchfell nur als dünne Haut entwickelt ist, müssen die sehr großen und ausgedehnten, mit den übrigen Eingeweiden in derselben Höhle eingeschlossenen Lungen durch ein absonderliches Spielen des Mundes unter Zuhilfenahme der Tätigkeit mehrerer Bauchmuskeln und der Schulter- und Beckenmuskeln gefüllt werden. Die Schildkröten verschlucken, wenn man so sagen darf, die Luft, indem sie den Mund fest schließen und wechselweise das Zungenbein heben und senken: beim Senken strömt die Luft durch die Nase ein, beim Erheben werden die Nasenlöcher geschlossen und die Lungen vollgepumpt. Bei den Seeschildkröten wird übrigens, wie G. Rouch nachgewiesen hat, die Ausatmung durch die Federkraft des Panzers bewirkt. Die einfachste Atemvorrichtung, die man bei Landschildkröten bequem beobachten kann, besteht darin, daß Hals und Oberarme (namentlich diese) in regelmäßigen Zwischenräumen vorgestreckt und in die Schale zurückgezogen werden; beim Zurückziehen werden durch den auf die Lungen ausgeübten Druck diese entleert, beim Vorstrecken erweitert und das Einströmen von Luft ermöglicht. Luftröhre und Kehlkopf scheiden sich deutlich; trotzdem wird nur von wenigen Arten eine Stimme vernommen. Bei manchen afrikanischen Landschildkröten sind die Luftröhre sowie ihre beiden Äste außerordentlich lang und stark gewunden und beim Männchen viel länger als beim Weibchen, beim jungen Tiere verhältnismäßig noch nicht länger als bei anderen Schildkröten. Die Lungen sind von schwammigem Bau, mit der ganzen Rückenfläche an der inneren Hautbekleidung der Rückenschale festgewachsen.

Die männliche Schildkröte hat eine einfache, große, durch eine Furche geteilte Rute, die in der Kloake verborgen liegt, das Weibchen doppelte, traubenförmige Eierstöcke. Der sehr kleine Schädelraum ist mit Hirn erfüllt, dessen Masse in gar keinem Verhältnis zu der des Leibes, auch nicht in demselben Verhältnis wie bei den höheren Wirbeltieren zu der des Rückenmarkes steht. Schildkröten von 40 kg Gewicht haben ein Hirn, das kaum 4 g wiegt; bei solchen von 1 kg Gewicht wiegt das Hirn nur 0,36 g. Rückenmark und Nerven sind im Verhältnis zum Hirn sehr dick. Das Auge hat zwei Lider und eine Nickhaut; der

Augenstern ist rund, die Iris bei den Landschildkröten meist dunkel, bei Wasserschildkröten lebhaft hell gefärbt, manchmal in beiden Geschlechtern verschieden; der Ring um die Hornhaut trägt Knochenplättchen; die Linse ist kugelrund. Eine Tränendrüse von geradezu auffallender Größe hat C. Sardemann bei der Plattschildkröte nachgewiesen. Das Ohr besteht aus dem Vorhofe und den halbzirkeligen Gängen; die Wand, die den Vorhof vom Schädel trennt, bleibt zum Teil häutig. Ein bei Wasserschildkröten dünnes, bei Landschildkröten dickes, knorpeliges Trommelfell schließt die Trommelhöhle nach außen ab; es ist entweder nur am Vorderrande oder ringsherum vom Quadratbein umgeben. Dessen Hinterrand trägt auch eine Querfurche, in die das einzige Gehörknöchelchen, das Säulchen (Columella), eingelagert ist. Diese Furche kann zu einem vollständigen Kanal geschlossen sein. Bei der Seeschildkröte ist der Ohrkanal durch einen Pfropf der stark verdickten Haut verstopft, wohl eine Anpassung an die tauchende Lebensweise. Daß die Schildkröten hören, ist bei dem Umstande, daß die Männchen mancher Arten zur Paarungszeit laute Pfeiftöne ausstoßen, immerhin möglich. Die Nasenlöcher sind klein, bei einzelnen nach vorn in eine Art Rüssel verlängert, die Schleimhaut im Innern der Nasenhöhle bildet mehrere Falten. Die Zunge ist fleischig, mit weichen Warzen bedeckt. Der Geschmackssinn ist bei den Landschildkröten ebenso gut entwickelt wie bei den wasserbewohnenden; der Tastsinn ist so fein, daß auch die Berührung der dicken Schale sofort bemerkt wird. Kitzeln in der Achsel- und Weichengegend hat das schnelle Einziehen des betreffenden Fußes zur Folge.

Auch die Schildkröten zählen zu den uralten Bewohnern unserer Erde. Unzweifelhafte Überreste von Schildkröten finden sich bereits im Muschelkalke und Keuper; solche von See- und Süßwasserschildkröten häufen sich bereits in den Lagerstätten der Jura-, Kreide- und Tertiärzeit; Reste echter Landschildkröten endlich entdeckte man zuerst im Eozän Nordamerikas und im Miozän und Pliozän Europas. Die Anzahl der gegenwärtig namentlich aus Nordamerika bekannten fossilen Schildkröten ist überaus groß.

Die heutzutage lebenden Arten der Ordnung verteilen sich, nach Strauch, auf sieben meist wohlumgrenzte Wohngebiete. Wenn wir das jüngst erschienene Werk von Siebenrock als Grundlage benutzen, so finden wir, daß in dem ersten oder mittelmeerischen Gebiete, welches das südliche Europa, einen Teil des westlichen Asiens und den ganzen Nordrand Afrikas umfaßt, 13 leben, in dem zweiten, afrikanischen, zu dem, mit Ausnahme des Nordrandes, das ganze Festland von Afrika und die benachbarten Inseln zu rechnen sind, 36, im dritten, asiatischen, zu dem auch die zugehörigen Inseln zählen, 66, im vierten, australischen, 17, im fünften, südamerikanischen, der auch die Galapagos- oder Schildkröteninseln in sich begreift, 42, im sechsten, nord- und mittelamerikanischen, 56, und im siebenten, dem Meere, 5 Arten. Auf der östlichen Halbkugel sind 130, auf der westlichen 94 Arten gefunden worden. In Südamerika werden die Süßwasserschildkröten fast ausschließlich durch Halswender vertreten, im tropischen und südlichen Afrika durch Halswender und Weichschildkröten, in Australien und Neuguinea fast nur durch erstere (nebst zwei Weichschildkröten und einer Schnappschildkröte in Neuguinea). Die Süßwasserschildkröten der Nordhälfte der Erde gehören ausschließlich den Halsbergern und Weichschildkröten an, die Landschildkröten sind am artenreichsten im tropischen und namentlich im südlichen Afrika mit Einschluß von Madagaskar; die schwarzen Riesenlandschildkröten sind ausschließlich auf den Galapagos- und Maskarenen-Archipel beschränkt. Zwei Seeschildkröten sind in allen Meeren der tropischen und der gemäßigten Zonen, mit Ausnahme des Schwarzen Meeres, gefangen worden; die übrigen Arten der Familie haben ein verhältnismäßig beschränkteres Verbreitungsgebiet. Siebenrock beziffert die Zahl der im Jahre 1909 bekannten Arten auf 232, und es ist wenig wahrscheinlich, daß diese Zahl fernerhin noch bedeutend vergrößert wird.

Aus vorstehenden Angaben geht hervor, daß auch die Schildkröten den allgemeinen Verbreitungsgesetzen der Kriechtiere überhaupt unterliegen. In warmen, wasserreichen Gegenden erlangen sie ihre größte Mannigfaltigkeit; nach den Polen zu wie nach der Höhe hinauf nehmen sie rasch an Anzahl ab; bis zu den Polarkreisen dringt keine einzige Art vor. Sie können wohl glühende Hitze und Dürre, nicht aber Kälte ertragen. Flüsse, Sümpfe, Moräste, feuchtschattige ebenso wie trockene, lichte Wälder, aber auch Steppen und Wüsten sowie endlich das Meer sind ihre Aufenthaltsorte.

Schildkröten können unglaublich lange Zeit leben, ohne zu fressen, ja zu atmen. Ihre Lebenszähigkeit geht so weit, daß sie noch monatelang nach den fürchterlichsten Verstümmelungen Handlungen verrichten, die denen unverwundeter Tiere ähnlich sind. Enthauptete Schildkröten bewegen sich noch mehrere Wochen nach der Hinrichtung, ziehen z. B. bei Berührung die Füße unter die Schale zurück: eine, der Redi das Hirn weggenommen hatte, kroch noch sechs Monate umher. Im Pflanzengarten zu Paris lebte eine Sumpfschildkröte sechs Jahre, ohne Nahrung zu sich zu nehmen. Das einzige Mittel, eine Schildkröte schnell zu töten, ohne sie zu öffnen, scheint, nach Kersten, zu sein, sie in eine Kältemischung zu legen; denn gegen Kälte sind die sonst so zähen Tiere überaus empfindlich. Eine Häutung der ungepanzerten Teile des Körpers wird ziemlich selten beobachtet; dagegen konnte Bruner einen vollständigen Ersatz der Hornplatten des Panzers bei einer afrikanischen Wasserschildkröte (Sternothaerus), L. Müller bei einer südamerikanischen der nächstverwandten Familie (Hydromedusa) nachweisen; auch bei Chrysemys und bei Geoclemys wurde eine Häutung der Panzerplatten festgestellt, doch scheint es sich in diesen beiden Fällen um einen krankhaften Zustand gehandelt zu haben.

Die willkürlichen Bewegungen der Schildkröten geschehen durchschnittlich im Verhältnis zu anderen Kriechtieren langsam. Im Gehen zeigen sich die Land- und Seeschildkröten am ungeschicktesten, die Süßwasserschildkröten noch am gewandtesten; wenigstens flüchten sie bei Gefahr mit großer Behendigkeit in das Wasser. Im Schwimmen und Tauchen bekunden diese wie die Seeschildkröten die größte Beweglichkeit, deren sie überhaupt fähig sind, und die letzteren bewegen sich fast mit derselben Leichtigkeit im Wasser wie der Vogel in der Luft. Erstaunlich ist die Muskelkraft bei allen Arten. Schon eine mäßig große Landschildkröte trägt einen auf ihr rittlings sitzenden Knaben, eine Riesenschildkröte mehrere auf ihr reitende Männer offenbar ohne Beschwerde davon. Diese wie die im Sande mühsam dahinkriechenden Seeschildkröten spotten der Kräfte eines Mannes, der versuchen will, sie aufzuhalten. Gewisse kleine Sumpfschildkröten, die sich an einem Stock oder Strick festgebissen haben, können an ihm tagelang, ohne loszulassen, hängen bleiben, ob man sie auch in die heftigsten Schwingungen versetze.

Die Landschildkröten nähren sich hauptsächlich von Pflanzenstoffen, und zwar von Gräsern, Kräutern, Blättern und Früchten, viele genießen jedoch nebenbei auch Insekten, Schnecken, Würmer und dergleichen; die Süßwasserschildkröten leben meist von tierischen Stoffen und verzehren die verschiedenartigsten Wirbel-, Weich- und Gliedertiere sowie Würmer; doch gibt es zum mindesten vier Gattungen in Indien, die ausschließlich Pflanzenfresser sind. Die Seeschildkröten nähren sich teils von Tangen und Seegräsern, teils von Krebsen, Ruderschnecken, Quallen und anderen niederen Seetieren sowie von kleinen Fischen.

Einzelne Schildkrötenarten sind gewaltige Räuber. Alle fressen eigentlich nur während der warmen Sommertage oder in den Äquatorländern während der Regenzeit, dem dortigen Frühlinge und Sommer, mästen sich aber innerhalb weniger Wochen, lassen dann allmählich ab, Nahrung zu sich zu nehmen, und fallen, wenn hier der Winter, dort die Dürre eintritt, in Erstarrung und Winterschlaf. Ebenso verhält es sich bei den wenigen Arten, die jahraus jahrein in Wäldern leben.

Der Winterschlaf der Schildkröten ist, wie W. W. Thoburn treffend bemerkt, nicht eine den Tieren eigentümliche und erbliche Erscheinung, sondern ein ihnen aufgezwungener Zustand, der eintritt, wenn die äußeren Umstände ihn erheischen. Dagegen spricht durchaus nicht der Einwand C. C. Abbotts, daß zwar die Landschildkröten Nordamerikas einen eigentlichen Winterschlaf abhalten, daß aber die Süßwasserschildkröten, obgleich sie sich ebenfalls meist eingraben, doch zu allen Zeiten auch im Winter tätig seien. So soll die Moschusklappschildkröte, Cinosternum odoratum, beim Austrocknen ihrer Winterherberge selbst im Schnee nach dem nächsten Wasser ziehen.

Bald nach dem Erwachen im Frühjahre beginnt die Fortpflanzung. Nach A. Agassiz gibt es auch einige Arten, die erst im Herbste zur Fortpflanzung schreiten; gewisse Süßwasserschildkröten (Chrysemys) sind erst im zehnten oder elften Jahre fortpflanzungsfähig. Ihre Paarung währt oft tagelang. Bei allen sitzt dabei das Männchen auf dem Weibchen, womit ja sein etwas ausgehöhlter Bauchpanzer in Beziehung steht. Geraume Zeit später gräbt das befruchtete Weibchen nicht ohne Vorsorge Löcher in den Boden, gewöhnlich in den Sand, legt in sie die Eier und deckt sie wieder mit einer Lage Sand oder Erde zu. Die Eier haben eine harte, kalkige und nur bei der Familie der Seeschildkröten eine weiche, pergamentartige Schale, sind bei gewissen Arten, namentlich bei den Seeschildkröten sowie den Land- und Weichschildkröten, vollkommen oder nahezu kugelig, bei anderen mehr länglich und verhältnismäßig nicht groß (Taf. „Eier von Kriechtieren", 2—4, bei S. 342); das ölige Eigelb sieht orangefarben aus, das erst bei größerer Hitze gerinnende Eiweiß grünlich. Viele Schildkröten legen nur etwa ein Dutzend, die großen Arten weit über 100 Eier. Die Mutter bekümmert sich nach dem Legen nicht um ihre Brut. Die Eier werden im Verlaufe von einigen Monaten gezeitigt; die Jungen kriechen meist nachts aus der Erde hervor und wandern nun entweder einem Verstecke auf dem Lande oder dem nächsten Wasser zu. Unzählige Junge werden von Säugetieren, Vögeln und anderen Kriechtieren aufgelesen und vernichtet; die ungewöhnliche Lebensdauer von denen, die diesem Schicksal entgehen, schützt jedoch die meisten Arten vor dem Aussterben. Bei den Japanern gelten die Schildkröten als Sinnbild eines hohen Alters und der Glückseligkeit, hinsichtlich des ersteren gewiß mit vollem Rechte.

Der französische Forscher Graf de Lacépède, der Ende des 18. Jahrhunderts über Kriechtiere schrieb, nennt den Panzer der Schildkröten ein ebenso treffliches Haus wie eine Schutzwehr, eine Burg, welche die Tiere vor allen Angriffen ihrer Feinde schütze. „Die meisten von ihnen", sagt er, „vermögen, wenn sie wollen, Kopf, Füße und Schwanz in die harte, knochige, sie oben und unten bedeckende Schale zurückzuziehen ... Wenn sie unbeweglich in diesem Verteidigungszustande bleiben, können sie ohne Furcht und ohne Gefahr die Angriffe der Raubtiere abwarten. Sie sind dann nicht wie lebende Wesen zu betrachten, die der Kraft wieder Kraft entgegensetzen und durch den Widerstand oder den Sieg selbst mehr oder weniger leiden; sondern sie stellen dem Feinde nichts als ihren festen Schild entgegen, an dem seine Angriffe abprallen. Des Räubers Waffen treffen einen Felsen, und sie sind unter ihrem natürlichen Schilde so gedeckt wie in der unzugänglichsten Felsenhöhle." Diese Sätze sind hübsch erdacht und gesagt, leider aber nicht wahr. Schon Bechstein, der Lacépèdes Werk übersetzte, macht darauf aufmerksam, daß die Landschildkröten in dem Jaguar, die Seeschildkröten in den Haifischen Feinde haben, die ihnen wohl noch weit gefährlicher werden können als der Mensch; wir aber wissen, daß nicht allein der Jaguar, sondern auch der Tiger und vielleicht noch andere größere Katzen selbst große Schildkröten, die Adjags, eine Art wilder Hunde, sogar Seeschildkröten überfallen und töten, daß die Katzen sie umwenden, um ihnen bequemer beikommen zu können, und dann mit den Tatzen alle Fleischteile aus dem Panzer ziehen, daß Schweine Schildkröten, solange diese noch jung sind, trotz ihres Panzers ganz verschlingen; wir wissen ebenso, daß große Raubvögel, so namentlich der Bartgeier, die kleineren Arten von ihnen ergreifen, hoch in die Luft heben und so oft auf einen Felsen fallen lassen, bis der Panzer zerschmettert ist, daß außer diesem gewaltigen Raubvogel auch Bussarde und andere Falken, Raben und Reiher wenigstens die Jungen verzehren. Ja auch Krokodile und Waran-Eidechsen vermögen kleinere Schildkröten zu verschlingen. Welche Feinde die gepanzerten Tiere sonst noch haben mögen, ist zurzeit nicht bekannt; daß ihrer jedoch mehr sind als die angegebenen, unterliegt kaum einem Zweifel.

Den Feinden aus der Tierwelt gesellt sich fast allerorten der Mensch zu. Wir dürfen die Schildkröten als die unmittelbar nützlichsten aller Kriechtiere bezeichnen, weil wir nicht bloß das Schildkrot der echten Karettschildkröten vielfach benutzen, sondern auch das Fleisch und die Eier von fast allen Arten genießen und wohlschmeckend finden. Einzelne freilich riechen so stark nach Moschus, daß wenigstens wir Europäer uns mit den aus ihrem Fleische bereiteten Speisen nicht befreunden können, andere hingegen liefern, wie bekannt, wirklich köstliche Gerichte. Dessenungeachtet gelten Schildkröten in Griechenland und Kleinasien und wohl auch sonst noch vielfach im Orient als unrein, so daß man sich häufig sogar scheut, sie zu berühren. Dies mag wohl von der Beobachtung herrühren, die man oft machen kann, daß die Landschildkröten sich nicht nur von tierischem, sondern auch von menschlichem Kote ernähren und sich gelegentlich in Menge an solchen Stellen sammeln, die Süßwasserschildkröten aber oft in höchst übelriechenden Gewässern leben und selbst einen höllischen Gestank verbreiten.

Seit uralter Zeit hält man Schildkröten in Gefangenschaft. Ihre Pflege, so leicht sie verhältnismäßig ist, erfordert übrigens mehr Sorgsamkeit und Verständnis, als man gewöhnlich annimmt. Ist ihre Lebenszähigkeit auch groß, so erliegen sie doch leicht mancherlei Krankheiten, die in der Gefangenschaft zumeist ihren Grund in mangelnder oder ungeeigneter Wartung haben. Wärme ist die erste und hauptsächlichste Bedingung für ihr Wohlbefinden: hält man sie in kühlen Räumen, in kaltem Wasser, so gedeihen sie nie, wenige nordamerikanische, dem Sonnenlichte entfremdete Arten ausgenommen. „Es wird", sagt J. v. Fischer, dem wir treffliche Beobachtungen und Mitteilungen über gefangene Schildkröten verdanken, „viel gesündigt gegen diese armen Tiere, indem man fälschlich wähnt, daß die Zähigkeit ihres Lebens auch eine feste Gesundheit voraussetze. Nein, die Schildkröten sind für äußere, scheinbar unbedeutende Einwirkungen höchst empfindlich. Sie leiden nur langsam. Und das ist es, was zu glauben verleitet, daß sie alles ertragen könnten."

Die Schriften der Alten gestatten uns nicht nur einen Einblick in die damalige Kenntnis der Schildkröten, sondern sie enthalten auch mancherlei geschichtliche Mitteilungen, die immerhin der Beachtung wert sind. Wie leicht erklärlich, waren die in Italien wie in Griechenland häufigen Tiere den Alten wohl bekannt; demungeachtet enthalten deren Berichte Angaben, die wir gegenwärtig als Fabeln ansehen — ob immer mit Recht, bleibe dahingestellt. Aristoteles schildert das Eierlegen, fügt aber seiner im ganzen richtigen Mitteilung hinzu, daß die Mutterschildkröte die von ihr gelegten Eier bebrüte, nach 30 Tagen zum Nest zurückkehre, die Eier ausgrabe, die Schalen öffne und die Jungen dem Wasser zuführe; Plinius stellt alles ihm über die Schildkröten Bekannte zusammen, zählt wie gewöhnlich alle Arzneimittel auf, die aus den Bestandteilen der Schildkröten angefertigt werden können, und bemerkt, daß es der verschwenderische und prunksüchtige Carvilius Pollio war, der zuerst verschiedene Gegenstände mit Schildpatt belegen ließ. Älian weiß, daß der abgehauene Kopf der Seeschildkröten sich noch bewegt, beißt und mit den Augen blinzelt; er versichert auch, daß die Augen der Schildkröten, die er mit Perlen verwechselt, weit in die Ferne strahlen, und daß diese glänzend weißen und hellen Augäpfel, in Gold gefaßt, zu Halsbandschmuck verwendet und von den Frauen sehr bewundert werden. Pausanias gibt an, daß auf dem Parthenonischen Berge in Arkadien Schildkröten vorkommen, aus deren Schale man vortreffliche Lauten verfertigen könne; daß man die Tiere aber nicht wegnehmen dürfe, weil die dort wohnenden Leute sie als dem Pan geweihte Geschöpfe ansähen und schützten. Julius Capitolinus erwähnt beiläufig, daß in Rom kaiserliche Prinzen in Schildkrötenschalen gebadet wurden, und Diodorus Siculus endlich erzählt von den Schildkrötenessern, die kleine, im Weltmeere, aber nahe am Festlande liegende Inseln bewohnen und die ihre Eilande besuchenden Seeschildkröten in absonderlicher Weise fangen. Diese Tiere sind ungeheuer groß, kleinen Fischerkähnen vergleichbar, und gehen bei Nacht ihrer Nahrung nach, wogegen sie am Tage im Sonnenschein auf der Oberfläche des Meeres schlafen. Um diese Zeit schwimmen die Schildkrötenesser leise herbei; einige heben das Tier auf der einen, andere senken es auf der anderen Seite, um es so auf den Rücken zu werfen; dann bindet ihm einer ein Tau an den Schwanz und schwimmt dem Lande zu, während die übrigen die schwere Last schiebend weiter bewegen. Am Ufer angelangt, töten sie die Beute, verzehren alles Fleisch, nachdem sie es an der Sonne hatten braten lassen, benutzen auch die Panzer als Kähne oder als Dächer ihrer Hütten.

Siebenrock, dem wir in der Anordnung der Schildkröten folgen, verteilt sie auf vier Unterordnungen: in die der Halsberger, Seeschildkröten, Halswender und Weichschildkröten.

Erste Unterordnung: **Halsberger (Cryptodira).**

Von den vier Unterordnungen der Schildkröten umfaßt die erste, die Halsberger (Cryptodira), die zahlreichsten und uns besonders häufig vor Augen tretenden Mitglieder der Ordnung, nämlich die Land- und Sumpfschildkröten. Eins der wichtigsten Kennzeichen dieser Reihe ist die Fähigkeit, den Hals in einer S-förmigen Krümmung, die in einer senkrechten Ebene verläuft, nach rückwärts ziehen zu können, so daß der Kopf häufig in gerader Richtung nach hinten eingestülpt werden kann. Die Halswirbel zeigen infolgedessen keine oder kaum Andeutungen von Querfortsätzen. Eine zweite wichtige Eigentümlichkeit der ganzen Reihe ist der Mangel einer festen knöchernen Verbindung des Beckens mit dem Rücken- wie mit dem Bauchpanzer; dieser ist mit elf oder zwölf Hornschilden bedeckt, und auch der Rückenpanzer trägt ausnahmslos Hornplatten; die Gliedmaßen sind Klump- oder Schwimmfüße mit vier oder fünf Krallen, die einzelnen Zehenglieder sind gelenkig verbunden.

Den übrigen Familien voran stellen wir die der **Alligatorschildkröten (Chelydridae).** Äußerlich lassen die zu dieser Gruppe gehörigen Gattungen und Arten sich an folgenden

Merkmalen erkennen: Die Brustplatten sind von den Randplatten weit getrennt, der Bauchpanzer selbst, dessen Vorderlappen keine Beweglichkeit aufweist, ist sehr klein und kreuzförmig gestaltet, und der Schwanz ist stets länger als die Hälfte der Panzerlänge. Von Eigenheiten des Gerippes sind außerdem hervorzuheben, daß die knöcherne Nackenplatte rippenähnliche Seitenfortsätze ausschickt, die sich bis unter die Randschilde erstrecken, ferner daß die meisten Schwanzwirbel eine hintere Aushöhlung zeigen, und daß die Schambeinnaht am Becken weit getrennt ist von der Sitzbeinnaht. Es sind 25 Randschilde des Rückenpanzers, 9 Bauchpanzerschilde und 2—3 die Randschilde von denen des Bauchpanzers trennende sogenannte Inframarginalschilde vorhanden. Das Kinn trägt bei allen kleine Hautanhänge. Man kennt aus dieser Familie drei Gattungen mit zusammen nur vier Arten. Davon sind zwei Gattungen mit drei Arten in Amerika, eine einzige Gattung und Art (Devisia mythodes *Ogilby*) in Neuguinea vertreten.

Ein Ungeheuer in Gestalt und Wesen, ein Krokodil mit Schildkrötenpanzer ist die Schnappschildkröte, die Snapping Turtle der Nordamerikaner, Chelydra serpentina *L.*, welche die Gattung der Alligatorschildkröten (Chelydra *Schw.*) vertritt. Man kennt zwei Arten dieser Gattung, deren Wohngebiet sich von Nordamerika über Mittelamerika südlich bis Ecuador erstreckt. Der flach gewölbte Rückenpanzer zeigt drei Reihen mäßig großer Kielhöcker, von denen jedoch die der Wirbelplattenreihe zuweilen nicht zur Entwickelung gelangen; die Nackenplatte ist vorhanden, die Schwanzplatte doppelt; die seitlichen Randplatten liegen in einfacher Reihe neben-, nicht übereinander. Der Brustpanzer ist schmal, kreuzförmig, aus zehn Platten zusammengesetzt; seine Verbindung mit dem Rückenpanzer wird jederseits durch drei Platten hergestellt. 13 Platten bilden den Mittelteil des Rückenpanzers: die fünf mittelsten sind breiter als lang und kommen sich in der Größe beinahe gleich. Ihre Form ist eine fast viereckige, bei den je vier Seitenplatten dagegen wenigstens die erste unregelmäßig mehr oder weniger deutlich fünfeckig. Der Rand wird aus 25 Platten zusammengesetzt, von denen die erste sehr kurz, aber breit ist und die hinteren sich so scharf zuspitzen, daß sechs bis acht kräftige Sägezähne entstehen. Der Kopf ist groß, platt und dreieckig, die Schnauze kurz und zugespitzt und hat äußerst kräftige und scharfe, ungezähnelte, an der Spitze hakige Kiefer, das Auge sieht nach auswärts und zugleich in die Höhe; der Hals, der beim ruhenden Tiere kurz erscheint, kann weit vorgestreckt werden. Zurückgezogen, scheint der Kopf in einer viel zu weiten, faltigen Halskrause zu stecken. Die Beine sind kräftig, die Vorderfüße, die wahre Bärenpranken vorstellen, fünf-, die Hinterfüße vierzehig, die Schwimmhäute wohlentwickelt. Der Schwanz fällt auf durch seine Länge, die zwei Drittel von der des Panzers beträgt, seine bedeutende Dicke und einen längs der Oberseite verlaufenden Kamm knöcherner, spitziger Zacken, die seitlich zusammengedrückt sind und allmählich an Größe abnehmen; seine Unterseite wird mit zwei Längsreihen viereckiger Schuppen gedeckt. Warzige, am Bauche schlaffe, rauhe und runzelige, überall aber mit kleinen Körnern bedeckte Haut umhüllt die nicht vom Panzer eingeschlossenen Körperteile; einzelne zerstreute, ziemlich große Querschuppen bekleiden die Vorderarme und die Außenseite der Unterschenkel. Vom Kinn hängen vier sehr kleine und kurze Bartfäden herab. Die Färbung der Haut ist ein schwer zu bezeichnendes, vielfach wechselndes Ölgrün; der Rückenpanzer sieht oben schmutzig dunkel- oder schwarzbraun, unten gelbbraun aus und ist, wie gewöhnlich, bei jungen Tieren lichter gefärbt als bei alten. Letztere können eine Länge von 0,9—1 m und ein Gewicht von etwa 20 kg erreichen.

Die Schnappschildkröte kann mit keiner anderen Schildkröte verwechselt werden, mit Ausnahme der verwandten Geierschildkröte, Macroclemys temmincki *Holbr.*, der größten und schwersten bekannten Süßwasserschildkröte, die in den südlichen Teilen der Vereinigten Staaten von Nordamerika nach Art der Schnappschildkröte lebt. Diese wird 1,4 m lang und läßt sich durch drei oder vier jederseits über den seitlichen Randschilden gelagerte Supramarginalschilde, den noch größeren, nicht zurückziehbaren Kopf, das mehr seitlich liegende Auge und den unterseits nur mit kleinen Schüppchen gedeckten Schwanz unterscheiden.

Schnapp- und Geierschildkröte leben in Flüssen und größeren Sümpfen der Vereinigten Staaten, in einzelnen Gegenden in erheblicher Anzahl, am liebsten in Gewässern,

Schnappschildkröte, Chelydra serpentina *L.* 1/8 natürlicher Größe.

die schlammigen Grund haben; denn sie verschmähen, wie Müller sagt, selbst die stinkendsten Pfützen nicht. Erstere ist von Kanada und dem Felsengebirge bis Mexiko verbreitet und geht südlich bis Ecuador. Gemeiniglich liegen beide Arten, laut Holbrook, im tiefen Wasser in der Mitte des Flußbettes oder Sumpfes, erscheinen aber zuweilen nahe der Oberfläche, strecken die Schnauzenspitze heraus und lassen sich mit dem Strome treiben, fliehen jedoch, besonders in stark bewohnten Gegenden, beim geringsten Geräusch, wogegen sie in den Gewässern des spärlicher bevölkerten Südens minder scheu sind. Nach Kay trifft man sie zuweilen auch weit entfernt von jedem Gewässer an, vielleicht, weil sie auf dem Lande nach Nahrung oder nach einem passenden Platze zur Ablage ihrer Eier suchen. Mit Recht fürchtet und haßt man sie; denn ihr Name „Schnappschildkröte" ist begründet. Sie beißen nach allem, was ihnen in den Weg kommt und lassen das einmal Erfaßte so leicht nicht wieder los. „Kaum sitzt eine gefangene Schnappschildkröte im Boote", erzählt D. F. Weinland, „so wirft sich das wütende Tier auf seine mächtigen Hinterbeine zurück, aber nur, um im nächsten Augenblicke mit seiner furchtbaren Schnellkraft einen halben Meter vorwärts zu stürzen und grimmig in das dargebotene Ruder zu beißen." Man hat alle Ursache, sie mit Vorsicht zu behandeln, weil sich mit ihrer Wut entschiedene Bosheit paart und sie einem Menschen, der sich in das von ihr bewohnte Wasser begibt, unter Umständen ohne weiteres zu Leibe geht, mit ihrem kräftigen Gebiß auch sehr gefährliche Wunden beibringen kann. Weinland versichert, daß ein zentimeterdickes Ruderblatt von dem harten Raubvogelschnabel des Tieres wie von einer Kugel durchbohrt werden könne; andere Beobachter behaupten übereinstimmend, daß die Schnappschildkröte einen ziemlich starken Spazierstock ohne weiteres entzweibeiße. „Während das Auge der übrigen Schildkröten", berichtet C. Müller, „eine gewisse dumme Gutmütigkeit ausdrückt, leuchtet dieser die Tücke und Bosheit sozusagen aus den Augen heraus, und es gibt gewiß viele, die, wenn sie dieser Art zum erstenmal begegnen sollten, ihr ausweichen würden. Obgleich nun wohl dieses Ansehen in der ganzen Gestalt des Tieres liegt, so haben doch der lange Kopf und Schwanz etwas widerwärtig Abschreckendes, und ich möchte wissen, was jene bei ihrem Anblicke sagen würden, die sich schon vor einem Salamander oder vor einer Eidechse fürchten."

Die Alligatorschildkröten sind beweglicher als die meisten ihrer Verwandten. Sie gehen auf dem Lande, das sie zuweilen betreten, nicht langsamer als diese, schwimmen sehr schnell und entwickeln beim Verfolgen ihrer Beute erstaunliche Raschheit. Fische, Frösche und andere Wirbeltiere, die im Wasser leben, sind ihre Nahrung; sie greifen auch keineswegs bloß kleinere, sondern selbst sehr große Beute, beispielsweise Enten oder Gänse, an. Man hört, laut Müller, sehr häufig Klagen der Landleute über den von ihnen ausgeübten Raub, den sie an Enten begangen haben: sie ergreifen diese, ziehen sie an den Beinen ins Wasser, ertränken sie und verspeisen sie dann mit aller Beschaulichkeit. Ein dem ebengenannten Berichterstatter befreundeter Mann hörte eine seiner Enten laut schreien, lief hinzu und sah, wie der Vogel trotz heftigen Sträubens und Schlagens mit den Flügeln halb unter Wasser gezogen war, griff zu und bemerkte zu seinem Erstaunen, daß eine Schildkröte an der Ente hing, ihr Opfer auch nicht freigab, sondern sich ruhig mit herausziehen ließ. Auch Pechuel-Loesche erlegte in einem Geflügelteiche eine wegen ihrer Räubereien verhaßte Schnappschildkröte, als sie eben einen starken Enterich gepackt hatte.

Fontaine, ein Geistlicher in Texas, teilte Agassiz nachstehendes über zwei Geierschildkröten mit, die er längere Zeit beobachten konnte, weil er sie einige Jahre lang in seinem Fischteiche hielt. „Sie wurden sehr zahm", sagt er, „da ich aber fand, daß sie meine Fische auffraßen, erlegte ich die eine und verwundete die andere mit einem Wurfspieße, konnte sie jedoch wegen ihrer Schlauheit nicht fangen. Ich fütterte meine Brassen und Elritzen mit Brot, das auch die Geierschildkröte gierig verschlang. Eines Tages verweilte sie nach der Mahlzeit auf einem Felsen, der nur einen halben Meter unter Wasser lag. Ein Schwarm von Elritzen und Brassen schnappte nach den Brotkrumen umher, ohne daß sie ihre Gegenwart zu ahnen schienen; deren Kopf und Füße waren auch möglichst unter dem Panzer zurückgezogen, und ihr mit Algen und anderen Wasserpflanzen bedeckter Rücken konnte kaum von dem Felsen, auf dem sie im Hinterhalte lag, unterschieden werden. Einige große Brassen schwammen um sie herum und schnappten hin und wieder nach den Elritzen; kaum aber war einer von ihnen, ein Fisch von etwa 40 cm Länge, innerhalb ihres Schnappbereiches, als sie plötzlich den Kopf hervorwarf und ihn festhielt, indem sie ihren Adlerschnabel tief in seine Seiten und seinen Bauch einhieb. Hierauf zog sie den Fisch unter sich, drückte ihn mit ihren Vorderfüßen gegen den Felsen und verzehrte ihn gierig, ganz so, wie ein Falke seine Beute verschlingt. Nun nahm ich einen starken Angelhaken, befestigte daran eine Elritze als Köder und warf ihr die Angel zu, entschlossen, mich von dieser geschickten Fischräuberin zu befreien; sie faßte, und vermittelst eines schnellen Ruckes mit meiner Hand stach ich die Angel in ihren Unterkiefer. Da ich sie zu schwer fand, um sie über den noch 2 m über dem Wasser emporragenden, senkrechten Felsen heraufzuziehen, führte ich sie an der Angelschnur an das andere Ufer des Teiches, wo das Ufer niedrig und das Wasser seicht war; doch hier legte sie sich, nachdem ich sie bis auf eine Entfernung von 60 cm dem Ufer nahe gebracht, plötzlich vor Anker, indem sie ihre Vorderfüße vorwärts streckte und stemmte, und trotz der größten Anstrengung konnte ich sie nicht näher heranziehen. Sie schien in einer furchtbaren Wut zu sein, schnappte wiederholt nach der Leine, brach endlich den Angelhaken ab und zog sich in den tiefsten Teil des Teiches zurück. Niemals konnte ich sie fortan wieder dazu bringen, nach irgendetwas zu beißen; sie war überhaupt von nun an sehr scheu, da sie gemerkt hatte, daß ich ihr nach dem Leben trachtete. Ich fand sie fernerhin nur im tiefen Wasser; auf den Felsen wagte sie sich nie wieder. Einst warf ich eine Harpune nach ihr, traf sie auch glücklich in den Hals; durch eine gewaltige Kraftanstrengung der Vorderfüße aber riß sie den Spieß los und rannte unter den Felsen. Später sah ich sie noch oft, jedoch immer nur während ihres Rückzuges nach dem Schlupfwinkel, der ganz unzugänglich war. Ich beabsichtigte nun, eine eiserne, mit Rindfleisch geköderte Falle zu versenken, um endlich doch die Schlaue zu überlisten; mein baldiger Abgang von jenem Orte aber rettete ihr damals das Leben."

Ein Anonymus beschreibt die Art und Weise, wie diese Schildkröte ihre Eier legt. „Am 16. Juni 1844", teilt er mit, „sah ich eine Schnappschildkröte im Verlauf von zwei Stunden ein Loch graben und 22 Eier hineinlegen. Das Loch wurde in Kies gegraben und hatte, als es fertig war, 3 Zoll im Durchmesser und 4 Zoll Tiefe. Das Graben geschah ausschließlich mit den Hinterfüßen, und zwar abwechselnd. Die Eier wurden ebenso schnell, als sie gelegt wurden, mit den Hinterfüßen an die richtige Stelle gebracht, dann das Loch mit dem übrigen Erdreich gefüllt. Das nächste Wasser war ein kleiner Strom in etwa 30 Fuß Entfernung."

Die Schnappschildkröte war es, die Agassiz seinen Untersuchungen über die Entwickelung der Schildkröten zugrunde legte, weil sie in der Nähe von Cambridge ziemlich häufig vorkommt, und besonders weil ihre denen der Tauben an Größe ziemlich gleichkommenden, mit kalkiger Schale umhüllten Eier, 20—30 an der Zahl, die sie in der Nähe des Wassers in die Erde gräbt und mit Laub bedeckt, leicht gesammelt werden konnten. „Monatelang", sagt Weinland, der an jenen Untersuchungen einen wesentlichen Anteil nahm, „schlüpften täglich solche Schildkrötchen aus den in Sand und Moos gelegten Eiern, und — merkwürdig: die erste Bewegung des aus der Schale hervorbrechenden Köpfchens war die des Schnappens und Beißens!" Genau dasselbe erfuhr früher der Prinz von Wied.

Alt eingefangene Schnappschildkröten verweigern mitunter, Nahrung zu sich zu nehmen, jüngere hingegen können zum Fressen gebracht werden. Eine, die Müller gefangen hielt, fraß ein volles Jahr nichts. „Oft hing ich ihr einen Streifen Fleisch auf die Nase, und sie spazierte damit in der Stube umher; es half nicht einmal etwas, wenn man ihr das Fleisch in den Mund steckte." Eine Geierschildkröte von 40 kg Gewicht, die Weinland beobachtete, ließ die in ihren Wasserbehälter gesetzten Fische unberührt an ihrem Kopfe vorbeischwimmen oder auch Frösche neben sich umherhüpfen und biß, wenn man ihr Nahrung zwischen die Kiefer steckte, den Bissen entzwei, ohne zu schlucken. Auch spätere Beobachter haben niemals gesehen, daß die Geierschildkröte Nahrung angenommen hätte. E. v. Schweizerbarth beobachtete, daß ein 60 cm langes Exemplar dieser Schildkröte mit Fauchen und Zischen sich zur Wehr setzte, wenn man ihr in den Weg trat. In der Regel bewegte sie sich langsam, stelzte mit erhobenem Kopfe, den langen Schwanz wagerecht hinausgereckt, sich wie ein Alligator steil auf den Beinen erhebend und ganz wie dieser nach kurzer Wegstrecke sich auf den Bauch legend um auszuruhen, bevor die Weiterreise angetreten wurde. Nicht alle Schnappschildkröten sind übrigens bissig, doch steigt, wie auch Bruner angibt, ihre Bösartigkeit mit zunehmender Temperatur. Manche geraten, wenn sie gereizt werden, in eine ganz rasende Wut, schnappen blindlings in die Luft und fallen dabei mitunter sogar auf den Rücken, können sich aber, wie andere langhalsige Schildkröten auch, durch Aufstemmen des Kopfes auf den Boden selbst wieder umdrehen.

Freude aber erlebt man auch an fressenden Gefangenen dieser Art nicht. „So finster, wie sie aussieht", sagt J. v. Fischer sehr richtig, „ist und lebt sie auch. Scheu verbirgt sie sich vor den Strahlen der aufgehenden Morgensonne und sucht die dunkelsten Verstecke auf, um bis zur einbrechenden Nacht zu warten und dann ihr Unwesen zu beginnen." In ihrer Heimat scheint sie, wie dieser Forscher meint, allnächtlich weite Wanderungen zu unternehmen; denn seine Gefangene kroch eine Zeitlang in jeder Nacht aus ihrem Versteck heraus und spazierte, ihren langen, spitzigen Schwanz nachschleifend, unaufhörlich durch alle Stuben. Dies trieb sie bis zum Morgen, um welche Zeit sie sich dann unter das Bett oder in eine dunkle Ecke verkroch. Auch meine gefangenen Schnappschildkröten suchten in dem großen Wasserbecken, das ich ihnen angewiesen hatte, stets die dunkelsten Winkel auf und lagen hier am Tage bewegungslos wie Steine auf dem Boden, meist viele Stunden hintereinander, ohne inzwischen einmal zum Atemholen emporzukommen.

Leicht würde es sein, die Alligatorschildkröte bei uns einzubürgern, könnte solches uns irgendwie nützen. Daß sie unser Klima, auch den Winter, ohne jegliche Beschwerde verträgt, konnte bereits festgestellt werden. Einem Handelsgärtner in Offenbach entrann, wie R. Meyer mitteilt, im Jahre 1863 eine ihm von Nordamerika zugesandte Schnappschildkröte und konnte, der sorgfältigsten Nachforschungen ungeachtet, nicht wieder aufgefunden werden. Drei Jahre später entdeckten mit der Reinigung eines städtischen Kanals beschäftigte Arbeiter zu ihrer höchsten Verwunderung das von ihnen nie gesehene Tier, tief im Schlamme vergraben, nicht allein lebend, sondern auch äußerst munter und ebenso beißlustig. Was sie in ihrem schlammigen Zufluchtsorte gefressen haben mochte, blieb ein Rätsel; ernährt aber hatte sie sich, dem Anschein nach, sehr gut, wie am besten ihr Verhalten dartat.

Das Fleisch sehr alter Schnappschildkröten ist, des ihm anhaftenden starken Moschusgeruches halber, kaum genießbar, das jüngerer Tiere gilt als ebenso nahrhaft wie wohlschmeckend. Noch weit mehr schätzt man die Eier. Kay versichert, dem Tiere für die von ihm herrührende Spende einer trefflichen Mahlzeit oft verpflichtet gewesen zu sein. Um diese Eier zu finden, untersucht man im Juni, während der Legezeit, mittels eines Stockes sandige Stellen, auf denen die Schnappschildkröte ihre Spur zurückgelassen hat, erkennt an dem lockeren Erdreiche den in ihm verborgenen Schatz, gräbt nach und findet in dem oft von mehreren Weibchen belegten Nest zuweilen 60—70 der köstlichen Eier.

Zur Familie der **Klappschildkröten (Cinosternidae)** rechnet man die Schildkröten, bei denen die Nackenplatte rippenähnliche Fortsätze unter die benachbarten Randplatten entsendet, 23 Platten den Rand des Panzers einschließen und die Platten des Bauchpanzers an die Randplatten des Rückenpanzers anstoßen, wodurch sie den vorderen Inframarginalschild von dem hinteren trennen. Das Kinn dieser Schildkröten trägt häutige Anhänge, der Schwanz ist kurz, und die gut entwickelten Finger enden in 4 oder 5 Krallen.

Wir unterscheiden zwei Unterfamilien, von denen die erste (Staurotypinae), nur zwei auf Mexiko und Mittelamerika beschränkte Gattungen mit drei Arten umfaßt und sich den Schnappschildkröten eng anschließt. Bei ihnen ist die Rückenschale stark niedergedrückt, dreikielig, der knöcherne Rückenpanzer setzt sich aus sieben Wirbelplatten zusammen, der Bauchpanzer ist klein, kreuzförmig, hat vorn eine unpaare, auch bei den Schnappschildkröten vorhandene Knochenplatte (Entoplastron) und ist mit 7—9 Hornplatten bedeckt; der Kopf ist groß, mit ungeteilter Haut bedeckt, mit einem unpaaren Hornschild auf der Nase; die inneren Nasenlöcher liegen hinter den Augenhöhlen; an den Hinterbeinen der Männchen sitzen gutentwickelte Zirporgane. Von diesen in den Sammlungen recht seltenen Tieren weiß man nicht allzuviel. Der großköpfige Claudius angustatus *Cope*, dessen Rückenpanzer etwa 10 cm lang wird, ist in seiner Heimat, Tabasco in Südmexiko, als „Talmane" bekannt. Er soll in Sümpfen leben und sich bis 3 Fuß Tiefe in den Schlamm einwühlen, sich von Fischen, Krebsen und Schnecken nähren und nur wenige Eier legen. Der der zweiten Gattung der Gruppe angehörige Staurotypus triporcatus *Wgm.* (Taf. „Schildkröten I", 2, bei S. 408), bei dem der Vorderlappen des Bauchpanzers beweglich ist, wird in Tabasco nach den Lauten, die er von sich gibt, „Huau" genannt. Verläßliche Personen erzählten Cope, daß die dortigen Alligatoren (Caiman sclerops) den Huau lebend verschlingen, die Schildkröte aber in die Eingeweide des Räubers beiße und diesen dadurch veranlasse, sie wieder auszuspeien. Das Fleisch wird von den Indianern sehr geschätzt, von den Weißen aber verschmäht. Diese Schildkröte lebt wie die vorige von tierischer Nahrung und legt im November und Dezember 10—20 Eier.

*

Bei der zweiten Unterfamilie (Cinosterninae) ist die Rückenschale flach oder gewölbt, mit oder ohne Kiele; die knöchernen Wirbelplatten des Rückenpanzers sind in der Zahl 5 oder 6 vorhanden; das Entoplastron fehlt, der Bauchpanzer ist mit 10 oder 11 Hornplatten bedeckt; sein Vorderlappen mit 4 oder 5; auf der Nase steht ein unpaarer Hornschild; die inneren Nasenlöcher liegen vor den Augenhöhlen. Die einzige bekannte Gattung, die in Amerika nördlich des Gleichers lebt und nur in zwei Arten nach Südamerika vordringt, enthält 12 Arten.

Klappschildkröten (Cinosternum *Spix*) nennt man in Nord-, Mittel- und Südamerika lebende Sumpfschildkröten mit kleinem, kreuzförmigem oder großem, eiförmigem Bauchschilde, dessen vorderes oder vorderes und hinteres Stück beweglich an einem mit dem Rückenpanzer unbeweglich verbundenen Mittelstück befestigt sind. Die Bauchplatten bilden das feste Stück dieses Schildes, an dem die Achsel- und Weichenplatten durch verhältnismäßige Größe noch besonders auffallen. Finger und Zehen sind durch Schwimmhäute verbunden; die Vorderfüße haben 5, die hinteren 4 Krallen, da die Außenzehe unbekrallt ist; der am Ende bei manchen Arten mit einem Nagel versehene Schwanz ist kurz. Ein einziger, dünner Schild bekleidet den Kopf, eine Anzahl größerer halbmondförmiger Schuppen den äußeren Teil der Vorderarme und den hinteren der Fußwurzeln; der übrige Teil der Beine und des Halses ist nackt oder mit Wärzchen bedeckt. Bei jungen Tieren ist die Beweglichkeit der beiden Klappen des Bauchpanzers nie so deutlich zu sehen wie bei den erwachsenen.

Bei diesen wie bei den vorhergehenden Schildkrötenarten hängt die Größe des Bauchpanzers, wie Siebenrock hervorhebt, mit der Lebensweise zusammen. Die Arten mit kleinem, kreuzförmigem Bauchpanzer leben in Pfützen und Sümpfen, wo sie sich durch Trübung des Wassers den Verfolgungen ihrer Feinde entziehen können und daher keines weiteren Schutzes bedürfen. Dagegen halten sich die Arten mit großem Bauchpanzer, der durch Aufwärtsklappen des vorderen und hinteren Teiles die Schale vollständig verschließen kann, in klarem Wasser auf, wo sie Nachstellungen viel mehr ausgesetzt sind.

Die Schlamm- oder Klappschildkröte ohne weitere Nebenbezeichnung, Cinosternum pensilvanicum *Gm.*, ist ein kleines Tier von 15 cm Gesamt- und 11 cm Panzerlänge. Von anderen Arten der Gattung trennt sie die mäßige Größe des Bauchpanzers, dessen vordere Klappe beträchtlich schmäler als die Öffnung des Rückenpanzers ist, und dessen Brustplatten dreieckig sind oder in der Bauchmitte nur eine ganz kurze gemeinsame Naht bilden. Der Rückenschild ist olivenbraun, der Brustschild gelb oder orangefarben; alle Nähte der einzelnen Platten des Panzers sind dunkelbraun oder schwarz gefärbt; den braunen Kopf und einen Teil des Halses zeichnen unregelmäßige Linien, Striche und Flecke von gelblicher Färbung; die Füße und der Schwanz sind düster braun, unterseits lichter. Die Iris sieht dunkelbraun aus.

Die Schlammschildkröte ist in den südlichen Teilen der östlichen Vereinigten Staaten sehr häufig, in den nördlichen seltener. Nach Nordosten hin erstreckt sich ihr Verbreitungsgebiet bis New York, nach Westen hin bis in das Tal des Mississippi, nach Süden bis zum Mexikanischen Meerbusen. In ihrer Lebensweise stimmt sie fast ganz mit den Wasserschildkröten überein, hält sich jedoch, nach C. Müller, mehr im Sumpfe als im Wasser auf. Ihre Nahrung sind kleine Fische, Insekten und Würmer. Wood beobachtete Schlammschildkröten oder doch Gattungsverwandte von ihnen bei ihrer Jagd auf Molche. Ihre Bewegungen im Wasser waren höchst bedächtig. Sie schwammen vorsichtig neben dem erkorenen Opfer einher oder krochen darunter und versetzten ihm hierauf einen heftigen Biß. Die Angler Amerikas hassen die Schlammschildkröte, weil sie sehr gut anbeißt, und wenn sie die Angel spürt, so heftig zappelt, daß jene glauben, einen sehr großen Fisch erbeutet zu haben. Bei Eintritt des Winters verkriecht sie sich unter Moos und kommt erst im Mai wieder zum Vorschein.

Gereizt, öffnet sie häufiger das Maul als unsere Wasserschildkröten und gibt sich den Anschein, beißen zu wollen, vermag auch heftige, stark blutende Bisse auszuteilen, doch wird sie leicht und bald zahm, nimmt ihrem Pfleger die Nahrung aus der Hand und unterscheidet sich von anderen Süßwasserschildkröten vielleicht bloß dadurch, daß sie gieriger frißt als diese. Eine, die Müller hielt, war zuletzt so feist geworden, daß sie ihre Klappen nicht mehr schließen konnte, weil das Fleisch überall herausquoll. J. v. Fischer nennt sie und ihre Verwandten dieser Gefräßigkeit halber die Schweine unter den Schildkröten. Werner, der einige Exemplare über zwölf Jahre lang hielt, bezeichnet sie als die anspruchslosesten aller Schildkröten. Sie lieben die Dunkelheit und verlassen von allen von ihm gepflegten Arten das Wasser verhältnismäßig noch am häufigsten. Die von Siebenrock bei Cinosternum-Männchen entdeckten Zirporgane sind bei dieser Art, wenn man es zuwege bringt, ein

Hinterbein zu erwischen und auszustrecken, sehr leicht zu sehen; sie bestehen aus je einem ovalen Fleck von Hornhöckern auf der Beugeseite von Ober- und Unterschenkel, durch deren Reibung ein zirpendes Geräusch erzeugt werden kann.

Die Moschusschildkröte, Cinosternum odoratum *Daud.*, mit in der Jugend deutlich dachförmigem Rückenpanzer, kleinem, kreuzförmigem Bauchpanzer mit unbeweglichen Hinter-

1 Schlammschildkröte, Cinosternum pensilvanicum *Gm.*, 2 Moschusschildkröte, Cinosternum odoratum *Daud.* ½ natürlicher Größe.

lappen, großem Kopfe mit langer, zugespitzter Schnauze, mit gegabeltem Nasenschild und kleinem Kehlschild des Bauchpanzers, ist eine noch mehr die Dunkelheit liebende Art als die vorige und scheint das Wasser, nach Hanau und Werner, fast niemals freiwillig zu verlassen. Die Färbung des Rückenpanzers ist dunkelbraun, schwarz gestrichelt oder gefleckt, der Kopf oben gelb gefleckt oder marmoriert, seitlich mit gelben Längsstreifen. Die Zirporgane an den Hinterbeinen des Männchens sind auch bei dieser Art gut entwickelt. Sie ist in Gefangenschaft nicht so ausdauernd wie die vorige. Über das Freileben und die Eiablage der Moschusschildkröte am Turkey-See in Indiana teilt Eigenmann mit, daß diese häufige Art gewöhnlich Ende Juni oder Anfang Juli zur Zeit der Eiablage auf der Oberfläche von

Baumstümpfen am Rande des Sees gesehen wird, wo sie die Eier in faules Holz ablegt, manchmal so tief, als man mit dem Finger reichen kann. Moderige Klötze in einiger Entfernung vom See sind gleichfalls für die Eiablage beliebt, und an einer sumpfigen Stelle von geringem Umfange am Rande des Sees wurden 362 Eier auf einmal gefunden, die von etwa 60 Schildkröten herstammen müssen, da die Zahl der Eier eines Geleges 4—7 beträgt. „Beim Passieren eines Weizenfeldes sah man am Rande einige Schildkröten, die von dort kamen und ihre Eier in eine Vertiefung des Bodens gelegt hatten, die von einer Kuh beim Überschreiten desselben gemacht wurden, solange der Boden noch weich war. Noch andere Eier fand man in Bündeln von zusammengetriebenen Binsen. Ein interessanter Wechsel scheint bei diesen Schildkröten in ihrem Gehaben während der letzten 50 Jahre eingetreten zu sein. Vor jener Zeit muß die Zahl der Baumstümpfe am Rande des Sees außerordentlich klein gewesen sein. Die gegenwärtige große Zahl hängt mit dem Steigen des Sees nach Erbauung des Dammes zusammen und mit dem dadurch erfolgten Abschneiden der Bäume, deren Stämme unter Wasser kommen. Die Gewohnheit der Eiablage in Stümpfe dürfte nicht viel weiter als 50 Jahre zurückreichen." Die Eiablage muß sich auf eine ansehnliche Zeit verteilen, denn viele Eier waren im August ausgebrütet, während aus einigen, die von derselben Zeit stammten, die Jungen zu verschiedenen Zeiten, zwischen 15. September und 1. Oktober, ausschlüpften. Der Längsdurchmesser der Eier beträgt, nach Siebenrock, 25—26, der Querdurchmesser 14 mm, entsprechend der Breite des Beckens, durch welches das Ei beim Legen hindurchgleiten muß. — Auch das Fleisch dieser Art riecht, wie der Name andeutet, nach Moschus.

Die übrigen Cinosternum-Arten, die bisher lebend nach Europa gebracht wurden, verhalten sich kaum anders als die beiden genannten. C. bauri *Grmn.* aus Florida, von der Schlammschildkröte durch den schmalen, mit drei hellen Längslinien gezierten Rückenpanzer verschieden, nach dem Autor der Art die einzige Schildkröte auf Key-West, soll dort in den Brackwassersümpfen häufig vorkommen; C. scorpioides integrum *Lec.*, die einzige in Brasilien vorkommende Klappschildkröte, nimmt, nach Göldi, sowohl pflanzliche als tierische Nahrung zu sich; diese Schildkröte ist durch das Fehlen der Zirporgane beim Männchen und die dreikielige Rückenschale, deren Schilde schwarz umrandet sind, gekennzeichnet. Sie ist in ihrer Heimat unter dem Namen „Mussuam" allgemein bekannt und wird, durch ein hinten im Rückenschild angebrachtes Loch vermittelst eines rohen Lederriemens oder einer Schnur zu Bündeln von einem halben oder ganzen Dutzend zusammengekoppelt, hundertweise auf den Markt in Pará gebracht, da sie als Leckerbissen gilt. Die Eier sind länglich, 34 mm lang, 18,5 mm im Querdurchmesser, hartschalig, glatt, leicht hellgelb gefärbt.

*

Die Familie der **Großkopfschildkröten (Platysternidae)** teilt die äußeren Kennzeichen der von den Randplatten weit getrennten Brustplatten und die große Schwanzlänge mit den Alligatorschildkröten, unterscheidet sich von ihnen aber durch den großen Bauchpanzer. Im Gerippe ist das Fehlen rippenförmiger Fortsätze an der knöchernen Nackenplatte bemerkenswert und außerdem die hintere Aushöhlung der Mehrzahl der Schwanzwirbel. Die einzige Gattung und Art ist auf Südchina, Siam und Burma beschränkt.

Zu den abenteuerlichsten Gestalten der Schildkröten überhaupt zählt die Großkopfschildkröte, Platysternum megacephalum *Gray.* Das merkwürdige Geschöpf kennzeichnet

Großkopfschildkröte.

sich vornehmlich durch den flachen gekielten Rückenschild, dessen Nackenplatte der rippenförmigen Fortsätze entbehrt, und der von 25 hornigen Randplatten umgeben und am Hinterrande deutlich gesägt ist, sehr breiten und flachen, mit dem Rückenschild fest verbundenen, vorne nicht aufklappbaren und aus 12 Platten zusammengesetzten Brustschild, dessen Verbindungsstelle, einschließlich der Achsel- und Weichenplatte, mit 3 oder 4 Unterrand- oder Zwischenrippenplatten bedeckt ist. Der Kopf ist sehr groß, nicht unter die Schale zurückziehbar, mit einem einzigen großen Schilde bekleidet und hat ein vollständiges knöchernes Schläfendach. Der Schwanz ist äußerst lang und vollständig beschuppt. Die Vorderfüße haben 5, die hinteren 4 Krallen, zwischen denen sich schwach entwickelte Schwimmhäute ausspannen. Zerstreute, sehr in die Breite gezogene, große Hornschuppen bekleiden den äußeren Teil der Vorderarme, ähnliche die Hinterschienen und Hacken, Körnerschuppen die übrige Haut der Beine und die des Halses, runde, flache Warzen die Kehle. Die Färbung des Rückenpanzers ist lichtbraun mit schwarzen Punkten und Strichen gemischt, die des Bauchpanzers gelb, mehr oder weniger stark schwarz gewölkt. Der Kopf ist oben graubraun mit einigen schwarzen Längsstrichen, an den Seiten meist mit runden, gelbroten Flecken; ebenso gefärbt ist die Oberseite des Halses und der Beine, die unten grau sind; die oberen Gliedmaßenschuppen haben rötlichgelbe Punkte; der Schwanz ist oben lichtbraun, unten mit zahlreichen rötlichgelben Flecken. Ein schwarzer Streifen zieht sich bei manchen durch das Auge. Die Gesamtlänge des Tieres beträgt 40,5, die Länge des Kopfes und Halses 8,5, des Panzers 15, des Schwanzes 17 cm.

Die Großkopfschildkröte lebt in den Flüssen von Burma und Siam und geht westlich bis Pegu und Tenasserim. Sie ist eine seltene Art, die, nach Swinhoe, auch in den westlichen Teilen der südchinesischen Provinzen Kuang-tung und Kuang-si, wo sie als „Ying-Chöü Kwai" (Adlerschnabelschildkröte) bekannt ist, angetroffen wird und von Casto de Elera auch auf der Philippineninsel Mindoro nachgewiesen wurde. In Burma soll sie, nach Fea, in den Kaskaden der Flüsse ihres Fleisches wegen gefangen werden, im Wasser sich widerstandslos ergreifen lassen, herausgenommen aber wütend um sich beißen. Siebenrock hielt zwei Exemplare mehrere Monate lang lebend im Aquarium, wo sie sich ganz wohl fühlten und in lange, schmale Streifen geschnittenes Rindsherz, das sie allwöchentlich erhielten, lebenden Fischen vorzogen. Sie erfaßten die Fleischstücke mit großer Gier und verschlangen sie ruckweise, wobei sie den Hals, der im Verhältnis zum Kopf sehr dünn zu nennen ist, weit vorstreckten. Gegen Temperaturänderungen erwiesen sie sich als wenig empfindlich, da sie noch im Dezember im ungeheizten Aquarium aushielten. Siebenrock bemerkte, daß sie zwar, aus dem Wasser genommen, vernehmlich fauchten und das Maul weit aufrissen, niemals aber zu beißen versuchten. Sie lagen selten ruhig, die Beine waren stets in Bewegung, der Kopf meist unter Wasser, nur zeitweise streckten sie zum Zwecke der Atmung die Schnauze heraus. Die Art scheint ausschließlich wasserbewohnend zu sein und klares Wasser trübem vorzuziehen.

*

Die Hauptmasse der lebenden Schildkröten bilden die **Landschildkröten (Testudinidae)**. Äußerlich kennzeichnen sie sich durch den mit hornigen Hautschilden bedeckten Panzer, dessen Brustplatten an die Randplatten stoßen, und dessen Bauchpanzer stets 11 oder 12 Schilde aufzuweisen hat. Von den übrigen Halsbergern (Kryptodiren) unterscheiden sie sich durch krallentragende Geh- oder Schwimmfüße und durch das Fehlen der rippenförmigen Fortsätze an der knöchernen Nackenplatte. Weitere gemeinsame Merkmale der Familie sind der vollständig in die Schale nach rückwärts einziehbare Hals und Kopf sowie der Umstand, daß die Finger- und Zehenglieder Gelenke haben und die 4 oder 5 Zehen der Füße mit Krallen endigen.

Landschildkröten leben mit Ausnahme Australiens und Neuguineas in allen heißen und gemäßigten Teilen der Erde.

Die 25 Gattungen mit ihren über 140 Arten, die Siebenrock dieser Familie zuweist, gehören nach diesem Gewährsmanne zwei Unterfamilien an, von denen die erste (Emydinae) vorwiegend Wasserbewohner umfaßt, mit oben glatter oder hinten in kleine Schilde zerfallender Kopfhaut, hinten offenem Quadratbein, mehr oder weniger deutlich ausgebildeten Schwimmfüßen, wenigstens spurweise vorhandenen Schwimmhäuten und langen, gekrümmten Krallen. Bei der zweiten, ausschließliche Landschildkröten enthaltenden Unterfamilie (Testudininae) ist der Kopf oben ganz mit kleinen Schilden bedeckt, das Quadratbein hinten geschlossen, an den Gliedmaßen sind die mit dicken, geraden Nägeln bewehrten Finger und Zehen verwachsen. Wir stellen in den folgenden Schilderungen die auf das Leben im Wasser angewiesenen Arten voran, lassen ihnen die Mischformen folgen und betrachten zuletzt die eigentlichen Landschildkröten im engeren Sinne.

Die Lebensweise der sogenannten Süßwasserschildkröten (Emydinae) bietet so viel Übereinstimmendes, daß den nunmehr folgenden Gattungen immerhin eine allgemeine Schilderung vorausgehen mag.

Die Süßwasserschildkröten leben vorwiegend in langsam fließenden Flüssen, in Teichen und Seen; manche gehen auch ins Meer, wenigstens in Brackwasser. Sie dürfen als trefflich begabte Wassertiere bezeichnet werden. Ihr Gang auf festem Lande ist bedeutend schneller als der aller eigentlichen Landschildkröten, ihre Bewegung beim Schwimmen ungemein rasch und auffallend gewandt. „Sie scheinen es", sagt C. Müller, „gelernt zu haben, sich unsichtbar zu machen. Manchmal fand ich die Ufer von Bächen oder Teichen wie auch die geringste Hervorragung in ihnen mit den gemeineren amerikanischen Schildkröten sozusagen bedeckt, und diese schienen sich sorglos zu sonnen; sobald man sich aber so nahe geschlichen hatte, um danach zu greifen, verschwanden sie lautlos, und nur bei ganz klarem Wasser mit lichtem, kiesigem Grunde konnte man sie dann noch erhaschen: denn in der Regel gruben sie sich im Augenblicke ein und taten dies, dank der Kraft und Geschicklichkeit ihrer Beine, mit großer Leichtigkeit." Werner fand, als er bei Perrégaux in Westalgerien von der dort überaus häufigen Sigriz-Schildkröte (Clemmys leprosa) eine Momentaufnahme machen wollte, daß die am Ufer der Wassergräben sich sonnenden Schildkröten sich während des Einstellens des Apparates regelmäßig vollkommen geräuschlos ins Wasser gleiten ließen, so daß alle Versuche gänzlich erfolglos blieben. Bei ihrer Jagd entfalten die Tiere eine Schwimmfähigkeit, die in Erstaunen setzt. Die meisten Arten nähren sich von tierischen Stoffen, und zwar vorwiegend von Lurchen, Fischen und wirbellosen Tieren, die sie stets unter Wasser verschlingen, wogegen nicht wenige der indischen Arten (zum mindesten vier Gattungen) als reine Pflanzenfresser zu betrachten sind. Stundenlang schwimmen sie auf der Oberfläche des Wassers, die Augen nach unten gerichtet, einem nach Beute suchenden Adler vergleichbar, und sorgfältig suchen sie den unter ihnen liegenden Grund des Gewässers ab. Erspähen sie eine Beute, so lassen sie einige Luftblasen aufsteigen, beschleunigen ihr Rudern und sinken zur Tiefe hinab, um gierig nach dem sie verlockenden Bissen zu schnappen, der, einmal mit den scharfen, niemals nachlassenden Kiefern gepackt, unter ruckweisem Vorstrecken des Kopfes verschlungen wird, wenn er von geringer Größe ist, andernfalls aber mit den scharfen Krallen zerrissen wird. Den Süßwasserschildkröten und den Purpurhühnern schreibt Tristram die Plünderung der Vogelnester und Zerstörung der Bruten zu, die man an allen Seen und in den Sümpfen Algeriens so oft bemerkt. Unter den Fischen hausen sie aber noch weit ärger als unter den Vögeln, und überall, wo jene bereits Wert erlangt haben, benachteiligen sie den Menschen in nicht unempfindlicher Weise.

Mit ihrer Beweglichkeit und Raublust steht, wie leicht erklärlich, ihr geistiges Wesen im Einklange. Ihre Sinnesfähigkeiten sind viel schärfer entwickelt, als es bei den Landschildkröten der Fall ist, und ihre Begabung übertrifft die der letztgenannten in jeder Hinsicht. Sie merken es sehr wohl, wenn sie beunruhigt werden, und einzelne offenbaren eine Vorsicht, die man ihnen gewiß nicht zutrauen möchte, wählen sich die am günstigsten gelegenen Schlupfwinkel und sammeln allerlei Erfahrungen. In der Gefangenschaft werden sie eher zahm als alle übrigen Schildkröten und lernen ihren Pfleger wirklich, wenn auch nur bis zu einem gewissen Grade, kennen, schwimmen oder kriechen dem vorgehaltenen Finger nach und fressen aus der Hand. Sie gewöhnen sich an den Umgang mit dem Menschen, ohne jedoch den einzelnen zu unterscheiden.

Bei herannahendem Winter graben sie sich ziemlich tief in den Boden ein und verbringen hier die ungünstige Jahreszeit in einem todähnlichen Zustande. Dasselbe tun sie in den Äquatorländern, da, wo die Dürre ihnen ihre Wohngewässer zeitweilig austrocknet, während der regenarmen, winterlichen Jahreszeit. Müller sagt, daß sie an einzelnen Flüssen Nordamerikas die Ufer förmlich unterhöhlen. „Darum sind auch ihre Winterlager leicht zu finden; denn es sieht aus, als ob eine Herde Schweine an solchen Stellen gewühlt hätte." Im Norden Amerikas kommen sie bei einem nicht zu spät eintretenden Frühjahre einzeln schon im April oder doch Anfang Mai aus ihrer Winterherberge wieder zum Vorschein und beginnen dann ihr Sommerleben, zunächst das Fortpflanzungsgeschäft.

Die Paarung dauert bei ihnen tagelang, und während dieser Zeit sind sie für alles andere wie abgestorben; ihre gewöhnliche Vorsicht und Schüchternheit verläßt sie dann vollständig. „Ich habe", bemerkt Müller, „die Gemalte Sumpfschildkröte (Chrysemys picta) Amerikas während der Begattung auf der Oberfläche des Wassers schwimmend gefunden und sie mittels eines Netzes leicht herausfischen können, da sie sich nicht im geringsten stören ließ." Die Tiere hängen und halten, das Männchen auf dem Rücken des Weibchens sitzend und es mit den Beinen umklammernd, so fest zusammen, daß ziemlich bedeutende Kraft angewendet werden muß, um sie auseinander zu reißen. Kurze Zeit später gräbt das Weibchen Löcher in die Erde oder in den Sand und legt in diese 6—8, bei anderen Arten bis zu 30 hartschalige Eier ab.

Manche Süßwasserschildkröten dauern bei entsprechender Behandlung gut in Gefangenschaft aus, obwohl sie in dieser Beziehung von den Schnapp- und Klappschildkröten unter den Halsbergern weit übertroffen werden. Einzelne von ihnen sollen 40 und mehr Jahre in der Gefangenschaft gelebt haben. Auf Ceylon hält man, laut Sir Emerson Tennent, Süßwasserschildkröten gern im Innern des Hauses, weil man glaubt, daß sie es von allerlei Ungeziefer reinigen, und auch sie fühlen sich, wenn man ihnen Wasser und etwas Fleisch gibt, jahrelang in der Gefangenschaft offenbar höchst wohl.

Die meisten Tierpfleger behandeln die verhältnismäßig sehr unempfindlichen Süßwasserschildkröten gewöhnlich insofern falsch, als sie ihnen während des Winters nicht die nötige Wärme gewähren. Die, die man im Freien hält, graben sich selbst in den Schlamm ein und schaffen sich dadurch eine ihnen zusagende Winterherberge, während die, welche im Zimmer leben müssen, nur in gleichmäßig erhaltener Wärme einen Ersatz für diese ihnen fehlende Schlafkammer finden können. „Seit mehreren Jahren", schreibt Effeldt, der umfassende Versuche und Beobachtungen angestellt hat, „bekam ich nordamerikanische Süßwasserschildkröten, aber sie starben regelmäßig im Winter. Die wenigen, die diese Zeit überlebten, fraßen währenddem nichts und magerten dabei so bedeutend ab, daß sie im Frühjahre sicher zugrunde gingen. Endlich kam ich auf den Einfall, ihr Wasser auch im Winter lauwarm zu halten, weil ich beobachtet hatte, daß meine Schildkröten selbst im Sommer nur dann Nahrung zu sich nahmen, wenn das Wasser lauwarm war. Nun ließ ich einen Ofen setzen, auf welchem ich meine Gefangenen unterbringen konnte, und das Ergebnis hiervon war so günstig, daß alle meine Sumpfschildkröten, von der kleinsten bis zur größten, nicht allein jeden Tag fraßen, sondern sich um ihr Futter rissen, so daß ich die größeren Arten allein füttern mußte. Bald wurden sie so zahm, daß sie, wenn ich mich dem Gefäße näherte, die Köpfe in die Höhe streckten und sich mit rohem Fleische aus der Hand füttern ließen." Dasselbe Verfahren beobachten neuerdings alle Kriechtierpfleger, die gefangene Schildkröten am Leben erhalten wollen. Wärme ist und bleibt die hauptsächlichste Bedingung für glückliches Gedeihen dieser Tiere, und man kann in dieser Beziehung kaum zuviel, leicht aber zuwenig tun. Junge Süßwasserschildkröten zieht man, laut J. v. Fischer, am sichersten auf, wenn man sie in möglichst hellen Behältern, in Glasgefäßen, unterbringt, in diesen das Wasser lauwarm erhält und den Tieren, die rohes Fleisch oder Fische noch nicht verdauen können, zunächst kleine Krebse, Weichtiere, Würmer, Frosch- und Fischlaich, Ameisenpuppen und dergleichen reicht, erst später zur Fütterung mit Wasserasseln, Flohkrebsen, Kaulquappen und Fischchen übergeht und die halberwachsenen endlich an Fleisch gewöhnt. Fische werden, nach meinen Erfahrungen, auch von erwachsenen Süßwasserschildkröten dem Fleische von Vögeln und Säugetieren vorgezogen. Es ist früher oft bezweifelt worden, daß Süßwasserschildkröten außerhalb des Wassers überhaupt fressen können. Doch liegen gegenwärtig viele Beobachtungen darüber vor, daß wenigstens eine Anzahl von Arten dazu imstande sind; im Wasser geht die Nahrungsaufnahme, wie Kathariner angibt, in der Weise vor sich, daß der Bissen im Rachen durch heftiges Vorstoßen des Kopfes nach hinten befördert wird. Die Entleerung des Darmes erfolgt in der Regel unmittelbar nach der Nahrungsaufnahme. Bemerkt soll auch noch werden, daß bei allen wasserbewohnenden Testudiniden von größeren Nahrungsbrocken kleine, zum Fressen geeignete Stücke nicht abgebissen, sondern mit den scharfen Krallen abgerissen werden.

An die Spitze der Süßwasserschildkröten stellen wir eine Reihe von indischen Arten, die zum Teil wenigstens Pflanzenfresser sind, und von denen einige zu den hübschesten und buntesten Schildkröten überhaupt gehören. Hier ist in erster Linie die auf der beigehefteten Farbentafel unter 1 dargestellte Indische Dachschildkröte, **Kachuga tectum** *Gray*, zu nennen, eine etwa 20 cm Länge erreichende Art, die im Ganges- und Indusgebiet sowie in Kotschinchina zu Hause ist und auch schon fossil, in den pliozänen Siwalik-Ablagerungen Indiens, gefunden wurde. Der hohe, dachförmige Rückenpanzer zeichnet sich wie bei allen Kachuga-Arten dadurch aus, daß der vierte Wirbelschild sehr lang ist und vier oder fünf darunterliegende Knochenplatten (Neuralplatten) bedeckt; der Kiel endigt auf dem dritten Wirbelschild in einer spitzen, fast stachelförmigen Erhebung. Der Rückenpanzer ist olivenbraun, die Höcker oft schön orangerot, der Rand gelblich, der Bauchpanzer orangegelb oder

Indiſche Waſſerſchildkröten.

1. Kachuga tectum *Gray.* — 2. Geoclemys hamiltoni *Gray.*

pfirsichblütenrot, meist mit großen schwarzen, rundlichen Flecken oder schwarz mit gelbem Vorder- und Seitenrand der einzelnen Schilde. Die Oberseite des Kopfes ist dunkelbraun, die Kiefer und der Hinterkopf orangerot, der Hals auf dunklem Grund mit zahlreichen gelben Längslinien; die Beine olivenbraun mit gelben Flecken.

Diese hübsche Art, die klares Wasser liebt und sich nahezu ausschließlich von Wasserpflanzen ernährt, ist recht empfindlich und wärmebedürftig. Sie gehört zu den in tiefem Wasser lebenden indischen Flußschildkröten, bei denen durch knöcherne seitliche Fortsätze des Bauchpanzers bis gegen die Wirbelsäule hinauf jederseits eine Art von knöcherner Kammer für die Lunge gebildet wird, die im Zusammenhange mit der erhöhten Tauchfähigkeit sehr stark entwickelt ist.

Eine zweite Art dieser Gruppe, Hardella thurjii *Gray*, die einzige bekannte Art ihrer Gattung, von Nordindien, dem Ganges- und Indusstromgebiete und ebenfalls aus den Siwalik-Ablagerungen bekannt, unterscheidet sich von Kachuga durch den nicht verlängerten, nur drei Neuralplatten bedeckenden vierten Wirbelschild, von den beiden übrigen Gattungen Callagur und Batagur dadurch, daß die inneren Nasenlöcher hinter den Augen liegen und die Zehen 5 Krallen tragen. Hardella, die man nach ihrer charakteristischen Kopfzeichnung als „Diademschildkröte" bezeichnen könnte, ist oberseits im allgemeinen schwarzbraun; der Bauchpanzer ist gelb, mit einem großen, taubengrauen Fleck in der Mitte jedes Schildes oder ganz schwarz. Das „Diadem" ist ein gelbes, gebogenes Querband, das über die Schnauze, den oberen Rand des Auges und von hier nach hinten bis über die Ohrgegend verläuft; eine gelbe Linie zieht unter dem Auge nach vorn bis unterhalb des Nasenloches; ein schwarzer Streifen liegt auf jedem Unterkiefer vom Kinn nach hinten. Diese Schildkröte erreicht bis 45 cm Schalenlänge. Hinzuzufügen ist noch, daß der Hinterrand des Rückenpanzers gesägt erscheint, der Mittelkiel der Rückenfirste sich auf den mittleren Wirbelschilden zu einem sanften Buckel erhebt und daß die Kieferränder gezackt sind (zwei größere Zacken oben, ein dazwischen passender mittlerer unten vorn; kleinere an jeder Seite).

Über die Lebensgewohnheiten dieser schönen, aber seltenen Schildkröte ist wenig bekannt; Werner beobachtete, daß sie ebenso Wasserpflanzen wie Fleisch annahm, was sich mit den Angaben Kreffts deckt; sie scheint eine wenig lebhafte und nur bei sorgfältiger Pflege und genügender Wärme in Gefangenschaft haltbare Art zu sein.

Eine gleichfalls den warmen Ländern Südostasiens angehörige Gattung, Geoclemys *Gray* (Damonia), bei deren Arten die knöchernen Strebepfeiler des Bauchpanzers schlanker, weniger mächtig entwickelt sind und der Hinterkopf nicht mit ungeteilter, glatter oder runzeliger Haut, sondern mit kleinen Schildchen bedeckt ist, enthält echte Sumpfschildkröten, von denen die Chinesische Dreikielschildkröte, Geoclemys reevesi *Gray* (Abb., S. 398), bei weitem die bekannteste ist. Diese kleine, etwa 12½ cm Länge erreichende, sehr lebhafte Schildkröte scheint im südöstlichen China überaus häufig und auch in Korea, im südlichen Japan und auf den Philippinen zu Hause zu sein; ihr Rückenschild ist hellbraun mit gelben Nahtlinien, der Bauchpanzer gelblich mit einem großen braunen Fleck auf jedem Schild; die ungepanzerten Teile des Körpers sind ebenfalls hellolivenbraun, die Kopfseiten mit gewundenen gelblichen Linien, der Hals mit zwei oder drei ebensolchen Längslinien auf jeder Seite, die Kehle und die Unterseite des Halses gelb gefleckt. Eine in China lebende Form (var. unicolor) ist ganz schwarz.

Geoclemys reevesi übertrifft alle ihre Gattungsverwandten an Munterkeit ebenso wie an Widerstandsfähigkeit gegen niedrige Temperatur; Peracca, dem eine dieser Schildkröten im Sommer entwischte, teilt mit, daß sie im nächsten Frühling trotz eines für Oberitalien sehr strengen Winters mit —18° C wieder munter zum Vorschein kam. Werner hat sie im Wiener-Neustädter Kanal bei Laxenburg, etwa 18 km südlich von Wien, ausgesetzt und ohne Schwierigkeit überwintert. Diese Art ist, nach Kreyenberg, die „Grünhaarschildkröte" (Lo Mau quei) der Chinesen, da manche alte Stücke auf dem Rückenschild

Chinesische Dreikielschildkröte, Geoclemys reevesi *Gray*. $^8/_9$ natürlicher Größe.

einen dichten, wallenden Schleier von 3—4 cm langen, grünen Fadenalgen tragen. Von den Chinesen in Kwang-si und Kwang-tung wird sie „Kamm Chin quei" (Goldgeld-Schildkröte) genannt und zur Wahrsagerei verwendet, indem man, wie bei uns durch Vögel oder weiße Mäuse, durch sie Glückszettel ziehen läßt. Kreyenberg sah in einem Teiche in Nanking ihrer drei oder vier an einem schwimmenden Blätterbüschel einer Kohlpflanze fressen, wobei sie teilweise die Unterseite nach aufwärts kehrten und sich mit ungeschickten Schwimmbewegungen im Wasser schwebend erhielten. In Japan heißen diese mit Fadenalgen besetzten Schildkröten, die man auch dort kennt, „Mino game" (Mantelschildkröte) und gelten als Symbol eines ruhigen Greisenalters, einer der sieben Glückseligkeiten des menschlichen Lebens; man findet sie vielfach abgebildet, ja sie sind, Schnee zufolge, außer dem heiligen Berge Fudschijama der populärste Vorwurf der hochentwickelten Kunstindustrie des Landes.

Während bei dieser Art die beiden seitlichen der drei Rückenkiele nach hinten bis zum vierten Rippen- (Costal-) Schild sich fortsetzen, reichen sie bei der sehr großköpfigen Geoclemys subtrijuga *Schl. Müll.* nicht so weit, und der Schwanz ist außerordentlich kurz. Die Rückenschale ist braun mit einem schwarzen Fleck auf jedem Schild, der Bauchpanzer gelb, in gleicher Weise schwarz gefleckt; der übrige Körper ist dunkelbraun, Kopf und Hals mit gelben Streifen an den Seiten. Diese in Java, Siam und Kambodscha lebende Schildkröte ist von bedeutend weniger lebhaftem Temperament und gleicht in dieser Beziehung der dritten und bei weitem schönsten Art der Gattung, Geoclemys hamiltoni *Gray* (Taf. „Indische Wasserschildkröten", 2, bei S. 396), einer auf das Indus- und Gangessystem beschränkten und auch bereits in den Siwalik-Ablagerungen in Nordindien gefundenen Art, die die Größe der vorigen (etwa 20 cm Schalenlänge) hat. Bei dieser Schildkröte sind die Rückenkiele unterbrochen und bilden auf jedem Wirbel- und Rippenschild einen Höcker; der Hinterrand des Rückenpanzers ist, namentlich in der Jugend, gesägt, die Schnauze sehr kurz, nicht wie bei den zwei anderen Arten vorspringend, der Schwanz sehr kurz. Die Zeichnung des Panzers besteht aus lebhaftgelben, sternförmig ausstrahlenden Linien und runden Flecken, die der weichen Körperteile aus gelben, runden Flecken, die auf dem Kopfe am größten sind.

Die auffallenden Stachelschildkröten (Heosemys *Stejn.*, Geoemyda) unterscheiden sich von allen bisher besprochenen Süßwasserschildkröten aus der Familie der Testudiniden dadurch, daß die sechseckigen knöchernen Neuralplatten, die in der Mittellinie des Rückenpanzers liegen, die kurze Seite hinten (nicht vorn, wie die früher genannten) haben; Rücken- und Bauchschale sind fest verbunden, dem Schädel fehlt ein knöcherner Schläfenbogen, die Oberseite des Kopfes ist mit ungeteilter Haut bedeckt, die Finger und Zehen sind nur durch kurze Schwimmhaut verbunden, der Schwanz ist sehr kurz, auch in der Jugend nicht länger.

Die etwa 20 cm Panzerlänge erreichende Stachelschildkröte, Heosemys spinosa *Gray* (Abb., S. 400), ist leicht daran zu erkennen, daß die vorderen wie die hinteren Randschilde des durch einen stumpfen, in der Mittellinie verlaufenden Längskiel ausgezeichneten Rückenpanzers in einen langen, spitz-dreieckigen Fortsatz ausgezogen sind, der ganze Schalenrand also grob gezähnt erscheint. Kleine Stacheln sitzen in der Jugend auch auf den Rippenschilden. Bei jungen Tieren besteht der Kiel noch in einzelnen, den Wirbelschilden entsprechenden Höckern, und die Randzähne der Rückenschale sind stärker entwickelt als bei erwachsenen. Die Färbung der Schale ist kastanien- oder rotbraun, der Kiel heller, der Bauchpanzer mit gelben und schwarzen Strahlenlinien; am Nacken, nahe der Ohrgegend, ist häufig ein gelber oder karminroter Fleck vorhanden; die Augen sind leuchtend hellgelb. Wie die Form der Schale, so verändert sich auch die Färbung nicht unerheblich mit zunehmendem Wachstum.

Da die Angaben über die Lebensweise dieser schönen und merkwürdigen Schildkröte sehr auseinandergehen, S. S. Flower angibt, daß seine ziemlich erwachsenen Stücke, die er mit Ananas und Trauben fütterte, sich als Wasserbewohner erwiesen, Boulenger nur mitteilt, daß sie sich in den Patanistaaten häufig auf überfluteten Reisfeldern vorfinde, Reichelt nur die großen Stücke im Wasser, die jungen aber im Walde gefunden hat, so schließt L. Müller aus diesen und anderen Angaben, daß diese Art nur in der Jugend auf dem Lande, wohl in sumpfigen Wäldern, erwachsen aber im Wasser lebe. Sie wird in Burma, Siam, auf der Malaiischen Halbinsel, auf Sumatra, Borneo und Banka als Gebirgsbewohnerin, auf

Banka sowie auf dem Bukit Timah (Singapore), allerdings in geringer Höhe und auch in geringer Anzahl, gefunden. L. Müller merkte, daß sie sich nur in seichtem Wasser wohlfühlte, in tiefem nicht zu tauchen vermochte; sie führte auch Atembewegungen nach Art der Landschildkröten aus. Müller fütterte seinen Pflegling mit Würmern, Mehlwürmern und rohem Fleisch, der Bissen wurde aber nicht unter Wasser, sondern mit erhobenem Kopfe verschluckt, wobei die rote, ziemlich große Zunge deutlich in Tätigkeit zu beobachten war. Reichelt gab seinen Stachelschildkröten aber auch Fische und süßes Obst. In ihren Bewegungen

Stachelschildkröte, Heosemys spinosa *Gray*. 1/3 natürlicher Größe.

erwies sich die Schildkröte als langsam und bedächtig, meist saß sie mit erhobenem Kopfe ruhig auf einem Fleck; mit Beginn der Dunkelheit versank sie in Schlaf.

Ein ausgezeichnetes Beispiel, wie sehr zwei nahe verwandte Arten in ihrem Gehaben sich unterscheiden können, sind die zwei bekanntesten Arten von Dosenschildkröten (Cyclemys amboinensis *Daud.* und C. trifasciata *Bell*). In der Gestalt der knöchernen Neuralplatten stimmen diese südostasiatischen Dosenschildkröten mit den Stachelschildkröten überein; sie haben aber einen knöchernen Schläfenbogen, und ihr vorn und hinten abgerundeter großer Bauchpanzer besteht aus einem vorderen und einem hinteren Stück, die durch ein queres, sehniges Gelenk verbunden sind und durch überaus kräftige Muskeln nach aufwärts gezogen werden können, so die Schale vollständig schließend. Rücken- und Bauchpanzer sind ebenfalls nicht in fester, knöcherner Verbindung, sondern hängen nur durch Bandmasse zusammen.

Bei der Amboinensischen Dosenschildkröte, die in Burma, Siam, Kotschinchina, auf der Malaiischen Halbinsel, auf den Sunda-Inseln und Molukken lebt, ist der in der Jugend ziemlich wenig gewölbte, dreikielige, im Alter stark gewölbte, ungekielte oder nur mit einem Mittelkiel versehene Rückenpanzer dunkelbraun, der Bauchpanzer gelb mit einem großen schwarzen Fleck auf jedem Schild, in der Jugend ganz braun mit gelbem Rande; Kopf und Hals sind oben braun, unten gelb; an der Seite des Kopfes und Halses zieht ein gelbes Längsband hin, das mit dem der anderen Seite über den Nasenlöchern zusammenstößt, ein

Chinesische Dosenschildkröte, *Cyclemys trifasciata Bell.* ²/₅ natürlicher Größe.

zweites, dazu paralleles, gelbes Band läuft darunter, vom Kieferrande und dem oberen durch ein breites braunes Band getrennt.

Die zweite Art, die Chinesische Dosenschildkröte, läßt drei schwarze Längsstreifen der braunen Rückenschale erkennen, die den Kielen entlang verlaufen; der Bauchpanzer ist schwarzbraun, gelb gesäumt; der Kopf gelbgrün mit zwei schwarzbraunen Längsstreifen jederseits, die durch das Auge ziehen und sich über dem Ohre vereinigen. Diese ausschließlich auf Südchina und die Batu-Inseln beschränkte Art, die sich auch durch den hinten eingekerbten Bauchpanzer von der vorigen unterscheidet, ist ein lebhaftes Tier, das in seinem furchtlosen Benehmen mit den europäischen Süßwasserschildkröten übereinstimmt und nur auf sehr deutliche Klapse auf den Kopf oder ganz ungemütliche Temperatur- und Wasserverhältnisse durch vollständiges Zurückziehen in seine Schale antwortet. Ist diese Schildkröte aber hungrig und weiß sie Nahrung in der Nähe, so kommt sie sehr bald wieder zum

Vorschein, um ihren Anteil in Empfang zu nehmen. Anders die Amboinesin. Diese ist so scheu, daß es die größte Schwierigkeit bereitet, ihr Nahrung zukommen zu lassen; denn schon bei der geringsten auffälligen Bewegung des sich langsam nähernden Futterdrahtes, an dem ein Fleischstück gespießt ist, klappt sie vorn und hinten zu und läßt sich stundenlang nicht mehr sehen. Man kann eine solche Schildkröte wochen- und monatelang haben, ohne daß man mehr als ihre Schnauzenspitze für kurze Zeit zu sehen bekommt; sie frißt nur, wenn sie ganz ungestört ist, hastig und nicht eben viel, anscheinend ebenso gern außerhalb des Wassers wie unter Wasser; beide Arten sind Raubtiere und haben bei Werner nur tierische Nahrung angenommen; wärmebedürftig sind beide nicht in sehr hohem Grade.

Indische Dreikielschildkröte, Geoemyda trijuga *Less.* var. thermalis *Less.* ½ natürlicher Größe.

Die dritte Gattung von ostasiatischen Süßwasserschildkröten, deren Neuralplatten die hintere Seite kurz haben, ist Geoemyda *Gray* (Nicoria); sie ist aber nicht auf Asien beschränkt, sondern durch mehrere Arten auch in Süd- und Mittelamerika vertreten. Sie stimmt mit Cyclemys durch den Besitz eines knöchernen Schläfenbogens überein, hat aber keinen aufklappbaren Bauchpanzer. Nur zwei Arten, eine asiatische, die Indische Dreikielschildkröte, Geoemyda trijuga *Less.*, und eine amerikanische Art, Geoemyda punctularia *Daud.*, mögen als Vertreter der Gattung hier Erwähnung finden. Die erstgenannte, in Vorder- und Hinterindien sowie auf Ceylon in drei verschiedenen Spielarten vorkommend und stellenweise, wie eben in Ceylon, überaus häufig, ist von der chinesischen Dreikielschildkröte (S. 397) durch die Gestalt der mittleren Wirbelschilde, die ebenso lang wie breit und viel schmäler als die Rippenschilde sind, sowie durch die Färbung unterschieden. Das Tier ist etwa 20 cm lang, braun (die drei Spielarten tiefschwarz), der Bauchpanzer gelb gerandet, ebenso die drei Rückenkiele bisweilen, wenn auch selten, gelb; bei der in Ceylon lebenden var. thermalis *Less.* trägt der Kopf in der Jugend lebhaft orangegelbe Flecke, die im Alter

Amerikanische Wasserschildkröten.

1. Malaclemys lesueuri *Gray.* — 2. Malaclemys centrata *Latr.* — 3. Chrysemys picta *Schn.* — 4. Chrysemys ornata *Gray.*

verschwinden. Diese Flecke sind bei der großen, bis 40 cm erreichenden var. edeniana *Theobald*, deren Schale mit Ausnahme des Vorderrandes der Bauchschale und manchmal auch der Rückenkiele tiefschwarz ist, klein oder fehlen. Bei der var. coronata *Anders.* von Travancore finden sich zwei große, goldgelbe Flecke am Hinterkopf, und der gelbe Rand des Bauchpanzers fehlt, während die gewöhnliche vorderindische Form eine gelbliche Netzzeichnung auf dem Kopfe aufweist.

In ihren Lebensäußerungen bietet diese Schildkröte nichts Auffallendes. Kressi traf die ceylonische Form auch weit vom Wasser entfernt auf Wiesen an, Annandale machte dieselbe Beobachtung in der Gegend von Rámanád im Distrikt von Madura, Südindien, wo sie die häufigste Schildkrötenart ist und auch von Pflanzen leben soll, wie die dortige Landschildkröte. In Gefangenschaft freilich konnte sie nicht zur Annahme pflanzlicher Nahrung gebracht werden.

Bei der in Brasilien, Guayana, Venezuela und auf Trinidad lebenden Geoemyda punctularia *Daud.* hat der Rückenpanzer nur einen einzigen Kiel, in der Mittellinie; der Panzer ist dunkelbraun, auf der Bauchseite mit gelbem Saum, der Kopf dunkelbraun, mit einem schrägen roten Band vom Auge zum Trommelfell. Ein roter Fleck jederseits vorn über den Augen und einer auf dem Hinterhaupte, gelb und schwarz gestreifte Halsseiten kennzeichnen die gewöhnliche Form, während in Mexiko und Mittelamerika, Kolumbien und Ecuador vier weitere Spielarten leben. Hagmann fand diese Schildkröte, die „Aperema", im Urwald, namentlich bei Neuanlage von Pflanzungen beim Ausroden des Waldes, wo sie sich von Früchten ernährt; in Gefangenschaft gewöhnt sie sich leicht an Reis, Bohnen und Mandiokamehl. Göldi nennt die Aperema eine halb amphibische Schildkröte und bemerkt, daß sie gelegentlich korbweise auf den Markt von Pará kommt. Ein großes Weibchen legte seine Eier Ende Dezember und Ende Januar in eine seichte Grube in der Ecke seines Geheges. Diese sind hartschalig, ziemlich glatt, weiß, etwa doppelt so lang wie breit; ihre Länge beträgt etwa 74 mm.

Die prächtigsten und buntesten, dabei leider im allgemeinen in Gefangenschaft hinfälligsten aller Süßwasserschildkröten gehören den beiden Gattungen Chrysemys (**Schmuckschildkröten**) und Malaclemys (**Höckerschildkröten**) an, beide ausschließlich auf Amerika, alle Arten der letztgenannten, die meisten der ersteren sogar auf Nordamerika beschränkt. Durch die feste Verbindung von Rücken- und Bauchpanzer sind sie den Flußschildkröten (Clemmys) ähnlich, doch sind die Malaclemys an der Form des Rückenpanzers, der entweder dachförmig ist oder knollige Verdickungen des Mittelkiels aufweist, Chrysemys dagegen an dem Vorhandensein eines Mittelkiels an den Kauflächen des Oberkiefers erkennbar.

Es würde uns zu weit führen, auf die zum Teil sehr schwierige Unterscheidung der zwölf Arten von Schmuckschildkröten näher einzugehen, um so mehr als von ihnen immer nur einige wenige lebend nach Europa gelangen und sie sich voneinander kaum wesentlich in ihren Lebensgewohnheiten unterscheiden. Die vorzügliche Farbentafel erübrigt ein näheres Eingehen auf das Aussehen dieser Schildkröten, und wir können uns damit begnügen, darauf hinzuweisen, daß sich von der dargestellten **Gemalten Schmuckschildkröte**, Chrysemys picta *Schn.*, die **Geränderte Schmuckschildkröte**, Chrysemys cinerea *Bonnat.* (marginata), nur dadurch unterscheidet, daß am zweiten bis vierten Wirbelschild die vorderen Seitenränder mit den hinteren gleichlang sind (bei der Gemalten sind die vorderen viel kürzer als die hinteren), und daß der ebenfalls abgebildeten mittelamerikanischen Schmuckschildkröte, Chrysemys ornata *Gray*, die in der prächtigen var. cataspila *Gthr.* dargestellt ist, wieder eine Reihe anderer Arten ähnelt, deren unterscheidende Merkmale sich nicht leicht ohne einen unverhältnismäßig großen Aufwand von Abbildungen darstellen lassen. Doch läßt sich wenigstens die in den südlichen Vereinigten Staaten mit Ausnahme von Florida lebende Chrysemys concinna *Lec.* durch die ringsherum sehr breite Kaufläche des Oberkiefers mit starker, höckerförmiger oder gesägter Mittelkante und den außen flachen, nicht gerundeten Unterkiefer von allen anderen Arten der Gattung auseinanderhalten. Grüne, gelbe oder rote, dunkler eingefaßte, winkelförmige oder krumme (auf dem Kopfe) oder parallele (auf dem Halse) Linien, konzentrische Ringe oder Netzzeichnung auf dem Rückenpanzer, verwickelte symmetrische Zeichnungen (die bei der Gemalten und Geränderten Schildkröte fehlen) auf den meist hellgelben Bauchpanzern sind für diese Gruppe sehr charakteristisch. Viele Männchen zeichnen sich durch ganz auffallend lange Krallen der Vorderbeine aus.

Alle Chrysemys-Arten sind sehr lebhaft und scheu, gewaltige Räuber und überaus gewandte Schwimmer, die, wie auch Kammerer hervorhebt, häufig nur mit dem einen vorgestreckten der beiden Hinterbeine steuernd, während das andere unter dem Rückenpanzer verborgen bleibt, an der Wasseroberfläche dahin treiben. Sehr auffällig ist auch ihre Haltung, wenn sie sich außerhalb des Wassers sonnen, da sie dann die Beine, namentlich die Hinterbeine, oft in der sonderbarsten Weise mit ausgebreiteten Schwimmhäuten weit von sich strecken, um auch sie der belebenden Sonnenwärme in ausgiebiger Weise teilhaftig werden zu lassen. Junge, talergroße Stücke dieser Schildkröten zählen zu den schönsten Aquarientieren, verlangen aber eine außerordentlich sorgfältige Pflege, da sie sehr wärmebedürftig sind und leicht den verschiedensten Augen- und Lungenleiden zum Opfer fallen.

Die Gemalte Schildkröte, deren Rückenpanzer vollkommen glatt, und deren Bauchpanzer einfarbig gelb ist, gehört zu den wenigen Schildkröten, deren Wachstum vom Neugeborenen bis zum erwachsenen Tiere genau bekannt ist; in den ersten sechs Jahren ist es so gleichmäßig, daß man zahlreiche zur gleichen Zeit gefangene Tiere dieser Art leicht in Gruppen von gleichem Alter zusammenordnen kann, bloß nach den Größenverschiedenheiten. Die Schilde des Panzers können sich vollständig häuten, und zwar beobachtete Gadow dies sowohl im Spätherbst wie im Sommer. Die Rückenschildlänge beträgt, nach Agassiz, im zweiten Jahre 26,5, im dritten 42, in den folgenden Jahren 51, 54, 59, 66, 72,5, 74, 77 mm; mit 25 Jahren sind die Weibchen 121 mm, ganz alte bis 163 mm lang. Die Eier sind 26 bis 30 mm lang, bei 16—17 mm Querdurchmesser. Die Art gehört den östlichen Staaten Nordamerikas an. Chrysemys concinna, deren Rückenpanzer im Alter rauh ist, mit sehr dünnen Hornplatten, bewohnt die südöstlichen Vereinigten Staaten von Missouri und Nord-Carolina bis zum Golf von Mexiko. Junge Tiere haben einen schön grünen Rückenpanzer mit dunkleren, an den Randschilden konzentrischen, auf den Seiten- und Wirbelschilden mehr parallelen Linien; ein Paar von orangeroten Längsstreifen verläuft an jeder Seite des Kopfes vom hinteren Augenrande zu den Halsseiten.

Von den drei bekannten Höckerschildkröten ist Malaclemys centrata *Latr.* (terrapen; Taf. „Amerikanische Wasserschildkröten", 2, bei S. 403), die „Salt-swamp terrapin" der Amerikaner, wegen ihres sehr schmackhaften Fleisches so geschätzt, daß sie in eigenen Schildkrötenfarmen weniger gezüchtet als aufgezogen und gemästet und so teuer bezahlt wird, daß sie trotz ihrer Häufigkeit nicht oft nach Europa gelangt. Sie lebt in den Salzsümpfen an der Ostküste der Vereinigten Staaten von Rhode Island bis zum Golf von Mexiko und ist namentlich bei Charleston überaus häufig. Das Aussehen erwachsener Tiere gibt die Abbildung auf der Farbentafel genau wieder; der Rückenpanzer ist niedergedrückt, am Hinterrande wenig aufwärts gebogen, seine Hornplatten stark konzentrisch gerieft; der Mittelkiel ist bei dieser gewöhnlichen Form (var. concentrica *Shaw*) ununterbrochen, bei den übrigen mehr oder weniger höckerig, namentlich bei jungen Tieren erhebt sich auf den einzelnen Wirbelplatten ein dunkler, knollenartiger Höcker. Die schwarze „Süd-Carolina"-Schildkröte, mit dunkler Färbung von Schnauzenspitze, Oberkiefer und Rückenpanzer, welcher letztere hinten aufgebogen ist, und mit großem Kopf, ist die var. pileata *Wied*.

Von den beiden anderen Arten, mit dachförmigem Rückenpanzer, ist Lesueurs Höckerschildkröte, Malaclemys lesueuri *Gray*, wieder auf der Farbentafel „Amerikanische Wasserschildkröten", 1, bei S. 403, abgebildet; sie unterscheidet sich von der Landkartenschildkröte, Malaclemys geographica *Lsr.*, leicht dadurch, daß der Mittelkiel des Rückenpanzers auf jedem Schild einen Höcker bildet, während er bei Malaclemys geographica stumpf und zusammenhängend, der Unterrand des Panzers aber nur wenig gesägt ist. Beide Arten gehören dem Mississippi-Stromgebiete an und erreichen etwas über 20 cm Panzerlänge. Sie teilen mit den Chrysemys-Arten, denen sie in der Schönheit der Färbung ebenso wie in der Lebhaftigkeit ihrer Bewegungen gleichen, den Ruf, als Aquarienpfleglinge sehr empfindlich und allerlei Krankheiten ausgesetzt zu sein.

Über eine nordamerikanische Schildkrötenfarm berichtet Dr. Schnee nach einem Zeitungsaufsatz wie folgt: „Die Chesapeake-Bai, ein langhingestreckter Meerbusen von 320 km Länge und einer durchschnittlichen Breite von 10—20 km, liefert nicht nur die vorzüglichsten amerikanischen Austern, sondern auch die besten Terrapins. Zahlreiche Flüsse ergießen sich in die Bai, in deren innerstem Winkel Baltimore liegt. Die darin begründete brackige Beschaffenheit des Wassers soll der Hauptgrund sein, daß die ebenerwähnten Delikatessen dort so ungemein schmackhaft sind. Die Terrapins in diesem Meerbusen sind indessen fast ausgerottet; ein Dutzend 18 cm langer Tiere gelten schon heute, falls überhaupt sie noch zu beschaffen sind, etwa 800 Mark. Ihnen sehr nahe stehen die sogenannten schwarzen ‚Süd-Carolina'. Diese Art ist es, die in den Züchtereien vorhanden ist, auch die Farm, von der hier die Rede sein soll, arbeitet mit solchem Material. Die Behälter der Schildkröten, turtle trawe genannt, sind durchschnittlich 100 m lang, 20 m breit und zerfallen wieder in drei Abteilungen, in denen die Terrapins nach ihrer Größe gesondert untergebracht sind. Die Bassins liegen dicht neben einem Flusse, von dem aus ein beständiger Zufluß frischen Wassers stattfindet, welches die einzelnen Behälter durchströmt und dann wieder abfließt. Durch geeignete Vorrichtungen ist es leicht, diesen Zufluß nach Belieben zu regulieren. Der Boden der Abteilungen ist etwa 15 cm hoch mit Schlamm bedeckt, in dem sich die Schildkröten in der kalten Jahreszeit einwühlen sollen (?). Die durchschnittliche Bevölkerung beträgt etwa 40 000 Stück, von denen etwa die Hälfte Männchen sind. Diese werden nur selten über 10—12 cm lang, während die Weibchen weit größer werden, auch ein feineres Fleisch haben. Letztere, ‚Kühe' genannt, haben durchschnittlich 15 cm Länge, die 20 cm langen sind Riesen. Ausgewachsene Exemplare heißen counts. Terrapins zwischen 12—15 cm Größe sind unter dem Namen ‚Zwei für drei' bekannt, weil 18 Stücke derselben ebensoviel wie 12 counts kosten; die noch kleineren heißen ‚Halbe'. Terrapins unter einem Dezimeter Schalenlänge kommen im allgemeinen nicht auf den Markt. Obwohl die Schildkröten in ihren Behältern genügend

Nahrung finden, um fortzukommen, wie durch Proben festgestellt wurde, so werden sie im Interesse rascheren Wachstums doch regelmäßig gefüttert, und zwar mit Krabben und anderen Krebstieren, die ein besonders gutes Fleisch erzeugen sollen. Sie fressen übrigens alle möglichen animalischen Stoffe, die man ihnen vorwirft. Die 40000 Stück verzehren täglich durchschnittlich $^3/_4$ hl dieser Zehnfüßer, eine Menge, die man sich kaum vorstellen kann. Um sie herbeizuschaffen, ist eine ganze Armee von Schwarzen beschäftigt, die sie sammeln und überall in den Flüssen Angeln ausliegen haben. Wie wir bereits hörten, müssen die Terrapins in Brackwasser gehalten werden, um den begehrten Geschmack zu erhalten, deshalb liegt der Boden der Bassins so hoch, daß sie mit der Ebbe, welche sich auch im Flusse bemerkbar macht, mehr oder weniger leerlaufen, während sie sich bei Flut mit frischem, salzhaltigem Wasser füllen. Dieser Wechsel entspricht genau den natürlichen Bedingungen, unter denen die Tiere in der Freiheit leben.

„Das höchste Alter, das eine Terrapin erreichen kann, wird auf 25—30 Jahre geschätzt, bereits mit acht Jahren ist sie ausgewachsen. Die Weibchen produzieren dreimal im Jahre etwa 8—12 Eier, die in den Monaten April bis Mai der Erde anvertraut werden. Am Ende jeder der größten Abteilung befindet sich zu dem Zweck eine Art Aufstieg, die den Schildkröten erlaubt, ans Land zu gehen, wo sie ihre Eier im Sande ablegen.

„Die Jungen kriechen nach sechs Wochen aus und sind etwa so groß wie das Endglied eines Daumens. Sie müssen dann sofort entfernt werden, weil die Alten sie sonst auffressen würden. Man bringt sie in eine besondere Abteilung des Behälters, wo sie zwar auch mit Krebsfleisch gefüttert werden, indessen finden sie den größten Teil ihrer Nahrung im Schlamm, den sie nach allerlei Gewürm durchsuchen. Die Jungen sind gegen Kälte sehr empfindlich und müssen deshalb besonders sorgsam davor geschützt werden, während die Erwachsenen dagegen wenig empfindlich sind. Die Terrapins besitzen eine ziemliche Intelligenz, sie kennen ihren Fütterer und erheben bei seinem Eintritte ein lautes Gepfeife, was die übrigen aufmerksam macht, welche nun von allen Seiten oft zu Tausenden herbeischwimmen und sich möglichst nahe um den Krabbenspender scharen.

„Obwohl die Schildkröten ihre Eier in der Gefangenschaft ablegen, wie wir hörten, so scheint dieses doch nicht zu genügen, um den Abgang zu decken, denn es werden beständig wilde Terrapins gefangen und in die Behälter eingesetzt, um dort gemästet zu werden. Auch dieser Beschäftigung liegt eine große Anzahl von Farbigen ob, da weiße Arbeiter wegen des den Kaukasiern so verderblichen Sumpffiebers nicht verwendet werden können.

„Der Fang geschieht meistens vom Boote aus. Zwei Männer vereinigen sich zum Fange. Sie rudern langsam dahin, an geeigneten Stellen machen sie halt, der eine von ihnen klopft mit seinem Stocke kräftig an die Bootseite. Falls Terrapins vorhanden sind, sollen diese sofort an die Oberfläche kommen, um zu sehen, was es gibt, angeblich aus Neugierde, in Wirklichkeit aber wohl, weil sie glauben, dieser Lärm zeige die Anwesenheit eines Feindes, speziell eines Alligators, an. Der zweite Bootsinsasse sucht sie nun vermittelst eines Handnetzes einzufangen. Diese Methode ist nur in Flüssen anwendbar, in den Salzwassersümpfen betreibt man die Jagd auf andere Weise. Die Neger gehen, nicht selten bis an die Brust, in das Wasser hinein und suchen durch geräuschvolles Stampfen die Schildkröten aufzustören; diese verlassen den Schlamm und kommen an die Oberfläche, um sich nach der Ursache dieser Störung umzusehen, in welchem Moment man sich ihrer bemächtigt. Die erbeuteten Exemplare werden von den längs der ganzen Küste verteilten Agenten aufgekauft und vorläufig in besonderen Behältern verpflegt. Von Zeit zu Zeit werden sie vermittelst Bootes abgeholt und in die Anstalt zur Mästung gebracht. Obwohl die Terrapins sich im allgemeinen gut halten, so stellte sich doch vor einigen Jahren eine Epidemie unter ihnen ein, die einen Schaden von 6000 Mark Höhe anrichtete. Am Halse, den Beinen und selbst auf der Schale zeigten sich nämlich kleine weiße Flecke, offenbar Pilze. Die befallenen Tiere verloren die Beweglichkeit, fraßen nicht mehr und starben schließlich. Nach mancherlei Versuchen gelang es, durch Absonderung der Erkrankten und Unterbringung im Trocknen, wo sie mit Chloral-naphtha versetztes Trinkwasser erhielten, die Seuche zu unterdrücken.

„Da die Schildkröte bei Gefahr ihren Kopf in die Schale zurückzieht, so ist es schwierig, sie zu schlachten. Man muß sich deshalb eines, allerdings sehr einfachen Hilfsmittels bedienen. Der Schlächter setzt nämlich das Tier auf die Erde und wartet, bis es den Hals ausstreckt und sich anschickt, davonzukriechen. In diesem Augenblicke schiebt er eine Gabel, die er in der Linken hält, über ihren Nacken und tötet sie, da sie den Kopf nun nicht mehr zurückziehen kann, leicht durch Enthaupten. Merkwürdigerweise sagt unser Gewährsmann, es sei unmöglich, eine Terrapin durch Kälte umzubringen, da selbst ein tagelanges Liegen zwischen Eis ihnen nichts schadete. Tiere, die er vier bis fünf Tage hatte durchfrieren lassen, erholten sich in kurzer Zeit wieder vollständig. Neuerdings werden indessen die Schildkröten auch lebend versandt, namentlich nach dem Norden der Vereinigten Staaten, während man im allgemeinen geschlachtete vorzuziehen scheint.

„Trotz ihrer räumlichen Trennung gehören die Chesapeake-Bai- und die Massachusetts-Terrapins zu derselben Art. Schildkröten mit heller Schale haben für gewöhnlich einen weißen Fleck auf der Schnauzenspitze und werden hier und da für weniger delikat gehalten als dunkle mit tiefschwarzer Nase.

„Da Tiere, die bereits einen oder zwei Monate Winterschlaf gehalten haben, was ihrem Fleische erst die rechte Würze geben soll, am meisten geschätzt werden, so wählen die Feinschmecker je nach der Jahreszeit Stücke aus nördlichen oder südlichen Gegenden. Im November sind z. B. die Massachusetts-Schildkröten allen anderen vorzuziehen, da ihr Fleisch jetzt vorzüglich zart ist, während die im Süden lebenden, die noch nicht geschlafen haben, ihnen nachstehen. Im Januar sind letztere dagegen vorzuziehen, da ihr Geschmack gerade jetzt, nachdem sich die Tiere vor ein, zwei Monaten verkrochen haben, am besten ist, während sie im Norden infolge des bereits länger dauernden Winterschlafs viel von ihrem Fette und Wohlgeschmack verloren haben.

„Die feinsten Terrapins (große Weibchen) kosten pro Dutzend 120 Mark, eine gleiche Anzahl counts (Männchen und Weibchen zusammen) werden dagegen nur mit zwei Drittel dieser Summe bezahlt, da die kleinen und starkknochigen Männchen nur 8 Mark das Dutzend gelten.

„Die meisten Schildkröten, welche die Anstalt liefert, kommen ursprünglich aus Süd-Carolina, nur wenige stammen aus Florida. In den Staaten Texas, Mississippi und Louisiana gibt es allerdings noch ziemlich viele Terrapins, indessen sind sie von so schlechter Qualität, daß sie keinen Vergleich mit den obengenannten aushalten. Sie gehören meistens der helleren Varietät an, woher es wohl auch rührt, daß ebenso gefärbte Stücke guter Sorten fälschlicherweise weniger geschätzt werden. Diese aus den Ländern um den Golf von Mexiko stammenden Tiere kommen für den Handel überhaupt nicht in Betracht, sondern finden nur vereinzelte Abnehmer und Käufer."

Die Gattung der eigentlichen Wasserschildkröten (Clemmys *Wagl.*) umfaßt zehn Arten. Der mit Nackenplatte und doppelten Schwanzplatten ausgestattete Rückenschild ist bei den Mitgliedern dieser Gruppe flach gewölbt, der aus einem unbeweglichen Stücke bestehende, aus zwölf Platten zusammengesetzte Brustschild mit jenem durch feste Knochenverwachsung verbunden; Achsel- und Weichenplatten sind vorhanden. Die Vorderfüße haben 5, die Hinterfüße 4 Krallen und mehr oder weniger entwickelte Schwimmhäute; der lange Schwanz trägt keinen Endnagel. Glatte Haut bekleidet den Kopf; verschiedengestaltige, dachziegelartig gelagerte Schuppen bedecken die Vorderarme. Die zehn Arten dieser Gattung leben in Südeuropa, Nordwestafrika, Südwestasien, China, Japan und Nordamerika.

Kaspische Wasserschildkröte, Clemmys caspica *Gm.* 1/3 natürlicher Größe.

Von den beiden europäischen, einander sehr nahe stehenden Arten, der Kaspischen Wasserschildkröte, Clemmys caspica *Gm.*, und der Maurischen Wasserschildkröte, Clemmys leprosa *Schweigg.*, sei hier nur kurz erwähnt, daß sie sich von der bekannteren Teichschildkröte durch das Vorhandensein von Achsel- und Weichenplatten, durch den in der Mitte nicht beweglichen Bauchpanzer und durch die Färbung, namentlich der Weichteile, leicht unterscheiden lassen. Die Kaspische Schildkröte, die in zwei Spielarten auftritt und von Süddalmatien an über Griechenland, die Türkei, Kleinasien, Cypern und Syrien und (als var. rivulata) bis zum östlichen Kleinasien (Angora), Mesopotamien und Westpersien verbreitet ist, unterscheidet sich von der Maurischen Schildkröte, die den Süden der Iberischen Halbinsel und Nordwestafrika von Tunis bis Senegambien bewohnt, durch die fein gezähnelten Ränder des vorn in der Mitte eingeschnittenen Oberkiefers, während die letztere

Schildkröten I.

1. Kaſpiſche Waſſerſchildkröte, Clemmys caspica *Gm.*

1/4 nat. Gr., s. S. 403. – Freiheitsaufnahme bei Ragusa (1909) von K. Soffel.

2. Staurotypus triporcatus *Wgm.*

1/3 nat. Gr., s. S. 389. – W. S. Berridge, F. Z. S.-London phot.

3. Cinixys belliana *Gray.*

1/8 nat. Gr., s. S. 424. – P. Krefft - Braunschweig phot.

4. Gezähnelte Gelenkschildkröte, Cinixys erosa *Schweigg.*

1/4 nat. Gr., s. S. 421 – W. S. Berridge, F. Z. S. - London phot.

vollkommen glatte Kieferränder hat. Teichschildkröte und Wasserschildkröten sind sofort an der Färbung des Halses zu erkennen. Während die Teichschildkröte einen schwarzen, mehr oder weniger deutlich mit Gelb gefleckten Hals zeigt, haben die europäischen Wasserschildkröten zahlreiche gelbe oder orangenfarbige, mit schwarzen oder blaugrauen Streifen abwechselnde Binden längs des Halses: ein wichtiges Erkennungsmerkmal, das auch ganz jungen Tieren schon zukommt. Die beiden Arten von Wasserschildkröten erreichen eine Panzerlänge von 18 bis 20 cm. Beide werden in den letzten Jahren sehr häufig in Gefangenschaft gehalten, sind äußerst bewegliche, liebenswürdige Tiere, gehen, wenn man ihnen Würmer oder kleine Fleischstückchen in das vorher gewärmte Wasser einwirft, ohne Besinnen ans Futter und fressen schon nach wenigen Tagen aus der Hand.

Die Kaspische Schildkröte, deren olivengrüner Rückenpanzer eine netzartige Zeichnung von gelblichweißen, dunkel gesäumten Linien trägt, die allerdings bei alten Tieren verschwinden, ist überall, wo sie mit der Teichschildkröte zusammenlebt, weit zahlreicher als diese. Tommasini und Werner haben diese Beobachtung in Süddalmatien gemacht, und ebenso fand Werner auf Korfu und bei Magnesia in Kleinasien ein außerordentlich starkes Vorwiegen der Kaspischen Schildkröte, die an vielen anderen Orten ihres Verbreitungsgebietes ganz allein vorkommt. In Dalmatien leben im Omblatale bei Gravosa, nach Tommasini, 3—4mal, in der Landschaft Sutorina 20mal so viel Kaspische als Teichschildkröten, bei Melinje nur mehr Kaspische, was auch für die übrigen, südlich von der Sutorina gelegenen Fundorte, wie z. B. Budua, gilt. Da C. caspica Brackwasser ebensowenig meidet wie die Teichschildkröte, wird sie an letztgenannter Fundstelle in stark brackigen Wassergräben, die in die Adria münden, in Menge angetroffen. Tommasini fand sie sehr häufig auf Gebüschen sitzen und beobachtete wiederholt, wie sie über die Köpfe der im Wasser stehenden Sammler hinweg von dichten Laubdächern, die über den Bachrand hinausragten, in die Tiefe fielen; auch wenn sie in das dichte Gezweig der Ufergebüsche eindringt, kann sie sich also selbst an solchen Ufern sonnen, wo offene Stellen für die Besonnung nicht vorhanden sind, was die Teichschildkröte nicht vermag. In großen Gewässern, wie in dem eigentlich eine schmale Meeresbucht vorstellenden Omblatal, ist diese Schildkröte schwer, ohne Netz überhaupt nicht zu fangen, da sie überaus scheu und vorsichtig ist; dagegen macht ihr Fang in kleinen Wassergräben und seichten Tümpeln keine Mühe.

Kammerer gelang es, diese Schildkrötenart im Zimmer zur Fortpflanzung zu bringen; das Gelege bestand aus 12 Eiern. Die Eiablage geht ganz wie bei unserer Teichschildkröte vor sich, doch noch vor Sonnenuntergang, auch werden die Eier nicht so tief verscharrt. Den am 7. Juni gelegten Eiern entschlüpfte das erste Junge am 9., fünf weitere am 15. September; die Länge der Eier beträgt 39—44, der Querdurchmesser 21—25 mm; die Rückenschildlänge der frisch ausgeschlüpften Jungen 23—27,5 mm.

Die Maurische Wasserschildkröte, Fakroun-el-ma der algerischen Araber, unterscheidet sich, abgesehen von den schon vorhin angegebenen Merkmalen, in der Jugend sehr beträchtlich von ihrer östlichen Verwandten, da der anfangs braune, dann olivengrüne Rückenpanzer keine Netzzeichnung aufweist, sondern einen rundlichen oder länglichen orangeroten oder rotbraunen Fleck, vorwiegend auf den Rippen- und Randplatten. Die Färbung der Unterseite gleicht der der vorigen Art, der Bauchpanzer ist in der Mitte schwarz, am Rande hell (gelblich), die Brücke, die bei der westlichen Form der Kaspischen Schildkröte dunkel, bei der östlichen (var. rivulata) aber hell (gelb) mit dunklen Nahtlinien ist, trägt zwei große schwarze Flecke.

Diese hübsche Art steht überall, wo sie vorkommt, in üblem Geruche, d. i. in ihrem eignen. An manchen Orten in Algerien, wo sie sehr häufig ist, weigern sich die Einwohner entschieden, dem Sammler derartiger Dinge solche Schildkröten zu bringen, da diese sich nicht nur mit großer Vorliebe in den stinkendsten Gewässern, in den Abflüssen von Schlachthäusern und dergleichen aufhalten, sondern auch, wenn sie aus ganz klaren und fließenden Gewässern stammen, noch immerhin einen unangenehmen Geruch verbreiten, der sich aber im klaren Wasser ohne Schlammgrund verliert, durch reichlichen Fleischgenuß aber verstärkt. Die Tiere sind überaus scheu und platschen auch von beträchtlicher Höhe unbedenklich ins Wasser, wenn sie, sich am Ufer von Flüssen oder Wassergräben oder auf großen, aus dem Flußbett hervorragenden Steinen sonnend, gestört werden, und wühlen sich so behend in den Schlamm ein, daß es schwer hält, sie zu entdecken.

Die Maurische Schildkröte hält, nach Doumergue, einen unterbrochenen Winterschlaf und da, wo ihre Wohngewässer im Hochsommer austrocknen, auch einen Sommerschlaf; sie ist zwar ein Raubtier, das sich von Fröschen und deren Kaulquappen, von Fischen und anderen kleineren Wassertieren ernährt, sich sogar an Jungen ihrer eignen Art vergreift, aber in Ermangelung tierischer Nahrung auch von Pflanzenstoffen ernährt; Doumergue beobachtete sogar, daß sie frische Hülsenfrüchte und Salatblätter annahm. In den Seen und Teichen, wo sie durch ihre Fischräubereien wirklich schädlich werden kann, wird sie geangelt, wobei man die Angel mit einem kleinen Frosch anködert. Aus den weißen, länglichen Eiern, die 34,5—38 mm Längs- und 21 mm Querdurchmesser haben, schlüpfen die Jungen Ende März oder Anfang April aus.

Eine im ganzen Gehaben den eben behandelten beiden Arten sehr ähnliche Schildkröte, Clemmys japonica *Schl.*, an dem gesägten Hinterrande des Rückenpanzers und dem ganz schwarzen Bauchpanzer leicht kenntlich, ist in Japan ebenso verbreitet wie häufig und eines derjenigen Tiere, die von japanischen Künstlern namentlich in Bronze in so vollendeter Weise nachgebildet werden. Krefft traf Mengen von ihr in einem Teiche des Shibaparkes in Tokio an, wo ihr massenhaftes Auftreten und die Abwesenheit jeglicher Scheu darauf schließen ließ, daß sie dort gewissermaßen gezähmt und wahrscheinlich als Symbol der Langlebigkeit gehalten wird. Sie scheint sich mehr als andere Arten der Gattung von pflanzlichen Stoffen zu ernähren.

Von den nordamerikanischen Arten ist wohl Clemmys guttata *Schn.* die bekannteste und auch eine der hübschesten; ihre Färbung ist so auffallend und beständig, daß sie wohl mit keiner andern Art ihrer Gattung verwechselt werden kann. Die Rückenschale ist tiefschwarz mit kleinen runden gelben Flecken; der Bauchpanzer gelb und schwarz, letztere Färbung gewöhnlich vorwiegend; der Kopf oben schwarz, mit wenigen lebhaft gelben Flecken, darunter einem großen, etwa dreieckigen jederseits über dem Ohr; Kieferränder, Unterseite des Halses sind schwarz und gelb oder rötlich. Diese etwa 12 cm Länge erreichende Art, deren Rückenpanzer bei erwachsenen Tieren verhältnismäßig gewölbt und vollkommen ungekielt ist, lebt in den östlichen Vereinigten Staaten, nach Boulenger östlich von Ohio und nördlich von Süd-Carolina. Sie ist es, mit der Yerkes den oben (S. 343) erwähnten Versuch über das Gedächtnis der Schildkröten ausführte.

Die Länge der Waldbachschildkröte, Clemmys insculpta *Lec.*, beträgt 29 cm, wovon der Schwanz 5 cm wegnimmt, die Länge des Gehäuses bis 18 cm. Der eiförmige

Rückenpanzer ist stumpf gekielt, seine Hinterränder sind gezähnelt, der Brustpanzer ist vorn ganzrandig, hinten ausgeschnitten. Die Zehen sind nur am Grunde durch Schwimmhäute verbunden; der Oberkiefer trägt vorn in der Mitte eine Kerbe, die auf jeder Seite ein stumpfes Zähnchen erkennen läßt. Die Platten des Rückenpanzers sind schwärzlich, durch strahlige, etwas gebogene Punktstreifen von gelblicher Farbe, die des Bauchpanzers auf schwefelgelbem Grunde an jeder unteren Randecke mit einem großen schwarzen Fleck gezeichnet. Die Weichteile sind dunkelbraun oder olivenfarbig, die Unterseite des Halses, der Füße und des Schwanzes rot, mit schwarzer Tüpfelung, eine oft sehr ausgesprochene Linie an jeder Seite des Halses gelb, die Iris braun, ein sie umgebender Ring gelb.

Waldbachschildkröte, *Clemmys insculpta Lec.* 2/3 natürlicher Größe.

Alle atlantischen Küstenländer der Vereinigten Staaten von Maine bis Pennsylvanien und New Jersey beherbergen diese Schildkröte in namhafter Anzahl. Auch sie lebt in Sümpfen und Flüssen, verläßt aber das Wasser öfter und länger als andere Verwandte und verlebt unter Umständen Monate an trockenen Orten. Haldeman meint, sie tue dies, weil sie im Wasser von einem Schmarotzertiere geplagt werde; Holbrook beobachtete, daß Gefangene dieser Art sich ebenso lebhaft und geschickt auf dem Lande wie im Wasser bewegen, also ebensogut hier wie da leben können. Nach C. Müllers Angabe unternimmt die Waldbachschildkröte oft Wanderungen von einem Gewässer zum andern oder Streifzüge durch Wiesen und Wälder, daher denn auch ihr in Amerika üblicher Name „Waldbachschildkröte“. In Gegenden, die arm an Wasser sind, vergraben sich die Streifzügler, wenn sie sich verbergen wollen, einfach unter Moos, und da die Gefangenen dasselbe tun, darf man dieses Landleben wohl als eine Eigentümlichkeit der Art ansehen, nicht aber als die Folge der Leiden, die sie im

Wasser etwa auszustehen hat. Ihre Regsamkeit bekundet sie auch anderen Tieren gegenüber: sie ist stets geneigt, Genossen ihrer Wohngewässer oder ihrer Käfige anzugreifen und zu vertreiben. Hinsichtlich ihrer Nahrung und Fortpflanzung unterscheidet sie sich von anderen Wasserschildkröten wenig oder nicht.

Die nahe verwandte Clemmys muehlenbergi *Schöpff*, ausgezeichnet durch den nicht gesägten Hinterrand des Rückenpanzers, den prächtigen großen gelbroten Fleck an den Halsseiten und gleichgefärbte Tüpfel und Strichel auf Gliedmaßen und Schwanz, erreicht höchstens 12 cm Länge und ist im östlichen Nordamerika von New York bis Nord-Carolina verbreitet. Da sie als Leckerbissen sehr geschätzt ist, soll sie dem Aussterben nahe sein.

Der Rückenpanzer der Pfuhlschildkröten (Emys *Dum.*), zu denen die untengenannte zugleich mit einer nahe verwandten nordamerikanischen Art zählt, ist mäßig gewölbt, eine Nackenplatte und doppelte Schwanzplatten sind vorhanden, der mit dem Rückenpanzer durch ein Knorpelband verbundene Bauchpanzer ist breit und aus zwölf Platten in zwei beweglichen Stücken zusammengesetzt; doch ist die Beweglichkeit der beiden Bauchpanzerhälften selbst beim völlig erwachsenen Tiere zu schwach, als daß diese die Öffnungen des Rückenpanzers vollständig schließen könnten. Achsel- und Weichenplatten fehlen. Die Vorderfüße haben 5, die Hinterfüße 4 Krallen, die einen wie die anderen wohlentwickelte Schwimmhäute. Glatte Haut bekleidet den Kopf; wogegen die Beine, zumal die hinteren, mit größeren Schüppchen bedeckt sind. Dem ziemlich langen Schwanze fehlt der die Spitze bei vielen Schildkröten umhüllende Nagel.

Unsere Teich- oder Sumpfschildkröte, Emys orbicularis *L.*, erreicht eine Gesamtlänge von 32 cm, wovon 8 cm auf den Schwanz zu rechnen sind; der Panzer hat eine Länge von höchstens 19 cm. Die ungepanzerten Teile sind auf schwärzlichem Grunde hin und wieder mit gelben Punkten, die Platten des Rückenpanzers auf schwarzgrünem Grunde durch strahlig verlaufende, gleichsam gespritzte Punktreihen von gelber Färbung gezeichnet, die des Bauchpanzers schmutzig gelb, unregelmäßig und spärlich braun gepunktet oder strahlig geflammt, alle Teile in Färbung und Zeichnung vielfachen Abänderungen unterworfen, mitunter ganz schwarzbraun. Bei Stücken aus Dalmatien ist auch der Rückenpanzer gelb gepunktet, und diese Punktierung geht bei griechischen Stücken z. B. so weit, daß der ganze Rückenpanzer vorwiegend grünlichgelb erscheint, während die Bauchschale gelblich, in der Mitte hell rötlichbraun ist, und auch der Kopf, die Gliedmaßen und der Schwanz vorwiegend helle (grünlichgelbe) Färbung zeigen. Sehr helle Teichschildkröten findet man auch in Spanien, wo aber die Strahlenzeichnung des Panzers vorherrscht.

Als die wahre und vielleicht ursprüngliche Heimat der Teichschildkröte muß man den Süden unsers Erdteils und das östliche Mitteleuropa ansehen. Sie ist gemein in Albanien, Italien, einschließlich seiner Inseln, sowie in den Donautiefländern und Ungarn, aber auch in Südfrankreich, kommt ebenso in Spanien, Portugal und (allerdings selten) in Algerien nördlich des Atlasgebirges und nicht minder in einem ausgedehnten Teile des russischen Reiches, nach Osten hin bis zum Syr Darja, ja selbst in Kleinasien, Kurdistan und Persien vor. In Deutschland bewohnt sie Brandenburg, Posen, West- und Ostpreußen, Pommern und Mecklenburg, vielleicht auch einen Teil von Schlesien, also ausschließlich das Gebiet der Oder und Weichsel. In der Havel und Spree ist sie, obgleich sie meist nur stellenweise regelmäßig beobachtet wird, nicht selten, in der südlichen Oder und Weichsel fehlt sie ebensowenig;

der Ostsee dagegen nähert sie sich nicht. Irgend sonst in Deutschland gefundene lebende Stücke müssen als zufällig versprengte, aus der Gefangenschaft entwichene Tiere betrachtet werden. In Österreich wurde sie nur im Nordosten und Süden gefunden; in Böhmen ist sie ausgerottet; sie findet sich aber nach Smyčka im Flußgebiet der Oder in Mähren und Österreichisch-Schlesien, ferner in Galizien, anderseits in Istrien, Dalmatien, Bosnien und der Herzegowina; im Maasgebiete (Holländisch-Limburg) wies sie Schmitz nach; nach Fischer-Sigwart scheint sie auch in manchen Teilen der Schweiz noch heimisch zu sein. Während also

Teichschildkröte. Emys orbicularis L. ⅓ natürlicher Größe.

die Schildkröte jetzt nur noch im Nordosten bei uns heimisch ist, belebte sie noch nach der Eiszeit die Sümpfe und Moore ganz Deutschlands bis an den Rhein hin, sowie Schwedens, Dänemarks, Belgiens, der Schweiz und Norditaliens und Englands. Zimmermann nimmt an, daß sie auch im Königreich Sachsen noch wild vorkomme, und zwar auch westlich von der Elbe, aber durchweg in Gegenden quartären Alters. Unter allen Schildkröten dringt sie am weitesten nach Norden vor, verbreitet sich auch über ein ausgedehnteres Gebiet als irgendeine ihrer Verwandten; denn ihre Wohnsitze liegen zwischen dem 36. und in Westeuropa dem 46., in Osteuropa dem 56. Grade nördl. Br. und dem 9. Grade westl. und dem 65. Grade östl. L. von Greenwich, oder zwischen Algerien und Kurland, Portugal und dem Syr Darja.

Die Teichschildkröte zieht stehende oder langsam fließende, seichte und trübe Gewässer rasch strömenden Flüssen und klaren Seen vor, vermeidet Gewässer mit steinigem Grunde, macht sich aber nichts daraus, wenn auch die Ufer kahl sind. Am Tage verläßt sie, um sich zu sonnen, das Wasser nur an ganz ungestörten, ruhigen Orten und hält sich dann still und lautlos, mitunter in größeren Gesellschaften und nebeneinander gelagert, auf einer Stelle ganz in dessen Nähe auf; kurz vor Sonnenuntergang wird sie rege und scheint von da ab während der ganzen Nacht tätig zu sein. Während der Wintermonate vergräbt sie sich im Schlamme; Mitte April kommt sie, falls die Witterung nur einigermaßen günstig ist, wieder zum Vorschein. Ein „sonderbares Pfeifen", das frühere Beobachter gehört haben wollen, und das als Paarungsruf gedeutet wurde, wurde weder von O. v. Tommasini, der die Teichschildkröte in ihrer Heimat in Menge lange Zeit beobachtete, noch von Kammerer vernommen; der erstgenannte möchte an eine Verwechselung mit dem stöhnenden Laut glauben, den männliche Landschildkröten von sich geben. Auch ist die Teichschildkröte vorsichtig und taucht, wenn sie im Wasser schwimmt, beim geringsten Geräusche sofort unter. In ihrem heimischen Elemente zeigt sie sich sehr behende, aber auch auf dem Lande keineswegs ungeschickt, bewegt sich wenigstens hier viel schneller als die Landschildkröten. Ihre Nahrung sind Würmer, Wasserkerfe, Frösche und Molche sowie deren Larven; sie stellt jedoch auch den Fischen nach und wagt sich selbst an ziemlich große, denen sie Bisse in den Unterleib versetzt, bis das Opfer entkräftet ist und dann vollends von ihr bewältigt werden kann. An Gefangenen beobachtete Marcgrave, daß sie den getöteten Fisch sodann unter Wasser bis auf die Gräten auffraßen. Bei dieser Zerlegung der Beute wird oft deren Schwimmblase abgebissen und kommt zur Oberfläche des Wassers empor: findet man also auf einem Gewässer die Schwimmblasen von Fischen umhertreiben, so darf man mit aller Sicherheit annehmen, daß Teichschildkröten vorhanden sind. In der Gefangenschaft erhält man unsere Schildkröten viele Jahre lang bei gutem Wohlsein, wenn man sie mit Fischen, Regenwürmern oder rohem Fleisch füttert; sie werden auch bald so zahm, daß sie aus der Hand fressen, gewöhnen sich an bestimmte Lagerplätze und fallen im erwärmten Raume nicht in Winterschlaf, während sie sich, wenn man ihnen einen kleinen Teich in einem umschlossenen Garten anweist, mit Beginn der kühlen Jahreszeit vergraben. Sie sind übrigens gegen Kälte ganz außergewöhnlich unempfindlich und können sogar hartfrieren und doch wieder nach dem Auftauen zum Leben zurückkehren, wie O. v. Tommasini beobachtete.

Nach Rathke erfolgt die Paarung in der Weise, daß an einem warmen Abend im Mai das Männchen auf den Rücken des Weibchens steigt und die Tiere nun paarweise, das Männchen völlig vom Weibchen getragen und es mit den Beinen umklammernd, aus einem Teiche auf das flache Ufer kommen und hier geraume Zeit beisammen bleiben. O. v. Tommasini beobachtete, daß die Paarung schwimmend vollzogen wird; damit die Kloakenöffnung des Weibchens aus der Schale hervortritt, macht die männliche Schildkröte von der bekannten Erfahrung Gebrauch, daß bei einem gut genährten Exemplare die Hinterbeine und der Schwanz hervorgestreckt werden müssen, wenn Kopf und Vorderbeine eingezogen werden, da alles auf einmal nicht in der Schale Platz hat; das Männchen schnappt daher nach dem Kopfe des Weibchens rasch nacheinander von rechts und links, bis dieses den Kopf zurückzieht. Die Anzahl der Eier gibt H. Danneel auf 13, Br. Dürigen auf 15 an; die Eier sind länglich, 30—33 mm lang, bei 17—19 mm Querdurchmesser. Aus ihnen schlüpfen nach Kammerers Mitteilungen allerdings bei einer keinen Schluß auf die Verhältnisse im Freien zulassenden Laboratoriumstemperatur von 37—40° C nach 95—96, bei 25° C nach 90—107 Tagen die Jungen aus, deren Rückenschale bekanntlich kreisrund und deren Schwanz von verhältnismäßig beträchtlicher Länge ist; aber auch bei den Erwachsenen ist der Schwanz ziemlich lang, enthält er doch die ansehnliche Zahl von 35 Wirbeln, die nur noch von der Schnappschildkröte erreicht wird.

Über die Fortpflanzung der Teichschildkröten, zumal über das Eierlegen, hat Miram in sehr eingehender Weise berichtet. Zwar sind die Ergebnisse seiner Beobachtungen im wesentlichen dieselben, die auch bei anderen Schildkröten gewonnen wurden; Miram schildert jedoch so ausführlich wie keiner vor ihm und verdient, daß seine Mitteilungen vollständig wiedergegeben werden. Behufs wissenschaftlicher Untersuchungen hielt dieser Forscher geraume Zeit viele lebende Schildkröten in seinem durch eine Mauer abgeschlossenen Garten, der in Ermangelung eines Teiches mit einer in die Erde eingegrabenen, als Wasserbecken dienenden Mulde versehen war. Bauern der Umgegend von Kiew brachten ihm aus nahen Seen und Teichen so viele Teichschildkröten, wie er wünschte, jedoch fast nur erwachsene, höchst selten junge, die meisten immer im April und Mai. Oft kam es vor, daß die eingelieferten Tiere im Garten Eier fallen ließen; Miram gewährte ihnen deshalb Freiheit und konnte bald beobachten, daß die trächtigen Weibchen die höchste Stelle des Gartens, dessen Boden mit Sand gemischter Lehm war, aufsuchten, um hier ihre Nester zu graben.

Das Eierlegen findet immer abends vor Sonnenuntergang, gegen 7 oder 8 Uhr, statt; da aber gleichzeitig das Graben und Zudecken des Nestes vor sich geht, so dauert es fast die ganze Nacht hindurch. Am 28. Mai 1849, einem sehr warmen, schönen Sommertage, nach anhaltender Dürre legten zu gleicher Zeit fünf Schildkröten ihre Eier und fanden sich an besagter Stelle schon um 7 Uhr abends ein. Sie versammelten sich nicht innerhalb eines engen Raumes, sondern hielten sich in sehr bedeutender Entfernung voneinander. Nachdem sie sich einen bequemen, von allen Pflanzen freien Platz erwählt hatten, entleerten sie eine ziemlich beträchtliche Menge Harn (wahrscheinlich nichts anderes als Wasser aus den Analblasen, s. S. 378; d. Bearb.), wodurch der Erdboden, wenn auch oberflächlich, doch einigermaßen erweicht wurde, und fingen nun an, mit dem Schwanze, dessen Muskeln straff angezogen waren, eine Öffnung in die Erde zu bohren, und zwar so, daß die Spitze des Schwanzes fest gegen den Boden gedrückt wurde, während dessen oberer Teil kreisförmige Bewegungen ausführte. Durch dieses Bohren entstand eine kegelförmige, oben weitere, unten engere Öffnung, in welche die Schildkröten, um den Boden zu erweichen, noch mehrmals kleine Mengen von Harn fließen ließen. Nachdem diese Öffnung ausgebohrt war und eine Tiefe erlangt hatte, die fast den ganzen Schwanz aufnahm, begannen die Tiere mit den Hinterfüßen das Loch weiter zu graben. Zu diesem Zwecke schaufelten sie abwechselnd bald mit dem rechten, bald mit dem linken Hinterfuße die Erde heraus, sie dabei jedesmal an dem Rande der Grube nach Art eines Walles aufhäufend. Bei diesem Vorgange wirkten die Füße ganz wie Menschenhände; die Schildkröten kratzten mit dem rechten Fuße von rechts nach links und mit dem linken Fuße von links nach rechts abwechselnd sozusagen jedesmal eine Handvoll Erde heraus, legten sie sorgfältig in einiger Entfernung vom Rande der Grube im Kreise nieder und arbeiteten so lange fort, wie die Füße noch Erde erreichen konnten. Der Körper war während dieser ganzen Zeit fast unbeweglich, der Kopf nur zum kleineren Teile aus dem Brust- und Rückenschilde herausgetreten. Auf diese Weise brachte jede Schildkröte ein Loch zustande, das etwa 12 cm Durchmesser hatte, im Inneren aber bedeutend weiter wurde und daher beinahe eiförmig gestaltet war. Nach einigen vergeblichen Versuchen, noch mehr Erde aus der Grube herauszuholen, schien das Tier sich überzeugt zu haben, daß das Nest fertig sei. Der ganze Vorgang hatte bis dahin wohl eine Stunde und darüber gedauert.

Ohne ihre Stellung zu verändern, begann die Schildkröte unmittelbar darauf mit dem Eierlegen, das ebenso merkwürdig war wie der vorhergehende Akt. Es trat nämlich aus der Afteröffnung ein Ei hervor, das von der, man möchte sagen, Handfläche des Hinterfußes vorsichtig aufgefangen wurde, die es, indem der Fuß in das Loch hinablangte, auf dessen Boden hinabgleiten ließ. Hierauf zog sich der eben in Tätigkeit gewesene Fuß zurück, und der andere fing auf dieselbe Art ein zweites aus dem After heraustretendes Ei auf, es ebenso wie das vorhergehende in dem Loche bergend; so abwechselnd nahm bald der eine, bald der andere Hinterfuß ein Ei ab, um es in das Nest hinabzuführen. Die Schale der Eier war beim Hervortreten zum Teil noch weich, erhärtete aber rasch an der Luft. Die gewöhnliche Eierzahl war 9, sehr selten weniger; einmal nur hat Miram ihrer 11 von einer Schildkröte legen sehen. Da die Eier sehr schnell aufeinander folgten, oft schon nach einer Minute, seltener nach einer Pause von zwei bis drei Minuten, so dauerte das Eierlegen ungefähr eine Viertel-, selten eine halbe Stunde.

Nach dem Eierlegen schien das Tier sich etwas zu erholen; ohne irgendeine Bewegung auszuführen, lag es da. Oft blieb der zuletzt in Tätigkeit gewesene Fuß erschlafft in dem Loche hängen; der Schwanz, der während des Ausscharrens der Grube und des Eierlegens seitwärts lag, hing zuletzt ebenso ermattet herab. So mochte wohl eine halbe Stunde vergangen sein, bis die Schildkröte ihre letzte, aber wie es schien auch anstrengendste Tätigkeit begann, die darin bestand, die Grube zu verschütten und dem Erdboden gleichzumachen.

Zu diesem Zwecke zog sie den Schwanz wieder an die Seite des Leibes, auch den herabhängenden Fuß wieder zurück und an sich; der andere Fuß faßte eine Handvoll Erde, brachte sie vorsichtig in das Loch hinab und streute sie ebenso sorgsam über die Eier aus. Hierauf wurde dasselbe mit dem ersten Fuße ausgeführt und so abwechselnd bald mit dem einen, bald mit dem anderen, solange die Erde des aufgeworfenen Walles ausreichte. Die letzten Hände voll Erde wurden jedoch nicht mit derselben Vorsicht in die Grube gebracht wie die früheren: das Tier bemühte sich im Gegenteil, die Erde mit dem äußeren Rande des Fußes fester anzudrücken. War in ungefähr einer halben Stunde die von dem Walle genommene Erde verbraucht, so trat abermals eine Ruhepause von demselben Zeitraume ein. Hierauf erhob sich die Schildkröte, schob den Kopf zwischen den Schilden hervor und umkreiste das Nest, gleichsam um sich zu überzeugen, wie ihr Werk gelungen sei. Und nunmehr begann sie, mit dem Hinterteile des Brustpanzers auf den durch die aufgeworfene Erde entstandenen Hügel zu stampfen. Dabei hob sie den hinteren Teil des Körpers in die Höhe und ließ ihn wieder mit einer gewissen Wucht niederfallen. Dieses Stampfen wurde ausgeführt, während sich die Schildkröte im Kreise drehte, und war offenbar eine sehr anstrengende Arbeit; denn das Tier vollführte alle Bewegungen mit erstaunlicher, von einer Schildkröte kaum zu erwartender Schnelligkeit und beobachtete dabei eine außerordentliche Sorgfalt, wodurch es ihm denn auch möglich wurde, alle Spuren zu verwischen, die auf das an dieser Stelle errichtete Nest hindeuten konnten. Dies gelang so vollständig, daß Miram am Morgen, wenn er nicht durch ein Zeichen die Stelle kenntlich gemacht hätte, vergebens nach den Eiern gesucht haben würde.

Die auf diese Weise in eine Tiefe von ungefähr 8 cm unter der Oberfläche der Erde gelegten Eier bleiben dort bis zum August oder September liegen; dann erst schlüpfen die Jungen aus. Diese haben eine Länge von 15—20 mm. Wenn sie nicht mit dem noch anhängenden Dottersacke erscheinen, bemerkt man wenigstens meist in der Mitte des Bauchpanzers, zwischen den Brustplatten, die Spuren des Dotterschlauches. Es kommt aber auch vor, daß sie erst im Frühling des nächsten Jahres, elf Monate nach der Eiablage, ausschlüpfen, also ganz ähnlich, wie dies vom Sphenodon bekannt ist, im Ei überwintern. Nach Rollinat legt die Teichschildkröte in Mittelfrankreich Ende Mai, im Juni oder Juli 4—13 Eier, die Jungen schlüpfen Ende September oder Anfang Oktober aus, bleiben aber bis zum folgenden Frühling in der Erde. Ist aber der Herbst warm, so verlassen sie ihr Erdloch Ende Oktober oder im November, kriechen etwas herum, gehen auch ins Wasser, verkriechen sich dann wieder und kommen zur selben Zeit wie die unter der Erde gebliebenen im Frühjahr zum Vorschein. Das Männchen ist das ganze Jahr brünstig, und Paare wurden in allen Monaten außer Dezember und Januar gefunden, sogar vor Beginn und nach dem Ende des Winterschlafes, und mehrere Männchen auf einem Weibchen, so daß dieses in einigen Fällen durch das Gewicht der Männchen unter Wasser gedrückt und ertränkt wurde.

Die Jungen großzuziehen, gab sich Miram viel Mühe; doch erreichte er es nie, eins länger als drei Monate am Leben zu erhalten. Marcgrave war glücklicher. Während des Winters fraß bei diesem ein solches junges Tier wenig und blieb meistens auf dem Boden des Wasserkübels mit eingezogenem Halse unbeweglich sitzen; an heiteren Tagen ging es ein wenig umher. Bei Eintritt des Frühlings begann diese Schildkröte wieder zu fressen, war auch im dritten Jahre schon imstande, ganze Regenwürmer zu verschlingen und kleine Fische zu töten. Im Juni fraß sie am gierigsten, vom September an weniger und im November gar nicht mehr. Sie erreichte ein Alter von fünf Jahren.

Hochstetter, der die Entwickelung unserer Sumpfschildkröte in Südungarn studierte, fand, daß die ersten Jungen das Ei in den ersten Oktobertagen verließen, und daß ihnen weder Reste des Dottersackes noch der Embryonalhüllen anhingen, so daß man die neugeborenen Jungen nur an dem Vorhandensein der Eischwiele und dem deutlichen, rautenförmigen Nabel erkennen konnte; dieser ist durch eine gelbliche Haut verschlossen, und löst man den Bauchpanzer ab, so findet man darunter die Leibeshöhle zum größten Teile von dem noch recht mächtigen Dottersack erfüllt. In den letzten Septembertagen sind die Embryonen vollständig von den Embryonalhüllen umschlossen, von denen sie sich mit den Vordergliedmaßen befreien; die Hüllen sowohl wie der Dottersack werden vor dem Verlassen des Eies in den Körper aufgenommen, während bei allen übrigen bekannten Kriechtieren Teile der Embryonalhüllen entweder abgestoßen werden und in der Eischale zurückbleiben oder zerrissen werden. Die Öffnung der Schale wird zuerst mit den Krallen des rechten Vorderbeines gebohrt, wonach auf der linken Seite dasselbe durch das linke Vorderbein geschieht; mit Hilfe der Eischwiele wird schließlich die Verbindungsbrücke beider Löcher durchgestoßen.

Von der hartnäckigen Raubsucht der Teichschildkröte erzählt H. Fischer-Sigwart ein Beispiel. In einem großen Behälter wurden die Schildkröten, um sie vom Verzehren der Goldfische und seltenen Lurche abzuhalten, reichlich mit rohem Kalbfleisch, bald ihrer liebsten Nahrung, gefüttert. Sie ließen die Goldfische nun in Ruhe. Als aber zwei Olme und einige Axolotl in ein Becken gesetzt wurden, in dem die Schildkröten sonst nicht verkehrten, hatten diese doch die für sie zarten Bissen ausfindig gemacht, und unser Gewährsmann sah eines Tages, wie die eine einen Olm verzehrte, während eine zweite auf die anderen Bewohner des Beckens Jagd machte, sich sachte an sie heranschlich und dann plötzlich den Kopf hervorschnellte, um das verfolgte Tier zu verwunden. Den Räubern suchte man nun den Zugang zu dem Jagdgebiete dadurch zu verlegen, daß man ringsum in Abständen von etwa 2 cm Weidenruten in die Erde steckte und diese oben noch mittels dünnen Drahtes verband. Tags darauf ertappte der Besitzer die eine Schildkröte, als sie sich zwischen zwei Ruten hindurchzwängte, wobei sie völlig auf eine Seitenkante ihres Panzers zu stehen kam. Die nun vorgenommene Umzäunung mit Draht half einige Zeit; aber die Räuber hatten doch keine Ruhe, bis sie das Hindernis überwunden hatten, indem sie es teils zerbrachen, teils überkletterten oder auch in langer, mühevoller Arbeit sich zwischen den Drahtstäben hindurchwanden.

In den Handel kommt die Teichschildkröte für Liebhaber von Aquarien und Terrarien neuerdings in Massen, besonders aus dem Venezianischen, wo sie regelrecht gefangen wird. Da aber die Tiere von den Händlern vorwiegend mit Salat oder gar nicht gefüttert werden und namentlich die ganz jungen Schildkröten, die so häufig als „Versuchskaninchen" angehender Aquarienliebhaber herhalten müssen, zu den allerempfindlichsten und heikelsten Pfleglingen unter den europäischen Kriechtieren gehören, so ist der Handel mit diesen Schildkröten, der ja ganz andere Wege geht als sonst der Kriechtierhandel und vorwiegend durch Delikatessenhändler, Glashändler und dergleichen betrieben wird, ein fortgesetzter Massenmord, den die Schildkröten, die ja bei uns nirgends so häufig sind, daß sie in Fischteichen erheblichen Schaden anrichten könnten, kaum dem Menschen vergelten können. Man schone also auch sie. Steht man ja auch heutzutage nicht mehr — wenigstens bei verhältnismäßig so seltenen und interessanten Tieren — auf dem dürren Nützlichkeitsstandpunkt und bemüht sich, sie als ein Naturdenkmal der deutschen Heimat nach Möglichkeit zu erhalten.

Halbwüchsige und erwachsene Teichschildkröten sind in Gefangenschaft sehr ausdauernd; an geeigneten Orten freigelassene Stücke auch südlicher Herkunft gewöhnen sich, wenn sie in Ruhe gelassen werden, rasch ein und überwintern ohne Schwierigkeit im Freien.

Unserer Teichschildkröte in jeder Beziehung ähnlich, aber im Durchschnitt größer, ist die im nördlichsten Teil der Vereinigten Staaten und in Kanada lebende Emys blandingi *Holbr.*, die sich durch die rein gelbe Unterseite von Kopf und Hals sofort von der europäischen Art unterscheiden läßt.

In ihrem Wesen eine Land-, ihrer Gestalt nach eine Wasserschildkröte, stellt die wohlbekannte nordamerikanische Dosenschildkröte ein Verbindungsglied der auf festem Lande und im Wasser lebenden Arten dar und verdient auch aus diesem Grunde besondere Beachtung. Die Kennzeichen der von ihr vertretenen Gattung Terrapene *Merr.* sind: stark gewölbter Rückenpanzer mit Nackenplatte und doppelten Schwanzplatten, eirunder, aus zwölf Platten gebildeter Bauchpanzer, der aus zwei beweglichen Stücken besteht und so groß ist, daß die beiden Teile vorn und hinten dicht an den Rückenschild angezogen werden können, sehr verkümmerte Achsel- und Weichenplatten, die auch ganz fehlen können, kurzer Schwanz und ziemlich lange, vorn fünf-, hinten vier- oder dreizehige Füße mit sehr schwachen, ja fehlenden Schwimmhäuten. Der Kopf ist mit glatter Haut bekleidet; die Vorderfüße sind mit größeren Schuppen bedeckt. Die Gattung ist in sieben Arten über Nordamerika von Kanada bis Mexiko verbreitet.

Die Dosenschildkröte, Terrapene carolina *L.* (Cistudo), trägt auf dem Rückenpanzer einen stumpfen Mittelkiel und wechselt in Bau, Färbung und Zeichnung vielfach ab. In der Regel ist die Färbung ihrer Oberseite ein schönes Braun oder Braunschwarz; die Zeichnung besteht aus gelben, unregelmäßigen Flecken und Streifen; oft findet sich bei braunschwarzen Stücken auf jeder Seitenplatte ein scharf gezeichnetes, schön goldgelbes E; die Schilde des Brustpanzers sind auf gelbem Grunde braun geadert. Die Panzerlänge beträgt 13, bei einigen Spielarten 17, die Breite gewöhnlich 11—12 cm. Der länglich-eirunde

Kopf zeigt scharfe, ungezähnelte Kiefer und ist wie die Vorder- und Hinterfüße braun und gelb gefleckt. Das Männchen hat rote, das Weibchen braune oder graue Iris. Ihren Namen verdankt die Dosenschildkröte der Form ihres Panzers.

Das Verbreitungsgebiet der Dosenschildkröte erstreckt sich über den größten Teil der östlichen Vereinigten Staaten, südlich bis Carolina, Georgien, Tennessee und Kentucky, bis zum Mississippi reichend, westlich bis Ost-Illinois und Wisconsin, nördlich bis Kanada. Innerhalb der angegebenen Landstriche findet man sie fast allerorten und meist sehr häufig. In ihrer Lebensweise stimmt sie mit anderen Landschildkröten vollkommen überein. Laut

Dosenschildkröte, *Terrapene carolina L.* 2/3 natürlicher Größe.

Ord, der sie eingehend beobachtete, wird sie viel öfter auf trockenen als auf feuchten Stellen angetroffen, und wenn man sie hier wirklich einmal bemerkt, darf man im voraus davon überzeugt sein, daß sie nur durch eine Lieblingsspeise verlockt wurde, solche ihr wenig zusagende Örtlichkeiten zu besuchen. So kann man in Sumpfgegenden, die der Nachtreiher zu seinen Brutplätzen erwählt, mit Sicherheit auf sie rechnen, weil unter den Reiherhorsten stets eine Anzahl halb verfaulter Fische liegen, die für sie wahre Leckerbissen zu sein scheinen. Außer solchen Resten frißt sie Kerbtiere, Schnecken, Würmer, zarte Pilze und Beeren, letztere sogar mit besonderer Gier. Vorstehenden Angaben stimmen andere Beobachter vollständig bei. „Ich hatte", sagt C. Müller, „häufig Gelegenheit, Dosenschildkröten sowohl in der Freiheit als auch in der Gefangenschaft zu beobachten und habe sie nie im Wasser gefunden, sondern im Gegenteile beobachtet, daß sie, ins Wasser gebracht, einen großen Widerwillen dagegen zeigten und es so schnell wie möglich verließen. Sie kommen zwar auch auf feuchtem und selbst sumpfigem Grunde vor, leben jedoch gewöhnlich in Wäldern und auf Wiesen und scheinen Laubwaldungen anderen Örtlichkeiten vorzuziehen. Zuweilen findet man sie auf sehr trocknen Stellen, selbst auf dürren Hügeln." Daß sie gelegentlich doch freiwillig ins Wasser gehen, bemerkt übrigens neuerdings Shufeldt ganz ausdrücklich. Oft sind sie, laut Müller, halb in der Erde oder im Moose vergraben und dann wahrscheinlich beschäftigt, Pilze, Würmer und Insekten zu suchen. Gadow gibt an, daß sie tierische Nahrung der pflanzlichen vorziehen, namentlich Schnecken und Regenwürmer, Maden und nackte Raupen lieben; besonders Nacktschnecken fressen sie überaus gern und entfernen dann den Schleim von ihrem Maul mit den Vorderbeinen oder durch Reiben des Kopfes am Grase. Auch Früchte, vor allem halbverfaulte Bananen, werden gern genommen. Müller fing einmal eine in einem hohlen Baumstumpfe, die er schon von weitem hatte arbeiten hören und ganz von Insektenlarven umgeben fand, unter denen sie ihr Frühstück hielt. Die Dosenschildkröte liebt überhaupt das Dunkel. Gefangene, die J. v. Fischer beobachtete, verkrochen sich, wenn die Sonne schien, hinter den Ofen, unter Schränke und andere das Licht abhaltende Gegenstände, wurden aber gegen Einbruch der Nacht regsamer und liefen dann, zumal wenn der Mond schien, im Zimmer umher. Gadow findet, daß sie gegen Abend, aber auch am frühen Morgen auf Nahrungssuche ausgehen und nach einem warmen Regen besonders lebhaft sind, sich nicht gerne sonnen, obwohl sie die Wärme lieben. Nach Hanau ist diese Art weder licht- noch wasserscheu; sein Exemplar war ein reines Tagtier, das sich abends gewöhnlich verkroch, aber jedenfalls schlief und mit dem ersten Lichtstrahl wieder munter wurde. Es nahm nur tierische Nahrung zu sich (Regenwürmer, Schnecken, Fleisch), und zwar nur auf dem Lande; Schnecken wurden geschickt nach Zertrümmerung der Schale und Ausspucken oder Abstreifen aller Scherben verspeist. Dieses Tier ging freiwillig ins Wasser und blieb oft stundenlang darin. In der Freiheit zeigt sich die Dosenschildkröte nicht minder furchtsam und ängstlich als andere kleine Arten ihrer Verwandtschaft. Wenn ihr ein größeres Geschöpf naht, zieht sie Kopf und Beine ein und schließt die Klappen so fest an, daß sie vor gewöhnlichen Raubtieren völlig geschützt ist. Gereizt, wehrt aber auch sie sich ihrer Haut, beißt und läßt das, was sie ergriffen hat, so leicht nicht wieder los. Schiel hielt einer, die er in der Prärie gefunden hatte, spielend einen fingerdicken Zweig vor, den sie endlich packte. Um zu erfahren, ob und wann sie den Zweig wieder freigeben würde, band er diesen an seinem Reisewagen fest, so daß sich das Tier an jenem in der Schwebe halten mußte. Der Wagen setzte sich in Bewegung, und die Schildkröte hing vom Morgen bis zum Abend baumelnd an ihrem Aste, ohne loszulassen, also auch ohne zu ermüden.

Regelrechte Verfolgung erleidet die Dosenschildkröte nicht. Ihr Fleisch wird nicht benutzt, so gut es auch ist. Der Grund, weshalb man es verschmäht, ist derselbe, der die Landleute abhält, Froschschenkel, Schnecken oder Pilze zu essen: Was der Bauer nicht kennt, ißt er nicht. „Als sich", so erzählt Ord, „ein alter, ausgedienter Seemann in Pennsylvanien niederließ und bei allen Knaben Dosenschildkröten und Frösche bestellte, um sie zu verspeisen, verfiel der Mann, der eine so wohlschmeckende und gesunde Nahrung zu schätzen wußte, dem allgemeinen Mißtrauen." Eher noch läßt man sich ihre Eier gefallen.

Über die Fortpflanzung der Dosenschildkröte berichtet Ord sehr ausführlich. Er hielt einige Jahre nacheinander mehrere dieser Tiere in seinem in jeder Beziehung geeigneten Garten und konnte hier eingehende Beobachtungen anstellen. Ungeachtet des ihnen gewährten weiten Spielraumes und der wenig beschränkten Freiheit schritten nur wenige zur Fortpflanzung, und auch von ihren Eiern gingen viele zugrunde: die meisten, dem

Anschein nach, durch kleine, bissige Ameisen, welche die Nester zerstörten. Das Austiefen der Nestgrube und das Legen der Eier geschieht im wesentlichen in der bereits (S. 415) beschriebenen Weise; die Grube wird so tief ausgehöhlt, wie das Weibchen reichen kann, und die 5—6 Eier scheinen, obgleich sie stets in Zwischenräumen von mindestens fünf Minuten zum Vorschein kommen, Geburtswehen nicht zu verursachen. Mitunter legen schon halberwachsene Weibchen und verfahren dabei genau ebenso wie die alten. Jedes einzelne Ei wird, sogleich nachdem es gelegt ist, mit Erde umgeben, die Grube zuletzt wieder gefüllt und die Stelle über ihr sorgfältig geebnet. Während der Arbeit des Grabens und während des Legens selbst verändert die Schildkröte ihre Stellung nicht, sieht sich nicht einmal um. Beim Legen gestörte Tiere beginnen erst nach 14 Tagen wieder zu graben.

Ord entnahm am Tage nach dem Legen einer Nestgrube die Eier und brachte sie in eine mit Erde gefüllte Schachtel. Das erste Junge schlüpfte 88, das letzte 109 Tage nach dem Legen aus. Die Jungen waren verschieden groß und kräftig, durchschnittlich aber wohlentwickelt, auch von Stunde an lebhaft und beweglich, ihre Schalen jedoch noch sehr weich oder knorpelig, die Reste des Dottersackes in der Mitte des Brustschildes noch sichtbar. Sehr häufig geschieht es, daß die Durchschnittswärme des pennsylvanischen Sommers nicht ausreicht, um Embryonen zu zeitigen, und der hereinbrechende Winter sie noch in der Eischale überrascht. In solchem Falle erliegen sie der Kälte selbstverständlich weit leichter als die Alten, die, wenn sie sich nicht tief genug eingegraben haben, durch den Frost oft ebenfalls sehr gefährdet werden. Die glücklich ausgeschlüpften Jungen vergraben sich gleichzeitig mit den Alten, in Pennsylvanien bereits Mitte Oktober, um gegen den 20. April wieder zu erscheinen. Ihre Winterherbergen werden stets mit Geschick gewählt, nämlich immer in lockerem Boden und auf einer den Nordwinden nicht ausgesetzten Stelle gegraben.

Mühlenberg erzählt, daß die Dosenschildkröte auch den Ratten und Schlangen nachstelle, deshalb häufig gefangen gehalten und in Keller gesperrt werde, hier sich auch sehr nützlich erweise. Sie erhasche diese Tiere, klemme sie zwischen Rücken- und Brustpanzer und quetsche sie zu Tode, um sie dann in aller Behaglichkeit zu fressen: die Erzählung beweist nichts weiter, als daß man dem guten Manne ein Kindermärchen aufgebunden hat. Wie es sich tatsächlich verhält, erfuhr Kay, als er eine Dosenschildkröte in seinen Keller setzte, wohl um zu erkunden, ob die allgemein verbreitete Meinung, der Mühlenberg Worte gelichen, begründet sei oder nicht: er fand — daß seine Schildkröte von den Ratten aufgefressen worden war. Dagegen ist richtig, daß sie sich als Hausgenossin durch Aufzehren von Gewürm und Ungeziefer Verdienste erwirbt und deshalb gern in Gefangenschaft gehalten wird. Hier verliert sie ihre ursprüngliche Schüchternheit und wird schließlich so zahm, daß sie aus der Hand frißt. Sie nimmt verschiedenartige Nahrung an, namentlich Pilze, Salat, Kartoffeln, Obst, Brot, Insekten und Fleisch. Eine Gefangene, die Reichenbach hielt, benahm sich sonderbar gegen eine Griechische Schildkröte, mit der sie zusammenlebte. „Während ich ruhig arbeitete", erzählt Reichenbach, „hörte ich oftmals ein Klopfen, wie die Schläge eines kleinen Hammers, ohne sogleich die Ursache entdecken zu können. Ich bemerkte endlich, daß die kleine Dosenschildkröte die große Griechische angriff, mit einer gewissen Wut auf sie losschritt, sich in der Nähe so aufstellte, daß sie auf die Mitte des Seitenrandes der Gegnerin zusteuerte, hier angelangt, den Kopf einzog, sich auf den Vorderbeinen emporhob und aus der Entfernung von etwa 2 cm nunmehr in der Weise wie die römischen Mauerbrecher mit dem Vorderteile ihres Schildes auf den Mittelpunkt des Seitenrandes jener losstieß und ihre Stöße zehn- bis zwölfmal wiederholte. Dieses anziehende Schauspiel wiederholte sich tagtäglich, und viele meiner Freunde haben es mit angesehen, bis die kleine, vielleicht aus Ärger über die Erfolglosigkeit ihrer Bemühungen, starb." Wie man später sehen wird, war die Dosenschildkröte jedenfalls ein Männchen, das ganz nach Art der Landschildkröten der Griechischen Schildkröte eine Liebeserklärung machte.

Gegen Eintritt des Winters muß man auch den Dosenschildkröten Gelegenheit geben, sich in das Erdreich eingraben zu können; in dieser Weise überwintert man sie am sichersten. Sie erreichen, nach J. Schneck, ein Alter von wenigstens 60, nach Hodson von 62 Jahren.

*

Alle warmen Länder der Erde, mit alleiniger Ausnahme von Australien und Neuguinea, beherbergen Echte, mit wenigen Ausnahmen das Wasser meidende Landschildkröten (Testudininae), Afrika, soviel bis jetzt bekannt, die meisten Arten, Europa nur drei. Diese Schildkröten bewohnen zwar auch waldige oder dicht mit Pflanzen bewachsene Orte, mit Vorliebe aber doch Steppen und Wüsten und führen hier ein beschauliches Stilleben. Wie alle Kriechtiere der Wärme im höchsten Grade zugetan, zeigen auch sie sich in den gemäßigten Gürteln nur in den heißen Monaten des Jahres und verbringen die kühlere Zeit winterschlafend in selbstgegrabenen Löchern unter der Erde. Genau dasselbe findet in den Gleicherländern statt, jedoch während der trockensten Monate des Jahres. „Während der großen Sonnenhitze und Trockenheit", sagt A. v. Humboldt, „stecken diese Tiere, ohne zu fressen, unter Steinen und in Löchern, die sie sich selbst gegraben haben. Erst wenn sie nach dem ersten Regen spüren, daß die Erde feucht wird, kommen sie aus ihrem Verstecke hervor und fangen wieder an, Nahrung zu suchen."

Innerhalb ihrer Klasse gehören die Landschildkröten zu den langsamsten und schwerfälligsten Geschöpfen, doch ist ihre Unbehilflichkeit ebenso wie ihre Dummheit, wie Kammerer mit Recht sagt, infolge ungeduldiger, zu wenig liebevoller Beobachtung wesentlich übertrieben worden, und der Unterschied zwischen ihnen und den Sumpfschildkröten ist in dieser Beziehung nicht größer als zwischen Pflanzenfressern und Raubtieren im allgemeinen. Sie sind imstande, ziemlich weite Strecken in einem Zuge zu durchwandern, tun dies jedoch mit einer Langsamkeit ohnegleichen, träge einen Fuß vor den andern setzend und den schweren Körper gleichsam mit Widerstreben vorwärts schiebend. Jede Bewegung geschieht aber mit bedeutender Kraft und Ausdauer. Ins Wasser geworfene oder zufällig dahin geratene Landschildkröten sinken wie Steine zu Boden, strampeln hier aber ruhig weiter und gelangen so nach geraumer Zeit wieder an das Ufer, ohne irgendwelchen Schaden erlitten zu haben. Viel schwerer wird es ihnen, sich umzudrehen, wenn sie durch andere ihrer Art oder durch Feinde auf den Rücken gewälzt wurden: sie müssen dann oft lange Zeit mit dem Kopfe und Schwanze arbeiten, bevor es ihnen gelingt, sich umzuwenden; denn die ungelenken Füße versagen ihnen hierbei ihre Dienste. Können sie aber in dieser Lage einen Zweig oder Halm mit dem Maule erreichen, so beißen sie hinein und wälzen sich durch Einziehen des Halses dann leichter um. Auffallenderweise zeigen sie sich in einer anderen Bewegungsfertigkeit verhältnismäßig geschickt: sie verstehen nämlich in einem gewissen Grade zu klettern. Eine eigentliche Stimme scheinen sie nicht hervorbringen zu können: wenn sie erschreckt werden, stoßen sie höchstens ein schnaubendes Blasen oder Zischen aus, nicht aber einen wirklich klingenden Ton. Die höheren Fähigkeiten stehen im Einklange mit dem kleinen Gehirn, das überhaupt nur der Sinne halber vorhanden zu sein scheint. Doch läßt sich ein gewisses Maß geistiger Begabung nicht in Abrede stellen. Echte Landschildkröten bekunden ziemlich entwickelten Ortssinn, geben Beweise von Gedächtnis und lassen zuweilen sogar eine gewisse Überlegung erkennen. „Auf flachem Tische beachtet die Horsfieldsche Schildkröte (Testudo horsfieldi)", wie O. Boettger berichtet, „sehr wohl die unheimliche Höhe vom Erdboden, in der sie sich befindet, und kreist fortwährend am Rande des Tisches, ab und zu den Kopf nach unten streckend, wie um die Höhe zu berechnen, ohne hinunterzufallen. Gelegentlich, namentlich wenn sie an heißen Tagen besonders lebhaft ist, versucht sie aber doch einmal, sich von dem Tische hinabgleiten zu lassen, und ist ihr dies Wagestück einmal geglückt, so wiederholt sie es, wenn sie auch gleich wieder hinaufgeschoben wird, kurz darauf noch zwei- bis dreimal, ein Beweis dafür, daß sie jetzt die Ungefährlichkeit ihres Versuches erkannt hat. Befindet sich zwischen Tisch und Boden ein weiterer Gegenstand, ein Stuhl oder mein Bein, so wählt sie zweckmäßigerweise stets diesen Weg beim Hinabgleiten, um ihren schweren Fall etwas abzuschwächen." Angesichts eines Feindes gebrauchen die Landschildkröten das Schutzmittel, ihre Gliedmaßen einzuziehen und im Panzer zu verbergen, ermüden hierdurch nach und nach auch den geduldigsten Gegner; denn einmal erschreckt, ziehen sie bei der geringsten Veranlassung ihre Glieder wieder in die schützende Hülle zurück. Unter sich legen sie nicht selten ein Gefühl gegenseitiger Anhänglichkeit, anderseits auch der Abneigung an den Tag. Selbst bei ihnen macht sich die Eifersucht geltend. Zwei Männchen können eifersüchtig um den Besitz eines Weibchens kämpfen und einen solchen Kampf längere Zeit mit einer gewissen Hartnäckigkeit fortführen. Dem erkorenen Weibchen folgen die verliebten Tiere tagelang, jedoch nur während der Zeit der Paarung; wenn letztere vorüber ist, geht jedes einzelne, unbekümmert um das andere, seinen Weg. Beim Ablegen der Eier lassen sie die unter ihren Ordnungsgliedern übliche Sorgsamkeit walten, legen den ausgeschlüpften Jungen gegenüber aber vollständige Gleichgültigkeit an den Tag.

Ihre Hauptnahrung sind weiche Pflanzenteile, die sie abweiden oder richtiger abschneiden. Die größeren Arten fressen gierig allerlei Kraut in erheblicher Menge, die kleineren mit mehr Auswahl Blatteile, Pflanzensprossen und Früchte; erstere äsen rupfend, letztere schneiden mit den scharfen Kieferrändern aus oder trennen den erfaßten Bissen durch ruckweises Zurückziehen des Kopfes ab. Gelegentlich sollen sie auch mancherlei Gewürm, beispielsweise Schnecken und Regenwürmer, fressen; an größere Tiere wagen sie sich nicht. Sie trinken selten, aber viel auf einmal. Die kugeligen, mit kalkiger Schale überzogenen Eier werden in den günstigsten Monaten des Jahres gelegt und entweder in die Erde gegraben oder zwischen zusammengehäuftem Laube verborgen; die Jungen schlüpfen nach einigen Monaten aus und beginnen von diesem Augenblicke an das Leben ihrer Eltern.

Dem Menschen gewähren die Landschildkröten kaum einen nennenswerten Nutzen. Nur im Haushalte mancher wilden und halbwilden Völker spielen die Panzer als Kästchen und Dosen für allen möglichen Hausrat eine Rolle; als Schnupftabakbüchsen usw. sind sie z. B. bei den Eingeborenen Südwestafrikas recht beliebt. Man kann das Fleisch der Landschildkröten ebensogut genießen wie das vieler Fluß- und Seeschildkröten, fängt sie aber zu diesem Zwecke immer nur ausnahmsweise. Eher noch bemächtigt man sich ihrer für die Gefangenschaft und läßt sie im Zimmer oder im Garten umherlaufen. Haben sie sich einmal an engeren Gewahrsam und ein mit solchem meist zusammenhängendes, passendes Ersatzfutter gewöhnt, und gewährt man ihnen die unbedingt nötige Wärme in unserem Winter, so halten sie sich, wohl und munter, viele Jahre lang; gestattet man ihnen im Laufe des Sommers ein größeres Maß von Freiheit, läßt man sie beispielsweise in einem durch Mauern eingehegten Garten nach Belieben umherlaufen, bringt man sie nur bei Beginn der ihnen verderblichen

Kälte in mäßig warme Räume und gönnt man ihnen hier Winterschlaf, so befinden sie sich noch besser als im Käfige, suchen einen nicht unerheblichen Teil ihrer Nahrung selbst und schreiten wohl auch zur Fortpflanzung. Einzelne Landschildkröten haben 70, 100, selbst 150 Jahre in Gefangenschaft gelebt.

Ihre Feinde sind die oben angegebenen, soweit sie in Betracht kommen können.

Mehrere Schildkröten vermögen den vorderen oder hinteren Teil ihres Bauchpanzers, auch wohl beide Teile zu bewegen und gegen den Rückenpanzer zu klappen; aber nur die **Gelenkschildkröten** (Cinixys *Bell*) sind imstande, den hinteren Teil ihres Rückenpanzers gegen den Bauchpanzer zu pressen. Ihr stark gewölbter Rückenschild setzt sich aus zwei Stücken zusammen, die nur durch Faserknorpel miteinander verbunden sind und infolgedessen eine gewisse Beweglichkeit des hinteren Teiles gestatten. Die Trennungslinie dieser beiden Stücke ist mehrmals winkelig gebrochen und liegt zwischen der vierten und fünften Rippenplatte und zwischen der siebenten und achten Randplatte. Die zwölf Platten des Bauchpanzers dagegen sind zu einem einzigen Stücke zusammengewachsen. Die Nackenplatte kann entwickelt sein oder fehlen; die Schwanzplatte ist einfach; Achsel- und Weichenplatten sind vorhanden. Den Kopf bekleiden Schilde, die Vorderarme und Hinterschienen in fast gleicher Weise kräftige Schindelschuppen. Die klumpigen Vorderfüße haben 5 bis an das Nagelglied verwachsene, die Hinterfüße 4 etwas mehr getrennte Zehen; jene berühren beim Laufen den Boden mit den Spitzen der Nägel, diese mit der halben Sohle. Bei einer Art, die Siebenrock untersuchte, erwiesen sich die Luftröhre und ihre Äste von außerordentlicher Länge.

Man kennt nur drei, und zwar dem tropischen Afrika entstammende Arten dieser Gattung.

Wenn auch nicht die verbreitetste, so doch die bekannteste Art der Gruppe ist die **Gezähnelte Gelenkschildkröte**, Cinixys erosa *Schweigg.* (Abb., S. 425, und Taf. „Schildkröten I", 4, bei S. 409), kenntlich an ihrem länglich-eirunden, auf dem Rücken flachen, in der Nackengegend niedergedrückten, nach vorn ausgezogenen, vorn und hinten umgekrempelten und kräftig gezähnten Rückenpanzer, dem die Nackenplatte fehlt. Der vordere Teil des Bauchpanzers ist winkelig ausgeschnitten und ragt vorn ein Stück über den Rückenpanzer vor. Gleichmäßiges Hellkastanienbraun herrscht auf dem Panzer; die Schilde, die den Kopf, und die Schuppen, welche die Beine bekleiden, sowie die Kinnladen sind hellgelb, einige der Kopfschilde bräunlich getrübt. Die Größe ist ziemlich bedeutend: Stücke von 23 cm Panzerlänge sind keine Seltenheit. Das Verbreitungsgebiet dieser Art ist der Westen Afrikas. Man hat sie vom Gambia südlich bis zur Kongomündung gefunden. Wie weit das Wohngebiet sich in das Innere des Erdteiles erstreckt, ist zurzeit noch unbekannt.

Über die Lebensweise dieser und aller Gelenkschildkröten überhaupt haben wir bisher nur dürftige Kunde gewonnen. Die ersten Nachrichten über sie waren, soviel ich wenigstens habe ergründen können, nur, daß im Nigerdelta eine solche Schildkröte von einem Eingeborenen, der sie an einem Bindfaden gefesselt hielt, eingetauscht, lebend nach Europa gebracht, alle zwei bis drei Wochen mit ein wenig Schiffszwieback gefüttert und trotzdem einige Jahre erhalten wurde. Später nun sind nicht allein anderweitig gefangene, sondern auch Nachrichten über das Freileben der Tiere zu uns gelangt. Die Angaben werfen unerwartetes Licht auf die Gelenkschildkröten und scheinen zu beweisen, daß sie, wie die Dosenschildkröten, auch zeitweilig im Wasser leben. Obgleich Monteiro eine Art der Gruppe (Cinixys belliana *Gray;* Taf. „Schildkröten I", 3, bei S. 409) als entschiedenes Landtier bezeichnet, das nur auf

Gneisfelsen oder sonst sehr trockenem Boden lebt und ausschließlich in der heißen Regenzeit zum Vorschein kommt, in der kühlen Jahreszeit aber, vom Mai bis zum Oktober also, nach Versicherung der Eingeborenen tief eingegraben sich verbirgt, liegen doch von den beiden anderen Arten Berichte vor, die das gerade Gegenteil jener Angabe aussprechen. Ußher erklärt die vorstehend beschriebene Gelenkschildkröte als ein in Oberguinea ziemlich häufig vorkommendes Tier, bemerkt, daß sie den Eingeborenen als Nahrung diene, deshalb von ihnen hochgeschätzt und aus demselben Grunde selten zum Kaufe angeboten werde, fügt aber wörtlich hinzu: „Sie scheint sehr lange Zeit im Wasser zu leben: eine von denen, die ich heimbrachte, hat sich monatelang in einem Wasserbecken aufgehalten.“ Hiermit stimmt nun eine Mitteilung

Gezähnelte Gelenkschildkröte, *Cinixys erosa Schweigg.* 1/3 natürlicher Größe.

Falkensteins sehr gut überein. „Über die Gelenkschildkröten“, so schreibt er mir, „habe ich weder durch eigne Beobachtungen noch aus dem Munde der Neger viel erfahren können. Das einzige, was ich weiß, ist, daß die von mir lebend mitgebrachte Gezähnelte Gelenkschildkröte nicht häufig vorkommt und in oder an Flüssen bis zur Grenze des Seewasser-Einflusses gefunden wird. Von hier aus geht sie zum Eierablegen ans Ufer und wird dabei gefangen; zu welcher Zeit dies geschieht, weiß ich nicht genau. Ich bin überzeugt, daß sie trotz ihrer Klumpfüße eine gute Schwimmerin ist; wenigstens holten sich meine Gefangenen Futter aus ziemlich tiefen Wasserbecken heraus und tauchten, um es zu suchen, bis auf den Grund hinab.“

Das Gefangenleben der Gelenkschildkröten hat J. v. Fischer kurz geschildert, und zwar nach Beobachtungen an allen drei Arten der Gattung. Diese stimmen nach ihm in ihren Sitten und Gewohnheiten durchaus miteinander überein, sind sehr träge und stumpfe Tagtiere, die kaum merklich von der Stelle zu kommen scheinen, und ihre Bewegungen sind so langsam wie das Rücken eines Minutenzeigers, dabei auch, beispielsweise beim Fressen, so unbeholfen, daß Fischer sich wundern mußte, sie überhaupt satt werden zu sehen. Eine, die Effeldt pflegte, nahm nur Kirschen an; die von Fischer gefangen gehaltenen verzehrten ausschließlich Äpfel: sie fraßen aber nicht öfter als alle 8—14 Tage einmal, und manchmal vergingen drei bis vier Wochen, bevor sich eine überhaupt dazu entschloß. Bei klarem Wetter und nach einem warmen Bade regt sich die Freßlust noch am ehesten; beim Fressen aber fällt ihnen der Bissen oft aus dem Maule, und sie beißen dann unzähligemal nach ihm, ohne ihn erschnappen zu können, so daß bis zu ihrer vollständigen Sättigung zwei oder drei Stunden nötig sind. Kammerer sieht in dem geschilderten Verhalten keine Zeichen von Dummheit oder Unbeholfenheit, da die Schwierigkeit, solche auf flacher glatter Unterlage ruhende Früchte bloß mit dem Maule zu erfassen und festzuhalten, sehr groß ist; er erfuhr demgemäß auch, daß zerschnittene Früchte in seinen Gelenkschildkröten keine saumseligen Fresser fanden, und daß sie sich bei richtiger Behandlung (hoher Wärme, feuchter Luft, feuchtem Boden und flachem, nicht zu kleinem Wasserbecken) als ganz munter erwiesen. Effeldt teilte mir kurz vor seinem Tode mit, daß der Gang der Gelenkschildkröten von dem aller übrigen ihm bekannten Landschildkröten sich unterscheide und ein Stelzengang im eigentlichen Sinne des Wortes sei, da die Tiere buchstäblich auf den Nägeln ihrer Vorderfüße einherschreiten, so, wie dies aus Mützels Zeichnung (S. 425) ersichtlich ist. Plötzlich erschreckt oder dauernd beängstigt, ziehen sie sich gänzlich in ihren Panzer zurück, klappen dessen beweglichen Hinterteil herab und bilden dann die von Mützel ebenfalls getreulich wiedergegebene, nur vorn noch geöffnete Kapsel.

Die Gattung der Landschildkröten im engsten Sinne (Testudo *L.*) kennzeichnet sich, laut Strauch, durch folgendes: Der meist stark gewölbte Rückenpanzer besteht aus einem Stück, der Bauchpanzer, der aus zwölf Platten zusammengesetzt ist, aus einem oder seltener aus zwei Stücken, im letzteren Falle aus einem vorderen, unbeweglichen, und einem hinteren, beweglichen; die knöchernen Wirbelplatten sind meist abwechselnd vier- und achteckig; die Schwanzplatte ist gewöhnlich einfach; die Nackenplatte fehlt bei manchen Arten; Achsel- und Weichenplatten sind vorhanden. Große, meist dachziegelförmig gelagerte Hornschuppen, manchmal mit Knochenunterlage, bekleiden die Vorderarme, sporenartige Schuppen die Hacken der Hinterfüße, oft einzeln oder in Gruppen auch die Hinterseite der Schenkel; das Schwanzende ist zuweilen mit einem Nagel versehen. Die Zehen der plumpen Füße sind bis an das Nagelglied unbeweglich miteinander verwachsen, haben nicht mehr als zwei Glieder und sind vorn mit 5, seltener 4, hinten stets mit 4 Krallen ausgestattet. Alle hierhergehörigen Arten gehen auf den Zehen und sind Landtiere im eigentlichen Sinne des Wortes. G. A. Boulenger fügt diesen Kennzeichen noch bei, daß in der Oberkinnlade, deren innerem und äußerem Rande gleichlaufend, stets eine knöcherne Längsleiste vorhanden ist. Man kennt 59 Arten dieser großen Gattung, von denen freilich bereits ein Teil der größeren Formen als ausgestorben bezeichnet werden muß, aus Südeuropa, Süd- und Mittelasien, Afrika, den südlichen Vereinigten Staaten und Südamerika. Fast die Hälfte aller Arten gehört dem tropischen und subtropischen Afrika und seinen Inseln an.

Eine der wenigen nordamerikanischen Landschildkröten, die Gopher-Schildkröte, Testudo polyphemus *Daud.*, ist durch ihre von der der übrigen Arten abweichende

Lebensweise sehr bemerkenswert. Sie gräbt nämlich ausgedehnte Höhlen, in die sie bei Gefahr sich verkriecht, und die sie im allgemeinen nur zur heißesten Tageszeit verläßt, im Sommer täglich, im Winter sehr selten, höchstens zu Mittag; sie hält aber keinen Winterschlaf. Die Höhle ist 12—18 Fuß lang, geht unter einem Winkel von 35° nach abwärts und endigt gewöhnlich in einer härteren Schicht des Bodens. Die Temperatur darin ist sehr gleichmäßig, nicht unter 74° Fahrenheit (23,3° C) im Winter und nicht über 79° (ca. 26° C) im Sommer. In einer von ihr einmal ausgegrabenen Höhle wohnt eine Schildkröte ununterbrochen, und sie kann nur schwer dazu gebracht werden, sie zu räumen und eine neue zu graben, benutzt sie auch außerordentlich lange Zeit. Eine Menge Tiere machen zeitweilig von der Schildkrötenhöhle als Wohnstätte Gebrauch: eine Eulenart, die Klapperschlange, Kaninchen und das Opossum beziehen sie gelegentlich, ein Frosch (Rana areolata, der „Gopher-Frosch") sowie eine große Anzahl von Insekten und anderen Gliedertieren als dauernden Aufenthaltsort. Die Eier, 12—20 an der Zahl, werden im Mai oder Juni in den Sand gelegt, sie sind kugelrund, rein weiß, von 1½ Zoll (3,8 cm) im Durchmesser; die ausgewachsene Schildkröte kann 10 Zoll (25 cm) Länge und 6 Pfund Gewicht erreichen.

Testudo polyphemus ist an dem langgestreckten, niedergedrückten, in der Mitte ganz flachen, vorn weder eingekerbten oder aufgeworfenen, hinten nicht gesägten Rückenpanzer, dem aufgebogenen, diesen überragenden Vorderlappen des Brustpanzers, den sehr breiten, auch die Seitenschilde in der Breite übertreffenden Wirbelschilden leicht zu erkennen; die Rückenschale ist dunkelbraun, die Bauchschale gelbbraun unregelmäßig dunkler gefleckt.

Aus Südamerika gelangt gegenwärtig sehr oft eine Landschildkröte lebend zu uns, die in Brasilien Schabuti heißt: die Waldschildkröte, Testudo tabulata *Walb.* (Abb., S. 428). Ihre Gestalt ist ziemlich plump, der Panzer flach, vorn und hinten abschüssig, an den Rändern nirgends umgekrempelt, sehr stark verlängert, der Kopf ziemlich groß, der Rand der hornigen Kiefer fein gezähnelt, der Hals mäßig lang und dick, der Schwanz sehr kurz; die plumpen Füße fallen durch ihre Länge auf. Auf dem Rückenpanzer bilden wie gewöhnlich fünf breite Platten die mittlere, vier jederseits die seitliche und 23 kleinere Randplatten die äußere Betäfelung; ein Nackenschild fehlt; die Wirbelplatten haben eine erhöhte Mittelfläche, die sich durch gelbe oder rotgelbe Färbung auszeichnet. Der Bauchpanzer ist groß, vorn abgestutzt, hinten breit stumpfwinkelig ausgeschnitten und mit zwölf Platten bedeckt. Die Kehlplatten sind deutlich entwickelt, aber nicht vorgezogen. Der Rückenpanzer ist dunkelbraun oder schwarz, jede Platte mit gelbem Mittelfleck, der Bauchpanzer braun und gelb, oft gelb mit einem großen gerundeten dunkelbraunen Mittelfleck. Die unbedeckten Teile haben schwärzliche Färbung und sind durch mancherlei orangegelbe oder rote Flecke gezeichnet; der Scheitel ist blaßgelb, schwärzlich gefleckt und gestrichelt, der übrige Kopf schwärzlich; über der Nase stehen ein paar runde gelbe Flecke nebeneinander, über der Ohrgegend zwei ähnliche, dazu einer am hinteren Ende des Unterkiefers; vom schwärzlichen Grunde des Vorderbeines heben sich hochorange gefärbte Schuppen lebhaft ab, wogegen die Hinterbeine nur an den Schenkeln einzelne gelbe Schuppen tragen und außerdem an der Ferse einige gleichgefärbte Flecke zeigen. Die Länge des Panzers beträgt 55 cm. Das Männchen unterscheidet sich von dem Weibchen durch einen etwas schlankeren Schwanz und den auf der Unterseite flachen, ja eingesenkten Bauchpanzer; beim jungen Tiere ist das Gehäuse höher gewölbt als bei dem alten und die Färbung lebhafter.

Die Waldschildkröte verbreitet sich über das ganze tropische Südamerika östlich der

Anden, bewohnt, nach dem Prinzen von Wied, den größten Teil Brasiliens, laut O. Boettger Paraguay, laut Schomburgk alle Waldungen Guayanas bis zu 600 m über dem Meere, laut Gachet in großer Anzahl ganz Venezuela und kommt auch auf den Südamerika im Norden vorgelagerten Kleinen Antillen, namentlich auf Trinidad, St. Vincent und Santa Lucia, vor. An geeigneten Orten scheint sie sehr häufig zu sein. „Ich fand", sagt der Prinz von Wied, „ausgeleerte Panzer in den Wäldern von Tapebucu, einen halben Grad nördlich von Cabo Frio, und, von hier in derselben Himmelsrichtung fortgehend, die Tiere selbst überall in den großen Waldungen des östlichen Brasiliens. Am Belmonte waren sie nicht selten, und

Waldschildkröte, *Testudo tabulata Walb.* 1/3 natürlicher Größe.

in den Reisesäcken der Botokuden bemerkten wir ganze Panzer von ihnen sowie den Oberschild einer Flußschildkröte, in dem diese Wilden ihre Farben anreiben. Am Flusse Ilheos endlich, auf der ununterbrochenen Waldreise, haben wir sie häufig im dichtesten Walde angetroffen. Sie sollen bloß auf dem trockenen Lande, und zwar im Walde leben, auch habe ich sie nur da beobachtet. Man sieht sie langsam auf ihren dicken Stelzfüßen einhergehen und ihre Glieder einziehen, wenn sich etwas Fremdes zeigt. Ihre Nahrung nimmt auch diese Art aus dem Pflanzenreiche. Sie frißt hauptsächlich abgefallene reife Baumfrüchte, deren Mannigfaltigkeit sehr groß ist.

„In der heißen Jahreszeit bildet sie einen Haufen von trockenen Baumblättern und legt 12 oder mehr Eier hinein. (Nach A. Kappler beträgt das Gelege in Surinam nur 5 bis 6 Eier.) Die Jungen sind, wenn sie aus dem Ei kommen, von gelbbrauner Farbe, und ihr Panzer ist noch federnd.

„Diese jungen Tiere, aber auch die Alten, haben mancherlei Feinde. Das alte Tier soll ungeachtet seines starken Panzers von den großen Katzenarten häufig aufgesucht und verzehrt werden. Die der Wälder und ihrer Naturerscheinungen kundigen Indianer versichern, daß die Unze, wenn sie eine solche Schildkröte findet, sie auf die Spitze stelle und mit den langen Klauen das Fleisch nach und nach aus dem Panzer hervorziehe. Davon sollen die im Walde einzeln zerstreuten Gehäuse herrühren, die wir selbst öfters fanden; auch schien uns diese Angabe sehr wahrscheinlich, weil die ausgeleerten Panzer an ihrer Spitze oft etwas abgebissen und geöffnet waren. Da diese Schildkröten keinen unangenehmen Geruch haben, werden sie von den Portugiesen, Negern und Indianern gegessen, sind auch zu gewissen Zeiten sehr fett. In manchen Gegenden, z. B. am Flusse Ilheos, hält man sie deshalb in kleinen runden, mit senkrecht eingeschlagenen Pfählen eingefaßten Zwingern, um sie bei Gelegenheit zu benutzen. Man kann sie im Hause mehrere Jahre lebend erhalten; in einen Kasten gesetzt, fressen sie sogleich Bananen, die sie besonders lieben, Blätter und mancherlei Früchte. Berührt man sie, so ziehen sie sich in den Panzer zurück und blasen wie die Gänse aus der Kehle: eine andere Stimme habe ich nie von ihnen gehört." A. Kappler, der diese Schildkröte in Surinam beobachtete, hat klagende Töne von ihr vernommen und bemerkt zugleich, daß sie auch in Holländisch-Guayana allgemein gegessen werde.

Die Waldschildkröte wird neuerdings oft lebend nach Europa gebracht und hält hier, falls man ihr im Winter einen warmen Wohnraum anweist, mehrere Jahre aus. In ihrem Wesen unterscheidet sie sich von anderen Landschildkröten wenig. Entsprechend ihren hohen Beinen, bewegt sie sich etwas rascher als andere Arten der Gattung. „Bei mir", schildert J. v. Fischer, „laufen diese Schildkröten frei in den Stuben umher. Mit den ersten Strahlen der Morgensonne wachen sie auf und beginnen durch die Zimmer zu schreiten. Den ganzen Tag über sind sie in Bewegung, beriechen alles auf dem Boden Liegende, saufen Wasser und Milch aus der Schale, die für sie bereit steht, und fressen einmal sehr viel, dann plötzlich, namentlich bei trübem, regnerischem Wetter, fast gar nichts. Wenn z. B. ein unangeschnittener Apfel auf dem Boden liegt, versuchen sie hineinzubeißen, rollen ihn jedoch immerfort, da sie beim Bücken des Kopfes jedesmal mit der Schnauze anstoßen. Dieses Spiel dauert manchmal sehr lange, und sie geben schließlich ihr Vorhaben auf, indem sie weitergehen. Ich habe bemerkt, daß sie später unangeschnittene Äpfel unberücksichtigt ließen, als ob sie die Nutzlosigkeit ihrer Anstrengungen erkannt hätten.

„Sobald es dunkel wird, verkriechen sie sich unter Betten, Schränke und Vorhänge, kriechen aber wieder hervor, sobald man ein Licht oder eine Lampe in ihre Nähe bringt. Dann beginnen sie wiederum auf ihren Stelzbeinen umherzuschreiten. Wenn der Ofen in meiner Stube geheizt wird, kommen sie aus ihren Verstecken hervor, bleiben eine Zeitlang stehen und lassen sich dann langsam von ihren Stelzfüßen herab, um sich um den Ofen zu lagern. Hier bleiben sie mit Wohlbehagen liegen und strecken den Hals und die Hinterbeine in ihrer ganzen Länge hervor.

„Ihre Nahrung, die sie fast täglich zu sich nehmen, besteht aus Weißbrot, in Milch oder Wasser geweicht, Zitronen, die sie sehr zu lieben scheinen, Äpfeln, Birnen, Salat, Kohl, Kürbissen und Fleisch. Merkwürdig ist, daß die Männchen gern Fleisch fressen, wogegen sich die Weibchen nur von Pflanzenstoffen ernähren.

„Als ich sie erhielt, waren sie sehr scheu, so daß sie sich bei der geringsten Annäherung zischend in die Schale zurückzogen. Jetzt lassen sie sich nicht einmal beim Fressen stören, wenn man ihren Kopf leicht mit der Hand berührt; auch fressen sie aus der Hand."

Eine der schönsten Arten der Gruppe ist die Sternschildkröte, Testudo elegans *Schöpff*, die aus Ostindien stammt. Der länglich-eirunde Panzer ist in der Mitte stark erhöht, an beiden Enden fast gleichmäßig abgeflacht, seitlich steil abfallend, im ganzen eher höher als breit, der Rückenpanzer vorn, der Bauchpanzer hinten fast dreieckig tief ausgeschnitten. Die Mittelfelder der einzelnen Platten erheben sich, wenigstens bei den meisten alten Stücken, so bedeutend, daß die Platten zu hohen Höckern anschwellen. Auf den Wirbelplatten liegen die Mittelfelder oder höchsten Erhebungen, um nicht zu sagen Spitzen der Höcker in der

Sternschildkröte, Testudo elegans *Schöpff*. 1/3 natürlicher Größe.

Mitte, auf den Rippenplatten zwischen der Mitte und dem oberen Rande, auf den Randplatten in der unteren hinteren Ecke; an den drei hintersten Randplatten jederseits treten sie, als Spitzen vorragend, besonders hervor. Eine Nackenplatte fehlt; die Kehlplatten sind verlängert-dreieckig, die Armplatten länger als breit, die Brustplatten sehr schmal, die Bauchplatten ebenso breit wie lang, die Afterplatten rautenförmig. Kleinere vielseitige Schilde bekleiden den Oberkopf und liegen auf der Oberseite der Schnauze beiderseitig gleichmäßig verteilt; eine größere, längliche deckt wie gewöhnlich die Gegend über dem Ohre. Die Kieferränder sind schwach gezähnelt. Die Vorderbeine werden auf der Vorder-, die Hinterbeine auf der Rückseite durch vortretende, große, flache, dreieckige Schuppen und Hornhöcker gepanzert, die Ferse durch große, spornartige Höckerschuppen. Der Kopf und die Glieder zeigen auf gelblichem Grunde unregelmäßige Marmelung, die einzelnen Schilde des Panzers auf schwarzem Grunde eine wirklich prachtvolle Zeichnung; denn von allen hell- und lebhaftgelben Mittelfeldern aus strahlen sternartig gleichgefärbte, mehr und mehr sich verbreiternde Streifen aus, die den ganzen Panzer in höchst ansprechender Weise zieren. Die Länge des ausgestreckten Tieres beträgt ungefähr 35, die der Schale 26 cm.

Die Sternschildkröte bewohnt, hier mehr, dort minder häufig, dürren, gras-, gestrüpp- und dornreichen Boden am Fuße der Hügel in Hindostan, mit Ausnahme von Unterbengalen, und geht westlich bis Sind, südlich bis Ceylon, wird aber trotzdem nicht eben oft gefangen. Dies hat, laut Th. Hutton, dem wir das Nachstehende zu danken haben, seinen Grund hauptsächlich darin, daß ihre Färbung auf das genaueste mit der des Bodens ihrer Aufenthaltsorte übereinstimmt und sie demgemäß kaum von ihrer Umgebung unterschieden werden kann, vorausgesetzt, daß sie sich überhaupt zeigt und nicht, wie sie während der Hitze zu tun pflegt, unter Gestrüpp oder in dichten Grasbüschen sich verbirgt. Erfahrene eingeborene Jäger suchen jedoch auf sandigen oder staubigen Stellen ihre Fährte auf, folgen dieser mit überraschender Sicherheit und gelangen so oft in ihren Besitz. Während der Regenzeit sind die Sternschildkröten am muntersten und laufen fast den ganzen Tag über umher, um zu fressen und sich zu paaren. Mit Beginn der kalten Jahreszeit suchen sie sich ein Versteck und bergen sich, so gut sie können, um sich besser gegen die Kälte zu sichern; hier verweilen sie in stumpfer Untätigkeit, nicht aber in bewußtlosem Schlafe, bis zum Eintritt der heißen Monate, während deren sie sich in den Mittagsstunden ebenso, wie früher gegen die Kälte, gegen die Hitze zu schützen suchen und nur gegen Sonnenuntergang zum Vorschein kommen.

Hutton hielt mehrmals Sternschildkröten in Gefangenschaft, einmal deren sieben, vier Männchen und drei Weibchen, zusammen, brachte sie in einem weiten Gehege unter, versah sie mit Wasser, frischem und trocknem Grase, auch einem großen Haufen von Reisig und grobem Heu, ihrem Schlupfwinkel, und beobachtete sie hier sorgfältig. Während der heißen Zeit verblieben die Tiere den ganzen Tag über in ihrem Versteck und kamen erst kurz vor Sonnenuntergang hervor, um zu fressen, zogen sich aber bei Nacht nicht wieder zurück, sondern verweilten, anscheinend schlafend, auf einer Stelle, als wollten sie sich der Kühle erfreuen, und wanderten erst mit Anbruch des Tages wiederum ihrem Schlupfwinkel zu. In dieser Zeit nahmen sie auch öfters ein Bad, indem sie ins Wasser stiegen, hier meist eine halbe Stunde lang verweilten und sich dabei gelegentlich entleerten. Sie tranken jetzt auch viel Wasser.

Mit Beginn der Regenzeit wurden sie lebendiger, wanderten während des ganzen Tages in ihrem Gehege umher, fraßen, ruhten wiederum und trafen endlich Anstalten zur Paarung. Oft folgten zwei Männchen einander in kurzen Zwischenräumen, ohne jedoch das Weibchen, das währenddem, ruhig fressend, auf einer Stelle verblieb, zu belästigen. Bei der Paarung bestiegen die Männchen die erwählten Weibchen, indem sie mit den Vorderbeinen die Schale umklammerten, mit den Hinterbeinen aber auf dem Boden stehen blieben. Während der Vereinigung, die oft 10—15 Minuten dauerte, ließ das Männchen zeitweilig einen grunzenden Laut vernehmen. Solange die Regenzeit anhielt, also von Ende Juni bis Mitte Oktober, ließen die Weibchen die Männchen zu; dann zeigten sich beide Geschlechter wiederum gleichgültig gegeneinander. Zwei Männchen kämpften nicht selten zusammen, zogen Kopf und Vorderfüße ein, stemmten die Hinterbeine gegen den Boden und schoben nunmehr beide Panzer so lange gegeneinander, bis einer der beiden Kämpfer ermattet abließ. Zuweilen gelang es dem einen, seinen Gegner umzuwenden und auf den Rücken zu werfen, aus welcher Lage der Besiegte sich dann immer nur durch geradezu verzweifelte Anstrengungen mit Kopf und Füßen zu befreien vermochte. An solchen Kampfspielen beteiligten sich auch die Weibchen, die, dank ihrer Größe und Stärke, gewöhnlich als Sieger aus dem Ringen hervorgingen.

Am 11. November begann eine der weiblichen Schildkröten eine Grube zur Aufnahme ihrer Eier auszutiefen, und zwar geschah dieses in folgender Weise: Nachdem sie einen abgelegenen Platz in der Nähe eines Busches von dichtem und grobem Grase erwählt hatte, befeuchtete sie ihn zunächst mit Harn, den sie aus dem After fließen ließ, und kratzte nunmehr die erweichte Erde mit den Hinterfüßen weg, wobei sie einen Fuß um den anderen bewegte. Indem sie fortfuhr, tropfenweise Wasser abzulassen, verwandelte sie den Boden allgemach in steifen Schlamm und vermochte nunmehr erst, ihn nach Wunsch zu bearbeiten. Nach ungefähr zweistündiger Arbeit hatte sie eine Vertiefung von 10 cm Durchmesser und 15 cm Tiefe ausgegraben, legte in dieser 4 Eier ab, füllte sie mit der ausgescharrten Erde wieder zu, stampfte diese mit Hilfe der Hinterbeine in die Grube ein und rammte den Boden, nachdem die Vertiefung gefüllt war, außerdem noch dadurch fest, daß sie sich, so hoch sie konnte, auf den Beinen erhob und plötzlich fallen ließ. Hierdurch ebnete sie den Platz so vollkommen, daß Hutton die Stelle nicht gefunden haben würde, hätte er die Schildkröte nicht bei ihrer Arbeit beobachtet. Nachdem sie ihr Werk vollendet hatte, verließ sie den Platz sofort, blieb aber bald auf einer Stelle liegen, als ob sie von ihrer Arbeit ermüdet wäre. Letztere hatte vier volle Stunden in Anspruch genommen.

Als die kalte Jahreszeit anbrach, wurden sämtliche gefangenen Sternschildkröten träger, verließen seltener und immer seltener ihren Schlupfwinkel, verblieben endlich von Anfang Dezember an bewegungslos auf derselben Stelle und nahmen keine Nahrung mehr; keine einzige aber von ihnen versuchte sich einzugraben, wie die Griechischen Schildkröten zu tun pflegen. Volle zwei Monate verweilten sie in ihrer Lage, einer trägen, verdrossenen Ruhe sich hingebend, ohne jedoch in Winterschlaf zu fallen. Als es gegen Mitte Februar regnete, kamen sie wieder zum Vorschein, fraßen etwas Luzerne, tranken gierig erhebliche Mengen Wasser, kehrten jedoch wiederum zu ihrem Winterlager zurück und verfielen in denselben Zustand wie früher. Erst Mitte April, bei Beginn der warmen Jahreszeit, erschienen sie regelmäßig in ihrem Gehege, jetzt aber meist in den Mittagsstunden. Behaglich setzten sie sich nunmehr den belebenden Sonnenstrahlen aus, und erst gegen Abend suchten sie ihren gewöhnlichen Schlupfwinkel auf.

Das eigentliche Reich der Landschildkröten ist Afrika, das mit Madagaskar zusammen 15 Arten beherbergt, ohne die schwarzen Riesenschildkröten derselben Gattung, die auf Madagaskar, den Maskarenen und Seychellen leben oder lebten, und von denen man weitere elf Arten kennt, während die ganze Indische Region nur sechs, Nordamerika nur drei oder vier, Südamerika zwei, die Mittelmeerländer und Westasien sieben, die Galapagosinseln freilich 13 (durchweg schwarze Riesenschildkröten) beherbergen.

Von diesem Artenreichtum wollen wir nur einige wenige Vertreter auswählen, die entweder, weil sie sehr häufig sind und in zoologischen Gärten regelmäßig angetroffen werden oder wegen ihrer hübschen Färbung und Zeichnung besonders verdienen, herausgegriffen zu werden. Den Anfang machen wir mit der einzigen Landschildkröte Madagaskars aus der Gattung Testudo (die beiden anderen, Pyxis und Acinixys, auf diese große Insel beschränkt, haben für uns keine größere Bedeutung, da wir über ihre Lebensweise fast nichts wissen), der Strahlenschildkröte, Testudo radiata *Shaw*, die an ihrem stark halbkugelig gewölbten Panzer von schwarzer Färbung mit gelben Strahlen, den beiden großen Schilden auf der

Südafrikanische Landschildkröten.

1. Testudo oculifera *Kuhl.* — 2. Testudo pardalis *Bell.*

Schnauze leicht kenntlich ist und eine bedeutende Größe sowie entsprechendes Gewicht erreicht. Im Alter ist der Rückenpanzer fast ganz glatt, die von den gelben Mittelflecken der Seitenplatten nach abwärts ziehenden Strahlen sind die längsten und beständigsten, im übrigen ist die Zahl und Ausdehnung der Strahlen sehr veränderlich, so daß bald die schwarze, bald (weit seltener) die gelbe Färbung überwiegt. Ähnliches gilt auch für die Bauchschale. Die Kehlgegend des Bauchpanzers ist mehr oder weniger vorgezogen und meist eingekerbt, seltener einfach zugespitzt.

Nach Voeltzkow nährt sich die Strahlenschildkröte von den Früchten und Stämmen des Feigenkaktus. Sie legt nur 1 Ei, selten 2; dessen Längsdurchmesser ist ebenso groß oder ein wenig größer als der Querdurchmesser, außerdem ist es noch etwas abgeplattet. Dabei ist das Ei im Verhältnis zur Körpergröße des Tieres klein.

Die Schildkröte wird wegen ihres Fleisches in großen Mengen gefangen und in ganzen Schiffsladungen verschickt, namentlich aus Südwest-Madagaskar. Über ihr Gefangenleben ist wenig bekannt, da die meisten nach Europa kommenden Stücke von bedeutender Größe sind und infolgedessen nicht in Privatbesitz gelangen. A. v. Gothard, der ein solches größeres Stück dieser Art in Herény in Ungarn in der wärmeren Jahreszeit frei im Garten laufen ließ, teilt darüber mit, daß die Schildkröte, kaum angekommen, ruhig nach Art der Schafe zu weiden begann. Auf dem Wege, wo sie vorüberging, blieb kein einziger Grashalm stehen; es ist ihr ganz gleich, was immer für Pflanzen vor ihr stehen, und es scheint gar keine solchen zu geben, die für sie ungenießbar sind. Dabei unterscheidet sie süße und saure Früchte sehr wohl, verschmäht saure Äpfel auch beim größten Hunger, während sie süße Früchte, wie Erdbeeren, Maulbeeren, Feigen, in unglaublichen Mengen verzehren kann; daß sie aber auch der Geschmacksrichtung unserer europäischen Arten huldigt, beweist die Beobachtung, daß sie unser Gewährsmann eines Morgens den frischen Kot eines Hundes verzehren sah; auch sonst ist sie weiter nicht wählerisch, verschlang die Schildkröte doch ein andermal einen abgeschnittenen und vollkommen verdorrten Ast der Crimson-Rambler-Rose samt Dornen mit der größten Gemütsruhe. Sie vertrug ferner, als sie einmal an einem Spätherbst im Freien übernachtete, eine Temperatur von 0° ohne Schaden, hatte auch anscheinend kein Bedürfnis danach, sich zu sonnen, tat dies wenigstens nur an sehr kühlen Tagen. Ihr Ortssinn war sehr ausgebildet; sie hatte drei bis vier Schlafplätze, von denen sie abends immer einen aufsuchte, um sich einige Zentimeter tief in die lockere Erde einzuwühlen, weshalb sie auch kalte Nächte im Freien verbringen konnte; diese Schlafplätze suchte sie meist schon gegen vier Uhr nachmittags auf und grub sich wieder ein. Ihr Bade- und Trinkbedürfnis war groß; war sie längere Zeit nicht getränkt worden, so eilte sie bei einem etwaigen starken Regenguß den kleinen Wasserlachen mit überraschender Behendigkeit zu, um ihren Durst zu stillen.

Eine ihr in bezug auf den stark gewölbten Rückenpanzer ähnliche und gleichfalls eine bedeutende Größe erreichende Art des afrikanischen Festlandes ist die weitverbreitete **Pantherschildkröte**, Testudo pardalis *Bell*, die auf der beigehefteten Farbentafel in einem erwachsenen und einem jungen Stücke dargestellt ist. Sie unterscheidet sich aber von der Strahlenschildkröte durch das Fehlen des Nackenschildes, durch einen starken, kegelförmigen Hornhöcker am Hinterrande des Oberschenkels und die Färbung des Panzers, der auf hell ockergelbem, sandfarbigem oder grünlichgelbem Grunde mehr oder weniger dicht schwarz gefleckt ist. Die Pantherschildkröte ist vom Gebiete des oberen Nils (Bahr-el-Gebel) und Abessinien bis zum Kap und von hier bis Angola verbreitet. In Widerstandsfähigkeit gibt sie der Strahlenschildkröte nichts nach. Werner, der bei Bor und Gondokoro eine Anzahl dieser Tiere lebend erhielt, brachte sie trotz der langen Reise alle lebend und gesund heim, obwohl sie auch in ihrer Heimat verhältnismäßig wenig Nahrung zu sich genommen hatten. Wie flink auch diese so schwerfällig erscheinenden Tiere sich bewegen, war aus dem Umstande zu ersehen, daß ein entflohenes Stück am folgenden Tage erst in ganz beträchtlicher Entfernung wiedergefunden wurde.

Unter den schön gezeichneten südafrikanischen Landschildkröten möge nur die in Süd- und Südwestafrika auf sandigem Boden offenbar nicht seltene Testudo oculifera *Kuhl* (semiserrata) erwähnt werden, die auf der S. 433 beigehefteten Farbentafel gleichfalls vertreten ist. Der stark hakige Oberschnabel, der grob gezähnte Hinterrand der Rückenschale, die Größe des Nackenschildes unterscheiden sie hinlänglich von ihren Verwandten, mit deren meisten sie einen kegelförmigen Hornhöcker am Hinterrande des Oberschenkels gemein hat. Es ist wie die meisten südafrikanischen Landschildkröten (die Pantherschildkröte ausgenommen) eine kleine Art, die wenig über 12 cm Panzerlänge erreicht. Wie von ihren Verwandten, wird auch von ihr der entleerte Panzer, nachdem der Vorderlappen des Bauchpanzers abgebrochen wurde, von den Buschmännern als Buchu- (Schnupftabak-) Behälter benutzt, und viele Schildkrötenpanzer aus Südwestafrika in den europäischen Sammlungen zeigen durch den unvollständigen Bauchpanzer ihre einstige Verwendung an.

Den Schluß der Reihe mögen zwei Arten machen, deren eine, die über ½ m Panzerlänge erreichende Spornschildkröte, Testudo calcarata *Schn.* (Taf. „Schildkröten II", 1, bei S. 436), durch einfarbig hellgelbbraunen oder hornfarbenen Panzer sich auszeichnet und wie die vorigen einen mächtigen Sporn am Oberschenkel trägt; sie ist eine Bewohnerin dürrer, wüstenartiger Teile Nordostafrikas, also namentlich in Nubien und an der afrikanischen Küste des Roten Meeres zu Hause. Durch das Fehlen des Nackenschildes gleicht sie der Pantherschildkröte, doch ist der Rückenpanzer oben flacher und die Schwanzplatte ungeteilt. Kammerer beobachtete an einem großen Stücke dieser Art, daß es auf den Ruf folgte, allem Anscheine nach seine Pflegerin von anderen Personen zu unterscheiden vermochte, in der Hand gehaltenes Futter schon auf eine Entfernung von 20 Schritten zu sehen und sein Tempo zu beschleunigen imstande war, und daß es dann wenigstens ebenso schnell wie eine Süßwasserschildkröte lief. „In kurzen, gleichmäßigen Stößen die niedrigen, aber stämmigen Beine aufsetzend, wobei sie dem Panzer jedesmal eine schwache Neigung bald nach links, bald nach rechts gab, stelzte sie einher und ließ sich durch nichts in der Verfolgung ihres Zieles behindern. Nie fiel es ihr ein, sich scheu zurückzuziehen oder drohend zu fauchen; im Gegenteil schien ihr Streicheln des Scheitels direkt angenehm zu sein. Hob man sie auf und drehte sie um, so schlug sie eigensinnig sogleich wieder die von ihr beabsichtigte Richtung ein." Schließlich gewöhnte sie sich auch, auf die kein Futter enthaltende Hand loszugehen, und endlich folgte sie der Wärterin, auch wenn keine Lockgebärden gemacht wurden. Sie war kein Kostverächter, nahm härtere Pflanzenstoffe, wie Gräser und große Kohl- und Krautblätter, ebensogerne wie Obst und Salat, verschmähte aber Fleisch und Brot. Sie vertrug hohe Hitzegrade (37—40° C) sehr gut und zeigte in ihrem so geheizten Winterquartier eine große Vorliebe für das Wasser, die sie im Freien nicht hatte erkennen lassen.

Die südafrikanische Spornbrustschildkröte, Testudo angulata *Schweigg.*, deren Bauchpanzer weit nach vorn vorragt, vorn abgestutzt und mit einem unpaaren Kehlschild bedeckt ist, soll nur dieser auffallenden Eigentümlichkeit wegen hier genannt werden.

In Schichten der jüngeren Tertiärzeit fand man im unteren Himalaja, mit urweltlichen Säugetierknochen vermischt, die Überreste eines gewaltigen, den Landschildkröten verwandten Kriechtieres, dessen Panzer eine Länge von fast 3 und eine Höhe von fast 2 m zeigte (Colossochelys atlas), ebenso in Amerika und neuerdings auch in Griechenland und Frankreich annähernd aus derselben Zeit stammende Reste verwandter Vorwelts-Schildkröten von sehr ansehnlicher Größe. Von derartigen Riesentieren können wir kaum eine richtige Vorstellung gewinnen, auch wenn wir die heutzutage noch lebenden Elefantenschildkröten, die alle übrigen auf dem Lande lebenden Arten der Ordnung an Größe überbieten, zu Hilfe nehmen. Vor noch nicht allzu langer Zeit sah man die letztgenannten Tiere, ungeachtet ihres verschiedenen Wohngebietes, als Abänderungen einer Art an, die man Testudo indica nannte; im Jahre 1877 hat A. Günther, gestützt auf Untersuchungen einer zahlreichen Menge von Elefantenschildkröten, eine Reihe von Arten unterschieden und zugleich die älteren Berichte über deren Vorkommen, Verbreitung und Nutzung in übersichtlicher Weise zusammengestellt, so daß wir wenigstens von der Geschichte einer Anzahl dieser Arten ein klares Bild gewonnen haben.

„Fast alle Reisenden des 16. und 17. Jahrhunderts, die von ihren Begegnissen und Entdeckungen im Indischen und Stillen Meere Nachricht gegeben haben“, bemerkt Günther, „gedenken zahlloser Riesenschildkröten, denen sie auf gewissen vereinzelten oder in Gruppen verbundenen Inseln begegneten. Diese Eilande, sämtlich zwischen dem Äquator und dem Wendekreise des Steinbocks gelegen, bilden zwei tierkundliche Brennpunkte. Einer von ihnen begreift die Schildkröten- oder Galapagos-Inseln, der andere Aldabra, Réunion, Mauritius, Rodriguez und Madagaskar in sich. Beide sind unter sich sehr verschieden beschaffen; beiden aber war gemeinschaftlich, daß sie, mit Ausnahme von Madagaskar, zur Zeit ihrer Entdeckung weder Menschen noch andere größere Säugetiere beherbergten. Kein einziger der betreffenden Seefahrer berichtet, die gedachten Schildkröten irgendwo anders, auf einem Eilande ebensowenig wie auf dem indischen Festlande, gefunden zu haben. Es ist nicht glaublich, daß einer oder der andere Reisende eine solche Begegnung nicht erwähnt haben sollte; denn alle Seeleute jener Zeit erwiesen den Riesenschildkröten vollste Beachtung, weil diese einen wichtigen Teil ihrer Nahrung bildeten. Reisen, die wir gegenwärtig in wenigen Wochen zurücklegen, erforderten damals Monate; alle Schiffe waren wohl so zahlreich wie möglich bemannt, aber nur dürftig mit Nahrungsvorräten ausgerüstet: jene Schildkröten, von welchen man binnen wenigen Tagen mit der größten Leichtigkeit eine beliebige Anzahl einfangen konnte, mußten daher stets in hohem Grade willkommen sein. Man konnte sie im Raume oder sonstwo auf dem Schiffe unterbringen, monatelang aufbewahren, ohne sie zu füttern, und gelegentlich schlachten, und man gewann dann aus jeder einzelnen 40—100 kg treffliches Fleisch: kein Wunder daher, daß einzelne Schiffe auf Mauritius oder den Galapagos-Inseln mehr als 400 Stück einfingen und mit sich nahmen. Die vollkommene Sicherheit, deren die hilflosen Geschöpfe auf ihren heimischen Inseln sich vormals erfreuten, wie auch ihre Langlebigkeit, die ermöglichte, daß viele Geschlechter gleichzeitig nebeneinander lebten, lassen uns die außerordentliche Häufigkeit der Tiere sehr begreiflich erscheinen.“

Auch noch aus Reiseberichten aus dem 18. Jahrhundert konnte Vaillant das ehemalige massenhafte Vorkommen von Riesenschildkröten auf den Maskarenen und Seychellen nachweisen. Diese Tiere sollen besonders gerne ins Wasser gegangen, und zwar langsam, aber sicher geschwommen sein. Damit dürfte auch ihr langer Hals im Zusammenhang stehen;

möglicherweise könnten sie sogar schwimmend von einer Insel zur anderen gelangt sein. Auch auf Bourbon hat noch im 17. Jahrhundert und im Anfange des 18. Jahrhunderts eine solche Riesenschildkröte gelebt, wie Vaillant und Froidevaux nach älteren Berichten übereinstimmend angeben, und Fauvel konnte nachweisen, daß im 18. Jahrhundert auch noch auf dem Farquhar-Archipel (früher João da Nova) eine vermutlich mit der Elefantenschildkröte identische Art von den französischen Schiffskapitänen Grossin und Picault angetroffen wurde.

Als Leguat im Jahre 1691 die Insel Rodriguez besuchte, waren die Tiere noch so zahlreich, daß man 2000 oder 3000 von ihnen in dichten Scharen zusammensehen und über 100 Schritt weit „auf ihren Rücken dahinschreiten" konnte. Um das Jahr 1740 legten, wie Grant mitteilt, die nach Indien segelnden Schiffe, um sich mit ihnen zu versorgen, bei Mauritius an, und noch 20 Jahre später waren mehrere kleine Fahrzeuge fortwährend beschäftigt, Tausende von ihnen, hauptsächlich zur Verwendung in Krankenhäusern, dorthin zu bringen. Von dieser Zeit an scheinen sie sich rasch vermindert zu haben: die alten wurden weggefangen, die jungen durch Schweine vernichtet, die einen wie die anderen durch den fortschreitenden Anbau der Eilande zurückgedrängt, so daß sie bereits zu Anfang des 19. Jahrhunderts auf mehreren Inseln der Gruppe ausgerottet waren. Gegenwärtig lebt nur noch ein einziges Stück von ihnen auf Mauritius. Die verhältnismäßig meisten werden noch auf der kleinen Insel Aldabra, dem einzigen Eilande des Indischen Meeres, gefunden, auf dem noch einige, stetig an Zahl zurückgehende Stücke der Art den Kampf um ihr Dasein bestehen, auch hier ewig bedrängt von dem sie fort und fort verfolgenden Menschen. Auf Aldabra fanden sie die Gebrüder Rodatz noch in Menge, vorzugsweise in dichtem Gebüsch. Fänger, die alljährlich hierher zur Jagd kamen, hatten besondere Stapelplätze mit Mauern umgeben, um die Tiere bis zur Verschiffung nach Madagaskar oder an das afrikanische Festland einsperren zu können. In einem solchen Zwinger sahen unsere Gewährsmänner 200, in einem anderen 300 Stück, die einfach mit Gras und Laub gefüttert wurden. Ein Hamburger Kaufmann erzählte Kersten, daß auf Aldabra noch im Jahre 1847 von 100 Menschen, der Bemannung zweier Schiffe, binnen kurzer Zeit 1200 solcher Schildkröten gefangen wurden, darunter immer noch Riesen von 400 kg Gewicht. W. Littleton berichtet, daß von den Riesenschildkröten von Aldabra 1883 sechs junge Stücke nach Flat Island übergeführt und freigelassen worden seien, um die Art vor dem Aussterben zu retten; sie gediehen an ihrem neuen Wohnorte zur Zufriedenheit.

Wegen der unablässigen Verfolgungen, denen diese unbehilflichen Riesentiere durch den Menschen seit ihrer Entdeckung ausgesetzt waren, sind von den zwölf aus der ostafrikanischen Inselwelt bekannten Arten nicht weniger als sieben vollständig ausgestorben oder ausgerottet. Man unterscheidet gegenwärtig zwei Arten von den Seychellen (je eine von Mahé und Thérèse), zwei von Aldabra, eine noch lebende und vier ausgestorbene von Mauritius, zwei ausgestorbene von Rodriguez und eine ebenfalls ausgestorbene von Madagaskar; die eine Art von Aldabra wird von Siebenrock wohl mit Recht als Spielart einer der beiden Seychellen-Arten (gigantea von Mahé; Taf. „Schildkröten II", 4) betrachtet.

Voeltzkow gelang es (um 1890), während eines einmonatlichen Aufenthaltes auf der etwas über 400 km nördlich von Madagaskar gelegenen Insel Aldabra bei fast täglichen Ausflügen sieben Stück der dortigen seltenen Art (Testudo daudini *D. B.*) aufzufinden. Der Fang ist jedoch mit mancherlei Fährlichkeiten verbunden. Da keine Verbindung nach Aldabra besteht, mußte ein kleines Schiff von 50 Tonnen für die auf zwei Monate berechnete Reise gemietet und während des Aufenthaltes fest mit Tauen verankert werden. Aldabra ist viel größer,

Schildkröten II.

1. Spornschildkröte, Testudo calcarata *Schn.*

$^1/_{10}$ nat. Gr., s. S. 434. — A. Cerny-Wien phot.

2. Testudo ephippium *Gthr.*

$^1/_{20}$ nat. Gr., s. S. 439. L. Medland, F. Z. S.-Finchley, N., phot.

3. Testudo gigantea *D. B.*, von Aldabra.

1/15 nat. Gr., s. S. 437. — L. Medland, F. Z. S.-Finchley, N., phot.

4. Testudo gigantea *D. B.*, von Mahé.

1/15 nat. Gr., s. S. 436. — L. Medland, F. Z. S.-Finchley, N., phot.

als man gewöhnlich annimmt, 20 englische Meilen lang, völlig unwegsam, da der Boden aus ausgewaschenen, messerscharfen Korallen besteht, deren Spitzen nach oben gewendet sind, während das Ganze mit so dichtem, niedrigem Gestrüpp bedeckt ist, daß vor jedem Ausfluge immer erst ein Weg durch den Busch geschlagen werden muß, so daß von Absuchen einer größeren Fläche keine Rede sein kann. Von außen zu landen ist bei der starken Brandung sehr gefahrvoll, und eine Landung von der inneren Seite ist durch die Mangrovedickichte sehr erschwert. Da es Trinkwasser, und zwar sehr schlechtes, nur an einer Stelle gibt, wird das Regenwasser in natürlichen Höhlungen aufgefangen und muß für derartige Ausflüge jedesmal mitgenommen werden. Myriaden von Moskitos verbieten an den Stellen, wo sich die Schildkröten aufhalten, ein Verweilen über Nacht. Hat man nun ein solches Tier endlich entdeckt, was bei dem dichten Busch und der geringen Regsamkeit der Tiere, die die heiße Tageszeit möglichst im Gestrüpp verborgen zubringen, stets ein Glücksfall ist, so beginnt erst die schwierigste Arbeit, nämlich der Transport. Da die Tiere sehr störrisch sind und nicht von selbst gehen, so müssen sie, mit dem Rücken nach unten auf einer leiterähnlichen Bahre festgebunden, stundenweit über die spitzen Korallen und durch den dichten Busch von vier Leuten getragen werden, und die Träger erreichen die Lagunen stets mit zerfetzten Kleidern und blutenden Füßen. — Im Freien leben diese Schildkröten von Gras und den Früchten einer Pandanus-Art, während sie in Gefangenschaft mit gekochtem Reis und Küchenabfällen sehr leicht zu ernähren sind. Das größte der sechs lebend dem Zoologischen Garten in Hamburg zugekommenen Stücke hatte geradlinig gemessen 210 cm Rückenschildlänge und war 206 Pfund schwer.

Noch stattlicher ist die größere von zwei Elefantenschildkröten (Testudo gigantea *D. B.* [elephantina], Taf. „Schildkröten II", 3) von der Insel Aldabra, die Brauer auf den Seychellen, wo diese Art halbgezähmt gehalten wird, erworben hatte, und die gleichfalls im Hamburger Zoologischen Garten leben; ihr Rückenschild mißt in der Luftlinie 125, über die Krümmung gar 157 cm, ihre größte Breite ist 81 und ihre Höhe 58 cm. Sie wog bei ihrer Ankunft in Hamburg 431 Pfund, 52 Tage darauf bereits um 53 Pfund mehr.

Auf Mauritius lebt (oder lebte wenigstens noch im Jahre 1893) ein einziges Exemplar einer sonst gänzlich ausgestorbenen Riesenschildkrötenart (Testudo soumeirei *Sauzier*) im Besitze der englischen Regierung: eine alte Schildkröte, die auf dem Hofe der Artilleriekaserne in St. Louis gehalten wird und bereits im Jahre 1810 ihre jetzige Größe gehabt haben soll. Sauzier schätzt ihr Alter auf 200 Jahre. In dem Fehlen der Nackenplatte und dem Vorhandensein einer doppelten Kehlplatte gleicht sie am meisten den Galapagos-Schildkröten. Sie ist geradlinig gemessen 102 cm lang. Aus dem Mare aux Songes auf Mauritius brachte Sauzier vier vordere Stücke von Bauchschilden ausgestorbener Schildkröten mit, die wie diese, aber verschieden von allen anderen ausgestorbenen Maskarenen-Schildkröten, einen doppelten Kehlschild haben.

Die allergrößte lebende Riesenschildkröte, im Besitze von Baron Rothschild zu Tring in England, hat eine Panzerlänge von 156, über die Krümmung gemessen sogar 194 cm und wiegt nicht weniger als 529 Pfund. Rothschild schätzt ihr Alter auf wenigstens 300 Jahre.

Bolau teilt über die beiden Elefantenschildkröten des Hamburger Zoologischen Gartens mit, daß sie gekochten Reis, gequellten und gekochten Mais, Futterrüben, Möhren, Grünkohl, Weißkohl und feingemahlenes Fleisch erhielten, den Weißkohl jedoch jeder anderen Nahrung vorzogen und in der ersten Zeit, da sie auf der Reise wenig gefressen hatten und daher sehr ausgehungert waren, täglich 35 kg davon verzehrten. „Hervorragende Lebensäußerungen", fährt Bolau fort, „bemerkt man an unseren Gästen nicht. Den größten Teil des Tages fressen sie. In dieser lobenswerten Beschäftigung lassen sie sich nur stören, wenn sie gemessen oder gewogen werden. Das macht einen so tiefen Eindruck auf sie, daß sie mehrere Tage eine verminderte Freßlust zeigen. Auch der Besuch fremder Personen in ihrer Wohnung bringt sie aus der gewohnten Ruhe. Der Besuch ihres Wärters stört sie nicht im geringsten; ihn kennen sie also. Setzt man sich auf ihren Rücken, so kann man sie leicht veranlassen, sich vom Boden zu erheben und ihren Reiter fortzutragen, wenn man sie in den Fugen zwischen den Rückenschildern streichelt, besonders leicht, wenn das in der Nackenpartie geschieht." Nach Brauer werden die Eier nicht gegessen, wohl aber das Fleisch, das auf den Seychellen sehr geschätzt, feiner und auch schmackhafter als das der Seeschildkröten ist. Wegen der Seltenheit der Tiere bekommt man das Fleisch nur bei besonderen Festlichkeiten; Brauer hatte im Verlaufe eines Jahres nur einmal Gelegenheit, davon zu essen. Die Füße gelten als besondere Leckerbissen; das Fleisch und besonders die Leber wird gehackt und in der Rückenschale gebraten, kommt auch in letzterer auf den Tisch.

Ähnlich wie auf den Maskarenen sieht es auch auf den Galapagos-Inseln aus. Als die Spanier diese Inseln entdeckten, fanden sie sie so dicht bevölkert mit Schildkröten, daß sie die Inseln danach benannten. Gegen Ende des 17. Jahrhunderts besuchten Schiffer die Inselgruppe nur aus dem Grunde, um sich mit Wasser und Schildkröten zu versorgen. „Landschildkröten", sagte Dampier in seinem im Jahre 1697 erschienenen Reisewerke, „gibt es hier in so großer Anzahl, daß 500—600 Menschen sich einzig und allein von ihnen monatelang würden ernähren können. Sie sind außerordentlich groß, fett, und ihr Fleisch ist so wohlschmeckend wie das eines zarten Hühnchens." Bis zu den ersten Jahrzehnten des 19. Jahrhunderts scheinen die Verhältnisse auf den Schildkröteninseln sich nicht wesentlich verändert zu haben. Delano, der vom Jahre 1800 an die Inseln mehrmals besuchte, fand auf Hood-, Charles-, James- und Albemarle-Eiland noch Schildkröten in Menge, beschrieb sie recht gut und brachte nach 60tägiger Fahrt von 300 eingeschifften Stücken ungefähr die Hälfte nach der Insel Mas a fuera (Juan Fernandez), andere später zweimal nach Kanton. Da die beklagenswerten Geschöpfe unterwegs nicht gefüttert wurden, also monatelang hungern mußten, erlagen viele; diejenigen aber, welche die Zeit so harter Prüfung dennoch überstanden, fühlten sich, nachdem sie sich satt gefressen hatten, sehr bald wohl, schienen mit dem ungewohnten Klima Mas a fueras sich auszusöhnen und würden vielleicht sogar sich eingebürgert haben, hätte man sie nicht geschlachtet, um sie zu verspeisen.

Porter traf im Jahre 1813 die Tiere auf allen größeren Schildkröteninseln in mehr oder minder namhafter Anzahl an und fing noch Riesen von 150—200 kg Gewicht, im ganzen über 500 Stück, die zusammen über 14 Tonnen wogen. Auf Madison-Eiland gab er eine nicht unbeträchtliche Anzahl der von ihm mitgenommenen Tiere frei. 22 Jahre später als Porter, im Jahre 1835, besuchte Ch. Darwin die Galapagos-Inseln. Diese waren inzwischen in den Besitz des Freistaates Ecuador übergegangen und mit einigen hundert Verbannten besiedelt worden, die den Schildkröten erklärlicherweise ungleich mehr Abbruch taten als alle früheren Besucher der Eilande, da sie einen wirklichen Vernichtungskrieg gegen die wehrlosen Geschöpfe führten, sie fingen und ihr Fleisch einsalzten. Mit den Ansiedlern waren auch Schweine auf die Inseln gekommen und zum Teil verwildert, so daß sich die Anzahl der Feinde unserer Schildkröten wesentlich vermehrt hatte. Indessen begegnete Darwin den letzteren immerhin noch fast auf allen von ihm besuchten Eilanden. Als elf Jahre später das wissenschaftlichen Zwecken dienende Kriegsschiff „Herald" an Charles-Eiland

Elefantenschildkröte.

anlegte, fand der mitreisende Naturforscher auf genannter Insel wohl zahlreiche Herden von Haustieren, verwilderte Hunde und Schweine, nicht aber Schildkröten: sie waren inzwischen ausgerottet worden. Doch lebten sie noch auf der Chatham-Insel. Laut Fr. Steindachner zählten die Galapagos-Eilande im Jahre 1872 nicht mehr als einen weißen und zwei schwarze menschliche Bewohner, die auf der Charles-Insel ein elendes Dasein fristeten; alle übrigen Ansiedler waren gestorben oder ausgewandert; die Schildkröten sind, nach Aussage dieser drei Leute, aber auch auf letztgenannter Insel, wie, laut G. Baur, auf Hood und Barrington, jetzt ebenfalls ausgerottet. Was sich auf den Maskarenen bereits vor längerer Zeit erfüllte, ist nun auch auf den Galapagos geschehen.

Porter zuerst machte auf die Unterschiede der Schildkröten aufmerksam, die auf verschiedenen Eilanden der Galapagos-Gruppe lebten. Auf Porter-Eiland (Indefatigable) zeichneten sie sich durch ihre außerordentliche Größe aus: denn einzelne von ihnen waren über 1,5 m lang, nur um 30 cm weniger breit und fast 1 m hoch, abgesehen von noch größeren, die von Seeleuten gefunden worden sein sollen; die Panzer der auf James-Eiland lebenden fielen auf wegen ihrer Brüchigkeit und geringen Dicke; die gleichfalls sehr dünne Schale der auf der Duncan-Insel hausenden war sehr verlängert, der Rückenschild vorn nach Art eines spanischen Sattels aufgeworfen (Testudo ephippium *Gthr.;* Taf. „Schildkröten II", 2, bei S. 436), alles im Gegensatze zu den runden, plumpen, ebenholzschwarzen Stücken der James-Insel; die von Hood-Eiland stammenden endlich waren klein und ähnelten denen der Charles-Insel. Günther hat diese Angaben berücksichtigt, gelangt aber durch eigne Untersuchungen zu dem Schlusse, daß die Schildkröten der Galapagos-Inseln sechs verschiedene Arten dargestellt haben. Gegenwärtig kennt man aber nicht weniger als 14 Arten aus diesem Archipel, die sich auf neun Inseln verteilen; von ihnen beherbergten die Inseln James und Chatham je zwei Arten, der südliche und nördliche Teil der Insel Albemarle ebenfalls je zwei Arten, die übrigen nur je eine Art. Meiner Ansicht nach entspricht es dem Zweck des „Tierlebens" nicht, auf die hervorgehobenen Unterschiede dieser überaus seltenen Arten einzugehen, um so weniger als wir nicht einmal ein Merkmal kennen, wodurch sich die Galapagos-Schildkröten von denen des ostafrikanischen Archipels unterscheiden lassen. Mit allen übrigen Landschildkröten aber lassen sich unsere Tiere ohnehin nicht verwechseln, weil sie sich nicht allein durch ihre riesenhafte Größe, sondern auch durch ihren langen, schlangenartigen Hals, ihre hohen, breiten, plumpen Füße und die schwarze Farbe ihrer Schale so auszeichnen, daß sie nicht verkannt werden können.

Unsere lebenden Tieren entnommene Abbildung stellt die von Günther als Elefantenschildkröte, Testudo elephantopus *Harlan*, bezeichnete Art vom südlichen Teil der Galapagos-Insel Albemarle dar.

Porters Angaben über das Freileben der Elefantenschildkröte sind durch Darwins ausgezeichnete Schilderung so wesentlich übertroffen worden, daß ich auf jene nur, um hier und da eine kleine Lücke auszufüllen, zurückzukommen brauche.

„Auf meinem Wege", so beginnt Darwin zu erzählen, „begegnete ich zwei großen Schildkröten, von denen jede wenigstens 100 kg gewogen haben muß. Eine fraß ein Stück Kaktus, sah mich an, als ich näher kam, und ging dann ruhig weiter; die andere ließ ein tiefes Zischen vernehmen und zog ihren Kopf ein. Die ungeheuren Kriechtiere, von der schwarzen Lava, dem blätterlosen Gesträuch und dem großen Kaktus umgeben, erschienen mir wie Geschöpfe der Vorwelt. Diese Tiere finden sich wahrscheinlich auf allen Eilanden der Inselgruppe, sicherlich auf der größeren Anzahl von ihnen. Sie leben vorzugsweise auf hochgelegenen feuchten Stellen, besuchen aber auch die niedrigen und trockenen. Einzelne erreichen eine ungeheure Größe: Lawsoe, ein Engländer, der zur Zeit unseres Aufenthaltes die Aufsicht über die Ansiedelung hatte, erzählte uns von einigen so großen, daß sechs oder acht Mann erforderlich waren, um sie in die Höhe zu heben, und daß solche Stücke bis 100 kg Fleisch gegeben hätten. Die alten Männchen, die von den Weibchen an dem längeren Schwanze leicht unterschieden werden können, sind merklich größer als die Weibchen.

„Diejenigen, welche auf den wasserlosen Inseln leben oder in niedrigen und trocknen Teilen der anderen sich aufhalten, nähren sich hauptsächlich von dem saftigen Kaktus; die in der feuchten Höhe hausenden fressen die Blätter verschiedener Bäume, eine saure und herbe Beere, Guayabita genannt, und eine blaßgrüne Flechte, die in Gewinden von den Ästen der Bäume herabhängt. Sie lieben das Wasser, trinken große Mengen davon und gefallen sich im Schlamme. Die größeren Inseln allein haben Quellen, diese aber liegen immer nach der Mitte zu und in einer beträchtlichen Höhe. Wenn also die Schildkröten, die in den Niederungen wohnen, trinken wollen, müssen sie weite Strecken zurücklegen. Eine Folge hiervon sind breite und wohlausgetretene Pfade in jeder Richtung von den Quellen bis zur Meeresküste: die Spanier entdeckten zuerst die Wasserplätze, indem sie diesen Pfaden folgten. Als ich auf der Chatham-Insel landete, konnte ich mir anfänglich nicht erklären, welches Tier so regelrecht auf sorgfältig gewählten Pfaden wandeln möge. An den Quellen bot sich ein merkwürdiges Schauspiel. Viele von den großen Ungeheuern waren zu sehen, einige mit lang ausgestreckten Hälsen, eifrig vorwärts wandernd, andere, die bereits getrunken hatten, zurückkehrend. Wenn die Schildkröte an der Quelle ankommt, taucht sie ihren Kopf bis über die Augen ins Wasser, ohne auf einen etwaigen Zuschauer Rücksicht zu nehmen, und schluckt begierig, ungefähr zehn große Züge in der Minute nehmend. Die Einwohner sagten, daß jedes Tier drei bis vier Tage in der Nähe des Wassers verweile und dann erst in die Niederung zurückkehre, waren aber über die Häufigkeit solcher Besuche unter sich nicht einig. Das Tier regelt sie wahrscheinlich nach der Beschaffenheit der Nahrung, die es verzehrt hat. Demungeachtet steht fest, daß Schildkröten auch auf solchen Inseln leben, auf denen sie höchstens zeitweilig Regenwasser benutzen können.

„Es ist ziemlich ausgemacht, daß die Blase eines Frosches als Behälter für die zu seinem Bestehen erforderliche Feuchtigkeit dient. Dies scheint auch für die Schildkröten zu gelten. Einige Tage nach dem Besuche der Quellen ist die Blase dieser Tiere infolge der in ihr aufgespeicherten Flüssigkeit ausgedehnt; später nimmt jene an Umfang ab und vermindert sich die Reinheit dieser. Die Einwohner benutzen, wenn sie von Durst befallen werden, diesen Umstand zu ihrem Vorteile, indem sie eine Schildkröte töten und, falls die Blase gefüllt ist, deren Inhalt trinken. Ich sah eine töten, bei welcher die gedachte Flüssigkeit ganz hell war und nur einen schwach bitteren Geschmack hatte. Die Einwohner trinken übrigens stets zuerst das Wasser aus dem Herzbeutel, welches das beste sein soll.

„Wenn die Schildkröten einem bestimmten Punkte zuwandern, gehen sie Tag und Nacht und kommen viel früher am Ziele ihrer Reise an, als man erwarten sollte. Die Einwohner glauben, nach Beobachtungen an gezeichneten Stücken annehmen zu dürfen, daß die Tiere eine Entfernung von ungefähr 8 Meilen in zwei oder drei Tagen zurücklegen können. Eine große Schildkröte, die ich beobachtete, ging mit einer Schnelligkeit von 60 Yards in zehn Minuten, was, wenn man eine kurze, unterwegs zum Fressen verwendete Zeit abrechnet, täglich rund 4 englische Meilen ausmachen würde." Ihre Schritte sind, wie

Porter bemerkt, langsam und unregelmäßig, aber schwer, und sie trägt beim Gehen ihren Leib ungefähr 30 cm über dem Boden.

„Während der Fortpflanzungszeit, die beide Geschlechter vereinigt", fährt Darwin fort, „hört man vom Männchen ein heiseres Brüllen oder Blöken, das man noch in einer Entfernung von mehr als 100 Schritt vernimmt. Das Weibchen gebraucht seine Stimme nie und das Männchen die seinige auch nur während der Paarung, so daß die Leute, wenn sie die Stimme hören, wissen, daß beide Geschlechter sich vereinigt haben. Die Weibchen legten gerade jetzt, im Oktober, ihre Eier. Da, wo der Boden sandig ist, graben sie Löcher, legen die Eier zusammen in ein Loch und decken dieses mit Sand zu; auf steinigem Grunde hingegen lassen sie die Eier aufs Geratewohl in ein Loch fallen. Bynoe fand ihrer sieben der Reihe nach in einer Spalte liegen. Das Ei ist weiß und kugelig; eins, das ich maß, hatte 18 cm im Umfange." Porter bemerkt hinsichtlich der Fortpflanzung, daß die Weibchen wahrscheinlich nur um zu legen vom Gebirge herab in die sandigen Ebenen kommen. Unter allen denen, die er mit sich nahm, befanden sich bloß drei Männchen, und auch diese waren weit im Inneren in der Nähe der Berge gefangen worden. Alle Weibchen dagegen trugen sich mit reifen Eiern, je mit 10—14, die sie offenbar in den sandigen Ebenen ablegen wollten.

„Während des Tages", so berichtet Porter über seine Beobachtungen, „sind die Schildkröten auffallend scharfsichtig und furchtsam, was daraus hervorgeht, daß sie bei der geringsten Bewegung irgendeines Gegenstandes ihren Kopf und Hals in der Schale bergen; des Nachts aber scheinen sie vollkommen blind zu sein, ebenso wie sie taub sind. Der lauteste Lärm, selbst das Abfeuern eines Schusses, behelligt sie nicht im geringsten, macht nicht den leisesten Eindruck auf sie."

Darwin bestätigt diese Angaben. „Die Einwohner glauben, daß diese Tiere gänzlich taub seien; so viel ist gewiß, daß sie jemand, der gerade hinter ihnen geht, nicht hören. Es ergötzte mich immer, wenn ich eins von diesen Ungeheuern, das ruhig dahinschritt, überholte und nun sah, wie es in demselben Augenblicke, der mich an ihm vorüberführte, Kopf und Beine einzog, ein tiefes Zischen ausstieß und mit lautem Schalle zu Boden fiel, als ob es tot wäre. Ich setzte mich häufig auf ihren Rücken; und wenn ich ihnen auf den hinteren Teil der Schale einige Schläge gab, so standen sie auf und gingen hinweg; ich fand es jedoch schwierig, das Gleichgewicht zu behaupten."

„Kein Tier kann zuträglicheres, süßeres und schmackhafteres Fleisch bieten als diese Schildkröten", versichert Porter, und auch dieser Angabe widerspricht Darwin nicht. „Das Fleisch", so schließt er, „wird sowohl frisch als auch gesalzen vielfach gebraucht und aus dem Fett ein schönes, helles Öl bereitet. Wenn ein Mann eine Schildkröte fängt, schlitzt er ihr nahe am Schwanze die Haut auf, um zu sehen, ob sie unter dem Rückenpanzer eine dicke Lage von Speck besitzt. Ist dies nicht der Fall, so wird das Tier wieder in Freiheit gesetzt, soll sich auch bald von jener Quälerei erholen. Um sich seiner zu versichern, ist es nicht genug, es auf den Rücken zu werfen, da es seine aufrechte Stellung leicht wiedergewinnen kann. Die eben ausgekrochenen Jungen werden in großer Anzahl die Beute eines bussardartigen Raubvogels. Die Alten scheinen im allgemeinen zufällig zu sterben oder, wenn sie an Abhängen hinunterfallen, zugrunde zu gehen. Wenigstens erzählten mir die Einwohner, daß sie, es sei denn aus solchen Ursachen, niemals eine tote gefunden hätten."

Verschiedene Seeleute versicherten Porter, von ihnen gefangene und in den Schiffsraum verstaute Elefantenschildkröten ohne jegliches Futter 18 Monate lang erhalten und nach Ablauf dieser Zeit beim Schlachten gefunden zu haben, daß sie weder gelitten noch an

Feistigkeit verloren hätten. Sie ertrugen noch ganz andere Mißhandlungen ohne Schaden. Die Elefantenschildkröte, die unserem Zeichner zur Vorlage diente, hatte, bevor sie nach Berlin gelangte, bereits mehrere Jahre in Gefangenschaft gelebt und zuletzt als — Hackklotz gedient. Entrüstet über wiederholtes Entweichen hatten die Diener ihres Besitzers, denen die Aufgabe zufiel, das nach Freiheit strebende Tier immer wieder einzufangen, sie zuletzt zwischen eingeschlagenen Pfählen eingekerkert und ihren Rückenpanzer in der angegebenen Weise beim Holzspalten benutzt.

Dank der Leichtigkeit, mit welcher die riesigen Tiere länger währende Seereisen überstanden, brachte man sie oft auch nach Europa, und man sah sie daher noch vor etwa 45 Jahren nicht allzu selten in Tiergärten und Schaubuden. Ich selbst habe mehrere gepflegt und andere beobachtet. Ihr Unterhalt verursachte keinerlei Schwierigkeiten, ihre Wartung nicht mehr als die anderer Landschildkröten überhaupt. Im Winter hielt man sie in wohlgeheizten Räumen und ernährte sie mit Pflanzenstoffen aller Art; im Sommer setzte man sie auf Grasplätze, legte ihnen für alle Fälle eine genügende Menge von Kraut und Kartoffeln vor und gestattete ihnen überdies, nach eigenem Belieben zu weiden. Das taten sie, indem sie große, dicke Grasbüsche abbissen oder ausrissen, diese hierauf kauend zu Ballen formten und schließlich, oft ersichtlich würgend, verschlangen. Ich bin in Zweifel geblieben, ob sie ihren Pfleger anderen Leuten vorzogen oder nicht: zuweilen schien es mir, als wäre ersteres der Fall; manchmal wiederum benahmen sie sich ihm gegenüber ebenso wie gegen jeden Fremden. Doch gewöhnten sie sich wenigstens an den Verkehr mit Menschen, legten ihr Zischen und ihre Schreckhaftigkeit ab, ließen, auch ohne durch Stockschläge angetrieben zu werden, jemand auf sich aufsitzen und trugen den Reiter gleichgültig, aber freilich auch überaus langsam, davon. Heutzutage sieht man nur noch in den reichsten Tiergärten eine Schildkröte dieser Art, und binnen wenigen Jahren wird auch dies unmöglich sein, falls nicht die wenigen noch in Europa lebenden Gefangenen, dank ihrer Langlebigkeit, das unvermeidliche Schicksal ihrer Artgenossen überdauern. Nach A. Günther wog das 80jährige Männchen der Elefantenschildkröte im Tiergarten von London 435 kg.

Die vermutlich letzten Stücke der Abingdonschen Riesenschildkröte (Testudo abingdoni *Gthr.*) sind im Jahre 1875 auf den Galapagos gefangen worden. Im Jahre 1888 machte der nordamerikanische Kriegsdampfer „Albatros" den Galapagos-Inseln einen Besuch, und J. M. Dow konnte berichten, daß einige der großen Landschildkröten-Arten noch in Menge gefunden worden seien. In einer Bemerkung aus dem Jahre 1889 hält G. Baur zwei von den damals bekannten sechs Elefantenschildkröten-Arten der Galapagos für bereits verschwunden. Die letzten noch lebenden Stücke der heute von den Galapagos bekannten 14 Arten sollen jedoch von der Expedition der Kalifornischen Akademie der Wissenschaften nunmehr für das Museum in San Francisco mitgenommen worden sein, ein glänzendes Beispiel vorsorglicher wissenschaftlicher Tätigkeit!

Den älteren, sehr ausführlichen und hier wiedergegebenen Mitteilungen über die Galapagos-Schildkröten ist kaum etwas von Belang hinzuzufügen. Baur, der auf der Insel Albemarle Riesenschildkröten sammelte, schildert in seinem Reisebericht in lebendiger Weise und sehr ähnlich wie Voeltzkow die Mühseligkeiten und Entbehrungen durch Wassermangel und Hitze, die Schwierigkeiten des Bodens und das enorme Gewicht der gefangenen Tiere, wodurch sich die Tötung und das Ausweiden der größten Exemplare an Ort und Stelle notwendig machte, um sie überhaupt von der Stelle bringen zu können.

Wie weit solche Schildkröten durch den Schiffsverkehr verschleppt werden können, beweisen Angaben von Waite über zwei Testudo nigrita *D. B.*, von denen die eine 50 Jahre, bevor sie von König Georg von Tonga an Herrn A. M. Donald geschenkt worden war, auf der Südseeinsel Rotuma gelebt hatte und, soweit sich die Bewohner erinnern konnten, stets von derselben Größe war; ferner eine Notiz von Schnee über das Vorkommen von Galapagos-Schildkröten auf der Weihnachtsinsel im Stillen Ozean, zwischen Tahiti und Hawai, wo sie vielleicht durch die Flibustier eingeführt wurde.

Als Vertreter der in Europa vorkommenden Arten dieser Gattung wird gewöhnlich die **Griechische Schildkröte**, Testudo graeca *L.*, aufgeführt. Ihr Panzer ist im ganzen eiförmig und mäßig hoch gewölbt, nach hinten etwas verbreitert und steiler abfallend als nach vorn; der beim Weibchen platte, beim Männchen etwas eingedrückte Brustteil ist vorn

Griechische Schildkröte, Testudo graeca *L.* 1/3 natürlicher Größe.

abgestutzt, hinten tief ausgerandet. Die Wirbelplatten sind schwach buckig, die drei mittleren sechs-, die vorderste und hinterste fünfseitig, die beiden mittleren Seitenplatten fast doppelt so breit wie lang, undeutlich fünfeckig, d. h. viereckig mit gebrochener Linie der Innenseite, die vorderste fünfeckig mit gebogenem Unterrande, die hinterste verschoben viereckig. Unter den 25 Randplatten ist die Nackenplatte die kleinste, die letzte, hinten vorgezogene und über den Schwanz herabgebogene die größte und in der Mitte durch eine tiefe Längsfurche in zwei Hälften geteilt; die übrigen haben eine unter sich meist verschiedene, ungleichseitig fünfeckige Gestalt. Die Mittelfelder aller Platten sind bei jüngeren Tieren gekörnelt, bei älteren glatt und zeigen sich von deutlichen Anwachsstreifen umgeben. Der ziemlich plumpe Kopf ist merklich dicker als der Hals, die Schnauze vorn abgestumpft, das Auge mäßig-, das Trommelfell dem Auge annähernd gleichgroß, der Ober- und Seitenteil der Schnauze mit einem großen, rundlichen Vorderstirnschild, einem kleineren Stirnschild und je einem sehr großen, langen Schläfenschild, der Kopf im übrigen oben mit kleinen unregelmäßigen Schildchen bekleidet. Jede Platte des Rückenpanzers ist in der Mitte schwarz, dann gelb und schwarz gesäumt; über den Bauchpanzer verläuft ein breiter unregelmäßiger Längsstreifen von gelblicher Färbung; die Seiten sehen ebenfalls gelb aus; das übrige ist schwarz. Kopf, Hals und Glieder sind schmutzig grüngelb gefärbt. Die Färbung unterliegt mannigfachem Wechsel; selbst die Anzahl der Krallen der Vorderfüße kann bei einzelnen

Stücken bis auf vier sinken. Auch kann oft ein Vorderbein vier, das andere fünf Zehen oder Krallen tragen. Die Weibchen unterscheiden sich von den Männchen durch bedeutendere Größe und kürzeren, an der Wurzel dickeren Schwanz, der in beiden Geschlechtern einen hornigen Nagel am Ende trägt, die Jungen von den Alten durch gedrungenere Form ihres Panzers. Der Panzer wird gegen 20 cm lang, doch kommen auf den Jonischen Inseln noch weit größere vor.

Das ursprüngliche Vaterland unserer Schildkröte beschränkt sich auf die im Norden des Mittelmeeres gelegenen Länder, und zwar eigentlich nur auf die der griechischen und italienischen Halbinsel nebst den dazu gehörigen Eilanden; außerdem soll sie noch, laut Tristram, ungemein häufig in Syrien vorkommen. Nachweislich und allem Vermuten nach als von jeher heimisches Tier hat man sie in Griechenland, den Jonischen Inseln, Südungarn, Dalmatien und der Herzegowina, Montenegro, Albanien, Mazedonien, Bulgarien, Rumänien, Mittel- und Unteritalien, einschließlich der Inseln Korsika, Sardinien und Sizilien, sowie endlich auf den Balearen gefunden. Laut Schreiber soll diese Schildkröte namentlich von Klosterleuten vor verhältnismäßig ziemlich langer Zeit in vielen Gegenden als Haustier eingeführt worden und dann verwildert sein. Sie bewohnt dürre und gebüschreiche Gegenden, einzelne in sehr großer Menge, ist vor allem in Süditalien, in Süddalmatien, der Herzegowina, Griechenland und bei Mehadia, am Fuße des Domogled, sehr häufig und hier auch besonders groß.

Die Wärme liebt sie ungemein und setzt sich deshalb stundenlang mit höchstem Behagen den Strahlen der Mittagssonne aus: Duméril fand sie in Sizilien, wo sie überall gemein ist, zu beiden Seiten der Straßen liegen, von der Sonne derartig durchglüht, daß er nicht imstande war, seine Hand auf den Panzer zu legen. Tommasini dagegen sagt ausdrücklich, daß man sie in der Herzegowina im Hochsommer, sobald die Hitze stechend wird, niemals außerhalb dichter Gebüsche sieht, die sie an heißen Tagen erst mit Sonnenuntergang verläßt; im Garten vergruben sich viele während des ganzen heißen Tages im Boden. Von den vielen von ihm gefangenen war keine so durchheizt, daß sie auf der Gesichtshaut ein unangenehmes Wärmegefühl erzeugt hätte. Gegen den Winter hin vergräbt sie sich tief in die Erde und verschläft hier die kühle Jahreszeit, Anfang April wieder zum Vorschein kommend.

Ihre Hauptnahrung sind verschiedene Kräuter und Früchte; nebenbei verzehrt sie Schnecken, Würmer und Kerbtiere, wird deshalb auch oft in ihrer Heimat in den Gärten gehalten, um hier dem Ungeziefer Einhalt zu tun, was aber damit endigt, daß sie die schönsten und saftigsten Pflanzen abmäht oder niederdrückt. Abweichend von einer in Griechenland lebenden Verwandten (Testudo marginata), die sich, nach Erbers Erfahrungen, streng an Pflanzenstoffe hält, zeigt sie sich durchaus nicht wählerisch in ihren Speisen. „Was mir die Eßlust nach Schildkrötensuppe gründlich verleidet hat", schreibt mir Erber, „war die Beobachtung, daß sie mit Vorliebe Menschenkot frißt. Ich fand oft größere Gesellschaften von ihr, die sich wegen dieses ekelhaften Gerichtes versammelt hatten." Die Gefangenen nehmen Obst, Salat, Klee- und Löwenzahnblätter, aber auch in Milch oder Wasser geweichtes Weißbrot, Mehl- und Regenwürmer sowie rohes Fleisch zu sich, halten sich bei solchem Futter vortrefflich, falls man sie vor den Einwirkungen der Kälte schützt, und dauern mehrere Menschenalter in der Gefangenschaft aus: so berichtet Tschudi von einer, die auf einem Landgute in der Nähe von Altorf im Kanton Uri gegen 100 Jahre gelebt haben soll. „Eine Landschildkröte", erzählt White, „die einer meiner Freunde über 40 Jahre in einem umschlossenen Raume hielt, und die dann in meinen Besitz gekommen ist, vergräbt sich jährlich

Mitte November und kommt Mitte April wieder an das Tageslicht. Bei ihrem Erscheinen im Frühjahre zeigt sie wenig Freßlust, später, im Hochsommer, frißt sie sehr viel, gegen den Herbst hin wiederum wenig und, bevor sie sich eingräbt, mehrere Wochen gar nichts mehr. Milchige Pflanzen sind ihre Lieblingsspeise. Wenn sie im Herbste ihre Höhle gräbt, kratzt sie äußerst langsam und bedächtig mit den Vorderbeinen die Erde los und zurück und schiebt sie dann mit den Hinterbeinen noch weiter weg. Vor Regengüssen fürchtet sie sich: bei nasser Witterung bleibt sie auch den ganzen Tag über verborgen. Bei gutem Wetter geht sie im Hochsommer gegen vier Uhr nachmittags zur Ruhe, und am nächsten Morgen kommt sie erst ziemlich spät wieder hervor. Bei sehr großer Hitze sucht sie zuweilen den Schatten auf; gewöhnlich aber labt sie sich mit Behagen an der Sonnenwärme." Reichenbach beobachtete, daß die Gefangenen dieser Art, die er im Botanischen Garten zu Dresden hielt, weit umherwanderten, stets aber dieselbe Bahn einhielten und sich, wenn es kühler wurde oder die Sonne nicht schien, immer wieder unter einer bestimmten breitblätterigen Pflanze wiederfanden. Im Herbste gruben sie sich ein, im Frühjahr erschienen sie, als die Korbblüter getrieben hatten, um sich von deren Blättern zu ernähren. Auf Sardinien, wo die Winter zwar gelinde, aber doch immer noch rauh genug sind, um die Schildkröten zu nötigen, in der Erde Zuflucht zu suchen, graben diese sich, laut Cetti, im November ein und kommen im Februar wieder zum Vorschein.

In den ersten Frühlingstagen erfolgt die Paarung, bei welcher Gelegenheit man oft deutliche Laute von den Tieren vernimmt. Im Mai oder Juni bereits legen die Weibchen ihre 8—15 nahezu kugeligen, hartschaligen, weißen, einer kleinen Nuß an Größe gleichkommenden Eier. „Zur Brutstelle erwählen sie einen möglichst sonnigen Ort, scharren mit den Hinterbeinen eine Grube aus, legen die Eier hinein, bedecken sie sorgfältig mit Erde und vertrauen die weitere Sorge für ihre Nachkommen dem großen Lichte der Welt an. Beim Eintritt der ersten Septemberregen erscheinen die jungen Schildkröten, in der Größe einer halben Walnußschale gleichend: die artigsten Dingerchen von der Welt."

Wenn man unseren Schildkröten volle Freiheit läßt, benehmen sie sich selbst in sehr nördlichen Ländern ganz wie zu Hause, pflanzen sich auch fort oder paaren sich wenigstens. So fand, laut Sundevall, ein Arbeiter in der Gegend von Kalmar im südöstlichen Schweden zwei der Gefangenschaft entkommene Schildkröten dieser Art, die in Begattung begriffen waren. In einem gleichmäßig und stark geheizten Zimmer fallen sie nicht in Winterschlaf, leben dann aber, nach J. v. Fischers Erfahrungen, nicht solange, wie wenn man ihnen allwinterlich Ruhe gönnt. Gefangene, die längere Zeit einer Kälte unter Null ausgesetzt werden, gehen bald zugrunde, so unempfindlich sie sich im übrigen zeigen. Ohne Schaden können sie fast ein Jahr lang fasten und Verwundungen der fürchterlichsten Art mit einer uns unbegreiflichen Gleichgültigkeit ertragen. Nimmt man ihnen das bohnengroße Gehirn heraus, so laufen sie noch sechs Monate umher; schneidet man ihnen den Kopf ab, so bewegt sich das Herz noch 14 Tage lang, und der abgeschnittene Kopf beißt noch nach einer halben Stunde. Lippi hat verschiedene hierauf bezügliche Versuche angestellt und Orioli darüber berichtet.

Daß ein Tier, bei dem das Hirn eine so untergeordnete Rolle spielt, sich nicht durch höhere Begabung auszeichnen kann, versteht sich von selbst. Eine gewisse Lernfähigkeit kann man unserer Art jedoch nicht absprechen: alle Tierfreunde, die längere Zeit Landschildkröten in Gefangenschaft hielten, versichern, daß sie sich nach und nach an den Pfleger gewöhnen. Aus den Beobachtungen Dumérils geht hervor, daß unsere Schildkröten sich auch zeitweilig aufregen lassen. „Wir haben", sagt dieser Forscher, „einigemal zwei Männchen sich um den Besitz eines Weibchens mit unglaublicher Hartnäckigkeit streiten sehen. Sie bissen sich gegenseitig in den Hals, versuchten sich umzustürzen, und der Streit endete nicht eher, als bis einer der beiden Streiter besiegt und kampfunfähig gemacht worden war.“ Man hat beobachtet, daß die Begattung der unbehilflichen Tiere erst nach vielen vergeblichen Versuchen zustande kommt. Dem widerspricht aber A. Bauhof, der wir nachstehende Schilderung des Gefangenlebens der Art in ihrer süddalmatinischen Heimat verdanken:

„Im Klosterhof von S. Giacomo bei Ragusa tummeln sich seit Ende Juni 36 Schildkröten herum in zwei Arten: die Griechische Landschildkröte, Testudo graeca, aus dem Brenotale und die Wasserschildkröte, Clemmys caspia, aus dem Omblaflusse. Ihre Heimat ist hier im Lande, und unter kaum geänderten Lebensbedingungen fühlen sie sich trotz der Gefangenschaft recht behaglich. Für die Landschildkröten ist ja ihr jetziges Futter ein Leckerbissen, denn kaum dürften sie auf ihren steinigen Hügeln im Brenotal anderes als fleischige Blätter und Schnecken finden; drum gedeihen sie aber auch bei ihrer leckeren Kost: Melonen, Feigen, Weintrauben, Salat. Sie trinken oft und werden auch gewaschen.

„Männchen und Weibchen meiner Breno-Schildkröten waren bei ihrer Ankunft kaum dem sie umhüllenden Sack entschlüpft, als sie sich auch gleich zu paaren anfingen. Das war Ende Juni, und seit dieser Zeit paaren sie sich nun jeden Tag. Die Dauer der Paarungszeit anlangend, dürften die Tiere wohl gleich nach der Winterruhe ihr Liebesleben beginnen, und dieses wird wohl wieder bis zur Winterruhe dauern. — Lieben, Essen, Streiten, Klettern füllt ihr Leben aus. Die Männchen sind entschieden mehr liebes- als eßlustig; das Weibchen frißt viel und kämpft neidisch um gute Bissen. Überhaupt schmeckt ihnen der Bissen besser, an welchem ihr Kamerad zehrt, und zwei bis drei reißen sich die Brocken aus dem Maule; ebenso will ein Männchen dem anderen das Weibchen nicht gönnen. Sich gegenseitig zu vertreiben, ist das Ergötzlichste in ihrem Dasein, wie wir später noch sehen werden.

„Nur oberflächliche Beobachtung kann zu der Bemerkung Anlaß gegeben haben, daß die Paarung der Landschildkröten wegen der Unbehilflichkeit der Tiere erst nach langen Mühen zustande komme; es müßte richtiger so heißen: die Bedingungen, unter welchen es zu einer Paarung kommt, sind wahrlich mühevoll zu erreichen, und die Geduld und Ausdauer der Tiere ist groß, welche beiden Eigenschaften sie auch beim Klettern sattsam betätigen. Bei den ersten Beobachtungen des erfolglosen Liebesmühens dem teilnahmslosen Weibchen gegenüber wird der Aufmerkende schon müde. Meine Weibchen sind wirklich die Langweiligkeit selber, Essen, Trinken, und höchstens noch Klettern, um aus der ihnen angewiesenen Umzäunung zu kommen, sind ihre Lebensäußerungen.

„Das Männchen wirbt unablässig; es beißt aus Liebe und Wut, streitet mit anderen Männchen, kämpft ums Fressen und klettert natürlich auch. — Das Weibchen liegt mit dem Kopf in einer Ecke und schläft, oder tut wenigstens schlafend; das Männchen läuft oder humpelt vielmehr unruhig auf und ab und beißt alle ihm begegnenden Männchen, ja selbst die friedfertige Ombla-Schildkröte, die manchmal hereinklettert, um von den Feigen zu kosten, oder vom frischen Erdgeruch angelockt, denn sie gräbt gern wie ein Maulwurf nach Würmern. Auch dieser Gast wird gebissen, und das Beißen ist jedenfalls auch die Schildkrötensprache. Das Männchen beschnüffelt die Weibchen und erwählt endlich eines zur beständigen Huldigung. Es sucht erst mit Beißen Aufmerksamkeit zu erregen, steigt dann auf den Schild des mäuschenstill daliegenden Weibchens und umfängt mit einer Umarmung die harte Schale; kratzt von der Mitte an beide Seiten auf dem Schilde nach abwärts und läßt seinen gehobenen Bauchschild wider den Rückenschild des Weibchens sanft und gleichmäßig ruhig auffallen.

„Das Kratzen und Klappen dauert viertelstundenlang und wird öfters durch Absteigen unterbrochen, bei den oft ganz vergeblichen Bemühungen, das Weibchen durch Schieben und Beißen aus der Lage und zum Gehen zu bringen. Fängt endlich das Weibchen an, sich zu bewegen, d. h. zu gehen oder sich im Kreise zu drehen, dann läuft das das Weibchen umschlingende Männchen auf seinen Hinterbeinen mit, was ihm bei seiner Kleinheit gegenüber dem größeren Weibchen oft schwer fällt, und wandert nun in dieser Stellung halbe Stunden lang mit herum, wobei es noch rascher sich bewegen muß, wenn das Weibchen sich dreht. Während dieser mit großem Geschick ausgeführten Bewegung stößt es bei jedem Vorwärtsschritt des Weibchens mit dem nach innen eingebogenen Dorn seines Schwanzes gegen den After des Weibchens; zugleich öffnet es bei jedem Stoß weit den Mund, der Hals ist ganz ausgestreckt, es bewegt die Zunge und ächzt und stöhnt hell und laut. Dies Gestöhne, welches oft stundenlang durchs Kloster tönt, war es auch, das mich auf das Gebaren der Tiere aufmerksam machte. Die Geschicklichkeit, mit der das Männchen bei den sehr raschen Wendungen des Weibchens in der Stellung zu bleiben weiß, ist zu bewundern. Bei einem zu heftigen Stoß aber verliert es wohl auch des öftern das Gleichgewicht und fällt vom Rücken; dann wartet das Weibchen, bis ‚er' sich aufgerappelt hat." Jetzt erst wird die endgültige Vereinigung vollzogen. Nun sitzt das Männchen fest auf dem Schilde des Weibchens, und wenn dieses beunruhigt wird, trägt es eine ganze Weile das Männchen mit herum. Oft irrt sich das Männchen in seiner Liebeswut und verfolgt mit den Stoßbewegungen des Dornes unablässig ein Männchen, bis es von seinem Kameraden abgeschüttelt wird, was aber oft erst nach längerer Zeit geschieht. Sind mehrere Männchen während der Paarung zugegen, so stören sie einander auf alle Art. Zumeist kommt der neidische Nebenbuhler vorn ans Weibchen, schiebt seinen Kopf unter dessen Rückenschild und drängt es so zurück, oder er hebt das Weibchen empor, so daß das obensitzende Männchen bald auf dem Rücken liegt. — Bis letzteres sich erheben kann, nimmt der Störenfried oft schon seine Stelle ein; in anderen Fällen aber kümmert sich der scheinbare Nebenbuhler nicht weiter um die beiden. Der Ausdruck der Tiere ist während der Paarung infolge der Aufregung unglaublich verändert.

Zum Schlusse mögen die Mitteilungen A. v. Tommasinis, soweit sie die vorstehenden Angaben ergänzen, hier angefügt werden, da dieser ausgezeichnete Beobachter wie kaum ein anderer jahrelang Gelegenheit hatte, unsere Schildkröte im Freileben kennen zu lernen. Er fand sie in der Herzegowina in Tälern und auf den Bergen (in Griechenland heißen die Landschildkröten geradezu „Bergschildkröten") bis 500 m Seehöhe und bemerkte, daß sie, wenn es die Verhältnisse erlauben, schon ziemlich früh, im unteren Narentatale schon von Mitte März ab, ihren Winterschlaf beendet hat und um diese Zeit von der Sonne gut beschienene Stellen aufsucht. Das Sehvermögen wird als schwach geschildert, alles, was sich bewegt, wird als Feind betrachtet, und die Schildkröte zieht alle „Fünfe" ein, wenn nicht recht nahe ein Versteck ist, das sie dann in wirklichem Trab zu erreichen strebt. Was sich nicht rührt, erkennt sie, solange nicht die Nase sie über die Beschaffenheit des Gegenstandes aufklärt, überhaupt nicht, jedenfalls nicht als Feind. Ebenso wie bei der Teichschildkröte konnte bei der Griechischen Landschildkröte eine Gehörsempfindung wahrgenommen werden: Geräusch allein, wenn noch so heftig und grell, stört sie aber weder bei der Paarung noch beim Fressen. Der Geschmack ist ganz eigentümlich; diese Schildkröten verzehren mit Vorliebe faulende Tier- und Pflanzenstoffe, im Käfig Schlangen- und dergleichen Reptilienexkremente, jedoch nicht solche der eigenen Art; im Garten Hühner- und

Hundekot, faules Obst, verfaulte kleine Tiere und Eier, zwar auch allerlei Grünzeug, ziehen aber tierische Nahrung vor. Oft sah sie unser Gewährsmann kalkigen, von den Mauern gefallenen Mörtel fressen. Jeder Gegenstand, auch wenn er dem Auge genießbar erscheint, wird mit der Nase berührt, ebenso Stellen, wo früher etwas Genießbares lag: in Staub oder Erde eingehüllte Fleischstückchen, die für das Auge ganz unkenntlich sind, werden auf diese Weise aufgefunden. Unsere Schildkröte unterscheidet mit der Nase verschiedenartige, nebeneinander liegende Nahrungsmittel und wählt das ihr am meisten Zusagende aus, auch wenn alles durcheinander gemengt ist. Das Schmerzgefühl ist sehr wenig entwickelt. So setzt unsere Schildkröte ihre Scharrtätigkeit auch fort, wenn sie sich dabei einen Nagel ausgebrochen hat und ganz beträchtlich blutet; sie kann auch furchtbare Verletzungen des Panzers ohne Schaden ertragen. Gegen Kälte ist sie zwar sehr empfindlich, vergräbt sich jedoch in dem warmen unteren Narentatale nicht über fußtief in den Boden, ja sogar nur unter die Rasendecke, so daß ihr Lager einem kleinen, sehr gut mit Rasen überwachsenen Maulwurfshügel gleicht. Im Wasser geht sie unter, wenn sie vorher Kopf und Beine eingezogen hat, schwimmt aber wie ein Stück Holz, wenn sie dies nicht getan hat, da sie dann noch genug Luft enthält. Schwimmt sie auf der Oberfläche auch schon lange herum, ohne das Ufer zu erreichen, so versucht sie es doch nicht, zu tauchen; wohl aber zieht sie sofort Kopf und Beine ein und sinkt zu Boden, wenn sich ihr etwas Verdächtiges nähert, und gelangt auf diese Weise wieder ans Land, indem sie, unbekümmert um das Wasser über ihr, am Grunde weiterkriecht. Hat sie lange nicht getrunken, so trinkt sie, wenn sie Wasser erreichen kann, ziemlich viel, geht auch ganz hinein und verweilt oft geraume Zeit darin. Im Sommer ist die im Frühling überall massenhaft vorkommende Schildkröte meist tagsüber verborgen, und im Juli und August, wenn die Dürre beginnt, gräbt sie sich ein oder verkriecht sich in Karstlöcher; der Sommersonne setzt sie sich kaum morgens aus. Buschige Gegenden zieht sie anderen vor, kommt aber auch auf strauchlosen Karstlehnen, Hängen und Flächen vor, soweit sie nicht ganz humuslos sind. Auf den Rücken gefallen, vermag sie sich oft nur schwer wieder umzuwenden.

In Sizilien und in Italien überhaupt bringt man die Griechische Landschildkröte regelmäßig auf den Markt, weil das Fleisch überall gegessen und insbesondere die aus ihm bereitete Suppe geschätzt wird.

Ein weitere Landschildkörte, die **Maurische Schildkröte**, Testudo ibera *Pall.*, wollen wir nur deshalb hier noch kurz erwähnen, weil sie die Griechische Schildkröte in Nordwestafrika, einem Teile von Syrien, in Kleinasien, Mesopotamien, Transkaukasien und Persien ersetzt, in der europäischen Türkei und in Rumänien neben ihr vorkommt und ebenfalls sehr häufig lebend zu uns gebracht wird. Sie erreicht eine Schildlänge von 25 cm, es fehlt ihr die tiefe Längsfurche auf der Mitte der Schwanzplatte, und die Hinterseite ihres Oberschenkels trägt einen großen, kegelförmigen Hornhöcker. Bei alten Tieren ist der hintere Lappen des Bauchpanzers um eine querliegende Achse beweglich, eine Eigentümlichkeit, die namentlich dem eierlegenden Weibchen zugute kommt. Die Lebensweise dieser Art weicht nicht wesentlich von der der vorigen ab. Auch sie frißt Regenwürmer neben Pflanzenkost. In Kleinasien soll man sie in der Art fangen, daß man Hunde abrichtet, die sie aufspüren, vor ihnen stehen bleiben und bellen, bis der Fänger zur Stelle kommt; doch scheinen nur die Fremden sich damit zu befassen, da sowohl Griechen als Türken, wie Werner erfuhr, das Fleisch des Tieres verschmähen; denn sie sehen zu oft, wie auch diese Schildkröte Kot von Tieren und Menschen verzehrt; das größte Stück, das Werner fing, war eben dabei, sich an Eselskot gütlich zu tun.

Über die Lebensweise, namentlich das Liebeswerben dieser Schildkröte, verdanken wir Katharinar und Escherich folgende interessante Mitteilungen: „Gelegentlich eines mehrmonatigen Aufenthaltes im Innern Kleinasiens, speziell in der Umgebung von Angora, konnten wir täglich eine dort sehr häufige Landschildkröte in ihrem Freileben beobachten. Sie findet sich nicht nur in den üppigen Saatfeldern, die genannte Stadt umgeben, sondern ebenso zahlreich an den dürren, mit der spärlichsten Vegetation bedeckten Abhängen der Hügelketten in westlicher und südwestlicher Richtung. Von Ende April ab konnte man oft das Werben des Männchens um die Liebe des Weibchens beobachten, was auf eine so originelle Weise geschah, daß es der Mitteilung wert erscheinen dürfte.

„Zum erstenmal am 28. April, einem heißen, sonnigen Tag, hörten wir, nachmittags an einem Bergabhange sammelnd, weiter aufwärts ein regelmäßiges Klopfen und Pochen, wie von der Arbeit in einem entfernten Steinbruch herrührend. Als wir nun dem Geräusch nachgingen, entdeckten wir als dessen Urheber eine Schildkröte, etwa 20 cm lang, welche mit dem Vorderteil ihres Rückenschildes heftige Stöße gegen den Panzer eines zweiten, größeren Individuums ausführte. Sie zog dabei den Kopf ein, stemmte die Vorderfüße gegen den Boden, lehnte sich etwas nach hinten und fuhr dann, die Hinterbeine plötzlich streckend, mit großer Heftigkeit gegen den Panzer des Weibchens (denn um ein solches handelte es sich, wie aus dem weiteren hervorging). Die Stöße wurden mit solcher Wucht geführt, daß das Weibchen dadurch öfter um einige Zentimeter zur Seite geschoben wurde. Wenn das Männchen etwa 20—30 solcher Stöße ausgeführt hatte, lief es nach vorn, gewissermaßen um nach der Wirkung seiner stürmischen Werbung zu sehen. Das Weibchen verhielt sich indes ganz passiv, nur wenn das Männchen nach vorn kam, zog es, heftig zischend, den Kopf ein. Das Männchen wartete nun ruhig den Moment ab, wo das Weibchen sich anschickte, die Füße auszustrecken und weiter zu laufen, was es durch wütendes Zubeißen nach diesen vereitelte. Dann kehrte es wieder dazu zurück, das Weibchen mit Stößen zu bearbeiten. Von Zeit zu Zeit fand dieses eintönige Verfahren eine andere, interessante Unterbrechung. Dann lief nämlich das Männchen nach hinten, stieg mit den Vorderbeinen auf den Rückenschild des Weibchens, streckte den Hals so weit als möglich nach vorn und ließ nun mit weit geöffnetem Maule Töne hören, die etwa dem entfernten Schreien eines kleinen Kindes ähnelten und in einem langgezogenen, kläglichen ‚Aeh, aeh‘ bestanden, das auf ziemliche Entfernung hin hörbar war. Dabei war das Benehmen des Weibchens ein ganz merkwürdiges. Auf das Schreien hin streckte es nämlich gleichfalls den Kopf weit hervor und bewegte ihn ruckweise in regelmäßigem Takte nach rechts und links, gleichsam nach dem Urheber der Töne aushorchend.

„Plötzlich stieg dann das Männchen herab und lief rasch nach vorn, aber ohne etwas anderes zu erreichen, als daß das Weibchen wieder eilends mit einem nicht mißzuverstehenden Fauchen sich unter seinen Panzer zurückzog. Darauf begann alsbald wieder das Stoßen, und so währte das wechselnde Spiel über eine Stunde lang. Endlich schien sich das Männchen von der Erfolglosigkeit seiner Bemühungen überzeugt zu haben und kroch davon, ohne sich mehr um das Weibchen zu kümmern. Auch dieses setzte seinen Weg nach einer anderen Richtung hin fort. In der Folge beobachteten wir dieses Werben noch oft, ohne es indes einmal zu einer Paarung kommen zu sehen.

„Anhangsweise sei noch folgendes bemerkt: In einer rings von dürren Abhängen begrenzten Schlucht hatte sich in einer Mulde etwas Regenwasser gesammelt. Zur Mittagszeit konnte man regelmäßig viele Schildkröten aus der ganzen Umgebung hier zusammenkommen sehen, um ihren Durst zu löschen. Sie taten dies, indem sie sich mit dem Vorderteil in das flache Wasser schoben und mit weitgeöffnetem Maule in langen Zügen tranken. Dann durchwateten sie noch langsam das Becken, um alsdann an den steilen Abhängen wieder emporzusteigen, und zwar mit einer Sicherheit und Geschwindigkeit, die man den plumpen Tieren nicht zugetraut hätte."

Auch die Horsfieldsche Schildkröte, Testudo horsfieldi *Gray*, ist eine der Griechischen noch sehr nahe stehende Art, aber leicht von ihr und der Maurischen Schildkröte dadurch zu unterscheiden, daß Hand und Fuß stets nur 4 Krallen tragen. Ihr 20 cm langer Panzer ist oben braun oder olivenfarbig, einfarbig oder schwarz gefleckt; der Bauchpanzer zeigt entweder große schwarze Flecke oder ist ganz schwarz.

Diese Schildkröte bewohnt Mittelasien und verbreitet sich von den Kirgisensteppen und den aralo-kaspischen Sandwüsten an bis nach Afghanistan.

Alfred Walter hat sie in großer Menge im ganzen transkaspischen Gebiete verbreitet gefunden, sowohl in der Sandwüste als in der dürren Lehmsteppe, in den Oasen und selbst im Gebirge, wo sie freilich die Täler der Wasserläufe bevorzugt. „Die ersten Stücke konnten schon am 24. Februar im Sande beobachtet werden; zwei Tage später waren die Tiere überall zu finden, anfangs bloß die kleineren Männchen, erst später die großen Weibchen. Der Höhepunkt der Paarungszeit fiel in die letzte März- und die erste Aprilwoche, wonach die Weibchen sich zur Eiablage in die Erde wühlten. Die Männchen kämpfen zu dritt und viert heftig um jedes Weibchen, indem sie sich fauchend mit ziemlich hörbarem Geräusch gegenseitig drängen und stoßen. Mit Beginn der heißesten Zeit, von Mitte Mai ab, verschwinden diese Schildkröten allmählich in ihren Erdhöhlen, bis im Juni keine mehr zu finden ist. Im Gebirge bleiben sie etwas länger wach als in der Ebene, und sie waren am 23. bis 25. Mai im Kopet-dagh noch recht häufig."

Zander beobachtete, daß diejenigen Schildkröten dieser Art, die in Sandbergen und Sandsteppen leben, sehr lange, abgerundete spitzige Krallen, scharfe Zähnelung des Schalenrandes und oberseits fast völlig, unterseits größtenteils erhaltene Körnelung der Mittelfelder (Areolen) der Schilde zeigen, da der weiche Boden die Krallen wenig abnutzt und beim Eingraben die Schale nur wenig scheuert. Sehr ausgeprägt sind Abnutzungszeichen an solchen Tieren, die auf Lehmboden oder in den Vorbergen des Gebirges zwischen Geröll leben; namentlich ist die Schale hier einer starken Reibung ausgesetzt beim Eingraben zur Nacht oder zur Zeit der größten Hitze. Die Krallen sind bei solchen Stücken kurz, stumpf, wie abgesägt, bei alten Tieren fehlt die Hornplatte an erhabenen Stellen der Rücken- und Bauchplatte ganz, die Knochen darunter aber sind vollkommen trocken; auch die Körnelung der Areolen und die Sägezähne des Schalenrandes reiben sich allmählich ganz ab.

O. Boettger, der das Gefangenleben dieser Art geschildert hat, bemerkt, daß das Männchen sich überdies vom Weibchen durch den etwas flacher gewölbten Rückenpanzer und das Vorhandensein nur eines einzigen größeren Schenkelhöckers je links und rechts neben dem Schwanze unterscheide, während das Weibchen von solchen Höckern 3—5 habe, die dicht gedrängt in einer kleinen Gruppe zusammenstehen.

„Die Horsfieldsche Schildkröte scheint mir", sagt unser Gewährsmann, „namentlich bei warmem Wetter weit lebhafter zu sein als die Griechische und die Maurische Landschildkröte.

Nichtsdestoweniger liebt sie es, mit dem Bauchpanzer im Kühlen zu sitzen, und mehr als einmal traf ich sie morgens behaglich in ihrem flachen Trinkgeschirr oder an einer besonders feuchten Stelle ihres Behälters liegend. Sie ist ein vollkommenes Tagtier, das erst spät morgens aus seinem Traumzustande erwacht und ebenso schon vor Sonnenuntergang die Augen schließt und in Schlaf verfällt, aus dem sie sich dann erst nach ziemlicher Zeit erwecken läßt. Beim Gehen wird der mit einem Hornstachel bewehrte Schwanz seitlich untergeschlagen getragen. Ihre Bewegungen sind bei heißem Wetter kräftig und verhältnismäßig rasch, ihre Unruhe ist groß, und monatelang scheint ihr einziges Bestreben zu sein, sich aus dem sie immerhin beengenden Gefängnis, einem großen, rechteckigen Drahtsturze, der halb ein Stück Rasen, halb einen mit grobem Kiese belegten Weg deckt, zu befreien. Nur bei feuchtem Wetter hat sie mit ihren Grabeversuchen Glück und kann dann im Laufe von ein bis zwei Tagen ein Loch unter der seitlichen Bretterlage ihres Drahtsturzes ausscharren, das ihr das Entkommen aus ihrem Gefängnis ermöglicht. Die übrigen Tiere machen sich die Öffnung alsbald gleichfalls zu nutze. Einmal entkommen, trifft man sie aber, wenn nicht in einer der gemauerten Ecken der Umgebung, wo sie sich vergebens abmühen, die Wände einzurennen, so doch fast sicher unter einer Gruppe Rhabarberpflanzen, deren große Blätter ihnen zur Deckung zugleich wie zur Nahrung besonders angenehm zu sein scheinen.

„Auf den Rücken gelegt, vermag sie sich auf ebenem Kiesboden nicht aufzurichten; hat sie aber seitlich einen festen Stützpunkt für eins ihrer Beine gefunden, so fällt ihr das Drehen vermittelst des Kopfes und eines Teiles der Beine nicht allzu schwer.

„Im Freien habe ich diese Schildkröten niemals Schnecken oder Insekten fangen sehen; dagegen fressen sie mit Gier Salat, Wirsing und anderen Kohl, junge Rhabarberblätter und andere zarte, saftreiche Pflanzen. Ihr Appetit richtet sich nach der sie umgebenden Wärme; ist es sehr heiß, so sitzen sie halbe Tage lang an ihrem Futter und fressen fast beständig. Nachts gehen sie niemals der Nahrung nach. Anfangs waren die Tiere scheu und fraßen nur bei vollkommener Ruhe des Beobachters. Später scheuten sie sich — das Weibchen früher als das Männchen — nicht, in meiner Gegenwart sogleich an frischem Futter anzubeißen, ja, das Weibchen liebt es sogar, daß ich ihm den Salat vorhalte, da ihm das Fressen dann weit bequemer gemacht wird. In der freien Natur zeigt sich ihnen ja auch das festgewachsene Blatt weniger nachgiebig als lose hingestreute Blattreste, bei deren Vertilgung sie stets mit den Vorderfüßen nachhelfen müssen. Beim Fressen wird das Maul ruckweise geöffnet, und die klebrige, orangen- bis fleischrote Zunge spielt bei dieser Tätigkeit eine Hauptrolle. Die von den schneidenden Rändern des vorn eckig gezähnten Oberkiefers lose getrennten, aber noch nicht vollständig abgeschnittenen Blatteile werden beim zweiten Öffnen des Kiefers von der über dessen Ränder herausquellenden Zunge abgelöst oder, besser gesagt, abgedrückt und dann sogleich mit dem nächsten Schließen der Kiefer ein weiterer Blatteil abgekneipt, so daß die Einzelbissen noch teilweise miteinander zusammenhängen. Nach der Mahlzeit geben sie mitunter eine für ein so kleines Tier verhältnismäßig sehr bedeutende Menge eines klaren, nur wenige weiße, faserige Flöckchen enthaltenden Urins ab. Auffallend ist jedoch, daß ich sie niemals habe saufen sehen, und ganz sicher ist, daß diese Schildkröte monatelang, wie ich es erprobt habe, Trinkwasser entbehren kann. Die Losung wird häufiger und stets zeitlich getrennt vom Urin entleert und ist grün und festbreiig durch unverdaute Stengel- und Blattreste.

„Die einzige Stimme, die man von ihr vernimmt, ist ein kurzes, schnaubendes Ausblasen der Luft aus der Nase. Dieses Fauchen hört man aber nur dann regelmäßig, wenn man das Tier plötzlich in der Nähe des Kopfes angreift oder erschreckt. Es ist stets begleitet von einem plötzlichen Zurückziehen des Kopfes unter den Panzer und kann drei- bis viermal hintereinander wiederholt werden, wenn man das Tier durch plötzliches Vorhalten des Fingers ebensooft erschreckt. Auf solch schnellen Angriff von vorn erfolgt im wachen Zustande überhaupt immer ein Zurückziehen des Kopfes, während die Schildkröte, langsam oder mäßig schnell von der Seite angegriffen, den Kopf kaum oder nicht einzieht.

„Über die Begabung der Horsfieldschen Schildkröte ist wenig zu sagen; sie ist unzweifelhaft überaus gering. Jedenfalls ist das Gesicht ihr Hauptsinn, mit dem sie die Nahrung zu erkennen und vielleicht auch kleinere Entfernungen zu schätzen vermag; Geruch und Gehör sind schwächer, aber etwa gleich gut oder, wenn man will, gleich schlecht entwickelt. Ein kurzes Beschnuppern der Nahrung vor dem Fraße und eine gewisse Empfindlichkeit gegen Tabaksrauch lassen den erstgenannten Sinn, das plötzliche Innehalten beim Fressen bei geräuschvoller Annäherung des Beobachters den letzteren erkennen. Auch der Geschmack ist nicht ganz unentwickelt, da die Tiere weiche und saftige grüne Blätter härteren und dunkleren entschieden vorziehen. Im allgemeinen finde ich in dem Benehmen der Tiere keinen durchgreifenden Unterschied von dem der anderen verwandten Arten, muß aber doch zugeben, daß sie im Laufe der Zeit durch den öfteren Verkehr mit Menschen und durch das häufige Berühren und Angreifen viel weniger scheu geworden sind als anfangs. Doch bleibt ihnen ihr Pfleger immer lästig und unbequem, und ihr ganzes Sinnen und Trachten richtet sich nach dem einen Grundsatz, sich ihm sobald wie möglich durch die Flucht zu entziehen.

„Bei guter Nahrung hatte das Männchen in zwei Sommermonaten sein Gewicht von 590 g auf 640 g, das Weibchen von 825 g auf 860 g erhöht."

Die Beobachtungen Zanders über das Gefangenleben dieser Art decken sich im wesentlichen mit den vorstehenden. Seine Schildkröten verzehrten am liebsten Löwenzahn, Wegerich, Klee, Sauerampfer, auch Weißbrot, sowohl mit Milch und Wasser wie auch trocken, sowie Birkenblätter. Lebhaftigkeit und Mangel an Scheu vor dem Menschen hebt auch dieser Beobachter hervor.

Die bleich grünlichgelbe, kleine **Testudo leithi** *Gthr.*, die in den Küstengebieten Syriens, Ägyptens und Arabiens lebt und kaum über 12 cm Länge erreicht, ist durch den schmalen schwarzen Saum der Schilde des Rückenpanzers und einen großen dunklen dreieckigen Fleck auf den Bauchschilden ausgezeichnet. Sie ist eine der empfindlichsten und in der Nahrung am meisten wählerischen aller Landschildkröten. Kammerer beobachtete, daß sie sich sehr gerne in den Boden bzw. in Laub- oder Lohehaufen eingräbt, wobei ihr die sehr großen, in drei Längsreihen den Vorderrand der Unterarme bedeckenden Schuppen sehr dienlich sein mögen.

Das andere Extrem in der Färbung stellt die auf Griechenland beschränkte **Testudo marginata** *Schöpff.* (Taf. „Schildkröten III", 1 und 2, bei S. 464) dar, die in der Jugend der griechischen Landschildkröte überraschend ähnelt, jedoch durch die größeren, in 4—5 Längsreihen (bei T. graeca in 7—10 Reihen) stehenden Schuppen des Unterarmes zu unterscheiden ist. Die erwachsene Schildkröte, die im allgemeinen noch größer wird als ihre Landsmännin, ist mit Ausnahme der gelben Mittelfelder (Areolen) der Rückenpanzerschilde und des gelben, mit großen Dreiecksflecken gezierten Bauchpanzers schwarz, ausnahmsweise sogar ganz einfarbig; der Seitenrand des Panzers fällt senkrecht ab, der Hinterrand ist stark ausgebreitet und gesägt, die Schale selbst mehr als doppelt so lang wie breit, das Tier also von den übrigen in Südeuropa, Nordafrika und Westasien lebenden Arten auffällig verschieden. Diese Art lebt an buschigen Abhängen namentlich im östlichen Teil von Mittelgriechenland und Morea. Werner traf sie besonders häufig in der Umgebung von Akrokorinth.

2. Unterordnung: **Seeschildkröten (Cheloniidea).**

Die zweite Unterordnung der Schildkröten, die Seeschildkröten (Cheloniidea), ist gekennzeichnet durch den kurzen, nur unvollständig in die Schale zurückziehbaren Hals, das Vorhandensein sehr kurzer Querfortsätze an den Halswirbeln, die flossenartig ausgebildeten Gliedmaßen, von denen die vorderen die hinteren an Länge bedeutend übertreffen, das Fehlen von Gelenken an den Zehengliedern und schließlich durch die Art der Verbindung des Beckens mit dem Bauchpanzer, die wie bei den Halsbergern keine feste ist. Die Unterordnung umfaßt zwei Familien, deren wenig zahlreiche Arten die letzten Reste einer einstmals großen Sippe vorstellen, die zum Teil ganz riesige Formen umfaßte, darunter als größte die nordamerikanische Archelon ischyrus *Wieland*.

Durch den mit hornigen Platten gedeckten Panzer, an dem zwischen Rücken- und Bauchschale eine Reihe von Schilden (Unterrandplatten) eingefügt sind, den Besitz von neun Knochen des Bauchpanzers und von absteigenden Fortsätzen des Scheitelbeines am Schädel unterscheiden sich die **Meerschildkröten (Cheloniidae)** von der zweiten Familie. Jeder ihrer Füße ist eine lange, breitgedrückte Flosse, die, wie Wagler hervorhebt, mit denen der Robben große Ähnlichkeit hat; die Zehen sind von einer gemeinschaftlichen Haut überzogen und dadurch unbeweglich, verlieren auch größtenteils die Nägel, da nur die erste oder die beiden ersten Zehen jedes Fußes spitzige Klauen tragen. Außerdem kennzeichnen sich die Meerschildkröten durch den herzförmigen, vorn rundlich ausgerandeten, hinten zugespitzten, flach gewölbten, gegen das Ende der Rippen unvollkommen verknöcherten Rückenpanzer, in den Hals und Kopf unvollständig, die Gliedmaßen gar nicht zurückgezogen werden können, die etwa ringförmige Gestalt des Bauchpanzers und die nackten, mit scharfen, zuweilen am Rande gezähnelten Hornscheiden bedeckten Kiefer, die sich an der Spitze in der Regel hakenförmig überbiegen und so ineinander passen, daß der obere den unteren vollständig in sich aufnimmt, die großen vorspringenden Augen und die sehr kleinen Nasenlöcher, die eigentümliche Beschildung des Kopfes und der Füße und den kurzen, stumpfen, mit Schuppen bekleideten Schwanz.

Die vier zu dieser Gruppe zählenden Schildkrötenarten, die man auf zwei Gattungen verteilt hat, leben im Meere, zuweilen Hunderte von Seemeilen entfernt von der Küste, schwimmen und tauchen vorzüglich und begeben sich nur auf das Land, um ihre zahlreichen, weichschaligen Eier abzulegen. Alle Arten nähren sich von Krebsen, Schnecken, Muscheln und anderen niederen Seetieren; wenigstens eine scheint aber auch reichlich Pflanzennahrung zu sich zu nehmen. Inwiefern sich die Lebensweise der einzelnen Arten unterscheidet, ist schwer zu sagen, weil man eingehende Beobachtungen über alle Seeschildkröten eigentlich nur während ihrer Fortpflanzungszeit oder, richtiger, während des Eierlegens angestellt hat, von ihrem Leben im Meere aber nicht viel mehr weiß, als bereits die Alten wußten. An Berichten über ihr Wesen und Gebaren, Tun und Treiben fehlt es freilich nicht; es fragt sich aber, wieviel von diesen Mitteilungen auf gewissenhafter Beobachtung und wieviel auf Einbildung oder gläubigem Nacherzählen unwahrer Angaben beruht. Gewährsmännern wie dem Prinzen von Wied, Audubon, Holbrook, S. Garman und Sir Emerson Tennent dürfen wir wohl unbedingt vertrauen; die Wahrheit oder Unwahrheit der Berichte anderer zu prüfen, sind wir noch nicht imstande. Ich will versuchen, nach allen mir bekannten Quellen Lebensbilder der wichtigsten Arten zusammenzustellen, so gut ich dies bei den für mich verfügbaren Mitteln vermag.

Der Kopf der Pattschildkröten (Chelonia *Latr.*) ist pyramidenförmig und an den Seiten steil abfallend, die Vorderglieder sind fast doppelt so lang, aber weit-schmäler als die hinteren. Der Rückenpanzer besteht aus 13 Scheibenplatten, von denen die erstere der je 4 Seitenplatten größer als die anderen ist, und 25 Randplatten, der Bauchpanzer, da die Zwischenkehlplatte gut entwickelt ist, ebenfalls aus 13 Platten, zu denen noch jederseits 4—5 ziemlich große und kleinere Unterrand- oder Bruststrippenplatten kommen. 10—12 regelmäßige Schilde decken die obere wagerechte Fläche des Kopfes, vielseitige Schilde sehr verschiedener Größe die Beine, mit Ausnahme der Schultergegend und des oberen Teiles der Schenkel, ähnliche schließlich die Mitte und das Ende des kurzen Schwanzes.

Nach den eingehenden Untersuchungen Strauchs zählt diese Gattung nicht mehr als zwei vielfach abändernde Arten: die Suppenschildkröte und die Bissa.

Die Suppenschildkröte, Chelonia mydas *L.* (Chelone), ein sehr großes Tier von 1,1 m Panzerlänge und bis 450 kg Gewicht, kennzeichnet sich durch die vorn nicht hakig gekrümmte und vorgezogene, sondern abgestumpfte, im übrigen aber scharfe, fein gezähnelte Hornscheide des Oberkiefers, durch die nebeneinander liegenden, sich nicht dachziegelartig deckenden Platten ihres Rückenpanzers und ein einziges Schildpaar zwischen den Nasenlöchern und dem Stirnschilde. Die Vordergliedmaßen tragen gewöhnlich nur eine Kralle. Alle übrigen Merkmale ändern so vielfach ab, daß sie zur Aufstellung von etwa zehn verschiedenen Arten Veranlassung gegeben haben. Die ebensowenig beständige Färbung der Oberseite ist in der Regel ein düsteres Bräunlichgrün mit gelblichen Flecken oder Marmorzeichnungen, die der Unterseite ein Gelb- oder Schmutzigweiß.

Die Suppenschildkröte bewohnt alle Meere der heißen Zone und der subtropischen Gürtel und scheint hier überall häufig zu sein. Ins Mittelmeer, wo sie durch eine andere Seeschildkröte vertreten wird, gelangt sie nur als Irrgast. Man hat sie beobachtet von den Azoren an bis zum Vorgebirge der Guten Hoffnung, längs der ganzen afrikanischen Küste und an allen zu diesem Erdteile gehörigen Inseln, an der atlantischen Küste Amerikas vom 34. Grade nördl. Br. an bis zur Mündung des La-Plata-Stromes, im Stillen Meere aber von Peru an bis Kalifornien und an den Galapagosinseln, ebenso endlich im Indischen Meere und den dazugehörigen Teilen und Straßen, von den Maskarenen und dem Kanale von Moçambique an bis ins Rote Meer, an allen Gestaden Ostindiens, an den Sunda-Inseln und Philippinen, den Bonin-Inseln sowie endlich an den Gestaden Australiens. Einzelne verschlagene Stücke sind auch im Nordosten Amerikas und an den europäischen Küsten gefangen worden.

Die Suppenschildkröten sind, wie ihre Verwandten, vollendete Meertiere. Sie halten sich vorzugsweise in der Nähe der Küste auf, finden sich nicht allzuselten vor oder in der Mündung größerer Flüsse oder Ströme ein, werden aber doch oft auch sehr weit von dieser, manchmal mitten im Meere, gefunden. Hier sieht man sie nahe der Oberfläche umherschwimmen, zuweilen auch wohl, anscheinend schlafend, auf ihr liegen, bei der geringsten Störung aber sofort in die Tiefe verschwinden. „Die Landschildkröten“, meint Graf de Lacépède,

Suppenschildkröte.

„galten von jeher als Wahrzeichen der Langsamkeit; die Seeschildkröten dürfen das Sinnbild der Vorsicht genannt werden." In der Tat stimmen alle Berichte darin überein, daß diese Tiere, solange sie wach oder nicht durch sie überwältigende Triebe in einen Zustand des Selbstvergessens versetzt worden sind, vor dem Menschen ängstlich flüchten; schwerlich aber ist man berechtigt, ihnen deshalb eine höhere Begabung als anderen Ordnungsverwandten zuzuschreiben. Nicht der erkannte Feind, sondern der ungewohnte Gegenstand schreckt sie. Dies bekundet immer noch etwas, aber herzlich wenig Begabung, jedenfalls nicht mehr, als andere Schildkröten auch betätigen. Ihre geistigen Fähigkeiten sind ebenso gering wie ihre leiblichen erheblich. Man sagt ihnen nach, daß sie auf dem Lande mit so vielen Männern, wie auf ihrem Rückenschilde Fuß fassen können, fortzukriechen vermögen; ihre wahre Beweglichkeit entfalten sie aber doch nur im Wasser. Sie erinnern, wenn sie sich tummeln, auf das allerlebhafteste an fliegende große Raubvögel, z. B. Adler; denn sie schwimmen wundervoll, mit ebensoviel Kraft wie Schnelligkeit, mit ebenso unwandelbarer Ausdauer wie Anmut; sie tauchen und schweben gleich ausgezeichnet in verschiedener Tiefe und nehmen im Wasser alle denkbaren Stellungen an, indem sie bald mehr, bald weniger die wagerechte Lage verändern. Da, wo sie häufig sind, sieht man manchmal förmliche Herden von ihnen, wie sie überhaupt sehr gesellig zu sein scheinen. „Da sie", sagt Graf Lacépède, „an den Küsten, die sie besuchen, stets hinlänglich Nahrung finden, so streiten sie miteinander niemals um das Futter, das sie in Überfluß haben; da sie außerdem, wie alle Kriechtiere, Monate, selbst Jahr und Tag fasten können, so herrscht ein ewiger Friede unter ihnen. Sie suchen einander nicht, aber sie finden sich ohne Mühe zusammen und bleiben ohne Zwang beieinander. Sie versammeln sich nicht in kriegerische Haufen, um sich einer schwer zu erlangenden Beute leichter zu bemächtigen, sondern einerlei Trieb führt sie an den nämlichen Ort, und einerlei Lebensart hält ihre Herden in Ordnung. An ihren Gewohnheiten halten sie ebenso fest, wie ihr Schild hart ist. Sie leiden mehr, als sie handeln, und ihre Begierden sind nie sehr heftig. Sie sind vorsichtig, nicht aber mutig, verteidigen sich selten tätig, sondern suchen jederzeit soviel und so rasch wie möglich in Sicherheit zu gelangen, strengen auch alle Kräfte an, um dieses Ziel zu erreichen." Ich glaube, daß diese Schilderung im großen ganzen richtig ist. Geselligkeit und Friedfertigkeit sind hervorragende Eigenschaften vieler Schildkröten, der Seeschildkröten aber ganz besonders.

Die Suppenschildkröte verzehrt mit Vorliebe Seepflanzen, insbesondere Tange, und verrät sich da, wo sie häufig ist, durch die von ihr abgebissenen Teile dieser Pflanzen, die auf der Oberfläche des Meeres umherschwimmen. So gibt, übereinstimmend mit fast allen Berichterstattern, auch Holbrook an und fügt, Audubons Mitteilungen wiederholend, hinzu, daß sie die zartesten Teile des Seegrases (Zostera marina), das geradezu Schildkrötengras genannt werde, allen übrigen Meergewächsen vorziehe. Auch die Gefangenen soll man, wie derselbe Beobachter bemerkt, ausschließlich mit Pflanzenstoffen, und zwar mit Portulak, füttern. Knight erzählt, daß viele Suppenschildkröten in den zahlreichen Strandseen an der Küste von Florida angetroffen werden und sich von dem dort wachsenden Seegrase nähren. Haben sie sich satt gefressen, dann rollen sie große Massen von Seegras, das sie mit ihren scharfrandigen Hornkiefern abgebissen haben, zusammen und kitten es mit dem Tonschlamme, auf dem es wächst, in Ballen fest, die oft Kopfgröße haben. Tritt die Flut ein, dann werden diese Ballen mit dem wachsenden Wasser fortgeführt, und die Tiere folgen ihnen, um sich davon auch später noch zu nähren. Wenn die Fischer solche Ballen in den Strandseen finden, dann wissen sie auch, daß Schildkröten da sind; sogleich werden die Netze geworfen und viele Schildkröten gefangen. In neuerer Zeit mehren sich die Beobachtungen, denen zufolge die Suppenschildkröte ebenso ein Raubtier ist wie alle ihre Verwandten, daß also die Güte ihres Fleisches nicht von ihrer pflanzlichen Nahrung abhänge. Dahl und Schnee haben sich im Zusammenhang damit dahin ausgesprochen, daß das Fleisch der Karettschildkröte ebenso genießbar sei wie das der Suppenschildkröte, und Schnee bemerkt hierzu noch, daß auch die unechte Karette (Caretta), die in den Mittelmeerländern nur von armen Leuten gegessen wird, da sie nicht gut schmecken soll, in Amerika ohne Unterschied mit der Suppenschildkröte gekauft und gegessen wird. Die gefangenen Suppenschildkröten Göldis verzehrten gern schwimmende Wasserpflanzen, namentlich Pistia stratiotes.

Zu gewissen Zeiten verlassen die weiblichen Suppenschildkröten das hohe Meer und steuern bestimmten, altgewohnten Plätzen zu, um auf ihnen ihre Eier abzulegen. Sie erwählen hierzu sandige Stellen des Strandes unbewohnter Inseln oder vom menschlichen Getriebe entfernte Küstenstrecken und suchen denselben Legeplatz, wenn nicht zeit ihres Lebens, so doch während eines gewissen Abschnittes ihres Daseins immer wieder auf, auch wenn sie Hunderte von Seemeilen durchwandern müßten. Die Männchen folgen, laut Dampier, ihren Weibchen auf dieser Reise, gehen aber, wenn diese legen, nicht mit ihnen ans Land, sondern bleiben, in der Nähe verweilend, im Meere zurück. Vorher hatten sich beide Geschlechter gepaart, welches Geschäft nach Catesby mehr als 14 Tage in Anspruch nehmen soll. Villmonts Beobachtung, daß das Männchen während der Paarung auf dem Rücken des Weibchens sitze und gleichsam reite, dürfte richtig sein. Beide Tiere, besonders aber die Männchen, sollen, solange die Paarung währt, ihre sonstige Scheu vollständig vergessen. „Ich habe", versichert Dampier, „Männchen während der Begattung gefangen. Sie sind dann gar nicht scheu und leicht zu erlangen. Das Weibchen wollte beim Anblicke des Bootes entfliehen, aber das Männchen hielt es mit den beiden Vorderflossen fest. Will man sich paarende Schildkröten erbeuten, so braucht man nur das Weibchen zu töten; denn das Männchen hat man dann sicher." Wieviel Zeit nach der Paarung vergeht, bis die ersten Eier legereif sind, weiß man nicht.

In der Nähe des Strandes angekommen, wartet die Schildkröte ihre Zeit ab und begibt sich dann abends mit großer Vorsicht ans Land. Schon am Tage sieht man sie, nach Beobachtung des Prinzen von Wied, unweit der Küste umherschwimmen, wobei sie den dicken, runden Kopf allein über dem Wasser zeigt, den Rückenpanzer aber eben nur an die Oberfläche des Wassers bringt. Hierbei untersucht sie die selten beunruhigten Küsten auf das genaueste. Audubon, der sie von einem Versteckplatze aus beobachtete, versichert, daß sie, ehe sie ans Land steigt, noch besondere Vorsichtsmaßregeln ergreife, namentlich einen pfeifenden Laut ausstoße, der etwa versteckte Feinde verscheuchen soll. Das geringste Geräusch veranlaßt sie, sich augenblicklich in die Tiefe des Meeres zu versenken und einen anderen Platz aufzusuchen; ja, nach St. Pierres Versicherung soll ein Schiff, das einige Stunden in der Nähe einer Brutinsel ankert, die vorsichtigen Geschöpfe tagelang aus der Nähe des Eilandes vertreiben und ein Kanonenschuß sie so ängstigen, daß sie erst nach Wochen wieder in der Nähe der Küsten erscheinen. Bleibt alles ruhig und still, so nähert sich die Schildkröte endlich langsam dem Strande, kriecht auf das Trockene und schiebt sich mit hoch erhobenem Haupte bis in eine Entfernung von 30 oder 40 Schritt jenseit der Flutmarke, schaut sich hier nochmals um und beginnt nunmehr ihre Eier zu legen. Hierbei hat sie der Prinz von Wied beobachtet und uns darüber Nachstehendes mitgeteilt. „Unsere Gegenwart störte sie nicht bei ihrem Geschäfte; man konnte sie berühren und sogar aufheben (wozu aber vier Männer nötig waren); bei all den lauten Zeichen unseres Erstaunens und den Beratschlagungen, was man wohl mit ihr anfangen sollte, gab sie kein anderes Zeichen von Unruhe als ein Blasen, wie etwa die Gänse tun, wenn man sich ihrem Neste nähert. Sie fuhr mit ihren flossenartigen Hinterfüßen langsam in der einmal begonnenen Arbeit fort, indem sie gerade unter ihrem After ein zylinderförmiges, etwa 25 cm breites Loch in dem Sandboden aushöhlte, warf die herausgegrabene Erde äußerst geschickt und regelmäßig, ja gewissermaßen im Takte zu beiden Seiten neben sich hin und begann alsdann sogleich ihre Eier zu legen. Einer unserer beiden Soldaten legte sich nun seiner ganzen Länge nach neben die Versorgerin unserer Küche auf die Erde nieder, griff in die Tiefe des Erdloches hinab und warf die Eier beständig heraus, sowie die Schildkröte sie legte. Auf diese Art sammelten wir in einer Zeit von etwa zehn Minuten an 100 Eier. Man beratschlagte nun, ob es zweckmäßig sei, dieses schöne Tier unseren Sammlungen einzuverleiben; allein das große Gewicht der Schildkröte, für welche man ein besonderes Maultier einzig und allein hätte bestimmen müssen, und überdies die Schwierigkeit, die ungefüge Last aufzuladen, bestimmten uns, ihr das Leben zu schenken und uns mit ihrem Zoll an Eiern zu begnügen. Als wir nach einigen Stunden an den Strand zurückkehrten, fanden wir sie nicht mehr vor. Sie hatte ihr Loch verdeckt, und eine breite Spur im Sande zeigte, daß sie ihrem Elemente wieder zugekrochen war."

In seinen „Beiträgen zur Naturgeschichte Brasiliens" fügt der Prinz von Wied dem eben Mitgeteilten noch folgendes hinzu: „So viel weiß ich aus Erfahrung, daß diese Tiere in der Zeit des brasilischen Sommers, während der Monate Dezember, Januar und Februar, sich in Menge den Küsten nähern, um daselbst ihre Eier zu verscharren. Hierin kommen alle Meerschildkröten miteinander überein, und die Erzählung der Art und Weise dieses Geschäftes, von welchem ich Augenzeuge war, gilt für alle diese durch gleichartigen Bau und gleiche Lebensweise verwandten Tiere. Zum Eierlegen ist ihnen in den von mir bereisten Gegenden die unbewohnte Strecke besonders günstig, die sich in einer Ausdehnung von 18 Meilen zwischen der Mündung des Rio Doce und des St. Matthäus befindet, ferner die zwischen dem ebengenannten Flusse und dem Mucuri sowie mehrere andere Gegenden des Strandes, die nicht durch hohe, steile Küsten, an denen die Wogen des Meeres sich brechen, unzugänglich gemacht werden. Der Reisende findet in der Legezeit häufig Stellen im Sande der Küste, auf denen zwei gleichlaufende Rinnen den Weg anzeigen, den die Schildkröten genommen haben, als sie das Land bestiegen. Diese Furchen sind die Spuren, welche die vier Flossenfüße hinterlassen; zwischen ihnen bemerkt man alsdann eine breite Schleife, die der Unterpanzer des schweren Körpers eindrückt. Folgt man dieser Spur etwa 30—40 Schritt weit auf die Höhe des Sandufers, so kann man das schwere, große Tier finden, wie es unbeweglich in einem flachen, wenig vertieften, durch ein kreisförmiges Herumdrehen gebildeten Kessel dasitzt, mit der Hälfte des Körpers darin verborgen. Sind die sämtlichen Eier in der beschriebenen Weise gelegt, so scharrt das Tier von beiden Seiten den Sand zusammen, drückt ihn fest und begibt sich ebenso langsam, wie es gekommen ist, auf derselben Spur wieder in sein Element zurück."

Göldi bemerkt über die behufs der Eierablage regelmäßig die atlantische Küste der brasilischen Insel Marajó besuchenden, unter dem Namen „Suruaná" bekannte Suppenschildkröte, daß diese Schildkröte, da die genannte Insel auf der atlantischen Seite vom Wasser des Amazonenstromes bespült wird, einen mehrere Stunden breiten Süßwassergürtel zu durchschwimmen hat, bis sie das sandige Ufer erreicht; denselben Weg haben natürlich die Jungen zurückzulegen, bis sie das freie Meer gewinnen. Die Eier messen in der Längsachse 41—44, in der Querachse 40—41½ mm, manche sind sogar vollkommen kugelrund, das Durchschnittsgewicht beträgt 34½ g. Die dem Kap Magoary der Insel Marajó, wo seit Menschengedenken die Hauptablagerstätte der Eier ist, nahe wohnenden Viehhirten, denen die Zeit wohl bekannt ist, und die sich bei dem ewigen Rindfleischgenuß nach Abwechselung sehnen, sammeln nicht nur die Eier, sondern kehren die wehrlosen Tiere, die ihre Angreifer bloß etwas anzufauchen wissen, um und schlagen sie mit Knütteln tot.

Sir Emerson Tennent erfuhr, daß man an den Küsten von Ceylon, wo diese Art namentlich die Insel Ramesvaram und deren Nachbarinseln, kleine Eilande, die zwischen Ceylon und Südindien liegen, aufsucht, eine gewisse List der eierlegenden Schildkröten beobachtet hatte. Sie sollen ihr Nest dadurch zu verbergen suchen, daß sie ihren Weg in weitem Bogen ausführen und an einer ganz verschiedenen Stelle wieder zum Meere zurückkehren. Die Singhalesen seien deshalb genötigt, die ganze Spur abzusuchen und den Boden vermittelst eines Stockes zu prüfen, weil sie niemals wissen könnten, wo sich das Nest befinde.

Das erste Gelege scheint den Vorrat an befruchteten Eiern bei einem Weibchen nicht zu erschöpfen, dieses vielmehr nach Ablauf einiger Zeit wieder zu derselben Stelle zu kommen, um eine ähnliche Anzahl inzwischen gereifter Eier der mütterlich waltenden Erde zu übergeben, so daß sich die gesamte Anzahl aller Eier eines erwachsenen Weibchens auf 300, vielleicht 400, belaufen mag. Ältere und neuere Schriftsteller, die Gelegenheit hatten, Suppenschildkröten an ihren Legestellen zu beobachten oder hier Nachrichten über sie einzuziehen, stimmen in der Angabe überein, daß die Tiere alljährlich zwei- bis fünfmal, und zwar in Zwischenräumen von 14—15 Tagen, auf den Brutstätten erscheinen und jedesmal 75—200 Eier ablegen. Das Zurückkehren bestimmter Weibchen zu den Legeplätzen konnte mit Sicherheit festgestellt werden. Auf den Tortugas-Inseln, einem der bevorzugten Brutplätze Westindiens, waren, laut P. Strobel, verschiedene Suppenschildkröten gefangen und gezeichnet, sodann nach Key West gebracht und hier in einem Gehege eingeschlossen worden. Ein Sturm zerstörte die Umhegung und befreite die Gefangenen. Wenige Tage später wurden sie auf derselben Stelle und unter gleichen Umständen wie das erste Mal gefangen. Dagegen berichtet O. Krümmel von den auf Ascension erscheinenden Schildkröten: „Mehrfach hat man seit 50 Jahren versucht, einige durch Einfügen einer Kupferplatte in den Rückenschild zu zeichnen, aber nie hat man bisher ein solches Tier wiedergesehen."

Je nach der Gegend ist die Legezeit verschieden. In der Straße von Malakka fällt sie in dieselben Monate wie in Brasilien, auf den Tortugas und Bermudas in die Monate April bis Juni, an der Goldküste, laut Loyer, dagegen in die Zeit zwischen September und Januar; anderweitige Angaben finde ich nicht verzeichnet. Die Brutdauer beträgt ungefähr 6—10 Wochen, je nach der Wärme des Brutplatzes etwas mehr oder weniger, z. B. auf der Insel Ascension, wie O. Krümmel dort erfuhr, 9—10 Wochen.

Auf den Inseln des Grünen Vorgebirges sollen die jungen Schildkröten schon am dreizehnten Tage nach dem Legen auskommen, eine Angabe, die sicher auf ungenauer Beobachtung beruht. Sie kriechen nun sofort dem Meere zu, können aber nicht sogleich untertauchen, und viele werden den Möwen, Reihern, Raubvögeln und Raubfischen zur Beute. Einige Naturforscher meinen, das Wachstum gehe sehr schnell vor sich; diese Behauptung steht jedoch mit Beobachtungen, die an Sumpfschildkröten gemacht wurden, nicht im Einklang.

Während des Eierlegens sind auch die sonst ziemlich gesicherten Suppenschildkröten arg gefährdet. Große Raubtiere, namentlich Wildhunde, bemächtigen sich jetzt der wehrlosen

Geschöpfe. Trotz der Metzeleien, die sie verüben, dürfen sie aber nicht als die gefährlichsten Feinde der Seeschildkröten bezeichnet werden. Ärger als jene haust unter ihnen der Mensch, und zwar der Weiße nicht minder rücksichtslos als der Farbige. Nur an wenigen Orten jagt man auf die wertvollen Tiere in vernunftgemäßer oder anziehender Weise. An den Küsten Guayanas stellt man weitmaschige, durch Schwimmer in den oberen Wasserschichten festgehaltene Netze, untersucht sie von Zeit zu Zeit und löst die in den Maschen verwickelten Seeschildkröten aus; im Mittelmeere, insbesondere in der Nähe der Kykladen, betreibt man die Jagd auf eine verwandte Art, die Karettschildkröte (Caretta caretta), noch in ähnlicher Weise wie in alten Zeiten. Ein Boot, das bei vollkommener Windstille mit leisem Ruderschlage langsam durch das blaue Wasser des Kykladenmeeres zieht, stößt, laut Erhard, mehrere Seemeilen von der nächsten Insel oft genug auf eine an der Oberfläche schlafend hingleitende Seeschildkröte, die in der Ferne einem umgestürzten Kahne ähnelt. Hat man sich ihr genaht, ehe sie erwacht, so wird sie von erfahrenen Fischern an einem Beine gepackt, durch hastiges Umdrehen leicht auf den Rücken gelegt und ist dann hilflos, obwohl die Fänger sich auch jetzt noch hüten, sich einem Bisse des Tieres auszusetzen, denn ein solcher schneidet 2 cm starke Stäbe entzwei. In der Regel freilich ist das Gehör der Schildkröte feiner als ihr Schlaf tief, und wenn sie rechtzeitig erwacht, sinkt sie vor den Augen der getäuschten Feinde langsam, fast ohne Bewegung in die blaue Tiefe hinab, „wo sie nach Minuten noch, zuletzt wie ein grünverlöschender Stern, dem Auge des Menschen sichtbar ist".

Eine von Eingeborenen der Südseeinseln ausgeübte Fangweise, über die bereits Lord Anson berichtete, allerdings ohne vollen Glauben zu finden, wird in neuester Zeit wieder vom Missionar W. Wyatt Gill, der sie in der Torresstraße kennen lernte, folgendermaßen beschrieben: „Sobald eine schlafende Schildkröte in Sicht kommt, rudern die Eingeborenen ganz leise an das Tier hinan; einer von ihnen, mit einem um den Leib geschlungenen Seile, springt dem nichts ahnenden Opfer auf den Rücken. Natürlich fährt der Mann samt der Schildkröte sogleich auf den Meeresgrund, was ihn nicht im geringsten anficht, vielmehr dreht er inzwischen dem Tiere die Vorderbeine zusammen und zieht sie auf den Rücken, um an ihnen einen festen Halt zu haben, bis Mann und Schildkröte zusammen hinauf ins Boot gezogen sind." Derselbe Gewährsmann berichtet ferner über eine ähnliche Fangweise, die auf Penrhyns Eiland (Tongarewa) ganz regelrecht ausgeübt wird. „Wenn vollständige Windstille herrscht und die Oberfläche des Meeres einem Spiegel gleicht, fahren die Insulaner bei Tagesanbruch mit ihren Kähnen aus. In langer Reihe ziehen sie dahin und strengen ihre Augen an, um auf dem Korallenboden eine Schildkröte zu entdecken. Von Zeit zu Zeit schallt der Ruf über die Wasserfläche: ‚Da läuft eine Schildkröte'. Die Boote bilden nun schnell einen Kreis über ihrem Opfer, wobei die Eingeborenen heftig auf die Wände ihrer Fahrzeuge klopfen, um nach ihrer Meinung die Schildkröte zu verwirren. Denken sie ihren Zweck erreicht zu haben, so taucht ein Mann, mit einem Seile unter den Achseln, auf den Meeresgrund hinab, um die Schildkröte zu überlisten. Andere folgen ihm, um die Beute zu umkreisen und dem ersten Beistand zu leisten, dessen besondere Aufgabe es ist, die Beine des gewaltigen Tieres festzuhalten und sich mit ihm zusammen zur Oberfläche emporziehen zu lassen. Bisweilen fassen die Kameraden, um ihrem Freunde behilflich zu sein, ihn am Haare und ziehen ihn so in die Höhe. Zwei oder drei Schildkröten gelten als eine gute Tagesbeute."

Schnee teilt uns mit, daß man in Neuguinea eine eigentümliche Fangmethode anwendet, indem man zunächst möglichst nahe an das schlafende Tier heranzukommen versucht und dann eine Dynamitpatrone nach ihm wirft, wenn es Anstalten trifft, sich zu empfehlen. Die Patrone explodiert auf dem Wasserspiegel und betäubt die Schildkröte zum mindesten für einige Augenblicke, welchen Moment die sogleich aus dem Boote springenden kanakischen Ruderer, meist Salomoninsulaner, benutzen, um sich der Wehrlosen zu bemächtigen.

Daß man den Schiffshalter, einen Saugfisch aus der Gattung Echeneis, an der Thursday-Insel zum Fange von Seeschildkröten verwende und an Fäden gebundene Fische dieser Art sich an die Schildkröten ansaugen lasse, behauptet neuerdings A. C. Haddon, und P. L. Sclater und H. Ling Roth bestätigen diese Fangweise für Sansibar und Cuba; in der Torresstraße sah Wyatt Gill den Saugfisch ebenfalls in dieser Weise benutzt.

Gewisse, noch heute menschenleere Küstenstriche Brasiliens, an denen die Schildkröten zu landen pflegen, werden nur selten von Reisenden betreten, in der Legezeit aber von allen in der Nachbarschaft wohnenden Indianern besucht. „Diese Indianer", sagt der Prinz von Wied, „sind die grausamsten Feinde der Schildkröten; sie finden täglich mehrere Tiere dieser Art, die im Begriffe sind, ihre Eier zu legen, und töten sie sogleich, da die schweren, langsamen Geschöpfe auf dem Lande ebenso unbehilflich wie im Wasser geschickt sind. Überall geben daher die traurigen, öden, nichts als Sand und nach dem Lande hin nichts als finstere Urwälder zeigenden Küsten, die von den tobenden Wogen des Weltmeeres bespült werden, ein Bild der Zerstörung und der Vergänglichkeit alles Lebens; denn die Knochenschädel, Panzer, ja ganzen Gerippe dieser, gerade in der Zeit ihrer Vermehrung aufgeriebenen Tiere liegen überall in Menge umher, nachdem sie von den Rabengeiern des letzten Restes von Fleisch beraubt worden sind. Die Indianer töten die Meerschildkröten des Öles wegen, das in ihrem Fleische enthalten ist, kochen es und sammeln die zahlreichen Eier, die in dem Sande oder noch in dem Leibe des Tieres enthalten sind, in großen Körben, um sie zu Hause zu verzehren. In dieser Zeit des Sammelns der Schildkröteneier begegnet man den mit den genannten Schätzen beladenen Familien der Indianer oft an dieser Küste; auch erbauen sie sich wohl Hütten von Palmenblättern, um sich mehrere Tage oder Wochen am Strande niederzulassen und täglich das Geschäft des Einsammelns zu betreiben."

In ähnlicher Weise wird den nutzbringenden Tieren allerorten, an allen Küsten, die sie zum Eierlegen besuchen, nachgestellt. Und dennoch würde die sehr bedeutende Vermehrung der Suppenschildkröten die durch Wegfangen der alten Weibchen verursachten Verluste ausgleichen, wollte man sich mit den Weibchen selbst begnügen und nicht auch die Brutstätten plündern, Tausende und Hunderttausende von Eiern rauben. Durch den rücksichtslosen Eierraub erwächst dem Bestande der Art die größte Gefahr; hieran aber denkt der rohe, selbstsüchtige Schildkrötenjäger nicht. Wenn die Zeit des Eierlegens der Tiere naht, rottet sich allerlei Gesindel zusammen, um möglichst reiche und lohnende Beute zu gewinnen. Die Jäger nahen sich in kleinen Booten vorsichtig dem Strande der unbewohnten Inseln oder vom Lande her den Legeplätzen an bewohnten Küsten, verbergen sich in der Nähe, verhalten sich still und warten, bis die ängstlichen Tiere an das Land gekrochen sind und sich hinlänglich weit vom Wasser entfernt haben. Erheben sich die Jäger zu früh, so eilen die Schildkröten sofort dem Meere zu, und da, wo der Strand einigermaßen abschüssig ist, gelingt es ihnen oft, sich zu retten, indem sie sich schnell herumdrehen und dann über den Sand hinabgleiten lassen; kommen jene rechtzeitig zur Stelle, so sichern sie sich ihre Beute dadurch, daß sie sie auf den Rücken wälzen. Keine Seeschildkröte ist imstande, sich aus dieser Lage zu befreien, obgleich sie, um dies zu ermöglichen, wütend mit den Flossen um sich und auf ihren Panzer schlägt, mit der Zeit sich auch derartig abquält, daß ihre Augen mit Blut unterlaufen und weit aus dem Kopfe heraustreten. Nicht allzuselten geschieht es, daß die Fänger grausam genug sind, mehr Schildkröten umzuwenden, als sie gebrauchen können, und einzelne von ihnen in der hilflosen Lage liegen und elendiglich verschmachten lassen. Sehr große und schwere werden mit Hebebäumen umgewälzt, viele mit Hilfe von Netzen gefangen, andere mit der Harpune erbeutet. Audubon lernte einen Schildkrötenfänger kennen, der im Laufe eines Jahres nicht weniger als 800 Stück „gesichert" hatte: fast ausschließlich fortpflanzungsfähige Weibchen. Man jagt immer während der Nacht und schreitet am nächsten Morgen zum Einsammeln der Erbeuteten, die nun zunächst entweder in eigens für sie bereitete Behälter oder auf die Schiffe gebracht und von hier aus versandt werden. In den Zwingern, die selbstverständlich mit Seewasser angefüllte Becken sind, sieht man die Schildkröten langsam umherschwimmen und oft ihrer drei oder vier sich übereinander lagern. Auf trockenem Boden frei gelassen, kriechen sie lebhaft umher und geben ihre Unbehaglichkeit von Zeit zu Zeit durch Schnauben zu erkennen. An das Fressen gehen die Gefangenen selten, magern deshalb bald ab und verlieren an Wert. Diejenigen, die man auf europäische Märkte bringt, kommen meist aus Westindien, namentlich von Jamaica. Man legt sie an einer passenden Stelle des Schiffsverdeckes auf den Rücken, befestigt sie mit Stricken, breitet ein Tuch über sie und begießt dieses so oft mit Seewasser, daß es beständig naß oder wenigstens feucht bleibt, steckt den armen Schelmen ein Stück mit Seewasser getränktes Weißbrot in das Maul und vertraut im übrigen auf ihre außerordentliche Lebenszähigkeit. In den europäischen Seestädten hält man sie in großen Kübeln, die alle 2—3 Tage einmal mit Wasser angefüllt werden, schlachtet sie dann, indem man ihnen den Kopf abhackt, und hängt sie nun 1 oder 2 Tage lang so auf, daß alles Blut ablaufen kann. Erst dann hält man das Fleisch für geeignet zur Bereitung von köstlichen Suppen.

Auf Ascension werden, wie O. Krümmel berichtet, die gefangenen Schildkröten in Teichen aufbewahrt, die am Strande so angelegt sind, daß sie mit dem Meere in Verbindung stehen; am Ende der Fangzeit, im Mai, befinden sich manchmal Hunderte dieser Tiere in den Teichen. „Schildkrötenfleisch", so fährt Krümmel fort, „erscheint zweimal wöchentlich auf den Speisetischen der Garnison, und der Kommandant pflegt jedem hier vorsprechenden Kriegsschiffe eins oder mehrere dieser Tiere zum Geschenk zu machen. Uns hatte Kapitän N. gleichfalls zwei davon schon am Vormittage an Bord geschickt."

In Indien, wo diese Art aber, nach G. A. Boulengers Bemerkungen, ziemlich selten ist, und insbesondere auf Ceylon macht man weniger Umstände mit den für die Küche bestimmten Seeschildkröten. Ein äußerst widerwärtiger Anblick bietet sich, laut Sir Emerson Tennent, auf den Märkten von Ceylon dem Besucher dar. Hier werden die gefangenen Schildkröten in unglaublicher Weise gequält. Wahrscheinlich wünschen die Käufer das Fleisch so frisch wie möglich zu erhalten oder wollen sich die Verkäufer besondere Mühe nicht mit dem Schlachten geben; man trennt also einfach den Brustpanzer des lebenden Tieres ab und schneidet dem Kauflustigen das von ihm gewünschte Fleischstück aus dem Leibe des Opfers heraus. Bei der bekannten Lebenszähigkeit der Schildkröten sieht dann der entsetzte Europäer, wie das geschundene Tier die Augen verdreht, das Maul langsam öffnet und schließt, und wie das Herz, das gewöhnlich zuletzt gefordert wird, pulsiert.

Zu gewissen Zeiten wird hier das Fleisch dieser Schildkröte wegen seiner schädlichen, ja giftigen Wirkung gemieden. Zu Pantura im Süden von Colombo wurden 28 Leute, die im Oktober des Jahres 1840 Schildkrötenfleisch gegessen hatten, bald nach dem Genusse schwer krank, und 18 von ihnen starben in der nächsten Nacht. Die Überlebenden versicherten, daß sich das Fleisch anscheinend nur durch größere Fettigkeit von unschädlichem unterschieden habe. Worin die Ursache der Schädlichkeit liegt, ist noch nicht ermittelt worden.

Die zweite Art der Gattung ist die Echte Karette oder Bissa, Chelonia imbricata *L.* (Taf. „Schildkröten III“, 3, bei S. 465). Sie steht an Größe merklich hinter der Suppenschildkröte zurück, kommt ihr aber in Bau und Gestalt sehr nahe und unterscheidet sich in allen Altersstufen durch den vorn mehr oder minder stark hakigen Oberkiefer (daher der englische Name „hawksbill turtle“ — Habichtsschnabelschildkröte), die Beschildung des

Echte Karette, Chelonia imbricata *L.* 1/10 natürlicher Größe.

Kopfes, die zwischen den Nasenlöchern und dem Stirnschilde stets zwei aufeinander folgende Schildpaare zeigt, sowie endlich durch die mehr oder minder deutlich nach Art der Dachziegel, also zum Teil übereinander liegenden Platten des Rückenpanzers, der hinten kräftig gesägt erscheint, und auf dem bei den Jungen drei Längskiele hervortreten. Die Vordergliedmaßen tragen immer zwei Krallen. Alle Platten des Rückenpanzers sind auf kastanien- bis schwarzbraunem Grunde mit gelben Flammen gezeichnet, indem von einer Stelle, in der Regel vom hinteren Winkel des einzelnen Schildes aus, lichtere, durchscheinende, rosarötlich, rotbraun, ledergelb oder ähnlich gefärbte Streifen auslaufen, die unter Umständen sich so verbreitern können, daß die ursprünglich dunkle Färbung der Schilde als Zeichnung erscheint; die Platten des Brustpanzers sind einfarbig gelb, die Schilde des Kopfes und der Glieder aber dunkelbraun mit gelben Rändern. Die Panzerlänge beträgt bis zu 84 cm; der größte im Pariser Museum liegende Rückenpanzer mißt nur 74 cm; A. Günther sagt, daß Panzer von 60 cm Länge schon als außerordentlich große angesehen würden.

Wie es scheint, fällt das Verbreitungsgebiet der Bissa so ziemlich mit dem der Suppenschildkröte zusammen. Auch sie bewohnt die zwischen den Wendekreisen liegenden und die subtropischen Meere beider Halbkugeln und tritt namentlich im Karibischen Meere und um Ceylon, an den Malediven und in der Sulusee häufig auf. Gefangen oder beobachtet wurde sie an vielen Stellen längs der atlantischen Küste Amerikas, von den südlichen Vereinigten Staaten an bis Santa Rosa unterhalb Montevideo, am Vorgebirge der Guten Hoffnung, im Kanale von Moçambique, im Roten Meere, an vielen Stellen der ostindischen und malaiischen Küsten, in der Sunda- und Bandasee, dem Chinesischen und Japanischen Meere, in der Australischen See und an der Westküste Mittelamerikas.

In ihrem Auftreten und Gebaren, ihrer Lebensweise, ihren Sitten und Gewohnheiten stimmt, soviel uns bekannt, die Bissa mit der Suppenschildkröte im großen und ganzen überein, verschmäht aber Pflanzennahrung ganz, hält sich ausschließlich an tierische Stoffe und soll sich selbst großer Tiere zu bemächtigen wissen. Laut Catesby erzählen die amerikanischen Fischer, daß man oft große, von ihr halb zerbissene Muscheln finde. Neben Weichtieren bilden wahrscheinlich Fische einen Hauptteil der Nahrung unseres Tieres, dessen Schwimmfertigkeit auch den Fang gewandterer Arten glaublich erscheinen läßt.

Die Fortpflanzung entspricht wohl in jeder Beziehung der anderer Seeschildkröten. Die Eier der Bissa werden ebenfalls im Sande der Küste, und zwar in denselben Monaten wie die der Suppenschildkröte, abgelegt, und gleich der letzteren kehren die Bissaschildkröten immer wieder zu den Stellen zurück, an denen sie geboren wurden. Im Jahre 1826 wurde, laut Sir Emerson Tennent, eine Bissa in der Nähe von Hambantotta (Ceylon) gefunden, die in einer ihrer Flossen einen Ring trug, den ihr 30 Jahre früher ein holländischer Offizier genau an derselben Stelle beim Eierlegen eingeheftet hatte.

Diese treue, um nicht zu sagen hartnäckige Anhänglichkeit der Tiere an den Ort ihrer Geburt hat die beklagenswerte Folge, daß sie in ersichtlicher Weise abnehmen. Denn auch ihnen stellt der Mensch unerbittlich und rücksichtslos nach. Ihr Fleisch wird zwar nur von den Eingeborenen der von ihr besuchten Gelände, nicht aber von Europäern gegessen, weil es Durchfall und Erbrechen verursachen oder Beulen und Geschwüre hervorrufen soll; nach Ansicht der Indianer und Amerikaner bewahrt es auch wieder vor anderen Krankheiten. Allein man fängt auch die Bissa weder des Fleisches, noch der, nach Klunzingers Ansicht, faden, nach anderer Meinung höchst wohlschmeckenden Eier, sondern des Schildkrotes oder Schildpattes wegen, wovon eine ausgewachsene 2—6 kg liefern kann. Auch bei Gewinnung dieses kostbaren Handelsgegenstandes werden abscheuliche Grausamkeiten verübt. Das Schildpatt löst sich nur, wenn es bedeutend erwärmt wird, leicht von dem Rückenpanzer ab; die beklagenswerte Schildkröte wird also über einem Feuer aufgehängt und solange geröstet, bis jene Wirkung erzielt worden ist. Die Chinesen, die einsehen, daß das Schildkrot durch trockene Wärme leicht verdorben werden kann, bedienen sich gegenwärtig des kochenden Wassers zu dem gleichen Zwecke. Nach überstandener Qual gibt man die Bissa wieder frei und läßt sie dem Meere zulaufen, da man glaubt, daß sich das Schildpatt wieder erzeuge. Möglich ist es wohl, daß eine derart geschundene Schildkröte noch fortlebt; schwerlich aber wird sie mehr als einmal gemartert werden; denn so umfassend dürfte die Ersatzfähigkeit des Tieres denn doch nicht sein, daß ihr Schild sich mit neuen, für den Handel brauchbaren Platten bedecken sollte. Die Möglichkeit einer solchen Ergänzung dürfen wir heute freilich nicht mehr leugnen, seitdem H. Gadow nachgewiesen hat, daß wenigstens die Landschildkröten imstande sind, Teile ihres knöchernen Panzers, die entfernt worden waren, samt den darüberliegenden Hornplatten wieder zu erzeugen.

Das Schildpatt übertrifft nicht bloß hinsichtlich seiner Schönheit und Güte jede andere Hornmasse, sondern läßt sich auch leicht zusammenschweißen. Es genügt, die einzelnen Tafeln, die ungleich dick und spröde sind, in siedend heißes Wasser zu tauchen und sie dann zwischen Metallwalzen zu pressen. Bei hinreichendem Druck kleben die Tafeln so fest aneinander, daß man die einzelnen Teile nicht mehr unterscheiden kann, behalten auch jede ihnen im erweichten Zustande beigebrachte Form, nachdem sie langsam erhärtet sind, vollkommen bei und eignen sich somit vortrefflich zu Dosen und Kämmen. Selbst die Abfälle werden noch benutzt, da man mit ihnen die Vertiefungen zwischen den einzelnen Tafeln ausfüllt und sie wieder in der Wärme so lange preßt, bis sie sich mit jenen innig verbunden haben. Der des Pattes entkleidete Rückenschild wird hier und da ebenfalls verwendet, so, laut Klunzinger, von den arabischen Schiffern zum Ausputz ihrer Barken; das aus dem Fett geschmolzene Schildkrötenöl endlich gilt sogar in den Augen einzelner Europäer als wahres Wundermittel. Das feinste und teuerste Schildkrot stammt von Celebes, von wo es nach China ausgeführt wird; aber auch Neuguinea, der Bismarck- und Salomonen-Archipel liefert gute Ware. In Europa wird es namentlich in Neapel in großartigstem Maßstabe verarbeitet.

Bissaschildkröten gelangen ebenso oft wie Suppenschildkröten lebend auf unseren Markt, können daher ohne erhebliche Kosten erworben werden und dauern bei geeigneter Pflege recht gut in Gefangenschaft aus. Klunzinger hielt, wie er mir brieflich mitteilte, während seines Aufenthaltes am Roten Meere wiederholt junge Tiere dieser Art in einem mit der See in Verbindung stehenden Brunnen, in dem sie sich von Muscheln zu ernähren schienen, fand jedoch, daß die Tiere stets eingingen, wenn im Frühjahr das Wasser des Brunnens sich zu erwärmen begann. Diese Mitteilung ist auffallend, weil anderseits beobachtet wurde, daß auch Seeschildkröten mäßig erwärmtes Wasser verlangen, wenn sie sich munter zeigen, überhaupt gedeihen sollen. Sie bedürfen unter solchen Umständen nicht einmal unbedingt des Seewassers. J. v. Fischer hat junge Seeschildkröten mit bestem Erfolge selbst in süßem Wasser gehalten und mit Wasserasseln und Flohkrebsen mühelos ernährt. Ich habe mehrere von ihnen gepflegt und sie sehr liebgewonnen. Anfänglich erschienen sie mir allerdings langweilig. Des Wassers entwöhnt, mühten sie sich längere Zeit ab, bevor es ihnen gelang, in die Tiefe des ihnen gebotenen Beckens hinabzusteigen, und lagen, wenn sie endlich in ihrem Elemente wieder heimisch geworden waren, tagelang auf derselben Stelle; dies aber änderte sich, als sie zu Kräften gekommen waren. Von der Bissigkeit, die man gefangenen Alten ihrer Art nachsagt, habe ich bei meinen jungen Pfleglingen auch dann nichts bemerkt, als sie durch reichliche Fütterung bereits wieder erstarkt waren. Bissaschildkröten verursachen, falls man sie nicht in zu kaltes, d. h. unter 12,5 Grad C anzeigendes Wasser setzt, wenig Umstände, gehen bald ans Futter, nehmen die Nahrung dem Pfleger auch wohl aus der Hand oder von der Zange, greifen, obgleich sie Fischfleisch begieriger als jedes andere Futter verzehren, die in demselben Becken umherschwimmenden Fische nicht an und entzücken jeden Beschauer durch ihre wundervollen Bewegungen. Der von mir oben angewandte Vergleich mit fliegenden Raubvögeln drängt sich jedem auf, der sie schwimmen sieht. Langsam, aber stetig bewegen sie ihre Flossen, und ruhig und gleichmäßig gleitet der Leib in jeder Richtung durch das Wasser. Kein einziges mir bekanntes Mitglied anderer Familien schwimmt wie sie, wie die Seeschildkröten überhaupt. Niemals nimmt man Hastigkeit an

1

2

Testudo marginata *Schöpff*, 1 von oben, 2 von unten.
$^1/_3$ nat. Gr., s. S. 452. — A. Cerny-Wien phot.

3. Echte Karette, *Chelonia imbricata L.*

1/9 nat. Gr., s. S. 462. — W. S. Berridge, F. Z. S.-London phot.

4. Unechte Karettschildkröte, *Caretta caretta L.*

1/15 nat. Gr., s. S. 463. — L. Medland, F. Z. S.-Finchley, N., phot.

ihnen wahr; scheinbar spielend teilen sie die Flüssigkeit um sich her, und dennoch legen sie in derselben Zeit die gleiche Strecke zurück wie eine kleine, heftig arbeitende Wasserschildkröte. Ihr Schwimmen ist ein Schweben im Wasser.

Zwei Bissaschildkröten, die Schnee hielt, zeichneten sich durch besondere Lebhaftigkeit vor der mit ihnen zusammen gehaltenen Suppenschildkröte aus, waren bei der Fütterung stets bei der Hand, schnappten mit großer Gier das rohe Fleisch, das Schnee ihnen reichte, fort, rissen es sich wohl auch gegenseitig aus dem Maule; während die Suppenschildkröte sich damit begnügte, die langsam zu Boden fallenden Stücke aufzufangen, um sie ziemlich phlegmatisch zu verzehren, suchten jene auf dem Grunde des Behälters nach Nahrung herum und tauchten eifrig danach in die Tiefe. Niemals bemerkte Schnee, daß die Suppenschildkröte nach dem Finger schnappte, wie die Karetten, die ihn mehrfach bissen, wenn er die auf den Boden gefallenen Fleischstücke wieder heraufholte; doch geschah das Beißen so sanft, daß er nie eine Wunde, sondern stets nur eine leichte Hautquetschung davontrug.

Die Unechte Karettschildkröte, Caretta caretta *L.*, vertritt die Gattung Caretta *Gray*, die durch die bei Erwachsenen vollständig verknöcherte Rückenschale, das sechseckige Nackenschild, die Mehrzahl (fünf oder mehr) der Seitenschilde des Rückenpanzers und das kleine oder fehlende Zwischenkehlschild sich von der vorigen unterscheidet. Die obengenannte Art, in allen wärmeren Meeren lebend, von allen Seeschildkröten am weitesten nach Norden vordringend und auch im Mittelmeer und in der Adria bis Triest nicht selten, hat eine in der Jugend dreikielige, im Alter gewölbte oder schwach dachförmige Rückenschale, die mit nebeneinander gelagerten, nicht mit den Hinterrändern übereinandergreifenden Hornschilden bedeckt ist und einen gesägten Hinterrand aufweist. Der Kopf dieser in den Ländern britischer Zunge als „Loggerhead" bekannten Schildkröte ist groß und dick, die Kiefer sind sehr stark und in der Mitte hakenförmig gebogen; die Unterkiefernaht ist sehr lang, und vor dem unpaaren Stirnschild liegen zwei Schildpaare. C. caretta erreicht eine Panzerlänge von über 1 m. Da die Hornplatten ihres Panzers nicht verwendbar sind, und wegen ihrer ausschließlich tierischen Nahrung auch das Fleisch dieser Schildkröte nur von der ärmeren Küstenbevölkerung genossen wird, so scheint sie nicht eben vielen Verfolgungen ausgesetzt zu sein. Junge Tiere, die noch zwei Krallen an jedem Fuß haben, sind einförmig dunkelbraun bis schwarzbraun, erwachsene heller braun oben, gelbbraun auf der Unterseite.

Hooker fand, daß ihre Brutzeit April bis Juni ist; es werden etwa 100 Eier abgelegt, aus denen nach ungefähr 50 Tagen die Jungen ausschlüpfen; diese haben eine angeborene Neigung, an Abhängen herabzusteigen und dem Lichte zuzuwandern; dadurch finden sie das Wasser auf. Das Schwimmen ist ihnen angeboren, das Tauchen muß erst erlernt werden. Unser Beobachter konnte auch feststellen, daß diese Schildkröten ihre Nahrung nicht instinktiv auswählen, sondern jedes aufgefundene Ding wird erst auf seine Genießbarkeit geprüft.

Eine vorzügliche Schilderung des Gefangenlebens unserer Schildkröte hat Kammerer gegeben. Er machte die Erfahrung, daß C. caretta, in Seewasser gehalten, mit allen möglichen tierischen Stoffen, Fischen, rohem Fleisch, Regenwürmern, gefüttert werden kann, daß sie aber in Süßwasser unbedingt Seetiere zur Nahrung erhalten muß. Durch die Fütterung mit Seefischen und gelegentlich auch Seekrebsen werden ihrem Körper diejenigen Stoffe zugeführt, die im Meere enthalten sind und die den in Seewasser gehaltenen in Form des Flüssigkeitsaustausches geboten werden. Daß bei dem beträchtlichen Appetit auch junger Seeschildkröten die Fütterung mit Wasserasseln und Flohkrebsen sich so mühelos gestaltet, wie J. v. Fischer angibt, bezweifelt Kammerer mit Recht, da solche Mengen, wie sie hierzu nötig sind, kaum beschafft werden können. Das Wärmebedürfnis, das bei Seeschildkröten überhaupt verhältnismäßig gering ist, ist noch geringer bei unserer Art. Das hängt ja mit der niedrigen Temperatur des Meerwassers in größeren Tiefen zusammen, wo die Schildkröte die meiste Zeit bleibt und auch dem Einflusse der Jahreszeiten wenig ausgesetzt ist. Die warmen, obersten Wasserschichten benutzen unsere Schildkröten nur, um sich zu sonnen und auszuruhen; die übrigen Stunden des Tages und der Nacht, die Stunden der Beutezüge und der Ruhe, verbringen sie in tieferen, kühlen Schichten. Sobald der Winter herannaht, wandern sie südlicheren Meeresgebieten zu und verschwinden daher um diese Zeit z. B. regelmäßig vom Triester Fischmarkt. Kammerer beobachtete auch, daß sie im Süßwasser anfänglich, gewohnt von dem spezifisch schwereren Meerwasser getragen zu werden, kräftiger rudern müssen, wenn sie an die Oberfläche kommen wollen, und auch nicht ohne Flossenschläge hier ausruhen können. Wollen sie geradlinig durch das Wasser schwimmen, so ist ihre Schwimmlinie entgegen ihren Absichten anfangs eine auf- und absteigende Kurve, indem sie zuerst schräg nach unten gelangen, statt in gleicher Höhe zu bleiben, dann sich wieder emporarbeiten müssen. Sie wollen dann auch nicht mehr in die Tiefe, sondern trachten, den Rand des Beckens zu erreichen. Nach einigen Stunden sind aber diese Beschwerden überwunden, und die Schildkröte fühlt sich auch im Süßwasser ganz wohl, geht bald ans Futter, am liebsten größere, vorher abgeschuppte Fische, auch Weich- und Krustentiere; mit lautem Krachen zerknacken die Hakenkiefer großer Exemplare Flußkrebspanzer und Teichmuschelschalen, die kleinen verstehen es dafür, sich selbst lebende Fischchen zu fangen, die sie ganz wie Sumpfschildkröten erbeuten und verschlingen.

*

Die zweite Familie der Seeschildkröten, die **Lederschildkröten (Dermochelyidae)**, die nur eine Gattung und Art umfaßt, zeichnet sich vor allen übrigen Schildkröten durch freie Wirbel und freie Rippen aus, die von dem aus mosaikartigen Knochenplatten gebildeten Außengerippe getrennt sind. Dem Schädel fehlen absteigende Fortsätze der Scheitelbeine. Diese Schildkröte hat also keinen mit Hautschilden gedeckten Panzer; außerdem sind die Gliedmaßen zu Rudern umgestaltet; obwohl die Finger des Vorderfußes stark verlängert sind, tragen sie keine Nägel. Den Finger- und Zehengliedern fehlen überdies bewegliche Gelenke.

Dollo ist durch seine eingehenden Studien über den Bau und die Lebensweise der Seeschildkröten zu dem Schlusse gekommen, daß die Lederschildkröte von küstenbewohnenden Vorfahren mit vollständigem Knochenpanzer abstammt, daß sich aus ihnen pelagische (Hochsee-) Schildkröten entwickelt haben, die im Zusammenhange mit dieser Lebensweise ihren Panzer fast vollständig rückbildeten. Die Nachkommen dieser Hochseeschildkröten (und Vorfahren der Lederschildkröten) waren abermals Küstenbewohner und bildeten nun einen neuen Panzer aus, den Mosaikpanzer der Lederschildkröte, an dem nur die Nackenplatte noch dem ursprünglichen Panzer angehört, und mit dem nun unsere Lederschildkröte neuerdings zum pelagischen Leben überging. Die zu unserer Kenntnis gelangten Reste ausgestorbener Seeschildkröten bestätigen vollinhaltlich die Richtigkeit der Darlegungen Dollos.

Die einzige Art der Familie, die Lederschildkröte oder Luth, Dermochelys coriacea *L.*, ist ein riesiges Tier von nahezu 2 m Gesamtlänge und 500 bis 600 kg Gewicht. Die Hornscheide des Oberkiefers zeigt zwischen drei tiefen, dreieckigen Ausrandungen vorn jederseits einen großen zahnartigen Vorsprung. Die Kieferränder sind im übrigen scharfrandig, nicht gezähnelt. Die vorderen Glieder übertreffen an Länge um mehr als das Doppelte die hinteren. Der Rückenpanzer ist vollständig verknöchert, sanft gewölbt, vorn ziemlich abgerundet, hinten schwanzartig zugespitzt und durch 7 erhabene Längsrippen, die bei ausgewachsenen Stücken fortlaufend und leicht gesägt, bei jungen dagegen aus abgerundeten Höckern zusammengesetzt sind, in 6 Felder geteilt. Der von 5 Längskielen überzogene Bauchpanzer ist unvollständig verknöchert, weich und biegsam. Kopf, Hals und Füße sind bei den Jungen mit Schildchen gedeckt, die nach und nach verschwinden, so daß die Haut der Alten glatt erscheint und nur der Kopf noch kleine Schilde trägt. Die Färbung ist ein dunkles, lichter oder gelb geflecktes Braun; bei Jungen sind die Längskiele sowie der Saum der Ruderfüße gelb gefärbt.

Diese größte aller lebenden Schildkröten wird von Jahr zu Jahr seltener und darf als eine aussterbende Art bezeichnet werden. In allen Meeren zwischen den Wendekreisen lebend, an den Salomoninseln des Stillen Meeres wie an der Küste von Arabien und im Roten Meere, an den Bermudas und der Südküste von Nordamerika und an der Küste von Surinam, im Meere Südindiens wie um Madagaskar daheim, macht sie Streifzüge bis in die gemäßigten Meeresstriche und gelangt, durch Wind und Wetter, vielleicht auch Wandertrieb verschlagen, zuweilen ebenso an die atlantischen Küsten Europas wie an die der nördlichen Vereinigten Staaten oder Chiles, wo man sie, hier wie dort, wiederholt gefangen hat. Selbst in das Mittelmeer und in die Adria, an die dalmatinische Küste, hat sie sich in einzelnen Stücken verirrt. Über ihre Lebensweise wissen wir sehr wenig. Ihre Nahrung soll vorzugsweise, wo nicht ausschließlich, in Tieren, besonders in Fischen, Krebsen und Weichtieren bestehen. Nach der Paarung erschien sie früher auf den Schildkröteninseln bei Florida oft in Menge, ebenso, nach Angabe des Prinzen von Wied, in größerer oder geringerer Anzahl an den Sandküsten Brasiliens und legte dann unter denselben Umständen wie andere im Meere lebende Schildkröten ihre Eier ab. Nach den vom Prinzen von Wied eingezogenen Erkundigungen soll jedes Weibchen in Zwischenräumen von etwa 14 Tagen viermal jährlich auf den Legeplätzen erscheinen und jedesmal 18 bis 20 Dutzend Eier zurücklassen. Diese Angabe wird durch eine Mitteilung Tickells wenigstens mittelbar bestätigt. Am 1. Februar des Jahres 1862 nämlich wurde an der Küste von Tenasserim in der Nähe der Mündung des Yeflusses eine Lederschildkröte, nachdem sie gegen 100 Eier gelegt hatte, von Fischern erspäht und nach verzweifeltem Kampfe überwältigt. Sechs Fischer wurden von dem Tiere, dessen sie sich bemächtigen wollten, den Uferabhang hinabgeschleppt und fast in die See gerissen. Erst nachdem andere Fischer zu Hilfe geeilt waren, gelang es, das riesige Geschöpf zu überwältigen und an starken Tragstangen festzubinden; zehn bis zwölf Mann aber waren erforderlich, um die schwere Last bis in das nahe Dorf zu tragen. Nachdem man das riesige Tier geschlachtet hatte, fand man in seinen Eierstöcken noch über 1000 Eier in allen Entwickelungsstufen vor. Die Vermehrung der Lederschildkröte ist also jedenfalls sehr bedeutend, weshalb es Verwunderung erregen muß, daß man so selten mit ihr zusammentrifft. Vielleicht verlieren die meisten im frühesten Jugendalter durch Raubfische ihr Leben.

Von einer, die am 4. August des Jahres 1729 bei Nantes erbeutet wurde, erzählt de la Font, daß sie ein entsetzliches, auf eine Viertelmeile weit hörbares Geschrei erhob, als man ihr mit einem eisernen Haken den Kopf einschlug. Weiteres über die Lebensweise des in allen Sammlungen seltenen Tieres ist nicht bekannt. Das Fleisch wird nicht gegessen, weil man dem Genusse üble Folgen zuschreibt, ja es an den Chagosinseln für giftig erklärt.

3. Unterordnung: Halswender (Pleurodira).

Die dritte Reihe der echten Schildkröten umfaßt die sogenannten Halswender (Pleurodira), eine sehr merkwürdige und auffallende Schildkrötengruppe, die sich dadurch auszeichnet, daß die Angehörigen beider hierhergehörigen Familien den meist langen Hals samt dem Kopfe nicht einfach zurückziehen, sondern in der Ruhe nach der Seite biegen und so zwischen den Rücken- und Bauchpanzer nach hinten legen, daß die Schnauzenspitze in Berührung mit der rechten oder der linken Schulterhöhle kommt. Diese Eigentümlichkeit wird dadurch veranlaßt, daß die Halswirbel überaus stark entwickelte Querfortsätze tragen. Das zweite Merkmal, das die Halswender von den Halsbergern sofort unterscheiden läßt, liegt im Bau des Beckens, das stets durch feste Knochenverbindung sowohl mit dem Rücken- als mit dem Bauchpanzer verwachsen ist. Alle hierhergehörigen Arten haben 13 Platten auf dem Bauchpanzer, indem zu den gewöhnlichen Hautplatten noch eine unpaare Zwischenkehlplatte tritt.

Der nördlichen Halbkugel, also Europa, ganz Asien und Nordamerika, fehlen Vertreter dieser Reihe, deren sämtliche Arten vorwiegend oder ausschließlich im Wasser leben; alle Arten haben daher auch Schwimmfüße (mit 4—5 Krallen).

Die Eier mehrerer südamerikanischer Halswender sind für manche Völkerschaften von erheblichem Nutzen, wie überhaupt die Bedeutung dieser Sumpf- und Flußschildkröten für den menschlichen Haushalt nicht unterschätzt werden darf. Bates erzählt, daß er in Ega, am Amazonenstrome, fast das ganze Jahr hindurch von Schildkröten gelebt und sie sehr satt bekommen habe; zuletzt konnte er ihr Fleisch gar nicht mehr riechen und mußte deshalb zuweilen wirklichen Hunger leiden. Jeder Hauseigentümer hat dort einen kleinen Teich, in dem die gefangenen Tiere bis zur Zeit des Mangels, d. h. bis zum Eintritt der Regenzeit, gehalten werden, und alle die, die einige Indianer in ihren Diensten haben, senden diese, wenn das Wasser niedrig ist, zur Jagd aus, um ihren Teich wieder zu besetzen; denn ungeachtet der erstaunlichen dort vorkommenden Menge von Schildkröten hält es schwer, sie in den nassen Monaten für Geld zu erwerben. Die Leichtigkeit, sie zu finden und zu fangen, steht nämlich genau im Verhältnis zum tieferen oder höheren Wasserstande. Sinkt der Strom weniger als sonst, so sind sie selten, fällt er sehr, so werden sie massenhaft gefangen, weil dann alle Lachen und Sümpfe in den Wäldern von ihnen wimmeln. Zu ihrer Jagd verwendet man Netze und Pfeile, deren Spitze beim Eindringen sich vom Schafte trennt, mit diesem aber durch eine lange Schnur verbunden bleibt. Der Schaft schwimmt auf dem Wasser, wird von dem herbeirudernden Jäger aufgenommen und angezogen, bis das Tier nahe zur Oberfläche emporsteigt; dann schießt man diesem unter Umständen noch einen zweiten Pfeil in den Leib und schafft es nunmehr ans Land. Die eingeborenen Frauen verstehen Schildkrötenfleisch auf verschiedene Weise, in jedem Falle aber vortrefflich zuzubereiten. Es ist sehr zart, wohlschmeckend und nahrhaft, übersättigt jedoch bald und widersteht schließlich jedem Europäer. Nach Versicherung unseres Gewährsmannes kann man nur eine Art, und zwar die größte von denen, die im Amazonenstrome vorkommen, längere Zeit in der Gefangenschaft halten; die kleineren, weit schmackhafteren, sollen den Verlust ihrer Freiheit in der Regel nur wenige Tage ertragen.

*

Zur ersten Familie der Halswender, den **Pelomedusen (Pelomedusidae)**, rechnen wir mit G. A. Boulenger alle beschildeten Schildkröten, deren 13 Brustplatten an die Randplatten anstoßen, denen die Nackenplatte fehlt, und deren verhältnismäßig kurzer

Hals zur Seite gewandt und vollständig in der Schale verborgen werden kann. Ihr Bauchpanzer besteht aus elf Knochenstücken; es ist ein knöcherner Schläfenbogen vorhanden, aber keine Knochenbrücke vom Scheitelbein zum Schläfenbein (Squamosum). Die Gaumenbeine stoßen in der Mitte aneinander, die Nasenbeine fehlen, die Vorderstirnbeine sind miteinander verschmolzen, und ebenso sind die beiden Unterkieferhälften miteinander am Kinnwinkel verwachsen. Im Gerippe unterscheiden sich diese Schildkröten dadurch von den Schlangenhalsschildkröten, daß ihr Bauchpanzer aus 11 statt aus 9 Stücken besteht. Hierher rechnen wir drei Gattungen mit 14 Arten, die dem tropischen und südlichen Afrika, Madagaskar

Sternothaerus nigricans *Donnd.* ½ natürlicher Größe.

und Südamerika angehören und sämtlich im süßen Wasser der Bäche und Flüsse leben. Bei der Gattung Sternothaerus, die in sechs Arten (von denen der hier abgebildete S. nigricans *Donnd.* in Afrika südlich vom Äquator weiter verbreitet ist und auch auf Westmadagaskar und den Seychellen lebt) das tropische und südliche Afrika bewohnt, ist der Vorderlappen des Bauchpanzers beweglich eingelenkt und kann nach aufwärts geklappt werden, wodurch die Schale vorn vollständig geschlossen wird. Sowohl dieser Gattung als der Gattung Pelomedusa, deren einzige Art, Pelomedusa galeata *Schöpff*, die verbreitetste aller afrikanischen Schildkröten ist, da sie nicht nur im ganzen tropischen und südlichen Afrika, sondern auch in Westmadagaskar gefunden wurde, fehlt ein knöchernes Schläfendach, und die Hinterfüße haben wie die vorderen 5 Krallen. Bei Pelomedusa ist aber der Vorderlappen des Bauchpanzers unbeweglich.

Werner, der nahezu alle Arten afrikanischer Pelomedusiden in Gefangenschaft beobachten konnte, findet ihr Verhalten im allgemeinen sehr übereinstimmend. Wie überhaupt die ja durchweg wasserbewohnenden Pleurodiren, sind auch die Arten von Sternothaerus und ebenso Pelomedusa oberseits unauffällig braun, olivenfarben oder schwärzlich gefärbt, meist mit hübschen, dunklen, moosartigen Zeichnungen auf dem Kopfe, den zwei nebeneinander liegende Hornschilde auf Schnauze und Stirn und ein großer, unpaarer Schild auf dem Hinterkopfe decken. Die Kiefer weisen bei manchen dunkle, senkrechte Streifen auf. Alle hierhergehörigen Arten sind gefräßige Raubtiere, die sich nach Art anderer Wasserschildkröten ernähren, also Fisch- und Froschfleisch, Kaulquappen, Regenwürmer und Wasserschnecken, in Gefangenschaft auch Streifen von Rindfleisch in Menge verzehren, dabei überaus anspruchslos sowohl in bezug auf Einrichtung ihres Käfigs als auch hinsichtlich des Wärmebedürfnisses sind und sogar bei gewöhnlicher Zimmertemperatur, freilich in einem halbschlafenden Zustande, überwintern und im Frühling unter den ersten, wieder Nahrung zu sich nehmenden Wasserschildkröten sind. Sie verlassen das Wasser nur ausnahmsweise. Den im Sudan von Senegambien bis zum oberen Nil verbreiteten Sternothaerus adansoni *Schweigg.* (Taf. „Schildkröten IV", 1, bei S. 480) traf Werner in seichten Tümpeln in der Nähe des Nils bei Gondokoro in Uganda, niemals außerhalb des Wassers an. Diese Schildkröten scheinen sich auch nur so zu sonnen, daß sie seichtere, stärker erwärmte Stellen des Wassers aufsuchen. Dagegen hat Scherer bei Korogwe in Deutsch-Ostafrika wenigstens ein Riesenexemplar des Sternothaerus sinuatus von 40 cm Schalenlänge und 18 Pfund Gewicht am Ufer gefangen. Kein Beobachter hat jemals bemerkt, daß eine dieser Schildkröten sich mit Hilfe ihres Gebisses verteidigt hätte; dasselbe scheint auch für die Schlangenhalsschildkröten zu gelten.

Von Sternothaerus derbianus *Gray*, einem westafrikanischen Tiere aus dieser Familie, berichtet P. Hesse, daß es zuweilen einen kurz abgebrochenen Laut von sich gab, der wie das „Wau" eines Hundes klang und vermutlich durch Zusammenklappen der kräftigen hornigen Kiefer hervorgebracht wurde. Scherer, der diesen dumpfstöhnenden oder glucksenden Laut öfters bei dem ostafrikanischen Sternothaerus sinuatus vernahm, meint aber, daß er durch tiefes Atemschöpfen hervorgerufen würde. Ein Weibchen dieser Schildkröte legte fast vier Wochen lang ziemlich regelmäßig täglich ein Ei; selten setzte es einmal einen Tag aus, an drei Tagen fand Hesse je zwei Eier. Diese haben eine papierartige, nicht glänzende Schale, sind länglich, etwas größer als Taubeneier und an beiden Enden gleichmäßig abgerundet.

Hinsichtlich ihrer Lebensweise und ihres Betragens stimmen die Pelomedusen in vielen wesentlichen Stücken mit den übrigen in süßen Gewässern lebenden Schildkröten überein.

Die Arrauschildkröte, Podocnemis expansa *Schweigg.*, ein großes Tier von 77 cm Panzerlänge, vertritt die Gattung der Schienenschildkröten (Podocnemis *Wagl.*), die sich durch folgende Merkmale auszeichnen. Der Bauchpanzer ist groß, sein Vorderlappen unbeweglich. Der Kopf ist durch ein knöchernes Schläfendach, ein unpaares Stirnschild zwischen den Augen und drei große Schilde nebeneinander auf dem Hinterkopf ausgezeichnet. Die Hinterfüße haben nur 4 Krallen. Mit Ausnahme einer madagassischen Art leben die übrigen sieben Arten in den großen Strömen Südamerikas.

Von den anderen Arten der Gattung unterscheidet sich die Arrauschildkröte durch die tiefe Längsrinne auf der Mitte der Stirn sowie dadurch, daß das Stirnschild durch einen Fortsatz am hinteren Augenhöhlenrande mit dem Oberkiefer verbunden ist. Der Rückenpanzer ist eiförmig, hinten breiter als vorn, ohne deutlichen Mittelkeil und mit ausgebreitetem Hinterrande. Der Oberkiefer ist in der Mitte abgerundet, nicht ausgeschnitten, seine

Kaufläche trägt drei kurze Längskanten, deren mittlere die stärkste ist; am Kinn stehen zwei Barteln und am äußeren Fußrande zwei große Schuppen. Der Rückenpanzer ist braun mit dunkleren Flecken, der Bauchpanzer gelblich mit braunen Flecken. Junge Tiere sind oberseits olivenbraun, unterseits gelb gefärbt; ihre oberen Augenränder, ein Fleck hinter dem Auge und ein Doppelfleck auf dem Zwischenscheitelschilde sind ebenfalls gelb. Das Weibchen ist etwa doppelt so groß wie das Männchen. Die Art bewohnt außer dem Orinoco den Magdalenenstrom und den Amazonenstrom mit seinen Verzweigungen.

„Gegen 11 Uhr vormittags", so schildert A. v. Humboldt, „stiegen wir an einer Insel

Arrauschildkröte, Podocnemis expansa *Schweigg.* 1/9 natürlicher Größe.

mitten im Strome aus, welche die Indianer in der Mission Uruana als ihr Eigentum betrachten. Die Insel ist berühmt wegen ihres Schildkrötenfanges oder, wie man hier sagt, wegen der Eierernte, die jährlich hier gehalten wird. Wir fanden mehr als 300 Indianer unter Hütten aus Palmblättern gelagert. Außer den Guanos und Otomakos aus Uruana, die beide für wilde, unbezähmbare Stämme gelten, waren Kariben und andere Indianer vom unteren Orinoco zugegen. Jeder Stamm lagerte für sich und unterschied sich durch die Farbe, mit der die Haut bemalt war. In dem lärmenden Haufen bemerkten wir einige Weiße, namentlich Krämer aus Angostura, die den Fluß heraufgekommen waren, um von den Eingeborenen Schildkröteneier-Öl zu kaufen, trafen auch den Missionar von Uruana, der uns erzählte, daß er mit den Indianern wegen der Eierernte herübergekommen sei, um jeden Morgen unter freiem Himmel die Messe zu lesen und sich das Öl für die Altarlampe zu beschaffen, besonders aber, um diesen ‚Freistaat der Indianer und Kastilianer', in dem jeder für sich allein haben wolle, was Gott allen beschert, in Ordnung zu halten.

„In Begleitung dieses Missionars und eines Krämers, der sich rühmte, seit 10 Jahren zur Eierernte zu kommen, umgingen wir die Insel, die man besucht wie bei uns zulande die Messen. Wir befanden uns auf einem ebenen Sandstriche. ‚So weit das Auge an den Ufern hinreicht', sagte man uns, ‚liegen Schildkröteneier unter der Erdschicht.' Der Missionar trug eine lange Stange in der Hand und zeigte uns, wie man mit ihr untersucht, um zu sehen, wie weit die Eierschicht reichte, wie der Bergmann die Grenzen eines Lagers von Mergel, Raseneisenstein oder Braunkohle ermittelt. Stößt man die Stange senkrecht in den Boden, so spürt man, wenn der Widerstand auf einmal aufhört, daran, daß man die Höhlung oder das lose Erdreich, in dem die Eier liegen, erreicht hat. Wie wir sahen, ist die Schicht im ganzen so gleichförmig verbreitet, daß die Stange in einem Halbmesser von 20 m rings um einen gegebenen Punkt sicher darauf stößt. Auch spricht man hier nur von Geviertstangen Eiern, als ob man ein Bodenstück, unter dem Erze liegen, in Lose teile und ganz gleichmäßig abbaue. Indessen bedeckt die Eierschicht bei weitem nicht die ganze Insel, hört vielmehr überall auf, wo der Boden rasch ansteigt, weil die Schildkröte zu diesen kleinen Hochebenen nicht emporkriechen kann. Ich erzählte meinen Führern von den übertriebenen Beschreibungen Pater Gumillas, nach denen die Ufer des Orinocos nicht so viel Sandkörner enthalten wie der Strom Schildkröten, ja daß sie die Schiffe in ihrem Laufe aufhalten würden, wenn Menschen und Tiger nicht alljährlich so viele töteten. ‚Das sind Pfaffenmärchen', sagte der Krämer aus Angostura leise. Die Indianer versicherten uns, von der Mündung des Orinocos bis zum Einflusse des Apures hinauf finde man keine Insel und kein einziges Gestade, wo man Schildkröteneier in Masse sammeln könne. Die Uferstrecken, auf denen fast sämtliche Schildkröten des Orinocos sich alljährlich zusammenzufinden scheinen, liegen zwischen dem Zusammenflusse des Orinocos und des Apures und den großen Fällen oder Raudales, und hier finden sich die drei berühmtesten Fangplätze. Eine Art, die Arrauschildkröte, geht, wie es scheint, nicht über die Fälle hinauf, und wie man uns versicherte, kommen oberhalb Atures und Maypures nur Terekayschildkröten vor.

„Die größte Schildkröte, der Arrau, ein furchtsames, scheues Tier, das nur den Kopf aus dem Wasser streckt und beim leisesten Geräusche sich verbirgt, meidet von Menschen bewohnte oder von Booten beunruhigte Uferstrecken. Sie ist eine große Süßwasserschildkröte mit Schwimmfüßen, sehr plattem Kopfe, zwei fleischigen, sehr spitzigen Anhängen unter dem Kinn, mit 5 Zehen an den Vorder- und 4 an den Hinterfüßen. Der Rückenpanzer hat 5 Mittel-, je 4 seitliche und 24 Randschilde; er ist oben schwarzgrau, unten orangengelb; die langen Füße sehen ebenso aus. Zwischen den Augen ist eine sehr tiefe Längsfurche. Die Nägel sind sehr stark und gebogen. Die Afteröffnung befindet sich am ersten Fünftel des sehr kurzen Schwanzes. Das erwachsene Tier wiegt 20—25 kg. Die Eier, weit größer als Taubeneier, haben eine Kalkschale und sollen so fest sein, daß die Kinder der Otomaken, die eifrige Ballspieler sind, sie einander zuwerfen können. Der Terekay ist kleiner als der Arrau, der Panzer zählt ebenso viele Platten; sie sind aber etwas anders verteilt. Ich zählte 5 Mittel-, je 4 sechseckige seitliche und 24 vierseitige, stark gebogene Randplatten. Die Färbung des Panzers ist schwarz mit grünlichem Anfluge; Nägel und Füße sind wie beim Arrau, die nackten Teile olivengrün; auf dem Kopfe stehen zwei aus Rot und Gelb gemischte Flecke; der Hals ist gelb. Die Terekays tun sich nicht in so große Schwärme zusammen wie die Arraus, um die Eier auf dem nämlichen Ufer zu legen. Letztere haben einen angenehmen Geschmack und sind bei den Bewohnern von Spanisch-Guayana sehr gesucht. Der Arrau geht nicht über die Fälle hinauf; der Terekay kommt sowohl im oberen Orinoco als unterhalb der Fälle vor, ebenso im Apure, Urituku, Guatiko und den kleinen Flüssen, die durch die Llanos von Caracas laufen.

„Die Zeit, in welcher der Arrau seine Eier legt, fällt mit dem niedrigsten Wasserstande zusammen. Da der Orinoco von der Frühlings-Tag- und Nachtgleiche an zu steigen beginnt, so liegen von Anfang Januar bis zum 29. März die tiefsten Uferstrecken trocken. Die Arraus sammeln sich schon im Januar in große Schwärme, gehen aus dem Wasser und wärmen sich auf dem Sande in der Sonne, weil sie, nach Ansicht der Indianer, zu ihrem Wohlbefinden notwendig starker Hitze bedürfen und die Sonne das Eierlegen befördere. Während des Februar findet man die Arraus fast den ganzen Tag auf dem Ufer. Anfangs März vereinigen sich die zerstreuten Haufen und schwimmen nun zu den wenigen Inseln, auf welchen sie gewöhnlich ihre Eier legen: wahrscheinlich kommt dieselbe Schildkröte jedes Jahr an das nämliche Ufer. Wenige Tage vor dem Legen erscheinen viele Tausende von ihnen in langen Reihen an den Ufern der Inseln Cucuruparu, Uruana und Pararuma, recken den Hals und halten den Kopf über das Wasser, ausschauend, ob nichts von ‚Tigern' oder Menschen zu fürchten sei. Die Indianer, denen viel daran liegt, daß die vereinigten Schwärme auch zusammenbleiben, stellen längs des Ufers Wachen auf, damit die Tiere nicht zerstreut werden und in aller Ruhe ihre Eier legen können. Man bedeutet den Leuten auf den Fahrzeugen, sich mitten im Strome zu halten und die Schildkröten nicht durch ihr Geschrei zu verscheuchen.

„Die Eier werden immer bei Nacht, aber gleich von Sonnenuntergang an gelegt. Das Tier gräbt mit seinen Hinterfüßen, die sehr lang sind und krumme Klauen haben, ein meterweites und 60 cm tiefes Loch, dessen Wände es, um den Sand zu erweichen, nach Behauptung der Indianer mit seinem Harn benetzen soll. Der Drang zum Eierlegen ist so stark, daß manche Schildkröten in die von anderen gegrabenen, noch nicht wieder mit Erde ausgefüllten Löcher hinabgehen und auf die frischgelegte Eierschicht noch eine zweite legen. Bei diesem stürmischen Durcheinander werden so viele Eier zerbrochen, daß der Verlust, wie der Missionar uns durch den Augenschein belehrte, ein Drittel der ganzen Ernte betragen mag. Wir fanden Quarzsand und zerbrochene Eierschalen durch das ausgeflossene Dotter der Eier zu großen Klumpen zusammengekittet. Es sind der Tiere, die in der Nacht am Ufer graben, so unermeßlich viele, daß manche der Tag überrascht, ehe sie mit dem Legen fertig werden konnten. Dann beeilen sie sich mehr als je, ihre Eier los zu werden und die gegrabenen Löcher zuzudecken, damit der Jaguar sie nicht sehen möge. Sie, die verspäteten, achten dabei auf keine Gefahr, die ihnen selbst droht, sondern arbeiten unter den Augen der Indianer, die frühmorgens auf das Ufer kommen und sie ‚närrische Schildkröten' nennen. Trotz ihrer ungestümen Bewegungen fängt man sie leicht mit den Händen.

„Die drei Indianerlager an den obengenannten Orten werden in den letzten Tagen des März oder den ersten Tagen des Aprils eröffnet. Die Eierernte geht das eine Mal vor sich wie das andere, mit der Regelmäßigkeit, die bei allem herrscht, was von Mönchen ausgeht. Ehe die Missionare an den Fluß kamen, beuteten die Eingeborenen das Erzeugnis, das die Natur hier in so reicher Fülle bietet, in geringerem Maße aus. Jeder Stamm durchwühlte das Ufer nach seiner eignen Weise, und es wurden unendlich viele Eier mutwillig zerbrochen, weil man nicht vorsichtig grub und mehr Eier aufdeckte, als man mitnehmen konnte. Es war, als würde eine Erzgrube von ungeschickten Händen ausgebeutet. Den Jesuiten gebührt das Verdienst, diese Ausbeutung geregelt zu haben. Sie gaben nicht zu, daß das ganze Ufer aufgegraben wurde, ließen vielmehr ein Stück unberührt liegen, weil sie besorgten, die Schildkröten möchten, wenn nicht ausgerottet werden, so doch bedeutend abnehmen." Jetzt wühlt man wieder das ganze Ufer rücksichtslos um; man glaubt aber auch zu bemerken, daß die Ernten von Jahr zu Jahr geringer werden.

„Ist das Lager aufgeschlagen, so ernennt der Missionar seinen Stellvertreter, der den Landstrich, wo die Eier liegen, nach der Anzahl der Indianerstämme, die sich in die Ernte teilen, in Lose zerlegt. Er beginnt das Geschäft damit, daß er mit seiner Stange untersucht, wie weit die Eierschicht im Boden reicht. Nach unseren Messungen erstreckt sie sich bis zu 40 m vom Ufer und ist im Durchschnitt 1 m tief. Der Beauftragte steckt ab, wie weit jeder Stamm arbeiten darf. Nicht ohne Verwunderung hört man den Ertrag der Eierernte wie den Ertrag eines Getreideackers abschätzen. Es kommt vor, daß ein Flächenraum von 40 m Länge und 10 m Breite 100 Krüge oder für 1000 Frank Öl liefert. Die Indianer graben den Boden mit den Händen auf, legen die gesammelten Eier in kleine, Mappiri genannte Körbe, tragen sie ins Lager und werfen sie in große, mit Wasser gefüllte, hölzerne Tröge. In diesen werden die Eier mit Schaufeln zerdrückt, umgerührt und der Sonne ausgesetzt, bis der ölige Teil, das Eigelb, das obenauf schwimmt, dick geworden ist. Das Öl wird abgeschöpft und über starkem Feuer gekocht, soll sich auch um so besser halten, je stärker man es kocht. Gut zubereitet, ist es hell, geruchlos und kaum ein wenig gelb. Die Missionare schätzen es dem besten Baumöle gleich. Man braucht es nicht allein zum Brennen, sondern auch, und zwar vorzugsweise, zum Kochen, da es den Speisen keinerlei unangenehmen Geschmack gibt. Doch hält es schwer, ganz reines Schildkrötenöl zu bekommen; das meiste hat einen fauligen Geruch, der davon herrührt, daß Eier darunter geraten sind, in welchen die jungen Schildkröten sich bereits ausgebildet hatten.

„Das Ufer von Uruana gibt jährlich 1000 Krüge Öl. Der Krug gilt in Angostura 2—2½ Piaster. Der ganze Ertrag der Uferstrecken, auf welchen jährlich Ernte gehalten wird, läßt sich auf 5000 Krüge veranschlagen. Da nun 200 Eier eine Weinflasche voll Öl geben, so kommen 5000 Eier auf einen Krug. Nimmt man an, jede Schildkröte lege 100—116 Eier, und ein Drittel werde während des Legens, namentlich von den ‚närrischen Schildkröten' zerbrochen, so ergibt sich, daß, um diese 5000 Krüge Öl zu füllen, 330000 Arrauschildkröten auf den drei Ernteplätzen 33 Millionen Eier legen müssen. Und mit dieser Rechnung bleibt man noch weit unter der wahren Anzahl. Viele Weibchen legen nur 60—70 Eier; viele werden im Augenblicke, wo sie aus dem Wasser gehen, von den Jaguaren gefressen; die Indianer nehmen viele Eier mit, um sie an der Sonne zu trocknen und zu essen, und zerbrechen bei der Ernte viele aus Fahrlässigkeit. Die Menge der Eier, die bereits ausgeschlüpft sind, ehe der Mensch darüber kommt, ist so ungeheuer, daß ich beim Lagerplatze von Uruana das ganze Ufer des Orinocos von jungen, zollbreiten Schildkröten wimmeln und sie mit Not den Kindern der Indianer, die Jagd auf sie machten, entkommen sah. Nimmt man noch hinzu, daß nicht alle Arraus zu den drei Lagerplätzen kommen, daß viele zwischen der Mündung des Orinocos und dem Einflusse des Apures einzeln und ein paar Wochen später legen, so gelangt man notwendig zu dem Schlusse, daß sich die Anzahl der Schildkröten, die alljährlich an den Ufern des unteren Orinocos ihre Eier legen, nahezu auf eine Million belaufe. Dies ist ausnehmend viel für ein Tier von so beträchtlicher Größe, das einen halben Zentner schwer wird, und unter dessen Geschlecht der Mensch so furchtbar aufräumt; denn im allgemeinen pflanzt die Natur in der Tierwelt die größeren Arten in geringerer Anzahl fort als die kleinen.

„Die jungen Schildkröten zerbrechen die Eischale bei Tage; man sieht sie aber nur bei Nacht aus dem Boden schlüpfen. Nach Behauptung der Indianer scheuen sie die

Sonnenhitze. Die Farbigen wollten uns auch zeigen, wie das Schildkrötchen, wenn man es in einem Sacke weit vom Ufer trägt und so auf den Boden setzt, daß es dem Flusse den Rücken kehrt, alsbald den kürzesten Weg zum Flusse einschlage. Ich gestehe, daß dieser Versuch, von welchem schon Pater Gumilla spricht, nicht immer gleich gut gelingt; gewöhnlich aber schien es mir wirklich, als ob die kleinen Tiere, auch wenn sie sehr weit vom Ufer, selbst auf einer Insel sich befanden, spüren konnten, woher die feuchteste Luft wehte. Bedenkt man, wie weit sich die Eierschicht fast ohne Unterbrechung am Ufer hin erstreckt, und wie viele tausend kleiner Schildkröten gleich nach dem Ausschlüpfen dem Wasser zugehen, so läßt sich nicht wohl annehmen, daß so viele dieser Tiere, die an demselben Orte ihre Nester graben, ihre Jungen herausfinden und letztere, wie die Krokodile tun, in die Lachen am Orinoco führen können. So viel ist gewiß, daß diese Schildkröte ihre ersten Lebensjahre in den seichtesten Lachen zubringt und erst, wenn sie erwachsen ist, in das große Flußbett geht. Wie finden die Jungen nun diese Lachen? Werden sie von den weiblichen Schildkröten hingeführt, die sich ihrer annehmen, wie sie ihnen aufstoßen? Die Arrauschildkröte erkennt sicher, so gut wie das Krokodil, den Ort wieder, wo sie ihr Nest gemacht hat; da sie aber nicht wagt, ans Ufer zu kommen, wenn die Indianer ihr Lager aufgeschlagen haben, wie könnte sie ihre Jungen von fremden unterscheiden? Anderseits wollen die Otomaken beim Hochwasser weibliche Schildkröten gesehen haben, die eine ziemliche Anzahl junger Schildkröten hinter sich hatten, solche, welche allein an einem einsamen Ufer gelegt hatten und zu diesem wieder zurückkommen konnten. Männliche Tiere sind unter den Schildkröten sehr selten: unter mehreren Hunderten trifft man kaum eins. Der Grund dieser Erscheinung kann aber nicht derselbe sein wie bei den Krokodilen, die in der Brunst einander blutige Gefechte liefern.

„Das Erntegeschäft und die Zubereitung des Öles währen 3 Wochen, und nur um diese Zeit stehen die Missionen mit der Küste und den benachbarten gesitteten Ländern in Verkehr. Die Franziskaner, die südlich von den Fällen leben, kommen zur Eierernte, weniger um sich Öl zu verschaffen, als um weiße Gesichter zu sehen. Die Ölhändler haben 60—70 vom Hundert Gewinn; denn die Indianer verkaufen den Krug für einen harten Piaster an sie, und die Versandkosten betragen nur $^2/_5$ Piaster für den Krug. Alle Indianer, die an der Eierernte teilnehmen, bringen auch ganze Massen an der Sonne getrocknete oder leicht gesottene Eier mit nach Hause. Unsere Ruderer hatten solche stets in ihren Körben oder in kleinen Säcken von Baumwollzeug. Der Geschmack kam uns nicht unangenehm vor, solange sie noch gut erhalten waren."

Daß die Eier der Arrauschildkröte auch von anderen geschätzt werden, ergibt sich aus nachstehender Schilderung Schomburgks. „Den Jubel, mit welchem die Bootsleute gewisse Sandbänke des Essequibos begrüßten, konnte ich nicht eher enträtseln, als bis mehrere der Indianer, ehe noch die Kähne landeten, ungeduldig in den Fluß sprangen, nach einer der Sandbänke schwammen, dort im Sande plötzlich zu scharren begannen und eine Menge Eier zum Vorschein brachten. Die Legezeit der Schildkröten hatte begonnen, eine Zeit, welcher der Indianer mit ebenso großer Sehnsucht entgegensieht wie unsere Gutschmecker dem Schnepfenstriche oder dem Beginn der frischen Austernsendungen. Die Begierde der Indianer war so groß, daß sie, glaube ich, auch wenn Todesstrafe auf eigenwilligem Verlassen des Kahnes gestanden hätte, sich nicht würden haben abhalten lassen, nach den Sandbänken zu schwimmen, die in ihrem Schoße die wohlschmeckenden Eier bargen. Als ich jenen gefeierten Leckerbissen kennen gelernt hatte, fand ich die Leidenschaft der Indianer erklärlich. Was sind unsere vielgepriesenen Kiebitzeier gegen das Ei dieser Schildkröte!

„Das Tier begibt sich auf diesen Sandbänken meist 80—140 Schritt landeinwärts, scharrt dann eine Vertiefung in den Sand, legt die Eier ab, bedeckt sie mit Sand und kehrt zum Wasser zurück. Eine leichte, wellenförmige Erhöhung der Sandfläche verrät die Stelle des Nestes, ein Zeichen, das wir nicht eher unterscheiden lernten, als bis wir einige Sandbänke sahen, deren ganze Oberfläche ein wellenförmiges Äußeres hatte. Das Eiweiß, das beim Kochen nicht hart wird, sondern vollständig im flüssigen Zustande bleibt, läßt man auslaufen und genießt nur das wohlschmeckende und nahrhafte Dotter. Einen ausgezeichneten Leckerbissen lieferten uns die rohen Dotter mit Zucker und einigen Tropfen Rum vermischt, was ihnen eine überraschende Ähnlichkeit mit dem feinsten Marzipan gab.

„Als Legezeit der Schildkröte im Amazonenstrome gibt v. Martius die Monate Oktober und November an; nach Humboldt fällt sie für den Orinoco in den März; im Essequibo dagegen beginnt sie mit Januar und währt höchstens bis Anfang Februar. Diese Verschiedenheit der Legezeit scheint genau mit dem verschiedenen Eintritte der Regenzeit innerhalb der Grenzen der drei Stromgebiete in Verbindung zu stehen. Die Tiere entledigen sich ihrer Eier während jener günstigen Tage, in welchen die Sonne vor dem Eintritte der großen Regenzeit noch die Zeitigung der Eier beendigen kann. Für den Indianer ist das Erscheinen der jungen Schildkröten das sicherste Merkmal für den baldigen Beginn der letzteren; denn wenn jene, nachdem sie ausgekrochen sind, dem Wasser zueilen, kann man sicher darauf rechnen, daß die Regenzeit nahe ist. 40 Tage, nachdem das Ei gelegt worden ist, durchbricht das Junge die Pergamentumhüllung und schlüpft aus."

Außer von dem Menschen, dessen regelrecht betriebene Eierplünderung dem auch noch heutigestags zahlreichen Heere der Arrauschildkröten die erheblichsten Verluste zufügt, haben diese auch von Raubtieren zu leiden. „Man zeigte uns", schließt Humboldt seine malerische Schilderung, „große, von Jaguaren geleerte Schildkrötenpanzer. Diese ‚Tiger' gehen den Arraus auf den Uferstrichen nach, wenn sie legen wollen, überfallen sie dabei und wälzen sie, um sie gemächlich verzehren zu können, auf den Rücken. Aus dieser Lage können die Schildkröten sich nicht aufrichten, und da der Tiger ihrer weit mehr umwendet, als er in einer Nacht verzehren kann, so machen sich die Indianer häufig seine List und seine boshafte Habsucht zunutze." Auch C. Sachs hat ausgeleerte Panzer gefunden.

„Wenn man bedenkt, wie schwer der reisende Naturforscher den Körper der Schildkröte herausbringt, falls er Rücken- und Brustpanzer nicht trennen will, kann man die Gewandtheit des Tigers nicht genug bewundern, der mit seiner Tatze den Doppelschild des Arraus leert, als wären die Ansätze der Muskeln mit dem Messer eines Wundarztes losgetrennt. Der Tiger verfolgt die Schildkröte sogar in das Wasser, falls dieses nicht sehr tief ist, gräbt auch die Eier aus, ist überhaupt neben dem Krokodil, den Reihern und den Rabengeiern der furchtbarste Feind der frisch ausgeschlüpften Schildkröten. Im verflossenen Jahre wurde die Insel Pararuma während der Eierernte von so vielen Krokodilen heimgesucht, daß die Indianer in einer einzigen Nacht ihrer 18 bis 4 m lange mit hakenförmigen, durch Seekuhfleisch geköderten Eisen fingen. Außer den ebenerwähnten wilden Tieren tun auch die wilden Indianer der Ölbereitung bedeutenden Eintrag. Sobald die ersten kleineren Regenschauer, von ihnen Schildkrötenregen genannt, sich einstellen, ziehen sie an die Ufer des Orinocos und töten mit vergifteten Pfeilen die Schildkröten, die mit emporgerecktem Kopfe und ausgestreckten Beinen sich sonnen."

E. A. Göldi hat nach einem ungedruckten Berichte J. M. da Silva Coutinhos weitere eingehende Mitteilungen über die Arrauschildkröte des Amazonenstromes gemacht. Danach lebt diese vom Januar bis zum Juli in den Lachen und Uferseen der überschwemmten Waldungen und frißt fast ausschließlich abgefallene Baumfrüchte. Mit dem Netze werden die Tiere im August, zu anderer Zeit aber mit Harpune und Pfeil gefangen. Die Paarung erfolgt im Wasser; die Eier werden Ende September bis Oktober in der Morgenfrühe abgelegt; 80—200 Eier füllen die 45—60 cm tiefe Grube. Die Eier werden gegessen, oder es wird aus ihnen in großem Maßstabe „Butter" gewonnen, die als Teerzusatz, zu Beleuchtungszwecken, seltener zur Speisebereitung verwendet wird; selbst die eben ausgeschlüpften Jungen werden nicht geschont.

Diesen alten Angaben mögen noch die neueren, sie mehrfach ergänzenden und berichtigenden, auf eigenen Erfahrungen beruhenden Mitteilungen von Göldi und Hagmann

Terekay-Schildkröte, Podocnemis unifilis *Trosch.* 1/3 natürlicher Größe.

angeschlossen werden. Ersterer bemerkt, daß große Exemplare dieser unter dem Namen „Tartaruga" (einem allen um das Mittelmeer herum wohnenden romanischen Völkern gemeinsamen Worte für „Schildkröte") bekannten Art in Manáos und Pará regelmäßig auf den Markt gelangen, in Pará zweimal in der Woche geschlachtet und ausgewogen werden. Im Mündungsgebiete des Amazonenstromes wird sie zusehends seltener. Die Eier sind, entgegen der irrigen Angabe A. v. Humboldts, weichhäutig, ihre Form ist nahezu kugelrund, die Färbung kalkweiß; die Zahl in einem Gelege beträgt 7—12 Dutzend; die Längsachse der Eier mißt etwa 44—48, die Querachse 41—43 mm; sie wiegen je 40—46 g. Die Schildkröteneier, die so hart sind, daß die Kinder der Otomaken-Indianer sie einander als Bälle zuwerfen, waren keine „Arrau"-, sondern „Terekay"-Eier. Die „Terekay" Humboldts ist mit **Podocnemis unifilis** *Trosch.* identisch, die Göldi in den vorhin angeführten Mitteilungen für **P. dumeriliana** hielt. Sie ist gleichzeitig auch diejenige Schildkröte, die am Amazonenstrom allgemein als „Tracaxa" bezeichnet wird. Die Zahl der Eier in einem Terekay-Gelege ist geringer als bei der Tartaruga (nur 2—4 Dutzend), die Eier sind auch nicht so rund, sondern mehr länglich (49 mm lang, 34 mm im Querdurchmesser) mit glatter, fettig sich anfühlender, harter Schale.

Beide Arten kommen im Amazonenstrom nebeneinander vor, wobei zu bemerken ist, daß im Hauptstrom Podocnemis expansa, in den Seitenströmen die unifilis vorwiegt, die schließlich in dem von Katarakten durchsetzten Oberlauf allein das Feld behauptet. Sie, die „Tracaxa", ist für die Anwohner der Küstenflüsse in Guayana von derselben großen Bedeutung, was die „Tartaruga" für die Amazonasbevölkerung, und ihre Legezeit im Oktober bis Dezember ist eine wichtige Zeit für diese; Frauen und Kinder machen sich auf zum Sammeln der Eier, die oft an Tagereisen weit an einem Savannenfluß oder Binnensee liegenden Stellen gefunden werden.

Über das Vorkommen dieser Schildkröte auf der Amazonasinsel Mexiana berichtet Hagmann wie folgt:

„Die Tartaruga kommt auf Mexiana noch verhältnismäßig häufig vor, doch nicht in dem Maße wie am mittleren und oberen Amazonas. Sie findet sich im Hauptstrome, also an der Küste der Insel, sowohl als auch in den Flüssen, den Igarapés. Fährt man in einer leichten Canôa am Ufer entlang, so kann man besonders am Spätnachmittag oder des Morgens früh die Tartaruga beobachten, wie sie sich von der Strömung treiben läßt; man sieht zwar nur den Kopf auf der Wasseroberfläche erscheinen, um plötzlich zu verschwinden, wenn das Tier Gefahr wittert.

„Im Monat September werden auch an der Küste von Mexiana einzelne Nestgruben der Tartaruga aufgefunden und von den Eingeborenen, welche die Eier sehr schätzen, ausgehoben. Ich persönlich ziehe aber die Eier der Iguana denjenigen der Podocnemis weit vor; ganz vorzüglich, nur meistens zu fett, ist das Fleisch der Tartaruga. Die Männchen der Tartaruga werden ‚Capytari' genannt.

„Auf Mexiana wird die Tartaruga im Hauptstrom in der ‚Cambôa', in den Igarapés in der ‚Tapagem' gefangen.

„Unter ‚Cambôa' versteht man die Absperrung einer Bucht mittels Steinen, Netzen oder Zäunen. Da die Steine am unteren Amazonas meistens fehlen, werden gewöhnlich Netze oder Zäune dazu verwendet. Letztere erhalten ihrer Billigkeit halber den Vorzug. Die Zäune werden aus Bambus oder aus der Marajá-Palme (Bactris marajá) hergestellt, indem etwa 1 m hohe Latten geschnitten und die einzelnen Latten mit Lianen so zusammengebunden werden, daß sie ähnlich wie Rolläden aufgerollt werden können. So werden einzeln 4—5 cm lange, ‚Pari' genannte Stücke hergestellt, die dann an Ort und Stelle an festgesteckte Pfähle befestigt und untereinander zu einem oft über 100 m langen dichten Zaune verbunden werden. Zur Anlage einer Cambôa wird eine seichte halbkreisförmige Bucht ausgesucht, wo mit Hilfe des Zaunes ein größeres Stück der Küste abgesperrt werden kann. An den beiden Enden wird der Zaun spiralförmig zusammengerollt, so daß die Fische und Schildkröten an den Seiten nicht leicht den Ausgang finden. Die Cambôa wird zur Zeit der tiefsten Ebbe gestellt. Ihre Höhe muß so berechnet werden, daß sie bei der höchsten Flut mindestens 1 m unter dem Wasserspiegel zu stehen kommt, sie muß also je nach dem Stande der Gezeiten näher oder weiter vom Ufer entfernt angelegt werden.

„Die einzelnen Pari werden beim Aufstellen gut in den Schlamm gesteckt, jede schadhafte Stelle ausgeflickt oder verstärkt, und überall wird genau nachgesehen, daß keine Öffnung den Fischen als Durchschlupf dienen kann. Durch die eintretende Flut lassen sich die Fische und Schildkröten gegen das Ufer treiben; ist das Wasser genügend gestiegen, so gelangen sie über die Pari in die Cambôa, zieht bei eintretender Ebbe das Wasser sich zurück, so bleiben sämtliche Fische, die sich innerhalb der Cambôa aufhielten und sich beim ersten Eintreten der Ebbe nicht zurückgezogen haben, gefangen. Ehe die Ebbe vollständig ausgelaufen ist, treffen die Fischer ein und sammeln, was in der Cambôa zurückgeblieben ist, in ihre Canôas: unzählige Fische, vereinzelte Tartarugas, ja sogar Seekühe (Manatus) werden bisweilen darin gefangen. Das Ergebnis der Cambôa hängt sehr vom Stande der Seezeiten ab; am erfolgreichsten sind die Springtiden zur Zeit von Neu- und Vollmond und besonders die Flut der Nacht, da mit der abnehmenden Hitze des Tages die Fische wieder in die oberen Schichten des Wassers steigen, von wo sie über die Pari hinweg leichter in die Cambôa geraten.

„Cambôa in großem Maßstabe und etwas einfacher habe ich auf der Insel Mexiana mit Drahtgeflecht ausführen lassen.

„Die ‚Tapagem‘ besteht in der Absperrung eines seitlichen Armes eines kleineren Flusses, sogenannten ‚Igarapés‘, nur mit dem Unterschiede, daß hier die Pari erst gegen Schluß der höchsten Flut gestellt werden. Zur Zeit der Ebbe werden bloß quer über den Fluß kräftige Pfähle senkrecht eingerammt und an dieser Stelle das Bett des Igarapé von herumliegendem Holze so gut wie möglich gereinigt, so daß nachher der Zaun bei voller Flut ohne weitere Hindernisse gestellt werden kann. Zu diesem Zwecke bedient man sich eines Ruderbootes, und je nach Bedarf taucht der eine oder der andere unter und vergewissert sich, ob die Pari genügend tief im Schlamme stecken und nirgends einen Durchschlupf gewähren. Da diese Flüßchen niemals ein regelmäßiges Bett haben, also da und dort Vertiefungen aufweisen, in welchen auch während der Ebbe das Wasser und mit ihm Fische zurückbleiben, sucht man vor Eintritt der Ebbe soweit als möglich flußaufwärts vorzudringen, um dann flußabwärts ein richtiges Kesseltreiben zu veranstalten, indem mit Stöcken auf das Wasser geschlagen wird, um die Fische flußabwärts zu treiben. Gar oft kommt es vor, daß ein ebenfalls aufgescheuchter mächtiger Alligator einen Strich durch die Rechnung macht, indem er die Tapagem durchbricht. Vorsichtshalber halten sich deshalb mindestens zwei erwachsene Personen an der Tapagem selbst auf, um solche unliebsame Vorkommnisse möglichst zu verhindern. Das Ergebnis einer einzigen sorgfältig ausgeführten Tapagem ist oft, daß durch sie mehrere Familien auf eine Woche mit genügend Nahrung versehen werden, besonders wenn sich noch einige oft 50—60 cm große Tartarugas unter der Beute befinden.“

*

Schlangenhalsschildkröten (Chelydidae) nennen wir eine zweite Familie der Halswender, die, im übrigen den Pelomedusen ähnlich, den Nacken überhaupt nicht einziehen können, sondern ihn seitlich unter den Rand des Rückenpanzers schlagen, der meist eine deutliche Nackenplatte zeigt. Der mit 13 Hornplatten ausgestattete Bauchpanzer ist nur aus 9 Knochentafeln zusammengesetzt. Ein knöcherner Schläfenbogen fehlt dem Schädel aller zu den Schlangenhalsschildkröten gehörigen Gattungen, die Gaumenbeine sind durch das Pflugscharbein getrennt, die Nasenbeine gewöhnlich vorhanden, die Vorderstirnbeine nicht miteinander verwachsen, die Unterkieferäste durch eine Naht am Kinnwinkel verbunden.

Alle Schlangenhalsschildkröten, von denen man 27 Arten kennt, die sich auf zehn Gattungen verteilen, wohnen in Südamerika, Australien oder Neuguinea.

Daß auch die Schlangenhalsschildkröten, ähnlich wie die Weichschildkröten, eine Art von Kiemenatmung besäßen, hat sich nicht bestätigt. W. A. Haswell fand zwar bei der australischen Gattung Chelodina die Gewohnheit, daß sie, am Grunde des Wassers liegend, in regelmäßigen Zwischenräumen Wasser einzog und wieder ausstieß, er konnte aber den vollen Nachweis liefern, daß diese Bewegungserscheinungen mit einer Wasser- oder Kiemenatmung nichts zu tun hatten. Über die bemerkenswerte Art des Eierlegens bei dieser Schildkröte hat H. J. Mc Cooey berichtet. Das Weibchen schleppt nämlich Wasser herbei, um den harten Boden, den es sich zur Anlage seines Nestes wählt, zu erweichen und in der so gelockerten Erde besser graben zu können. Das Tier kommt zum Ablegen der Eier oft auf Entfernungen von 300 m aus dem Flusse und bringt dabei einen Wasservorrat mit, den es in Zwischenräumen in die zu grabenden Löcher speit. Um etwa 18 cm tief zu kommen, braucht die Schildkröte eine Wassermenge von wenigstens einem halben Liter. Reicht der einmalige Wasservorrat nicht aus, so bringt sie am nächsten Morgen eine zweite Ladung von Wasser und setzt die Grabarbeit fort. Die Eier werden in Schichten von sechs Stück bis zur Summe von 15—36 gelegt, womit die Nesthöhle gefüllt ist.

Eine der auffallendsten Gestalten der Ordnung vertritt die Gattung der Fransenschildkröten (Chelys *Dum.*). Sie kennzeichnet sich wie folgt: Der sehr flach gewölbte, mit Nackenplatte und doppelten Schwanzplatten ausgestattete Rückenpanzer weist drei Längsreihen durch breite und tiefe Furchen getrennter Kielhöcker auf; der aus einem Stück bestehende lange und schmale, an den Seiten gekielte Bauchpanzer hat keine Achsel- und Weichenplatten. Der Kopf ist sehr flach gedrückt und dreiseitig, die Augen sehr klein, das Maul bis in die Ohrgegend gespalten, der mehr oder weniger einwärts gerollte Kiefer mit schwachem Hornschnabel und dieser mit einer weichen, wulstigen Haut bedeckt, die Nase in einen langen Rüssel ausgezogen, der Hals lang, länger als die Rückenwirbelsäule und sehr breit und flach gedrückt, der Schwanz kurz und nicht mit einem Endnagel versehen, die Schwimmhaut zwischen den vorn fünf-, hinten vierkralligen Füßen stark entwickelt. Kleine Platten und verschiedene häutige Anhängsel bekleiden den Kopf, Längsreihen kleiner Schuppen den Hals, eine Menge in die Breite gezogener, großer Schuppen die Beine, Knötchen endlich den Schwanz. Die erwähnten Anhängsel bestehen aus einem dünnen, ziemlich großen, aufgerichteten, gewissermaßen ein äußeres Ohr darstellenden dreieckigen Hautlappen über jedem Gehörgange, zwei Kinnbärteln und einem langen, am Ende zerspaltenen Kehlbärtel; auch vier bis fünf zu beiden Seiten des Halses in je eine Reihe geordnete Hautwucherungen, die dieselbe Gestalt haben wie die Kehlbärtel, gehören dazu.

Die Matamata, Chelys fimbriata *Schn.*, die einzige Vertreterin der Gattung, erreicht eine Panzerlänge von 38 cm. Die Färbung der Oberseite ist ein fast gleichmäßiges Kastanienbraun, die der Unterseite ein schmutziges Grünlichgelb; schwarze und gelbe Flecke und Bänder zeichnen bei jungen Stücken die Platten, sechs schwarze Längsstreifen die Unterseite des Halses.

Das Verbreitungsgebiet der Matamata beschränkt sich auf Guayana und Nordbrasilien; v. Spix fand sie hier in stehenden Gewässern des Amazonenstromes, Castelnau in diesem selbst, Schomburgk dort in den Flüssen Essequibo, Rupununi und Takutu wie in den Seen und Sümpfen der Savanne. Nach A. Kappler fehlt sie in Surinam, ist aber in Cayenne gemein. Wo sie vorkommt, scheint sie häufig aufzutreten, ist daher auch allen europäischen Ansiedlern und Kreolen wohlbekannt, wird jedoch ihres abschreckenden Äußeren und abscheulichen Geruches halber von ihnen nur mit Abscheu angesehen und gemieden.

Schildkröten IV.

1. Sternothaerus adansoni *Schweigg.*
$^1/_3$ nat. Gr., s. S. 470. – L. Medland, F. Z. S.-Finchley, N., phot.

2. **Matamata**, Chelys fimbriata *Schn.*
$^1/_9$ nat. Gr., s. S. 480. – L. Medland, F. Z. S.-Finchley, N., phot.

3. **Australische Schlangenhalsschildkröte**, Chelodina longicollis *Shaw.*
$^1/_4$ nat. Gr., s. S. 481. – W. S. Berridge, F. Z. S.-London phot.

4. Beißschildkröte, Trionyx ferox *Schn.*

1/5 nat. Gr., s. S. 494. — L. Medland, F. Z. S.-Finchley, N., phot.

5. Gangesweichschildkröte, Trionyx gangeticus *Cuv.*

1/10 nat. Gr., s. S. 493. — W. S. Berridge, F. Z. S.-London phot.

6. Afrikanischer Dreiklauer, Trionyx triunguis *Forsk.*

1/4 nat. Gr., s. S. 497. — W. S. Berridge, F. Z. S.-London phot.

Über ihr Freileben gibt es nur wenige verläßliche Angaben, so die von Pöppig: „Sie nährt sich von kleinen Fischen und Fröschchen, liegt lauernd zwischen schwimmenden Wasserpflanzen, schwimmt schnell, vermag sogar Fische einzuholen und erhascht durch plötzliches Auftauchen kleine Wasservögel." Nach A. Günther lebt diese Art in der Freiheit vermutlich von Froschlarven. Hagmann, der sie auf der Amazonas-Insel Mexiana kennen lernte, nennt sie eine seltene Schildkröte, die nur zufällig gefunden wird und vorwiegend in den Flüssen vorkommt. Hier soll sie sich nach Aussage der Eingeborenen in den Schlamm

Matamata, Chelys fimbriata *Schn.* 1/5 natürlicher Größe.

eingraben und nur den 10—15 cm langen Rüssel hervorstrecken. Des Abends soll sie auf Jagd ausgehen und sich mit Vorliebe von kleinen Fischen ernähren.

Die Vermehrung der Matamata soll schwach sein und das Fortpflanzungsgeschäft sich im allgemeinen nicht von dem verwandter Arten unterscheiden. Das Weibchen, das Gautier pflegte, legte vor seinem Tode fünf Eier, aus deren einem ein Junges auskroch, und zwar wider alles Erwarten in der Schublade, in der man die Eier aufbewahrt hatte.

Otterschildkröten mögen zwei Arten der Flußschildkröten von uns genannt werden, die Wagler mit vollem Rechte in einer besonderen Gattung (Hydromedusa *Wagl.*) vereinigt hat. Sie kennzeichnen der flachgewölbte, an den Seitenrändern rinnenartig aufgebogene, aus 14 Scheibenplatten zusammengesetzte Rücken- und der sehr flache, aus einem Stücke bestehende Bauchpanzer, der flachgedrückte, mit weicher Haut bekleidete Kopf, die schwachen Kiefer, der sehr lange, warzige Hals, der länger ist als die Rückenwirbelsäule, der kurze Schwanz und die vorn und hinten mit vier Krallen besetzten Füße. Die als seltene Ausnahme erscheinende Anzahl von 14 Rückenscheibenplatten rührt daher, daß die Nackenplatte hier nicht, wie gewöhnlich, am Vorderrande zwischen den Randplatten, sondern hinter diesen auf der Scheibe vor der ersten Wirbelplatte liegt und gleichsam die Stelle einer sechsten Platte dieser Reihe vertritt. Die Schwanzplatte ist doppelt, die den Vorderrand des Bauchpanzers einnehmende, fast fünfeckige Zwischenkehlplatte sehr groß; Achsel- und Weichenplatten fehlen, Kinnbärtel ebenso. Die beiden bekannten Arten leben in Südamerika, die eine mehr im Norden, die andere im Süden des Erdteiles.

Da unser Zeichner eine der beiden dieser Gattung angehörigen Arten als lebende Vorlage benutzen konnte, mag sie, die sogenannte Argentinische Schlangenhalsschildkröte, Hydromedusa tectifera *Cope*, als Vertreterin der Gruppe gewählt werden, so wenig mir über ihr Freileben auch bekannt ist. Alle Platten des breit-eiförmigen, vorn abgerundeten Rückenpanzers zeigen bei dem jungen Tiere zahlreiche Wachstumsstreifen, in deren Mitte man das kegelförmig oder höckerig vortretende Mittelfeld des Schildes meist, jedoch nicht immer, unterscheiden kann, wogegen jene Platten bei alten Tieren vollkommen glatt erscheinen. Wie L. Müller beobachtete, bewirkt diese Umwandlung des rauhen, borkigen und höckerigen jugendlichen Rückenschildes in den glatten des erwachsenen Tieres eine Art Häutung, wobei die rauhen Hornplatten abgeworfen und durch die darunter neugebildeten glatten ersetzt werden. Die Färbung des Rückenpanzers ist in der Jugend ein gleichmäßiges, tief dunkles Olivengrün, beim erwachsenen Tiere nach der Häutung der Panzerplatten einfarbig lichtbraun oder auf hell- bis dunkelbraunem Grunde mit dunklen Spritzflecken, dunklen Plattennähten und großen dunklen dreieckigen Randflecken, die des Brustpanzers ein schmutziges Bräunlichgelb, entweder einfarbig oder mit zwei großen dunklen, in der Mittellinie aneinanderstoßenden, schmetterlingsflügelartigen Flecken, welche Zeichnung Kreffi bei südbrasilischen Stücken beobachtete. Kopf, Hals, Füße und Schwanz haben bleigraue Färbung und eine an der scharf abgestutzten oberen Schnauzenkante, zu beiden Seiten der Nase beginnende Binde, die als schmaler Strich bis zum Auge verläuft, von hier an sich verbreitert und nunmehr gleichbreit längs des ganzen Halses sich hinabzieht; eine zweite Binde, die jederseits innen neben der Unterkinnlade verläuft und mit jener sich bald vereinigt, ist blaßgelb, zuweilen orange- oder ziegelrot mit schwarzen Säumen. Die Panzerlänge beträgt bis 30 cm.

Das Verbreitungsgebiet dieser Schlangenhalsschildkröte scheint auf den Süden Brasiliens und die benachbarten Länder beschränkt zu sein. Natterer fand sie in São Paulo, H. v. Ihering in Rio Grande do Sul, andere Forscher im La Platafluß, d'Orbigny in Montevideo und Buenos Aires; Hensel erhielt sie aus der Banda Oriental. Mikan bringt die erste Beschreibung; d'Orbigny nennt sie häufig und gibt als ihren Aufenthalt kleine Seen und Bäche an, sagt aber nichts weiter über ihre Lebensweise. Siebenrock gibt als weitere Fundorte den Rio Guaparé und Ypanema, die Provinzen Rio de Janeiro und Sta. Catharina sowie Rosario in Argentinien an.

Über das Gefangenleben dieser Art (über das Freileben wissen wir noch immer so gut wie nichts) ebenso wie über andere Schlangenschildkröten verdanken wir P. Krefft ausgezeichnete Mitteilungen, weshalb wir diesen Beobachter hier ausschließlich als Gewährsmann heranziehen, um so mehr, als sich unsere Erfahrungen an denselben Arten ausnahmslos mit den seinigen decken.

Was zuvörderst das Aussehen der Hydromedusa anbelangt, so hebt Kreffft hervor, daß Kopf und Hals voneinander mehr abgesetzt sind als bei der australischen Schlangenhalsschildkröte und der Kopf flacher, die Halslänge noch etwas größer ist als bei dieser. Der Bauchpanzer ist beim Männchen hinten kahnförmig ausgehöhlt und spitzwinklig ausgeschnitten, bei dem anscheinend weit selteneren Weibchen flach, mit fast stumpfwinkligem Ausschnitt; bei den Weibchen fand Kreffft in der Mitte eine elastische, unter Fingerdruck federnde Stelle.

Diese Schildkröte vermag beträchtliche Temperaturschwankungen zu ertragen und ist gegen niedere Temperatur durchaus nicht empfindlich; so nahm ein Stück bei 8° R Wassertemperatur noch einen Fisch an. Sie ist keine licht- und sonneliebende Art, sondern erweist sich anfänglich geradezu als lichtscheues Nachttier. Ebenso verläßt sie in der Regel das Wasser freiwillig nicht; sie bewegt sich hier „mit würdevoller Bedachtsamkeit", vermag aber auch sehr schnell zu schwimmen. „Im Fischfange übertrifft sie an Fertigkeit, man könnte fast sagen, Unfehlbarkeit, jede mir bekannte Schildkröte weitaus." „Die Hydromedusa liebt es, ruhig auf dem Anstande zu verharren und sich die Fischchen (so sieht es manchmal wirklich aus) ins Maul schwimmen zu lassen, so unauffällig, gleichsam spielend und dabei doch totsicher, geschieht oft die nur ganz kurze und gedankenschnelle Schnappbewegung nach dem unvorsichtigen Opfer, das sich ihr unbedachtsam nähert. Hat unsere Schildkröte großen Hunger, oder sind die Fische nicht so entgegenkommend, sich ihr aus nächster, greifbarer Nähe zu präsentieren, so geht sie auch auf die Pirsch. Mit halb ausgestrecktem Halse gleitet sie fast regungslos,

Argentinische Schlangenhalsschildkröte, *Hydromedusa tectifera* Cope. 1/4 natürlicher Größe.

Millimeter um Millimeter vorrückend, durchs Wasser, bis ein den Zuschauer geradezu durch seine Schnelligkeit erschreckender Vorstoß des Halses den Fisch in ihre Gewalt bringt. Oft ist Ergreifen und Verschlingen des Opfers nur ein Akt, wenn es sich um einen entsprechend kleinen Fisch handelt, während größere bisweilen erst zwischen den Kiefern hin und her bewegt werden, ehe sie mundgerecht eingehen. Bei Hydromedusa sowie auch bei anderen Chelyiden ist es ohne weiteres ersichtlich, daß sie die Nahrung mit einem Wasserstrudel in den Schlund hineinreißen. Würden sie, wie das für die Annahme ja naheliegend wäre, bei der schlangenartigen Beschaffenheit ihres Halses auch wie eine Schlange ihre Beute verschlingen, so müßte der Bissen langsam hinabgleiten, anstatt dessen aber schießt ein Fisch oder auch ein Stück Fleisch wie ein von der Sehne geschnellter Pfeil in den Chelyidenschlund hinein. Der das Vehikel für den Bissen darstellende Wasserstrom wird ganz oder zum größten Teile aus dem Maule nachher wieder ausgestoßen, wie man z. B. bei Schabefleischfütterung, wo er durch kleine, in ihm flottierende Fleischpartikelchen markiert wird, wahrnehmen kann."

Kreffts Schildkröten nahmen außer Fischen auch Kaulquappen, Fleisch und Mehlwürmer; es scheint aber, daß sie Abwechselung lieben und sich an manche Art von Futter, wie z. B. an Fleisch, nur sehr langsam gewöhnen. L. Müller beobachtete an einem über zehn Jahre gepflegten Pärchen, daß die Tiere sehr zahm wurden, dabei sowohl um das Futter als außerhalb der Fütterungszeit rauften, indem sie sich gegenseitig in den Hals zwickten; auch fand er, ebenso wie Krefft, daß sie sich am Halse beständig häuten, so daß fast immer Fetzen daran hängen.

Der lange Hals ist nicht nur beim Fischfang und beim Luftholen im tieferen Wasser, sondern auch, nach Kammerer, beim Bergabsteigen, gewissermaßen als Bremse, schließlich, wie Krefft vermutet, sogar beim Klettern zur Ausführung von Klimmzügen, also als Hilfsmittel bei der Flucht, von Bedeutung.

Vielleicht noch besser bekannt als die vorige ist die Australische Schlangenhalsschildkröte, Chelodina longicollis *Shaw* (Abb., S. 485, und Taf. „Schildkröten IV", 3, bei S. 480), die verbreitetste und häufigste von den fünf Arten der Gattung Chelodina *Fitz.*, die in der Vierzahl der Krallen an Vorder- und Hinterfüßen sowie durch den langen Hals mit Hydromedusa übereinstimmt, sich aber durch ein sehr auffälliges Merkmal von dieser unterscheidet. Ebenso wie bei Hydromedusa das Nackenschild nach hinten gerückt ist, so daß die beiden angrenzenden Randschilder vor ihm in der Mittellinie aneinanderstoßen, so geschieht dies bei Chelodina mit dem großen unpaaren, etwa sechseckigen Zwischenkehlschild, das nach hinten verschoben und vorne von den beiden aneinanderstoßenden Kehlschilden begrenzt wird.

Bei Chelodina longicollis, die eine Schildlänge von 24 cm erreichen kann, aber meist unter diesem Maße bleibt, ist der Rückenpanzer eiförmig, hinten am breitesten, sehr flach und im Alter in der Mittellinie etwas vertieft, mit strahlig gestreiften, bei alten Tieren mehr runzeligen Hornplatten, großem Nackenschild und sehr großem ersten Wirbelschild; seine Färbung ist hellbraun mit dunklen Nahtlinien der einzelnen Schilde bis einfarbig schwarzbraun. An dem großen Bauchpanzer ist das Zwischenkehlschild das längste und länger als die Mittelnaht der Brustschilde; die einzelnen Platten sind ebenso wie die Unterseite der Randschilde des Rückenpanzers hellgelb mit schwarzbraunen Nähten. Die Weichteile sind hellgrau, bei dunklen Stücken schwarzgrau; die Aufhellung der Färbung der Oberseite scheint mit zunehmendem Alter vor sich zu gehen. P. Krefft konnte an dieser Schildkröte die Absonderung einer stark lauchartig riechenden Ausscheidung bemerken, die aus etwa halblinsengroßen, in einem langen Spalt sich öffnenden länglichen Drüsen jederseits vor und hinter der knöchernen Brücke zwischen Rücken- und Bauchpanzer an der Weichteilgrenze entleert wird, und zwar vermutlich nur beim Männchen.

G. Krefft zufolge ist diese Australien und Neuguinea bewohnende Schildkröte in den Flüssen von Neusüdwales, in Ostaustralien, besonders im Stromgebiet des Murray und

Australische Schlangenhalsschildkröte, Chelodina longicollis *Shaw*. 1/4 natürlicher Größe.

Darling, gemein und dient ebenso wie ihre Eier, die in der Zahl 15—20 Anfang Januar gelegt werden, den Eingeborenen zur willkommenen Speise. Der Fang wird mit besonderem Erfolge in der heißesten Jahreszeit betrieben, wenn die Gewässer den niedrigsten Wasserstand haben oder ganz ausgetrocknet sind. Die Art ist auch aus Queensland bekanntgeworden.

Über das Gefangenleben dieser Schildkröte berichtet P. Krefft, daß größere Stücke Fische, kleinere Lurche und Fleisch verzehren, letzteres manchmal sofort, jedenfalls aber nach kurzer Zeit mit Vorliebe annehmen, während man kleine Stücke oft wieder mit Mehlwürmern am ehesten zur Nahrungsaufnahme veranlassen kann. Chelodina ist sehr gefräßig, stellt auch bei niedriger Temperatur und selbst im kranken Zustande das Fressen nicht ganz ein. Ein völliges Aufhören der Freßlust ist nicht wahrzunehmen, da wohl auch im Freien ein Winterschlaf nicht eintritt und trotz starker Abkühlung der Gewässer im Winter ein Zufrieren auf längere Zeit nur in den seltensten Fällen stattfinden dürfte, so daß die Schildkröten in dem kalten Wasser ruhig weiter vegetieren.

Diese Art hält sich vorwiegend an kleinere Fische, die unzerstückelt verschlungen werden, räumt aber unter ihnen um so gründlicher auf. Bringt man einen Schwarm davon in ihren Behälter, so naht sie sich behutsam unter Vermeidung jeder überflüssigen Bewegung, um plötzlich mit dem langen, ziemlich weit ausgestreckten Halse einen meist nur kurzen, aber überraschend schnellen Vorstoß zu unternehmen, der wohl mindestens in der Hälfte der Fälle einen Treffer bedeutet. Oft wird der Angriff auch mit bogenförmig seitlich gekrümmtem Halse mähend wie ein Sichelhieb geführt. Kleine Fische verschwinden oft auf eine Schluckbewegung im Nu, größere Beute dagegen wird entschieden ungeschickt zerstückelt.

Chelodina ist im Gegensatze zu Hydromedusa ein entschiedenes Tagtier, das im Dunkeln mit eingeschlagenem Halse und geschlossenen Augen zu ruhen pflegt, aber auch ein echter Wasserbewohner, der das nasse Element nur verläßt, um sich zu sonnen, sonst aber entweder mit emporgerecktem Halse herumwatet oder ruhig im Wasser sitzt oder schließlich gemächlich rudernd auf der Wasseroberfläche dahintreibt. Der starre Blick ihrer durch die lebhaft gelbe Iris auffallenden Augen scheint dabei nicht nur nach Futter auszuspähen, sondern auch andere Objekte zu unterscheiden, da eine Beobachtung vorliegt, derzufolge die vier Chelodinen eines Kriechtierfreundes ihm, auch wenn sie vollkommen gesättigt waren, überallhin im Gänsemarsch nachliefen, sobald sie auf den Zimmerfußboden gesetzt wurden. Daß Chelodina ebensowenig bissig ist wie andere Schlangenhalsschildkröten, braucht nach dem früher Gesagten nicht wiederholt zu werden; sie beschränkt sich auch im frischgefangenen Zustande darauf, durch Verbergen des Halses, manchmal unter lautem Zischen und Ausstoßen eines Wasserstrahles aus der Kloake, gegen Handgreiflichkeiten sich zu wehren.

Gegen Verletzungen schwerster Art ist sie überraschend unempfindlich, wie ein Beispiel beweist, das P. Krefft erzählt; diesem wurde eine von einem Speer durchbohrte Chelodina gebracht, die, versuchshalber in einen Kasten gelegt und einige Monate verwahrt, ohne Futter und Wasser, die Wunde vollständig ausheilte und so lebhaft war wie zuvor. Derselbe P. Krefft berichtet über ein kleines Exemplar, das trotz eines schweren Knochenleidens, obwohl das Tier schließlich den ganzen Unterkiefer einbüßte, unentwegt weiter Nahrung annahm und erst nach einer ähnlichen Erkrankung des Brustschildes das Fressen einstellte und zugrunde ging. Ein großes Stück dieser Art, das Werner als tot übergeben worden war, kam in einem warmen Bade wieder zu sich und hielt, obwohl es sich als teilweise gelähmt erwies und keinerlei Nahrung zu sich nahm, ein volles Jahr aus und wurde in vollkommen lebenskräftigem Zustande weiter verschenkt.

Während bei den vorerwähnten drei Gattungen von Schlangenhalsschildkröten der Hals länger ist als die Rückenwirbelsäule, ist er bei den nunmehr zu besprechenden Gattungen Hydraspis und Platemys kürzer als diese, trotzdem aber immerhin noch von ansehnlicher Länge. Beide Gattungen, die in bezug auf die Hornplatten des Panzers keine solchen Abweichungen von der gewöhnlichen Zahl und Anordnung erkennen lassen, sind dadurch unterscheidbar, daß bei Platemys der Rückenpanzer deutlich in der Mitte der Länge nach vertieft erscheint, und daß die Innenzehe des Hinterfußes oben nur von drei Schuppen bedeckt ist, während bei Hydraspis ihrer fünf vorhanden sind; ebenso ist auch eine große runde Schuppe auf der Unterseite des Fußes vorhanden, die bei Hydraspis fehlt.

Von den fünf Hydraspis-Arten, die ausschließlich Südamerika bewohnen, ist Hydraspis hilarii *D. B.*, von Kreft als die „hellrandige Schlangenhalsschildkröte" bezeichnet, bei weitem

Hellrandige Schlangenhalsschildkröte, Hydraspis hilarii *D. B.* 1/5 natürlicher Größe.

die bekannteste. Bei ihr ist die Haut der Kopfoberseite in kleine Schildchen gespalten, das Kinn trägt ein Paar große, am freien Ende keulenförmig verdickte Barteln. Ein schwarzer Streifen zieht sich vom Nasenloch zum Auge und von hier über die Schläfe und den Hals nach hinten bis gegen den Vorderbeinansatz. Während die Oberseite des Tieres olivenfarben ist (der Rückenpanzer mit gelblichem Saum), zeigt die ganze Unterseite eine hellgelbe Färbung; die Barteln haben am Grunde einen schwarzen Ring; die Kehle weist jederseits eine schwarze Längslinie auf; der Bauchpanzer trägt große, schwarze, meist symmetrisch angeordnete Flecke.

Diese Art erreicht eine bedeutendere Größe als die beiden vorhin beschriebenen Schlangenhalsschildkröten; Boulenger gibt zwar nur 34, Kreffl 38 cm als größte Rückenschildlänge an, doch sah Werner noch viel größere Stücke. Sie ist in Brasilien, Paraguay und Argentinien gefunden worden.

Durch ihre große Unempfindlichkeit gegen niedrige Temperatur (nach Kammerer frißt sie noch bei 10° R Wassertemperatur, nach L. Müller bei 12° sogar noch „ungeheuer"), ihre auch im Alter sich nicht verlierende Lebhaftigkeit und Munterkeit, den hervorragenden Ortssinn und die Fähigkeit, ihren Pfleger zu erkennen, ist sie eine der Arten, die man als „dankbar" bezeichnet, und jedermann, dem es vergönnt war, ein Stück dieser Art lebend längere Zeit in Gefangenschaft zu halten, wird zugeben, daß sie die ihren guten Eigenschaften gezollten Lobsprüche vollauf verdient. Daß sie es liebt, sich zu sonnen und länger als Chelodina zu diesem Behufe das Trockene aufsucht, daß sie ferner keinen eigentlichen Winterschlaf hält und auch den Winter über Fleisch und Fische annimmt, möge zur Vervollständigung der Beschreibung dieser leider nur selten lebend nach Europa gelangenden Schildkröte noch angeführt werden.

Als letzte der Schlangenhalsschildkröten sei die Stachelhalsige Schlangenhalsschildkröte, Platemys spixi *D. B.*, genannt, deren auffälligstes Merkmal, außer der für die Gattung charakteristischen Längsvertiefung der Rückenschale, der mit langen, kegelförmigen, stachelartigen Warzen bewehrte Hals ist. Sie ist ein düster, fast einfarbig schwarzes, nur an den Weichteilen grau gefärbtes, sehr wenig regsames Tier, das sich durch größeres Wärmebedürfnis von den bisher genannten drei „Schlangenhälsen" unterscheidet und viel länger scheu und ängstlich bleibt. Man sieht sie niemals schwimmen, sondern stets bedächtig auf dem Boden ihres Wasserbehälters herumspazieren. Wenig lebhafter und ebenso wärmebedürftig ist die dieselbe Größe (gegen 15 cm) erreichende Strahlen-Schlangenhalsschildkröte, Platemys radiolata *Mikan* (werneri), die sich durch die strahlige Skulptur der mittleren Rückenschildplatten, die stumpfen, wenig vorspringenden Halswarzen, ebenso wie die Platten des Bauchpanzers sowie dessen gelbbraune Färbung (die Oberseite ist dunkelbraun) von der vorigen unterscheidet. Diese auf Brasilien beschränkte, anscheinend seltene Art erwies sich nach Werners Angabe in der Gefangenschaft als ausschließlich wasserlebend und sehr scheu, so daß sie nur in vollständig getrübtem Wasser fressen wollte. Auch Krefft fand, daß das von ihm gepflegte Stück niemals aufs Trockene ging, selten freiwillig ans Licht kam, dabei aber doch mit ziemlicher Geschicklichkeit lebende Fische unter stark gluckſendem Geräusche fing. Schon bei 12° R, also bei einer Temperatur, wo Chelodina, Hydromedusa und Hydraspis noch Nahrung annehmen, wurde sie apathisch und verfiel bei 10° in einen todähnlichen Zustand.

4. Unterordnung: **Weichschildkröten (Trionychoidea).**

Die vierte natürlich umgrenzte Reihe der echten Schildkröten umfaßt die Weichschildkröten (Trionychoidea). Von allen übrigen Schildkröten unterscheiden sie sich durch das Fehlen der Hornplatten auf ihrem Panzer und die in einen Rüssel endigende Schnauze. Ihr stets kreisförmiger oder eirunder, meist sehr flachgewölbter Rückenpanzer zeigt ein knöchernes Mittelfeld, das auf seiner Oberseite mit weicher, gekörnelter oder von wurmartigen Runzeln bedeckter Haut bekleidet ist, und rund darum einen weichen, knorpeligen Rand, der bei manchen Gattungen von Randknochen gestützt wird. Die Nasenlöcher liegen am Ende eines weichen, beweglichen Rüssels; das Trommelfell ist unter der Haut verborgen. Kopf und Hals können in einer senkrechten, S-förmigen Krümmung wie bei den Halsbergern unter die Schale eingezogen, die Beine, zwei- oder dreiklauige Schwimmfüße mit sehr entwickelten Schwimmhäuten, ebenfalls zurückgezogen und die hinteren zuweilen hinter besonderen Klappen verborgen werden. Der Schwanz ist kurz.

Wir unterscheiden zwei Familien, von denen die eine **(Carettochelyidae)** ausschließlich durch die auf Neuguinea beschränkte Carettochelys insculpta *Rams.* vertreten ist. Bei dieser Schildkröte sind noch die Randknochen des Rückenpanzers vorhanden und mit den knöchernen Rippenplatten durch Nähte verbunden; den Kiefern fehlen Lippen und an den Vorder- und Hinterfüßen sitzen nur 2 Krallen. Auch sind Rücken- und Bauchpanzer fest verbunden, und letzterer, aus neun Knochenstücken zusammengesetzt, bildet eine einheitliche Platte ohne Lücken. Diese Schildkröte, die in den Sammlungen zu den allergrößten Seltenheiten gehört, lebt in Flüssen und scheint auch Brackwasser nicht zu meiden.

*

Die zweite Familie ist die der **Lippenschildkröten (Trionychidae)**, deren Vertreter jetzt die Flüsse und Ströme Asiens, Nordamerikas und Afrikas beleben, in der mittleren Tertiärzeit aber auch im westlichen Deutschland zu den häufigsten Flußbewohnern gehörten. Durch die meist fehlenden oder eine unvollständige Reihe ohne Zusammenhang mit den Rippenplatten bildenden Randknochen des Rückenpanzers, der nur durch Haut mit dem in der Mitte eine oder mehrere Lücken aufweisenden Bauchpanzer verbunden ist, den Besitz lippenartiger, die Kiefer bedeckender Anhänge und von drei Krallen an Vorder- und Hinterfüßen sind sie von der vorigen Familie leicht zu unterscheiden.

Bei allen sind die Krallen lang, stark, pfriemenförmig und können gehörige Kratzwunden verursachen. Die nicht bekrallten beiden äußeren Zehen sind sehr lang, ihre Knochen sehr verschmälert, und zwischen ihnen spannt sich eine dünnere Haut aus, die für gewöhnlich zusammengelegt ist, aber weit ausgespreizt werden kann. Die Bauchpanzerknochen haben im Alter umschriebene, feste, runzelige oder narbige oberflächliche Platten, die sogenannten Plastralkallositäten, deren Größe, Form und Lagerung ebenso wie die Gestalt der Bauchpanzerknochen selbst für die Unterscheidung der einzelnen Arten sehr wesentlich ist. Nur einzelne Arten der Gattung Emyda sind, nach Kelaart und W. T. Blanford, gelegentlich auch außerhalb des Wassers und in ziemlicher Entfernung davon angetroffen worden. Man kennt von ihnen 25 lebende Arten, die sich auf sieben Gattungen verteilen: 15 aus Asien, 4 aus Nordamerika, 6 aus Afrika.

Sehr merkwürdig ist die Atmung der Lippenschildkröten. Nachdem bereits A. Agassiz früher gezeigt hatte, daß im Schlunde der nordamerikanischen Dreiklauer sich zottenartige Gebilde befänden, die anscheinend zu einer Art von Kiemenatmung dienten, hat S. H. Gage 1884 den Nachweis geführt, daß bei diesen Schildkröten in der Tat, wie bei den Lurchfischen und einigen Schmelzschuppern, eine Luftatmung aus dem Wasser mit einer reinen Luftatmung zugleich vorkomme, und daß beide abwechselnd bewerkstelligt werden könnten. Die Versuchstiere blieben 2—10 Stunden freiwillig und 15 Stunden unfreiwillig in fließendem Wasser untergetaucht, ohne Schaden zu nehmen. Die Atmung mußte also mit der im Wasser aufgelösten Luft bestritten werden. Eine chemische Untersuchung ergab einen starken Sauerstoffverlust dieser an das Atemwasser gebundenen Luft und eine beträchtliche Kohlensäurezunahme. Als innere Kiemen betätigen sich hierbei fadenförmige häutige Anhänge und

Zotten, die die Schleimhaut der Rachenhöhle dicht besetzen und durch reichliche Blutzufuhr rot und stark geschwellt erscheinen.

Die Lebensweise der Lippenschildkröten ist noch wenig bekannt; doch weiß man, daß sie nur, um ihre kugelrunden, hartschaligen, weißen Eier abzulegen, auf einige Zeit das Wasser verlassen, im übrigen aber in ihm ihr Dasein verbringen. Obwohl sie auf festem Boden keineswegs ungeschickt, laut Baker vielmehr ziemlich rasch laufen sollen, unternehmen sie doch nur äußerst selten weitere Fußwanderungen, lassen sich auch dann nicht zu solchen bewegen, wenn ein von ihnen bewohntes Gewässer austrocknet, sondern graben sich unter so mißlichen Verhältnissen einfach in den Schlamm ein und erwarten hier eine neue Zeit der Wasserfülle. Um so unternehmender erweisen sie sich, solange ihnen das Wasser Wege und Pfade bietet. Eine Art hat man ziemlich weit von der Mündung ihres heimatlichen Stromes im offenen Meere gefangen, und es läßt sich annehmen, daß derartige Ausflüge in die See nicht allzu selten sein dürften. Alle Ströme nämlich, die in einen bestimmten Meeresteil und in nicht zu großer Entfernung voneinander ausmünden, beherbergen in der Regel dieselben Arten, wogegen verschiedenen Meeresteilen zuströmende und in ihrem oberen Laufe nicht durch Gabelungen verbundene Flüsse gewöhnlich von verschiedenartigen Lippenschildkröten bewohnt werden. Abgesehen von den Seeschildkröten sind sie unter allen Ordnungsverwandten diejenigen, die freiwillig die weitesten Wanderungen unternehmen.

Von ihrem Tun und Treiben im Wasser nimmt man wenig wahr. Alle Arten scheinen Nachttiere zu sein und ihre eigentliche Tätigkeit erst nach Sonnenuntergang zu beginnen. Am Tage liegen sie, halb oder ganz im Schlamme eingebettet, träge auf einer Stelle, oft in sehr seichtem Wasser, das leichter als die Tiefe von der Sonne durchwärmt werden kann; nachts betreiben sie ihre Jagd auf allerlei schwimmendes Getier, namentlich auf Fische und Muscheln. Das schließt nicht aus, daß sie nicht ebenso in den Tagesstunden eine ihnen sich bietende Beute wegnehmen sollten; sie schnappen auch, wenigstens solange die Sonne am Himmel steht, gierig nach einem Köder an der Angel. Von den im Nil lebenden Arten haben mir die Araber erzählt, daß sie Fischräuber seien, und auch Baker versichert, daß sie mit großer Entschlossenheit an den Köder gehen.

Für die Raublust, mittelbar also auch für die tierische Nahrung der Lippenschildkröten spricht ebenso der Mut wie die nicht selten in Wut übergehende Bosheit, die sie betätigen, wenn sie gefangen werden, zumal wenn sie vorher verwundet worden sind. Nicht alle, aber doch weitaus die meisten Beobachter, die Gelegenheit hatten, lebende Lippenschildkröten kennen zu lernen, stimmen darin überein, daß diese zu den ingrimmigsten und bissigsten Gliedern der Ordnung zählen und nicht allein zischen und heiser gackern, sondern auch heftig um sich beißen.

Die bedeutende Größe unserer Schildkröten, deren Gewicht bei einzelnen Arten 75, ja 100 und mehr Kilogramm betragen kann, und ihr äußerst wohlschmeckendes Fleisch fordert erklärlicherweise zu einer mehr oder weniger nachdrücklichen Verfolgung heraus. Man fängt sie in Fischnetzen und mit Hilfe der Angel, erlegt sie mit der Büchse oder spießt sie im Wasser, je nachdem die eine oder andere Art der Jagd üblich ist oder besseren Erfolg verspricht; aber man tut wohl, sich in bescheidener Entfernung von einer gefangenen Lippenschildkröte zu halten. „Zum Fange der Gangesweichschildkröte (Trionyx gangeticus *Cuv.*; Taf. „Schildkröten IV“, 5, bei S. 481)“, erzählt Theobald, „benutzt man eine lange, an den Spitzen zugeschärfte eiserne Gabel oder ein zugeschnittenes Bambusrohr und stößt dieses Werkzeug an verschiedenen Stellen in den weichen Schlamm oder die angeschwemmten halbverfaulten Blätter längs der Ufer der Bergströme. Berührt der Fischer hierbei eine Weichschildkröte, so nimmt er dies an ihrer Bewegung wahr. Nunmehr untersucht er vorsichtig mit der Hand ihre Lage und befestigt, je nach der Größe des Tieres, einen oder mehrere starke Angelhaken in dem hinteren Teile des Knorpelrandes ihres Schildes. Jetzt folgt ein kräftiger Zug an allen Angelschnüren, und heraus kommt die wild um sich schlagende und mit ingrimmiger Wut nach allem Erreichbaren schnappende Schildkröte. Wenn letztere sehr groß ist oder in tiefem Wasser liegt, treibt man ihr auch wohl mit Hilfe eines schweren Hammers einen starken spitzigen Pfahl durch den Rücken und fördert sie an diesem zum Lichte des Tages. Wehe dem Gliede, das jetzt das rasende Tier erlangen kann! Ich habe gesehen, wie eine Weichschildkröte die Zehe eines Mannes abbiß mit Stumpf und Stiel. Unter allen Umständen ist es ratsam, dem ebenso beweglichen wie boshaften Geschöpfe sobald wie möglich eine Kugel durch das Hirn zu jagen; aber auch die Weichschildkröte besitzt eine außerordentliche Lebenszähigkeit, und ihr Kopf beißt noch wütend, nachdem er vom Leibe getrennt worden ist." Daher dürfen lebend gefangene Lippenschildkröten, wie Schnee berichtet, in den Südstaaten Nordamerikas nur enthauptet auf den Markt gebracht werden.

Die Mongolen, denen die Bissigkeit der bei ihnen einheimischen Lippenschildkröten wohlbekannt zu sein scheint, umkleiden ihre Lebensgeschichte mit Fabeln und Märchen. „Unsere Kosaken verzichteten", so berichtet Prschewalsky, „mit uns im Tachylga-Bache zu baden; denn sie fürchteten die Weichschildkröten, von denen ihnen die Mongolen erzählt hatten. Letztere schreiben diesen Geschöpfen besondere Zauberkräfte zu und wiesen, um ihre Ansicht zu belegen, auf die zierlichen Augenflecke hin, die sich auf der Oberseite des Rückenschildes befinden, und die sie für tibetanische Buchstaben erklärten. Sie hatten unsere Kosaken eingeschüchtert durch die Behauptung, daß die Schildkröten sich in das Fleisch der Menschen einsaugten und, wenn dies geschehen sei, auf gewöhnlichem Wege nicht mehr abreißen ließen. Das einzige Mittel in solchen Fällen sei, daß ein weißes Kamel und ein weißer Rehbock herbeigeschafft würden und, wenn sie die Schildkröte erblickten, zu schreien begönnen: dann lasse die letztgenannte von ihrem Opfer ab. In früheren Zeiten gab es im Tachylga-Bache keine Weichschildkröten; aber die fürchterlichen Tiere erschienen plötzlich, und die ebenso erstaunten wie entsetzten Bewohner der Umgegend wußten nun nicht, was sie tun sollten. Endlich wandten sie sich um Rat an den Higen oder Abt des nächsten Klosters, und dieser erklärte, daß die Schildkröte, die plötzlich erschienen sei, fortan Besitzerin des Baches bleiben werde, überhaupt zu den heiligen Tieren gezählt werden müsse. Seit dieser Zeit wird allmonatlich einmal an der Quelle der Tachylga andächtig gebetet." Übrigens meint auch G. A. Boulenger bei Besprechung der indischen Lippenschildkröten, daß die Bösartigkeit sowie die Fähigkeit, mit der erstaunlichsten Schnelligkeit ihren Hals nach allen Seiten vorzuschießen, größere Stücke für Badende gefährlich mache. Da einzelne der indischen Formen Panzer von 1,4 m Länge besitzen, hat diese Annahme durchaus nichts Befremdendes.

Das Fleisch der Lippenschildkröten wird nicht überall gegessen, aber von allen, die es versucht haben, hoch gerühmt. Nach Baker liefert es eine ausgezeichnete Suppe. Minder schmackhaft scheinen die Eier zu sein. „Von einer", bemerkt derselbe Berichterstatter, „erhielt ich mehr als 100 Eier, die in Eierkuchen verwandelt wurden, aber einen ziemlich starken Beigeschmack hatten."

Wir können die Lippenschildkröten je nach dem Besitze oder dem Fehlen großer Hautlappen am Hinterrande des Bauchpanzers, durch welche die zurückgezogenen Hinterbeine gedeckt und gestützt werden, in zwei Gruppen einteilen; von den drei Gattungen, die solche Lappen besitzen, schließt sich Emyda am nächsten an Carettochelys an, die als die älteste Form unter den jetzt lebenden Weichschildkröten aufzufassen ist. Bei Emyda sind die Randknochen der Rückenschale nur am hinteren Rande noch vorhanden und stehen auch mit den Rippenplatten nicht mehr in Verbindung, ebenso sind die Knochenplatten der Bauchschale, nur durch kleine Lücken in der Mittellinie getrennt. Diese indische Gattung zählt zwei Arten, von denen wir nur die Indische Klappen-Weichschildkröte, Emyda granosa *Schöpff*, betrachten wollen, die bereits öfters lebend nach Europa gelangt ist, und zwar sowohl die auf das Stromgebiet des Indus und Ganges beschränkte echte granosa, bei der die olivenbraune Oberseite, namentlich der Kopf, runde, gelbe Flecke trägt, und die als E. g. vittata *Ptrs.* bekannte Spielart aus Südindien und Ceylon, der die gelben Flecke der Oberseite fehlen, während am Kopf und Hals in der Regel schwarze Streifen vorhanden sind. Kelaart erwähnt, er habe diese Spielart monatelang in einem Wasserkübel gehalten, wo das Tier ungezwungen tierische Stoffe, Brot und gekochten Reis gefressen hätte, bemerkt auch, daß man sie in den durchlöcherten Raum der Fischerboote zu setzen pflege, damit sie hier mit den darin verbleibenden Resten aufräume. Schnee berichtet, daß sie als Speise sehr geschätzt wird und daher schwer zu erlangen ist, da sie gewöhnlich kurzerhand in den Kochtopf wandert; daß sein Exemplar wie alle Weichschildkröten sehr die Dunkelheit liebte, Fleisch und Fische langsam aufnahm und mit ebenderselben Gemächlichkeit verschlang. Das Tier war überaus scheu, so daß eine einzige hastige Bewegung ihres Pflegers genügte, um sie in minutenlange Regungslosigkeit zu versetzen. Schnee beobachtete, daß die Spitzen der Krallen nicht unter die halbkreisförmigen Klappen zurückgezogen werden können, so daß der Verschluß nicht ganz vollständig ist, während die zwischen beiden in der Mitte gelegene Schwanzklappe sich so fest dem Hinterrand der Oberschale, die gummiartig beschaffen ist, anlegt, daß eingedrungenes Wasser anscheinend nicht ausfließen kann.

Ausführlicher noch schildert L. Müller die nordindische Form (granosa). Er hebt an dieser Art den für eine Weichschildkröte auffallend gewölbten Rückenpanzer, den breiten, plumpen Kopf mit dickem, kurzem Rüssel, die lebhaften, hellgelben Augen, den auffallend langen, aber selten ganz ausgestreckten Hals hervor. Die vielfach ringförmig gefaltete Halshaut schiebt sich meist futteralartig bis zur Augengegend. Diese Schildkröte wühlt nicht so sehr im Sande wie die nordamerikanischen Dreiklauer, bleibt auch niemals im Sande eingewühlt wie diese, gräbt aber doch ab und zu mit löblichem Eifer, namentlich wenn man sie für einen Augenblick aus ihrem Behälter herausfängt und dann wieder hineinsetzt, da sie sich dann durch rasches Einwühlen der Wiederholung einer derartigen Belästigung entziehen möchte. Bei genügend hoher Temperatur ist sie sehr lebhaft, aber nicht so schnell wie Trionyx spiniferus, schwimmt auch seltener und kriecht mehr grabend und schnuppernd auf dem Boden umher, alles, was ihr auffällt, sorgfältig beriechend, wobei sie den Hals manchmal unglaublich weit vorstreckt. Sie ist weit weniger bissig als Trionyx. Würmer wurden von Müllers Stück sofort gepackt, Fische erst, wenn sie tot waren. Alles, was diese Schildkröte verzehrt, wird sorgfältig zerkaut, nicht nur mit den Krallen der Vorderfüße in große Fetzen zerrissen, und dann verschlungen, wie man es bei anderen Süßwasserschildkröten beobachtet. Bei diesen Kau- und Schluckbewegungen wird das Wasser mit großer Heftigkeit eingezogen und ausgestoßen; infolge des Wasserstrudels stiebt der Sand vor ihrem Maule nur so davon. Bei richtiger Wassertemperatur ist E. granosa sehr gefräßig; doch nahm Müllers Pflegling keinerlei pflanzliche Stoffe an, während er außer Würmern und Fischen auch Fleisch mit großem Appetit verzehrte.

Indische Klappen-Weichschildkröte.

Von der Lebensweise der beiden Emyda zunächst verwandten afrikanischen Gattungen Cycloderma und Cyclanorbis wissen wir nur wenig. Beide sind durch den völligen Mangel der Randknochen des Rückenpanzers von der indischen Gattung verschieden. Werner, der ein mittelgroßes Stück der im oberen Nil und Sobatflusse lebenden sudanesischen Weichschildkröte, Cyclanorbis oligotylus *Siebenrock*, bei Khor Attar am Weißen Nil erhielt, wo sie ziemlich selten zu sein scheint, fand sie in ihrem Gehaben der Emyda sehr ähnlich. In Mongalla am Bahr-el-Gebel muß sie aber viel häufiger sein, und Werner konnte eine Anzahl großer Rückenpanzer von den Barinegern erwerben, jedoch um keinen Preis ein lebendes Stück, da die Tiere wegen ihres Fleisches außerordentlich geschätzt werden und sogar der lederartige Rand des Rücken- und Bauchpanzers gegessen wird. Ein Weibchen des naheverwandten Cyclanorbis senegalensis *D. B.*, das nubische Fischer am Weißen Nil bei Duem Werner brachten, legte Mitte April sechs weiße, kugelrunde Eier von 36 mm Durchmesser; wahrscheinlich ist die Anzahl der Eier jedoch größer. Diese Schildkröten stehen der afrikanischen Dreiklauschildkröte an Größe nicht nach, da sie bis $1^1/_2$ m Panzerlänge erreichen und schon die knöcherne Scheibe bei den größten der mitgebrachten Rückenpanzer nahe an $^1/_2$ m lang war.

Unter den Lippenschildkröten ohne Hautklappen über den Hinterbeinen ist die im Ganges und im Irawaddy lebende Chitra indica *Gray* durch die weit nach vorn gerückten Augen, die etwa dort stehen, wo andere Schildkröten die Nasenlöcher haben, besonders auffällig; diese große Schildkröte ist durch den langgestreckten, schmalen Kopf von der breitköpfigen Pelochelys cantoris *Gray*, die in Vorder- und Hinterindien, auf der Malaiischen Halbinsel, auf Sumatra, Borneo, den Philippinen und Neuguinea gefunden wurde, leicht zu unterscheiden. Bei der dem Malaiischen Archipel, der Halbinsel Malakka und den Philippinen angehörigen Dogania subplana *Geoffr.* sind die Augen nicht so weit nach vorn gerückt, sondern stehen der Schläfengrube näher als den Nasenlöchern, während sich diese Schildkröte anderseits durch den schmalen, äußerlich einen Längskiel bildenden Schläfenbogen, die eine zusammenhängende Reihe bildenden knöchernen Wirbelplatten und die schwach entwickelten oder fehlenden narbigen Stellen der Bauchpanzerplatten von der Gattung Trionyx unterscheidet.

Diese Gattung, die der Dreiklauer (Trionyx *Geoffr.*), zu der 15 Arten gerechnet werden, ist die bekannteste Gattung der Lippenschildkröten. Der Rückenpanzer ist äußerst flach gewölbt, das Mittelfeld mäßig groß, der knorpelige Rand darum groß und ohne eine Spur von Randknochen, der Bauchpanzer kurz, mit schmalen Hinterlappen und ohne Klappen, so daß die Hinterbeine nicht darunter verborgen werden können. Weiche und glatte Haut überzieht Kopf, Hals, Beine und Schwanz; nur auf den Vorderarmen bemerkt man einige schuppenartige Querfalten. Im Schädel sind die Augenhöhlen der Schläfengrube mehr genähert als den äußeren Nasenöffnungen, und die inneren knöchernen Nasenöffnungen münden zwischen den Augenhöhlen.

Nach G. A. Boulenger haben zum wenigsten drei, wahrscheinlich aber alle Arten dieser Gattung die Eigentümlichkeit, im Alter in zweierlei Formen aufzutreten, die sich in der Weite und Stärke ihrer Kiefer unterscheiden. Während alle Jugendformen scharfkantige Kiefer haben, zeigen die Alten entweder scharfkantige oder massige, zum Zermalmen eingerichtete, breite Kinnladen. Die ersteren nähren sich vorzüglich von Fischen und Fröschen, die letzteren scheinen mit ihren Freßwerkzeugen ausschließlich auf das Zermalmen von

Süßwasserschnecken und -muscheln eingerichtet zu sein. Auch die Entwickelung der Kaumuskeln ist bei den Stücken mit breiter Kinnlade weit stärker als bei den Fischfressern. G. Baur hat die Beobachtung gemacht, daß bei einer der nordamerikanischen Arten (Trionyx muticus) das Weibchen die doppelte Größe des Männchens erreicht.

Von den Dreiklauern kennen wir die Beißschildkröte, Trionyx ferox *Schn.* (Taf. „Schildkröten IV“, 4, bei S. 481), die größte der nordamerikanischen Arten, noch immer am genauesten. Diese kann 35 kg schwer und im Panzer 42 cm lang werden. Ihr Schild ist oberseits auf olivenfarbenem Grunde mit zahlreichen kleinen runden schwarzen Flecken gezeichnet, unterseits dagegen schmutzig weiß, der olivenfarbene Kopf seitlich durch einen hellen, dunkel gerandeten Streifen geziert, der vom Auge nach hinten über die Schläfe zum Halse hinzieht, vorne aber mit dem der anderen Seite auf der Schnauze vor den Augen sich vereinigt, am Kinn, ebenso wie die Füße und der Schwanz, schwarz und weiß gemarmelt, die Iris endlich gelb.

Die Beißschildkröte lebt, laut Holbrook, im Savannah- und Alabamaflusse und in allen Strömen und Flüssen, die sich in den Meerbusen von Mexiko ergießen, also im Südosten der Vereinigten Staaten von Georgia bis Florida und Louisiana. Verwandte Arten bewohnen auch die großen nördlichen Seen sowie endlich den Hudson, fehlen aber in allen Flüssen, die zwischen dem letztgenannten Strome und dem Savannah in das Atlantische Meer münden. Neuerdings gelangten sie auch in die Gewässer des Staates New York, aber nachweislich erst durch den New York-Kanal, vor dessen Vollendung sie dort unbekannt waren. In den meisten Gewässern ihres Wohngebietes tritt die Beißschildkröte häufig auf. Man sieht sie bei stillem Wetter in namhafter Anzahl auf der Oberfläche treiben, in Flüssen erscheint sie gern an Felsen im Wasser, um sich hier in seichterem Gewässer zu sonnen. Gewöhnlich liegt sie, auf Beute lauernd, unter Wurzeln und Wasserpflanzen verborgen. Sie jagt auf Fische, Lurche und Wasservögel, schwimmt langsam an das erspähte Opfer heran und schnellt ihren verhältnismäßig langen Hals blitzschnell und mit großer Sicherheit vor. Den Bauern wird sie durch ihre Jagd auf junge Enten und Gänse lästig, Fischen und kleineren im Wasser lebenden Kriechtieren und Lurchen gefährlich. Sie soll unter den jungen Alligatoren wahrhafte Verheerungen anrichten, dafür aber wieder von den alten gefressen werden.

Im Mai suchen die Weibchen sandige Plätze längs der Ufer ihrer Wohngewässer auf und ersteigen, ungeachtet ihrer sonstigen Scheu vor dem Lande, in dieser Zeit Hügel von mehr als Meterhöhe. Die Eier sind kugelig und verhältnismäßig zerbrechlich, jedenfalls mehr als die der anderen Schildkröten, die mit ihnen dieselben Gewässer bewohnen. Die Jungen schlüpfen im Juni aus.

Unter allen nordamerikanischen Schildkröten hat diese Art das schmackhafteste Fleisch und wird deshalb auch eifrig verfolgt. Man erlegt sie mit der Büchse, umstellt ihre Schlafplätze mit Netzen oder fängt sie an Angeln. Erwachsene müssen mit Vorsicht behandelt werden, weil sie sich zur Wehr setzen und empfindliche Bißwunden beibringen können. Namentlich die, welche geangelt worden sind, gebärden sich wie unsinnig, schnappen, sobald sich ihnen jemand naht, wiederholt in die Luft und suchen überhaupt ihre Wut in jeder Weise auszudrücken. Bell erzählt, daß eins dieser Tiere seinem ungeschickten Fänger den Finger abbiß.

Von dieser Schildkröte unterscheidet sich der ihr in jeder Hinsicht sehr ähnliche Stachelrandige Dreiklauer, Trionyx spiniferus *Lsr.*, der dem Mississippi-, St. Lawrence- und Hudsongebiete angehört und in jungen Stücken nicht selten lebend nach Europa gelangt, leicht dadurch, daß die hellen, dunkel geränderten Schnauzenbinden erst am Ende der Schnauze sich vereinigen, und daß der Rückenpanzer auch dunkle Ringflecke trägt. Bei jungen Tieren dieser wie der vorhergehenden Art ist der Rückenschild mit einem hellen, nach innen schwarz gesäumten Rande versehen. — Schnee, der ein Exemplar dieser Art als Trionyx ferox beschreibt, bemerkt, es sei wärmebedürftig, liebe die Dunkelheit, verließe das Wasser niemals freiwillig und nähme Fische und Rindfleisch gerne an.

Obwohl der Chinesische Dreiklauer, Trionyx sinensis *Schl.*, sich in seiner Lebensweise kaum irgendwie von den eben beschriebenen nordamerikanischen Arten unterscheidet, sollen doch einige Beobachtungen von Schnee über diese verbreitetste aller Weichschildkröten, deren Wohngebiet von Amur bis zur Insel Timor sich erstreckt, und die demgemäß in vielen Spielarten auftritt (Pater Heude hat allein die Form von Schanghai in fünf Gattungen mit sieben Arten geteilt), hier Platz finden. Wie bei allen altweltlichen Trionyx-Arten, trägt auch bei dieser in China besonders häufigen, in Japan dagegen seltenen Art das Rückenschild der Jungen Längsfalten oder Höckerlängsreihen, während es bei den Jungen der nordamerikanischen Arten glatt oder feinkörnig ist. Über den Fang und die Behandlung der Weichschildkröten in China und ähnliches erfahren wir durch Schnee:

„Nach den von mir eingezogenen Erkundigungen fangen die chinesischen Fischer diese Schildkröten vermittelst fleischgeköderter Angelhaken. Die Trionyx sollen sich mit Vorliebe in den Creeks, mit Rohr bestandenen Buchten, und den kleinen, in den Jangtsekiang mündenden Wasserläufen aufhalten. Ich hörte auch sagen, daß gerade in unbedeutenden Gräben nicht selten Rieseneremplare gefangen würden. Wahrscheinlich jagt die Weichschildkröte im Strome, der übrigens sehr fischreich ist, zieht aber vor, ihren Ruheplatz in dem fast unbewegten Wasser der Buchten und kleinen Kanäle zu wählen. Jedenfalls wird sie aber auch den größeren Teichen des Landes nicht fehlen.

„In Japan sind die Weichschildkröten, welche denen des gegenüberliegenden Festlandes (Schanghai) ähneln, im ganzen selten, trotzdem bekommt man sie sehr oft zu sehen. Die Chelonier scheinen nämlich dortzulande als eine Art heiliger Tiere zu gelten. Fromme Leute hüten sich wohl, gefangene Schildkröten zu töten, sondern bringen sie zu den Tempeln und setzen sie in den kanalartigen Gräben, die das Heiligtum umziehen, aus. Dort werden sie von den Priestern gepflegt und von frommen Pilgern gefüttert, was für ein Gott wohlgefälliges Werk gilt. Da die senkrechten Mauern, welche diese Gewässer einfassen, ein Entweichen der Schildkröten unmöglich machen, so sieht man an geeigneten Orten gewöhnlich mehrere dieser Tiere, welche den Kopf neugierig aus dem Wasser stecken und — nach ihren Herumlungern in der Nähe der über die Gräben führenden Brücken zu urteilen — auf Futter warten. Selbst die Weichschildkröten, welche man unter den anderen Arten dort nicht selten findet, haben die ihnen sonst eigentümliche Scheu abgelegt, tauchen aber, wenn man ihnen ganz nahekommt, langsam unter. Trotzdem gibt es auch in jenem Lande Leute genug, die ein weniger zartes Gewissen besitzen und sich skrupellos das köstliche Fleisch dieser Tiere schmecken lassen. In Kobe erfuhr ich nach langem Umherfragen die Adresse eines Schildkrötenhändlers. Auf dem Hofe seines Hauses befanden sich einige kleine, ausgemauerte Gruben von etwa $^3/_4$ m Tiefe, die zu etwa ein Drittel mit Wasser gefüllt und mit einer Bodenlage von Sand versehen waren. Oben waren dieselben mit Brettern bedeckt, was ebensowohl den Zweck haben mochte, eine zu große Erwärmung des Wassers zu verhüten als auch Unvorsichtige davor zu bewahren, in die Grube zu fallen. Als ich die Tiere zu sehen wünschte, ergriff der Verkäufer ein ebenso eigentümliches wie praktisches Instrument, um seine lebende Ware ans Licht zu befördern. Es war dieses ein etwa meterlanger Stab, an dem sich unten im rechten Winkel eine aus Drahtgeflecht hergestellte, runde Scheibe befand, so daß das Ganze frappant an eine riesenhafte Kelle erinnerte. Den tellerförmigen Teil schob er unter eine Schildkröte und zog diese, die bei ihrer Trägheit keinen Versuch machte zu entkommen, gleich einem leblosen Gegenstande aus ihrem unterirdischen Behälter heraus. Da das zutage geförderte Tier nicht, wie es in China üblich ist, verstümmelt war, so hätte es wohl ziemlich gefährlich werden können. Der Händler behandelte die Schildkröte denn auch mit größter Vorsicht und litt nicht, daß ich näher an sie herantrat.

„Die Tiere sind übrigens in Japan sehr teuer, man bezahlt nach unserem Gelde etwa vier Mark für das Stück, für welche Summe man in Schanghai ein Dutzend Exemplare erhalten würde. Infolge des großen Preisunterschiedes findet ein regelmäßiger Import von chinesischen Weichschildkröten nach Japan statt.

„In Schanghai gelang es mir nicht ohne Schwierigkeiten, auf dem Markte einige Exemplare aufzutreiben, welche je nach ihrer Größe, einzeln oder zu mehreren in kleinen, aus einem weichen, binsenartigen Material geflochtenen und oben sorgfältig verschnürten Beuteln zum Kaufe angeboten wurden. Als ich einen dieser Säcke öffnete und die Tiere herausschüttete, wobei es der bezopfte Verkäufer nicht an Warnungen und Ermahnungen zur Vorsicht fehlen ließ, sah ich zu meinem lebhaften Bedauern, daß die Fischer in echt chinesischer, höchst grausamer Weise das bissige Geschöpf verstümmelt und unschädlich gemacht hatten. Ihm und allen seinen Genossen waren Vorder- und Hinterfüße in roher Weise durchbohrt, alsdann ein fester Strick hindurchgezogen und die Extremitäten fest aneinandergeschnürt. Ihr Maul war gleichfalls zusammengebunden oder vielmehr zusammengenäht, wobei Lippen und Schnauze natürlich mehr oder weniger stark verletzt waren. Hiermit noch nicht genug, hatte man ihnen über Kopf und Schwanz einen handfesten Bindfaden gelegt, welcher ersteren tief in die Schalen hineinpreßte und alsdann, kreuzweise verlaufend, die zusammengeschnürten Gliedmaßen fest an den Leib der Schildkröte andrückte. So glich das Tier mehr einem Paket als einem lebenden Wesen!

„Bei meinem Besuche in Kanton habe ich diese Dreiklauer gleichfalls in Fischhandlungen, wo man sie einzeln in kleinen, flachen Holzbottichen aufbewahrte, gesehen. Wie ich mich überzeugt habe, waren auch diesen Exemplaren die Vorder- und Hinterfüße durchbohrt, jedoch scheint man sich hier damit zu begnügen, die Prozedur nur auf einer Seite auszuführen. Diese Einrichtung verhindert die Schildkröte, aus ihrem kaum handhohen Behälter, der etwa die Größe einer Suppenschüssel hat, herauszukriechen und erlaubt dem Verkäufer, das Tier an dem aus dem Gefäße heraushängenden Ende der Fessel emporzuheben, ohne daß er dabei seine Finger in das Bereich der bissigen Geschöpfe zu bringen braucht.

„Geradezu abschreckend sieht das ohnehin nicht schöne Tier vollends aus, wenn es seinen langen Hals mit dem plumpen Haupte weit hervorstreckt und mit halbgeöffnetem, zum Zubeißen bereiten Maule wütend um sich schaut. Sein Blick bietet dann in der Tat einen Ausdruck tückischer Bosheit, den man so leicht nicht wieder vergißt! Schlangenartig bewegt die Schildkröte den geschmeidigen Hals, der gleich dem einer Viper vorschnellt, oder sucht durch krampfhafte seitliche Bewegungen die sie haltende Hand in das Bereich ihrer scharfen Kiefer zu bringen, nach der sie mit unverkennbarer Wut schnappt. Da bei meinen Exemplaren die fleischigen Lippen, welche die Dreiklauer zum Unterschiede von den anderen Schildkröten besitzen, etwas beschädigt sind, so liegt der blendend weiße kräftige Hornschnabel wie das

Gebiß eines wütenden, zähnefletschenden Raubtieres frei zu tage. Ich weiß nicht, ob das bei den unbeschädigten Tieren der Fall ist! Da ich keine Lust habe, mit denselben nähere Bekanntschaft zu machen, so bin ich mit den Tieren stets etwas vorsichtig umgegangen und habe es mit der Zeit gelernt, sie so anzufassen, daß sie mich weder kratzen noch beißen können. Ich ergreife sie nämlich von hinten her in der Schwanzgegend und kann die Schildkröte so bequem handhaben, ohne daß sie mir etwas anhaben kann, da sie trotz rasender Anstrengung mit ihrem Gebisse nicht dorthin kommen kann, anderseits aber ihre beiden letzten weichen Zehen des Hinterfußes mich gegen die drei nägelbewehrten vorderen hinreichend sichern."

Afrikanischer Dreiklauer, Trionyx triunguis *Forsk.* 1/8 natürlicher Größe.

Verhältnismäßig wenig wissen wir über die einzige afrikanische Art, die im größten Teil des tropischen Afrikas, im Nil, Kongo, Senegal, in Liberia, Togo und Angola, aber auch in Ägypten und Syrien lebende Trionyx triunguis *Forsk.* Da diese gewaltige Maße erreichende Schildkröte mit keiner andern Lippenschildkröte des Erdteils verwechselt werden kann, so möge nur auf die obige Abbildung und Taf. „Schildkröten IV", 6, bei S. 481 hingewiesen werden. P. Hesse besaß am Kongo ein 7 cm langes Tierchen längere Zeit. „Es war lebhaft und sehr bissig; wütend fuhr es auf den vorgehaltenen Finger zu und konnte trotz seiner geringen Größe empfindlich zwicken. Es biß sich so fest, daß man es am Finger in die Höhe heben konnte. Es schwamm geschickt, bewegte sich aber auch außerhalb des Wassers rasch. Legte man es auf den Rücken, so drehte es sich mit Leichtigkeit um, indem es den Hals lang herausstreckte, zurückbog und als Hebel benutzte. Kam es zum Atmen an die Oberfläche, so streckte es nur die in einen weichen Rüssel verlängerte Nase aus dem Wasser heraus. Ich fütterte es mit kleinen Schinkenstückchen, die es begierig verschlang; anderes Fleisch sagte ihm weniger zu, und Pflanzenkost verschmähte es ganz."

Dritte Ordnung:

Panzerechsen (Emydosauria).

Von den vorweltlichen Riesen dieser Ordnung sind wenige Verwandte, die Krokodile, auf unsere Zeit gekommen. In ihrer allgemeinen Gestalt den Eidechsen ähnlich, weichen diese Kriechtiere doch sehr wesentlich durch verschiedene, gewichtige Merkmale von ihnen ab. Sie übertreffen an Gewicht und Größe mit Ausnahme der Riesenschlangen alle übrigen lebenden Klassenverwandten, also auch die Eidechsen. Diese Eigenschaften sind es jedoch nicht, welche die weitgehendste Trennung beider fordern; viel bedeutsamere Kennzeichen der Krokodile liegen in ihrem inneren Baue, besonders im Skelett, der Bezahnung, der Bildung der Zunge, dem Bau des Herzens, der Lungen und des Magens, sowie in der Beschaffenheit ihrer Geschlechtswerkzeuge.

Der Rumpf der Krokodile ist gestreckt und breiter als hoch, der Kopf flach und niedrig, der Schnauzenteil sehr verlängert, die Mundspalte, entsprechend dem lippenlosen Kiefer, nicht gerade, sondern winkelig gebrochen, der Hals kurz, der Schwanz wenigstens etwas länger als der Körper und seitlich stark zusammengedrückt, ein gewaltiges Ruder bildend; die niedrigen Beine haben sehr entwickelte Füße, die Vorderfüße 5, bis zur Wurzel gespaltene, die hinteren 4 Zehen, die durch ganze oder halbe Schwimmhäute verbunden werden, und deren drei innere deutliche Krallennägel tragen. Die verhältnismäßig kleinen Augen, die durch drei Lider (ein oberes und unteres und eine durchscheinende Nickhaut) geschützt werden, liegen ziemlich tief in den Höhlen, sind etwas nach oben gerichtet und haben einen senkrecht gestellten länglichen Stern. Die Ohröffnungen können durch eine klappenartige Hautfalte, die Nasenlöcher, die an der Spitze des Oberkiefers nahe beieinander liegen und halbmondförmig gestaltet sind, durch Aneinanderdrücken ihrer wulstigen Ränder geschlossen werden. Die Afteröffnung bildet eine Längsspalte. Die mit Gruben durchsetzten Schädelknochen verwachsen fest mit der Kopfhaut, so daß diese nicht von ihnen im Zusammenhange abgelöst werden kann; ein Krokodil kann deshalb nicht gleichzeitig ausgestopft und zu einem Skelett verarbeitet werden. Die Kopfhaut ist nur auf dem Hinterhaupt in deutliche Schilde abgeteilt. Mehr oder weniger viereckige, harte und dicke Schuppen und Schilde decken den Ober- und Unterteil des Leibes und Schwanzes. Die des Rückens stehen in regelmäßigen Längs- und Querreihen und zeichnen sich durch eine vorspringende Längsleiste oder einen Kiel aus, die des Schwanzes sind in zwei sägeförmig gezahnten Reihen angeordnet, die sich weiter nach hinten zu einer einzigen verbinden; die an den Seiten des Leibes sind abgerundet länglich, elliptisch, durch kleinere Schilde mehr oder weniger voneinander und von denen des Rückens getrennt. Auf dem Rücken, bei manchen Arten auch auf dem Bauche und an der Kehle, verknöchern diese Schilde, und gerade hierdurch erhält die Haut das Gepräge eines Panzers.

Für die Bestimmung der Arten sind die Knochenschilde auf Hals und Nacken, deren Anzahl und Anordnung bei den einzelnen Arten verschieden und ziemlich beständig ist, von Wichtigkeit; man unterscheidet sie daher je nach ihrer Lage. Auf dem weichen Hautstück hinter dem Kopfe liegen die getrennten, meist in einer oder zwei Querreihen angeordneten kleinen vorderen Nackenschilde; den oberen Teil des Halses nehmen die hinteren Nacken- oder Halsschilde ein.

Über den inneren Bau der Krokodile sind wir durch eingehende Untersuchungen genügend unterrichtet. Der Kopf ist sehr abgeflacht oder niedergedrückt, verlängert, hinten breit, vorn allmählich verschmälert, der Schnauzenteil so weit vorgezogen, daß der eigentliche Schädel nicht mehr als den fünften Teil der Kopflänge beträgt. Wie bei der Brückenechse ist die Schläfengegend durch zwei knöcherne Bogen überbrückt, von denen der obere vom Hinterstirnbein (Postfrontale) und Schläfenbein, der untere vom Jochbein, Quadratojugale und Quadratbein gebildet wird; alle diese Knochen sind fest miteinander verbunden. Durch diese Bogen entstehen zwei Schläfenlöcher, ein oberes, rundliches, zwischen Scheitelbein und Schläfenbein, und ein seitliches, das von der Augenhöhle nicht abgegrenzt ist. Scheitelbein und Stirnbein sind unpaar, die langen Nasenbeine paarig, ebenso wie die die Schnauzenspitze bildenden Zwischenkiefer, die oben vor den Nasenlöchern ein Loch für den durchtretenden (aber nur bei alten Tieren die Haut durchbrechenden) Unterkieferzahn haben können. Ein großes Tränenbein begrenzt nebst dem Vorderstirnbein (Praefontale) vorn die Augenhöhle. Das Gaumendach ist vollständig, knöchern und wird vorn von den in der Mittellinie aneinanderstoßenden breiten, plattenförmigen Fortsätzen der Zwischen- und Oberkiefer, hinten von den gleichfalls in der Mittellinie in einer Naht sich treffenden Gaumen- und Flügelbeinen gebildet; letztere stehen durch das kurze, in einer langen Naht ihnen anliegende Querbein (Transversum, Ectopterygoideum) mit dem hinteren Teil des Oberkiefers in Verbindung. Zwischen Oberkiefer und Gaumenbein klafft eine große runde Öffnung des knöchernen Gaumens. Die inneren Nasenlöcher liegen weit hinten auf dem Gaumen, von den Flügelbeinen umschlossen. Der große und starke Unterkiefer hat zwei nach vorn durch eine Naht verbundene Äste, von denen jeder einzelne aus sechs ebenfalls durch Nähte vereinigten Stücken zusammengesetzt ist. Die Zähne sind in Höhlen eingekeilt, kegelförmig zugespitzt und kaum merklich nach hinten gekrümmt, im allgemeinen unter sich sehr ähnlich, nur durch die Länge verschieden. Ihre kegelförmige Krone hat vorn und hinten eine scharfe Kante; die Wurzel ist stets einfach und fast bis zur Krone hohl, da jeder einzelne Zahn einen Ersatzzahn in sich trägt, der nachwächst, wenn der ältere abbricht, vielleicht auch diesen zu einer bestimmten Zeit verdrängt. Die Zähne des Unterkiefers passen in die Lücken derer des Oberkiefers; die beiden vorderen Zähne des Unterkiefers treten in Gruben oder Ausschnitte des Oberkiefers ein. Gewöhnlich sind der erste und der vierte Zahn des Unterkiefers und der dritte des Oberkiefers die längsten und stärksten. Je nach den Arten ändert die Anzahl der Zähne erheblich ab.

Schädel des Nilkrokodils.

In der Wirbelsäule zählt man gewöhnlich 9 Hals-, 12—13 Rücken-, 2—4 Lenden-, 2—3 Kreuz- und 34—42 Schwanzwirbel. Die hintere Fläche der Wirbel ist gewölbt, die vordere ausgehöhlt, um die hintere aufzunehmen. Außer den 12—13 zweiköpfigen, mit hakenförmigen Fortsätzen versehenen Rippen — auch die Halswirbel tragen kurze, zweiköpfige, am freien Ende etwa beilförmige und sich zum Teil übereinanderlegende Rippen, wodurch die Halsgegend eine für das Schwimmen wesentliche Festigung erlangt — finden sich aber noch besondere, dünne, nicht mit der Wirbelsäule verbundene knöcherne Bauchrippen in sieben oder acht Querreihen, die zwischen den Schichten der Bauchmuskeln liegen und vorn sich an die Knorpel der letzten Rippen und den knorpeligen Fortsatz des Brustbeines, hinten aber am Schambein anlegen und das sogenannte Bauchbrustbein zusammensetzen. Jede einzelne aus vier Knochen bestehende Bauchrippe bildet einen nach vorn gerichteten Winkel. Das Brustbein teilt sich in ein langes, schmales, knöchernes Stück und einen langen, knorpeligen, schwertförmigen Fortsatz. Ein eigentliches Schlüsselbein fehlt. Das Gerippe der Hand besteht aus 5 Knochen, der erste Finger aus 2, der zweite und fünfte aus 3, der mittlere und vierte aus 4 Gliedern, der Fuß aus 4 Knochen, die erste Zehe aus 2, die zweite aus 3 und die dritte und vierte aus 4 Gliedern. Brust- und Bauchhöhle sind voneinander durch ein muskulöses Zwerchfell getrennt, das unzweifelhaft beim Atmen wichtige Dienste leistet. Die kleine Schädelhöhle wird von dem Hirn ausgefüllt, das in mancher Beziehung an das der Vögel erinnert. Es bildet, von oben gesehen, fünf Abteilungen: zwei große, vordere Massen, die Halbkugeln des Großhirns, zwei kleinere, eiförmige, mittlere (Mittelhirn) und eine unpaare, quer erweiterte, hintere, das Kleinhirn. Die ersteren bedecken, laut Carus, hinten die Vierhügel nicht und setzen sich nach vorn in die hohlen, schlauchförmigen Riechkolben fort. Das Rückenmark und die Nerven überhaupt sind verhältnismäßig sehr ansehnlich.

Die reichlich mit Geschmackswärzchen besetzte Zunge ist kurz und platt, ihrer ganzen Länge nach an dem Boden der Mundhöhle befestigt und deshalb von der Zunge der Eidechsen in jeder Beziehung verschieden. Speicheldrüsen fehlen. Die Speiseröhre erweitert sich zu dem auf der linken Seite in der Bauchhöhle liegenden, aus zwei Teilen bestehenden Magen; der eine Teil ist größer als der andere und bildet einen hinten abgerundeten Sack, der zweite, der mit ihm bloß durch eine rundliche Öffnung in Verbindung steht, stellt gleichsam nur einen Anhang zum anderen dar, der durch seine muskulöse Wandung sehr an den Magen eines Vogels erinnert. Der kurze Darmschlauch besteht aus einem dünnwandigen, mit Zotten besetzten Zwölffingerdarm und einem zickzackförmig gewundenen Dünndarm; der Mastdarm ist kurz und weit, ohne Blindsack, die Bauchspeicheldrüse ziemlich, die doppellappige Leber sehr groß, die Gallenblase birnförmig, die Milz klein. Die gelappten, dunkelroten Nieren liegen an den Lendenwirbeln; eine Harnblase fehlt; der Harnleiter mündet dicht neben den Samengängen, die von den neben den Nieren in der Bauchhöhle liegenden Hoden herabkommen, in die Kloake ein. Die im hinteren Teile der Kloake liegende Rute ist einfach, kegelförmig und mit einer tiefen, der Länge nach verlaufenden gewundenen Rinne versehen. Zwei große Drüsen, die eine stark nach Moschus riechende Ausscheidung absondern, zu beiden Seiten der Kloake stehen vielleicht mit der Geschlechtstätigkeit in Beziehung; zwei andere von ähnlicher Beschaffenheit finden sich an der der Mittellinie des Kopfes genäherten Seite der Kinnladen. Sie sind in der Erregung zapfenartig verstülpbar, was man schon bei jüngeren Tieren sehen kann. Nach Tandler sind sie nach der Art von Talgdrüsen gebaut. Der Kehlkopf öffnet sich durch eine Spalte hinter der Wurzel der Zunge, erweitert sich etwas und geht dann in die Luftröhre über, die im Halse herabsteigt, in die Brusthöhle eintritt und sich in zwei lange, gekrümmte Röhren teilt, die ihrerseits in große, inmitten der beiden Lungen gelegene Luftbehälter münden; aus ihnen dringt die eingeatmete Luft dann in die zahlreichen Zellen ein. Die Aufnahmefähigkeit der Krokodil-Lungen für Luft ist sehr bedeutend; setzt man, nach P. Regnard und R. Blanchard, die der Lunge des Wüstenwarans gleich 10, so beträgt die Luftmenge beim Alligator 16,8, also über die Hälfte mehr. Durch eine vom Hinterrande des Gaumens herabhängende, eine Art Gaumensegel bildende Hautfalte und die am Hinterrande emporgewölbte Zunge kann die ganze Mundhöhle nach hinten gegen den Rachen vollständig abgeschlossen werden, so daß ein Krokodil, dem man in das geöffnete Maul blickt, aussieht, als hätte es gar keinen Schlund; es kann daher auch im Wasser mit offenem Rachen atmen, wenn nur die Nasenlöcher aus dem Wasser ragen, da die inneren Nasenlöcher und der Kehlkopf hinter dem Gaumensegel liegen, die Luftwege daher vollkommen vom Wasser abgeschlossen sind. Das verhältnismäßig kleine Herz, das von einem starken Beutel umschlossen wird, ist in eine linke und eine rechte Herzkammer geschieden, beide Kammern stehen nur durch eine kleine Öffnung, das Foramen Panizzae, miteinander in Verbindung. Aus der linken Kammer entspringt der rechte, aus der rechten der linke Herzschlagaderbogen nebst dem Lungenschlagaderstamme. Beide Bogen stehen dicht über ihrem Ursprunge in offener Verbindung, die jedoch nur dann frei ist, wenn die halbmondförmigen Klappen der Herzkammern durch das zurückgestaute Blut gefüllt und geschlossen sind.

Man kennt gegenwärtig 16 bis höchstens 21 bestimmt verschiedene Krokodilarten, die drei natürlichen, auf den Zahnbau begründeten Gruppen angehören. Nach G. A. Boulenger, der die Ordnung als die höchstorganisierte unter den lebenden Kriechtieren ansieht, ist eine Einteilung der Krokodile in verschiedene Familien jedoch unmöglich, da wir bei Betrachtung der einzelnen Krokodilgattungen überall Übergänge, überall verbindende Glieder treffen. Noch viel weiter auseinander gehen die Ansichten der Forscher hinsichtlich der Umgrenzung der Arten. Alle Krokodile ändern, je nach ihrem Alter, zum Teil wohl auch nach ihrem Aufenthaltsorte, so erheblich ab, daß sich die Aufstellung vieler als noch unbeschrieben angesehener Arten leicht erklärt. Namentlich verschiebt sich das Verhältnis zwischen Länge und Breite der Schnauze bei jungen und alten Stücken derselben Art oft. So hat C. Lütken von einer der amerikanischen Krokodilarten (Crocodilus intermedius) nachgewiesen, daß der in der Jugend ungewöhnlich lange Schädel sich mit zunehmendem Alter mehr und mehr verkürzt, und wir können im allgemeinen sagen, daß die Schnauze der Krokodile zweimal in ihren Verhältnissen sich verändert: in der ersten Jugend

Skelett des Hechtalligators. Nach der Natur gezeichnet von J. Fleischmann.

ist sie in der Regel sehr kurz, verlängert sich dann allmählich, nimmt im höheren Alter aber wieder bei wenig größerer Länge an Breite zu. Erschöpft sind die Untersuchungen über diese wie überhaupt alle Kriechtiere noch bei weitem nicht. Es ist aber nicht anzunehmen, daß die oben angegebene Zahl von lebenden Krokodilarten sich vermehrt; eher ist eine Verminderung der Artenzahl zu erwarten.

Die Krokodile verbreiten sich in der Gegenwart über alle Erdteile, mit Ausnahme Europas; denn ihr Wohngebiet beschränkt sich auf den heißen Gürtel und die angrenzenden Teile unseres Erdballes. Am weitesten nach Norden dringen sie in Asien und Amerika, am weitesten nach Süden in Amerika und Afrika vor; nach Norden hin bilden auf der östlichen Halbkugel der 34., auf der westlichen der 35., nach Süden hin dort etwa der 21., hier der 32. Breitengrad die Grenzen ihres Verbreitungsgebietes. Abgesehen von Neuguinea, einschließlich einiger ozeanischen Inseln, wo zwar Krokodile, jedoch ausschließlich dem asiatischen Verbreitungsgebiete angehörige, vorkommen, beherbergt jeder Erdteil besondere Arten, Asien zwei, Afrika wie Amerika je eine eigene Gattung, denn nur die Krokodile im engsten Sinne verbreiten sich über alle Erdteile, die Alligatoren in je einer Gattung über das südöstliche Nordamerika und das Stromgebiet des Jangtsekiang in China.

Bei Besprechung der übrigen allgemeinen Lebensverhältnisse darf ich mich kurz fassen, da ich das Tun und Treiben der bekannteren und bedeutsameren Arten eingehend schildern und damit ein fast erschöpfendes Lebensbild der ganzen Ordnung zeichnen werde. Es mag daher an dieser Stelle das Nachstehende genügen.

Alle Krokodile bewohnen das Wasser, am zahlreichsten ruhig fließende Ströme, Flüsse und Bäche, kaum weniger oft Landseen, gleichviel ob diese süß oder salzig sind, ebenso wasserreiche Brüche und Sümpfe, unter Umständen selbst die Küstengewässer des Meeres. Das Land betreten sie in der Regel nur, um, von der sie belebenden Sonne durchglüht, mit aller Bequemlichkeit zu schlafen, um ihre Eier abzulegen und endlich, um von einem versiegenden Gewässer einem anderen, noch nicht vertrockneten Becken oder Flusse zuzuwandern; doch kennt man Fälle, in denen Krokodile auch in nicht unbeträchtlicher Entfernung vom Wasser Räubereien ausgeführt haben, wie weiter unten vom Leistenkrokodil erzählt werden wird. In Madagaskar scheinen die Krokodile gleichfalls ansehnliche Wanderungen über Land zur Nachtzeit zu unternehmen. Wird ihnen der Weg zu lang oder zu unbequem, so vergraben sie sich einfach in den Schlamm und verbringen die Trockenzeit schlafend, bis neue Wasserfülle sie wiederum zum Leben wachruft. In gleicher Weise sollen sie, laut Catesby, im Norden Amerikas, besonders in Carolina, auch der Kälte Trotz bieten. Daß Krokodile, durch Meeresströmungen verschlagen, unfreiwillig wandern, ist durchaus nichts Seltenes. So wurde, nach H. Ridley, vor kurzem ein Leistenkrokodil auf den Kokos- oder Keeling-Inseln erlegt, das nur von Java, volle 700 Seemeilen weit, hergetrieben sein konnte. Ähnlich wurde, nach A. L. Caldwell, im Jahre 1885 ein Krokodil an der Insel Barbados ans Land getrieben, das zum mindesten 300 Meilen weit, vom Orinoco, hergekommen sein mußte.

Wo Krokodile vorkommen, treten sie regelmäßig in Menge auf, und alte und junge leben in erträglichem Frieden miteinander. Wirbeltiere aller Art, vom Menschen bis zum Fische herab, nicht minder auch verschiedene Wirbellose, besonders Krebs- und Weichtiere, fallen den räuberischen Tieren zur Beute, und nur solche, deren Größe oder Stärke die der zwar sehr frechen, aber auch sehr feigen Geschöpfe erheblich übersteigt, haben von ihnen nichts zu befürchten. Sie bedürfen viel Nahrung, verschlingen erhebliche Massen davon mit einem

Male, behufs besserer Verdauung nebenbei selbst gewichtige Steine (wie dies auch nach den Mitteilungen von Wieland manche der ausgestorbenen Dinosaurier getan haben, deren Magensteine sich durch außerordentlich glatte, wie poliert aussehende Oberfläche auszeichnen), können aber wiederum auch monatelang fasten und erscheinen daher gefräßiger, als sie tatsächlich sind.

Alle Krokodile pflanzen sich durch Eier fort. Diese haben annähernd die Größe und Gestalt der Gänseeier und sind mit einer festen Kalkschale von porzellanartiger Beschaffenheit umkleidet. Das Weibchen legt zwischen 20 und 100 Eier in eine einfache, in den Sand gescharrte Grube oder wühlt sie in Sumpferde ein und bedeckt sie mit Stengelresten und Laubabfall und soll, wenn auch nicht immer, so doch zuweilen, den der mütterlichen Erde anvertrauten Schatz bewachen. Nach geraumer Zeit entschlüpfen die von der Wärme gezeitigten Jungen und eilen nunmehr sofort dem Wasser zu. Im Anfange ihres Lebens wachsen sie rasch, nehmen bei reichlicher Nahrung, selbst in Gefangenschaft, alljährlich um mindestens 30 cm Länge zu und sind in einem Alter von 6—8 Jahren bereits fortpflanzungsfähig. Von dieser Zeit ab scheint ihr Wachstum langsamer zu verlaufen; dafür erreicht es aber auch wahrscheinlich erst mit dem Tode sein Ende. Wie hoch sie ihre Jahre bringen, weiß man nicht: daß sie mehrere Menschenalter durchleben, ist zweifellos.

Das bedrohliche und den Menschen vielfach beeinträchtigende Auftreten der Krokodile, ihre rücksichtslose Raubsucht, der empfindliche Schaden, den manche Arten verursachen, ruft den Herrn der Erde überall, wo nicht blinder Glaube sie heilig spricht, gegen sie in die Schranken. Doch ist ihre unnachsichtige Verfolgung weit weniger auf Notwehr, wie dies vielleicht einst der Fall war, sondern in erster Linie auf die Verwendbarkeit ihrer Haut zu feinen Lederarbeiten zurückzuführen; daß auch die Krokodile ebenso wie der Tiger im Naturhaushalte ihre Stelle haben, das bedenkt blindwütige Geschäftsgier natürlich nicht, und so werden gerade die kleineren und wirklich harmlosen Arten ausgerottet (wie z. B. in Mittelamerika), während die großen und wirklich gefährlichen Arten eigentlich kaum eine wesentliche Verminderung erfahren, wohl aber scheuer und vorsichtiger werden. Dem Menschen selbst werden übrigens auch die gefräßigsten Krokodile nicht unter allen Umständen gefährlich. In manchen Gebieten, und hier besonders an einzelnen bestimmten Stellen, fürchten sich die Bewohner ganz außerordentlich vor ihnen, in anderen Gebieten wieder wagt man, sie in einer Weise zu behandeln, die kaum glaublich erscheinen würde, wenn nicht zuverlässige Gewährsmänner die Wahrheit verbürgten. „Die wenigen Krokodile, die in den Gewässern Maisurs gefunden werden", schreibt Sanderson, „vergreifen sich sehr selten an Menschen; Fischer, die sich kaum um sie kümmern, haben mich versichert, daß ein Krokodil, auf welches sie bei ihren Fischzügen stoßen, sich ruhig auf dem Grunde halte und selbst bei Berührung kein Lebenszeichen von sich gebe, offenbar in dem Bestreben, unbeachtet zu bleiben. Die Krokodile sind eben, wie alle wilden Tiere, sehr furchtsam, wenn sie nicht durch abergläubische Eingeborene kühn gemacht werden. Es mag Lesern, welche die Krokodile nur nach den Geschichten beurteilen, die über ihre Furchtbarkeit in anderen Gegenden berichten, ganz unglaublich erscheinen, wenn ich erzähle, daß ich gesehen habe, wie ein Fischer nach dem anderen in ein 4 m tiefes Gewässer hinabtauchte, um ein über 2 m langes Krokodil, das ich leicht verwundet hatte, am Schwanze zu fassen und an die Oberfläche zu bringen. Erst wenn der Mann, der das Tier gerade heraufgeholt hatte, es nach einer Klippe bringen wollte, wo ich mit einem Stricke wartend stand, bog es sich um, schnappte nach der haltenden Hand, wurde losgelassen und versank wieder in die Tiefe. So wurde das Tier verschiedene Male von je einem Taucher heraufgeholt, bis ich es endlich mittels eines Schrotschusses tötete."

Wie Sanderson aus Indien, so berichtet auch C. Sachs, der genau zwischen den gefährlichen und ungefährlichen Krokodilarten unterscheidet, aus Venezuela, wie vertraut dort die Leute mit ihren Panzerechsen umgehen. Er ließ ein Stück eines Flusses ausfischen, als auf einmal das große Schleppnetz festhing. „Man hielt mit der Arbeit inne", fährt Sachs fort, „und beobachtete aufmerksam das Netz, das von einem im Wasser befindlichen Gegenstande hin und her gezerrt zu werden schien. Man erklärte, daß ein Kaiman sich in das Netz verwickelt habe, und alsbald tauchte einer der Fischer unter das Wasser, um das Netz zu befreien. Es dauerte eine volle Minute, ehe der Mann wieder auf der Oberfläche des Wassers erschien; währenddem lachten und scherzten seine Gefährten, ohne sich über den Erfolg eines solchen Wagestückes im mindesten zu beunruhigen. Gewohnheit stumpft gegen alles ab; es gehört zu den häufigsten Vorkommnissen bei Fischzügen, daß ein auf dem Grunde des Wassers kriechender Kaiman sich ins Netz verwickelt und durch eine untertauchende Person davon befreit werden muß, da er sonst die Maschen zerreißt. Als der Mann nach Erledigung seiner Aufgabe wieder ans Land gekommen war, fragte ich ihn, welches Mittel er denn habe, um etwaigen Angriffen des Kaimans zu entgehen. Ich erhielt eine Antwort, die ich geneigt war, als einen Scherz anzusehen, obwohl alle Umstehenden ihre Wahrheit beteuerten. Der Kaiman, hörte ich, findet großes Vergnügen daran, an den Seiten seines Körpers, in der Gegend der Rippen, gekratzt und gerieben zu werden; im Genusse dieser Empfindung streckt er sich behaglich aus und läßt alles mit sich geschehen. Man muß sich ihm von hinten nähern und mit der einen Hand beständig das Streicheln ausführen, während die andere Hand das Netz von dem Tiere ablöst." Sir Emerson Tennent, R. Paez und andere schildern ähnliche Vorkommnisse, durch die bestätigt wird, daß die Panzerechsen durchaus nicht überall so furchtbar auftreten, wie man glauben könnte. „Man wird sich", schreibt Pechuel-Loesche, „allmählich an den Gedanken gewöhnen müssen, daß auch die Krokodile nicht immer die schrecklichen Ungeheuer sind, für welche man sie gehalten hat. Von manchen Panzerechsen hat der Mensch überhaupt kaum etwas zu fürchten, und von den gefährlichsten Arten scheinen auch stets nur einzelne Stücke, so wie etwa unter den Tigern, sich zu Menschenfressern auszubilden; denn es ist eine unbestreitbare Tatsache, daß nicht an allen Gewässern und nicht an jedem beliebigen Orte, wo Tiere der nämlichen verrufenen Art hausen, Angriffe auf Menschen stattfinden. Auch die Krokodile handeln, je nach den äußeren Umständen, unter welchen sie leben, verschieden; sie sammeln Erfahrungen, bleiben furchtsam oder werden verwegen. Man wird aber guttun, überall an Gewässern, in denen sie leben, auf der Hut zu sein; flache Uferränder mit unmittelbar angrenzendem, tiefem Wasser scheinen am unsichersten zu sein."

Auch ein vom Krokodil bereits ergriffener Mensch ist nicht in allen Fällen verloren; gar mancher hat sich selbst aus den Zähnen des Räubers befreit oder ist durch rechtzeitig geleistete Hilfe gerettet worden. Schnelle und entschlossene Gegenwehr scheint das Krokodil zu verblüffen oder in Furcht zu setzen, so daß es seine Beute losläßt und sich zurückzieht. Auch bei seinen Angriffen auf Tiere ist es nicht immer glücklich. Als einmal Bannister seinen Esel durch den schmalen, aber in der Mitte recht tiefen Kinsembofluß in Niederguinea schwimmen ließ, tauchte plötzlich ein mächtiges Krokodil auf, das dem Esel nachfolgte, ihn am Schwanze packte und rückwärts in die Tiefe zog. Gleich darauf kam der Esel wieder zum Vorschein und suchte eilig das Ufer zu erreichen; aber auch sein Verfolger erschien wieder, schoß hinterher und zog ihn abermals am Schwanze hinab. Das Opfer befreite sich aber wiederum unter Wasser, kam zur Oberfläche und hatte eben eine flache Stelle nahe am Ufer erreicht, als das Krokodil zum dritten Male den Schwanz zu erfassen versuchte. Nun hatte aber der wackere Esel schon festen Boden unter sich und schlug so tüchtig nach hinten aus, daß sein Feind, hart an den Kopf getroffen, sogleich das Weite suchte. Selous war einmal glücklich genug, im südöstlichen Sambesigebiete einen wertvollen Hund aus dem Rachen eines Krokodils zu erretten. „Wir jagten", schreibt Selous, „gegen Abend am Gweniaflüßchen auf Frankoline, als mein Hund ‚Bill', der am Uferrande entlang lief, von einem mittelgroßen Krokodile jählings am Hinterteile gefaßt und unter das Wasser gezogen wurde. Das Flüßchen war an der Stelle zwar kaum 2 m breit, aber tief, und sein Bett wurde durch steile und hohe Uferbänke begrenzt. Ich sah, was sich ereignete, sprang sofort hinab und trat dicht an das Wasser: im selben Augenblicke kam auch ‚Bill' mit dem Kopfe über die Oberfläche, wurde aber wieder hinuntergezogen. Da ich den Körper des Krokodils sah, als es mit dem Hunde eine Wendung machte, feuerte ich zwei Schüsse nach ihm, hoffend, der Knall würde bewirken, daß es sein Opfer fahren ließe. Es geschah jedoch nicht. Nach wenigen Sekunden kam der arme Hund mit seiner Schnauze nochmals an die Oberfläche. Da faßte ich meine Flinte an den Läufen und hielt den Kolben hin, den ‚Bill' auch wirklich mit den Zähnen packte und auf Leben und Tod festhielt; der Schaft des Gewehres zeigt noch heute die Eindrücke der Zähne. So konnte ich nun auch die Ohren des Hundes erfassen, zog mit meiner ganzen Kraft und brachte den Kopf des Krokodils, das seine Beute nicht fahren lassen wollte, über Wasser. Dorehill, der herbeigeeilt war und gerade über mir stand, feuerte einen Schrotschuß in den Kopf des Ungetüms, worauf es losließ, versank und nicht wieder gesehen wurde. Der gerettete Hund hatte zwar drei häßliche Fleischwunden erhalten, war aber nach kurzer Zeit wieder wohlauf."

Junge Krokodile verhalten sich in Gefangenschaft in vieler Beziehung übereinstimmend. Alle sind bei guter Behandlung vielleicht die ausdauerndsten aller Kriechtiere, und von ihnen ist es auch außer Zweifel, daß sie ihren Pfleger kennen und von anderen Personen unterscheiden, daß sie auch den der Fütterung vorangehenden Hantierungen mit Aufmerksamkeit folgen und wie die großen Raubtiere der Zoologischen Gärten zwar nicht schon vor dieser, wohl aber beim Nahen der wohlbekannten Fleischschüssel in große Aufregung geraten und einen Höllenspektakel durch Quaken, Knurren, Scharren, Plätschern u. dgl. anheben. In ihrem Gehaben sind die echten Krokodile weit lebhafter als Alligatoren und Kaimane; blitzschnell sind ihre Bewegungen, im Wasser sowohl, wenn man ihnen lebende Fische in das Wasserbecken schüttet, die sie, mit weitgeöffnetem Rachen hin und her schnappend, in kurzer Zeit wegfangen, als auch außerhalb des Wassers, dabei rücksichtslose Räuber, die nicht nur, wie das Stumpfkrokodil, das Frösche besonders gern zu fressen scheint, diese wehrlosen Lurche, sondern auch kräftige Eidechsen und sogar kleinere Stücke ihrer eigenen Familie überfallen und verschlingen, nachdem sie sie durch heftiges Anschlagen an den Boden oder die Wand betäubt haben; dabei schonen sie ihren eigenen Schädel ebensowenig wie den des Opfers und bekommen bei dem heftigen Anschlagen regelmäßig auch einen Klaps weg, der sie aber wenig bekümmert. Durch wiederholtes Schütteln und Auf-den-Boden-Schlagen können sie schließlich ganz harte Tiere zerlegen. So haben Werners Krokodile einmal zwei erwachsene Panzerschleichen (Ophisaurus apus) mit vieler Mühe in mehrere Stücke zertrennt, allerdings aber nur teilweise gefressen, auch Wasserschildkröten können auf diese mühsame Weise zerstückelt werden. Krokodile können übrigens weder besonders große Bissen verzehren, noch auch (wenigstens in der Jugend nicht, wenn die Zähne noch mehr kegelförmig sind und keine Schneide haben) Stücke von irgendeiner Beute abbeißen; sogar an einem Frosch zerren sie lange herum, bis sie ihn zerrissen haben. Wasserschildkröten, die mit ihnen den Käfig teilen, verlieren mitunter durch die Frechheit, mit der sie viel größeren und stärkeren Krokodilen die Beute aus dem Rachen zu zerren versuchen (und zwar gar nicht selten mit Erfolg), ihren Kopf.

Kein Krokodil benutzt die Vorderbeine, um sich zu kratzen oder einen etwa zu großen Bissen aus dem Maule herauszubefördern; dies geschieht ausnahmslos mit den Krallen der Hinterbeine; ja sogar bei der Verteidigung spielen die Vorderbeine und ihre Krallen eine untergeordnete Rolle gegen die hinteren, ganz abgesehen davon, daß das furchtbare Gebiß und die auch bei kleineren, etwa meterlangen Stücken schon empfindliche Kraft des muskulösen Schwanzes überhaupt als Waffen in weitaus erster Linie in Betracht kommen. Was wir bei der Brückenechse gelegentlich beobachten, das weite Öffnen des Rachens in „behaglicher Stimmung", ist bei Krokodilen, namentlich wenn sie sich sonnen, eine ganz regelmäßige Erscheinung; dabei blicken wir in den gelben Rachen, der durch den eigentümlichen Verschluß der Rachenhöhle hinten ganz blind zu endigen scheint. Auch eine seitliche Lage, wie wir sie zwar bei vielen Säugetieren in der Ruhe beobachten können, aber bei keinem Kriechtier, ist keine seltene Erscheinung bei Krokodilen, vorausgesetzt, daß sie sich ganz ungestört wissen und bei voller Gesundheit sind.

Die Stimme aller jungen Krokodile (Werner hat acht Arten längere Zeit zu beobachten Gelegenheit gehabt) ist ein eigentümliches Quaken, das erst in einem vorgeschrittenen Alter, wenn die Tiere über einen ½ m Länge erreicht haben, in ein Knurren oder Fauchen oder sogar in ein dumpfes Brüllen übergeht. Schon ein wütendes Nilkrokodil von ¾ m Länge kann einen furchterregenden Eindruck hervorrufen; die hellgrünen Augen fest auf den Gegner gerichtet, den Schwanz stets zum Schlag erhoben, liegt das kleine Ungeheuer wie ein richtiger Lindwurm auf der Lauer, fauchend wie ein Schmiedegebläse und jeden Augenblick bereit, nach einem unvorsichtig vorgestreckten Körperteil des Angreifers zu schnappen. In eine vorgehaltene Eisenstange beißt es im Anfang mit aller Wucht hinein, daß man die Zähne krachen hört; wiederholt man aber den Versuch einige Male, so bemerkt man bald, daß das Krokodil schnell lernt, allmählich immer sanfter zubeißt und endlich von der Stange keine Notiz mehr nimmt oder den Rachen so sanft schließt, daß man den Finger dazwischen stecken könnte — wenn man nicht wüßte, daß das Tier mit einem Finger ganz anders umgeht als mit einer Eisenstange.

Füttert man mehrere Krokodile gemeinsam, etwa mit Fleisch, so sieht man, daß jedes seinen Brocken, ihn gewöhnlich mit den seitlichen Zähnen erfassend (nur sehr junge Tiere oder kurzschnauzige Arten benutzen die Vorderzähne), packt und sofort damit in einen Winkel läuft, um ihn dort ungestört zu verzehren; dabei stellen sich die Tiere oft senkrecht an den Wänden auf. Entzieht man ihnen das Wasser einige Tage lang vollständig, so daß Rachen und Kehle trocken werden, so können sie anscheinend auch bei größtem Hunger keine Nahrung zu sich nehmen. Nur einmal sah ich ein junges Spitzkrokodil, das für einige Zeit einen ganz trockenen Käfig bewohnte, trotz dieses Umstandes eifrig auf kleine, für eine Baumschlange bestimmte Zauneidechsen Jagd machen und diese mit großem Appetit verzehren. Können sie aber ihre Nahrung oder ihren Rachen anfeuchten, so sind sie auch ohne Schwierigkeit imstande, auf dem Trockenen zu fressen. Das Verzehren namentlich größerer Nahrungsstücke geht stets ruckweise, meist mit erhobenem Kopfe, vor sich; trockene Nahrung wird oft erst unter Wasser gehalten und im angefeuchteten Zustande verschlungen.

Untereinander vertragen sich Krokodile von annähernd gleicher Größe vortrefflich und trotz gelegentlicher Beißereien hat Werner niemals ernstliche Fehden zwischen ihnen beobachtet, obwohl Feindseligkeiten mitunter, nach Beobachtungen von Lankes und anderen, vorkommen und dann zu einer wahren Schlacht führen können. Es ist möglich, daß hierbei das Erwachen der Geschlechtstätigkeit mitspielt, da Werner schon bei ganz jungen, kaum halbmeterlangen Nilkrokodilen Paarungsversuche unter lebhaftem Schnappen und Beißen und Ausstülpen der Moschusdrüsen des Unterkiefers beobachtet hat. Der Pfleger von Krokodilen hat von ihnen kaum etwas zu fürchten, wenn er so vorsichtig ist, Hände und Gesicht außerhalb des Bereiches ihrer Schnauze zu lassen. Von den vielen Krokodilen, die Werner in mehr als 20 Jahren hielt, oder die er bei anderen zum Zwecke der Artbestimmung näher zu untersuchen genötigt war, wurde er kaum mehr als zwei- oder dreimal gebissen und niemals ernstlich verletzt, obwohl seine eigenen ziemlich großen Leisten-, Panzer-, Nil- und Sumpfkrokodile überaus lebhaft und nichts weniger als sanftmütig waren.

Schnabelkrokodile oder Gaviale (Gavialis *Gm.*) nennt man die Arten, deren obere Kinnlade nur vorn je drei Ausschnitte zur Aufnahme der drei vordersten Unterkieferzähne hat. Die Anzahl der Zähne schwankt von 27 bis 29 in der oberen und von 25 bis 26 in der unteren Kinnlade. Die Schnauze ist außerordentlich schmal und lang, 3½—5½mal so lang wie am Grunde breit und am Vorderende mit einem eigentümlichen Wulst versehen, der bei alten Männchen meist größer ist als beim Weibchen und einen Hohlraum zur Aufnahme von Luft enthält. Die beiden Schenkel des Unterkiefers sind in einer sehr langen Knochennaht vereinigt, die nach hinten bis zum 23. oder 24. Zahne reicht. Den Rücken deckt ein Panzer von vier Längsreihen nebeneinander gestellter, gekielter Knochenplatten; dem Bauchteile fehlen Knochenplatten.

Die einzige Art der Gattung ist der Gavial oder Gangesgavial, in Indien Gharial genannt, Gavialis gangeticus *Gm.* (Abb., S. 508 u. Taf. „Panzerechsen I", 1, bei S. 530), in den Augen vieler Inder ein heiliges, Wischnu, dem Schöpfer und Beherrscher des Wassers, geweihtes Tier. Der vor den Augen eingeschnürte Kopf, die lange, schmale, flachgedrückte, an der Spitze stark erweiterte Schnauze, die verhältnismäßig kurzen, den Zwischenkiefer und auch die Nasenöffnungen bei weitem nicht erreichenden Nasenbeine, die große Anzahl von Zähnen in jedem der beiden Kiefer (oben 27—29, unten 25—26 Zähne jederseits), die Nackenbeschildung, die im Verhältnis kleinen Augenhöhlen sowie endlich die schwach entwickelten Beine unterscheiden, laut Strauch, den Gangesgavial in jeder Altersstufe von seinen nächsten Verwandten. In beiden Kiefern der über alles gewohnte Maß verlängerten Schnauze, die Edwards, der erste Beschreiber des Tieres, treffend mit dem Schnabel eines Sägers vergleicht, stehen die leicht gebogenen Zähne; die stärksten unter ihnen sind die beiden vorderen Seitenzähne des Oberkiefers und das erste, zweite und vierte Paar des Unterkiefers. Unmittelbar hinter dem Hinterhauptsbeine liegen zwei kleine Hinterhauptsschilde nebeneinander; ein anderes Paar solcher Schilde nimmt den Raum zwischen ihnen und den vorderen Rückenschilden ein. Diese beginnen in der Mitte der Halslänge und bilden bis zur Schwanzwurzel 21—22 Querreihen, von denen die erste aus 2, die beiden folgenden aus noch 2 kleinen seitlichen mehr, die übrigen aus 4 mittleren und 2 sehr kleinen seitlichen Schilden bestehen. Auf dem Schwanze stehen 19 Paare gekielte und 19 einfache, kammartig erhobene Schuppen. Die Färbung der Oberseite ist ein dunkles Braungrün, das bei jungen Stücken mit zahlreichen kleinen dunkelbraunen Flecken oder Querbinden gezeichnet ist, die der Unterseite geht durch Grüngelb in Weiß über. Boulenger gibt die Länge des größten Stückes im Britischen Museum mit 5 m an; ungefähr ebensoviel mißt das prächtige Gavialpaar des Wiener Hofmuseums.

Der Gavial ist heimisch im Ganges und Brahmaputra und deren großen Nebenflüssen, laut F. Day auch im Indus, und findet sich außerdem, nach G. A. Boulenger, noch im Mahanadi in Orissa und im Koladyne (Kuladan) in Arakan, nicht aber im Irawadi und auch nicht im Godawari, Kistna, Tapti, Narbada usw.

Schon Älian weiß, daß im Ganges zwei Arten von Krokodilen leben: solche, die

Gavial, Gavialis gangeticus *Gm.* $1/20$ natürlicher Größe.

wenig schaden, und andere, die gierig und schonungslos Menschen und Tiere verfolgen. Diejenige Art, die seiner Beschreibung nach der Gavial sein muß, hält er aber gerade für die gefährliche, denn er teilt weiterhin mit: „Man gebraucht sie zur Hinrichtung der Missetäter, die man ihnen vorwirft." Daß der hervorgehobene Unterschied in der Lebensweise wirklich begründet ist, wissen wir jetzt mit voller Sicherheit, wenn auch die neueren Nachrichten über den Gavial auffallenderweise außerordentlich dürftig sind. Noch jetzt leben, wie zu alten Zeiten, Gavial und Sumpfkrokodil im Ganges nebeneinander. Älians Angabe wird übrigens auch durch Paolino bestätigt, der ausdrücklich mitteilt, man habe die eines Verbrechens angeklagten Menschen in Gegenwart der Brahmanen durch einen Fluß waten lassen und freigesprochen, wenn sie von den Krokodilen verschont blieben. Hagenbeck ist daher im Irrtum, wenn er den Mugger von Muggerghat in Rudyard Kiplings „Dschungelbuch" für den Gavial hält; es ist zweifellos das Sumpfkrokodil gemeint, das freilich ebenso wie der Gavial keine solche Größe erreicht, wie sie der Dichter ihm zuschreibt.

Daß man die Gaviale noch heutigestags für heilig hält, unterliegt keinem Zweifel, weil fast alle Reisenden, die ihrer Erwähnung tun, von solcher Anschauung der Eingeborenen zu berichten wissen. Unter den Fischen soll der zahnreiche Krokodilgott arge Verwüstungen anrichten, und die eigentümliche Bildung der Schnauze des Gavials spricht allerdings dafür, daß er sich, wenn nicht ausschließlich, so doch vorzugsweise von Fischen ernährt. Auch sein ganzer übriger Leibesbau läßt ihn als ein so recht für das Wasser geschaffenes Tier erkennen. Day bezeichnet ihn ausdrücklich als „ein wahres fischfressendes Krokodil, das schwimmend Beute gewinnt", und Boulenger erwähnt gleichfalls, daß der Gavial durchaus von Fischen lebe. Forsyth, der genau zwischen Gavial und dem Magar, dem Sumpfkrokodil, unterscheidet, kann nach seinen Erfahrungen nicht zugeben, daß der Gavial den Menschen sonderlich gefährde, und Sterndale führt an, daß höchstens der Magar sich an Menschen vergreife, der Gavial hingegen ausschließlich von Fischen lebe.

Da kein Fall bekannt oder wenigstens keiner mit Sicherheit verbürgt ist, daß ein Gavial größere Säugetiere oder den Menschen angegriffen habe, dürfen wir ihn als eins der wenigen harmlosen Krokodile betrachten, die durch Wegfangen der Fische in so fischreichen Gewässern den Lebensunterhalt eines Teiles der Anwohner der von Gavialen bevölkerten Flüsse kaum zu schmälern imstande sind.

Über die Fortpflanzungsgeschichte des Gavials berichtet Anderson, der Eier dieses Krokodils aus dem Sande grub und mehrere soeben und zum Teil mit seiner Hilfe ausgeschlüpfte Junge einige Zeit in Gefangenschaft hielt. Die Eier, 40 an der Zahl, lagen in zwei gleichen Haufen schichtweise übereinander und waren durch Sand 60 cm voneinander getrennt, vielleicht also an verschiedenen Tagen gelegt worden. Die Jungen, allerliebste Geschöpfe, hatten beim Auskriechen eine Länge von 40 cm, wovon 4 cm auf die Schnauze und 22 cm auf den Schwanz kamen, waren graubräunlich und mit fünf unregelmäßigen dunklen Querbinden auf dem Rücken zwischen Vorder- und Hinterfüßen und deren neun auf dem Schwanze gezeichnet. Unmittelbar nach dem Auskriechen rannten sie mit überraschender Schnelligkeit davon; eins von ihnen, dem Anderson Geburtshilfe leistete, biß bereits lebhaft um sich und unseren Gewährsmann in den Finger, noch ehe dieser es gänzlich aus seiner Schale befreit hatte.

In den europäischen Sammlungen findet man den Gavial seltener als andere Krokodile, lebend nur ganz außerordentlich selten. Da er im Freien auf tiefes und strömendes Wasser angewiesen ist und außer der Fortpflanzungszeit schwerlich freiwillig ans Land geht, mag auch seine Haltung größere Schwierigkeiten haben als die anderer Ordnungsverwandten.

Sehr ähnlich ist dem Gangesgavial der kleinere malaiische Gavial, Tomistoma schlegeli *S. Müll.* Bei ihm finden wir 20—21 Zähne auf jeder Seite des Zwischen- und Oberkiefers, 18—19 jederseits im Unterkiefer; die seitlichen Unterkieferzähne passen in Gruben zwischen den Oberkieferzähnen, und die Nasenbeine reichen bis zu dem Zwischenkiefer. Im übrigen unterscheidet sich unsere Art dadurch vom Gangesgavial, daß die Finger nur am Grunde, die Zehen aber vollständig durch Schwimmhaut verbunden sind, während bei diesem die Schwimmhäute zwischen den mittleren Fingern bis zu einem Drittel ihrer Länge, zwischen den äußeren Zehen aber nur bis zu zwei Dritteln reichen, und daß bei der malaiischen Art nur am Hinterrande des Unterschenkels, nicht aber am Unterarm und Fuß ein Schuppenkamm auftritt. Schließlich scheinen auch die Schuppen an der Außenseite der Gliedmaßen stärker gekielt zu sein als bei der vorderindischen Art.

Diese von Salomon Müller im Jahre 1838 auf Borneo entdeckte Art schien lange Zeit auf diese Insel beschränkt zu sein, bis Max Weber im Jahre 1890 ihr Vorkommen auf Sumatra nachwies, wo sie sieben Jahre später Gustav Schneider an verschiedenen Stellen, sowohl in Seen als auch in Flüssen, auffand; Schneiders größte Stücke, aus dem Indragiri, waren bis 4,70 m lang. Aber auch diese beiden Fundorte sollten nicht vereinzelt bleiben, denn im Jahre 1906 teilte Boulenger das Vorkommen des „Borneogavials" auf der Halbinsel Malakka mit, wo dieser im Perak- und Pahangfluß vorkommt. Über seine dortige Auffindung und Lebensweise schreibt der Entdecker, L. Wray, an Boulenger, daß das im Perakfluß gefangene halbwüchsige Stück, das er dem Britischen Museum zusandte, im Juni 1895 gefangen und von ihm bis zum Ende Dezember in einem Teiche gehalten worden war. Einige Monate wollte das Tier nur einige kleine Fische annehmen, dann aber verzehrte es Fleisch und Fische, soviel man ihm geben wollte. Es wurde auch ganz zahm und blieb auch, wenn Leute in der Nähe standen, an der Wasseroberfläche, mit dem Kopfe am Ufer.

„Der malaiische Gavial", fährt unser Gewährsmann fort, nachdem er die einzelnen Fundorte auf der Halbinsel Malakka und die von dort nachgewiesenen Stücke dieser Arten sorgfältig verzeichnet hat, „scheint im wesentlichen ein Süßwasserbewohner zu sein und soll nach Aussage der Eingeborenen oft die Sümpfe und versumpften Striche am Ufer der Flüsse besuchen; wenn dies wirklich der Fall ist, würde er sich etwas vom Gangesgavial in seinen Gewohnheiten unterscheiden, der viel mehr im Wasser lebt als das Krokodil. In der Regel sieht man aber, soweit meine Beobachtungen reichen, nur die Oberseite der Schnauzenspitze und die beiden Augen über Wasser; nähert man sich, so sinken die Augen langsam und ganz ruhig unter die Wasseroberfläche und nur ein kleiner Teil der Schnauzenspitze bleibt sichtbar; bei weiterer Annäherung verschwindet auch sie ebenso geräuschlos. Dies ist zweifellos die Ursache, warum das Tier so selten gesehen wird.

„Die Iris ist gelbbraun, die Oberseite hell olivengrün, fein und dicht dunkelbraun gefleckt; die Grundfärbung ist an den Seiten lichter und geht unten nahezu in Weiß über. Der Schwanz hat sechs dunkle Querbinden, die durch dunkelbraune Fleckung der Schuppen an den Seiten und der Unterseite gebildet werden. Bei dem lebenden Exemplar stand der Oberkiefer nahezu einen Zoll über den Unterkiefer vor."

Daß der malaiische Gavial kein ausschließlicher Fischfresser ist, scheint aus einer Mitteilung von S. S. Flower hervorzugehen, derzufolge ein großes Exemplar einen im Pahangfluß schwimmenden Hund ergriffen habe. Sein malaiischer Name ist „Buaya jinjulong".

Als Krokodile (Crocodilus *Laur.*) im engeren Sinne bezeichnen wir diejenigen Arten, bei denen der Zwischenkiefer vorn zwei tiefe Gruben zur Aufnahme der beiden vordersten und jeder Oberkiefer einen Ausschnitt zur Aufnahme des jederseitigen vierten Zahnes des Unterkiefers hat. Die Anzahl der ungleichen, aber stets sehr kräftigen Zähne beläuft sich auf 17—19 in jedem Ober- und 15 in jedem Unterkiefer, also im ganzen auf 64—68.

Bei allen bekannten Arten ist der fünfte Zahn im Oberkiefer größer als die übrigen, und die Naht, welche die beiden Unterkieferäste vereinigt, erstreckt sich nach hinten nicht über den achten Unterkieferzahn hinaus. Den Rücken decken vier oder mehr Längsreihen gekielter Knochenschilde. Krokodile wohnen in Afrika, in Südwest- und Südasien, Nordaustralien und dem tropischen Amerika. Von der oberen Kreideperiode an lebten sie in Europa, waren hier in der Tertiärzeit sogar in vielen Arten verbreitet, starben aber mit dem Beginn des Pleistozäns völlig aus.

Die einzelnen Arten voneinander zu trennen, ist, namentlich wenn man das genaue Vaterland eines Stückes nicht kennt, durchaus nicht leicht. So einfach es scheint, so weit verschiedene Formen wie das Panzerkrokodil von dem Sumpfkrokodil zu unterscheiden, so schwer ist es, andere und namentlich junge oder gar frisch aus dem Ei geschlüpfte Stücke in allen Fällen sicher zu bestimmen, um so mehr als alle jungen Tiere dieser Gattung, auch der im Alter

Panzerkrokodil, Crocodilus cataphractus *Cuv.* 1/30 natürlicher Größe.

langschnauzigen Arten, eine verhältnismäßig kurze Schnauze haben. Die von uns bei den einzelnen Arten gegebenen Merkmale beziehen sich darum nur auf erwachsene Tiere.

Die Reihe der zu beschreibenden Arten mag das **Panzerkrokodil**, Crocodilus cataphractus *Cuv.*, eröffnen, weil es infolge der Bildung seiner schlanken Schnauze gewissermaßen als ein Verbindungsglied zwischen den Gavialen und Krokodilen erscheint oder doch ersteren am innigsten sich anschließt. Seine Merkmale liegen in eben dieser sehr gestreckten, schmalen und zugespitzten, oben gewölbten Schnauze, die etwa dreimal so lang wie am Grunde breit ist, der gewölbten Stirn, dem in zwei Längsreihen geordneten Doppelpaar von Nackenschilden, die unmittelbar an die sechs Längsreihen des Rückenpanzers grenzen. Der Unterschenkel trägt, wie bei vielen anderen Krokodilen, einen mit kräftigen Zacken endigenden Schuppenkamm. Die Oberseite ist ocker- oder lehmgelb bis dunkel olivenfarben, der Kopf dunkelbraun getüpfelt, der Rumpf wie der Schwanz mit großen schwarzen

Quermakeln, der gelblichweiße Bauch mit ebensolchen, aber merklich kleineren Flecken gezeichnet; doch kann sowohl die Ober- als die Unterseite fast einfarbig sein. An Länge soll das erwachsene Tier etwa 6 m erreichen.

Adanson war der erste Reisende, der das von ihm im Senegal gesehene Panzerkrokodil von dem in demselben Strome hausenden Nilkrokodil unterschied und, wenn auch sehr mangelhaft, beschrieb; seitdem hat man es in allen größeren Flüssen der Westküste Afrikas, insbesondere im Senegal, Gambia, Niger, Binuë, Kamerun, Gabun, Kuilu und Kongo, erbeutet oder doch bemerkt. In letzter Zeit ist es auch in Deutsch-Ostafrika mehrfach beobachtet worden. Adanson spricht zwar über die Lebensweise der von ihm gesehenen Krokodile, aber so unbestimmt, daß man seine Angaben ebensogut auf das Nil- wie auf das Panzerkrokodil beziehen kann. Savage widmet ihm ebenfalls nur wenige Worte. „Der Name ‚Khinh‘, der dem Panzerkrokodil von Eingeborenen beigelegt wurde, ist derselbe, den sie auch dem Hunde geben. Die Gewohnheiten des Tieres unterscheiden sich nicht von denen anderer Krokodile. Es bewohnt die kleinen Flüsse und stehenden Gewässer des Tieflandes und nährt sich von Fischen, Lurchen und Kriechtieren, die im Wasser leben. Zu seinem zeitweiligen Aufenthalte wählt es eine Höhle im Ufer des Flusses und stürzt sich von ihr aus auf die unachtsame Beute. Seine Eier legt es auf den Boden und bedeckt sie mit Blättern und anderen leichten Stoffen, unterscheidet sich also in dieser Beziehung von anderen Krokodilen und Alligatoren. Es ist furchtsam und ungefährlich, wird daher auch sehr oft von den Eingeborenen gefangen, um eine beliebte Speise zu liefern.“ An der Loangoküste und am Kongo gilt aber, laut Pechuel-Loesche, gerade das Panzerkrokodil für das gefährlichste.

Weitere, für das „Tierleben“ niedergeschriebene Mitteilungen, die obige Angaben wesentlich zu vervollständigen vermögen, verdanke ich Reichenow. „Das Panzerkrokodil“, so schreibt mir der Forscher, „ist in Westafrika eine häufige Erscheinung, in Oberguinea wenigstens ungleich zahlreicher vertreten als sein stumpfschnauziger Genosse (Osteolaemus tetraspis). Ich fand jenes sowohl in Lagunen nahe der Meeresküste an den Mündungen, insbesondere in den weiten Mündungsländern der großen Ströme, als in den oberen Flußläufen im süßen Wasser. Im Delta des Kamerunflusses, in den schmalen Kanälen, die das sumpfige, mit Mangroven und Pandanen bestandene Schwemmland durchziehen, sah ich die Tiere nur vereinzelt hin und wieder auf einer Sandbank sich sonnend, von der sie sich bei der Annäherung eines Bootes mit großer Schnelligkeit ins Wasser stürzen. In geradezu erstaunlicher Menge dagegen treten sie in dem Zuflusse des Kamerun, im Wuri, auf. Vielfach erhielt ich Beweise dafür, daß die Panzerkrokodile im süßen Wasser nicht oder doch nur im seltensten Falle eine stärkere Beute, den Menschen oder ein größeres Tier, angreifen, weil dieses wie jener Widerstand zu leisten vermag. In einer Lagune an der Goldküste wurde eine Furt von den Negern benutzt, und niemals hörte ich von einem Unglücksfalle, obwohl die Krokodile zeitweise recht zahlreich waren. Ich selbst watete oft in dieser Lagune, bevor ich von der Anwesenheit der Krokodile eine Ahnung hatte, um Reiher und andere Sumpfvögel zu schießen, bis an die Brust im Wasser. Da war es mir öfter geschehen, daß ein in der Tiefe verstecktes Tier plötzlich, gestört durch mich, das Wasser emporschlug. Ich war der Ansicht, daß es größere Fische seien, bis ich eines Tages, wieder ahnungslos umherwatend, kaum acht Schritt vor mir ein riesiges Krokodil seinen ungeschlachten Kopf aus dem Wasser erheben sah. Im ersten Augenblicke waren wir wohl beide gleich erstaunt über die Begegnung, im nächsten aber legte ich meine kleine Vogelflinte an und brannte dem Ungetüme den feinen Dunst (stärkere Ladung hatte ich nicht) auf den Schädel, worauf es mit dem Schwanze hoch aufschlug und im Wasser verschwand. Es versteht sich von selbst, daß ich danach nicht wieder in die Lagune ging, da ich doch nicht auf die obige Beobachtung mit solcher Sicherheit baute, um mein eignes Ich preiszugeben. Indessen badeten auch im Wuri die Neger beständig an seichten Stellen, unbekümmert um die zahlreichen Krokodile. War dagegen zur Regenzeit der Fluß angeschwollen und tief, so kam es häufig vor, daß Leute aus den flachgehenden Kanus von den Krokodilen weggeschnappt wurden. In diesem Falle konnten diese die Beute sofort ins tiefe Wasser ziehen und ertränken, ohne daß ein wesentlicher Widerstand geleistet wurde.

„Die Widerstandsfähigkeit auch dieses Krokodilpanzers ist nicht so groß, wie oft angenommen wird. Ich habe armlange Junge auf 20—30 Schritt Entfernung mit Hühnerschrot erlegt. An größeren habe ich meine Flinte oder Büchse nicht erprobt, da ich mir bei dem nochmaligen Besuche des Wuris nicht durch Schießen auf Krokodile die Nilpferdjagd verderben mochte. Übrigens scheinen auch diese Krokodile zur Trockenzeit Wanderungen zu unternehmen; wenigstens fand ich sie mit Beginn der Dürre in der erwähnten Lagune bei Aura viel häufiger als vordem und mußte annehmen, daß sie von kleineren, trockengelegten Gewässern hierher gewandert seien. Das Fleisch dieser Art ist weiß und zart und sehr wohlschmeckend, wird demgemäß auch von den Negern sehr bevorzugt."

Der bekannteste amerikanische Vertreter der Gattung ist das Spitzkrokodil, Crocodilus americanus *Laur.* (Abb., S. 514), so genannt wegen seiner ebenfalls noch sehr verlängerten, schmalen und spitzigen, doppelt so langen wie am Grunde breiten, oben mehr oder weniger gewölbten, leicht gerunzelten, in der Mitte eine geschwollene Längsleiste tragenden Schnauze. Anderweitige Kennzeichen liegen in den 2 oder 4 in einer Reihe (selten folgt noch ein Paar dahinter) angeordneten vorderen Nacken-, den 4 oder 6 in zwei Reihen aufgelagerten, übrigens vielfach abändernden großen hinteren Nackenschilden und den in 4—6 Längsreihen stehenden Rückenschilden, die von den Nackenschilden immer durch einen deutlichen Zwischenraum getrennt sind. Der Unterschenkel trägt ebenfalls einen Kamm. Die Färbung der Oberseite ist ein dunkles Olivenbraun, die der Unterseite ein reineres lichtes Gelb. Erwachsene Stücke erreichen eine Länge von 6 m; die in europäischen Sammlungen liegenden Stücke messen jedoch höchstens 3,5 m.

Das Spitzkrokodil verbreitet sich über einen nicht unbeträchtlichen Teil des südamerikanischen Festlandes, Mittelamerikas und Westindiens, belebt insbesondere die süßen Gewässer von Ecuador, Neugranada und Venezuela, Yucatan, Guatemala, Süd- und Mittelmexiko, Cuba, San Domingo, Jamaica, Martinique, Marguerite und Florida, bewohnt also fast alle Länder und größeren Inseln zwischen dem 30. Grade nördl. und dem 5. Grade südl. Breite. Wahrscheinlich gehören auch die unter dem Namen Crocodilus rhombifer *Cuv.* von Cuba und Crocodilus moreleti *A. Dum.* von Mittelamerika beschriebenen Krokodile hierher; ersteres lebt jedenfalls auch in Mittelamerika, wenigstens in Mexiko, und ist an den besonders hohen Kielen des äußeren Paares der vier Rückenschildreihen und an dem am Grunde besonders stark verdickten Schwanz sowie an dem Fehlen der Schnauzenleiste erkennbar, das andere ist wohl nur die Jugendform davon.

Die nachstehende Lebensschilderung ist eine Zusammenfassung der von A. v. Humboldt an verschiedenen Stellen gegebenen Mitteilungen über das Spitzkrokodil und das Orinoco-Krokodil (Crocodilus intermedius *Graves*), das im Alter durch längere Schnauze, aber auch sonst durch stets 6 Rückenschildreihen (beim gewöhnlichen Spitzkrokodil nur 4) vom erstgenannten sich unterscheidet, aber wohl auch nur eine Rasse von ihm vorstellt.

„Von Diamant an“ (einer kleinen Zuckerrohrpflanzung am Apure unterhalb San Fernando, zur Zeit Humboldts), sagt der ausgezeichnete Forscher, „betritt man ein Gebiet, das nur von Tieren bewohnt ist und stellenweise als das wahre Reich der Jaguare und Krokodile betrachtet werden kann. Das eine Ufer des Flusses (Apure) ist infolge der Überschwemmungen meist dürr und sandig, das andere höher und mit hochstämmigen Bäumen bewachsen; hin und wieder begrenzen auch Bäume den Fluß zu beiden Seiten. Die großen

Spitzkrokodil, *Crocodilus americanus Laur.* 1/30 natürlicher Größe.

Vierfüßer des Landes, Tapir, Pekari und Jaguar, haben Gänge in die Uferdickichte gebrochen, durch welche sie, um zu trinken, an den Strom gehen. Da sie sich nicht viel daraus machen, wenn ein Boot vorbeikommt, hat man den Genuß, sie langsam am Ufer dahinstreichen zu sehen, bis sie durch eine der schmalen Lücken verschwinden. Man sieht sich in einer neuen Welt, einer wilden, unbezähmten Natur gegenüber. Bald zeigt sich am Gestade der Jaguar, bald wandelt der Hokko langsam an der Uferhecke hin; Tiere der verschiedensten Klassen lösen einander ab. ‚Es ist wie im Paradiese‘, sagte unser Steuermann, ein alter Indianer aus den Missionen. Und wirklich, alles erinnert hier an den Urzustand der Welt, dessen Unschuld und Glück uralte, ehrwürdige Überlieferungen allen Völkern vor Augen stellen; beobachtet man aber das gegenseitige Verhalten der Tiere genau, so zeigt sich, daß sie einander fürchten und meiden: das goldene Zeitalter ist vorbei, und in diesem Paradiese der amerikanischen Wälder wie allerorten hat lange traurige Erfahrung alle Geschöpfe gelehrt, daß Sanftmut und Stärke selten beisammen sind.

„Wo das Gestade eine bedeutende Breite hat, bleiben die Gebüschreihen weiter vom Strome weg. Auf diesem Zwischengebiete sieht man Krokodile, oft ihrer acht bis zehn, auf dem Sande liegen. Regungslos, die Kinnladen unter rechtem Winkel aufgesperrt, ruhen sie nebeneinander, ohne irgendein Zeichen von Zuneigung, wie man sie sonst bei gesellig lebenden Tieren bemerkt. Der Trupp geht auseinander, sobald er vom Ufer aufbricht, und doch besteht er wahrscheinlich nur aus einem männlichen und vielen weiblichen Tieren; denn die Männchen sind ziemlich selten, vielleicht weil sie in der Brunstzeit miteinander kämpfen und sich ums Leben bringen. Diese gewaltigen Kriechtiere sind so zahlreich, daß auf dem ganzen Stromlaufe fast jeden Augenblick ihrer fünf bis sechs zu sehen waren, und doch fing der Apure erst kaum merklich an zu steigen, und Hunderte von Krokodilen lagen also noch in dem Schlamme der Savanne begraben."

Auch der bei (Nueva) Barcelona in die Bucht von Barcelona (Nordküste Südamerikas) mündende Fluß Neveri wimmelt von diesen Ungeheuern, und zwar noch in der Nähe seiner Mündung; sie wagen sich sogar, besonders bei Windstille, bis auf die hohe See hinaus. „Man sieht leicht ein", fährt unser Forscher fort, „daß ein Tier, dessen Körper in einem Panzer steckt, für die Schärfe des Salzwassers nicht sehr empfindlich sein kann. Solche Beobachtungen werden aber für die Geologie von Bedeutung bezüglich des auffallenden Durcheinanderliegens von versteinerten See- und Süßwassertieren."

„Vier Uhr abends hielten wir an, um ein totes Krokodil zu messen, das der Strom ans Ufer geworfen hatte. Es war nur 5,24 m lang. Einige Tage später fand Bonpland ein anderes männliches, das 6,8 m maß. Unter allen Zonen, in Amerika wie in Ägypten, erreichen diese Tiere dieselbe Größe. Auch die zweite Art, die im Orinoco so häufig vorkommt, ist kein Kaiman oder Alligator, sondern ein wahres Krokodil (Crocodilus intermedius), mit Füßen, die an den äußeren Rändern gezähnelt sind, dem Nilkrokodile ähnlich, der ‚Araue' der Tamanaken."

„Das Krokodil im Apure bewegt sich sehr rasch und gewandt, wenn es angreift, schleppt sich dagegen, wenn es durch Zorn und Hunger nicht aufgeregt wurde, langsam wie ein Salamander dahin. Beim Laufen vernimmt man ein Geräusch, das von der Reibung seiner Hautplatten gegeneinander herzurühren scheint. Oft hörten wir am Ufer dieses Rauschen der Platten ganz in der Nähe. Es ist nicht wahr, daß die alten Krokodile, wie die Indianer behaupten, gleich dem Schuppentiere ihre Schuppen und ihre ganze Rüstung sollen aufrichten können; doch krümmen sie beim Laufen den Rücken und erscheinen hochbeiniger als in der Ruhe. Sie bewegen sich allerdings meistens geradeaus oder vielmehr wie ein Pfeil, der von Strecke zu Strecke seine Richtung ändert, wenden aber, trotz kleiner Anhängsel von falschen Rippen, welche sich an die Halswirbel anlegen und die seitliche Bewegung zu beschränken scheinen, ganz gut, wenn sie wollen. Ich habe oft Junge sich in den Schwanz beißen sehen; andere beobachteten dasselbe bei erwachsenen Krokodilen. Daß ihre Bewegung fast immer geradlinig erscheint, rührt daher, weil sie, wie bei den Eidechsen, stoßweise erfolgt. Sie schwimmen vortrefflich und überwinden leicht die stärkste Strömung; jedoch schien es mir, als ob sie, wenn sie flußabwärts schwimmen, nicht rasch umwenden können.

Eines Tages wurde ein großer Hund, der uns auf der Reise von Caracas an begleitete, im Flusse von einem ungeheuern Krokodil verfolgt; letzteres war schon ganz dicht bei ihm, und der Hund entging seinem Feinde nur dadurch, daß er umwendete und noch einmal gegen den Strom schwamm. Das Krokodil führte nun dieselbe Bewegung aus, aber weit langsamer als der Hund, und dieser erreichte glücklich das Ufer."

Das Wesen der Spitzkrokodile ist übrigens, wie A. v. Humboldt an mehreren Orten ausdrücklich hervorhebt, je nach der Örtlichkeit, die sie beherbergt, sehr verschieden. In manchen Flüssen fürchtet man sie ungemein, in anderen wenig oder nicht. „Die Sitten der Tiere anscheinend einer Art", so drückt er sich aus, „zeigen Abweichungen von örtlichen Einflüssen, die sehr schwer aufzuklären sind. Am Rio Buritiku warnte man uns, unsere Hunde nicht an dem Flusse saufen zu lassen, weil in ihm auffallend wilde Krokodile hausen, die gar nicht selten aus dem Wasser gehen und die Hunde auf das Ufer hinauf verfolgen. Solche Keckheit fällt um so mehr auf, als am Rio Tisanao die Krokodile ziemlich schüchtern und unschädlich sind. Auch im Rio Neveri, in welchem große Hechtkrokodile zahlreich vorkommen, zeigen sie sich nicht so bösartig wie im Orinoco. Nach dem Kulturzustande der verschiedenen Länder, nach der mehr oder weniger dichten Bevölkerung in der Nähe der Flüsse ändern sich vielleicht auch die Sitten dieser großen Echsen, die auf dem trockenen Lande schüchtern sind und sogar vor dem Menschen fliehen, wenn sie reichliche Nahrung haben und der Angriff mit einiger Gefahr verbunden ist. In Nueva Barcelona (s. oben) sieht man die Indianer das Holz auf sonderbare Weise zu Markte bringen; große Scheite werden in den Fluß geworfen und treiben mit der Strömung fort, und der Eigentümer mit seinem ältesten Sohne schwimmt bald hierhin, bald dorthin, um die Stücke, die in den Flußkrümmungen stecken bleiben, wieder flott zu machen. In den meisten Flüssen, in welchen Krokodile vorkommen, verbietet sich ein solches Verfahren von selbst.

„Im Magen eines 3,6 m langen Krokodils, das Bonpland und ich zergliederten, fanden wir halbverdaute Fische und 8—10 cm starke, runde Granitstücke. Es ist nicht anzunehmen, daß die Krokodile diese Steine zufällig verschlucken; denn wenn sie die Fische auf dem Grunde des Flusses packen, ruht ihre untere Kinnlade nicht auf dem Boden. Die Indianer haben die abgeschmackte Idee ausgeheckt, diese trägen Tiere machten sich gern schwer, um leichter tauchen zu können. Ich glaube, daß sie große Kiesel in ihren Magen aufnehmen, um dadurch das Zerreiben der Nahrung, wie bei vielen Vögeln, und zugleich eine reichliche Absonderung des Magensaftes herbeizuführen; Magendies Versuche sprechen für diese Auffassung. Im Apure finden sie reichliche Nahrung an den Wasserschweinen, die in Rudeln von 50—60 Stück an den Flußufern leben. Diese unglücklichen Tiere besitzen keinerlei Waffen, sich zu wehren; sie schwimmen zwar etwas besser, als sie laufen, aber im Wasser werden sie eine Beute der Krokodile, und auf dem Lande werden sie von den Jaguaren gefressen. Man begreift kaum, wie sie bei den Nachstellungen zweier so gewaltiger Feinde so zahlreich sein können. Zu unserer Überraschung sahen wir ein mächtiges Krokodil mitten unter diesen Nagetieren regungslos daliegen und schlafen; es erwachte, als wir mit unserer Pirogue näher kamen, und ging langsam dem Wasser zu, ohne daß die Wasserschweine unruhig wurden. Unsere Indianer sahen den Grund dieser Gleichgültigkeit in der Dummheit der Tiere; wahrscheinlich aber wissen die Wasserschweine aus langer Erfahrung, daß das Krokodil des Apures und Orinocos auf dem Lande nicht angreift: der Gegenstand, den es packen will, müßte ihm denn im Augenblicke, wo es sich ins Wasser wirft, in den Weg kommen.

„Für die Anwohner des Orinocos bilden die Gefahren, denen sie ausgesetzt sind, einen Gegenstand der täglichen Unterhaltung. Sie haben die Sitten des Krokodils beobachtet, wie der Stierfechter die Sitten des Stieres; sie wissen die Bewegungen der Panzerechse, ihre Angriffsmittel, den Grad ihrer Keckheit gleichsam voraus zu berechnen. Sehen sie sich bedroht, so greifen sie mit der Geistesgegenwart und Entschlossenheit, die den Indianern und Zambos, überhaupt den Farbigen eigen sind, zu allen den Mitteln, die man sie von Kindheit auf kennen gelehrt hat. In Ländern, wo die Natur so gewaltig und furchtbar erscheint, ist der Mensch beständig gegen die Gefahr gerüstet. Ein junges indianisches Mädchen, das sich selbst aus dem Rachen des Krokodiles befreit hatte, sagte: ‚Ich wußte, daß mich der Kaiman fahren ließ, wenn ich ihm die Finger in die Augen drückte.' Dieses Mädchen gehörte der dürftigen Volksklasse an, in welcher Gewöhnung an leibliche Not die geistige Kraft steigert. Aber wahrhaft überraschend ist es, wenn man in den von Erdbeben zerrütteten Ländern Frauen aus den höchsten Gesellschaftsklassen in den Augenblicken der Gefahr dieselbe Überlegenheit und Entschlossenheit entwickeln sieht.

„Da das Krokodil vermöge des Baues seines Kehlkopfes, des Zungenbeines und der Faltung der Zunge die Beute unter Wasser wohl packen, aber nicht verschlingen kann, so verschwindet selten ein Mensch, ohne daß man das Tier nicht ganz nahe der Stelle, wo das Unglück geschehen, nach ein paar Stunden zum Vorschein kommen und seine Beute verschlingen sieht. Gleichwohl macht man selten Jagd auf diese gefährlichen Raubtiere. Sie sind sehr schlau, daher nicht leicht zu erlegen. Ein Kugelschuß ist nur dann tödlich, wenn er in den Rachen oder in die Achselhöhle trifft. Die Indianer, die sich selten der Feuerwaffe bedienen, greifen die Krokodile mit Lanzen an, sobald diese an starke, spitze, eiserne, mit Fleisch geköderte und mittels einer Kette an Baumstämmen befestigte Haken angebissen haben, gehen ihnen aber erst dann zu Leibe, wenn die Echsen sich lange abgemüht haben, um von dem Eisen loszukommen. Es ist nicht wahrscheinlich, daß man es je dahin bringt, das Land von Krokodilen zu säubern, da in dem Wirrsale zahlloser Flüsse Tag für Tag neue Schwärme vom Ostabhange der Andes über den Meta und den Apure an die Küsten von Spanisch-Guayana herabkommen. Der Fortschritt der Gesittung wird bloß das eine bewirken, daß die Tiere scheuer und leichter zu verscheuchen sein werden."

Mit den erlegten Krokodilen scheint man in Südamerika wenig anfangen zu können; A. v. Humboldt erwähnt nur, daß man das Fett für ein vortreffliches Abführmittel hält und das weiße Fleisch wenigstens hier und da gern ißt.

Außer dem Menschen haben die Spitzkrokodile wenige Feinde, die ihnen gefährlich werden können. Es wird mancherlei erzählt von Kämpfen zwischen ihnen und den großen Wasserschlangen; diese Berichte verdienen jedoch nicht den geringsten Glauben. Im allgemeinen bekümmern sich auch diese Krokodile nur um diejenigen Tiere, die ihnen Beute versprechen, während die übrigen sie vollständig gleichgültig lassen. A. v. Humboldt erzählt, daß er kleine, schneeweiße Reiher auf ihrem Rücken, ja sogar auf ihrem Kopfe umherlaufen sah, ohne daß sie diesen Beachtung schenkten, lehrt uns also ein ganz ähnliches Verhältnis kennen, wie es zwischen dem Nilkrokodil und seinem „Wächter" bestehen soll. Lärmende Mitbewohner ihres Gewässers scheinen ihnen dagegen nicht zu behagen: Humboldt sah sie untertauchen, wenn Delphine in ihre Nähe kamen. Alte Krokodile sind, wie leicht erklärlich, gegen die Angriffe anderer Tiere hinlänglich geschützt; den Jungen aber stellen verschiedene Sumpfvögel und auch die Rabengeier mit Eifer und Geschick nach.

Über die Fortpflanzung gibt schon der alte Ulloa Auskunft. „Sie legen", so erzählt er, „binnen zwei Tagen wenigstens 100 Eier in ein Loch im Sande, decken es zu und wälzen sich darüber, um die Spuren zu verbergen. Hierauf entfernen sie sich einige Tage, kommen sodann in Begleitung des Männchens zurück, scharren den Sand auf und zerbrechen die Schalen, die Mutter setzt die Jungen auf den Rücken und trägt sie ins Wasser. Unterwegs holt der Rabengeier einige weg, und auch das Männchen frißt so viele, wie es kann; ja sogar die Mutter verzehrt diejenigen, welche herunterfallen oder nicht gleich schwimmen können, so daß zuletzt nicht mehr als fünf oder sechs übrig bleiben. Die Rabengeier sind auf die Krokodileier ungemein erpicht und halten sich daher im Sommer wie Schildwachen auf den Bäumen verborgen, beobachten geduldig das Weibchen beim Legen und stürzen sich erst, wenn es weg ist, auf das Nest, scharren es mit Schnabel und Krallen auf und zanken sich um die Eier." Ich brauche wohl kaum zu erwähnen, daß Ulloa wieder einmal Wahres und Falsches untereinandermengt. Das Wahrscheinliche wird durch A. v. Humboldt bestätigt. „Die Krokodile", sagt dieser, „legen ihre Eier in abgesonderte Löcher, und das Weibchen erscheint gegen Ende der Brutzeit wieder, ruft den Jungen, die darauf antworten, und hilft ihnen meist aus dem Boden." Ob der große Forscher hier aus eigner Anschauung spricht oder nur Gehörtes wiedergibt, weiß ich nicht, da ich eine auf die Angelegenheit bezügliche Stelle von ihm, auf die er hinweist, nicht habe finden können. Unwahrscheinlich ist es, nach den neueren Forschungen A. Völtzkows bezüglich des Nilkrokodils, durchaus nicht. Die jungen Krokodile ziehen kleinere Lachen und Wassergräben den breiten und tiefen Flüssen vor und sind zuweilen in rohrumstandenen Gräben in solcher Menge zu finden, daß man auch von ihnen sagen kann, sie wimmeln hier wie Würmer durcheinander.

Aus den übrigen Angaben A. v. Humboldts geht hervor, daß die Orinoco-Krokodile Sommerschlaf halten. „Unterhalb des Einflusses des Rio Arauca", so heißt es in der Reisebeschreibung, „zeigten sich mehr Krokodile als bisher, besonders einem großen See gegenüber, der mit dem Orinoco in Verbindung steht. Die Indianer sagten uns, diese Krokodile kämen aus dem trockenen Lande, wo sie in dem Schlamme der Savanne begraben gelegen haben. Sobald sie nach den ersten Regengüssen aus ihrer Erstarrung erwachen, sammeln sie sich in Rudeln und ziehen dem Strome zu, auf welchem sie sich wieder zerstreuen. Die Zeit der großen Trockenheit, uneigentlich der Sommer des heißen Gürtels genannt, entspricht dem Winter des gemäßigten, und es ist physiologisch sehr merkwürdig, daß in Nordamerika die Alligatoren zur selben Zeit der Kälte wegen im Winterschlafe liegen, während welcher die Krokodile in den Llanos ihren Sommerschlummer halten. Erschiene es als wahrscheinlich, daß diese derselben Familie angehörigen Tiere einmal in dem nördlichen Lande zusammengelebt hätten, so könnte man glauben, sie fühlten auch, näher nach dem Gleicher versetzt, noch immer, nachdem sie sechs bis sieben Monate ihre Muskeln gebraucht, das Bedürfnis auszuruhen und blieben auch unter einem neuen Himmelsstriche ihrem Lebensgange treu, der aufs innigste mit ihrem Körperbaue zusammenzuhängen scheint. Man zeigte uns eine Hütte oder vielmehr eine Art Schuppen, in welchem unser Wirt einen höchst merkwürdigen Auftritt erlebt hatte. Er schläft mit einem Freunde auf einer mit Leder überzogenen Bank; da wird er frühmorgens durch heftige Stöße, lauten Lärm und polternde Erdschollen, die in die Hütte geschleudert werden, aufgeschreckt. Nicht lange, so kommt ein junges, meterlanges Krokodil unter der Schlafstätte hervor, fährt auf einen Hund los, der auf der Türschwelle liegt, verfehlt ihn im ungestümen Laufe, eilt dem Ufer zu und entkommt in den Fluß. Man untersucht den Boden unter der Lagerstätte und wird über den Hergang des seltsamen Abenteuers bald klar. In dem vertrockneten, jetzt weit hinab aufgewühlten

Schlamme hatte das Krokodil im Sommerschlafe gelegen und war durch den Lärm von Menschen und Pferden, vielleicht auch durch den Geruch des Hundes erweckt worden. Die Hütte lag an einem Teiche und stand einen Teil des Jahres unter Wasser; das Krokodil war also ohne Zweifel während der Zeit der Überschwemmung der Savanne durch dasselbe Loch hereingekommen, durch welches es Don Miguel herauskommen sah. Wir sehen somit, daß in den Llanos Trockenheit und Hitze auf Tiere und Gewächse gleich dem Froste wirken. Manche Kriechtiere, besonders Krokodile, verlassen die Lachen, in welchen sie beim Austritte der Flüsse Wasser gefunden haben, nicht leicht wieder. Je mehr nun diese Gewässer eintrocknen, um so tiefer graben sie sich in den Schlamm ein, der Feuchtigkeit, die bei ihnen Haut und Decken schmiegsam erhält, nachgehend. In diesem Zustande der Ruhe kommt die Erstarrung über sie; sie werden dabei von der äußeren Luft wohl nicht gänzlich abgesperrt, und so gering auch der Zutritt von Luft sein mag, so reicht er doch hin, den Atmungshergang zu unterhalten bei einer Echse, die zwar ausnehmend große Lungensäcke hat, aber keine Muskelbewegung vornimmt, und bei welcher fast alle Lebensverrichtungen stocken."

Uralter Ruhm verherrlicht, uralte Fabeln und Märchen trüben die Geschichte des bekanntesten aller Krokodile, desjenigen, das im Nil haust und schon in Herodot und dem Verfasser des Buches Hiob Beschreiber gefunden hat, in dem ersteren einen treuen Berichterstatter von dem, was er während seines Aufenthaltes in Ägypten selbst gesehen und gehört, in dem letzteren einen Dichter, der, trotz des Bilderreichtums seiner Sprache, den „Leviathan" vortrefflich kennzeichnet.

„Das Wesen des Krokodiles", so ungefähr läßt sich Herodot vernehmen, „ist folgendes: Es bewohnt das Land und das Wasser, legt und brütet die Eier aus auf ersterem und bringt daselbst die meiste Zeit des Tages, die Nacht aber im Flusse zu; denn das Wasser ist des Nachts wärmer als der heitere Himmel und der Tau. Unter allen Tieren wird es aus dem kleinsten das größte. Die Eier sind nicht viel größer als die der Gänse und die Jungen im selben Verhältnis, ausgewachsen aber wird es 17 Ellen lang. Es hat vier Füße, Schweinsaugen, große und vorspringende Zähne, aber keine Zunge; es bewegt auch nicht den Unterkiefer, sondern den oberen gegen den unteren, wie es kein anderes Tier tut. Die Klauen sind stark; die beschuppte Haut kann auf dem Rücken nicht getrennt werden. Im Wasser ist es blind, in der Luft aber sehr scharfsichtig. Da es im Wasser lebt, so hat es das Maul mit Blutegeln angefüllt. Von allen Vögeln und anderen Tieren wird es geflohen, mit dem Vogel Trochylus aber lebt es im Frieden, weil dieser ihm nützlich ist. Wenn es auf das Land geht und daselbst, gegen den Wind gekehrt, mit offenem Maule liegt, dann schlüpft ihm der Trochylus hinein und frißt die Blutegel; da es sich über diese Dienstleistungen freut, so verletzt es ihn nicht. Während der vier strengen Wintermonate nimmt es keine Nahrung zu sich. In Ägypten heißt es nicht Krokodil, sondern Champsa; die Jonier aber nennen es Krokodil wegen seiner Ähnlichkeit mit den Eidechsen, die sich an ihren Gartenmauern aufhalten."

Andere Schriftsteller des Altertums, namentlich Aristoteles, Diodorus Siculus, Seneca, Strabon, Plinius, Plutarch, Maximus Tyrius, Dio Cassius, Älian, Flavius Vopiscus, Ammianus Marcellinus, haben ebenfalls über das Nilkrokodil geschrieben und manches Beachtenswerte mitgeteilt, im allgemeinen aber Herodots kaum der Wahrheit widersprechenden Bericht nur wenig vervollständigt, wohl aber die einfache Darstellung mit verschiedenen Sagen ausgeschmückt. Viele ihrer Mitteilungen sind von dem alten Gesner gesammelt worden und mögen hier mit den Worten Forers, der Gesners „Tierbuch" übersetzte, ihre Stelle finden.

„Dieses Thier ist ein Wasser-Thier, und ob es wol sich auff das trockene Land herauß begibt, so mag es doch ein Wasser-Crocodyl genennet werden, zum Unterscheyd deß Irdischen Crocodyls, so gar nicht in das Wasser geht. Dieser Wasser-Crocodyl nun nimmt seine Speisse aus dem Wasser, seine Kühlung aber auß der Lufft, dann dieweil er eine Lunge hat, und den Athem zeucht: kan er weder deß Wassers, noch der Lufft entbären. Gemeiniglich aber soll er deß Nachts in dem Wasser bleiben: und deß Tages sich auff dem Erdreich auffhalten, und bißweilen an der Sonnen so gantz stille und unbeweglich ligen, daß der, dem es nicht bekandt, meynen solte, er wäre todt. — Die Speiß und Nahrung dieser Thiere ist, was sie bekommen können, als: Menschen beydes alte und junge, allerley Thiere, Kälber, und Hunde, item allerley Fische, welche sie dann mit ihren Klauen zerreissen und fressen. Doch schlagen sie erstlich alles mit ihrem Schwantz zu tode, als in welchem sie die grössseste Krafft haben. — Diese Thier sind sehr fruchtbar, dann 60 Tage tragen sie die Eyer bey sich, legen 60 Eyer in der Grösse wie Gäns-Eyer, und selbige innerhalb 60 Tagen, nemlich alle Tage eines, 60 Tage brüten sie solche auß, und in 60 Tagen erziehen sie ihre Jungen: Ihre Eyer legen sie in das trockene Erdreich, an sandichte warme Oerter. Sie brüten alle beyde, das Männlein sowol als das Weiblein, wie Solinus schreibet, je eines umb das andere. — Kein Thier ist, das so einen kleinen Anfang oder Ursprung und kleine Geburt hat, und doch zu einer so mercklichen Grösse komme: Dann ihre Eyer sind (wie gedacht) nur so groß, als wie ein Gänß-Ey, und gleichwol kommt ein Crocodyl biß auff 26 Ellen, wiewol etliche schreiben, daß er wachse, so lang er lebe, und solle er zu einem grossen Alter, auch biß auff die 60 Jahr kommen.

„Der Crocodyl ist ein betrügliches, listiges, feindseliges, räuberisches Thier, und ein hefftiger Feind aller andern Thieren. — Diese sonderbare Eigenschaft soll dieses Thier an sich haben, nemlich, so bald die Jungen außgekrochen sind, soll der Alte Acht auff sie haben, welches nun nicht alsobald etwas raubet und ins Maul fasset, oder etwann ein Stroh-Hälmlein, Kräutlein, Eyderlein, Flieglein, oder dergleichen käuet, und damit seine rechte Art anzeiget, das soll er als ein Banckart halten und zerreissen. — Ein Vöglein, Trochylus, oder Königlein genannt, und der grosse Crocodyl haben eine sonderliche Freundschafft und Zuneigung gegen einander, dann dieweil der Crocodyl ein Wasser-Thier ist, hat er immerdar in seinem Rachen Aeglen, und dieweil er Fleisch frißt, stecken ihm immerdar seine Zähne voll Fleisch, welches diesem Vogel wol bewust, wann dann der Crocodyl sich an die Sonne legt zu schlaffen, welches er thut mit offenem Rachen, so schläufft das Vögelein in seinen Rachen, picket und raumt oder stöchert ihm das Fleisch auß den Zähnen, davon der Crocodyl eine grosse Lust empfähet, hält dem Vögelein stille, und den Rachen offen, aber wann er will, daß es soll außfliegen, dieweil er seiner genug hat, so bewegt er den obern Kinnbacken gemächlich, und läßt also das Vöglein unverletzt darvon fliegen.

„Diese Thier sollen nicht so gar überauß grausam und schädlich seyn, wann sie nur sonst Fische oder andere Speisse zu essen haben, sie sollen auch bißweilen gantz zahm gemacht werden. Aber wann sie vom Hunger wütend werden, sollen sie sich so grausam erzeigen, daß sie mit einem Schlag ihres Schwantzes auch die allerstärckesten darnieder schlagen, und sie sodann im Grimm aufffressen.

„Die Männlein unter diesen Thieren sollen eine inbrünstige Liebe zu ihren Weibern tragen: Dann wann sie bißweilen von den auff dem Nil fahrenden Schiffleuthen in der Brunst gefunden werden, da das Weiblein auff dem Rucken liget, und die Schiff-Leuthe mit einem starcken, grausamen Geschrey auff sie zulauffen, das Männlein aber sich auß Schröcken mit einem schnellen Sprung in das Wasser begibt, so kan das Weiblein sich von dem Rucken auff den Bauch nicht umbwenden, wegen seiner kurtzen Füsse, welches sonst das Männlein pflegt wieder umbzuwältzen, und wird also getödtet. Wann nun das Männlein wieder zurücke kommt, und an dem Orte, wo das Weiblein gelegen, das Blut findet, wird es manchmahl so grausam zornig, daß es den Schiffleuthen auff dem Wasser nacheylet, das Schiff mit dem Maul und den Klauen ergreifft, und dasselbige offtmahls in grosse Gefahr setzte.

„Die Schweine sollen eine sonderbare Freundschafft mit dem Crocodil haben, welche sich sicher bey und umb den Fluß Nilum weiden, und von keinem Crocodil verletzt werden. — Hingegen ist die Ratt-Eyder (Ichneumon) dem Crocodil feind und zertritt ihm seine Eyer, wo sie dieselbigen bekommen kann. — Auch wenn der Crocodil schläfft mit offenem Rachen, so kreucht der Ichneumon ihm in den Bauch, zernagt und zerfrißt ihm sein Eingeweid und Bauch, biß er zu demselbigen wiederumb herauß kriechen kann, welches dann dem Vogel Trochylo wol bekannt, darumb derselbe, auß Liebe und natürlicher Zuneigung, so er zu dem Crocodil hat, wann er solche Gefahr ersiehet, den Crocodil aufwecket. — Ein Geschlecht der Affen, Cercopitheci genannt, deßgleichen ein Geschlecht der wilden Ochsen, und die Habichte sind dem Crocodil feind. — Vornehmlich aber die Delphinen, welche auß dem Meer in den Fluß Nilum herauffsteigen. Wenn nun dieser einer in dem Wasser einen Crocodil ersiehet, und wol weiß, daß er von Natur auf dem Rücken mit sehr scharffen Stacheln, als gleichsam wie mit Messern, bewaffnet und bewehret, der Crocodil aber unten am Bauche gantz weich seye, so begiebt er sich gar still und sachte hinunter in die Tieffe, unter den Crocodil, und reist mit einem starcken Schuß dem Crocodyl seinen linden Bauch auf einmahl auff. Solcher Gestalt muß dieses grosse und scheußliche Thier von einem Fische, der ihm an Grösse und Stärcke bey weitem nicht gleich ist, sich umbbringen lassen. Also hat ein jegliches Thier seinen natürlichen Feind, der ihm nach dem Leben stehet. — Der Crocodil und Scorpion sollen auch eine natürliche Feindschafft gegeneinander haben, wannenhero die Egypter, wenn sie zween gleiche Feinde haben bedeuten wollen, einen Crocodil und Scorpion bey einander gemahlet haben.“.

Mein Wanderleben hat mich mit dem „Leviathan“ ziemlich bekannt gemacht. Ich habe ihn beobachtet in Ägypten, in Nubien und im Ostsudan, habe Hunderte von ihm gesehen und nach sehr vielen meine Büchse gerichtet, habe ihn erlegt, gefangen gehalten und von seinen Eiern und seinem Fleische gekostet; ich glaube ihn zu kennen.

Das **Nilkrokodil**, Crocodilus niloticus *Laur.* (Abb., S. 522, u. Taf. „Panzerechsen I“, 2, bei S. 530), soll eine Länge von 10 m erreichen können. Doch dürfte diese Angabe nur auf Schätzung beruhen; wirkliche Messungen werden höchstens 6 m Länge ergeben. Von dem nahe verwandten Leistenkrokodil, Crocodilus porosus, aus Südasien und dem ihm ebenso nahestehenden Crocodilus siamensis unterscheidet es sich vornehmlich durch das Fehlen jeder Art von Leisten auf Vorderkopf oder Schnauze. Hinter dem Schädel liegen 4—6 gekielte Schildchen in einer Querreihe, auf dem Nacken deren 6; die Anzahl der Querreihen des Rückenteiles ist verschieden, beträgt aber gewöhnlich 16 oder 17, die Anzahl der Schwanzschilde 17—18 paarige und 18—20 einfache. Ein dunkles Bronzegrün, das auf dem Rücken kleine schwarze Flecke zeigt, ist die Grundfärbung, geht an den Seiten des Rumpfes und Halses in unregelmäßig stehende dunklere Flecke und auf der unteren Fläche des Körpers in Schmutziggelb über, scheint aber vielen Abänderungen unterworfen zu sein.

Sicher gehören, außer dem Panzer-, dem Stumpf- und dem 10 m langen madagassischen Riesenkrokodil, Crocodilus robustus — das wohl nichts anderes ist als ein sehr altes, kurzschnauziges Nilkrokodil von der madagassischen Spielart, weshalb man wahrscheinlich auch niemals ein junges Riesenkrokodil gefunden hat —, alle übrigen afrikanischen Krokodile dieser einen Art an. Die von einzelnen Forschern, wie z. B. von Geoffroy Saint-Hilaire, angeführten Unterschiede zwischen den Krokodilen des oberen und unteren Nils, und zwischen denen dieses Stromes und anderer Gewässer Afrikas sowie zwischen diesen und den auf Madagaskar lebenden, die Grandidier und Gray bewogen, auch für Madagaskar eine eigne Art aufzustellen, haben sich nicht als stichhaltig erwiesen. Als Heimat des Nilkrokodils sind demnach die Gewässer des größten Teiles von Afrika, der Küstengebiete wie des Inneren, anzusehen. Es ist von dem Gebiete des Stromes, nach dem es benannt wurde, im Osten südwärts bis in das Gebiet des Limpopo und im Westen vom Senegal bis zum Kunene verbreitet und findet sich im Inneren vom Tsadseegebiet und, laut Nachtigal, von den Gewässern Wadais südwärts bis zum Ngamisee. E. de Barys Angabe, wonach Krokodile in der Sahara, nördlich vom 25. Breitengrade, in Tümpeln des Wadi Mihero vorkommen sollen, ist bis jetzt

Nilkrokodil, Crocodilus niloticus *Laur.* 1/30 natürlicher Größe.

nicht bestätigt worden. Möglicherweise rührten die zahlreichen Fußspuren, die der Forscher im Schlamme bemerkte und die er 5—6 Fuß langen Krokodilen zuschrieb, von dem nördlichen Dickwaran (Varanus exanthematicus) her. Von den Inseln bewohnt unser Tier Madagaskar, die Komoren und die Seychellen, fehlt aber auf der westafrikanischen Insel Fernando Poo. Es ist heimisch in fließenden und stehenden süßer Gewässern, in den Seen und Sümpfen wie in Tümpeln und Regenteichen, im mächtigen Strome wie im unbedeutenden Flusse, hält sich aber mit Vorliebe an ruhigen und tiefen Stellen der Gewässer auf.

Außerdem lebt das Nilkrokodil, Ledschun der Araber, noch heutigestags in Palästina, aber nur noch an einem einzigen Orte und in wenigen Stücken: im Zerka- oder Krokodilflusse nahe Cäsarea. Schon Plinius und Strabon kennen eine Stadt Krokodilon an der Stelle des heutigen Vorkommens. Die ersten, die neuerdings auf das syrische Krokodil aufmerksam gemacht haben, sind J. B. Roth und T. Tobler 1858. Die Leute Schumachers töteten 1877 ein 3 m langes Weibchen, das 48 Eier im Leibe hatte. Boettger erhielt eins dieser Eier und ein Stück von dem Schwanze im Jahre 1879, so daß die Tatsache des Vorkommens außer allem Zweifel ist. Auch Wetzstein sah ein erlegtes Stück, J. L. Schneller das Gerippe eines über 2 m langen Tieres, die beide aus dem Zerkatale stammten. Eine ungefähr im Jahre 1880 von der Senckenbergischen Naturforschenden Gesellschaft ausgerüstete Jagdreise G. Schumachers auf syrische Krokodile hatte übrigens keinen Erfolg.

In Ägypten ist das Krokodil gegenwärtig fast ausgerottet. Die Pfeile und Schleudersteine, von denen im Hiob, der wohl das in Palästina einheimische Tier aus eigner Anschauung kannte, zu lesen ist, konnten es freilich nicht verjagen: die Büchsen- und Flintenkugeln haben es doch getan. Unser Leviathan ist zwar nicht vor ihnen zurückgewichen, sondern hat standhaft ausgehalten wie ein Held; aber er hat das Leben lassen müssen vor dem Menschen der Neuzeit. Seine Urweltstage sind hier größtenteils dahin, seine Zeit ist erfüllt, seitdem die neueren Jagdgeschosse seines Panzers spotten, seitdem ein Kind den Riesen zwingen kann. Schon heutzutage ist der mutige Ichneumon, der Held der Sage, zum Spott, sein Tun zweifelhaft geworden. Er braucht jetzt dort keine Krokodileier mehr zu fressen, keinem Krokodile in den Rachen zu kriechen, um ihm das Herz abzufressen; denn die wenigen überlebenden Panzerechsen dieser Art, die ich noch in Ägypten sah, sind inzwischen unter den Kugeln reiselustiger Europäer gefallen, und der Ichneumon muß nun jedenfalls Hühnereier statt der Krokodileier fressen, wie er es, meiner festen Überzeugung nach, immer getan hat.

Gleich meine erste Bekanntschaft mit dem Leviathan belehrte mich, daß in Ägypten seine Zeit um sei. Zur Bekehrung der Heiden des Weißen Nils nach dem Sudan reisende Jesuiten, in deren Gesellschaft ich das erstemal nach dem Inneren Afrikas aufbrach, erhoben eines Tages ein Jagdgeschrei und griffen eiligst nach ihren Büchsen. Sechs Läufe knallten, nur der meiner eigenen Büchse nicht mit; denn ich hatte auf den ersten Blick gesehen, daß das so dreist zur Schau sich bietende Krokodil bereits tot, von vorausgegangenen Reisenden meuchlings gemordet worden war. Nun hätte das Tier freilich auch leben können; denn von den sechs nach ihm gerichteten Kugeln traf keine einzige: aber es wurde mir aus dieser Jagdwut, die selbst Missionare außer Atem setzte, doch sofort klar, welch schweren Stand das gehetzte Urweltstier in unseren Tagen dem Menschen gegenüber hat. Ich selbst habe mich später bestrebt, ihm diese Wahrheit gründlich zu beweisen.

Dies ist der Grund, weshalb man in Ägypten jetzt nur noch in Maabdes Höhlen Krokodile zu Tausenden, aber — als Mumien antrifft. Anders ist es im Ostsudan oder im Innern Afrikas überhaupt, überall da, wo das Feuergewehr die uralten Waffen der Eingeborenen noch nicht verdrängt hat, wo das alte Wort noch gilt: „Wenn du deine Hand an ihn legest, so gedenke, daß ein Streit sei, den du nicht ausführen wirst", besonders an allen denjenigen Strömen, deren Ufer vom Urwalde in Besitz genommen sind. Hier darf man mit aller Sicherheit darauf zählen, auf jeder größeren Sandbank wenigstens ein großes Krokodil und wohl ein halbes Dutzend kleinere von verschiedenem Alter und entsprechender Länge zu finden; hier und an den Brüchen, Seen und Sümpfen kann man die schönsten Ungeheuer mit der größten Bequemlichkeit beobachten. Im Sudan sind des hebräischen Dichters Worte noch in ihrem vollen Werte gültig; denn dort gibt es kaum ein Dorf, dessen Bewohner nicht von einer Unglücksgeschichte zu erzählen wüßten, keinen einzigen Menschen, der nicht die Stärke des „Timsach" bewundert, ihn selbst aber verflucht. Dazu haben die Sudanesen auch wirklich alle Ursache; denn sie sind dem Krokodil gegenüber so gut wie ohnmächtig, müssen es sich widerstandslos gefallen lassen, wenn der furchtbare Räuber ihre Angehörigen und Haustiere in die Tiefe des Wassers zieht: sie können ihn kaum bekämpfen und nicht verjagen. Ich glaube annehmen zu dürfen, daß im Blauen und Weißen Nil noch Hunderte und Tausende von Krokodilen leben; denn ich habe sie überall gesehen: ich habe während eines Tages am Blauen Nil deren über 30 und auf einer einzigen Sandbank allein 18 gezählt. Darunter waren Riesen, deren Länge ich auf nicht weniger als 5 m schätzen durfte, Tiere, die gewiß ein Alter von mehreren hundert Jahren haben mochten. Ich muß hierbei bemerken, daß man sich über die

Länge eines außerhalb des Wassers sich sonnenden oder in ihm sich bewegenden Krokodils ebenso leicht täuscht wie über die Länge einer Schlange. Ein Krokodil, das 5 m mißt, ist ein riesiges Ungetüm, erscheint aber dem ungeübten Auge noch viel länger, als das Maß ergibt. Ich glaube nicht, daß unter den Hunderten dieser Tiere, die ich gesehen habe, ein einziges gewesen ist, das 7 m lang war, und bezweifle alle Angaben, die von solchen berichten, deren Länge gegen oder über 9 m betragen haben soll. Durch gewissenhafte Messung hat man derartige Maße sicherlich nicht bestimmt; versuchte man aber ihre Gesamtlänge nach der verhältnismäßigen des Schädels zu finden, so irrte man sich in den meisten Fällen ebenso, weil der Schädel alter Krokodile unverhältnismäßig länger ist als der jüngerer Tiere. Ein Krokodil von 5 m Länge darf als ausgewachsen gelten, nimmt jedoch noch immer, obschon fortan äußerst langsam, an Größe zu, wächst vielleicht bis an sein Ende, das unter ungewöhnlich günstigen Umständen sicherlich erst nach einer außerordentlich langen Reihe von Jahren eintritt.

Eine Sandbank, auf der das Krokodil sich behaglich sonnen kann, ist Haupterfordernis zur Wahl seines Standortes. Rauschende Stellen im Strome liebt es nicht; in den Stromschnellen findet man es höchst selten. Den einmal gewählten Standort behauptet es mit großer Beharrlichkeit und Zähigkeit. Wir wurden stets im voraus auf die krokodilreichen Stellen des Stromes aufmerksam gemacht, und greise Männer versicherten uns, daß sie schon seit ihrer Kindheit dasselbe Krokodil auf einer bestimmten Sandbank gesehen hätten. In der Regenzeit unternimmt es jedoch zuweilen kleine Reisen landeinwärts, freilich nur in Regenflüssen oder in den überschwemmten Waldbeständen.

Man ist geneigt zu glauben, daß das Krokodil nicht gewandt sei, irrt sich jedoch hierin vollständig. Im Wasser zeigt es sich höchst behende, schwimmt und taucht mit großer Schnelligkeit in jeder Wassertiefe und zerteilt die Fluten wie ein Pfeil die Luft. Sein ungemein kräftiger Schwanz bildet ein vortreffliches Ruder, und die wohlentwickelten Schwimmhäute an den Hinterfüßen unterstützen es wesentlich in jeder von ihm beabsichtigten Bewegung oder jeder ihm erwünschten Lage im Wasser. Wenn es hier ruhen will, senkt es den hinteren Teil seines Leibes in schiefer Richtung in die Flut, so daß nur sein Kopf der ganzen Länge nach wagerecht auf der Oberfläche liegt, und erhält sich durch schwache Ruderstöße, die es von Zeit zu Zeit, anscheinend halb unbewußt, ausführt, in derselben Lage, kann aber auch regungslos verweilen, falls es die Lungen mehr als sonst voll Luft gepumpt hat; wenn es sich auf den Boden eines Gewässers niederlassen will, entleert es rasch die Luftwege und stürzt sich nun kopfüber in die Tiefe, wobei es, spielenden Delphinen vergleichbar, einen Teil des Rückens und meist auch die Schwanzspitze zeigt; wenn es schnell eine Strecke durcheilen will, schwingt es den Schwanz seitlich hin und her und rudert gleichzeitig mit den Hinterfüßen, die aber vorzugsweise zum Steuern benutzt werden. Erzürnt oder im Todeskampfe, peitscht es das Wasser so heftig, daß man den alten Dichter kaum der Übertreibung zeihen kann, wenn er sagt: „Er macht, daß das tiefe Meer siedet wie ein Topf, und rührt es ineinander, wie man eine Salbe menget.“ Auch auf dem Lande bewegt es sich durchaus nicht ungeschickt, obgleich es hier nur ausnahmsweise weitere Strecken zurücklegt. Wenn es auf eine Sandbank kriecht, geschieht dies in der Regel sehr langsam: es bewegt einen Fuß um den anderen und trägt den Leib, der hinten mehr als vorn erhoben wird, dabei so tief, daß er auf dem Sande schleppt; befindet es sich aber am Lande in einiger Entfernung vom Flusse, so stürzt es, aufgeschreckt, sehr rasch dem Wasser zu, und ebenso schnell schießt es aus dem Wasser auf das Land heraus, wenn es eine hier erspähte Beute wegnehmen will. Auf einer seiner Reisen störte mein Freund Penney ein Krokodil auf, das sich in einem größtenteils mit dürrem Laube ausgefüllten Regenflusse versteckt hatte. Bei Ankunft der Berittenen entfloh es und eilte mit großer Schnelligkeit schnurstracks dem Strome zu. Daß die alte, bekannte Geschichte, die erzählt, die Krokodile könnten sich nicht im Zickzacklaufe bewegen, eben nur eine Fabel ist, wird jedem Beobachter klar, der auch nur ein einziges Krokodil aus dem Wasser auf den Sand und wieder in das Wasser zurückkriechen sah, weil es bei diesem kurzen Wege einen Kreis zu beschreiben pflegt, dessen Durchmesser kaum mehr als die Länge seines Leibes beträgt.

Über die höheren Fähigkeiten des Krokodils läßt sich schwer ein Urteil fällen. Herodot ist über den Gesichtssinn unrecht berichtet worden: denn das Tier sieht unter Wasser vorzüglich scharf und auf dem Lande gut genug; der Vater der Geschichte gelangt jedoch zu seinem Rechte, wenn man ihn so verstehen will, daß man das Gesicht nicht als den schärfsten aller Sinne bezeichnet. Als solcher muß das Gehör angesehen werden. Das Krokodil hört jedenfalls besser als andere, möglicherweise als alle übrigen Kriechtiere, vernimmt, wie man sich bei Jagden leicht überzeugen kann, das unbedeutendste Geräusch und dankt bei Gefahr seinem scharfen Gehör weitaus in den meisten Fällen Rettung oder Sicherung. Unentwickelt, um nicht zu sagen stumpf, dagegen scheinen Geruch, Geschmack und Gefühl zu sein, wie aus einigen Mitteilungen, die ich weiter unten geben werde, erhellen dürfte. Eine ziemlich große Lernfähigkeit kann man ihm nicht absprechen. Es vergißt erlittene Verfolgungen nicht und sucht sich ihnen später vorsichtig zu entziehen: Alle Krokodile, die noch in Ägypten leben oder zur Zeit meines Aufenthaltes dort lebten, krochen bei Ankunft eines Schiffes stets in das Wasser, und zwar immer so rechtzeitig, daß man ihnen mit Sicherheit nicht einmal eine Büchsenkugel zusenden konnte, wogegen die in den Strömen des Sudan lebenden die Fahrzeuge viel näher an sich herankommen lassen und von diesen aus geschossen werden können. Alte Tiere, die schon seit vielen Jahren dieselbe Sandbank bewohnen, verlassen diese, wenn sie hier wiederholt gestört wurden, und wählen sich dann, immer mit gewissem Geschick, ein anderes Plätzchen, um auf ihm behaglich schlafen und sich sonnen zu können, und ebenso merken sie sich die Stellen, die ihnen mehrfach Beute lieferten, beispielsweise die am Ufer hinabführenden Wege, die von den Herdentieren oder den wasserschöpfenden Frauen begangen werden, sehr genau und lungern und lauern beständig in deren Nähe. Doch unterscheiden sie nicht zwischen Menschen, die ihnen gefährlich werden können, und solchen, vor denen sie sich nicht zu fürchten brauchen, nehmen vielmehr stets das Gewisse für das Ungewisse und ziehen sich in das Wasser zurück, wenn sie überhaupt Menschen gewahr werden. Ihr Wesen ist je nach den Umständen verschieden. Auf dem Lande ist das Krokodil erbärmlich feig, im Wasser vielleicht nicht gerade mutig, aber doch, der Sicherheit entsprechend, die ihm sein heimisches Element gewährt, dreist und unternehmend. Mit seinesgleichen lebt es in geselligem Einvernehmen, außer der Paarungszeit mit gleich großen in Frieden, während es kleineren der eignen Art gefährlich bleibt; denn wenn sich der Hunger regt, vergißt es jede Rücksicht. Um andere Tiere bekümmert es sich nur insofern, als es sich darum handelt, eins von ihnen zu ergreifen und zu verspeisen; denjenigen, die es nicht erhaschen kann, gestattet es, sich in seiner unmittelbaren Nähe umherzutreiben: daher denn auch die scheinbare Freundschaft zu dem früher von mir geschilderten Vogel, seinem Wächter.

Das Krokodil ist fähig, einem dumpfen Gebrülle ähnelnde Laute auszustoßen, läßt seine Stimme aber nur bei größter Aufregung vernehmen. Ich halte es für möglich, daß man es monatelang beobachten kann, ohne einen Laut von ihm zu hören; wird das Tier aber plötzlich erschreckt oder ihm eine Wunde beigebracht, so bricht es in dumpfes Gemurr und selbst in lautes Gebrüll aus. Bei einer Reiherjagd am Weißen Nil näherte ich mich vorsichtig einer steilen Uferstelle und sah anstatt des erstrebten Vogels dicht unter mir ein Krokodil, dem ich den für den Reiher bestimmten Schrotschuß auf den Schädel jagte. Es erhob sich wütend aus dem Wasser, knurrte laut und verschwand dann unter den Fluten. Auch eins, das Penney aufstörte, gab seinen Schreck durch Gebrüll zu erkennen. Wenn ein Krokodil erzürnt wird, hört man ein blasendes oder dumpf zischendes Schnauben von ihm. Junge, vor kurzem erst dem Ei entschlüpfte Krokodile lassen einen eigentümlich quakenden, an das behagliche Knarren der Frösche erinnernden Laut vernehmen.

Gewöhnlich entsteigt das Krokodil gegen Mittag dem Strome, um sich zu sonnen und zu schlafen. Letzteres kann im Wasser aus dem Grunde nicht wohl geschehen, weil das Tier bei nicht geregelter oder überwachter Atmung in die Tiefe sinkt und dann durch Lufthunger bald geweckt wird; einem Halbschlummer aber können auch in der angegebenen Weise auf dem Wasser lagernde Krokodile sich hingeben: so wenigstens haben meine Gefangenen mich belehrt. Zu seinem Mittagsschläfchen kriecht das Nilkrokodil höchst langsam und bedächtig auf eine seichte Sandbank, schaut mit seinen meergrünen Augen vorsichtig in die Runde und legt sich nach längerem Beobachten der Umgebung zum Schlafen zurecht, indem es sich mit einem Male schwer auf den Bauch fallen läßt. Fast immer liegt es gekrümmt, mit der Schnauze und der Schwanzspitze dem Uferrande zugekehrt; häufig wird letztere noch vom Wasser überspült. Nachdem es sich zurechtgelegt, öffnet es die Deckel, die seine Nasenhöhlen verschließen, schnaubt, gähnt und sperrt endlich den zähnestarrenden Rachen auf, so weit es kann. Von nun an bleibt es unbeweglich auf einer Stelle liegen, scheint auch bald in Schlaf zu fallen; doch kann man nicht sagen, daß dieser sehr tief wäre, weil jedes nur einigermaßen laute Geräusch das Tier weckt und ins Wasser zurückscheucht. Mit Hilfe meines guten Fernrohres und von einer auf derselben Sandbank errichteten Erdhütte aus habe ich dieses Zubettgehen des Krokodils so genau beobachtet, daß ich jedes der vorstehenden Worte verbürgen kann.

Ungestört, verweilt das Tier bis gegen Sonnenuntergang auf dem Lande, unter Umständen in zahlreicher Gesellschaft von seinesgleichen. Zuweilen liegen mehrere teilweise übereinander, gewöhnlich aber jedes einzelne etwas von dem anderen geschieden; namentlich die Jungen halten sich in achtungsvoller Entfernung von den älteren. Mit Eintritt der Dämmerung haben die Krokodile alle Inseln geräumt; nunmehr beginnt die Zeit der Jagd, die während der ganzen Nacht, vielleicht auch noch in den Morgenstunden, fortgesetzt wird und vorzugsweise den Fischen im Strome gilt. Daß auch große, schwerleibige, anscheinend unbehilfliche Krokodile diese behenden Wasserbewohner zu fangen verstehen, unterliegt keinem Zweifel, weil Fische die eigentliche, um mich so auszudrücken, natürliche Nahrung aller Panzerechsen sind. Nächst ihnen fängt das Krokodil jedoch auch alle unvorsichtig zur Tränke an den Fluß kommenden größeren und kleineren Säugetiere, ja sogar Sumpf- und Wasservögel. Es naht sich den Tränk- oder Ruhestellen seiner Beute mit großer Vorsicht, versenkt sich vollkommen unter das Wasser, schwimmt langsam und geräuschlos herbei und streckt beim Atmen eben nur die Nasenlöcher aus dem Wasser; beim Angriffe dagegen schießt es, wie ich mehrfach beobachten konnte, blitzschnell und in gerader Richtung auf das Ufer hinauf. Niemals denkt es daran, eine verfehlte Beute auf dem Lande zu verfolgen: mit wahrem Vergnügen sahen wir eine trinkende Antilope plötzlich mit zwei gewaltigen Sätzen die Uferhöhe gewinnen und bis zu deren Hälfte in demselben Augenblicke ein Krokodil emporschießen. Vögel täuscht es durch seine scheinbare Ruhe oder Unachtsamkeit und Unbeweglichkeit, tut, als bekümmere es sich gar nicht um deren Treiben, und fährt dann, urplötzlich vorwärts schießend, mitten unter sie oder nähert sich ihnen anfänglich äußerst langsam, Zoll um Zoll, und geht erst, wenn es in die ihm genügend erscheinende Entfernung gelangte, zum Angriff über. „Ich bin beständig Zeuge", sagt Sir Samuel Baker, „wie es die dichten Schwärme kleiner Vögel angreift, die sich in den Büschen am Rande des Wassers zusammenscharen. Diese Vögel kennen ihre Gefahr vollständig und fliehen vor dem Angriffe, wenn es ihnen möglich ist. Das Krokodil nun liegt ruhig und unschuldig auf dem Wasser, als ob es dort bloß zufällig erschiene. Auf diese Weise erregt es die Aufmerksamkeit der Vögel und rudert, ihren Blicken ausgesetzt, langsam auf eine beträchtliche Entfernung davon. Von dem Betrüger getäuscht, glauben die Vögel, daß die Gefahr vorüber sei, fliegen wieder in den Busch und tauchen ihre durstigen Schnäbel ins Wasser. Mit dem Löschen ihres Durstes beschäftigt, bemerken sie nicht, daß ihr Feind nicht mehr auf der Oberfläche ist. Ein jähes Plätschern, das Hervorschießen eines mächtigen Paares von Kinnbacken unter dem Busche und das Verschlingen einiger Dutzend Schlachtopfer ist das unerwartete Zeichen der Wiederkehr des Krokodils, das listig untergetaucht und unter dem Schutze des Wassers zurückgeschwommen war. Ich habe die Krokodile diese Jagdweise beständig ausführen sehen; sie täuschen durch einen verstellten Rückzug und greifen dann von unten an."

Ich zweifle nicht im geringsten an der buchstäblichen Wahrheit der Mitteilung Sir Samuel Bakers, daß auch Vögel von Finkengröße einem erwachsenen Krokodile zum Opfer fallen, da F. Day in den von ihm untersuchten Magen des unserer Art ähnlichen Sumpfkrokodils nicht allein Fischotter-, Vögel-, Schlangen-, auch Giftschlangen-, sondern sogar, wahrscheinlich mit dem Mageninhalt seiner Beute hineingelangte, Wasserkäferreste fand. Das Nilkrokodil wird ebensowenig wie jenes kleine, unbedeutende Beute verschmähen, zieht jedoch ergiebige Bissen bei weitem vor. P. Hesse fand im Magen eines nur 2,7 m langen Krokodils neben einigen stark abgeriebenen grünen Flaschenscherben die Reste von etwa 40 Ratten. Seine Jagd gilt selbst großen Säugetieren: es reißt Esel, Pferde, Rinder und Kamele in die Tiefe des Stromes hinab. An beiden Hauptadern des Nils verlieren die Hirten regelmäßig mehrere ihrer Schutzbefohlenen im Laufe des Jahres; am Blauen Nil sahen wir ein geköpftes Rind liegen, dessen Eigentümer uns jammernd erzählte, daß vor wenigen Minuten ein „Sohn, Enkel und Urenkel des von Allah Verfluchten" das trinkende Tier erfaßt und ihm den Kopf abgebissen habe. Wie das Raubtier mit seinen spröden, gleich Glas abspringenden Zähnen solches zu tun imstande war, vermag ich heute noch nicht zu begreifen, weil ich mir ungeachtet der furchtbaren Bewaffnung des Rachens eine so gewaltige Kraftäußerung kaum erklären kann. Daß es wirklich auch Kamele überwältigt, davon habe ich mich später überzeugen können: einem am Weißen Nil, Chartum gegenüber, zur Tränke gehenden Kamele wurde während meiner Anwesenheit in der Stadt ein Bein abgebissen, und gelegentlich meiner Reise auf dem Flusse sah ich, daß die Hirten im Ostsudan beim Tränken ihrer Kamele stets die Vorsicht gebrauchten, sie unter großem Geschrei und ganze Herden auf einmal in den Strom zu treiben, um die Krokodile durch den Lärm und das Getümmel zu verscheuchen. Kleinere Herdentiere, Rinder, Pferde, Esel, Schafe und Ziegen, tränkt man da, wo gefährliche Krokodile hausen, niemals im Strome, sondern in den daneben aufgedämmten Becken und Teichen, welche die Hirten erst mühselig mit Wasser füllen müssen, oder bildet aus dichten Dornenhecken im Flusse einen gegen dessen Mitte abgeschlossenen, vor den gefürchteten Räubern gesicherten Tränkplatz.

Gefährlicher als durch den Schaden, den es an den Herden anrichtet, wird das Krokodil durch seinen Menschenraub. Im ganzen Sudan ereignen sich alljährlich Unglücksfälle, und wenn die Reisenden nicht viel davon zu erzählen wissen, so erklärt sich dies dadurch, weil sie sich nicht besonders danach erkundigen. Dem Fremden, der fragt, wissen die alten Leute zu erzählen, daß das Krokodil den und den, Sohn des und des, Nachkommen von dem und dem, außerdem aber noch verschiedene Pferde, Kamele, Maultiere, Esel, Hunde, Schafe, Ziegen in die trüben Fluten hinabgezogen und gefressen oder ihnen wenigstens ein Glied abgebissen habe. Die meisten Menschenopfer werden dem Krokodile, wenn die Eingeborenen in den Fluß waten, um Wasser zu schöpfen. Selbst an den Wasserplätzen großer Ortschaften und Städte treiben sich die gefährlichen Raubtiere umher: während meines Aufenthaltes in Chartum wurde ein Knabe wenige Schritt vom Hause seiner Eltern geraubt, ertränkt, nach der mitten im Strome liegenden Sandbank geschleppt und hier vor den Augen meiner Diener verschlungen. Die Furcht der Sudanesen ist leider vollkommen gerechtfertigt. Nach Pechuel-Loesche kommen an der Loangoküste drei Arten von Krokodilen, Panzer-, Nil- und Stumpfkrokodil, vor und sind sehr häufig; aber von Unglücksfällen hört man sehr selten. Anders am unteren Kongo, wo nach den Erfahrungen von O. Lindner in der Nähe der europäischen Faktoreien jährlich etwa vier Menschen geraubt werden. P. Hesse berichtet, daß ihm vom Kongo und von der Loangoküste in der Zeit von drei Jahren etwa ein halbes Dutzend solcher Fälle bekannt geworden seien; jedenfalls sei aber die Anzahl der Opfer erheblich größer, da man die meisten Vorkommnisse dieser Art nur durch Zufall erfahre. „Freilich ließen sich", fährt er fort, „diese Unfälle oft vermeiden, wenn die Neger nicht so außerordentlich sorglos und unvorsichtig wären. Daß Krokodile auch Menschen in Kanus anfallen, ist bestimmt erwiesen, gehört aber immerhin zu den Seltenheiten." Einen solchen Fall kann Pechuel-Loesche, der mit dem Missionar Comber Augenzeuge war, verbürgen. Das Unglück ereignete sich um die Mittagszeit bei der belgischen Station Manyanga am Kongo. Ein Häuptling angelte von einem sehr kleinen, bis zum Bordrande im Wasser liegenden Einbaume aus, in dem er sich allein befand, nach Fischen, und zwar an einer durch Klippen geschützten, aber tiefen Stelle des Stromes. Da wurde er plötzlich, ohne Lärm und so schnell, daß er nicht einmal einen Schrei ausstoßen konnte, von einem Krokodil, dessen Kopf bloß auf einen Augenblick sichtbar wurde, ins Wasser gezogen; nur das gleich darauf folgende Umschlagen des Kahnes verursachte auffälliges Geräusch. Der Vorfall vollzog sich so unheimlich schnell, daß nicht wahrgenommen werden konnte, wie und wo das Tier den Menschen packte.

Alle klügeren Tiere kennen das Krokodil und seine Angriffsweise. Wenn die Nomaden der Steppe mit ihren Herden und Hunden zum erstenmal an den Fluß kommen, haben sie mit den letzteren oft große Not, verlieren auch regelmäßig einige der trefflichen Tiere, weil diese noch keine Erfahrung gesammelt haben. Hunde dagegen, die in den Dörfern am Strome groß geworden sind, fallen den Krokodilen selten zum Opfer. Sie nähern sich, wenn sie trinken wollen, stets mit äußerster Vorsicht dem Wasserspiegel, beobachten diesen genau, trinken einige Tropfen, kehren eilig zum Uferrande zurück, bleiben hier längere Zeit stehen, sehen starr auf das Wasser hinab, nahen sich wiederum unter Beobachtung derselben Vorsichtsmaßregeln, trinken nochmals und fahren so fort, bis sie ihren Durst gestillt haben. Ihr Haß gegen das Krokodil offenbart sich, wenn man ihnen eine größere Eidechse zeigt: sie weichen vor einer solchen zurück wie Affen vor einer Schlange und bellen wütend.

Nächst den lebenden frißt das Krokodil alle toten Tiere, die den Fluß hinabschwimmen. Ich bin mehrere Male wertvoller Vögel, die nach dem Schusse in den Strom stürzten, beraubt und dann jedesmal von neuem an den Racheschwur erinnert worden, den ich gelegentlich eines Zusammentreffens mit dem Krokodil, das unheilvoll für mich hätte werden können, geleistet und, soviel in meinen Kräften stand, auch gehalten habe. Jede von meiner Hand entsandte Büchsenkugel, die während meiner zweiten Reise im Sudan eins dieser Ungetüme durchbohrt hat, war nur ein Werkzeug meiner Rache. Chartum gegenüber hatte ich mein Zelt aufgeschlagen, einige Tage lang gejagt und einmal gegen Abend einen Seeadler angeschossen, der noch bis zum Strome flatterte und hier auf das Wasser fiel. Der mir damals wertvoll erscheinende Vogel trieb mit den Wellen dicht am Ufer hin und näherte sich einer nach der Mitte sich wendenden Strömung, die ihn mir entführt haben würde. Da erschien ein Araber, und ich bat ihn, den Vogel für mich zu fischen. „Bewahre mich der Himmel, Herr", antwortete er mir, „hier gehe ich nicht in das Wasser, denn hier wimmelt es von Krokodilen. Erst vor wenig Wochen haben sie zwei Schafe beim Tränken erfaßt und in die Wellen gerissen; einem Kamele bissen sie ein Bein ab; ein Pferd entrann ihnen mit genauer Not." Ich versprach dem Manne reiche Belohnung, schalt ihn Feigling und forderte ihn auf, sich als Mann zu zeigen. Er erwiderte ruhig, wenn ich ihm „alle Schätze der Welt" geben könne, wolle er diese nicht verdienen. Unwillig entkleidete ich mich selbst, sprang in den Strom und watete und schwamm auf meinen Vogel zu. Laut auf schrie der Araber: „Herr, um der Gnade und Barmherzigkeit Allahs willen, kehre um, ein Krokodil!" Erschrocken eilte ich nach dem Ufer zurück. Von der anderen Seite des Stromes her kam ein riesiges Krokodil, die Panzerhöcker über der Oberfläche des Wassers zeigend; schnurgerade schwamm es auf meinen Vogel zu, tauchte dicht vor ihm in die Tiefe, öffnete den Rachen, der mir groß genug erschien, daß auch ich darin Platz gefunden hätte, nahm mir die Beute vor den Augen weg und verschwand mit ihr in den trüben Fluten. Ein zweites schwamm später schnurstracks auf einen Nimmersatt zu, dessen sich mein Diener von der anderen Seite her bemächtigen wollte, und würde möglicherweise anstatt des Vogels Jagd auf den Mann gemacht haben, hätte ich ihm nicht rechtzeitig durch eine wohlgezielte Kugel diesen und alle ferneren Angriffe verleidet. Andere ließen sich nicht einmal durch Schüsse von ihrer bereits ins Auge gefaßten Beute abbringen. Zuweilen vergreifen sie sich sogar an ungenießbaren Dingen, die im Strome treiben, nehmen sich also nicht einmal Zeit, den vermeintlichen Bissen vor dem Verschlingen zu untersuchen. Ein mit Luft oder Wasser gefüllter Lederschlauch, wie die Sudanesen ihn verwenden, kann ihnen, laut Sir Samuel Baker, unter Umständen als Beutestück erscheinen und dem Träger des Schlauches das Leben retten.

Mit der frechen Dreistigkeit, die das Krokodil betätigt, solange es sich im Wasser befindet, steht die erbärmliche Feigheit, die es auf dem Lande zeigt, im geraden Gegensatze. Höchst selten entfernt es sich weiter als 100 Schritt vom Flußufer, und regelmäßig stürzt es diesem bei drohender Gefahr schnurgerade wieder zu. Beim Erscheinen eines Menschen ergreift es stets mit größter Eile die Flucht; niemals denkt es daran, einen Menschen landeinwärts zu verfolgen. Hundertmal hab ich mir den Spaß gemacht, Krokodile plötzlich zu überraschen, und stets gesehen, daß sie sich, ganz wie bei uns zulande die Frösche, mit ängstlicher Hast in den Fluß stürzten. Einer meiner Diener wollte sich im Dämmerlichte des Morgens hinter einem nahe am Strome liegenden Baumstamme gegen Wildgänse anschleichen und erschrak nicht wenig, als der vermeintliche Baumstamm plötzlich zum Krokodil wurde. Glücklicherweise benahm sich die wahrscheinlich nicht minder als mein Diener erschrockene Panzerechse wie immer: anstatt auf den herankriechenden Mann loszustürzen, suchte sie sich selbst zu retten. Dieselbe Ängstlichkeit beweist das Tier sogar dann, wenn man ihm den Weg zum Flusse abschneidet: es bemüht sich nunmehr, den ersten besten Schlupfwinkel zu erreichen, um sich hier zu sichern. Bei einem Jagdausfluge in den Wäldern des Blauen Nils wurden wir eines Morgens durch ein etwa $2^1/_2$ m langes Krokodil, das im Walde vor uns aufging, sehr überrascht, noch mehr aber dadurch, daß das Tier sofort dem nächsten größeren Busche zuflüchtete. In ihm verhielt es sich vollkommen regungslos, so daß es uns nicht möglich wurde, es zu Gesicht zu bekommen und unsere Absicht, ihm eine Kugel durch den Leib zu jagen, auszuführen.

Ähnliches ergaben die Beobachtungen Pechuel-Loesches in Westafrika: „Die auf dem Lande so unbehilflich aussehenden Tiere vermögen dennoch mit gänzlich frei getragenem Leibe, und ohne den Schwanz zu schleppen, so hurtig zu traben, daß man nicht imstande ist, sie einzuholen. Überrascht und vom Wasser abgeschnitten, flüchten sie eiligst und geschmeidig durch den dichtesten Pflanzenwuchs und verbergen sich darin so gut, daß man sie selten auffinden wird. Sie können ferner beim Laufen recht kurz wenden und verstehen sehr geschickt Haken zu schlagen. Es ist daher ein ziemlich nutzloses Beginnen, sie auf einem nicht frei zu überblickenden Gelände zu verfolgen: atemlos, zerstoßen und zerkratzt hält man über kurz oder lang an und fragt sich verwundert, wo denn das große Tier geblieben sein könne — das wahrscheinlich bereits wieder das Wasser erreicht hat oder ganz still gedrückt in einem Dickicht liegt. Krokodile vermögen übrigens, wie die Hippopotamen, sehr steile Uferböschungen und Klippen zu erklimmen, und kriechen am Ufer auch gern auf umgestürzte oder teilweise wagerecht gewachsene Baumstämme. Vom Wasser entfernen sie sich auf größere Strecken, etwa auf 50—100 Schritt, nur an Stellen, die von Menschen nicht besucht werden, oder auf Sandbänken, die eine weite Umschau gestatten. Im übrigen ruhen sie schlafend und sich sonnend immer so hart am Ufer, daß sie mit einem Sprunge in die Tiefe gleiten können. Der Kopf ist stets dem Wasser zugekehrt, der Körper aber liegt, namentlich bei den ausgewachsenen, in den seltensten Fällen geradegestreckt, sondern mehr oder minder gebogen, so daß manche Stellungen durchaus unnatürlich berühren. Mancher ehrwürdige Saurier, der, etwas auf die Seite gewälzt, alle viere behaglich von sich gestreckt oder untergeschlagen, seinen Schwanz schleifenförmig nach dem Leibe vorgebogen und derartig gewissermaßen zusammengerollt sich wohlig von der Sonne bescheinen läßt, entspricht gar nicht mehr den landläufigen Vorstellungen vom Aussehen eines Krokodils, um so weniger, als er in der Regel einen Leibesumfang besitzt, von dem bei den mageren Schaustücken in unseren zoologischen Gärten kaum eine Andeutung vorhanden ist.

„Alle Krokodile sind außerordentlich scheu und wachsam. Sie hören sehr fein und sehen sehr scharf; ihr Geruchssinn muß aber recht stumpf sein. Es ist unter allen Umständen ein Kunststück, sie zu beschleichen; der Zufall spielt eine weit erfolgreichere Rolle als alle Bemühungen. Auf Sandbänken ist gar nicht anzukommen, und auf höheren, bewachsenen Uferstrecken sieht man die Tiere vom Kahne aus nicht eher, als bis sie in das Wasser schießen, was mit einem schönen Kopfsprunge geschieht. Manchmal, wenn man ruhig mit dem Strome dicht am hohen Ufer entlang treibt, springt ein Krokodil so nahe am Fahrzeug in die Tiefe, daß ein Unerfahrener glauben könnte, es habe angreifen wollen. Ich halte es nicht für unmöglich, daß dabei ein Nachen zufällig getroffen und umgestürzt oder zertrümmert werden kann; aber an einen Angriff denkt das selber aufs höchste erschrockene Tier nicht im geringsten. Andere überraschte wagen den Sprung nicht mehr, sondern drücken sich und lassen die Gefahr vorüber, ehe sie in das Wasser gehen, oder flüchten auch hastig landeinwärts. Wer an einem stillen, sonnigen Mittage recht leise auf dem schmalen, vielgewundenen Nanga, einem

Panzerechsen I.

1. Gavial, Gavialis gangeticus *Gm.*
1/50 nat. Gr., s. S. 507. — W. S. Berridge, F. Z. S. - London phot.

2. Nilkrokodil, Crocodilus niloticus *Laur.*
1/60 nat. Gr., s. S. 521. — W. S. Berridge, F. Z. S. - London phot.

3. Leistenkrokodil, Crocodilus porosus *Schn.*
1/50 nat. Gr., s. S. 540. — W. S. Berridge, F. Z. S. - London phot.

4. Stumpfkrokodil, Osteolaemus tetraspis *Cope.*
1/35 nat. Gr., s. S. 547. — W. S. Berridge, F. Z. S - London phot.

5. Nest des Nilkrokodils auf den Sesse-Inseln im Viktoriasee.

S. 531 und 534.

Aus R. Koch, „Über meine Schlafkrankheits-Expedition" (Berl. 1908). Verlag von Dietrich Reimer (Ernst Vohsen).

Seitengewässer des Kuilus, entlang fährt, kann in ein paar Stunden allein schon mehrere Dutzend großer Krokodile (die kleineren zählt man gar nicht mehr) von den hohen Uferleisten mit schönem Kopfsprunge fast geräuschlos in die Tiefe schießen sehen."

Wahrscheinlich unternimmt das Krokodil Ausflüge über Land nur des Nachts, vielleicht in der Absicht, ein anderes Gewässer aufzusuchen. Um zu jagen, verläßt es, wie bemerkt, den Fluß gewiß nicht; wenigstens habe ich nie das Gegenteil beobachtet oder davon gehört. Während der Regenzeit folgt es den Regenflüssen, die bald darauf versiegen, und geht in ihnen zuweilen so weit, daß es infolge der rasch eintretenden Dürre von seinem Hauptstrome abgeschnitten und genötigt wird, sich so gut wie möglich zu verbergen und die nächsten Regen abzuwarten. Anfänglich wandert es von einer Lache zur andern; später hält es sich wochenlang in derjenigen auf, die noch etwas Wasser hat, gleichviel, ob sie zu seiner Größe im Einklange steht oder nicht, so daß man zuweilen in einer unbedeutenden seichten Pfütze wahre Riesen bemerkt; endlich, wenn auch hier das Wasser vertrocknet, gräbt es sich in den Schlamm ein. Penney überschritt mit seinen Leuten einen Regenfluß, dessen Mündung noch etwa 20 km vom Blauen Nil entfernt war. Wegen Wassermangels wurde in dem jetzt trockenen Bette des Regenflusses ein Schacht ausgetieft, der das notwendige Wasser zu liefern versprach. Als die Arbeiter etwa $2^1/_2$ m tief gegraben hatten, sprangen sie entsetzt aus der Tiefe empor und riefen den alles wissenden Oberstabsarzt zu Hilfe, weil sich in der Grube ein „graues Ding" hin und her bewege. Die genauere Untersuchung ergab, daß man es mit der Schwanzspitze eines lebenden, sehr großen Krokodils zu tun habe. Ein zweiter Schacht, den man in der Kopfgegend eingrub, ermöglichte es, dem Ungeheuer mit einer Lanze den Genickfang zu geben. Nunmehr grub man es vollends aus und fand, daß es 5 m maß. Der Regenfluß heißt infolge dieser Begebenheit noch heutigestags „Chor el Timsach" oder Krokodilregenfluß. Auch Emin Pascha und F. Stuhlmann haben neuerdings bestätigt, daß die Krokodile des Innern von Ostafrika, im Schlamme eingetrocknet, einen Sommerschlaf abhalten.

Krokodile von $3^1/_2$ m Länge sind bereits fortpflanzungsfähig; Weibchen dieser Größe legen aber weniger und kleinere Eier als die vollkommen ausgewachsenen. Während der Paarungszeit verbreiten die Krokodile, hauptsächlich wohl die männlichen, einen so starken Moschusgeruch, daß man unter Umständen von ihrem Vorhandensein durch die Nase eher unterrichtet wird als durch das Auge, oder den Moschusdunst auf Ruheplätzen noch dann wahrnehmen kann, wenn die Tiere sie bereits wieder verlassen haben. Von etwaigen Kämpfen zwischen verliebten Männchen habe ich nichts vernommen, dagegen wiederholt erzählen hören, daß die Paarung auf Sandbänken erfolge und das Weibchen dabei vom Männchen erst auf den Rücken gewälzt und später wieder umgedreht werde. Die Anzahl der Eier, die in Gestalt und Größe Gänseeiern ähneln und etwa 9 cm lang, 6 cm breit sind, schwankt zwischen 20 und 90 Stück; ihrer 40—60 mögen im Mittel ein Gelege bilden (Taf. „Panzerechsen I", 5). Sie werden von dem Weibchen in eine tiefe Grube gelegt und vermittelst des Schwanzes mit Sand bedeckt. Alle Spuren der Arbeit werden sorgfältig verwischt. Die Sudanesen behaupten, daß die Krokodilmutter ihre Eier bewache und den auskriechenden Jungen behilflich sei, ihnen aus dem Sande heraushelfe und sie dem Wasser zuführe.

A. Voeltzkow fand das frische Nest in Ostafrika am 19. Januar etwa 5—6 Schritt vom Ufer entfernt an einer kahlen Bodenstelle. Am Grunde einer etwa $^1/_2$ m tiefen Grube lagen die 79 Eier in vier Haufen. Ein eigentlicher Nestbau war nicht vorhanden, aber eine gewisse Sorge für die Brut von seiten der Krokodilmutter konnte doch nachgewiesen werden, indem sie bei Tage über dieser Stelle bis zum Ausschlüpfen der Jungen, das nach zwei Monaten geschieht, Wache hielt. Die Eiablage erfolgt nach diesem Beobachter nur einmal im Jahre, von Ende Januar bis Anfang Februar.

Emin Pascha und F. Stuhlmann ergänzen diese Beobachtungen dahin, daß die Zeit der Eiablage für verschiedene Orte verschieden ist; daher darf man sich nicht wundern, daß Jägerskiold am sechsten Nilkatarakt am 27. April, Werner aber im Bahr el Gebel (Gaba Shambe) am 4. April Eier des Nilkrokodils, die Embryonen enthielten, auffand. Oskar Neumann traf auf einer kleinen unbewohnten Sandinsel im Victoriasee zwischen Bukoba und Muansa zwei Krokodilnester, von denen das eine 64 frische, das andere 71 stark angebrütete Eier enthielt; die Eier waren im Sande verscharrt, die obersten herausschauend, die tiefsten etwa 1 Fuß unter der Oberfläche. In Zwischenräumen von zwei Tagen legt nach den genannten Beobachtern das Weibchen seine 90—100 Eier in 4—5 selbstgescharrte Gruben, die stets dicht beieinander liegen. Die Entwickelungsdauer der Eier betrage 40 Tage. Von einer Brutpflege des Weibchens konnten sich die erwähnten Forscher nicht überzeugen.

Auch in Madagaskar hat A. Voeltzkow seine Untersuchungen über die Entwickelung der madagassischen Abart des Nilkrokodils fortgesetzt. „Das größte bis jetzt von mir gemessene Krokodil Nordwest-Madagaskars hatte eine Länge von 3,75 m, doch gibt es noch bedeutend größere. Die Eiablage beginnt hier in den letzten Tagen des August und dauert bis gegen Ende September. Die Anzahl der Eier eines Geleges schwankt zwischen 20 und 30 Stück. Das Nest ist in den Erdboden gegraben und besteht aus einer etwa $1/2$ m tiefen Grube mit teilweise steilen Wänden. An ihrem Grunde sind diese unterhöhlt, und hier liegen die Eier. Da der Boden der Grube in der Mitte etwas erhöht ist, so rollen die Eier, wenn sie das Muttertier ablegt, von selbst in die unterhöhlten Stellen. Höchst selten findet man ein paar Eier in der Mitte der Grube liegen, wohl ein Beweis dafür, daß das Weibchen die Eier nicht selbst mit den Füßen an die unterhöhlten Stellen befördert, denn dann würden sich in der Mitte der Grube ja niemals welche vorfinden. Die Grube wird darauf zugescharrt und ist von außen in keiner Weise kenntlich. Das alte Krokodil schläft auf dem Neste; daher finden die Eingeborenen die Eier, indem sie dessen Spuren vom Wasser aus nachgehen.

„Fast sämtliche Nester waren in den trocknen, weißen Sand hineingegraben, einige in den humusreichen Boden, jedoch so, daß sie von der Feuchtigkeit nicht erreicht werden konnten; frisch abgelegte Eier sind nämlich ganz ungemein empfindlich gegen Nässe.

„Wie die Sakalava-Leute mir erzählten, scharrt zur Zeit, wenn die Eier zum Ausschlüpfen reif sind, das alte Tier die Grube auf; hieran zu zweifeln, hatte ich keinen Grund, da ich selbst zahlreiche Gruben, aus welchen der Sand entfernt war, und welche die zerbrochenen Eischalen enthielten, besichtigt hatte. Es entstand nun die Frage, woher weiß das Muttertier, daß die Eier weit genug entwickelt sind und es nun Zeit zum Aufscharren ist? Dies Rätsel hatte eine sehr einfache Lösung.

„In dem Arbeitszimmer meines Hauses zu Majunga stehen einige mit Sand gefüllte Kisten, in ihnen Krokodileier, um diese stets vor Augen zu haben und gegebenen Falles das Ausschlüpfen der jungen Tiere beobachten zu können. Eines Tages hörte ich in einer dieser Kisten Töne erschallen und kam auf die Vermutung, daß vielleicht ein junges Tier ausgekrochen sei und, im Sande verborgen, im Ersticken diese Laute von sich gäbe. Beim Nachgraben stellte sich nun die ganz überraschende Tatsache heraus, daß die Töne aus den unverletzten Eiern selbst erschallten. Diese Töne sind so laut, daß, wenn die Eier frei liegen, man sie ganz deutlich im Nebenzimmer hört. Sind die Eier mit Sand bedeckt, wie es in der Natur der

Fall ist, also etwa $1/2$ m hoch, so sind die Töne etwas gedämpfter, aber doch ohne Mühe deutlich auf die Entfernung einer Zimmerlänge vernehmbar. Das Rufen der Jungen im Ei kann man jederzeit anregen, wenn man mit starken Schritten an dem Orte, an dem sich die Eier befinden, vorübergeht, wenn man an die Kiste, welche die Eier enthält, klopft oder das Ei in die Hand nimmt und etwas bewegt: jede Erschütterung veranlaßt die Jungen im Ei, Töne von sich zu geben. Da, wie oben bemerkt, das Muttertier auf dem Neste schläft, wird es bei seinen Bewegungen oder seinem Wandern vom Wasser zum Neste oder umgekehrt den Erdboden erschüttern und die Jungen im Ei, die weit genug entwickelt sind, zur Erzeugung von Tönen anregen. Das alte Tier scharrt dann den Sand aus der Grube, und nach einiger Zeit schlüpfen die Jungen aus. Aus derartigen Eiern, die ausgegraben und frei aufbewahrt wurden, krochen nach drei Tagen die Jungen aus. Die Töne werden mit geschlossenem Munde hervorgebracht, wie es scheint, unter starker Zusammenpressung der Bauchmuskeln, ungefähr wie wir beim Schluckauf Töne erzeugen. Auch der Klang ist ähnlich.

„Sind die jungen Tiere ausgeschlüpft, so wandert das alte Krokodil mit ihnen zum Wasser. Mein Gehilfe, ein durchaus zuverlässiger Mann, erzählte mir, er hätte vor kurzer Zeit ein großes Krokodil mit einer Schar von etwa 20 Jungen über eine Sandfläche zum Wasser wandern sehen. Das alte Tier sei auffällig wild gewesen. Daß die eben ausgeschlüpften jungen Tiere ohne Hilfe der Mutter imstande sein sollten, die über ihnen befindliche Sandschicht zu durchbrechen, glaube ich nach meinen Erfahrungen auf das bestimmteste verneinen zu dürfen. Von den Eiern, die mit einer etwa $1/2$ m mächtigen Sandschicht bedeckt waren, zeigten zwar einige schwache Versuche der Jungen, auszuschlüpfen, indem die Schale an einer Stelle zerbrochen war; manchmal hatten die Jungen die Schnauzenspitze herausgestreckt, waren aber stets abgestorben, wahrscheinlich aus Mangel an Luft. Die nur schwach mit Sand bedeckten Eier bereiteten den jungen Tieren beim Ausschlüpfen keine Schwierigkeiten."

Die Jungen haben beim Ausschlüpfen eine Länge von 20—28 cm und nehmen im Laufe ihres ersten und zweiten Lebensjahres etwa um je 10 cm, in jedem nachfolgenden Jahre dagegen um 15—20 cm zu, bis sie eine Gesamtlänge von vielleicht 3 m erreicht haben; von dieser Zeit an scheint ihr Wachstum sich je länger, je mehr zu verlangsamen, so daß man, einer auf die Angaben der Eingeborenen begründeten Schätzung nach, das Alter 5—6 m langer Tiere wohl auf 100 Jahre veranschlagen darf. Wie alt sie überhaupt werden, läßt sich nicht bestimmen.

Die eben ausgeschlüpften Jungen sind, nach A. Voeltzkow, schon sehr wild; sie beißen z. B. nach dem Finger, wenn man sie anfassen will. Von ihnen hört man häufig Laute, besonders wenn sie hungrig sind. Der Ton ist nicht so hoch wie der, den die Jungen im Ei erzeugen. Er klingt ungefähr wie der Ruf unserer Feuerkröte, nur etwas lauter, wiederholt sich etwa sechs- bis siebenmal, worauf eine Pause eintritt. Außerdem geben die Tiere fauchende Töne von sich, wenn man sie ärgert, z. B. am Schwanze hochhebt. Die Entwickelung im Ei nimmt in Madagaskar etwa drei Monate in Anspruch.

Später macht derselbe Autor noch weitere Mitteilungen über die Entwickelung und Lebensweise des madagassischen Krokodils. Die Eiablage, die durch einige Regengüsse angeregt wird, erfolgt bei Nacht, aber nicht zu einer bestimmten Stunde, meist vor Tagesanbruch. Nach Ablage der Eier aus dem einen Eileiter in die selbstgegrabene Grube wird diese mit Sand zugeschüttet, nach einer Ruhepause die andere Hälfte gelegt und dann erst die Grube endgültig mit Sand zugescharrt. Die Eier werden aber sämtlich in einer Nacht gelegt. — Auffallend ist der Mangel von Schmarotzern am Zahnfleisch der Krokodile, obwohl z. B. Blutegel in ihren Wohngewässern massenhaft vorkommen. Dagegen enthält der Magen stets Steine, vier bis acht Stück von 2—3 cm Seitenlänge; bei einem größeren Exemplar von 13 Fuß aber fand man 25 Stück. Die Tiere werden nicht vor dem zwanzigsten Jahre geschlechtsreif und sollen sich nach Aussage der Eingeborenen auf dem Lande paaren, was mit den Erfahrungen anderer Forscher übereinstimmt. Die Moschusdrüsen am Unterkiefer werden von den Eingeborenen für ein zweites, nach unten gerichtetes Augenpaar gehalten.

In seinem Bericht über die Tätigkeit der zur Erforschung der Schlafkrankheit im Jahre 1906/07 nach Ostafrika entsandten Kommission beschreibt Robert Koch auch das Nest des Nilkrokodils im Anschluß an eine photographische Abbildung, die auf Tafel „Panzerechsen I", 5, bei S. 531 wiedergegeben ist.

„Das abgebildete Nest ist so weit geöffnet, daß die Eier in ihrer natürlichen Lage sichtbar wurden. Rechts von dem Haufen der großen Krokodileier sieht man sechs kleine Eier, welche von irgendeinem kleinen Reptil in das Krokodilnest gelegt wurden, um sie unter den Schutz des mächtigen Verwandten zu stellen. Solche kleine Reptileier wurden öfters in den Krokodilnestern gefunden.

„Ein weibliches Krokodil legt in das von ihm hergestellte Nest 60—70 Eier. Es ist mir nicht bekannt, ob das Tier während der Brutzeit, welche vom Juni bis in den September hinein dauert, nur einmal oder wiederholt Eier legt. Aber wenn es auch nur einmal geschieht, dann bedeuten 60—70 Nachkommen in einem Jahre doch eine sehr starke Vermehrung, und es lohnt sich daher wohl, die Nester der Krokodile aufzusuchen und die Eier zu zerstören. Die Eingeborenen kennen die Brutplätze ganz genau und würden, wenn sie dafür Bezahlung erhielten, Eier in großer Menge sammeln. Es sind nur ganz bestimmte Plätze für die Anlage der Nester geeignet, und die Krokodile gehen deswegen immer wieder an dieselben Stellen, um ihre Eier abzulegen. Hat man derartige Brutplätze einige Male gesehen, dann findet man die Nester leicht. Das Krokodil wählt für die Anlage des Nestes regelmäßig sandigen oder kiesigen Boden nahe vom Ufer, welcher 1—2 m hoch über dem höchsten Wasserstande liegt und von der Sonne beschienen ist. Hier scharrt es eine längliche Vertiefung, legt die Eier hinein und bedeckt sie mit dem Boden so, daß eine ganz flache muldenartige Vertiefung über den Eiern bleibt, welche frei von Pflanzenwuchs gehalten wird und sich durch ihr geglättetes oder vielmehr gefegtes Aussehen von der Umgebung abhebt. In dieser flachen Mulde liegt das weibliche Krokodil tagsüber, nicht um die Eier auszubrüten, wie man noch zu Herodots Zeiten glaubte, sondern um sie vor Räubern, wie die Varanus-Eidechse einer ist, zu schützen. Die Eier brauchen etwa zwei Monate, bis die Jungen ausschlüpfen, die dann von der Mutter zum nahen Wasser geführt werden. Wie leicht es ist, Krokodilnester zu finden, geht daraus hervor, daß ich, ohne besonders darauf auszugehen, während meines Aufenthalts am Victoria-Njansa gegen 40 Krokodilnester mit nahezu 2000 Eiern gefunden habe, die natürlich, soweit sie nicht zu wissenschaftlichen Untersuchungen Verwendung fanden, vernichtet wurden."

Über das Krokodil in Deutsch-Ostafrika teilt Böhm mit, es sei in allen Flüssen, besonders im Wala- und Ugallafluß, häufig und erreiche kolossale Maße. „Merkwürdigerweise watet man in hiesiger Gegend (Kakoma) unbesorgt in den von Krokodilen bevölkerten Gewässern umher, während sie z. B. am Kingani und Tanganjika ihrer Angriffe wegen gefürchtet werden. Als wir auf den Sumpfinseln im Ugallaflusse lagerten, kam ein großes Exemplar nachts häufig auf den kleinen, unmittelbar aus dem Wasser sich erhebenden

Hügel, der unser Zelt trug, und schleppte von hier einmal ein Antilopengehörn weg. Ein anderes hatte sich unweit unserer Jagdhütte an demselben Flusse auf einer Sandbank postiert, um die ins Wasser fallenden Jungen einer Kormoran-Kolonie (Phalacrocorax africanus) wegzuschnappen.

„Das Krokodil ist hier unverletzlich, da es von den Wanjamwesi für zauberhaft und fürchterlich giftig gehalten wird, sein Blut das ganze Wasser vergiften und, wie man behauptet, der Mtemi die Tötung eines solchen auf das furchtbarste bestrafen würde, weil derselbe besorgt, durch Teile des Getöteten vergiftet zu werden. In Kawende kennt man diesen unsinnigen Aberglauben nicht, dafür sind dort die Pythonen geheiligt."

In früheren Zeiten wurden, wie uns Herodot mitteilt, Krokodile von den Unterägyptern in Gefangenschaft gehalten. „Manche Ägypter", sagt der Vater der Geschichte, „sehen in den Krokodilen heilige Tiere, andere ihre schlimmsten Feinde: jene wohnen um den See von Möris, diese um Elefantine. Erstere nähren ein Krokodil und zähmen es in so hohem Grade, daß es sich betasten läßt. Man bemüht sich, ihm ein prächtiges Leben zu verschaffen, hängt ihm Ringe von Gold mit geschliffenen Steinen in die Ohren, ziert seine Vorderfüße mit goldenen Armbändern und füttert es mit Mehlspeisen und Opferfleisch. Nach dem Tode wird es einbalsamiert und in ein geweihtes Grab gesetzt. Solche Begräbnisse befinden sich in den unterirdischen Gemächern des Labyrinthes am See Möris, nicht weit von der Krokodilstadt." Strabon vervollständigt diese Angaben. „Die Stadt Arsinoë in Ägypten wurde in früheren Zeiten Krokodilstadt genannt, weil in dieser Gegend das Krokodil hochgeehrt wird. Man hält hier in einem See ein einzelnes Krokodil, das gegen die Priester durchaus zahm ist. Es heißt Suchos. Man gibt ihm Fleisch, Brot und Wein zu fressen, und solches Futter bringen die Fremden, die es sehen wollen, immer mit. Mein Gastwirt, ein sehr geachteter Mann, der uns die dortigen heiligen Dinge zeigte, ging mit uns an den See. Er hatte einen kleinen Kuchen, gebratenes Fleisch und ein Fläschchen Honigwein mitgenommen. Wir fanden das Tier am Ufer liegend. Die Priester gingen zu ihm hin, öffneten ihm den Rachen, einer steckte den Kuchen hinein, dann das Fleisch und goß den Wein hinterher. Nun sprang das Tier in den See und schwamm ans jenseitige Ufer. Unterdessen kam wieder ein anderer Fremder, der eine gleiche Gabe brachte. Die Priester nahmen das neue Futter, gingen um den See herum und gaben es dem Tiere auf dieselbe Art." Wie Plutarch noch mitteilt, kennen die Krokodile nicht bloß die Stimme, die sie zu rufen pflegt, sondern lassen sich angreifen, auch die Zähne putzen und mit einem Stück Leinwand abreiben. Diodorus Siculus endlich gibt uns den Grund an, weshalb das Tier heilig gehalten und ihm göttliche Ehre erwiesen wurde. „Es wird gesagt, daß sowohl die Größe des Nils wie die Menge der in ihm hausenden Krokodile die arabischen und libyschen Räuber abhält, über den Strom zu schwimmen. Andere erzählen, einer von den alten Königen, namens Menas, sei von seinen eigenen Hunden verfolgt worden und in den See Möris geflüchtet, woselbst er wunderbarerweise von einem Krokodile aufgenommen und auf die andere Seite getragen worden sei. Um nun diesem Tiere für seine Rettung den gebührenden Dank abzustatten, habe er in der Nähe des Sees eine Stadt gebaut und sie Krokodilstadt genannt, auch den Einwohnern geboten, die Krokodile als Götter zu verehren. Er sei es auch gewesen, der hier eine Pyramide und das Labyrinth errichtet habe. Übrigens gibt es Leute, die ganz andere Gründe für die Vergötterung dieser Tiere angeben."

Wie innig die Verehrung des Tieres gewesen sein muß, geht aus einer Erzählung von Maximus Tyrius hervor: „In Ägypten zog einst ein Weib ein Krokodil auf und ward deshalb wie der Gott selber hoch verehrt. Ihr Kind, ein Knabe, lebte und spielte mit dem Krokodile, bis dieses, größer und stärker geworden, endlich den Spielgenossen auffraß. Das unglückselige Weib aber pries fortan das Glück ihres Sohnes, weil er von einem Gotte verspeist worden war."

Jung eingefangene Krokodile werden bald ebenso zahm wie Eidechsen, lassen sich nach einiger Zeit berühren oder in die Hand nehmen, ohne zu blasen oder zu fauchen, gewöhnen sich an einen bestimmten Ruf, nehmen ihnen vorgehaltenes Futter aus der Hand und sind dann sehr niedlich. Daß sorgsam aufgezogene, gewissermaßen erzogene Tiere auch im höheren Alter so mild und freundlich bleiben, wie einem Krokodile überhaupt möglich ist, läßt sich mit Bestimmtheit annehmen, und die Erzählungen der Alten über gezähmte Krokodile sind daher sicherlich weder übertrieben noch ausgeschmückt.

Die alten Ägypter jagten, laut Herodot, auf Krokodile in verschiedener Weise. Der Jäger warf ein großes Stück Schweinefleisch, in dem ein Haken befestigt war, in den Strom, hielt sich am Ufer verborgen und nötigte ein Ferkel durch Schläge zum Schreien. Das Geschrei lockte das Krokodil herbei; dieses verschlang das Schweinefleisch und wurde mit Hilfe der Angel an das Land gezogen. Hier verschmierte der Jäger ihm zunächst die Augen mit Schlamm, um sich vor seinen Angriffen zu sichern; dann wurde das Tier in aller Gemächlichkeit abgetan.

Nicht unähnlich ist eine Art des Fanges, wie sie, nach P. Hesse, noch heute von den Negern am unteren Kongo betrieben wird. „Zwei an beiden Enden zugespitzte Stäbchen von hartem Holze werden kreuzweise verbunden und an einer Leine befestigt, deren anderes Ende um einen am Ufer eingerammten starken Pfahl geschlungen wird. In der Mitte der Leine bringt man einen hölzernen Schwimmer an, versieht das Holzkreuz mit einem Köder, wozu gewöhnlich die Eingeweide geschlachteter Tiere dienen, und versenkt es abends in den Fluß. Will ein Krokodil den Köder verschlingen, so bohren sich die spitzen Stäbchen in den weichen Gaumen ein, und zwar um so tiefer, je stärkere Anstrengungen das Tier macht, um sich zu befreien. Nicht selten zerreißt dabei die Leine, und es entkommt; dann begibt man sich auf die Suche und findet gewöhnlich in nicht allzu großer Entfernung den an der Leine befestigten Schwimmer, der den Zufluchtsort des stark erschöpften, oft schon dem Tode nahen Räubers verrät."

In ganz ähnlicher Weise geschieht, nach Voeltzkow, der Fang in Madagaskar, wo man aber auch noch andere Fangarten kennt. So benutzt man eine mit einem Köder versehene und durch ein Holz ausgebreitet erhaltene Schlinge, die sich, wenn das Krokodil nach dem Köder schnappt und dadurch das Holz herauswirft, um Ober- oder Unterkiefer des Tieres legt. Man kann das Krokodil auch mit Netzen fangen, die aber dabei oft vollständig zerstört werden; daher ist der Fang auf diese Weise auch nur zufällig von Erfolg begleitet. Schließlich kann man das Krokodil in seinen landeinwärts führenden, unter der Wasserlinie beginnenden und allmählich ansteigenden Gängen töten. Diese Gänge sind am Ende erweitert, damit das Krokodil sich bequem umdrehen kann, und oben mit zwei bis drei Luftlöchern versehen, die es mit der Schnauze durch die Decke stößt.

Die Tentyriten (Bewohner der altägyptischen Stadt Tentore, griech. Tentyris) hatten, wie Plinius versichert, den Mut, einem schwimmenden Krokodile nachzufolgen, ihm eine Schlinge um den Hals zu werfen, sich auf seinen Rücken zu setzen und ihm, wenn es den Kopf zum Beißen aufhob, ein Querholz ins Maul zu stecken. An diesem lenkten sie ihre Beute wie ein Roß am Zaume und trieben sie dann ans Land. Die Krokodile fürchteten, meint Plinius, infolgedessen sogar den Geruch der Tentyriten und wagten sich nicht an ihre Insel.

Heutigestags wird diese Jagd nicht mehr geübt, wohl aber eine andere, die kaum weniger Mut erfordert. Sie ist zuerst von E. Rüppell beschrieben, mir aber ebenfalls von mehreren Seiten genau ebenso geschildert worden. Die Jagd beginnt, wenn die Ströme fallen und Sandbänke, auf denen die Krokodile schlafen und sich sonnen, bloßlegen. Der Jäger merkt sich die gewöhnliche Schlafstelle, gräbt sich unter dem herrschenden Winde ein Loch in den Sand, verbirgt sich hier und wartet, bis das Tier herausgekommen und eingeschlafen ist. Seine Waffe ist ein Wurfspieß, dessen eiserne, dreiseitige, mit Widerhaken versehene Spitze vermittelst eines Ringes und 20—30 haltbarer, voneinander getrennter, in gewissen Abschnitten aber wieder vereinigter Schnüre an dem Stiele befestigt wird, während letzterer wiederum mit einem leichten Klotze verbunden ist. „Die hauptsächlichste Geschicklichkeit des Jägers besteht darin, den Wurfspieß mit so großer Kraft zu schleudern, daß das Eisen den Panzer durchbohrt und ungefähr 10 cm tief in den Leib der Tiere eindringt. Beim Wurfe wird der Stiel der Lanze, in dem die eiserne Spitze nur lose eingelassen ist, von dieser getrennt und fällt ab. Das verwundete Krokodil bleibt nicht müßig, schlägt wütend mit seinem Schwanze und gibt sich die größte Mühe, den Strick zu zerbeißen; dessen einzelne Teile legen sich aber zwischen die Zähne und werden deshalb nicht oder doch nur teilweise zerschnitten. In geringeren Tiefen zeigt der obenauf schwimmende Stiel, in größeren der leichte Holzklotz den Weg an, den das Tier geht. Auf ihm verfolgt es der Jäger von einem kleinen Boote aus so lange, bis er glaubt, am Ufer eine geeignete Landungsstelle gefunden zu haben. Hier zieht er es, wenn die Harpune festsitzt, mit Hilfe des Strickes zur Oberfläche des Wassers empor und gibt ihm mit einer scharfen Lanze den Genickfang oder schleift es ohne weiteres ans Land. Hätte ich es nicht mit eigenen Augen gesehen, so würde es mir unglaublich vorkommen, daß zwei Menschen ein fast 5 m langes Krokodil aus dem Wasser ziehen, ihm dann zuerst die Schnauze zubinden, hierauf die Füße über dem Rücken zusammenknebeln und endlich es mit einem scharfen Eisen durch Teilung des Rückenmarkstranges töten."

Europäer, Türken und Mitteläghpter wenden zu ihrer Jagd das Feuergewehr an. Ich habe mehr als 100 Krokodilen eine Kugel zugesandt, niemals aber beobachtet, daß die Kugel, wie oft behauptet worden ist, abgeprallt wäre. Dagegen ist es allerdings begründet, daß nur die wenigsten Kugeln das Krokodil augenblicklich töten. Seine Lebenszähigkeit ist außerordentlich groß; selbst das tödlich verwundete Krokodil erreicht in den meisten Fällen den Strom und ist dann für den Jäger verloren. Mehrere, denen ich die Kugel durch das Gehirn jagte, peitschten das Wasser wie rasend, schossen dicht unter der Oberfläche hin und her, bekamen dann Zuckungen, rissen den Rachen weit auf, ließen einen unbeschreiblichen Schrei hören und versanken endlich in den trüben Fluten. Nach einigen Tagen kamen sie zum Vorschein, aber bereits so weit verwest, daß sie unbrauchbar waren. Eines Tages lag ich in einer mit Matten und Sand überdeckten Hütte auf einer Bank des Blauen Nils auf dem Anstand, um Kraniche zu schießen. Noch ehe die Vögel erschienen, zeigte sich, kaum 15 Schritt von mir entfernt, ein Krokodil von etwa 5 m Länge, kroch langsam aus dem Wasser heraus und legte sich 6 m von mir auf dem Sande zum Schlafen nieder. Ich unterdrückte alle Gefühle der Rache, um es zu beobachten, und gedachte, ihm nach einiger Zeit die wohlverdiente Kugel zuzusenden. Ein Kranich, der erschien, rettete ihm zunächst das Leben; die Büchse wurde auf dieses mir wertvollere Tier gerichtet. Das Krokodil hatte den Knall vernommen, ohne sich ihn erklären zu können, und war so eilig wie möglich dem Wasser zugestürzt; kaum aber hatte ich den erlegten Kranich herbeigeholt und meine Büchse von neuem geladen, als es wieder, und zwar genau auf derselben Stelle, erschien. Jetzt zielte ich mit aller Ruhe auf seine Schläfen, feuerte und sah mit Vergnügen, daß das Ungeheuer nach dem Schusse mit gewaltigem senkrechten Satze aufsprang, schwer zu Boden stürzte und hier regungslos liegen blieb. Betäubender Moschusgeruch erfüllte buchstäblich die Luft über der ganzen Sandbank, und mein an deren anderem Ende ebenfalls im Erdloche sitzender Diener Tomboldo sprang jubelnd aus seinem Verstecke hervor, um mir die Bitte vorzutragen: „Bester Herr, mir die Drüsen, mir den Moschus für mein Weib, damit ich diesem doch auch etwas mit heimbringe von der Reise." Wir umstanden das erlegte Tier, dessen ganzer Körper noch zitterte und zuckte. „Nimm dich vor dem Schwanze in acht", warnte Tomboldo, „und gib ihm lieber noch eine Kugel, damit es uns nicht entrinne." Letzteres hielt ich nun zwar für unnötig, erfüllte jedoch trotzdem den Wunsch meines treuen Schwarzen, hielt dem Krokodile die Mündung der Büchse beinahe vors Ohr und jagte ihm die zweite Kugel in den Kopf. In demselben Augenblicke bäumte es hoch auf, warf uns mit dem Schwanze Sand und Kieselsteine ins Gesicht, zuckte krampfhaft mit allen Gliedern und rannte plötzlich, als sei es unverwundet, dem Strome zu, alle Aussicht auf Moschusgewinnung vereitelnd. Nach Versicherung Heuglins wirkt in großer Nähe ein Schuß mit groben Schroten weit sicherer als die Kugel. „Wahre Riesenkrokodile", sagt mein Reisegefährte, „haben wir mit der Büchse durch und durch geschossen, und sie eilten trotzdem behende dem Wasser zu, bis ein Hagel von groben Schroten sie auf der Stelle niederstreckte." Auch nach Pechuel-Loesches Erfahrungen bewährte sich bis auf 30 und selbst 40 Schritt der starke Schrotschuß besser als der Kugelschuß.

Die erwähnten vier Moschusdrüsen sind es, die den heutigen Sudanesen als der größte Gewinn erscheinen, den sie aus dem Leichnam eines erlegten Krokodils zu ziehen wissen. Man verkaufte sie zur Zeit meines Aufenthaltes um 4—6 Speziestaler, eine Summe, für die man sich damals in derselben Gegend zwei halberwachsene Rinder erwerben konnte. Denn vermittelst dieser Drüsen verleihen die Schönen Nubiens und des Sudans ihrer Haar- und Körpersalbe den Wohlgeruch, der sie so angenehm macht in den Augen oder besser in den Nasen der Männer und sie in der Tat sehr zu ihrem Vorteile auszeichnet vor den Frauen der mittleren Nilländer, die das wollige Gelock ihres Hauptes mit Rizinusöl salben und deshalb mindestens dem Europäer jede Annäherung auf weniger als 30 Schritt verleiden. Diese Moschusdrüsen geben dem ganzen Krokodil einen so durchdringenden Geruch, daß es unmöglich ist, das Fleisch älterer Tiere zu genießen. Ich habe mehrmals Krokodilfleisch versucht, jedoch nur von dem jungen Tiere einige Bissen hinabwürgen können. Die Eingeborenen freilich denken anders; ihnen erscheinen Fleisch und Fett der Tiere als besondere Leckerbissen. Durch die alten Schriftsteller wissen wir, daß die Einwohner von Apollonopolis ebenfalls gern Krokodilfleisch aßen, und auch die heutigen Afrikaner, besonders die Schillukneger, lieben das Krokodilfleisch, kochen es einfach in Wasser und setzen diesem höchstens Salz und Pfeffer zu. Werner fand das gebratene Fleisch des Nilkrokodils ganz wohlschmeckend, wenn die Vorsicht gebraucht wurde, die Moschusdrüsen sofort nach dem Tode des Tieres auszuschneiden. Der Geschmack war zwischen dem von Kalb- und Fischfleisch!

Ein Krokodil, das ich vom Schiffe aus kurz vor unserer Ankunft im Städtchen Wolled-Medineh tötete und mit mir nahm, fand ich bei meiner Rückkunft von einem Jagdausfluge bereits zerlegt und von den vielen Eiern, die es im Leibe hatte, nur noch ihrer 26 übrig; denn die Matrosen hatten es nicht über sich vermocht, dem Anblicke dieses köstlichen Leckerbissens zu widerstehen, sondern bereits eine, wie sie sagten, vortreffliche Mahlzeit gehalten. Am folgenden Tage wurde mit der Hälfte des Beutevorrates an Fleisch der Markt von

Wolled-Medineh bezogen und dieses dort in überraschend kurzer Zeit teils verkauft, teils in Merisa (ein bierähnliches Getränk) umgetauscht. Abends gab es ein Fest in der Nähe der Barke. Gegen Zusicherung eines Gerichtes Krokodilsfleisch hatten sich ebenso viele Töchter des Landes, als unser Schiff Matrosen zählte, willig finden lassen, an einer Festlichkeit teilzunehmen, die erst durch die Reize der holden Mägdlein und Frauen Bedeutung und Schmuck erhalten sollte. Über drei großen Feuern brodelte in mächtigen, kugelrunden Töpfen das seltene Wildbret, und um das Feuer, um die Töpfe bewegten sich die braunen Gestalten in gewohntem Tanze. Lieblich erklang die Tarabuka oder Trommel der Eingeborenen; lieblich dufteten die Schönen, denen die höflichen Anbeter vermittelst einer geopferten Drüse köstliche Salbe bereitet hatten; Liebesworte wurden gespendet und zurückgegeben, und der gute Mond und ich gingen still unseres Weges, um die Festfreude nicht zu stören. Bis spät in die Nacht hinein erklang die Trommel, bis gegen den Morgen hin währte der Tanz; man speiste vergnügt ein Gericht Krokodil und trank köstliche Merisa dazu, bot auch mir von beidem an und wunderte sich nicht wenig, daß ich das erstere so entschieden verschmähte.

Im Altertum wurde auch mancherlei Arznei aus dem erlegten Krokodil gewonnen. Sein Blut galt als ein vortreffliches Mittel gegen Schlangengift, vertrieb auch Flecke auf den Augen; die aus der Haut gewonnene Asche sollte Wunden heilen, das Fett außerdem gegen Fieber, Zahnweh, Schnakenstiche schützen, ein Zahn, als Amulett am Arme getragen, noch besondere Kräfte verleihen. Auch hiervon hört man heutigestags nichts mehr. Gewissen Teilen des Krokodils schreibt man aber allgemein noch eine Stärkung der Manneskraft zu.

Nicht alle Krokodile wurden von den alten Ägyptern mit so großen Ehren bestattet wie die, deren Mumien man in den Gräbern von Theben findet, und an denen man, laut Geoffroy Saint-Hilaire, sogar noch die Löcher bemerkt, in denen sie Ringe trugen; denn diejenigen, die wir in der Höhle von Maabde bei Monfalut untersuchten, waren einfach in pechdurchtränkte Leinentücher gehüllt. Jene Höhle liegt am rechten Nilufer auf der ersten Hochebene, die man betritt, nachdem man die Uferberge erstiegen hat. Ein kleiner, von einem mächtigen Felsblock überdachter Schacht von 3—4 m Tiefe, vor dessen Eingang Knochen und Leinwandfetzen von Krokodilen und Mumien zerstreut umherliegen, bildet den Eingang und geht bald in einen längeren Stollen über, den der wißbegierige Forscher auf Händen und Füßen durchkriechen muß. Der Gang führt in eine weite und geräumige Höhle, in der Tausende und aber Tausende von Fledermäusen ihre Herberge aufgeschlagen haben. Von der ersten größeren Grotte, die man erreicht, laufen höhere und niedere, längere und kürzere Gänge nach allen Seiten hin aus; jeder zeigt noch heutigestags sein ursprüngliches Gepräge, kein einziger eine Spur von Bearbeitung, wie denn überhaupt die alten Ägypter in diesen Grabgewölben der heiligen Tiere den Meißel nirgends angesetzt zu haben scheinen. In einem der größeren Grottengewölbe bemerkt der Besucher einen ziemlich hohen Hügel und erfährt bei genauerer Besichtigung, daß er aus Menschenleichnamen besteht. Etwas weiter nach hinten, in einem zweiten, noch größeren Gewölbe, liegen die Mumien der Krokodile, Tausende über Tausende geschichtet, von allen Größen, die Mumien von riesenhaften Ungeheuern und eben ausgeschlüpften Jungen, selbst eingetrocknete, mit Erdpech getränkte Eier. Alle größeren Krokodile sind mit Leinwand umhüllt und insofern besonders behandelt worden, als man sie einzeln beisetzte, während die kleineren zwar mit derselben Sorgsamkeit eingepackt, aber zu 60—80 Stück in langen, an beiden Enden zugespitzten und zusammengebundenen Körben aus Palmzweigen aufbewahrt wurden. Genau in derselben Weise hat man auch die Eier eingepackt. Wenn man diese Berge von Leichnamen der heiligen Tiere betrachtet, kommt einem der Gedanke ganz von selbst, daß es mit der Heilighaltung der Krokodile eine eigentümliche Bewandtnis haben mußte, daß die alten Ägypter die Krokodile eher fürchteten als verehrten und sie auf jede Weise zu vermindern suchten. Alle die Ungeheuer, deren Leichname man hier liegen sieht, waren gewiß nicht eines natürlichen Todes verblichen, vielmehr getötet und dann einbalsamiert worden, gleichsam um sie wegen des Mordes zu versöhnen. In welcher Beziehung die Menschenmumien zu den Krokodilen standen, dürfte schwer zu sagen sein; möglicherweise hatte ihnen das Geschäft obgelegen, die Krokodile zu jagen und ihre Leichname einzubalsamieren.

Unter den asiatischen Arten der Gattung muß das Leistenkrokodil, Crocodilus porosus *Schn.* (Taf. „Panzerechsen I", 3, bei S. 530), vor jedem andern genannt werden, weil es die am weitesten verbreitete Art der ganzen Ordnung ist. Durch das regelmäßige Fehlen der vorderen Nackenschilde, die nur höchst selten und dann immer bloß in einem Paare auftreten, durch die in vier bis acht Längsreihen angeordneten Rückenschilde sowie besonders durch zwei auf der Schnauze verlaufende, sehr lange, vom Auge fast bis zur Nasenspitze reichende, perlschnurartig gegliederte Knochenleisten unterscheidet sich, laut Strauch, das Leistenkrokodil genügend von allen übrigen Arten. Die Schnauze ist noch immer lang, mehr oder minder verschmälert und zugespitzt, doppelt so lang wie am Grunde breit, gewölbt und faltig, der Zackenkamm an den Unterschenkeln vorhanden, die Färbung dunkel olivengrün oder olivenbraun bis nahezu schwarz, bei den Jungen mit dunkleren Flecken, die Unterseite oft schön zitronengelb, die Iris gelb. Es sind Stücke bis zu 8,6 m gemessen worden, doch gehören in den Sammlungen solche von 5,25 m Länge schon zu den Ausnahmen. Boulenger erwähnt, daß ein im Britischen Museum befindlicher Schädel aus Bawisaul in Bengalen einem Exemplare angehört habe, das nach Angabe des Spenders 33 Fuß (10,06 m) lang war, bei einem Körperumfang von 13 Fuß 8 Zoll (4,17 m)!

Das Leistenkrokodil ist in Südostasien und der umliegenden Inselwelt heimisch; es findet sich an der Ostküste Indiens, auf Ceylon, in Bengalen, Burma, Siam, im südwestlichen China, auf der Halbinsel Malakka, auf Java, Sumatra, Borneo, Celebes, den Philippinen, Neuguinea und in Nordaustralien und ist sogar von den Bismarck- und Salomoninseln bekannt. Dagegen ist es, nach Waite, nur irrtümlicherweise als Bewohner der Fidschi-Inseln genannt worden. An der Westküste Indiens hat man es, laut Boulenger, noch nicht nachgewiesen, auch ist es noch nicht sicher, ob es überhaupt weit oberhalb der von den Gezeiten beeinflußten Mündungsgebiete der Gewässer vorkommt; doch hat wenigstens Dubois sein Vorkommen im Sinamar-Hochlande bei Boea, im Hochlande von Padang auf Sumatra festgestellt, 300 km von der Ostküste, von der das Hochland durch mehrere Reihen hoher Hügel getrennt ist.

Vor allem in seinem Vorkommen weicht es ab von dem nächsten Verwandten, mit dem es wohl oft verwechselt werden mag, dem viel kleineren, nur 3—4 m Länge erreichenden Sumpfkrokodil, Crocodilus palustris *Less.*, dessen Schnauze noch kürzer und nur anderthalbmal länger als am Grunde breit ist. Diesem fehlt die vom Auge nach vorn ziehende Knochenleiste des Leistenkrokodils, und sein Rücken ist fast immer nur mit vier Längsreihen von Knochenschilden gedeckt. C. palustris ist das gemeine Krokodil Indiens, der „Magar", der in den meisten süßen Gewässern, in Flüssen, Sümpfen und Teichen gefunden wird, und zwar in ganz Indien westwärts bis Sind und, laut Boulenger, bis Balutschistan, in Burma, auf Ceylon, auf der Malaiischen Halbinsel und im Malaiischen Archipel vorkommt; hier muß es aber zum mindesten sehr selten sein, wenigstens hat S. S. Flower diese Art auf der Malaiischen Halbinsel niemals selbst angetroffen und gibt an, daß sie nur auf die Autorität von Cantor und auf Grund eines jungen Stückes aus Singapore im Britischen Museum als auf der Halbinsel einheimisch genannt wurde.

Das Sumpfkrokodil ist besonders dem Nilkrokodil sehr nahe verwandt, und die Jungen sind kaum voneinander zu unterscheiden; die Schnauze der Erwachsenen scheint aber stets kürzer zu sein, und die Naht zwischen Zwischen- und Oberkiefer am Gaumen ist quer oder nach vorwärts gerichtet, nicht, wie beim Nilkrokodil, nach hinten.

Das Leistenkrokodil darf man als das Krokodil des Meeres bezeichnen; denn öfter als jede andere Art besucht es von den Mündungen der Ströme aus die See und wird nicht selten mehrere Seemeilen entfernt von der Küste gesehen oder bei Ebbe auf trockengelegten

Leistenkrokodil, *Crocodilus porosus Schn.* 1/40 natürlicher Größe.

Sandbänken mäßig breiter Straßen zwischen den Inseln beobachtet. Auf Ceylon siedelt es sich, laut Sir Emerson Tennent, vorzugsweise in den Flüssen und Seen oder Sümpfen des Tieflandes längs der Küste an, während das Sumpfkrokodil sich nur in süßen Gewässern mehr im Innern des Landes aufhält und die Nähe des Meeres meidet. Wo das Leistenkrokodil vorkommt, tritt es stets in Menge auf, in größter Anzahl aber doch auf den Sunda-Inseln, besonders auf Borneo. Salomon Müller versichert, sehr oft auf einer Strecke von nicht ganz einer Stunde Weges zehn bis zwölf dieser Tiere angetroffen zu haben.

„Zu den gefährlichsten und fürchterlichsten Raubtieren des indischen Inselmeeres", sagt Schlegel, der Müllers Aufzeichnungen veröffentlichte, „gehören ohne Zweifel die Leistenkrokodile. Wir halten es für möglich, daß in Indien fast ebenso viele Menschen durch Krokodile wie durch Tiger ihr Leben verlieren. Sie verschlingen alles, was von tierischen Stoffen in ihr Bereich kommt, es sei frisch oder verfault; in ihrer Gefräßigkeit würgen sie sogar Steine hinab. Meist überfallen sie ihr Opfer aus einem Hinterhalte, so Hirsche, Schweine, Hunde, Ziegen, Affen, wenn diese sich dem Wasser nähern, um ihren Durst zu löschen.

„Wenn dieses raubgierige Tier unter dem Wasser auf Beute lauert, streckt es gemeiniglich bloß die Nasenlöcher hervor und verbleibt in dieser Lage nicht selten stundenlang unbeweglich auf einer Stelle. Die Schärfe seines Gehöres, das bei allen Krokodilen der am meisten bevorzugte Sinn zu sein scheint, setzt es in den Stand, selbst auf größere Entfernung unter dem Wasser zu vernehmen, was außerhalb vorgeht. Es nähert sich bei einem Geräusch gewöhnlich sogleich, jedoch in größter Stille dem Ufer. Sind es Menschen, die das letztere betreten, so kommt es allmählich herbei und hält sich so lange unter der Oberfläche des Wassers verborgen, bis sich eine passende Gelegenheit darbietet, einen Anfall zu wagen. Ein solcher mißglückt selten, da das Tier meistenteils nicht eher auf den belauerten Gegenstand losschießt, als bis sich dieser hinlänglich sicher in seiner Gewalt befindet. Beim Überfalle, beim Anbeißen und Fortschleppen des Raubes sind die Bewegungen dieser Krokodile pfeilschnell, und zwar in solchem Grade, daß man von Menschen, die durch sie einen gewaltsamen Tod erleiden, nur selten einen Schrei vernimmt. Immer zieht es seine Beute sogleich unter das Wasser, erscheint aber kurze Zeit darauf mit ihr wieder an der Oberfläche. Ist die Beute klein, so verschlingt es sie sofort im Schwimmen, wobei es den Kopf über das Wasser hält; größere Tiere oder Menschen hingegen verzehrt es gewöhnlich ruhig gegen Abend oder in der Nacht, für welchen Zweck es seinen Raub an eine einsame Stelle des Ufers bringt. Durch starkes Hin- und Herschleudern und dadurch, daß es die Beute gegen den Boden schlägt, scheint es sie teilweise zu zermalmen und mit Hilfe der Vorderfüße in Stücke zu zerreißen.

„So unternehmend und stark die Krokodile im Wasser sind, so furchtsam und scheu zeigen sie sich, wenn sie es verlassen haben. Beim Anblick eines Menschen, der sich ihnen zu Lande oder in einem Nachen nähert, flüchten sie eiligst nach dem Strome, stürzen sich mit Geräusch ins Wasser, bringen beim Untertauchen ein heftiges Getöse durch einige fürchterliche Schläge mit dem Schwanze hervor und verschwinden dann unter dem Wasser. Auf dem Lande ist ihr Lauf im allgemeinen träge und mühsam; kurze Entfernungen können sie jedoch mit unbegreiflicher Schnelligkeit zurücklegen. Größere Wanderungen unternehmen sie nur des Nachts; denn sie sind eigentlich mehr Nacht- als Tagtiere und, gleich den großen Katzenarten, des Abends und gegen Mitternacht am gefährlichsten. Schwimmend bewegen sie sich stromauf- wie stromabwärts mit gleicher Leichtigkeit. Spuren von Fröhlichkeit oder gegenseitiger Anhänglichkeit haben wir an ihnen nicht bemerkt; jedes einzelne lebt für sich."

Sir Emerson Tennent berichtet, daß das Sumpfkrokodil in der trocknen Jahreszeit größere Wanderungen zu unternehmen suche. Während einer schweren Dürre im Jahre 1844 verließen die Sumpfkrokodile einen Weiher bei Kornegalle und durchquerten nächtlicherweile die Stadt auf ihrem Wege zu einem anderen Gewässer; zwei oder drei fielen in Brunnen, andere legten in ihrer Bestürzung auf den Straßen Eier, und wieder andere wurden in Gartenzäunen verstrickt gefunden und getötet. Sumpf- und Leistenkrokodil sollen sich bei Austrocknung der Gewässer in den Schlamm einwühlen, in einen Zustand von Erstarrung fallen und hier bis zu dem nächsten Regen verharren. In einer der östlichen Provinzen Ostindiens beobachtete Tennent selbst das Bett eines derartigen Winterschläfers, das dessen Formen vollständig wiedergab. Ein Offizier erzählte ihm, er habe einstmals sein Zelt auf dem Schlamme eines ausgetrockneten Sees aufgeschlagen und sei während der Nacht nicht wenig erschreckt worden durch Bewegungen der Erde unter seinem Bette, die auch am folgenden Tage fortdauerten und in der Auferstehung eines Krokodils ihre Erklärung fanden.

Alle größeren Tiere fürchten das Leistenkrokodil in nicht geringerem Grade als die Eingeborenen. „Hunde", fährt Müller fort, „die einmal ein solches Ungeheuer in der Nähe gesehen haben, zeigen sich so furchtsam, daß sie sich dann später nur äußerst langsam und mit größter Vorsicht nach dem Wasser begeben. Am Strande von Timor haben wir mehr als einmal die Beobachtung gemacht, daß ein solcher Hund plötzlich vor seinem eigenen

Schatten zurückwich, eine halbe Stunde lang zitternd und bebend 6 oder 8 Schritt weit vom Wasser stehen blieb und unter anhaltendem furchtsamem Stieren nach dem Orte, auf dem ihm das Schreckbild erschienen war, erst heftig bellte und nachher ein lautes und schwermütiges Geheul erhob. Überfällt die Eingeborenen auf einer Wasserreise, die sie auf einem kleinen Boote unternehmen, die Nacht, so wählen sie, sobald es dunkel zu werden beginnt, den mittleren Teil des Stromes, weil sich hier die Krokodile seltener aufhalten als in der Nähe des Ufers. Trotzdem ereignet es sich in Indien nicht selten, daß Menschen aus den Fahrzeugen weggeholt werden, oft so schnell, daß sehr nahe dabei befindliche Personen kaum etwas davon bemerken. Alte Krokodile schlagen zuweilen mit ihrem Schwanze die kleinen Kähne in Stücke, wobei ihnen dann jederzeit einer der darauf befindlichen Menschen zur Beute wird. Ein solcher trauriger Fall ereignete sich im Oktober 1838 auf Borneo. Ein Malaie, dessen Weib und einziges Söhnchen in der Zeit von 14 Tagen von einem sehr großen Krokodil am Ufer des Dusonflusses überfallen worden waren, wollte einige Wochen später an derselben Stelle eine Angel legen, um das Tier zu fangen und seine Rache zu kühlen. Als wir diesen Mann sprachen, war er eben beschäftigt, die Angel in Bereitschaft zu setzen. Zum Köder hatte er das Aas eines jungen Affen bestimmt. Am folgenden Tage begab er sich in Gesellschaft von drei anderen Einwohnern gegen Abend an den gedachten Ort, um die Angel daselbst über dem Wasser an einem Strauche aufzuhängen. Kaum hatte er diesen erreicht und noch nicht einmal die Angel festgebunden, als der Kahn unerwartet einen fürchterlichen Schlag von unten empfing, so daß er zertrümmert wurde und die vier Leute ins Wasser fielen. Von Schreck ergriffen, hatte jeder mit sich selber zu tun und strebte, durch Schwimmen so schnell wie möglich das Ufer zu erreichen. Glücklich gelang dies dreien von ihnen, der Rächer aber wurde vermißt: er war gleich seinem Weibe und Kinde das Opfer des gefräßigen Tieres geworden. Die drei Geretteten erzählten uns das traurige Ereignis selbst.

„Ein anderer Fall hatte sich wenige Monate vor unserer Ankunft auf Borneo in einem Flusse ereignet, der wegen der Menge seiner Krokodile weit und breit berüchtigt ist. Ein eben verheirateter Malaie aus dem Dorfe Ketap wollte mit eintretender Nacht in Begleitung seiner Frau nach Hause zurückkehren. Nahe der Mündung des Flusses wurde er während des Ruderns durch ein ungewöhnlich großes Krokodil von hinten gepackt, aus dem Fahrzeuge gezogen und fortgeschleppt; und dies geschah so still und schnell, daß die Frau, die dem Gebrauch zufolge im Vorderteile des Fahrzeuges saß und bei dem Rucke sich umsah, von ihrem sinkenden Manne nichts weiter gewahr wurde als den einen Arm. Dieser Malaie war der Neffe des inländischen Oberhauptes Bodien. Letzterer, über den Unfall aufs höchste betrübt, gab sogleich Befehl, Angeln zu legen, um das Raubtier und, wenn es möglich wäre, auch noch andere zu fangen und zu töten. Diesem Umstande haben wir viele Krokodilschädel zu verdanken. Nach Bodiens Versicherung war das Krokodil, das seinen Neffen verschlungen hatte, gegen 3 Klafter lang gewesen. Vor dem Fange dieses Ungeheuers hatte man den Kopf des Schlachtopfers im Gebüsche, nach dem Fange beim Öffnen seines Magens hier die Kleider und fast alle Knochen des Mannes gefunden. Den großen Krokodilschädel, den wir zwischen mehreren anderen mit weit aufgesperrtem Rachen am Ufer zur Schau aufgestellt sahen, haben wir mitgebracht. Ein merkwürdiger Fall verdient noch Erwähnung. Vier Leute begaben sich eines Nachmittags nach dem See Lampur, um zu fischen. Einer von ihnen, der mit Auswerfen des Netzes beschäftigt war und vorn im Kahne stand, wurde plötzlich von einem entsetzlich großen Krokodile bei den Beinen ergriffen und ins Wasser geschleppt. Man hielt ihn für verloren. Kurz darauf kam jedoch das Raubtier dicht am Kahne wieder zum Vorschein, sein noch lebendes und laut um Hilfe schreiendes Opfer im Rachen haltend. Der Bruder des Unglücklichen, von Mitleid und Entsetzen ergriffen, zauderte keinen Augenblick, ihn zu befreien, zog seinen Säbel, sprang ins Wasser, ergriff den Bruder beim Arm und versetzte gleichzeitig dem Krokodile einen so fürchterlichen Hieb in den Nacken, daß es den Mann sofort losließ. Dieser aber erlag doch nach zweitägigem Leiden den schweren Wunden, die ihm das Raubtier beigebracht hatte."

Ähnliche Geschichten werden von vielen Reisenden erzählt, die sich längere Zeit in Ostindien oder in Südasien und besonders auf den größeren Eilanden des ostindischen Inselmeeres aufgehalten haben. Epp, der zehn Jahre auf Bangka lebte, gibt an, daß in dieser Zeit etwa 30 Menschen von Krokodilen getötet oder doch schwer verwundet wurden. Auf Ceylon scheinen nicht so viele Unglücksfälle vorzukommen; wenigstens läßt sich Sir Emerson Tennent nicht ausführlich darüber aus. Er berichtet aber einen tragikomischen Fall von einem Mann, der auf einem in das Wasser hineinragenden Baumast saß und fischte und sich dabei Kopf und Rücken mit einem Sacke vor dem Regen schützte. Ein Leopard, der ihn, aus dem Dschungel kommend, überfiel, verfehlte ihn, ergriff an seiner Stelle den Sack, fiel damit in den Fluß und wurde von einem Krokodil, das auf den Angler gewartet hatte, erfaßt und in die Tiefe gezogen.

Die englischen amtlichen Angaben über die in Indien durch wilde Tiere verursachten Verluste an Menschenleben enthalten bloß wenige und beiläufige Bemerkungen über die Fälle, die den Krokodilen zugeschrieben werden, und sind deshalb geeignet, Forsyths Ansicht zu bekräftigen, daß die Krokodile in Indien für den Menschen längst nicht so gefährlich sind, wie man nach manchen Berichten, die auf Hörensagen beruhen, annehmen könnte. Nach den amtlichen Berichten sind 1882 in Bengalen 202 Menschen, 1884 und 1885 in den Nordwestprovinzen und Audh 20 und 24, in denselben Jahren in Bombay 3 und 5 Menschen den Krokodilen zum Opfer gefallen. Dies sind die einzigen einigermaßen zuverlässigen Angaben. Obwohl in ihnen bloß von „Alligatoren" die Rede ist, dürfen wir annehmen, daß der größere Teil dieses Menschenverlustes dem Leistenkrokodil und nur der kleinere dem Sumpfkrokodil oder Magar, aber wohl kein Todesfall dem Gavial zur Last zu legen ist.

Über das Vorkommen und die Gefährlichkeit des Leistenkrokodils in Deutsch-Neuguinea berichtet Schnee: „Zur Zeit meines dortigen Aufenthaltes wurde in der Nähe von Friedrich-Wilhelms-Hafen eine Wasser schöpfende Frau von einem Krokodil am Arme gepackt; die also Überraschte besaß noch Geistesgegenwart genug, sich mit dem anderen kräftig festzuhalten. Obgleich es dem Raubtier nicht gelang, sie hinabzuziehen, so verlor die Bedauernswerte bei dieser Gelegenheit doch das Leben, indem die Echse ihr das einmal erfaßte Glied abriß: infolge des starken Blutverlustes starb die Ärmste, bevor es möglich war, ihr ärztliche Hilfe zu bringen. — Es verdient hervorgehoben zu werden, daß es auch in dieser unserer Kolonie Stämme, wie die Jabim, gibt, die Krokodile nicht töten, da sie glauben, die Seelen der Verstorbenen wohnten darin. Die Leistenkrokodile begnügen sich übrigens nicht damit, im Wasser zu jagen und die ihren Durst löschenden Tiere in die trüben Fluten zu ziehen, sondern sie kommen, wie ich aus Neuguinea weiß, im Schutze der Dunkelheit bisweilen sogar frech ans Land. Einem meiner Bekannten wurden dort drei halbgroße Hunde nach und nach von einem Krokodil, dicht neben seinem Hause, welches etwa 400 m vom Wasser entfernt war, fortgeschleppt. In anderen Ländern würde man an einen Panther gedacht haben, hier, wo Raubsäugetiere fehlen, kam derartiges nicht in Betracht, auch ließ die auf dem schlammigen Boden gut zu erkennende Spur keinen Zweifel aufkommen, wer der Übeltäter sei."

Sehr erklärlich ist es, daß die gefährlichen Tiere auch in Asien nachdrücklich verfolgt, ebenso erklärlich, daß sie hier und da göttlich verehrt werden. In den Gegenden, wo man unsere Panzerechse für so heilig hält, daß man keinen höheren Wunsch kennt als den, nach dem Tode anstatt in einen Engel, in ein Krokodil verwandelt zu werden, verfolgt man das Tier niemals, sucht sich vielmehr mit ihm zu befreunden. Daß das Sumpfkrokodil noch heutigestags göttliche Verehrung genießt, unterliegt keinem Zweifel, weil fast alle Reisenden in Indien, die seiner Erwähnung tun, von solcher Anschauung der Eingeborenen zu berichten wissen. Orlich besuchte im Jahre 1842 den heiligen Krokodilteich in der Nähe der Stadt Karratschi, einen berühmten Wallfahrtsort für die Eingeborenen. In ihm lebten etwa 50 dieser Krokodile, darunter einige von großer Länge. Der Brahmine, dem die Pflege der Tiere anvertraut war, rief sie in Gegenwart des Reisenden herbei, um sie zu füttern. Zu nicht geringem Erstaunen Orlichs gehorchten die Krokodile ihrem Pfleger, kamen auf seinen Ruf aus dem Wasser heraus, legten sich mit weit aufgesperrtem Rachen im Halbkreise vor ihm hin und ließen sich durch Berührung mit einem Rohrstabe willig leiten. Zu ihrer Mahlzeit wurde ein Ziegenbock geschlachtet, in Stücke zerhauen und jedem Krokodile eins davon vorgeworfen. Nach beendigter Mahlzeit trieb der Wärter die Echsen mit seinem Rohrstocke wieder ins Wasser. Trumpp sagt, daß sich wenigstens zwölf Fakire der Pflege und Anbetung der Krokodile dieses Teiches widmen, deren Ernährung aber, wie billig, dem gläubigen Volke aufbürden. Schlagintweit spricht ebenfalls von gezähmten und wohlgepflegten Krokodilen Indiens, nennt sie aber ihrer kurzen Schnauze wegen irrtümlich Alligatoren. „Wie zahm die Alligatoren im Magar-Teiche sind“, sagt er, „läßt sich daraus schließen, daß die Muselmanen auf die Köpfe von einigen großen Zeichnungen sowie religiöse Sprüche in Ölfarben aufgetragen haben. Es ist ein wunderbares Schauspiel, von allen Seiten sich von herbeigerufenen Alligatoren umringt zu sehen, aber ein Schauspiel, das, vielleicht gerade seiner Neuheit und Seltenheit wegen, wohl bei niemand das sonst so sehr natürliche Gefühl der Furcht erweckt.“

Auch A. L. Adams berichtet über einen Besuch desselben Krokodilteiches, der in einer Oase der sandigen Landschaft nordwestlich von Karratschi liegt. „Der größere Teich hat etwa 300 Yards (275 m) Umfang und enthält viele kleine Grasinseln, auf denen die größere Zahl der Krokodile sich sonnte; einige schliefen an den Abhängen, andere wieder halb in dem schlammigen Wasser untergetaucht, während dann und wann ein mächtiges Ungetüm sich auf seine kurzen Beine erhob und, nachdem es ein paar Schritte gewatschelt war, sich wieder platt auf den Bauch fallen ließ. Jüngere, von einem Fuß Länge aufwärts, liefen am Rande des Teiches herum, plötzlich in dem Wasser verschwindend, als wir uns näherten. Das größte Krokodil lebt in einem langen schmalen Behälter abgesondert von den übrigen. Die Fakire und die Eingeborenen, die in den benachbarten Tempeln beten, haben seine Stirne rot bemalt; sie bezeugen dem alten Ungetüm ihre Verehrung, indem sie ihm eine Verbeugung machen, so oft es sich über dem Wasser zeigt. Ein hübscher, junger Balutsche, der die Tiere zu füttern hatte, teilte uns mit, daß dieses Tier über 200 Jahre alt sei, und daß es gewöhnt sei, die kleinen Krokodile zu verzehren. Während unseres Besuches schlief das riesige Tier am Ufer seines Wohngewässers und schien sich um unsere Anwesenheit gar nicht zu kümmern, obgleich wir uns ihm bis auf Fußweite näherten und sogar versuchten, es aufzuwecken, indem wir seine Nase mit einer Ziegenkeule rieben, welche aber ein junges Krokodil gerne annahm. Unser Begleiter suchte vergeblich ihre Wildheit zu erregen, aber außer einem schwachen Versuch zum Zähnefletschen zeigten die Tiere keine Neigung, uns anzugreifen.

Ein im Teich herumwatendes und auf den Grashügeln weidendes Pony wurde von den Krokodilen nicht beachtet. Die Krokodile graben tief in den Sand unter den benachbarten Dattelpalmen und legen ihre Eier dort ab; Mengen von ausgefallenen Zähnen von verschiedener Größe waren über die schleimigen Abhänge des Teiches verstreut."

Der Reisende erzählt weiter, daß nicht nur die Fakire, welche die Krokodile füttern, sondern diese selbst erwarten, daß die ankommenden Fremden ihnen etwas zum besten geben, und daß er daher eine Ziege schlachten ließ; während dieser Operation schienen die Tiere munter zu werden, und als der Führer ein Stück Fleisch nach dem andern ihnen vorwarf, kam der ganze Teich in Bewegung, und Krokodile, von deren Dasein er keine Ahnung gehabt hatte, kämpften um die Beute; das Ufer war buchstäblich mit ihnen bedeckt.

Tennent nennt das Sumpfkrokodil feig und erzählt ein Beispiel, daß eines dieser Tiere, als es von einem Reiter im Dschungel aufgestöbert wurde, zu einem seichten Tümpel eilte und seinen Kopf bis zu den Augen in das Wasser steckte, anscheinend von seiner vollständigen Unsichtbarkeit überzeugt. Auch von der Berechtigung der Volksmeinung, daß es sehr kitzlig sei und einen Menschen loslasse, wenn er mit seiner Hand die weichen Teile seiner Unterseite erreichen und reiben könne, kann er eine hübsche Geschichte mitteilen. Er traf eines Morgens ein schlafendes Krokodil unter einigen Büffeldornbüschen, mehrere hundert Yards vom Wasser entfernt. Der Schrecken des armen Tieres war unsagbar, als es erwachte und sich entdeckt und umzingelt sah. Es war ein schreckliches Vieh, über 10 Fuß ($3^1/_2$ m) lang. — Es erhob sich auf seine Beine, drehte sich im Kreise herum, zischte und klappte seine knöchernen Kiefer zusammen und richtete seine grauen Augen auf seine Verfolger. Nach einem Schlage mit einem Stock lag es ganz ruhig, anscheinend tot, blickte aber listig um sich und machte einen Vorstoß in der Richtung des Wassers, aber auf einen zweiten Schlag lag es wieder bewegungslos und stellte sich tot. „Wir versuchten es aufzumuntern, aber ohne Erfolg; wir zogen es am Schwanze, schlugen auf seine harten Schuppen und reizten es in jeder Weise, aber nichts konnte es veranlassen, sich zu bewegen, bis zufällig mein Sohn, damals ein zwölfjähriger Junge, es sanft unter dem Arme kitzelte; augenblicklich zog es seinen Vorderfuß dicht an sich und drehte sich um, um eine Wiederholung zu vermeiden; als es aber trotzdem unter dem andern Arme gekitzelt wurde, führte es dieselbe Bewegung aus und das Riesentier wand sich wie ein Kind, das sich dem Gekitzeltwerden entziehen will."

Anderson versichert, in einem Flusse Sumatras ein riesenhaftes Leistenkrokodil gesehen zu haben, das regelmäßig mit Fischköpfen gefüttert wurde und infolge der guten Behandlung sehr zahm geworden war. Dieser sonderbare Heilige vertrieb alle übrigen, zeigte sich aber gegen seine gläubigen Verehrer so gutmütig, daß er ihnen gestattete, seinen Leib zu berühren. Zur Mahlzeit stellte er sich pünktlich ein; sonst vertrieb er sich die Zeit mit beschaulichem Nichtstun. „Wie bei dem Menschen", so spricht sich E. v. Martens aus, „Furcht und Ehrfurcht, Trauer und glaubensstarke Entsagung öfters eins aus dem anderen hervorgehen, so sollen auch die Eingeborenen der Eilande des ostindischen Inselmeeres, nach den Erzählungen, die ich auf mehr als einer Insel hörte, das Krokodil, das in ihrer Nähe haust und ihr Kind verschlungen hat, nicht verfolgen, sondern heilig halten, in dem Glauben, die Seele eines ihrer Vorfahren wohne in ihm und habe gleichsam ein Recht, den Enkel zu sich zu nehmen." Hier und da ist man minder gläubig, verfolgt die gefährlichen Tiere und wendet verschiedene Mittel an, sich ihrer zu bemächtigen, am häufigsten die geköderte Angel, bisweilen auch große Netze, an einzelnen Orten endlich feststehende Reusen, die so eingerichtet sind, daß ein Fallgatter hinter den gefangenen Tieren zufällt.

Stumpfkrokodil.

Auf den Philippinen richtet man, laut Jagor, ein leichtes Bambusfloß mit einem Gerüst her, bindet an letzterem in einer gewissen Höhe einen Hund oder eine Katze an, befestigt an der Seite dieses Köders einen Angelhaken, der mittels eines Faserbündels aus Manilahanf mit dem Floße verbunden wird, und läßt die ganze Fangeinrichtung im Flusse treiben. Hat das Krokodil den Köder und damit zugleich den Haken verschlungen, so bemüht es sich vergeblich, loszukommen: denn die Nachgiebigkeit des Floßes verhindert das Zerreißen, die Schmiegsamkeit des Faserbündels das Zerbeißen; das Floß aber zeigt zugleich den Aufenthalt des gefangenen Tieres an. Ein geangeltes Krokodil benimmt sich, als ob es rasend wäre, und setzt dem Fänger in der Regel hartnäckigsten Widerstand entgegen; wenn es aber einmal ans Land gebracht worden ist, ergibt es sich fast widerstandslos in sein Geschick. Sir Emerson Tennent erzählt, daß die Tiere, die mit Netzen aus halb vertrockneten Gewässern gefischt werden sollen, sich, wenn sie es können, in den Schlamm einwühlen und das Netz über sich weggehen lassen, also eine List bekunden, die man ihnen selbst in Indien sonst nicht zutraut. Die gefangenen Leistenkrokodile werden gewöhnlich totgeschlagen und nicht weiter benutzt. Hier und da, z. B. in Siam, weiß man ihr Fleisch zu schätzen und bringt sie deshalb gelegentlich auf den Markt.

Auch das Weibchen des Leistenkrokodils dürfte, wie das seines afrikanischen Verwandten, ein Nest bauen und beschützen. Wenigstens erzählt Schnee, daß ein ihm befreundeter Schiffsarzt, der am Kranyi-Flusse unweit von Singapore auf der Schweinejagd sich befand, ein Nest des Leistenkrokodils gefunden habe, das etwa 20 cm hoch war und 50 cm im Durchmesser hatte und noch fünf Eier enthielt. Die in der Nähe befindliche Mutter rannte sofort auf das Nest los, wurde aber von dem Jäger niedergestreckt. Aus dem einen der beiden noch lebensfähigen Eier kroch noch in derselben Nacht ein Junges von 20 cm Länge aus; die Eihaut hing umgekrempelt an der Bauchspalte und fiel erst am zehnten Tage ab.

Als Übergangsglied zwischen Krokodilen und Alligatoren mag noch das Stumpfkrokodil, Osteolaemus tetraspis *Cope* (s. auch Taf. „Panzerechsen I", 4, bei S. 530), eine Stelle finden. Es ist der einzige Vertreter der Gattung der Stumpfkrokodile (Osteolaemus *Cope*), die sich von den echten Krokodilen hauptsächlich durch eine knöcherne Nasenscheidewand unterscheiden, welche die Nasenöffnung in zwei Teile trennt. Eine Knochenplatte deckt überdies den größeren Teil des oberen Augenlides. Der Kopf ist in seinem Schädelteile auffallend hoch, die Stirn stark abschüssig, die Schnauze breit, flach und wenig zugespitzt, nur wenig länger als am Grunde breit, vorn deutlich aufgeworfen oder erhöht. Die Schwimmhäute zwischen den Zehen zeichnen sich durch ihre Kürze aus, und der Kamm der Unterschenkel wird durch eine Längsreihe großer, einfach gekielter Schilde ersetzt: dies alles sind Merkmale, die das Stumpfkrokodil einem Alligator ähnlich erscheinen lassen. Die Beschildung des Vorderhalses besteht aus 6 in einer Querreihe liegenden, aber in zwei getrennten Gruppen verteilten, die des Hinterhalses aus 4—6, in zwei oder drei Paaren hintereinander lagernden Knochenschilden, die Bekleidung des Rückens aus 6 Längs- und 17 Querreihen von Panzerplatten. Ein mattes Schwarzbraun ist die Färbung der Oberseite mit Ausnahme des Kopfes, des Rückenpanzers und einiger Stellen des Schwanzkammes, welche Teile auf schmutzig hellbraunem Grunde schwarze Punkte und Flecke zeigen; die Unterseite ist gleichmäßig glänzend braunschwarz gefärbt. Junge Tiere sind gelblichbraun und zeigen über und über schwarze Fleckchen und auf Rücken und Schwanz breite schwarze Querbinden, so daß auch sie schon vorwiegend dunkel erscheinen; ihre Bauchschilde sind schwarz und gelb gefleckt, der Hinterkopf oben hell gelbbraun, was für diese Art recht charakteristisch ist. Der Augenstern ist dunkelbraun, das Auge selbst verhältnismäßig groß. Die Länge erwachsener Stumpfkrokodile ist zu 1,7 m bestimmt worden, doch meint Pechuel-Loesche, auch doppelt so lange gesehen zu haben.

Du Chaillu brachte das erste Stumpfkrokodil, das uns mit der Art bekannt machte, aus dem Ogoweflusse (Französisch-Kongo) nach Amerika; Murray erhielt andere aus dem Kalabar (Oberguinea); Reichenow fand es in Kamerun, die Güßfeldtsche Loango-Expedition an der ganzen Loangoküste; Pechuel-Loesche beobachtete es im Kongo und weiter südlich noch im Kinsembosflüßchen; später fand man es in Sierra Leone: sein Verbreitungsgebiet erstreckt sich demnach vom 9. Grade nördl. bis zum 7. Grade südl. Br. und vielleicht noch weiter nach Süden hin.

Ob und inwiefern das Tier in seiner Lebensweise, seinem Auftreten und Gebaren sich von anderen Krokodilen unterscheidet, wissen wir nicht: Beobachtungen, die mit Sicherheit auf das Stumpfkrokodil bezogen werden dürfen, scheinen kaum angestellt, mindestens noch nicht veröffentlicht worden zu sein. Nur Pechuel-Loesche weiß von der Loangoküste über das Tier folgendes zu berichten: „Die Eingeborenen halten es überhaupt für durchaus ungefährlich. Es ist dreister als die anderen Krokodile und zieht vor den Augen des Jägers geschossene Vögel behutsam unter Wasser; doch will ich keineswegs behaupten, daß die anderen Arten gelegentlich nicht ebenso verfahren. Auch ist es zutraulicher oder vielmehr neugieriger als die anderen. Mehrfach habe ich beobachtet, daß an Stellen, wo die Stumpfkrokodile häufig sind, ihre Köpfe bald in der Nähe auftauchen, wenn am Ufer oder auf den Sandbänken etwas Ungewöhnliches vorgeht. Allenthalben im Banya und im Kuilu (Niederguinea) ist es ungemein häufig, besonders an ruhigen Stellen und in Altwässern. Es kann selbst beim flüchtigen Erblicken gar nicht verwechselt werden, da sein kurzer Kopf, so weit er aus dem Wasser ragt, auffallend an den eines recht großen Frosches erinnert, dazu auf der Schnauze eine sehr bezeichnende Wulstung besitzt, und da außerdem die Farbe des Tieres ein schmutziges Braun ist.“

Die **Alligatoren** (Alligator *Cuv.*) bilden eine weitere Gattung der Ordnung und unterscheiden sich dadurch von den bisher geschilderten Panzerechsen, daß bei ihnen der Oberkiefer zur Aufnahme des jederseitigen vierten Unterkieferzahnes nicht Ausschnitte, sondern tiefe Gruben besitzt. Die Anzahl der Zähne beträgt wenigstens 17 in jedem Kiefer, kann aber bis zu 20 in jedem Ober- und 22 in jedem Unterkiefer, somit bis zu 84 im ganzen ansteigen. Die Alligatoren haben eine knöcherne Nasenscheidewand; die Knochenplatten des Rückens sind ähnlich gebaut wie bei den Krokodilen, aber in den Bauchschilden fehlen Hautknochen, oder diese sind sehr dünn und unscheinbar. Man kennt aus dieser Gattung eine nordamerikanische und eine südostchinesische Art.

Letztere, die erst im Jahre 1879 beschrieben worden ist, der **China-Alligator**, Alligator sinensis *Fauv.* (Taf. „Panzerechsen II“, 2, bei S. 568), unterscheidet sich von dem Nordamerikaner durch 2 oder häufiger 3 Paare hintereinander liegender Nackenschilde und durch 6, seltener 8 Längsreihen von Rückenschilden. Er lebt im Unterlaufe des Jangtsekiang und wird gegen 2 m lang. Die Färbung und Zeichnung ist sehr ähnlich der seines amerikanischen Verwandten. Obgleich dieser Alligator bereits in mehrere Tiergärten Europas gelangt ist, wissen wir noch wenig über seine Lebensweise.

Über das Gefangenleben berichtet W. Wolterstorff: „Die beiden schönen Stücke, die B. Schmacker in Shanghai 1890 dem Frankfurter Tiergarten schenkte, und die ich längere Zeit zu beobachten Gelegenheit hatte, stammen aus der Gegend von Wuhu am Jangtsekiang. Sie waren von dem Schenker vor ihrer Versendung nach Europa sechs Wochen lang in einer Badewanne untergebracht gewesen. Als ich die Tiere zum erstenmal in Augenschein nahm, überraschte mich ihre verhältnismäßig bedeutende Größe; das kleinere maß etwa 1,6, das größere 1,8 m Länge, übertraf also die bisher bekannte Maximalgröße der Art. Leider entsprach das Wesen der beiden Chinesen ihrem Alter; wie erwachsene amerikanische Alligatoren verhielten sie sich in der Gefangenschaft in hohem Grade faul und langweilig, und es gelang mir während sechsmonatiger Beobachtung der Tiere nicht, ein auch nur annäherndes Bild von ihrem Tun und Treiben in der Freiheit zu gewinnen, um so weniger, als ich sie nur im Winterhalbjahre besuchen konnte und die ihnen vorläufig angewiesenen Räumlichkeiten im Affenhause, zwei große Drahtkisten mit einem geräumigen, aber flachen Wasserbehälter, den Anforderungen der riesigen Kriechtiere kaum entsprachen. War ihnen doch in diesen Käfigen das Schwimmen gänzlich versagt!

„In den ersten Wochen ihres Frankfurter Aufenthaltes soll einer der Alligatoren, nach Angabe des Wärters, noch rohes Fleisch gefressen haben; seitdem hungerten sie den ganzen Winter hindurch beharrlich. Ich selbst habe mich wiederholt bemüht, ihnen an wärmeren Tagen Fleisch oder lebende Frösche beizubringen, aber immer vergeblich; riß man ihnen den Rachen auf und steckte man ihnen dann Futter zu, so ließen sie es sogleich wieder fallen. Auch Frösche, die über Nacht in ihrem Käfige belassen worden waren, blieben unbehelligt. Dagegen vermute ich, daß die Tiere in ihrer Heimat neben Fischen und Fröschen auch Wasserschnecken (Paludina) fressen, an denen die Gewässer Chinas so reich sind, da ich mehrere Deckel von solchen in ihrem Kote gefunden habe. Es wäre das nicht allzu überraschend, da ähnliches ja auch von südamerikanischen Kaimanarten bekannt ist. Im Frühjahre bequemte sich das größere der beiden Stücke, rohes Fleisch anzunehmen, gedieh dabei sichtlich und hat sich jetzt auch gut eingewöhnt; das kleinere, das eine bösartige, eiternde Fußwunde aus seiner Heimat mitgebracht hatte, starb, ohne einen Bissen Nahrung zu nehmen, gerade ein Jahr nach seiner Ankunft in Europa und ziert jetzt, ausgestopft, die an Kriechtieren reiche Frankfurter Sammlung.

„In der ersten Zeit verhielten sich die beiden Panzerechsen gegen Störungen ziemlich empfindlich, namentlich das kleinere Stück, das in seinem niedrigen Kasten der menschlichen Annäherung auch stärker ausgesetzt war als das andere. So zog es sich bei meinem ersten Fütterungsversuche nach Öffnung des Deckels grollend und zähnefletschend, d. h. mit geöffnetem Rachen, in die entfernteste Ecke seines Käfigs zurück; später freilich, bei verminderter Wärme, ließ es alles ruhig über sich ergehen. Wurde es durch Berührung des Kopfes mit einem Bleistift, durch Kratzen mit dem Fingernagel oder durch Kitzeln der weichen Nackenhaut aus seinem Schlummer erweckt, dann öffnete es wohl auch die Augen, doch nur, um sie alsbald wieder zu schließen. Auf Zuhalten der Nasenlöcher erfolgte an einem kühlen Novembertage Pusten und schwaches Schütteln des Kopfes, aber nicht einmal Öffnung der Augen; und während der starken Kälte im Januar ließ sich der Alligator, in völliger Ruhe verharrend, sogar behufs Untersuchung der Bezahnung den Rachen aufsperren, ohne, wenn ich so sagen soll, mit einer Wimper zu zucken.

„Überhaupt wurden die Tiere von mir fast stets schlafend angetroffen, bald im Wasser; bald auf dem Lande. Im ersteren Falle standen sie unbeweglich, und nur die Nasenspitze ragte über die Oberfläche hervor; am Lande, das sie übrigens nur selten betraten, lagen sie einigemal in ähnlicher Stellung, wie sie Mützel vom Hechtalligator (S. 552) so lebenswahr dargestellt hat, mit nach hinten gerichteten Vorder- und Hinterbeinen der Länge nach platt auf den Boden gedrückt; auch der Kopf war herabgesunken, und nur der Schwanz stand noch aufrecht.

„In einen eigentlichen Winterschlaf verfielen die China-Alligatoren in dem erwärmten Tierhause also nicht, da sie ja ab und zu ihre Lage freiwillig wechselten, und man sie auch zuweilen mit geöffneten Augen wachend fand; immerhin läßt sich ihr Mangel an Appetit während des Winters nur durch die geringe Bewegungslust während dieses langen Zeitraumes erklären. Daß wenigstens das größere der Tiere dabei völlig gesund war und blieb, ist ganz zweifellos.“

In Nordamerika laufen ganz ungeheuerliche Erzählungen um über die Furchtbarkeit mancher dort einheimischer Tiere, besonders über die der Klapperschlangen, der Grislibären, der Alligatoren usw., die, phantasievoll ausgeschmückt, auch anderwärts der gläubigen Leserwelt aufgetischt werden. Wollte man, um nur ein Beispiel anzuführen, einem gewissen Bartram, der vorgibt, mit dem Wesen der nordamerikanischen Alligatoren innig vertraut zu sein und die wunderbarsten Dinge mit diesen Räubern erlebt zu haben, Glauben schenken, so müßte man sich billig verwundern, daß die Nachbarschaft der Gewässer Floridas überhaupt von Menschen bewohnt werden kann.

Bartram erzählt von einer Schiffahrt auf dem Johannisflusse und seinem Zusammentreffen mit den Alligatoren ungefähr folgendes: Er fährt in einem kleinen Boote den Fluß hinunter. Die Sonne will untergehen. Krokodile wimmeln von allen Seiten herbei. Er beeilt sich, seine Fischerei zu beenden und bewaffnet sich, weil er fürchtet, daß sein Gewehr ins Wasser fallen könnte, nur mit einem Knüppel. Die erste Schlachtlinie der Krokodile, der er sich nähert, zerteilt sich; die stärksten Recken verfolgen ihn; er rudert mit allen Kräften, hofft der Gefahr zu entrinnen, erreicht jedoch kaum die Hälfte des Weges, als er von allen Seiten angefallen wird. Seine Feinde bestreben sich, das Boot umzuwerfen; zwei der größten heben den Kopf und einen Teil des Leibes aus dem Wasser, brüllen fürchterlich und speien, wenn auch nicht Feuer nach Art der Drachen, so doch Wasser in Strömen auf den bedauernswürdigen Abenteurer, dessen Lage nunmehr äußerst gefährlich wird. Er fürchtet, jeden Augenblick aus dem Schiffe gerissen und verschlungen zu werden, schlägt aufs Geratewohl mit seinem Knüppel um sich und ist so glücklich, die fürchterlichen Tiere zu verscheuchen. Die Feinde bilden eine neue Angriffslinie: er rettet sich ans Ufer; die Alligatoren entfernen sich: es wird ruhiger. Bartram eilt dem Ende des Gewässers zu, beweist seinen Mut dadurch, daß er unterwegs Forellen fängt, landet an einer andern Stelle, wird dabei von einem uralten Alligator grimmig angeblickt, will ihn dafür mit einem Schusse strafen und geht, um seine Flinte zu holen, sieht aber zu nicht geringem Entsetzen den Alligator mit Verzehren seiner Fische beschäftigt und sich nochmals furchtlos und wütend angeblickt, schießt ihn in den Kopf und tötet ihn wahrscheinlich. Nun will er seine Fische zubereiten und begibt sich daran, sie abzuschuppen, schaut aber glücklicherweise noch einmal auf und erblickt im hellen Wasser den Kopf und die Schultern eines andern großen Alligators, der seitwärts auf ihn zukommt, so daß er kaum Zeit hat zurückzutreten und dadurch dem Scheusale zu entgehen, das nun mit äußerst geschickter Schwanzbewegung seine Fische ins Wasser schleudert und ihm dadurch den Beweis liefert, daß es auch ihn selbst hätte verschlingen können. Der Mann entrinnt glücklich, denkt an Feuermachen, Baumbesteigen und andere Sicherungsmittel, da ihn nunmehr vom Wasser aus die Alligatoren, vom Lande her Wölfe und Bären bedrohen, wird aber, ehe er seine Anstalten beendet, durch ein neues Geräusch erschreckt, das in der Nähe seines Landungsplatzes zu entstehen scheint. Nun nähert er sich vorsichtig und sieht, daß besagtes Geräusch von einer ganz unglaublichen Menge von Alligatoren herrührt. Letztere bedecken die ganze Breite des Flusses, „den man auf ihren Köpfen hätte überschreiten können", und treiben die Fische derartig zusammen, daß diese einen festen Damm zu bilden scheinen. Den Tausenden von Alligatoren gesellen sich andere Tausende zu. Millionen von Fischen werden verschlungen. Der scharfäugige Reisende sieht trotz der Dunkelheit mehrere Krokodile große Fische in die Luft werfen, mit dem Rachen auffangen und mit den Zähnen zerquetschen. Das Zusammenklappen der Kinnladen verursacht ein schauerliches Getöse; Ströme von Blut quellen aus den Freßwerkzeugen der Raubtiere; ihre Nasenlöcher dampfen wie Kamine, und der Kampf währt die ganze Nacht.

Mit aller Absicht habe ich Vorstehendes hier mitgeteilt; denn nicht die Erfindungen Bartrams wollte ich verspotten, sondern die Gläubigkeit der Leser und der Verfasser von Naturgeschichten, die besagte Lügen, ohne kräftigen Einspruch zu tun, weiterverbreiten helfen. Derartige Fabeln pflanzen sich fort von Buch zu Buch, von Geschlecht zu Geschlecht, als ob sie unausrottbar wären, und werden immer und immer wiederholt, anscheinend mit einer gewissen Befriedigung darüber, daß man in der Lebensweise eines Tieres, das sich von den Verwandten kaum wesentlich unterscheidet, etwas Absonderliches entdeckt habe. Wir werden sehen, daß der Alligator Nordamerikas ein zwar nicht ungefährliches, aber ebenso feiges Krokodil ist wie alle übrigen.

Der Hechtalligator oder Alligator schlechthin, Alligator mississippiensis *Daud.* (Abb., S. 552, und Taf. „Panzerechsen II", 1, bei S. 568), kennzeichnet sich, laut Strauch, durch die breite, flache, parabolische, auf der Oberfläche fast glatte, der eines Hechtes sehr ähnliche Schnauze, die knöcherne Nasenscheidewand, die auch äußerlich als ziemlich breite, beide Nasenlöcher trennende Längsleiste erscheint, sowie die Genickbeschildung, die aus 2 nebeneinanderliegenden, die Nackenbeschildung, die aus 4 großen, paarweise in 2 aufeinanderfolgenden Querreihen gelagerten Schilden besteht, die Rückenschilde, die in 8 Längsreihen stehen, und die durch breite Schwimmhaut verbundenen Finger in allen Altersstufen so scharf, daß er mit den übrigen Arten seiner Gattung nicht verwechselt werden kann. Seine Länge kann bis 4,5 m betragen, doch sind halb so große Tiere schon als erwachsen zu betrachten. Die Färbung der Oberseite ist gewöhnlich ein schmutziges Ölgrün, das hier und da dunklere Flecke zeigt, die der Unterseite ein unreines Lichtgelb. Junge Tiere zeigen gelbe Querbinden auf Rücken und Schwanz. Das Männchen hat einen schwereren, kräftigeren Kopf und ist, nach Reese, während der Paarungszeit lebhafter gefärbt; diese lebhaftere Färbung findet sich in Form von Flecken und Streifen an den Seiten von Kopf und Rumpf, und ist im allgemeinen ein lichtes Gelb oder sogar Weiß: bei einem großen Männchen sah Reese einen schön roten Fleck über jedem Auge.

Das Verbreitungsgebiet des Hechtalligators beschränkt sich auf den Südosten der Vereinigten Staaten Nordamerikas von der Mündung des Rio Grande nach Norden hin bis zum 35. Grade. In fast allen Flüssen, Bächen, Seen und Sümpfen von Süd-Carolina, Georgia, Florida, Alabama, Mississippi und Louisiana ist er sehr gemein; weiter nach Norden hin wird er seltener, bis er in Nord-Carolina allmählich verschwindet. In den Flüssen der genannten Gebiete sieht man, laut Audubon, dessen Schilderung ich nachstehendem zugrunde lege, an den schlammigen Ufern und auf den großen treibenden Baumstämmen die Alligatoren sich sonnen oder den Strom nach Nahrung durchschwimmen. In Louisiana sind alle Sümpfe, Buchten, Flüsse, Teiche, Seen voll von diesen Tieren; man bemerkt sie überall, wo sie Wasser genug haben, um in ihm Nahrung zu finden und sich in ihm zu verbergen. Auf dem Red River waren sie, bevor ihn Dampfboote befuhren, so überaus

Hechtalligator, Alligator mississippiensis *Daud.* 1/20 natürlicher Größe.

häufig, daß man sie zu Hunderten längs der Ufer oder auf den ungeheueren Flößen von Treibholz bemerkte. Die kleinen lagen oder saßen auf dem Rücken der größeren, und zuweilen hörte man von ihnen ein Gebrüll, wie von tausend wütenden Stieren, die einen Kampf beginnen wollen. Sie waren, wie viele Tiere in Nordamerika, so wenig menschenscheu, daß sie sich kaum um das Getriebe auf dem Flusse oder am Ufer bekümmerten, daß sie, wenn man nicht nach ihnen feuerte oder sie absichtlich verscheuchte, Boote in einer Entfernung von wenigen Metern an sich vorüberfahren ließen, ohne sie im geringsten zu beachten. Nur in brackigen Wässern zeigten oder zeigen sie sich seltener.

Auf dem Lande bewegt sich der Alligator gewöhnlich langsam und verdrossen. Sein

Gang ist ein mühsames Gezappel: ein Bein um das andere wird schwerfällig vorwärts bewegt, der wuchtige Leib kommt fast in Berührung mit der Erde, und der lange Schwanz schleppt auf dem Boden nach. So entsteigt er dem Wasser, so kriecht er auf Feldern oder in Wäldern umher, um einen andern, Nahrung versprechenden Wohnort oder einen tauglichen Platz für seine Eier zu suchen. Wie langsam er sich bewegt, geht aus folgender Beobachtung hervor: Audubon traf am Morgen einen etwa 4 m langen Alligator etwa 30 Schritt von einem Teiche entfernt, anscheinend im Begriffe, einem andern, nahe gelegenen Gewässer zuzuwandern. Mit Beginn der Abenddämmerung hatte das Tier etwa 600 Schritt zurückgelegt; weiter war es nicht gekommen. Auf dem Lande sind die Alligatoren, wahrscheinlich ihrer Unbehilflichkeit halber, erbärmlich feig. Bemerken sie bei ihren Wanderungen von einem Gewässer zum andern einen Feind, so ducken sie sich, so gut sie können, auf den Boden nieder, die Schnauze dicht auflegend, und verharren regungslos in dieser Lage, nur mit den leicht beweglichen Augen den Gegner beobachtend. Nähert man sich ihnen, so suchen sie nicht zu entfliehen, greifen auch ebensowenig an, sondern erheben sich bloß auf die Beine und fauchen, als ob sie ein Schmiedegebläse im Leibe hätten. Wer sie jetzt totschlagen will, läuft nicht die mindeste Gefahr, vorausgesetzt, daß er sich von ihrem Schwanze in angemessener Entfernung hält; denn der ist des Tieres stärkste und beste Waffe. Ein Mensch, der einen kräftigen Schlag mit dem Schwanze erhält, kann dadurch getötet werden.

Im Wasser, seinem eigentlichen Element, ist der Alligator lebhafter und kühner. Zuweilen kommt es vor, daß er hier selbst dem Menschen zu Leibe geht. In der Regel aber meidet er ihn ängstlich, am sichersten dann, wenn dieser ihm gegenübertritt. In Nordamerika waten die Rinderhirten, wenn sie an ein mit Alligatoren besetztes Gewässer kommen, mit Knüppeln bewaffnet hinein, um einen Weg für ihr Vieh zu bahnen oder um die gefräßigen Kriechtiere abzuhalten, ihren Schutzbefohlenen beim Trinken lästig zu fallen, und haben, wenn sie gerade auf den Kopf des Alligators zugehen, auch nichts zu fürchten, können den Kopf sogar, ohne Gefahr zu laufen, mit ihrem Knüppel bearbeiten, bis das Tier weicht. Zuweilen sieht man Menschen, Maultiere und Alligatoren dicht nebeneinander im Wasser, das Vieh ängstlich bemüht, den Krokodilen zu entgehen, die Hirten beschäftigt, letztere durch Prügel in Furcht zu setzen, und die Alligatoren mit lüsternen Augen die ihnen sonst genehme Beute betrachtend, aber aus Scheu vor den ihnen unangenehmen Prügeln sich in angemessener Entfernung haltend.

Schafe und Ziegen, die ans Wasser kommen, um zu trinken, Hunde, Hirsche und Pferde, die es durchschwimmen, laufen Gefahr, von den Alligatoren ertränkt und nachträglich verzehrt zu werden; deren eigentliche Nahrung aber sind Fische. Bei den alljährlich stattfindenden Überschwemmungen der nordamerikanischen Flüsse füllen sich die großen, mit ihnen zusammenhängenden seichten Seen und Moräste nicht bloß mit Wasser, sondern auch mit Fischen an, auf die nun die Alligatoren jagen. Nach dem Zurücktreten des hohen Wassers werden alle diese Seen verbindenden Wasseradern trocken gelegt und die Fische den tieferen Stellen zugetrieben; hier nun verfolgen sie die Panzerechsen, von einer Vertiefung oder, wie man in Amerika sagt, von einem Alligatorloche zum andern. Nach Sonnenuntergang hört man das Geräusch, das die Raubtiere mit ihrem Schwanz verursachen, auf weite Entfernung, und wenn man zur Stelle kommt, sieht man, wie sie durch die Bewegungen das Wasser aufrühren und die Fische so in Angst versetzen, daß diese zu Hunderten über die Oberfläche emporspringen, in der Absicht, ihrem grimmigsten Feinde zu entgehen, oft aber auch durch die Schwanzschläge dem zähnestarrenden Rachen zugeführt werden. Audubon belustigte sich zuweilen, den in einem Loche gerade versammelten Alligatoren eine mit Luft gefüllte Rindsblase zuzuwerfen. Eins der Tiere näherte sich dieser, peitschte sie nach sich zu oder suchte sie mit den Zähnen zu fassen: die Blase glitt aus; andere versuchten die vermeintliche Beute geschickter zu fassen: und so geschah es, daß sie zuweilen förmlich Fangball mit ihr spielten. Manchmal wirft man ihnen auch eine verkorkte Flasche zu, die leichter gefaßt werden kann: dann hört man, wie das Glas zwischen den Zähnen knirscht und zerbricht und wünscht dem überall mit scheelen Augen angesehenen gepanzerten Räuber schadenfroh eine gesegnete Mahlzeit.

Die Zählebigkeit der Alligatoren erschwert ihre Jagd; denn auch sie tötet sofort nur eine Kugel, die das Hirn oder das Herz durchbohrt, besser aber ein tüchtiger Schrotschuß. Öfter als das Feuergewehr wendet man große Netze an, mit denen man die Tümpel ausfischt; die gefangenen Alligatoren werden dann auf das Ufer herausgezogen und mit Äxten totgeschlagen. Einzelne Neger haben große Übung darin, die Tiere mit Schlingen zu fangen, werfen ihnen, wenn diese in der Nähe des Ufers schwimmen, ein Seil über den Kopf und ziehen sie daran ebenfalls aus dem Wasser heraus. Angeschossene Alligatoren bringen unter den übrigen Mitbewohnern eines Loches so große Aufregung und Furcht hervor, daß diese in der Regel auswandern oder sich doch mehrere Tage lang versteckt halten, während die durch einen Kugel- oder Schrotschuß augenblicklich Getöteten die Beachtung ihrer Gefährten in ungleich geringerem Grade auf sich ziehen. Am Red River wurden in früheren Jahren Tausende erlegt, weil Schuhe, Stiefel und Sättel von Alligatorhaut Mode geworden waren. Freilich ergab sich bald, daß dieses Leder für Schuhwerk nicht haltbar genug war und auch die Feuchtigkeit nicht abhielt, doch wird es gegenwärtig zu manchen anderen Zwecken verarbeitet; auch das Fett der erlegten Tiere wird benutzt, unter anderem zur Herstellung von Maschinenschmiere. Eine Verwertung der Drüsen, die ebenso stark nach Moschus duften wie die der Krokodile im engeren Sinne, scheint man bisher nicht nachhaltig versucht zu haben.

Diese Art Krokodile ist es, die man am häufigsten in Tiergärten und Tierschaubuden sieht. Es kommen alljährlich mehrere hundert Stück lebende Alligatoren auf den europäischen Tiermarkt, und sie alle finden Abnehmer, die kleinen, eben dem Ei entschlüpften solche in Liebhabern, die sie ihrem Aquarium einverleiben und so weit zähmen, daß sie zuletzt das ihnen vorgehaltene Futter artig aus der Hand nehmen, die großen in den Tierschaubudenbesitzern, die sie so lange mit sich führen, bis sie der Mißhandlung, dem Hunger und der Kälte erliegen. Die ganz jungen Tiere nehmen zwar bald Nahrung an, sind aber nur sehr schwierig aufzuziehen; alt gefangene Tiere verschmähen gewöhnlich das Futter; am schnellsten gewöhnen sich an die Gefangenschaft solche von $^1/_2$ bis $1^1/_2$ m Länge. Zuerst nehmen sie lebende Fische, dann rohes Fleisch an, das man nicht einmal zu bewegen braucht, wenn man es ihnen vor die Schnauze hält; schließlich sperren sie schon, wenn man ihnen Nahrung zeigt, den Rachen auf und lassen sich, indem sie fröhlich glucksen, „die gebratenen Tauben ins Maul fliegen“.

Die Lebensweise des Alligators hat Clarke sehr genau geschildert; wir entnehmen seinen Ausführungen das Folgende: „Gewöhnlich findet man sie in den Gewässern der kleineren Ströme und Sümpfe, an deren Oberfläche nur Schnauzenspitze und Augen zu sehen sind, oder an einer Uferstelle, wo Gras und andere Pflanzen niedergetreten sind und der schwarze Schlamm des Flußufers durch das wiederholte Auf- und Abklettern der Alligatoren geglättet ist. Hier sonnen sie sich, bis sie durch einen Jäger oder den Hunger aufgestört werden. Wenn sie beunruhigt werden, suchen sie den Grund des Gewässers auf, und ich habe nie lange genug gewartet, um einen zurückkehren zu sehen, außer wenn er kräftig mit einer langen Stange angetrieben wurde. Sie graben sich häufig eine Höhlung auf dem Grunde oder am Ufer unter dem Wasser. Oft kann man sie mit einer Stange heraustreiben, aber wenn sie sehr hartnäckig sind, werden sie von den Jägern mit Spaten ausgegraben.

„Da das Wasser in der Sommerhitze in den Flußläufen und Sümpfen austrocknet, so müssen die Alligatoren dann zu größeren Wasseransammlungen wandern. Während der Paarungszeit von Ende Mai bis Anfang Juli sind die Männchen sehr lebhaft und wandern nach verschiedenen Gewässern, um Weibchen zu suchen. Heftige Kämpfe sollen während dieser Zeit von den erregten Männchen ausgefochten werden, und die verstümmelten Tiere, die man sieht, sind gewichtige Zeugen für die Wahrheit dieser Behauptung. In der Paarungszeit wird ihr Bellen auch am meisten gehört, mehr bei Nacht als bei Tage; ich hörte es häufig, als ich bei Nacht in den Sümpfen lagerte, wenn sie eine volle Meile entfernt waren.

„Das größte Stück, das ich sah, war 12 Fuß (3,66 m) lang, und keiner der vielen Jäger und Eingeborenen, die ich traf, hat eines gesehen, das länger als 13 Fuß (3,96 m) war. Alle Jäger stimmen darin überein, daß nur die Männchen so groß werden. Keiner hatte noch ein über 8 Fuß (2,44 m) langes Weibchen gesehen, die Mehrzahl ist nicht über 7 Fuß (2,13 m) lang."

Die jüngsten Mitteilungen über die Fortpflanzung des Alligators verdanken wir Reese, der dreimal in die gewaltigen Sümpfe der südöstlichen Vereinigten Staaten, und zwar in die „Everglades" in Florida und den Okefenokee-Sumpf in Georgia, eindrang, um sich von der Lebensweise und Brutpflege des Tieres aus eigener Anschauung Kenntnis zu verschaffen. Er konnte sich bei dieser Gelegenheit von der fortschreitenden Ausrottung des Alligators überzeugen, da drei Jäger nahezu hundert Stück erlegten, und kann bei dieser Gelegenheit nicht umhin, seinem Bedauern darüber Ausdruck zu geben. Er sagt: „Es scheint eine sehr mutwillige Zerstörung von Leben zu sein, so viele dieser großen Tiere zu töten, um so mehr, wenn man bedenkt, daß eine große Alligatorhaut für den Jäger nur etwa 1½ Dollar wert ist." Die vorwiegend bei Nacht, mit Hilfe einer Laterne und einer Schrotflinte ausgeführte Jagd hat die Anzahl der Tiere so vermindert, daß, wo 20 Jahre vorher Hunderte zu sehen waren, jetzt kaum eins gefunden wird. Ob zwar der Alligator ganz ausgerottet werden kann, ist schwer zu sagen, solange aber diese beiden obengenannten Sümpfe nicht trocken gelegt sind, scheint es nicht vollkommen möglich zu sein.

Nach den Berichten der einheimischen Jäger soll die Eiablage zu jeder Zeit zwischen Januar und September stattfinden können; doch erwies sich der Monat Juni als derjenige, in dem die meisten, wenn nicht alle, Eier gelegt werden. Nach Clarke soll die Eiablage in Florida zwischen dem 9. und 17. Juni vor sich gehen, es wurde aber ein Nest mit am 26. Juni gelegten Eiern gefunden, aber keine Eier, die vor der von Clarke angegebenen Zeit gelegt worden wären. Bei dem Besuche der Florida-Sümpfe fand Reese, daß durch außergewöhnliche Trockenheit die Eiablage sehr hinausgeschoben war: es wurden zwar zahlreiche Nester schon am 8. Juni gefunden, aber ohne Eier. Fast unmittelbar nach dem Eintreten von Regenfällen, etwa zwei Wochen darauf, wurden alle Nester nahezu zur selben Zeit belegt. Die aus diesen Eiern entnommenen Keimlinge waren in der Entwickelung schon ziemlich weit vorgeschritten, und auch die in den Eileitern getöteter Alligatoren gefundenen Eier enthielten Keimlinge, die die ersten Entwickelungsstadien schon hinter sich hatten.

Es wird angegeben, daß während der Paarungszeit die Männchen sich sehr laut und streitsüchtig benehmen und daß sie in der Färbung von den Weibchen verschieden seien. Aus dem häufigen Vorkommen solcher Tiere, bei denen Gliedmaßen verstümmelt waren oder fehlten, schließt Reese, daß allerdings heftige Kämpfe stattfinden müssen; im Juni und Juli und wahrscheinlich während der größten Zeit des Jahres verhalten sie sich aber still, und man hört nur ein gelegentliches Bellen in den allerfrühesten Morgenstunden als Zeichen ihrer Anwesenheit. Da unser Gewährsmann zur Paarungszeit noch nicht an Ort und Stelle war, so kann er nichts über etwaige Färbungsunterschiede der beiden Geschlechter zu dieser Zeit mitteilen; zu anderen Zeiten stimmen diese aber so überein, daß auch erfahrene Jäger über das Geschlecht eines getöteten Alligators mehr als einmal im Zweifel waren.

„Obgleich ich niemals ein Nest wirklich während des Bauens gesehen habe", berichtet nun Reese weiter, „kann man sich doch nach Untersuchung einer großen Menge frischgemachter Nester leicht vorstellen, wie der Vorgang dabei sein muß.

„Der Alligator, wahrscheinlich das Weibchen, da das Männchen nach der Paarung sich weiter um die Erhaltung seiner Art nicht mehr kümmert, sucht eine kleine Erhöhung auf oder nahe dem Rande des ‚Loches', in dem er wohnt. Diese Erhöhung ist im allgemeinen, wenngleich nicht immer, ein sonniger Fleck, häufig am Fuße eines kleinen Baumes oder einer Gruppe von Gebüschen. Wenn der Alligator in einem großen Sumpfe wohnt, mag er genötigt sein, einen beträchtlichen Weg zurückzulegen, bis er eine geeignete Stelle findet; wenn aber sein Wohnsitz kaum mehr als eine tiefe, überwachsene Pfütze ist, wie dies in weniger sumpfigen Gegenden oft der Fall ist, dann kann er einen guten Nestplatz ein paar Fuß davon finden.

„Daß das Alligatorweibchen in der Nähe des Nestes bleibt, nachdem es dieses mit Eiern gefüllt hat, scheint ziemlich sicher; daß es aber das Nest gegen die Angriffe anderer Tiere verteidigt, ist äußerst zweifelhaft; man ist sicherlich sehr wenig in Gefahr, wenn man ein Alligatornest plündert, und nach dem Zeugnis verläßlicher Jäger sind Bären sehr ausdauernde Sucher und Liebhaber von Alligatoreiern. Nachdem das Weibchen (mit wieviel Sorgfalt, ist unmöglich zu sagen) den Nestplatz ausgewählt hat, beginnt es, wahrscheinlich durch Abbeißen, eine große Menge von Pflanzen zusammenzutragen, die gerade in der nächsten Umgebung am häufigsten sind. Diese Masse wird in einen kegelförmigen oder runden Haufen aufgetürmt und wird durch wiederholtes Darüberkriechen nieder- und festgedrückt."

In Größe und Gestalt der Nester herrscht eine große Mannigfaltigkeit; manche haben zwei Meter oder mehr im Durchmesser und nahezu einen Meter Höhe, während andere viel kleiner im Durchmesser und so niedrig sind, daß sie kaum mehr als eine zufällige Anhäufung toter Pflanzenreste zu sein scheinen. Es ist wahrscheinlich, daß der Bau der Nester einige Zeit dauert, vielleicht damit die frischen Pflanzen, aus denen sie bestehen, faulen und weich werden können und sich zu einer festen Masse zusammensetzen. Die Festigkeit des Alligatornestes wurde deutlich erwiesen, als Reese eines Tages ein anscheinend verlassenes Nest benutzte, um von ihm aus eine photographische Aufnahme zu machen. Als das Nest dann geöffnet wurde, fand man, daß es doch Eier enthielt, und obwohl einige von diesen einen Sprung hatten, war doch keines ganz zerbrochen.

Dieses Nest, das so niedrig und flach war, daß es für eines aus früherer Zeit gehalten worden war, barg 48 Eier, eine größere Zahl, als man in irgendeinem anderen Neste gefunden hatte; während andere Nester, die zweimal so groß waren, nur die halbe Zahl von Eiern enthielten. Die Durchschnittszahl der Eier aus zwölf untersuchten Nestern war 31; Angaben von über 60 oder noch mehr Eiern in einem Nest sind, soweit sie sich nicht auf das ebenfalls in Florida lebende Spitzkrokodil beziehen, mit Vorsicht aufzunehmen, jedenfalls ist die Zahl von 60 Eiern, wenn sie wirklich vorkommt, sehr selten.

Die Eier werden ohne besondere Anordnung abgelegt; wenn das Nest fertig und einigermaßen fest geworden ist, kratzt das Alligatorweibchen den Gipfel weg und legt die Eier in ein Loch der feuchten, faulenden Pflanzenmasse; die weggescharrte Pflanzendecke wird wieder darübergehäuft, und es ist nun unmöglich, ohne Untersuchung des Nestes festzustellen, ob dieses Eier enthält oder nicht. Ob ein Nest nur einmal oder mehrmals benutzt wird, ist noch eine ungelöste Frage.

Während nach Voeltzkow die Eier des Madagaskar-Krokodils in trockenem Sande verscharrt werden und gegen Feuchtigkeit sehr empfindlich sind, ist für die Eier des Alligators Feuchtigkeit eine notwendige Bedingung für die Entwickelung, da die poröse Schale eine so rasche Verdunstung ermöglicht, daß das Ei sehr rasch zugrunde geht, wenn es austrocknet; die Innenseite des Nestes ist stets feucht, wie trocken immer es außen durch die Einwirkung der ausdörrenden Sonnenstrahlen sein mag.

Die täglichen Temperaturschwankungen in den südlichen Sümpfen sind manchmal bemerkenswert groß, so daß die Eier ohne Schutz möglicherweise oft eine Schwankung von 50° (Fahrenheit) durchmachen müßten, während sie inmitten der großen Pflanzenmasse wahrscheinlich in einer recht gleichmäßigen Temperatur gehalten werden. Oft wurde beobachtet, daß, wenn man die Hand bei Nacht oder frühmorgens in das Nest steckte, das Innere sich entschieden warm anfühlte, während in der Mitte des Tages, wenn die Luft um etwa 50° wärmer war als vor Sonnenaufgang, das Innere desselben Nestes ganz kalt erschien. Ein in einer Büchse mit feuchten Sägespänen von Florida nach Maryland gesandtes Gelege entwickelte sich ganz regelrecht, und ein anderes Gelege setzte seine Entwickelung in einem gewöhnlichen Brutapparat bis zum Auskriechen mehrerer junger Alligatoren fort, ersteres bei etwa 80° (ca. 23° C), letzteres bei 95° Fahrenheit (35° C).

Die Tatsache, daß aus den Eileitern genommene Alligatoreier bereits Keimlinge von beträchtlicher Größe enthalten, scheint anzuzeigen, daß für sie keine solche Temperaturerhöhung nötig ist wie für Vogeleier.

Wahrscheinlich ist für die ganze Entwickelung im Ei die Zeit von etwa acht Wochen nötig, doch liegen keine genauen Beobachtungen vor. Einige Stunden vor dem Auskriechen lassen die Jungen innerhalb der Eischale ein merkwürdiges Quaken hören, das auf einige Meter vernehmbar ist; dieser Laut mag die Bedeutung haben, die Mutter herbeizurufen, die das Nest rechtzeitig öffnet, um den jungen Alligatoren das Herauskriechen zu ermöglichen. Ohne ihre Hilfe scheint es unmöglich, daß die kleinen Tiere von dem Inneren der dicht zusammengepreßten Masse sich ihren Weg nach außen graben könnten. Zur Zeit des Ausschlüpfens ist der junge Alligator etwa 20 cm lang, und es scheint einem unmöglich, daß er aus einem so kleinen Ei gekommen sein könne. Die Größe der Eier ist sehr verschieden; das längste von Reese gemessene Ei war 85, das kürzeste 65 mm lang; den kürzesten Querdurchmesser hatte ein Ei mit 38, den längsten eines mit 50 mm; unter den mehr als 800 gemessenen Eiern erreichte keins die von Clarke angegebene Länge von 90 mm, und keins war so klein wie das kleinste von demselben Forscher gemessene Ei (50 mm); die durchschnittliche Länge war gegen 74, der durchschnittliche Querdurchmesser gegen 43 mm.

„Die Zahl der Alligatoren“, berichtet Reese, „nimmt reißend schnell ab. Weiße und Indianer sind beständig im Kriege mit ihnen. Mehrere tausend Häute wurden im Jahre 1890 auf die kleine Station Fort Pierce gebracht. Die Ansiedler zerstören Nester und Eier, weil die Alligatoren ihre Schweine verzehren; und die Eier und Jungen werden zu Hunderten in den Kuriositätenläden im Norden verkauft. Gleichzeitig mit ihrer Verminderung ist eine Vermehrung der Mokassinschlange zu verzeichnen; und ebenso nehmen die Moschusratten an Zahl zu und machen viel Schaden, indem sie die Dämme des Mississippi durchwühlen. Obgleich der Alligator tüchtig kämpfen kann, so habe ich doch niemals gesehen, daß einer den Kampf aufnahm, solange noch eine Möglichkeit zum Rückzuge sich bot. Sie behelligten uns niemals, sogar wenn wir die Sümpfe, in denen sie hausten, durchwateten."

Über das Wachstum des Alligators berichtet Ditmars, daß im Zoologischen Garten zu New York verschiedene Versuche zu dessen Ermittelung ausgeführt wurden, die ergaben, daß in einem Tümpel im Freien aufgezogene Alligatoren, obwohl sie bald so wild wurden, daß sie nicht mehr zur Beobachtung gelangten und daher weniger Futter erhielten als die in einem Becken des Reptilienhauses aufs sorgfältigste gepflegten Kontrolltiere, trotzdem am Ende des Sommers mehr gewachsen waren als diese. Auch Hagmann beobachtete, daß von drei ganz jungen Alligatoren, die er erhielt, einer, der im Anfange des Sommers entwischte und erst im Herbste wieder in einem Zementbassin des Gartens entdeckt wurde, anderthalbmal so groß als die beiden anderen, fett und kugelrund war, obwohl man sich nicht erklären konnte, wo das Tier die nötige Nahrung hatte auffinden können.

Ditmars gibt in einer Liste über das Wachstum des Alligators an, daß die Länge nach dem Auskriechen aus dem Ei 20,3 cm, nach einem Jahre 45,8, nach zwei Jahren 66, nach drei Jahren 94, nach vier Jahren 120,9, nach acht Jahren 210,8, nach zwölf Jahren 342,9 und nach 15 Jahren 365,8 cm beträgt; das Wachstum verlangsamt sich, wie man dies ganz ähnlich auch bei Riesenschlangen, die in den ersten Lebensjahren ein ähnliches überraschend schnelles Wachstum haben, beobachten kann, von einem gewissen Alter an.

Es bleibt uns noch eine Gattung übrig, die der Kaimane (Caiman *Spix*), die sich, nach G. A. Boulenger, von den Alligatoren dadurch unterscheiden, daß ihnen die knöcherne Nasenscheidewand fehlt, und daß sie überdies außer dem Rückenpanzer einen Bauchpanzer von beweglichen, dachziegelig übereinander gelegten Knochenplatten haben. Jede Knochenplatte des Bauchpanzers besteht aus zwei einzelnen Teilen, die durch Naht miteinander verbunden sind. Man kennt fünf Arten von dieser Gattung, deren Wohngebiet auf Mittel- und Südamerika beschränkt ist.

Der Mohrenkaiman, Caiman niger *Spix*, gehört zu den Brillenkaimanen, d. h. zu den Arten, die eine Querleiste zwischen den Augen tragen, unterscheidet sich aber von ihnen, abgesehen von seiner bedeutenden Größe, durch die zahlreichen hinteren Nackenschilde, die gewöhnlich 4 ziemlich unregelmäßige Querreihen bilden, und dadurch, daß die Augenhöhle bis in die Gegend des neunten oder zehnten Oberkieferzahnes nach vorn gerückt erscheint; auch springt die erwähnte Querleiste in der Regel in der Mitte winkelig vor, und die oberen, halbverknöcherten Augenlider sind flach, fein gestreift, nicht gerunzelt. Auch die vorderen Nackenschilde liegen in 4—5 Querreihen hintereinander. Die Oberseite ist schwarz, die Unterseite gelb. Junge Tiere sind auf schwarzem Grunde mit gelben, sich zu Querbinden vereinigenden, oft sehr hervortretenden Flecken gezeichnet. Der Mohrenkaiman ist wohl die größte Art der ganzen Gattung, da er über 4 m Länge erreichen kann.

Das tropische Südamerika östlich der Anden, namentlich aber Nordbrasilien, ist das Vaterland des Mohrenkaimans, der hier in allen größeren Süßgewässern vorzukommen

Mohrenkaiman.

und stets sehr zahlreich aufzutreten scheint. „Es ist schwerlich übertrieben", meint Bates, „wenn man sagt, daß die Gewässer um den oberen Amazonenstrom in der trocknen Jahreszeit ebenso von Kaimanen wimmeln wie die Teiche Englands von Kaulquappen. Während einer Reise von fünf Tagen, die ich im November mit dem Dampfschiff machte, sahen wir fast überall zu beiden Seiten des Weges diese Raubtiere, und die Reisenden vergnügten sich vom Morgen bis zum Abende damit, ihnen Kugeln durch den Panzer zu jagen. Ganz besonders häufig waren sie in den stilleren Buchten; hier bildeten sie verworrene Haufen, die sich unter lautem Gerassel lösten, wenn das Dampfschiff vorüberfuhr." Wie die Schildkröten treten die Kaimane alljährlich regelmäßige Wanderungen an, da sie sich mit dem Steigen des Wassers landeinwärts nach den überschwemmten Sümpfen und Lachen, mit Beginn der trocknen Jahreszeit aber in die wasserreicheren Flüsse begeben. In den Seen und Lagunen, deren Verbindungsarme in der heißen Zeit austrocknen, sind sie genötigt, sich in den Schlamm einzugraben und bis zum Beginn der nächsten Regenzeit ein Traumleben zu führen, während sie am oberen Amazonenstrome, wo die trockne Jahreszeit rascher vorübergeht, sich jahraus jahrein in Bewegung und Tätigkeit zeigen. Die Eingeborenen fürchten nur sie, nicht aber die kleineren Verwandten. Letztere fangen sie, wie Bates ausführlich mitteilt, unter Umständen sogar mit den Händen; die Mohrenkaimane hingegen haben sich überall Achtung zu verschaffen gewußt, weil sie nicht bloß im Wasser angreifen, sondern nachts sogar auf dem Lande lästig werden, beispielsweise Hunde, die in der Nähe der Lagerfeuer umherlaufen, wegzukapern suchen. Bates wurde von einem verwegenen alten Männchen mehrere Nächte nacheinander im Schlafe gestört, das die Dreistigkeit besaß, die Hütte zu besuchen, in der unser Forscher und seine Begleiter schliefen; in einer Nacht wurde das Untier erst dann vertrieben, nachdem die Indianer ihm mehrere Feuerbrände auf den Panzer geschleudert hatten. Auch Schomburgk versichert, daß die Mohrenkaimane die raubgierigsten und gefräßigsten Tiere seien, die man sich denken könne. Einige, die er längere Zeit beobachtete, lungerten fortwährend in den stilleren Buchten des Stromes umher, lauerten auf Hunde und ergriffen eines Abends einen zahmen Riesenstorch, der in der Nähe des Ufers schlief. Die Hunde, die ebenfalls oft in das Wasser gezogen werden, kennen die ihnen drohende Gefahr sehr gut und bellen heftig, wenn sie den lauernden Feind bemerken.

„Um zu sehen", sagt Schomburgk, „wie sie ihre Beute ergreifen, band ich oft Vögel oder größere Fische auf ein Stück Holz und ließ dieses dann schwimmen. Kaum war der Köder von einem der Kaimane bemerkt worden, als dieser auch langsam, ohne daß sich die Oberfläche des Wassers bewegte, auf die Beute zuschwamm. Hatte er sich ihr ziemlich genähert, so beugte er seinen Körper zu einer halbzirkelförmigen Krümmung und schleuderte nun mit seinem Schwanze, dessen Spitze er bis zum Rachen biegen kann, alle innerhalb des Halbkreises sich befindenden Gegenstände dem geöffneten Rachen zu, worauf er diesen schloß und mit der Beute unter der Oberfläche des Wassers verschwand, um damit nach einigen Minuten in der Nähe des Ufers oder einer Sandbank wieder zum Vorschein zu kommen und den Raub hier zu verzehren. War dieser nicht allzu groß, so erhob er sich nur bis an die Schultern über das Wasser und würgte ihn in dieser Stellung hinab. Fische sind die gewöhnliche Nahrung der Kaimane; sie töten sie mit einem Schlage des Schwanzes und schleudern sie meist über das Wasser, um sie mit dem Rachen aufzufangen. Das Zusammenklappen der Kinnladen und der Schlag des Schwanzes rufen ein lautes Geräusch hervor, das man namentlich in stiller Nacht weithin hören kann.

„An einem Nachmittage sollten wir Zeugen eines äußerst fesselnden Kampfes werden.

Der Fluß lag ruhig vor uns, da sahen wir in geringer Entfernung eine ungewöhnliche Bewegung im Wasser: ein ungeheurer Kaiman hatte einen ‚Kaikutschi‘ oder kleineren Kaiman von anderer Art in der Mitte des Leibes gepackt, so daß Kopf und Schwanz an beiden Seiten seines fürchterlichen Rachens hervorragten. Der Kampf war hart; aber alle Anstrengungen des Schwächeren blieben gegen die Wut und Gier des Mächtigeren fruchtlos. Jetzt verschwanden beide unter der Oberfläche, und nur die aufgeregten Wellen des sonst glatten und ruhigen Flußspiegels verkündeten, daß in der Tiefe ein Kampf auf Leben und Tod gekämpft wurde; nach einigen Minuten tauchten sie wieder auf und peitschten mit den Schwänzen die Wasserfläche, die sich in Wellen nach allen Seiten hin zerteilte. Bald aber war der Erfolg nicht mehr zweifelhaft; die Kräfte und Anstrengungen des Kaikutschi ließen nach. Wir ruderten näher. Sowie uns der größere Kaiman bemerkte, tauchte er unter, kehrte aber, da er die Beute unter dem Wasser nicht verschlingen konnte, wieder zurück und schwamm nach einer kleinen Sandbank, wo er sein Mahl augenblicklich begann.

„Auffallend war es mir, daß die Weibchen noch lange Zeit die regste Liebe für ihre Jungen beweisen, sie fortwährend bewachen und mit der größten Wut verteidigen, was ich aus eigener Erfahrung kennen lernte. In Begleitung eines Indianers ging ich eines Tages der seeähnlichen Ausbuchtung des Arkarikuri entlang, um Fische mit Pfeil und Bogen zu schießen. Aufmerksam gemacht durch ein eigentümliches Geschrei, das viel Ähnlichkeit mit dem junger Katzen hatte, glaubte ich mich schon in der Nähe des Lagers einer Tigerkatze zu befinden, als mein Begleiter nach dem Wasser wies und ‚Junge Kaimane!‘ ausrief. Die Töne kamen unter den Zweigen eines Baumes hervor, der sich infolge der Unterwaschung seines Standortes in wagerechter Richtung über das Wasser geneigt hatte und es mit den Zweigen berührte. Vorsichtig rutschten wir auf dem Stamme bis zur Krone entlang, wo ich unter mir die junge, 0,5 m lange Brut im Schatten versammelt sah. Da wir uns nur etwa 1 m über dem Wasserspiegel befanden, war es dem Indianer ein leichtes, eins der jungen Tiere mit dem Pfeile zu erlegen und das zappelnde und kreischende Geschöpf aus dem Wasser zu ziehen. In demselben Augenblicke tauchte ein großer Kaiman, die Mutter, die, ohne daß wir sie bemerkt, uns schon lange beobachtet haben mochte, unter unseren Füßen zwischen den Zweigen empor, um ihre Jungen zu verteidigen, wobei sie zugleich ein schauerliches Gebrüll ausstieß ... Bald hatte das Gebrüll noch andere Kaimane unter uns versammelt, die der wütenden Mutter getreulich beistanden, während diese sich oft bis weit über die Schultern aus dem Wasser erhob, um uns von unserem Standorte herabzureißen .. Wurde sie von einem unserer Pfeile verwundet, dann zog sie sich einen Augenblick unter das Wasser zurück, tauchte aber schnell wieder auf und erneuerte ihren Angriff mit verdoppeltem Ingrimm. Der bisher ruhige Wasserspiegel war zur aufgeregten Wogenmasse geworden, da er ununterbrochen von dem gekrümmten Schwanze gepeitscht wurde, und ich muß gestehen, daß die unglaubliche Kühnheit des Tieres mir das Herz in doppelter Schnelle schlagen machte. Ein einziger Fehltritt oder Fehlgriff würde uns unmittelbar dem geöffneten Rachen des Tieres zugeführt haben. Nachdem wir den Vorrat unserer Pfeile erschöpft hatten, hielt ich es doch für das Geratenste, uns so vorsichtig wie möglich zurückzuziehen. Halsstarrig folgte die Mutter uns bis ans Ufer, auf dem sie jedoch zurückblieb; denn am Lande ist der Kaiman zu furchtsam, als daß er gefährlich sein könnte, scheint auch selbst die Wehrlosigkeit, in der er sich auf festem Boden befindet, zu kennen, da er auf dem Lande jedesmal schleunigst die Flucht ergreift, um in das Element zu gelangen, in welchem er der gefährlichste Bewohner ist.

„Die Schilde des Jungen waren noch weich und biegsam; es konnte also erst vor wenigen Tagen ausgeschlüpft sein; schon aber verbreitete es einen starken Moschusgeruch. Nicht weit von der Stelle erblickten wir einen breiten Pfad am Ufer, der uns zu dem etwa 10 m vom Wasser entfernten Lager der Eier führte. Letzteres bestand aus einer mit Gestrüpp, Laub und Gras ausgefüllten Vertiefung im Boden und mußte, nach den leeren Schalen zu schließen, 30—40 Eier enthalten haben, die schichtenweise übereinander gelegen hatten. Jede Schicht war von der nächstfolgenden durch Blätter und Schlamm getrennt, auch über der oberen Schicht schien eine solche Schlammdecke gelegen zu haben.

„Die Kaimane haben ihre Legezeit mit den Schildkröten zugleich, und die Jungen kriechen noch vor dem Eintreten der Regenzeit aus. Auf ihrer Reise nach dem Wasser stellen diesen nicht nur die größeren Raubvögel und die Riesenstörche, sondern auch die Männchen des Kaimans nach. Würde dadurch nicht der größte Teil der Brut vernichtet, so müßten sich die Kaimane auf eine furchtbare Weise vermehren. Auf Sandbänken sollen die Weibchen ihre Eier nie verscharren.

„Am folgenden Morgen begab ich mich in Begleitung mehrerer Indianer mit Büchse und Kugel wieder zur Stelle unseres gestrigen Abenteuers. Die Mutter war mit ihren Jungen verschwunden. Ungeachtet der zahllosen Köpfe, die über das Wasser emporragten, und aller Versuche mit großen Angelhaken gelang es uns doch nicht, eins der Ungetüme in unsere Gewalt zu bekommen. Bei unserer Rückkehr nach dem Lager aber bat mich der Kaimantöter, der sich an der Bucht angesiedelt hatte, ihm die Büchse zurückzulassen, da er gewiß noch im Laufe des Tages ein Tier schießen würde. Gegen Abend kam er auch bei uns mit der Nachricht an, daß er sein Wort gehalten habe. Der Kaiman lag noch im Wasser und war mit einer starken Schlingpflanze um den Hals an einen der Bäume gebunden. Seine Länge betrug 4,5 m. Eine große Wunde, die aber schon vernarbt war, mochte er wohl in den wütenden Kämpfen, die während der Paarungszeit zwischen den Männchen ausbrechen, erhalten haben. Von den 18 Zehen seiner Füße fehlten ihm drei, wie auch der eine Vorderfuß arg verstümmelt war. Nach der Behauptung der Indianer rühren diese Verstümmelungen von gefräßigen Fischen, den Pirais, Pirayas oder Karibenfischen her, den einzigen Tieren, wie es scheint, die den ausgewachsenen Kaiman belästigen. Der Kaimantöter hatte das Ungetüm erst mit der siebenten Kugel erlegt, die durch das Auge in das Gehirn gedrungen war."

Ein anderer Mohrenkaiman, den Schomburgks Begleiter früher erlegt hatte, zeigte noch längere Zeit, nachdem er die Kugel erhalten hatte, durch heftige Bewegungen an, daß ihm der Lebensodem noch keineswegs ausgegangen war. Die Strahlen der Sonne schienen ihm, nachdem man ihn bereits auf den Strand gezogen hatte, neues Leben zu geben: der totgeglaubte Feind begann sich zu regen, schickte sich sogar zum Angriff an. Mehrere Indianer eilten davon und brachten Pfähle herbei; der kühnste von ihnen stürmte auf das Tier los, das ihn mit aufgesperrtem Rachen erwartete, und stieß ihm die Spitze des Pfahles tief in den Schlund hinab. „Obschon der Kaiman seinen Rachen kräftig schloß und tief in den Pfahl einbiß, schien ihm, nach seinem tiefen Stöhnen zu urteilen, diese Art des Angriffes doch nicht zu gefallen. Zwei andere herzhafte Indianer hatten sich ihm unterdessen von hinten genähert und ließen nun ihre Keulenschläge auf die Schwanzspitze hernieder regnen. Bei jedem Schlage bäumte sich das Tier schäumend empor und riß den Rachen auf, in den dann jedesmal schnell ein neuer Pfahl eingestoßen wurde. Daß die Schwanzspitze, die nach der Behauptung der Indianer der Sitz des Lebens sein soll, einer der empfindlichsten Teile dieses Tieres ist, zeigte die Tatsache, daß es sich bei jedem Schlage auf diese Stelle wütend aufbäumte, während die zahllosen Schläge auf seinen Kopf und Rücken ganz unbeachtet blieben. Nach langem und wütendem Kampfe wurde der Räuber endlich getötet."

Der weit über Südamerika verbreitete und von scharfen Beobachtern geschilderte Schakaré, Caiman latirostris *Daud.*, ist vielfach mit dem Brillenkaiman, Caiman sclerops *Schn.*, verwechselt worden, die Entscheidung über die Art, von welcher die verschiedenen Reisenden sprechen, daher schwierig, teilweise unmöglich. Bei beiden sind die

Schakaré, Caiman latirostris *Daud.* 1/20 natürlicher Größe.

oberen Augenlider zum Teil knöchern, zum Teil häutig, auf der Oberfläche gerunzelt und mit einem kleinen, aufgerichteten Hörnchen versehen, die Augendecken vorn durch eine Querleiste verbunden, die den Namen Brillenkaiman veranlaßt hat, bei beiden die vorderen Nackenschilde groß und in 2, höchstens 3 Querreihen angeordnet: bei dem Schakaré aber bilden die hinteren Nackenschilde 3 oder 4, bei dem Brillenkaiman stets 5 Querreihen. Auch erreicht der Schakaré bis 3,5, der etwas langschnauzigere Brillenkaiman höchstens 2,8 m Länge. Die Färbung der Oberseite ist bei beiden dunkel olivenbraun; junge Tiere des Schakarés sind olivenfarbig oder gelbbraun und schwarz gefleckt und gebändert, wobei die dunkle Färbung vorherrscht; junge Brillenkaimane erinnern in der Färbung an echte Krokodile durch die hell olivenfarbige Oberseite mit braunen oder schwärzlichen Flecken und Querbinden; die Unterseite ist bei beiden grüngelblichweiß.

Der Schakaré bewohnt Südamerika östlich der Anden, vom Amazonenstrome bis zum

La-Plata-Flusse und vorzugsweise den südlichen Teil Ostbrasiliens, Uruguay, Paraguay und das nordöstliche Peru; der Brillenkaiman lebt in ganz Mittel- und Südamerika von der Landenge von Tehuantepec bis zum La-Plata-Flusse in etwa 32 Grad südl. Breite, in Guayana, Brasilien, im nordöstlichen Peru und in Argentinien, er fehlt jedoch in der brasilischen Provinz Rio Grande do Sul.

Azara und der Prinz von Wied haben die Lebensweise des Schakarés mit genügender Ausführlichkeit beschrieben. Auch dieser Kaiman liebt ruhige Flußarme oder stehende Gewässer mehr als reißende Ströme und ist deshalb in den großen Waldsümpfen des Innern besonders häufig. In mehreren großen, schnellfließenden Strömen hat der Prinz von Wied keine Schakarés beobachtet, viele dagegen in toten Seitenarmen oder in langsam fließenden Bächen, die meisten in Sümpfen und Lachen. Solange dieser gierige Räuber, im Wasser ruhend, auf Beute lauert, gewahrt man nur den Vorderteil des Kopfes, der sich so weit erhebt, daß das hochliegende Auge eben den Wasserspiegel beobachten kann und die Nasenlöcher frei sind. So verweilt er am Tage an einer Stelle oder schwimmt um Mittag dem Ufer oder einem Felsblocke zu, um sich hier zu sonnen oder um zu schlafen, geht jedoch, sobald sich ihm ein Mensch oder ein Hund nähert, sofort ins Wasser zurück. „Oft fährt man", bemerkt unser Gewährsmann, „an solchen Tieren vorüber, deren dunkelbraune Farbe sie nicht leicht von den Granitblöcken unterscheiden läßt, auf welchen sie ruhen; gewöhnlich aber tauchen sie alsdann mit Geräusch in die Flut hinab. In einem sanft fließenden Bache, der in den Parahyba mündet, wohnte dieses Tier in großer Anzahl. Stand man an den etwas steilen Ufern, die von 3–4 m hohen Pflanzen dicht beschattet waren, so sah man mit einem Blick immer mehrere, die nur ihre Schnauze und die Augen an der Oberfläche des Wassers zeigten. Da, wo die großen Blätter von Wasserpflanzen, insbesondere von Wasserrosen, über der Oberfläche hervorwuchsen, konnte man auch jedesmal ein solches Tier erwarten; denn hier waren sie verborgen. Beunruhigte man sie, so tauchten sie, kamen aber bald an einer anderen Stelle wieder zum Vorschein.

„Die Nahrung besteht in allen lebenden Wesen, die sie erhaschen können. Einer meiner Jäger schoß einst einen jungen Kaiman, der eine von ihm erlegte Ente schon gefaßt hatte. Ich fand in dem Magen besonders Überreste von Fischen, viele Schuppen und Gräten, Überbleibsel von Wasservögeln, aber auch kleine Kieselsteine und Sand und erfuhr, daß manchmal große Steine verschluckt werden. Daß der Schakaré zuweilen selbst einen schwimmenden oder badenden Menschen angreife, behaupten die Fischer; einer von diesen zeigte mir sogar die Spuren des Gebisses an seinem Beine und Arme. Wenn man übrigens diese Nachricht auch für begründet hält, so kann man im allgemeinen doch nicht sagen, daß diese Panzerechsen dem Menschen gefährlich sind. Alle, die ich beobachtete, waren höchst schüchtern und verschwanden sogleich, sobald man sich ihnen auf weniger als 30–40 Schritt näherte. Hunde hingegen, die durch die Flüsse schwimmen, und andere kleine Tiere sollen öfters von ihnen verschlungen werden. In der Lagune von Arara am Mucuri hatte nahe an unserer Hütte ein Schakaré seinen Aufenthalt gewählt und fraß jedesmal den Abfall der Lebensmittel, Gedärme und dergleichen, die unsere Leute ins Wasser warfen." Azara berichtet, man fürchte die Schakarés wenig und bade unbesorgt in ihrer Nähe oder schwimme durch die Flüsse, weil sie den Menschen nur dann anfallen, wenn er sich ihren Eiern nähere, aber selbst hier ihn weder zerreißen noch fressen. Hensel spricht sich in gleichem Sinne aus. „Daß der Schakaré", sagt er, „dem Menschen gefährlich sei, wird zwar hier und dort behauptet; allein die angeblich dieser Ansicht zugrunde liegenden Tatsachen sind sehr unsicher und bedürfen noch der Bestätigung. Die Hauptnahrung dieses Kaimans sind Fische, die er trotz seiner Plumpheit in den seichten Buchten der größeren Gewässer leicht zu fangen weiß. Allein er verzehrt auch wirbellose Tiere, wie die zahlreichen Gehäuse und Deckel der großen Wasserschnecken (Ampullaria) beweisen, die man stets in seinem Magen findet."

„In der Paarungszeit", fährt der Prinz von Wied fort, „besonders zu deren Anfang, geben die Schakarés einen unangenehmen, heftigen Moschusgeruch von sich. Oft haben wir in den Monaten August und September am Belmonte im Schatten der überhängenden Waldgebüsche des Ufers diesen Geruch sehr heftig empfunden, ohne das Tier selbst sehen zu können, weil es längst untergetaucht war. Die uns begleitenden Botokuden riefen alsdann sogleich ‚Ähä', den Namen, den sie dem Schakaré beilegen. Am Flusse Ilheos bemerkte ich denselben Geruch im Anfange des Dezember oder Januar." Die denen der Gänse an Größe etwa gleichkommenden weißen Eier werden, laut Azara, zu ungefähr 60 Stück in den Sand gelegt, mit dürrem Grase bedeckt und der Sonnenwärme überlassen; die frisch ausgekommenen Jungen suchen, wie der Prinz von Wied erfuhr, sogleich das Wasser und sollen an Geiern, anderen Raubvögeln und Raubsäugetieren Feinde finden.

„Nutzen gewährt der Schakaré wenig; deshalb stellt man ihm auch nicht nach. Einige Neger und die Wilden essen das weiße, fischartige Fleisch, besonders das der Schwanzwurzel; allein sie bekommen nicht oft einen solchen Braten. Es hält schwer, diese Tiere zu töten, weil sie, wie alle Verwandten, ein zähes Leben haben und beim Schusse sofort untertauchen. Wir schossen sehr häufig mit Schrot nach ihnen; auch waren sie gewöhnlich tödlich getroffen: allein es fehlte uns dann meist an Anstalten, um das verwundete Tier vom Grunde des Wassers heraufzuheben. Als mein Jäger einem Schakaré einen Schuß leichter Schrote ins Genick gab, verwundete er ihn tödlich, und es fand sich, daß das Blei nicht völlig durch den Panzer des Tieres, wohl aber durch die weiche Haut des Nackens gedrungen war. Schwere Schrote gehen weit besser ein, besonders wenn man nach dem Kopfe, nach dem Genick oder nach den Seiten zielt. Überrascht man einen Schakaré auf dem Lande, so gehört er dem Jäger; denn so gewandt er sich im Wasser bewegt, so groß ist seine Ungeschicklichkeit und Langsamkeit auf dem Trocknen. Sobald er bei einer solchen Gelegenheit seinen Feind bemerkt, bleibt er unbeweglich sitzen und läßt sich, ohne Widerstand zu leisten, töten. Er beißt nur, wenn man ihn wiederholt mit einem Stocke reizt. Junge Tiere sind auf dem Lande weit gewandter als alte."

Die Bewohner von Paraguay jagen den Schakaré eifrig, die Indianer mit Hilfe eines besonderen Pfeiles, die Europäer mit Feuergewehren. Der Pfeil wird dem Kaiman in die Seite geschossen und ist so eingerichtet, daß der Schaft abfällt, wenn die eiserne Spitze eingedrungen ist; ersterer, der mit der Spitze durch eine Schnur verbunden wurde, schwimmt dann obenauf und zeigt den Indianern die Stelle an, wo das verwundete Tier sich verborgen hat. Zum Fangen richten die Spanier ein an beiden Seiten zugespitztes Holzstück zu, binden an ihm eine Leine fest, umgeben es mit Rindslunge und werfen den Köder ins Wasser; der Kaiman verschluckt ihn und wird sodann mit leichter Mühe ans Land gezogen.

Eine eigentümliche Jagd auf Schakarés und Kaimane überhaupt schildert Keller-Leuzinger. Ein Indianerstamm, die Canitchanas, zieht Kaimanbraten jedem anderen Fleische vor und versäumt selten eine Gelegenheit, sich dieses Lieblingswildes zu bemächtigen. Einer der Männer befestigt eine starke Schlinge aus Ochsenhaut sorgfältig an dem Ende einer langen Stange, steigt entkleidet in das seichte Wasser und geht in möglichst gebückter Haltung, die Spitze der Stange vor sich herschiebend, langsam auf das Kriechtier zu. „Der

Kaiman, der in gleichmütiger Ruhe all dem zugesehen und nur dann und wann durch eine träge Bewegung seines mächtigen Ruderschwanzes ein Lebenszeichen gegeben hat, stiert jetzt, da der Indianer ihm näher und näher rückt, unverwandt nach ihm; — schon schwebt die verhängnisvolle Schlinge in Armeslänge vor seiner Schnauze, aber er bemerkt es nicht: wie bezaubert verwendet er kein Auge von dem kühnen Jäger, der ihm im nächsten Augenblicke die Schlinge über den Kopf geschoben und sie mit einem kräftigen Rucke zugezogen hat. Dessen Gefährten, die bis jetzt geduckt und lautlos am Strande gewartet haben, stürzen herbei, und vier oder fünf dieser kräftigen, wie dunkle Bronze glänzenden Gestalten schleppen den mit Macht nach rückwärts strebenden Schakaré ans Ufer, wo einige wuchtige Axthiebe auf den Schweif und den Schädel ihn alsbald unschädlich machen. Würde er, statt rückwärts zu ziehen, den Indianern zu Leibe gehen, so müßten diese ohne Zweifel Stange und Schlinge im Stiche lassen und fliehen; dieser Gedanke scheint jedoch dem hartnäckig widerstrebenden Ungetüm zu fern zu liegen, und der Kampf endet daher immer mit seinem Tode. Nur ein einzigesmal, unter mehr als einem Dutzend, hielt ich es für angemessen, dem wütend um sich schlagenden, außergewöhnlich starken Tiere eine Büchsenkugel aus nächster Nähe durch den Schädel zu jagen, da ich befürchtete, einer der Canitchanas möchte doch mit dessen zackigem, hartem Schwanze allzu nahe Bekanntschaft machen. Ehe noch die Jagdbeute vollständig zerlegt wird, schneidet man die vier Moschusdrüsen sorgfältig heraus, um weitere Verbreitung des durchdringenden Geruches im Muskelfleische zu verhindern. Es sind 3—4 cm lange, fingerdicke, mit einer braunen, schmierigen Flüssigkeit gefüllte Säckchen, die nun fest zugebunden und zum Trocknen in die Sonne gehängt werden. Wie man uns sagte, lieben es die bolivianischen Damen, mit diesem nichts weniger als angenehm riechenden, Kopfweh verursachenden Stoffe, mit etwas Rosenwasser vermischt, ihr rabenschwarzes Haar zu parfümieren."

„Ich besaß", schließt der Prinz von Wied, „mehrere junge Schakarés lebend. Sie zeigten sich wild und stürmisch, bliesen den Bauch und die Kehle auf, wenn man sie berührte oder neckte, zischten dabei wie eine Gans auf dem Neste und öffneten den Rachen; rührte man sie von hinten an, so fuhren sie äußerst schnell herum und bissen scharf zu, schlugen auch heftig mit dem Schwanze. Selbst bei ihnen bemerkte man auch schon den unangenehmen Moschusgeruch."

Über das Freileben und die Fortpflanzung der brasilischen Kaimane sind wir durch Göldi und Hagmann gut unterrichtet. Ersterer teilt mit, daß die Legezeit von Caiman niger, dem „Jacaré-açú" oder großen, und Caiman sclerops, dem „Jacaré-tinga" oder weißen (das ist hellen) Kaiman, mit dem Sommer zusammenfällt, wenn der Wasserstand in den Flüssen schon stark abgenommen hat. „Als Nistplatz wird eine geeignete, etwas verdeckte Mulde, sei es auf wenige Schritte Entfernung vom erhöhten Ufer, sei es weiter ab, in einer Weide etwa, ausgewählt. Auf Marajó sah ich vergangenes Jahr Ende August in der Nähe eines Sumpfes unter einem Stachelpalmenbusch (Desmoncus) eine vorjährige Nistmulde von C. niger. Dieselbe ist mit einem gewissen Grad von Sorgfalt hergestellt; es fehlt nicht an einer weichen Lage von Blättern und Halmen. Bei oberflächlicher Betrachtung scheint es, als ob die Mulde völlig trocken sei; ich überzeugte mich jedoch von der Richtigkeit der Angabe eines dortigen Gutsbesitzers, daß der Grund der Mulde feucht bzw. geradezu naß ist, und es scheint, daß bei der Auswahl des Nistplatzes Örtlichkeiten ausgesucht werden, bei denen das Eingehen des Grundwassers nicht zu befürchten ist. Hitze von oben und Feuchtigkeit von unten her bilden offenbar die Bedingungen, von denen die Bebrütung abhängt.

„Obwohl nun die Eier, mit einer Lage von dürrem Gras und Blätter bedeckt, sich selbst überlassen bleiben und das Bebrüten den Sonnenstrahlen anvertraut wird, so ist es doch eine feststehende Tatsache, daß die Alligatoreneltern sich nicht gleichgültig verhalten gegenüber dem Schicksal der Nestmulde und der darin geborgenen Nachkommenschaft. Die hiesigen Jacarés werden zur Brütezeit entschieden aggressiv, und jedes Jahr ereignen sich Unglücksfälle hier am Amazonas, die auf Annäherung eines Menschen an irgendein Alligatornest zurückzuführen ist. Die Tiere gehen so weit, zu dieser Zeit Kähne anzugreifen, was sie sonst nicht leicht tun. Ein erzürntes großes Exemplar von C. niger, wie sie z. B. die Flüsse und Seen von Marajó in ungezählten Prachtstücken aufweisen, bleibt immer eine bedenkliche Begegnung. Zur Brütezeit verhalten sich C. niger und C. sclerops nahezu gleich, während außerhalb derselben sonderbarerweise das kleinere ‚Jacaré-tinga' allgemein als bissiger und bösartiger gilt als das im Grunde phlegmatische und bis zu einem gewissen Grade feige ‚Jacaré-açú'. Von dieser Charakterverschiedenheit hat jeder Besucher von Marajó Gelegenheit, sich zu überzeugen durch das Benehmen der Eingeborenen.

„Was den direkten Schaden anbetrifft, so tritt allerdings das umgekehrte Verhältnis ein. Das Jacaré-açú ist dem Viehzüchter ganz besonders verhaßt, und bei den großen Treibjagden, die auf Marajó in einzelnen Gegenden heute noch alljährlich genau so abgehalten werden, wie sie schon Wallace in den 1850er Jahren auf der benachbarten Insel Mexiana mitgemacht, hat man es namentlich auf diese Art abgesehen. Noch dieses Jahr hat ein mir befreundeter Gutsbesitzer dort auf einer solchen über 2000 Individuen — allein nur auf seinem Grundstück — erlegen lassen. Auf mein früheres Ansuchen, besonders acht geben zu lassen auf ausnahmsweise große Exemplare, brachte er mir den Bericht zurück, daß keines über 4,1 m gemessen habe, obwohl er wie ich selbst das Vorhandensein von größeren Individuen nicht in Zweifel stellt."

An gefangenen Jungen beobachtete Göldi deutlich eine auch für das Freileben wichtige Taktik, nämlich das gleichzeitige mit dem Schnappen erfolgende Schlagen mit dem Schwanze, das offenbar den Sinn hat, das zur Beute ausersehene Tier nicht nur zu verblüffen und kampfunfähig zu machen, sondern geradezu dem Rachen näher zu bringen. „Beide Akte, der Schlag mit dem Schwanze und das Zubeißen, folgen blitzschnell aufeinander, und wer weiß, wie ausgezeichnet schon handlange Junge sich auf diesen Kunstgriff verstehen, kann nicht umhin, mit Respekt an die Leistung eines 4 m langen ausgewachsenen Alligators zu denken."

Auf der Insel Marajó ist die Legezeit für Caiman niger September bis Januar (Mitte bis Ende des Sommers), für Caiman sclerops Juli (Sommersanfang); die Zahl der Eier in einem Gelege soll 2—4 Dutzend betragen. Caiman sclerops kommt regelmäßig auf den Markt in Pará seines Fleisches wegen, das dort kiloweise verkauft und von der unteren Bevölkerung sehr geschätzt wird, während man das der großen Art nicht genießt.

Zu den zur Erlangung oder Vernichtung von Alligatoren veranstalteten Treibjagden berichtet G. Hagmann aus Pará 1902: „Zur Zeit von Wallace wurden die Alligatoren nur in geringeren Mengen erlegt, und zwar ausschließlich zur Gewinnung des Fettes, das von den Eingeborenen besonders zur Beleuchtung gebraucht wurde. Erst neuerdings werden die eigentlichen Krokodilschlachten in größerem Maßstabe ausgeführt, da es sich darum handelt, die großen Rinderherden vor diesen Schädlingen zu schützen. Wir, am hiesigen Museum, sind fest überzeugt, daß die Zahl der dabei erlegten Alligatoren, wenn nicht direkt als übertrieben erklärt, doch vielfach mit Achselzucken aufgenommen worden sind. Ich hatte aber während meines Aufenthaltes in Mexiana das besondere Glück, persönlich dem großartigen Schauspiele einer Alligatorenschlacht beizuwohnen, wo in zwei Tagen, am 15. und am 16. November, etwa 800 Tiere von 1—4,2 m Länge unschädlich gemacht wurden."

Demselben Bericht Hagmanns entnehmen wir folgende Beobachtungen über die Fortpflanzung der südamerikanischen Alligatoren. „Im großen und ganzen variieren die Eier (von C. niger) unter sich sehr wenig, und als Durchschnittsmaß dürfen wir 90 mm für die Länge und 55 mm für die Breite annehmen. Der Rauminhalt variiert bei den verschiedenen Eiern von 120 bis 140 ccm. Ein älteres, schon ganz in Zersetzung übergegangenes Ei hatte ein Gewicht noch von 100 g. Die Eier sind rein weiß, oft durch die faulende Holzmasse des Nestes bräunlich gebeizt. Sie haben, ähnlich wie die Eier von Caiman sclerops, eine sehr rauhe Schale, hervorgerufen durch dünne, geschlängelte, fast millimeterhohe Kalkwände und Kalksäulchen, die verhältnismäßig sehr widerstandsfähig sind. Durch gegenseitiges Reiben der Eier entsteht infolge der rauhen Oberfläche ein eigentümliches Geräusch, das von den Bewohnern der Insel zum ‚Rufen der Mutter' benutzt wird!

„Die Fortpflanzungszeit des schwarzen Alligators, Jacaré-açú (d. h. der große Alligator), wie er hier bezeichnet wird, fällt auf der Insel Mexiana in die Monate Oktober und November, während Eier von der kleineren Art nach Angabe der Bewohner in den Monaten Mai und Juni gefunden werden. Diese Angabe mag stimmen, da ich bei meinen Streifzügen auf der Insel in den Sümpfen zwischen den Blättern der Eichhornia öfters 25—30 cm lange Junge von Caiman sclerops beobachtete, äußerst behende und bissige Kobolde.

„Nester des schwarzen Alligators habe ich teils im offenen Campo in Papyrusbeständen (Papyrus hier genannt Piri, ein ausgedehnter Stand von Piri heißt Pirisál) oder in Anhingáls (ausgedehnte Stände von Anhinga = Montrichardia) in unmittelbarer Nähe von Sümpfen, teils auf dem erhöhten Ufer eines Flusses im tiefen Urwald angetroffen; sie sind je nach dem Standorte aus verschiedenem Materiale angefertigt.

„... Das Nest selbst hatte etwa 1½ m Durchmesser und etwa 80 cm Höhe und glich im allgemeinen in Form und Größe einem Heuhaufen, wie er in Mitteleuropa zur Erntezeit auf den Wiesen aufgeworfen wird. Es bestand gemäß seiner Lage aus dürren zerknitterten und zerbrochenen Papyrusstengeln, die alle aus der Nähe, wie es in der direkten Umgebung deutlich zu erkennen war, zusammengescharrt wurden. Die Eier, 44 an der Zahl, lagen ungefähr 40 cm über der Erdoberfläche sorgfältig in dem Neste eingebettet, so daß also darüber noch eine 40 cm mächtige Schicht von Nestmaterial lag. Sie waren in zwei Lagen angeordnet, wobei die obere Lage von der unteren nur durch eine dünne Schicht von verfaulten Papyrusfasern getrennt war.... Das Innere des Nestes, dessen Temperatur meiner Schätzung nach der menschlichen Körpertemperatur annähernd gleich zu stehen kommt, war warm-feucht. Da das Nest mit seinem Untergrunde sozusagen im Sumpfe selbst steht, so ist für eine gleichmäßige Feuchtigkeit gesorgt. Diese bringt mit der Sonnenbestrahlung durch Verwesung des Nestmaterials eine genügende Temperatur zur Ausbrütung hervor. — Die übrigen Nester, die ich im Campo antraf, zeigten keine wesentliche Abweichung von den obigen.

„Sinnreich ausgewählt war die Lage eines Nestes, das ich am Ufer des Igarapé-Pinto im tiefsten Urwalde sah. Da sämtliche Flüsse der Inseln des Amazonas-Ästuariums der Flut und Ebbe, die sich bis weit ins Innere der Campos fühlbar machen, unterworfen sind, ändert sich natürlich der Wasserspiegel, er fällt und steigt mit den Gezeiten. Im Igarapé-Pinto, wo ich das Nest beobachtete, etwa 10 km von der Küste entfernt, beträgt die Differenz in der Höhe des Wasserspiegels bei Ebbe und Flut während der Sommermonate noch etwa

$1\frac{1}{2}$ m, so daß bei Ebbe die Ufer stellenweise als senkrechte Tonwände trocken stehen. Das betreffende Nest lag nun direkt am Rande dieses senkrecht abfallenden Ufers, aber dicht daneben befand sich ein natürlicher Terraineinschnitt, der der Mutter es möglich machte, das Nest auch bei der tiefsten Ebbe zu besuchen. Daß das Nest tatsächlich besucht wird, bewiesen mir die deutlichen Spuren eines Alligators, eingedrückt in die zähe Tonmasse dieses kleinen Terraineinschnittes. Dieses Nest bestand ausschließlich aus dürren Blättern, wieder zusammengetragen aus der nächsten Nähe, wie es auch hier die Umgebung des Nestes deutlich verriet.

„Unter dem Volke herrscht die Sage, daß das Jacaré seine Eier mit den Augen ausbrütet, ‚o jacaré está chocando os ovos com os olhos‘, was natürlich nur andeuten will, daß die Alte das Nest niemals aus den Augen läßt. Tatsache ist, daß die Alligatoren auf ihren Ruf, nachgeahmt durch eine menschliche Stimme, sofort antworten, wie ich bei einer nächtlichen Kahnfahrt auf dem Igarapé-Pinto zur Genüge erfahren konnte. Das Gebrüll der Alligatoren in der Brunstzeit gleicht dem eines erschreckten Kalbes, untermischt mit dem Grunzen eines wütenden Stieres, und ist imstande, besonders während einer dunklen Nacht in leichtem Kahne, ganz bedeutenden Respekt einzuflößen.

„Durch die Vagueiros, die Kuhhirten, echte unverfälschte Natursöhne, die mit ihrer Umgebung in jeder Beziehung vollkommen bekannt sind, erhielt ich die allgemeine Zusicherung, daß die Eier von Jacaré-açú ungefähr fünf bis sechs Wochen zu ihrer vollständigen Reife brauchen. Bestimmte Termine sind ja bei der Entwickelung niemals anzugeben, da je nach den örtlichen Verhältnissen die Sachlage sich ändern wird. Jedenfalls brauchen die Eier in einem Nest im dichten undurchdringlichen Urwalde bedeutend länger zu ihrer vollen Reifung als diejenigen des offenen Campo, wo die starke Sonnenstrahlung Tag für Tag ihre gleichmäßige Wirkung ausübt.

„Als ich das Nest im Igarapé-Pinto auffand, zeigten die Eier nur äußerst feine Keimscheiben, und als ich acht Tage später das Nest zur Konstatierung des Fortschreitens der Entwickelung von neuem besuchte, waren die Embryonen noch sehr klein und zeigten kaum die ersten Stufen der Extremitätenentwickelung, so daß jedenfalls die Eier einer solchen Lokalität zu ihrer Ausreifung mindestens zwei Monate brauchen.“

Eine spätere, das Gesagte zum Teil ergänzende Schilderung Hagmanns vom Freileben der beiden hier behandelten Kaimanarten nebst anderen interessanten Angaben des genannten Forschers, der längere Zeit als Pflanzer auf der Insel Mexiana an der Mündung des Amazonenstromes lebte, möge das Kapitel beschließen.

„Die Hauptrolle unter den Reptilien, nicht nur auf den Inseln der Amazonasmündung, sondern auch weit den Amazonas hinauf, spielen ohne allen Zweifel die Alligatoren. Es sind zwei Arten, die hier vorkommen, eine große und spezifisch amazonische Art, C. niger, und eine allgemein neotropische, C. sclerops. Beide Arten kommen nebeneinander am gleichen Orte vor und leben scheinbar in friedlicher Eintracht beisammen. C. niger ist am Amazonas viel häufiger als C. sclerops; das Häufigkeitsverhältnis dürfte etwa 10:1 betragen.

„Auf der Insel Mexiana wie auf Marajó und Cavianna finden wir die Alligatoren nur in den Igarapés, d. h. in den Flüssen der Inseln, besonders aber in den ausgedehnten Sümpfen der zentralen Campos; sie kommen hier niemals an der Küste der Inseln, d. h. an den Ufern des Amazonas, selbst vor, obwohl zwischen Marajó und Mexiana einerseits und Mexiana und Cavianna sowie Cavianna und dem nördlichen Festlande anderseits niemals brackiges Wasser eindringt. Sie gehen wohl bis zur Mündung der Igarapés herab, aber nicht in den Hauptstrom hinaus. In den Igarapés selbst halten sie sich gern an den meist

1. Hechtalligator, Alligator mississippiensis *Daud.*

1/40 nat. Gr., s. S. 551. – L. Medland, F. Z. S.-Finchley, N., phot.

2. China-Alligator, Alligator sinensis *Fauv.*

1/15 nat. Gr., s. S. 548. – W. S. Berridge, F. Z. S.-London phot.

3. Brauenkaiman, Caiman palpebrosus *Cuv.*

1/10 nat. Gr., s. S. 572. – W. S. Berridge, F. Z. S.-London phot.

4. Mohrenkaimane in ihrer „Sommerresidenz", auf der Insel Mexiana, Amazonas-Mündung. S. 369. — G. Hagmann-Pará phot.

schlammigen Ufern auf, die zum großen Teil mit Montrichardia oder Drepanocarpus bewachsen sind und ihnen schattige, kühle Verstecke bieten. Zur Zeit der Flut kann der aufmerksame Beobachter bisweilen Nase und Augen eines Alligators zwischen dem Blätterwirrwarr auf der Oberfläche des Wassers entdecken, doch die leichteste Bewegung genügt, um das Tier Gefahr wittern und es plötzlich untertauchen zu lassen. Zu gewissen Zeiten aber liegen die Alligatoren so träge da, daß sie sich kaum weiter um ihre Umgebung bekümmern. So kommt es vor, daß sie von der auslaufenden Ebbe an den Ufern aufs Trockene gesetzt werden und dort im Schlafe verharren. In dieser Lage sind bei einer Flußfahrt im leichten Ruderboote Dutzende anzutreffen, und wenn es möglich ist, die ewiglärmenden farbigen Bootsleute eine Zeitlang zum Schweigen zu bringen, so kommt man oft so nahe heran, daß die Alligatoren mit dem Lasso eingefangen werden könnten, wenn dies im leichten Ruderboote nicht zu gewagt wäre.

„In ungleich größerer Anzahl treffen wir die Alligatoren in den Sümpfen der zentralen Campos, den sogenannten Mondongos, die meistens von den Oberläufen der Igarapés gebildet werden, von Montrichardia und Papyrus umrahmt und zum größten Teile von Eichhornia bedeckt sind. Der dichte, üppige Pflanzenwuchs, der mit seinem Wurzelwerk eine kaum passierbare, torfähnliche Masse bildet, und das während der Regenmonate beständig unter Wasser stehende grundlose Terrain machen es fast das ganze Jahr unmöglich, in diese ausgedehnten Sümpfe einzudringen. Für den Menschen fast unzugänglich, überaus fischreich und deshalb täglich von Tausenden von Wasservögeln besucht, bilden diese Sümpfe ein wahres Paradies für die Alligatoren.

„Beginnen gegen Ende des Sommers diese Sümpfe auszutrocknen, so ziehen sich die Alligatoren nach den tiefsten Stellen zurück, und dort liegen sie wie aufgeschichtet zusammengedrängt, um so noch die spärliche Wassermenge zu genießen (Taf. „Panzerechsen II“, 4). Größere Exemplare graben sich bei fortgeschrittenerem Austrocknen des Sumpfes etwa ½ m tief in den feuchten Schlamm ein und warten dort das Wiedereintreten der Regenzeit ab. Eine leichte Wölbung im halbtrocknen Schlamme verrät dem geübteren Auge die Stelle, wo ein Alligator eingegraben sich aufhält. In den Niederungen, sogenannte Baixas, findet man in der Trockenzeit oft eigentümliche, 40—50 cm breite, ausgerundete Gräben, die in der Mitte ungefähr 20 cm tief und auf Hunderte von Metern in einer erstaunlichen Gleichförmigkeit zu verfolgen sind. Es sind dies Kriechspuren, besser genannt Rutschspuren, von mächtigen alten Alligatoren, die am Anfang der Trockenzeit beim Eintrocknen der Sümpfe diese verlassen und in dem noch plastischen Tonboden der Niederungen die Spuren ihrer Wanderung, die wahrscheinlich in einem trägen und langsamen Rutschen besteht, hinterlassen haben.

„Den Hauptbestandteil der Nahrung der Alligatoren bilden wohl die Fische und die zahlreichen Wasservögel, so besonders die Enten, doch wird wohl auch manches Wasserschwein, Aguti oder Paka, das zur Tränke kommt, den Alligatoren zum Opfer fallen. Gar oft geschieht es, daß Hunde, die auf der Jagd über einen Flußarm setzen, von den Alligatoren weggeschnappt werden, und manch eingeborener Jäger beklagt den Verlust eines kostbaren Jagdhundes, der ihm und seiner Familie manch prächtiges Stück Wild verschafft hatte. Derjenige, der weiß, wieviel ein guter Jagdhund im brasilianischen Urwalde zum Wohlergehen einer ganzen Familie beiträgt, begreift auch den Eifer des Eingeborenen, wenn es sich darum handelt, einen alten Alligator unschädlich zu machen.

„Im Campo richten die Alligatoren, besonders die ausgewachsenen „Jacaré-açú“, wie schon gesagt, unter den Viehherden großen Schaden an; Kühe, wenn sie einen Tümpel zu durchwaten suchen, werden von den Alligatoren angegriffen und des Euters beraubt und gehen infolgedessen elend zugrunde. Wie viele Kälber, die ihren Müttern durch Wassergräben und Tümpel folgen wollen, den Alligatoren zum Opfer fallen, läßt sich kaum bestimmen. Es trachten deshalb die Viehzüchter danach, ihre Campos so gut als möglich von diesen gefräßigen Schädlingen zu säubern, und zu diesem Zwecke veranstalten sie jedes Jahr zu bestimmten Zeiten die bekannten großartigen Alligatorjagden. Zu diesen Jagden werden die trockensten Monate des Jahres, also November und Dezember, ausgesucht, wenn die Sümpfe stark ausgetrocknet sind und die Alligatoren sich in die übrigbleibenden Tümpel zurückgezogen haben. Hier werden dann mitunter 300—400 Alligatoren an einem Tag zur Strecke gebracht. Wie ich schon früher erwähnte, habe ich im November 1901 solchen Jagden zum erstenmal beigewohnt, und im Jahre 1904 und 1905 selbst welche veranstalten lassen.

„Bei diesen Jagden konnte ich verschiedene interessante Beobachtungen machen. So vor allem hatte ich Gelegenheit, mehrere große Exemplare zu messen. Die größten im Jahre 1901 erlegten C. niger hatten eine Länge von 4,2 m, wovon 57 cm auf den Schädel, von der Schnauzenspitze bis zum hinteren Parietalrande gemessen, entfallen. Die größten Exemplare, die ich im Jahre 1904 zu Gesicht bekam, hatten eine Länge von 4,25 m. Die kleinsten C. niger dagegen, die ich in dieser Zeit, also gegen Ende des Jahres sah, waren alle mindestens 1 m lang. Da die Fortpflanzungszeit von C. niger auf das Ende des Jahres fällt, so sind diese 1 m langen Exemplare die vorjährigen Jungen, also ein Jahr alt. Anfangs Februar wurden mir 3—4 Wochen alte Exemplare von 25—30 cm Länge gebracht. — Daraus ergibt sich nun, daß die Beobachtungen, die an Alligatoren in der Gefangenschaft gemacht worden sind, und die alle auf ein sehr langsames Wachstum hinweisen, den Verhältnissen, wie sie in der freien Natur auftreten, in keiner Weise entsprechen. Deshalb werden auch die großen Exemplare meistens viel zu alt eingeschätzt. C. sclerops erreicht höchstens eine Länge von 2—2,5 m; junge Tiere dieser Art sah ich im September; sie waren ungefähr 30—35 cm lang. Da die Fortpflanzungszeit von C. sclerops in die Monate Mai und Juni fällt, so mögen diese Tierchen damals also 3—4 Monate alt gewesen sein.

„Verschiedene Exemplare von C. niger habe ich geöffnet, um nach Eingeweidewürmern zu suchen, fand aber bei allen Magen und Darm vollständig leer, nur in einzelnen Falten der Magen- und Darmwandung war etwas Schlamm vorhanden. Von Eingeweidewürmern war also nichts zu finden. Diese Tatsache entspricht den Angaben der Eingeborenen, die behaupten, daß die Alligatoren im Sommer bzw. in der Trockenzeit nicht fressen, sondern bloß von ihrem Fette, das oft sehr reichlich ist, zehren. Diese Hungerkur bietet den Alligatoren jedenfalls Gelegenheit, sich von Entoparasiten zu befreien, die andernfalls vielleicht so überhandnehmen könnten, daß die Art darunter leiden würde.

„Der ärgste Feind der Alligatoren ist zweifellos der Mensch. Er stellt dem C. niger wegen dem Schaden, den er ihm zufügt, dem kleineren C. sclerops seines schmackhaften Fleisches wegen nach. Mit Vorliebe werden halbwüchsige, 1—1,5 m lange C. sclerops gejagt, wovon besonders der Schwanz sehr geschätzt wird, der einem grobfaserigen Fischfleisch im Geschmack nahesteht, wie ich mich selbst zur Genüge überzeugen konnte. Außer dem Schwanze wird noch das Bauchstück gegessen, das gewöhnlich im Bauchpanzer selbst auf offenem Feuer geschmort wird. Die Eingeborenen essen auch die Eier, sowohl diejenigen von C. niger als die von C. sclerops. Über ihre Schmackhaftigkeit kann ich kein eigenes Urteil abgeben.

„Als weiterer Feind der Alligatoren darf der Jaguar bezeichnet werden; es wird von den Eingeborenen allgemein behauptet, daß auch er die Alligatoren zu schätzen weiß, was übrigens mit der Vorliebe des Jaguars für Fische nicht im Widerspruch steht. Daß der Jaguar etwas auf Alligatorenfleisch hält, dürfte folgende Begebenheit beweisen. Am Igarapé Pinto, auf der Westseite der Insel Mexiana, hatten zwei Eingeborene einen größeren C. niger erlegt, auf das Ufer herausgezogen und während der Nacht dort liegen gelassen. Am andern Morgen zeigten sich unverkennbare Jaguarfährten um den Alligatorenkadaver herum, der auch am Schwanze schon tüchtig angefressen war. Da der Jaguar die Gewohnheit hat, den folgenden Abend zu seiner Beute zurückzukehren, falls er nicht weiter gestört worden ist, so hatten sich die beiden Eingeborenen in Hinterhalt gelegt, um auch des Jaguars habhaft zu werden. Da die Nacht sehr dunkel war und sie im Urwald kaum etwas unterscheiden konnten, stellten sie neben dem Alligatorenkadaver ein Petroleumlämpchen auf und postierten sich auf einem der nächsten Bäume. Es dauerte nicht lange, so vernahmen die Jäger ein Knistern und Brechen von dürren Ästchen, und alsbald erschien auch der Jaguar, der sich trotz Petroleumbeleuchtung fröhlich an die Mahlzeit machte und denn auch richtig die Beute der listigen Eingeborenen wurde. Wie es sich nachher zeigte, hatte sich der Jaguar dem Alligatorenkadaver, wohl durch die Lampe stutzig geworden, in weitem Bogen genähert, aber das Alligatorenfleisch dünkte ihm offenbar ein allzu leckerer Bissen, den er sich trotz der verdächtigen Lampe nicht entgehen lassen wollte. —

„Die ‚Piranhas', Serrasalmo- und Myletes-Arten, wegen ihres äußerst kräftigen Gebisses auch von Menschen gefürchteten Raubfische, können auch den Alligatoren verhängnisvoll werden, sobald diese so verletzt sind, daß Blut fließt. Dann dauert es nicht lange, bis die Piranhas, die in einzelnen Flüssen in ungeheurer Anzahl vorkommen, sich von der Wunde aus in den Körper hineinfressen, in die Leibeshöhle eindringen und so das Tier zugrunde richten.

„Untereinander scheinen die Alligatoren wenig Zwistigkeiten zu haben. Nur einmal beobachtete ich, wie ein großes angeschossenes Exemplar von C. niger auf einen etwa 2,5 m langen Artgenossen so losfuhr, daß derselbe über 3 m in die Höhe schnellte und in der Luft einen prächtigen Purzelbaum schlug. Daß kleinere Individuen von den großen und Verwundete von den übrigen aufgefressen werden, wie vielfach behauptet wird, konnte ich niemals beobachten.

„Daß Menschen von Alligatoren direkt angegriffen werden, kommt selten vor, wohl deshalb, weil die Eingeborenen sehr gut mit ihrer Umgebung vertraut sind. Aggressiv sind die Alligatoren höchstens zur Regenzeit und in der Zeit der Fortpflanzung in der Nähe der Nester. Es wird behauptet, daß die Alligatoren, wenn ihnen die Augen zugedrückt werden, völlig wehrlos sind, und Leute, die von Alligatoren angepackt wurden, sollen sich dadurch von ihnen losgemacht haben, wie mir oft erzählt worden ist, daß sie ihnen die Augen zudrückten. Ebenso wird von den Eingeborenen allgemein behauptet, die Alligatoren schnappten nur an der Wasseroberfläche zu. Einer unserer besten Kuhhirten hatte sich, auf diese Erfahrung gestützt, vor einem mächtigen Alligator zu retten gewußt. Beim Fischen blieb ihm das Netz an einem Aste hängen, so daß er genötigt war, in den Fluß zu steigen, um unter Wasser das Netz loszulösen. Plötzlich stieg in seiner nächsten Nähe ein mächtiger Alligator auf, aber im gleichen Augenblicke tauchte mit großer Geistesgegenwart der Mann, schwamm unter Wasser weiter flußabwärts und konnte so dem gefräßigen Gesellen entrinnen, der immer noch an der gleichen Stelle auf das Wiederauftauchen seines Opfers lauerte.

„Das Gehör der Alligatoren ist sehr gut ausgebildet, denn schon durch das geringste Geräusch werden sie aufmerksam und tauchen unter. Ebenso ist bekannt, daß die Weibchen zur Fortpflanzungszeit sich dem Neste nähern, wenn ihre rauhschaligen Eier, aus dem Neste entnommen, aneinandergerieben werden und so ein eigentümliches Geräusch verursachen. Auch verstehen die Eingeborenen sehr gut, den Lockruf der Alligatoren nachzuahmen, indem sie bei geschlossenen Lippen unter teilweisem Schließen der Nasenlöcher mit der Hand kurze, kräftige Brusttöne ausstoßen, auf welche Lockrufe die in der Nähe sich befindlichen Alligatoren immer reagieren. Kommt man an irgendeinen größeren Tümpel, so wird man meistens von der Anwesenheit von Alligatoren nichts gewahr; verhält man sich aber am Ufer einige Zeit ruhig, so taucht da und dort der Kopf eines Alligators auf, was darauf schließen läßt, daß sie durch das Geräusch, das der Herannahende verursachte, aufmerksam gemacht worden und untergetaucht sind, um sich vor eventueller Gefahr zu schützen. Daß sie dann auch genau auf jede Bewegung eines Menschen aufpassen, läßt sich an solchen Orten leicht beobachten. Will man von seiner Schußwaffe Gebrauch machen, so muß man im Anschlag das Emportauchen der Alligatoren abwarten, da sie bei der geringsten Bewegung plötzlich wieder verschwinden. Ich will nicht unerwähnt lassen, daß die Undurchdringlichkeit des Alligatorenpanzers für Kugeln längst zu den Legenden gehört. Ich habe oft Gelegenheit gehabt, die Wirkung einer Bleikugel aus einer einfachen Kugelbüchse bei Alligatoren zu beobachten. Ein Schuß in das Gehirn wirkt momentan tödlich, das Tier zuckt krampfhaft zusammen und wirft sich gewöhnlich auf den Rücken, in welcher Lage es verendet. Weniger schwer verletzte Alligatoren wälzen sich unter Wasser, schlagen mit dem Schwanze kräftig um sich oder schießen im Todeskampfe mit dem Vorderkörper aus dem Wasser empor.

„Von den Eingeborenen werden die Alligatoren meistens mit Harpunen erlegt. Diese kaum 15 cm langen mit zwei Widerhaken versehenen eisernen Harpunen werden auf glatte gerade Speere aufgesetzt und sind mit dem einen Ende mit einer langen, 3—4 mm dicken Schnur verbunden, wovon das andere Ende in der Hand des Jägers bleibt. Durch geschicktes Werfen des Speeres dringt die eiserne Spitze in den harten Panzer ein, wobei dann der Speer selbst sich von der Harpune loslöst und auf dem Wasser schwimmt. Mittels der verhältnismäßig recht dünnen Schnur kann ein einzelner Mann den größten Alligator ans Ufer heranziehen, da dieser, harpuniert, keinen großen Widerstand leistet. Oft werden die Alligatoren auch mit dem Lasso eingefangen, das ihnen beim Emportauchen über den Kopf geworfen wird; doch braucht es dann vereinter Kräfte, um die Beute ans Ufer zu befördern, da ein großer Alligator, wenn er sich mit dem Lasso eingefangen fühlt, sich energisch wehrt und sich beim Herausziehen dermaßen im Schlamme wälzt, daß er als unkenntlicher Schlammklumpen landet. Am Ufer werden diese hergeschleiften Alligatoren meistens mit der Axt oder den großen Waldmessern angegriffen, wobei immer versucht wird, zuerst die kräftige Schwanzmuskulatur zu durchhauen, da ein Schlag mit dem Schwanze am meisten gefürchtet wird, denn ein solcher genügt, um einen Mann zum Krüppel zu machen."

Zu den kleinsten Arten der ganzen Ordnung gehört der in Guayana und Brasilien lebende Caiman palpebrosus *Cuv.* (Taf. „Panzerechsen II", 3, bei S. 568), der kaum über $1^1/_2$ m lang wird und, wie der nahe verwandte und ebenfalls kleine Caiman trigonatus *Schn.*, durch das vollständig verknöcherte obere Augenlid, nur 4 Zähne in jedem Zwischenkiefer und 20—22 Unterkieferzähne jederseits gekennzeichnet ist.

— —

Das Register folgt am Schluß des V. Bandes.